Gesamtverzeichnis des deutschsprachigen Schrifttums (GV) 1700 – 1910

Bearbeitet unter der Leitung von
Hilmar Schmuck und Willi Gorzny
Bibliographische und redaktionelle Beratung:
Hans Popst und Rainer Schöller

52

Grut - Gz

K · G · Saur München · New York · London · Paris 1982

CIP-Kurztitelaufnahme der Deutschen Bibliothek

Gesamtverzeichnis des deutschsprachigen Schrifttums :
(GV). – München, New York, London, Paris : Saur.
Bd. 1 – 6 bearb. unter d. Leitung von Peter Geils
u. Willi Gorzny.
ISBN 3-598-30000-X

1700 – 1910 / bearb. unter d. Leitung von Hilmar
Schmuck u. Willi Gorzny. Bibliograph. u. red.
Beratung: Hans Popst u. Rainer Schöller

NE: Schmuck, Hilmar [Bearb.]

52. Grut - Gz. - 1982.

Techn. Realisierung und Druck: Norbert Gärtner, Mainz-Kastel
Binden: Karl Schaumann, Darmstadt
Printed in the Federal Republic of Germany
ISBN 3-598-30000-X (Gesamtwerk)

Gruter, J., Suspiciones in Statii Theb. libr. I. c. animadv. F. Handii. Pr. 1851. 30 S. 4°. 1.—

Grüter, Emil [aus Luzern]: Zur Lehre von der Einziehung m. bes. Rücks. auf schweizer. Strafrecht ... Göttingen, Druck d. Dieterich'schen Univ.-Buchdr., 1895; 31 S. 8.
Göttingen, Jur. Fak., Inaug.-Diss. v. [19. März] 1895

Grueter, Friedrich (Schermbeck/Westf.), De Naxo insula. Diss. histor.-philol. Halle (Baentsch) 31. I. 1833. 76 S. mit Biogr. (M.: C. Boeckenhoff.) (6.50) 11937
Oppon.: Friedrich Busch, Friedrich Koetteritz, Anton Kuester. — Gew.: Carl Maassen.

Grüter, Friedr., und Herm. Middendorf, lateinische Schulgrammatik, s. Middendorf, Herm.

Grüter, Friedr., über die Synesis oder Konstruction nach dem Sinne in der lateinischen und griechischen Sprache. Münster 855. Coppenrath. 4. (VI, 30 S.) 7 ½ ngr

Grüter, Friedr., über die Synesis oder Konstruktion nach dem Sinne in der deutschen u. französischen Sprache (im Anschluß an die Abhandlung: „über die Synesis oder Konstruktion nach dem Sinne in der latein. und griech. Sprache." Münster 1855). Münster 867. Coppenrath'sche Buchh. gr. 4. (20 S.) n. 6 ngr

Grüter, Fritz. Beitrag zur Kenntnis der Bronchitis chronica des Pferdes. Diss. Vet.-Med. Univ. Zürich. [Mit 2 Tafeln.] 45 S. 8. Zürich. Orell Füssli, 1909.

Grüter, J., siehe: *Ineichen.*

Grüter, J. [Zahnarzt, Luzern]: Sprachstörungen durch Gaumenspalten. Therapie. ... Heidelberg, Buchdr. v. C. Pfeffer, 1891; 2 Bl., II, 38 S., 16 Taf. 8°
Heidelberg, Med. Fak., Inaug.-Diss. v. [29. Jun.] 1891

Grüter, Jos., die heilige Zahl VII oder die 7 Wochentage u. die 7 Gaben des heil. Geistes. Eine Festgabe auf d. heil. Pfingstzeit. 18. (48 S. m. 1 Lith.) Einsiedeln 847, Gebr. Benziger. 3 ngr

— die Zeitglocke am Kreuzstabe des heil. Einsiedlers Antonius. Eine geistliche Stundenuhr, mahnend an den guten Gebrauch der Zeit rc. 18. (43 S. m. eingedr. Holzschn. u. 1 Lith.) Ebd. 847. 3 ngr

Grüter, Josef: Johann Kuper, und die Holzschnitzereien der Renaissance in Münster während des sechszehnten Jahrhunderts. Münster ⟨Westf.⟩: Coppenrath 1905. (35 S.) 4° ¶(Ersch. vollst. im Coppenrathschen Verl. in Münster als ein Heft der „Beiträge zur westf. Kunstgeschichte".)
Münster, Phil. Fak., Ref. Ehrenberg, Diss. v. 14. Okt. 1905
[Geb. 6. Febr. 80 Ramsdorf i. W.; Wohnort: Münster; Staatsangeh.: Preußen; Vorbildung: Gymn. Coesfeld Reife O. 02; Studium: Berlin 1, Münster 6 S.; Rig. 17. Juli 05.]

Grüter, Jost

Grüter, Jos., s.a. Festreden an der Schlachtfeier in Sempach.

Grüter, Jost, u. Jak. Scherer, Festreden a. d. Schlachtfeier in Sempach v. 8. Juli 1895. gr. 8. (31 S.) Luzern 895. (Gebr. Räber & Co.) n. — 40

Grüter, Jost, von Weggis, Kt. Luzern: Haftung der offenen Handelsgesellschaft für Delikte der Mitglieder. Luzern Meyer Dr. 1880. 4 Bl., 67 S., 1 Bl. Thesen. 8°.
Zürich. Jur. Diss. [v. 6. Aug. 1880].

Grüter, Julie, und Schneider, Ida. Die Herstellung von Konserven. Nach der von Frl. [Rosa] Schulthess und Frl. [Emma] Röthlisberger bearbeiteten 2. Aufl. umgearb. und erweitert von Frl. Julie Grüter ... und Frl. Ida Schneider... . Hrg. im Auftrage der Oekonomischen und gemeinnützigen Gesellschaft des Kantons Bern. 3. Aufl. 40 S. 8. Bern, K. J. Wyss, 1902. [fr. —.40]

s.a. Grütter.

Grüter, Julie, und Siegrist-Schneider, Ida. Die Herstellung von Konserven. Nach der von Frl. [Rosa] Schulthess und Frl. [Emma] Röthlisberger bearbeiteten 2. Aufl. umgearb. und erweitert von Frl. J' G' ... und Frau Pfr. J' S'-Sch'.... Hrg. im Auftrage der Oekonomischen und gemeinnützigen Gesellschaft des Kantons Bern. 4. Aufl. 40 S. 8. Bern, K. J. Wyss, 1905. [fr. —. 40]

Grüter, Julie, und Siegrist-Schneider, Ida. Die Herstellung von Konserven. Nach der von Frl. [Rosa] Schulthess und Frl. [Emma] Röthlisberger bearbeiteten 2. Auflage umgearbeitet und erweitert von Frl. J' G'... und Frau Pfr. I' S'-Sch'.... Hrg. im Auftrage der Oekonomischen und gemeinnützigen Gesellschaft des Kantons Bern. 5. Aufl. 40 S. 8. Bern, K. J. Wyss, 1907. [fr. —.40]

Grüter, Leo [cand. med. aus Werden an d. Ruhr]: Aus d. pharmakolog. Institut zu Würzburg. Über das Schicksal der salpetersauren Salze im Tierkörper ... Würzburg, F. Scheiner's Buchdr., 1895; 1 Bl., 16 S. 8.
Würzburg, Med. Fak., Inaug.-Diss. v. 1895

Grveter, Leopoldvs (geb. am 18 Mai 1846 in Neheim Westf.): De regali metallorvm ivre ... Bonnae, form. C. Georgi (1867). 2 Bl., 39, XXI S., 1 Bl. 8.
[Bonn], Jur. Fak., Diss. v. 18 Dez. 1867

Grüter, Reinhold, a. Herbede i. W.: Zur Kenntnis der Aldehyde der Naphtalin- und Benzolreihe. Freiburg i. B. 1905: K. Henn. (30 S.) 8°
Freiburg i. B., Phil. Fak., Ref. Gattermann, Diss. v. 20. Febr. 1905
[Geb. 23. Mai 79 West-Herbede (Westfalen); Wohnort: Freiburg; Staatsangeh.: Preußen; Vorbildung: Realgymn. Coblenz Reife O. 00; Studium: Freiburg 2, München 1, Heidelberg 1, Genf 1, Freiburg 3 S.; Rig. 28. Sept. 04.]

Grüter, Sebastian: Der Anteil der katholischen und protestantischen Orte der Eidgenossenschaft an den religiösen und politischen Kämpfen im Wallis während der Jahre 1600—1613. (Sep.-Abdr. aus „Geschichtsfreund" LII.) Stans 1897; VII, 183 p. 8°.
Freiburg. Phil. Diss. 1897/98.

Grüter, Seb., der Anteil der kathol. u. protestant. Orte der Eidgenossenschaft an d. religiösen u. politischen Kämpfen im Wallis während der J. 1600—1613. gr. 8. (VII, 183 S.) Stans 900. H. v. Matt & Co. n. 2.—

Grüter. S[ebastian]. Der Brand von Wohlhausen-Markt, nebst geschichtlichen und andern Notizen über Wohlhausen und Wohlhausen-Markt, gesammelt anlässlich des grossen Brandes vom Markt, den 6./7. März 1876, unter gefälliger Mitwirkung des ... Chorherrn Alois Lütolf.... Verfasst im Juni 1877 von S. G'.... [Mit 1 Tabelle und 1 Plan.] 8. Luzern 1886.

Grüter, Sebastian. Das Kollegium zu Luzern unter dem ersten Rektor P. Martin Leubenstein 1574—1596. ([Mit illustriertem Anhang:] Stiftungsbrief des Kollegiums zu L'.) 73 S. 4.
Jahresbericht für die Höhere Lehranstalt zu Luzern für das Schuljahr 1904/1905. Beilagen: ... II.... Luzern, J. Schill, 1905.

Grüter, Wilhelm, appr. Arzt a. Essen a. d. Ruhr: Aus der hygienischen Abteilung des Instituts für Hygiene und experimentelle Therapie zu Marburg. Ein Beitrag zur Aetiologie der Purpura haemorrhagica ⟨Werlhofsche Krankheit⟩. Marburg 1906: H. Bauer. (34 S.) 8°
Marburg, Med. Fak., Ref. Bonhoff, Diss. v. 13. Aug. 1906
[Geb. 30. Juli 82 Essen, Ruhr; Wohnort: Essen; Staatsangeh.: Preußen; Vorbildung: Gymn. Essen Reife O. 01; Studium: Marburg 4, München 1, Berlin 1, Marburg 3 S.; Coll. 1. Juni 06; Approb. 23 Jan. 06.]

Grütering, Paul, appr. Arzt aus Dinslaken: **Aus d. med. Poliklinik zu Rostock. Zur Symptomatologie und Diagnostik des Aortenaneurysma.** *Rostock 1903: C. Hinstorff.* (55 S.) 8°
Rostock, Med. Diss. v. [10. Febr.] 1904

Grüters, Aug., s.: Berlioz, Hector.

- s.: Chorwerke, die beliebtesten.

Grüters, Aug., Hector Berlioz' Requiem (Grande messe des morts), s.: Musikführer, der.

Grüters, Fritz, a. Bonn a. Rh.: **Über die letzten Abbauprodukte der Stärke bei der Hydrolyse mit Oxalsäure unter besonderer Berücksichtigung der Dierssenschen ⟨Lintnerschen⟩ „Isomaltose".** Leipzig 1904: Spamer. (11 S.) 4°(8°)
Heidelberg, Naturw.-math. Fak., Ref. Curtius, Diss. v. 3. Okt. 1904
[Geb. 21. März 82 Saarbrücken; Wohnort: Bonn; Staatsangeh.: Preußen; Vorbildung; Oberrealsch: Bonn Reife O. 00; Nachprüfung im Lateinischen in Coblenz, Reife d. Realgymn. O. 00; Studium: Bonn 5, Hannover T.H. 3 S.; Rig. 17. Mai 04.]

Grüters, Josef

Blüthenkranz. Vollst. Gebet- u. Andachtsbuch f. kath. Christen. Mit den in d. rheinischen Diöcesen beliebten Andachten. Neu rev. von Lic. Jos. **Grüters**, Kaplan in Aachen-Burtscheid. 8. Aufl. *Einsiedeln, Köln: Benziger & Co. 1902.* (510 S.) 8° [G.] [03. 14114]

Grüters, Josef (Bearb.), s. Himmelsfreude.

Grüters, Max, aus Krefeld: **Über die Einwirkung von Brom auf Di-p-Oxyphenyl-Dimethyl-methan.** *Marburg 1901: R. Friedrich.* (48 S.) 8°
Marburg, Phil. Diss. v. [10. Dez.] 1901

Grüters, Otto, über einige Beziehungen zwischen altsächs. u. altengl. Dichtung, s.a. Beiträge, Bonner, zur Anglistik. 17. Hft.

Grüters, Otto, aus Bonn: **Über einige Beziehungen zwischen altsächsischer und altenglischer Dichtung.** *Halle a. d. S. 1904: E. Karras.* (34 S.) 8° ¶ (Erscheint vollst. in: Bonner Beiträge zur Anglistik, H. 17.)
Bonn, Phil. Diss. v. 19. Febr. 1904

Grueters, Otto: Über einige Beziehungen zwischen altsächsischer und altenglischer Dichtung. Bonn: P. Hanstein 1905. (50 S.) 8°
= **Beiträge,** Bonner, z. Anglistik. H. 17. [1.] [05. 8930 4]

Grüthling, Wilhelm: **Endotheliom oder Schweissdrüsenadenom?** *Würzburg 1896.* (15 S.) 8°
Würzburg, Med. Diss. v. 1896

Gruthofer.... s. Fürst d. 19. Jahrh.

Grutléen: Le Grutléen (Be)
① Organe officiel pour les membres des sections romandes de la Société du Grutli ⑤ 21. 6. 1888—31. 12. 1891 ? ⑥ in-4° (21. 6. 1888—6. 10. 1888), in-2° (13. 10. 1888—31. 12. 1891 ?) ⑦ hebdomadaire ⑧ Bienne: Société typographique (21. 6. 1888—1890), Imprimerie du Grutléen (1891—?) ⑩ Grutli Romand de La Chaux-de-Fonds ⑪ comité du Grutli Romand de La Chaux-de-Fonds ⑫ idées de la Société du Grutli ⑭ Be: L.

Grütli
⑤ 1867 ⑦ Wochenblatt ⑧ Biel ⑬ BGSZ: 973.

Grütlianer: Der Grütlianer
① Organ für die Interessen des Grütlivereins (bis 30. 8. 1902). Centralorgan für die Interessen des Grütlivereins und der Sozialdemokratischen Partei der Schweiz (2. 9. 1902—15. 11. 1906). Sozialdemokratisches Tagblatt (16. 11. 1906—31. 3. 1923). Zentralorgan des Schweiz. Grütlivereins und der Sozialdemokratischen Partei der Schweiz (16. 11. 1906—31. 10. 1916). Zentralorgan des Schweiz. Grütlivereins (1. 11. 1916—31. 12. 1918). Zentralorgan des Schweiz. Grütlivereins, Soz. Volkspartei der Schweiz (3. 1. 1919—29. 12. 1925) ② Grütlianer (I) (seit 16. 11. 1906) ⑤ 1. 10. 1851—24. 6. 1853 und 5. 10. 1853—29. 12. 1925 ⑥ 8° (bis 1864), 4° (1865—1888), 2° (seit 1889) ⑦ alle 14 Tage (1851, 1852, Oktober 1853—1860), Wochenblatt (Januar 1853—Juni 1853, 1861—1876), wöchentlich 2× (1877—1890, April 1925—29. 12. 1925), wöchentlich 3× (1891—15. 11. 1906), Tagblatt (16. 11. 1906—31. 3. 1923) ⑧ Basel: Schabelitz (1. 10. 1851 — 29. 9. 1852), Chr. Krüsi (6. 10. 1852 — 25. 12. 1852); St. Gallen: F. D. Kälin (7. 1. 1853—24. 6. 1853); Luzern: Jakob Schuepp (5. 10. 1853—5. 4. 1854), Schueppsche Druckerei (19. 4. 1854—28. 12. 1864); Bern: J. Konrad (4. 1. 1865—12. 7. 1865), J. Allemann (19. 7. 1865—25. 12. 1872); Winterthur: Bleuler, Hausheer & Cie. (1873—1878); Bern: F. W. Krebs (1879—1880); Chur: Conrad Conzett (1881—1882), Conzett & Ebner (1883—26. 9. 1885), Manatschal & Ebner (30. 9. 1885—1890); Zürich, Buchdruckerei des Schweiz. Grütlivereins (1891 — 14. 3. 1893), Grütli-Buchdruckerei (14. 3. 1893 — 31. 3. 1923), Genossenschaft Grütlibuchdruckerei (4. 4. 1923—29. 12. 1925) ⑨ Verbandsorgan der Korporationen des Schweiz. Grütlivereins (30. 5. 1914—1917); Grütliturner (30. 5. 1914—1915), Fürs Heim (ab 1920) ⑩ zuerst die Drucker, dann ab 1889 der Schweiz. Grütliverein ⑪ J. Schabelitz, Sohn, Basel (1851—1852), Jakob Schüepp, Luzern (1853—5. 4. 1854), Anton Lang, Luzern (19. 4. 1854—17. 9. 1856), Jos. Ant. Lingg, Luzern (17. 9. 1856—15. 10. 1862), Arnold Lang, Unterägeri (29. 10. 1862—28. 12. 1864), J. Allemann, Bern (4. 1. 1865—25. 12. 1872), Sal. Bleuler, Winterthur (1. 1. 1873—24. 5. 1878), A. Hohl (25. 5. 1878—25. 6. 1878), Joh. Jak. Vogelsanger 28. 6. 1878—29. 9. 1892), Conrad Conzett (1. 10. 1892—31. 1. 1893), Hans Mettier (2. 2. 1893—9. 6. 1900), Jak. Hermann (12. 6. 1900—1. 2. 1902), Paul Brandt (4. 2. 1902—30. 9. 1908), Hans Wirz (16. 11. 1906—31. 3. 1920), Emil Walter (2. 11. 1908—11. 3. 1911), Fritz Nydegger (1. 4. 1920—29. 12. 1925), Rud. Hauri (1. 6. 1920—31. 3. 1921), Dr. K. Wagner (1. 4. 1921—20. 12. 1922), Dr. H. Kramer (3. 1. 1922—31. 10. 1922) ⑫ Interessen des Grütlivereins ⑬ BGSZ: 973, 1028; Grütlianer 1906, Nr. 135 und Festnummer zum 80jährigen Jubiläum des Schweiz. Grütlivereins (Beilage zu Nr. 112, v. 17. 5. 1918) ⑭ Be: L; Bs: U; Lu: Z (unvollständig); SG: Va (1853) ⑮ Neben der offiziellen Zeitung erschien am 8. 11. 1878 eine Nummer mit F. Hägler, Biel, als Redaktor, und A. Schüler, Biel, als Verleger. In den Nummern 95, 101 vom 26. 11. 1878 und 17. 12. 1878 sind die Resultate über die Abstimmung betr. Redaktor und Drucker.

Grütlianer: Der Grütlianer
Ergänzen: ⑬ Blaser, F. R.: Der Grütlianer (1956).

Grütlianer, der. Kalender f. das J. 1894. Hrsg. vom schweizer. Grütliverein. II. Jahrg. gr. 8. (80 S. m. Bildern u. 1 Wandkalender.) Zürich, Buchh. d. Schweiz. Grütlivereins. n. — 40

Grütlianer, Der. Illustrierter Kalender für das Jahr 1896. Mit 1 Portr. u. 1 Wandkalender. In-4°. 80 S. Zürich, Buchh. des Schweiz. Grütlivereins. 50

Der Grütlianer. Kalender für 1897. Herausg. vom schweiz. Grütliverein. 5. Jahrg. Mit Abbild. Gr. in-8°. 72 S. Zürich, Buchh. des schweiz. Grütlivereins. — 50

Grütlianer, der. Kalender f. d. J. 1899. Hrsg. v. schweizer. Grütliverein. VII. Jahrg. 4. (71 u. 8 S. m. Abb. u. 1 Wandkalender.) Zürich, Buchh. d. schweizer. Grütlivereins. n. — 40

Grütlianer, Der. Kalender für das Jahr 1900. Hrsg. vom schweiz. Grütliverein. VIII. Jahrg. 4°. 79 u. 7 S. m. Abbildg. u. 1 Wandkalender. Zürich, Buchhandlung d. schweiz. Grütlivereins. — 50

Grütlianer, der. Kalender f. d. J. 1901. Hrsg. v. schweizer. Grütliverein. IX. Jahrg. 4. (77 u. 8 S. m. Abbildgn. u. 1 Wandkalender.) Zürich, Buchh. des schweiz. Grütlivereins. n.n. — 40
Fortsetzung unt. d. Titel:

Grütlianer: 1900/--? New York, NY
A Swiss paper especially interested in Swiss-American societies.

Grütlianer-Kalender 1899. In-8°. 80 S. Buchhandlg. d. Schw. Grütlivereins. — 50

Grütlikalender. Der Grütli-Kalender für das Jahr 1902. Hrg. vom Schweizerischen Grütliverein. Jahrg. 10. [Illustriert.] (Beilage: Wandkalender für das Jahr 1902.) IV + 80 [+ 8] S. 4. Zürich, Grütlidruckerei und Grütlibuchhandlung. fr. —.50

Forts. von: Der Grütlianer. Kalender.... Jahrg. 9.

Grütlikalender. Der Grütli-Kalender für das Jahr 1903. Hrg. vom Schweizerischen Grütliverein. Jahrg. 11. [Mit Illustrationen und 1 Porträt-Tafel.] (Beilage: Wandkalender für das Jahr 1903.) IV + 80 [+ 8] S. 4. Zürich, Grütlidruckerei und Grütlibuchhandlung. fr. —. 50

Grütlikalender. Der Grütli-Kalender für das Jahr 1904. Hrg. vom Schweizerischen Grütliverein. Jahrg. 12. [Mit Illustrationen und 1 Porträt-Tafel.] (Beilage: Wandkalender für... 1904.) IV + 80 [+ 8] S. 4. Zürich, Grütlidr. und Grütlibuchh. fr. —. 50

Grütlikalender. Der G'-K' für das Jahr 1905. Hrg. vom Schweizerischen Grütliverein. Jahrg. 13. [Mit Illustrationen und 1 Porträt-Tafel.] (Beilage: Wandkalender für... 1905.) IV + 96 S. 4. Zürich, Grütlidr. und Grütlibuchh. fr. —. 50

Grütlikalender. Der G'-K' für das Jahr 1906. Hrg. vom Schweizerischen Grütliverein. Jahrg. 14. [Mit Illustrationen und 1 Porträt-Tafel.] (Beilage: Wandkalender für... 1906.) IV + 96 S. 4. Zürich, Grütlidr. und Grütlibuchh. fr. —. 50

Grütlikalender. Der G'-K' für das Jahr 1907. Hrg. vom Schweizerischen Grütliverein. Jahrg. 15. [Mit Illustrationen und 1 Porträt-Tafel.] (Beilage: Wandkalender für 1907.) IV + 96 S. 4. Zürich, Grütlidr. und Grütlibuchh. fr. —. 50

Grütlikalender. Der G'-K' für das Jahr 1908. Hrg. vom Schweizerischen Grütliverein. Jahrg. 16. [Mit Illustrationen und 1 Porträt-Tafel.] (Beilage: Wandkalender für 1908.) IV + 96 S. 4. Zürich, Grütlibuchh. fr. —. 50

Grütlikalender. Der G'-K' für das Jahr 1909. Hrg. vom Schweizerischen Grütliverein. Jahrg. 17. [Illustriert.] (Beilage: Wandkalender für 1909.) IV + 96 S. 4. Zürich, Grütlibuchh. fr. —. 50

Grütlikalender. Der G'-K' für das Jahr 1910. Hrg. vom Schweizerischen Grütliverein. Jahrg. 18. [Illustriert.] (Beilage: Wandkalender für 1910.) IV + 96 S. 4. Zürich, Grütlibuchh. fr. —. 50

Grütlikalender. Der G'-K' für das Jahr 1911. Hrg. vom Schweizerischen Grütliverein. Jahrg. 19. [Illustriert.] (Beilage: Wandkalender für 1911.) IV + 112 S. 4. Zürich, Grütlibuchh. fr. —. 50

Grütliverein, Der, St. Gallen 1849—99; Jubiläumsblätter. St. Gallen 1899. V: *Teucher, A.* (Zuwachsverz. der Bibliotheken in Zürich 1898 ff.)

Grütlivereine und Gemeindepolitik. In-8°. 50 S. Ebenda. 1896. — 30

Grutner, Fr. Ueber die Synesis oder Constructio nach dem Sinne in der lateinischen und griechischen Sprache. 30 S.
Münster. Progr. 1855

Grüttefien, E., die Integration zusammengesetzter Functionen nach der Methode der unbestimmten Coefficienten. Berlin 865. Beelitz. gr. 8. (41 S.) n. 12 ngr.

Grüttefien, E., vergleichender Ueberblick über die neueren Umgestaltungen der grösseren preussischen Bahnhöfe. [Aus: „Centralbl. d. Bauverwaltg."] Imp.-4. (14 S. m. 13 Holzschn.) Berlin 888. Ernst & Korn. n. 4. —

Grüttefien, Ernst *Ferdinand Joseph* [Redakteur d. „Berliner Tagebl."]: Die Thäterschaft des verantwortlichen Redakteurs ... Berlin, O. Liebmann, 1895; 4 Bl., 75 S. 8.
Halle, Jur. Fak., Inaug.-Diss. v. [26. Okt.] 1895

Grüttefien, Wilhelm: Ein Beitrag zur Kenntnis der aromatischen Aldehyde. *Heidelberg 1898: J. Hörning.* (33 S.) 8°
Heidelberg, Naturw.-math. Diss. v. [12. Apr.] 1898

Grütter, über Verkoppelungen. Vortrag, geh. in der am 1. II. 1909 stattgefundenen Versammlg. des landwirtsch. Vereins in Lingen. (17 S.) 8. Lingen (909). R. van Acken. — 30

Grütter, Adolf [app. Arzt aus Heitlingen in Hannover]: Ein Fall von Darmstenose nach Castration ... Tübingen, F. Pietzcker, 1896; 31 S. 8.
Tübingen, Med. Fak., Inaug.-Diss. v. 1896

Grütter, Carl, s. Grütter, Karl

Grütter, Ernst, appr. Arzt a. Walsrode: Ueber etwa 50 in und bei Göttingen gefundene Schädel und deren Maße. Göttingen 1904: Dieterich. (33 S.) 8°
Göttingen, Med. Fak., Ref. Kallius, Diss. v. 7. Sept. 1904
[Geb. 6. März 79 Walsrode; Wohnort: Walsrode; Staatsangeh.: Preußen; Vorbildung: Gymn. Celle Reife O. 99; Studium: Göttingen 9 S.; Coll. 1. Aug. 04; Approb. 24. März 04.]

Grütter, Friedrich

Grütter, Fr., Erinnerungen e. Hannoveraners aus dem J. 1848. gr. 8. (48 S.) Hannover 889. Weichelt. n. — 50

Grütter, Fr., der Loin-Gau, s.a. **Veröffentlichungen zur niedersächsischen Geschichte. 4. Hft.**

Der Loin-Gau. Ein Beitrag z. älteren Gesch. d. Fürstenth. Lüneburg. Von F(riedr.) Grütter. Hrsg. von Dr. O(tto) Jürgens. *Hannover: M. & H. Schaper 1901.* (IV, 52 S.) 8° [J.]
= Veröffentlichungen z. niedersächsischen Geschichte. H. 4.

Grütter, F., Hannovers Ruhm und Trost. Ein Gedenkbuch zur Erhebung und Erbauung der Hannoveraner für jeden Tag im Jahre. Nebst Kalendarium bemerkenswerther Ereignisse. 1. Lfg. (S. 1—32.) Hannover 879. (Celle, Schulze'sche Buchh.) *

Grütter, F., Hannovers Ruhm u. Trost. Ein Gedenkbuch zur Erhebung u. Erbauung der Hannoveraner für jeden Tag im Jahre. Nebst Kalendarium bemerkenswerther Ereignisse. gr. 8. (III, 285 S.) Hannover 880. (Schulbuchh.) n.n. 4. 60

— aus glücklichen Tagen. Erinnerungen an Se. Maj. den hochsel. König Georg V. von Hannover. Nebst einer photogr. Abbildung des Welfendenkmals in Walsrode. gr. 8. (69 S.) Ebend. 880. n.n. 1. 25

— aus Wald u. Haide. Gedichte. 8. (VI, 180 S.) Hannover 881. Weichelt. cart. n. 1. 50

Grütter, Johann Baptist

GRÜTTER, J. B., Altjungferntrost. Zur Erbauung für alte Jungfern und solche, die es werden müssen. Zürich 1883. 8°. (Eleg. gebd. Mk. 3,50.) (1 Mk. Völcker, 1886; 2 fr. 50 cts., eleg. Hfz., neu, Adolf Geering, Basel, 1896.)

Grütter, J. B.: Offizielle Festzeitung f. d. eidgenöss. Schützenfest in St. Gallen 1904. St. Gallen, 1904.

Grütter, J[ohann] B[aptist]. Jubiläums-Heft aus Anlass der Feier des 50jährigen Bestandes des Historischen Vereins des Kantons St. Gallen, seinem einzig noch lebenden Gründer und verdienstvollen Präsidenten Herrn Dr. Hermann Wartmann überreicht von J. B. G'. [Mit Vignetten und 2 Tafeln.] 14 S. 8. St. Gallen, Zollikofer & Cie., 1909.

Grütter, J[ohann] B[aptist]. Kredit-Anstalt in St. Gallen. Nach Fünfzig Jahren. 1855—1905. Geschäftliches und Persönliches. Den Aktionären erzählt von J. B. G'. [Mit Illustrationen, 15 Tafeln und 1 Tabelle.] VIII + 47 S. 8. St. Gallen, Selbstverlag der Kredit-Anstalt (Zollikofer'sche Buchdr., März), 1905.

Grütter, J[ohann] B[aptist]. Meine Matterhornbesteigung. (Vortrag. [Mit 2 Doppel-Tafeln und illustriertem Umschlag.]) 8. St. Gallen 1893.

Grütter, J. B. Neueste Theater-Zeitung. Organ für Reclame, Hellseherei u. Heizzwecke. In-fol. 6 S. St. Gallen, F. Hasselbrink. 1890. — 50

Grütter, J. B., Typen aus Appenzell Inner-Rhoden, s.: Hansen, E.

Grütter, Julie

— u. Ida **Schneider**, die Herstellung von Konserven. Nach der v. Schultheß u. Röthlisberger bearb. 2. Aufl. umgearb. u. erweitert. Hrsg. im Auftrage der ökonom. u. gemeinnütz. Gesellschaft d. Kantons Bern. 3. Aufl. gr. 8. (40 S.) Ebd. 902. n. — 40
s.a. Grüter.

— 36 recettes éprouvées de mets au fromage. Publiées par les soins de la Société économique et d'utilité publique du canton de Berne. 8. (6 S.) Ebd. 900. n. — 20

Grütter, Julie, 36 bewährte Rezepte f. Käsespeisen. Hrsg. v. der ökonom. u. gemeinütz. Gesellschaft des Kt. Bern. gr. 8. (16 S.) Bern 899. K. J. Wyß. n. — 20

Grütter, K., Burgdorf. Festspiel in 4 Bildern zum bern. Kantonal-Turnfest in Burgdorf 1908. Musik v. R. Gervais. (32 S.) 8. Burgdorf 908. (Langlois & Co.) — 50

Grütter, Karl

Grütter, [Carl]. Zur Erinnerung an Frau Bertha Dinkelmann geb. Roth, geb. 17. Juni 1863, gest. 14. Mai 1906. Trostesworte gesprochen von Herrn Pfarrer G' bei der Trauerfeier am 16. Mai 1906 ... zu Bern. 12 S. 8. (Bern, Lierow & Cie., [1906].)

Grütter, Mathilde, Nachklänge aus Zion. Als Baustein für eine neue Kirche in Hamburg-Barmbeck. 12. (148 S.) Hamburg 887, Gräbener's Sortiment. geb. mit Goldschn. *

Grütter, Mathilde, Nachklänge aus Zion. 2. Bd. Hrsg. als Bausteine f. d. m. e. „Krippe" verbundene neue Diakonissenheim „Mahanaim" in Hamburg-Barmbeck. 12. (163 S.) Stuttgart 896. (Greiner & Pfeiffer.) Geb. in Leinw. m. Goldschn. n. 3. 50 (1. u. 2.: n. 6. 50)

Grütter, W. Über den Bau und die Entwickelung der Samenschalen einiger Lythrarieen. M. 1 Taf. In-4°. 26 S. Basel. Dissert. 1894.

Grütter, Walter. Predigt, gehalten Sonntag den 3. Mai 1908 nach dem Brandunglück von Bäriswil in der Kirche zu Hindelbank. 14 S. 8. Burgdorf, P. Eggenweiler. [fr. —.50]

Grutterink, Alide. Beiträge zur mikrochemischen Analyse einiger Alkaloide und Drogen, mit besonderer Berücksichtigung der Methoden von H[einrich] Behrens. Diss. Phil. Bern. [Mit Figuren.] 113 S. 8. Rotterdam, W. L. & J. Brusse. 1910.

GRUTTNER, Die Stimme in der Wüste. Frankf. a. M 1784. 8°. 16 Mk. O. Gerschel. Stuttg. 1911.

Grüttner's ... Stimme in d. Wüsten. 8. Leipz. 784. (Graffé). 8 gl

Grüttner, A. u. P. **Exner**, Lehrerleben, s.: Universal-Bibliothek.

Grüttner, A., Luise. Der hehren Königin zum Gedächtnis. Text unter Benutzg. vorhandener Dichtg. verf. Musik v. Frz. Wagner. (Textbuch.) (12 S.) 8. Berlin-Groß-Lichterfelde (909). Ch. F. Vieweg. — 30

Grüttner, Adalbert, Dr.: Dreieckskonstruktionen, bei denen drei Punkte gegeben sind. Wollstein 1906: A. Rau. (30 S., 1 Taf.) 8° [F.]
Wollstein, k. R i. E. OP 1906 (217)

Grüttner, Adalbert: Das räumliche **Fünfeck.** *Breslau 1903: H. Fleischmann.* (85 S.) 8°
Breslau, Phil. Diss. v. 23. Dez. 1903

Gruettner, (Armin.) Adolph. (Theod.) (geb. Breslau 14. 4. 1822): De mediorum constitutione. Berolini (1847). (31 S.) 8°
Berlin, Med. Diss. v. 17. Aug. 1847

Grüttner, Alexander: Über die **Erzeugung kernloser Zellen und über das Verhalten von in Teilung begriffenen Zellen gegenüber anästhetisch wirkenden Mitteln.** *Erlangen 1897: A. Vollrath.* (25 S. mit Taf.) 8°
Erlangen, Phil. Diss. v. 20. Okt. 1897

Grüttner, Armin. Adolph. Theod., s. Grüttner, Adolph

Grüttner, Constantin, s. Grüttner, Konstantin

Grüttner, Felix, appr. Tierarzt: **Aus d. Bakteriol. Station d. Veterinärwesens in Hamburg. Beiträge zur Kenntnis der Darmtuberkulose beim Rinde.** Hamburg 1909: Baumann. 79 S. 8°
Gießen, Veterinär-Med. Diss. v. 11. Dez. 1909, Ref. Bostroem
[Geb. 1. Juni 84 Cöln; Wohnort: Hamburg; Staatsangeh.: Preußen; Vorbildung: Gelehrtensch. d. Johanneums Hamburg Reife O. 04; Studium: Gießen 3, Hannover Tierärztl. Hochsch. 4 S.; Rig. 9. Juli 09.] [U 10. 1203

Grüttner, Fritz: Beiträge zur Chemie der Rinde von Hamamelis virginica L. *Berlin [1898]: Deuter & Nicolas.* (49 S.) 8°
Leipzig, Phil. Diss. v. [25. Juni] 1898

Grüttner, G., das Landgut u. seine rationelle Bewirthschaftung. Zum Selbstunterrichte für angehende Landwirthe, sowie zum Gebrauch in landwirthschaftlichen Lehranstalten. 8. (IV, 140 S.) Breslau 877. Korn. cart. n. 1. 20

Grüttner, G., das Landgut in verständiger Bewirtschaftung. Ein Leitfaden zum Selbstunterricht u. Ratgeber beim Landwirtschaftsbetriebe. 2. Aufl. 8. (IV, 220 S.) Breslau 884. Korn. geb. n. 1. 60

Grüttner, Konstantin

Grüttner, Constantin [aus Gelsenkirchen]: Über Gallenblasenchirurgie. . Bonn Buchdr. Jos. Bach Wwe. 1889. 50 S. + 2 Bl. 8°
Bonn. Med. Fak. Inaug. Diss. v. 11. März 1889

Grüttner, Sam. Franc. Tractatio juris publici Prutheniei de Prussia nunquam et nulli tributaria. Dantisci 1741.

Gruttschreiber, J. A., s. **Gustav III.**, König v. Schweden.

Grütz, Hirsch, Gnosticismus und Judenthum. gr. 8. Krotoschin 846. Monasch u. Sohn. 3/4 ₰

Gruetzbach, Christian Gottfried Wilhelm (Zeitz). De crisibus. Diss. med. Präs. Ernst Benjamin Gottlieb Hebenstreit. Lpz. (Breitkopf & Härtel) 6. III. 1801. 30 S. (5.—) 119:8
Gew.: Johann Ernst Thryllitzsch (Zeitz), Christian Gottfried Linke (Merseburg).

Grützemacher, Wilhelm Carl Gustav, a. Quedlinburg a. Harz: Aus d. Königl. chirurgischen Klinik zu Kiel. Kasuistischer Beitrag zur Behandlung deform geheilter Frakturen. Kiel 1906: Schmidt & Klaunig. (24 S.) 8°
Kiel, Med. Fak., Ref. Helferich, Diss. v. 6. Dez. 1906
[Geb. 27. Mai 81 Quedlinburg a. Harz; Wohnort: Quedlinburg; Staatsangeh.: Preußen; Vorbildung: Kgl. Gymn. Quedlinburg Reife O. 00; Studium: Marburg 1, Leipzig 3, Kiel 1, Leipzig 3, Kiel 2 S.; Coll. 19. Dez. 05; Approb. 6. Nov. 06.]

Grützmacher, die Bedeutung d. Lobgesangs: „Ehre se[i] Gott in der Höhe, Friede auf Erden u. den Mensche[n] ein Wohlgefallen" f. das Weihnachtsfest 1870. Predig[t] 8. (16 S.) Bromberg 871. Mittler. n. — 2

— Betrachtungen üb. den Brief St. Pauli an de[n] Philemon im Hinblick auf die sociale Frage. 8. (150 S.) Bremen 873. Müller's Verl. n. 1. 6

Grützmacher, Pachomius u. d. älteste Klosterleben. E. Beitrag z. Mönchsgeschichte. gr. 8. (III, 141 S.) Freiburg i/B. 896. J. C. B. Mohr. n. 2. 80

Grützmacher, Protestantismus, s. Hefte d. fr. kirchl.-soz. Konferenz.

Grützmacher, Dörthe Schmidt, die Arbeitersfrau, s.: Familien-Bibliothek für's deutsche Volk.

Grützmacher, die christlichen Sekten, ihre Entstehung, Irrlehren u. Bekämpfung. Ein Wort der Ermahnung zur Wachsamkeit f. evangel. Christen. Gekrönte Preisschrift. Hrsg. vom Evang. Preßverein in Schlesien. 8. (56 S.) Leipzig 887. Böhme Nachf. n. — 50

Grützmacher, ..., Trau-Rede am 21. Februar 1845 bei der kirchl. Trauung des kathol. Predigers Czerski in Schneidemühl. gr. 8. Berlin 845. Hermes. 1½ n*ℋ*

Grützmacher, A. W., s.: Jahrbuch der meteorologischen Beobachtungen der Wetterwarte der Magdeburgischen Zeitung.

Grützmacher, A. W., Das Klima von Magdeburg. Magdeburg 1894.

(Grützmacher, A. W.), Der Mond und das Wetter in Magdeburg während der Jahre 1881–89. Magdeburg 1890.

Grützmacher, F., Hand-Fibel, s. Hand-Fibel.

Franziskus Gruetzmacher

De ossium Medulla. (Lipsiae) 1748 (:Litteris Langenhemianis). 42 S. 8°
Leipzig, Med. Diss. v. 16. Aug. 1748

Grützmacher, Friedrich

Grützmacher, Fr: Thermometrische Correctionen. Leipzig (1899)

Grützmacher, Fr: Reduktion der Angaben von Quecksilber-Thermometern aus Jenaer Glas 59III und 122III, sowie aus Resistenzglas auf das Luftthermometer. Berlin 1895 (Mittheil. a. d. Physik.-Techn. Reichsanst.)

Grützmacher, Fr., Reduktion der Angaben von Quecksilber-Thermometern aus Jenaer Glas 59III und 122III, sowie aus Resistenzglas auf das Luftthermometer. (Sonder-Abdruck aus der Zeitschrift für Instrumentenkunde 1895, Heft 7.) Charlottenburg 1895.

Grützmacher, Fr: Über Thermometer mit Papierskalen. Berlin 1902

Grützmacher, Friedrich, aus Neustettin, Techn. Hülfsarbeiter bei d. Physikal.-Techn. Reichsanstalt: **Untersuchung von Thermometern aus älteren Glassorten und Nachprüfung von Hauptnormalthermometern der Physikalisch-Technischen Reichsanstalt.** *Berlin: J. Springer 1900.* (38 S.) 4°
Berlin, Phil. Diss. v. 21. Juli 1900

Grützmacher, Georg [Dr. phil.]: Die Bedeutung Benedikts von Nursia und seiner Regel in der Geschichte des Mönchtums ... Berlin, Mayer & Müller, 1892; 2 Bl., 72 S. 8.
Heidelberg, Theol. Fak., Inaug.-Diss. v. [21. Okt.] 1892

Grützmacher, Geo., die Geschichtlichkeit Jesu, s.: Weiß, Joh.

Grützmacher, Geo., Hieronymus, s.a. Studien z. Geschichte der Theologie u. der Kirche. VI. 3.

— Hieronymus, s.a. **Studien zur Geschichte der Theologie u. der Kirche. X.**

Hieronymus. Eine biogr. Studie z. alten Kirchengeschichte von Lic. Dr. Georg **Grützmacher,** Prof. (Bd [1]-3.) Leipzig: Dieterich (2. 3: Berlin: Trowitzsch & Sohn) 1901–08. 3 Bde 8°
[1]. Sein Leben u. s. Schriften bis z. J. 385. 1901.
2. ... von 385 bis 400. 1906. 3. ... von 400 bis 420. 1908.
= **Studien** z. Geschichte d. Theologie u. d. Kirche. Bd 6, H. 3; Bd 10, Hälfte [1]. 2. [08. 7r99

Grützmacher, Geo., die evangel. Landeskirche d. Großherzogt. Baden. Ueberblick über ihre Geschichte u. ihr Wesen. gr. 8. (20 S.) Freiburg i/B. 898. P. Waetzel. n. — 50

— Der Sieg des Christentums üb. die Welt der Antike. (44 S.) gr. 8. Berlin 908. Trowitzsch & Sohn. — 70

— u. A. W. Hunzinger, historische Theologie, s.: Theologie, die, der Gegenwart.

Thesen, welche zur Erlangung der venia docendi an der Ruprecht-Karls-Universität Heidelberg mit Genehmigung der hohen theologischen Facultät Sonnabend, 3. Dez. ... vertéidigen wird Lic. Dr. Georg **Grützmacher.** Heidelberg, Univ.-Buchdr. v. J. Hörning, 1892; 2 Bl. 8.
(Nicht für den Austausch)

Grützmacher, Georg *Konstanz* [Predigtamtskand.]: Untersuchung über den Ursprung der in Zach. 9—14 vorliegenden Profetien unter bes. Berücks. d. zuletzt darüber vorgetragenen Hypothese ... Berlin, Druck v. W. Pormetter, 1892; 51 S. 8.
Heidelberg, Phil. Fak., Inaug.-Diss. v. [20. Febr.] 1892

Grützmacher, Richard Heinrich

Grützmacher, Rich. H., weltweites Christentum. Skizzen aus Leben u. Geschichte. (125 S.) gr. 8. Hamburg 904. G. Schloeßmann. n. 1. 80

Grützmacher, D. Richard H.: Eigenart und Probleme der positiven Theologie. Leipzig: Deichert 1909. 132 S. 8°
(Grützmacher: Studien z. systematischen Theollgie. H. 3.)

Grützmacher, Rich. H., Geschichte u. Kritik der neueren Theologie. s.: Frank, Fr. H. R. v.

— s.: Glauben u. Wissen.

— Der dreieinige Gott unser Gott. Vortrag, geh. auf der evangelisch-luther. Konferenz am 1. IX. 1910 in Berlin. (21 S.) 8. 910. Verlag der positiven Union. — 10

— Die Haltbarkeit des Kanonbegriffes, s.: Studien, theolog.

Hauptprobleme der gegenwärtigen Dogmatik. (Zur Verständigung u. Auseinandersetzung mit Tröltsch, Ihmels, Seeberg, Harnack.) Die Forderung e. modernen positiven Theologie (unter Berücks. von Seeberg, Th. Kaftan, Bousset, Weinel). Von Lic. Richard H. **Grützmacher,** Prof. in Rostock. *Leipzig: A. Deichert 1905.* (111 S.) 8° [F.]
— **Grützmacher:** Studien z. systemat. Theologie. H. 2. [04. 11:67

Grützmacher, Rich. H., ein Herr — ein Glaube!, s.: Hashagen.

— Ist das liberale Jesusbild modern?, s.a. Zeit- u. Streitfragen, biblische. III, 2.

Ist das liberale Jesusbild modern? Von Richard H[einrich] Grützmacher, Prof. 3. Taus. Gr.Lichterfelde-Berlin: E. Runge 1907. (50 S.) 8° [F.]
— Zeit- u. Streitfragen, Biblische. Ser. 3. H. 2. [07. 12972

— die Jungfrauengeburt, s.a. Zeit- u. Streitfragen, biblische.

Die Jungfrauengeburt. Von Richard H. Grützmacher, Prof. Gr.Lichterfelde-Berlin: E. Runge 1906. (41 S.) 8° [F.]
— Zeit- u. Streitfragen, Bibl., z. Aufklär. d. Gebildeten. Ser. 2. H. 5. [07. 161611

— Materialismus u. religiöse Erziehung. Vortrag, geh. im kirchl. Verein zu Hamburg am 11. XI. 1904. (20 S.) gr. 8. Hamburg 904. Ev. Buchh. n. — 30

— dasselbe, s.a. Vorträge üb. Erziehung auf christlicher Grundlage.

— Nietzsche. Ein akadem. Publikum. (VII, 197 S.) gr. 8. Leipzig 910. A. Deichert Nachf. 3.80; geb. 4. 80

Die Quelle und das Prinzip der theologischen Ethik im christlichen Charakter. Von Lic. Richard H. Grützmacher, Prof. in Rostock. *Leipzig: A. Deichert 1905.* (98 S.) 8° [F.]
— Grützmacher: Studien z. systemat. Theologie. H. 1.

Grützmacher, Rich. H., d. Religionsgeschichte, e. Zeugin f. die Wahrheit des Christentums. (20 S.) Hamburg (902). G. Schloeßmann. n. — 60

Gegen den religiösen Rückschritt! Der Dreieinige Gott. Jesusverehrung oder Christusglaube? 4 Vorlesungen von D. Richard H[einrich] Grützmacher, Prof. Leipzig: Deichert 1910. 95 S. 8° [10. 11739

— Eine hl. Stadt. Festgedicht. (11 S.) 8. Rostock (909). E. Joerges. — 30

— Studien zur systematischen Theologie. 1. u. 2. Heft. gr. 8. Leipzig, A. Deichert Nachf. n. 3. 40
1. Die Quelle u. das Prinzip der theologischen Ethik im christlichen Charakter. (98 S.) 905. n. 1. 60
2. Hauptprobleme der gegenwärtigen Dogmatik. Die Forderg. e. modernen positiven Theologie. (III, 111 S.) 905. n. 1. 80

— Studien zur systematischen Theologie. 3. Heft: Eigenart u. Probleme der positiven Theologie. (III, 132 S.) gr. 8. Leipzig 909. A. Deichert Nachf. 2. 60
Hft. 1 u. 2. Ebd. 905. 3. 40

Systematische Theologie, s.: Theologie, die, der Gegenwart.

Grützmacher, Richard, aus Berlin, Kand. d. Theol.: Theologische Thesen ... zur Erwerbung des Grades eines Licentiaten der Theologie ... *Berlin (1901): G. Schade.* (2 Bl.) 4°
Berlin, Theol. Thes. v. 1. Juli 1901

— das evangelische Verständnis der Sakramente. Vortrag, geh. auf der 10. Goslarer Dozenten-Konferenz am 8. IX. 1905. (26 S.) gr. 8. Leipzig 906. A. Deichert Nachf. n. — 60

— modern-positive Vorträge. (VII, 217 S.) gr. 8. Ebd. 906. n. 3. 50; geb. n.n. 4. 50

Grützmacher, Rich. H., worin liegt die Ursache der Unwirksamkeit des Protestantismus im öffentlichen Leben?, s.a. Hefte der freien kirchlich-sozialen Konferenz.

Worin liegt die Ursache der Unwirksamkeit des Protestantismus im öffentlichen Leben? Referat auf d. 11. Hauptversammlung d. freien kirchl.-soz. Konferenz von Prof. R[ichard] H. Grützmacher. Mit d. Geschäftsbericht d. Generalsekr. über d. J. 1905 u. e. Ueberblick über d. ganze 2. Hauptversammlung. Berlin: Vaterländ. Verl.- u. Kunstanst. 1906. (75 S.) 8° [F.]
— Hefte d. freien kirchlich-sozialen Konferenz. H. 36. [07. 10058

— Wort u. Geist. Eine histor. u. dogmat. Untersuchg. zum Gnadenmittel des Wortes. gr. 8. (VIII, 312 S.) Leipzig 902. A. Deichert Nachf. n. 5. 50

Grützmann, Albert, Gedichte. 8. Stolberg 846, Schlegel. n. $1\frac{1}{3}$ ℛ

— Liebesnovellen. 1. u. 2. Bdchen.: Die Herzen. Die Lustfahrt auf den Kiffhäuser. — Haß und Liebe. Vater und Sohn. 11. 8. Nordhausen 841, Schmidt. à $\frac{1}{3}$ ℛ

Grützmann, Alb., Nachtviolen. Gedichte. Erster Strauß. 8. Sondershausen 837. (Eupel.) n. $\frac{2}{3}$ ℛ

Grützmann, Fr., Albert u. Henriette, od. nur Liebe f. d. Gottheit rc. erwirbt uns d. höchste Bildung; ein Lese- u. Erziehungsbuch. Mit 1 Kpf. 8. Leipz. 804. (Andrä). 21 ℊ

Gruetzmann, Heinr. Ernst (Bielen b. Nordhausen), De gastritide chronica. Diss. med. Halle (Carl Grunert) 4. III. 1839. 36 S. mit Biogr. (M.: E. Leopold.) (5.50) 11939
Oppon.: A. Krukenberg, G. Bertram. — Gew.: Peter Krukenberg.

Grützmann, J. J. F., Beweis f. d. Daseyn Gottes u. dessen Einfluß auf unser Leben. 8. Jena 798. (Cnobloch in Leipz.) 4 ℊ

— das Todtenfest im Jahre 1819. Eine Predigt. 8. Stollberg. (Voigt in Sondersh.) 4 ℊ

Grützmann, Paul, das Anfechtungsrecht der benachtheiligten Konkursgläubiger nach gemeinem Rechte u. nach der Reichs-Konkurs-Ordnung, unter theilweiser Berücksicht. des Reichsgesetzes vom 21. Juli 1879 systematisch dargestellt. gr. 8. (XII, 250 S.) Leipzig 882. Breitkopf & Härtel. n. 5. —

Grützmann, P., Lehrbuch d. königl. sächsischen Privatrechts. 2 Bde. gr. 8. Leipzig 887. 889. Breitkopf & Härtel. n. 15. —
1. Allgemeine Lehren u. Sachenrecht. (XII, 412 S.) n. 8. —
2. Recht der Forderungen, Familienrecht, Erbschaftsrecht. (X, 360 S.) n. 7. —

Grützmann, Paul, Leitfaden f. den Zwangsverwalter. Im amtl. Auftrage verf. 8. (97 S.) Leipzig 901. Veit & Co. Kart. n. 1. 60

— Wilh. Ferdinand (Bielen/Thür.), De pulsuum in hominibus sanis secundum varias diei partes variis mutationibus. Comment. physiol. Halle (Baentsch) 3. V. 1831. 69 S. mit Biogr. (M.: E. Leopold.) (6.—) 11940
Gew.: Carl Wilh. Wutzer.

Grützner, Meister. 25 Kupferätzgn. nach seinen Werken. Mit begleit. Versen v. Fritz v. Ostini. Imp.-4. (62 S.) München (895). F. Hanfstaengl. Geb. in Ldr. 40. —

Grützner, Meister. 25 Kpfr.-Atzgn. nach seinen Werken. Mit begleit. Versen von Fritz v. Ostini. (62 S.) Fol. München (903). F. Hanfstaengl. In Leinw.-Mappe 40 —

Grützner, Gedenkblatt an Prof. Dr. G. G. Valentin, s. Forster, A.

Grützner, Krankheit u. Tod bei Christen u. Heiden, s.: Missionsschriften f. Kinder. Nr. 9.

Grützner, Natla, das Bassuto-Mädchen, oder meine Kraft ist in dem Schwachen mächtig. 2. Cor. 12, 9. [Aus: „der kleine Sammler."] Wulkow 870. (Berlin, E Beck.) br. 8. (15 S. mit eingedr. Holzschn.) 1½ ngr.

Wie aus ehemaligen Heiden Missionshelfer werden. Von Miss.-Sup. **Grützner** in Bethanien (Südafrika). (Berlin: Berliner ev. Missionsgesellsch. [1906].) (10 S.) 8° [Kopft. J.]
= **Missionsschriften** f. Kinder. No 51. [06. 7360

Grützner, Adolf, Monographie über das fürstl. u. gräfl. Haus Schönburg. gr. 8. (VIII u. 106 S.) Leipzig 847. (Dresden, Gottschalck.) n. ½ ℳ

Grützner, Alfr., kleine Chorschule f. Männergesangvereine. 12. (156 S.) Leipzig (900). Verlag f. Kunst u. Wissenschaft. Kart. — 50

Grützner, Aug., die Augustin'sche Silberextraction in ihrer Anwendung auf Hüttenproducte u. Erze. Mit 4 Kpfrtaf. in gr. Fol. gr. 8. (XII u. 174 S.) Braunschweig 851, Vieweg & Sohn. n. 2 ℳ

Grützner, Eduard

— Charakterköpfe. 12 Orig.-Zeichngn. in Kpfdr. Fol. (1 Bl. Text.) München 890. F. A. Ackermann. geb. m. Goldschn. 15. —

— Ed. Grützner-Album. Fol. (12 Photogr.) München 892. Verlagsanstalt f. Kunst u. Wissenschaft. In Leinw.-Mappe. n. 30. —; Kabinet-Ausg. 12. —

3. Mai 1859—3. Mai 1909. Festschrift für die 50jähr. Jubiläumsfeier des Spar- und Vorschuß-Vereins zu Radeberg, e. G. m. b. H. in Radeberg. (Verf.: Eduard Grützner.) — Radeberg (1909): Nolte. 28 S. 8° [Umschlagt.]

Grützner, Ed., e. Franziskaner-Convent. 20 Charakterköpfe. 16. (1 Bl. Text.) München 892. F. A. Ackermann Geb. n. 6. —

Grützner, Ed., Studienblätter, s.a. Aus Studien-Mappen deutscher Meister.

Zehn Studien-Blätter in Lichtdruck von Eduard Grützner. Aus Studien-Mappen deutscher Meister. Herausgegeben von Julius Lohmeyer. Breslau. Fol.

Grützner, Ed., die sieben Todsünden. Ein Todtentanz. Imp.-Fol. (7 Photograv. u. Bildnis auf dem Titelbl.) Berlin (899). Photograph. Gesellschaft. In Mappe 50 —

Grützner, G. (Red.), s. Schmiede-Zeitung.

Grützner, Hermann: Hundert biologische Fragen und Antworten aus der einheimischen Insektenwelt. Beuthen O.-S. (1910): Kirsch. 58 S. 8°
Beuthen O.-S., st kath. OR P 1910 (313) [S 10. 152

Grützner, Herm., 100 biologische Fragen u. Antworten aus der einheimischen Insektenwelt. (58 S.) 8. Leipz. 910. Quelle & Meyer. — 80

Grützner, Konrad Erich, a. Dresden: Beiträge zur Petrographie des westlichen Kleinasien. Weida i. Th. 1908: Thomas & Hubert. (80 S.) 8°
Leipzig, Phil. Fak., Ref. Zirkel-Credner, Diss. v. 12. Juni 1908
[Geb. 5. Nov. 82 Dresden; Wohnort: Dresden; Staatsangeh.: Sachsen; Vorbildung: Drei-König-Sch. Dresden Reife O. 02; Studium: Tübingen 2, Leipzig 10 S.]

Grützner, Max [ständ. wiss. Lehrer]: Die Grenze zwischen Tier- und Pflanzenreich. Leisnig, Druck v. H. Ulrich, *1897;* 1—22 S. 4.
Leisnig, R m. PG, OP 1897 (503)

Grützner, P., zum Andenken an Rudolf Heidenhain. gr. 8. (45 S. m. 1 Bildn.) Bonn 898. E. Strauss. n. 1. 20
Sonderabdruck aus: „Archiv f. d. ges. Physiologie".

Grützner, P., Zur Technik des Turnunterrichts. Leipzig. 16 S., 8°.

Grützner, Paul (geb. Festenberg in Schles. 30. 4. 1847): Ein Fall von Mediastinaltumor durch ein Lymphosarcom bedingt. Berlin (1869). (36 S.) 8°
Berlin, Med. Diss. v. 17. Juli 1869

Grützner, Paul, Physiologie der Stimme und Sprache, s. Handbuch der Physiologie.

— u. B. Luchsinger, physiologische Studien. gr. 8. (VIII, 62 S.) Leipzig 882. F. C. W. Vogel. n. 1. 60

Grützner, Paul: Neue Untersuchungen über die Bildung und Ausscheidung des Pepsins. Breslau 1875. (86 S., 1 Taf.) 8°
[Im Buchhandel 1875 bei Cohn & Weigert in Breslau.]
Breslau, Med. Fak., Hab.-Schr. v. 17. März 1875

Grützner, P: Einige Versuche über stereoskopisches Sehen. Bonn 1902

Grützner, Richard, appr. Arzt: Aus d. Kgl. Chir. Klinik zu Leipzig. Über 2 Fälle von zystischem Echinokokkus der Leber. Leipzig: Fock 1908. 45 S. 8°
Leipzig, Med. Diss. v. 19. Dez. 1908, Ref. Trendelenburg
[Geb. 19. Aug. 81 Ruckersdorf i. S.; Wohnort: Dresden; Staatsangeh.: Sachsen; Vorbildung: Realgymn. Zittau Reife O. 03; Studium: Leipzig 5, Würzburg 2, Berlin 1, Leipzig 2 S.; Coll. 23. Dez. 08.] [U 09. 2783

Grützner, Rudolf: Untersuchungen über die Kondensation von Alkyl-Nitraten und Nitriten mit reaktionsfähigen Methengruppen. Tübingen 1908: Laupp. 71 S. 8°
Tübingen, Naturw. Diss. v. 4. Aug. 1908, Ref. Wislicenus
[Geb. 10. Sept. 84 Bern; Wohnort: Tübingen; Staatsangeh.: Württemberg; Vorbildung: Gymn. Tübingen Reife Juli 02; Studium: Tübingen 10, Genf 1, München 1 S.; Coll. 4. Aug. 08.] [U 09. 4004

Grützner, Walth., Rechnungssystem f. Landwirtschaft u. deren Nebenbetriebe. gr. 8. (184 S.) Hannover 896. (Bückeburg, G. Frommhold.) n. 2. 50

Gruva's, neue Kaffeebereitungsmethode, oder die Kunst, dem Kaffee den höchsten Wohlgeschmack abzugewinnen, nach der neuen eigenthüml. Methode des Herrn Gruva aus Hannover. kl. 8. Arnstadt 842, Meinhardt. Verklebt 7 ngl

Gruvel, A., die Cirripedien der deutschen Südpolar-Expedit., s.: Südpolar-Expedition, deutsche, 1901—1903. XI, 2.

Grüvel, Jh., Brandenburg. Bienenkunst. 8. Berl. 761. Wever. 12 gl

Gruwe, Paul, s.a. Supplemente, judizielle.

(F) Gruwe, P., Judizielle Supplemente. IV. Jahrg. 1906. 8°. (XII, 440 S.) Graz: Verlagsbuchh. Styria 1907. geb. K 6. —

GRÜWEL, J., Hochteutsche Vers-Reim- und Dichtkunst. Neuruppin 1709. 8°.
Goedeke III, 25. 48 (ohne Quellenangabe).

Gruyer. Essai sur la suppression des douanes. 8°. Hambourg et Bruxelles 1788.

Gruyère [Sachliches OW]

Gruyère: La Gruyère
① Journal indépendant, politique et agricole ⑤ 7. 10. 1882 (cont.) ⑥ in-2° ⑦ hebdomadaire, puis 2×, 3× (dès 1928) ⑧ Bulle: Philipp Haesler, Lenz (1886), Xaver et Alphons Glasson (1903), Les Fils d'Alph. Glasson ⑨ L'Echo littéraire (dès 1900) ⑪ C. Gillard (1882), Lenz ⑫ radical ⑬ BGSZ: 284, 986; La Gruyère 1942, no. 150 ⑭ Fr: C.

Gruyère. Die G'. Von C. Z.-H. s. a. Z[ingg], C[arl].

Gruyère, Die. [Luzern 1907.] V: *Zingg-Häfliger, Carl.* (BBullschw 10, S. 271)

Gruyère. La G' Illustrée. ([Recueil publié par] J[oseph] Reichlen, peintre à Fribourg.) [Avec musique, illustrations et planches.] 7 Livraisons. fol. 1890–1904.
1re Livraison. Année 1890. (Planches 1—9.) III feuilles + 19 p. (Fribourg ⟨Suisse⟩, Impr. et Libr. de l'Œuvre de Saint-Paul.) (fr. 6. —)
2e Livraison. Année 1891. (Planches 10–20.) II feuilles + p. 21—36. Fribourg Suisse, Libr. de l'Université. (fr. 6. —)
3e Livraison. Année 1892. (Poésies de Louis Bornet. [Avec] Biographie par R[aphael] Horner, prof. Planches 21—28.) II feuilles + p. 37—64. Fr' S', Libr. de l'Un'. (fr. 6. —)
Fasc. 4—6. Année 1894: Chants et Coraules de la Gruyère. ([Edité par les soins d'un] Comité.) [Illustré.] II + VIII + 86 + 13 p. Leipzig, C. G. Röder. [fr. 10. —]
6e Livraison (*Innentitel:* Fascicule 6) 1898: Les Poètes de la Gruyère. (Choix de leurs poésies. Préface et notices [biographiques par] Jos[eph] Sterroz.) [Avec illustrations et 9 portraits-planches.] 144 p. (Sécheron-Genève, Soc. des Arts graphiques.) (séparément fr. 15. —) — [Exempl.] N° *297*.
[7e et dernière, *non pas*] 8e Livraison 1903: Chansons et Rondes du Canton de Fribourg ([et] Chansons nouvelles, Composées pour le présent Recueil). [Avec illustrations et 3 planches.] VI + 91 p. Leipzig, C. G. Röder. [fr. 10. —] — [Exempl.] N° *388*.

Gruyère. La G' Illustrée. 8e [*d. i.* 7e] Livraison 1903: Chansons et Rondes du Canton de Fribourg ([et] Chansons nouvelles, Composées pour le présent Recueil. [Publiées par] J[oseph] Reichlen. [Avec mélodies, illustrations et 3 planches]). VI + 91 p. fol. Leipzig, C. G. Röder. [fr. 10. —]
N° 388. – *Il y a erreur dans la numérotation de la Livraison.*

Gruyère [Schlagwort]

Gruyère, s.: Schweiz. Müllhaupt, F.

Gruyère [Verfasser]

Gruyère, Johannes. Johannis G' Descriptio belli annis 1447 et 1448 gesti. Hrg. von P. Nicolaus Raedle s. Frikart, Thüring. Th' Frickarts Twingherrenstreit. Basel 1877.

Gruyere, J., descriptio belli annis 1447 et 1448 gesti, s.: Quellen zur Schweizer Geschichte.

de Gruyter, Paul [aus Ruhrort am Rhein]: Über Formazylmethylketon und eine neue Synthese von Triazolderivaten ... München, Buchdr. V. Höfling, 1893; 87 S., 1 Tab. 8.
München, Phil. Fak., Inaug.-Diss. v. 1893

Gruyter, Walt. de, zur Reform des Buchdruck-Preistarifs. Ein Wort zum Verständnis u. zur Verständigg. (54 S.) gr. 8. Berlin 910. G. Reimer. 1. —

de Gruyter, Walter [aus Ruhrort am Rhein]: Das deutsche Tagelied ... Druck v. J. B. Hirschfeld, 1887; 2 Bl. [illegible] 159 [illegible]
Leipzig, Phil. Fak., Inaug.-Diss. v. [illegible] März 1887.

Gruyter, Walter de, das deutsche Tagelied. Inaugural-Dissertation. gr. 8. (159 S.) Leipzig 887, (Fock.) *

Gruz, Hippolyte, Compositionen f. Glasmaler, Glasätzer u. Decorationsmaler. [Aus: „Motive der modernen Decorationsmalerei".] 25 (chromolith.) Taf. Fol. (25 Bl. Text.) Berlin 886. Claesen & Co. In Mappe. n. 50. —

Gruz, H., Motive der Decorationsmalerei in den modernen Wohnungen. 1.—8. Lfg. gr. Fol. (40 Chromolithogr. und 16 Blatt Text.) Lüttich 873,74, Claesen. à Lfg. *ℳ 8. *

Gruz, H., Motive der Decorationsmalerei in den modernen Wohnungen. 9.—12. (Schluss-)Lfg. Fol. (21 Chromolithogr. mit 4 Bl. Text.) Lüttich 876, Claesen. à Lfg. *ℳ 8. *
1.—8. Lfg. Ebendas. 1873,74. à Lfg. *ℳ 8.

Gruz, Hippolyte, Motive der modernen Decorationsmalerei. 2. Aufl. 1.—4. Lfg. Fol. (à Lfg. 4 Chromolithogr. mit je 1 Bl. Text.) Berlin 884, Claesen und Comp.
In Mappe à Lfg. *ℳ 7,50.; *

—— Motive der modernen Decorationsmalerei. 2. Aufl. 5.—15. (Schluss-)Lfg. Fol. (à Lfg. 4 Chromolithogr. mit 4 Bl. Text.) Ebendas. 885.
In Mappe; Subskr.-Pr. à Lfg. *ℳ 7.50. *
Das compl. Werk (60 Taf. in Farbendr., mit Text) in Mappe *ℳ 120.—. In 4 Bdn. à *ℳ 30.—.
3. Aufl. u. d. T.:

Gruz, H., farbige Motive der modernen Decorationsmalerei. Gemalte Decken u. Wände, Thürfüllungen u. Wandpanäle, Thürkrönungsfelder, Friese, Zwickelfelder, Tapetenmalerei, eingelegte Arbeiten etc. in Renaissance, Barock, Rococo u. Louis XVI. [3. Aufl. der Motive der modernen Decorationsmalerei.] Fol. (60 chromolithogr. Taf.) Berlin 888. Claesen & Co. n. 120. —; in 6 Lfgn. à n. 20. —

— dasselbe. Neue Folge. A. u. d. T.: Der Decorationsmaler. Motive zur modernen Decken- u. Wandmalerei. 5 Lfgn. Fol. (à Lfg. 5 Chromolithogr.) Ebd. 887. 888. à Lfg. n. 10. —

— Spécimen de la peinture moderne. (25 T) fol [VS] Berlin

Gružewski, Vespasian v., über die Incompetenz der Beweise für und wider die Homöopathie gegenüber der conditio sine qua non um die ganze homöopath. Streitfrage zu lösen. gr. 8. (XIV, 103 S.) Riga 874, Kymmel. *

— die Recensenten meiner Schrift: „Ueber die Incompetenz der Beweise f. u. wider die Homöopathie gegenüber der conditio sine qua non, um die ganze homöopath. Streitfrage zu lösen." An Aerzte u. gebildete Leser. gr. 8. (V, 50 S.) Leipzig 876. F. Fleischer. n. 1.

Gruezmacher. [illegible]
Berlin, Med. Diss. v. [illegible] Mai [illegible]

Grüzmacher, F., Hand Fibel, s. Hand-Fibel.

Grüzmacher, F., kurzes Lehrbuch f. d. Unterricht in d. deutschen Sprache. 8. Stettin 818. (Nicolai in Berl.) 4 gl

Grüzmacher, G. — Hilfsbüchlein für Vorturner der Martinengo'schen Turnanstalt in Preßburg von — —. Preßburg, 1857 Druck v. Alois Schreiber. (28 S. 8.)

Grüzmacher, Samuel David (Glasov / Pommern). Gradus bonorum operum et virtutis. Diss. moralis. Präs. Sigism. Jacob Baumgarten. Halle (Joh. Christ. Grunert) Okt. 1739. 27 S. (6.—) 11941
Gew.: Samuel Ulrich Grüzmacher (Vater). — Widm. v.: Präs., Jac. Heinr. Sprengel (Rezin/ Ukermark).

Grüzmacher, Guilelmus: *De Novi Testamenti versione Valdensi. 79 S. 8° (4°)
Halle-Wittenberg, Phil. Diss. v. 13. Nov. 1861
Geb. [Zobten (Kr. Schweidnitz) 17. 9. 1830]

Grüsmüller, Frz., s.: Dittrich, Joh. Gg.

Gryczewski, E.O. De nomine adverbiascente latino. 10 S. . . . .
Progr. Königsberg A. 1836

Gryczewski, E.O. De substantivis Latinorum deminutivis. 12 S.
Progr. Königsberg A. 1830

Grynäus, Aloys

— Rövid népszerü algebra vagy betüszámtan elemei. Kissebb iskolák, magán-tanulok, kereske-delmi és müveszeti gyakornokok, és kezdok használatára. 12. (IV u. 50 S.) Ebd. 852. 4 ngr

GRYNAEUS, ALOYS: Kleine Bilderbibel oder Hauptabbildungen des alten und neuen Testaments. In 90 Abbildungen und Versen dargestellt für die zarte kleinere Jugend. Ins Deutsche übersetzt von Franz K . . . r Pesth 1854: A. Bucsánszky. 48 S. - 8°
- Dass. Pesth 1857: A. Bucsánszky. 46 S. - 8°

— Egyházi beszédek gyüjteménye. I. kötet: Ünnepi beszédek. II. kötet: Ünnepiek. 16. (1: IV u. 137 S. 2: IV u. 139 S.) Pest 851. (Geibel.) 2/3 ₰

Grynaeus, Aloys, Paedagogia sublimior theoretica, et applicata. 8. (110 S. mit 4 Stnt. in qu. gr. 4.) Pestini 852, (Geibel.)
ill. *

GRYNAEUS, Alois: De persona Jesu Christi. — (1833) 174 S. 4° (Handschr.)
Diss. Wien, Univ. Diss. 36

Grynaeus, I. Iac., epistolae familior. LXVI. 8. Francf. 715.

Grynaeus, Joannes. Λείψανα sive Opuscula theologico-miscellanea . . . Basil. 1746. H: *Frey, Joh. Ludwig.* (ML)

Grynaeus, Joh.: Theses juridicae miscellaneae, s.a. Bernoulli, Nikolaus (Praes.)

Grynaeus, Joh.: Theses juridicae miscellaneae. 43 S.– Basel, Jur.Diss.v. 29.Juni 1725.

Grynaeus, Joh.: Theses (miscell.), s. Mangold, Peter (Praes.)

Grynaeus, Joh.: Theses miscellaneae ex jure naturae et philosophia morali.(Resp.: Joh.Jakob Erzberger). 7 S.– Basel, Jur.Diss.v. 9.Dez.1727.

Grynaeus, Simon

— s. J. Abernethy, vom Daseyn Gottes.

Grynäus, Sim., († 1799.) Anweis. zum Nachdenken über wichtige Wahrheiten; dem Französ. des Abtes Tetu nachgeeifert. gr. 8. Basel 782. Flik. 10 gl

— s. Bibel.

Grynaeus, Simon I [1493–1541]. Simonis Grynaei, clarissimi quondam Academiae Basiliensis theologi ac philologi, Epistolæ. Accedit index auctorum eiusdem Grynæi opera et studio editorum. Collegit et edidit Guil[elmus] Theod[orus] Streuber, Basiliensis. 4. Basiliæ 1847.

Grynaei, Sim., epistolae. Accedit index auctorum ejusdem Grynaei opera et studio editorum. Collegit et ed. Guil. Theod. Streuber. 4. (VIII u. 62 S.) Basiliae 847, Neukirch. 18 ngr

Grynaeus, Simon I s. Gespräch. Ein Christenlich g' gehallten zů Bern.

— s. Hiob.

— s. M. Jonas, von d. Freundschaft.

— s. Meisterstücke engl. Dichter.

— opuscula theologiae miscell. 8. Bas. (Hilscher, Lips.) 746.

— s. Osterwald, Gebetbuch.

— s. Philosoph, d. offenherzige.

— acht geistliche Reden. 8. Basel 751. Schweighäuser. 12 gl

— s. A. J. Roustan, Briefe.

— s. Testament, d. Neue.

Grynäus, Simon II [1727–1799]. Trostgründe bey der Leichenbestattung der ... Frau Salome Burckhardt. gebohrnen Keller. ... den 13ten Augstm. 1792 ... [zu Basel] vorgetragen. 8. Basel.

Grynäus, Simon II. Das Warten auf das Heil des Herrn, bey der Leichenbestattung des ... Herrn Jeremias Wildt, des Grossen Rathes ..., den 13ten Herbstmonats 1790 ... [zu Basel] vorgetragen. 8. Basel.

— s. J. Watt, Gedanken.

— die ächten Werke apostolischer Männer, s. Werke.

Groyon [Schlagwort]

Gryon, s.: Schweiz. Atlas.

Gryphius, Andreas

Gryphius, A., Absurda comica od. Herr Peter Squenz, s.: Universal-Bibliothek.

Gryphius, A., dramatische Dichtungen, s.: Dichte deutsche, d. 17. Jahrh.

Gryphius, Andr., die geliebte Dornrose. Scherzspiel in 4 Aufzügen. Für die Bühne bearb., übers. u. hrsg. v. Karl Engelhard. (IV, 62 S.) 8. Strassburg 908. J. Singer. 1.50

Gryphius, Andr., auserlesene Gedichte, s. Bibliothek deutscher Dichter.

Gryphius, (Andr.,) auserlesene Gedichte, s. W. Müller Biblioth. deutscher Dichter.

— lyrische Gedichte, s.: Dichter, deutsche, des 17. Jahrh.

Gryphius, Andr., das verliebte gespenst, gesangspiel, und die geliebte Dornrose, scherzspiel, mit einleitung herausg. von Herm. Palm. Breslau 854. E. Trewendt. gr. 8. (115 S.) n. 20 ngr

Gryphius, Andr., das verliebte gespenst, gesangspiel, und die geliebte Dornrose, scherzspiel, mit einleitung hrsg. von Herm. Palm. gr. 8. (115 S.) Breslau 855, [Trewendt.] *

— Horribilicribrifax, s.: Neudrucke deutsch Literaturwerke d. 16. u. 17. Jahrh.

— Lustspiele, s.: Bibliothek d. litterar. Vereins in Stuttgart. 171. 138. 162.

Gryphius, Andr., Olivetum oder der Oelberg. Lateinisches Epos, übersetzt und erläutert von Fr. Strehlke. Weimar 862. Böhlau. Lex.-8. (64 S.) n. 12 ngr.

—— Sonn- und Feiertags-Sonette, s. Neudrucke deutscher Litteraturwerke des XVI. und. XVII. Jahrh.

— Peter Squenz, s.: Neudrucke deutscher Litteraturwerke des 16. u. 17. Jahrh.

Gryphius, Andr., Szenen aus Horribilicribrifax Teutsch, s.: Bibliothek f. deutsche Schüler.

– Trauerspiele, s. Bibliothek des litterarischen Vereins in Stuttgart.

Gryph, Andr., Triple, s. Chr. Logau, Sinngedichte im 3n Thle.

Gryphius, Andreas, Werke, s. National-Litteratur, deutsche.

Gryphius, Christian

Gryphius, Christian, vgl. Hans Aßmann Freiherr von Abschatz, Poetische Uebersetzungen und Gedichte, Leipzig und Breslau (1704).

— apparat. s. dissert. de scriptorib. hist. saec. XVII. illustraat. 8 Lips. Fritsch. 710.

[illegible]

Gryphius, Christian: Hoch-Gräfliches. Schaffgotschisches Ehren-Mahl. Leipzig: Christian Bauchen. Buchhändlern in Breßlau 1708. 120 S.

Gryphius. Christian. Christiani Gryphii Kurtzer Entwurff der Geistl. und Weltlichen Ritter-Orden [illegible] zum anderenmahl weit verbesserter und mit Einrückung einiger vorhin mit Stillschweigen übergangener Ritter-Orden und Gesellschafften vermehrter heraus gegeben von Christian Stieff! Leipzig und Breßlau. Verlegts Christian Bauch. 1709. Titelkupfer. Tit. 8 Bl. 459 S. 7 Bl. 8°. [illegible] Ausgabe 1697 bei Thomas Fritsch in Leipzig

Christiani Gryphii Gedächtnis-Schrifften. Leipz. 1702. 8o.

Gryß, Chr., Gedanken eines Protestanten über die sogenannte deutsch-kathol. Kirche und deren öffentliche Anerkennung. 8. Hamburg 845. Berendsohn. n. 1/8 ℳ

Gryphius, C., v. geistl. u. weltl. Ritterorden. 8. Breslau. 709.

Gryphii, Chr., Vitae selectae quorund. illustrium virorum. Vratisl. 711. 8.

— Vitae selectae XVII. eruditissimorum hominum, a clarissimis viris quibusdam scriptae et ob summam praestantiam atque veritatem olim collectae a D. Christ. Gryphio ... Accessione Vitae Diogenis Christiani lectu dignissimae, quae nunc primum ex MSto prodiit ... Breslau, D. Pietsch. 1739. 8°. 7 Bl. & 728 S. *Mit von J. Tscherning gestoch. Frontispiz (Porträt des Chr. Gryphius).* HLdbd. d. Z. mit Rsch. und reicher Rv. (Deckel etwas berieben, einige Wurmgänge).

Die hier gesammelten Biographien betreffen H. FRACASTORO, A. MAURICENUS, ROBERT COTTON, HELENA CORNATA, J. P. PFEIFFER u. a. Einige mit guten Bibliographieen. Besonders erwähnenswert ist die Vita des berühmten Basler Buchdruckers und Buchführers OPORINUS, der u. a. Vesal und Paracelsus verlegt hatte, mit einem 56seitigen Verzeichnis seiner Drucke.

Gryphius, Christian, Christiani Gryphii // Poetische // Wälder. // Die andere Aufflage. // Mit Königl. Polnischem und Chur-Sächs- //sischem PRIVILEGIC. // Franckfurt und Leipzig /// Verlegts Christian Bauch /// Anno 17o7. - 16 Blatt (nicht paginiert) Titelkupfer, Titelblatt, Widmung und Vorrede. - 826 S.
Auf dem Einbanddeckel steht in Golddruck:
K. C. CLODIUS
SOCIETATI POETICAE
GORLIC: AMICAE
MANCIPAVIT
1 7 2 o.

B. S. T. 8°.261a.

Gryphius. Chr. Christiani Gryphii Poetische Wälder. Der I. Theil. Die dritte Auflage. — ... Anderer Theil. Nebst einem doppelten ungebundenen Anhange. — [2 Teile in 1 Bde.] Breslau & Leipzig, J. G. Bleßing. 1718. 8°. *Gestoch. Frontispizporträt von J. Tscherning nach J. G. T.* 15 Bl. 826 S.; 442 & 59 S. Etwas mitgenommener und bestoßener alter Pbd., Rücken sauber erneuert.
G. III, 271: 6. FdF. 1642. Kroker I, n. 244 (nur: Anderer Theil). Erste Gesamtausgabe.

— poet. Wälder. 2 Thle. rc. 8. Leipzig, Fritsch. 718.

Gryps, Magister, Eirms Biographie aus der wirkl. Welt, od. Halbroman, wie es die Leser selbst haben wollen. 8. Hof 801. Grau. 20 gl.

Grysanowski, Ernst G. F.

Grysanowski, E. G., die Ansprüche der Physiologen. Eine Erwiderung auf Hrn. Prof. Heidenhain's Schrift: „Die Vivisection im Dienste der Heilkunde". gr. 8. (52 S.) Leipzig 879. F. Schneider. n. — 80

Grysanowski, E., kritische Beleuchtung der Vivisectionsdebatte im preußischen Abgeordnetenhause, s. Tait, Lawson.

—— das ärztliche Concil zu London [Aug. 1881]. 8. (55 S.) Hannover 882, Schmorl und v. Seefeld.

Grysanowski, E., die Presse u. die vivisectorische Reclame. gr. 8. (10 S.) Dresden, Buchh. d. Internationalen Vereins zur Bekämpfg. d. wissenschaftl. Thierfolter. — 10

Gesammelte antivivisectionistische Schriften v. Dr. med. et phil. E(rnst G. F.) Grysanowski. (M. Sondertit.; auf d. Sondert. 1 nennt sich d. Vf.: Isegrim; a. d. Sondert. II: E. G. Hammer.) *Münster i. W.: Dr. u. Kommr. v. J. Bach 1897.* (3 Bl., 415 S.) 1 Bd 8. [97. 1..]

— ein Wort zur Verständigung üb. die Vivisectionsfrage. 8. (III, 66 S.) Hannover 885. Schmorl & v. Seefeld. n. — 50

Grysar, C. G., s. Grysar, C. Jos.

Grysar, C. Jos.

Grysar, C. J., Andeutungen über die Eigenthümlichkeiten in der Darstellung und Latinität des Geschichtsschreibers Tacitus. (Aus d. Zeitschrift für d. österr. Gymnasien.) Wien 853. Gerold. gr. 8. (42 S.) 10 ngr.

über das Canticum und den Chor in der römischen Tragödie. (Aus d. Sitzungsberichten d. k. Akad. d. W.) (Wien 855. Gerold.) gr. 8. (61 S.) n. 10 ngr.

Grysar, C. Jos., de Doriensium comoedia quaestiones scripsit, atque Epicharmi et Italicae comoediae scriptorum fragmenta. Vol. I. 8. Köln 828. J. G. Schmitz. 20 gl.

Grysar, C. Jos., Handbuch der Geschichte des Alterthums. Nach den Quellen u. mit durchgängiger Benutzung der neuesten Forschungen bearbeitet. In 3 Abthll. gr. 8. Köln 835. J. G. Schmitz. 2 2/3 ₰

— Handbuch lateinischer Stilübungen für die oberen Klassen der Gymnasien. Lex.-8. Köln 839. J. G. Schmitz. 5/6 ₰

Grysar, C. Jos., Handbuch latein. Stilübungen f. die oberen Klassen der Gymnasien. 2., umgearb. u. verm. Ausg. gr. 8. (25 1/2 B.) Köln 845, J. G. Schmitz.

— Handbuch lateinischer Stilübungen. 1. Abth., für die untere Stufe des Ober-Gymnasiums. 3. sehr verm. u. bericht. Aufl. Köln 854. J. G. Schmitz. gr. 8. (V, 277 S.) n. 16 ngl

— Handbuch der allgemeinen Weltgeschichte. Zum Gebrauche d. oberen Klassen der Gymnasien u. höheren Lehranstalten. 1r Bd. 1e Abthl. Geographie u. Geschichte des Alterthums bis auf Alexander dem Großen. gr. 8. Köln 833. J. G. Schmitz. 1 1/6 ₰ — 1r Bd. 2e u. 3e Abthl. Geographie u. Geschichte des Alterthums von Alexander d. Gr. bis auf die Zerstörung des Weströmischen Reichs. gr. 8. Ebd. 835. 1 1/2 ₰

—— Handbuch d. allgem. Weltgeschichte. Zum Gebr. d. obern Klassen d. Gymnasien u. höh. Lehranstalten. 1. Bd. 2. u. 3. Abthl. Geographie u. Gesch. d. Alterthums v. Alexander d. Gr. bis auf d. Zerstör. d. weström. Reichs. gr. 8. (34 B.) Köln 836, J. G. Schmitz. •

1. Bd. 1. Abthl. Ebendas. 1833. • 1 Thlr. 4 Gr.

— der römische Mimus. Eine literarisch-historische Abhandlung. (Aus d. Sitzungsberichten d. k. Akad. d. W.) (Wien 854. Gerold.) gr. 8. (103 S.) n. 16 ngl

— (Hrsg.). s. Ovid

Grysar, C. J. Die Akademiker Philo und Antiochus. 29 S. . .
Köln, kath., Progr. 1849

Grysar, C. J. Prolegomena ad Ciceronis libros de officiis. 36 S. .
Köln, kath., Progr. 1844

Grysar, C. J. De Sophrone mimographo. 14 S. . . . .
Progr. Cöln k. 1838

—— Theorie d. latein. Stils, nebst e. latein. Antibarbarus. gr. 8. (43 1/4 B.) Köln 831, J. G. Schmitz.

— Theorie des latein. Stiles, nebst e. latein. Synonymik u. e. latein. Antibarbarus. 2., umgearb. u. verm. Ausg. 1. Bd. gr. 8. (29 B.) Köln 843, J. G. Schmitz. *

— de Graecorum tragoedia qualis fuit circum tempora Demosthenis. 4maj. Köln 830. Bachem. 8 gl

Grysen, Nikol., s. Joach. Schlüter, ein Beitrag zur Reformat.-Geschichte rc.

C. F. Gryson's vollständige Sammlung nützlicher und angenehmer arithmetischer Aufgaben. erster Band. Halle, Hendel,. gr. 8. (12 gr.) 1792.

Joh. Phil. Gryson's Beschreibung und Gebrauch einer neuerfundenen Rechenmaschine, nebst einem Anhang oder Zusatz zu obiger Beschreibung von *Küstner* und *Klewitz*. Halle b. Hendel. 8. (1 rthl. 12 gr.) 1792.

Grytzell, Jos., vor dem höchsten Gerichtshof, s.a. Für Dich.

Vor dem höchsten Gerichtshof. Eine Erzählung von Josef **Grytzell**. Aus d. Schwed. übers. von K. v. B. Autor. Uebers. Berlin: Deutsche Evang. Buch- u. Tractat-Gesellsch. [1907]. (32 S.) 8° [F.]
= **Für** Dich! No 33. [07. 9369

Gryziecki, Fel., Studien über den strafbaren Betrug. gr. 8. (VII, 189 S.) Lemberg (Batorygasse 7) 870. Selbstverlag. 2. 50

GRZEGORZEK, Adalbertus: De peccato originali. — (1845) 122 S. 4° (Handschr.) Diss. 148
Diss. Wien, Univ.

Ein türk.-tatarischer Dialekt in Galizien. Vokalharmonie i. d. entlehnten Wörtern d. karaitischen Sprache in Halicz. (Mit Einl., Texten u. Erkl. zu d. Texten.) Von Johann v. **Grzegorzewski**. *Wien: C. Gerold's Sohn in Komm. 1903.* (80 S.) 8°
= **Sitzungsberichte** der Kais. Akademie d. Wiss. in Wien. Philos.-hist. Kl. Bd 146, 1. [03. 13041 9

Grzembke, Hermann: Aus d. Marienkrankenhaus zu Bonn. Der Einfluss der Laparatomie auf die tuberkulöse Peritonitis. Bonn 1909: Foppen. 38 S. 8°
Bonn, Med. Diss. v. 10. Mai 1909, Ref. Garrè
[Geb. 4. Okt. 84 Eupen; Wohnort: Bonn; Staatsangeh.: Preußen; Vorbildung: Gymn. Warburg Reife O. 03; Studium: Bonn 10 S.; Coll. 30. Juni 08; Approb. 1. Mai 09.] [U 09. 338

Grzenkowski, Wilhelmine Albertine

In einsamen Stunden. Gedichte von Margareta Wilhelm [d. i. Wilhelmine Albertine **Grzenkowski**]. (Hrsg.: Karl Schrattenthal.) *Pressburg: K. Schrattenthal, Selbstverl.; Colberg, C. Burmann in Comm. (1898).* (III, 56 S.) 8° [F.] [98 1108.

Grzesicki, Vict., s.a. **Exercier-Reglement f. die russische Infanterie.**

Grzesicki, k. u. k. Hauptmann Victor. (ü. c. im Inf. Reg. Nr. 20, cdt. b. Generalstab.) Exercier-Reglement für die russische Infanterie (Ustáw strojewój pjechótnoj sslúzby.) Ausgabe 1900. (Mit 10 Tafeln.) 8. Wien 1902.

— s.: **Felddienst-Vorschrift, russische.**

— s.a. **Gefechts-Vorschrift, russische.**

Grzesicki, Viktor, k. u. k. Hauptmann (ü. c. im Inf. Reg. Nr. 20, cdt. b Grlstb.) Russische Gefechts-Vorschrift. (Nakás wojskám w bojú.) Als Entwurf erschienen im Sommer 1900. Vollinhaltlich übersetzt von . . . . . Mit 5 Beilagen, darunter 11 Tafeln. 8. Wien 1901.

— s.: **Krieg, der russisch-türkische, 1877—1878 auf der Balkanhalbinsel.**

Grzesicki, Vikt., s.: Streffleur's militär. Zeitschrift.

Grzimek, Günther, Referendar: Die Rechtsgrundsätze der Begebungskonsortien. Breslau 1910: Korn. 91 S. 8°
Breslau, Jur. Diss. v. 20. April 1910, Ref. Meyer, Dahn
[Geb. 24. Okt. 87 Breslau; Wohnort: Reinerz; Staatsangeh.: Preußen; Vorbildung: König-Wilhelms-Gymn. Breslau Reife O. 06; Studium: Breslau 3, München 1, Breslau 2 S.; Rig. 12. Nov. 09.] [U 10. 490

Grzonka, das metrische Maß u. Gewicht. Für Elementarschulen u. jeden Geschäftsmann. Cosel 870. Silbermann. 8. (IV, 37 S.) 3 ngr.

Grzonka, deutsche Sprachlehre für utraquistische Schulen. Oppeln 860. Clar. 8. (IV, 158 S.) n. 6 ngr.

— — 2., sehr verm. Aufl. Breslau 864. Maruschke & Berendt. 8. (IV, 156 S.) n. 7 1/2 ngr.

Grzonka, kleine deutsche Sprachlehre f. Elementarschule In leichtfaßl. Weise dargestellt. 8. (III, 20 S.) Gro Strehlitz 875. Dannehl. n. — 15; cart. n. —

Grzybowski, Aug., Geschichte der evangelischen Steindammer Kirche zu Königsberg i. Pr., aus Anlaß ihres 650jährigen Jubiläums verf. (VII, 101 S. m. 4 Taf.) gr. 8. Königsberg 905. (Gräfe & Unzer, Buchh.) n. 1.20

Geschichte der evangelischen Steindammer Kirche zu Königsberg i. Pr. aus Anlaß ihres 650j. Jubiläums verf. von Aug. **Grzybowski**, Pfarrer. Königsberg i. Pr. 1905: E. Rautenberg. (VII, 101 S.) 8° [F.] 105. 9016 10

Grzybowski, Aug.: Kreissynode K ö n i g s b e r g - S t a d t , s. H a a c k , Alb.

Grzybowski, H., die thouveninsche Spitzkugelbüchse in Verbindung mit dem delvignéschen und miniéschen Spitzkugelsystem nebst einer Abhandlung über Schrotläufe und Schrotschuß. 1. Aufl. (IV und 112 S.) 1854. ** 1 Thlr. 3 Ngr. und 2., verb. Aufl. gr. 8. (VIII und 122 S. mit 19 in den Text gedr. Holzschn.) Berlin 855, Mittler und Sohn. —

Grzybowski, Paul. Künstlerliebe, Erzählungen. Cincinnati, 1884. UC

Grzybowski, Paul, Land u. Leute in Amerika. Skizzen nach dem Leben. gr. 8. (X, 290 S.) Berlin 894. (H. Steinitz' Verl.) n. 3. —

Grzybowski, Paul, amerikanische Skizzen. 2. Aufl. v. „Land u. Leute in Amerika". gr. 8. (X, 290 S.) Berlin 896. F. Schneider & Co. n. 3. —

Grzybowsky, H., die Thouvenin'sche Spitzkugelbüchse in Verbindung mit dem Delvigné'schen und Minié'schen Spitzkugelsystem nebst einer Abhandlung über Schrootläufe u. Schrootschuß. Danzig 854. (Devrient.) 8. (2 Bl., 112 S.) n. 1 ₰ 3 ngr.

— — 2. verb. Aufl. Mit 19 in den Text gedr. Holzschn. Berlin 855. Mittler u. Sohn. gr. 8. (VIII, 122 S.) 22½ ngr.

Grzymisch, S[amuel]: Die W e i s h e i t der Heiligen Schrift der Israeliten. Ein Gedankensystem in Bibelversen von –. Berlin: Borngraeber 1909. 154 S. 8°.

Grzymisch, Siegfried: Spinozas Lehren von der Ewigkeit und Unsterblichkeit. *Breslau 1898: Th. Schatzky.* (32 S.) 8° ¶ (Soll vollständig erscheinen.)
Breslau, Phil. Diss. v. 21. Juli 1898

Grzymisch, Siegfr., **Spinoza's** Lehren v. d. Ewigkeit u. Unsterblichkeit. gr. 8. (V, 59 S.) Breslau 898. Berlin, S. Calvary & Co. n. 1.60

Grzymisch, S., die Weisheit d. Hl. Schrift d. Israeliten. Ein Gedankensystem in Bibelversen. (154 S.) gr. 8. Berlin 909. Verlag Neues Leben. 2.50; geb. 3.50

Grzymysławia, Ludw. z, Mezalians. Powieść. Posen 869. Merzbach. 8. (103 S.) 15 ngr.

Gsaller, Karl

G s a l l e r, Carl. Ueber alpine Nomenclatur und ihre Festsetzung. [A.] 8. ([Salzburg] 1885.)

Gsaller, Carl, das Stubeithal. Eine topographisch-tourist Darstellg. v. Thal u. Gebirg. Mit 149 Abbildgn., 2 Panoramen u. 2 Karten. [Aus: „Stubei". Thal u. Gebirg, u. s. w.] Lex.-8. (VIII, 308 S.) Leipzig 891. Duncker & Humblot. Geb. in Leinw. n. 8. —

Gsaller, Rup., der K i r c h e n b a u auf Grund des Kirchenbaues in der Schöpfung. 2., im Text vollständig umgearb. u. wesentlich erweit. Aufl. gr. 8. (XII, 88 S m. 5 Taf.) Wien 895. (St. Norbertus.) n. 2. —

— V o r s c h l a g zu e. neuen Kirchenbaustil. gr. 8. (16 S. m. 5 Taf.) Linz 893. Qu Haslinger. n. 1. —

G'sangeln, Etla, duranand . . . Salzb. 1880. V: *Högler.* (wagner) *Höger.* (Hr)

Gsänger u. **Gspiel**, allálai christligö, in der oberösterreichischen Volksmundart. Hrsg. von S i g m. F e l l ö c k e r. 1. Bdchn. 8. Linz 883. Haslinger. n. 2. —
Allálai christligö Gsänger u. Gspiel in der oberösterreichischen Volksmundart von Ed. Z ö h r e r, in fortwährendem Einvernehmen mit dem Dichter erläutert u. hrsg. von Sigm. Fellöcker. 1. Bdchn. (XV, 256 S.)

Gsänger u. Gspil, allálai christlichö in der oberösterreichischen Volksmundart v. Ed. Z ö h r e r. Hrsg. v. Sigm. F e l l ö c k e r. 2. Bdchn. 8. (XXXI, 240 S.) Linz 886. Haslinger. n. 2.40 (1. u. 2.: n. 4.40)

Gsänger u. **Gspil**, allálai christligö, in der oberösterreichischen Volksmundart v. E. Z ö h r e r. Erläutert u. hrsg. v. S. F e l l ö c k e r. 3. Bdchn. 8. (VIII, 264 S.) Linz 888. Haslinger. n. 2.40 (1—3.: n. 6.80)

Gscheidlen, Em(anuel): Der Handfertigkeitsunterricht an den höheren Schulen und sein Zusammenhang mit den naturwissenschaftlichen Schülerübungen. (Mannheim 1909: Jacob.) 26 S. 4°
Mannheim, RG m. R, Lessing-S P 1909 (847) [S 09. 147

Gscheidlen, Rich., A n a l y s e der Quelle zu Königsdorff-Jastrzemb. gr. 8. (20 S.) Breslau 877. Maruschke & Berendt. n. 1. —

GSCHEIDLEN, RICHARD. Von dem Einfluss des essigsauren Morphiums auf die Erregbarkeit der motorischen und sensiblen Nerven des Frosches. Würzburg, 1868.

Gscheidlen, Rich., physiologische M e t h o d i k. E[in] Handbuch der prakt. Physiologie. Mit zahlreich[en] in den Text eingedr. Holzschn. 1. Lfg. gr. 8. (160 S.) Braunschweig 876. Vieweg & Sohn. n. 6.

— physiologische M e t h o d i k. Ein Handbuch der prakt. Physiologie. Mit zahlreichen in den Text eingedr. Holzst. 2—4. Lfg. gr. 8. (S. 161—640.) Braunschweig 876—79. Vieweg & Sohn. n. 18.40 (1—4.: n. 24.40)

Gscheidlen, Richard: Studien über den Ursprung des Harnstoffs im Thierkörper. Leipzig: W. Engelmann 1871. (44 S.) 8° *[Buchausg. ebenda; ein Auszug in: Jahresbericht d. Schles. Gesellsch. f. vaterl. Cultur. 49. 1871.]*
Breslau, Med. Fak., Hab.-Schr. v. 31. Mai 1871

Gscheidlen, R., Untersuchungen aus dem physiolog. Laboratorium, s. U n t e r s u c h u n g e n.

Gschicht, die, vom Wilhälm Täll. Wie se ne Bärner Schulmeischter sine Buebe erzellt het. 3. Aufl. Bern 863. Jenni. gr. 8. (8 S. mit eingedr. Holzschn.) 3 ngr.

G'schicht, die, vom Winkelried, wie se ne Schuelmeister syne Chinder erzellt het. In-8°, 11 S. Bern, Rud. Jenni's Buchhandlung (H. Köhler). 1886. — 30

Gschichte, bärndütschi, vo der R. J.-B. (R. Ischer-Bringold). Buchschmuck v. Clara Ischer. (III, 343 S.) gr. 8. Bern 903. [E. Sutermeister.] Lyß, A. Wenger-Kocher. 3. 50

G'schichten u. Versli, Baselditschi, fir unseri Schnoke. Mit 14 scheno Helge v. O. Pletsch, L. Richter u. andere Kinstler. gr. 8. (80 S.) Basel 894. A. Geering Kart. n. 2. 40

Gschihay, Georg Emil, s. Jahrbuch, Egerer.

Gschirhakl, Joh., feldärztl. Improvisationen, s.a. Hand-buch f. k. u. k. Militärärzte.

Gschirhakl, J. Feldärztl. Improvisationen. (Myrdacz's Hdb. II 7.) Wien 1896. (Dopp.) 2 Bde.

Gschirhakl. Über d. Verwundeten-Transport. (S.-A.) Wien 1886.

Gschmeidler, Arth. Edler v., die Haftpflicht der Aerzte. Vortrag, geh. im Wiener Aerzteverein. (32 S.) gr. 8. Wien 905. Manz. n. — 60

— der ärztliche Versuch am lebenden Menschen. Vortrag, geh. in der Wiener jurist. Gesellschaft am 21. II. 1906. (32 S.) 8. Wien 906. W. Braumüller. n. — 80

Gschmeidler, Arth. Edler v., Zahnarzt u. Zahntechniker. Denkschrift zur Regelg. ihrer Rechtsverhältnisse, verf. üb. Anregg. des Vereines österr. Zahnärzte u. des Vereins Wiener Zahnärzte. gr. 8. (20 S.) Wien 900. F. Deuticke. n. 1. —

Gschmeidler, Frz. S., Gischt u. Brandung. (79 S. m. Bildnis.) 8. Mödling (905). J. G. Thomas. n. 2. —

G'schnack, albern's, und boshafte Nachred'n von mein'n Landsleut'n, den braven Oestreichern. Oder Anekdot'n, die s' in Reich und in Schwab'n von uns erzähl'n, aber ni wohr sind. Mein'n Landsleut'n im Vertrau'n erzählt und nur für s' allein g'sammelt von d'm Schanz'l Balbier in Wien. (Den kennt's doch g'wiß alle.) 8. Hersfeld 834. Industrie-Comptoir. 3/8 ℛ

Gschaltzer Friedrich: Die Affinität in der Ebene nebst ihren speciellen Fällen, der Ähnlichkeit, Congruenz und Flächengleichheit, in analytischer Behandlung. (27). Brixen 93.

Gschwändler, Hugo: Ein interessanter Fall von Höhlenbildung im Schläfenbein durch Cholesteatom. München 1906: Kastner & Callwey. (24 S.) 8°

München, Med. Fak., Ref. v. Angerer, Diss. v. 9. März 1906

[Geb. 22. Nov. 81 Bad Aibling; Wohnort: Bad Aibling; Staatsangeh.: Bayern; Vorbildung: Gymn. Rosenheim Reife Juli 00; Studium: München 4, Kiel 2, Würzburg 1, München 2 S.; Coll. 9. März 06; Approb. 5. Juli 05.]

Gschwandner, Sigismund

— Erinnerung. 82 S. 8. **Progr** Schott. G. *Wien* 1880.

Gschwandner, Sigismund: Die Gesetze des Urtheilsverhältnisses der Einordnung '(Subalternation)' als Gesetze des Lebens — geselligen Vereinens der Menschen — der Staaten u. Völker. *Wien 1893.*
in: **Xenia Austriaca.** Bd 2. (97. 1963)

Gschwandner Dr. S.: Maschine und Vernunft. 65. Wien Schott. 76.

Gschwandner, Sigismund Materie, Energie und Wille in ihrer Substantialität. 8 (36 S.). K. k. Ober-G. zu d. Schotten *Wien* 1889. **Progr**

Gschwandner: Ueber ,Ptolomäus, Copernicus, Keppler, Newton, Laplace, Kant.' Entwicklung der Astronomie in ihren Grundzügen. 40 S.–Wien Sch., Progr. 1859

Gschwandner: Einige Worte über Physik und Metaphysik. Gesprochen am Schlusse d. Vorträge über Physik. 8 S. – Wien Sch., Progr. 1850.

Gschwandner, S.: Das Ziel des Gymnasiums, ein Ideal für die Jugend. 37 S.– 8°. – Wien Sch. , Progr. 1867.

Gschwari, Cölestin, Gedichte. Hrsg. von Ign. V. Zingerle. 2. Aufl. 12. (VII, 181 S.) Innsbruck 888, Wagner'sche Universitäts-Buchh. *

Gschwend [Schlagwort]

Gschwend, s.: Württemberg. Höhenkurvenkarte.

Gschwend [Verfasser]

Gschwend, Christian Friedrich Dietrich, Ad explorationem juventutis scholasticae. — Praemiss. animadvers. quaedam criticae in Ciceronis orationem pro Milone. Ronneburg (Hahn) März 1805. 4 Bl. (3.—) 12097

— Franc. Xav. (Leinstetten), Retroversionis uteri non gravidi, speciminaque duo retroversionis uteri gravidi. Diss. med. Präs. J. H. F. v. Autenrieth. Tübing. (Reiss) Febr. 1819. 16 S. mit Widm. v. Präs. (3.50) 12098

Gschwend, Fridolin. Das Doppelbistum Chur-St. Gallen. Historische Grundlage und rechtlicher Bestand. ⟨1798—1836.⟩ Diss. Jur. Bern. X + 270 S. 8. Freiburg ⟨Schweiz⟩. Buchdr. des Werkes vom heiligen Paulus, 1909.

Gschwend, Fridolin. Die Errichtung des Bistums St. Gallen. (2 Abteilungen.) XVI + 506 S. 8. Stans, Hans von Matt & Co., 1909. [*je* fr. 4.50]

(Abteilung 1.) XVI S. + S. 1—240. — Abteilung 2. II S. + S. 241—506. (Die beiden ersten Teile dieser Arbeit wurden unter dem Titel »Das Doppelbistum Chur-St. Gallen« als Dissertation ... eingereicht.)

Gschwend, Gustav Müller-
s. **Müller**-Gschwend. (15. 1946 4

Gschwend, Johann [in Genf]: Die Behandlung der Syphilis mittelst der Welanderschen Quecksilber-Säckchen. Luzern 1900. 72 S. 8°.
Bern. Med. Diss. 1899/1900.

Gschwend, Johann David

Gschwend, J. Dav., Eisenberger Chronik. 8. Eisenberg 758. 16 ℛ

GSCHWEND, JOHANN DAVID. Eisenbergische Stadt- und Land-Chronika, darinnen von der Lage des Osterlandes, besonders der Fürstl. Sächs. Residenz- und Creisstadt Eisenberg, von denen hohen Landesregenten ... vom Kirchenstaate vor und nach der heilsamen Reformation, von der Schule, von gelehrten Eisenbergern, nicht weniger von sehr vielen Begebenheiten ausführlich gehandelt ... mit Urkunden belegt wird. Eisenberg Walther, 1758. 8°. *Frontispiz (reizende Ansicht der Stadt)*, 12 Bl. 800 S. 11 Bl. (fehlt ein leeres?). Alter ben. Pbd. 70.—

Gschwend, Konr., Formenschatz f. Kunstschlosser. Eine Sammlg. von Einzelheiten, nach den verschiedenen Stilarten Gotisch - Renaissance - Barock - Rokoko zusammengestellt u. hrsg. Fol. (24 Taf.) Leipzig 894. E. A. Seemann. In Mappe. n. 4. 50

Gschwendner, A., das Gerichtsverfassungs-Gesetz des Deutschen Reiches vom 27. Jänner 1877. Speciell zum Gebrauche für Bayern ergänzt u. erläutert. Mit Beilagen. [B. Ausführungs- u. Vollzugs-Vorschriften, Aemterübersicht, Depositenordn. u. Disciplinarges.] 8. (VI, 193 S. m. 1 Tab.) Kempten 882. Wenger. n. 2. —

Gschwendner, A., das Gerichtsverfassungs-Gesetz d. Deutschen Reiches vom 27. Jan. 1877. Erläutert u. m. den bezügl. Gesetzen u. Verordngn. versehen. 2., m. Abhandlg. üb. Grundbücher verseh. Aufl. 8. (VIII, 193 S. m. 1 Tab.) München 886. Wenger's Verl. n. 2. —

Gschwendner, A., zur allgemeinen Münzeinheit. Die internationale Münzconferenz zu Paris im J. 1867. Uebersetzung, Einleitung und Bemerkungen. gr. 8. (X, 202 S.) Erlangen [Stuttgart] 869, Enke. *

—— zur deutschen Münzeinheit. Vereinigung des Thaler- und Gulden-Fusses unter sich und mit dem Franken-Systeme. [Als Antrag in die bayer. Abgeordnetenkammer gebracht.] gr. 8. (VII, 29 S.) München 870, J. A. Finsterlin.

Gschwendner, A., zur deutschen, zugleich internati nalen Münzeinheit. Die deutsch-französ. Münzide tität als Münzsystem d. deutschen Reichs. Mit Taf. Münz-Abbildgn. (in Holzschn.) gr. 8. (VI, 74 Augsburg 871. Kollmann. n. 1.

Gschwendner, A., Vorschriften für Vormünder u. Vermögens-Verwalter (Pfleger) im Kgr. Bayern. Verfasst unter Berücks. d. neuesten Gesetzgebung. München 1879. 8⁰. Cart.
1 Bll. u. 84 S.

Gschwendner, Bernhard, a. Wilburgstetten: Beiträge zur Gerbstofffrage. Gerbstoffe von schwarzem Tee, Sumach, Malettorinde und Quebracho colorado, mit besonderer Berücksichtigung des letzeren [!]. Quebrachorot. Borna-Leipzig 1906: R. Noske. (73 S.) 8°
Erlangen, Phil. Fak., Ref. Paal, Diss. v. 12. Febr. 1906
[Geb. 23. April 81 Wilburgstetten; Wohnort: Freising; Staatsangeh.: Bayern; Vorbildung: Gymn. Rosenheim Reife Juli 00; Studium: Forstakad. Aschaffenburg 4, Würzburg 1, München 5 S.; Rig. 20. Dez. 05.]

Gschwendner, Karl L.

GSCHWENDNER, Carl L. (München): De hydrophobia contagiosa.- Monachii: Giesser 1839. 16 S.
7.7.1837 - Urk; F 63
Diss. Ingolst.-Landsh.-Mchn.

Gschwendtner

LOHN, Billicher (!), Getreuer Liebe, Oder die aus Constantinopel auf den Armenianischen Thron erhabene (sic!) Kayserliche Prinzeßin Normana (sic!) in einer galanten Helden- u. Liebes-Geschicht der curieusen Welt dargestellt von G. (d. i. *Gschwendtner*). Nürnberg, bey Joh. Hofmanns seel. Erben. 1718. 8°. (In Dresden: Lit. Germ. rec. C. 1064.)
Titelkpf., 5 Bll. Vorst. (incl. Titel in Roth u. Schwarz) u. 548 S. Mit Kupfern. Name des Verf. unter der Dedication an eine Gräfin v. Törring.
Zuerst ersch. titulo: Liebes-Geschichte der Printzessin Normanna. Nürnberg 1711. 8⁰. (Citirt Goedeke.)

Gschwendtner Th, Schule des Bautischlers. Eine Sammlung von Vorlagen für Handwerker-Schulen etc. 4 Bde fol München

Gschwendtner, Thomas „Ueber Ventilation und Beheizung". pg. 3—9. 4°. Mit einer Tafel. Georg Schröder.
Ingolstadt, Progr. 1861/62

Gschwind, Emil: Anschauungsunterricht auf dem Gymnasium und Vertheilung der Realerklärung aus der römischen Alterthumswissenschaft auf die einzelnen Classen des Obergymnasiums. 8 (S. 3—69).
Progr. Staats-G. mit deutsch. Unterrichtssprache *Prag-Altstadt* 1900.

Prag Altst.: Katalog der Lehrerbibl. 98. v. Emil Gschwind. 45.
Progr.

Gschwind Emil: Nothwendigkeit der Übersetzungen aus dem Deutschen in die beiden altclassischen Sprachen. 67. Prag Altstadt. 92.
Progr.

Gschwind, Emil Die Übersetzungen aus dem Deutschen in die beiden altclassischen Sprachen. 8 (S. 3—68).
Progr. Staats-G. mit deutsch. Unterrichtssprache *Prag-Altstadt* 1892.

Gschwind, Hermann

Gschwind, Herm., die ethischen Neuerungen der Früh-Romantik, s.a. Untersuchungen zur neueren Sprach- u. Literaturgeschichte. 2. Hft.

Gschwind, Hermann. Die ethischen Neuerungen der Früh-Romantik. Diss. Phil. Bern. IV + 80 S. 8. Bern, Büchler & Co., 1903.
(Teil *einer* als Heft 2 der «Untersuchungen zur neueren Sprach- und Literaturgeschichte» *erscheinenden* Arbeit.)

Die ethischen Neuerungen der Früh-Romantik. Von Dr. Hermann Gschwind. *Bern: A. Francke 1903.* (135 S.) 8°
T. 1 erschien als Inaug.-Diss. Bern. 1903.
— Untersuchungen z. neueren Sprach- u. Literaturgeschichte. H. 2.
03. 14,06

Gschwind, Paulin

Gschwind, Pfr. P., Appellation an die öffentliche Meinung gegen die jüngste Exkommunikationssentenz des Hrn. Eugen Lachat, Bischof von Basel. 8. Bern, K. J. Wyss. 1873. 1. 20

— Peregrins Autobiographie. Zugleich e. auf amtl. Akten, vielen Briefen u. eigenen Erlebnissen beruh. Darstellg. e. Stückes Kulturkampfes. (IX, 250 S. m. Bildnis.) 8. Bern 907. K. J. Wyß. 2. 50

Gschwind, Paulin. Geschichte der Entstehung der christkatholischen Kirche der Schweiz. Von P' G' (**Bd. 1:* P. G')…. 2 Bände. 8. 1904—1910.
Band 1: Geschichte des Bistums Basel. Mit einer Ansicht des Münsters in B' [Tafel]. XVI + 211 S. Bern und Basel, K. J. Wyss, 1904. (fr. 3. —)
Band 2: Das vatikanische Konzil und der Kulturkampf — Die ersten christkatholischen Gemeinden, die Kirchen-Verfassung und das Schweiz. Nationalbistum. XVI + 480 S. Solothurn, C. Gassmann, 1910. [Subscr. fr. 4. 50, im Buchh. 6. —]

(Gschwind, [Paulin].) Lebensbild der † Frau Pfarrer Maria Rosina [*genannt* Rosa] Gschwind. (Unter Mitwirkung einiger Freundinnen der Verstorbenen verfasst von Pfarrer G'. In dankbarer Erinnerung) Hrg. vom Schweizerischen gemeinnützigen Frauenverein. [Mit 1 Porträt-Tafel.] 96 S. 8. Lenzburg, Buchdr. (G.) Müller, 1905. [fr. 1. —]

Gschwind, Paulin, die Priesterehe u. der Cölibatszwa gr. 16. (169 S.) Aarau 875. Sauerländer. 1.

Gschwind, P., die kirchliche Reform u. das erste Vatican-Concil. Bern 870. Wyss. gr. 8. (77 S.) n. 10 *ngr.*

Gschwind, P., Die kirchliche Reform u. das erste Vatikan-Konzil. Bern, Wyß, 1870, gr. 8°, 84 S., 2. verb. Aufl., 1 Mk.
Litt. Handw. 1870, S. 437.

— theologische Studien u. Kritiken. Ein Beitrag zur kirchl. Tagesgeschichte. Ebend. 870. br. 8. (217 S.) n. 1 *ℛ* 4 *ngr.*

Gschwind, P[aulin]. Trennung von Staat und Kirche, aber nicht Trennung von Staat und Religion. Seperat-Abdruck aus dem «Oltner Tagblatt». 28 S. 8. [Olten, Buchdr. Dietschi,] 1908. fr. —. 30. 10 Stück fr. 2.—

Gschwind, R., Koch- u. Haushaltungskunde, nebst e. Anh. üb. die Aufgabe der Frau in sozialer, sittl. u. pädagog. Beziehg. gr. 8. (65 S.) Bern 894. K. J. Wyß. n. — 60

— Kochrezepte, geprüft u. hrsg. 12. (XV, 142 S.) Ebd. 892. Kart. n. 2. —; geb. in Leinw. n. 2. 60

Gschwind, (R[osa]). 500 Kochrezepte geprüft und hrg. von Frau Pfr. Gschwind. 4., vermehrte Aufl. XX + 189 [+ 26 leere] S. 8. Bern und Basel, K. J. Wyss, 1901. [geb. fr. 2. —]

Gschwind, (R[osa]). 550 Kochrezepte von (†) Frau Pfr. G'... 5. Aufl., aus deren Nachlass durch 50 Konserven-Rezepte vermehrt. [Mit Porträt-Tafel.] XXIV + 215 [+ 12 leere] S. 8. Bern und Basel, K. J. Wyss, 1905. [cart. fr. 2. —]

Gschwind, (R[osa]). 550 Kochrezepte. 6. revidierte Aufl. [Mit 1 Figur und 1 Porträt-Tafel.] XXIV + 215 S. 8. Bern und Basel, K. J. Wyss, 1909. [cart. fr. 2. —]

Gschwind, 460 Kochrezepte, geprüft u. hrsg. 8., verm. Aufl. 12. (XIX, 172 S.) Bern 896. K. J. Wyß. Kart. n. 2. —

Gschwind, Frau. 407 Kochrezepte geprüft u. herausgeg. 2. Aufl. In-12°. XVI, 154 S. Bern, K. J. Wyss. 1895. 2 —

Gschwind & Zimmermann, Karlsruhe. Musterbuch von Holzbearbeitungs-Maschinen. qu 4°. Karlsruhe (1865)

Gschwindler, (Jh. Schwerbling), katechet. Unterricht von den Pflichten gegen d. Landesfürsten. Wien.

Gschwindt, Ludw., Börsenreform in Deutschland, s.: Pfleger, Frz. Jos.

Gschwindt, Ludwig: Der Effektenterminhandel nach den Ergebnissen der Börsen-Enquete. Teil d. gekr. Preisschrift: Die thatsächl. Ergebnisse d. Reichsbörsenenquete hinsichtl. d. Effektenbörsen ..., [Erschien vollst. u. d. T.: Börsenreform in Deutschland. E. Darstellg d. Ergebnisse d. deutschen Börsenenquete v. F. J. Pfleger u. L. Gschwindt. 3. Abschn. Die Effektenbörse nach d. Erhebgn d. Börsenenquetekommission ..., als Stück 22 von: Münch. volkswirtsch. Stud.] Stuttgart, Druck d. Union Deutsche Verlagsges., 1897; 1 Bl., 57 S. 8.
München, Staatswirtsch. Fak., Inaug.-Diss. v. 1897

Gsell, A., Streiflichter aus dem westafrikanischen Missionsleben. 8. (24 S. m. Abbildgn.) Basel 900. Missionsbuchh. n. — 10

— im Urwald v. Attem. Auf der Predigtreise unter Christen u. Heiden. 8. (32 S. m. Abb.) Ebd. 899. n. — 10

Gsell, A., im Urwald v. Atem. Auf der Predigtreise unter Christen u. Heiden. (Umschlag: 2. Aufl.) (32 S. m. Abbildgn.) 8. Basel 903. Basler Missions-Buchh. n. - 10

Gsell, Bened., das Gültenbuch des Cistercienser-Stifts Heiligenkreuz aus dem Ende des 13. Jahrhunderts. Hersg. u. mit anderen stiftl. Urkunden verglichen. Wien 866. Mayer & Co. gr. 8. (VIII, 157 S.) n. 1 ₰

GSELL, Benedictus: Notio et relatio τῆς πίστεως ad hominis justificationem ex St. Pauli mente et hujus cum illa St. Jacobi conciliatio. — (1853) 57 S. 8° (Handschr.) Diss. 159
Diss. Wien, Univ.

Gsell, Erwin: Richard Niccols als Ergänzer und Herausgeber des 'Mirror for Magistrates'. Seine Quellen und seine Änderungen. Straßburg 1910: Du Mont Schauberg. x, 143 S. 8°
Straßburg, Phil. Diss. v. 23. Juli 1910, Ref. Koeppel
[Geb. 29. Juni 85 Hagenau i. E.; Wohnort: Hagenau; Staatsangeh.: Elsaß-Lothringen; Vorbildung: Gymn. Hagenau Reife M. 05; Studium: Berlin 3, Straßburg 5 S.] [U 11. 4290

Gsell, Franz

— 100 Vorlegeblätter zum ersten u. fortschreitenden Unterricht im freien Handzeichnen. 2. Aufl. Ebend. 866. 8. (100 Steintaff.) n. 21 ngr.

Gsell, Frz., 100 (lithogr.) Vorlegeblätter zum ersten und fortschreitenden Unterricht im freien Handzeichnen. 3.—6. Aufl. 4. Chur 867,72,75,77, Gsell. In Futteral *

Gsell, Frz., Vorlegeblätter zu einem stufenmäßigen Zeichnungs-Unterricht in der Volksschule und zur Selbstbildung. 1—3. Heft. Chur (858). Grubenmann. 8. Jedes Heft (à 18 lith. Taf.) n. 4 ngr.

Gsell, Frz., Vorlegeblätter zu einem stufenmäßigen Zeichnungs-Unterricht in der Volksschule und zur Selbstbildung. 4—15. Heft. Chur 861—63. Gsell. 8. Jedes Heft (à 8—12 lith. Bl.) n. 4 ngr.

Gsell, Frz., Vorlegeblätter zu einem stufenmäßigen Zeichnungs-Unterricht in der Volksschule u. zur Selbstbildung. 16—25. Heft. Chur 865—67. Gsell. 8. Jedes Heft. (9—18 Steintaff.) n. 4 ngr.

— kleine Vorschule des Zeichnens. Enthaltend 18 (lith.) Blätter leichte Vorlagen für die ersten kindlichen Zeichnungsversuche auf der Schiefertafel. Ebend. 859. 8. n. 4 ngr.

— Wand-Vorlagen zu einem stufenmässigen Zeichnungs-Unterricht in der Volksschule. 1. Heft. Ebend. (858). gr. Fol. (18 lith. Taf.) n. 12 ngr.

— der jugendliche Zeichner. Kleine Uebungen zum Zeichnen von Figuren, Landschaften, Thieren rc. 1. Heft. Ebend. 866. 8. (16 Steintaff.) n. 4 ngr.

— schweizerische Zeichnungsschule für Lehrer, wie zum Selbstunterricht. 1—3. Heft. Ebend. 861. qu. 8. Jedes Heft (à 4 lith. Bl.) n. 7 ngr.

Gsell, J. G.: Bericht an den Bundesrath über die allgemeine Ausstellung der schönen Künste zu Paris i. J. 1855. Auch franz.

Gsell, Jakob

Gsell, Jak., Anweis. zur Führung der einfachen Buchhaltung in einem Geschäftsgange von 3 Monaten. gr. 8. Nürnb. 818. Campe. 1 ₰ 12 ₰

Gsell, J., Anweisung zur Führung der einfachen Buchhaltung in einem Geschäftsgang von 3 Monaten. gr. 8. Nürnberg, Campe. 819.

— kurze u. deutl. Anweis. z. Selbsterlernung d. doppelten Buchhaltung, in einem Geschäftsgange von 3 Monaten dargestellt. gr. 8. Nürnb. 814. (Campe). 1 ₰ 12 ₰

— kaufmänn. Rechenbuch, enth. e. Samml. vollständig ausgearb. Handlungs-Rechnungen beim Selbstunterricht. gr. 8. Nürnb. (822). Eichhorn. 1 ₰ 20 ₰

Gsell, Jean. Die gesetzliche Gewährleistung beim Handel mit Vieh in der Schweiz. IV + 128 S. 8. Frauenfeld, Huber & Co., 1907.
Ausg. A: Diss. Vet.-Med. Univ. Zürich ... von Jean G'....
Ausg. B: Von Dr. med. vet. J. Gsell....

Gsell, J., die gesetzliche Gewährleistung beim Handel m. Vieh in d. Schweiz. (III, 128 S.) gr. 8. Frauenfeld 907. (Aarau, E. Wirz.) 2. 50

Gsell, Jos., Auswahl v. Kern= u. Steinobstsorten der rauhen Alb u. des Schwarzwaldes, pomologisch geordnet, beschrieben u. charakterisirt, nebst den 10 Hauptregeln d. Obstbaues. gr. 8. (72 S.) Ebingen 886. (Hechingen, Walther.) n. — 80

— die Kern= u. Steinobstsorten in den hohenzollern=schen Landen, pomologisch geordnet, beschrieben u. charakterisirt, nebst den 10 Hauptregeln d. Obstbaues. gr. 8. (72 S.) Ebend. 886. n. — 80

Gsell, Martin, Architekt: Eisen, Kupfer und Bronze bei den alten Ägyptern. Archäologisch-metallurgische Abhandlung. [1910.] VIII, 103 S. 8°
Karlsruhe, Dr.-Ing.-Diss. v. 19. 7. 1910

Gsell, Otto, üb. d. Folgen künstl. Lungenembolie b. Kaninchen, s.a. Mitteilungen aus Kliniken u. medicin. Instituten d. Schweiz.

Gsell, Otto, med. pract. aus St. Gallen, ehemaliger Assistenzarzt der chirurgischen Abtheilung des St. Gallischen Kantonsspitals: Aus dem Leichenhause des Cantonsspitals zu St. Gallen, Dr. Hanau. Ueber die Folgen künstlicher Lungenembolie bei Kaninchen. Ein experimenteller Beitrag zur Lehre vom Lungeninfarct. (Mit einer Textfigur). [S.A. aus: Mittheilungen aus Kliniken und medicin. Instituten der Schweiz, Bd III, Heft 3, S. 181—248]. [Basel u. Leipz. C. Sallmann] 1895. 1 Bl., 67 S. 8°.
Zürich, Med. Diss. [v. 31. Juli 1895].

— **Peter Philipp** (Wunsiedel), De ΕΡΣΙΦΟΡΙΑ festo Graecorum. Disput. philos. Präs. Theophil Christoph Harles (Culmbach). Erlangen (Jo. Diet. Mich. Camerarius) 29. X. 1764. 16 S. (4.—) 12101
Widm. v.: Präs., Gottfr. Ludw. Kraus (Wittenberg).

Gsell, Rich., Echo. Ein Märchendrama in 1 Akt. (III, 86 S.) 8. Dresden (907). E. Pierson. 1. —

Gsell, W. C. J., gründliche Anweisung zur Führung der doppelten Buchhaltung, den jetzigen merkantilischen Verhältnissen angemessen, u. mit den nöthigen Erklärungen begleitet. 2e Ausg. gr. 8. München 836. Webers Buchh. (Bauer.) 1 ℔

Gsell, W. C. J., neue Anweisung z. Führung d. doppelten Buchhaltung, d. jetzigen merkant. Verhältnissen angemessen dargestellt u. mit d. nöthigen Erklärn. begleitet. gr. 8. (15 B.) München 829, Weber. 2 Thlr., Postp.

Gsell, W[alther]. Die Entwicklung der st. gallischen Rindviehzucht seit dem Jahre 1895. Im Auftrage des Volkswirtschaftsdepartementes bearbeitet. [Mit 4 und 7 graphischen Tabellen.] 17 S. 4. St. Gallen, Zollikofer, 1904.
(*Erst* Ende März 1905 *hrg.*)
(Statistik des Kantons St. Gallen. Heft 21.)

Gsell-Fels, J., einige Aufschlüsse über mein Antheilnehmen an dem Gesetzes-Vorschlag betreffend die Organisation des Sanitätswesens d. d. 22. März 1854. St. Gallen 854. Scheitlin u. Zollikofer. 8. (15 S.) 3 ngr

Gsell-Fels, die Nothwendigkeit der Errichtung eines St. Gallischen Kantonsspitals. Referat. 8. (50 S.) St. Gallen 858, (Scheitlin und Zollikofer.) *

Gsell-Fels, J. T., dissertatio qua psychologiae Platonicae atque Aristoteleae explicatio et comparatio instituitur. Wirceburgi 854. Halm. 8. (1 Bl., 106 S.) 10 ngr

Gsell-Fels, Theodor

Gsell-Fels, Th., Aachen, s.: Städtebilder und Landschaften aus aller Welt.

Gsell-Fels, Thdr., Aix-La-Chapelle, s.: Towns and landscapes of the whole world.

— dasselbe, s.: Villes et paysages du monde entier.

— 100 Ausflüge von München, s. Bruckmanns illustr. Reiseführer.

Gsell-Fels, Th., römische Ausgrabungen im letzten Decennium. Die Callistus-Katakomben. — Der Palatin. — Die Unterkirche San Clemente. Mit 3 Plänen (in eingedr. Holzschn. u. auf 2 Steintaf. in gr. 4.) u. 2 Ansichten (in eingedr. Holzschn.). Hildburghausen 870. bibliogr. Institut. gr. 8. (112 S.) 22½ ngr

Gsell-Fels, Th., die Bäder u. klimatischen Kurorte Deutschlands. 8. (1. Abth. IV, 251 S.) Zürich 885. Schmidt. 1. Abth. n. 4. —; cplt.: n. 12. —

— die Bäder u. klimatischen Kurorte Deutschlands. I. u. II. Abtlg. 8. Zürich 888. C. Schmidt. geb. n. 8. 10
I. Die Bäder des Schwarzwaldes u. des Rheins. 2., bericht. Ausg. (X, 251 S.) n. 3. 60
II. Die Bäder vom Bodensee, von Württemberg, Bayern, Thüringen u. Harz. (IV, 382 S.) n. 4. 50

— die Bäder u. klimatischen Kurorte Deutschlands. I.—III. Abtlg. 1. Hft. 8. Zürich, C. Schmidt. n. 12. 60
I. Die Bäder des Schwarzwaldes u. des Rheins. 2., bericht. Ausg. (X, 251 S.) 888. Geb. 5. -
II. Die Bäder vom Bodensee, von Württemberg, von Bayern, Thüringen u. Harz. (IV, 382 S.) 888. Geb. n. 6. —
Berichtigung der Preisangabe in Bd. XXV.
III. Die Kurorte v. Nord- u. Nordostdeutschland. 1. Hft. Die Kurorte in den Fürstentümern Waldeck u. Lippe, in den preuss. Bezirken Hildesheim, Kassel, Minden, Arnsberg, Münster, Osnabrück, Hannover, u. im Königr. Sachsen, im sächs. Erzgebirge, Elstergebirge u. der sächs. Schweiz. (III, 128 S.) 891. n. 1. 60

Gsell-Fels, Th., die Bäder u. klimatischen Kurorte der Schweiz. Mit einer (chromolith. u. color.) Bäderkarte der Schweiz. 8. (XXXII, 524 S. mit Abbildgn. in Stahlst., Holzschn. u. Lith.) Zürch 880. Schmidt. geb. n. 10. —

— die Bäder u. klimatischen Kurorte der Schweiz. Mit 1 Bäderkarte der Schweiz. 2. Aufl. 8. (XX, 615 S.) Ebend. 886. geb. n. 10. —

— die Bäder und klimatischen Kurorte der Schweiz. 2., umgearb. Aufl. 8. (XX, 615 S. mit 1 Bäderkarte der Schweiz.) Ebd. 888. geb. n. 10. —

Gsell-Fels, Thdr., die Bäder u. klimatischen Kurorte der Schweiz. 3., umgearb. Aufl. 12. (XXXIII, 621 S. m. Abbildgn., Panoramen u. 1 farb. Karte.) Zürich 892. C. Schmidt. Geb. in Leinw. n. 9. —

Gsell-Fels, Th[eodor]. Die Bäder und Klimatischen Kurorte der Schweiz. 4. umgearbeitete Aufl. (2 Teile.) Mit einer Bäder-Karte der Schweiz [und 31 Tafeln]. 8. Zürich 1898.
[Teil 1.] (Bäder und Kurorte.) — (Teil 2. Hotel-Inserate.)
(Schmidt's Reisebücher.)

Gsell Fels, Th., d. Bäder u. klimat. Kurorte d. Schweiz. M. 1 Bäder-Karte d. Schweiz. 4., umgearb. Aufl. 8. (XXXII, 475 S.) Zürich 898. C. Schmidt. Geb. in Leinw. n. 6. —

Gsell Fels, Th., der Bodensee, s.a. Bruckmann's illustrierte Reiseführer.

Gsell-Fels, [Theodor]. Der Bodensee. [Von] G' F'. 4. vollständig revidierte Aufl. Mit 37 Illustrationen, einem Panorama und einer Karte. IV + II [+ 6] + 130 + *Anzeigen* 30 S. 8. München, A. Bruckmann, 1906. [M. 1. —]
Bruckmann's illustrierte Reiseführer. Nr. 35/36.

Gsell-Fels, [Theodor]. Der Bodensee. [Von] G' F'. 5. vollständig revidierte Aufl. Mit 36 Illustrationen, einer Karte des Bodenseegebietes, sowie Stadtplan von Konstanz. IV + II [+ 8] + 132 + *Anzeigen* 26 S. 8. München, A. Bruckmann, 1909. [M. 1. —]
Bruckmanns illustrierte Reiseführer. Nr. 35/36.

— s.: Bruckmann's illustr. Reiseführer.

– Dresden und Umgebung, s. Bruckmann's illustr. Reiseführer.

– Graz und seine Umgebung, s. Bruckmann's illustr. Reiseführer.

– Hohenschwangau ..., s. Bruckmann's illustr. Reiseführer.

— Italien, s.: Meyer's Reisebücher.

– Italien in 50 Tagen, s.a. Meyer's Reisebücher.

—, Italien in 50 Tagen. Leipzig 1875. 8.

Gsell Fels, Th., Italien in 60 Tagen, s.a. Meyer's Reisebücher.

Gsell-Fels, Dr. Th., Italien in 60 Tagen. 2. Aufl. Mit Nachträgen bis 1883. Mit 6 Karten. 18 Plänen u. Grundrissen. Leipzig 1883. (Aus: „*Meyer's* Reisebücher".) 8°. Orig.-Srsb. m. Goldpr.
X u. XII SS., 1 Bl., 8;: S., 4 Bll. besetztes Pap., 52 S. Anz. auf rosa Pap.

Gsell-Fels, Th.: Italien in sechzig Tagen von Th. Gsell-Fels. 5. Aufl. Th. 1. Mit 6 Karten, 16 Plänen und Grundrissen. Th. 2. Mit 10 Karten, 16 Plänen und Grundrissen. Leipzig u. Wien 1895. 1 Bd. X, 347: VIII, 330 S. 8°.
Meyers Reisebücher.

GSELL FELS, Th.
Italien in sechzig Tagen von Dr. Th. Gsell Fels. 5. Auflage. Revidierter Abdruck von 1899. I. Theil. Mit 6 Karten, 16 Plänen und Grundrissen. X, 347 S. II. Theil mit 10 Karten, 16 Plänen und Grundrissen. VIII, 330 S. (Meyers Reisebücher.) Leipzig und Wien. 1899. Bibliographisches Institut. 8°. VI S. vor dem I. Theil, 72 S. nach dem II. Theil. Mit 1 Plan.
In einen Band geb. fl. 5.40

Gsell-Fels, Th[eodor]. Italien in sechzig Tagen von Dr. Th. G' F'. 6. Aufl. (Neubearbeitung [von Prof. Dr. Victor Ryssel in Zürich].) 2 Teile. Mit ... Karten, ... Plänen und Grundrissen. 8. Leipzig und Wien 1900.
Meyers Reisebücher.

Italien in sechzig Tagen von Dr. Th[eodor] Gsell Fels. 7. Aufl. Mit Kt., Pl. u. Grundrissen. T. 1. 2. Leipzig & Wien: Bibliogr. Inst. 1903. 8°
(Meyers Reisebücher.) [10. 6539 10

Gsell Fels, Th[eod.]. Italien in 60 Tagen. 8. Aufl. Tl 1. 2. [Vorr.:] (W. *Mühl.*) Leipzig u. Wien 1905. 8°.
(Meyers Reisebücher.)
[Dasselbe.] 9. Aufl. Tl 1. 2. Leipzig u. Wien 1908. 8°.

— Bad Kissingen u. Umgebung, s.: Städtebilder u. Landschaften aus aller Welt.

– Mittel-Italien, s. Meyer's Reisebücher.

– München, s.a. Bruckmann's illustr. Reiseführer.

München, s.a. Städtebilder u. Landschaften aus aller Welt.

München von Dr. [Theodor] Gsell Fels. Mit vielen Ill. u. 1 Stadtpl. *München: A. Bruckmann 1898.* (XVI, 64, IV S.) 8°
(Bruckmann's ill. Reiseführer.) [04. 8741 2

[Theodor] Gsell Fels. München und Umgebung. Mit vielen Ill. u. 1 Stadtpl. München: Bruckmann 1903. IV, XVI, 76 S. 8°
(Bruckmann's Illustrierte Reiseführer. Nr 75 75a.) [10. 1513

Gsell-Fels, Th[eodor]. Mineral- und Soolbad Muri. Ct. Aargau. Beleuchtet durch Dr. med. Th. G'-F' in seinem Werke: „Die Bäder & klimatischen Kurorte der Schweiz [Zürich 1880]". [Mit 2 Tafeln.] 8. Muri *o. J.* [1880/90].

— Nord-Tirol, s.a. Bruckmann's illustr. Reiseführer.

Gsell Fels, [Theod.], Nord-Tirol. 3. Aufl. Neu bearb. von A. *Schupp.* München 1907. 8°.
(Bruckmann's ill. Reiseführer.)

– Nymphenburg ..., s. Bruckmann's illustr. Reiseführer.

– Ober-Italien, s.a. Meyer's Reisebücher.

—, Ober-Italien. Mit 10 Karten. Hildburghausen 1872. 8.

Gsell-Fels, Th., *Oberitalien*. (Aus: „*Meyer's* Reisebücher".) 2. Aufl. Mit 10 Kart., 38 Plänen u. Grundriss., 20 Ansichten in Stahlst., 1 Panorama u. 64 Ansichten in Hlzschn. 2 Bde. Leipzig 1875. 8°. Orig.-Lwdbde.
1: XII S., 3 Bll., 766 S., XII S. — 2: VI S. u. S. 767–1155.

— Oberitalien u. Mittelitalien, s.a. Meyer's Reisebücher.

Gsell Fels, [Theod.]. Oberitalien und Mittelitalien (bis vor die Tore Roms) in neuer Bearb. 8. Aufl. Leipzig u. Wien 1907. 8°.
(Meyers Reisebücher.)

— Ober-Italien u. die Riviera, s.a. Meyer's Reisebücher.

Gsell Fels, Dr. Th., Ober-Italien und die Riviera. 5. Auflage. Mit 12 Karten, 34 Plänen und Grundrissen. 12 Ansichten in Stahlstich und 35 Ansichten in Holzschnitt. 8. (XII, 983 S. u. Register.) In Lwd. geb. 6.—
Wien: Bibliographisches Institut (Meyer) 1892.

Gsell Fels, Dr. Th., Ober-Italien und die Riviera. 6. Auflage. Mit 15 Karten, 36 Plänen und Grundrissen, 6 Ansichten in Stahlstich und 35 Ansichten in Holzschnitt. 8. (XII, 1022 S.) In Lnwd. geb. 6.—
Wien: Bibliographisches Institut (Mayer) 1898.

– Reichenhall ..., s. Bruckmann's illustr. Reiseführer.

Gsell Fels, Th., Reiseführer, s.: Bruckmann's illustr. Reiseführer.

— s.: Rhein, der.

— s.a. Rhein, der, von den Quellen bis zum Meere.

Gsell-Fels, Theodor, Der Rhein von den Quellen bis zum Meere. Bilder von Kasp. Scheuren. Schilderungen von Thdr Gsell-Fels. Lf. 1. 2. Chromolithogr. Lahr 1880. Imp.-Fol.
Nicht mehr erschienen.

—, — Lf. 1—3. Ebda 1882—83. Imp.-Fol.
Nicht mehr erschienen.

— Riviera, s.a. **Meyer's Reisebücher.**

Gsell-Fels, Dr. med. Th., Riviera, Südfrankreich, Corsica, Algerien und Tunis. 4. Aufl. von „Südfrankreich" mit 25 Karten und 30 Plänen. 8. (XII, 504 S.) Lwdbd. 6.—
Wien: Bibliographisches Institut (Meyer) 1897.

GSELL FELS, Th.
Riviera, Südfrankreich, Corsica, Algerien und Tunis von Dr. med. Th. Gsell Fels. 4. Auflage von „Südfrankreich". Bis 1899 berichtigter Abdruck. Mit 25 Karten und 30 Plänen. (Meyers Reisebücher.) Leipzig und Wien. 1899. Bibliographisches Institut. 8°. XII, 504 S. Geb. fl. 4.50

Gsell-Fels, Th[eodor]. Riviera, Südfrankreich, Korsika, Algerien und Tunis. Von Dr. med. Th. G' F'. 7. Aufl. Mit 26 Karten, 31 Plänen und 1 Grundriss. XII + 420 + *Anhang* 52 S. 8. Leipzig und Wien, Bibliographisches Institut, 1907. (geb. M. 7.50)
Meyers Reisebücher.
Anhang u. d. T.: Nützliche Adressen für die Reisenden. Anzeiger zu Meyers «Riviera ...». Jahrg. 38, 1907/1908. Leipzig und Wien.... *Verf. † 1898.* — 5. Aufl. 1902 *u.* 6. Aufl. 1904:

— Rom u. die Campagna, s.a. **Meyer's Reisebücher.**

Gsell-Fels, Th[eodor]. Rom und die Campagna von Dr. Th. Gsell Fels. 5. Aufl. (Neubearbeitung durch Professor Dr. V[ictor] Ryssel, für die Topographie des alten Rom [mit] Beihilfe des Professors Dr. H[ugo] Blümner, [beide in] Zürich.) Mit 6 Karten, 58 Plänen und Grundrissen, 61 Ansichten. *Kopftitel:* Meyers Reisebücher. — XVI S. + 1256 Spalten. 8. Leipzig und Wien, Bibliographisches Institut, 1901. (geb. M. 13.—)
Mit 2 Anhängen: Sonder-Anzeiger zu Gsell Fels' Rom und die Campagna, 5. Aufl. Leipzig und Wien.... 6 S.; *und:* Anzeiger zu Meyers Reisebücher. 31. Jahrg. 1900/1901.... Leipzig und Wien.... 72 S.

Gsell Fels, Th[eod.], Rom und die Campagna. 6. Aufl. Leipzig u. Wien 1906. 8°
(Meyers Reisebücher.)
[Dasselbe.] 10. Aufl. Tl 1. 2. Leipzig u. Wien 1908—1909. 8°.
[Dasselbe.] 11. Aufl. Tl 1. Leipzig u. Wien 1910. 8°.

— Rom und Mittel-Italien, s.a. Meyer's Reisebücher.

Gsell-Fels, Dr. Th., Rom und Mittel-Italien. 2 Bände. Hildburghausen 1871. 8.

Gsell-Fels, Dr. Th., Rom und Mittel-Italien. Reise-Handbuch. Neue revidirte Ausgabe. 2 Bde. 8. Hildburghausen, Bibliograph. Institut. gebunden. 1872. 24. —

Gsell-Fels, Th., St. Béatenberg. Extrait traduit de l'ouvrage „Die Bäder und klimatischen Kurorte der Schweiz." [O. O. u. J.]

Gsell-Fels, Th[eodor]. St. Beatenberg, klimatischer Höhenkurort ‹die Kirche›, 1148 m. ü. M.... ‹Separatabdruck aus „die Bäder und Kurorte der Schweiz"…. 2. Aufl. [Zürich 1886]....› 8. (Rudolstadt.)

Gsell-Fels, [Theodor]. St. Beatenberg, 1148 m. sur mer. Station sanitaire climatologique.... Tiré de G'-F': Bains de la Suisse, 2me éd. [Zürich 1886]. 8. (Rudolstadt.)

Gsell-Fels, Th., siehe Schmidts Reisebücher.

— die **Schweiz.** Mit Bildern u. Zeichngn. (in eingedr. Holzschn. u. Holzschntaf.) v. A. Bachelin, J. Balmer, F. Bocion etc. (In 24 Lfgn.) 1—15. Lfg. Fol. (188 S.) München 875. 76. Bruckmann. à 2. —

Gsell-Fels, Th., die Schweiz. Mit Bildern und Zeichnungen von A. Anker, A. Bachelin, J. Balmer, F. Bocion, A. Calame, C. Closs etc. 2 Bde. Fol. [München 876, Bruckmann.] Gera, Griesbach's Verlag. geb. in Leinw. mit Goldschn.
Inhalt:
Bd. 1. Vom Genfer See über den St. Gotthard und Vierwaldstätter See ins Berner Oberland. (232 S. mit 177 eingedr. Holzschn. und Holzschntaf.) geb. ℳ 40.
» 2. Von Bern über Basel nach dem Osten, der roman. Schweiz und Zürich. (266 S. mit 197 eingedr. Holzschn. und Holzschntaf.) geb. ℳ 45.

— die Schweiz. Mit Bildern u. Zeichnungen von A. Anker, A. Bachelin, J. Balmer etc. 13. u. 14. Lfg. Fol. (1. Bd. S. 189—232 m. eingedr. Holzschn. u. Holzschntaf.) München 877. Bruckmann. à 2. —
(1. Bd. cplt. in Leinw. geb.: 40. —)

— dasselbe. 2. Bd. Von Bern über Basel nach dem Osten, der roman. Schweiz u. Zürich. Fol. (266 S. m. eingedr. Holzschn. u. Holzschntaf.) Ebend. 877. geb. m. Goldschn. 45. — (cplt. geb.: 85. —)

— dasselbe. 2. umgearb. Aufl. Volks-Ausg. Mit Holzschn. nach Bildern u. Zeichngn. von A. Anker, A. Bachelin, J. Balmer rc. 40 Lfgn. gr. 4. (IV, 384 S. m. eingedr. Holzschn. u. Holzschntaf.) Zürich 881. 82. Schmidt. à n. — 50

Gsell-Fels, [Theodor]. Die Schweiz. 2. umgearbeitete Aufl. Volks-Ausgabe. Mit Holzschnitten [wovon 61 Tafeln] nach Bildern und Zeichnungen von A[lbert] Anker, A[uguste] Bachelin,... J Zimmermann u. A. [und 1 Porträt-Tafel]. (40 Lieferungen.) 4. Zürich (1881–)1883.

— Starnbergersee ..., s. Bruckmann's illustr. Reiseführer.

— die Steiermark, s.: Bruckmann's illustr. Reiseführer.

— Süd-Frankreich, s. Meyer's Reisebücher.

Gsell-Fels, Th., u. Berlepsch, Süd-Frankreich u. seine Kurorte. 18 (lith. u. chromolith.) Karten (in 8., qu. u. hoch. 4. u. qu. Fol.) u. 21 (chromolith.) Stadtpläne von L. Ravenstein, 5 Panoramen u. 25 Ansichten (in Stahlst., in 8. u. 4.) von Plato Ahrens. Hildburghausen 868. bibliogr. Institut. 8. (XXVII, 748 S.) In engl. Einb. n. 3 ₰

— Süd-Frankreich u. die Kurorte der Rieviera di Ponente, s.a. **Meyer's Reisebücher.**

Gsell-Fels, Th., *Süd-Frankreich* nebst den Kurorten der Riviera di Ponente, Corsica u. Algier. (Aus: „*Meyer's* Reisehandbücher".) Mit 21 Kart., 24 Stadtplänen, 5 Panoramen u. 20 Ansichten. Leipzig 1878. 8°. Orig.-Lwdb.
XII S., 1 Bl., S. 1–824 in doppelter, 825–841 in einfacher Columnenzähl.

— Süd-Tirol, s.a. **Bruckmann's illustr. Reiseführer.**

Gsell Fels, [Theod.], Süd-Tirol. 3. Aufl. bearb. von A. *Schupp.* München 1907. 8°.
(Bruckmann's ill. Reiseführer.)

— Tegernsee ..., s. Bruckmann's illustr. Reiseführer.

— Tirol u. angrenzende Gebiete: Vorarlberg, Gardasee etc, neu bearb. v. A. Schupp, s.a. **Bruckmann's illustr. Reiseführer.**

— Tirol, süd-westl. Teil, s. Bruckmann's illustr. Reiseführer.

Gsell-Fels, [Theodor]. Tirol und angrenzende Gebiete: Vorarlberg, Gardasee etc. Neu bearb. von A Schupp. Mit vielen Illustrationen [auf 25 Tafeln] und grosser Reise- und Touristenkarte. IV + 415 + *Annoncen* 28 S. 8. München, A. Bruckmann, 1904. ([geb.] M. 4. —)

Bruckmanns illustrierte Reiseführer No. 114—121.

Gsell-Fels, [Theodor]. Tirol und angrenzende Gebiete: Vorarlberg, Gardasee etc. [Von] G' F'. 4. Aufl. Neu bearb. von A[ugust] Schupp. Mit vielen Illustrationen [auf 26 Tafeln] und grosser Reise- und Touristenkarte. II + 414 + *Anzeigen* 12 S. 8. München, A. Bruckmann, 1907.

Ausg. A: in 1 Bande. (geb. M. 4. —.) — Bruckmann's illustrierte Reiseführer. No. 114—121.

Ausg. B, in 2 Bänden u. d. T.: Nord-Tirol u. Süd-Tirol. [Von] G' F'. 3. Aufl. Neu bearb. von A. Sch'. Mit Ill' [auf 10 u. auf 16 Tafeln] und einer grossen R'- und Touristenk' von Tirol. II S. + S. 1—138 + *Register* S. 391—414 + *Anzeigen* 12 S. u. S. 139—414 + *Anzeigen* 12 S. München, A. B', 1907. (M. 1.50 u. 2.50.) — Bruckmann's ill' R'. No. 122—124 u. No. 125—129.

— Unter-Italien, s.a. Meyer's Reisebücher.

— Unter-Italien. Mit 6 Karten. Hildburghausen 1873. 8.

— Unteritalien u. Sizilien, s.a. Meyer's Reisebücher.

Gsell Fels, Th[eod.], Unteritalien und Sizilien. 4. Aufl., m. Nachtr. bis Herbst 1906. Leipzig u. Wien (1906). 8°.
(Meyers Reisebücher.)

— Venedig, s.a. Städte-Bilder u. Landschaften aus aller Welt.

—— Venedig. Mit 10 Photogr. und 43 Holzschn. nach Bildern und Zeichnungen von Th. Choulant, Fr. Eibner, E. Kirchner, L. Passini, Ferd. Wagner. kl.-Fol. (III, 73 S.) München 876, [Bruckmann.] Gera, Griesbach's Verlag. geb. in Leinw. mit Goldschn.

— Venice, s. Bruckmann's illustr. Reiseführer.

— Vorarlberg und Allgäu, s. Bruckmann's illustr. Reiseführer.

Gsell-Fels, Victor [med. pract. von St. Gallen]: Die Hausinfektionen in Kinderspitälern und speciell im Kinderspitale in Zürich von 1874—1897. Zürich 1897. 80 S. Mit 5 Tafeln. 8°.

Zürich. Med. Diss. 1897/98.

Gsels, I., lat. linguae grammatica tripart. 8. Basel, Imhof. 755. Rthlr.

Gspan, Peter Erasmus, s.a. Gspann.

Gspan, Peter Erasmus, Abhandlung über die gesetzmäßige Befriedigung concurrirender Gläubiger außer und bei der Concurs-Verhandlung. 1r Bd. Von den Vorbereitungen zur gesetzmäßigen Befriedigung concurr. Gläubiger überhaupt, und außer dem Concurse. gr. 8. Grätz 837. Damian u. Sorge. 1 ₰ — 2r Bd. Von der wirklichen Befriedigung concurr. Gläubiger außer der Concursverhandlung. gr. 8. Ebd. 838. n. 1 1/8 ₰ — 3r Bd. Von der gesetzmäßigen Befriedigung concurr. Gläubiger im Concurswege. 1e Abthl. Von d. Vorbereitung zur Befriedigung der Gläubiger im Concurswege. gr. 8. Ebd. 839. n. 7/8 ₰

Gspan, Peter Erasm., über die Nothwendigkeit der Einführung des Grundbuches mit Rücksicht auf das Verfachwesen in Tirol und andern Kronländern. gr. 8. (XII und 215 S.) Innsbruck 849, Wagner'sche Buchh.

—— Zusammenstellung der Vorschriften der neuesten Gesetze unter alphabetisch geordneten Schlagwörtern. 2 Abthlgn. (Organisirende Gesetze. — Meritorische Gesetze.) gr. 8. (IV und 582 S.) Innsbruck 851, Wagner'sche Buchh.

Gspandl, J. N., septische u. aseptische Gesänge e. Mediciners. 12. (VI, 101 S.) München 892. F. Bassermann. n. 1. 50

Gspann, Johs. Chrys., die Fundamentalfrage des Christentums, s.: Für Geist u. Herz. I.

Gspann, Peter Erasmus, Abhandlung über die Fideicommisse. Nach dem österreichischen Gesetze bearbeitet. 2 Bde. gr. 8. Wien 842, Gerold. 2 1/3 ₰
s.a. Gspan.

G'spass und **Ernst.** Separatabdruck aus dem „Wächter am Pilatus". Z'mehst im Luzernerdütsch. Vom Waldbrueder Machari am Pilatus (Pfr. Egli) und Andern. 64 S. 8. Luzern. Druck v. Bucher & Müller. 1871. —. 80

G'spasseln zum Octoberfest. München 1842. V: *Kobell, Franz v.* (HTbPP)

G'spoass, A', für'n Stöckl Hans sein Abschied. [Salzburg 1891.] V: *Strele Ritt. v. Bärwangen, Rich. v.* (IIr)

Gstaad und Umgebung, Gsteig und Lauenen, Berner Oberland. [Illustrierter Prospekt.] Hrg. vom Verkehrsverein Gstaad und Umg'. [II + 20 S.] quer-8. [Thun, Oscar Hopf, 1907.]

Gstaltner, Mich., Uebungsbeispiele für das Kopfrechnen. Eine Zugabe zu den in der Volksschule eingeführten Rechnungsbüchern, zum Gebrauche für Lehrer und Schüler herausg. Wien 863. Beck. 8. (IV, 76 S.) n. 6 *ngr.*

G'stanzeln. Wien o. J. (ca. 1895). V: *Franz Ferdinand, Erzherz. v. Österreich-Este.* (EB)

Gstettner, Laurenz (Hrsg.), s.a. Die Gewerbeordnung.

(F) **Gstettner,** L., Die Gewerbeordnung. Textausgabe der österr. Gewerbeordnung mit Berücksichtigung aller durch die bisherigen Novellen, einschließlich das Gesetz vom 5. Februar 1907, RGB. Nr. 26, vorgenommenen Abänderungen und Ergänzungen. 8°. (X, 192 S.) Wien: Manz 1907. K 2.40, geb. K 3.40

Gstettner, Laur., d. Gewerbeordng. Textausg. d. österreich. Gewerbeordng. (Ges. v. 20. XII. 1859, RGBl. Nr. 227) m. Berücksicht. all. bis Jänner 1910 erfolgten Abändergn. u. Ergänzgn. Mit Genehmigg. d. k. k. Handelsminister. hrsg. 4. Aufl. (Ergänzt durch e. systemat. Verzeichnis einschläg. Gesetze u. Verordngn. u. durch e. alphabet Register). (X, 245 S.) 8. Wien 910. Manz. 2.35; geb. n 3. 15

Gstirner Adolf: Zur Geschichte der Manhartalm. 19. Graz St. R. 08.

Gstrein, Cäcilia, Tiroler Kochbuch (3. Aufl. d. Petronilla'schen Kochbuches.) gr. 8. (III, 425 S.) Innsbruck 898. Vereinsbuchh. u. Buchdr. n. 3. —; kart. n. 3. 60; geb. n. 4. —

Gstirner Adolf: Über die bambergische Waldordnung vom 22. December 1564. 26. Villach 95.

Guadagni, Leop. Andr., de Florentino codice pandectar. disquisitio; denuo ed. C. F. Walch. 8. Jen. 775. Cröker. 4 gl.

Guadagnoli, A., s. Heyse, Paul. Italien. Dichter.

Guadet, Handwörterb. d. alten Erdkunde, s. Dufau.

Guadrino's Schatten um Mitternacht, (v. Jos. Al. Gleich). 8. Wien 800.

Guaita, Georg von, aus Frankfurt a. M.: **Versuche mit Kreuzungen von verschiedenen Rassen der Hausmaus.** Mit 3 Taf. *Freiburg i. B. 1902: C. A. Wagner.* (24 S.) 8°
Freiburg i. B., Phil. Diss. v. 1902

GUALBERT, JOHANN, Capuziner: Ehr- und Leichenrede auf das trauervolle Ableben der Hochwürdigen in Gott Geistlichen Frauen Maria Elisabeth von der Menschwerdung Christi Gebohrne von Schillern, ersten Oberinn und sogenannte Stifterin des Klosters bemeldten Ordens etc. in Preßburg, da selbe den 7. März 1776 selig im Herrn entschlaffen, gehalten. Preßburg 1776. Gedr. bey Joh. Mich. Landerer. 19 S. - 300 mm

GUALBERT, JOHANN: Lobrede auf die Ablegung der Klostergelübden, Da selbe die hoch- und wohlgebohrne viel ehrwürdige Frau . . Maria Ottilia, gebohrne Freyherrin von Grabatsch, in Pressburg an dem zwanzigsten Sonntage nach Pfingsten den 22 Tage des Weinmonaths 1775. Preßburg (1775): F. A. Patzko. 19 S. - 8°

GUALBERT, JOHANN: Lob- und Dankrede über die höchstbeglückte und freudenvolle Ernennung . Herrn Joseph aus dem hochgräflichen Hause von Batthyan . . in der königlichen freyen Krönungsstadt. Vorgetragen . . . den 14. Julii im Jahr 1776. Preßburg 1776: A. F. Patzko. 24 S. - 4°

(Gualdo Priorato.) Geschichte der letzten Feldzüge Gustav Adolphs in Deutschland. Aus d. Frz. des H. v. Francheville. 8. Gottingen 1794. 7,50.

Gualdo-Priorato. L'histoire des dernières campagnes et négociations de Gustave Adolphe en Allemagne. Ouvrage traduit de l'italien par l'abbé de Francheville. Avec plans. 4. Berlin 1772.

Gualdo Priorato Conte de Comazzo, Galeazzo. Lebensgeschichte Albrecht's von Waldstein . . . Nürnberg 1769. Ü: *Link, Wilhelm Friedrich.* (MGT) (ML) (BB) (Ky) (Will) (BrMm)

Gualengo, Jh. Bapt., s. Cassina, Versuch.

Guallig, Friedrich (Berlin), De cauta infanticidarum tortura. Diss. jur. Präs. Jo. Samuel Friedrich Boehmer. Frankfurt/O. (Joh. Chn. Winter) März 1761. 34 S. (5.50) 12102

Gualtheri, M. Phil., Alexandreis, ad fidem librorum mss. et impress. recensuit F. A. W. Mueldener. Leipzig 863. Teubner. 16. (VII, 239 S.) n. 21 ngr.

Guanciali, Q., Hahnemannus seu de Homoeopathia nova medica scientia libri octo. 8. Neapoli 840. (Paris et Leipzig, Brockhaus et Avenarius.) n. 2 rf

Guano

Der künstliche Guano in seiner Anwendung für alle Bodenverhältnisse und Pflanzengattungen. 1853 München

Guano (Vogeldünger), der Peruanische und Bolivianische, als das wohlfeilste und kräftigste Düngmittel. gr. 8. Hamburg 845, Niemeyer. n. 1/6 rf

Guarch. [illegible]
Berlin, [illegible]

Guardi, Camill, Lebensgeschichte des heil. Camill von Lellis, Stifters der Regularkleriker vom Krankendienste. Aus dem Italien. übers. von einem Priester des Bisthums Breslau. Mit dem Bildnisse des Heiligen (in Stahlst.). Regensburg 858. Manz. 8. (262 S.) 22½ ngr

Guardian oder Aufseher, Der engländische. Leipzig 1749. V: *Steele, Rich. & Jos. Addison.* (EB)

Guardian, d. engelländ., od. Aufseher, übers. v. W. Gottschedin. 8. Stett. (Breitkopf, Leipz.) 749.

The Guardian Protector of Widows and Orphans: vol. 1–8, Aug. 1875–1882?
Monthly, published in English and German; semi-monthly, 1882. Sub-title of German section: Ein literarisches Familien Journal dem Interesse des Odd Fellow Ordens gewidmet. [Sub-title in English section: A monthly journal, devoted to Odd Fellowship, the arts, sciences, and general literature]. Organ of Unabhängiger Orden der Sonderbaren-Brüder. Title varies: The Chicago Guardian, 1882? Quarto, each issue 16 pages [usually, 12 in English, 4 pages in German]; illus. Circulation: 1880, 2000. Edited by S. L. Horst, 1875–78; by Hiram F. Holcomb, 1878–Feb. 1880; by Thomas H. Glenn, Mar. 1880–1882 [German editor not named]. Published by The Guardian Publishing Co. 1875–82.
Chicago, IL

Guardians, the two, s. Collection of British Authors.

Guardini, R. A. (Hrsg.), s. Michelangelo Buonarroti.

Guardiola, José, kosmal idioma. Gramátika uti novo prata kiamso orbo. Universal-Sprache. Grammatik e. neuen Sprache, Orba genannt. gr. 8. (96 S.) Paris 893. (Leipzig, R. Pehrsson.) Kart. n. 1.—

Guareschi, Icilio, Amedeo Avogadro u. die Molekulartheorie, s.a. **Monographieen aus der Geschichte der Chemie. 7. Hft.**

Amedeo Avogadro und die Molekulartheorie (Storia della Chimica. I. Amedeo Avogadro e la teoria molecolare). Von Icilio Guareschi. Deutsch von Dr. Otto Merckens. *Leipzig: J. A. Barth 1903.* (S. 121–194.) 8°
= **Monographieen** aus d. Geschichte d. Chemie. H. 7. [illegible]

Guareschi, Icilio, **Einführg. in d. Studium d. Alkaloide, m. bes. Berücksicht. d. vegetabil. Alkaloide u. Ptomaine. Mit Genehmigung d. Vorf. in deutscher Bearbeitg. hrsg. v. Herm. Kunz-Krause. 2 Hälften. Lex.-8. (VII, 657 S.) Berlin 896. 97. R. Gaertner. à n. 18.—**

Guarinelli, Giacomo.
— — Betrachtungen über den gegenwärtigen Zustand der Bollwerk-Befestigung hinsichtlich der Enfilade und der Gellschüsse, Vorschlag einiger leichten ökonomischen Mittel die schon bestehenden festen Plätze zu vortheilhafterer Vertheidigung umzuschaffen. Deutsch, durch den Autor selbst bearbeitet. (Mit 1 Taf.) (Lithogr.) 4. Neapel 1848.

Guarini, Emile. Les dernières expériences de Marconi. (Tirage spécial d'une série d'articles parus dans la «Revue de l'Électricité».) II + 9 p. 8. Berne. Office Polytechnique d'Édition, 1903. [fr. —. 30]

Guarini, Giovanni Battista

Guarini, G. B., der treue Hirt, s.a. **Bibliothek, Europäische, 61. Bd.**

Guarini, Giov. Batt., der treue Hirt. Aus dem Italien. von M. C. Marbach. 8. Grimma 846, Verl.-Compt. n. ⅓ rf

—il pastor fido. 18. Leipz. (W. Nauck). 18??

— — en vers franç. et ital. av. fig. 8. Jena. 734.

Guarini, C. B., Pastor fido, con intagli. 8. Nürnberg. 734.

— — colle rime od altere opere del medesimo Autore, enrich. di fig. etc. 8. Lipsiae. (Günther in Glogau.) 750.

— il pastor fido, tragicomedia pastorale, s.a. J. H. *Emmert*.

Guarini, G. B., il pastor fido. Mit erklärend. Wortregister von J. H. Emmert. 8. Giessen 799. (Friedr. Fleischer in Leipzig.) 1 1/3 ℛ

— — tragicomedia pastorale. 8. m. erkl. Wortregister von J. H. Emmert. Gießen, Tasché u. Müller. 810.

— — — 18. Leipz. Sommer.

— il pastor fido, tragicom., mit vielen Sach- u. Spracherklärungen von Penzenkuffer. gr. 8. Erlang. 807. 3e A. 813. (Heyder). 1 ℛ 12 g

Guarini, C. B., il Pastor fide tragicom. pastor., mit Sach- u. Spracherklärungen, auch erläut. Parallelstellen, von Penzenkuffer. 3te Ausgabe. gr. 8. Erlangen, Heyder. 814.

— il pastor fido. II Voll. con 2 rami. 16. Zwickau 820. (Gebr. Schumann). 16 g Dass. deutsch, aus dem Italien. übers. von Hieron. Müller. Mit 2 Kpf. 16. Ebd. 822. 16 g

— pastorali italiane. 8. Strassb. 797. Levrault. 1 ℛ 4 g

— der treue Schäfer; Schäferspiel. Aus d. Italien. (von Jh. G. Scheffner). Mit Kpf. 8. Mitau 772. (Nauck in Leipz.) 18 g

Guarini, Giovanni Battista.
Der treue Schäfer; ein Schauspiel a. d. Ital. Mietau u. Hasenpoth 1773. Ü: *Scheffner, Johann Georg.* (MGT) »1772« (Ky)

— treuer Schäfer; eine Tragikomödie, übersetzt von A. Arnold. gr. 12. Gotha 815. Ettinger. 1 ℛ

Guarinoni, Pietro de —. Manuale di Anatomia umana avuto riguardo al fondamento fisiologico ed alla pratica applicazione di Giuseppe Hyrtl. Prima versione italiana fatta sulla terza edizione originale dal cavaliere — —. Dispensa 1. Introduzione e idee preliminari. Istologia ed Anatomia generale. 8. (176 S.) Vienna. Stampa e carta dell' Editore Leop. Sommer. 1854.

Guarinus Veronensis

Guarini Veronensis Alda. Carmen elegiacum. Ex editione Lipsiensi a. 1511 repetitum, collatis tribus codd. manuscriptis Vindobonensi, Leidensi et Gothano correctum, et annotatione instructum edidit W. H. D. Suringar. Leiden 867. Brill. gr. 8. (110 S.) n.n. 25 ngr

Guarna's, Andrea, bellum grammaticale u. seine Nachahmungen, s.a. Monumenta Germaniae paedagogica. 43.

Andrea Guarnas Bellum grammaticale und seine Nachahmungen. Hrsg. von Johannes Bolte. Berlin: A. Hofmann & Co. 1908. (*92, 307 S.) 8° = Monumenta Germaniae Paedagogica. Bd 43. [03. 9490]

Guarnieri, P. L., il più bel giorno della vita. Letture edificanti ad uso dei fanciulli che si preparano alla prima communione. Traduzione dal tedesco. Testo adorno di 1 cromolitografia e 84 incisioni in legno. gr. 16. (248 S.) Einsiedeln 888. Benziger & Co. geb. 1. 60: m. Goldschn. 2. —

GUARY, Siegmund v., Bemerkungen eines Edlen von Ungarn bei Gelegenheit seines kurzen Aufenthaltes in Wien entworfen 1802. (Oedenburg, bey J. A. Sieß.) 8°. 34 S.
Goedeke VII, 93, 102, 2. — Rar!

Guasco, C. de, de l'usage des statues chez les Anciens, av. 12 pl. 4. Brux. (Varrentrapp et W. in Francf.) 768.

de Guasco, C., de l'usage des statues chez les anciens, av. 12 pl. 4. Brux. 778. (Varrentrapp in Frankf.) 4 ℛ 8 g

Guastalla, Aug., Avvertenze per far buon uso dei bagni marini. gr. 8. (24 S.) Triest 858, Schubart. *

Guastavino, E., die große Hungersnot in Indien. Erzählung f. die Jugend. Frei nach dem Engl. 3. Aufl. 16. (48 S. m. Bildern.) Bremen 889. Verlag des Traktathauses. n. — 20

Guastavino, E., Nora u. Andreas od. Die zwei Waisenkinder, s.: Rosen-Knospen. Nr. 4.

Guatani, E., Anweisung, wie d. Pulsadergeschwülste zu heilen sind. Aus d. Italien. Mit Kpf. 8. Altenb. 777. (Hennings in Neisse). 14 g

Guatemala, P. Santiago de, Capuchino. La vida de nuestro sennor Jesucristo contado a los ninnos. Con 4 laminas y 66 grabados. In-16°, 160 p. Einsiedeln, Benziger & Cie. 1888 cart. 1 60

Guatimozin, ..., über d. Welt, d. Erde u. d. Menschen; aus d. Mexikanischen von Hnr. Ritter. Mit e. Vorrede v. J. E. Bode. gr. 8. Berl. 801. Maurers B. 1 ℛ 6 g engl. Pap. 1 ℛ 12 g

Guayana. Friederichsen, L., Sir Walter Raleigh's Karte von Guayana um 1595. [Aus: „Hamburg. Festschrift z. Erinnorg. an d. Entdeckg. Amerika's".] Lex.-8. (9 S. m. 1 Karte.) Hamburg 892. L. Friederichsen & Co. n. 1. 50

Guayaquil. Wolf, T., plano de Guayaquil. 1 : 4800. Kpfrst. Imp.-Fol. Hamburg 887. Friederichsen & Co. n. 12. —

Guazzi, Stefano: „Sieben Avsserlesene vnnd lustige Politische Dialogi oder Gespräche . . . . Allen vnd jeden hohen vnnd nidrigen Standes vnd Würdens Mannes vnd Weibes Personen / mit lust vnd nutz zu lesen . . .", „Erstlich zwar in Italianischer Sprache . . . . beschrieben. Jetzund aber aus derselbten (sol) in vnser Hochdeutsche Sprache . . . trewlich vbersetzet durch Melchiorem Wiesaeum", gedruckt zu Leipzig 1625 (in Verlegung David Müllers Buchhändlers in Breslau). — Vorh.: StB Nürnberg.

Guazzini, Seb.

Guazzini, S. opera criminalia. fol. Gener. (Weidmann in Lips.) 716.

GUAZZINI, Seb.: Opera omnia juridica. *Colon.* 738. IV. T. Fol. (4 Thl. 16 Gr.)

Guazzone, A. M., Bramante oder Attila's Rache, s.a. Esser's, R., Sammlg. leicht aufführbarer Theaterstücke.

[F.] Bramante oder Attila's Rache. Schausp. in 4 Aufz. m. e. Prolog v. A. M. Guazzone. A. d. Ital. in's Deutsche übertr. v. J[os.] Buhr, Priester d. Bistums Strassburg. *Paderborn: J. Esser 1897.* (55 S.) 1 Bd 8.
— Sammlung, J. Essers, leicht aufführb. Theaterstücke. H. 42. [98. 4974

Guba, Frz. W., Spiele für die Jugend, zur Uebung u. Stärkung ihres Körpers u. zur Erholung u. Bildung ihres Geistes gr. 12. Wien 833. Gerold. 1/6 ℳ

Guba, Paul [Dr.]: Der Kurfürstentag zu Fulda im Jahre 1568. Dresden, Druck v. C. Heinrich, *1894*; 3—18 S. 4.
Dresden-Neustadt, Drei-König-S '(RG)', OP 1894 (555)

Guba, P., der deutsche Reichstag in den J. 911—1125, s.: Studien, historische.

Guba, Wencesl. Jos., Methode, Kindern den ersten Unterricht im Lesen ohne Zeitverlust ꝛc. beizubringen. Praktisch abgehandelt. 8. Prag 806.

Gubalke, Jesus Christus, gestern u. heute, u. derselbe auch in Ewigkeit. Ebr. 13, 8. Ein Abwehrschriftchen zur Broschüre d. Herrn Lic. Hamm: „Der ideale u. der geschichtl. Christus." gr. 8. (VI, 74 S.) Colberg 871. (Breslau, Dülfer.) n. — 60

—— die Thiere in der indogermanischen Mythologie. Aus dem Engl. übers. von M. Hartmann. Autorisirte mit Verbesserungen und Zusätzen verseh. deutsche Ausg. 2 Hälften. gr. 8. (XXIV, 675 S.) Leipzig 874, Grunow. à Hälfte *ℳ 10,50. *

—— s. Untersuchungen aus dem physiolog. Laboratorium in Würzburg.

Gubalke, Antonie
Pseud: Lotte Gubalke.

Gubalke, Lotte, die Bilsteiner. 8. (V, 143 S.) Kassel 902. E. Victor. n. 1. 50; geb. n. 2. —

Gubalke, Lotte (Frau Antonie Gubalke), Gottfried Damm. Der Schweinehirt u. der Ritter, s.: Hesse's, Max, Volksbücherei.

Eve Englis. Novelle von Lotte Gubalke [d. i. Antonie **Gubalke**]. Berlin: A. Goldschmidt 1907. (102 S.) 8° [F.]
(Goldschmidts Bibliothek f. Haus u. Reise.) [07. 8323

— Das steinerne Haus, s.: Hesse's, Max, Volksbücherei.

Gubalke, Lotte (Frau Antonie Gubalke), von seltsamen Leuten, s.: Deva-Roman-Sammlung. 40. Bd.

— Reinhold Stades Liebe u. andere Erzählungn., s.: Hesse's, Max, Volksbücherei.

— Zweierlei Liebe. Im Haselgrund, s.a. Universal-Bibliothek.

Gubalke, Antonie: Zweierlei L i e b e . Im Haselgrund. 2 Novellen von Lotte Gubalke [d. i. Antonie Gubalke]. Leipzig: Reclam jun. [1909]. 110 S. 8°
(Universal-Bibliothek. 5115.)

— Locken-Berta u. and. Novellen, s.: Reclam's Novellen-Bibliothek.

— Locken-Berta u. and. Novellen, s.: Universal-Bibliothek.

— Das Testament des Fräulein v. Rothenkirchen u. andre Novellen, s.: Universal-Bibliothek.

— der Tolle u. die schöne Isabell. Die Geschichte der kleinen Lene. Der Hahnenkampf, s.: Deva-Roman-Sammlung. 60. Bd.

Gubalke, Benj., Darstell. d. Hauptgesichtspunkte d. Todes Jesu. Ein Versuch zur endl. Vereinigung d. über diesen Gegenstand streit. Parteien. 8. Halle 812. Schwetschke u. S. 18 gr

— Predigt-Sammlung über d. Evangelien sämmtl. Sonn- u. Festtage d. christl. Kirchen-Jahres. 1r Bd. gr. 8. Brieg 826.

Gubalke, Herm., Ruf zum Herrn. Ein christlich Liederbüchlein. gr. 16. (IV u. 104 S.) Berlin 852, W. Schultze. n. 1/2 ℳ

Gubalke, Karl [app. Arzt aus Gollmütz]: Beiträge zur Behandlung der Typhlitis und Perityphlitis ... Halle a. S., Hofbuchdr. v. C. A. Kaemmerer & C., 1891; 36 S., 2 Bl. 8.
Halle, Med. Fak., Inaug.-Diss. v. 9. Nov. 1891

Gubalke, Lotte [Pseud.], s. G u b a l k e , Antonie

Gubatz, Lüdeke, Weigel, 301 Aufgaben aus d. darstell. Geometrie f. Maschinenbauer, Kesselschmiede u. verwandte Gewerbe. Uebungsmaterial f. Maschinenbauschulen, Handwerker-Fortbildungsschulen u. zum Selbstunterricht, zugleich e. Nachschlagebuch für Bureautechniker. Mit kurz. prakt. Lösgn. u. 333 Zeichnungen. Lex.-8. (34 S.) Leipzig 900. Seemann & Co. Kart. n. 2. 25

Gubatz, E. (Hrsg.), s. S c h l o s s e r - Z e i t u n g , Deutsche.

Gubbe, Otto (geb. Stettin 27. 10. 1859): Ueber das optische Drehungsvermögen des Invertzuckers. Berlin 1884. (24 S.) 8°
Berlin, Phil. Diss. v. 22. Dez. 1884

Gübbels, B., Die Lehre des Aristoteles von den arbeitenden Klassen. Diss. 1927. 66 S. 3.—

Gube, Frau Else, s.: Galen-Gube, Else.

Gube, Felix: Radioaktive Emanationen des Bodens der Umgegend von Halle. Halle a. S. 1910: John. 52 S. 8°
Halle, Phil. Diss. v. 19. Juli 1910, Ref. Dorn
[Geb. 12. Juli 84 Ratibor; Wohnort: Halle a. S.; Staatsangeh.: Preußen; Vorbildung: Gymn. Ratibor Reife O. 03; Studium: München 1, Leipzig 3, Halle 8 S.; Rig. 20. Dez. 09.] [U 10. 1742

Gube, Frdr., die Ergebnisse der Verdunstung und des Niederschlages nach Messungen an neuen, zum Theil registrirten Instrumenten auf der königl. meteorologischen Station Zechen bei Guhrau. Mit einem Vorwort von Dove nebst den Zeichnungen der Instrumente (auf 2 lith. Taf.) u. 2 (lith.) Taf. graphischer Darstellungen. Berlin 864. G. F. O. Müller. Lex.-8. (2 Bl., 51 S.) n. 25 ngr

Gube, L., geheimnisvolle Geschichten, s.: Reuter's Bibliothek f. Gabelsberger-Stenographen.

Gubelmann, J. S., die Predigt am See od. das Geheimniß des Himmelreichs. Neun bibl. Betrachtungen. gr. 8. (112 S.) Philadelphia, Pa. 881. (Schäfer & Koradi.) n. 2. —

Gubelmann, J. S., Saatkörner. Eine Sammlung bibl. Betrachtungen. 12 Lfgn. gr. 8. (384 S.) Philadelphia 877, (Schäfer und Koradi.) *

Guben [Sachliches OW]

Stadt- und Landkreis Guben. (Bearb. in d. kartogr. Anst. d. Verlagsbuchh. Maßst. 1:150.000. *Glogau: C. Flemming 1901.*) (1 Kartenbl. 23 × 37 cm mit Legende.) 8° [Kopft. gestochen.] [kol.]
— **Kreiskarten, Carl Flemmings.** Bl. 66. [04. 1298

Guben [Schlagwort]

Guben, s.a. **Deutschland**. Karte (Abt. Preussen). Übersichtskarte.

— s.a. **Kreiskarten**.

— s.a. **Preussen**. Messtischblätter.

Guben, s.a. **Radfahrerkarten**. Strassenprofilkarte.

Guben, s.a. Woerl's Reisehandbücher.

Guben. **Hilscher, A.**, Karte d. Kreises Guben, nach der von R. Schulz entworfenen Wandkarte gezeichnet. 1 : 125,000. Chromolith. Fol. Guben 887. Berger. n. 1. —; auf Leinw. n. 1. 50

Guben. Plan von Guben. Steindr. 37×41,5 cm. Nebst kleinem Führer. 8. (6 S.) Guben 891. A. Koenig. n. 1. 25

— **Schulz, R.**, Wandkarte d. Stadt- u. Landkreises Guben. Aus zuverläss. Quellen f. den Unterricht in Schule u. Haus entworfen. 1:50,000. 4 Blatt. Chromolith. gr. Fol. Guben 887. Berger. n. 5. —; auf Leinw. m. Stäben n. 7. —

Guber, Chaja. Über Arsenvergiftung nach Beobachtungen auf der medizinischen Universitätsklinik Zürich. Aus der med' Un' in Z'.... Diss. Med. Univ. Zürich. 36 S. 8. Zürich, Schereschewsky, 1910.

Guber, K., prakt. Abhandl. über d. Vorbeugung u. Heilung der Hundswuth. 8. Prag u. Wien 818. 2e A. 819. Haas. (Leipz., Liebeskind). 8 ℋ

Güber, Sev. Fr.

Güber, S. F., Betrachtungen über christliche Freyheit, nach Joh. 8, 31. 32. gr. 8. Göttingen. Dietrich. 820.

Güber, Sev. Fr., Betrachtt. über christl. Freiheit, nach Joh. 8, 31. 32. gr. 8. Götting. 821. Dieterich. 3 ℋ

— Grundregeln der deutschen Sprache, nebst e. kurzen Abriß der Lehre vom deutschen Styl. Mit e. Anhang, welcher eine Anleit. zum ausdrucksvollen Lesen u. prakt. Uebungen in d. richtigen und guten Schreibart enthält. 8. Hamb. 812. (Fr. Perthes). 6 ℋ

— Samml. auserles. poet. Erzählungen, Fabeln, Parabeln, Idyllen u. Schilderungen. 1r Thl. 8. Hannov. 809. 2e Aufl. 820. Hahn. 12 ℋ (Auch u. d. T.: Samml. auserles. deutscher Gedichte. 1r Thl. histor. Poesien.)

Guberlo, Emil, Jean Lüttgens, Rheinlands Eiche. Mit Portr. Ein Lebensbild. 8. (30 S.) Düsseldorf 900. (E. Lintz.) n. — 50

Gubernath, Ant., linguae et literat. hungar. in regia Posoniens. etc. II Tom. 8. Pressb. 803. Belnay. 1 ℔ 8 ℋ ch. script. 2 ℔

Gubernatis, Angelo

Gubernatis, Angelo, zoological mythology or the legends of animals. 2 vols. gr. 8. (XXVII, 432 u. VII, 442 S.) London 872. Leipzig, Brockhaus' Sort. in Comm. n.n. 26. —

Gubernatis, A. de, Savitri. Dramatische ind. Idylle in 2 Akten. Autoris. Uebersetzg. u. Bearbeitg. aus dem Ital. v. S. Trebitsch. 12. (V, 48 S.) Wien 889. (Gerold's Sohn.) n. 1. 60

— die Thiere in der indogermanischen Mythologie. Aus dem Engl. übers. v. M. Hartmann. Autoris. m. Verbessergn. u. Zusätzen vers. deutsche Ausg. gr. 8. (XXIV, 675 S.) Leipzig 874. Grunow. n. 21. —

Gubernial-Revue

Губернаторская Ревизія, f. **Библіотека, Русская**. (Gubernial-Revue), s. **Bibliothek, russische**.

Gubertino, | der gefürchtete Bandit | Calabriens in Italien, | dessen Vernichtung durch | den Grafen Darthanian | und seine Dienerschaft. | Herausgegeben und im Selbst-Verlag | von Johann Fleischer in Hagen in Westphalen.
Kol.: Druck von Hermann Müller in Berlin, Adlerstr. 7.
o. J., 4 Bl. n. n., 183 × 110.
LBO Bänkelsängerlit. II, 20.

Gubi, P. M., vierstimm. Choralbuch f. Kirche, Haus u. Schule. Eine Bearbeitg. d. obligator. Melodien des schleswig-holstein. Gesangbuches. qu. 4. (II, 111 S.) Altona 898. Schlüter. n. 3. —; geb. n. 4. 20
[Umschlagt:] Choralmelodien harmonisiert v. P. M. Gubi.

— prakt. Harmonielehre f. d. Unterricht an Lehranst. u. f. d. Privat- u. Selbstunterr. gr. 8. (178 S.) Ebd. 899. n. 3. —

— musikal. Wegweiser. Ein Orientierungsmittel für Laien. Ein Wiederholungsbuch für Kompositionsschüler. 8. (VII, 158 S.) Ebd. 898. n. 1. 50

Kleine Zeittafel zur Musikgeschichte. Von P. M. Gubi. Hamburg: Hansa-Verl. 1910. 36 S. 8° A 11. 1041

Gubitius, Jo. Christoph (Goldlauter/Henneb.), *TO BAPY KAI IΣXYPON* Paullinum. Präs. Jo. Wilhelm Berger. Wittbg. (Creusig) 1721. 32 Seiten. (6.—) 12103

Gubitz, Buchhandelsrecht u. Juristenrecht. Schwäb. Hall 888.

Gubitz, Adolf

Gubitz, A., das Einkommen der Volksschullehrer in Württemberg. gr. 8. (VI, 179 S.) Stuttgart 880. (Metzler's Sort.) cart. n.n. 3. 30

Gubitz, Adf., das Einkommen der Volksschullehrer in Württemberg. 2., neu bearb. Aufl. Unter Mitwirkg. v. Adf. Buob hrsg. gr. 8. (IV, 112 S.) Stuttgart 891. A. Bonz & Co. n. 2. 40

— das Gesetz, betr. die Rechtsverhältnisse der Volksschullehrer vom 30. Dezbr. 1877 u. das Gesetz, betr. die Rechtsverhältnisse der Lehrer u. Lehrerinnen an höheren Mädchenschulen, sowie die Aufsicht üb. die letzteren vom 30. Dezbr. 1877. 1. Abth. Das Gesetz nebst Entwurf u. Motiven. gr. 8. (120 S.) Ebend. 878. cart. n.n. 1. 20

Gubitz, A., Grundbuch der evangelischen Schulstellen u. Schuldiener in Württemberg. gr. 8. (VIII, 368 S.) Stuttgart 876. Kohlhammer. n. 5. —

—— Leerboek der hoogduitsche taal voor Nederlandes, s. Ollendorff, H. G.

Gubitz, A., H. G. Ollendorff's nieuwe methode in den kortsten tyd eene taal te leeren. — Leerboek der hoogduitsche taal voor Nederlanders. Frankfurt a. M. 867. Jügel's Verlag. 8. (IV, 416 u. 8 lith. S.) cart.
1 ℛ 3 ngr;
Sleutel (226 S.) cart. 21 ngr

— Nachtrag zu den Gesetzen üb. die Rechtsverhältnisse der Staatsbeamten vom 28. Juni 1876 u. üb. die Rechtsverhältnisse der Volksschullehrer vom 30. Dezbr. 1877, die allgemeinen Verfügn., Rechnungsvorschriften ꝛc., sowie das Gesetz üb. die Rechtsverhältnisse der Reichsbeamten vom 31. März 1873 enth. gr. 8. (VI, 65 S.) Ebend. 880. n.n. 1. 20

Gubitz, Adf.: Das Volksschulgesetz vom 29. September 1836 nebst den ergänzenden und abändernden Gesetzen von 1858, 1865, 1872, 1874 und 1877. Stuttgart [Selbstverlag] 1880

Gubitz, Anton

Gubitz, Ant., Ansichten u. Bemerkungen über Kunstwerke der Gegenwart. [Bei Gelegenheit der Berliner Kunstausstellung im J. 1850.] gr. 8. (38 S.) Berlin 850, Vereins-Buchhandlung. ⅙ ℛ

Gubitz, Anton. Der Freiheitskampf in Berlin vom 18. u. 19. März. (In der Nummer der Zeitschrift: Der Gesellschafter. Blätter für Geist und Herz. Vom 27. März 1848.) Vereins-Buchhandlung. 2 Bl. 4.
Flugblatt. Berlin. 27. März 1848.

Gubitz, A., Fürstengunst, s. Jahrbuch deutscher Bühnenspiele.

Gubitz, A., Am Himmel und auf der Erde, s. Am.

Gubitz, Ant., John der Ziegler, s. Jahrbuch deutscher Bühnenspiele.

Gubitz, Ant., Margaretha, s. Jahrbuch deutscher Bühnenspiele.

— der Mensch u. die Schönheit. Neue Grundlegung der Wissenschaft vom Schönen u. der Kunst. gr. 8. (91 S.) Ebd. 818. ½ ℛ

Gubitz, Ant., s. Monatsschrift für Dramatik.

Gubitz, Anton, Republik und Königthum. Ein Blick in die deutsche Gegenwart. Berlin, Vereins-Buchhandlung, 1848. 15 S. 8°.

(Gubitz, Anton.) Jean Jacques Rousseau. [Biographische Skizze. A.] 8. (Berlin 1848.)

— drei Schauspiele. Kaiser Heinrich u. seine Söhne. Sophonisbe. John der Ziegler. 8. (VIII u. 256 S.) Ebd. 851. 1 ℛ

Gubitz. [illegible]

Gubitz, Friedrich Wilhelm

Gubitz, F. W., die Abgeordneten auf der Bühne, s.a. Jahrbuch deutscher Bühnenspiele.

Gubitz, F. W. (Hrsg.), s. Aprillaunen des Gesellschafters.

Gubitz, Fr. Wilh., Bildnisse ausgezeichneter Personen, s. Volks-Bildergallerie.

Gubitz, Friedr. Wilh., Blätter u. Blüthen, s. Blätter.

Gubitz, F. W., der Brautkranz, s. Jahrbuch deutscher Bühnenspiele.

– Sophie Detzloff, s. Jahrbuch deutscher Bühnenspiele.

Gubitz, Friedr. Wilh., die Drachenbändiger, s. Volksbücher, neue.

Gubitz, F. W., die Entziehung der Vor- und Zwischenmusik im Berliner Schauspielhause durch die gegenwärtige General-Intendantur. Fliegendes Blatt. Berlin 856. Vereins-Buchhdlg. 12. (24 S.) 3 ngr

Gubitz, F. W., Erlebnisse. Nach Erinnerungen u. Aufzeichnungen. 2 Bde. Berlin 869. Vereins-Buchh. 8. (332 u. 322 S.) Jeder Bd. n. 1 ℛ 20 ngr

— lachender Ernst und Stacheln der Laune. Gesammelte Blättchen des Humors. Ebend. 855. 8. (4 Bl., 328 S.)
1 ℛ 15 ngr

— Erzählungen, Mährchen und Schwänke. 8. Berlin 835. Vereins-Buchh. ⅔ ℛ

— die selige Frau, s.: Jahrbuch deutscher Bühnenspiele, 32. Jahrg. für 1853.

— der Freigeist, s. Jahrbuch deutscher Bühnenspiele.

– Fürstengunst, s. Jahrbuch deutscher Bühnenspiele.

Gubitz, F. W., Gaben d. Milde. s.a. Gaben ....

Gubitz, Fr. Wilh., Gaben der Milde. 4 Bdchen. 8. Berl. 818. Maurers B. 6 ℛ

Gubitz, F. W., Gedichte. 2 Bde. Berlin 860. Vereins-Buchhandlung. 12. (674 S.) 2 ℛ 15 ngr

Gubitz, Friedrich Wilhelm.
Gedichte und Scenen zur musikalisch-deklamatorischen Unterhaltung ... Berlin 1839.
V: *Meddlhammer, Albin Joh. Baptist v.* (Ky)

— Gedichte u. Scenen zur musikalisch-deklamatorischen Unterhaltung, zum Besten der Familie des verstorbenen Theater-Dichter Albini (von Meddlhammer.) gr. 8. Berlin 839. Vereins-Buchh. n. ⅙ ℛ

— Gedichte u. Scenen. Jeanne d'Arc in der Nacht vor ihrem Tode. Faust und Mephisto im Jahre 1840. Die Anekdoten-Jäger. Der Emancipations-Clubb. Jubel u. Trubel. gr. 8. Berlin 840. (Vereins-Buchh.) n. ⅙ ℛ

— d. Gesellschafter, od. Blätter f. Geist u. Herz, s.a. Gesellschafter.

— — der Gesellschafter, oder Blätter für Geist und Herz für die Jahre 1817—821. Mit Kpf. u. Musik. gr. 4. Berlin, Maurersche Buchh. Jeder Jahrgang 8 Thlr.

— Gesellschafter, Blätter f. Geist u. Herz. Jahrg. 1822—27. gr. 4. Berlin, Maurersche B. à 8 Rthlr.

– Gewagt und verzagt, s. Jahrbuch deutscher Bühnenspiele.

Gubitz, Fr. Wlh., Guckkasten-Bilder aus dem Buchhändlerleben. Von ***. gr. 12. Leipzig 841. (Whistling.) 1/4 Thlr

– Gustav Adolph an der Oder, s. Jahrbuch deutscher Bühnenspiele.

— Herz u. Weltehre, s.: Jahrbuch deutscher Bühnenspiele, 32. Jahrg. für 1853.

—— Jahrbuch deutscher Bühnenspiele, s. Jahrbuch.

Gubitz, Friedr. Wilh., Jahrbuch des Nützlichen, s. Jahrbuch.

– John der Ziegler, s. Jahrbuch deutscher Bühnenspiele.

– Der Kaiser und sie Müllerin, s. Jahrbuch deutscher Bühnenspiele.

– Karl der Große daheim, s. Jahrbuch deutscher Bühnenspiele.

– Keck und verwegen, s. Jahrbuch deutscher Bühnenspiele.

– gelobtes Land der Kalender-Bilder. Festgabe für Familien. Mit 12 Holzschn. in Doppelfarbe. 2. Aufl. Ebend. 864. 16. (39 S.) 5 ngr.

– Bei Leipzig, s. Jahrbuch deutscher Bühnenspiele.

—- Lieb' und Friede, s. Jahrbuch deutscher Bühnenspiele.

Gubitz, Fr. Wlh., Liebe u. Versöhnung, od. die Schlacht bei Leipzig. 8. Berl. 816. Maurers B. 6 gr Hdg. Pr. 4 gr

– Kräftige Mittel, s. Jahrbuch deutscher Bühnenspiele.

– s. Novellen-Mappe.

— Czaar Peter u. der Glaser, s.: Jahrbuch deutscher Bühnenspiele, 31. Jahrg. für 1852.

— die Prinzessin. Lstspl. in 5 A. 8. Berl. 816. Maurers B. 20 gr

– Der lustige Rath, s. Jahrbuch deutscher Bühnenspiele.

-- des Nachbars Rosentage. Festgabe für Familien. Mit 12 Holzschn. in Doppelfarbe. 2. Aufl. Ebend. 862. 16. (44 S.) n. 10 ngr.

— Samml. von Verzierungen in Abgüssen f. d. Buchdr.-Presse, 1s—3s Hft. gr. 4. Berl. 823—26. Vereins-B. 4 Thlr 12 gr

—— Sammlung v. Verzierungen in Abgüssen f. d. Buchdrucker-Presse. 4. Hft. No. 1273—1516. gr. 4. (16 Bl.) Berlin 833, Vereinsbuchh.
1—3. Hft. Ebendas. 1821, 24, 26. 4 Thlr. 12 Gr.

—— Sammlung v. Verzierungen in Abgüssen f. d. Buchdrucker-Presse. 5. u. 6. Hft. gr. 4. Berlin, Vereins-Buchh. [5. No. 1517—1688. (27 Taf u. 1/2 B. Text.) 836. * 1 2/3 Thlr., 6. No. 1689—1930. (36 Taf. u. 1/2 B. Text.) 842. * 1 1/3 Thlr.] *
1—4. Hft. No. 1—1516. Ebendas. 1821—33. * 5 Thlr. 12 Gr.

—— Sammlung von Verzierungen in Abgüssen für die Buchdrucker-Presse. 7. Heft. Nr. 1931—2361. gr. 4. (IV S. und 44 Holzschnt.) Berlin 854, Vereins-Buchh.
Heft 1—6. Ebendas. 8 Thlr. 15 Ngr.
Vgl.: Jahrbuch deutscher Bühnenspiele.

—— Sammlung von Verzierungen in Abgüssen für die Buchdrucker-Presse. 8. Heft. Nr. 2362—2582. gr. 4. (III S. und 85 Holzschnt.) Berlin 859, Vereins-Buchh.
1—7. Heft. Ebendas. 1821—54. 10 Thlr.

– Sappho, s.a. Jahrbuch deutscher Bühnenspiele.

— Sappho. Monodrama. 8. Berl. 816. Maurers B. 4 gr

— die neue Schauspielertruppe, s.: Jahrbuch deutscher Bühnenspiele. 32. Jahrg. für 1853.

— Schriften. 2 Bde. 8. Berl. 815. Maurers B. 4 Thlr Velinp. 6 Thlr (1r Bd. A. u. d. T.: Was mir einfiel! 2r Bd. A. u. d. Titel: Theaterspiele ꝛc.)

— die Siegesgöttin an d. preuß. Volk. Nebst 1 Holzschnitt, das Brandenburger Thor darstellend, v. Verf. gr. 4. Berl. 814. Maurers B. 12 gr

— die Talentprobe. Lstspl. in 1 Akt. Mit Musik v. F. L. Seidel. 12. Berl. 813. N. A. (Sander). 12 gr

Gubiz, (F. W.,) die Talentprobe. Lustspiel in einem Akt. Mit Musik v. F. L. Seidel. 12. Berlin 823, Flittner.

— s Vaterland, das.

—— wohlfeilste Volks-Bildergallerie, s.a. Volks-Bildergallerie.

—— deutscher Volkskalender, s.a. Volkskalender.

— deutscher Volkskalender für die J. 1835—1841. 1r — 7r Jahrg. Mit vielen Holzschn. 4. Berlin, Vereins-Buchh. (1r Jahrg. n. 1/3 Thlr 2r — 7r Jahrg. n. 5/12 Thlr) n. 2 5/6 Thlr

— deutscher Volkskalender für d. J. 1841. Mit 120 Holzschn. 2. 3. u. 4. Aufl. 8. Ebend. 841. n. 5/12 Thlr

– Verschiedene Wege, s. Jahrbuch deutscher Bühnenspiele.

—— Winkelränke, s. Jahrbuch deutscher Bühnenspiele.

—- Wirklichkeit und Phantasie. Gesammelte Erzählungen. 2 Bde. à 2 Abthlgn. (2. [Titel-]Ausg.) 12. (396 S.) Berlin 862, 63, Vereins-Buchh. à Abthlg. 22 1/2 Ngr.

Gubitz, Maria (Hrsg.), s. Hausfrauen-Zeitung, Deutsche.

Gubitz, Rud., ein Beitrag zur jetzigen Stellung der richterlichen Beamten in Preußen. Aktenstücke. gr. 8. (31 S.) Berlin 850, Gerhard (jetzt: Grobe). n. 1/6 Thlr

Gubkin, Johann [aus Moskau]: Einige Messungen von elektromotorischen Kräften gasfreier und mit Wasserstoff gesättigter Elemente .... Freiburg i. B., Universitätsbuchdr. v. Chr. Lehmann, 1886; 29 S. u. 1 Taf. 8°
Freiburg i. B., Phil. Fak., Inaug.-Diss. v. 1886.

Gubkin, Johann, einige Messungen von electromotorischen Kräften gasfreier und mit Wasserstoff gesättigter Elemente. Diss. Freiburg i. B. 1886, Fr. Wagnersche Univ.-Buchh. 8°. 29 S. mit einer Taf.

Gubler, C., s. Gubler, K.

Gubler, E[duard]. Aufgaben aus der Allgemeinen Arithmetik und Algebra für Mittelschulen. Methodisch bearbeitet. Heft 1. 48 S. 8. Zürich, Art. Institut Orell Füssli, [1903]. [geb. fr. —. 80]

Gubler, E[duard]. Aufgaben aus der Allgemeinen Arithmetik und Algebra für Mittelschulen. Methodisch bearb. von Dr. E. G'.... Heft 2. 53 S. 8. Zürich, Orell Füssli, [1904]. [geb. fr. —. 80]

Gubler, E[duard]. Aufgaben aus der Allgemeinen Arithmetik und Algebra für Mittelschulen. Methodisch bearb. von Dr. E. G'.... Heft 3. 48 S. 8. Zürich, Orell Füssli, [1905]. [geb. fr. —. 80]

Gubler, E., Aufgaben aus der allgemeinen Arithmetik u. Algebra f. Mittelschulen. 1.—3. Heft nebst Resultate u. Auflösgn. 8. Zürich, Art. Institut Orell Füssli. Kart. n. 6. 90

1. (48 S.) (905.) n. — 80; Resultate u. Auflösgn. (29 S.) (903.) n. 1. 50
2. (53 S.) (904.) n. — 80; Resultate u. Auflösgn. (24 S.) (904.) n. 1. 50
3. (48 S.) (905.) n. — 80; Resultate u. Auflösgn. (35 S.) (906.) n. 1. 50

Gubler, Ed., Einleitg. in die Theorie der Bessel'schen Funktionen, s.: Graf, J. H.

Gubler, E[duard], und Renfer, H[ermann]. Zur Frage der Verstaatlichung der Mobiliarversicherung in der Schweiz. Gutachten erstattet an die interkantonale Konferenz von Dr. S[alomon] E. G' ... und Dr. H. R'.... 316 S. 8. Herisau, Schläpfer & Cie., 1909. [fr. 16. —]

Gubler, Dr. E[duard]: Ueber ein discontinuirliches Integral. S.A. aus: Mathematische Annalen, Bd 48 [S. 37—48]. Leipz. B. G. Teubner Dr. 1896. 1 Bl., S. 37—48, 1 Bl. 8°.
Zürich, Phil. Fac. II. S., Habilitationsschrift.

— mündliches Rechnen. 25 Übungsgruppen zum Gebrauch an Mittelschulen. 8. (40 S.) Zürich 902. Art. Institut Orell Füssli. Kart. n. — 60

Gubler, E[duard]. Mündliches Rechnen. 25 Übungsgruppen zum Gebrauch an Mittelschulen von Dr. S[alomon] E. G'.... 2. Aufl. 43 S. 8. Zürich, Orell Füssli, (1907). [geb. fr. —. 80]

Gubler, Eduard, die Reorganisation und Erweiterung unsers Schulwesens nach den Bedürfnissen der Zeit. Referat gehalten im Schulverein der Stadt Zürich. 8. (19 S.) Zürich 885, (Höhr.) *

Gubler, E[duard]. Resultate und Auflösungen zu den Aufgaben aus der Allgemeinen Arithmetik und Algebra für Mittelschulen. Heft 1. 29 S. 8. Zürich, Orell Füssli, [1903]. [cart. fr. 1. 50]

Gubler, E[duard]. Resultate und Auflösungen zu den Aufgaben aus der Allgemeinen Arithmetik und Algebra für Mittelschulen. Heft 2. 24 S. 8. Zürich, Orell Füssli, [1904]. ([cart.] fr. 1. 50)

Gubler, E. Verwandlung einer hypergeometr. Reihe
im Anschluss an das Integral $\int_a^{\infty} J(x)\, e^{-\frac{bx}{x}} c\text{-}idx$
M. 2 Taf. In-8°. 33 S. Bern. These 1895.

Gubler, Heinrich

Geschichte des Kantons Tessin von 1830–1841. Von Dr. Heinrich **Gubler**. Zürich-Selnau: Academia 1906. (212, III, S.) 8° [J.] lot. 3817

Gubler, Heinrich. Geschichte des Kantons Tessin von 1830—1841. Diss. Phil. I. Univ. Zürich. 212 + V S. 8. Zürich, Gebr. Leemannn & Co., 1906.
Ausg. A: [Mit Vita.] *Umschlag = Titel.*
Ausg. B: [Mit Druckfehler-Verzeichnis.] *Umschlag illustriert, ohne Bezeichnung als Diss.* [fr. 4. —]

Gubler, Heinr. [Pfäffikon (Kt. Zürich)]: Die Kontrolle des Bundes über das Rechnungswesen der Eisenbahnen. Zürich 1898. 152 S. 1 Bl. 8°.
Zürich. Jur. Diss. 1898/99.

Gubler, Hermann. Beiträge zur Kenntnis des Hydroxylamins. Diss. Phil. Bern. [Mit Figuren.] 95 S. 8. Basel, Walz & Miéville, 1908.

Gubler, Herm., Grundlage zur Anfertigung statischer Berechnungen f. Maurer- u. Zimmermeister, Bauunternehmer, Meister-Kandidaten u. Schüler v. Bauhandwerkerschulen. Bearb. zum Selbstunterricht u. als Nachschlagebuch. (IV, 74 S. m. Abbildgn.) 8. Tübingen 910. O. Schnürlen. Geb. in Leinw. 2. 50

— Der Maurerpoller, s.: Kreß, Karl.

Gubler, Johannes, von Turbenthal [Kt. Zürich]: Ueber die Längenverhältnisse der Fleischfasern einiger Muskeln. Zür. F. Walder u. S. Dr. 1860. 2 Bl., 49 S., 1 Bl. 8°.
Zürich, Med. Diss. v. 14. Juli 1860.

Gubler, K., Liederkranz. Eine Sammlung ernster und heiterer Gesänge für Männerchöre. (2 Abthlgn.) Chur 857. Grubenmann. 16. (158 S.; 1 Bl., 52 S.) 9 ngr
1. Abth. einzeln 7½ ngr — 2. Abth.: Feierklänge. Kirchliche Gesänge und Motetten ꝛc. 2½ ngr

Gubler, C., Liederkranz. Eine Sammlung ernster und heiterer Gesänge für Männerchöre. (1. Abthl.) 8. (158 S.) Chur 858, [Gsell.]

—— dass. — (2. Abthl.) A. u. d. T.: Feierklänge. Kirchliche Gesänge und Motetten für Männerchöre. 8. (52 S.) Ebendas. 858.
Beide Abthlgn. in 1 Bd.

Gubler, Robert, prakt. Arzt in Turbenthal [Kt. Zürich]: Klinische Beiträge zur Kasuistik der complizierten Frakturen des Schädeldachs. (S.A. aus: Beiträge z. klin. Chirurgie [— Bruns], Bd 13 [S. 475—533]). Tüb. H. Laupp 1895. 2 Bl., 59 S. 8°.
Zürich, Med. Diss. [v. 27. März 1895].

Gubler, S. Eduard

Gubler, S. E., Aufgaben aus der allgemeinen Arithmetik u. Algebra f. Mittelschulen. Methodisch bearb. 1. u. 4. Heft. 8. Zürich, Art. Institut Orell Füssli. 2. —
1. 2. Aufl. (52 S.) 909. — 80
4. (61 S.) 909. 1. 20; Resultate u. Auflösgn. (24 S.) (910.) 1. 50

— u. H. Renfer, zur Frage der Verstaatlichg. d. Mobiliarversicherung in der Schweiz. Gutachten, erstattet an die internationale Konferenz. (316 S.) gr. 8. Herisau 909. (St. Gallen, Fehr.) 14. —

Gubler, S. Eduard: Zur Frage der Verstaatlichung der Mobiliarversicherung in der Schweiz. Gutachten erstattet an d. interkantonale Konferenz von –. Doz., Zürich, u. Dr. H[ermann] Renfer, Prof., St. Gallen.
Herisau 1909: Schläpfer. 315 S. 8°.

— Mündliches Rechnen. 25 Übungsgruppen zum Gebrauch an Mittelschulen. 2. Aufl. (43 S.) 8. Ebd. (907). Kart. — 80

Gubler, Theophil, die Patronymica im Alt-Indischen. (108 S.) gr. 8. Göttingen 903. (Leipzig, O. Harrassowitz.) n. 2. –

Gubler, Theophil. Die Patronymica im Alt-Indischen. Diss. Phil. Basel. 108 S. 8. Göttingen, E. A. Huth, 1903.

Gubo, Andreas

Gubo Andreas: Der Auszug aus dem alten Hause. 10. Pettau 00. **Progr.**

— Der Einzug in das neue Haus. 6. ibd. 01. **Progr.**

Gubo, Andreas: Der Cillier Erbstreit. *Wien 1893*, s.a. in: **Xenia Austriaca.** Bd 1. [97. 3963

Gubo, Andreas Der Cillier Erbstreit. 8 (44 S.). **Progr.** K. k. erstes Staats-G. *Graz* 1893.

Gubo, Festrede anlässlich der Grillparzer-Feier, s.a. Zavadlal, M., die Sprache in Kastelec' „Bratovsko Bogvice S. Roshenkranza".

Gubo, *Andreas* Festrede anläfslich der Grillparzer-Feier gehalten. 8 (S. 35—43). **Progr.** K. k. Staats-G. *Cilli* 1891.

Gubo, *Andreas* Graf Friedrich II. von Cilli. 8 (S. 3—21). II. 8 (S. 3—20). III. 8 (S. 3—24). **Progr.** Staats-G. *Cilli* 1888. 1889. 1890.

Gubo, Andr., Geschichte der Stadt Cilli v. Ursprung bis auf d. Gegenwart. Mit Stadtplan u. vielen Abb. (VIII, 481 S.) gr. 8. Graz 909. U. Moser. 5.—; geb. 6.40

— Die Joh. Gabriel Seidl-Feier. 6. Pettau 01. **Progr.**

Gubo, Andreas Odovakar und die Kirche. 18 S. 8. **Progr.** *Cilli* 1884.

— Die Schiller-feier. 2. ibd. 05. **Progr.**

— Zur Schulgeschichte aus dem steierischen Unterlande, s.: **Beiträge zur österreich. Erziehungs- u. Schulgeschichte.**

— Steiermark während des österreichischen Erfolgekrieges. 95. und Karte. 92. ibd. 96 97. **Progr.**

Gubsch, E. M., s.: **Vorlagen f. Brandmalerei.**

Gubser, Alois [aus Wallenstadt (St. Gallen)]: Über die Hydrate des Chromchlorids und Chrombromids. Zürich 1900. 57 S. 8°.
Zürich. Phil. Diss. II. S. 1900/1901.

Gubser, Joseph [prakt. Arzt von Wallenstadt, in Mels]: Über Entstehung von Riffbildungen an der Oberfläche von Thromben. Uznach o. J. 34 S. 1 Bl. 8°.
Zürich. Med. Diss. 1899/1900.

Gubser, Josef Meinrad

Gubser, Jos. Meinrad, Geschichte d. Landsch. Gaster bis z. Ausgange d. Mittelalters. Mit e. Exkurs: Gilg Tschudi u. die geschichtl. Überlieferg. des Klosters Schännis. — Geschichte d. Verkehrs durch d. Walenseetal, s.a. **Mitteilungen zur vaterländ. Geschichte (St. Gallen). XXVII.**

Gubser, Josef Meinrad [von Quarten (Kt. St. Gallen)]: Geschichte der Landschaft Gaster bis zum Ausgange des Mittelalters. Mit einem Exkurs: Gilg Tschudi und die geschichtliche Überlieferung des Klosters Schännis. St. Gallen 1900. VIII, 319 S. 1 Tab. 8°.
Zürich. Phil. Diss. I. S. 1899/1900.

Gubser, Josef Meinrad. Geschichte der Landschaft Gaster bis zum Ausgange des Mittelalters. Mit einem Exkurs: Gilg Tschudi und die geschichtliche Überlieferung des Klosters Schännis [sowie 1 doppelten Stammtafel und 1 Anhang]. 8. St. Gallen 1900.
Ausg. A. ... ([... Anhang:] Geschichte des Verkehrs durch das Walenseetal. — Mitteil. Vaterl. Gesch. St. Gallen [Band] 27, 2. Hälfte [Teil 1]).
Ausg. B. ... [... Anhang:] Gesch' des Verk' durch das Wal'. SA.

Geschichte der Landschaft Gaster bis zum Ausgange des Mittelalters. Mit e. Exkurs: Gilg Tschudi u. d. geschichtl. Überlieferung d. Klosters Schännis. Von Dr. **Josef Meinrad Gubser.** *St. Gallen: Fehr 1900.* (S. 316 633.) 8°
= **Mitteilungen** z. **Vaterländischen Geschichte.** Hrsg. v. Hist. Ver. in St. Gallen. 27, Hälfte 2, (1.) [00. 9997

Geschichte des Verkehrs durch das Walenseetal. Von Dr. **Josef Meinrad Gubser.** *(St. Gallen: Fehr 1900.)* (S. 635–679.) 8°
= **Mitteilungen** z. **Vaterländischen Geschichte.** Hrsg. v. Hist. Ver. in St. Gallen. 27, Hälfte 2, (2.) [00. 9998

Gubser, Paul. von Wallenstadt [Kt. St. Gallen]: Die Münzverbrechen in den kantonalen Strafgesetzgebungen der Schweiz. Zür. Zürcher u. Furrer Dr. [Meyer & Zeller Verl.] 1891. VII, 237 S., 1 Bl. 8°.
Zürich. Jur. Diss. [v. 21. Febr. 1891].

Guck einmal, mein liebes Kind, wie schön die vielen Bilder sind. 2 Sorten. qu. 4. (à 8 farb. Taf. m. Text.) Leipzig 889. Fr. Pfau. cart. à n. —25

Guck! Guck! Ein Bilderschatz f. unsere Kleinen. Mit deutschem Texte v. Helene **Binder.** 4. (160 S. m. eingedr. Holzschn.) München 882. Stroefer. geb. n. 3.50

Guck! Guck! Ein Bilderschatz f. unsere Kleinen. Hrsg. v. Helene **Binder.** 2. Bd. 2 Thle. 4. (88 u. 84 S. m. eingedr. Holzschn.) München 886. Stroefer. geb. à Thl. n. 2.25; in 1 Bd. geb. n. 4.— (I. u. II.: n. 7.50)

— dasselbe. M. Beiträgen v. Cornelie **Lechler** u. A. 3. Bd. 2 Tle. 4. (à 88 S. m. z. Tl. farb. Illustr.) Ebd. 892. Kart. à n. 2.25; in 1 Bd. kart. n. 4.—

Guck! Guck! Ein Bilderschatz f. unsere Kleinen. Hrsg. v. Helene Binder. 2. Bd. 2 Tle. 2. Aufl. 4. (à 88 S. m. z. Tl. farb. Illustr.) Nürnberg 893. Th. Stroefer. Kart. à n. 2.25; in 1 Bd. kart. n. 4.—

Guck! Guck! Ein Bilderschatz für uns. Kleinen. Hrsg. v. Helene **Binder.** 4. Bd. 2 Tle. 4. (à 80 S. m. z. Tl. farb. Bild.) Nürnberg 895. Th. Stroefer. Kart. à 2.25; in 1 Bd. 4.— (1.–4.: 15.50)

Guck herein! 4. (12 S. m. z. Tl. farb. Abbildgn.) Nürnberg (902). Th. Stroefer. Geb. —60

Guck in d. Spiegel, ein Fabel- u. Erzählungsbüchlein f. d. Kleinen. 8. Leipz., Joachim. 16 K

— **in die Welt.** 4 Sorten. qu. 12. (à 6 farb. Taf.) Ebd. 889. cart. à —15

— **in die Welt.** 4. (8 farb. S. auf Pappe ohne Text.) Duisburg (902). F. A. Steinkamp. Kart. —75

Guck' in mich u. lach' dich satt! Die lustigsten Anekdoten u. Schwänke, die launigsten Geschichtchen u. Gedichtchen. Mülheim a. d. R. 866. Bagel. 8. (128 S. mit eingedr. Holzschn.) 10 ngr.

Guck' in mich' u. lach' dich satt. Die lustigsten Anekdoten u. Schwänke, die launigsten Geschichtchen u. Gedichtchen. 8. (128 S. m. 50 Holzschn.) Mülheim 878. Bagel. 1. —

Guck mein Söhnchen! guck, lauter Soldaten! Ein neues Bilderbuch f. kleine Knaben. 8. Leipz. 811. Zehl. 20 gl

Guckeisen, Aug., Aufgabe u. Organisation d. naturwissenschaftlichen Unterrichtes an höheren Lehranstalten. gr. 8. (VI, 43 S.) Leipzig 874. Mayer. n. 1. —

Guckeisen, Aug., Chemie f. höh. Mädchenschulen. gr. 8. (104 S.) Köln 886. A. Ahn. n. 1. —

Guckeisen, Aug., die neuesten Ernährungsgesetze nach v. Pettenkofer u. Voit. 3 Vorträge, gehalten im Kölner Volksbildungsverein. gr. 8. (72 S.) Köln 878. Du Mont-Schauberg. n. 1. 60

— Lehrbuch der Chemie m. Berücksichtigung der Mineralogie für höhere Lehranstalten. Mit in den Text eingedr. Holzschn. gr. 8. (VIII, 256 S.) Köln 879. Ahn. n. 3. —

— Lehrbuch der Physik für höhere Lehranstalten. Mit 120 in den Text eingedr. Holzschn. u. einer Spectral-Taf. in Farbendr. gr. 8. (VIII, 240 S.) Ebend. 879. n. 3. —

— d. Naturwissenschaften a. d. höh. Lehranst. gr. 8. (23 S.) Ebd. 880. n. — 20

Guckeisen, Aug., Physik f. höhere Mädchenschulen. Mit 81 in den Text eingedr. Holzschn. gr. 8. (144 S.) Köln 885. A. Ahn. n. 1. 40; Einbd. n.n. — 20

— die modernen Principien der Ernährung nach v. Pettenkofer u. Voit. In zwanglosen Abhandlgn. populär dargestellt. gr. 8. (IV, 159 S.) Köln 880. Du Mont-Schauberg. n. 3. —

GUCKEKASTEN, Der, im Garten am Ende der Welt. Paris 1802.
Weller, fing. Dr. — Rar!

Gückel, Hans, a. Bamberg: Zur Geschichte der Isolierung von Geisteskranken. Erlangen 1906: Junge & Sohn. (30 S.) 8°
Erlangen, Med. Fak., Ref. Specht, Diss. v. 2. Mai 1906
[Geb. 28. Juli 76 Bamberg; Wohnort: Erlangen; Staatsangeh.: Bayern; Vorbildung: Gymn. Bamberg Reife 96; Studium: München 2, Würzburg 2, Erlangen 5 S.; Coll. 2. Aug. 05; Approb. 22. Juli 02.]

Gückel, Martin: Beiträge zur Geschichte der Stadt Forchheim im 16. Jahrhundert. *Bamberg 1898: „Bamb. Neueste Nachr."* (99 S.) 8°
Bamberg, k. neues G, P 1898*

Gückel, Martin, Prof. Dr.: Beiträge zur Geschichte der Stadt Forchheim im 17. Jahrhundert (1618—1634). Dillingen 1904: J. Keller. (60 S.) 8°
Dillingen, k. humanist. G P 1904*

Gückel, Martinus: Heinrich Braun und die Bayerischen Schulen von 1770—1781. . . . Monachii, typ. cur. H. Kutzner, 1891; 100 S. 8°
Erlangen, Phil. Fak., Inaug.-Diss. v. 1891

Gückel, Mart., Führer durch Forchheim & Umgebung. (124 S. m. Abb., 3 Taf. u. 1 Plan.) kl. 8. Forchheim (909). F. A. Streit. — 75; m. Umgebungskarte 1. —

Guckelberger, Gustav (Stuttgart)
Ueber einige flüchtige Zersetzungsprodukte des Albumins, Fibrins, Caseins und des Leims durch Manganhyperoxyd und Chromsäure unter Mitwirkung von Schwefelsäure.
[In: Annalen d. Chemie u. Pharmacie, Bd 64 (1848) 39.]
Dr. phil. Giessen 24.7.1849.

v. Guckenberger, F., Vernunftbüchlein f. Aerzte u. Mütter, ob. Kunst, d. Abkürzung d. Lebens zu verhindern. 8. Frankf. a. M. 818. Fr. Wilmanns. 20 gl Velinp. 1 rß 4 gl

— Dasselbe auf Druckp.

Guckenberger, Ludw., († d. 6. Febr. 1821), s. 1) Beschreibung d. Taurischen Statthaltersch. 2) Samml. medicin. Original-Abhandl.

Guckes, Magdalena, Gaben d. Liebe f. kindl. Herzen, in Erzählgn. u. Liedern. 1. Aufl. Mit Titkpfr. (8 B.) 832., 2. A. M. 6 ill. Kpfr. (7½ B.) breit 12. Kempten (834), Dannheimer. à

Guckes, Magdalena, Gaben der Liebe für kindliche Herzen, in Erzählungen und Liedern. 2e, mit 6 Abbildd. gezierte Aufl. gr. 12. Kempten 835. Dannheimer. ¾ rß

Guckes, Wilhelm

— u. Karl F. Rau, Rechenbuch f. Bauhandwerkerklassen an gewerbl. Fortbildungs- u. Fachschulen. Unter Mitwirkg. v. H. Neuschaefer hrsg. I. u. II. Tl. (80 S. m. 68 Abb. u. 84 S. m. 50 Abb.) 8. Frankfurt a/M. 910. F. B. Auffarth. à — 80

Guckes, Wilh., Rechenbuch f. Metallarbeiterklassen, s.a. Neuschäfer, Herm.

Guckes, Wilh., u. Emil Jurthe, Rechenbuch f. Metallarbeiterklassen an gewerblichen Fortbildungs- u. Fachschulen. 1. Tl. Unter Mitwirkg. v. H. Neuschäfer hrsg. (80 S. m. Fig.) 8. Frankfurt a/M. 906. F. B. Auffarth. n. — 75

Guckindiewelt, Hans (Pseud.), s. Beer, Johann

Guckkästchen, Das, oder Alles durcheinander. Hannover 1814. V: *Harrys, J. Georg C.* (Ky) (GGr)

Guckkästchen, Das. Das Kukkästchen oder Alles durcheinander. Eine Kleinigkeit zur Beförderung froher Laune vom Verfasser des Quodlibets. Hannover ca. 1815. V: *Harrys, Joh. Geo. Carl.* (BGE V³, 301/2)

Guckkasten

Guckkasten s.a.
Der Gukkasten, Der neue Gukkasten (Guckkasten).

— s.a. C. Schneider.

GUCK-KASTEN, Der. 1 Bl., 4 Seiten mit Vignette. O. O. u. Jahr. (1 Mk. 50 Pfg. A. Glasberg, München, 1911.)

Der Guck-Kasten. Humorist. Märzenglöcklein für das Jahr 1871. Mit Illustrat. 4 Seiten. in-fol. Zürich. 1871. —. 40

Guckkasten, der. Illustrierte Zeitschrift f. Humor, Kunst u. Leben. Hrsg.: Paul Keller. Jhrg. 1909 u. 1910. à 24 Nrn. (à ca. 16 u. VI S. m. z. Tl. farb. Abb.) 30,5×23 cm. Berlin, Guckkasten-Verlag. à Jahrg. 8. —
Vergl.: Woche, die lustige.

Guckkasten, Berliner. . . . Berlin 1796. V: *Seyfried, Heinrich Wilhelm.* (Ky) (ML)

Guckkasten, Berliner, 12 Vorstellungen, (v. H. W. Seyfried). 8. Berl. 796.

Guckkasten, d. europäische, eine Sammlung von merkwürdigen Anekdoten und Geschichten d. Bonapartischen Zeitalters ꝛc. 8. Nürnb. 815. (Riegel u. Wießner). 6 gr

Guckkasten: Französischer Guckkasten s. a.
Joko ou le Révélateur.

Guckkasten, Französischer. Bregenz Brentano.

— geographischer. 2 Thle. mit Abbildd. 8. Halle 801, 2. Dreyßig. 1 ℛ

Guckkasten, jüdischer, darinnen zu sehen ist: I. Der Jud' in seiner Wuth gegen Christus, s. Kirche u. s. Anhänger, die Christen. II. Der Jud in seinem Betrug, Wucher, Eidesbruche, uberhaupt in s. ganzen redlichen (!?) Handel u. Wandel. Gemacht fur Burger u. Bauern, welche nicht von den judischen Wanzen wollen geplagt u. gefressen werden. Von *Jakob Gibtsnichtszuschachern.* 2. Aufl. Augsburg, Ant. Herzog (L. Doll), 1850. 8°. Beibd.
16 S. Sehr selten! — Die 1. Ausg. erschien wohl nicht lange vorher?

Guckkasten, der kleine, oder Anekdoten für die Jugend zur Unterhaltung u. Uebung des Scharfsinns. Mit 6 ill. Kpfrn. 8. Berlin 835. Hasselberg. 3/4 ℛ

— f. Männchen u. Weibchen. 8. Wien 799. (Haslinger in Leipz.) 5 gr

Guckkasten, der physikalische, oder: Wie können sich Kinder (ohne Lehrer) in der kürzesten Zeit durch leichtfaßl. u. unterhalt. Erzählungen, Briefchen, Fabeln, Dialoge ꝛc. mit den nothwendigsten und allgemeinsten Lehrsätzen der Naturlehre vertraut zu machen. Von einem deutschen Freunde d. Physik. gr. 12. Prag 841. (Leipzig, Thomas.) n. 1/2 ℛ

(F) Politischer Guckkasten. Erste Reihe. Bilder aus dem christlichsozialen Affentheater. Mit erbaulichen Versen von Fritz Freidank. Gezeichnet von F. Graetz. Text von Franz Schuhmeier. Herausgegeben von den „Neuen Glühlichtern". Extrabeilage zu Nr. 84 der „Neuen Glühlichter". Wien. [1899.] Volksbuchhandlung Brand. Lex.-8°. 1 Blatt. fl. —.04

(F) Politischer Guckkasten. Zweite Reihe. O du mein Oesterreich! Ein politisches A-B-C, gezeichnet von F. Graetz. Mit einer Kapuzinade zu Nutz und Frommen der sündhaften Welt, in unerbauliche Reime gebracht von unserem eigenen Pater Abel. Herausgeber Ignaz Brand. Extra-Ausgabe der „Neuen Glühlichter". Wien. [1899.] Volksbuchhandlung Brand. Lex.-8°. 1 Blatt. fl. —.04

§ GUCKKASTEN, Der, der Zeit. O. O. u. J. 4°. (In München: L. eleg. m. 253, 18.) Rar!

GUCKKASTENBILDER oder Glückswechsel aus eigener Schuld. Ein Halbroman. 2 Bde. Leipzig, Joh. Ambrosius Barth, 1803. 8°. VIII—298+316 S. (3 Mk. 50 Pfg. A. Bielefeld, vor 1885.)
Einiges derb. Vorr. dat. 1803 u. unterz.: *Qu. B. L.*

Guckkastenbilder aus dem Buchhändlerleben . . . Leipzig 1841. V: *Gubitz, Friedrich Wilhelm.* (Ky)

Guckkastenbilder aus dem Buchhändlerleben. Von ***. Leipzig 1841. (II, 8223.) — Ob *Gubitz* (wie nach Kayser angesetzt wird) der Verf. ist, steht nicht fest. Koner, Gel. Berlin im J. 1845, S. 120 f. führt 8223 unter Gubitzens Schriften nicht auf.

Guckkasten-Bilder aus d. Buchhändlerleben. Von ***. gr. 12. (1 B.) Leipzig 841. (Whistling.)

Guckkastenbilder aus dem Leben und der Phantasie . . . Brünn u. Leipzig 1820. Ü: *Gerle, Wilhelm Adolph.* (MGT) (EF)

Guckkasten-Bilder, neue, aus 4 Welttheilen. Bilderbuch auf Leinw. qu. 4. (12 Chromolith.) Dresden 871. Bock. geb. 3. 60

Guckkastenmann, der, komische Scene al fresco. (Seitenstück z. Eckensteher Nante.) 2e Aufl. 8. Berlin 834. Zesch. 1/6 ℛ — 3e verm. Aufl. 8. Ebd. 837. 1/6 ℛ, jetzt Klemann und der Preis 1/4 ℛ

Guckkastenmann, der, komische Scene al fresco. (Seitenstück zum: Eckensteher Nante.) 4. Aufl. kl. 8. Berlin 840, Klemann. 1/4 ℛ

Guckkastenmann, der. Orgelum, Orgelei, Ihr Kinder kommt herbei! gr. 4. (24 lith. u. color. Bl. m. Text.) Stuttgart 850, Hoffmann. 2/3 ℛ

Guckkastenmann, der. Neueste Volksbücher mit lithogr. Illustrationen. 1—4. (Heft.) gr. 8. Löbau 851, Breyer. à Heft $2\frac{1}{2}$ Ngr.
Heft 1. Wilhelm Tell oder die Befreiung der Schweiz. (36 S. und 2 Stnt.)
„ 2. Der Lebende im Sarge und der Geisterzug in der Schauergruft, oder: Der Virtuos und labyrinth. Gänge im Menschenleben. (34 S. und 2 Stnt.)
„ 3. Die schöne Mundinka. Die Mispel- und Nußhändlerin. Hackelberg. (26 S. und 4 Stnt.)
„ 4. Die drei Erbstücke. (25 und 2 Stnt.)

Guckkastenmann, der, oder der Witzbold. 16. (72 S.) Mügeln 865. (Leipzig, Senf.)

Guckkastenmann, der, oder der Witzbold. Mügeln 866. (Leipzig, Senf.) 16. (72 S.) 5 ngr

—— der Leipziger, s. Theodorus.

Guckkästner. Verantwortlicher Redacteur: Bierglas. Druck von Th. Boesche. 1 Bl. Fol.
Flugblatt. Berlin, 1848/49.

Guckkästner, der. Ein Bilderbuch für gute Kinder. gr. 8. (9 ill. Stnt. und 8 Bl. Text.) Leipzig 850, (H. Fritzsche.) **-

Guckkästner, Der Berliner, will die Schandauer Muhme auf der Vogelwiese besuchen. Für lachlustige Leute. Dresden ca. 1830. V: *Rehhahn.* (BGE II³, 83)

Guckkästner Grebecke. Komische Gespräche im Berliner Dialekte. Von Dr. Fernglas. 3 Hefte. 8. (Mit 6 Lith.) Pesth 846. Hartleben. 1 ℛ

Guckler, Joseph: Ueber den Bau des schlesischen Gebirgslandes Lenz-Bachmann.
Phil. Diss., Prag 1882–1886.

Guckmair, Dr., und die Spottvögel. [Innsbruck 1902.] V: *Sigmund, Josef.* (Margr)

Guckuck, [Karl], Stadtbaurat: **Beschreibung** des neuen Schulgebäudes. *Essen 1900: C. W. Haarfeld.* (S. 5—7.) 4° [Umschlagt.]
Essen, RG, P 1900 (514)

Guckuck, Carl, Mauerwerk m. Isolier-Hintermauerungs-Steinen D. R. P. Nr. 82620 der Dampfziegelei Büscher & Co., Caternberg bei Essen a. d. Ruhr. 12. (24 S. m. Abb.) Essen 896. (G. D. Baedeker.) n. — 50

Guckuck, Zebedäus

— s. Aprillaunen des Gesellschafters.

Guckuck, Zebedäus, (G. Schilling), Mondsteinwürfe. 8. Dresd., Arnold. 21 gr

Gudden's, B. v., gesammelte u. hinterlassene Abhandlungen. Hrsg. v. H. Grashey. Mit 41 in Kupfer radirten Taf. u. e. Portr. Imp.-4. (VIII, 227 S. mit 41 Bl. Erklärgn.) Wiesbaden 889. Bergmann. In Mappe. n. 60. —

Gudden, Beitrag zur Lehre von der Scabies. 2. verm. Aufl. Mit 3 (lith.) Taf. Würzburg 863. Stahel. gr. 8. (28 S.) n. 18 ngr.

Gudden, B., Beiträge zur Lehre von den durch Parasiten bedingten Hautkrankheiten. Mit 3 (lith.) Taf. Abbildgn. (in 4.). (Aus dem Archiv für physiolog. Heilkunde.) Stuttgart 855. Ebner u. Seubert. gr. 8. (98 S.) 15 ngr

Gudden, B. v., Experimental-Untersuchungen üb. das Schaedelwachsthum. Mit 11 Taf. in Lichtdr. hoch 4. (VII, 48 S.) München 874. Oldenburg. cart. n. 24. —

—— der Tagesbericht der Kreis-Irren-Anstalt Werneck nach dem am 20. Juni 1869 der königl. Regierung von Unterfranken und Aschaffenburg erstatteten Jahresberichte für 1868. gr. 8. (20 S.) Würzburg 869, Stuber. *

Gudden, Bernhard v. Ein Gedenkblatt, s. Kraepelin.

Gudden, Bernhard (von): Quaestiones de motu oculi humani. Diss. 22 S., gbd., Abb.
Halis Saxonum: typ. Schmidt 1848

Gudden, Clemens, s. G u d d e n , Klemens

Gudden, Hans, die Behandlung d. jugendlichen Verbrecher in den Vereinigten Staaten v. Nordamerika. (167 S.) gr. 8. Nürnberg 910. F. Korn. 1. 50

Gudden, Hans [aus München]: Beitrag zur Kenntniss der Wurzeln des Trigeminusnerven ... '(M. e. Taf.)' (Aus: Zeitchr. f. Psychiatrie Bd 48.) Berlin, *G. Reimer,* 1891; 20 S., Taf. 8.
Würzburg, Med. Fak., Inaug.-Diss. v. 1891

Gudden, Hans, s.: Friedreich's Blätter f. gerichtliche Medicin u. Sanitäts-Polizei.

— Ueber Massensuggestion u. psychische Massenepidemien. Vortrag, geh. im kaufmänn. Verein zu München. (20 S.) gr. 8. München 908. Verlag d. ärztl. Rundschau. — 75

— Pubertät u. Schule. Vortrag, geh. in d. Münchener Elternvereinigg. (29 S.) gr. 8. Ebd. 911. — 75

Gudden, Klemens

Gudden, Clemens [aus Werneck]: Über die Frage nach der Existenz eines ungeformten Harnstoff zersetzenden Fermentes .... Würzburg, k. Universitätsdr. v. H. Stürtz, 1887; 21 S. u. 1 Taf. 8°
Würzburg, Med. Fak., Inaug.-Diss. v. 1887

Gudden, Oscar [app. Arzt aus Cleve, Rheinpreussen.]: Ueber den Einfluss grösserer Blutverluste auf die Pulsfrequenz im Wochenbett. ... Marburg, Georg Schirling, Buchdr., 1889; 28 S. + 1 Bl. u. 1 Taf. 8°
Marburg, Med. Fak., Inaug.-Diss. v. [31. Mai] 1889

Familienfestspiele. Von Sophie **Gudden.** (Vorr.: Georg Ebers.) Stuttgart, Leipzig, Berlin, Wien: Deutsche Verl.-Anst. (1892). (XII, 96 S.) 8° [F.]
[od. 1896]

Gudden, Sophie, Familienfestspiele. 12. (XII, 96 S.) Stuttgart 893. Deutsche Verlags-Anstalt. n. 1. 50

Gudden, Sophie, wilde Rosen. Ein Märchenstrauß. 8. (VII, 151 S.) Berlin 886. Janke. n. 2. —; geb. n. 3. —

Gude, C., Auswahl deutscher Dichtungen aus dem Mittelalter. Nach d. besten Uebersetzgn. u. Bearbeitgn. zusammengestellt f. Schulen. gr. 8. (VI, 186 S.) Leipzig 874. Brandstetter. n. 1. 20

Gude, C., Auswahl deutscher Dichtungen aus dem Mittelalter. Nach den besten Uebersetzungen u. Bearbeitungen zusammengestellt für Schulen. 2., verb. u. verm. Aufl. gr. 8. (VI, 225 S.) Leipzig 879. Brandstetter. n. 1. 50

Gude, C., Auswahl deutscher Dichtungen aus dem Mittelalter. Nach den besten Übersetzgn. u. Bearbeitgn. zusammengestellt f. Schulen. 3., verb. u. verm. Aufl. gr. 8. (VI, 233 S.) Leipzig 885. Brandstetter. n. 1. 60

Gude, C., Auswahl deutscher Dichtungen aus dem Mittelalter. Nach den besten Übersetzgn. u. Bearbeitgn. unter Mitwirkg. v. Ludw. Voigt zusammengestellt f. Schulen. 4., verm. Aufl. gr. 8. (VI, 240 S.) Leipzig 892. F. Brandstetter. n. 1. 60

Gude, C., Auswahl deutscher Dichtungen aus dem Mittelalter. Nach den besten Übersetzgn. u. Bearbeitgn. zusammengestellt f. Schulen. 5. Aufl. gr. 8. (VI, 240 S.) Leipzig 901. F. Brandstetter. n. 1. 60; geb. n. 2. —

Gude, C., Auswahl deutscher Dichtungen aus d. Mittelalter. Nach d. besten Übersetzgn. u. Bearbeitgn. zusammengestellt f. Schulen. 6. Aufl. (246 S.) 8. Leipzig 907. F. Brandstetter. 1. 60; geb. in Leinw. 2. —

Gude, C., der Brocken und seine Wälder. Eine Schilderung des Lebens an und auf dem Brockengebirge. Magdeburg 855. Fabricius. gr. 8. (56 S.) 7½ ngr

— Erläuterungen deutscher Dichtungen. Nebst Themen zu schriftlichen Aufsätzen in Umrissen u. Ausführungen. Leipzig 858. Brandstetter. gr. 8. (XI, 232 S.) 22½ ngr

Gude, C., Erläuterungen deutscher Dichtungen. Nebst Themen zu schriftlichen Aufsätzen, in Umrissen und Ausführungen. 2. Reihe. Leipzig 862. Brandstetter. gr. 8. (VIII, 188 S.) 22½ ngr.

Gude, C., Erläuterungen deutscher Dichtungen. Nebst Themen zu schriftl. Aufsätzen, in Umrissen und Ausführungen. 3. Reihe gr. 8. (VII und 196 S.) Leipzig 865, Brandstetter.

—— dass. — 4. Reihe. gr. 8. (VIII und 280 S.) Ebendas. 868. *

Gude, C., Erläuterungen deutscher Dichtungen. Nebst Themen zu schriftlichen Aufsätzen, in Umrissen u. Ausführungen. Ein Hülfsbuch beim Unterricht in der Literatur. 1. Reihe. 2. Aufl. (XI, 307 S.) 866, u. 3. verm. u. verb. Aufl. Leipzig 870. Brandstetter. gr. 8. (XI, 327 S.) 25 ngr.

— — 2. Reihe. 2., verm. u. verb. Aufl. Ebend. 867. gr. 8. (VIII, 251 S.) 25 ngr.

— — 3. Reihe. (VII, 196 S.) 22½ ngr., u. 2. verm. u. verb. Aufl. Ebend. 869. gr. 8. (VIII, 294 S.) 25 ngr.

— — 4. Reihe. Ebend. 868. gr. 8. (VIII, 280 S.) n. 25 ngr.

— Erläuterungen deutscher Dichtungen. Nebst Themen zu schriftl. Aufsätzen, in Umrissen u. Ausführgn. Ein Hülfsbuch beim Unterricht in der Literatur. 1—5. Reihe. gr. 8. Ebend. 874—76. 15. 50
1. 4. verm. u. verb. Aufl. (XIV, 341 S.) 3. —. — 2. 5. verm. u. verb. Aufl. (VIII, 354 S.) 3. —. — 3. 4. verm. u. verb. Aufl. (VIII, 358 S.) 3. —. — 4. 3. verm. u. verb. Aufl. (X, 389 S.) 3. 50. — 5. [Dichtungen aus dem Mittelalter.] (XI, 338 S.) 3. —

— Erläuterungen deutscher Dichtungen. Nebst Themen zu schriftl. Aufsätzen in Umrissen u. Ausführungen. Ein Hülfsbuch beim Unterricht in der Literatur. 1—5. Reihe. gr. 8. Ebend. 879—81. 15. 50
1. 7. verm. u. verb. Aufl. (XVI, 374 S.) 3. —. — 2. 6. verm. u. verb. Aufl. (VIII, 367 S.) 3. —. — 3. 6. verb. Aufl. (VI, 364 S.) 3. —. — 4. 5. verb. Aufl. (X, 396 S.) 3. 50. — 5. Dichtungen aus dem Mittelalter. 2., verm. u. verb. Aufl. (IX, 372 S.) 3. —

— Erläuterungen deutscher Dichtungen. Nebst Themen zu schriftl. Aufsätzen, in Umrissen u. Ausführgn. Ein Hülfsbuch beim Unterricht in der Litteratur u. f. Freunde derselben. 1. 4. u. 5. Reihe. gr. 8. Ebend. 9. 50
1. 8. Aufl. (XII, 369 S.) 886. 3. —. — 4. 6. Aufl. (VIII, 397 S.) 884. 3. 50. — 5. 3. Aufl. (X, 373 S.) 882. 3. —

Gude, C., Erläuterungen deutscher Dichtungen. Nebst Themen zu schriftl. Aufsätzen, in Umrissen u. Ausführgn. 2. Reihe. 8., umgearb. Aufl. gr. 8. (VIII, 385 S.) Leipzig 887. Brandstetter. 3. —

— dasselbe. 3. Reihe. 7., umgearb. Aufl. gr. 8. (VI, 377 S.) Ebd. 887. 3. —

— Erläuterungen deutscher Dichtungen. Nebst Themen zu schriftl. Aufsätzen, in Umrissen u. Ausführgn. Ein Hülfsbuch beim Unterrichte in der Litteratur u. f. Freunde derselben. 5 Reihen. gr. 8. Ebd. 15. 50; geb. in Halbfrz. n. 19. —
1. 9., umgearb. Aufl. (XII, 377 S.) 893. 3. —; geb. 3. 70
2. 9., umgearb. Aufl. (VIII, 388 S.) 893. 3. —; geb. 3. 70
3. 8., umgearb. Aufl. (VI, 389 S.) 893. 3. —; geb. 3. 70
4. 7., umgearb. Aufl. (VIII, 413 S.) 892. 3. 50; geb. 4. 20
5. [Dichtungen aus dem Mittelalter.] Unter Mitwirkg. v. Ludw. Voigt hrsg. 4., umgearb. Aufl. (VIII, 391 S.) 891. 3. —; geb. 3. 70

Gude, C., Erläuterungen deutscher Dichtungen. Nebst Themen z. schriftl. Aufsätzen in Umrissen u. Ausführgn. E. Hilfsbuch b. Unterricht in d. Litteratur u. f. Freunde derselben. 1., 2., 3. u. 5. Reihe. gr. 8. Leipzig, F. Brandstetter. à 3. 50; geb. in Halbldr. à n. 4 10
1. 10., umgearb. u. verm. Aufl. (XII, 388 S.) 897.
2. 10., umgearb. u. verm. Aufl. (VIII, 392 S.) 897.
3. 9., umgearb. u. verm. Aufl. (VI, 402 S.) 897.
5. (Dichtgn. aus d. Mittelalter.) 5. Aufl. (VIII, 389 S.) 898.

— Erläuterungen deutscher Dichtgn. Nebst Themen zu schriftl. Aufsätzen in Umrissen u. Ausführgn. Ein Hülfsbuch beim Unterricht in der Literatur u. f. Freunde derselben. 1.—4. Reihe. gr. 8. Ebd. à 3. 50; geb. in Halbfrz. à n. 4. 10
I. 11. Aufl. (XII, 388 S.) 902. — II. 11. Aufl. (VIII, 392 S.) 902. — III. 10. Aufl. (VI, 402 S.) 903. — IV. 8. Aufl. (VIII, 419 S.) 899.

Gude, C., Erläuterungen deutscher Dichtungen. Nebst Themen zu schriftl. Aufsätzen in Umrissen u. Ausführgn. Ein Hülfsbuch beim Unterricht in der Literatur u. f. Freunde derselben. I.—V. Reihe. 8. Leipzig, F. Brandstetter. à n. 3. 50; geb. in Halbfrz. à n. 4. 10
I. 12. Aufl. (XII, 388 S.) 906. — II. 12. Aufl. (VIII, 392 S.) 906. — III. 11. Aufl. (VI, 402 S.) 906. — IV. 9. Aufl. (VIII, 419 S.) 906. — V. (Dichtungen aus dem Mittelalter.) 6. Aufl. (VIII, 389 S.) 905.

— Erläuterungen deutscher Dichtungen. Ausgeführte Anleitgn. zur ästhet. Würdigg. u. unterrichtl. Behandlg. Fortgeführt f. Ernst Linde. VI. Bd.: Die neuere deutsche Lyrik. 1. Hälfte. (VI, 404 S.) 8. Ebd. 910. 3.50; geb. 4. 10

— die Gleichnisreden u. die Bergpredigt Jesu. Erläutert zur Besprechg. derselben in den Schulen. 2., umgearb. Aufl. gr. 8. (IV, 147 S.) Ebd. 889. n. 1. 60

Gude, C., u. L. Gittermann, vaterländisches Lesebuch in Bildern u. Musterstücken für Schule u. Haus. 8. (IV u. 416 S.) Magdeburg 851, Fabricius. n. 1/3 ℛ geh. n. 3/8 ℛ

— — vaterländisches Lesebuch in Bildern u. Musterstücken für Schule u. Haus. Obere Stufe. 2. verm. u. verb. Aufl. 8. (IV u. 428 S.) Ebd. 851. n. 5/12 ℛ

— — vaterländisches Lesebuch. Mittlere Stufe. 8. (IV u. 308 S.) Ebd. 852. n. 1/4 ℛ geh. n. 1/3 ℛ

— und L. Gittermann, vaterländisches Lesebuch. Mittlere Stufe. 2—7. durchges. Aufl. Magdeburg 853—58. Fabricius. 8. (IV, 308 S.) n. 10 ngr.

— — Obere Stufe. 3., durchges. Aufl. 853. — 4. Aufl. Ebend. 856. gr. 8. (IV, 428 S.) n. 12½ ngr.

— und L. Gittermann, vaterländisches Lesebuch. Mittlere Stufe. 8—13. durchgeseh. Aufl. Magdeburg 859—63. Fabricius. 8. (IV, 308 S.) n. 7½ ngr.; geh. n. 10 ngr.

— — in Bildern und Musterstücken für Schule u. Haus. Obere Stufe. 5—11. Aufl. Ebend. 859—63. 8. (IV, 428 S.) n. 10 ngr.; geh. n. 12½ ngr.

— u. L. Gittermann, vaterländisches Lesebuch. Mittlere Stufe. 14—17. durchgeseh. Aufl. Magdeburg 865—68. Fabricius. 8. (IV, 308 S.) Schulpreis roh n. 7½ ngr.; geh. 10 ngr.

— — — in Bildern u. Musterstücken für Schule u. Haus. Obere Stufe. 14. u. 15. Aufl. Ebend. 865—68. 8. (IV, 428 S.) Schulpreis roh n. 10 ngr. geh. 12½ ngr.

— u. J. Haubold, vaterländisches Lesebuch in Bildern u. Musterstücken f. Schule u. Haus. Unter Mitwirkg. der Rectoren Brandt u. Hagemann. Obere Stufe., 23. völlig umgearb. Aufl. gr. 8. (IV, 381 S.) Magdeburg 875. Fabricius. n. 1. 60

— dasselbe. Mittlere Stufe. 26., verb. u. verm. Aufl. gr. 8. (IV, 316 S.) Ebend. 875 n. 1. 40

—— und J. Haubold, vaterländisches Lesebuch in Bildern und Musterstücken für Schule und Haus. Unter Mitwirkung der Rectoren Dr. Brandt und Hagemann. Mittlere Stufe. 27. und 28. verb. und verm. Aufl. gr. 8. (IV, 316 S.) Magdeburg 876,78, Fabricius. *
—— dass. — Obere Stufe. 24. und 25. Aufl. gr. 8. (IV, 381 S.) Ebendas. 877,78. *
—— dass. — Untere Stufe, s. Haubold, J.

Gude, C., und J. Haubold, vaterländisches Lesebuch in Bildern und Musterstücken für Schule und Haus. Unter Mitwirkung von Brandt und Hagemann. Obere Stufe. 26.—28. völlig umgearb. Aufl. Mit genauer Berücksicht. der für preuß. Schulen durch Ministerial-Verordnung vom 21. Jan. 1880 vorgeschriebenen Orthographie. gr. 8. (IV, 381 S.) Magdeburg 880—83, |Fabricius.| Rathke. *

— – —— dass. — Mittlere Stufe. 29.—31. verb. und verm. Aufl. Mit genauer Berücksicht. der für preuß. Schulen durch Ministerial-Verordnung vom 21. Jan. 1880 vorgeschriebenen Orthographie. gr. 8. (IV, 316 S.) Ebendas. 881—84. *

— – —— dass. — Untere Stufe. 39.—41. völlig umgearb., stark verm. und sorgfältig verb. Aufl. von „L. Gittermann's Schreibleseschüler. 2. Tl." Mit genauer Berücksicht. der für preuß. Schulen durch Ministerial-Verordnung vom 21. Jan. 1880 vorgeschriebenen Orthographie. 8. (IV, 355 S.) Ebendas. 881—83.

— u. J. Haubold, vaterländisches Lesebuch in Bildern u. Musterstücken f. Schule u. Haus. Unter Mitwirkg. v. Brand u. Hagemann. Obere Stufe. 29., v. neuem durchgeseh. Aufl. gr. 8. (III, 381 S.) Magdeburg 885. Rathke. geb. n. 2.—

— — dasselbe. Mittlere Stufe. 34., durchgeseh. Aufl. gr. 8. (IV, 316 S.) Ebd. 887. n. 1.40; geb. n. 1.75

— — dasselbe. Untere Stufe. 43., durchgeseh. Aufl. des völlig umgearb. Gittermann'schen Schreibleseschüler, 2. Tl. 8. (348 S.) Ebd. 887. n. 1.—; geb. n. 1.30

— u. J. Haubold, vaterländisches Lesebuch in Bildern u. Musterstücken f. Schule u. Haus. Unter Mitwirkg. von Brandt u. Hagemann. Obere Stufe. 30., durchgeseh. Aufl. gr. 8. (381 S.) Magdeburg 888. Rathke. n. 1.60; geb. n. 2.—

— u. J. Haubold, vaterländ. Lesebuch in Bild. u. Musterstücken f. Schule u. Haus. Unt. Mitwirkg. von Brandt u. Hagemann. Mittlere Stufe. 39., v. neuem durchgeseh. Aufl. gr. 8. (IV, 316 S.) Magdeburg 898. A. Rathke. Geb. n. 1.70

[F.] Vaterländisches Lesebuch in Bildern und Musterstücken für Schule und Haus von C. Gude u. J. Haubold ... Untere Stufe. 47., v. neuem durchges. Aufl. des völlig umgearb. Gittermannschen Schreibleseschüler Th. 2. *Magdeburg: Rathke 1898.* (IV, 348 S., 4 Bl.) 1 Bd 8.
[98. 1565 IIa

— u. A. Grube, Unterhaltungen u. Studien aus dem Natur- u. Menschenleben. Ein Almanach für die Jugend bearb. u. hrsg. 1. Jahrg. gr. 8. (VIII u. 192 S.) Magdeburg 852, Fabricius. n. 16 ngr

— und A. Grube, Unterhaltungen und Studien aus dem Natur- und Menschenleben. Ein Almanach für die Jugend bearb. u. herausg. 2—4. Jahrg. Ebend. 853—55. gr. 8. (V, 194; 2 Bl., 191; 2 Bl., 188 S.) Jeder Jahrg. n. 16 ngr

— — Neue Folge. 1. Jahrg. Ebend. 856. gr. 8. (2 Bl., 180 S.) n. 16 ngr

Gude, Friedrich, s. Gude, Gottlob Friedrich

Gude, G., d. Landwirths kleiner Haussecretair, s.: Rehn, A.

Gude, Gottlob Friedrich

Gude, G. F., de artibus Juliani paganam superstitionem instaurandi. Jen. 1739. 4: rep. in ejsd. Paganus Christianorum laudator etc. p. 207—62.

— zulängl. Auszug d. Geschichte von d. zu Augsburg d. 25. Sept. 1555 geschlossenen Religionsfrieden. 4. Lauban 1755.

— Belehrungen vom Sonntage rc. 8. Bautzen. (Gerlach, Dresden.) 756.

Gude, G. F., Bericht vom Sonntage. Laub. 1736. 8.

Gudius, Gottlob Fridr.: Bibliothecae disputationum et observationum de selectis historiae ecclesiasticae capitibus specimen ad ordinem compendii Kranziani adornatum. Lipsiae et Laubae 1743.

— de cura vet. ecclesiae circa martyres. Lips. 1753. 4.

— — Demonstratio hermeneutica quod Christus in coena sua ΣΤΑΥΡΩΣΙΜΩι agnum paschalem non comederit. Lpz. (Breitkopf) 1733. 20 Seiten. (5.—) 12106
Gew.: Johann Wilhelm Schoenfelder (Zittau).

— — Dasselbe. Recusa et ab objectionibus viri celeb. Conradi Ikenii ejusdemque in ill. Bremensium lyceo prof. p. o. et ad aedem S. Stephani pastoris primarii vindicata. Lpz. (Langenheim) o. J. 40 S. o. Widm. (5.50) 12107

Gude, G. F., demonstratur, quod Chr. in coena σταυρωις. agnum paschalem non comederit. Lips. 1733. 4; ed. 2, ab objectionibus Ikenii vindicata. Lips. 1742. 4.

Gude, G. F., eleemosynae ecclesiae apost. Zittav. 1727. 4.

Gude, Gottl. Fr., höchstnöthige Erkenntniß seln. s., nach d. vier unterschiedn. Zuständen des Menschen. 8. Bautzen, Drachstädt. 737.

— Erläuter. des Briefs Pauli an die Epheser. 8. Bautzen, Drachstädt. 735.

Guden, M. Frider., schreckliche Geschichte teuflischer Besitzung, in 3 merckwürdigen Historien, deren eine geschehen ist a. c. 1605. zu Lowenberg in Schlesien; die andere anno 1653. im Hollsteinischen Städtlein Burg; die dritte anno 1714. im Monaht December zu Deffingen im Würtembergischen. Diese werden aufs neue, die erste zum drittenmahl, die übrigen beyde zum andernmahl, ans Licht gestellet und mit einer Vorrede begleitet von —, Früh-Predigern zum Creutze in Lauban. Budissin 716. 8.

— Geschichte teuflischer Besitzungen. 8. Bautzen, Drachstädt. 717.

— nützliches Lehr- und Lebensbuch. 8. Ebend. 721.

Gude, G. F., martyres divinitatis Sp. S. testes. Lips. 1726. 4.

— Gottlob Friedrich (Lauban), Diatr. histor.-crit. de juris consultorum meritis in scripturam sacram; Von Rechts=Gelehrten, welche sich um die Heil. Schrifft verdient gemacht. Lpz. 1729. 16 S. (5.50) 12105

Gottlob Frid. Gudius (resp. Jo. Chr. Wendt) diss. de Ebraica obstetricum origine quae Exod. I. 15 commemoratur. Lips. 1724. 4.

— paganus, christianor. laudator et fautor. 4. Lipsiae. 741.

Gude, G. F., de felici chr. rel. propagatione per conjugia. Lips. 1726. 4; rep. in ejusd. Paganus laudator etc. p. 144—192.

— Reden über wichtige Theile der Glaubens- u. Sittenlehre. 8. Bautzen, Drachstädt. 731.

— de ecclesiae Ephesinae statu aevo apostol. 8. Lipsiae, Hilscher. 731.

Gude, G. F., de ecclesiae ephesinae statu, inprimis aevo apostolico. Lips. 1732. 4

Gude, Glo. Fr., († d. 20. Juni 1756.) thesaurus phraseologiae hebraeo-biblicae, quem ex singulis Codicis sacri libris, ad capitum commatumque seriem, ad linguae genium cognoscendum, collegit. 8. Leipz. 755. Löwe. 12 ℳ

— wiederholtes Zeugniß gegen d. Irrthümer d. Quäker. 8. Lauban, Schill. 748.

[GUDE, HENR. LUDW.], Einleitung zu den Europäischen Staaten und derselben Beschluss. Franckf. und Lpz. 1708. (M. Titelbill.).

Gude, Johann Christian

Gude, Jh. Chr., († 1778.), s.a. Bericht von d. Halbinsel Sundewitt u. d. Glücksburg. Erblande, u. setze hinzu: (von Jh. Chr. Gude). Flensb. 778. Mit neuem T. 788.

Gude, Johann Christian: Bericht von der Halbinsel Sundewitt und dem Glücksburgschen Erblande, nebst einer kurzen Historischen Nachricht von dem Fürstlich-Glücksburgschen Hause. (Von –.) Altona. 1778. 8°.

Gude, L., die Gleichnißreden Jesu. Erläutert zur Belehrung und Erbauung für Schule und Haus. Ebend. 860. gr. 8. (VII, 152 S.) n. 17½ ngr.

Gude, Markward

Bibliotheca Exquisitissimis Libris in Theologia, Jure, Medicina, Historia Literaria omnique alio Studiorum Genere instructissima etc. etc. à Marquardo Gudio . . . Summo Studio et delectu congesta Quae publica auctione distrahetur Hamburgi Ad d. 4. August. An. 1706. Kilonii. (1706.) 4° k.

Gudius, Marq. — Bibliotheca Marq. Gudii. Kilon 716. 4.

Gude, W., die Gesetze der Physiologie u. Psychologie über Entstehung der Bewegungen u. der Articulations-Unterricht der Taubstummen. gr. 8. (X, 80 S.) Leipzig 880. Engelmann. n. 2. 40

— Grundsätze u. Grundzüge zur Aufstellung eines Lehrplans für eine Taubstummen-Anstalt, in welcher bei achtjährigem Schulcursus die verschiedenen Schülerjahrgänge bis auf die der beiden letzten Unterrichtsjahre in sogenannte natürliche Classen geschieden sind. gr. 8. (XII, 148 S.) Hannover 881. Helwing's Verl. n. 2. —

Gude, W., und Heinrich Söder: Programm der provinzialständischen Taubstummen-Anstalt zu Stade. (Von –.) Hannover. 1877. 8°.

Gude, Walter, aus d. Prov. Westfalen: **Über ein retroperitoneales Teratom.** *Greifswald 1898: F. W. Kunike.* (29 S.) 8°
Greifswald, Med. Diss. v. 30. Sept. 1898

Gudehus, Jonas Heinrich

Gudehus, J. H., meine Auswanderung nach Amerika im J. 1822, u. meine Rückkehr in d. Heimath im J. 1825. Nebst Bemerkn. üb. d. kirchl., ökonom. u. moral. Zustand d. dortigen Deutschen, u. Winke f. Auswanderungslustige. 2 Thle. 8. (26 B.) Hildesheim 829, Gerstenberg.

Gudelinus, Pet. et H. Zoesius, comment. s. praelectiones de jure feudor. et jure pacis. 4. Colon. Metternich. 733

Gudeman, Alfred

Gudeman, A., de Heroidum Ovidii codice Planudeo quae supersunt, s.a. Studien, Berliner, f. classische Philologie u. Archäologie.

Gudeman, Alfredus [Americanus]: De Heroidum Ovidii codice Planudeo . . . . Berolini, typ. expr. Carolus Feicht, 1888; 2 Bl. + 87 + 1 S. + 2 Bl. 8°
Berlin, Phil. Fak., Inaug.-Diss. v. 6. Jul. 1888

De Heroidum Ovidii codice Planudeo quae supersunt. Rec. Alfredus **Gudeman.** Berolini: S. Calvary & soc. 1888. (87 S.) 8°
— **Studien**, Berliner, f. classische Philologie u. Archaeologie. Bd 8, H. 2. [4. 77.]

Grundriss der Geschichte der klassischen Philologie. Von Alfred **Gudeman.** Leipzig & Berlin: B. G. Teubner 1907. (V, 224 S.) 8° [07. 8907]

Gudeman, Alfr., Grundriss d. Geschichte d. klassischen Philologie. 2., verm. Aufl. (VI, 260 S.) 8. Leipzig 909. B. G. Teubner. 4.40; geb. in Leinw. 5. —
1. Aufl. (VI, 224 S.) 907. 4.80; geb. 5.20.

Güdemann, Mor., jüdische Apologetik, s.a. **Schriften,** hrsg. v. der Gesellschaft zur Förderung der Wissenschaft des Judentums.

Jüdische Apologetik von Dr. Moritz **Güdemann**, Oberrabbiner. Glogau: C. Flemming 1906. (XX, 248 S.) 8°
(Grundriss d. Gesamtwissenschaft d. Judentums. C. 2.)
— **Schriften** hrsg. von d. Gesellschaft z. Förderung d. Wissenschaft d. Judentums. [4.] [06. 10430]

Guedemann, Mauritius (*geb. Hildesheim 19. 2. 1835*): Moslih-ed-Dini Sa'dii consessuum tertius et quartus, ad fidem codicis Vratislaviensis primum editi, cum editione Calcutt. collati, adnotationibus et criticis et exegeticis instructi. (Leipzig 1858.) (40, 14 S.) 8°
Breslau, Phil. Diss. v. 8. [vielmehr 18.] Okt. 1858

Güdemann, M., Ludwig Geiger als Kritiker der neuesten jüdischen Geschichtschreibung. gr. 8. (34 S.) Leipzig 889. Friese. n. — 50

Güdemann, M., Geschichte des Erziehungswesens u. der Cultur der Juden in Frankreich u. Deutschland von der Begründung der jüdischen Wissenschaft in diesen Ländern bis zur Vertreibung der Juden aus Frankreich. [X—XIV. Jahrh.] Nebst handschriftlichen Beilagen. gr. 8. (V, 299 S.) Wien 880. Hölder. n. 6.—

Güdemann, M., Geschichte d. Erziehungswesens u. der Cultur der abendländischen Juden während d. Mittelalters u. der neuesten Zeit. II. A. u. d. T.: Geschichte d. Erziehungswesens u. der Cultur der Juden in Italien während d. Mittelalters. Nebst bisher ungedruckten Beilagen. gr. 8. (XI, 347 S.) Wien 884. Hölder. n. 7. 20 (1. u. 2.: n. 13. 20)

Güdemann, M., Geschichte d. Erziehungswesens u. d. Cultur d. abendländischen Juden während d. Mittelalters u. der neueren Zeit. 3. Bd. A. u. d. T.: Geschichte des Erziehungswesens u. d. Cultur d. Juden in Deutschland während des XIV. u. XV. Jahrh. Nebst bisher ungedruckten Beilagen. gr. 8. (X, 303 S.) Wien 888. Hölder. n. 7. 20 (I—III.: n. 20. 40)

Güdemann, M., zur Geschichte der Juden in Magdeburg. Grösstentheils nach Urkunden des Magdeburger kgl. Provinzial-Archivs bearb. Nebst Noten u. handschriftl. Beilagen. [Aus: Monatsschrift für Geschichte u. Wissenschaft des Judenthums.] Breslau 866. Schletter'sche Buchh. gr. 8. (56 S.) n. 12 *ngr.*

Güdemann, M., Grabreden, während der letzten 25 Jahre in der Wiener israelit. Kultusgemeinde geh. 8. (VII, 75 S.) Wien 894. A. Hölder. n. 1. 50

Güdemann, M., Jerusalem, die Opfer u. die Orgel. Predigt, am Sabbath, 25. Addar 5631 [18. März 1741.] gr. 8. (20 S.) Wien 871. Brüder Winter. n. — 50

Güdemann, M., das Judenthum in seinen Grundzügen u. nach seinen geschichtlichen Grundlagen dargestellt. 2. Aufl. gr. 8. (IV, 107 S.) Wien 901. R. Löwit. n. 3.—

Güdemann, Moritz: Das J u d e n t h u m und die bildenden Künste. Vortrag, gehalten im „ Jüdischen Museum " am 3. Jänner 1898. [= Zweiter Jahresbericht [der] Gesellschaft für Sammlung und Conservirung von Kunst- und historischen Denkmälern des Judenthums.]
Wien 1898.

Güdemann, M., das vorchristliche Judentum in christl. Darstellung. (49 S.) gr. 8. Breslau 908. Koebner. n. 1.—
Sonderabdruck aus: „Monatsschr. f. Gesch. u. Wissensch. d. Judenthums".

— Jüdisches im Christenthum d. Reformotionszeitalters. Vortrag, gehalten am 22. Januar 1870 im Lokale der Religionsschule in Wien. gr. 8. (20 S.) Ebend. 870. n. — 40

GÜDEMANN, M. Das Leben des jüdischen Weibes. Sittengeschichte. Skizze aus der mischnisch-talmud. Epoche. Breslau 1861. 8°.

— Nächstenliebe. Ein Beitrag zur Erklärg. d. Matthäus-Evangeliums. gr. 8. (48 S.) Wien 890. Löwit. n. — 80

Güdemann, M., Nationaljudenthum. 1. u. 2., unveränd. Aufl. gr. 8. (48 S.) Wien 897. M. Breitenstein. n. 1.—

— 6 Predigten im Leopoldstädter Tempel zu Wien gehalten. Wien 867. Gerold's Sohn. gr. 8. (VII, 67 S.) n. 16 *ngr.*

— Quellenschriften zur Geschichte d. Unterrichts u. der Erziehung bei den deutschen Juden. Von den ältesten Zeiten bis auf Mendelssohn. gr. 8. (XXXII, 324 S.) Berlin 891. A. Hofmann & Co. n. 12.

— Rede, geh. b. d. Einweihung d. israelitischen Gotteshauses in Kroms a. d. Donau, am 25. Septbr. 1894. gr. 8. (8 S.) Wien 895. (A. Hölder.) n. — 40

— Ruth. s.: Brandeis. N.

— religionsgeschichtliche Studien. gr. 8. (VII, 144 S.) Leipzig 876. (Frankfurt a/M., Kauffmann.) n. 2. —; herabges. Pr. n. 1. 50

— das jüdische Unterrichtswesen während der spanisch-arabischen Periode. Nebst handschriftl. arab. u. hebr. Beilagen. gr. 8. (IV, 260 S.) Wien 873. Gerold's Sohn. n. 4. 80

Guden, A. F. v., s. G u d e n u s , Anselm Fr. v.

Guden, Anton Franz von (Wien), De jure principis circa delicta eorumque poenas. Diss. jur. Rector Philipp Wilhelm Graf v. Boineburg. Präs. Ernst Tenzel. Erfurt (Grosch) Sept. 1709. 36 Blatt. (6.—) 12108
Widm. v.: Johann Jacob (Verensis episcopus Erffurti suffraganeus), Präs., Tobias Jacob Reinhart, Herm. Ernst Schiller (Hildesheim).

— — **Dasselbe. Erfurt 1718. 24 Bl. (6.—)** 12109
Gewidm.: Friedrich Carl Grf. v. Schönborn (Reichelsberg . .).

— — **Dasselbe. Frankf. u. Lpz. 1752. 40 S. ohne Widm. (5.50)** 12110

Guden, Friedrich, s. G u d e , Gottlob Friedrich

Guden, G., Bilder aus der Kirchengeschichte, s.: Reinecke.

Guden, G., biblische Geschichten, s.: Reinecke, H.

— Handbuch z. unterrichtl. Behandlg. d. biblischen Geschichte, s.: Reinecke.

— Lieder, Gebete u. Psalmen s.: Reinecke, Herm.

Guden, Gottlob Friedrich, s. G u d e .

Guden, Heinrich Philipp

Gudenius, H. Ph., dissertat. secular. de Ernesto duce Brunswicens. et Lüneb. 4. Hannov. Helwing. (auch W. Vogel in Leipz.) 730.

Guden, Hch. Ph. Dissertatio de Ernesto, duce Brunswicensi et Luneburgensi, principe sapienti, pio, forti, felici, Augustanae confessionis assertore et vindice 4. Gottingae 1730. — (148) 4. ib. 1800.

Guden, Heinrich Philipp [Präs.], s. Fabricius, Rudolf Anton: Ex historia Bonifacii selectae observationes misc.

Guden, Karl, Joh. Chrn. Edelmann. Ein Beitrag zur deutschen Cultur- u. Kirchengeschichte im 18. Jahrh. Vortrag im evangel. Verein zu Hannover mit Nachweisungen u. Ausführungen. Hannover 870. Meyer. 8. (64 S.) n. 10 ngr.

— das Jahrhundert der Aufklärung, s. Vorträge, kirchengeschichtl.

Guden, Karl Friedr. Armin, chronolog. Tabellen z. Geschichte d. deutschen Sprache u. National-Literatur. 3 Thle Von 360 b. 1830. gr. 4. (53½ B.) Leipzig 831, G. Fleischer. (Frohberger.)

Guden, Philipp Peter

— s. Betracht. über d. Recht bei Bezahlung in veränd. Münzen 2c.

— Gedanken über d. Mittel zur Beförder. d. Handlung in e. Lande, worin sie wegen vieler Hindernisse nicht emporkommen kann. 8. Götting. 772. Dieterich. 14 gr.

Guden, Ph. Pet., († d. 7. März 1794.) von d. Grenzen d. Stadt- u. Landhaushaltung. 8. Götting. 772. Dieterich. 4 gr.

— Vide: Kritter, J. A.: Prüfung einer Schrift.

— von den Mitteln, die Handlung zu befördern. 8. Ebend. 772.

— Polizei d. Industrie, od. Abhandl. von d. Mitteln, den Fleiß der Einwohner zu ermuntern. 8. Braunschw. 768. Schulbuchhdl. 12 gr.

— von der Sicherheit wider d. Donnerstrahl. 8. Ebend. 773.

— von d. Sicherheit wider d. Donnerstrahlen. 8. Götting. 774. Dieterich. 8 gr.

* Gründliche Theorie und praktische Vorschläge zu Wittwenkassen, entworfen von *Philip Peter Guden*, Schatzdeputirten und Syndicus der Stadt Münden. Braunschweig und Hildesheim, im Verlage der Schröderschen Buchhandlung, in 4. 116 Seiten. (14 gr.) 1782.

— s. a. Untersuchung v. Frankreichs Staatsvermögen.

Guden, hist. polit. Untersuchung v. Frankr. Staatsvermöger 2c. gr. 8. Hamb. Hoffmann. 786.

— über d. Vortheil u. Schaden d. Landesherren u. Unterthanen v. schweren u. leichten Münzfuße. gr. 8. Hannov. 777. Helwing. 8 gr.

— vom Wechsel- u. Röm. Rechte, über Schuldverschreibungen und ihren Einfluß auf d. Wohlstand d. Einwohner. 8. Göttingen 790. Dieterich. 6 gr.

— von Wittwenkassen u. der Wittwenzahl. 4. Hannov. 771. Hahn. 10 gr.

* *P. P. Guden* Von Wittwenkassen, und der dabey zu vermuthenden Wittwenzal, ingleichen von der wahrscheinlichen Lebensdauer des männlichen und weiblichen Geschlechts, Nebst dabei gefügten Tabellen. Hannover, bey Johann Wilhelm Schmid. 4. 64 S. (10 gr.) 1771.

Guden, Valentin Ferdinand von, s. Gudenus

Gudenatz, Carl, s. Gudenatz, Karl

Gudenatz, Ernst (*geb. Neiße 18. 6. 1847*): Michael von Caesena. Ein Beitrag zur Geschichte der Streitigkeiten im Franciscaner-Orden. Breslau 1876. (55 S.) 8°

Breslau, Phil. Diss. v. 10. Okt. 1876

Gudenatz, Karl

[K.] **Gudenatz,** Carl [aus Neisse]: **Zur Kritik der Lehre Kants von der Möglichkeit der reinen Mathematik ... Leipzig, Druck v. E. Künne, 1897; 39 S. 8.**

Leipzig, Phil. Fak., Inaug.-Diss. v. [17. Juli] 1897

Gudenatz, Richard: Schwäbische und Fränkische Freiherren und Ministerialen am Hofe der deutschen Könige 1198—1272. Bonn: Georgi 1909. 101 S. 8°

Bonn, Phil. Diss. v. 14. Aug. 1909, Ref. Schulte

[Geb. 25. Mai 83 Breslau; Wohnort: Breslau; Staatsangeh.: Preußen; Vorbildung: Johannes-Gymn. Breslau Reife O. 01; Studium: Breslau 2, Tübingen 1, Breslau 3, Bonn 9 S.; Rig. 19. Mai 09.] [U 09. 400]

Gudenau, Luise, Freifrau v., geb. Gräfin Ugarte, Rosenkranz-Betrachtungen. 16. (172 S.) In Comm. Prag: Fürsterzbischöfliche Druckerei, 1891. —,30

Gudenrath, (P.), Eutonia. Zweites Lesebuch für die Schuljugend, zum schönen Lesen, richtigen Denken, Sprechen u. Schreiben. 8. (XIV u. 282 S.) Altona 850, Lehmkuhl. n. ½ ₰ — (1. Abthlg. Kiel 843, Naeck. n. ⅙ ₰)

Eutonia. Zweites Lesebuch für die Schuljugend, zum schönen Lesen, richtigen Denken, Sprechen und Schreiben. Hrgg. v. [P.] Gudenrath. Kiel. 1846. 8°.

Gudenrath, (P.), Eutonia. Zweites Lesebuch für die Schuljugend, zum schönen Lesen, richtigen Denken, Sprechen und Schreiben. 8. (XIV und 282 S.) Altona 847, Lehmkuhl. *

— Fabeln u. Gedichte für Kinder, zum Schönlesen, zu Zergliederungen in der deutschen Sprache u. zu Umschreibungen in Prosa dienlich. 8. Itzehoe 839. (Altona, Aue; Kiel, Bünsow.) ⅛ ₰

—— Kopfrechenschule, wie auch zum Tafelrechnen brauchbar. Mit Rücksicht auf d. wechselseit. Schuleinrichtung 2c. 8. (10 B.) Altona 838, [Dessau,] Aue.

GUDENRATH, P., Kopfrechenschule, wie auch zum Tafelrechnen brauchbar. Mit Rücksicht auf die wechselseitige Schuleinrichtung zur Selbstbeschäftigung für Schüler und zur Erleichterung für Lehrer bearbeitet. Itzehoe. 1838.

Gudenrath, P., erstes Lesebuch zum Lesen-, Schreiben-, Sprechen- u. Denkenlernen. 8. Kiel 843, Bünsow. n. 1/6 ℛ

— und J[OH.] C[HR.] REIMERS, Real-Buch für Volksschulen. Ein Lehr- und Lesebuch. Itzehoe. 1834. — Aufs neue bearbeitet von P. Gudenrath. 2. Aufl. Schaafstedt. 1839.

— und J. C. Reimers, Real-Buch f. Volksschulen. Ein Lehr- u. Lesebuch. 8. (16 1/2 B.) Itzehoe 835. (Dessau, Aue.) *

— u. J. C. Reimers, Real-Buch für Volksschulen. Ein Lehr- u. Lesebuch. 8. Itzehoe 835. (Kiel, Bünsow.) 5/12 ℛ — 2e Aufl. 8. Ebd. 840. (Altona, Aue.) n. 1/4 ℛ

— u. J. C. Reimers, Real-Buch für Volksschulen. Ein Lehr- und Lesebuch. 4. Aufl. 8. Ebend. 843. geb. 1/2 ℛ

— u. J. C. Reimers, Real-Buch für Volksschulen. Ein Lehr- u. Lesebuch. 5. verm. u. verb. Aufl. 12. (232 S.) Altona 817, Lehmkuhl. 9 ngr

— Elementarische Sprachschule, s.a. Junge, Valentin. 1835.

— elementar. Sprachschule f. Kinder d. obern Klassen d. Volksschulen in Städten u. auf d. Lande. 3. Stufe: Satzlehre. 8. (3 B.) Itzehoe 837. (Dessau, Aue.)
1. u. 2. Stufe, vgl. Junge, V.

— Urania. Drittes Lesebuch für die Oberclassen der Schuljugend, zum schönen Lesen, richtigen Denken, Sprechen u. Schreiben. 8. (232 S.) Kiel 817, Naeck. n. 1/3 ℛ

Gudenrath (Hrsg.), s. Volksschul-Zeitung, Schleswig-Holsteinische.

Gudensberg [Schlagwort]

Gudensberg, s.: Deutschland, Kürschner-Pelp.

Gudensberg, s.: Preussen. Messtischblätter.

Gudenus, Anselm Fr. v.

Gudenus, A. F. v., Geschichte des ersten christlichen Jahrhunderts. 2 Bde. in 4 Abth. gr. 8. Leipzig, Sommer.

v. Gudenus, Anselm Fr., († d. 16. Mai 1789.) d. Geschichte des ersten christl. Jahrhunderts. 3 Abtheill. gr. 8. Würzb. 783. Stahel. 2 ℛ 12 gr

— Geschichte des ersten und zweiten christlichen Jahrhunderts. 2 Bde. in 4 Abtheil. gr. 8. Erfurt, Keyser. 785–87. (1r Bd. enth. das erste Jahrh. 2 Rthlr. 2r das zweite Jahrh. 1 Rthlr. 12 gr.)

— Geschichte d. zweiten christl. Jahrhund. 1e u. 2e Abthl. gr. 8. Erfurt 787. Keyser. 1 ℛ 12 gr Dass. 2 Bde. in 4 Abtheill. (1r Bd. Gesch. d. ersten Jahrhund. Würzb. 783. 2 ℛ 2r Bd. Gesch. d. zweiten Jahrh. 1 ℛ 12 gr) Ebend. (a. W. Nauck in Leipz.) 3 ℛ 12 gr

Gudenus, Heinr. Graf v., ein Lebensbild aus vergangenen Zeiten. (134 S. m. 2 Stammtaf.) gr. 8. Wien 909. (Kubasta & Voigt.) 3. —

Gudenus, Hugo v., s.a. Napoleon-Patiencen, 200.

Zweihundert Napoleon-Patiencen. (Vf.: Hugo Reichsfreih. Gudenus.) [Nebst] Auflösgn. *Breslau: J. U. Kern [1898].* 2 Bde 8. [Text.] (XI, 102 S.) Auflösungen. (12 S.) [illegible]

Gudenus, Louise Gräfin, goldgrüne Libelle, s.: Reinecke, Carl.

Gudenus, Valentin Ferdinand von

Guden, Val. Ferd. v., Beschreibung e. Vorraths auserles. Cabinetsthaler. 4. Wetzlar. 73[illegible].

v. *Gudenus*, Frhr. Val. Fd., († d. 9. März 1758) codex diplomaticus s. anecdotorum jus german. et S. R. J., histor. complect. V Tom. (T. IV. von Fr. Karl v. Buri. T. V. von Hnr. W. Ant. v. Buri.) Cum fig. 4. Götting. u. Frkf. a. M. 743–68. Hermann. 24 ℛ

— Codex diplomatic. V Tom. cum fig. 4. maj. Francf. Brönner. 743–782.

— — idem liber. Tom. II–V. cum fig. 4. Francf. Gebhard et K. 747–68.

— Sylloge I. varior. diplomatariorum monumentor. vet. res German. illustr. 8. Francf. Andreae. 728.

Guder, Paul (Martin Philipp) (geb. Modritz bei Neusalz a. O. 25. 4. 1855): Experimente über die Chinin-Wirkung insbesondere auf das gesunde menschliche Gehörorgan. Berlin (1880). (30 S.) 8°
Berlin, Med. Diss. v. 6. Nov. 1880

Guder, Paul, die Geistesstörungen nach Kopfverletzungen unter besond. Berücksicht. ihrer gerichtsärztlichen Beurteilung. gr. 8. (107 S.) Jena 886. Fischer. n. 2. 40

Guder, Paul, Compendium der gerichtlichen Medicin. Zum Gebrauche für Studirende und Aerzte. 8. (X, 319 S.) Leipzig 887, Abel. * *M* 5.—.; geb. *

(Paul) Guders Gerichtliche Medizin für Mediziner und Juristen. 2. Aufl. Unter Berücks. d. BGB., d. Unfall-Versicherungs- und des Alters- u. Invaliditäts-Versicherungs-Gesetzes bearb. von P. Stolper. *Leipzig: J. A. Barth 1900.* (VIII, 339 S.) 8° [illegible]

Güder, Albrecht v. Haller als Christ. Zur Säcularfeier seines Todes am 12. Decbr. 1877 im Auftrag des evangelisch-kirchlichen Vereins geh. [Aus: „Kirchenfreund".] gr. 8. (20 S.) Basel 878. Bahnmaier. n. — 40

Güder, E.: Ueber die Eidespflege im Kanton Bern. Bern 1857.

Güder, E., siehe: *Kirchenblatt.*

Güder, (Hrsg.), s. Kirchenfreund.

Güder, Eduard

Güder, Ed., Abschied und Antritt. Zwei Predigten, gehalten zu Biel den 22. April und zu Bern den 6. Mai 1855. Bern, Wüterich-Gaudard. 8. (27 S.) n. 4 ngr

— Alles und in Allen Christus. Predigten. Bern 857. Wüterich-Gaudard. gr. 8. (VI, 377 S.) 1 ℛ 9 ngr

Güder, Ed., offener Brief an Herrn Ed. Langhans, Religionslehrer am Lehrerseminar zu Münchenbuchsee. Bern 866. Heuberger. gr. 8. (51 S.) 6 ngr

Güder, Ed., es ist in keinem Andern Heil. Predigten. Nach dessen Tode hrsg. Mit dem Portr. d. Verf. (Heliograv.). gr. 8. (VIII, 355 S.) Bern 883. Wyß. n. 3. 40

Güder, E, die persönliche Heilsgewißheit d. Christen. Vortrag. gr. 8. (43 S.) Bern 888. Huber & Co. n. — 40

— König Herodes der Große. Geschildert im Zusammenhange mit seiner Zeit. [Aus dem Kirchenfreund.] Bern 869. Wyß. gr. 8. (32 S.) 3 *ngr.*

— der Herr unser Hort, s. Herr, der, unser Hort.

— die Krankencommunion. Ein öffentliches Votum, seinen Brüdern im Amte zur Prüfung vorgelegt. Bern 856. Wüterich-Gaudard. 8. (1 Bl., 44 S.) n. 6 *ngr*

— die Lehre von der Erscheinung Jesu Christi unter den Todten. In ihrem Zusammenhange mit der Lehre von den letzten Dingen. Bern 853. Jent und Reinert. gr. 8. (XII, 381 S.) 2 *ℳ*

— die Thatsächlichkeit der Auferstehung Christi und deren Bestreitung. Akademischer Vortrag, gehalten in Bern vor einem gemischten Auditorium. 8. (50 S.) Bern 862, Heuberger.

— apologetische Vorträge, s. Vorträge, apologetische.

— über das Wunder. Ein Vortrag gehalten in Bern. Bern 868. Heuberger. gr. 8. (49 S.) 6 *ngr.*

Güder, Emil: Das Stimmrecht der Frauen in kirchlichen Angelegenheiten. Ein Vortr. — Giessen: Ricker 1904. 40 S. 8°

Güder, Emil, das Stimmrecht der Frauen in kirchlichen Angelegenheiten. Ein Vortrag. (III, 40 S.) 8. Gießen 904. A. Töpelmann. n. — 80

Güder, Ernst

Güder, E., üb. Geschwülste der Vagina als Schwangerschafts- u. Geburtscomplicationen. Inaug.-Diss. gr. 8. (43 S.) Genf 889. (Bern, Huber & Co.) n. — 80

Güder, Ernst. Über Geschwülste der Vagina als Schwangerschafts- u. Geburtscomplicationen. Diss. gr. 8. (48 S.) Genf 889. (Bern, Körber.)„ * — 80

Güder, P.: Erinnerungen an den See Genezareth. 1892.

Güder, Paul, Dr. Ed. Güder, Dekan u. Pfarrer an der Nydeck in Bern. Sein Leben u. Wirken, dargestellt. 8. (X, 146 S.) Bern 886. Wyß. n. 1. 80

Guderjahn, R., Erläuterungen zum Bromberger Rechenapparat f. die Zahlenreihe 1—20. (8 S.) 8. Lissa (908). O. Eulitz. — 10

Guderian, Kurt

Guderian, Curt, d. Beihülfe z. Selbstmord u. die Tötung d. Einwilligenden, s.a. Studien, rechts- u. staatswissensch. 2.

Guderian, Curt, Referendar: **Die Beihülfe zum Selbstmord und die Tötung des Einwilligenden. T. 1.** *Berlin (1899): E. Ebering.* (61 S.) 8° ¶ (Erscheint vollst. als H. 2 d. Rechts- u. Staatswiss. Studien.)
Berlin, Jur. Diss. v. 22. Juni 1899

Guderley, Arthur *Hermann Julius* [aus Breslau]: Über Extremitäten-Gangrän bei Herzinsufficienz ... Greifswald, Druck v. C. Sell, 1894; 53 S. 8.
Greifswald, Med. Fak., Inaug.-Diss. v. 16. Juli 1894

Gudermann, Chrph., († d. 25. Septbr. 1852), über die wissenschaftliche Anwendung d. Belagerungs-Geschütze. Nebst einem Anh.: Von den Prall- [Ricochet-] Schüssen. Mit 5 Figuren auf 2 lith. Taf. gr. 8. (48 S.) Münster 850, Deiters. 18 *ngr.*

Gudermann, C. Allgemeiner Beweis des polynomischen Lehrsatzes ohne die Voraussetzung des binomischen. 43 S. . . . .

Progr. Cleve 1825

Gudermann, C., Grundriß d. analyt. Sphärik. M. 6 Stnt. gr. 8. (11 B.) Köln 830, DüMont-Schauberg. Thlr.
s.a. Gundermann, E.

Gudermann, Chr., Lehrbuch d. niedern Sphärik. Lex.-8. (21¾ B. u. 20 Stnt.) Münster 835, Coppenrath'sche Buchh.

— Lehrbuch der niedern Sphärik. Mit 20 Steintaf. Lex. 8. Münster 836. Coppenrath. 2⅓ *ℳ*

Gudermann, Cph., Theorie der Modular-Funktionen und der Modular-Integrale. (Besonders abgedruckt aus „Crelle's Journal für die Mathematik. Bd. 18—21. 23. u. 25.") gr. 4. Berlin 844, Reimer. 5½ *ℳ*

Gudermann, Chr., Theorie der Potenzial- oder cyklisch-hyperbolischen Functionen. (Aus Crelle's Journal d. Mathematik 6r—9r Bd. abgedruckt.) Mit 1 Kpfrtaf. gr. 4. Berlin 833. Reimer. 4 *ℳ*

Gudermann, C.; Grundriß d. analyt. Sphärik. Mit 6 Steindr. gr. 8. Köln 830. Du-Mont-Schauberg. 21 *gl*

Gudermann, J.: Erinnerungen und Eindrücke aus Griechenland. 22 S.–Leobschütz, Progr. 1869.

Gudewill, Karl Christian

Gudewill, Carl Christian, das Delikt der Partiererei nach dem geltenden Recht, s.a. Abhandlungen, strafrechtliche.

Gudewill, Carl Christian, Referendar: Das **Delikt** der Partiererei nach dem geltenden Recht (§ 259 St.G.B.). Breslau: Schletter 1909. 128 S. 8° ¶ (Ersch. auch als: Strafrechtl. Abhandlungen. H. 109.)
Jena, Jur. Diss. v. 1. Nov. 1909, Ref. Löning
[Geb. 19. Mai 86 Groß-Lukow, Kr. Neustadt, Mecklenburg; Wohnort: Hannover; Staatsangeh.: Mecklenburg-Schwerin u. Preußen; Vorbildung: Gymn. Neubrandenburg Reife M. 04; Studium: Straßburg 1, München 3, Berlin 2, Jena 3 S.; Rig. 13. Juli 09.] [U 10. 2242

Gudhmundsson, Valtýr, s. Gudmundsson.

Gudin, P. Ph.: Zusatz zu *Rousseau's* Gesellschaftsvertrag; a. d. Franz. v. Eb. F. Hübner. *Königsb.*, Nicolovius. 792. 8. (1 Thl.)

Gudin, Ph., Nachtrag zu Rousseau's Gesellschaftscontrakt; aus d. Französ. übers. von D. Hübner. 8. Königsb. 792. (W. Härtel in Leipz.) 1 *ℳ* Hbg. Pr. 8 *gl.*

Gudme, Andreas Christoph

Gudme, Andr. Csp., Anweis. zur Anlegung e. Teichfischerei u. z. Fischzucht. Mit 1 Steintaf. gr. 8. Altona 827. Hammerich. 12 ß

— Bemerkk. gegen d. Schrift d. Hrn. Dr. u. Ritter Lorenzen zu Oldesloe, über d. Oldesloer Kanal. 8. Schlesw. 821.

Gudme, A. C., Bemerkungen über die projectirte Verbindung zwischen der Ostsee und der Niederelbe. Leipzig. 1820. 8. 19 Sgr.

— Bemerkk. über d. projectirte Verbindung zwischen d. Ostsee und d. Niederelbe, mittelst eines Barkenkanals. 8. Schleswig 820. Koch. 15 ß

Die Bevölkerung der beiden Herzogthümer Schleswig und Holstein in früheren und späteren Zeiten dargestellt v. Andreas Christopher Gudme. Altona 1819. 4° k.

—— Mit Papier durchschossen und mit handschriftlichen Anmerkungen. 4° k.

— d. Bevölkerung d. beiden Herzogth. Schleswig u. Holstein in frühern u. spätern Zeiten. gr. 4. Altona 820. Busch. 1 ℛ 21 ß (Aue in Altona). 1 ℛ 10 ß

— Handbuch d. theoret. u. prakt. Wasserbaukunst. 3 Bde. Mit 64 Kpft. gr. 8. Berl. 826—29. Rücker. 12 ℛ

Gudme, A. C: Handbuch der theoretischen und praktischen Wasserbaukunst. Bd 1—3 u. Atlas. Berlin 1827—1829. Atl. Fol.

Gudme, Andr. Casp., Handbuch d. theoret. u. prakt. Wasserbaukunst. 2. Bd. (2 Abthln.) u. 3. (letzt.) Bd. Mit Kpfrt. (Fol.) gr. 8. Berlin, Rücker. [2. 1. (20 B. u. 18 Kpfrt.) 828. 2 Thlr. 12 Gr., 2. (18 B. u. 5 Kpfrt.) 1 Thlr. 12 Gr., 3. (25½ B. u. 24 Kpfrt.) 829. 4 Thlr. 16 Gr.]
1. Bd. Ebendas. 1826. 3 Thlr. 8 Gr.

Ist der Oldesloer Kanal zu berücksichtigen? Nebst einer Geschichte des Stader Zolles und authentischen Nachrichten über die frühere Wasserfahrt zwischen der Alster und Trave. Von Andreas Christoph Gudme. Schleswig. 1821.

— ist d. Oldesloer Kanal zu berücksichtigen? gr. 8. Schlesw. 821. Taubstummen-Inst. 4 ß

Gudme A. C.: Karte üb. die Gegend v. Kiel … [Kopenh.] 1822. 6 Kt. 25 × 37 cm. (paa Pap).
Karte v. Herzogthum Lauenburg. Copenh. 1831. 1 Kt. 54 × 71 cm.

Gudme, Andr. Csp., Schleswig-Holstein. Eine statistisch-geograph.-topograph. Darstellung dieser Herzogthümer, nach gedruckten u. ungedruckten Quellen. 1r Bd. Statistik beider Herzogthümer. Mit 26 Tabellen. gr. 8. Kiel 833. Universitäts-Buchh. Subscr.-Pr. n. 2⅔ ℛ

— s. Vorschlag zu e. anzulegenden Barkenkanal.

Gudme, Andreas Christopher: Vorschläge und Ansichten betreffend Ackervertheilung in den Herzogthümern Schleswig und Holstein überhaupt, insbesondere mit Anwendung auf die Kieler Stadtländereien. Von –.
Schleswig. 1821. 8°.

Gudme, Andr. Csp., Vorschläge u. Ansichten, betreff. d. Ackervertheilung in Schleswig-Holstein rc. gr. 8. Schleswig 822. Taubstummen-Inst. 10 ß (Aue in Altona). 9 ß

— wie u. auf welche Art u. Weise können d. Haupt- u. Nebenstraßen in d. Herzogthh. Schleswig u. Holstein radical verbess. werden? 8. Schlesw. 824.

— Worte zur Beherzigung an d. Einwohner Kiels, betreffend d. Kieler Stadtländereien rc. 8. Kiel 821.

Gudme, Andreas Kaspar, s. Gudme, Andreas Christoph

Gudmundsson, Valtýr, s.: Abhandlungen, germanistische, zum LXX. Geburtstag Konrad v. Maurers.

Guðmundsson, Valtýr, Island am Beginn des 20. Jahrh. Aus dem Dän. v. Rich. Palleske. Mit 1 farb. Titelbilde u. 108 in den Text gedr. Abbildgn. (XV, 233 S.) Lex.-8. Kattowitz 904. Gebr. Böhm. n. 6. – ; geb. in Leinw. n. 7. 50

Gudh(ð)mundsson, Valtýr, Island am Beginn des 20. Jahrh. Aus dem Dän. v. Rich. Palleske. Mit 1 farb. Titelbilde u. 108 in den Text gedr. Abbildgn. (XV, 233 S.) Lex. 8. Kattowitz 904. Gebr. Böhm. 6. —; geb. in Leinw. 7. 50

Gudopp, Ernst: Dramatische Aufführungen auf Berliner Gymnasien im 17. Jahrhundert. (Umschlagt.: Über Berliner Schuldramen im 17. Jh.) *Berlin: R. Gaertner 1900.* (24 S.) 4° ¶ (Soll fortgesetzt werden.)
Berlin, Leibniz-G, OP 1900 (00)

Gudopp, Ernst: Dramatische Aufführungen auf Berliner Gymnasien im 17. Jahrhundert. ⟨Schluß.⟩ *Berlin: R. Gaertner 1902.* (22 S.) 4° ¶ [Schluß d. P-Beil. 1900.]
Berlin, Leibniz-G, OP 1902 (02)

Gudopp, Ernst, dramatische Aufführungen auf Berliner Gymnasien im 17. Jahrh. 2 Progr. 4. (24 u. 22 S.) Berlin 900. 902. [R. Gaertner.] Weidmann. à n. 1. —

Gudow [Schlagwort]

Gudow, s.: Geologische Karten. Karte (Preussen).

Gudowitsch, Franz, a. Rußland: Über die Stokes-Adamssche Krankheit. Berlin (1905): G. Schade. (29 S.) 8°
Berlin, Med. Fak., Ref. v. Leyden, Diss. v. 29. Juli 1905
[Geb. 20. März 70 Stefanowo-Užekmeni, West-Rußland; Heimatsort: Stefanowo-Užekmeni; Staatsangeh.: Rußland; Vorbildung: Gymn. Mitau Reife Juni 95; Studium: St. Petersburg 1, Charkow, Berlin 4 S.; Rig. 24. Juli 05.]

Gudra, J. Das Neufranzösische im Wortbilde des Englischen. Wien, R. III. Bez., 1880. 32 S. Progr.

Gudra, J. Die Sprache La Fontaine's in seinen Fabeln. Wien, O. R. a. d. Landstr., 1873. 25 S. Progr.

Gudrian, Beihilfe zum Selbstmord u. Tötung des Einwilligenden. Berlin 899.

Gudrun

—— Für die Jugend und das Volk bearb., s. Bäßler, Ferd., die schönsten Heldengeschichten des Mittelalters.

— s.a. Bibliothek, Cotta'sche, der Weltlitteratur.

— s.a. Classiker, deutsche d. Mittelalters.

Gûdrûn, s.a. Dichter des Deutschen Mittelalters, 5. Bd.

Gudrûn, Hrsg. v. Al. J. Vollmer, s. Dichtungen d. deutsch. Mittelalters.

— s.a. **Dichtungen, mittelhochdeutsche.**

— dasselbe, s.a. **Handbibliothek, Cotta'sche. Nr. 135.**

— dasselbe, s.a. **Hesse's, Max, Volksbücherei.**

Gudrun, s.a. **Kudrun.**

Gudrun, s.a. **Lieder, echte, von Gudrun.**

— s. Lochner, Johann.

— dasselbe, s.a. **Meyer's Volksbücher.**

— dasselbe, s.a. **Nibelungenlied.**

—— **Eine Umdichtung des mittelhochdeutschen Gudrunliedes, s. Schmidt, Leonh.**

— s.a. **UniversalBibliothek.**

— s.a. Velhagen & Klasing's Sammlung deutscher Schulausgaben.

— s.a. **Volksbibliothek,** deutsche.

Gudrun. Ein episches Gedicht . . . Leipzig 1836. H: *Gervinus, Georg Gottlieb.* (HS)

Gudrun. Ein episches Gedicht. Programm u. Probegesang. (Hrsg. v. Geo. Gtfr. Gervinus.) gr. 12. (3½ B.) Leipzig 836, Engelmann.

— Nordseesage. Nebst Abhandlung über das mittelhochdeutsche Gedicht Gudrun u. den Nordseesagenkreis. Herausg. v. San-Marte (A. Schulz). gr. 8. Berlin 839. Mittler. n. 1⅓ ℛ

— aus dem Mittelhochdeutschen übersetzt von Adelb. Keller. Mit 1 Titelbilde. gr. 8. Stuttgart 840. Ebner u. Seubert. 2¼ ℛ

Gudrun. Nach der Müllenhoff'schen Ausg. der echten Theile des Gedichts. Aus d. Mittelhochdeutschen übers. u. mit einer Einleitung versehen v. Fr. Koch. 8. (VI u. 161 S.) Leipzig 847, O. Wigand. n. ⅔ ℛ

— Uebersetzt v. K. Simrock, s.a. Heldenbuch, das, 1. Bd.

Gudrun. Deutsches Heldenlied, s.a. Simrock.

—— Deutsches Heldenlied übers. von Carl Simrock. 4., verb. Aufl. 16. (370 S. mit 1 Stahlst.) Stuttgart 858, Cotta'sche Buchh. geb. *

Gudrun, s.a. **Bacmeister, A.**

Gudrun. Altdeutsches Heldengedicht neudeutsch bearb. von A. Bacmeister. Reutlingen 860. Palm. 16. (IV, 119 S.) 12 ngr.

Gudrun. Althochdeutsches Heldengedicht neudeutsch bearb. von Adf. Bacmeister. 2. Aufl. Mit 2 Bildern (Holzschntaf.) von C. Häberlin. gr. 16. (VII, 120 S.) Stuttgart 875. Neff. cart.

Gudrun. Ein altdeutsches Heldengedicht übersetzt von Ghold. Ludw. Klee. 8. (179 S.) Leipzig 878. Hirzel. n. 2. —; geb. n.n. 2. 75

Gudrun. Im Anschluß an Müllenhoff's Ausg. f. den Schulgebrauch ins Neuhochdeutsche übers. u. m. e. Einleitg. versehen v. Paul Vogt. 8. (186 S.) Leipzig 885. O. Wigand. n. 2. —

— Altdeutsches Heldengedicht, neudeutsch bearb. v. Adf. Bacmeister. 2. Aufl. Mit 2 Bildern v. C. Häberlin. 12. (VII, 120 S.) Stuttgart 885. Neff. cart. n. 2. —

Gudrun. Übers. u. m. erläut. Anmerkgn. versehen v. L. Freytag. 8. (VIII, 324 S.) Berlin 888. Friedberg & Mode. n. 3. —; geb. n. 4. —

— in metrischer Übersetzung v. H. Kamp. gr. 8. (VIII, 48 S.) Berlin 890. Mayer & Müller. n. — 65

— Uebertr. u. hrsg. v. Gust. Legerlotz, s.a. Velhagen & Klasing's Sammlung deutscher Schulausgaben. 52. Lfg.

Gudrun. Neu übertr. v. Gust. Legerlotz. 8. (XVIII, 150 S.) Bielefeld 893. Velhagen & Klasing. Geb. in Leinw. n. 3. —

Kudrun [**Gudrun**]. Bearb. von Prof. Paul Piper. *Stuttgart: Union (1895).* (CXXXV, 490 S.) 8° [F.]
= **National-Litteratur, Deutsche.** Bd 6, Abt. 1. [o. 318 11

[F.] Kudrun [**Gudrun**] übertr. u. erläut. v. H[ans] Löschhorn, Prof. ... zu Berlin. 2., durchges. Aufl. *Halle a. S.: Waisenhaus 1896.* (2 Bl., 120 S.) 1 Bd 8.
— **Denkmäler** d. Älteren deutschen Litteratur f. d. litteraturgeschichtl. Unterr. an höh. Lehranst. [Abth.] 1. [Bd] 2. [56. 7941

— s.a. Meisterwerke der deutschen Litteratur.

Gudrun. Schulausg. Im Anschluss an die Holdermann'sche Übertragung bearb. von Karl Hessel. 3., umgearb. Ausg. *Berlin: Reuther & Reichard 1900.* (87 S.) 8° [F.]
— **Meisterwerke** d. deutschen Litteratur. 13. [o. 7941

Kudrun [**Gudrun**] übertragen u. erl. von Dr. H[ans] Löschhorn, Prof. in Berlin. 3., durchges. Aufl. *Halle a. S.: Waisenhaus 1901.* (126 S.) 8° [F.]
— **Denkmäler** d. Älteren deutschen Litteratur f. d. litteraturgesch. Unterr. an höh. Lehranst. 1, 2. [o. 9469

Kudrun [**Gudrun**] hrsg. u. erkl. von Ernst Martin, 2., verb. Aufl. Halle a. S.: Waisenhaus 1902. (LX, 372 S.) 8°.
= Handbibliothek, Germanistische. 2.

Gudrun. Deutsches Heldenlied, übers. v. Karl Simrock. 16. Aufl. gr. 8. (370 S.) Stuttgart 902. J. G. Cotta Nachf. n. 4. 50; geb. n. 5. 50

— **Die echten Teile des Gedichtes nach Karl Müllenhoffs Text übers. v. Ernst Martin. Mit Bildern v. Jul. Jürß. (59 S.) gr. 4. Straßburg 903. J. H. E. Heitz. Geb. in Leinw. n. 6 —**

Kudrun [Gudrun] übertragen u. erl. von Dr. H[ans] Löschhorn, Prof. in Berlin. 4., durchges. Aufl. *Halle a. S.: Waisenhaus 1904.* (126 S.) 8° [F.]
= Denkmäler d. älteren deutschen Literatur. 1, 2.

— bearb. v. Karl Hessel, s.a. Meisterwerke der deutschen Litteratur. 13. Bd.

— Ins Neuhochdeutsche übertr. v. Karl Hessel. 2., völlig umgearb. Ausg. (64 S.) 8. Bonn 905. A. Marcus u. E. Weber. n. — 60

Gudrun. Deutsches Heldenlied, übers. v. Karl Simrock. 17. Aufl. (370 S.) 8. Stuttgart 906. J. G. Cotta Nachf. n. 2.40; geb. in Leinw. n. 3.—

— übers. v. Karl Simrock, s.a. Bibliothek der Gesamtlitteratur.

Gudrun, Deutsches Heldenlied, übers. von Karl Simrock. Halle a. S.: O. Hendel [1907]. (VI, 201 S.) 8° [F.]
(Bibliothek d. Gesamtliteratur d. In- u. Auslandes. No 2022–2024.)

Gudrun nach d. Übers. von Karl Simrock. Für Schule u. Haus hrsg. von Dr. Ernst Wasserzieher, Dir. zu Neuwied. Münster i. W.: Aschendorff 1907. (186 S.) 8° [F.]
(Aschendorff's Sammlung auserlesener Werke d. Literatur.)

Kudrun [Gudrun] übertr. u. erl. von Dr. H[ans] Löschhorn, Prof. 5., durchges. Aufl. Halle a. d. S.: Waisenhaus 1908. 126 S. 8°.
(Denkmäler d. älteren deutschen Literatur. 1, 2.)

Gudrun. Ein deutsches Heldengedicht. Übertr. v. Karl Simrock. (Gedruckt unter künstler. Aufsicht v. Rud. Koch.) (253 S.) 8. Berlin 910. J. Bard. Geb. in Pappbd. 5.—; in Leinw. n 6.50; Luxusausg., geb. in Perg. 30.—; in Schweinsldr. 40.—

Gudrunlied

—— s.a. Bibliothek, Cotta'sche, der Weltlitteratur. — Kudrun. — Meisterwerke der deutschen Litteratur. — Stecher, Ch., deutsche Dichtung für die christliche Familie u. Schule. — Teubner's Sammlung deutscher Dicht- u. Schriftwerke für höhere Töchterschulen. — Velhagen u. Klasing's Sammlung deutscher Schulausg.

Gudrun-Lied, das, für das deutsche Haus nach den besten Quellen bearb. von Emil Engelmann. Lex.-8. (IV, 153 S. mit 1 Facs. der Ambraser Handschrift, 6 Lichtdr.-Bildern und vielen Illustr. im Text nach Zeichnungen von R. E. Kepler, Th. Hoffmann, C. Häberlin ꝛc.) Stuttgart 886, Neff. geb. * geb. in Leinw. *

Gudrunlied, das. Neuhochdeutsche Bearbeitg. v. Walt. Hübbe. 8. (X, 120 S.) Hamburg 892. Herold's Verl. n. 1.20; kart. n. 1.50; auf Schreibpap. geb. in Leinw. n. 3.—

Gudrunlied, das, in Auswahl, s.a. Schöningh's Textausgaben alter u. neuer Schriftsteller. Nr. 30.

Gudrunlied, das, in Auswahl u. Übertragg. Für d. Schulgebr. hrsg. v. Walt. Hübbe. 12. (112 S.) Leipzig 896. G. Freytag. Geb. n. — 60

— das, übers. u. bearb. v. G. Bornhak, s.a. Teubner's, B. G., Sammlung deutscher Dicht- u. Schriftwerke. 2. Bdchn.

Das Gudrunlied. Übers. u. bearb. von Dr. G[ustav] Bornhak, Prof. zu Berlin. 3., verb. Aufl. Leipzig [& Berlin]: B. G. Teubner [1903]. (VIII, 122 S.) 8°
= Sammlung, Teubners, deutscher Dicht- u. Schriftwerke f. höh. Mädchenschulen. Bdch. 2.

Das Gudrunlied [Gudrun] in Auswahl, mit verbindendem Texte. Paderborn: F. Schöningh [1904]. (55 S.) 8°
= Textausgaben, Schöninghs, alter u. neuer Schriftsteller. 30.

— das, in Auswahl u. Uebertragung. Für den Schulgebrauch hrsg. v. Walt. Hübbe. 1. Aufl. 2. Abdr. in neuer Rechtschreibg. (112 S.) kl. 8. Leipzig 905. G. Freytag. — Wien, F. Tempsky. Geb. n. — 60

Gûdrûnlieder. Herausgeg. von Ldw. Ettmüller. Nebst einem Wörterbuche. Lex.-8. Zürich u. Winterthur 841, literar. Comptoir. 1 1/6 ₰

— dass. (Schul-Ausgabe.) Lex.-8. Leipzig 841, Verlags-Büreau. 3/4 ₰

Gûdrûnlieder. Herausgegeben von Ludw. Ettmüller. Nebst Wörterbuch. Schulausg. (1841.) Lex.-8. (XVIII und 208 S.) Leipzig 847, Verlagsbureau.

Gudrunsage, die, s. Gabelsberger-Bibliothek. 14. Bd.

Gudwil, Marie, der Bilder-Kranz. Enthalt.: Der Todtengräber. — Die Einsiedler. — Schloß Maradin. 8. (16 B.) Nordhausen 832, Fürst.

Gudzent, F[riedrich], Physikalisch-chemische Untersuchungen über das Verhalten der harnsauren Salze in Lösungen. Straßburg: K. J. Trübner 1908. (30 S.) 8°
Leipzig, Med. Fak., Ref. Hering, Diss. v. 12. März 1908
[Geb. 2. Sept. 78 Klein-Warningken; Wohnort: Berlin; Staatsangeh.: Preußen; Vorbildung: Sophien-Realgymn. Berlin; Studium: Königsberg 1, Leipzig 4, Freiburg i. B. 1, Leipzig 1, München 1, Göttingen 2 S.; Coll. 5. Juni 08; Approb. 30. Nov. 07.]

Guebelin, Satura, Merkur — s. Saturn.

Guébhard, Paul, petite grammaire française et éléments d'analyse à l'usage des Allemands. 8. (VIII und 81 S.) Berlin 856, [Schneider.] *

Guébin, L.

Der Zeichenunterricht in den Schulen Frankreichs von L. Guébin. Deutsch von Georg Friese. Hannover: Helwing 1907. (65 S.) 8°
Aus: Jahrbuch f. d. Zeichen- u. Kunstunterricht. Bd 3

Guédéonow, S. v., üb. e. dem Raphael zugeschriebene Marmorgruppe: Ein todter Knabe getragen v. e. Delphin. Lex.-8 (11 S.) St. Petersburg 872. Röttger. 75

Guedeville, Eloge de la folie, traduit du latin d'Erasm. 3. Paris et Strasb. König. 761.

de Guehery, Louis Amand.

— s.a. Bericht e. Augenzeugen.

(Guehery, L. A. de.) Bericht eines Augenzeugen von den Operationen des 4., 7. und 12. franz. Armeekorps vom 14. Aug. — 16. Sept. 1813 von F. v. D. Dresden (1813). 8°.

— s. Beschreib. d. Merkwürdigk. Dresdens.

— s. Bildsäule, die.

— s. Catalogue de tabl. de la Galérie de Dresde.

— s. Chamäleon.

– s.a. Darstell. d. Begebenheiten in Torgau.

(Guehery, L. A. de.) Darstellung der Begebenheiten in Torgau vor, während und nach dem Rückzuge der Franzosen aus Sachsen in den Monaten Februar, März und April 1813. Von F. v. D. Dresden (1813). 8°.

(Guehery, L. A. de.) Darstellung der Begebenheiten in Torgau, vor, während und nach dem Rückzuge der Franzosen aus Sachsen, in den Monaten Februar, März und April 1813. Von einem Augenzeugen; F. v. D. 8. Hanau 1813.

— s. Freiheit, die, des Herzens.

— s. Handbuch f. Offiziere d. Rheinbundstruppen.

— s. Kosacken, die.

— s.a. Napoleon in Dresden.

(Guehery, L. A. de.) Napoleon in Dresden. Zwei Unterredungen des Kaisers mit dem Dichter Barjaud und dem Minister Daru etc. 2. Heft. Tagebuch meiner Reise mit dem Hauptquartier des Kaisers Napoleon von Dresden nach Löwenberg und zurück nach Dresden. Bemerkungen über die Schlacht bei Dresden etc. Herausgegeben von F. v. D. (In 1 Bd.) 8. Dresden 1813—1814.

– s. Napoleon auf Elba.

– s.a. Tagebuch der Begebenheiten in Dresden.

(Guehery, L. A. de.) Tagebuch der Begebenheiten in Dresden, vom 13. bis 27. März 1813. Vom Einrücken des Marschalls Davoust bis zur Räumung der Stadt etc. Von F. v. D. 8. Dresden (1814).

– s. Taschenbuch, dramat., auf d. J. 1815.

Guehery, Rudolf de, Referendar in Augustusburg, Erzgeb.: Das Konkurrenzverbot im früheren und heutigen Rechte. Augustusburg i. E. 1907: E. Gutermuth. (VII, 59 S.) 8° [F.]
Leipzig, Jur. Fak., Diss. v. 27. März 1907
[Geb. 21. Jan. 83 Dresden; Wohnort: Augustusburg; Staatsangeh.: Sachsen; Vorbildung: Kgl. Gymn. Chemnitz Reife O. 01; Studium: Leipzig 7 S.; Rig. 25. Jan. 05.]

(Guelnzlus.) Überblick der preuß. Heer-Verfassung und ihrer Kosten seit dem Tode des Großen Kurfürsten. Berlin 1847. 8°.

Guélat, François. Souvenirs militaires de F' G' de Porrentruy ‹1809–1811›, publiés par Casimir Folletête .... 8. Porrentruy 1899.

Gueloz, Brix., Andachtsbuch zum Troste der armen Seelen. Eine Anleitung, den leid. Seelen im Fegfeuer zu Hülfe zu kommen, mit Nachrichten über die Erzbruderschaft zum Troste der armen Seelen, verschied. Gebeten u. Andachten, Betrachtungen, Beispielen u. frommen Uebungen für alle Tage des Monats November u. einem Ablaß-Kalender. Nach dem Italien. Nebst einem Anhang, welcher die gewöhnlichsten Andachtsübungen, Morgen-, Meß-, Beicht-, Communion-Gebete u. s. w. enthält. Regensburg 865. Manz. 12. (419 S. mit 1 Stahlst.) 12 ngr.

Gueloz, Brixius, Andachtsbuch zum Troste der armen Seelen. Eine Anleitg., den leid. Seelen im Fegfeuer zu Hülfe zu kommen, m. Nachrichten üb. die Erzbruderschaft zum Troste der armen Seelen, verschiedenen Gebeten u. Andachten, Betrachtgn., Beispielen u. frommen Uebgn. f. alle Tage d. Monats November u. e. Ablaß-Kalender. Nach dem Ital. bearb. v. e. Priester derselben Congregation. Nebst e. Anh. 3. Aufl. 8. (419 S. m. 1 Titelbild.) Regensburg 890. Verlags-Anstalt. 1.20

Guelph, Der, im Schlachtfelde bei Minden. Ein episches Gedicht. Braunschweig 1768. V: *Koch, Gg. Hch. August.* (GGr IV²/1, S. 110, Nr. 34/3) (Biblport) (GGr IV/54, Nr. 35/3)

Guémadeuc, Baudouin de

Spion, Der geplünderte. (Skandalgeschichten u. Anekdoten vom Hofe Ludwig's XVI., etc.) Aus d. Französ. (des *Baudouin de Guémadeuc*). London (Leipzig, Haug) 1783. 8°. Gesucht u. selten!

Guénard de Méré, Elisa (Wirkl. Name), s. Boissi, A. L. de (Pseud.)

Guenée, Abbé

— Briefe einiger *portugiesischer und deutscher Juden* an den Herrn v. *Voltaire* über verschiedne seiner Schriften, nebst kritischen Betrachtungen u. kurzen Anmerkgn. . . . . Nach d. 2. Pariser Ausgabe aus d. Französ. übers. Danzig, bey Dan. Ludw. Wedel, 1773. 8°. Gleichzeit. Hfrzb. 352 S. u. 9 Bll. Inh.

Guénon, François

Guenon, Frz., die Wahl, Zucht u. Haltung der Milchkühe, sowie die Behandlung des Rindviehes im Allgemeinen. Eine genaue Darstellung u. Beschreibung der äußeren Kennzeichen, zur Bestimmung des Milchertrags in Hinsicht der Qualität u. Quantität. Nach der neuesten Aufl. des franz. Orig. übers. v. P. H. v. S. Durchgesehen u. mit einem Vorworte begleitet v. William Löbe. Mit 120 in den Text eingedr. Holzschn. 8. (XVI u. 295 S.) Leipzig 852, Matthes. 1½ ₰

Guénon, François, die äußeren Zeichen der Milchergiebigkeit bei den Kühen, nach welchen sich nicht nur der Ertrag an Milch nach Menge und Güte, sondern auch die Dauer des Milchertrags, während der neuen Trächtigkeit beurtheilen läßt. Aus dem Französ. übers. von F. S. Kurtz. Mit 9 lith. Tafeln. gr. 8. Reutlingen 843, Mäcken jun. ⅞ ₰ — 2. verb. Aufl. gr. 8. Ebend. 845. ⅞ ₰

Guenot, C., der Alpenhirt. Eine Erzählg. aus der Zeit Franz I., König v. Frankreich. Nach dem Franz. Mit 4 Stahlst. 8. (178 S.) Regensburg 871. Manz. 1. —

Guenot, C., Chlodewig der Sieger über die amerikanischen Westgothen rc., s.a. Zeitbilder in Erzählungen.

Guenot, C. Chluodewig, der Sieger über die arianischen Westgothen und Begründer des Katholischen Frankreichs. (VII. 244) 8. Köln 1874. 2,00.

– Delphine v. Neuville, s. Zeitbilder in Erzählungen

Guenot, C. Hanani, s.: Zeitbilder in Erzählungen aus der Geschichte der christlichen Kirche.

Guenot, C., Sabinianus od. die ersten Apostel Gallien's, s.: Zeitbilder in Erzählungen aus der Geschichte der christlichen Kirche.

– Severinus, s. Zeitbilder in Erzählungen.

Guêpe: La Guêpe (II)
Ⓢ 1898 Ⓑ Lausanne Ⓩ satirique Ⓓ BGSZ 285.

Guêpes. Mes g'. [Poésies.] Mai 1862. 8. (Berne.)

Guepière de la, Recueil d'esquisse d'architecture. (u. a. das Residenzschloss Stuttgart) (Mit vielen Tafeln) grfol Stuttgart 1759

Guépin, A(nge): Studien auf dem Gebiete der Augenheilkunde. (Études d'oculistique. Dt.) Deutsch bearb...von J.Neuhausen. 74 S., gbd.

Crefeld: Schüller 1847

JB 4.283

Guépin, A., Studien im Gebiete der Augenheilkunde. Deutsch bearb. u. m. einer Vorrede versehen v. J. Neuhauson. gr. 8. (X u. 72 S.) Crefeld 848, Schüller. 1/2 ℛ︁

Guer, Beantwortung Mallets du P. Schr. über d. französ. Revolution. a. d. Franz. 8. Dresden, Richter. 795.

Guéranger, Prosper, Antwort auf die letzten Einwürfe gegen die Erklärung der Unfehlbarkeit des Papstes. Aus dem Franz. Mainz 870. Kirchheim. gr. 8. (32 S.) n. 2½ ngr.

Gueranger, Prosper, Bedeutung, Ursprung und Privilegien der Medaille oder des Kreuzes des heil. Benedikt. Nach der 2. französ. Ausg. bearb. von Laurenz Hecht. Einsiedeln 863. Gebr. Benziger. 8. (126 S. u. 1 Holzschn.) 4 ngr.

Guéranger, Dom Prosper, sainte Cécile et la société Romaine aux deux premiers siécles. Ouvrage contenant 2 chromolith., 6 planches en taille douce et 250 gravures sur bois. 2. éd. hoch 4. (VIII, 580 S.) Paris 874. Didot & Co. n. 20 —; geb. n. 26. 40

Guéranger, Dom Prosper, Erklärung der Gebete und Ceremonien der heiligen Messe. Mit e. Vorrede v. J. B. Heinrich. 16. (XII, 292 S.) Mainz 884. Kirchheim. 2. —

Gueranger, Prosper, Geschichte der heiligen Cäcilia der Römischen Jungfrau u. Märtyrin. Aus d. Franz. Mit 1 Stahlst. gr. 8. (291 S.) Regensburg 851, Manz. 1 ℛ︁

Guéranger, Prosper. Das Kirchenjahr. Autor. Übersetzung. Mainz 1874—1902. Ü: *Wasserburg, Philipp.* (Berl)

Guéranger, Prosper: Das Kirchenjahr (L'annee liturgique) von Dom Prosper Guéranger, Abt von Solesmes. (Bd 10f. fortges. von Dom L. Fromage). Autor. Uebers. (von Philipp Wasserburg). Mit e. Vorw. von Dr. J[oh.] B[aptist] Heinrich, Generalvicar in Mainz. (Bd 14 u. 15: eingel. von Dr. Friedrich Schneider). Bd 1-15. Mainz: F. Kirchheim 1874–1902. 15 Bde 8°.
1. Die heil. Adventzeit. 1874.
2. 3. Die heil. Weihnachtszeit. Abth. 1. 2. 1875–76.
4. Die heil. Vorfastenzeit. 1876.
5. Die heil Fastenzeit. 1877.
6. Die Passions- u. Charwoche. 1877.
7.–9. Die österliche Zeit. Abth. 1–3. 1878–80.
10–15. Die Zeit nach Pfingsten. Abth. 1–6. 1881–1902.

— das Kirchenjahr. Autoris. Uebersetzg. Mit bischöfl. Approbation u. e. Vorworte v. J. B. Heinrich. 1—14. Lfg. 8. (1. Bd. VIII, 543, 2. Bd. 520, 3. Bd. VIII, 584., 4. Bd. VII, 420 S. u. 5. Bd. S. 1—160.) Mainz 874—76. Kirchheim. à 1. 40

Guéranger, Dom Prosper, das Kirchenjahr. Autorisirte Uebersetzung. Mit einem Vorworte von J. B. Heinrich. 1. Abth. 15—17. Lfg. 2. Abth. 18—34. Lfg. 8. (5. Bd. VII u. S. 161—559; 6. Bd. VII, 710; 7. Bd. VII, 416; 8. Bd. VIII, 670; 9. Bd. 447 u. 10. Bd. IV, 500 S.) Mainz 877—81. Kirchheim. 28. 25

— das Kirchenjahr. Autoris. Uebersetzg. Mit e. Vorworte v. J. B. Heinrich. 35—37. Lfg. 8. (11. Bd. S. 1—524.) Ebend. 883. 4. 70 (1—37: 52. 55)

Guéranger, Dom Prosper, das Kirchenjahr. Autoris. Uebersetzung. Mit e. Vorworte v. J. B. Heinrich. 38.—41. (Schluß-)Lfg. 8. (12. Bd. VIII, 592 S.) Mainz 888. Kirchheim. 5. 40 (cplt.: 57. 95)

— dasselbe. 1. Bd. Die heil. Adventszeit. 2. Aufl. 8. (XVI, 543 S.) Ebd. 888. 4. 20

— dasselbe. 6. Bd. Die Passions- u. die Charwoche. 2. Aufl. 8. (VII. 710 S.) Ebd. 890. 6. 30

— dasselbe. 2. u. 3. Bd. Die hl. Weihnachtszeit. 2 Abtlgn. 2. Aufl. 8. (VI, 520 u. VIII, 584 S.) Ebd. 892. 9. 80

Guéranger, Dom Prosper, das Kirchenjahr. Autoris. Uebersetzg. Mit e. Vorworte v. J. B. Heinrich. 13. Bd. Die Zeit nach Pfingsten. 4. Abth. 8. (VIII, 627 S.) Mainz 894. F. Kirchheim. 5. 60 (1—13.: 63. 55)

— dasselbe. 5. Bd. Die hl. Fastenzeit. 2. Aufl. 8. (VII, 559 S.) Ebd. 894. 4. 90

Guéranger, Dom Prosp., das Kirchenjahr. Autoris. Uebersetzg. M. e. Vorwort v. J. B. Heinrich. 4. Bd. Die hl. Vorfastenzeit (Septuagesima). 2., durchgeseh. Aufl. 8. (VII, 420 S.) Mainz 897. F. Kirchheim. n. 4. 20

— dasselbe. 14. Bd. Die Zeit nach Pfingsten. 5. Abth. Eingeleitet durch Frdr. Schneider. 8. (XIV, 533 S.) Ebd. 898. n. 4. 80 (1.—14.: n. 67. 35)

Guéranger, Dom Prosper, das Kirchenjahr. Autoris. Ubersetzg. Mit e. Vorworte v. J. B. Heinrich u. e. Begleitworte v. Frdr. Schneider. 7.—10. u. 15. Bd. 8. Mainz, F. Kirchheim. n. 22. 70
7. Die österl. Zeit. 1. Abth. 2. Aufl. (VII, 416 S.) 899. n. 3. 50
8. Dasselbe. 2. Abth. 2. Aufl. (VIII, 670 S.) 899. n. 6. 30
9. Dasselbe. 3. Abth. 2. Aufl. (417 S.) 899. n. 4. 20
10. Die Zeit nach Pfingsten. Fortgesetzt v. L. F., O. S. B. 1. Abth. 2. Aufl. (VI, 500 S.) 899. n. 4. 45
15. Dasselbe. 6. Abth. (XV, 476 S.) 902. n. 4. 25

Guéranger, Dom Prosper, das Kirchenjahr. Autoris. Uebersetzg. Mit e. Begleitworte v. Frdr. Schneider. 1. u. 12. Bd. 8. Mainz 904. Kirchheim & Co. n. 9. —; geb. in Halbldr. n. 12. 20
1. Die hl. Adventszeit. 3. Aufl. (XVI, 538 S.) n. 4. 20; geb. n. 5. 80
12. Die Zeit nach Pfingsten. 2. Abtlg. 2. Aufl. (VIII, 523 S.) n. 4. 80; geb. n. 6. 40

Guéranger, Prosper, das Kirchenjahr. Autoris. Übersetzg. Mit e. Begleitworte v. Frdr. Schneider u. e. Vorrede v. J. B. Heinrich. 6. Bd. Die Passions- u. Karwoche. Mit e. Vorwort v. Konr. Booß. 3. Aufl. (XVI, 710 S.) kl. 8. Mainz 910. Kirchheim u. Co. 7.—; geb. in Leinw. 8. 60

— die höchste Lehrgewalt des Papstes. Vom Verf. genehm. Uebersetzung des Werkes: De la monarchie pontificale à propos du libre de Mgr. l'évêque de Sura. Ebend. 870. gr. 8. (XI, 232 S.) 20 ngr.

— St. Benediktus-Büchlein. Bedeutung, Ursprung u. Privilegien der Medaille oder des Kreuzes des heiligen Benedikt. Nach dem Französischen bearb. von Laurenz Hecht. 3. Aufl. 16. (142 S. m. einer Holzschntaf.) Einsiedeln 877. Benziger. — 40

Gueranger, Prosper, liturgische Unterweisungen. Aus dem Französ. übers. von Jak. Fluck. A. u. d. T.: Geschichte der Liturgie. Aus dem Französ. ꝛc. 1. Thl. Die Geschichte der Liturgie von Christus bis zum Ende des 16. Jahrhunderts enthaltend. Regensburg 854. Manz. gr. 8. (522 S.) 1 ℳ 25 ngr

Guérard, v., s.: Hauslexikon, medizinisches.

Guérard, Bernhard

— Anfangsgründe d. Geburtshülfe z. Gebrauch fr. Vorlesungen. gr. 8. Münster 781. Coppenrath. 16 gr

Guerard, Bernard: Anfangsgründe der Geburtshülfe zum Gebrauche seiner Vorlesungen, und Vortheile aller Verheiratheten. Neue mit einem Anhange (von dem Durchschnitt der Symphisis der Schambeine) vermehrte Auflage. 307 S., gbd.

Münster und Osnabrück: Perrenon 1781

JB 6.632

— — dasselbe gr. 8. Linz, Haslinger. 787.

— Nachricht d. Zufalls, weswegen d. Durchschnitt d. Symphysis d. Schambeine ꝛc. in Düsseldorf unternommen. Aus d. Französ. von Jh. Dav. Beerstecher. 8. Düsseld. 779. (Brönner in Frnkf. a. M.) 4 gr

Bernhard Guérard

Bernhard Guerard, [Exposé des cas pour lesquels la section de la symphyse des os pubis. Deutsch:] Umständliche Nachricht des Zufalls, weswegen der Durchschnitt der Simphysis der Schaambeinen den 11. May 1778, in Düsseldorff unternommen wurde,... aus d. Franz. übers. von Johann David Beerstecher. Düsseldorf 1779: Zehnpfenning. 62 S. 8°

Beigeb.: Guérard: Untersuchung und Lehre über den Durchschnitt der Schaambeine,... Münster 1781.

Guerard, B., Untersuchung u. Lehre über d. Durchschnitt der Schambeine ꝛc. 8. Münster 781. Coppenrath. 6 gr

Bernhard Guérard

Untersuchung und Lehre über den Durchschnitt der Schaambeine, usw. zur Widerlegung des Hrn. Lucas Boogers, und Vertheidigung dieser Operation. Von B[ernhard] Guérard. Münster: Perrenon 1781. 175 S. 8°

Angeb. an: Guérard: [Exposé des cas pour lesquels la section de la symphyse des os pubis. Deutsch:] Umständliche Nachricht des Zufalls, weswegen der Durchschnitt der Simphysis der Schaambeinen den 11. May 1778, in Dusseldorf unternommen wurde. Düsseldorf 1779.

Guerard, C., Unterricht über d. Rindviehseuche. 8. Elberfeld, (Schönian). 4 gr

Guerard C.: Unterricht üb. die herrschende Rindviehseuche ... Elberfeld 1797. 8o S.

Guerard, Carolus Guilelmus, s. Guerard, Karl Wilhelm

Guerard, Car. Theod. Henr. s. Guerard, Karl Theodor Heinrich

Guerard, Carl Ludwig von, s. Guerard, Karl Ludwig von

von Guérard, Hans Adolf [aus Düsseldorf]: Aus d. med. Klinik zu Bonn. Die Behandlung der Tuberculose mit dem Koch'schen Mittel. ... Bonn, Druck v. J. F. Carthaus, 1891; 45 S. 8°
Bonn, Med. Fak., Inaug.-Diss. v. [30.] Mai 1891

Guerard, Johann v.

Guerard, J. v., Encyklopädie d. Kriegskunst zu Lande. — Elemente d. Geistes, d. Charakters, d. Wissenschaft, d. Handlung zum Kriege u. im Kriege. gr. 8. (19 B.) Wien 831, Gollinger.

Guerard, Johann v., k. k. pensionirter 1. Rittmeister. Encyklopädie der Kriegskunst zu Lande. Philosophie des ganzen Kriegswesens. Elemente des Geistes, des Charakters, der Wissenschaft, der Handlung zum Kriege und im Kriege. Strategie. 2. vom Verfasser berichtigte u. verm. Aufl. I. u. II. Bd. Supplement hiezu. (3 Bde.) 8. Wien 1833.

— Organon der Kriegskunst, als Supplement der Encyklopädie der Kriegskunst. 8. Wien 1835.

Guerard, Karl Ludwig von

Guerard, Carl Ludwig von (Elberfeld), De inflammatione. Diss. med.-chir. Halle (Ploetz) Aug. 1846. 48 S. mit Liter. u. Biogr. (M.: Bollermann.) (5.50) 12262
Oppon.: C. Securius, E. Kletschke. — Gew.: Ernst Blasius, Theod. v. Guerard (Vater).

Guerard, Karl Theodor Heinrich

a Guerard, Car. Theod. Henr. (geb. Mörs 15. 10. 1833): De graviditate extrauterina. Berolini (1857). (31 S.) 8°
Berlin. Med. Diss. v. 13. Aug. 1857

Guerard, Karl Wilhelm von

Carolus Guilelmus a Guerard: Quaedam de cretinismo. Berolini 1829: Brandes Kiesert. 24 S. 8°

Berlin, Med. Diss. v. 2. Nov. 1829

Guerard, Rob., Auszug aus d. heil. Schrift, in vertrauten Fragen u. Antworten, mit d. Erklärung ꝛc. übers. v. Jos. Reittenhart. 3 Thle. gr. 8. Bresl. 792. J. F. Korn. 2 ₰ 8 gl

Guérard, W. v., die Krankheiten der Zähne u. des Mundes, s.: Hausbücher, medicinische.

Guérard, Wilh. v., wir Alle. Nach dem allegor. Schauspiel „Everyman" aus dem Engl. f. die deutsche Bühne bearb. (VIII, 48 S. m. Titelbild.) 8. Leipzig 905. Modernes Verlagsbureau. n. 1. 25

Wir alle. Nach d. allegor. Schauspiel 'Everyman' aus d. Engl. f. d. deutsche Bühne bearb. von Wilhelm v. Guérard. Leipzig-Berlin: C. Wigand 1905. (48 S.) 8°

Guérault, G. u. P. de Coudert, Die Bürger von Paris; s.: Lese-Cabinet, neuestes belletristisches.

Guerber, Vier Nationalkirchen, s. Compaß für das katholische Volk.

Guerber, V., Essai sur les vitraux de la cathédrale de Strasbourg. Avec 4 planches, dessinées par Bapt. Petit-Girard, lithochromiées par E. Simon fils. gr. 8. (VIII u. 124 S.) Strasbourg 848. (Treuttel & Würtz.) n. 1 ₰

Guercino's Biographie u. Charakteristik, s.: Janitscheck, H., die Malerschule von Bologna.

Guercke, Frid. Guil. Aemil. (geb. Sprottau 22. 4. 1813): De dignoscendis ventriculi morbis. Berolini (1838). (32 S.) 8° Berlin, Med. Diss. v. 18. Sept. 1838

Guerdan, A., die Diarrhoea ablactatorum, Brechruhr und Gastromalacie der Kinder nebst deren specif. Heilmethode. Erklärt durch Rud. Virchow's Entdeckung der Leukämie des Blutes. Heilbronn 858. Scheurlen. gr. 8. (1 Bl., 91 S.) n. 12 ngl

Gueret, G., Charakter der heidnisch. Weish. in dem Leben der sieben griechischen Weltweisen, aus dem Franz. 8. Augsb. Rieger. 775. Rthlr.

Guereux, Emeric, die Sünden der Päpste. Aus dem französ. Hauptwerke „Histoire des papes" deutsch bearb. (Umschlag: Neuer Pfaffenspiegel.) (159 S.) 8. Budapest 903. J. E. Gorö. n. 3. —

Guergens, Henr., de contractibus claudicantibus. Dissertatio inauguralis. Berlin 863. (Puttkammer & Mühlbrecht.) 8. (IV, 60 S.) n. 6 ngr

Guericke, Generalregister, s.: Jahres-Bericht üb. etc. chem. Technologie.

E. Theoph. Guericke allgemeine historische und kritische Betrachtungen über die medicinische Literatur unseres Jahrhunderts und Biographieen grosser Aerzte und Naturforscher in und ausserhalb Deutschland aus dem 18. Jahrhundert. Leipz. 1781. 8. 2 Voll.

Guericke, F. L., Stimmen eines protestant. Freundes. Zeitgedichte. 8. (196 S.) Altenburg 847, Helbig. n. 24 ngl

Guerike, Fr., s. Fr. Weidemann, Beleuchtung ꝛc.

Guericke, G., die Zeichen der Zeit. Blicke in die Vergangenheit, Gegenwart u. Zukunft von Staat u. Kirche. gr. 8. (37 S.) Zwickau 874. Dominik. n. 1. —

Guericke, H.

Guericke, Bellum Lamiacum, secundum scriptores veteres narratur. Diss. 1869. 81 S. 1.—

Guericke, H. Bellum Lamiacum. (31) 8. Lipsiae 1869.

Guericke, H. Das Postwesen vor 200 Jahren in einer kleinen Stadt. 4°. Helmstadt 1899.

Guericke, H. I. Das Postwesen vor 200 Jahren in e. kleinen deutschen Stadt. (Nach Urkunden des Stadtarchives zu Helmstedt.) — II. Aus Helmstedts Vergangenheit auf kirchl. Gebiete. 4. (64 S.) Helmstedt 900. F. Richter. n. 1.—

Guericke, Heinr. Ernst Ferd., Abriss der Kirchengeschichte. gr. 8. (13 B.) Halle 842, [Berlin, Gebauersche Buchh.] *

Guerike, H. E. Ferd., Beiträge z. histor.-krit. Einleitung ins Neue Testament, — sowohl d. Geschichte d. Canons, als vornehml. d. Einleit. in d. einzel. Bücher u. hauptsächl. deren Aechtheit betreff., — besond. mit polem. Rücksicht auf d. Lehrbuch d. Hrn. D. de Wette. gr. 8. (12½ B.) Halle 828. Gebauer.

—— fortges. Beiträge z. histor.-krit. Einleit. ins N. Testament. 1. Lfg. — A. u. d. T.: Die Hypothese v. d. Presbyter Johannes als Verf. d. Offenbarung; geprüft. Nebst Excursen üb. d. Abfassungszeit u. Aechtheit d. Apocalypse. Ein Beitr. z. Vertheidigung d. Authentie d. Offenbarung d. Apostels Johannes. gr. 8. (7½ B.) Halle 831. Gebauer.

—— der Calvinismus Unionsvehikel u. „Kirchenkrücke"? Eine aphoristische freundl. Erwiederung auf den Neujahrgruß der evangel. Kirchenzeitung f. 1844, an die Gemeine. gr. 8. (2½ B.) Leipzig 844. [Berlin, Gebauersche Buchh.] *

—— histor.-kritische Einleitung in das Neue Testament. gr. 8. (36 B.) Leipzig 843. [Köhler'sche Vrlgsh.]

— über Aug. Herrm. Francke. Eine Denkschrift zur Säcularfeier seines Todes. gr. 8. Halle 827. Waisenh.-B. 1 ₰ 12 gl

Guericke, Heinr. Ernst Ferd., Gesammtgeschichte des Neuen Testaments. Oder Neutestamentliche Isagogik. Der Historisch kritischen Einleitung ins N. T. 2. völlig umgearb. Aufl. Leipzig 854. A. Winter. gr. 8. (XIV, 722 S.) 3 ₰

— Geschichte der Reformation. Separatabdruck aus dem 3. Bde. der 8. Aufl. des Handbuchs der Kirchengeschichte, zur 3. Säcularfeier des Augsburger Religionsfriedens. Berlin 855. Schindler. gr. 8. (VI, 249 S.) n. 20 ngl

Guerike, Hnr. Er. Fd., Handbuch der allgemeinen Kirchengeschichte. 2 Bde. Mit Register u. Zeittafeln. gr. 8. Halle 833. Gebauer. 4 ₰ — 2e Aufl. in 12 Heften. gr. 8. Ebd. 836, 37. 4 ₰ — 3e Aufl. 12 Hfte. gr. 8. Ebd. 838. 4 ₰ — 4e verm. u. verbess. Aufl. 1s—10s Heft. gr. 8. Ebd. 840. (à n. ⅓ ₰) 3⅓ ₰

— Handbuch d. Kirchengeschichte. 4. Aufl. 11. u. 12. (letztes) Heft. gr. 8. Ebend. 840. ¾ ₰ (1.—12.: 4½ ₰) dass. 5. Aufl. 12 Hefte. gr. 8. Ebend. 843. n. 4 ₰ dass. 6. verm. u. verb. zum Theil umgearb. Aufl. 1. 2. Bd. gr. 8. Ebend. 846. n. 3 ₰ 12 ngl — 3. Bd. Neuere Kirchengeschichte. gr. 8. Ebend. 846. n. 1 ₰ 8 ngl

— Handbuch der Kirchengeschichte. 7. verb. u. verm., zum Theil umgearb. u. mit dogmengeschichtl. Uebersichten verseh. Aufl. 3 Bde. gr. 8. (1. Bd.: XVIII u. 550 S. 2. Bd.: VIII u. 492 S. 3. Bd.: X u. 880 S.) Berlin 849. Gebauer. n. 4⅔ ₰

—— Handbuch der Kirchengeschichte. Mit steter Rücksicht auch auf die dogmengeschichtliche Bewegung. 8., wesentlich verb. und vielfach umgearb. Aufl. 3 Bde. gr. 8. (1. Bd.: Aeltere Kirchengeschichte XXIV und 435 S.) Berlin 854. Gebauer'sche Buchh. *

Guericke, Heinr. Ernst Ferd., Handbuch der Kirchengeschichte. Mit steter Rücksicht auch auf die dogmengeschichtl. Bewegung. 9., wesentlich verb. u. umgearb. Aufl. 3 Bde. Leipzig, Engelmann. gr. 8.
1. Bd. Aeltere Kirchengeschichte. (XII, 380 S.) 866. n. 1 ₰ 24 ngr.
2. - Mittlere Kirchengeschichte. (VI, 321 S.) 866. n. 1 ₰ 10 ngr.
3. - Neuere Kirchengeschichte. (VI, 542 S.) 867. n. 2 ₰ 8 ngr.

— neutestamentliche Isagogik. 3. umgearb. Aufl. Leipzig 868. A. Winter. gr. 8. (XIII, 690 S.) n. 2 ₰ 20 ngr.

— die evangel. Kirchenzeitung u. d. Lutheraner. Ein Blick auf das Vorwort der Ev. K.-Z. zum J. 1835. (Nr. 1—4.) zum Zeugniß. gr. 8. Leipzig 836. Köhler. 1/4 ₰

— s. G. C. Knapp, biblische Glaubenslehren.

— Lehrbuch der christl. kirchl. Archäologie. gr. 8. (XII u. 346 S.) Leipzig 847, (Berlin) Gebauer. n. 1 2/3 ₰

Guericke, Heinr. Ernst Ferd., Lehrbuch der christlich kirchlichen Archäologie. 2. wesentlich verb., zum Theil umgearb. Aufl. Berlin 859. Oehmigke's Verlag. gr. 8. (XII, 323 S.) n. 1 ₰ 20 ngr.

Guericke, Heinr. Ernst Ferd., Lichtfreundthum u. Kirchenthum. Ein abgedrungenes Bekenntniß. 8. (16 S.) Leipzig 847, Dörffling (& Franke.) 1 1/2 ngr

— Ob Schrift? Ob Geist? Ein Comitat für die „Dachpredigt" des Pfarrer Wislicenus zu Halle. gr. 8. Halle 845, Mühlmann. 3 ngl

Guerike, Henric[us] Ernest[us] Ferd[inandus]: De schola, quae Alexandriae floruit, catechetica commentatio historica et theologica. P. prior (de externa scholae historia). Halis Saxonum: Anton 1824. 119 S. 8°
Halle-Wittenberg, Phil. Diss. v. [20. März] 1824
[Geb. Wettin 25. 2. 1803]

— allgemeine christl. Symbolik. Eine vergleichende quellengemäße Darstellung der verschied. christl. Confessionen von lutherisch kirchl. Standpunkte. gr. 8. Leipzig 839. Köhler. 2 1/2 ₰

— allgemeine christliche Symbolik. 2. zum Theil umgearb. Aufl. gr. 8. Leipzig 846, Köhler's Verl. (A. Winter.) 3 ₰

— allgemeine christliche Symbolik. Ein theologisches Handbuch. 3. völlig umgearb. Aufl. Leipzig 861. A. Winter. gr. 8. (XXVIII, 739 S.) 3 ₰ 7 1/2 ngr.

Guerike, Henr[icus] Ern[estus] Ferdinandus: De scholae Alexandrinae catecheticae theologia commentatio historica et theologica. (P. posterior (de interna scholae historia).) [Praeses:] Iohannes Severinus Vaterus. Halis Saxonum 1825: Gebauer. 84 S. 8°
Halle-Wittenberg, Theol. Hab.-Schr. v. 6. Mai 1825
Geb. Wettin 25. 2. 1803. V.
P. prior ist Hallische Phil. Diss. v. 20. 3. 1824. — Im Buchhandel Halle: Anton 1825. — Verf. hieß ursprünglich Gericke, nahm später die Namensform Guericke an. — Er erlebte die 50. Wiederkehr des Tags seiner Habilitation 1875 als außerordentlicher Professor der Theologie in Halle.

— die rechte Union. Eine offene Erklärung. 8. (1 ⅓ B.) Leipzig 843. (Köhler'sche Vrlgsb.)

— einige Urkunden, betreffend die Geschichte der lutherischen Gemeinde in u. um Halle in ihrer Bildung u. Bedrängung, und die Behandlung ihres Pastors. gr. 8. Leipzig 835. (Fr. Fleischer.) n. 1/3 ₰

— Versöhnliches über brennende Kirchenfragen der Zeit. [Abdr. aus der „Zeitschrift für die gesammte luther. Theologie u. Kirche etc. 1852."] gr. 8. (19 S.) Leipzig 852, Dörffling & Franke. 3 ngl

— s. Zeitschrift für die gesammte luther. Theologie.

— Evangel. Zeugnisse, in Predigten auf das ganze Kirchenjahr, gehalten vor Lutheranern. gr. 8. Leipzig 839. Köhler. n. 1 1/3 ₰

Guericke, Hermann von Die Kunstgeschichte auf dem Gymnasium. 4 (S. 3—23). Progr. G. Memel 1888 (14).

Guericke, Arm. a, de linguae vulgaris reliquiis apud Petronium et in inscriptionibus parietariis Pompeianis. Dissertatio inauguralis. gr. 8. (64 S.) Gumbinnae 875. (Leipzig, Kessler.) n. 1. 50

Guericke, Hermann von: Zum deutschen Unterricht in der Unter-Secunda. (T. I.) *Memel 1898: F. W. Siebert.* (3—16 S.) 4°
Memel, k. Luisen-G, P 1898 (12)

Guericke, Hermann von, Prof. Dr.: Zum deutschen Unterricht in der Unter-Secunda. (Schluss.) *Memel 1899: F. W. Siebert.* (S. 3—15.) 4° ¶ [Schluss d. P-Beil. 1898.]
Memel, k. Luisen-G, P 1899 (12)

Guericke, Hildebert, appr. Arzt aus Charlottenburg: Therapeutische Erfolge bei einem Unfallkranken. *Wernigerode (1900): G. Bröschen & Sohn.* (29 S.) 8°
Erlangen, Med. Diss. v. 28. Sept. 1900

Guericke, Johann Ernst Theophil

— Abhandl. über wichtige Gegenstände aus d. Gebiete d. Geburtslehre. gr. 8. Hannov. 810. Helwing. 12 gl

Guericke, J. Ernst Theoph., Abhandl. von flüssig. Spießglasgoldschwefel. 8. Braunschw. Schulbuchhandl. 784.

Guericke, Otto: De calvitie, hirsutie, colorisque vitiis pilorum. Halis Saxonum (1853): Heynemann. 32 S. 8°
Halle-Wittenberg, Med. Diss. v. 22. [vielmehr: 30.] Nov. 1853
Geb. Halle a. d. S. 10. 3. 1832. V.
Des Verf. Hall. med. Preisschrift: Describantur morbi pilorum erhielt 1853 den Preis.

Guericke's, Otto v., experimenta nova [ut vocantur] Magdeburgica. Im Auftrage des Commissares des deutschen Reiches für die Electricitätsausstellung in Paris 1881 neu edirt u. mit einem historischen Nachworte versehen von H. Zerener. [Lateinisch, deutsch u. französisch.] Fol. (44 S. m. eingedr. Holzschn.) Leipzig 881. (Berlin, Springer.) n.n. 3. —; Ausg. auf Büttenpap. n.n. 4. —

Guericke, Otto v., Geschichte der Belagerung, Eroberung u. Zerstörung Magdeburg's. Aus der Handschrift zum Erstenmale veröffentlicht von Frdr. Wilh. Hoffmann. Magdeburg 860. Baensch. gr. 8. (VIII, 92 S.) n. 20 ngr.

Guericke, O. v., Geschichte der Belagerung, Eroberung u. Zerstörung Magdeburgs. Aus der Handschrift zum erstenmal veröffentlicht v. F. W. Hoffmann. 2., unveränd. Aufl. m. e. Ansicht der Belagerg. nach e. alten Stiche. gr. 8. (92 S.) Magdeburg 887. Rathke. n. 1. —

Guericke, O. de, Hemisphaeria Magdeburgica (1654), s.: Facsimile-Edition. X.

Guericke's, Otto v., **Sammlung lateinischer, französischer, italienischer, holländischer u. deutscher Sinnsprüche.** Nach jüngst im Archiv der Stadtbibliothek zu Magdeburg aufgefundener Orig.-Aufzeichng. Geordnet u. m. Einleitg. nebst freier Übersetzg. veröffentlicht v. Karl Paulsiek. gr. 4. (51 S.) Magdeburg 885. E. Baensch jun. 1. —

Guericke's, Otto v., **neue „Magdeburgische" Versuche** üb. den leeren Raum, s.a. Ostwald's, W., Klassiker der exakten Wissenschaften.

Guericke, Otto von: Neue Magdeburgische V e r s u c h e über den leeren Raum. '(1672.)', Aus d. Latein. übs. u. m. Anm. hrsg. v. Friedrich Dannemann '(Barmen)'. M. 15 Textfig. Leipzig: W. Engelmann 1894. (116 S., 1 Taf.) 1 Bd 8°. = Klassiker, Ostwald's, d. exakten Wissenschaften. No 59.

Guericke, Otto de: De v i r t u t i b u s mundanis. Von den Weltkräften. Des forces de l'univers. (Auszug aus dem 4. Buche der «Experimenta nova») Amsterdam 1672. Beigeb.: Essai historique (Geschichtliches Nachwort) von H. Zerrener. Magdeburg 1881.

Guericke, Richard [aus Göttingen]: **Beiträge zur Kenntnis des Isophorons, Camphorphorons und Mesityloxydes** ... Göttingen, Druck d. Dieterich'schen Univ.-Buchdr., 1895; 55 S., 1 Bl. 8.
Göttingen, Phil. Fak., Inaug.-Diss. v. [1. Juni] 1895

Guerike, s. G u e r i c k e .

Guerillaskrieg. Versprengte Lieder. Belle-Vue 1845. V: *Zimmermann, Robert.* (Brei VIII³,98) (Zeitschr. f. Büch. 1923, S. 87.)

Guerillaskrieg. Versprengte Lieder. kl. 8. Belle-Vue 845, Verlagshandlung. 1/3 ℛ

Guerillo-Anführer, der, von Mrs. Emma Parker. s. Bibliothek neuer engl. Romane. 5r 6r Bd.

Guérin, Charles

Guérin, Ch., **Ajaccio, station d'hiver,** s.a. l'Europe illustrée.

Guérin. Charles. Ajaccio. Station d'hiver. 2me éd. Avec 11 [*i. e.* 12] Illustrations par E[douard] Davinet [dont 4 planches] et deux cartes. (L'Europe illustrée. № 45. 46. 47.) 8. Zurich ([18]89).

Guérin, E. L.

CHRONIK, Geheime, der königl. Lustschlösser Frankreichs. Aus d. Französ. (des *E. L. Guérin*) übers. von Ludw. Hain. 8 Bde. Leipzig 1847—48. 8°. (8 Mk. A. Bielefeld; 8 Mk. B. Seligsberg; 14 Mk. M. Edelmann, 1904.)
Bd. 5—8 erschien auch mit dem Titel: „Französische Nächte. Geheime Geschichte des Hoflebens in Frankreich."

Guérin, Eugénie, le conteur du foyer. 8. (198 S.) Leipzig 874. Wilfferodt. n. 1. 60

Guérin, Eugénie, **le jardin de l'enfance.** Nouveau recueil de compliments pour le jour de l'an, les fêtes de famille, anniversaires etc. suivis de modèles de lettres pour les enfants. 4. édit., revue et augmentée. Leipzig 868. Wilfferodt. 16. (189 S. mit 1 Holzschntaf.) n. 12 *ngr.*

— **Modèles de lettres à l'usage des jeunes gens et des jeunes demoiselles.** Ebend. 868. gr. 16. (46 S.) n. 8 *ngr.*

Guérin, Eugenie de, **Tagebuch u. Fragmente.** Von der französischen Akademie gekrönt. Nach der 34. Aufl. übersetzt von O. H. 8. (XVI, 428 S.) Halle 883. Strien. n. 4. 50; geb. n. 5. 50

Guérin, Jul.

Guérin, J., **die Rhachitis.** Aus dem Franz. übers. v. G. Weber. gr. 8. (52 S. u. 1 Tab. in 4.) Nordhausen 847. Büchting. 1/4 ℛ

Guérin, Jul., **die Rhachitis.** Aus dem Französ. übers. von Geo. Weber. 2. Ausg. Nordhausen 862. Büchting. gr. 8. (52 S. u. 1 Tab. in 4.) 7½ *ngr.*

Guérin, Leon, Cesty posvětě. Díl 1. i 2. Z francouzského přeložil kněz Antonín Santa. 16. Litomyšl 855. (Wien, Wenedikt.) à Díl 12 Ngr.
Inhalt:
Díl 1. Cesty mladého Egyptčana do utřední a severní Europy. (111 S.)
2. Gestování za odměnu po jižní Europě. (111 und 118 S.)

Guérin, P., Vie des saints, s. Giry.

Guérin, (Pierre): Versuch über die Augenkrankheiten, worinn, nach vorhergegangener Erklärung der verschiedenen Arten der Operation des Staars, ein neues Instrument angegeben wird, welches das Auge unbeweglich hält, und zu gleicher Zeit durch die Hornhaut durchschneidet. (Traité des maladies des yeux... Dt.) 412 S., gbd., 1 Taf.

Frankfurt u.Leipzig: Böhme 1773

JB 4.208

Guerin, Versuch über d. Augenkrankheiten; aus d. Französ. 8. Leipz. 773. Enobloch. 16 gr.

Guérin-Méneville, F. E., **educazione dei bachi da seta, dell' ailante e del ricino e cultura dei vegetali che li nutriscono.** Tradotta dal Fráncese. Görz 862. Sochar. gr. 8. (77 S.) n. 10 *ngr.*

Guérin-Varry, R. T., nouveaux élémens de Chimie théoretique et pratique, à l'usage des établissemens de l'université, précédé des notions de physique nécessaires à l'intelligence des phénomènes chimiques. Mit 3 Kpfrtaf. gr.in-8. Paris et Strassburg 834. Levrault. 3⅓ ℛ

Guerlin, J.: H a n d b u c h für Rechnungsführung und-Prüfung von Krankenkassen. Enth. d. Bestimmgn der bei Führg u. Prüfg der Einnahme- u. Ausgabe-Bücher in Betracht kommenden Gesetze. F. d. prakt. Gebr. zsgest. v. —. Magistr.-Sekr. in Berlin. Berlin-Charlottenburg: F. Kortkampf [1893]. (1 Bl., 30 S.) 1 Bd 8°.

Guerlin de Guer, Ch., **Rustica vocabula qua ratione in quinquaginta Normanniae inferioris vicos distribuantur.** (Dialectologica studia.) Thesis. gr. 8. (XI, 123 S. m. eingedr. Skizzen.) Paris 902. H. Welter. n.n. 4. —

de la Guernière, ..., Reitkunst, od. gründl. Anweis. z. Kenntniß der Pferde, deren Erziehung, Unterhaltung, Abrichtung, nach ihrem verschiedenen Gebrauch u. Bestimmung. Aus dem Französ. übers. von J. D. Knöll. Mit Kpf. gr. 8. Marb. 791. N. A. 802. N. A. mit 31 Kpf. 817. Krieger. 2 ℛ 12 gr. (Vrgl. Bibliothek f. Thierärzte.)

— **Dass.** Enthaltend d. Kenntniß, den Unterricht u. d. Art zu reiten. Aus d. Französ. von L. Langot. Mit 55 lithogr. Darstell. 8. Grätz 831. Kaiser. (Weygand in Leipz.) 3 ℛ Die Darstell. apart u. d. T.: 55 lithogr. Darstellungen, sowohl der nothwendigen Lectionen in d. Reitkunst, als auch d. verschied. richtigen Stellungen, der Haltung u. Zäumung d. Reitpferde rc. qu. Fol. 2 ℛ 12 gr.

Guérinière, F. R., Siehe Bibliothek für Tierärzte.

Guernieri, Angelo, cubazioni dei legnami squadrati e rotondi con cenni riguardanti il taglio degli alberi, il modo di fare il cubo di qualunque legname anche con dimensioni metriche decimali, infine alcune nozioni intorno al traffico dei legnami negli Stati italiani, e cinque tabelle indicanti le denominazioni e dimensioni di quelli che si vendono a Trieste, Venezia, Fiume, Milano e Roma libro utilissimo agli Ingegneri, Negozianti, Costruttori navali, Impiegati boschivi ecc. compilato. Trieste 856. Coen. 16. (VII, 119 S. u. 1 Tab. in Fol.) 21 ngr

Guernieri, Angelo, Cubazioni dei legnami squadrati o rotondi con cenni riguardanti il modo di fare il cubo di qualunque legnami; con alcune nozioni intorno al traffico dei legnami negli stati italiani ecç. Opera utilissima agli ingegneri, negozianti, costruttori navali ecc. 2. ediz. Triest 862. Coen. 16. (183, S. mit 1 Tab. in qu. Fol.) n. 20 ngr

— Manuale pel commerciante dei legnami con cenni riguardanti l'origine dei boschi, l'analisi d'un albero, i dati per distinguere alcuni alberi da costruzioni, i segni per conoscere la buona qualità degli alberi ecc. Opera indispensabile a chiunque si dedica a questo commercio. Ebend. 862. 16. (VIII, 143 S. mit 1 Holzschntaf.) n. 20 ngr

—— Prontuario di conti fatti, per sconto e frutti di capitali da 1 a 10000 fiorini in ragione per cento del 2, 2¼, 2½, 2¾, 3 à 6. da un giorno fino ad un anno e modo di trovare brevemente qualunque altro frutto o sconto di maggior capitale e per più interesse. 4. (87 S.) Trieste 854, Coen. *

Guernieri, Angelo, Prontuario che dimostra l'interesse e lo sconto d'un capitale da 1 a 10,000 fiorini di nuova valuta austriaca, franchi, scudi e qualunque altra moneta suddivisa in cento parti per uno o più giorni, mesi e per un anno in ragione del ¼, ½, 1, 2, 3, 4, 5, e 6 per cento. qu. 4. (47 S.) Triest 859, Coen. *

—— esattissimo ragguaglio del funto di Vienna coi pesi di 119 piazze commerciali e viceversa da 1. 2. 3. 4. ecc., fino a 100 funti, colla differenza del peso dei quintali ecc. 8. (103 S.) Triest 858, Coen. *

Guernth, Georg Samuel

Erstlinge eines einjährigen Schülers maurerischer Weisheit und Tugend. Von einem evang. Prediger [d. i. Georg Sam. Guernth]. [Berlin: Rottmann] 1785. 70 S. 8⁰
Kl. 1070, Tt. 1856. 8 mrische Reden. KB.

Guerolt, Constant., Forlina la Strega. Romanzo. 2 Vol. Triest 864. Coen. 16. (370 S. mit 2 Steintaff.) n. 16 ngr

Guéronnière, A. de la, s.a. la Guéronnière.

Guéronnière, Alfr. de la, England's Staatsmänner des 19. Jahrhunderts. Sir Robert Peel, Lord Aberdeen, Benjamin D'Israeli, Lord Palmerston, Sir James Graham, Lord John Russel, William Gladstone. Mit einem Seitenblick auf Rußland und seine Politik. Nach dem Französ. von F. v. Biedenfeld. Weimar 855. Voigt. gr. 8. (XIII, 305 S.) 1 ₰

Guerould, M., Grammaire française. 1 Vol. Paris, Herhan. (Leipz., Fr. Fleischer.)

Guéroult, C., Geneviève Krammer, s. Kock, H. de, le médecin des voleurs.

Guéroult, C., und P. de Couder, die Würger von Paris, s. Lese-Cabinet, neuestes belletristisches.

Guéroult, C., und v. Foudras, der Capitän Zamore, s. Lese-Cabinet, neues belletristisches.

Guéroult, Constant, Herr Lubin und seine Tabaksdose. Roman. Aus dem Franz. Autoris. Ausg. 4 Bde. 8. (264, 308, 304 u. 319 S.) Berlin 874. Janke. 12. —

Guerra, la, d'Oriente. Biografie e ritratti degli uomini più ragguardevoli che vi hanno parte. 2 voll. Trieste 854. Coen. 16. (240; 260 S. u. 57 Lithogr.) n. 2 ₰ 28 ngr

— d'Oriente nel mar nero. Descrizione e vedute dei luoghi principali con una carta geografica ed alcune piante topografiche. Ebend. 854. gr. 4. (79 S., 11 Lithogr. u. 3 lith. Karten in Fol.) 1 ₰ 25 ngr

Guerra, Almerico, St. Venantius. Schauspiel in 3 Aufzügen. Aus dem Ital. ins Deutsche übertr. v. J. Buhr. 12. (46 S.) Paderborn 894. J. Esser. n. — 60

Guerra, Isaac [aus Rivas de Nicaragua (Central-Amerika)]: Aus d. chirurg. Klinik zu Bonn. Ueber Exstirpation der gutartigen Larynxtumoren .... Bonn, Buchdr. Jos. Bach Wwe., 1888; 1 Bl. + 44 S. + 1 Bl. 8°
Bonn, Med. Fak., Inaug.-Diss. v. 1. Aug. 1888

Guerra, Nicola, Text zu „Künstlerlist". Komisches Ballet in 2 Scenen. Musik von Franz Skofitz. 8. (8 S.) Wien: Künast 1898. * —.20

Guerrazzi, F. D., L'Assedio di Firenze. Fasc. I. II. gr. 8. (Pag. 1—76.) Triest, Dase. In Umschlag. 1869. 30 kr.

Guerrazzi, die Belagerung von Florenz, s.: Ausland, das belletristische, 1261—1279. Bdchn.

Guerrazzi, F. D., Beatrice Cenci. Eine Erzählung aus dem 16. Jahrhundert. Aus dem Italien. übers. 2 Thle. Mit dem (lith.) Bildniß der Beatrice. Hamburg 858. O. Meißner. 8. (XXIII, 399; 2 Bl., 483 S.) 3 ₰

— die Schlacht von Benevent, s. Ausland, das belletristische.

Guerre

— dasselbe. Récits mixtes par Chuquet, Hérisson, Bézier, Halévy, Mme Boissonnas, Doussaint, hrsg. v. Arnold Krause, s.a. Prosateurs français. 114. Lfg.

De la guerre. Aus d. Deutschen. Paris 1819. 8°. (Orig. 1818.)

Guerre, la, de 1870/71, hrsg. v. A. Mühlan, s.a. Reformbibliothek, neusprachliche. 12. Bd.

Guerre de 1870–1871. [1.] 2 éd. Mulhouse: Meininger 1908. 8⁰

la Guerre d'Alsace, pendant le grand Schisme d'Occident, terminée par la mort du Vaillant, comte Hugues etc. drame historiq. av. fig. gr. 8. Basel 780. Haas S. 20 gr

Guerre, La, de l'an 1809 entre l'Autriche et la France. Vienne 1811. V: *Stutterheim, Carl Freiherr von.* (EB)

La Guerre d'Espagne, de Bavière et de Flandre ou mémoires du Marquis D***. Cöln 1708. 8°. Dass. Bd 1. 2. 1712.

La **guerre** d'Espagne, de Bavière, et de Flandre, ou mémoires du Marq. D***. Nouv. édit. T. 1. 2. Avec pl. Cologne 1710.

D***. La guerre d'Espagne, de Bavière et de Flandres. ou mémoires du Marquis ...... Avec plans et portraits. 8. Cologne 1777.

— la franco-allemande illustrée, en 1870/71. 16 Nrs. (B. m. eingedr. Holzschn.) Fol. Stuttgart 871. G. Weise. 3. —

Guerre, la, franco-allemande de 1870—71. Rédigée par la section historique du grand état-major prussien. Traduction par E. Costa de Serda. 1. partie. Histoire de la guerre jusqu' à la chute de l'empire. 1—7. livr. gr. 8. Berlin 873—75. Mittler & Sohn. n. 38. 60

1. Evénements militaires au mois de Juillet. (S. 1—120 u. Supplement S. 1—92 m. lith. Karte in Fol.) n. 3. 20
2. Evénements militaires jusqu' à la veille des batailles de Woerth et de Spicheren. Avec un plan et les planches 2 et 3 (lith. u. chromolith. in qu. gr. Fol.) (S. 122—214 u. Supplement S. 93—109.) n. 3. 60
3. Batailles de Woerth et de Spicheren. Avec les plans 2 et 3 (Chromolith. Imp.-Fol.) et trois croquis dans le texte. (S. 215—270 u. Suppl. S. 110—138.) n. 4. 80
4. Marche de la IIIe. armée sur la Moselle; les événements militaires jusqu'au soir du 14 Août. Avec 7 croquis (dans le texte) et la planche 4 (Chromolith. Imp.-Fol.) (S. 271—491 u. Suppl. S. 139—150.) n. 3. 60
5. Opérations autour de Metz, les 15, 16 et 17 Août. Bataille de Vionville — Mars-la-Tour. Avec les plans 5a. et 5b., une carte d'ensemble, une carte des opérations (Chromolith. Imp.-Fol.) et plusieurs croquis dans le texte. (VII u. S. 495—640 u. Suppl. S. 151—180.) n. 8. 20
6. Bataille de Gravelotte — Saint-Privat. Avec les plans 6a. et 6b. (Chromolith. Imp.-Fol.) et plusieurs croquis dans le texte. (S. 641—884 u. Suppl. S. 181—212.) n. 8. 20
7. Marche de la IIIe. armée et de l'armée de la Meuse contre l'armée de Chalons. — Bataile de Beaumont. Avec les (chromolith.) plans 7 et 8 (in Fol. u. Imp.-Fol.), une (lith.) carte d'ensemble (in Imp.-Fol.), 10 (lith.) croquis de position (in gr. 4.) et plusieurs croquis dans le texte. (S. 885—1080 u. Suppl. S. 213—274.) n. 7. —

Guerre, la, franco-allemande de 1870—71. Rédigée par la section historique du Grand État-major prussien. Traduction par E. Costa de Serda. 8—19. livr. gr. 8. Berlin 875—81. Mittler & Sohn. n. 88.10 (1—19.: n. 126.70)

I. partie. Histoire de la guerre jusqu' à la chute de l'empire:

8. Bataille de Sédan. Avec les (chromolith.) plans 9a. et 9b. et 2 (lith.) croquis. (S. 1081—1238 u. Suppl. S. 275—318.) n. 5. 40
9. Événements militaires sur le littoral allemand et devant les places d'Alsace et de Lorraine. — Bataille de Noisseville. — Coup d'oeil général sur la campagne, jusqu' au commencement de septembre. Avec les (chromolith.) plans 10, 11, 12 et 1 (lith.) croquis. (S. 1239—1421 u. Suppl. S. 319—357.) n. 6. 40

II. partie. Histoire de la guerre contre la république:

10. Investissement de Paris. Prise de Toul et de Strassburg. Avec les (chromolith.) plans 13 et 14 et 1 (lith.) carte d'ensemble. (S. 1—142 u. Suppl. S. 1—24.) n. 6. —
11. Opérations devant Paris et sur la partie occidentale du théâtre de la guerre, jusqu' à la fin d'octobre. Avec les (chromolith.) plans 15a., 15b., 16, 17, 2 (lith.) cartes d'ensemble et des (lith.) croquis. (S. 143—255 u. Suppl. S. 25—65.) n. 7. 50
12. Derniers engagements avec l'armée du Rhin. — Suite des événements depuis la chute de Strasbourg et de Metz jusqu'au milieu de novembre. Avec les (chromolith.) plans 18—21, 1 (lith.) carte d'ensemble et plusieurs (lith.) croquis. (S. 257—420 u. Suppl. S. 67—134.) n. 7. —
13. Opérations sur le théâtre de la guerre dans la France centrale, jusqu'à la reprise d'Orléans par les Allemands. Avec les plans (chromolith.) 22—25 et une carte (lith.) d'ensemble. (S. 421—556 u. Suppl. S. 135—228.) n. 8. —

14—19. Opérations destinées à couvrir le blocus de Paris [jusqu'au milieu de décombre]. Avec les plans 26, 27, la carte Nr. 28 A, une carte d'ensemble et plusieurs croquis (lith. et chromolith.). (1. Bd. VI u. S. 557—1310 u. Suppl. S. 229—651.) n. 47. 80

» 20. IIe partie: Coup d'oeil général sur la guerre franco-allemande depuis le commencement de septembre 1870 jusqu'à la cessation des hostilités. L'armistice et la paix préliminaire. Marche rétrograde de l'armée allemande et paix de Francfort. L'occupation. Coup d'oeil rétrospectif sur la télégraphie, le service des postes, le remplacement des munitions, l'alimentation, le service de santé, l'aumonerie, la justice militaire, le recrutement de l'armée allemande, les événements de l'intérieur et les résultats de la guerre. Avec 5 cartes (lithogr.) et un croquis. (XV. S. 1311—1466 und Suppl. S. 653—1003.) 882. *ℳ 18.

Die 20. Lfg. ist von Ch. Kussler übersetzt.
1re—14e livr. Ebendas. 1873—79. *ℳ 85,30.

Guerre, la, franco-allemande de 1870—71. Rédigée par la section historique du Grand État-major prussien. Traduction par Ch. Kussler. 20. livr. [fin de l'ouvrage]. gr. 8. (2. Bd. IX, XV, V u. S. 1311—1466 u. Suppl. S. 653—1003 m. 5 lith. Karten u. 1 Skizze.) Berlin 882. Mittler & Sohn. n. 18. — (cplt.: n. 144. 70)

-- de trois jours. 1. Détails officiels de tous les événemens qui ont eu lieu à Paris dans les journées mémorables des 27. 28. 29. Juillet. II. Cantate de Ms. Delavigne. 8. Dessau 830. Ackermann. 3 gl

D***. La Guerre d'Italie. ou mémoires du Comte ..... Nouvelle édition. (Mit Portrait u. Karten.) 8. Cologne 1707.

-- -- d'Italie ou mémoires du Comte D***. (Mit Bld. u. Pl.) 4e édit. T. 1. 2. Cologne 1710.

— autour de Metz par un général prussien. Traduit de l'allemand et annoté par un officier de l'état-major général de l'armée du Rhin. gr. 8. (IV, 67 S.) Cassel 871. Kay. n. 1. —

Guerre d'Orient. Recueil de documents officiels relatifs au commerce et à la navigation des puissances belligérantes et neutres. gr. 8. (32 S.) St.-Pétersbourg 854. (Berlin, Schneider.) *

Guerre ou Paix? Considérations politiques dédiées au corps électoral allemand par F—y. gr. 8. (28 S.) Basel 887. Bernheim. n. — 40

—— le, dei Veneti nell'Asia 1470—1474. Documenti cavati dall'archivio a'Frari in Venezia e pubblicati per Enrico Cornet. gr. 8. (X und 133 S.) Vienna 856, Tendler und Comp. *

Guerrier, R., aus Vergangenheit u. Gegenwart des Elsasses, s. a. Zeitfragen des christlichen Volkslebens.

Aus Vergangenheit und Gegenwart des Elsasses von e. Elsässer. R. **Guerrier**. Stuttgart: Ch. Belser 1908. (73 S.) 8° [F.]
= **Zeitfragen** d. christl. Volkslebens. Bd 33, H. 7. (08. 9734)

Guerrier, Richard

Guerrier [Obersekundaner]: Winterfrost. (Gedicht z. Weihnachtsvorfeier.) Hagenau, F. Gilardone'sche Buchdr., *1891*; S. 21; 4°
Hagenau, G u. R, MP 1891 (505)

Guerrier, W., Leibniz in seinen Beziehungen zu Russland u. Peter dem Grossen. Eine geschichtl. Darstellg. dieses Verhältnisses nebst den darauf bezügl. Briefen u. Denkschriften. gr. 8. (XVIII, 568 S. m. 1 Steintaf. in 4.) St. Petersburg 873. Leipzig, Voss. n. 7. 70

Guerrier, W., officium et miracula S. Willigisi, s. Officium.

Guerrier de Dumast, Paul, was hat Frankreich in der orien- tal. Frage mit Recht gewollt? In Briefen an den Redacteur des Univers beantw. Aus dem Französ. von einem kathol. Geistlichen. Lex.-8. Reutlingen 843, Mäcken jun. 3/8

Guerrillaskrieg, s. Guerillaskrieg.

Guerry, (Abbé). Messe en *fa*, notée en chiffres. In-4°. 4 p. Porrentruy, Gürtler. 1878.

Guers, Emile

Guers, E., der heilige Geist nach seiner Lehre u. seinem Werk für die Lehre u. das Leben dargestellt. Einzig rechtmäß. vom Verf. autoris. deutsche Ausg. Bern 866. Mann. gr. 8. (V, 170 S.) 18 ngr.

Guers, E., Leben des französischen Pfarrers Heinr. Pyt. Frei nach dem Französ. Bern 866. Mann. gr. 8. (V, 120 S.) 12 ngr.

Guers, E., Israels Zukunft. Ein Versuch über die letzten Kämpfe und die Verherrlichung des Volkes Gottes. Frei nach dem Französ. mit Vergleichung ähnlicher Schriftforschungen. Leipzig 860. Bredt. 8. (XVI, 365 S.) n. 20 ngr.

Guersant, P. M., Notizen über chirurgische Pädiatrik. Aus dem Französ. übertragen von H. Rehn. 3 Lfgn. gr. 8. (IV und 234 S. mit eingedr. Holzschn.) Erlangen 865—68, Enke's Verlag. à Lfg. * 15 Ngr.

Guersant, P. M., Notizen über chirurgische Pädiatrik. Mit Bewilligung des Verf. aus dem Französ. übertragen von H. Rehn. 4. (Schluss-)Lfg. gr. 8. (S. 235—298.) Erlangen [Stuttgart] 869, Enke. (*ℳ 1.)
1.—3. Lfg. 1865—68. à *ℳ 1,60.

Guerville, A. B. de, das moderne Aegypten. Autoris. Uebersetzg. aus dem Engl. Mit 182 Abbildgn. nach photograph. Aufnahmen. (VIII, 368 S.) gr. 8. Leipzig 906. O. Spamer. n. 8.60; geb. in Leinw. n. 10.—

— der Kampf gegen die Tuberkulose. (53 S.) 8. Ebd. 907. n. —50

Guerzoni, G., Virginio della Costa. Historischer Roman aus der Zeit der Pariser Commune. Aus dem Italienischen. 8. (332 S.) Berlin 877. Janke. 4. 50

Guesalaga, Alejandro, derecho international. Estudio de las leyes de la guerra. gr. 8. (164 S.) Berlin 896. (Puttkammer & Mühlbrecht.) n. 3.—

Guesalaga, Alejandro, la instrucción pública en Alemana y en Suiza. 8. (256 S.) Berlin 894. (Puttkammer & Mühlbrecht.) n. 4. —

Guesclin, Bertrand v., romant. Biographie v. Fr. Mayer. 2 Bde. 8. Frkft. Willmanns. 801. (à 1 Rthlr. 12 gr.)

Guesotti, F.

— Animadversiones in Poiretii librum. I. S. A. 1894. 19 S.

— Ode 23a del IIIo libro di Orazio. S. A. 1892. 15 S.

— Originalità nelle odi eroticho e conviviali di Orazio. S. A. 1895. 88 S.

Guestfalus Rusticus. Das Bild im Walde. Eine Erzählung aus dem münsterländ. Landleben. 8. (231 S.) Münster 888. Theissing'sche Buchh. 2.—

Guestfalus, X., Hans Martin Eberstein, s. Familien-Bibliothek.

Guestphalia. Rheinisch-westfäl. Zeitschrift f. Litteratur, Kunst u. Wissenschaft. (Officielles Organ des westfäl. Dichter- u. Schriftstellerbundes.) Hrsg.: Paul Gerh. Roehr. 1. Jahrg. Apr. 1894—März 1895. 24 Hfte. (2 Bog.) hoch 4. Hagen, E. Rath. n. 6.—

Guétary, Jean, die Tochter des Marquis. Historischer Roman. Autoris. Übersetzg. aus dem Franz. v. Klara Rheinau. (IV, 226 S.) 8. Paderborn (908). F. Schöningh. 2.60; geb. 3.40

Gueth, Grundlehre des practischen Rechnens. gr. 8. (136 S.) Münster 854, Aschendorff'sche Buchh. ••

Güettler, Felix Christ. Albert (Nördlingen), Disquisitionem aetiologiae arthritidis praesertim eius causae proximae. Diss. med. Altdorf (Joh. Paul Meyer) 12. IV. 1798. 31 S. (5.—) 12116

Güetzlaff, V., De tragicis res gestas sui temporis respicient. Diss. 1865. 58 S. 5.—

Guetzlaff, V., Quaestionum de tragicis res gestas sui temporis respicientibus epicrisis. Diss. 1865. 58 S. 2.—

Guetzloe, Car. (Augustus) (geb. Wesel (8. 8.) 1837): De morbis cutaneis hue effectis. Berolini (1861). (32 S.) 8°
Berlin, Med. Diss. v. 25. Juli 1861

Gueudeville, Pierre Nicolas

• — —, Kurtzgefasste sehr merkwürdige, des Ritters von dem schwarzen Federbusche und Herrn des ungefehren Zufalls, des Glücks und der Ebenteuer .... Aus d. Französ. (des *Pierre Nicolas Gueudeville*) übers. Anno 1750. O. O. 8°. (12 Mk. Gustav Fock, Lpz., 1908.)
In stellenw. freien Briefen. Tit., 1 Bl. u. 208 SS.

Gueulard: Le Gueulard
① Organe des tocs-tocs d'Ajoie ⑤ février 1921—? ⑧ Porrentruy: B. Marquis ⑩ B. Marquis ⑫ feuille charivarique ⑬ BGSZ: 962. 973.

[GUEULETTE, THOMAS SIMON]. Die Wundersamen Begebenheiten Des Mandarinen Fum Hoam Oder: Seltsame Chinesische Geschichte Aus Dem Frantzösischen übersetzt, Und *Mit [8] Kupfern* gezieret. 2 Theile. Leipzig, M. G. Weidmann, 1727. 8°. 1 Bl. 254 S. 1 Bl.; 1 Bl. 232 S., 2 Bl. Etwas abgenutzter HPgtbd. d. Z. mit Buntpapierüberzug der Deckel. 180.—
Offenbar die erste deutsche Ausgabe, nicht bei Fromm. Das französ. Original erschien 1723 zu Paris (= Gay I. 329).

— Historie

— — der Sultanin aus Persien und ihrer Veziere. (Aus d. Französ. des *Thom. Sim. Gueulette.*) Mit 7 Kpfrn. Leipzig 1753. 8°. (1/4 Rthl. Schmidt, Halle, vor 1870; jetzt theurer!

STUNDE, Tausend und Eine, worinnen allerhand seltzame Peruanische Geschichte, wunderbare Begebenheiten, artige Liebesintriguen etc. sehr anmuthig erzählet werden. (Aus d. Französ. des *Thomas Simon Gueullette.*) 2 Bde. Leipzig 1735. 8°. (24 Sgr. Scheible, 1868; jetzt theurer!)
Orig. (in Wolfenb.): Les mille et une heure, contes peruviens. [Par *Thomas Simon Gueullette.*] 2 tomes. Avec 3 figg. Paris, Huart l'ainé; Clousier, 1734. 12°. (Vorher: Amsterdam 1733. II. 12°. (18 Sgr. Scheible, Cat. 34. p. 224.)

VIERTEL-STUNDE, Die Tausend und Eine, bestehend in artigen und lesenswürdigen Tartarischen Geschichten. Aus d. Französ. (des *Thomas Simon Gueullette*) übersetzt. 2 Thle. Mit Kpfrn. Leipzig, Weidmann, 1753. 8°. 224 u. 288 S. (3 Mk. Taussig, Prag, 1907.)

— — Dasselbe. 2 Thle. Mit Kpfrn. Ebd. 1775. 8°.
Wildmoser's (München) Leihbibl.-Cat. no. 8079—80.

— — Dasselbe. Aufs neue aus d. Französ. übers. (von Sal. Schorcht). Ebd. 1790. 8°.
Anon.-Lex. IV. p. 327 (nach Meusel u. Kayser).

Tausend und Eine Viertelstunde, enthaltend tartarische Original-Erzählungen, vorgetragen von dem Arzte Ben Eriduin zur Unterhaltung des blinden Königs Schems-Eddin. Hrsg. von J. H. Dessauer. (Seitenst. zu 1000 Nacht.) Erlangen 1844—45. 8°. (2 Rthl.) (⅔ Rthl. Ed. Fischhaber, Reutl., vor 1875.) (Im British Museum.)
Anon.-Lex. IV. p. 327 (nach Cat. d. Museums).

Geusen, die, od. d. niederländ. Patrioten v. J. 1566. Histor. Novelle a. d. Franz. v. A. Kaiser. 2 Bde. 8. (31 B.) Leipzig 829, Weygand. [L. Gebhardt.]

Guevara, Ant. de, epistolae et dissertat. omnes. fol. Vien. 744.

— epistolae, in quibus multa sac. script. loca explic. 8. maj. Frft. Krauss. 744.

— das vergn. Land- und beschwerl. Hofleben. 8. Hildburgh. Hanisch. 751.

— opera omnia hist. politica. II Tomi. 4. Frft. 716.

Guevarra, Anton., die sieben Worte Christi am Kreuze, aus dem Span. Hrsg. von C. Burchard. 3 Lfgn. gr. 8. Coblenz 868, Hergt. [1. Lfg. (VIII, S. 1—120.) M 1,20.; 2. Lfg. (S. 121—216.) 90 Pf.; 3. Lfg. (S. 217—360.) M 1,40.]

Guex, François: Des recherches phonétiques et de leur application à l'enseignement des langues vivantes. [Zür. Zürcher u. Furrer Dr.] 1890. 48 S. 4°.
Programm der Kantonsschule in Zürich 1890.

Gueymard, F., Au pays du Kirschwasser, Bade et la Forêt noire. 8. (573 S.) Baden-Baden (882), Marx. *

Guézenec [wirkl. Name], s. Bréhat, Alfred de [Pseud.]

Gufer, J., kl. Hausapotheke. 12. Wien, Krauß. 752.

Guffens, G., et J. Swerts, Souvenirs d'un voyage artistiques, s. Swerts, J.

Guffrol. Düsseldorf mit seinen Umgebungen nach geschleiften Festungswerken. 1809. 1 Bl. K.

Guffroy, Gerard Ferdinand [Arzt aus Holland. Geb. in Magelang '(Java)']: Endothelioma Ovarii ... Amsterdam, F. van Rossen, 1897; 4 Bl., 54 S., 1 Taf. 8.
Freiburg i. B., Med. Fak., Inaug.-Diss. v. 1897

Gufl, Veremundus, Examen theologicum philosophiae neotericae Epicureae, Cartesianae, Leibnitzianae et Wolfianae. Regensburg, 1760, 2 Teile.
Vgl. dazu Honorat Goehl, P. Guffelii examen abbreviatum neotericae philosophiae. Kempten, 1800, 102 S., 8°.

Gufl, Veremund, (†...) Philosophia scholastica universa, principiis D. Thomae D. A. apprime conformata et contra neotericos defensa; experimentorum quoque et matheseos tum purae tum mixtae accessionibus aucta. Cum XX tabb. aen. IV Voll. 4. Regensb. 750.

— Vertheidigung d. klösterl. Rechte in zeitl. Dingen; in einem getreuen Auez. d. Abhandl. d. Licent. Neubergers entgegen gesetzt. 8. Münch. 768.

Gugel, Em.

Gugel, E. Gebrauch des Particips und Gerundiums im Roman de Rou des Wace. Mit Berücksichtigung der Anwendung dieser Formen im Neufranzösischen. Wien, Reiners Privat-R., 1889. 12 S.

Gugel, E. Ueber den Gebrauch der Präposition „de" in Scarron's Le roman comique. Böhm.-Leipa, R., 1891. 31 S. 4.
Progr.

Gugel, Em.: Katalog der Lehrerbibliothek, s. Sokoll, Ed.

Gugel, Herm., das württ. Beamtengesetz vom 28. VI. 1876/1. VIII. 1907 m. Wohnungsgeldtarif, den Grundsätzen üb. Gehaltsvorrückung, den Beamten-Unfallfürsorgegesetzen, einigen wichtigen Nebenbestimmungen, Ruhegehaltstabellen u. Sachregister, sowie dem Text des Reichsbeamtengesetzes in der Fassung vom 18. V. 1907. Hrsg. u. erläutert auf Grund des gesamten Auslegungsmaterials im Anschluß an den K. v. Streichschen Kommentar üb. das Beamtengesetz vom 28. VI. 1876. (XII, 254 S.) gr. 8. Stuttgart 907. J. Heß. 4.—; geb. 5. —

— Das Besoldungsgesetz vom 15. VII. 1909 m. den Ausführungsbestimmungen f. Preußen, Bayern, Sachsen u. Württemberg, dem Reichsbeamtengesetz (Auszug), dem Offizierspensions- u. dem Mannschaftsversorgungsgesetz. Handausg. m. Erläutergn. u. ausführl. Sachregister. (VIII, 517 S.) 8. Nürnberg 910. U. E. Sebald.
Geb. in Leinw. 8. —

— Der Gemeindepfleger in Württemberg. Rechtliche Stellg. u. Aufgaben auf Grund der Bestimmgn. der Gemeindeordng. vom 28. VII. 1906 u. der dazu erlassenen Vollzugsverfügg. (VIII, 160 S.) 8. Stuttgart 909. Muth.
Geb. in Leinw. 3. —

— Das Gesetz, betr. die Pensionsrechte der Körperschaftsbeamten u. ihrer Hinterbliebenen in der Fassung vom 5. IX. 1905, nebst den Gesetzen, betr. die Dienstenthebg. dienstunfäh. Körperschaftsbeamter vom 25. VI. 1894, betr. die Unfallfürsorge f. Beamte vom 23. XII. 1902, u. betr. die Fürsorge f. nichtpensionsberechtigte Lehrer u. Lehrerinnen im Fall der Dienstunfähigkeit vom 29. VI. 1904, je m. den dazu erlassenen Vollzugsverfüggn. Hrsg. u. erläutert. (XV, 305 S.) kl. 8. Stuttgart 908. W. Kohlhammer. 4.—; geb. 4. 50

— Handbuch der gesamten württembergischen Gemeindeverwaltung, s.: Keller.

— Reichsgesetz üb. den Versicherungsvertrag m. dem zugehörigen Einführungsgesetz vom 30. V. 1908, nebst Anmerkgn. u. Sachregister. (XIV, 482 S.) kl. 8. Stuttgart 909. W. Kohlhammer. 4. 80

— Die Reichsgesetze üb. den Unterstützungswohnsitz, die Freizügigkeit, den Erwerb u. Verlust der Staatsangehörigkeit, s.a. Sammlung deutscher Gesetze.

Gugel, Herm., Die Reichsgesetze über den Unterstützungswohnsitz (in d. Fass. durch Reichsges. v. 30. Mai 1908, RGBl. S. 377), d. Freizügigkeit, d. Erwerb u. Verlust d. Staatsangehörigkeit nebst den zu d. ersteren Gesetz ergang. Ausführungsbestimm. f. Preussen, Sachsen, Württemberg u. Baden. Mannheim u. Leipzig 1910. 8°.
(Sammlung deutscher Gesetze, hrsg. von Heinr. Wimpfheimer.)

— dasselbe, s.a. Sammlung deutscher Reichs- u. Landesgesetze m. Erläuterungen.

Gugel, Dr. H. Das Reklamationswesen. Rastatt 1911. 24 S.
(Samml. militärrechtl. Abhandl. u. Studien. Hrsg. v. H. Dietz. Bd 1. H. 2.)

— Das allgemeine **Sportelgesetz** in der Redaktion vom 28. XII. 1899 samt den ergangenen Vollzugsvorschriften. Hrsg. u. erläutert. (VIII, 828 S.) 8. Stuttgart 907. J. Heß. 3.20; geb. 4. —

Gugel, Herm., der **Verwaltungsaktuar** in Württemberg. Seine rechtl. Stellg. u. seine Aufgaben auf Grund d. Gemeinde- u. der Bezirksordng. vom 28. VII. 1906 u. der zu diesen Gesetzen ergangenen Vollzugsverfüggn. (XII, 247 S.) 8. Heidelberg 909. A. Emmerling & Sohn. Geb. in Leinw. 4. —

— **Verwaltungsrecht** des Königr. Württemberg. Systematisch dargestellt u. erläutert. (XVI, 767 S.) gr. 8. Ebd. 908. 12.—; geb. n 13.20

— Württembergisches **Volksschullehrergesetz** sowie Gesetz, betr. die Einkommensverhältnisse der Volksschullehrer, die Trennung des Mesnerdienstes vom Schulamte u. die Rechtsverhältnisse der Lehrerinnen an Volksschulen, nebst Gesetz, betr. die höh. Mädchenschulen, vom 8. VIII. 1907 m. den dazu gehör. Bestimmgn. des Beamtengesetzes u. den Unfallfürsorgegesetzen sowie m. Ruhegehaltstafeln u. e. Sachregister. Hrsg. u. erläutert. (XV, 304 S.) 8. Stuttgart 907. J. Heß. 2.50; geb. 3.20

— Deutsche **Wehrordnung** vom 22. XI. 1888. Nach Feststellg. des neuesten Textes an der Hand des allgemeinen Auslegematerials sowie amtl. Verfüggn. u. Entscheidgn. verschiedener einzelstaatl. Ministerialinstanzen in Ersatzangelegenheiten bearb. u. erläutert. (XII, 514 S.) 8. Ebd. 908. 7.—; geb. 8. —

— dasselbe. Unter Berücksicht. der gelt. Erlasse der königl. preuß. Ministerialinstanz in Ersatzangelegenheiten sowie unter Feststellg. des neuesten Textes hrsg. 2. f. Preußen umgearb. u. erläut. Aufl. (XII, 515 S.) 8. Ebd. 908. 7.—; geb. n 8. —

— dasselbe. 3. f. Sachsen nach amtl. Material umgearb. u. erläuterte Aufl. unter Berücksicht. der gelt. Erlasse der kgl. sächs. Ministerialinstanz in Ersatzangelegenheiten sowie unter Feststellg. des neuesten Textes. (XII, 519 S.) 8. Ebd. 910. 7.—; geb. 8. —

Gugelberger, F[ranz] X[aver], appr. Arzt a. Rickenbach ⟨Baden⟩: Über Eklampsie an der Freiburger Universitäts-Frauenklinik. Freiburg i. Br. 1906: U. Hochreuther. (43 S.) 8°
Freiburg i. B., Med. Fak., Ref. Krönig, Diss. v. 1906
[Geb. 12. Nov. 78 Rickenbach b. Säckingen; Wohnort: Freiburg i. B.; Staatsangeh.: Baden; Vorbildung: Gymn. Rastatt Reife Juli 00; Studium: Tübingen 5. Freiburg i. B. 6 S.; Coll. 9. März 06.]

Gugenhan, Max

— u. **Eberhardt, die württembergischen Grossschiffahrtspläne.** (Hrsg. v. Neckar-Donau-Kanal-Komitee.) Im Auftrage des Komitees bearb. Mit 2 Plänen u. 10 Abbildgn. (VI, 57 S.) Lex. 8. Stuttgart 908. K. Wittwer. 2. —

Neckar-Donau-Kanal-Komitee. Die württembergischen Großschiffahrtspläne. Im Auftr. d. Komitees bearb. von Baurat [Max] **Gugenhan** u. Reg.Baumeister [Wilhelm] Eberhardt. Mit 2 Pl. u. 10 Abb. Stuttgart: (K. Wittwer) 1908. (57 S.) 4°(8°) (08. 4987

Gugenhan, Max, der **Stuttgarter** Talkessel vom alpinen Eis ausgehöhlt! Mit 6 Abb. u. 2 Plänen. (26 S.) Lex.-8. Berlin (906). (R. Friedländer & Sohn.) n. 2.40

Gugenhan, Max. Die Vergletscherung der Erde von Pol zu Pol. Mit 154 Abbildungen. VIII + 200 S. gr.-8. Berlin, Komm. R. Friedländer & Sohn, 1906. [M. 8. —]

Gugenhan, Max, Wasserwerks-Anlagen, s. a. **Studienhefte, technische.**

Gugenhan M, Wasserwerksanlagen. (72 S 8 T) (Schmid, technische Studienhefte 9) 4° Stuttgart 1909

Gugenheim, Fritz, u. Vosberg-Rekow, Käufer u. Verkäufer. Im Auftrage des Verbandes Berliner Spezialgeschäfte. (57 S.) 8. Berlin (906). L. Schottlaender & Co. n. 1.50

Gugenheim, Fritz, Warenhaussteuer! gr. 8. (22 S.) Berlin 899. H. Spamer. n. — 50

Gugenheim, Jacob [aus Zweibrücken (Rheinpfalz)]: Ueber puerperale Eklampsie ... Strassburg i. E., Buchdr. C. Goeller, 1894; 80 S., 1 Bl. 8.
Strassburg, Med. Fak., Inaug.-Diss. v. 1894

Gugenheimer, Joh., die Religions-Philosophie des R. Abraham ben David ha-Levi nach dessen noch ungedr. Schrift „Emuna rama" in ihrem innern und histor. Zusammenhange entwickelt. gr. 8. (IX und 61 S.) Augsburg 850, (v. Jenisch und Stage'sche Buchh.)

Gugenheimer, Raph, s. a. **Gregorius Abulfaragius Bar Hebraeus,** Scholien zum Buche Ezechiel.

Gugenheimer, Raphael [aus Kolin]: Die Scholien des Gregorius Abulfaragius Bar Hebraeus zum Buche Ezechiel nach vier Handschriften des Horreum mysteriorum m. Einl. u. Anm. hrsg. ... Berlin, Druck v. H. Itzkowski, 1894; 47 S. 8.
Giessen, Phil. Fak., Inaug.-Diss. v. 1894

Gugenmus, Steph., († d. 29. Jan. 1778.) sämmtl. ökonomische Schriften, mit Anmerkk. herausg. von J. G. Stumpf. gr. 8. Jena 789. Mauke. 21 ℋ

Guger E, Kommentar zum schweizerischen Bundesgesetz betreffend die gewerblichen Muster und Modelle vom 30.3.1900. (128 S) Zürich 1905

Gügerl, Markus, der Schriftregulator. Ein nach den Gesetzen der Physiologie u. Hygiene construierter Behelf zum Regulieren der Schrift f. Schule u. Haus. [Ein Beitrag zur Physiologie der Handschrift.] 8. (16 S. m. 1 Taf.) Graz 883. (Cieslar.) — 50

Gugern, P. L. v., Winfried. Kleine Kränze. 12. (159 S.) Paderborn 880. Bonifacius-Druckerei. 1. —

GUGGEMOS, Ferdinand (Mindelheim): Cholera morbus.- Monachii 1837.
6.6.1836 - Urk; F 62
Diss. Ingolst-Landsh.-Mchn.

Guggemos, Ignaz

Ueber die Leistungen der Gymnasien nach der älteren, und nach der neueren Einrichtung, in religiöser Hinsicht. Von Ignaz Guggemos, P. u. Religionsl. am G. — 1828. Ebend. — S. 3—12.
Progr. Dillingen

Guggemos, Michaela, O. S. F., Kindergrüße. Gelegenheitsgedichte f. junge u. alte Kinder zu geistl. u. weltl. Festen. II—IV. Tl. 2. verm. Aufl. 8. Augsburg 908. Literar. Institut v. Dr. M. Huttler. 3.80; geb. in Leinw. n 5.70
II. Festesstunden. (III, 212 S.) 1.80; geb. n 2.50
III. Im Elternhaus. (66 S.) 1.—; geb. 1.60
IV. Im Vereinshause. — Lose Blätter. (56 S.) 1.—; geb. 1.60

Guggenberg zu Riedhofen, Athanas v., üb. unsere Recrutirungs-Ergebnisse u. das Stellungs-Verfahren. gr. 8. (20 S.) Wien 885. (Seidel & Sohn.) n. — 80

Guggenberg zu Riedhofen, Bartlmä v., Postmeister in Niederwintel und Landesdefensions-Richter des Bezirkes Niederwintel im Jahre 1809. Königgrätz 1895. V: *Guggenberg.* (KA)

Guggenberger, Hand-Buch des Bund deutscher Radfahrer aus den siebenbürg. Landesteilen Ungarns. 8. (47 S.) Hermannstadt 898. (Berlin, Berolina-Versand-Buchh.) — 60

Guggenberger J.: Coniecturas aliquot a R. Bentleio in Hor. Epodon librum propositas examinavit. 8. Leoben 75.
Progr.

Guggenberger, Ignaz M.

Guggenberger, Ig. M., d. Bauernwagen als Sänfte, oder die möglichst schmerzensfreie Fortschaffung d. Kranken, insbesond. d. Verwundeten vom Schlachtfelde, mittelst d. neu erfundenen Hebelschwingung; vereint mit einer sehr bequemen, leicht zu erzeugenden Tragbahre f. Schwerverwundete. Dem Kriegerstande u. d. Gesundheits-Behörden aller Völker gewidmet. Mit 3 Steintaf. 12. Insbr. 832. (Krüll in Landsh.) 20 gr

Guggenberger, Ig(naz) M.: Der Bauernwagen als Sänfte, oder die möglichst schmerzenfreie Fortschaffung der Kranken, insbesondere der Verwundeten vom Schlachtfelde, mittelst der neuerfundenen Hebelschwingung; vereint mit einer sehr bequemen, leicht zu erzeugenden Tragbahre für Schwerverwundete. Dem Kriegerstande und den Gesundheits-Behörden aller Völker gewidmet. 22 S., gbd., 3 Taf.

Innsbruck: Wagner 1832

JB 3.549

Guggenberger, Ign. M., der Bauernwagen als Sänfte, oder die möglichst schmerzenfreie Fortschaffung der Kranken, insbes. der Verwundeten, vom Schlachtfelde, mittelst der neuerfundenen Hebelschwingung; vereint mit einer sehr bequemen, leicht zu erzeug. Tragbahre für Schwerverwundete. 2e verm. u. verb. Aufl. Mit 4 Steintaf. gr. 18. Innsbruck 835. Wagner. 2/3 ß

Guggenberger, Ig. M., der Bauernwagen als Sänfte, od. d. möglichst schmerzenfreie Fortschaffung d. Verwundeten u. Kranken auf grosse Strecken etc., 2., verm. u. sehr verb. Aufl. M. 4 Stnt. 12. Innsbruck 836. (Wagner.)

Guggenberger, J. M. Der Felddienst der drei verbundenen Waffen: Infanterie, Kavallerie, Artillerie für Offiziere der k. k. Österr. Armee. 3. Aufl. Grätz 1842. 8°. (1. Aufl. c. 1830.)

— der Felddienst der drei verbundenen Waffen: Infanterie, Cavallerie u. Artillerie. Für Offiziere d. k. k. österr. Armee. Eine Erinnerungshülfe in gedrängter aber vollständ. Zusammenstellung aller Vorschriften u. Beobachtungen f. den Wirkungskreis des Offiziers vom Patrouillen-, bis zum Divisions- und Bataillons-Commandanten. 1r Bd. in 3 Hften. Mit Tabell. u. Plänen. 2e Aufl. 12. Wien 834 Heubner. n. 3/4 ß

— das Infanterie-Bataillon auf Kriegsdauer, oder Gedanken über die einfachste u. schnellste Ausbildung eines neuerrichteten Infanterie-Bataillon für Dienst u. Kampf. Nebst besond. Andeutungen u. Vorschlägen für außergewöhnliche Fälle rc., u. e. Anhang über vereinfachte u. bequemere Feldausrüstung der Offiziere aller Waffengattungen. Mit 6 Kpfrtaf. gr. 12. Wien 837. Heubner. 1 1/8 ß

Guggenberger, J. M. Etudien nach der Natur. I. Am Wasser. Ueberschwemmungen und deren Verhütung. Von — —. Wien, 1856. Buchdruckerei der Edlen v. Ghelen'schen Erben. In Kommission bei J. G. Heubner. (27 S. 8.)

Guggenberger, J. M., neues Transport-System zur leichteren Ueberwindung der Hindernisse und Schwierigkeiten an Eisenbahnen, Straßen und Wegen und bei Beschiffung der Flüsse. Mit besond. Rücksicht auf Militär-Gebrauch. 2. unveränd. Abdruck. (Als Manuscript gedruckt 1844.) 1. Abthl. Mit Abbild. gr. 8. Gratz 845. (Wien, Tendler u. Comp.) n. 1 1/3 ß

Guggenberger, J. M., *k. k. Hauptmann.* Das Wassergebiet des Wienflusses. Eine hydrologische Skizze. Aus den Mittheilungen der k. k. geogr. Gesellschaft. I. Jahrg. 1. Heft. Druck von *M. Auer.* 10 S., 8°. Nicht berechn.

GUGGENBERGER, Josef (Höchstädt): Ueber syphilitische Erkrankung des Gehirns und Rückenmarks.- München: Mühlthaler 1870. 14 S.
30.7.1869 - Urk (Titel: De affectionibus syphiliticis cerebri et medullae spinalis.); F 72; Chr 1869/70,12
Diss. Ingolst.-Landsh.-Mchn.

Guggenberger, Karl. die Legation des Kardinals Pileus in Deutschland, s.a. Veröffentlichungen aus dem kirchenhistor. Seminar München. II, 12.

Guggenberger, Karl, Religionslehrer am Theresien-Gymn.: Die Legation des Kardinals Pileus in Deutschland. 1378—1382. Mit e. Anh.: Die Frage der zweiten und dritten deutschen Legation des Kardinals Pileus in den Jahren 1394 u. 1398. München: Lentner 1907. 48 S. 8° ¶(Vollst. als: Veröffentlichungen aus d. Kirchenhistor. Sem. München. Reihe 2, Nr 12.)
München, Theol. Diss. v. 10. Dez. 1910, Ref. Knöpfler
(Nur in beschränkter Anzahl für den Austausch)
[Geb. 17. Jan. 73 München; Wohnort: München; Staatsangeh.: Bayern; Vorbildung: Maximilians-Gymn. München Reife Juli 92; Studium: München Phil. 2, Theol. 6, Phil. 6 S.; Rig. 10 Dez. 10.] [U 11 3538

Guggenberger, Th., Aquarellstudien nach der Natur. gr. 8. (8 Farbdr.) Stuttgart 899. M. Seeger. 8. —

— dasselbe. 2. u. 3. Serie. gr. 8. (à 4 farb. Bl.) Ebd. (900). à 4. —
2. Jahreszeiten. — 3. Aus den Bergen.

— 4 panneaux. Paysages. 68,5×25,5 cm. Farbdr. Berlin (902). W. Schultz-Engelhard. n. 12. —

Guggenberger, Th., Vorlagen z. Theaterdekorations-Malerei. 1.—4. Hft. Fol. (à 12 farb. Taf.) Eßlingen 896. J. F. Schreiber. à n. 2. 75

Guggenberger, Thdr., ein lustig Jahr der Tiere, s.: Falte, Gust.

Guggenberger, V., Katholická věrouka pro šestou třídu gymnasijní. Reichenau a. Kn. R. Rathouský. 2., unveränderte Auflage. Geb. 1.— 1898

Guggenberger, Veit, Eidbuch. 8. Münch. 750. Lentner. (auch Wolff in Augsb.) 6 gr

— vollständ. nach d. Curialstyl eingerichtetes Formularbuch, verm. Ausg. von J. G. Scopp. 4. Augsb. 762. Lotter. 1 ß

GUGGENBERGER, **Vitus: Hand- u. Formularbuch in vorsichtiger Schliessung der Contracten.** *Augsb.* **719. 4.**

Guggenberger, Veit: Um die Helffte vermehrtes Hand- u. Formular-Buch, zur sicherer Schliessung allerhand Contracten darinnen viele bes. Anm., nebst denen nöthigen Cautelen angeführet werden. Augspurg 1720.

— Prozesse und Gutachten in criminalibus etc. 4. Augsb. Merz. 731.

Guggenberger, Vit.: Jurist. Repertorium, worin nach Anordnung des Alphabets über 3000 rare, curiöse u. auserlesene casus juridici von versch. Materien, bei welchen Autoren solche zu finden, angezeigt worden. *Augsburg.* 711. Dessen Forts. oder Guggenbergerus continuatus. ib. 712. 8.

Guggenbichler, Gaudentius, s.: Gaudentius.

Guggenbühl, Hermann. Sauerstoff-Inhalationen bei Atemstörungen. Diss. Med. [Univ.] Zürich. 90 S. 8. Zürich, F. Lohbauer, 1904.

Guggenbühl, J.

Guggenbühl, Dr., l'Abendberg, établissement pour la guérison et l'éducation des enfants crétins, à Interlachen, Canton de Berne. Premier rapport. Traduit de l'allemand sur le manuscrit inédit de l'auteur par le Dr. Berchtold-Beaupré. 8. (Mit 1 Abbild.) Fribourg en Suisse 844. (Berne, Huber et Comp.) n. 5/12 ₰

Guggenbühl, J., der Alpenstich endemisch im Hochgebirg der Schweiz und seine Verbreitungen. Mit Vorwort von Prof. Troxler. gr. 8. Zürich 838. Höhr. 5/8 ₰

— Briefe über den Abendberg und die Heilanstalt für Cretinismus. gr. 8. Zürich 846, Orell, F. u. Comp. 1/2 ₰

Guggenbühl, J., die Heilung und Verhütung des Cretinismus und ihre neuesten Fortschritte. Mittheilungen an die schweizerische naturforsch. Gesellschaft. Bern 853. Huber u. Co. gr. 4. (3 Bl., 121 S. u. 1 Lithogr.) n. 24 ngl

— s. Maffei, Dr., Untersuchungen über den Kretinismus.

Guggenbühl, (J.), Sendschreiben an Lord Ashley, Mitglied des engl. Parlaments. Ueber einige Punkte des öffentl. Wohles u. der christl. Gesetzgebung. 4. (30 S.) Basel 850, Bahnmaier. n. 1/3 ₰

Guggenbühl, (J.), Sendschreiben an Lord Ashley, Mitglied des engl. Parlaments. Ueber einige Punkte des öffentl. Wohles und der christlichen Gesetzgebung. 4. (30 S.) Basel 851, Bahnmaier's Buchh. *

Guggenbühl, Carl. Das Linthwerk. Diss. Staatsw. Univ. Zürich von K' G'. Separatabdruck aus der «Zeitschrift für schweizerische Statistik», Jahrg. 41, [Band 2, Liefg. 7,] 1905. 40 S. 4. Bern, Stämpfli & Cie., 1905.

Guggenheim, Carl, s. Guggenheim, Karl

Guggenheim, Emil [aus Thiengen (Baden)]: Ueber die im Juliusspitale zu Würzburg beobachtete Influenza im Jahre 1889/90. . . . Würzburg, Druck d. F. Rohrl'schen Buchdr., 1890; 24 S. 8°
Würzburg, Med. Fak., Inaug.-Diss. v. 1890

Guggenheim, Ernst, Berlin—Hannover—Dortmund—Duisburg—Düsseldorf—Cöln, s.: Hendschel's Luginsland.

Guggenheim, Ernst: Der Florian Geyer-Stoff in der deutschen Dichtung. Berlin: Trenkel 1908. 134 S. 8°
Leipzig, Phil. Diss. v. 18. Sept. 1908, Ref. Köster, Volkelt
[Geb. 10. Aug. 82 Konstanz; Wohnort: Konstanz; Staatsangeh.: Baden; Vorbildung: Gymn. Konstanz Reife Juli 91; Studium: Heidelberg 1, München 2, Heidelberg 1, München 2, Freiburg i. B. 2, Leipzig 4 S.; Rig. 14. Jan. 08.] [U 09. 2975

Guggenheim, Hermann, aus Baden '(im Aaargau)': Der Art. 205 des Schweizerischen Bundesgesetzes über das Obligationenrecht '(vom 14. Brachmonat 1881)' betreffend den Eigenthumsübergang an Mobilien. Baden J. Zehnder Dr. 1885. 51 S., 1 Bl. Thesen. 8°.
Zürich, Jur. Diss. v. 7. März 1885.

(G[uggenheim], H[ermann].) Hermann Weil-Heilbronner, 1837—1906. [Nekrolog. Mit Porträt-Tafel.] [II + 12 S.] 4. (Zürich, Fritz Amberger, 1907.)

Guggenheim, Josef: Quellenstudien zu Samuel Daniels Sonettencyklus „Delia". *Berlin (1898): E. Ebering.* (65 S.) 8°
Berlin, Phil. Diss. v. 11. Aug. 1898

[Guggenheim, Joseph M .] God is not Silent. Written by and American Seer for the Benefit of Humanity. IV + 18 p. 8. Baden (Switzerland), J. L. Umbricht, 1901. [fr. 1.—]

Guggenheim, Karl, das bäuerliche Erbrecht des schweizerischen Zivilgesetzbuches, verglichen m. dem kantonalen Recht u. den deutschen Anerbenrechten, s.a. Beiträge, Zürcher. zur Rechtswissenschaft. 25.

Guggenheim, Carl. Das bäuerliche Erbrecht des schweiz. (*Ausg. B:* schweizerischen) Zivilgesetzbuches, verglichen mit dem kantonalen Recht und den deutschen Anerbenrechten. 8. 1909.
Ausg. A: Diss. Staatsw. Univ. Zürich ... von C' G'.... XIV + 172 S. Zürich, Gebr. Leemann & Co.
Ausg. B: ... von Dr. jur. K' G'. XII + 172 S. Aarau, H. R. Sauerländer & Co. [fr. 2.80.] — Zürcher Beiträge zur Rechtswissenschaft.... [Heft] 25.

Guggenheim, Karl: Das bäuerliche Erbrecht des schweizerischen Zivilgesetzbuches verglichen mit d. kantonalen Recht u. den deutschen Anerbenrechten von Dr. jur. —. Aarau: Sauerländer 1909. X, 172 S. 8°
(Züricher Beiträge z. Rechtswissenschaft. 25.)

Guggenheim, Marcus. (I.) Über Ortho-Nitrophenylglycine und ihre Reduktionsprodukte; (II.) 1,5-Dirhodan-2.4-Dinitrobenzol und einige seiner Derivate. Diss. Phil. Basel von Markus G'.... 35 S. 8. Berlin, (A. W. Schade,) 1908.

Guggenheim, Moritz. Die Bedeutung der Folterung im attischen Processe. Inaug.-Dissertation. In-8°, 73 S. Zürich, Druck von David Bürkli, 1882.

Guggenheim, Mor., die Bedeutung der Folterung im attischen Processe. Inaugural-Dissertation. gr. 8. (73 S.) Zürich 882. (Leipzig, Simmel & Co.) n. 1. 60

Guggenheim, M[oritz]. Beiträge zur Biographie des Petrus Ramus. Sonderabdruck aus Zeitschrift für Philosophie und philosophische Kritik. Bd. 121. S. 140—153. 8. Leipzig, Hermann Haacke, [1902].

Guggenheim, M., die Lehre vom apriorischen Wissen in ihrer Bedeutung f. die Entwickelung der Ethik u Erkenntnisstheorie in der Sokratisch-Platonischen Philosophie. gr. 8. (III, 79 S.) Berlin 885. Dümmler's Verl. n. 2. —

(Guggenheim, M[oritz].) Petrus Ramus als Reformator der Wissenschaften. (Sonderabdruck aus dem Jahrg. 18 des «Humanistischen Gymnasiums».) 11 S. 8. [Heidelberg, Carl Winter, 1907.] N 915C[4]

Guggenheim, Moritz: Die Stellung der liberalen Künste oder encyklischen Wissenschaften im Altertum. Ein Beitrag zur Geschichte des gelehrten Unterrichts. [Zür. Zürcher u. Furrer Dr.] 1893. 27 S. 4°.
Programm der Kantonsschule in Zürich 1893.

Guggenheim, Sigmund. Magnetische Untersuchungen an Eisen-Silicium- und E'-S'-Nickel-Legierungen. Promotionsarbeit Polyt. Zürich. [Mit Figuren.] 55 S. 8. Zürich, Fachschriften-Verlag A.-G., 1910.

Guggenheimer, Aar. Jos. (Distrikts-Rabbiner). Rede am Jubel-Feste d. 25. Regierungs-Jahres Sr. Maj. des Königs Maximilian Joseph, gehalten am 16. Februar 1824 in der Synagoge zu *Kriegshaber.* Augsburg, gedr. bei J. C. Wirth, auf dem St. Annaplatz. 8°. VIII—24 S. Cart. m. Goldschn.

Guggenheimer, Emil, Irrthum d. Thäters in Bezug auf die Rechtmässigkeit der Amtsausübung beim Vergehen d. Widerstandes gegen die Staatsgewalt. gr. 8. (III, 63 S.) München 883. Rieger. n. 2. —

Gugenheimer, Joseph: Die Religions-Philosophie des R. Abraham ben David ha-Levi nach dessen noch ungedruckter Schrift „Emuna rama" . . . entwickelt. Augsburg 1850.

Guggenheimer, Siegfr., über die universellen Schwingungen o. Kreisringes. (S. 41—57.) gr. 8. München 904. (G. Franz' Verl.) n. — 40

— über die universellen Schwingungen v. Systemen v. Rotationskörpern. (S. 265—313.) gr. 8. Ebd. 905. n. — 60
2 Sonderabdr. aus: „Sitzungsber. d. bayer. Akad. d. Wiss."

Guggenheimer, Simon [app. Arzt aus Gunzenhausen]: Über einen seltenen Fall von Fettdegeneration des Herzens bei einem syphilitischen Neugeborenen ... Würzburg, P. Scheiner's Buchdr., 1897; 29 S. 8.
Würzburg, Med. Fak., Inaug.-Diss. v. 1897

Guggenthal, Vict., Anleitung zum Rechnen f. Unteroffiziers-Schulen. 12. Wien 846, Heubner. 3/8 ₰

(Guggenthal, Victor v., k. k. Oberstlieut.) Beleuchtung der Broschüre: „Warum unterlag Oesterreich" von A. d. A., nebst Erörterungen über einige Ursachen des Verlustes der Schlacht von Solferino. 8. Wien 1861.

Gugger, Adolf. Eine Reise nach Italien. 4. *o. O. u. J.* [ca. 1888].

Gugger, Frz. Ph., († ..) s. 1) Geschichte d. Philontis. 2) Nachricht von d. Lehrart in Silena.

Gugger, Otto [app. Arzt in München]: Ein Fall von acuter Phosphorvergiftung ... München, Druck d. Akad. Buchdr. v. F. Straub, 1892; 21 S. 8.
München, Med. Fak., Inaug.-Diss. v. 1892

Guggisberg, H[ans]. Ueber Komplikationen der Retroflexio uteri und deren Einfluss auf die operative Therapie. Diss. Med. Bern. *Kopftitel:* Aus der geburtshilflich-gynaekologischen Klinik der Universität Bern. 44 S. 8. Bern, Neukomm & Zimmermann, 1905.

Guggisberg, Paul, die Konkurrenzklausel m. besond. Berücksicht. der schweizer. Praxis, s.a. Abhandlungen zum schweizerischen Recht.

Guggisberg, Paul. Die Konkurrenzklausel, mit besonderer Berücksichtigung der schweizerischen Praxis und der Art. (**Ausg. A:* Artikel) 1400, 1401 und 1402 des Gesetzentwurfs (**Ausg. A:* Gesetzesentwurfs) betreffend die Ergänzung des Entwurfs eines schweiz. Zivilgesetzbuchs vom 3. März 1905. VIII + 115 S. 8. Bern, Stämpfli & Cie., 1907.
Ausg. A: Diss. Jur. Bern von P' G'....
Ausg. B: Von Dr. P' G'.... [fr. 2.40.] — Abhandlungen zum schweizerischen Recht, hrg. von Dr. Max Gmür, Professor.... Heft 21.

Gugitz, Gust., Leben! Eine Wiener Geschichte. 8. (141 S.) Minden (901). J. C. C. Bruns. n. 1.75; geb. n. 2.50

Gugitz, Gust., der Stammbaum u. andere Novellen. (155 S.) 8. Minden (903). J. C. C. Bruns. n. 1.75; geb. n. 2.50

Gugitz, Gustav (in Wien). Die Wiener Stubenmädchenlitteratur von 1781. Ein Beitrag zur Josephinischen Broschüren- und zur Dienstbotenlitteratur. (In: Zeitschrift für Bücherfreunde 1902/3. Heft 4. Juli 1902. S. 137—150.)
Wichtige und reichhaltige Abhandlung.

Gugitz, Gust., s.: Taschenbuch f. Grabennymphen.

— s.: Wertherfieber, das, in Oesterreich.

Gugl, August

Gugl, A., geweihte Bußerl. Hochland-Humoresken aus Kärntens Paradies. 12. (70 S.) Großenhain 888. Baumert & Ronge. n. — 60

— 's Dorf-Engerl. Eine Hochland-Geschichte aus Kärntens Paradies. gr. 16. (100 S.) Ebd. 887. n. 1.—

— Hochland-Geschichten aus Kärntens Paradies. 12. (IV, 125 S.) Ebd. 887. n. 1.50

GUGL, Aug., Die Sünderinnen des Hochlandes. Novellen aus Kärntens Paradies. Berlin, W. R. Jakobsthal's Verlag. 1889. 8⁰. (2 Mk. C. Winter, Dresden, 1895.)
Verboten v. L.-G. Klagenfurt, 31. August 1889. §§ 303. 516.

Gugl F., Kremann Robert und Meingast R.: Über die Energieänderungen binärer Systeme. 2. Mitteilung: Die Volumänderungen und Wärmeerscheinungen bei Bildung binärer Gemische. S. 123. IIb . . . . vgr.
Separatabdruck

Gugl, F., Karte der Umgebung von Neunkirchen. 1:200.000. Nach dem Beschlusse des Neunkirchner Lehrer-Vereines entworfen und gezeichnet. 4. Chromolith. Wien: Hof- u. Staatsdruckerei 1890. --.10

Gugl, Hugo (Hrsg.), s. Krafft-Ebing, Richard v.: Psychopathia sexualis . . .

Gugl, Hugo, u. Anton **Stichl**, neuropathologische Studien. gr. 8. (152 S.) Stuttgart 892. F. Enke. n. 4.—

Gugl, Matth.

Gugl, **Matth.**, fundamenta partiturae, od. Unterr., den Generalbaß od. d. Partitur nach d. Regeln recht schlagen zu lernen. 4. Augsb. 777. Wolff. 4 ℊ

Gugl, M., Fundamenta Partiturae, oder Unterricht im Generalbaß. 4. Augsb. Lotter. 805.

Gugl, Plac.

— d. mosaischen Gesetztafeln d. heil. zehn Gebote. 8. Augsb. 765. Doll. 8 ℊ

Gugl, Plac., d. fremde Sünder, d. i. Warnung wider Theilnahme an d. 9 fremden Sünden. 8. Augsb. 765. Doll. 10 ℊ

Gugler, Bernhard

Gugler, über die Anwendung der allgemeinen Gleichung einer Kegelschnittstangente. gr. 4. (20 S.) Stuttgart 852. (Tübingen, Fues'sche Sortimentsh.)

Gugler, über die Anwendung der allgemeinen Gleichung einer Kegelschnittstangente. Stuttgart 852. (Tübingen, Fues' Sortbhdlg.) gr. 4. (20 S.) n. 9 ngr.

— Grundzüge einer elementar-geometrischen Theorie d. Kreis-Projectionen (Kegelschnitte). Mit 5 Kupfertafeln. gr. 8. Ebend. 842. 1 ₰

Gugler, Bernhard Dr. „Die Curven zweiter Ordnung in Beziehung zum geraden Kegel". pg. 3—22. 4⁰. Mit einer Tafel. Campe'sche Officin.
Nürnberg, Progr. 1839/40

Gugler, Bernh., Lehrbuch d. descriptiven Geometrie. Mit 11 Kpfrt. gr. 8. (25½ B.) Nürnberg 841, Schrag. *

Gugler, Bernh., Lehrbuch der descriptiven Geometrie. Mit 11 Kpftaf. gr. 8. Nürnberg 842, Schrag. n. 1⅚ ₰

Gugler, Bernh., Lehrbuch der descriptiven Geometrie. 2., umgearb. Aufl. gr. 8. (VIII und 436 S. mit 12 Kpfrt. in qu. 4. und 22 eingedr. Holzschn.) Stuttgart 856(57,) Metzler'sche Buchh. *

Gugler, Bernh., Lehrbuch der descriptiven Geometrie. Mit 12 Kupfertaf. (qu. 4. in Mappe u. 21 in den Text eingedr. Holzschn.) 3. Aufl. gr. 8. (VI, 466 S.) Stuttgart 874. Metzler. n. 8. —

Gugler, Bernh., Lehrbuch der descriptiven Geometrie. Mit 12 Kpfrtaf. in Mappe u. 23 in den Text gedr. Holzschn. 4. Aufl. gr. 8. (VI, 492 S.) Stuttgart 880. Metzler's Verl. n. 8. —

— Leitfaden für den ersten Unterricht in der descriptiven Geometrie. (Aus dem größeren „Lehrbuch ꝛc." des Verf. ausgehoben, vorzugsweise für den Gebrauch in Gewerbe-Schulen.) Mit 2 Kpftaf. gr. 8. Ebend. 844. 7/8 ß

— Leitfaden f. den ersten Unterricht in der descriptiven Geometrie. Mit 2 Kpfrtaf. (in qu. Fol.) [Aus dem größern „Lehrbuch ꝛc." d. Verf. ausgehoben.] 2. Aufl. gr. 8. (III, 90 S.) Ebend. 875. n. 2. —

Gugler, B.: Theorie der Kreisprojectionen. Nürnberg 1842.

Gugler Camillo: De Atlante.
II. 1895 PN 944 Diss. Wien, Univ. 1532

Gugler, Franz Xaver von

— Decreta philosophiae. 8. Münch. 767.

v. Gugler, Frz. Xav. Frhrr., Lobreden auf d. heil. Augustin, und d. Fest aller Heiligen. 4. Frburg 769. 8. Augsb., Wagner. 4 ℊ

— Rede über d. Einfluß d. geistlichen Beredsamkeit in Religion u. Staat. 8. Münch. 779.

— von dem, was d. Menschen Humeur nennen; philosoph. Betrachtt. 4. Frburg 768, 69.

Gugler J, Hauptbericht über die Volks- und Bürgerschulen von Wien. Wien 1883

Gugler, Johann August

Gugler, J. A. und Gambihler, J.: Gründliche Anweisung des sichersten, einfachsten und wohlfeilsten Verfahrens beim Bohren von Artesischen Brunnen. Nürnberg. 1832. 8°

Gugler, Joh. Aug., das Bohren artesischer Brunnen, s. a. Gambihler, Jos.

Gugler, Jh. Aug., s. J. Gambihler, Anweisung.

Gugler, Jos., Naturgeschichte f. Bürgerschulen, s.: Pokorny.

Gugler, Jos., illustr. Naturgeschichte f. allgem. Volksschulen, s.: Pokorny.

Gugler, Julius: Die national-politische Dichtung in Schlesien von der Thronbesteigung Friedrich Wilhelms III. bis 1815. T. 1. Bis zum Tilsiter Frieden. Beuthen O.-S. 1909: Kirsch. 40 S. 8°
Beuthen O.-S., st. kath. OR P 1909 (306) [S 09. 149

Gugler, Julius.. Dramatisches ... Die Pioniere. Lyrisches Festspiel in 1 Akte ... Dt-anisches Charakterbild. Milwaukee, 1907.

Gugler, Jul., der Stern des Westens. Episches Gedicht. 8. (III, 75 S.) Milwaukee 900. (G. Brumder.)
Geb. in Leinw. 3. —

Gugler, Phpp., d. Individuität u. Individualisation d. Einzelnen. gr. 8. (X, 485 S.) Leipzig 896. W. Friedrich. n. 8. —

Gugler, Ralph George. The lit hist of the Milw G theater, 1850-75. Th. U of Wis, 1907. Typs. 4180a

Gugler, Wilh., die Centaureen des ungarischen Nationalmuseums. Vorarbeiten zu e. Monographie der Gattg. Centaurea u. der ihr nächst verwandten Genera. (S. 15—297 m. 1 Taf.) Lex. 8. Budapest 907. (Berlin, R. Friedländer & Sohn. — Leipzig, M. Weg.) 8. —
Sonderabdruck aus „Annales musei nat. hung."

(Gügler, [Alois].) Chemische Analyse und Synthese des Markus Lutz zu Laufellingen; ein alchymistischer Versuch von einem Mystiker des 19ten Jahrhunderts. 8. Luzern 1816

— chemische Analyse u. Synthese d. Markus Lutz, ein alchymist. Versuch. 8. Luzern 816. Anich. 12 ℊ

Gügler's, Alois, Ansichten über Europas Zukunft, gesammelt, geordnet u. mit Bemerkungen hrsg. v. J. A. Wachter. gr. 16. (VIII u. 177 S.) St. Gallen 849, Scheitlin & Zollikofer. n. 16 ngr

[Gügler, Alois.] Der 10te August 1792; der Schweizergarden zu Paris. Bei der feierlichen Eröffnung des ihnen gestifteten Denkmals zu Luzern; den 10ten August 1821, Melodramatisch dargestellt am Vorabend desselben. 4. (Luzern) 1821.

Gügler, Aloys, († d. 28. Febr. 1827) über d. Feier d. äußern Gottesdienstes. gr. 8. Luzern 809. Anich. (Schmidt in Leipz.) 4 ℊ

Gügler, Aloys, Die heilige Kunst oder die Kunst der Hebräer. Luzern, jetzt Regensburg, Verl.-Anst., 1814, 8°, 1. Bd., 3,50 Mk.
Der 2. u. 3. Bd. erschien u. d. T.:

— d. heil. Kunst, od. d. Kunst d. Hebräer. 8. Landsh. 814. Krüll. 1 ß 4 ℊ 2r u. 3r Bd. A. u. d. T.: Darstell. u. Erklärung d. heil. Schriften aus ihnen selbst. 1r Thl. Darstell. d. Bücher des alten Bundes. 1e u. 2e Hälfte. 8. Luzern 817 u. 818. Anich. 2 ß 18 ℊ (a. Schmidt in Leipz.) 3 ß 8 ℊ

— Lebensgeschichte, s. J. L. Schiffmann.

Gügler's, A., (Chorherr in Luzern,) anfängliche Predigten, gehalt. bei verschied. Anlässen an das christkatholische Volk. Besorgt von dem Herausgeber der sämmtl. Werke des Bischof Sailer. gr. 12. Schaffhausen 842, Hurter'sche B. 3/4 ß

—— dasselbe, colorirt. *

Gügler, Aloys, Privatvorträge über den Brief des hl. Paulus an die Hebräer u. die christliche Lehre des hl. Augustinus samt einer Übersicht der hl. Bücher, vorzüglich des Alten Bundes. (Nachgelassene Schriften, Teil VI, 2. Hälfte.) Sarmenstorf, 1837, 12 1/6 Bg., 2.50 Mk.

— Privatvorträge über das Evangelium des heil. Johannes, den Brief des heil. Paulus an die Hebräer und die christliche Lehre des heil. Augustinus, sammt einer Uebersicht der heil. Bücher, vorzüglich des alten Bundes. 2 Bdchen. gr. 12. Ebend. 842. 1 1/4 ß

— Reden an studirende Jünglinge über Gegenstände höherer Bildung. A. u. d. T.: Gügler's nachgelassene Schriften. 1r Thl. 8. Luzern 827. (Schmidt in Leipz.) 20 ℊ

Gügler, Aloys, Reden an studierende Jünglinge über Gegenstände höherer Bildung. (Auch u. d. T.: Güglers nachgelass. Schriften. 1. Teil.) Luzern, Räber, 1828, 8°, 2,50 Mk.
Katholik 1828, Bd. 28, S. 221.

— öffentl. Schreiben an d. Hrn. Dr. Troxler, über d. von ihm verfaßte Schrift: Luzerns Gymnasium u. Lyceums. gr. 8. Luzern, Anich. 10 ℊ

Gügler, Aloys, nachgelassene Schriften. 1—3. Thl. gr. 12. Luzern 828—30, Anich.
A. u. d. Ttln.:
Thl. 1. Reden an studirende Jünglinge üb. Gegenstände höherer Bildung.
" 2. Christliche Reden bei feierlichen Anlässen.
" 3. Darstellung u. Erklärung d. heil. Schriften aus ihnen selbst. 2. Bd. Darstellung d. Bücher d. Neuen Bundes. 1. Hälfte.
(3. Thl. 1r Bd.) Darstellung d. Bücher d. Alten Bundes. 2 Hälften. Ebendas. 817. 18. 3 Thlr.

—— dass. — 4—6. Thl. gr. 12. Sarmenstorf 836, 37. (Regensburg, Manz.) *
A. u. d. Ttln.:
Thl. 4. Die Darstellung u. Erklärung d. heil. Schriften aus ihnen selbst. 2. Bd. 2. Hälfte. 2. Abthl. (24⅞ B.) * 2 Thlr.
" 5. Anfängliche Predigten, gehalten bei verschied. Anlässen an das christl. Volk. (16 B.) * 1 Thlr.
" 6. Hälfte 1. u. 2.
1. Hälfte. Privatvorträge üb. d. Evangelium d. heil. Johannes. (19 B.) * 1 Thlr. 3 Gr.
2. " Privatvorträge üb. d. Brief d. heil. Paulus an d. Hebräer u. die christl. Lehre d. h. Augustinus, sammt ein. Uebersicht d. heil. Bücher, vorzugl. d. alten Bundes. (12⅞ B.) * 20 Gr.

Gügler, Aloys, Einige Worte über den Geist des Christentums u. der Litteratur im Verhältnis zu den Thaddäus Müllerichen Schriften. Luzern 1810, 8°.

— s. Zeichen d. gegenwärt. Zeit.

— Ziffern d. Sphinx, od. Typen d. Zeit u. ihr Deuten auf d. Zukunft. gr. 8. Solothurn 810. (Felssecker in Nürnb.) 1 ℛ 8 ℊ

— — Ziffern der Sphinx oder Typen der Zeit und ihr Deuten auf die Zukunft. gr. 8. Solothurn. (Nurnberg, Felsecker.) 819.

Gügler, Joseph Heinrich Alois

Gügler, J. H. A. Darstellung der Bücher des neuen Bundes. Luzern 1828. H: *Widmer, Jos.* (AarK)

Gügler, J. H. A. Die Darstellung und Erklärung der Heiligen Schriften aus ihnen selbst. Luzern 1828. H: *Widmer, Jos.* (AarK)

Gügler, Joseph Heinrich Alois. Anfängliche Predigten ... Sarmendorf 1837. H: *Widmer, Joseph.* (Th)

Gügler, J. H. A. Christliche Reden bei feierlichen Anlässen gehalten. Luzern 1827. H: *Widmer, Joseph.* (AarK)

Gügler, J. H. A. Reden an studirende Jünglinge über Gegenstände höherer Bildung. Luzern 1827. H: *Widmer, Jos.* (AarK)

Gügler, J. H. A. Nachgelassene Schriften. Luzern 1827—28. H: *Widmer, Jos.* (AarK)

Guglia Dr. Eugen: Analekten zur deutschen Literaturgeschichte. Aufnahme französischer Schriftsteller in Deutschland in der 2. Hälfte des 18. und zu Anfang des 19. Jahrh. 26. Wien Ther. Ak. 01.
Progr.

Guglia, Eug., das Begräbniß des Schauspielers u. andere Novellen, s.: Collection Hartleben. 7. Jahrg. 14. Bd.

— Mein Buch v. der Stadt Venedig. (79 S. m. Abb. u. 7 Taf.) kl. 8. Wien (909). Gerlach & Wiedling.
Geb. in Leinw. 2. 50

Guglia, E., die konservativen Elemente Frankreichs am Vorabend der Revolution. Zustände u. Personen. gr. 8. (XV, 531 S.) Gotha 890. F. A. Perthes. n. 8. —

Eugen Guglia. Friedrich v. Gentz. Eine biogr. Studie. *[Wien]: Wiener Verl. 1901.* (XII, 307 S.) 8°

Guglia Eugen: Zur preußischen Geschichte. 1807 bis 1812.
II. 1882 PN 230 Diss. Wien, Univ. 670

Guglia, Eug., zur Geschichte einiger Reichsstädte in den letzten Zeiten des Reiches. Progr. gr. 8. (62 S.) Wien 893. (Leipzig, G. Fock.) n. 1. 20

Guglia, Eugen, Geschichte der Stadt Wien. Im Auftrage des Allgemeinen niederösterreichischen Volksbildungs-Vereines Zweig „Wien und Umgebung" verfaßt. Mit 83 Abbildungen. Vollständig in 10 Lieferungen. Gr.-8. 1. Lieferung. (S. 1–32) à – .15
— — Complet. Gr.-8. (VI, 306 S.) 1.—
In Lwd. geb. 1.25
Teschen: Prochaska 1892.

— Geschichte der Stadt Wien. Im Auftrage d. Allgemeinen niederösterreich. Volksbildungsvereins Zweig „Wien u. Umgebg." verf. gr. 8. (VI, 307 S. m. 83 Abbildgn.) Wien u. Prag 892. F. Tempsky. — Leipzig, G. Freytag.
n. 2. —; geb. in Leinw. n. 2. 50

— Leopold v. Rankes Leben u. Werke. 8. (424 S.) Leipzig 893. F. W. Grunow. n. 1. 50

Guglia, Eug., s.a. Liebhaber, der unglückliche.

LIEBHABER, Der unglückliche, oder Die tugendhafte Frau. Lustspiel in 4 Aufzügen. (Verfasser: Eug. Guglia.) Wien, C. W. Stern, 1903. 4°. 87 S.

— Kaiserin Maria Ludovica v. Österreich, s.a. Bibliothek, österreichische.

Guglia, Eug., Kaiserin Maria Ludovica v. Österreich (1787—1816). Nach ungedruckten Briefen. M. 6 Abb. 2., unveränd. [Titel-] Aufl. 8. (XI, 196 S.) Wien (894) 898. C. Graeser. n. 1.—; geb. n. 1.60

— Friedrich Mitterwurzer. gr. 8. (XV, 145 S. m. Bildn.) Wien 896. C. Gerold's Sohn. n. 3.—

— Nachtwandler. — Alter. — Festspiel. (IV, 77 S.) 4. Wien 903. C. W. Stern. n. 1.50

— noch e. Reise nach Italien. Tagebuchblätter. 8. (XII, 145 S.) Berlin 900. G. H. Meyer. n. 2.—; geb. n. 3.—

(B) Guglia, Eug., noch e. Reise nach Italien. 900. (KBB 31.) Jetzt: Berlin. F. Wunder.

— d. Wiener Stiftungen, s.: Mautner Ritter v. Markhof, Carl Ferd.

— Studien zur Geschichte d. V. Laterenconcils (1512—1517.) gr. 8. (34 S.) Wien 899. (C. Gerold's Sohn.) n. —80
Sonderabdruck aus: „Sitzungsber. d. k. Akad. d. Wiss."

— Studien zur Geschichte des V. Laterankonzils. Neue Folge. (50 S.) gr. 8. Wien 906. (A. Hölder.) n. 1.05
Sonderabdruck aus: „Sitzungsber. d. k. Akad. d. Wiss."

— Wien. Ein Führer durch Stadt u. Umgebg. Red. v. G. Mit 6 Karten, 11 Plänen u. 15 Grundrissen. (CXXXVIII, 427 S.) kl. 8. Ebd. 908. Geb. in Leinw. 7.—

Güglingen [Schlagwort]

Güglingen, s.: Württemberg. Höhenkurvenkarte.

Gugomo, Gottlieb Franz Frhr. v.

Gugomos, Frh. v. Die stehenden Armeen ein Bedürfniß der Staaten. München 1806. 106 S.

Gugomo, v., der Mensch im Unglück d. alle Alter u. Stände u. s. w. 8. München, Lindauer. 775.

Gugomos, v. Reise von Bucharest, der Hauptstadt in der Wallachei, über Giurgewo, Rustschuk durch Ober-Bulgarien bis gegen die Gränzen von Rumelien, und dann durch Unter-Bulgarien über Silistria wieder zurück, im Jahre 1789. Ein Fragment aus den militärisch-politischen Aufsätzen des kgl. baier. Major à la suite und Kammerherrn ...... Mit einem Titelkupfer und Originalplan der Schlacht bei Focza in der Wallachei; nebst einem besonders detaillirten Plan dieser Schlacht, zur nähern Einsicht, wie gegen die Türken manoevrirt werde.
8. Landshut 1812.

v. Gugomo's, Gli. Frz. Frhrr., Reise von Bucharest über Giurgewo, Rustschuk, durch Oberbulgarien bis gegen d. Grenzen von Rumelien ꝛc., im Jahre 1789. Mit Kpf. u. 2 Pl. 8. München 812. (J. Lindauer, a. Fleischmann). 1 ₰ 8 gl

Gugomos, Gottlieb Franz Frhr. v., s. Gugomo.

Gugot, A. H.: De naturali lacuum divisione. Dissert. inaug. Berlin. 1835. 8°.

Gugot, A. H.: Grundzüge der vergleichenden physikalischen Erdkunde in ihrer Beziehung zur Geschichte des Menschen. Deutsch von H. Birnbaum. Leipzig. 1851. 8°

(v. Gugy u. v. Grimoard.) Abhandlung über die Einrichtung der leichten Truppen und deren Gebrauch im Kriege. Mit einem Anhange von der Feldbefestigungskunst. Aus dem Franz. von L. S. v. Bronkenhoff. 8. M. 27 Tfln. Berlin 1785

Guhl, summarische Kirchengeschichte. Fortentwicklung d. Christenthums bis zur Gegenwart. 8. (60 S.) Aarau 876. Sauerländer. — 75

Guhl (Pfarrer in Wildhaus). Christl. Religionslehre. Leitfaden für den Confirmanden-Unterricht. 2. umgearb. Aufl. In-8°, 73 S. Zürich, Druck von J. Herzog. 1880. Cart. — 65

Guhl, Summarium des Religionsunterrichtes in Geschichte und Lehre. 1—4. Heft. 64, 35. 42 und 54 S. 8. Frauenfeld, J. Huber. cpl. 1.80 1877.

Guhl, Albert. Kennt das schweizerische Obligationenrecht einen inneren Unterschied zwischen passiver Korrealität und Solidarität? Diss. Jur. Leipzig, eingereicht von Baccal. iur. A' G', aus Steckborn.... XVIII + 231 S. 8. Strassburg i. E., Druck M. DuMont Schauberg (*Aufdruck: Bern, Komm. A. Francke), 1908. [fr. 3.50]

Guhl, August

Guhl, A., Schule u. Heer, s.a. Zeit- u. Streit-Fragen, deutsche.

Guhl, August, Schule u. Heer, Berlin 1881, 76 S., 8°.

Guhl A, Schule und Heer. (Zeit- und Streitfragen, Deutsche 159-60) Berlin 1882

Guhl, Ernst: Denkmäler der Architektur, s. Denkmäler.

— und Caspar, Denkmäler der Kunst, s. Denkmäler der Kunst.

Guhl, Ernst, der Dom zu Köln. Seine Geschichte, Beschreibung u. gegenwärtiger Zustand. [Abgedr. aus der 8. Lfg. der „Denkmäler der Kunst etc."] gr. 4. (VI u. 18 S.) Stuttgart 851, Ebner & Seubert. 8 ngl

Guhl, Ernest.. Ephesiaca. 8maj. (14½ B. u. 3 Stnt.) Berolini 843, Libr. Nicolai.

Guhl, Ernst, die Frauen in der Kunstgeschichte. Berlin 858. Guttentag. 16. (XXI, 288 S.) 1 ₰ 15 ngl

— der Krystallpalast zu Sydenham u. dessen Kunstsammlungen in geschichtlicher Uebersicht. Ein Vortrag, gehalten am 24. März 1855 im wissenschaftl. Verein zu Berlin. Berlin 855. Guttentag. 8. (42 S.) n. 6 ngl

—— Kunst und Künstler des 17. Jahrhunderts, s. Künstler-Briefe.

—— Künstler-Briefe, übers. und erläutert, s.a. Künstler-Briefe.

Guhl, Ernst. Künstler-Briefe. Uebersetzt und erläutert. Bd. I. 15. und 16. Jahrhundert. Bd. II. Kunst und Künstler des 17. Jahrhunderts. Berlin 1853, 1856. 8°.

Guhl, Ernst, Künstlerbriefe, übersetzt und erläutert. 2. umgearb. und sehr verm. Aufl. von Adf. Rosenberg. 2. Hälfte: Das 16. und 17. Jahrh. gr. 8. (X, 382 S.) Berlin 880, [Guttentag.] Brachvogel und Boas. *ℳ 10.; compl. * geb. *

1. Hälfte. Ebendas. 1879. *ℳ 8.

—— und Wilh. Koner, das Leben der Griechen und Römer nach antiken Bildwerken dargestellt. 1. Hälfte: Griechen. Lex.-8. (XV und 324 S. mit 317 in den Text gedr. Holzschn. Zeichnung und Schnitt von C. Baum.) Berlin 860, Weidmann'sche Buchh. *

—— dass. — 2. Hälfte: Römer. Lex.-8. (VI und 407 S. mit 211 in den Text gedr. Holzschn. Zeichnung und Schnitt von C. Baum.) Ebendas. 861. *

— und Wilh. Koner, das Leben der Griechen und Römer nach antiken Bildwerken dargestellt. 861. (XXI, 731 S.) — 2. verb. u. verm. Aufl. Mit 535 in den Text eingedr. Holzschn. Berlin 864. Weidmann. Lex.-8. (XVI, 770 S.) n. 4 ₰

Guhl u. Koner, Das Leben der Griechen u. Römer nach antiken Bildwerken dargestellt. Berlin 1867. 8°.

Guhl, E., u. W. Koner, das Leben der Griechen u. Römer. 3. Aufl. 12 Lfgn. gr. 8. (XVI, 805 S. m. eingedr. Holzschn.) Berlin 872. 73. Weidmann. à n. 1. —

Guhl, Ernst & Wilhelm Koner. Das Leben der Griechen und Römer nach antiken Bildwerken dargestellt. Vierte verbesserte und vermehrte Auflage Berlin. Weidmannsche Buchhandlung 1876
XVIII – 821 S. m. 554 Holzschn. 8°.
Erste Auflage 1860—1861

Guhl, Ernst, und Wilh. Koner, das Leben der Griechen und Römer, nach antiken Bildwerken dargestellt. 5. verb. und verm. Aufl. 13 Lfgn. gr. 8. (XX, 844 S. mit eingedr. Holzschn.) Berlin 881,82, Weidmann'sche Buchh. à Lfg. *ℳ 1. *

Guhl u. Koner, Leben der Griechen u. Römer. 6., vollständig neu bearb. Aufl., hrsg. v. Rich. Engelmann. Mit 1061 Abbildgn. 18 Lfgn. gr. 8. (XIV, 896 S.) Berlin 893. Weidmann. à n. 1. (kplt. geb. in Halbfrz.: n. 20.)

—— die neuere geschichtliche Malerei und die Akademieen. Mit einer Einleitung von F. Kugler. gr. 8. (XXXII und 221 S.) Stuttgart 848, Ebner und Seubert. *

Guhl, Ernst, s.: Schiller-Reden.

Guhl. Architektonische Studien in Spanien. I. Burgos. Mit einem Blatt Zeichnungen. (Besonderer Abdruck aus der Zeitschrift für Bauwesen, Jahrgang 1858). Berlin. 4°.

Guhl, Fr., Versuch über das Ionische Kapitäl. Ein Beitrag z. Geschichte der griech. Architektur. (Aus Crelle's Journal für Baukunst Bd. XXI. abgedr.) 4. Berlin 845, Reimer. ½ ₰

Guhl, Ernst, Vorträge und Reden kunsthistorischen Inhalts. Aus seinem Nachlasse. Berlin 863. Guttentag. gr. 8. (V, 144 S.) 1 ₰

Guhl, Eugen. Ein durch Osteoarthritis deformans juvenilis trichterförmig verengtes Becken. Diss. Med. Univ. Zürich. ([Mit 2 Abbildungen und 1 Doppel-Tafel mit Erklärung. Sep.-Abdr. aus:] Beiträge z. Geburtshilfe u. Gynäkologie Bd. 11.) *Kopftitel:* Aus der Universitäts-Frauenklinik Zürich. 20 S. 8. Leipzig, Georg Thieme, 1906.

Guhl, G[ottlieb]. Lücken-Quadrate. Rechen-Aufgaben zur Übung des Scharfsinns. Berechnet auf Basis der magischen Zahlen-Quadrate von G. G', Privatlehrer, Zürich III. [Mit Figuren.] 33 S. 8. Selbstverlag (Zürich, Buchdr. Berichthaus, 1904). fr. 1. 50

Lücken-Quadrate. Rechen-Aufgaben z. Übung d. Scharfsinns. Berechnet auf Basis d. magischen Zahlen-Quadrate von G. **Guhl**, Privatlehrer, Zürich. (Zürich): Selbstverl. [um 1904]. (33 S.) 8° 105. 509 7

Guhl, G[ottlieb]. Kleine Sammlung von Geduld-Spielen ‹Zahlenrätseln› berechnet auf Basis der magischen Quadrate. Von G. G' ... in Zürich III. 16 S. 8. (Zürich,) Selbstverlag des Verfassers (Buchdr. Berichthaus, 1903). fr. 1. —

Guhl, J., Pflanzen-Ornamente f. Furchen-, Flach-, Reliefschnitt, Tiefbrand u. Freihandzeichnen. Ein Lehrgang m. Anleitg. f. kleine u. grosse Liebhaber. (30 Bl.) 42×27,5 cm. Mit Text. (12 S. m. Abb.) Lex. 8. Leipzig (909). Seemann & Co. 6. —

Guhl, Theo, Bundesgesetz, Bundesbeschluss u. Verordnung nach schweizerisch. Staatsrecht. Vom schweizer. Juristenverein preisgekrönt. (111 S.) 8. Basel 908. Helbing & Lichtenhahn. 2. —

Guhl, Theo. Untersuchungen zu Art. 51 O. R. Diss. Jur. Bern. IV + 107 S. 8. Bern, Stämpfli & Cie., 1904.

Guhl, Th., Untersuchung üb. die Haftpflicht aus unerlaubter Handlung nach schweiz. Oblig.-Recht, s. a. Abhandlungen zum schweizerischen Recht. 1. Hft.

Guhl, Th[eo]. Untersuchungen über die Haftpflicht aus unerlaubter Handlung nach schweiz. Oblig.-Recht. IV + 124 S. 8. Bern, Stämpfli & Cie., 1904. [fr. 2. 40]
[Buch-Ausg., vermehrt durch einen § 8, der Diss. Jur. Bern des gleichen Verf.]
Abhandlungen zum schweizerischen Recht, hrg. von Dr. Max Gmür, Professor.... Heft 1.

Guhlen, Fritz Frhr. v.

Guhlen, Frhr. v., s. a.: Wartenberg, Karl v.

— sine ira et studio. Militärische Betrachtgn. (1900—1903.) 1.—3. Aufl. (VI, 288 S.) 8. Dresden (903. 905). H. Minden. n. 3.—; geb. n.n. 4.—

Guhlen, Fritz Frhr. v., die Sprengung des Dreibundes. gr. 8. (28 S.) Leipzig 899. F. Luckhardt. n. — 60

Gühler, H., zeitgemäße Anleitung zum lohnenden Betriebe der Bienenwirthschaft, s.: Schulz, O.

— Anweisungen f. Imker zur Ueberwinterung u. Vermehrung der Bienen, zur Behandlung der Honigstöcke u. Bekämpfung der Bienen-Faulbrut. 8. (80 S.) Oranienburg 886. Freyhoff. n. 1. —

Gühler, H., Anweisungen f. Imker. Lehr- u. Handbuch zum nützl. Betriebe der Bienenzucht in den erprobtesten Korb- u. Kastenwohngn., wie zur vernunftgemäßen Vermehrg. der Völker, Behandlg. der Honigstöcke u. Erzielg. e. hohen Reingewinnes. Mit Anh.: Verzeichnis der seit dem J. 1865 erschienenen bienenwirtschaftl. Litteratur. 2., neu bearb. Aufl. Mit 33 Abbildgn. 8. (VIII, 158 S.) Oranienburg 887. Freyhoff. 2. —

Ⓖ Gühler, H., Anweisungen f. Imker. 887. — Deutscher Honig. 886. (KBL 25.) Jetzt: Leipzig, Leipziger Bienenzeitung.

— deutscher Honig. Mittheilungen üb. Gewinng., Nährwerth, Untersuchg. u. Verwendg. desselben als Nahrungs- u. Medizinal-Hülfsmittel. 16. (32 S.) Ebend. 886. — 25

— deutscher Honig. Mitteilungen üb. Gewinng., Nährwert, Untersuchg. u. Verwendg. desselben als Nahrungs- u. Medizinal-Hülfsmittel. 7.—11. Aufl. 16. (31 S.) Ebd. 889. —25

Gühler, Karl Adolph

Gühler, Carl Ad., Anweisung zur Ausmittelung des Bedarfs an Futter u. Streumaterial für die Viehstände der größeren und kleineren Landwirthschaften, so wie zur Anfert. der stets unentbehrl. Futter- u. Stroh-Consumtions-Etats, mit Bezugnahme auf den diesjähr. Futter- u. Strohmangel. Ausgearbeitet im Sept. 1842. Lex.-8. Dresden u. Leipzig 843, Arnold. 1/4 ℛ

Gühler, Carl Adph., Erfahrungen über den zweckmäßigen und lohnenden Anbau der Runkelrübe als Ersatz für die Kartoffelfrucht, in Bezug auf die möglichst wohlfeile Ernährung unserer Viehstämme, mit einem Anhang, welcher eine Vergleichung der Futterwerths-Verhältnisse ländlicher Producte u. die Entwürfe der Etat's über Eintheilung und Verwendung derselben enthält. Mit 2 Steindrucktaf. Zittau 855. Pahl. gr. 8. (69 S. u. 2 Tab. in 4.) 15 ngr

Guhling, Georg Friedrich (Chemnitz), De barba deorum ex priscarum graecicae et latii maxime religionum monimentis. Präs. Johann Friedrich Guhling. Wittbg. (Wwe. Gerdes) 1725. 16 S. (5.50) 12269

— — **De caussis barbae deorum ex priscarum Graeciae et Latii maxime religionum monimentis.** Präs. Johann Friedrich Guhling. Wittbg. (Wwe. Gerdes) Nov. 1725. 16 S. (5.20) 12270

Gühling, Jh. Fr., († 1772.) theolog. Abhandl. von d. geistlichen Bosheit rc. 4. Chemnitz 763. (André in Leipz.) 4 gr

Gühling, J. F., von der geistlichen Bosheit. 4. Chemn. St. Sel. 765.

— Etwas z. Historie der Emigranten a. Salzburg. 4. Ebend. 732.

— s. 1) J. J. W. Jerusalem's Beantwort. d. Frage rc. 2) Jh. Wch. Mehlig, Prüfung d. Anmerkk.

— **Jo. Friedrich** (Chemnitz), De autographis veterum. Präs. Jo. Wilhelm Berger. Wittbg. (Wwe. Gerdes) Febr. 1723. 35 S. (6.—) 12271

— — **Gregorii P. R. literas ad patriarcham Jacobitarum cum aliis, ex membrana vetusta edit pariterque viro Johann Jacob Stranz diem 4. ante non. novemb. 1757 ipsi festum, quo ministerii sui sacri per 50 annos fel. exacti vota . . gratul.** Chemnitz (Stoessel). 12 S. (4.—) 12272

Gubling, J. F., de lingua Lycaonica a Pelasgis Graecis orta. Viteb. 1726. 4; rep. in Ikenii thes. dissertt. 2. p. 657—61.

Gubling, J. F., de locutionibus sacris, e palaestra Graecorum petitis. Ibid. 1726. 4.

Guhling, J. F., de Paulo Mercurio a Lystrenis vocato. Viteb. 1726. 4.

Guhlke, Max, im Frühlicht. Gedichte. (VIII, 88 S.) 8. Dresden (907). E. Pierson. 1.50; geb. n 2.50

— Religion u. Volksseele. Studie. (60 S.) kl. 8. Leipzig 908. Verlag f. Literatur, Kunst u. Musik. 1.50

Gühloff, Otto [aus Frankfurt a. d. Oder]: Der transcendentale Idealismus J. G. Fichtes . . . . Halle, *K. Hofbuchdr. Trowitzsch & Sohn in Frankfurt a. O.*, 1888; 48 S. + 1 Bl. 8°
Halle, Phil. Fak., Inaug.-Diss. v. [17. Jan.] 1888

Gühloff, Otto, der transcendentale Idealismus J. G. Fichtes. Diss. Halle 1888, Lippertsche Buchh. 8°. 48 S.

Gühmann, A., der Zobten. Ein Beitrag zur Kenntniß der Heimath u. Führer nach dem Berge. 8. (VIII, 87 S.) Zobten am Berge 886. Gühmann. n. —50

Gühmann, Paul *(geb. Breslau 23. 9. 1857)*: Die Kalkverletzung des Auges. Breslau (1884). (70 S.) 8° *[Im Buchhandel 1884 bei Köhler in Breslau.]*
Breslau, Med. Diss. v. 2. Aug. 1884

Guhn-Mohn, Helmuth, Graumulus od. Das Salzfaß. Eine Dressurparodie in 4 Aufzügen. (V, 145 S. m. 2 Taf.) 8. Dresden (906). E. Pierson. n. 2.—

Gühne, *Bernhard* [Oberl. Dr.]: Abriss der Geschichte der Elektrizität. Dresden, Druck v. C. Heinrich (1890); S. 3—29; 4°
Dresden, Neustädter RG, OP 1890

Gühne, B., Abriss der Geschichte der Elektricität. gr. 4. (29 S.) Dresden 890. (v. Zahn & Jaensch.) n.n. 1.20

Gühne, Bernhard (Malkwitz b. Dahlen), Über Hobbes naturwissenschaftliche Ansichten und ihren Zusammenhang mit der Naturphilosophie seiner Zeit. Diss. philos. Lpz. Dresden (B. G. Teubner) 1886. 79 S. mit Biogr. (5.50) 12117

Guhr, Carl, s. Guhr, Karl

Gühne, K. Gli., d. Notariat in Frankreich, mit Bemerkk. d. Abänderungen u. Zusätze; d. Westphälische Notariats-Ordnung. Halle 808. (anonym). 2e Aufl. Ebd. 810, Kümmel. 14 gr

Guhr, Erwin: Konrad der Rüde. ‹Der Komtur.›
Ein Schauspiel in 5 Aufz. von —.
Berlin-Leipzig: C. Wigand 1909. 111 S. 8°

Guhr, Erwin, Konrad der Rüde. (Der Komtur.) Ein Schauspiel in 5 Aufzügen. (111 S.) 8. Leipzig 909. Modernes Verlagsbureau. 2.—

Guhr, Fr. Hr. Fl., Aufgaben fürs Tafelrechnen üb. d. 5 Species gleich benannter Zahlen. 8. Oels 833. (Breslau, Pelz.) 1/12 ℛ

Guhr, Fr. Hr. Fl., Katechismus d. Singekunst, od. erster Elementarunterricht in d. Gesanglehre. In gedrängter Kürze bearbeitet. 4. Militsch 828. (Hentze in Bresl.) 3 gr

— d. Unentbehrlichste f. kleine Rechnen-Schüler zum Auswendiglernen. 2e verm. Aufl. 8. Militsch 828. (Hentze in Bresl.) 1½ gr

Guhr, Carl. Ueber Paganini's Kunst die Violine zu spielen. Mainz (1829).

Guhr, C., über Paganini's Kunst d. Violine zu spielen, e. Anh. zu jed. bis jetzt erschien. Violinschule, nebst e. Abhandl. üb. d. Flageoletspiel in einfachen u. Doppeltönen etc. Fol. (9¼ B. u. Paganini's Bildn.) Mainz 830, Schott's Söhne.

Guhra, Peter

Guhra, P., method. Unterricht im Schönschreiben. Für Elementarschulen. .. Lissa 840. Günther. 1/3 ß

Guhra, P., kalligraphische Vorlegeblätter. 3 Hefte. Englische Schrift. 4. Breslau 878, Günther. [Gnesen, Lange.]
1. und 2. Heft à
3. Heft

Erschien auch mit polnischem Text zu gleichen Preisen.

Guhra, P., kalligraphische Vorlegeblätter. 3 Hefte. Deutsche Schrift. 4. Breslau 874, Günther. [Gnesen, Lange.]
1. und 2. Heft à
3. Heft

Guhra, P., kalligraphische Vorlegeblätter zum methodischen Schreibunterricht in Elementar-Schulen. Auch zum Privat- und Selbst-Unterricht eingerichtet. 1. u. 2. Heft. Deutsche Current-Schrift. qu. Lex.-8. Lissa u. Gnesen 841, 42, 45, Günther. à 1/2 ß

— dies. 1. u. 2. Heft. Englische Schrift. qu. Lex.-8. Ebend. 842, 45. à 1/3 ß

Guhra, Pet., kalligraph. Vorlegeblätter zum method. Schreib-Unterricht in Elementar-Schulen. Auch zum Privat- u. Selbstunterricht eingerichtet. Deutsche Current-Schrift. 1. Hft. 2. Aufl., u. 2. Hft. qu. Lex. 8. (15 u. 14 lith. Bl.) Lissa 848, Günther. à 1/3 ß — 3. Hft. qu. gr. 4. (15 lith. Bl.) Ebd. 848. 1/2 ß (3 Hfte. 1 1/6 ß)

— dies. Engl. Schrift. 1. u. 2. Hft. qu. Lex. 8. (16 u. 14 lith. Bl.) Ebd. 848. à 1/3 ß — 3. Hft. qu. gr. 4. (16 lith. Bl.) Ebd. 849. 1/2 ß (3 Hfte. 1 1/6 ß)

Guhrau [Schlagwort]

Guhrau. s.: Breslau. Reg.-Bez. — Kreiskarten.

Guhrauer, Adolf, Referendar: Eigene Aktien im Besitz der Aktiengesellschaft. (Berlin 1909: Pinkowitz.) VIII, 38 S. 8°
Jena, Jur. Diss. v. 27. April 1909, Ref. Fehr
[Geb. 2. Febr. 87 Berlin; Wohnort: Berlin; Staatsangeh.: Preußen; Vorbildung: Askan. Gymn. Berlin Reife M. 05; Studium: Berlin 1, Heidelberg 1, Berlin 1, München 1, Berlin 2 S.; Rig. 12. März 09.] [U 09. 3089

Guhrauer, Friedrich, [von Ohlau. Preussen]: Studien über den Zersetzungsprozess schwefelsaurer Eisenoxydullösungen bei Siedhitze. Zür. Zürcher u. Furrer Dr. 1872. 29 S., 1 Bl. 8°.
Zürich. Phil. Diss. [v. 16. Dec. 1872].

Guhrauer, Gottschalk Eduardus

— s. Bodinus, J., das Heptaplomeron.

Guhrauer, Gottschalk Ed. (Bojanowo/Posen), Leibnitii de unione animae et corporis doctrina. Diss. philos. Bln. (Nietack) 12. IX. 1835. 48 S. mit Biogr. (6.—) 12273
Oppon.: M. B. Lessing. I. Seemann, I. Bernhard. — Gew.: M. L. E. Simmel.

— Lessing's Erziehung des Menschengeschlechts kritisch und philosophisch erörtert. — Eine Beleuchtung der Bekenntnisse in W. Körte's: Albrecht Thaer. gr. 12. Berlin 841, Hirschwald. 3/4 ß

Guhrauer, G. E., das Heptaplomeron des Jean Bodin. Zur Geschichte der Cultur und Literatur im Jahrhundert der Reformation. Mit einem Schreiben an den Herausgeber von A. Neander. gr. 8. Berlin 841, Eichler. 1 3/4 ß

Guhrauer, G[ottschalk] E[duardus]: De Joachimo Jungio. Vratislaviae: E. Trewendt (1846). (40 S.) 8° *[Buchausg. ebenda; Vorarb. zu d. Verf.: „Joachim Jungius und sein Zeitalter". Stuttg. u. Tüb. 1850.]*
Breslau, Phil. Fak., Antr.-Progr. als außerord. Prof. v. 17. Juni 1846

Guhrauer, G. E., Joachim Jungius u. sein Zeitalter. Nebst Goethe's Fragmenten über Jungius. gr. 8. (XII u. 384 S.) Stuttgart 850, Cotta. 2 ß

Guhrauer, G. E., Kur-Mainz in der Epoche von 1672. 2 Thle. gr. 8. Hamburg 839. Fr. Perthes. 3 5/6 ß

Guhrauer, G. E., G. E. Lessing's Leben und Werke, s. Danzel, Th. W.

— Gottfried Wilhelm Freiherr v. Leibnitz. Eine Biographie. 2 Thle. Mit dem Bildnisse und einem Facsimile von Leibnitz. 8. Breslau 842, Hirt. 4 ß

— dass. 2 Thle. Zu Leibnitzens Säcular-Feier. Mit neuen Beil. u. e. Register u. dess. Bildn. 8. Ebend 846. n. 2 2/3 ß

— dass. Nachträge für die Besitzer der Ausgabe von 1842. 8. Ebend. 846. n. 1/3 ß

– (Hrsg.), s. Leibniz, Gottfried Wilhelm: Animadversiones ad Cartesii principia philosophiae.

— s. Leibnitz, deutsche Schriften. — Dess. Dissertation de principio individui.

Guhrauer, G. E., Gotthold Ephraim Lessing, s.: Danzel, Th. W.

Guhrauer, G[ottschalk] Eduardus: Quaestiones criticae ad Leibnitii opera philosophica pertinentes. Vratislaviae (1842). (35 S.) 8° *[Im Buchhandel 1842 bei Hirt in Breslau.]*
Breslau, Phil Fak., Hab.-Schr. v. 23. Juli 1842

—— Quaestiones criticae ad Leibnitii Opera philosophica pertinentes. 8maj. (3 1/4 B.) Vratislaviae 842, Hirt, Verl. *

— die Weissagung von Lehnin. Eine Monographie. gr. 8. (IV u. 227 S.) Breslau 850. Scholz. 24 ngr

Guhrauer, Heinrich [Dir.]: Antigone und Ismene. E. Studie. (Vortrag.) Wittenberg, F. Wattrodt, 1896; 13 S. 4.
Wittenberg, G, OP 1896 (261)

Guhrauer, Heinrich, Direktor: Die Aufgabe des Gymnasiums in der Gegenwart. Wittenberg 1906: F. Wattrodt. (S. 3—13.) 4°
Wittenberg, Melanchthon-G OP 1906 (312)

Guhrauer, *Carl Berthold* Heinrich [Dir.]: Bemerkungen zum Kunstunterricht auf dem Gymnasium. Wittenberg, Buchdr. v. F. Wattrodt, 1891; S. 3—16; 4°
Wittenberg, G. OP 1891 (251)

— Bericht über die Erscheinungen auf dem Gebiete der antiken Musik von 1881—1884. S.-A. 1885. 85 S.

Guhrauer, *Heinrich* [Dir.]: *Bericht über die Feier des vierhundertjährigen Geburtstages Philipp Melanchthons.* Wittenberg, Buchdr. v. F. Wattrodt, 1897; 9—10 S. 4.
Wittenberg, Melanchthon-G, OP 1897 (264)

—: Etwas von altgriechischer Musik. 19 S. 4.
Progr. Melanchthon-Gymn. *Wittenberg* 1909 (345).
I. Die Quellen. II. Die Musikinstrumente. III. Gesang.

Guhrauer, Heinrich: Etwas von altgriechischer Musik. Wittenberg (1909): Wattrodt. 19 S. 4°
Wittenberg, Melanchthon-G OP 1909 (345) [S 09. 150

Guhrauer, H[einrich], Dir: [**Feier** der Einweihung der Gedenktafeln für die 1866 71 fürs Vaterland gefallenen Schüler des Melanchthon-Gymnasiums.] *Wittenberg 1899: F. Wattrodt.* (S. 9 10.) 4°
Wittenberg, Melanchthon-G, OP 1899 (268)

Guhrauer, H., Zur Frage der Mehrstimmigkeit in der griechischen Musik. S.-A. s. a. 20 S. 1.—

Guhrauer, H[einrich], Dir.: Zu Bismarcks **Gedächtnis.** (Drei Ansprachen, gehalten am 1. Apr. 1895 zu Bismarcks achtzigstem Geburtstage, im März 1897 bei d. Hundertjahrfeier Kaiser Wilhelms, u. am 2. Aug. 1898 bei d. Trauerandacht.) *Wittenberg 1899: F. Wattrodt.* (S. 3—12.) 4°
Wittenberg, Melanchthon-G, OP 1899 (268)

Guhrauer, [Heinrich], Dir.: Zum **Gedächtnis** eines in China fürs Vaterland gefallenen Schülers (Alfred Friedrich). *Wittenberg 1902: F. Wattrodt.* (S. 59—61.) 4°
Wittenberg, Melanchthon-G, OP 1902 (281)

Guhrauer, H[einrich]: Zum **Gedächtnis** der fürs Vaterland gefallenen Schüler des Melanchthon-Gymnasiums. *Wittenberg 1898: F. Wattrodt.* (3- 28 S. mit Taf.) 4°
Wittenberg, Melanchthon-G, OP 1898 (266)

Guhrauer, H. Zur Geschichte der Aulodik bei den Griechen. 16 S.
Progr. *Waldenburg* 1879.

Guhrauer. *Heinrich* Musikgeschichtliches aus Homer. I. 4 (24 S.) **Progr.** Ev. G. *Lauban* 1886 (178)

Guhrauer, Heinr., Musikgeschichtliches aus Homer. I. gr. 4. (24 S.) Leipzig 886. Fock. n. — 90

Guhrauer, Heinr., der Pythische Nomos. Eine Studie zur griech. Musik-Geschichte. [Aus: „Jahrb. f. class. Philol. 8. Suppl.-Bd."] gr. 8. (45 S. m. 1 Tab. in qu. 4.) Leipzig 876. Teubner. n. 1. 20

Guhrauer, Heinrich: Altgriechische **Programm-Musik.** Wittenberg 1904: Fr. Wattrodt. (12 S.) 4°
Wittenberg, Melanchthon-G OP 1904 (300)

Guhrauer, *Carl Berthold Heinrich* [Dir.]: *Rede bei der Trauerfeier für den Direktor Albert Rhode, gest. d. 30. Juni 1890.* Wittenberg, Buchdr. v. F. Wattrodt, 1891; S. 31—35; 4°
Wittenberg, G, OP 1891 (251)

Guhrauer, H. s.a. **Wandgemälde, die, in der Aula des Melanchthon-Gymnasiums zu Wittenberg.**

Guhrauer, Heinrich [Dir.]: **Das Wandgemälde in der Aula des Gymnasiums zu Wittenberg. Festrede geh. am 10. Nov. 1893.** Wittenberg, Buchdr. v. F. Wattrodt, 1894; 14 S., 1 Taf. 4.
Wittenberg, G, OP 1894 (258)

Das **Wandgemälde** in der Aula des Melanchthon-Gymnasiums zu Wittenberg. (Verf.: H[einrich] **Guhrauer.**) Mit 1 Erl.-Taf. *Wittenberg: P. Wunschmann 1902.* (14 S.) 8°
Erschien zuerst als Progr. d. Melanchthon-Gymn. 1897. [03. 1903 3

Guhrauer, Karl Berthold Heinrich, s. Guhrauer, Heinrich

Guht, August, Gerichtsassessor: **Mißhandlung Untergebener nach Militärstrafrecht.** Borna-Leipzig 1908: R. Noske. (X, 82 S.) 8° [F.]
Heidelberg, Jur. Fak., Ref. v. Lilienthal, Diss. v. 1908
[Geb. 21. Jan. 78 Wetzlar (Lahn); Wohnort: Wetzlar; Staatsangeh.: Preußen; Vorbildung: Gymn. Wetzlar Reife O. 97; Studium: Gießen 1, Berlin 1, Heidelberg 2, Marburg 2 S.; Rig. 8. Nov. 07.]

Guht, Aug., Mißhandlung Untergebener nach Militärstrafr. (Diss.) (X, 82 S.) gr. 8. Berlin 908. H. Bahr. nn 1. 80

Gui de Cambrai, Barlaam und Josaphat, s.a. Bibliothek des litterarischen Vereins in Stuttgart LXXV.

Gui v. Cambrai, Balaham u. Josaphas. Nach d. Handschriften v. Paris u. Monte Cassino hrsg. v. Carl Appel. (LXXXIV, 468 S.) gr. 8. Halle 907. M. Niemeyer. 14. —

Guia, pequeño, homeopático, s.a. **Bruckner,** Th.

Guia homeopático, pequeño, para el tratamiento de las enfermedades mas comunes. Obra extractade de la „Medicina homeopática domestica" escrita en aleman por el Th. Bruckner, trad. al español, corregida y notablemente aumentada por el Paz Alvarez, por un médico homeópata español. 3. ed. 8. (XII, 84 S.) Leipzig 875. Schwabe. n. 1. —

Guia de Zurich, Suiza. Publicada por la Officina de los Extranjeros. 8. Zürich 1890.
Mit Illustrationen und 1 Plan.

Guiard, Hugo, s.a. **Katalog d. Bibliothek d. Vereins f. d. Geschichte Berlins.**

[F.] Katalog der Bibliothek des Vereins für die Geschichte Berlins. Bearb. v. Hugo **Guiard.** *Berlin: E. S. Mittler & Sohn 1896.* (XXIII, 285 S.) 1 Bd 8. [96. 4637

ERSTER NACHTRAG ZU DEM KATALOG der Bibliothek des Vereins für die Geschichte Berlins. Bearbeitet von HUGO GUIARD. Berlin 1907. Gedruckt in der Königlichen Hofbuchdruckerei von E. S. Mittler & Sohn. 8°.

Guiard, H., Verzeichniß der Bücher-, Karten- u. Bilder-Sammlungen des Vereins für die Geschichte Berlins, s.: **Alfieri, L.**

Guiard, H. (Hrsg.), s. Verzeichnis der Büchersammlung etc. d. Vereins f. Geschichte.

Guiard, Jacob

Guiard, J., Christus, d. Stifter d. Reiches Gottes. Zwei christl. Schriften f. denk. Freunde d. Herrn. 8. (5½ B.) Königsberg i. d. Nk. 840, Windolff u. Striese.

Guiard, Jac. De ea, qua nunc est, latine scribendi artis condicione. 26 S.
Königsberg, Neum., Progr. 1843

Guiard, J. De religionis et theologiae confinio. 17 S. . . .
Progr. Königsberg in d. Rmk. 1837

Guiard, Jac. Einige Gedanken über die behauptete Nothwendigkeit den Unterricht in den alten Sprachen zu beschränken. 16 S. .
Königsberg, Neum., Progr. 1849

Guiard, J. De Ciceronis philosophi in cives suos meritis. 19 S.
Progr. Königsberg in d. Rmk. 1832

Guiard, J. De religionis in gymn. docendae via et ratione. 18 S. Progr. Königsberg in d. Rmk. 1826

[F.] Guiard, Paul: Der botanische Unterricht auf dem Gymnasium. Dramburg, Druck v. W. Schade & C., 1894; 3—20 S. 4.
Dramburg, k. G, P 1894 (134)

Guiardinus. Bruchstücke eines lateinischen Tugendspiegels. Erlangen 1908 s. Werner, Jacob. Guiardinus....

Guibal, G., trois Conférences strasbourgeoises, s. Sabatier, A.

Guibert, J., die Seele des Menschen, s.: Wissenschaft u. Religion. 3. Hft.

Guibert, Jacques Antoine Hipolyte Comte de.

v. Guibert, Grf., Denkschrift auf Friedrich d. Großen, mit Anmerkk. von Jh. R. Bischoff. gr. 8. Leipz. 787. (W. Vogel). 12 gl Schrbp. 16 gl

Guibert, Jacques Antoine Hippolyte de, Eloge du roi de Prusse. Berlin 1787. 12.

— Elogia di Federigo II., scritto in francese, e liberamente recato in Ital. da Mr. Capece-Latro. 8maj. Berl. 831. Krause. 1 ℛ

Guibert, Elogio di Federigo II, re de Prussia. Scritto in francese del Signor Guibert e liberamente recato in italiano da Monsignore Capece-Latro, arcivescovo di Tarento. 1831. gr. 8. Halle, Colditz'sche B. 1 ℛ

Guibert, I. A. H., Journal d'un Voyage en Prusse et en Allemagne précédé de sa vie p. Toulongeon. II Vol. avec grav. 8. Strasb. Treutel et W. 802.

— Lobschrift auf Friedrich II. z. aus d. Französ. v. Jh. R. Bischoff. 8. Leipz. 787, (W. Vogel). 12 gl Schrbp. 16 gl

— Dieselbe, aus d. Französ. v. J. F. Zöllner. 8. Berl. 788. (Rein in Leipz.) 12 gl Holl. Pap. 16 gl

(Guibert, J. A. H. Comte de.) Observations sur la constitution militaire et politique des armées de S. M. Prussienne. N Ausg. En Suisse 1778. 8°. (1. Ausg. 1777.) (Verm. Jähns.)

Guibert, ..., Reisen durch e. großen Theil Deutschlands; frei aus d. Französ. übers. 8. Hamb. 805. (Herold jun.) 8 gl

Guibert, Jacques Antoine Hipolyte Comte de. Versuch über die Taktik . . . a. d. Franz. . . . Dresden 1774. Ü: *Walther, Conrad Salomon.* (Ky) (MGT) (Kläbe, Gel. Dresden. Leipz. 1796.)

— Versuch über d. Taktik; aus d. Französ. (von K. S. Walther). 2 Thle. Mit Kpf. gr. 8. Dresd. 774. Walther. 3 ℛ

Guibert, J. A. H. C. de. Zustand des heutigen Europa; a. d. Franz. 17?? Ü: *Beroldingen, Joseph Anton Siegmund Freiherr von.* (MGT)

de Guibert. Ueber den gegenwärtigen Zustand der Kriegswissenschaft und Politik A d Franz 8 Leipzig 1775

Guibert, V., die seit 1880 in die Therapie eingeführten Arzneistoffe, s. Hagen, Rich.

Guibourt, N. J. B. G.: Pharmaceutische Warenkunde, aus d. Franz. übers. von G W Bischoff. Abth. 1–3. Nürnberg 1823–27
1. 1823.
2. 1824.
3. D. Neuste aus d. Gebiete d. Pharmacognosie bearb. von Th. W. C. Martius. 1830.

Guibourt, N. J. B. G., pharmaceut. Waarenkunde, mit Berücksicht. d. neuesten Entdeckn., nach d. 2. Orig.-Ausg. f. d. Besitzer d. deutschen Uebersetz. bearb. v. Th. W. C. Martius. 3. Abthl. — A. u. d. T.: Martius, das Neueste a. d. Gebiete d. Pharmacognosie. gr. 8. (34¼ B.) Nürnberg 830, Schrag.
1. u. 2. Abthl. Ebendas. 1823, 24., ebdas Pr. 8 Thlr.

Guicciardini, Francesco, s. Guicciardini, Luigi

Guicciardini, Luigi

Guicciardini's Geschichte von Italien, s.: Bibliothek der neueren Geschichte, 1. Thl.

Guicciardini, Fr. Geschichte Italiens a d Ital von G Forberger fol Basel 1574. übers von Ed. Sander 3 Bde (c 120 B) 8. Darmstadt 1843 47 22,50.

—— dass. 2 Thle. Zu Leibnitzens Säcular-Feier. M. neuen Beilagen u. 1 Register. 8. (51⅜ B., L's. Bildn. u. 2 Facsim.) Ebds. 846. *

—- dass. Nachträge. Für die Besitzer d. Ausg. v. 1842. 8. (6½ B.) Ebds. 846. *

Guicciardini, Luigi (falsamente Franc.) Il sacco di Roma et la capitolazione fra Clemente VII e Carlo V, libri duo 12 Parigi 1664 8. Colonia (Luca) 1756 2a ed 8 ib. 1758

Guicciardini, Francesco, gentiluomo fiorentino. Della storia d'Italia. Libri XX. (2 Bde.)

Guicciardini, Franc., Istoria d'Italia, alla miglior lezione ridotta dal Giov. Rossini. 10 Vol. in 8gr. Pisa. (Vienna, Volke.) 819—820. Carta Velina.

Guichard, A., Tanz-Album. 3. Aufl. 16. (32 S.) Berlin 890. Plahn. geb. m. Goldschn. n. — 40

Guichard, A. C., d. Familiengericht, od. Unterricht von d. Gerichtsbarkeit dieses in Westfranken angeordneten Tribunals 2c. 1r Thl. 8. Straßb. 792. Akad. B. 1 ℛ

— s. Gesetzbuch f. d. Friedensgerichte.

Guichard, Charles

Guichard, Ch., mémoires crit. et hist. sur plusieurs Points d'Antiquités militaires. IV Tom. av. fig. gr. 8. Berl. Spener. 774. Rthlr.

Guichard, E., die Harmonie der Farben. 1296 Zusammenstellungen von Farbenverbindungen für die Kunst- u. Textil-Industrie, für dekorative Zimmerausstattungen, Kostüme u. Toilette. Autoris. deutsche Ausg. Mit deutschem Text von G. Krebs. 18 Lfgn. Fol. (à 8 Chromolith. m. 1 Bl. Text.) Frankfurt a/M. 881. 82. Rommel. à n. 4. —

Guichard, E., die Harmonie der Farben. Zusammenstellungen v. Farbenverbindgn. f. das decorative Kunst-Gewerbe. Kleine Ausg. Fol. (116 Taf. m. 4 S. Text.) Frankfurt a/M. 892. W. Rommel. In Mappe. n. 20. —

Guichard, Friedrich: Über die Chlorphosphine der aliphatischen Reihe. *Rostock 1897: Adler's Erben.* (60 S.) 8° Rostock, Phil. Diss. v. [11. Mai] 1897

Guichard de Beaulieu

Le Sermon de Guischart de Beauliu (Guichard de Beaulieu). Éd. crit. de tous les ms. connus. Avec introd. Par Arvid Gabrielson. Uppsala: Akad. Bokh.; Leipzig: Harrassowitz [1908]. LXVIII, 70 S. 8°
(Skrifter utg. af K. Humanist. Vetenskaps-Samfundet i Uppsala. Bd 12, H. 5.)
[10. 8393

Guida amministrativa e commerciale di **Fiume**, dell'Istria e della Dalmazia, congiuntivi gli almanacchi per l'anno 1899. Anno II. Lex.-8. (48, 88 u. 80 S.) Triest (F. H. Schimpff). Kart. n.n. 3. —

— amministrativa e commerciale di Gorizia e provincia, congiuntivi gli almanacchi per l'anno 1899. Anno XXIV. Lex.-8. (48 u. 119 S.) Ebd. Kart. n.n. 1.40

— amministrativa e commerciale Istriana e Dalmata, congiuntivi gli almanacchi per l'anno 1899. Anno XXII. Lex.-8. (48, 84 u. 80 S.) Ebd. Kart. n.n. 1.40

Guida di Bellinzona. Bell' 1909 s. (Pometta, Eligio, [e] Jäggli, Mario).

Guida del cristiano per la via della sua santificazione ossia manuale di scelte preghiere e considerazioni proposto ai cattolici cristiani. 32. (489 S. m. 2 Chromolith.) Einsiedeln 883. Benziger. — 65

— dei dintorni di Trieste. (Società alpina delle Giulie.) (V, 240 S. m. 52 Taf. u. 5 Karten.) kl. 8. Ebd. 909. Geb. nn 3. —

Guida di Firenze e d'altre città principali della Toscana. 2 vol. con vedute, piante e Carte geografiche. 12. Firenze. (Vienna, Volke.) 820.

— generale. 1902. Vol. I e II. gr. 8. Ebd. Kart. n. 15. —
I. Trieste. (816 S.) n.n. 8. —
II. Dalmazia, Fiume-Sussak e porti orientali del Quarnero, Gorizia, Istria, Trentino. (716 S.) n.n. 7. —

Guida generale. Vol. I e II. gr. 8. Triest (F. H. Schimpff). Kart. n.n. 16. —
I. Trieste Annata XIII. (891 S.) 906. n.n. 10. —
II. Goriziano, Istria, Dalmazia. (510 S.) 903. n.n. 6. —

Guida generale. Vol. II. Dalmazia, Fiume e porti orientali del Quarnero, Goriziano ed Istria. Annata XVII. 1910. (598 S.) Lex. 8. Triest (M. Quidde). Geb. in Halbleinw. nn 8. —

Guida generale amministrativa e commerciale di **Trieste**, il Goriziano, l'Istria, Fiume e la Dalmazia, compilata da Luigi Mora. Anno III—1896. 2. voll. gr. 8. (V, 36, 212 u. XXI, 142, 80, 60, 42 u. 56 S. m. farb. Plan v. Triest.) Gorizia 895. Triest, F. H. Schimpff. Geb. in Halbleinw. n.n. 5. —; in Leinw. n.n. 6. —

— generale per Trieste, il Goriziano, l'Istria, Fiume e la Dalmazia. 1898. Lex.-8. (1150 S. m. 1 farb. Plan.) Triest 898. F. H. Schimpff. Geb. n.n. 7. —

— generale per Trieste, il Goriziano, l'Istria, Fiume e la Dalmazia. 1899. Lex.-8. (1000 S. m. 1 farb. Plan.) Triest (F. H. Schimpff). Geb. n.n. 7. —

— illustrate del Trentino. Nr. I—III. 8. Trient, G. Oberosler. n. 2.40
I. Oberosler, G., Trento. Passeggiate e gite nei dintorni, escursioni a Pergine, Levico, Roncegno ecc., ai laghi di Toblino, Caldonazzo, Molveno e della serraia, salite alpine, con 29 incisioni in autotipia, pianta della città, carta di Trento e regione limitrofa. (XII, 75 S.) 901. n. 1. —
II. Oberosler, G., Valsugana. Guida ai bagni di Roncegno, Levico e Sella. Escursioni ai laghi di Caldonazzo, della Serraja e di Levico; al lago Santo e delle Piazze; alle piramidi di Segonzano, a Lavarone, Pinè e Sella. Salite alpine sulla Cima Dodici, sul Fravort, sulla Marzola, sul Celva, sul Cimirlo ecc. Con 34 incisioni in fototipia, e carta della Valsugana e regioni limitrofe. (V, 74 S.) 903. n. 1. —
III. Oberosler, G., Bagni di Roncegno. Passeggiate, gite nei dintorni e alle grotte delle acque minerali; escursioni a Borgo, Sella, Livico, Lavarone, al lago di Caldonazzo ecc., salite alpine, con 11 incisioni in autotipia, carta delle linee ferroviarie d'accesso, e panorama di Roncegno. (24 S.) 902. n. — 40

Guida di Monaco con completo catalogo delle due Pinacoteche della Glittoteca, della Galleria di Schack e del Museo di Schwanthaler. Con 12 incisioni (in Stahlst.) ed 1 (lith.) planta della città (in qu. 4.) 16. (VI, 154 S.) München 872. Manz. n. 2. 40

— di Napoli e dintorni, s.: Woerl, manuali.

— nuova, illustrata di Trieste e suoi dintorni. Con 20 incisioni, la nuova pianta di Trieste ed un piano dell' Arsenale del Lloyd. 2. ed. 12. (VII, 72 S.) Triest 891. J. Dase. Kart. n. 2. —

— nuova, pratica illustrata di Trieste e dintorni. Con escursioni a Miramare, Opcina, Portorose, Sistiana, Duino, Grado, Aquileja, Adelsberg e S. Canziano e la pianta delle strade con le nuove indicazioni. V. ed. migliorata. (39 S.) 8. Ebd. (904). n. 1. —

Guida, nuova, di Trieste e del suo territorio, illustrata con 15 vedute con una nuova pianta stradale della città ed un piano topografico dell' Arsenale del Lloyd. 8. (IX, 60 S.) Triest 882. Dase. cart. n. 2. —

Guida, nuovissima, topografica di Trieste, ossia manuale del proprietario di stabili nella città e nella contrade suburbane. Triest 865. Dase. gr. 16. (204 S.) n.n. 20 *ngr.*

Centenario dell' Autonomia Ticinese, 1803—1903. Guida officiale. Programma delle Feste ... in Bellinzona dal 6 al 13 Settembre 1903. [Con 1 pianta, 1 piano e copertina illustrata.] 31 p. 8. Bellinzona, El. Em. Colombi & C., 1903. (fr. —.50)

Guida politico-commerciale e industriale di Fiume per l'anno 1890, compilata da G. Dase. Annata 2. gr. 8. (VIII, 96 S.) Triest u. Fiume 890. Dase. cart. n. 2. —

Guida politico-commerciale e industriale di Fiume per l'anno 1891, compilata da Giulio Dase. Annata 3. gr. 8. (VIII, 100 S.) Triest u. Fiume, J. Dase. Kart. n. 2. —

Guida di Zurigo. Pubblicata dall' Ufficio per i forestieri. [Con illustrazioni, 1 pianta e 1 carta.] 8. Zürich *s. a.* [ca. 1888].

Guida di Zurigo. Pubblicata per cura dell' Ufficio dei forestieri. [Con illustrazioni e 1 pianta.] 8. Zurigo 1890.

Guida di Zurigo. Pubblicata dall' Ufficio per i forestieri. [Con illustrazioni e 1 pianta.] 8. Zürich 1891.

Guida di Zurigo. Pubblicata dall' Ufficio per i forestieri. [Con illustrazioni e 1 pianta.] 8. Zürich 1893.

Guidal, L. F., Grammaire espagnole, s. Ollendorff, H. G., nouvelle méthode.

Guide pour l'assurance ouvrière de l'Empire Allemand. Recomposé pour l'exposition industrielle de Berlin par le Reichsversicherungsamt (Office impérial des assurances) à Berlin 1896. Élaboré par Zachor. gr. 8. (32 S. m. 2 Taf.) Berlin 896. A. Asher & Co. n. — 20

Guide pour l'assurance ouvrière de l'empire allemand. [Berlin 1900.] V: *Zacher, Georg.* (Zuwachsverz. d. Bibliotheken in Zürich 1898 ff., 8.) (Berl)

— assuré de l'enfance, ou premiers principes d'éducation. av. fig. 8. Bern, Soc. Typ.

Guide du baigneur aux eaux minérales sulfureuses de Schinznach-les-Bains.... [Avec 1 vue.] 8. Brougg 1882.

Guide du baigneur aux eaux minérales sulfureuses de Schinznach-les-Bains.... [Avec 1 vue.] 8. Brougg 1884.

Guide du baigneur aux eaux minérales sulfureuses de Schinznach-les-Bains, Suisse, Canton d'Argovie, avec une carte des chemins de fer de Paris à Schinznach. In-16⁰, 58 S. Brugg, Fisch Wild & Cie. 1887.

Guide par le Bains de la Bohême, Carlsbad, Egra, Franzensbrunn, Marienbad et Teplitz, et leurs environs les plus remarquables. Orné de (16) nouvelles gravures sur acier. Avec des règles générales de conduite pour les voyageurs qui font usage des eaux pour leur santé. qu. Lex.-8. Darmstadt et Wiesbade 842, Lange. n. 2 ⁿß

Guide des bains de Morgins, en Valais. ([Suivi de] Notice sur l'eau ferrugineuse et saline de M'... par M. le Dr A Beck.) [Avec 1 panorama.] 8. Sion 1870.

Guide par les Bains du Taunus, Wiesbade, Ems ... Darmstadt et Wiesbade 1841. V: *Günzer.* (EngG)

—— par les Bains du Taunus, Wiesbade, Ems, Schlangenbad, Schwalbach, Homburg, Kronthal, Soden et Weilbach et leurs environs les plus remarquables. Orné de nouvelles gravures sur acier. 12. (2 B.) Darmstadt et Wiesbade 841, Lange. *

—— le même orné de nouvelles gravures sur acier. qu. Lex.-8. 1 B.) Le même 841. *

Guide through Basle. [Published by the] General Enquiry Office. [With Illustrations and 1 Map.] 8. (Basel 1899.)

— through Bayreuth and environs. 12. (S. 131—146 m. Abbildgn. u. 1 farb. Plan.) Ebd (899). n. — 30
2 Sonderabdrucke aus: „Bayreuth".

Guide pour Bayreuth et les environs. 12. (S. 117——132 m. Abbildgn. u. farb. Plan.) Leipzig (899). C. Wild. n. — 30

Guide à Berlin, ses environs et excursions à Potsdam. Avec le plan de Berlin. Manuel du voyageur ... 6. éd. entièrement refondue et considérablement augm. *Berlin: H. Steinitz 1903/4.* (176 S.) 8° [illegible]

Guide à Berlin, ses environs et excursions à Potsdam. Avec de plan de Berlin. Manuel du voyageur dans l'ordre alphabétique, pour les institutions, les lieux d'amusement, les établissements publics et les grandes maisons d'affaires de la capitale, 7. éd. entièrement refondue et considérablement augmentée. (176 S.) 8. Berlin 903. 904. H. Steinitz. Geb. in Leinw. n. 3. —

— à Berlin, ses environs et Potsdam. Manuel du voyageur dans l'ordre alphabétique. 8. éd. entièrement refondue et considérablement augmentée. 12. (128 u. 12 S. m. Plan v. Berlin.) Berlin 893. H. Steinitz' Verl. Geb. in Leinw. n. 2. 50

Guide à Berlin, ses environs et Potsdam. Avec le plan de Berlin. Manuel du voyageur. 5. éd. entièrement refondue et considérabl. augm. *Berlin: H. Steinitz 1899/1900.* (148, 11 S.) 8° [co. 150]

— à Berlin, ses environs et Potsdam. Manuel du voyageur dans l'ordre alphabétique, pour les institutions, les lieux d'amusement, les établissements publics et les grandes maisons d'affaires de la capitale. 5. éd., entièrement refondue et considérablement augmentée. 12. (148 u. 11 S. m. farb. Plan.) Berlin 899/900. H. Steinitz. Geb. in Leinw. n. 3. —

Guide of Berlin and Potsdam. Published by the „English and American register". With a map of Berlin. 12. (XII, 144 S.) Berlin 890. Steinitz' Verl. geb. n. 2. 50

-- of Berlin and Potsdam. Published by „The English and American Register". 1893. 12. (XII, 119 u. 12 S. m. Plan v. Berlin.) Ebd. 893. Geb. in Leinw. n. 2. 50

Guide of Berlin, Potsdam and environs. With a Map of Berlin. Publ. by 'The Engl. and American Register'. *Berlin: H. Steinitz 1902/3.* (xII, 168 S.) 8° [o. n.60]

Guide de Berlin, de Potsdam et des Environs, trad. de l'allem. 8. Berlin, Nicolai. 802.

Guide de Berlin, de Potsdam et des environs; avec des notices sur les postes, les monnaies, les routes etc. Avec 1 plan de Berlin et 1 carte des environs. 8. (9 B. u. 1 Ansicht.) Berlin 828, Nicolai.
Dass. Deutsch, vgl. Wegweiser.

Guide to Berne. Published by the General Enquiry Office.... [With Illustrations and 1 Map.] 8. Berne *s. d.* [1870, 89].

Guide to Berne. Published by the General Enquiry Office.... [With Illustrations and 1 Map.] 3d. Ed. 8. Berne *s. d.* [1890, 1900].

Guide de Berne. Publié par le Bureau officiel de renseignements. [Avec des illustrations, 1 planche et 1 plan.] 8. Berne. 4e éd. *s. d.* [1890 99]. — 5e éd. [1900].

Guide to Berne (**Umschlag:* Berne, Switzerland). Published by the Berne Society for the Development of Tourist Traffic. 2d ed. Spring 1910. [Illustrated; with map and plan on 1 plate.] IV + 64 p. 8. (Bumpliz, Benteli Ltd.) [fr. —. 50]

Guide de Berne (**Umschlag:* Berne, Suisse). Publié par la Société de développement de la ville de B'. 2me éd. 1910. [Illustré; avec carte et plan sur 1 planche.] IV + 64 p. 8. (Bumpliz, Benteli S.A.) [fr. —. 50]

Guide de la bibliothèque royale à Dresde. Dresden 1841. V: *Petzholdt, Julius.* (вem I, 1, S. 4)

— bleu. Le livre des sportsmen. (Special-Ausg. in deutscher Sprache.) 4. année. Novbr. 1903—Oktbr. 1904. 24 Nrn (à ca. 16 S.) 12. Paris. (Köln, J. G. Schmitz.) à n. 2.—

—— to Bonn and its environs. 12. (3¼ B. u. 1 Kpfrt.) Bonn 845, Pleimes. 8 Ngr. — M. 12 Stahlst. 16 Ngr. — M. 11 Stahlst. *

Guide de la Bourse de Berlin par G[ustav] Schreiber, (chef de bureau), Fondé de pouvoirs de la Dresdner Bank à Berlin. [1.] 1907. Berlin: Wedekind & Co. (1907). 8° [07. 0158

— de Bucarest, s.: Wegweiser v. Bukarest.

Guide, le, du carrossier. Industrielle Zeitschrift für Wagenbau, Sattlerarbeit und Wagengeschirr. Redact.: Brice Thomas. Jahrg. 1866. 6 Lfgn. (à 8 S. mit eingedr. Holzschn. und 4 Stnt.) gr. 4. Berlin, (Christmann.) +

— to the royal collections of Dresden, translated by C. S. Fox. Published by authority. 8. (III, 290 S.) Dresden 897. H. Burdach. n.n.n. 1.—

— to the royal collections of Dresden, translated by Miss C. S. Fox. 2. rev. ed. Published by authority. 8. (III, 302 S. m. Plänen.) Dresden 902. (H. Burdach.) n. 1. 40

— de Cologne. Avec de nombreuses illustr. et un plan en couleurs de la ville. 17ième éd. (60 S.) kl. 8. Köln (905). Hoursch & Bechstedt. n. 1.—

— a, to Cologne. With numerous illustr. and a coloured plan of the town. Translated by Andrew Mitcholl. 20. improved ed. (60 S.) kl. 8. Ebd. (905). n. 1.—

— to Cologne (Köln) and suburbs, s.: Woerl, manuals.

— pour le commerce avec l'Orient, Russie et Caucase, s.: Export-Adressbuch f. d. Orient, Russland u. Kaukasus.

Guide. A Concise G' from the Lake of Constance to the Falls of the Rhine. Published ... by the Union of Hotel Proprietors of Lake Constance and the Rhine. [Illustrated.] II + 52 p. 8. (St. Gall, Zollikofer, 1903.)

— to Constance and its environs. Published in cooperation with the Kur- u. Verkehrsverein of Constance by the section of Constance of the Austro-German alpine Club. 8. (32 S. m. Abbildgn. u. farb. Plan.) Ebd. 898. n. — 30

Guide to Constance and its Environs. Published in cooperation with the Section of C' of the Austro-German Alpine Club by the Kur- und Verkehrsverein of C'. [Illustrated.] IV + 30 p. 8. Constanze, Kur- und V', [1903]. [M. —. 30]

— de Constance et de ses environs. Publié avec le concours du Kur- u. Verkehrs-Verein de Constance par la section de Constance du Club alpin austro-allemand. 8. (32 S. m. Abbildgn. u. farb. Plan.) Konstanz 898. (W. Meck.) n. — 30

Guide de Constance et de ses environs. Publié avec le concours de la Section de C' du Club alpin austro-allemand par le Kur- und Verkehrsverein de C'. [Illustré.] IV + 28 p. 8. Constance, Chez le Kur- und V', [1903]. M. —. 30

Guide pour la contrée du lac de Constance à la chute du Rhin. Saison d'été 1903 (*Umschlag:* Du Lac de C' à la Ch' du Rhin. Été 1903. Guide). Publié par la Société des hôteliers du lac de Constance et du Rhin.... [Illustré.] II + 54 p. 8. (St-Gall, Zollikofer.)

Guide de la Conversation française, anglaise et allemande, à l'usage des Voyageurs et des étudiants. — Engl.-franz.-deutsch. Hülfsbuch. Ein unentbehrl. Begleiter für Reisende u. nothwend. Handbuch zur leichten u. gründl. Erlernung der Conversation in diesen drei Sprachen. 16. Leipzig 839. Reclam jun. 1 ₰

— de la Conversation française, anglaise et allemande à l'usage des voyageurs et des étudiants. — Englisch-französisch-deutsches Hülfsbuch. Ein unentbehrlicher Begleiter für Reisende und nothwendiges Handbuch zur leichten u. gründl. Erlernung der Conversation in diesen 3 Sprachen. Neue wohlfeile Ausg. 16. Leipzig 842, Reclam jun. n. ½ ₰

Guide de la conversation franç., anglaise et allemande à l'usage des voyageurs et des étudiants. Englisch-französ.-deutsches Hülfsbuch. Ein unentbehrl. Begleiter für Reisende und nothwend. Handbuch zur leichten und gründl. Erlernung der Conversation in diesen 3 Sprachen. 3., verb. Aufl. gr. 16. (VIII und 384 S.) Leipzig 848, Ph. Reclam jun.

Guide, de la conversation française, anglaise et allemande à l'usage des voyageurs et des étudiants. — Englisch-französisch-deutsches Hülfsbuch. Ein unentbehrlicher Begleiter für Reisende und nothwendiges Handbuch zur leichten und gründlichen Erlernung der Conversation in diesen drei Sprachen. 4. Aufl. 1854(55,) und 5., verb. Aufl. 8. (VII und 295 S.) Leipzig 856, Ph. Reclam jun.

Guide de la conversation française, anglaise et allemande à l'usage des voyageurs et des étudiants. Englisch-französisch-deutsches Hülfsbuch. Ein unentbehrl. Begleiter für Reisende und nothwend. Handbuch zur leichten und gründl. Erlernung der Conversation in diesen drei Sprachen. 7., durchaus verb. Aufl. 8. (VII und 295 S.) Leipzig (861)62, Ph. Reclam jun.

—— de la conversation française-italienne à l'usage des étudiants et voyageurs contenant une petite grammaire ital. et un recueil de mots usuels et dialogues familiers et de termes concernant la navigation et les chemins de fer etc. gr. 16. (136 S.) Triest 861, Coen. *

Guide. The Cosmopolitan, Travelling and Conversation Guide. Serie 18. The Englishman in Switzerland. For Self-Tuition. II + 72 p. 8. Leipzig, Jacobi & Zocher; London, Asher & Co., [1902]. £ —/1/—
(Kosmopolit. Reise- und Sprachführer. Hauptabteilung 2,) Serie 18.

— aux Curiosités de la ville Bonn, s. Führer.

Guide to all curiosities of Cologne including the necessary details as well as the history and description of the Cathedral . . . Cologne [1873]. V: *Heyn, F.* (stвKöln I, 195)

— to all curiosities of Cologne including the necessary details as well as the history a. description of the cathedral. With a new (lith.) plan of the town (in Fol.) 16. (XII, 42 S.) Köln 873. Heyn's Verl. n. 1.—

Guide pour Davos, station climatérique d'altitude. Illustré de 9 gravures hors texte, 36 gravures dans le texte et de nombreux tableaux statistiques. Publié par l'Association des Intérêts de Davos. 2e éd. II + IV + 72 p. 8. Davos, Impr. Davos ‹Société anonyme›, 1901.

— a, to Dresden, its buildings, institutions and environs. With a (chromolith.) plan of the town. 2. ed. 8. (IV, 120 S.) Dresden 880. Burdach. n. 2.—

— a, to Dresden, its buildings, institutions and environs. With a (chromolith.) plan of the town. 3. ed. 12. (IV, 140 S.) Dresden 883. Warnatz & Lehmann. n. 1.60

— through Dresden, its environs and Saxon Switzerland. With numerous illustrations (in Holzschn.), 1 (lith.) map of the city of Dresden (in qu. Fol.) and 2 (lith.) of Saxon Switzerland (in Fol.). Dresden 869. Meinhold & Söhne. gr. 16. (IV, 91 S.) n. 20 ngr.

— éclair (Blitz-Führer) Paris 1900. gr. 8. (32 S.) Bern (900). Scheitlin, Spring & Co. n. — 40

Guide éclair Paris 1900. — Blitzführer. Gr. in-8°. 32 p. Bern, C. Sturzenegger. 1900. — 50

Guide pour les écoles de perfectionnement de l'économie domestique. Édité par le Département fédéral de l'Industrie le 3 novembre 1904. 47 p. 8. Berne, Ott & Bolliger, 1905.

— english, to Stuttgart and its vicinity. Illustrated. gr. 16. (59 S. m. eingedr. Holzschn. u. einer Holzschntaf.) Stuttgart 877. J. Weise. geb. 1. 50

Guide de l'étranger: à Bâle – à Berne – à Zurich s. Wegweiser für Fremde.

—— de l'étranger aux Musées royaux de Berlin. Traduit de l'allemand par C. F. Tr ..... 8. (III und 67 S.) Berlin 862, (Adolf und Comp.) *

— de l'étranger dans Nuremberg. Avec 14 illustr. et 1 plan (en couleurs) de la ville. Traduit pars Aug. Poirier. 12. (74 S.) Nürnberg 898. J. L. Schrag. n. 1.—

— de l'étranger à Nuremberg. 21 gravures et 1 plan de la ville avec tableau des rues. Traduit par Aug. Poirier, nouvelle éd., revue et augmentée par Th. Prisson. (94 S.) kl. 8. Nürnberg 905. J. L. Schrag. n. 1.—

—— de l'etranger à Trèves. Descript. de cette ville, de ses antiquités et de ses environs, avec un appendice, cont. de notices particul., utiles aux voyageurs. 1. édit. franç. orig. 16. (4¾ B.) Trèves 839, Lintz. *

— de l'étranger à Trèves. Description de cette ville, de ses antiquités et de ses environs. Avec une appendice contenant de notices particulières, utiles aux voyageurs. 2. édit. revue et augmentée par Ph. Laven. 16. Trèves 846, Lintz. 1/3 ꝛß

—— de l'étranger à Trèves. Description de cette ville, de ses antiquités et de ses environs. 8. Édit. revue et augmentée. gr. 16. (VII und 112 S.) Trier 861, Lintz' Verlag.

—— de l'étranger à Vienne, rédigé par E. Plau-Thomery. Avec un plan de la ville. 16. Wien 878, Braumüller. cart. *

—— des étrangers aux bains de Creuznach, s. Fremdenführer, der, im Bad Kreuznach.

—— des étrangers à Carlsbad et dans ses environs. Par un des médecins de l'établiss. 8. (24 B. u. 8 Stahlst.) Carlsbad 842, Frères Franieck.

—— des étrangers à Prague. 12. (5¾ B. u. 1 Plan.) Prague 830, [Kronberger et Rziwnatz.]

—— des étrangers à Stuttgart et dans ses environs. 8. (23 S. mit 1 lithogr. Plan von Stuttgart in gr. 8.) Stuttgart 853, Neff.

Guide des étrangers à Vienne. Vienne 1838. V: *Pezzl, Johann.* (BB)

Guide des étrangers à Vienne. Descript. de cette capit. de l'Empire d'Autriche et de ses environs. gr. in-16. (20 B.) Vienne 838, [Mörschner.] Thlr.

Guide de l'Europe. Zürich 1881 s. [Preuss, Johann Albert].

Guide to the German educational exhibition in St. Louis 1904. *Berlin 1904: W. Büxenstein.* (33 S.) 8° [illegible]

Guide through the exhibition to the German chemical industry [in the] Columbian exposition in Chicago 1893. Berlin [1893]. V: *Witte, Otto Nic.* (Cat. d. Stadtbibl. Zürich. Zürich 1864 – 97.)

— through the exhibition of the German chemical industry. Columbian exposition in Chicago 1893. gr. 8. (VII, 109 S. m. Fabrikmarken u. 1 Plan.) Berlin 893. C. Heymanns Verl. n. 1. 50

— de l'exposition ethnographique tchéco-slave de Prague 1895. gr. 16. (IV, 44 S. m. 1 Taf. u. 1 Plan.) Prag 895. (F. Řivnáč.) n. — 50

— to Frankfort on the Main and its suburbs, s.: Woerl's manuals of travel.

— to Freiburg in Breisgau and its environs. 2. ed. 12. (71 S. m. Abbildgn., Karten u. Plänen.) Freiburg i/B. 891. Herder. n. — 50

—— de Fribourg en Brisgau et ses environs. 12. (71 S. m. Abbildgn., Karten u. Plänen.) Ebd. 891. * — 50

Guide de Fribourg et ses environs. Historique et Industriel. (Edité et publié par la Section de Fribourg de la Société Suisse des Voyageurs de Commerce à l'occasion de l'assemblée des délégués des 2 et 3 Juillet 1898.) Illustré de 9 vues autotypiques. 8. Fribourg 1898.

Guide Gassmann. Horaire des chemins de fer suisses Hiver 1901/02. — Winter 1901/02. Fahrplan der schweiz. Eisenbahnen. IV + 160 S. kl.-8. Bienne, W. Gassmann. fr. —. 25

Guide général à travers la ville et l'Exposition de Düsseldorf 1902 avec ill. et plans et guide à travers la vallée du Rhin. General guide through the city and exhibition of Düsseldorf ... *Düsseldorf: F. Dietz 1902.* (333, CXII S.) 8° [illegible]

— handy, to Nuremberg. 3. revised ed. with 12 illustr. and a map (in colors) of the city. 12. (60 S.) Ebd. 897. 1. —

— to Hannover. A new and complete guide to the town of Hanover. With 20 illustr. and a new map of the town, also a ground-plan of the Royal Theatre and the Residenz-Theater. 3. ed. 12. (52 S.) Hannover 891. O. Borgmeyer. n. 1. —

— to Hanover. With 42 illustr., 2 plans of the Provincial Museum, 4 plans of the theatres, and 1 map of the town. (IV, 90 S.) kl. 8. Hannover 905. Verein zur Förderg. des Fremdenverkehrs (durch A. Kiepert). n. — 50

— Hauptregeln der franz. Sprache. s. Vatsch.

Guide du Haut-Lac Léman ... s. [Margot, Charles-Gabriel].

— de la Haye et de ses environs, s.: Woerl, manuels de voyages.

— to Health s. Townsend.

— a, to Heidelberg a. its environs. With 12 (lith.) views a. 2 (lith.) plans of the town a. the environs. (in qu. Fol.) gr. 8. (IV, 86 S.) Heidelberg 871. E. Mohr. geb. n. 4. —; Ausg. m. 1 Ansicht n. 2. 50

— through Heidelberg and its environs. With (lith. a. col.) plan of the town a. castle (in qu. gr. 8. u. qu. gr. 4.) 2. ed. 8. (60 S.) Heidelberg 875. K. Groos. 1. —

—— through Heidelberg and its environs, Neckarthal and Bergstrasse. Revised by H. Henkenius. 4. edit. 12. (77 S. m. Abbildgn. u. 2 farb. Plänen.) Heidelb. 892, v. König. — 60

— pour Heidelberg et ses environs. Avec les plans de la ville, des ruines du château et du jardin de Schwetzingen et une carte routière. gr. 16. (24 S.) Würzburg 884. Woerl. n. — 50

— to Homburg and its environs. (After the German of F. Supp arranged by T. Braedy.) 12. (74 S. m. 1 Plan.) Homburg 900. Staudt & Supp. n. — 75

Guide, le. du jardin de Schwetzingen. Trad. de l'Allemand par Richard. Avec 12 grav. gr. 8. Heidelberg, 1830. (Frankfurt, J. Baer.) (1. —) — 14
— s.: Zeyher.

—— le, du Jardin de Schwetzingen. Avec 12 vues, dessin. et gravées par Rordorf. Trad. de l'Allemand par Richard. gr. in-8. (2 B.) Heidelberg 830, Engelmann.
Original, vgl. Wegweiser.

— de la jeunesse. 12. Wien 773. Trattner. 4½ gl.

Guide, Le, de la jeunesse à l'usage du collège Thérésien. Vienne 1773. V: *Boujart, François Xavier.* (so)

— illustrate di città e paesi di tutto il mondo. Nr. 12. 8. München 893. A. Bruckmann. n. — 50
Trento ed i suoi dintorni del Prof. Carlo Jülg. (60 S. m. Panorama, 19 Ansichten, Plan u. Karte.)

— illustrated, to Hamburg and its environs. With a map (lithogr. in Fol.). Hamburg 866. W. Oncken. 8. (56 S. mit eingedr. Holzschn.) cart. 15 ngr.

— illustrated, through Nuremberg. With 1 plan of the town an with 26 illustrations by Wilh. Ritter. 8. (VIII, 62 S.) Nürnberg 893. J. Ph. Raw. n. 1. —

Guide. Illustrated G' to St. Gall. Published by the Board of Local Intelligence of St. Gall and Neighbourhood. 8.
[1st Ed.] (St. Gallen [1895].)
[2d Ed.] St. Gall [1899].

Guide. Illustrated G' to St. Gall. Published by the Board of Local Intelligence of St. Gall and Neighbourhood. [With 1 Plan.] IV + 60 p. 8. St. Gall, Zollikofer & Cie., 1906.

Guide illustré Des Alpes Suisses. [Tirage à part du «Schneehuhn».] Vol. 1 et Vol. 2. 8-obl. Lucerne (Suisse), G. Speck-Jost. [relié] à fr. 3. —
Vol. 1. [Avec 1 planche.] [IV + 94 p.:] Nr. 1—47. Luc',... — *Aufdruck:* Komm. E. Haag, Luzern —, [1906].
Vol. 2. [Avec 1 planche.] [IV + 92 p.:] No. 48—90. [1907.]
Ed. A: Couverture avec vue du Guferhorn.
Ed. B: Couv' avec vue du Piz Buin pitschen.... *Aufdruck:* Komm. E. H', Luzern.

Guide illustré du Canton d'Appenzell Rh.-Int. Publié par la Société de développement du Canton d'A' Rh.-Int. (*Umschlag:* Illustrierter Führer durch A' I.-Rh. Ed. française.) [Avec 1 carte.] 8. (St-Gall) 1900.

— illustré de l'exposition nationale suisse, Zurich 1883. Avec 3 plans et 20 illustrations. 8. (60 S.) Zürich 883. Orell Füssli & Co. Verl. cart. n. 1. —

Guide illustré Hartleben. Nr. 39. kl. 8. Wien 910. A. Hartleben. Geb. 3. —
Vienne et ses environs. Petit manuel du voyageurs. Par Jules Meurer. Avec 84 gravures, 1 grand plan de Vienne, 2 petits plans spéciaux (Schönbrunn et Laxenburg) et 1 carte du chemin de fer du Semmering. 3. éd. (VIII, 102 S.)
Vergl.: Hartleben's, A., illustr. Führer.

Guide illustré de St-Gall. Publié par la Société pour le développement (Verkehrsverein) de St-G' et de ses environs. [Traduit par Théodore Rivier.] 8. (St-Gall [1896].)

Guide illustré de St-Gall. Publié par la Société pour le développement — Verkehrs-Verein — de St-Gall et ses environs. [Avec illustrations et 1 table. — 2e éd.] IV + 48 p. 8. St-Gall, A. Loehrer, [1901].

Guide illustré de St-Gall. Publié par la Société pour le développement «Verkehrsverein» de St-Gall et ses environs. Avec un plan de la ville de St-Gall. IV + 59 p. 8. St-Gall, Zollikofer, 1905.

Guide illustré de Saint-Pétersbourg. (Grieben, Bibliothèque des voyageurs Nr. 33.) Traduit de la 7. édition allemande par D. E. Simon. gr. 16. (24 S. mit Illustr. und 1 lithogr. Plan von St. Petersburg in qu. gr. 4.) Berlin 858, Th. Grieben. geb. Thlr. *

—— illustré du voyageur en Allemagne. Rédigé sur les lieux et d'après les documents les plus authentiques par Théob. Grieben. (Grieben, Bibliothèque du voyageur Nr. 32.) Ouvrage illustré de vignettes et accompagné d'une carte (lithogr.) des routes et chemins de fer de l'Europe Centrale (in qu. Imp.-Fol.), des (17) plans (lithogr.), ainsi que des (5) cartes (lithogr. in 8., 4. und qu. gr. 4.) 7. Édition revue et corrigée. gr. 16. (X und 783 S.) Berlin 858, Th. Grieben. *

—— illustré du voyageur dans l'Europe Centrale. Rédigé sur les lieux et d'après les documents les plus authentiques par Théob. Grieben. 1. Vol. Allemagne Septentrionale et Centrale, Copenhague, Stockholm, Londres, Varsovie et Saint-Pétersbourg. (Grieben, Bibliothèque du voyageur Nr. 31a.) Ouvrage illustré de vignettes et accompagné d'une carte (lithogr.) des routes et chemins de fer de l'Europe Centrale (in Imp.-Fol.), des (9) plans (lithogr.) et des (5) cartes (lithogr. in qu. 8. und qu. 4.) 7. Édition revue et corrigée. gr. 16. (VIII und 854 S.) Berlin 858, Th. Grieben. geb. *

—— dass. — Vol. 2. s. Grieben's Reise-Bibliothek.

—— dass. — 3. Vol. Allemagne Méridionale, Autriche, Hongrie, Haute-Italie, Gênes et Turin. (Grieben, Bibliothèque du voyageur. Nr. 31c.) Ouvrage illustré de vignettes et accompagné d'une carte (lithogr.) des routes et chemins de fer de l'Europe Centrale (in Imp.-Fol.), des (12) plans (lithogr.), ainsi que des cartes (lithogr.) des environs de Vienne, du Salzkammergut et du Tyrol (in 8., 4. und qu. gr. 4.) 7. Édition revue et corrigée. gr. 16. (VIII und 450 S.) Ebendas. 858. geb. *

—— illustré du voyageur à Paris, s. Grieben's Reisebibliothek

Importers' Guide: vol. 1—16. 1905—1922.
Monthly trade journal. Editions published in English, French, German and Spanish, in rotating monthly issues. The title of the German Edition: Führer für Importeure, Eine Export-Zeitung für den Import-Handel jenseits des Meeres, issued 1921—22 only? Large quarto, each issue ca. 64 pages. Circulation of German Edition: 1921, *17,825*. Edited & published by J. F. Sitterley, 1921—22.
New York, NY

Guide de l'Inspecteur des viandes. Avec 74 illustrations dans le texte et 1 planche en couleurs [*i. e.* 75 ill', dont 2 planches]. Publié par le Bureau sanitaire fédéral. IV + 278 p. 8. [Berne,] Büchler & Co., 1910. [relié fr. 3. 20]

— pour l'installation et l'entretien des transmissions et tarifs de la Berlin-Anhaltische Maschinenbau-Action-Gesellschaft à Dessau et Berlin NW., Ateliers de construction et fonderie de fer. (VIII, 311 S. m. Abbildgn.) 8. Dessau (905). (Leipzig, J. J. Weber.) Geb. in Leinw. n.n. 3.—

— to the workmen's insurance of the German Empire. Newly composed for the industrial exhibition of Berlin by the Reichs-Versicherungsamt (Imperial insurance department) in Berlin 1896. Compiled by Zacher. gr. 8. (32 S. m. 2 Taf.) Berlin 896. A. Asher & Co. n. —20

Guide to the Worksmen's Insurance of the German Empire . . . [Berlin 1900.] V: *Zacher, Gg.* (Berl)

— to Bad Langenschwalbach and its surroundings. Published by the town corporation. Whith 2 plans of the town and its surroundings and many illustr. (55 S.) 8. Wiesbaden 903. (O. Quiel.) n. 1.20

— to the engl. Language, (s. u. Tit. d. Cat. hist. Lesebuchs.)

Guide littéraire . . . Berlin 1791. V: *Denina, Carl Johann Maria.* (MGT) »1792« (Ky)

—littéraire, I. Cah. q. cont. un tableau abr. de la monarchie Prussienne etc. (par K. J. M. Denina). gr. 8. Berl. 792. Rottmann. 16 gr. II. Cah. cont. des considérations sur l'Allemagne occidentale, la Suisse et l'Italie septentrionale etc. gr. 8. Ebd.. . . .

Guide, little, to the town of Bayreuth and its curiosities. With a history and description of the theatre of Richard Wagner. 12. (31 S. m. Abbildgn., 1 Ansicht, Stadt- u. Theaterplan.) Bayreuth 892. H. Heuschmann jun. n. 1.—

Guide through Lucerne and its Environs. [With 1 map.] 8. Lucerne 1870 (*Umschlag:* 1871).

— through Lucerne a. its environs. 32. (46 S. m. e. lith. Plan in qu. 4.) Luzern 871. Gebhardt. n. — 80

Guide du maître pour le livre de lecture des écoles primaires du canton de Fribourg. Degré inférieur. 8. (16 S.) Einsiedeln 885, Benziger und Comp. cart. *

Guide, Manuel, de Reval et des environs . . . Reval 1833. V: *Reutlinger, R. Hnr. v.* (R-N)

— médical de Berlin. Rédigé par George Meyer [Berlin] par ordre du comité d'organisation pour le 10. congrès médical international. gr. 16. (IV, 48 S. m. 2 Plänen.) Berlin 890. Springer. In Leinw. cart. n. 1.—

— medical through Berlin. Prepared by George Meyer [Berlin] by order of the committee of organization of the 10. international medical congress. gr. 16. (VI, 45 S. m. 2 Plänen.) Ebd. 890. In Leinw. cart. n. 1.—

Guide à travers Metz et les champs de bataille. Contenant un plan de la ville, une carte des champs de bataille et une carte de positions des troupes (en couleurs). 12. (II, 18 S.) Metz 898. G. Scriba. n. —60

Guide à travers Metz et les champs de bataille, contenant un plan de la ville, une carte des champs de bataille et une carte des positions des troupes. 2. éd. (20 S.) kl. 8. Metz (905). G. Scriba. n. —60

— à travers Metz et les Champs de bataille. Contenant un plan de la ville, une carte des champs de bataille et 7 vues de Metz. 3. éd. (IV, 32 S.) kl. 8. Metz (908). G. Scriba. —60

— de Metz et des champs de bataille. (35 S. m. 2 [1 farb.] Plänen.) kl. 8. Metz 910. R. Lupus. —50

— de Metz avec ses environs et les champs de batailles. 16. (69 S.) Metz 895. Deutsche Buchh. n. — 80

— militaire en Italie et dans les Alpes. 16. Leipzig 835. (Köhler.) 1/3 ♃

—— de Munich. Contenant les catalogues complets des Pinacothèques, de la Glyptothèque, de la gallerie de Schack et du musée de Schwanthaler. Avec 12 gravures et un plan de la ville (lithogr. in 4.). 16. (VII, 160 S.) München 872, Manz. *

—— a, to Munich, its buildings, institutions and environs. By H. F. M. With a plan of the town (lithogr. in gr. 4.). 16. (XXV und 91 S.) München 863, Manz.

—— a, to Munich, its buildings, institutions and environs. By M. With a plan of the town (lithogr. in qu. gr. 4.). (New edit.) 16. (V, 103 S.) München 869, Manz. geb.

— to Munich and its environs, s.a. Bruckmann's illustr. Reiseführer.

— to Munich a. its environs containing the complete catalogues of the old a. new Pinakothek, the Glyptothek a. the picture-gallery of Baron v. Schack. With engravings (in Stahlst.) a. a (lith.) map of the city (in qu. 4.) München 874. Manz. n. 2. 40

— to Munich and its environs. Containing the complete catalogues of the old Pinakothek in its new order, of the new Pinakothek, the Glyptothek and the picture gallery of count Schack. With a new (chromolith.) map of the city and its environs and a time table of the Starnberg steam navigation. 6. ed., revised and enlarged. 16. (VII, 160 S.) München 881. Bruckmann. n. 2. 40

—— to Munich and its environs, containing the complete catalogues of the old and new Pinakothek, the Glyptothek and the picture gallery of Count Schack. With a map of the city and a description of the royal castles in the Bavarian mountains. 12th edit., revised and enlarged. 12. (VII, 171 S.) München 887, Verlagsanstalt für Kunst und Wissenschaft. cart. *
10. und 11. Aufl. Ebendas. 1885,86.

— to Munich and its environs, cont. the complete catalogues of the old and new Pinakothek, the Glyptothek and the picture gallery of Count Schack. With a map of the city, a small guide to the Oberammergau passion play and a description of the royal castles in the Bavarian mountains. 15. ed., revised and enlarged. 12. (VII, 174 S.) München 890. Verlags-Anstalt f. Kunst u. Wissenschaft. cart. n. 2. —

—— to Munich and its environs, containing the complete catalogues of the old and new Pinakothek, the Glyptothek and the picture gallery of Count Schack. With a map of the city, a description of the royal castles in the Bavarian montains. 16. edit., revised and enlarged. 12. (VII, 171 S.) Münch. 891, Verlagsanstalt f. Kunst u. Wissenschaft. * 2 —

— to Munich and its environs. 18. ed., revised and enlarged. 16. (VII, 171 S. m. 1 Plan.) München 893. Verlagsanstalt f. Kunst u. Wissenschaft. n. 2. —

— to Munich and its environs. With a new map of the city and complete catalogues of the old and new Pinakothek, the Glyptothek and the Schack-Gallery. 19. ed. revised and enlarged. 12. (VII, 171 S.) München 894. Verlagsanstalt f. Kunst u. Wissenschaft Kart. n. 2. —

—— de Munich et dans ses environs. Avec deux catalogues complets des ancienne et nouvelle pinacothèques. 1re et 2e édit. gr. 16. (120 S. mit 1 Plan.) München 885,88, Palm's Hofbuchh. geb. *

— de Munich et dans ses environs. Avec deux catalogues complets des ancienne et nouvelle pinacothèques. 2. éd. gr. 16. (120 S. m. 1 Plan.) München 888. Palm. geb. n. 2. —

Guido du Musée international de la Guerre et de la Paix à Lucerne. [Avec 1 plan dans le texte.] XII + 329 p. 8. Lucerne, Editeur: Musée internat. de la Guerre et de la Paix. [fr. 1. 50]

— du musée de Pergame des musées royaux de Berlin. Publié par l'administration générale, traduit par G. Engelhardt et Jean Locquin. (54 S. m. Abb. u. 3 Taf.) kl. 8. Berlin 907. G. Reimer. 1. —

— de Naples et de ses environs, s.: Woerl, manuels.

— to Naples and its neighbourhood, s.: Woerl, manuals.

— new, to modern conversation or dialogues on ordinary and familiar subjects augmented by dialogues on travelling, railways, steamvessels etc. For the use of travellers and students of either nation. Danish and english, by Hjelm and Witcomb. New much improved ed. 12. (V, 246 S. m. 1 Münztab.) Berlin 883. Behr's Verl. cart. 1. 50

— dasselbe. Swedish and english, by Lipmanson and Witcomb. New much improved ed. 12. (V, 246 S. m. 1 Münztab.) Ebend. 883. cart. 1. 50

Guide, new, to modern conversation in spanish and english or dialogues on ordinary and familiar subjects, augmented by dialogues on travelling, railways, steamvessels etc. for the use of travellers and students of either nation, by S. de Palacios and Witcomb. New ed. gr. 16. (V, 248 S.) Berlin 878. Behr. cart. 1. 50

— a new and easy, to the english language and a collection of tales and letters etc. II Vol. 8. Luneb. Herold et W.

Newest Guide to Berlin [Neuester Plan u. Wegweiser von Berlin]. Transl. from the 34th ed. of Griebens Guide-books, vol. 25. With 3 maps. Berlin: A. Goldschmidt 1908–09. (96 S.) 8°
— Guides, Griebens. Vol. 108. [illegible]

Guide, Nouveau, du baigneur et du touriste à Aix-la-Chapelle et dans les environs . . . Aix-la-Chapelle [1874]. V: *Lersch, Bernard Max.* (Müller, M., Lit. üb. d. Thermen v. Aachen. Aachen 1903.)

—— nouveau, de conversations modernes ou dialogues usuels et familiers sur les voyages, les chemins de fer, les bateaux à vapeur etc. en allemand et français. — Handbuch der deutschen und französischen Conversationssprache. Gespräche über Reisen, Eisenbahnen, Dampfschiffe rc. 16. (VI und 211 S.) Anvers 847, Kornicker.

— nouveau, de conversations modernes ou dialogues usuels et familiers contenant en outre de nouvelles conversations sur les voyages, les chemins de fer, les bateaux à vapeur etc. en 6 langues français anglais allemand russe polonais suédois à l'usage des voyageurs et des personnes qui se livrent à l'étude de l'une ou de plusieurs de ces langues par Bellenger, Witcomb, Fischer, Boltz, Forster et Lipmanson. Berlin 854. Behr. 16. (XVI, 472 S.) 1 [illegible]

—— nouveau, de conversations modernes ou dialogues usuels et familiers cont. en outre de nouvelles conversations sur les voyages, les chemins de fer, les bateaux à vapeur etc. en 6 langues: français, anglais, allemand, russe, polonais, suédois, à l'usage des voyageurs et des personnes qui se livrent à l'étude de l'une ou de plusieurs de ces langues par Bellenger, Fabrucci, Witcomb, Fischer, Forster et Boltz. gr. 16. (XVI und 472 S.) Berlin 856, Behr's Buchh.

—— nouveau, de conversations modernes, ou dialogues usuels et familiers, contenant en outre de nouvelles conversations sur les voyages, les chemins de fer, les bateaux à vapeur etc. en six langues: français, italien, anglais, allemand, polonais, russe, à l'usage des voyageurs et des personnes qui se livrent à l'étude de l'une ou de plusieurs de ces langues, par Bellenger, Fabbrucci, Witcomb, Fischer, Forster et Boltz. Nouvelle édit. refondue. gr. 16. (X, 494 S.) Ebendas. 878. cart.

— nouveau, de conversations modernes ou dialogues usuels et familiers contenant en outre de nouvelles conversations sur les voyages, les chemins de for, les bateaux à vapeur etc., à l'usage des voyageurs et des personnes, qui se livrent à l'étude de l'une ou de plusieurs de ces langues. En six langues: français, espagnol, anglais, allemand, hollandais, danois, par Bellenger, Le Palacios, Witcomb, Fischer, Calisch et Hjelm. 12. (X, 492 S. m. 1 Münztab.) Ebend. 883. cart. 3. —

— dasselbe. Français et danois, par Bellenger et Hjelm. Nouvelle éd., revue pour la partie française par Charles Marelle. 12. (V, 246 S. m. 1 Münztab.) Ebend. 883. cart. 1. 50

— dasselbe. Français et suédois, par Bellenger et Lipmanson. Nouvelle éd., revue pour la partie française par Charles Marelle. 12. (V, 246 S. m. 1 Münztab.) Ebend. 883. cart. 1. 50

— dasselbe. Polonais, russe, français et allemand, par Forster, Boltz, Bellenger et Fischer. Nouvelle éd., revue pour la partie française par Charles Marelle. 12. (X, 492 S. m. 1 Münztab.) Ebend. 883. cart. 2. 50

— dasselbe. Russe et français, par A. Boltz et Bellenger. Nouvelle éd., revue pour la partie française par Charles Marelle. 12. (V, 246 S.) Ebend. 883. cart. 1. 50

— dasselbe. Russe, français, anglais et allemand, par Boltz, Bellenger, Witcomb et Fischer. Nouvelle éd., revue pour la partie française par Charles Marelle. 12. (X, 492 S. m. 1 Münztab.) Ebend. cart. 2. 50

—— nouveau, de conversations modernes ou dialogues usuels et familiers contenant en outre de nouvelles conversations sur les voyages, les chemins de fer, les bateaux à vapeur etc., à l'usage des voyageurs et des personnes qui se livrent à l'étude de l'une ou de plusieurs de ces langues. Russe et français, par Boltz et Bellenger. Nouvelle édit., revue pour la partie française par Charles Marelle. 12. (V, 246 S.) Berlin 888, Behr's Verlag. cart.

—— nouveau, de conversations modernes en espagnol et français ou dialogues usuels et familiers à l'usage des voyageurs et des personnes qui se livrent à l'étude de ces langues, par S. de Palacios et Bellenger. Nouvelle édit., revue pour la partie française par Charles Marelle. gr. 16. (V, 248 S.) Ebendas. 878. cart.

—— nouveau, de conversations modernes en espagnol, français, anglais et allemand ou dialogues usuels et familiers à l'usage des voyageurs et des personnes qui se livrent à l'étude de ces langues, par S. de Palacios, Bellenger, Witcomb et Fischer. Nouvelle édit., revue pour la partie française par Charles Marelle. gr. 16. (X, 494 S.) Ebendas. 878. cart.

— nouveau, de conversations modernes en français et allemand. Handbuch d. Conversation in französ. u. deutscher Sprache f. Reisende u. Hülfsmittel zur Erlerng. dieser Sprachen. (Neue [Titel-] Ausg.) gr. 16. (194 S.) Wiesbaden 895. G. Quiel. Kart. — 75

—— nouveau, de conversations modernes en français, anglais, allemand et en polonais ou dialogues usuels et familiers à l'usage des voyageurs et des personnes qui se livrent à l'étude de ces langues par Bellenger, Witcomb, Fischer et Forster. Nouvelle édit., revue pour la partie française par Charles Marelle. gr. 16. (X, 494 S.) Ebendas. 878. cart.

—— nouveau, de conversations modernes en français, italien, anglais et allemand ou dialogues usuels et familiers. A l'usage des voyageurs et des personnes qui se livrent à l'étude de ces langues par Bellenger, Fabrucci, Witcomb et Fischer. A. s. le t.: Nuova guida di conversazioni moderne in francese, italiano, inglese e tedesco. 16. (XVI und 472 S.) Berlin 857, Behr's Buchh. geb.

—— nouveau, de conversations modernes en français, polonais et allemand ou dialogues usuels et familiers, contenant en outre de nouvelles conversations sur les voyages, les chemins de fer, les bateaux à vapeur etc. à l'usage des voyageurs et des personnes qui se livrent à l'étude de l'une ou de plusieurs de ces langues par Bellenger, Forster et Fischer. Nouvelle édit. refondue. gr. 16. (V, 248 S.) Ebendas. 878. cart.

—— nouveau, de conversations modernes en polonais et en français ou dialogues usuels et familiers à l'usage des voyageurs et des personnes qui se livrent à l'étude de ces langues, par Forster et Bellenger. Nouvelle édit., revue pour la partie française par Charles Marelle. gr. 16. (V, 248 S.) Ebendas. 878. cart.

—— nouveau, de conversations modernes en polonais, français, allemand et anglais ou dialogues usuels et familiers. A l'usage des voyageurs et des personnes qui se livrent à l'étude de ces langues par Forster, Bellenger, Fischer et Witcomb. 12. (XIV und 472 S.) Berlin 851(55,) Behr's Buchh.

—— nouveau, de conversations modernes en russe, allemand, anglais et français; ou dialogues usuels et familiers cont. en outre de nouvelles conversations sur les voyages, les chemins de fer, les bateaux à vapeur à l'usage des voyageurs et des personnes qui se livrent a l'étude de ces langues par Boltz, Fischer, Witcomb et Bellenger. 12. (XVIII und 472 S.) Berlin 856, Behr's Buchh.

—— nouveau, de conversations modernes en suedois, allemand, français et russe ou dialogues usuels et familiers. A l'usage des voyageurs et des personnes qui se livrent à l'étude de ces langues par Lipmanson, Fischer, Bellenger et Boltz. A. s. le t.: Ny handbok för samtalsöfningar i svenska, tyska, franska och ryska språken. 16. (XVI und 472 S.) Berlin 857, Behr's Buchh.

— nouveau, pour voir les curiosités de Cologne inclus les détails nécessaires ainsi-que l'histoire et la description de la cathédrale. Avec un nouveau (lith.) plan de la ville (in Fol.) 16. (XVI, 44 S.) Ebend. 873. n. 1. —

Guide, Nouveau, pour voir les curiosités de Cologne inclus les détails nécessaires ainsi-que l'histoire et la description de la cathédrale . . . Cologne [1875]. V: *Heyn, F.* (STBKöln I, 195)

— nouveau, d'Ems et de ses environs. Avec taxes officielles et plan de situation. 2. éd. gr. 16. (IV, 92 S.) Ems 891. A. Pfeffer. n. 1. 50

Guide. Nouveau g' de l'étranger dans les cantons primitifs de la Suisse Uri, Schwytz, Unterwald. Avec une carte des trois cantons et un appendice servant d'indicateur au voyageur à Lucerne. 8. Genève, Lucerne 1856.

Guide. Nouveau G' De l'Etranger à (*Umschlag: de) Fribourg en Suisse (offert à Messieurs les étrangers par J. Kussler...). 8. Fribourg 1869.

Guide, nouveau, illustré de Carlsbad et de ses environs. Manuel pour les étrangers venant prendre les eaux de Carlsbad et pour les touristes. Traduit de l'allemand par Henri Stolz. Avec des vues de Carlsbad et un plan des promenades. 12. (148 S.) Karlsbad 886, Stark. *
geb. *

— nouveau, de Vienne. 8. Vien, Camesina. 800.

— nouveau, de Vienne. 8. Wien 800. (Heubner). 1 ₰

Guide, Nouveau, par Vienne pour les étrangers et les nationales . . . Vienne 1792. H: *Kurtzbeck, Joseph.* (BrMm)

Guide, nouveau, de la ville de Berne. 1868. *ℳ 1., und Neue Ausg. qu. 4. Bern 871, Huber und Comp. *

Guide. Nouveau g' dans la ville de Berne et dans ses environs. Avec un plan de la ville et une vue depuis le Schänzli. 2me éd. 8. Berne s. d. [1870/80].

Guide, nouveau, dans la ville de Berne et dans ses environs. Avec 1 plan et 1 vue. 2. édition. 48 pp. in-8. Berne, M. Fiala. 1871. 1. —

Guide. Nouveau G' du voyageur dans les XXII Cantons Suisses.... Berne 1829 s.a. H[eldmann, Friedrich].

Guide, Nouveau, du voyageur dans les XXII Cantons Suisses . . . Bern 1822. V: *Heldmann, Frdr.* Ü: *Wyss, Rudolf.* (Ky) (EngG)

— nouveau, du voyageur dans les XXII Cantons Suisses. Traduit d'un Manuscript allemand du Prof. H(eldmann) par R. W. Mit 1 Karte v. d. Schweiz. gr. 12. Bern 822. Burgdorfer. 3 ₰ fein Pap. 3 ₰ 18 ₰

Guide, nouveau, du Voyageur dans les XXII Cantons Suisses. Traduit d'un Manuscript allemand du Prof. H. par R. W. Mit e. Charte v. d. Schweiz. gr. 12. Bern 823, Burgdorfer. 3 Rthlr. Fein Pap.

— nouveau, du voyageur en Italie. Orné de cartes itinéraires et des plans des villes principales. II Vols. gr. 12. Mit 9 Kart., 7 Plänen, ½ B. Abbildd. von Münzen, 1 Ansicht von Rom u. 1 Steindr. Milan. 830. (Hoffmann in Stuttg.) 4 ₰

— nouveau, du Voyageur en Italie. 6. édit. originale Artaria. gr. in-12. (Mit 23 Karten u. Plänen.) Milan. 841. (Stuttgart, Hoffmann'sche Verlags-Buchh.) 4 ₰

—— to Nuremberg. With a plan of the town. 2d edit. gr. 16. (82 S.) Nürnberg 888, J. L. Schrag's Verlag. *

— to Nürnberg and its environs. With a plan of the town and a railway-map. gr. 16. (16 S.) Würzburg 884. Woorl. n. — 50

German Railways. Official Guide. P. 1-6. (Publ. by the Royal Prussian State Railway Direction, Altona. Altona: Railway Dir. [1909].) 8° [Umschlagt.]

1. (General information. Places of interest ... in Northern Germany.)
2. (... in Eastern Germany.) 3. (... in Central Germany.)
4. (... in the North-West of Germany.) 5. (... in the South-West of Germany.)
6. (... in Bavaria, Würtemberg and Hohenzollern.) [09. 886]

— official south eastern railway continental. January, February 1858. Containing routes and time tables to and from London, through France, Belgium, Prussia, North and Central Germany, Austria, up and down the Rhine, Switzerland etc. Illustr. with a (lith.) map of Northern and Central Europe, shewing the railways open and in progress (in 4.). Cologne. (Leipzig, E. H. Mayer.) 16. (VII, 118 S.) n. 6 ₰

Guide officiel du Tir fédéral à Lucerne — Offizieller Fest-Führer für das Eidgen. Schützen-Fest in Luzern 1901. [Avec couverture illustrée et 3 plans en 2 planches.] IV + 32 p. 8. Lucerne, (Räber). fr. —. 30

Guide to the Passion Play at Selzach (Switzerland) in the year 1901. (*Umschlag:* English Edition.) 54 [+ 12] p. 8. Soleure, Zepfel, 1901. (fr. —. 50)

p. 19—42: Gesangestext ... bearb. von G[ottlieb] Vögeli-Nüulist. (Leipzig, Druck von C. G. Röder.)

— to the Pergamon museum. (Royal museums of Berlin.) Translated for the board of directors of the royal museums of Berlin by Mary Mc Mahon Honan. (68 S. m. 3 Taf., 1 Fig. u. 1 Plan.) 8. Berlin 904. G. Reimer. Geb. in Leinw. n. 1. —

Guide, le petit, des Amateurs de l'histoire universelle, s.a. Bernard, J. P. C.

Guide, petit, des amateurs de l'histoire universelle par C. A. G. Ouvrage traduit de l'Allemand et enrichi d'une table chronologique p. J. P. C. Bernard. 12. Wien 810. Geistinger. 1 ₰

—— petit, de l'étranger dans la ville de Vienne et ses environs. Avec un nouveau plan de la ville (lithogr. in gr. Fol.) Indications exactes des principales curiosités et autres instructions pratiques à l'usage des étrangers. 8. (16 S.) Wien 865, Beck'sche Universitäts-Buchh. cart.

— petit, du promeneur dans Stockholm, ou abregé de l'histoire et courte déscription des édifices principaux de cette capitale. Avec 12 vues. 12. Stockholm 844, Bonnier. ¾ ₰

— petit, par Salzbourg et ses environs tout proches. 3. éd. (16 S. m. 1 farb. Plan.) 12. Salzburg 903. H. Dieter. n. — 60

— petit, par Salzbourg et ses environs tout proches. 4. éd. (16 S. m. 1 farb. Plan.) kl. 8. Ebd. 910. — 50

— petit, des Sous-Officiers concernant l'exercice et les manoeuvres de l'infanterie, Service en campagne. Nouv. edit. 8. Vienne, Geistinger. (Leips. Weygand.)

— petit, des Sous-Officiers, concernant l'exercice et les manoeuvres de l'infanterie. Service en campagne. Nouv. édit. 12. Wien, (Gerold). 4 ₰ av. des planch. 8 ₰

— petit, de Vienne. av. un Panorama. 12. Vien. Geistinger

— petit, de Vienne, av. un Panorama. 12. Wien, (Gerold). 16 ₰ Ilbg. Pr. 12 ₰

— petit, de la ville de Bayreuth, ses curiosités, histoire et description du théâtre de Richard Wagner. 12. (24 S. m. 1 Plan.) Ebd. 891. — 80

Guide pour le plan d'enseignement des Ecoles de travail pour filles du Canton de Berne. [Avec des figures et 1 planche.] II + 29 p. 8. Berne, Steiger, 1903.

Guide through Potsdam and Environs w. Maps, Views a. Time-table. Publ. by the Assoc. of Landlords a. Proprietors. 3. revis. Ed. ... *Potsdam: A. Stein 1896.* (96 S., 1 Pl., 1 Kt.) 1 Bd 8. (57. 9557

— a practical, for catholics. By a missionary priest of the diocese of St. Joseph, Mo. 2. ed. 16. (72 S.) St. Louis, Mo. 892. Freiburg i/B., Herder. Geb. in Leinw. n. 1. 20

— practical, through the Rhine valley. 8. (VII, 28 S. m. 2 Stahlst. u. lith. Panorama.) Leipzig 877. Lesimple. cart. n. 1. 50

—— practical, through the Rhine valley. 8. (VII, 28 S. mit 2 Stahlst. und lithogr. Panorama.) [Mainz 877.] Leipzig, Lesimple's Verlag. *

— practical, through the Rhine valley. 2. ed. 8. (IV, 66 S. m. 1 lith. Panorama.) Leipzig 883. Lesimple. geb. n. 1. 50; illustr. Ausg. m. 5 Stahlst. n. 2. —

— pratique de la cure Kneipp. 12. (47 S.) Würzburg 892. (A. Göbel.) n. — 40

Guide pratique de Lugano et de ses environs. 1891 *s.* [Defilippis, Eugenio].

Guide du promeneur à Bex. Bex *s.* [Buffat, Charles].

Guide du promeneur à Thoune ou Interlaken par la vallée des Ormonts, avec la description des promenades de cette vallée. 8. Sion 1859.

Guide aux Représentations de la Passion données à Selzach (Suisse) en l'année 1901. Le Guide comprend le programme officiel des représentations, le texte complet des chants, une courte déscription de l'endroit, l'historique de l'origine des jeux de la Passion à Selzach, les nom des principaux fondateurs de ces spectacles et des principaux acteurs. 42 [+ 12] p. 8. Soleure, Brugger & Gigandet, 1901. [fr. —.50]
p. 19–42: Gesangestext ... bearb. von G[ottlieb] Vögeli-Nünlist. (Leipzig, Druck von C. G. Röder.)

Guide du Righi. Zurich *s.* Rigiführer. Zürich.

— de la Riviera. Français-English-Deutsch. Direct.: Agence Defressine, Monte-Carlo. 3. année. Saison 1909—1910. (111 S. m. Abb.) kl. 8. Monte-Carlo (910). (Nizza, A. Hohberg.) 1. —

Guide to Salzburg. II. Ed. 8°. (16 S. und 1 Tafel) K —.60 Salzburg: Dieter 1909.

— to Salzburg and its environs. Illustrated by Tony Grubhofer. 2. ed. 8. (84 S. m. Plan u. Karte.) Salzburg 895. H. Kerber. Geb. in Leinw. n. 1. 70

— par Salzbourg et ses environs y compris Berchtesgaden et Reichenhall. Avec une vue (photogr.) et un plan (lith.) in Fol. Salzburg 870. Dieter & Kroll. 16. (X, 20 S.) n. 12 ngr.

— dans Salzbourg et ses environs, y compris Berchtesgaden, Reichenhall et la Gisela-Bahn ou chemin de fer dans les montagnes. Avec un plan (chromolith.) de Salzbourg. 2. éd. gr. 16. (30 S.) Salzburg 878. Dieter. n. 1. 20

— à travers le Salzkammergut et Ischl en particulier. Avec 1 vue d'Ischl, des plans d'Ischl et de Gmunden et 1 carte du Salzkammergut. 12. (X, 76 S.) Gmunden 895. E. Mänhardt. In Leinw. kart. n. 2. —

— to the Salzkammergut with an especial notice on Ischl. With a view and plans of Ischl and Gmunden and 1 map of the Salzkammergut. 3. ed. 12. (128 S.) Gmunden 894. E. Mänhardt. Geb. in Leinw. n. 3. —

— to the british section of the Berlin international fishery-exhibition of 1880. gr. 8. (31 S.) Berlin 880. Stuhr. n.n. — 60

— to Selzach, Switzerland and the passion play of 1895. With a description of the village, a short sketch of the sights in the neighbourhood, time table, and historical introduction to the plays. English version by A. V. Gisiger. 8. (48 S. m. 2 Abb.) Solothurn 895. (Th. Petri.) n. — 80

— short, to Salburg and its immediate environs. 2. ed. (16 S. m. 1 farb. Plan.) kl. 8. Salzburg 909. H. Dieter. — 50

— short, to Salzburg and its immediate environs. (16 S. m. farb. Plan.) gr. 16. Ebd. 903. n. — 60

Guide. Small G' for the Tourist in the Bernese Oberland. 8. Interlaken *s. d.* [1870/80].

Guide de Soleure. Genf 1900 s.a. Führer durch Solothurn.

Guide to Soleure = Führer durch Solothurn (**Umschlag:* Switzerland. Führer durch Sol' = Guide de Soleure). Published by the Society for Promoting the City's Interests. [Illustrated.] II + 32 p. 8. Soleure, Printing-office Union (**Umschlag:* Solothurn, Buchdr. Union). 1906.

Guide und Souvenir-Album der Wiener Weltausstellung 1873. Wien 1873

Guide. Strangers' G'. (Basel) 1891 *s.* Fremdenführer. Basler F'.

— Suchard pour voyageurs en Suisse, s.: Kursbuch, allgemeines, f. die Schweiz.

Guide en Suisse
Ce nom se trouve dans la brochure «De la Publicité des Discussions de la Diète et du Public helvétique» (Lausanne 1819). Il s'agit du «Wegweiser durch die Eidgenossenschaft».

— en Suisse illustré. 4. éd., entièrement refondue. Contenant 23 cartes (chromolith.), 7 plans (lith.) de villes, 29 panoramas et 22 vues gravées sur acier. 8. (XII, 789 S. u. Sp.) Leipzig 877. Bibliograph. Institut. geb. n. 9. —

— des Suisses à Paris. Gr. in-8°. 32 p. avec un plan de Paris. Zürich. Institut polygraphique. — 50 1900.

— tascabili di Woerl, s.a. Woorl.

Guide tascabili di Woerl. Cortina e dintorni. Guida nella Valle d'Ampezzo. gr. 16. (32 S. m. Plan u. 2 Karten.) Würzb. 891, Woerl. * — 50

—— tascabili di Woerl. Guida di Verona. gr. 16. (16 S. mit 1 Plan, 1 Abbildg. u. 2 Karten.) Würzb. 891, Woerl. * — 50

—— to Teplitz-Schönau, Bohemia. Edited by the Mayor and Town Council of Teplitz. 8. (40 S.) London 887. (Prag, Dominicus.) *

Guide du touriste sur le champ de bataille de Froschwiller avec cartes, notice historique, vues d'ensemble et croquis dessinés d'après nature par A. Touchemolin. gr. 8. (32 S. m. 22 Steintaf. in 8., qu. 8., 4. u. qu. Fol.) Strassburg 871. (Treuttel & Würtz.) n. 3. 20

—— du touriste dans la ville et le pays de Luxembourg. 12. (105 S. mit 1 lithogr. Plan.) Luxemburg 879, Schamburger. geb. *

Guide de Trèves et des alentours, s.: Woerl's manuel du voyageur.

Guide pour l'usage des thermes sulfureuses, chlorurées-sodiques de Baden près Zurich (Suisse). Publié par la Direction des bains et la Société des médecins de Baden. [Avec couverture illustrée.] 8. Baden 1888.

– to Vienna. The traveller's companion through the Austrian metropole and its environs. With a (chromolith.) map of the town. 16. (IV, 168 S.) Wien 883. Braumüller. geb. n. 2. 40

Guide de Vienne, capitale de l'empire d'Autriche et résidence de la cour. Avec plusieurs illustrations et une carte itinéraire. gr. 16. (52 S.) Würzburg 884. Woerl. n. — 50

Guide de la Ville de Zurich et de (°*Umschlag*: pour la V° de Z' et) ses environs. Avec un plan. 8. Zurich s. d. [1860/80].

Guide pour la ville de Zurich et ses environs. Avec un plan. in-12. Zurich, C. Schmidt. 2. —
1872. **Le Plan à part 1. —**

— de la ville de Zurich et ses environs. Avec illustrations et un plan de la ville. 8. (46 S.) Zürich 884. Schmidt. n. 1. —

Guide. Visitors' G° through Basle and Environs. Published by the General Enquiry Office, Basle, 1897. [With Illustrations and 1 Map.] 8. (Basle.)

Guide, le, de voyage du Rhin depuis Schafhouse etc. Voyez A. Schreiber.

Guide de Voyage en Suisse pour les petites bourses. [Avec 2 vignettes, couverture illustrée et 1 carte.] II + 40 p. 8. (Berne, K. J. Wyss, [1904].) [fr. —. 30]

— du voyageur à Berlin, etc., s.a. Grieben's Reise-Bibliothek.

Guide du voyageur à Berlin, Potsdam et aux environs. Trad. de la 8 édit. allem., revue, augm., editée par F. Morin. Avec les plans de Berlin et de Potsdam. 12. (9½ B.) Berlin 841, Morin. Thlr. *

—— du voyageur à Berlin, Potsdam et aux environs. Traduit de la dernière édition allemande, revue et augmentée. 24. (207 S. mit 1 lithogr. Plan von Berlin und Potsdam.) Berlin 850, Grieben. *

—— du voyageur à Berlin, Potsdam et aux environs. 14. Édit. 16. (VII und 215 S. mit 2 lithogr. Plänen von Berlin und Potsdam in 4.) Berlin 853, Th. Grieben. *

Guide du voyageur à Bienne et aux environs. Sommaire: Bienne, la Maison Blanche, le lac de Bienne et l'île de St. Pierre ..., les bains de Worben. 8. Bienne s. d. [1830/60].

— du Voyageur sur le canal de Gothie entre Gothembourg et Stockholm. 16. Stockholm 843, Bonnier. ¼ ₰

— du voyageur à Mulhouse, 1877, avec une (lith.) carte de la ville (in Imp.-Fol.) 1. éd. (Neuestes Handels-Adressbuch v. Mülhausen.) 8. (LIII, 203 S.) Mülhausen 877. (Detloff.) n.n. 5. —

— du voyageur en Pologne. gr. 8. Warsch. 820. (Cnobloch in Leipz.) 3 ₰

— du voyageur à Saint Pétersbourg, comprenant: Un precis historique de la fondation du cette capitale et de ses agrandissements; les formalités de douane et arrivée, le rapport des monnais, les instructions nécessaires pour le séjour de l'Etranger, les divers moyens de transport, et la distance de St.-Pétersbourg aux principales villes de l'Europe et de l'interieur de l'Empire; la statistique de St.-Pétersbourg, l'organisation gouvernementale et administrative, la description des églises et monastères, palais, monuments, édifices remarquables; celle des Iles et des environs de St.-Petersbourg, etc. etc. Accomp. de 10 vues et d'un beau plan de Saint Pétersbourg, gravés sur acier. 12. Saint-Pétersbourg 840. (Berlin, Behr.) n. 2⅓ ₰

Guide du voyageur [pour] Schaffhouse et ses environs (°*Umschlag*: Schaffhausen. Schweiz. Guide of Schaffhausen. Guida di Sciaffusa Guide de Schaffhouse. Suisse). Ed. officielle. Publié par la „Verkehrs-Commission" de la ville. [Avec des illustrations, 1 plan, 1 carte et 1 panorama.] 8. (Zürich 1894.)

— du voyageur en Suède et en Norwége précédé d'un aperçu historique et de notices statistiques. 3. éd., revue et augmentée. gr. 16. (338 S. m. lith. Karte in qu. gr. 4.) Stockholm 874. Samson & Wallin. geb. n. 8. —

— du Voyageur en Suisse. 12. Bern, Soc. Typ.

— du Voyageur en Suisse. Lps. Ind. Comt.

—— de voyageur dans Trèves et ses environs. Avec 3 plans et 8 illustrations. kl. 8. (36 S.) Trier 888, Paulinus-Druckerei.

— des Voyageurs, également utiles pour tous les états. 12. Vien. Tendler.

— des voyageurs, également utiles pour tous les états. III. édit. 12. Wien, Trattner, 12 ℛ

— des voyageurs à Amsterdam et aux environs. Amsterdam 857. Seijffardt. 16. (2 Bl., 65 S. u. 2 Lithogr.) n. 15 ngr

— pour les voyageurs sur le chemin de fer de Paris à Berlin. — Wegweiser f. das auf der Eisenbahn v. Berlin bis Paris reisende Publikum. Mit 1 (lith.) Carte. 12. (18 S. mit 1 Tab. in qu. gr. 8.) Aachen 848, (Leipzig) Wengler. — (Neue Ausg.) 12. (54 S.) Ebd. 849. n. 4 ngr

— pour les voyageurs sur le chemin de fer de Paris à Berlin. — Wegweiser für das auf der Eisenbahn von Berlin bis Paris reisende Publikum, 12. (54 S. und 1 lithogr. Karte von Paris bis Berlin.) Aachen 849. [Leipzig,] Wengler. **

— des voyageurs en Danemarc, av. un Vocabul. franç. et danois. 8. Hamb. 808. (Bran in Jena). 10 gγ av. 1 carte itinér. 16 gγ

— des Voyageurs en Danemarc, av. un. Vocabul. franç. et danois. Hambourg, Bran. (a. Hoffmann.) 808. avec une carte itinéraire.

— de Voyageurs en Europe p. Reichard — s.a. Reichard, J. P. C.

Guide des Voyageurs en Europe. 7. éd. Weimar 1813. V: *Reichard, Heinrich Aug. Ottocar.* (Merk)

— des Voyageurs en Europe, en Allemagne, en France, en Italie, en Portugal et dans les Nord, voyez Reichard.

Guide des voyageurs sur le Mont-Righi, depuis sa base jusqu'à la sommité la plus élevée dite le Kulm; pour servir d'explication au Panorama ou Vue Circulaire dessinée par le colonel [François-] Louis Pfyffer de Wyher. 8. Lucerne 1829.

Guide des Voyageurs en Suède. Hambourg 1808. V: *Bonnier, Gér.* (Bruun, Bibl. Danica. II, 489.)

— des voyageurs en Suède, av. un Vocabul. franç. et suédois. 8. Hamb. 808. (Bran in Jena). 10 gγ

— des Voyageurs en Suède, av. un Vocabulaire franç. et suédois Hamb. Bran. (a. Hoffmann.) 808.

— des Voyageurs en Suède. Avec un Vocabulaire français et suédais. Revue et corr. gr. in-12. Copenhague 826. (Stockholm, Bonnier.) n. $^1/_2$ ℔

— des voyageurs en Suisse, s.a. Reisebegleiter f. die Schweiz.

Guide des voyageurs en Suisse. Indicateur général des chemins de fer suisses, postes, télégraphes et bâteaux à vapeur, avec les correspondances internes et étrangères. Rédigé d'après les publications officielles. 32e année. 1887. Saison d'été. No 87. — Reisebegleiter für die Schweiz. Fahrtenplan der Schweizer Eisenbahnen, Posten u. s. w. In-12°, 182 et 26 p., avec 2 cartes. Zürich, David Bürkli. 1887. — 50

Guide des voyageurs en Suisse. Indicateur général des chemins de fer suisses, postes, télégraphes et bâteaux à vapeur avec les correspondances internes et étrangères. Rédigé d'après les publications officielles. 33e année. 1888. Saison d'été. No 89. — Reisebegleiter für die Schweiz. Fahrtenplan der Schweizer Eisenbahnen, Posten und Dampfboote u. s. w. In-12°, 190 u. 32 S., mit 2 Karten. Zürich, David Bürkli. 1888.

Guide des voyageurs en Suisse. Indicateur général des chemins de fer suisses, postes, télégraphes et bateaux à vapeur avec les correspondances internes et étrangères. Rédigé d'après les publications officielles. 45e année. Saison d'été 1900. No. 113. In-16°. 368 p. avec 2 cartes de chemins de fer. Zürich, Fritz Amberger vorm. David Bürkli. 1900. — 60

— le vrai, et conducteur de Berlin et de Potsdam et de leurs environs. (Grieben, Bibliothèque des voyageurs. Nr. 11.) Traduit par Beauvais. 16. Édition, revue et corrigée. Accompagnée des plans (lithogr.) de Berlin (in qu. 4.) de Potsdam, du jardin de Sans-Souci (in qu. 8.) et du parc royal (Thiergarten.) 16. (XI und 260 S.) Berlin 857, Th. Grieben. * geb. *

Vgl.: Grieben's Reise-Bibliothek.

— to Wiesbaden and suburbs, s.: Woerl's manuals of travel.

— Woerl. Guida di Fiume. gr. 16. (82 S. m. 1 Plan u. 2 Karten.) Würzburg 888. Woerl. n. — 50

— dasselbe. Guida di Rovereto. Con 1 pianta della città, la carta del Tirolo ed 1 carta delle ferrovie. 2. ed. gr. 16. (14 S.) Ebd. 888. n. — 50

Guide de Zurich. Publié par le Bureau officiel des Etrangers. [Avec des illustrations et 1 plan.] 8. Zurich 1888.

Guide de Zurich. Publié par le Bureau officiel des Etrangers. [Avec des illustrations et 1 plan.] 8. Zürich *s. d.* [ca. 1889].

Guide de Zurich. Publié par le Bureau officiel des Etrangers. [Avec des illustrations et 1 plan.] 8.
Ed. A. Zurich 1890. — *Ed. B.* Zurich 1891.

Guide de Zurich. Publié par le Bureau Officiel de Renseignements à Zurich. [Avec des illustrations et 1 plan.] 8. Zürich *s. d.* [1899 1900].

Guide de Zurich. Publié par le Bureau Officiel de Renseignements. Zurich. [Avec des illustrations et 1 plan.] 8. Zurich (1894).

Guide de Zurich. Publié par le Bureau Officiel de Renseignements. Zurich. [Avec des illustrations et 1 plan.] 8. Zurich (1897).

Guide de Zurich. Publié par le Bureau Officiel de Renseignements à Zurich.... [Avec des illustrations et 1 plan.] IV + 64 p. 8. (Zurich, Th. Schröter, [1901].) [fr. —. 50]

Guide to Zurich. Published by the General Inquiry Office of Zurich.... [With Illustrations and 1 Plan.] IV + 64 p. 8. (Zurich, Th. Schroeter, [1901].) [fr. —. 50]

Guide de Zurich et des environs. Zürich (1883) *s.* Fremdenführer durch Zürich.

Guide of Zurich and its Environs = Fremdenführer durch Zürich und Umgebung. Remember of the Bellevue-Hotel at Zurich.... [With Illustrations, 1 Plan and 1 Panorama.] 8. Zurich *s. d.* [1884 90].

Guide book, a, through the town and neighbourhood of Baden-Baden. Revised and enlarged by J. Finck. 12. (IX, 107 S. m. 1 Plan.) Baden-Baden 886. Marx. n. 1. 60

Tourist's **Guide Books** for the East ⟨English, German and Frensh editions⟩. By Mrs. M[inna] A. Adelt-Duc. German ed. Vol. 1. Berlin: Köppen 1909. 8° [illegible]

Guide-Journal. Bâle. (Basel 1891) s. Fremdenführer. Basler F

Guide-privat. Livret-indicateur des chemins de fer, courses postales, télégraphes et bâteaux à vapeur de la Suisse. Juillet-Août 1886. In-12°, 170 p. Berne, Rudolf Jennis Buchhandlg. (Heinr. Koehler). 1886. — 50

Guide-Privat. Livret-indicateur des chemins de fer, télégraphes et bâteaux à vapeur de la Suisse, etc. Juin 1888. In-12°, 159 p., avec une carte. Berne (Rud. Jenni's Buchhandlung). 1888.

Guides Grieben. Vol. 144. 8. Berlin, Albert Goldschmidt, 1910—1911.

Guide-Touriste. Petit g'-t' dans l'Oberland bernois. 8. Interlaken s. d. [1870/80].

Guider, Achill., Leben des hochwürd. P. Josef Varin, früheren Oberen der Väter vom heiligsten Herzen Jesu in Deutschland u. der Väter des Glaubens in Frankreich. Innsbruck 869. F. Rauch. gr. 8. (VII, 342 S.) 1 ₰

Guideti, J. T.

— medicin. Abhandll. über gallige Fieber; aus d. Latein. v. Tabor. 8. Heidelb. 798. Braun. 6 K

Guideti, J. T., dissert. medica, de biliosis febribus etc. 8mai. Lausanne 788. Pott u. C. 5 gl

Guidfolio tra Koenigsberg. Eldonita de la tiea Esperantista grupo sub la aŭspicioj de la U. E. A. (2 S.) kl. 8. Königsberg (909). Graefe & Unzer. — 20

Guidi, Ignatius

Guidi, Ign., s.: Annales Iohannis I., Iyâsu et Bakâffâ.

Guidi, Ign., s.: Annales regum Iyāsu II et Ivo'as.

— s.: Chronica minora (syriaca).

— s.: Corpus scriptorum christianorum orientalium.

Guidi, Ignat., s. Gemâleddîni Ibn Hišâmi commentarius.

Guidi, Ign., s.: Ib nal-Qûṭiyya, il libro dei verbi.

Guidi, Ignatius (Hrsg.), s. Johannis I, Negūš von Abessinien: Annales.

Guidi, I., tables alphabétiques du Kitâb al-Agânî, comprenant I) Index des poêtes dont le „Kitâb" cite des vers; II) Index des rimes; III) Index historique; IV) Index géographique; rédigées avec la collaboration de R. E. Brünnow, S. Fraenkel, H. D. van Gelder etc. Subventionné par la „Deutsche morgenländ. Gesellschaft". Fasc. I. Lex.-8. (360 S.) Leiden 895. Buchhandlg. u. Buchdruckerei, vorm. E. J. Brill. n n. 12. —

Guidi, J., tables alphabétiques du Kitâb al-Agânî, comprenant I) Index des poêtes dont le „Kitâb" cite des vers; II) Index des rimes; III) Index historique; IV) Index géographique"; rédigées avec la collaboration de R. E. Brünnow, S. Fraenkel, H. D. van Gelder etc. Subventionné par la „Deutsche morgenländ. Gesellschaft". Fasc. II. Lex.-8. (XI u. S. 361—769.) Leiden 900. Buchh. u. Druckerei vorm. E. Brill. n.n. 18.—; (kplt. n. 30.—)

Guidi, Joh. Bapt., Berufung einer jungen Protestantin zur Erkenntniß der Wahrheit. Vertrauliche Briefe zweier die Wahrheit lieb. Seelen. gr. 8. (158 S.) Regensburg 880. Pustet. 1. 40

Guidi, J. B., kurze Predigten auf alle Sonntage ꝛc. 5 Thle. 8. Augsb. 778. (Kranzfelder). 3 ₰

Guidi, Orlanda, Isabella Fianelli, s.: Collection Hartleben. Jg. 7. Bd. 4.

Guidi, P., s.: Regesta chartarum Italiae.

Guidici, Cesara, glückliche Unfälle der Liebe. In 6 Novellen; aus d. Italien. v. J. G. Keil. 8. Erfurt 814. (Weygand in Leipz.) 1 ₰ 10 gl

Guido. Mannheim, Schwan.

Guido u. Ginevra, od.: die Pest in Florenz. Drama in 2 Aufzügen, nach d. Andersen'schen „Bazar" metrisch frei nachgedichtet v. Arthur. gr. 8. (17 S.) Dresden 871. (Schöpff.) n. — 70

Guido, Graf von Taufkirchen, s.a. **Taufkirchen.**

Guido, Graf v. Taufkirchen. 8. Jena, Voigt. 812.

Guido: Il Pign Guido (Der kleine Führer) v. Il Pelegrin.

Guido v. Sendenstein, oder die Tempelritter in Mödling, romantische Geschichte a. d. österreichischen Vorzeit. Mit Kpf. 8. Wien 823, Haas. Rthlr.

Guido von Sohnsdom. Freib. u. Annaberg 1791—96. V: *Schilling, Frdr. Gust.* (GGr) (MGT) (NN)

RITTER Guido von Suhla oder Das Warme Händchen Uraninens (sic!). Sagen der Feenzeiten. Mit Titelkpfr. u. Titelvign. Wien u. Hohenzollern, Wallishausser, 1805. 8°. (In Dresden: Lit. Germ. rec. C. 993.)
Tit. u. 166 S. — Einiges etwas frei.

Guido von Arezzo

Guidonis epistola Michaeli monacho de ignoto cantu directa d. i. Brief Guido's an den Mönch Michael üb. e. unbekannten Gesang, übers. u. erklärt v. Mich. Hermesdorff. 8. (67 S.) Trier 884. (Paulinus-Druckerei.) n. 1. —

Guidonis micrologus de disciplina artis musicae d. i. kurze Abhandlung Guido's üb. die Regeln der musikalischen Kunst, übers. u. erklärt v. Mich. Hermesdorff. Mit e. autogr. Beilage. 8. (125 S. m. 1 Tab. in 4.) Trier 876. Grach in Comm. 2. 50

Guidonis, de Seue de Roohech, opuscula de administrandis sacramentis poenitentiae et eucharistiae. 8maj. Bamberg 784. (Wesché in Frankf.) 16 ℊ

Guido von List-Buecherei. Folge 1, H. 1. 1. u. 2. Taus. Groß-Lichterfelde: Zillmann 1907. 8° 109. 7040

[**Guidon, Johann Peter.**] Oberhalbstein. Julierroute: Tiefencastel-Engadin, Graubünden-Schweiz. [Illustrierter Führer.] II + 32 S. 8. (Samaden, Engadin Press Co., [1905].) [fr. —. 50]

Gule Chow, Insel, s.: Seekarten.

Gujeditsch, P. P., zur Beruhigung der Nerven, s.a. Eckstein's humorist. Bibliothek. Nr. 96.

Gujeditsch, P. P.: Zur Beruhigung der Nerven. Humorist.-satyr. Roman v. –. Deutsch v. Georg Albert. Berlin: R. Eckstein Nachf. [1899]. (115 S.) 8° = Bibliothek, Ecksteins Humoristische. No 96.

Gujer, Johannes

Die deutsche evangelische Gemeinde in Marseille und Toulon. Gruß derselben an ihre Freunde ... bei Anlaß ihres 50jähr. Bestandes. Von Johannes **Gujer**, Pfarrer. Dresden: Sturm in Comm. 1896. 71 S. 8° [11. 5333

Gujer, Otto, med. pract. aus Zürich, Assistenzarzt am Kinderspital Zürich: 34 Tarsotomien aus dem Kinderspital in Zürich. Beitrag zur Behandlung des angebornen Klumpfusses. Zür. C. Aschmann Dr. 1889. 67 S. 8°.
Zürich, Med. Diss. [v. 22. Febr. 1889].

Guiffrey, Jean, les tapisseries au musée du Louvre. gr. 4. (4 S. m. 4 Taf.) München (902). Vereinigte Druckereien u. Kunstanstalten. n. 4. —
Sonderabdr. a.: „Monatsber. üb. Kunstwiss. u. Kunsthandel".

Guiffrey, Jules, la vie de la vierge. Monographie sur les tapisseries de la cathédrale de Strasbourg, accompagnée de la reproduction en phototypie de 14 tapisseries. (31,5 × 42 cm.). gr. 4. (26 S.) Strassburg 902. J. Noiriel. n. 16. —
Sonderabdruck aus: „Revue alsacienne illustr."

Guiglielmina, Poëma prossico-comica di M. A. Thümmel, nella italiano tradotta da G. E. S, Stockmann. 8. Cob. Ahl. 784.

— — dass. 8. Hildburgh. Hanisch. 784.

Guignard, Albert. Beitrag zum mikroskopischen Nachweis der Tuberkelbacillen im Sputum und Urin. Diss. Med. Univ. Zürich. *Kopftitel:* Aus der bakteriologischen Abteilung des Hygiene-Instituts der Universität Zürich. Abteil.-Vorstand: Priv.-Doz. Dr. W[illiam] Silberschmidt. 21 S. 8. Aarau, H. R. Sauerländer & Co., 1905.

Guignard, L., kleines franz. Lesebuch, s. J. J. Bär.

Guigue, C., les voies antiques du Lyonnais, du Forez, du Beaujolais, de la Bresse, de la Dombes, du Bugey et de partie du Dauphiné déterminées par les hopitaux du moyen-age. Mémoire accompagné d'une carte des voies antiques et d'un extrait de la carte de Peutinger. gr. 8. (172 S.) Genf 878. Georg. n. 8. —

de Guignes, ..., Auszug aus d. allgem. Weltgeschichte d. Abul-Hassan-Aly; aus d. Französ. gr. 8. Hildburgh. 790. (Cr. Fleischer in Leipz.) 6 ℊ

de Guignes, ..., Geschichte d. Hunnen u. Türken, d. Mogols u. and. occidental. Tartaren vor u. nach Christi Geburt bis auf jetzige Zeit rc.; aus d. Französ. von Jh. Karl Dähnert. 5 Thle. 4. Greifsw. 788—71. (Cnobloch in Leipz.) 12 ₰ 12 ℊ

— Reisen nach Peking, Manila u. Isle de France in d. Jahren 1784—1801; aus d. Französ. von K. L. M. Müller. 3 Thle. mit Kpf. u. Karten. gr. 8. Leipz. 810. Hinrichs. 4 ₰ 12 ℊ Schrbp. 5 ₰ 16 ℊ Velinp. 7 ₰

— histor. Versuch über d. Ursprung oriental. Schriften in d. Bibliothek zu Paris; aus dem Französ. gr. 8. Hildburgh. 790. (Hinrichs in Leipz.) 6 ℊ

Guignes, M. de, Sinologus Berolinensis, Remarques philologiques sur le Voyages en China, vide Sinologus im Lexikon.

Guigniaut, J. D., De Mercurii mythologia. Gol. 1835. 28 S. 1.20

Guigniaut, M., George Zoëga. (Extrait de la Biographie Universelle, tome 52). Druck: Everat o. J. 22 S. (5.50) 12274
Gew.: F. G. Welcker (Bonn).

Guigue, M.-C. Cartulaire lyonnais. Documents inédits p. s. à l'histoire des anciennes provinces de Lyonnais, Forez, Beaujolais, Dombes, Bresse et Bugey, comprises jadis dans le pagus major lugdunensis. Tome I: Documents antérieurs à l'année 1255. In-fol., IX et 686 p. Lyon et Bâle, H. Georg. 1885. 30 —

Guilbeaux, Henri, Berlin. Carnet d'un solitaire ... (47 S.) 8. Strassburg 907. J. Singer. 1. —

Guilbert, C. - F.

Die Elektricitäts-Generatoren auf der Pariser Weltausstellung in 1900 von C.-F. **Guilbert**. Elektro-Ingen. Enth. 20 Sonder-Tab. u. 615 Fig. u. Pl. *Paris: C. Naud 1902.* (VI, 766 S.) 4°(8°) [Text in franz. Sprache.] [...]

Guilbert, (Jean Nicolas): Das Bad als Mittel zur Erhaltung und Wiederherstellung der Gesundheit und Schönheit. (Dictionnaire des sciences médicales. 1812. Tom. 2: Bain. Dt.) Übers. von J(ohann) C(laudius) Renard. Mainz: 1814

s.: Hallé, (Jean Noël)

JB 2.715

Guilbert, Yvette, der Brettlkönig. Roman. Einzige berecht. Übersetzg. v. Paul Bornstein. 8. (X, 301 S.) München 902. A. Langen. n. 3. 50; geb. n.n. 4. 50

GUILBERT, Yvette. Die Halb-Alten (Les demi-vieilles). Roman. Deutsch von L. Wechsler. Leipzig 1900. 330 S.
Ziemlich freier Pariser Sittenroman der berühmten Diseuse.

Guilbert, Yvette, die Halb-Alten (Les Demi-Vieilles). Roman. Einzig autoris. Ausg. Deutsch v. Ludw. Wechsler. 1. u. 2. Aufl. (Je III, 330 S.) 8. Leipzig (902). Berlin, H. Seemann Nachf. n. 3. —; geb. n. 4. —

GUILBERT, Yvette, Die Halb-Alten (Les demi-vieilles). Roman. Deutsch v. L. Wechsler. 2. Aufl. Leipzig, 1903. 8°. (Mk. 3—.) (2 Mk. H. Hugendubel, München, 1904.)

[Principi Serenissimo Guilelmo, Regiae et Imperatoriae domus principi, et Dominae Clementissimae Augustae Victoriae ex illustri stirpe Ducum Augustoburgensium sollemnia nuptiarum gratulatur universitas litteraria Halensis d. 27 m. Februarii a. 1881: Hendel.] 2 Bl. 2°

Das an das Brautpaar abgesandte Exemplar war vom akademischen Zeichenlehrer Hermann Schenck mit kunstreich ausgeführtem Titelblatt [wahrscheinlich mit dem farbigen Alliance-Wappen des Brautpaares] versehen und von den Mitgliedern des Senats unterzeichnet worden.

Anfangsworte: Praeclara laetitia festi diei, qui Vestris nuptiis, Principes Serenissimi, sollemni ritu celebratis ...

Schlußworte: Vos autem, Principes Serenissimi, rogamus, ut has litteras ... benigne placideque accipiatis.

Lateinische Adresse zur Vermählung von Wilhelm Prinz von Preussen und Augusta Viktoria Prinzessin zu Schleswig-Holstein-Augustenburg am 27. Febr. 1881

Auch abgedruckt: Chronik 1881. S. 3—5.

Guilelmus

Guilelmi Blesensis Aldae comoedia ed. Carol. Lohmeyer. 8. (87 S.) Leipzig 892. B. G. Teubner. n. — 80

Guilelmi II., Hollandiae comitis, agalma religiosorum, s. Bibliotheca mystica et ascetica.

Evangelios e epistolas con sus exposiciones en romance. Segun la version castellana del siglo XV hecha por Gonçalo Garcia de Santa Maria del texto de Guillermus [Guilelmus] Parisiensis: Postilla super epistolas et evangelia, ahora de nuevo publ. conforme a la ed. de Salamanca de 1493 existente en la Biblioteca de la R. Univ. de Uppsala con dos introd. por Isak Collijn y Erik Staaff. Uppsala: Akad. Bokh.; Leipzig: Harrassowitz (1908). LXXXVIII, 510 S. 8°

(Skrifter utg. af K. Humanist. Vetenskaps-Samfundet i Uppsala. 11,3.) (11. 1904?)

Guiliani, les vertiges actuels de l'Europe, trad. de l'ital. 8. Francf. Esslinger. 791.

Guilielmi, Dom., opera omn. mathemat. hydraul. etc. II Tomi. cum fig. 4. maj. Genev. de Tournes. 740.

Guilielmi, Joa., s. Rituale sive Agenda ad usum Dioeces. Limburgensis.

Guilielmini, Bhrd., sermonum libri III. adjecta duplex praef. Quirini a St. Augustino. 8maj. Bresl. 755. W. G. Korn. 10 gl

Guilielmo, Serenissimo duci, ... deliciis Brunsvicensium susceptum reipublicae gubernaculum debita pietate et reverentia gratulatur gymnasium primarium Brunsvigae 1831. [Braunschweig 1831.] V: *Elster, Jacob Ludwig.* (Mitth. Dr. H. Bäsecke.)

Domino celsissimo generosissimo **Guilielmo** serenissimo duci Brunsvicensi Luneburgensi Olsnensi ... natalitia ... agenda sumtique ante hos viginti quinque annos principatus ... memoriam a. d. VII. Kal. Maj. 1856 ... gratulantes vota solvunt ... Collegii Carolini ducalis moderatores professores cives. [Ode.] 4 Bl. 4°

Guilielmo, d. Unsichtbare, od. d. Schloß Dunkam; e. Familiengesch. 2 Bd. m. K. 8. Wien, Joachim in Lpz. 801.

Guilielmo,..., kostbarer Tod der Heiligen. Aus d. Latein. von P. Max Dufrene. 8. Augsburg 760. M. Rieger. 1/8 ₰

Guilland, Louis s. Dufour, Auguste. et Rabut, François. Notes pour servir à l'histoire des Savoyards de divers états. [9e partie.]

Guillard, Dumanoir et **Clairville**, Clarisse Harlowe, siehe: Répertoire du théâtre Français à Berlin, Nr. 81.

— et **Mélesville**, le marchand de jouets d'enfant, s.: Répertoire du théâtre Français à Berlin, Nr. 380.

Guillard, M., Iphigenie in Tauris, s.a. Breitkopf und Härtel's Text-Bibliothek Nr. 86.

Guillard, Iphigenia in Tauris, s.a. Mob e's Opern-Text-Bibliothek.

Guillard. Iphigenia auf Tauris. Tragische Oper in vier Akten, nach dem Französischen des — — Musik von Ritter v. Gluck. Wien, 1856. Gedruckt bei A. Pichlers Witwe und Sohn. (31 S. 8.)

de **Guillaumanches-Dubocage**. Précis historique sur le Feld-Maréchal comte Souworow-Rymnikski. 8. Hamburg 1808.

Guillaume, ou le disputeur. 8. Bern 781. Haller. 4 gl

Guillaume [le clerc de Normandie], le besant de dieu. Mit e. Einleitg. über den Dichter u. seine sämmtl. Werke hersg. von Ernst Martin. Halle 869. Buchh. des Waisenh. gr. 8. (LII, 124 S.) n. 1 ₰

Guillaume le Clerc. Le Bestiaire, s. Bibliothek, altfranzösische.

Guillaume le Clerc, Fergus. Roman. Hrsg. v. Ernst Martin. gr. 8. (XXIV, 240 S.) Halle 872. Buchh. d. Waisenh. n. 6. —

Guillaume,..., s. Abende, d. frohen.

Guillaume, s.: Actes du congrès pénitentiaire international de Saint-Pétersbourg 1890.

Guillaume, Dr., le congrès pénitentiaire de Londres. Rapport présenté au conseil fédéral. 203 pp. in-8. Berne, impr. J. A. Weingart. 1873.

Guillaume, s. Jugendfreund, Der Wiener.

Guillaume, quels sont les moyens d'améliorer la protection sociale due à l'enfance malheureuse ou abandonnée? Premier rapport, présenté à la société suisse d'utilité publique dans son assemblée annuelle tenue à Neufchâtel en 1881. [Aus: „Schweiz. Ztschr. f. Gemeinnützigkeit".] 8. (39 S.) Zürich 881. Herzog. n. — 60

Guillaume, Dr., die Reorganisation des Straf- und Gefängnisswesens im Kanton Bern. Gutachten an die Justiz- und Polizei-Direktion des Kantons Bern. 90 Stn. 8. und Beilagen. Bern, Druck von Rieder & Simmen. 1875.

Guillaume, siehe: *Zeitschrift für Statistik.*

Guillaume, Charles Edouard, von les Verrières, Ct. Neuenburg: Ueber electrolytische Condensatoren. Aussersihl Fritschi-Zinggeler Dr. 1883. 47 S. 8°.

Zürich, Phil. Diss. [v. 19. Juli 1883].

Guillaume, Edouard, Des Verrières-Suisses: Les phénomènes de Bose et les lois de l'électrisation de contact. [Avec trois figures dans le texte.] Genève 1908. 55 p. 8°. Extrait des Archives des Sciences physiques et naturelles. Période 4. t. 26. juillet et août 1908. [3. IX. 08.]

Zürich Phil Diss II. 8 1908/09.

Guillaume, François: T h e s e s S. Scripturae, Juris divini, quas favente et protegente ejusdem Conditore Deo sub Praesidio Ss. Litterarum in alma et antiquissima Trevirorum Universitate publici et ordinarii Professoris Antonii Oehmbs, ... in Auditorio majore Vici Tetradiani Treviris mane ab 8. ad 9., a prandio a 3. ad 4. die 15. April. 1768 solus defendet praenobilis, ornatus ac pereruditus dominus D. Franciscus Guillaume, ex Montquentin, Ss. Litterarum Theologiae moralis et dogmatico-scholasticae Candidatus. Opponent ante meridiem, reverendi, praenobiles, ornati ac pereruditi Domini . . . Post meridiem . . . Ss. Litterarum, Theologiae moral. et dogmatico-scholasticae auditores.

[Treviris 1768]. – 8 S. fol.

Guillaume, Friedrich

Hannibals Feldzüge *in Italien*, *von Friedrich Guillaume*, mit Plänen, 4 Bände. (In französischer Sprache).

Guillaume, L., die Gesundheitspflege in den Schulen. Betrachtungen über den Gesundheitszustand in den öffentl. Schulen. Den Schulbehörden, Lehrern u. Eltern gewidmet. Deutsche, vom Verf. autoris. Ausg. 1—3., unveränd. Aufl. Aarau 865. Christen. gr. 8. (VII, 120 S. mit 5 Kpfrtaff. in gr. 8. u. 4.) 15 *ngr.*

Guillaume, Louis (Hrsg.), s. A c t e s du 6e Congrès pénitentiaire international des Bruxelles, août 1900.

Guillaume, Louis, von Verrières-Suisses Cant. Neuenburg: Beiträge zur Lehre der Zuckerausscheidung im Diabetes mellitus. Zür. F. Walder u. S. Dr. 1854. 37 S., 1 Bl. 8°.

Zürich, Med. Diss. v. 23. Dec. 1854.

G u i l l a u m e, Louis s. B o r e l, Eugène, et G u i l l a u m e, Louis — F a v r e. Louis. et G u i l l a u m e, Louis.

G u i l l a u m e. [Louis]. Une excursion en Sardaigne. E. 8. [Berne 1889.]

Guillaume-Schack, Frau Gertrud, über unsere sittlichen V e r h ä l t n i s s e u. die Bestrebungen u. Arbeiten des Britisch-Continentalen u. Allg. Bundes. s.a. S i t t l i c h k e i t, die öffentliche.

Guillaume-Schack, Gertrud: Über unsere sittlichen Verhältnisse und die Bestrebungen und Arbeiten des Britisch-Continentalen und Allg. Bundes. Vortrag. Am 23. März 1882 in Darmstadt geh. u. v. d. Polizeibehörde daselbst verboten. (Anh.: Der Process z. Darmstadt geg. Frau Guillaume-Schack. Stenograph. Bericht.) — Berlin: Dolfuß 1882. 47 S. 8° (D. öffentl. Sittlichkeit. 5.)

— ein W o r t zur Sittlichkeitsfrage, s.a. S i t t l i c h k e i t, die öffentliche.

Guillaume-Schack, Gertrud: Ein Wort zur Sittlichkeitsfrage. Vortrag, geh. im Rathause zu Berlin am 14. Mai 1880. 4. Aufl. — Berlin: Dolfuß 1881. 14 S. 8° (Die öffentliche Sittlichkeit. 1.)

1. Aufl. 1881.

— ein Wort zur Sittlichkeitsfrage. 5. Aufl. Berlin 882.

Guillaumin, Emile

Guillaumin, E., Tableaux champêtres, hrsg. v. J. Haas, s.a. **S c h u l b i b l i o t h e k französischer u. englischer Prosaschriften.**

É(mile) **Guillaumin**. Tableaux Champêtres. Für d. Schulgebr. ausgew. u. in franz. Sprache erkl. von Dr. J[osef] H a a s, Prof. in Freiburg i. Br. [Nebst] Wörterbuch. Berlin: Weidmann 1904. 2 Bde 8°
— **Schulbibliothek** franz. u. engl. Prosaschriften aus d. neueren Zeit. Abt. 1, Bdch. 52. 107. 5454

G u i l l a u m o t AA, Château de Marly-le-Roi. (28 S 31 T) fol Paris 1865-76

Guilleaume, Dom. Athan.

— Blick a. d. franz. S t a a t s u m w ä l z., als Nachrede z. m. Samml. der päbstl. Br. rc. 3r Bd. 8. Ebend. 797.

G u i l l e a u m e, D. A., Samml. aller Briefe, Unterrichte rc. P. P i u s VI. in Betreff der franz. Religionsumwälz. 3 Bde. 8. Münster, Aschendorf. (a. Fabricius in Cöln.) 797.

— dieselbe. 3 Bde. 8. Lpz. Sommer. 797.

Guilleaume, Dom. Athan., Samml. aller Briefe, Unterrichte rc. P. Pius VI., in Betreff d. französ. Religionsumwälzung. 3 Bde. 8. Münster 797. (Coppenrath). 3 ℛ (auch W. Nauck in Lpz.) 3 ℛ 8 gr (3r Bd. A. u. d. T.: Blick auf d. französ. Staatsumwälzung. 1 ℛ)

Guilleaume, Joh. Nik. Corn.

— theoret. prakt. Abhandl. von d. Rechtslehre von d. Gewohnheit. 2e vom Verf. selbst übersetzte u. verm. Ausg. gr. 8. Osnabrück 801. Blothe. (a. Gödbe in Leipz.) 12 gr

Guilleaume, Jh. Nik. Corn., Diss. inaug. de consuetudine. 4. Duisb. 796. (Theissing in Münster). 7 gr

Guilleaume-Werke, Maschinen- und Dampfkesselfabrik, G. m. b. H: Guilleaume-Kessel und Guilleaume-Überhitzer. Neustadt a. d. Haardt (1902)

Guilleaume-Werke, Maschinen- und Dampfkesselfabrik: Rauchlose Feuerung. Neustadt a. d. Haardt (1904)

Guillebeau A. u. Hess E.: Fälle v. hämorrhagischer Septicämie (gelbem Schelme) beim Rinde. Zürich 1894. 34 S. (Sartr.). P.

Guillebeau, A. (Red.), s. Schweizer-Archiv für Thierheilkunde.

Beiträge zur Geologie von Kamerun. Unter Beteiligung von ... im Auftr. d. Deutschen Reichs-Kolonial-Amtes bearb. von Dr. C[onstans] **Guillemain.** Mit 2 geol. Kt., 8 Textskizzen, 2 Fossiltaf., 1 Vierfarbendr. u. 22 Taf. m. 44 Reprod. Berlin: Kgl. Preuß. Geol. Landesanst. 1909. 460 S. 4°(8°)
(Abhandlungen d. Kgl. Preuß. Geol. Landesanstalt. N. F. H. 62) 10. 1557

Guillemain, Constantin: Aus dem mineralogischen Institut der Universität Breslau. **Beiträge zur Kenntnis der natürlichen Sulfosalze.** *Wüstegiersdorf 1898: M. Jacob.* (47 S. mit Tab.) 8° [Umschlagt.]
Breslau, Phil. Diss. v. 25. Febr. 1898

Guillemain, Const., Beiträge z. Kenntnis der natürl. Sulfosalze. Diss. gr. 8. (47 S. m. 2 Tab.) Breslau 898. (Schlotter.) n.n. 1. —

Guillemain de Saint-Victor, Louis

Vollständige Sammlung der ganzen Adon-Hiramitischen Maurerey, enthaltend die Katechismus der ersten vier Grade, die Art der Oefnung [!] und Schliessung der Logen, den Unterricht bey den Tafellogen, die allgemeinen und besonderen Gesundheiten, wie auch die Pflichten der ersten Logen-Officianten. Mit einer Menge noch ungedr. symbolischer Fragen und Antworten, der Erklärung der Sinnbilder, und vielen nützlichen und wichtigen Anm. verm. durch einen Ritter aller maurerischen Orden [d. i. Louis Guillemain de Saint-Victor]. Nebst einem Anh. über die Adoptions-Maurerey. Leipzig: Böhme in Comm. 1786. 264 S. 8°
Kl. 1920. 215.

Guillemard, Isaac (Hackney b. London/Engl.), De arthritide. Diss. med. Bln. (Nietack) 4. III. 1836. 32 S. mit Biogr. (M: S. Venn.) (5.50) 12275
Oppon.: J. J. Mac Caldin, G. Baly, Carl Sponholz. — Gew.: Jacob Guillemard (Bruder).

Guillemard's, Robert, Memoiren, begleitet mit histor., meistentheils ungedruckten Belegen von 1805—1823. Aus d. Französ. Eingeführt von Göthe. 2 Thle. 8. Leipz. 827. Weygand. 4 ℛ

Guillemé, P. [Mathurin]. Kukyefiwa kwa Dini = Abrégé de l'histoire sainte. Par le R^{ev}. P. Guillemé, Administrateur du Vicariat Ap. du Nyassa. [Publié pour le] Vicariat Apostolique du Nyassa [par la] Société des Pères Blancs. [Illustré.] 258 p. 8. Einsiedeln, Suisse, Benziger & Co. S. A., 1903. [relié fr. 1.50]

Guillemeau, J., aufricht. Augen- und Zahnarzt, übers. von Verbrügge und Schurig. 8. Dresden. 710.

Guillemin, A., s.: Schulze, L. R.

Guillemin, Amedeo, i mondi. Versioni ital eseguita sulla 2. ediz. franc. Triest 865. Coen. 8 (206 S.) n. 14 ngr.

— die Wunder der Sternenwelt. Illustrirte Astronomie für Laien. (Das Weltall. 1. Abth.) 12 Liefgn. Berlin 865, 66. Schlingmann. gr. 8. (XII, 502 S. mit eingedr. Holzschn. u. 2 Chromolithogr.) Jede Liefg. 5 ngr.

Guilleminard, Rob. Memoiren Robert G.'s, verabschiedeten Sergeanten. Mit historischen Belegen von 1805—1823. A. d. Französ. Eingeführt von Goethe. 2 Thle. 8. Leipzig 1827.

Guilleminot. Militärische Beschreibung des Schwarzwaldes. Aus d. Franz. Stuttgart 1815. 8°. (Orig. 1803—05.)

Guilleminot, ..., milit. Beschreib. d. Schwarzwaldes; aus d. Französ. von J. v. Th. gr. 8. Stuttg. 815. v. Cotta. 1 ℛ

Guilleminot, C. L., histoire de l'ancien téstament, ou cours des études etc. 8. Leipz. 782. (W. Vogel)

Guillemon, Wissen und Glauben, s. a. Sammlung wichtiger philosophischer Werke aus der katholischen Literatur der Franzosen.

Guillemon. Wissen und Glauben. A. d. Franz. Münster 1843. Ü: *Hartmann, Matthias Anton von.* (Rass)

Guillemon, M., Wissen und Glauben. Aus dem Französ. gr. 8. Münster 843. Deiters. n. 1 1/3 ℛ

Guillems IX. Grafen von Peitieu etc., Lieder, s. Lieder.

Guillerey, Joseph. De l'avortement épizootique des juments. Thèse Méd.-Vét. Berne par M. Joseph Guillerey, médecin-vétérinaire à Porrentruy. [Avec 4 figures.] 50 p. 8. [Porrentruy, Société typographique,] 1901.

Guillery, Sehproben zur Bestimmung der Sehschärfe. Enth. 5 grössere Taf. zum Anheften an die Wand, 1 kleine Taf. in Taschenformat, 1 Hft. Sehproben f. die Nähe, qu. schmal 12. (7 Blatt), 1 Hft. erläut. Text, gr. 8. (15 S.) Wiesbaden 891. J. F. Bergmann. In Mappe. n. 2.80

Guillery, C., Bau der Eisenbahnwagen u. ihre Unterhaltung im Betriebe, s. a. Bibliothek d. gesamten Technik.

Guillery, C.: Bau der Eisenbahnwagen und ihre Unterhaltung im Betriebe. Von —. Mit 79 Abb. u. 1 Taf. Hannover: Jänecke 1908. 149 S. 8°
(Bibliothek d. gesamten Technik. Bd 104.)

— **Handbuch üb. Triebwagen f. Eisenbahnen. Im Auftrage des Vereins deutscher Maschinen-Ingenieure verf. (VII, 202 S. m. 98 Abb.) gr. 8. München 908. R. Oldenbourg.** Geb. 7.50

Guillery, Hippolyt (geb. Cöln a. Rh. 4. 11. 1857): Ueber die Entzündungen des Pankreas. Berlin (1879). (31 S.) 8°
Berlin. Med. Diss. v. 9. Aug. 1879

Guillery, H., die Wirkungen v. Arzneimitteln u. Giften auf das Auge, s.: Lewin, L.

Guillet, ..., Entwürfe zu einem vollständ. katechet. Unterricht zum Behuf d. Geistlichen; aus d. Französ. übersetzt u. mit Zusätzen verm. v. A. Räß u. N. Weis. 4 Bde. gr. 8. Mainz 821. 2e Ausg. 824. Müller. 5 ℛ 10 gr

Guillet, Ant., Récréations hebdomadaires dédiées aux jeunes personnes des deux sexes, qui désirent se perfectionner dans la langue française. — Wöchentl. Erheiterungen f. junge Personen, beiderlei Geschlechtes, welche sich in d. franz. Sprache zu vervollkomm. wünschen. Lex.-8. (12½ B.) Augsburg 832, (v. Jenisch u. Stage'sche Buchh.)

Guilliermond, A., Remarques sur la karyokinèse des Ascomycètes. (S. 843—861 m. 8 Taf.) gr. 8. Burg (905). (Berlin, R. Friedländer & Sohn.) n.n. 8. —
Sonderabdruck aus: „Annales mycologici".

Guilliermond, A., s.: Tabulae botanicae.

Guillimann, Franz. Francisci Guillimanni, Aventico-Friburgensis, Habspurgiaca, sive de antiqua et vera origine Domus Austriae, vita et rebus gestis Comitum Vindonissensium, sive Altenburgiensium, inprimis Habspurgiorum, libri septem. 8. Tiguri 1737.

Francisci **Guillimanni** Helvetia, sive de rebus Helvetiorum Libri quinque. Lipsiae. (1710.) Bei: Joannis Aventini Annalium Boiorum Libri 7. Lipsiae. 1710. Fol.

Guilliver, s.a. Gulliver.

Guilliver, L., Museum or the Liliputian Library. 10 Vol. 8. Berlin, Himburg. 782. (Boike.)

— Museum or the Liliputian library. 10 Vol. 8. Lpz. Sommer. 811.

— dasselbe. 10 Vol. a new Edition. 8. Leipzig, Sommer. 820.

Guilliver, Lemuel, Travels etc. of, by Swift. 8. Dresden, Walther. 800.

— revived: or, the vice of lying properly exposed; containing singular travels, voyages and adventures, with copper plates. 8. Hamb. Hoffmann. 790

Guillivers, Lemuel, Reise n. Lilliput, aufs neue verdeutscht. 8. Koppenhagen. Proft. 787.

— Reise nach Lilliput, Brobdignan, Lapuda rc. 4 Thle. 8. Lpz. Linke. 804.

Guillivers Reise nach Lilliput. Für die Jugend. Mit 6 (lith. u.) color. Kpfrn. Berlin (853). Hasselberg. 16. (2 Bl., 115 S.) 15 ngr

— Reisen in neue entlegene Länder. 3 Thle. m. Kupf. 8. Hamb. 733.

— neue Reisen, od. d. Reisen d. Sohns v. d. Capitain Lem. Guilliver. 8. Altona. 732.

— sämmtl. Reisen a. d. Engl. v. Schwift, übers. v. K. Risbeck. 8. Zürich, Orell. 788.

— Reisen zu verschied. bisher unbekannten Völkern d. Erdbodens, v. neuem a. d. Engl. übers. m. K. 4 Bde. 8. Lpz. Junius. (Hinrichs.) 810.

Guillois, Ambrosius

Guillois, Ambr., Erklärg. u. Betrachtg. der Episteln u. Evangelien f. die Sonn- u. Festtage des Jahres, sowie f. den Advent u. alle Tage der heil. Fastenzeit. Mit liturg. Bemerkgn. über den Grund u. Ursprung der Hauptceremonien der katholischen Kirche. Aus d. Franz. 2 Thle. 8. (588 u. 368 S.) Regensburg 850, Manz. 2¼ ℛ

— histor., dogmat., moral. u. liturg. Erklärg. des Katechismus, nebst der Widerlegung der Haupteinwürfe der Ungläubigen gegen die Religion. Nach der 4. verm. Aufl. in's Deutsche übertr. v. e. kathol. Geistlichen. 4 Bde. 8. (1: XXXII u. 552 S. 2: X u. 576 S. 3: VIII u. 584 S. 4: XII u. 619 S.) Regensburg 848. 49, Manz. (à 1⅛ ℛ) 4½ ℛ

—— Handbuch der Religion, oder Erklärung des Katechismus in geschichtl., dogmat., moral. und liturg. Hinsicht. Mit einer großen Menge Beispiele und christl. Erzählungen zur Erläuterung jeder Lehre. Nach der 2., verm. Aufl. deutsch bearb. von einem kathol. Geistlichen. 3 Thle. 18. (XXXI und 1376 S.) Aachen 846—47, Cremersche Buchh.

Guillois, Ambrosius, der Katechet auf der Kanzel. Entwürfe zu Predigten, Vorträgen und leichtfaßlichen Unterweisungen über die Hauptpunkte der christlichen Lehre. Aus dem Französ. übers. von einem Weltpriester des Bisthums Eichstädt. 1. u. 2. Thl. Glaubenslehre. I. u. II. Regensburg 857. Manz. 8. (IV, 283; 285 S.) Jeder Thl. 19½ ngr

Guillois, Ambros., der Katechet auf der Kanzel. Entwürfe zu Predigten, Vorträgen und leichtfaßlichen Unterweisungen über die Hauptpunkte der christlichen Lehre. Aus dem Französ. übers. von einem Weltpriester des Bisthums Eichstädt. 3—6. Thl. Regensburg 859—61. Manz. 8. Jeder Thl. 19½ ngr
Inhalt: 3. Gebotenlehre. (300 S.) — 4. Heilmittellehre. (320 S.) — 5. 6. Kirchliche Feste u. Zeiten. 2 Thle. (600 S.)

Guillon, E. M., s. Guillou, G. M.

Guillon, Maria Nicol. Silvester

Guillon, M. N. S., s. *Collectio* selecta SS. Eccles

Guillon, Marie Nicol. Silvestre, Unterhaltungen über den Selbstmord, s. A. v. Blumröder, der Selbstmord.

Guillotine, Die, und deren Entstehung. Geschichtliche Documente über die Herstellung und Einführung dieses Hinrichtungs-Instruments in Frankreich ... Leipzig 1853. H: *Zirges, W.* (EB)

Guillotine, die, und deren Entstehung. Geschichtliche Documente über die Herstellung und Einführung dieses Hinrichtungs-Instruments in Frankreich rc. Getreu nach den Originalen übers. und zur Veröffentlichung durch die, von der Sächsischen Regierung decretirte Einführung der „Guillotine" veranlaßt. Mit 1 (lith.) Abbildg. Leipzig 853. Pönicke. gr. 8. (40 S.) n. 7½ ngr

Guillotine, die trockene. Neufranzösische Gerechtigkeit — Cayenne, oder: Phrase und Wirklichkeit. Tagesgeschichtlicher Roman. Hrsg. von Friedr. Scherl. 20 Hefte. gr. 8. (V und 944 S.) Berlin 859,60, Möser und Scherl. à Heft 4 Ngr.

Guillou, G. M.

Guillon, E. M. — Neuer Monat Mariä. Aus dem Französischen des — — übersetzt, mit vielen Marienliedern und den gewöhnlichen Gebeten vermehrt und herausgegeben zum Besten des Institutes der barmherzigen Schwestern in Linz. 2. umgearbeitete Auflage. Linz. 1855. Druck von J. Wimmer. Verlag von Joh. Bruntháler. (414 S. 8.)

Guillou, G. M. — Neuer Monat Mariä. Aus dem Französischen des — — übersetzt, mit vielen Marienliedern und den gewöhnlichen Gebeten vermehrt und herausgegeben zum Besten des Institutes der barmherzigen Schwestern in Linz. Dritte Auflage. Mit der Approbation des hochwürdigsten bischöflichen Ordinariates. Linz, 1856. Druck von J. Feichtingers Erben. In Kommission bei Johann Brunthaler. (414 S. 8.)

Guillou, G. M., neuer Monat Mariä. Aus d. Französ. übers., mit vielen Marienliedern und den gewöhnlichen Gebeten vermehrt u. herausg. 5. Aufl. Linz 861. (Haslinger.) 16. (384 S. u. 1 Stahlst.) n. 10 ngr.

Guillou, G. M., neuer Monat Mariä. Aus dem Französ. übers., mit vielen Marienliedern u. den gewöhnl. Gebeten verm. u. herSg. 6. Aufl. Linz 867. (Danner's Verlag.) gr. 16. (384 S. mit 1 Stahlst.) n. 12½ ngr.

Guilloud, M. J. J. B., Grundzüge d. Physik, angewendet auf Künste u. Gewerbe. Aus d. Französ. von L. A. H. Hoyer. Mit 3 Taf. Abbildd. gr. 8. Weimar 828. Industr.-Cpt. 1 Thlr 21 gr.

Guilloz, Th[éodore]. Rapport sur l'électrolyse et la galvanocaustie chirurgicales. [Présenté au] IIe Congrès international d'électrologie et de radiologie médicales. Berne, 1er au 6 septembre 1902. [Avec 2 figures. Extrait des Comptes-rendus des séances du IIe Congrès int' d'él' et de r' m'.] II + 22 p. 8. Berne, Stæmpfli & Cie., 1902.

Guilmard, D., Geschichte der Ornamentik. Die wichtigsten Ornamente der verschiedenen Baustyle vom Beginn des christl. Zeitalters bis auf die Gegenwart. 42 (lithogr.) Taf. mit reicher Auswahl an Vorlagen der Architectur, Ornamentik, Möbel, Kunst- und Industrie-Gegenstände etc. nebst kurzer Beschreibung. Fol. (8 S. Text.) Berlin 860, Th. Grieben. Thlr. *

Guilmard, D., Ornamenten-Schatz. Die wichtigsten Ornamente d. verschiedenen Baustyle vom Beginn d. christl. Zeitalters bis auf die Gegenwart. Eine vollständ. Geschichte der Ornamentik in 42 (lith.) Taf. m. reicher Auswahl an Vorlagen der Architektur, Ornamentik, Möbel, Kunst- u. Industrie-Gegenstände etc. Nebst kurzer Beschreibg. 3. Aufl. hoch 4. Leipzig 874. Scholtze. n. 11. 20

Gulnare, od. d. persische Sclavin. Schspl. in 1 A. 8. Wien ... Wallishausser. 5 gr.

Guimaraes, José Pereira, Grammatica elementar de lingua allema, s.: Prévôt, José.

Guimond de la Touche, et Chateaubrun, Théâtre. 1 vol. Paris, Didot. (Leips. Barth.)
(Pap. fin. 12 Gr. Pap. vel. 1 Thlr. form. in 12. 1 Thlr. 8 Gr.)

Guimpel, Friedrich

—— und D. F. L. v. Schlechtendal, Abbild. u. Beschreib. aller in d. Pharmacopoea Boruss. aufgeführten Gewächse etc., s.a. Abbildung.

Guimpel, Fr., u. F. L. v. Schlechtenthal, Abbild. u. Beschreibung aller in d. Pharmacopoea Borussica aufgeführten Gewächse. 1r Bd. 18 Hfte. Mit 100 ill. Kpf. 13 Thlr 12 gr. 2r Bd. 13—14s Hft. jedes Heft mit 6 ill. Kpf. 10 Thlr 12 gr. gr. 4. Berl. 827—33. (L. Oehmigke). 24 Thlr

Guimpel, Fr., u. F. L. v. Schlechtendal, Abbildung u. Beschreibung aller in der Pharmacopoea Borussica aufgeführten Gewächse. 2r Bd. 15s—17s Heft. Mit 16 ill. Kpfrtaf. gr. 4. Berlin 833. L. Oehmigke. Subscr.-Pr. 1½ Thlr — 3r Bd. 18 Hefte. Jedes 6 Kpfrtaf. gr. 4. Ebd. 836, 37. à H. ½ Thlr Alle 3 Bde. n. 27 Thlr (Vgl. Thl. II. S. 456.)

Abbildung und Beschreibung aller in der pharmacopoea borussica aufgeführten Gewaechse. Hrsg. von Friedrich Guimpel. Text von D[ietrich] F[ranz] L[eonhard] v. Schlechtendal. Bd 1-3. Berlin: Oehmigke 1830-37. 6 Bde 4°

Bd 1. Mit 100 illum. Kupfern. [Textbd. Bildbd.] 1830.
Bd 2. Mit 100 illum. Kupfern. [Textbd. Bildbd.] 1833.
Bd 3. Mit 108 illum. Kupfern. [Textbd. Bildbd.] 1837.

Guimpel, Fr., Abbildung deutscher Holzarten, s.a. Willdenow.

Guimpel, F., K. L. Willdenow u. F. G. Hayne, Abbildung d. deutschen Holzarten für Forstmänner und Liebhaber der Botanik; mit Beschreibung derselben von K. W. Willdenow. Bd. 1. 2. [= H. 1—36.] Mit 216 ill. Kupfern. Berlin 18[10]15—20. gr. 4.

GUIMPEL, Friedrich: Abbildung der deutschen Holzarten für Forstmänner und Liebhaber der Botanik. Entworfen und beschrieben von Carl Ludwig Willdenow, in letztrer Rücksicht fortgesetzt von Friedrich Gottlob Hayne. - Berlin 1810-1820. 36 H. insges. 302 S., 216 Taf., Reg.

——, Fr. Otto u. Fr. G. Hayne, Abbild. d. fremd., in Deutschl. ausdauernden Holzarten etc., s.a. Abbildung.

Guimpel, Frdr., F. Otto u. F. G. Hayne, Abbildung der fremden, in Deutschland ausdauernden Holzarten; mit Angabe der Cultur von Fr. Otto, beschr. von F. G. Hayne. 24 Hefte. Bd. 1. Mit 144 ill. Kupfern. Berlin 18[16]19—30. gr. 4.

GUIMPEL, Friedrich (Hrsg.): Abbildung der fremden, in Deutschland ausdauernden Holzarten für Forstmänner, Gartenbesitzer und Freunde der Botanik, mit Angabe der Cultur von Friedrich Otto, beschrieben von Friedrich Gottlob Hayne. - Berlin 1819-1830. 24 H.

-- Otto F., Hayne F. G.: Abbildung d. fremden in Deutschland ausdauernden Holzarten ... herausg. v. G., m. Angabe der Cultur v. O., beschrieben v. H. Bd. 1-2 (ufuldendt; 1 Vol.). Berl. 1825[-29]. S. 1-170. 141 kol. Tvl. (Tvl. 40, 103, 104 mgl.). 4°.

Guimpel, Fr., s.: Abbildungen d. Holzarten.

— 12 Modelle zu Pracht-Strumpf-Bändern f. Damen, nebst der Anweis., dieselben zu sticken; gezeichn. u. gest. v. J. Guimpel. 1e u. 2e Lfrg. 16. (24 Taf. u. so viel Bl. Text.) Berl. 828. Maurers B. 2 Thlr

Guimpel, Friedr., Pflanzen-Abbildungen etc., s.a. Pflanzen-Abbildungen.

—— Représentation des arbres forestiers d'Allemagne. Berlin 1820—30. 4.

Guimpel, Friedrich Ludwig

Guimpel, Fr. Ldw., die Feststellung des nachhaltigen Ertrages der Waldungen. 2 Bde. Mit 9 Tabellen. gr. 8. Gotha 834. u. 836. Hennings u. Hopf. 1¼ Thlr

Guinand, E.: Der verlorene Sohn, s. Debussy, Claude

Guinand, Ulysse, Fragmens Neuchatelois, ou essai historique sur le droit public Neuchatelois, sur la domination Prussienne et sur les événemens de 1830 à 1832. gr. in-8. Lausanne 833. (Bern, Burgdorfer; Leipzig, Fr. Fleischer.) 1½ Thlr

Guinand, Ulysse, Histoire du Gouvernement de Neuchatel, s. Histoire etc.

Guinaudeau, B., Klostergreuel. (Les crimes des couvents.) Autoris. Uebersetzg. der 2. Aufl. (11. Tauf.) des Originals. Mit e. Einführg. v. Andr. Bourrier. (122 S.) gr. 8. München (908). J. F. Lehmann's Verl. n. 1.50

Guinea [Sachliches OW]

Guinea — Zwischen Sierra - Leona und dem Aequator. Verfasst von Herrn d'Anville, verbessert herausgegeben von Herrn F. A. Schraembl 1786. 1: 4,000,000 1 Bl.

Guinea und Kongo-Küsten. Mit den neuen deutschen Erwerbungen, den übrigen europäischen Besitzungen, den Stationen der internationalen Kongo-Gesellschaft, sowie den deutschen Konsulaten, Faktoreien und Dampferlinien. 1 : 8 000 000. Weimar, geographisches Institut. (Kolonialkarte No. 2). 1 Bl. c. L.

Guinea, nova. Résultats de l'expédition scientifique néerlandaise à la Nouvelle-Guinée en 1903 sous les auspices de Arth. Wichmann. (Mit holländ. u. französ. Titel.) Vol. I. III u. V, livr. 1—3. 32×25,5 cm. Leiden, Buchh. u. Druckerei vorm. E. J. Brill. nn 147.25

- I. Entdeckungsgeschichte v. Neu-Guinea (bis 1828.) Von Arth. Wichmann. Mit 45 Karten im Text. (XVII, 387 S.) 909. Kart. nn 27.50
- III. Ethnography and anthropology. By G. A. J. van der Sande. (VII, 390 S. m. Abb., 30 Taf. u. 1 Karte.) 907. Geb. in Leinw. nn 85 —
- V, 1. Zoologie. 1. livre. (IV u. S. 1—200 m. Abb. u. 10 Taf.) 906. nn 16.50
- 2. Dasselbe. 2. livre. (IV u. S. 201—374 m. Abb. u. 6 Taf.) 906. nn 14.—
- 3. Dasselbe. 3. livre. (In deutscher u. engl. Sprache.) (IV u. S. 375—422 m. Abb.) 909. nn 4.25

Guinea, nova. Résultats de l'expédition scientifique néerlandaise à la Nouvelle-Guinée en 1907 sous les auspices du H. A. Lorentz. Vol. VIII. Botanique. Livr. 1. (IV, 220 S. m. 51 Taf. u. 47 Bl. Erklärgn.) 31,5×25 cm. Leiden 909. Buchh. u. Druckerei vorm. E. J. Brill. Geb. in Halbleinw. nn 45.—

— dasselbe. Vol. IX. Zoologie. Livr. 1. (IV, 107 S. m. Abb. u. 3 [1 farb.] Taf.) 31,5×25 cm. Ebd. 909. nn 8.50

Guinea [Schlagwort]

Guinea, s.: Kolonien.

Guinea-Golf [Schlagwort]

Guinea-Golf, s.: Seekarten.

Guinee — la — de même que la plus grande Partie du Pais des Negres, appellées par les Géographes modernes Ethiopie inférieure et méridionale, tirées des morceaux géographiques de Mr. d'Anville, qu'il a inserés au Voyage du Chev. de Marchais, et puis dessinées suivant les loix de la nouvelle projection de feu Mr. le Prof. Has, par les Héritiers d'Homan. Anno 1743. Nürnberg. 1: 7,500,000. 1 Bl.

Guiness, H. Grattan, s. Guinness, Henry Grattan

Guinez, J. G.

Caractères, Les, de la cour de S(axe) comprenant les maximes, la politique et la conduite des ministres etc. depuis l'année 1700 à 1706 (par *J. G. Guinez*). Cologne, Pierre Marteau, 1739. 8°. (18 Kr., maroquin vert, Halm & Goldmann, Wien, 1907:)
Sehr interessante Schmähschrift, worin die einzelnen Würdenträger des sächsischen Hofes unter Namensnennung geschildert werden. Darunter Fürst Fürstenberg, Pflug, Bose, Fleming, Benkowsky u. v. a. In keiner Bibliographie beschrieben.

Guinnes, Geraldine [Mädchenname], s.a. Taylor, Geraldine Howard

Guinneß, M. Geraldine, die Geschichte der China-Inland-Mission. M. e. Einleitg. v. J. Hudson Taylor. (In 2 Bdn. od. 12 Hftn.) 1.—6. Hft. gr. 8. (1. Bd. VII, V, 442 S. m. Abb., 1 Bildnis u. 2 farb. Karten.) Barmen 895. 96. (Elberfeld, J. Faßbender.) à n. — 50 (1. Bd. kplt. geb. in Leinw. n. 3.75)

— die Geschichte der China-Inland-Mission. Mit e. Einleitg. v. J. Hudson Taylor. 2. Bd. Autoris. Uebersetzg. gr. 8. (X, 478 S. m. Abbildgn.) Barmen 898. Deutsche China-Allianz-Mission. Geb. in Leinw. n. 5.—; (vollständig n. 8.75)

Guinneß, Geraldine, im fernen Osten. Briefe (aus China). Hrsg. v. ihrer Schwester. Autoris. Übersetzg. 4. (XX, 170 S. m. Abbildgn. u. 1 farb. Karte.) Gotha 891. F. A. Perthes. Kart. n. 5.—

Guinnes, Henry Grattan

Guinneß, H. Grattan, das nahende Ende des Zeitalters. [The approaching end of the age.] Uebersetzung des Schlußkapitels obigen in 10 Auflagen erschienenen Buches. 8. (VIII, 74 S.) Basel 881. Spittler. n. — 40

Guinneß, H. Grattan, das nahende Ende unsers Zeitalters im Lichte der Geschichte, Weissagung und Wissenschaft. Autoris. Übersetzung nach der 8. Aufl. des engl. Originals von Gräfin Elis. Groeben. 2 Bde. 8. (XLIV, 536; 494 S. mit 4 lithogr. Taf.) Berlin 888, Deutsche Evangel. Buch- und Tractat-Gesellschaft. *ℳ 8.—; geb. *

Guinneß, H. Grattan, das nahende Ende unsers Zeitalters im Lichte der Geschichte, Weissagung u. Wissenschaft. Autoris. Übersetzg. nach der 8. Aufl. d. engl. Originals v. Gräfin Elis. Groeben. 8. (XLIV, 494 S.) Berlin 889. Deutsche Evangel. Buch- u. Tractat-Gesellschaft. n. 8.—

Guinneß, Grattan, Gebet. Heiligung. Mission. Eine Bibelstunde, geh. auf der 15. Allianz-Konferenz Blankenburg i. Thür. 1900. gr. 8. (8 S.) Blankenburg i. Th. 900. Verlag des ev. Allianzblattes. — 10
Sonderabdruck aus: „Bericht d. Allianz-Konferenz".

Guinneß, Mr., u. Mrs. H. Grattan, Licht f. die letzten Tage. Eine histor. u. prophet. Studie. Mit 2 Taf. in Farbendr. u. Tab. im Text. Autoris. Übersetzg. v. Gräfin Elisabeth Groeben. gr. 8. (XVI, 865 S.) Berlin 892. Deutsche evangel. Buch- u. Tractat-Gesellschaft. n. 3.—; geb. in Leinw. n.n. 4.—

— Missionsrede üb. Joh. 7, 37.38 auf der 14. Allianz-konferenz zu Blankenburg i. Thür. 1. IX. 1899. gr. 8. (8 S.) Ebd. 899. — 10
Sonderabdruck aus: „Allianz-Konferenz".

— Schlüssel zu der Apokalypse od. die sieben Deutungen der symbolischen Prophezeihung. Autoris. Uebersetzg. v. Gräfin Elisab. Groeben. gr. 8. (VII, 79 S. m. 1 Tab.) Berlin 901. Deutsche ev. Buch- u. Tractat-Gesellschaft. n. — 60

Guinneß, Luci E., welches Haus? Eine Missionsstudie. Aus dem Engl. v. C. F. gr. 8. (VII, 72 S.) Gütersloh 897. C. Bertelsmann. n. 1. —

Guinot, A., die Religion am Bette der Kranken und Sterbenden. Aus dem Französ. übertr. von J. J. Vogel. Würzburg 856. Etlinger. 16. (V. 235 S. u. 1 Stahlst.) 5 ngl

Guinot, E., Dame und Milchmädchen, s. Miniatur-Bibliothek, novellistische.

Guinot, Eug., Les bords du Rhin. (Mit Karten u. Vignetten.) 1847. 8.

Guinot, Eug., ein Sommer in Baden-Baden. Illustrirt von Tony Johannot, Eug. Lami, Français und Jaquemot. Lex.-8. (VIII und 275 S. mit eingedr. Holzschn. und 8 Holzschnt.) Leipzig 858, Weber. *

—— les veuves du diable, s. Goslan, L., les maitresses à Paris.

Guinther, Cyriac., latinitas restituta, de vitiis latini sermonis. II part. 12. Ienae, Schulz. 717. 34.

Guinz, Justus Gottfried

s.: Günz, Justus Gottfried

Guion, s.a. Guyon

Guion, Abt, geistliche Bibliothek; aus dem Französ. 8 Thle. 8. Augsb. 785. Rieger. 5 rß

— Geschichte d. Amazonen, aus d. Französ. von J. G. Krünitz. 8. Berl. 763. Rüdiger. 10 gl

— Geschichte von Ostindien. Aus d. Französ. übers. mit Anmerkk. von Jh. Cyp. Rudolph. 3 Thle. Mit Kpf. 8. Frankf. u. Leipz. 749. Mit neuem Titelblatt. Hof. 773. (Grau). 1 rß 4 gl

Gujon, J. C. Felix, Die Krankheiten der Harnwege. Klinische Vorlesungen aus dem Hospital Nesker. Semiologie, Diagnostik, Pathologie und Therapie. Nach der dritten französischen Auflage mit Erlaubniss des Autors übersetzt und bearbeitet von Dr. Oscar Kraus und Docent Dr. Otto Zuckerkandl. III. Band. Der Katheterismus. Mit 75 Figuren im Texte und einer lithogr. Tafel. Gr.-8. (XVIII, 420 S.) 5.60, in Halbfranzband Wien: Hölder 1898. 7.10

Guion, J. M. B. v. la Mothe, s.a. Lamothe-Guion.

Guion, J. M., Anweis. z. stet. Wandeln in der Gegenw. Gottes. 4 Thle. 8. Stuttg. Metzler. 765.

Guion, Frau la Mothe, geisterhebende Beschäftigungen des Herzens mit Gott v. G. Terrstegen übers. m. K. 2 Thle. 8. Bern, Halleк. 804.

Schreibp.

Guion, Mad., Briefe, die d. innerl. Leben betr. 4 Thle. 8. Lpz. Gleditsch. 728—733.

— geistr. Discourse, d. innere Leben betr. 2 Thle. 8. Ebendas. 730. 31.

— geheime Gottesgelahrheit. 12. Ebend. 706.

— recht kluge Kinderzucht. 8. Ebend. 726.

— Leben von ihr selbst beschrieb. 3 Thle. 8. Ebend. 727.

Guion, (d Frau J. M. B v. la Mothe,) Leben, von ihr selbst beschrieben. A. d. Franz. v. H. v. Montenglaut geb. v. Cronstain. 3 Bde. 8. Berl. 826. Sander.

— lettres chrétiennes. V Vol. 12. Bern, Soc. Typ.

GUION, Mme, Kurzes und leichtes Mittel zu beten, welches alle gar leicht in Uebung bringen können. Nach der 1730 herausgegebenen 4. Aufl. jetzt wieder neu gedruckt. Ottensen, Altona. 1812. (O. m. T. Mme Guions sämtliche gottgeweihete Schriften. I. Altona. U.A.).

— le Moyen court. etc. 8. ibidem.

— Oeuvres complettes. XXXX Vol. 8. ibid.

— geistliche Ströme. 18. Lpz. Gleditsch. 728.

— alt. Testament mit Erklär. über die 5 Büch. Mos. ic. 4 Thle. 8. Berleb. 745. 46.

— geistl. Wegweiser z. inn. Leb. in 2 Büch. 8. Leipzig, Gleditsch. 740.

Guionneau, Dem Br. v., am 7ten Nov. 1824. Von den Brüdern des flammenden Sterns [in Berlin] v. Rb. »Lass Flammenstern, den würd'gen Meister leben ...« Berlin 1824. V: *Reibnitz, von.* (wolfstieg I, 809)

Guionneau, Adalbert von

Geschichte des 1. Hannoverschen Dragoner-Regiments Nr. 9. Peninsula-Waterloo-Göhrde, 1805–1904. Von (Adalbert) v. **Guionneau.** Mit Bildern, Karten u. Pl. Berlin: E. S. Mittler & Sohn 1904. (VIII, 442 S.) 4°:8°) [J.] (03. 774

Guionneau, Ludwig August von

Deux Discours maçonniques du fr. [Ludw. Aug.] de G[uionneau?]. Berlin 1777: Decker. 47 S. 8⁰ (Sammlung neuer Frmr-Reden. [1, 9.])
cf. Frmr-Bibliothek. 1 (1778) S. 169—170; 2. Aufl. 1782; 3. Aufl. 1792.
Kl. 961. Prinz Friedr. Aug. v. Braunschw.-Lüneb. gewidm. Rede 1. üb. die Wichtigkeit der Frmrei, 2. üb. die Gefahren des bösen Beispiels. 23. 25.

Schreiben [der drei altpreussischen Grosslogen] an die Sehr Ehrwürdige Loge zu den drey Schwertern und wahren Freunden in Dresden. [Unterz.: Ludw. Aug.] v. Guionneau, [Friedr. Gust. Ad. Maximilian] v. Castillon, [Ernst Ferd.] Klein. [Berlin 1810.] 1 Bl. 4° [Kopftit.]
Gegen die von F. Mossdorf u. K. Ch. F. Krause beabsichtigten mrischen Veröffentl. (Mossdorf s. Nr 26). Krause führte d. beabs. Veröffentl. „Kunsturkunden" trotzdem aus. 193.

Guiot, s.a. G u y o t

Guiot, ..., neue physikalische u. mathemat. Belustigungen, oder Samml. von Kunststücken rc. Aus d. Französ. übers. v. J. Ch. Thenn. 7 Thle. Mit Kpf. gr. 8. Augsb. 772—77. (v. Seidel in Sulzb.) 10 Rthlr 12 gr.

Guiot: Kurzgefasstes Forst-Handbuch ... grösstentheils aus d. Herrn Du Hamel du Monceau allgemeinen Abhandlung v. den Wäldern herausgezogen. Nürnb. 1771. (38) 480 S.

— Forsthandbuch; aus d. Französ. 8. Nürnb. 771. Stein. 18 gr.

Guiot, Florent. Correspondence diplomatique... s. Dunant, Emile. La réunion des Grisons à la Suisse. Bâle & Genève 1899.

Guiot du Ponteil, Carl v., Trauer-Rede bei den Exequien für weil. Se. Maj. den König Maximilian II. von Bayern in der königlichen Hof- und Stiftskirche zu St. Cajetan am 17. März 1864 gehalten. 1—4. unveränd. Aufl. München 864. J. A. Finsterlin. gr. 8. (15 S.) n. 2 ngr.

Guiot v. Provins, Dichtungen, s. San-Marte, Parcival-Studien.

Guipuzcoa [Schlagwort

Guipuzcoa — Carte géographique contenant les Provinces de — de Alava et de Byscaye. Dressée nouvellement selon les Cartes du Sieur Tom. Lopez etc. par F. L. Güssefeld) par les Hérit. d'Homann l'an 1800. 1: 525,000. 1 Bl.

Guiraud, Alex., le petit Savoyard, hrsg. v. Heinr. Saure, s.: Autours français modernes vol. II.

Guiraud, Paul, Lolos Berufung. Roman. Autoris. Übersetzg. a. d. Franz. v. Ernst Pauli. 8. (390 S.) Berlin (899). Vita. n. 3.—

Guiraut v. Borneth, des Trobadors, beide Kreuzlieder, nach sämtl. Handschriften kritisch hrsg. u. übers. v. Adf. Kolsen. (25 S.) gr. 8. Braunschweig 905. G. Westermann. n. —30
Sonderabdruck aus: „Festschrift f. Adf. Tobler".

Sämtliche Lieder des Trobadors Giraut [Guiraut] de Bornelh. Mit Übers., Komm. u. Glossar krit. hrsg. von Adolf Kolsen. Bd 1. Halle a. S.: Niemeyer 1910. 8°

Guirbel, F. L.: „Die Feststellung des nachhaltigen Ertrags der Waldungen", Gotha 1854 (Hennings & Hopf).

Guirlande, la, de houblon, par l'auteur des Oeufs de pâques. Mit 4 ill. Steindr. 12. Paris et Strassb. 832. Levrault. 5 fr.

Guirlanden. Herausg. von W. G. Becker. 4 Bde. m. K. 8. Leipz. Gleditsch. 811—13. (à 1 Rthlr. 12 gr.)

Guirlanden. Hg.: W. G. Becker.
I/II. 1812. IV S., 1 Bl., 236 S., IV, 240 S.
III/IV. 1813. 2 Bl., 236 S., 2 Bl., 234 S., 2 Bl.
Leipzig. Goed. VIII, 79, 152

— kleine, zum Stricken in Seide, Wolle u. Perlen, in 32 Blumen- u. Blätter-Guirlanden. 3 Hfte. qu. 8. Pirna 812 Friese. (à 12 gr.) 2 Rthlr Hbg. Pr. 1 Rthlr 12 gr.

Guirlanden z. lehrreichen u. nützl. Unterhaltung rc. 12. Leipz. 826, Central-Compt.

Guirlanden zur lehrreichen u. nützl. Unterhaltung, von Batsch, Forster, Hube, Jacob rc. (Aehrenlese auf dem Felde deutscher Prosa. 18 Bdchn.) Verb. Aufl. 16. Leipz. 829. Centr.-Compt. 3 gr.

Guirlanden um d. Urnen d. Zukunft; e. Familiengesch. v. A. K. Ruh, in 5 Theil. m. K. 8. Prag, Polt. (Joachim in Leipz.) 801

Guirlanden-Reigen, auszuführen v. 16 Damen. (7 S. m. Fig.) kl. 8. Dresden (907). E. Neumann & Co. 1.—

Guisan, J. S.: B e m e r k u n g e n über Erbauung, Verbesserung und Unterhaltung der Wege, vorzüglich der Nebenwege. Bern 1800.

Guisan, Julien. Contribution à l'étude des dérivés azoïques de l'acide salicylique. Diss. Phil. [II.] Univ. Zürich. 73 p. 8. Zurich, Gebr. Leemann & Co., 1907.

Guisano

Guisano der Furchtbare, oder die Männer des Thales. Romantische Geschichte. Vom Verf. des Ortellino. Bdchn 1.
Leipzig: Herbig 1825. 210 S. 8°

Guisano, der furchtbare, oder die Männer des Thales. V. Verf. d. Ortellino. 2 Bde. 8. Ludwigsb. 826, Nast.

Guiscard, Gräfin v. Alir, Königin der Bretonen. 8. Leipz. 793. (Auc in Altona). 18 gr.

Guiscarde, Gräf v. Alir, Königin d. Bretonen. 8. Leipz. Jacobäer. 793.

Guiscardo, d. Dichter, od. d. Ideal, v. F. Horn, m. K. 8. Lpz. Rein. 801.

Guischard, le Bucheron, ou les Souhaits. Comédie lyrique. 8. Dresd. 765. Walther. 4 gr.

Guischard, Joh. Philipp: De i n v e s t i t u r a feudali. 22 S. — Basel, Jur. Diss. v. 2. Aug. 1709.

Guischardus, Joh. Philipp: Dissertatio de juribus ex pacto certo tempori inclusis, s. H e r t , Joh. Nik. [Praes.].

Guischard, Johannes, a. Ihlewitz, Mansfelder Seekreis, Prov. Sa.: Aus der psychiatrischen und Nervenklinik zu Kiel. Ein Fall von hysterischer Amblyopie im Kindesalter. Kiel 1905: H. Fiencke. (20 S.) 8°
Kiel, Med. Fak., Ref. Siemerling, Diss. v. 3. Apr. 1905
[Geb. 28. Juli 78 Ihlewitz, Mansfelder Seekreis; Wohnort: Ihlewitz; Staatsangeh.: Preußen; Vorbildung: Gymn. Aschersleben Reife O. 00; Studium: Kiel 2, Tübingen 1, Kiel 2, Leipzig 2, Kiel 3 S.; Coll. 14. März 05; Approb. 7. März 05.]

Guischard, Kurt, Referendar aus Sorau i. d. N.-Lausitz: **Die Ansprüche des Bestellers im Werklieferungsvertrag beim Fehlen zugesicherter Eigenschaften nach gemeinem Recht und dem BGB.** *Rostock 1903: C. Hinstorff.* (65 S.) 8°
Rostock, Jur. Diss. v. [21. Dez.] 1903

Guischard, Frid[ericus] **Ludovicus:** De noma. Halis Saxonum (1854): Heynemann. 26 S. 8°
Halle-Wittenberg. Med. Diss. v. 26. Aug. 1854
Geb. Aschersleben [11.] 4. 1829. V.

Guischard, W. F., die Grundgesetze der Dynamik. Leipzig 861. Holtze. gr. 8. (39 S.) n. 10 *ngr.*

Guischard, Wilhelm [prakt. Arzt aus Prüm]: Beitrag zur Casuistik der Kochsalztherapie .... Bonn, Jos. Bach Wwe., Buch- u. Steindr., 1887; 17 + 1 S. + 1 Bl. 8°.
Bonn, Med. Fak., Inaug.-Diss. v. 19. Jul. 1887.

Guischard, Wilhelm, Beitrag zur Casuistik der Kochsalztherapie. Diss. Bonn 1887, Emil Strauss. 8°. 17 S.

Guischard, Wilhelmine Konstanze

Guischard, Wilhelmine, Black Douglas. Ein australischer Roman. Leipzig 860. Brockhaus. 8. (3 Bl., 421 S.) n. 1 *ℛ* 24 *ngr.*

— die Foscari. Ein historischer Roman. 3 Bde. Berlin 863. Haude & Spener. 8. (VIII, 988 S.) 5 *ℛ*

Guischard, Wilhelmi, die **Foscari.** Ein histor. Roman. 3 Bde. 2. (Titel-)Aufl. Berlin 866. Haude & Spener'sche Buchh. 8. (VIII, 988 S.) 1 *ℛ* 15 *ngr.*

Guischard, Wilhelmine Konstanze
Die Hunyady. Hist. Roman. Th. 1-3.
Leipzig: Brockhaus 1858. 8°

Guischard, W., Venezia, die Königin der Meere. Bilder u. Schilderungen aus der Geschichte Venedigs. Mit 8 Bildern (Holzschntaf.) v. H. Knackfuß. gr. 8. (IX, 435 S.) Bielefeld 877. Velhagen & Klasing. geb. n. 7. —

Guischard, Wilhelmine Konstanze
Eine Verschwörung in Venedig. Hist. Roman. Aus dem 17. Jh. Bd 2.
Berlin: Janke 1867. 266 S. 8°

Guischardt, Karl Gottlieb

Guischardt, K., nommé Quintus Icilius. Mémoires critiques et historiques sur plusieurs points d'antiquités militaires. Avec fig. et pl. T. 1—4. Berlin 1773.

Guischardt, Karl Gli., gen. Quintus Icilius, († d. 13. Mai 1775.) mémoires critiques et historiques sur plusieurs points d'Antiquites militaires. IV Vols. av. fig. gr. 8. Berl. 774. Haude u. Sp. 5 *ℛ*

Guischardt, Karl Gli., mémoires militaires sur les Grecs et les Romains, pour servir de suite à l'histoire de Polybe, commentée par Chev. Fulard; avec une Dissertation sur l'Attaque et la Défense des Places des Anciens, la traduction d'Onosandre et de la Tactique d'Arrien, et l'Analyse de la Campagne de Jul. César en Afrique. II Vols. gr. 4. à la Haye 757. II Vols. gr. 4. Lyon 760. (Vergl. Polybius.)

Guitschardt, Ch., Mémoires militaires sur les Grècs et les Romains. Avec une diss. sur l'attaque et la défense des places anciens; la traduction d'Onosander et de la tactique d'Arrien, et l'analyse de la campagne de Jules César en Afrique. Avec figures. Haye 758. 2 Vol. 4. 6 rthl. Lyon 760. 2 Vol. 8. 6 rthl. Berlin 774. 4 Tom. 8. 5 rthl.

Guise. mademoiselle de, Op. comique en 3 Actes. par Dupaty. gr. 8. Rudolst. Hofbuchh. 8 gr.

Guise le balafré . . . Breslau 1796. V: *Rhetz, Guill. Aug. de.* (Milchs)

Guise, le balafré, av. fig. gr. 8. Bresl. 796. W. G. Korn. 1 *ℛ* 12 *gGr* Velinp. 2 *ℛ*

v. Guise, Mathilde. Oper in 3 Aufz. Nach d. Französ. Wien 810. Wallishausser. 6 *gGr*

Guiser, I. F. I., Fulgentii de Verita pervigilium erraticae dissertat. de clerico regulari beneficior. saecular etc. 4. Düsseld. Däuser. 784.

Guisius, Jo. August (Naegelstad/Thüring.), De syndicatu. Diss. jur. Präs. Augustin v. Leyser (Nudersdorff). Wittbg. (E. G. Eichsfeld) Mai 1747. 42 S., tlws. dtsch. (5.50) 12276

— **Johann Gottfried** (Langensalza/Thür.), De parentum consensus per magistratum circa liberorum sponsalia suppletione. Disp. jur. Rector Philipp Wilhelm Grf. v. Boineburg. Präs. Ernst Tentzel. Erfurt (Grosch) 23. VIII. 1710. 16 Bl. (6.—) 12277
Gew.: Johann Adolph Marschall v. Bieberstein (Hedersleben). — Widm. v.: Präs., Heinr. Nic. Guisius (Leipzig; Bruder), Johann Ernst Schröter.

— — Dasselbe. Erfurt (Jungnicol) 1723. 14 Bl. o. Widm. (5.50) 12278

— **Johann Gottlieb** (Aggriponto [= Thamsbrück]/Thür.), De actionibus mixtis et non-mixtis. Diss. jur. Präs. Gottfried Reinhold Koeselis. Wittbg. (Wwe. Gerdes) 6. IX. 1727. 32 S. mit Widm. v. Präs. (6.—) 12279

GUISKARDE, Gräfin von Alix, Königin der Bretonen. (Zieml. zahmer Roman in 25 Cap.) Mit Titelkpfr. (J. J. Wagner del. & sc.). Leipzig, bey Frdr. Gotthold Jacobäer, 1793. 8°. (8 Mk., unbeschn. Expl., Edm. Meyer, Berlin. 1908.)
4 Bll. Vorst. (incl. 2 Bll. Inh.) u. 280 S.

Guiskardo, der Dichter, oder das Ideal, Roman von Franz Horn. Neue wohlfeile Ausg. Mit 1 Kupf. 8. Leipzig, Rein. 817.

— — dass. Schausp. mit Gesang, s. Schaubühne von Lindl.

Guislain, J(oseph): Abhandlung über die Phrenopathien oder neues System der Seelenstörungen, gegründet auf praktische und statistische Beobachtungen und Untersuchung der Ursachen, der Natur, der Symptome, der Prognose, der Diagnose und der Behandlung dieser Krankheiten. (Traité sur les phrénopathies ou doctrine nouvelle des maladies mentales. Dt.) Übers. von (Karl Reinhold August) Wunderlich. Mit einem Vorwort und Zusätzen von (Albert) Zeller. 518 S., gbd.

Stuttgart u.Leipzig: Rieger 1838

JB 4.544

— Exposé sur l'état actuel des aliénés en Belgique et notamment dans la province de la flandre-orientale, avec l'indication des moyens propres à améliorer leur sort. Avec 2 planches lithogr. gr. in-8. Gand 838. Bonn, Marcus. 2/3 ℛ

Guislain, Jos., neue Lehre von den Geistesstörungen (Phrenopathieen). Auf prakt. u. statistische Beobachtungen über Ursachen, Wesen, Symptome, Prognose, Diagnose u. Behandlungen der Seelenkrankheiten gegründet. Nach d. Franz. bearb. v. Karl Kanstatt. gr. 8. Nürnberg 838. F. N. Campe. 2 ℛ

— Lettres médicales sur l'Italie, avec quelques renseignements sur la Suisse; résumé d'un voyage fait en 1838, adressé à la Société de Médicine de Gand. Avec 32 planches. gr. in-8. Gand 840. (Bonn, Marcus.) n. 3½ ℛ

Guislain's, Jos., klinische Vorträge über Geistes-Krankheiten. Deutsch mitgetheilt von Heinr. Laehr. Nebst 6 (lith.) Taf. Abbildgn. (in 8. u. 4.) mit 54 Figuren. Berlin 854. A. Hirschwald. gr. 8. (XXI, 628 S.) 3 ℛ 24 ngr

Guist, Mor. Ein Beitrag zur Prüfung der Kant-Laplaceschen Hypothese. 12 S. Progr. Hermannstadt 1882.

Guist, Mor. Einige Bemerkungen zu dem homeridischen Hymnus auf Hermes. 28 S. 8. Progr. Hermannstadt 1876.

Guist, M.: Zur Berechnung der Ergebnisse von Temperaturbeobachtungen, welche in kleinen Zeitintervallen angestellt wurden. 38 S.– Hermannstadt ev. G., Progr. 1870.

Guist: Ueber die Bestimmung der Temperaturverhältnisse eines Ortes aus wenigen Beobachtungen am Tage. 42 S.–Mühlbach, Progr. 1860

Guist, Moritz Ueber die atmosphärische Ebbe und Fluth. 4 (21 S.). Ev. G. A. B. u. Rsch. sowie Elementarsch. Hermannstadt 1887. Progr.

Guist: Zur Interpolation von fehlenden Gliedern in den Beobachtungsreihen periodischer Naturerscheinungen. 55 S.–Hermannstadt ev., Progr. 1863

Guitarrefreund, der. Mitteilungen der gitarrist. Vereinigg. (e.V.) Hrsg. unter Mitwirkg. hervorrag. Kräfte auf der Guitarre u. verwandten musikal. Gebieten v. Sekretariat des I. G.-V. München. 8—11. Jahrg. 1907—1910. à 6 Hefte. (48, 50, 50 u. 52 S. m. Musikbeilagen.) Lex. 8. München, Dr. H. Levy.
à Jhrg. 6.—; ohne Musikbeilagen 3.—
1. Jg. 1900

Guitarrenschule, od. vollständ. Anleitung z. e. faßl. Unterricht. Lpz. Kühnel.

Guitarrenschule, od. vollständ. Anleitung zu einem faßl. Unterricht. Fol. Leipz. 4e A. 814. Peters. 1 ℛ 8 gr

— z. Selbstunterricht, n. Uebungsst. gr. 8. Hamburg, Vollmer. 805.

— vollständig., od. gründl. Anweisung w. m. mit der Guitarre ohne Lehrer lernen kann. Braunschw. Spehr.

Guitarrenschule, vollständige u. faßliche. 4te Aufl. Fol. Leipz. Peters. 814.

Guiterman, A. L.: Beiträge zur Kenntniss der Naphtolcarbonsäuren und der Chinondioxime. Basel 1888.

Guitmundi de corporis et sanguinis Christi veritate in eucharistia libri III, s.: Patrum, sanctorum, opuscula selecta.

Guitschardt, Ch., s. Guischardt, Karl Gottlieb

Guitzmann, E. A.: Die Entwicklungsgeschichte der Erde nach ihren Lebensaltern. München. 1838. 8°.

Guivartowsky, observations faites à Moscou sur l'électricité pendant l'épidémie cholérique, siehe: Bulletin de la société Imp. des naturalistes de Moscou, tome XXII, 2. partie.

Guizetti, Herm., Specimen principiorum generalium juris Russiae de delictis et poenis, ad artem redactorum. 8 maj. (3½ B.) Regiomontii 832, (Graefe et Unzer.)

Guizetti, Hermann, Specimen principiorum generalium juris Russiae de delictis et poenis ad artem redactorum. Königsberg (Conrad Paschke) 1832. 54 S. (5.50) 12280
Gew.: Walther Friedrich Closs (Dorpat).

Guizot an seine Freunde. (Im April 1849.) Nebst einer Kritik des Uebersetzers. gr. 8. (23 S.) Augsburg 849, Rieger'sche Buchh.

Guizot

— Aglae und Leontine oder die Händel; Helene oder der verfehlte Zweck; Julie od. die Moral v. Frau Croque-Mitaine. Erzählungen. 16. Ebend. 6 ngr

Guizot, Mme., Aglaë et Léontine ou les Tracasseries suivi de Hélène, ou le but manqué et Julie, ou la morale de Mme. Croque-Mitaine. Ouvrage dédié à la jeunesse. Nouvelle édition. 16. Leipzig 846, Brockhaus et Avenarius. 6 ngr

Guizot, Mme., Cécile et Nanette, ou La voiture versée, hrsg. v. Walth. Wüllenweber, s.: Prosateurs français. 93. Lfg.

— Contes, dédiés à la jeunesse. Stuttg. 842, Erhard. 1/3 ℛ

Guizot, Mme., nouveaux contes à l'usage de la jeunesse. Hersg. u. mit einem vollständ. Wörterbuche versehen von J. H. Lohmann. Quedlinburg 865. Basse. 8. (III, 359 S.) 25 ngr

Guizot, Mad., fünf Erzählungen; nach d. Franz. (Mit Titelbild.) 12. Straßburg 840. Levrault. 1/6 ℛ ill. 1/4 ℛ

— neue moralische Erzählungen für die Jugend. Zur Bildung des Verstandes u. des Gemüths. Aus d. Franz. Mit 4 ill. Kpfr. 8. Ulm 835. Ebner. 1 5/12 ℛ

— les jeunes Filles. Contes. 16. le même 842. 8¾ ngl

— Geschichte eines Louisd'ors. Nach d. Franz. (Mit Titelbild.) 12. Straßburg 837. Levrault. ⅙ ℛ color. ¼ ℛ

— Histoire d'un Louisd'or. Conte dédié à la jeunesse. Ouvrage adopté par l'Université de France. 16. Stuttgart 839. Erhard. 5 ngl

— s.a. Joseph, der arme.

— der arme Joseph. Nach d. Franz. (Mit Titelbild.) 12. Straßburg 839. Levrault. ⅙ ℛ color. ¼ ℛ

— Mährchen u. Erzählungen. Nach d. Franz. (Mit Titelbild.) 12. Straßburg 840. Levrault. ⅙ ℛ color. 7 ngl

— Marie, oder das Frohnleichnamsfest. Nach d. Franz. (Mit Titelbild.) 12. Straßburg 838. Levrault. ⅙ ℛ color. ¼ ℛ

— Raoul u. Victor. Deutsch von Geo. Woldermann. (In 10 Lfgn.) 1. Lfg. gr. 8. (S. 1—48 m. Abb. u. 1 Vollbild.) Dresden 896. H. Jaenicke. n. — 50

— Rudolph u. Victor, s. Kersting. — Rudolph.

Guizot, Mde., sämmtl. Werke, s. Jugend-Bibliothek.

Guizot, François (Pierre Guillaume)

Guizot, Frz., Betrachtungen über das Wesen der christlichen Religion. Berlin 864. Hasselberg. 8. (XIV, 149 S.) 15 ngr.

— — Bearb. und in deutscher Sprache herausg. von Osc. Wendel. Leipzig 864. O. Wigand. gr. 8. (XX, 224 S.) 1 ℛ 7½ ngr.

— — Aus dem Französ. übertragen von E. A. Zotzmann. Berlin 864. Humburg & Co. gr. 8. (340 S.) 1 ℛ

Guizot, (F.,) Johann Calvin. Ein Lebensbild. Aus dem Französ. von Mart. Runkel. 1. Ausg. (II und 68 S.) Hamburg 1847. und neue Ausg. 8. (IV und 68 S.) Leipzig 850, Sechtling. *

— Dějiny wzdělanosti w Ewropě od pádu říše Římské až do francauské revoluce. Přeložil Jan Palacký. gr. 8. (IV u. 320 S.) Prag 851, Calve. 1½ ℛ

Guizot, (François Pierre Guill.), de la démocratie en France [Janvier 1849.] 12. (151 S.) Bruxelles 849, Muquardt. ⅓ ℛ

— le même. — 8. (IV und 76 S.) Leipzig 849, [Brockhaus.]

— o demokracyi, s.: Gizot.

— die Demokratie. Für das deutsche Volk im Auszuge bearb. v. Ludw. Hahn. gr. 8. (20 S.) Breslau 849, Gosohorsky. 1½ ngr

Die Demokratie. Von F. Guizot. Für das deutsche Volk in das rechte Licht gesetzt und widerlegt von einem Demokraten. Breslau, J. Kohn, 1849. 16 S. 8°.

— über die Demokratie in Frankreich. Aus dem Franz. übers. gr. 8. (95 S.) Frankfurt a. d. O. 849, Trowitzsch & Sohn. n. ⅓ ℛ

— dass. 8. (VI u. 105 S.) Grimma 849, Verlags-Comptoir. ¼ ℛ

— dass. gr. 8. (IV u. 63 S.) Leipzig 849, Breitkopf & Härtel. ⅓ ℛ

— dass. gr. 8. (47 S.) Leipzig 849, Dyk. ⅙ ℛ

— dass. Aus d. Franz. übers. v. A. Reclam. gr. 16. (61 S.) Leipzig 849, Matthes. ¼ ℛ

— dass. gr. 16. (80 S.) Wien 849, Gerold. n. ⅓ ℛ

Guizot, Frz., die Demokratie in den neueren Gesellschaften. Mit Genehmigung des Verfassers übertragen von Martin Runkel. gr. 8. Elberfeld 837. Becker. ⅓ ℛ

Guizot, F. P. G., Denkrede auf ihn, s. Tréfort, A.

Guizot's, Franç. (Pet. Wilh.), Denkwürdigkeiten. Beiträge zur Geschichte der neuesten Zeit. Deutsch von L. Wachler. 1. Bd. 4 Lfgn. gr. 8. (1. Lfg. 112 S.) Sondershausen 860, Neuse. *

— Discours sur l'histoire de la révolution d'Angleterre, s. Bibliothèque choisie; par R. Schwalb.

Guizot, F. P. G., Discours sur l'histoire de la révolution d'Angleterre, s. Bibliothèque choisie de la littérature française en prose.

— discours sur l'histoire de la révolution d'Angleterre, s. Schulbibliothek, franz. und engl.

— l'Église et la Société chrétiennes en 1861. 8. (170 S.) Leipzig 861, Brockhaus' Sortiment und Antiquarium.

— an seine Freunde. [Im April 1849.] Nebst einer Kritik des Uebersetzers. gr. 8. (23 S.) Augsburg 849, Rieger. ⅛ ℛ

Guizot, Fr. P. G., allgemeine Geschichte der europäischen Civilisation in vierzehn akadem. Vorlesungen vorgetragen. Nach der 5. Aufl. frei übertragen von Carl Sachs. gr. 8. Stuttgart 844, Schweizerbart. 1½ ℛ

Guizot, Frz. Geschichte Oliver Cromwells und der englischen Republik [1649—1658.] Dtsch. von W. Rogge. (563) 8. Leipzig 1854. — 4,20. — 2. Ausg. 8. Berlin 1855. 1,50. — N. Ausg. (416) 8. Leipzig 1865. 3,00 — 8. ib. 1866. 1,50.

Guizot, (Frz. Pet. Wilh.,) Geschichte Cromwell's und der engl. Republik (1649—1658). (Deutsch von W. Rogge.) (Supplement zu Macaulays Geschichte von England seit der Zeit Jacob's II.) gr. 8. (563 S.) Berlin 854, Bieler und Comp. *

Guizot, Geschichte Oliver Cromwell's. Neue (Titel-) Ausg. Leipzig (854) 865. Senf. 8. (416 S. mit dem Portr. Cromwell's in Stahlst.) 1 ℛ

— Geschichte Oliver Cromwell's u. der englischen Republik. 3. (Titel-)Ausg. Ebend. 868. 8. (416 S. mit dem Portr. Cromwell's in Stahlst.) 15 ngr.

— Geschichte Richard Cromwells, s.a. Hausbibliothek, historische.

— Geschichte Richard Cromwell's u. der Wiederherstellung des Königthums in England. Neue (Titel-)Ausg. (857) 865. 1 ᵃ/ₚ u. 3. (Titel-)Ausg. Ebend. 868. 8. (VI 297 S. mit dem Portr. des General Monk in Stahlst.) 15 ngr.

—— Geschichte Karls I. von seiner Thronbesteigung bis zu seinem Tode. Aus Histoire de la révolution d'Angleterre nach H. R. Mecklenburgs Grundsätzen wortgetreu übers. von R. T. 1. Heft. 32. (S. 1—64.) Berlin 886, H. R. Mecklenburg. *

—— Geschichte der englischen Republik, s.a. Hausbibliothek, historische.

Guizot, Franz: Geschichte der Englischen Republik bis zum Tode Cromwells. Leipzig 1854. (Historische Hausbibliothek Bd 34)

— Geschichte der Revolution in England von der Thronbesteigung Karl's I. bis zu seinem Tode. 2 Bde. Aus dem Französ. nach der 3. Ausg. gr. 8. Jena 844, Luden. n. 2 ᵃ/ₚ

Guizot, Geschichte der engl. Revolution, s.a. Geschichte 2c.

— Geschichte der engl. Revolution, s.a. Hausbibliothek, historische, 14. Bd.

Guizot, F. Geschichte der englischen Revolution [bis zum Tode Carls I. 1625 49]. 2 Th. ... (31½ B.) 8. Strasburg 1827. 12,00. — 3 Bd. (96 B.) 16. Stuttgart 1829 30. 5,10. — 2 Bd. 8. Jena 1840. — (VIII, 447) 8. Leipzig 1850. — ib. 1854. — ib. 1865. 3,00.

— Geschichte der Englischen Revolution. 2. Abschnitt: Cromwell und die Republik. (1649–1658.) Deutsch von W. Rogge. (Neue Titel-Ausg.) Berlin 855. Bieler u. Co. 8. (563 S.) n. 15 ngr.

— Geschichte der englischen Revolution bis zum Tode Karl's I. Neue (Titel-)Ausg. (850) 865. 1 ᵃ/ₚ u. 3. (Titel-)Ausg. Ebend. 868. 8. (VIII, 447 S. mit dem Portr. Karl's I. in Stahlst.) 15 ngr.

Gulzot, F. Geschichte der englischen Staatsumwälzung von der Thronbesteigung Carls I. bis zum Sturze Jacobs II. A. d. Franz. 2 Bde. 8. Strassburg 1826. 12.00.

—— Gesch. d. engl. Staatsumwälzung, v. d. Thronbesteigung Karls I. bis zu d. Sturze Jakobs II. Deutsch bearb. mit Beiln., v. d. Uebersetzer d. Laskaris. 1. Abthl. 2. Thl. gr. 8. (31½ B.) Straßburg 827, Levrault.
1. Abthl. 1. Thl. Ebendas. 1827. 2 Thlr.

— Guillaume le Conquérant, s. Bibliothèque moderne.

— Henri IV, roi protestant, s. Collection d'auteurs français.

—— Histoire de Charles I., s. Bibliothèque choisie; par R. Schwalb.

— histoire de Charles I., s.: Bibliothèque choisie de la littérature française en prose.

Guizot, F. P. G., Histoire de Charles I., s. Prosateurs français.

Guizot, M., histoire du Charles Ier depuis son avènement jusqu'à sa mort, hrsg. v. K. Mayer, s.: Prosateurs français.

Guizot, François. Histoire de la civilisation en Europe, s.a. Bibliothèque française.

Guizot, F., histoire de la civilisation en Europe, hrsg. v. Herm. Gröhler, s.a. Prosateurs francais.

Guizot, Franç. Pierre Guillaume, Histoire de la civilisation en Europe, hrsg. v. Adf. Kressner, s.a. Schulbibliothek, französische u. englische. A. 29.

Histoire de la civilisation en Europe. Par F[rançois] Guizot. Le peuple et le gouvernement. Ausz. mit Anm. f. d. Schulgebr. hrsg. von Dr. Hermann Gröhler, Prof. zu Breslau. [Nebst] Anh. [&] Wörterbuch. Bielefeld & Leipzig: Velhagen & Klasing 1907. 3 Bde 8°
= Sammlung, Velhagen & Klasings, franz. u. engl. Schulausgaben. Prosateurs franç. Ausg. B. Lfg 170. 1907. 1810

— - Histoire de la civilisation en Europe depuis la chute de l'empire romain jusqu'à la révolution française. Erklärt von H. Lambeck. 2 Bde. gr. 8. Berlin, Weidmann'sche Buchh. à Bd. ℳ 1,80.

Inhalt:
Bd. 1. Leçon I—VI. (184 S.) 882.
» 2. Leçon VII—XIV. (189 S.) 883.

—— Histoire générale de la civilisation en Europe, s.a. Bibliothèque instructive des écoles secondaires.

Guizot, Histoire générale de la civilisation en Europe depuis la chute de l'empire romain jusqu' à la révolution française. Bruxelles, Livourne, Leipzig. 8°.

—— Histoire de la révolution d'Angleterre. Für die oberen Klassen höherer Lehranstalten mit Erläuterungen hrsg. von Bruno Graeser. 1. Bd.: Histoire de Charles I. 2 Abthlgn. gr. 8. Berlin 878, Weidmann'sche Buchh. [1. Abthl. Buch I—IV. (195 S.) ℳ 1,80.; 2. Abthl. Buch V—VIII. (244 S.) ℳ 2,25.]

— dasselbe. s.a. Bibliothèque instructive des écoles secondaires.

— dasselbe, s.a. Schulbibliothek, französische u. englische.

—— Histoire de la révolution d'Angleterre. Erklärt von Bruno Graeser. 2. und 3. Bd. à 2 Abthlgn. gr. 8. Ebendas.

Inhalt:
Bd. 2. Histoire de la république d'Angleterre et de Cromwell. 1. Abthl.: Buch I—IV. (228 S.) 880. ℳ 1,80.; 2. Abthl.: Buch V—VIII. (248 S.) 880. ℳ 2,10.
» 3. Histoire du protectorat de Richard Cromwell. 1. Abthl.: Buch I und II. (148 S.) 883; 2. Abthl.: Buch III und IV. (163 S.) 883. à ℳ 1.50.
1. Bd. Ebendas. 1878. ℳ 4,05.

—— Histoire de la révolution d'Angleterre depuis l'avénement de Charles I. jusqu'à sa mort. 4. Édition précédée d'un discours sur l'histoire de la révolution d'Angleterre. 2 Vols. 8. Leipzig 850, Brockhaus. [1. (318 S.) 2. (VI und 556 S.)

— la jeunesse de G. Washington, suivie d'un petit recueil de ses lettres à sa famille. Im Auszuge u. f. die Schule bearb. v. G. Geilfus. gr. 8. (66 S.) Zürich 880. Schultheß. n. 1. 40

— Jules ou le jeune précepteur. Suivi de plusieurs dialogues et questions de morale. Ouvrage adopté par l'Université de Paris et enrichi de notes explicatives allemandes. 16. (Mit 1 Stahlst.) Bielefeld 846, Velhagen et Kl. ⅓ ᵃ/ₚ

—— die christliche Kirche, s. Sammlung von Schriften zur römischen Frage.

— Louis XI., s.: Prosateurs français.

—— nos mécomptes et nos espérances. gr. 8. (29 S.) Berlin 855, [Schneider.] *

— méditations sur l'essence de la religion chrétienne. Leipzig 864. Brockhaus. 8. (XXVIII, 384 S.) n. 1 ₰ 10 ngr.

— Méditations sur l'état actuel de la religion chrétienne. (2. Serie.) Leipzig 866. Brockhaus. 8. (XIV, 376 S.) 1 ₰ 10 ngr.

— Méditations sur la religion chrétienne dans ses rapports avec l'état actuel des sociétés et des esprits. (3. Série.) Ebend. 868. 8. (XCVII, 294 S.) n. 1 ₰ 10 ngr.

— mémoires pour servir à l'histoire de mon temps. Tome I. et II. Leipzig 858. Brockhaus. 8. (2 Bl., 483; 2 Bl., 521 S.) Jeder Bd. n. 1 ₰ 15 ngr.

— mémoires pour servir à l'histoire de mon temps. Tome III—VI. Ebend. 860—64. 8. (2142 S.) Jeder Bd. n. 1 ₰ 15 ngr.

— Mémoires pour servir à l'histoire de mon temps. Tome 7 et 8. (Fin.) Ebend. 865—67. 8. (546 S., 634 S.) à Tome 1 ₰ 15 ngr.

— Monk, s.a. Lese=Cabinet, historisches, 39 u. 40. Lfg.

Guizot, F. Monk. Sturz der Republik u. Wiederherstellung des Königthums in England i. J. 1660. Uebers. von G. F. W. Rödiger. (157) 8. Lpz 1850. 1,00. — 8. Wien 1851. 1,00.

—— Sir Robert Peel. 4 Parties. (Tiré de la Revue des deux mondes.) 8. (398 S.) Berlin 856, Springer. [1—3. Partie à 9 Ngr., 4. Partie 6 Ngr.]

—— Sir Robert Peel. Eine polit. Skizze. Nach dem Französ. des deux mondes. 4 Abthlgn. br. 8. (322 S.) Berlin 856, Springer. 1—3. Abthl. à 10 Ngr., 4. Abthl. 6 Ngr.

— Sir Robert Peel. 4 parties. (Tiré de la Revue des deux mondes.) Berlin 857. J. Springer. 8. (91; 105; 118; 84 S.) 1 ₰ 3 ngr.

— Pourquoi la révolution d'Angleterre a-t-elle réussi? Discours sur l'histoire de la révolution d'Angleterre. 8. (93 S.) Berlin 850, Behr. n. 1/3 ₰

—— le même. — 8. (96 S.) Leipzig 850, Brockhaus. *

Guizot u. Coquerel, üb. den Protestantismus in Frankreich, aus d. Französ. v. E. Plötz. 8. Leipzig 843, Köhler. 3/8 ₰

Récits historiques tirés de l'histoire de France, bearb. v. K. Bandow, s.: Prosateurs français. 10. Lfg.

Guizot, Franc. Pierre Guillaume, Lady Russell. Eine geschichtliche Studie. Aus dem Französ. Zürich 1857. Ü: *Meyer, Conrad Ferdinand.* (ADB 52, 343)

—— Lady Russell. Eine geschichtliche Studie. Aus dem Französ. gr. 16. (IV und 75 S.) Zürich 857, Meyer's Verlag. *

Guizot. Ueber die politischen Schlagworte unserer Zeit. Aus dem Französischen von Th. H. Grimma 1850. 234 S. 8

— histor.-publicist. Schriften. (Aus d. Franz.) 1. Thl. A. u. d. T.: Washington. Mit dem (lith.) Portrait des Verf. 8. (151 S.) Leipzig 848, Verlagsbureau. 3/4 ₰

—— und Ph. Chasles, William Shakspeare, s. Chasles.

Guizot, unsere Täuschungen und unsere Hoffnungen. Mit Bewilligung des Verf. aus dem Französ. übers. von einem Preußen. Brüssel 855. Flatau. 8. (1 Bl., 39 S.) n. 7 1/2 ngr.

— Ursachen des Erfolgs der engl. Revolution. Aus d. Franz. v. A. Reclam. gr. 16. (91 S.) Leipzig 850, Matthes. 1/3 ₰

— Warum hat die Revolution in England gesiegt? Betrachtgn. üb. die Geschichte der Revolution in England. Aus d. Franz. gr. 12. (111 S.) Leipzig 850, Brockhaus. n. 1/3 ₰

— Warum ist die Englische Revolution gelungen? s.a. Lese=Cabinet, historisches, 25 u. 26. Lfg.

Guizot, (François Pierre Guill.), Warum ist die Englische Revolution gelungen? Abhandlg. Uebers. u. mit Anmerkgn. versch. v. K. W. Krüger. 12. (122 S.) Berlin 850, Krüger. 1/3 ₰

— Washington, s.a. Bibliothek gedieg. u. interessanter französischer Werke.

— Washington, s.a. Schulbibliothek, französische u. englische.

Guizot, F.: Washington. A. d. Französ. (151) 8°. Leipzig 1848.

— Washington, étude historique. Erklärt v. A. Haase. gr. 8. (VIII, 75 S.) Berlin 884. Weidmann. — 90

Guizot, Franz, s. Guizot, François (Pierre Guillaume)

Guizzardi, Ios., meditationes pro octo aut decem diebus secessionis spiritualis. 8. Bamb. Goebhard. 761.

Guizzardi, Jos., meditationes pro octo aut decem diebus secessionis spiritualis. 8. Bamb. 761. (Wesché in Frkf. a. M.) 5 gl.

Gukassian, Abraham: Über den Parallelismus der Gebirgsrichtungen mit besonderer Berücksichtigung der Hauptrichtungen des Hercynischen Systems. Mit 12 Fig. im Text. *Leipzig: Duncker & Humblot 1899.* (85 S.) 8°
Leipzig, Phil. Diss. v. [7. Febr.] 1899

Gukeisen, Aug., Aufgabe und Organisation des naturwissenschaftlichen Unterrichtes an höheren Lehranstalten. gr. 8. (VI, 43 S.) Leipzig 874, E. H. Mayer. *

Der Gukkasten. Jahrg. 1844—47. Bern. — **Der neue Gukkasten.** 1850. Bern. br. 4. Jahrgang 1845. Nr. 1 fehlt. Selten. 10.
Mit vielen charakteristischen Abbildungen.
— — Dasselbe. Jahrg. 1844 u. 46. Bern. br. 4. pro Jahrg. 2. —

Gukkasten: Der Gukkasten
④ Der neue Gukkasten ⑤ 3. 9. 1840—25. 8. 1842 (lithographiert), 5. 1. 1843—29. 12. 1849 (gedruckt) ⑥ 4° ⑦ Wochenblatt ⑧ Bern: Jenni Sohn (= Friedrich Jenni, † 1849) ⑨ H. v. Arx, Guyer u. a. m. ⑪ Jenni Sohn ⑫ politisches Witzblatt radikaler Färbung ⑬ BGSZ: 286, 691, 973, 1128 ⑭ Be: L, S, St; Lu: Z.

Gukkasten: Der neue Gukkasten

② Der neue Guckkasten (ab Nr. 2, v. 12. 1. 1850) ③ Der Gukkasten ④ Schweizerisches Charivari ⑤ 5. 1. 1850—28. 12. 1850 ⑥ 4° ⑦ Wochenblatt ⑧ Bern: Rud. Jenni (?) ⑪ S. Haberstich (Arthur Bitter), Volksschriftsteller, Utzenstorf ⑫ politisch-satirisches Oppositionsblatt gegen die konservative Berner Regierung ⑬ BGSZ: 973 ⑭ Be: L; Lu: Z ⑮ Hinweis auf den Prozeß der Regierung gegen das Blatt v. »Berner Zeitung« (V) Nr. 350. v. 19. 12. 1850 und Nr. 359, vom 28. 12. 1850.

Gukkastenbilder, od. Glückswechsel; e. Halbroman. 2 Thle. 8. Leipz. 805. Barth. 1 ℳ 15 ℛ

Gukkastenbilder aus d. Leben und der Phantasie. s. Spath, K., im Alphabet.

Gul

Warnung an die Bewohner der Urkantone über die Verdorbenheit unseres Zeitalters. (Vf.: *Gul.*) Schwyz 1835. (In Zürich, Stadtbibl.)
Anon.-Lex. IV. p. 374 (nach dem Cat. genannter Bibl.)

Gula-Lagh, d. i. der Insel Gothland altes Rechtsbuch; in der Ursprache einer alten Uebersetzung aus d. 16. Jahrh. u. e. neuen, nebst vielen Anmerkk. von K. Schildener. gr. 4. Greifsw. 818. (Mauritius). 3 ℛ

GULASCH, pikantes Wiener Frühstück. Illustrirt von Lacy u. Albrecht, hrsg. von Siegmey. Leipzig 1878. 8°. (Mk. 3—.) (1 Mk. 50 Pfg. P. Neubner, Cöln, 1892.)

Gulat und Dschadra. Gemälde aus Tscherkessien in vier Gesängen . . . Leipzig 1848. V: *Meerheimb, Richard Albert von.* (BrVV)

Gulat-Wellenburg, Walter K. H. von, Arzt aus Karlsruhe i. Baden: Aus d. Kgl. chirurg. Klinik. **Calcaneusexostose.** *Kiel 1903: L. Handorff.* (15 S.) 8°
Kiel, Med. Diss. v. [10. Febr.] 1903

Gula-thingenses leges regis Magni, legum reformatoris s. jus commune Norvegicum. Magnus Konungs Laga-Baeters Gula-Things-Laug. Islandice, latine, danice. c. 4 tab. aen. 4maj. charta scr. Hafniae, Gyldendal.

Gulbe, Adm. Ehreg. Lebr., analyt. Entdeckungen in d. Verwandlungs- u. Auflösungskunst d. höhern Gleichungen. 8. Berl. u. Stralf. 794.

Gulbien. Eine Berufung an Gesetz, Gerechtigkeit und Billigkeit . . . Danzig 1893. V: *Wedding, W.* (Berl)

Gulbins, Herm., werdende Menschen. Roman in 3 Tln. 1. Tl.: Schäumender Most. (223 S.) 8. Dresden (907). E. Pierson. 2.50; geb. n 3.50

Das Heimchen am Heerd. Dichtung mit freier Benutzung des Dickens'schen Hausmärchens von Olga Steiner. Für dreistimmigen weibl. Chor ... mit verbindendem Text u. Klavierbegl. komp. von Max **Gulbins.** Op 12. Textbuch. 4. Aufl. Breslau: Hainauer [1909]. 20 S. 8° [Umschlagt.] 09. 1812

Gulbransson, Olaf, berühmte Zeitgenossen. Karikaturen. 1.—5. Tauf. (32 S. m. 30 Bildnissen.) 4. München 905. A. Langen. Geb. in Leinw. n. 4.—; Liebhaberausg. auf Japanpap. n. 20.

Guldau, Stanisl., Leitfaden zur Führung v. Transporten, Verfassung der Transports-Rechnung u. der hierbei vorkommenden stylistischen Aufsätze zum Gebrauche f. Transportsführer, Einzelnreisende, Unterofficiers- u. Manipulations-Schulen sämmtlicher Truppengattungen. 8. (88 S.) M.-Schönberg 882. (Wien, Seidel & Sohn.) n. 1. 40

Guldau, Stanisl., Leitfaden zur Führung v. Transporten u. Commanden, Verfassung v. Transports- u. Reise-Rechnungen, nebst sämmtl. einschläg. Gebührs-Bestimmngn., Formularen u. stylist. Aufsätzen. 8. (80 S.) Mähr. Schönberg 885. (Wien, Seidel & Sohn.) n. 1.—

Guldberg

DYVEKE, Geliebte Königs Christian II. von Dänemark. Eine historische Erzählung von *Guldberg.* Aus d. Dänischen übers. von Aug. Marahrens. Druck von A. Berg in Preetz. 1857. Breit-12°.
135 S. (incl. Tit.). Wenig bekannt u. rar! — Das holland. Wort „Dyveke" = Täubchen. D. war die Tochter einer aus Holland gebürtigen Gasthofbesitzerin (zur Stadt Amsterdam") zu Bergen in Norwegen, Namens Sigbrit. Der Schauplatz vornehmlich Kopenhagen, nach 1510. Das dän. Original erschien 1857 (einen Monat vor der Uebersetzung) bei ... in Kopenhagen.

Guldberg, Alf., über lineare homogene Differenzengleichungen, die gemeinsame Lösungen besitzen. (11 S.) gr. 8. Kristiania 904. A. Cammermeyer. n. — 90

— über vollständig reduzible lineare homogene Differenzengleichungen. (9 S.) gr. 8. Ebd. 906. n. — 90
2 Sonderabdrucke aus: „Arkiv for Mathematik og Naturvidenskab".

Guldberg, Cato Maximilian

Guldberg, C. M., thermodynamische Abhandlungen üb. Molekulartheorie u. chemische Gleichgewichte, s.a. Ostwald's Klassiker der exakten Wissenschaften. Nr. 139.

Thermodynamische Abhandlungen über Molekulartheorie und chemische Gleichgewichte. 3 Abhandlungen aus d. Jahren 1867, 1868, 1870, 1872 von C[ato] M[aximilian] Guldberg. Aus d. Norweg. übers. u. hrsg. von R[ichard] Abegg. Mit 9 Fig. *Leipzig: W. Engelmann 1902.* (85 S.) 8°
— Klassiker, Ostwald's, d. exakten Wissenschaften. No 139. [03. 1063] 2

GULDBERG, C. M., OG P. WAAGE.
Studier over Affiniteten. Christiania, 1864.
Études sur les affinités chimiques. Christiania, 1867. 4to.
Studien über die chemische Affinität. Leipzig, 1879.

Guldberg, C. M., u. P. Waage, Untersuchungen üb. die chem. Affinitäten, s.a. Ostwald's, W., Klassiker d. exakt. Wissenschaften.

Guldberg, C. M.: Untersuchungen über die chemischen Affinitäten. Abhdlgen a. d. Jahren 1864, 1867. 1879 von –. und P. Waage. Uebers. u. hrsg. von R[ichard] Abegg. Mit 18 Taf. Leipzig: W. Engelmann 1899. (182 S.) 8°
= Klassiker, Ostwald:, d. exakten Wissenschaften. No 104.

Guldberg, G. A., üb. das Centralnervensystem der Bartenwale. gr. 8. (154 S. m. 5 Steintaf.) Christiania 885. (Dybwad.) n. 5.—

Guldberg, Gust., die Menschenknochen d. Osebergschiffs aus dem jüngeren Eisenalter. Eine anatomisch-anthropolog. Untersuchg. (Videnskabs-selskabetsskrifter. I. Math.-naturv. klasse 1907. Nr. 8.) Udgivet for Fridtjof Nansens fond. (31 S. m. 3 Taf.) Lex. 8. Christiania 907. (J. Dybwad.) nn 2.50

Eine Missbildung bei den Cetaceen. Von Gustav **Guldberg**, Prof., Christiania. Mit 1 Taf. Christiania: Dybwad in Komm. 1908. 7 S. 4°(8°)
(Skrifter udg. af Videnskabs-Selskabet i Christiania. 1908. I. Math.-naturw. Kl. Nr 12) (10. 4408

Ueber das Verfahren bei Berechnung des Rauminhaltes und Gewichtes der großen Waltiere. Von Prof. Dr. Gustav **Guldberg**. Christiania: J. Dybwad in Komm. 1907. (12 S.) 8°
— Forhandlinger i Videnskabs-Selskabet i Christiania. 1907, No 3. (08.15830

Guldberg, Owe. Briefe wider die Freydenker und Feinde der Religion; a. d. Dän. Kopenhagen 1768. Ü: *Geuss, Joachim Michael.* (KY) (ML)

Guldberg, Owe, Briefe wider Freidenker u. Feinde d. Religion. Aus d. Dän. (von Joach. M. Geuß). 8. Kopenh. 768. Rothe. 12 gr

— s. auch Hongh-Guldberg

— merkwürd. Leben eines dänischen Freidenkers. 8. Kopenh. 760. Pelt. (Brummer). 4 gr

— Dänisches Lesebuch v. Schleswig Holsteiner. 8. Altona, Hammerich. 809.

— von d. Nacheiferung aufgeklärter Völker, zum Vorth. d. Wissenschaft. 8. Kopenh. 766. (Brockhaus in Leipz.) 4 gr

— von d. Nacheiferung aufgeklärter Völker, z. Vorth. d. Wissensch. 8. Kopb. (Gleditsch in Lpz.) 766.

Guldbrand, Hans Wilhelm

Guldbrand, Hans Wilh.: Hans Wilh. Guldbrand Erklärung auf die ihm in einer Schrift gemachten Beschuldigungen, die den Titel führt: Freyherr von Mortczinni, oder Pallini, oder Paellefini, oder Joh. Gottlieb Hermann, gen. Eichhörnl. Kopenhagen, den 30sten Juni 1791. Kopenhagen u. Leipzig: Rothe 1792. 56 S. 8°
Kl. 3385. Verteidigung wider die Behauptung, Guldbrand habe Eichhörnl und seine Betrügereien beschützt. 281.

— de sanguifluxu uterino. 8. Kopenh. 776. (Brummer). 4 gr

— de sanguifluxu uterino. 8. Coph. Proft. 776.

Gulde, Johann. Die Dorsaldrüsen der Larven der Hemiptera-Heteroptera. Ein Beitrag zur Kenntnis derselben. Diss. Phil. Basel. ([Mit 2 Tafeln. — Separatabdruck aus:] Ber[icht] d. Senckenb[ergischen] Naturf. Ges[ellschaft] 1902.) 54 S. 8. Frankfurt a. M., Gebrüder Knauer, 1902.

Gulde, Johann Heinrich: Über P f a n d e i n l ö s u n g und Einlösungsverzicht oder Rechts- und Thatsätze in der Sache des Landsassen Kühl zu Neumühlen wider die Gräflich Ranzauische Fideicommiss-Administration für die Nichtigkeitsbeschwerde und Schadensklage. Von –. Kopenhagen. 1819. 8°.

Gulde, Karl [app. Arzt]: Über die Talus-Exstirpation beim Klumpfuss und ihre Erfolge ... (Aus: Beitr. z. klin. Chir., Bd x Heft a.) Tübingen, G. Laupp'sche Buchh., 1893; 1 Bl., 18 S. 8.
Tübingen, Med. Fak., Inaug.-Diss. v. 1893

Gülde, Frdr. Traug., Wegweiser f. Gemeinde-Vorstände bei Abfassung schriftlicher Arbeiten. Nach erfolgter Reorganisation d. Verwaltungswesens in 6. veränd. Aufl. zeitgemäß bearb. gr. 8. (IV, 59 S.) Plauen 875. Neupert. n. 1. 20

Gülde, Frdr. Traug., Wegweiser für Gemeinde-Vorstände bei Abfassung schriftlicher Arbeiten. 7., rev. u. ergänzte Aufl. gr. 8. (II, 64 S.) Plauen 882. Neupert. n. 1. 20

Gülde, O., dreimal genullt, s.a. **Bloch's**, Ludw., Sammlg. v. Zwei- u. Dreigesprächen.

Gülde, O.: D r e i m a l genullt. Scherz-Scene von –. Berlin: E. Bloch (1898). (22 S.) 8°
= Sammlung, Ludwig Bloch's, von Zwie- u. Dreigesprächen. H. 2.

[F.] **Gülde,** Otto [Dr.]: Markus Cälius. E. Schulfestspiel. Bonn, Univ.-Buchdr. v. C. Georgi, *1897*; 39 S., 1 Taf. 8.
Bonn, OR m. G '(in Entw.)', OP 1897 (508)

Gülde, *Otto* Die Kriegsverfassung des ersten attischen Bundes. 4 (S. 3—22). Progr. G. *Neuhaldensleben* 1888 (229).

Gülde, Otto (Rich. Julius) (geb. Neu-Ruppin 22. 10. 1860): Quaestiones de Lysiae oratione in Nicomachum. Berolini (1882). (46 S.) 8°
Berlin, Phil. Diss. v. 13. Dez. 1882

Gueldemann, Christian Gottlob (Dresden), De jurejurando purgatorio quod praesente clerico praestari solet. Diss. theol. Lpz. Dresden (C. C. Meinhold & S.) 1831. 52 S. (5.—) 12120

Gulden, 3000, Caution! oder eine Reise in die Schweiz ... Darmstadt 1851. V: *Schäffer, C.* (Zuwachsverz. d. Bibliotheken in Zürich 1898 ff.)

Gulden, Jh. Ed., der Waldbrand, oder: Jupiters Strafe. Komisches Original-Zauberspiel mit Gesang in 2 Aufzügen. Die Musik ist vom Kapellmeister Nidetzki. (Einzeln aus der Wiener Volksbühne.) gr. 12. Wien 841, Wallishausser. 1/4 rß

Guelden, Jh. Geo., (Jh. Geo. Gerlach), Lord Pittel, als Fortsetz. d. Tochter Pharaonis, v. A. v. Kotzebue; e. Posse in 1 Akt. 12. Danzig 805. Goldstamm. 12 gr

Güldenapfel, Georg Gottlieb

— s. Achilles Tatios Leukippe.

Güldenapfel, Geo. Gli., († d. 21. Sept. 18[2]6.) Anleit. zur Uebung im Uebersetzen aus d. Deutschen in's Französ. ꝛc. gr. 8. Jena 803. Stahl. (Schmid[t]). 1 ℔ 12 gr dazu als Beilage die Comédie d. Molière l'Avare, als Lesebuch eingerichtet. gr. 8. Jena 804. Stahl. 12 gr

— s. Barruel, vom Papste.

— Beitr. zur Kritik u. Exegese d. Alt. Testaments. 1s Bdchn. 8. Jena 816.

— grammat. Elementarwerk d. latein. Sprache, in 3 Thln. 1r Thl. gr. 8. Leipz. 808. Reclam. 15 gr

— literar. Museum f. d. Großherzogl. Herzogl. Sächs. Lande. 1r Bd. a. u. d. T.: Jenaischer Universitäts-Almanach. Mit Kpf. 12. Jena 816. (Schmid). (a. Centr.-Compt. in Leipz.) 1 ℛ 12 gl

Güldenapfel, Georg Theoph.: Dissertatio historico-exegetica Iosephi archaeologi de Sadducaeorum canone sententiam exhibens. Jenae 1804.

– Dass., s.a. Güldenapfel, J. G.

Güldenapfel, Georg Gottlieb, Jenaischer Universitäts-Almanach f. d. J. 1816 hrsg., m. Kupf., Jena 1816, 397 S., 8°.

Güldenapfel, J. Ch., Anleit. z. Uebung im Uebersetz. aus dem Deutsch. ins Franz. etc. gr. 8. Jena, Stahl. 803.

— — dazu als Beylage d. Comédie des Molière l'Avare, als Lesebuch eingericht. gr. 8. Ebend. 804.

— Elementarwerk der lat. Sprache in 5 Thlen. 1r Thl. gr. 8. Lpz. Reclam. 806.

Güldenapfel, J. G., Josephi de Sadducaeorum canone sententia. Jen. 1804. 4.

– Dass., s.a. Güldenapfel, Georg Gottlieb

Güldenapfel, Johann Gottlieb (Weimar), Lutheri quaedam de ritibus sacris reformandis consilia aetati nostrae accommodata. Jena (Schlotter) 10. IX. 1803. 16 S. (4.—) 12121

Güldenapfel, Karl Bernh., die Anfangsgründe der Geometrie für den ersten Unterricht bearb. u. mit vielen Fragen u. Aufgaben versehen. 1. Lfg. Mit 7 (lith.) Figurentaf. 8. (VI u. 80 S.) Jena 852, Luden. n. 12 ngl

Güldenberg, Matthias

Güldenberg, M., Führer durch das Mietrecht. Gemeinverständl. Erläuterg. des gesetzl. u. vertragl. Rechts. (62 S.) kl. 8. Berlin 907. Buchh. Vorwärts. — 40

Die deutsche Sozialgesetzgebung (Unfall-, Invaliden- u. Kranken-Versicherung). Erl. an prakt. Erfahrungen von Arbeiter-Sekr. M[atthias] **Güldenberg**. Halle: Selbstverl. 1906. (32 S.) 8° [F.] [illegible]

Güldenberg, M., die deutsche Sozialgesetzgebung (Unfall-, Invaliden- u. Kranken-Versicherung). Erläutert an prakt. Erfahrgn. (32 S.) gr. 8. Halle 906. (Volksbuchh.) n. — 20

— das preußische Vereins- u. Versammlungs-Recht unter Berücksicht. der in den letzten Jahren ergangenen Entscheidungen des Kammer- u. Oberverwaltungsgerichts. (24 S.) gr. 8. Ebd. 904. n. — 20

Edmund Vinzens Guldener von Lobes

Beobachtungen über die Krätze, ges. in dem Arbeitshause zu Prag. Von E[dmund] V[inzens] Guldener von Lobes. Prag: Calve 1791. 180 [viele. 188]S. 8°

Guldener von Lobes, E(duard) V(incenz): Beobachtungen über die Krätze gesammelt in dem Arbeitshause zu Prag. 2.verbess.Aufl. 192 S., gbd., Tab.

Prag: Calve 1795

Guldener von Lobes, Eduard Vincenz (Hrsg.):

s.: Sammlung der Sanitätsverordnungen für das Erzherzogthum Österreich unter der Enns... Bd 3 - 5. Wien: 1824 - 1825

JB 5.442/3-5
K 3.592/3-5

GÜLDENFALK, SIEGMUND HEINRICH.
* Die himmlische und hermetische Perle, oder die göttliche und natürliche Tinctur der Weisen. Frankfurt und Leipzig, in der Fleischerischen Buchhandlung, 1785. pp. [iv]-172, 12mo.
See also in Section III.

Güldenfalk, Siegm. Hnr., (✝ d. . . Sept. 1787.) d. himmlische u. hermetische Perle, od. d. göttl. u. natürl. Tinktur der Weisen. 8. Frankf. a. M. 785. Guilhaumann. (Vollmer, Herold jun. in Hamb.) 14 gl

GÜLDENFALK, SIEGMUND HEINRICH.
* Sammlung von mehr als hundert wahrhaften Transmutationsgeschichten, oder ganz ausserordentlich merkwürdige Beyspiele von Verwandlung der Metallen in Gold oder Silber nebst der Art und Weise wie damit verfahren worden. Gesammelt und herausgegeben von S. H. G. Frankfurt und Leipzig, 1784. pp. xxxvi-443, 12mo.
The author gives detailed accounts of 112 transmutations in as many chapters or sections. The work is a veritable encyclopædia of alchemical anecdotes without regard to their authenticity or the probabilities. Schmieder admits his indebtedness to Güldenfalk.

— Samml. von mehr als hundert Transmutationsgeschichten, od. ganz außerordentl. merkwürd. Beispiele von Verwandlung der Metalle in Gold od. Silber etc. 8. Frankf. a. M. 784. (W. Nauck in Leipz.). 16 gl

Güldenfalk, S. H., Sammlung von mehr als hundert Transmutationsgesch. 8. Frankf. (Sommer in Lpz.) 784. Rthlr.

— Versuch e. poet. Umschreibung sämmtl. Psalmen. 8. Frankf. a. M. 783. Reifenstein. 20 gl

Die **Güldenkammer**. Eine bremische Monatsschrift. Hrsg. von S. D. Gallwitz [u. a.]. Jg. 1. Bremen: Hauschild 1910. 8° [illegible]

Güldenkammer, die, e. brem. Monatsschrift. Hrsg. v. S. D. Gallwitz, G. F. Hartlaub, Fritz Rassow, Herm. Smidt, Kour. Weichberger, Red.: S. D. Gallwitz. 1. Jahrg. Oktbr. 1910—Septbr. 1911. 12 Hefte. (1. Heft. 70 S.) gr. 8. Bremen (F. Leuwer). 10.—

v. **Guldenklee**, B. Tim., Opp. med. pr. Lps. 1715.

Güldenklee, K. F. H., der Rechtsbeistand in Ehe-Sachen; e. Hülfsbuch f. Die, welche in d. Ehestand zu treten gedenken, u. vorzügl. f. Solche, welche an d. Fortsetzung e. friedl. Ehe gehindert sind, u. ihre Processe selbst führen, od. d. Sachwalter controliren wollen. 8. (6 B.) Berlin 828, Hirschwald.

Guldenmundt, Hanns. ... Fliegende Blätter über das türkische Heer vor Wien anno 1529 von Hanns Guldenmundt, Briefmaler zu Nürnberg mit Reimen von Hanns Sachs. Hrsg. von Albert Camesina. Wien 1875. k. k. Staatsdruckerei.
8 Taf. 4°.

Güldenponning, Albert Über die Besiedelung von Meerbusen. Eine geographische Studie. 34 S. Progr. *Pyritz* 1883

Güldenpenning, Alb., Geschichte d. oströmischen Reiches unter den Kaisern Arcadius u. Theodosius II. gr. 8. (XIV, 425 S.) Halle 885. Niemeyer. n. 10. —

Güldenpenning, A., die Kirchengeschichte des Theodoret v. Kyrrhos, e. Untersuchg. ihrer Quellen. gr. 8. (101 S.) Halle a/S. 889. Niemeyer. n. 2. —

Güldenpenning, Alb., d. antike Kunst u. d. Gymnasium. Erfahrgn. u Vorschläge. gr. 8. (36 S.) Halle 895. M. Niemeyer. n. — 80

Güldenpenning, Albert: Die Quellen zur Geschichte des Kaisers Theodosius des Grossen. Halle a/S. 1878: Karras. 43 S. 8°
Halle-Wittenberg, Phil. Diss. v. 3. Mai 1878
Geb. Anklam 17. 2. 1854. V.
Ersch. vollst. im Buchhandel u. d. T.: Güldenpenning, A. u. J. Ifland: Der Kaiser Theodosius der Grosse. Ein Beitrag zur röm. Kaisergeschichte. Halle: Niemeyer 1878. VIII, 240 S.

[Ant. u. F.] **Güldenpenning**, *Albert* [Prof. Dr.]: Reiseerinnerungen aus Griechenland. Dramburg, Druck v. W. Schade & C., 1896; 67 S. 8.
Dramburg, k. G, P 1896 (137)

Güldenpenning, A., u. J. Ifland, der Kaiser Theodosius der Grosse. Ein Beitrag zur röm. Kaisergeschichte. gr. 8. (VIII, 240 S.) Halle 878. Niemeyer. n. 7. —

Güldenpenning, Walther, Gerichtsreferendar zu Stargard i. Pom.: Der nationale Schutz des roten Kreuzes gegen Missbrauch im Frieden. Greifswald 1907: H. Adler. (53 S.) 8° [F.]
Greifswald, Jur. Fak., Ref. Stoerk, Diss. v. 14. Aug. 1907
[Geb. 15. Juli 82 Pyritz (Hinterpomm.); Wohnort: Stargard i. Pomm.; Staatsangeh.: Preußen; Vorbildung: Gymn. Stargard, Dramburg, Anklam Reife O. 01; Studium: München 1, Halle 3, Genf 1, Greifswald 2 S.; Rig. 11. März 07.]

Guldenschmidt, Doktor, ein Lustspiel in fünf Aufzügen. Wien 1782. V: *Heufeld, Franz von.* (ML) (Ky)

Guldenschmitt, Doctor; Lstspl. (v. Frz. v. Heufeld). 8. Wien 782. Gräffer. 6 gr.

Güldenstädt, Ant. Jh., Beschreib. d. Kaukasischen Länder. Aus s. Papieren gänzl. umgearb. verb. herausg. u. mit erklär. Anmerkk. begleitet von Jul. Klaproth. gr. 8. Berlin 834. Stuhr. 1½ ℛ︁ß

Güldenstädt, Ant. Jh., († d. 23. März 1781.) discours académique sur les produits de Russie propres etc. 4. St. Petersb. 777. 14 gr. Deutsch u. d. T.: Betrachtt. über d. natürl. Produkte Rußlands, zur Unterhaltung eines beständigen Uebergewichts im auswärt. Handel. 8. Frankf. u. Leipz. 778. (Hartknoch in Leipz.) 4 gr.

— Rede über die natürlichen Producte Rußl. 8. Erf. Görling. 779.

— — dasselbe. 8. Riga. (Hartknoch in Lpz.) 778.

— Reisen nach Georgien u. Imerethi, aus seinen Papieren umgearbeit. u. mit Anmerkk. begleitet von Jul. v. Klaproth. Mit 1 Karte. gr. 8. Berl. 815. Maurers B. 2 ℛ︁ß

— Reisen durch Rußland u. im Kaukasischen Gebirge, nach d. Vrf. Tode mit dessen Lebensbeschreib. herausgeg. von P. S. Pallas. 2 Bde. mit Kpf. u. 1 Karte. gr. 4. Petersb. 787—91. (Hartknoch in Leipz.) 13 ℛ︁ß 6 gr.

— **Reisen durch Rußland u. im kaukasischen Gebirge. Herausg. von Pelles. 2 Bde. Mit 21 Kpfrtaf. 4. St. Petersburg 787, 791. (Leipzig, Voß.) ist der Pr. nur n. 6 5/12 ℛ︁ß**

Güldenstein, Ant., *Frh. v.* Grundriss der Haupt- und Residenz-Stadt Wien mit sämmtlichen Vorstädten nach der Aufnahme für das allgemeine Kataster 1832.
4 Blätter, nämlich die Hauptblätter I u. II, und dazu 2 Blätter Klappen. Höhe der Blätter I u. II sammt den dazu gehörigen Klappen je 3' 4½". Breite der Blätter I u. II je 2' 2⅔". Massstab 1 Wien. Zoll gleich 80 Klft. Mit Angabe der Häusernummern und Darstellung der zunächst liegenden Stadt- und Land-Gründe, Auen, Berge etc. Den Konkurrenten zum Stadterweiterungsplane mitgetheilt.

Güldenstern, Carl, 8. Gera, Haller. 793.

GÜLDENSTERN, Karl, oder der Gang menschlicher Schicksale. Eine Geschichte unsrer Zeit. Mehr Wahrheit, als Roman! Gera, Rothe, 1793. 8°.
2 Bll., 252 S. — In Briefen zahmen Inhalts.

Güldenstern. – Das Kloster Güldenstern in Gesch. u. Kunst, s. Bergner, Heinrich

Güldenstubbe, Julie v. (Baronin). Das Evangelium des Jüngers Nicodemus von unseres Meisters und Heilands Jesu Christi Leiden und Auferstehung. Kl. in-8°, 125 S. Bern, K. J. Wyss. 1 50 1880.

Güldenstubbe, Baron Ludw. v., positive Pneumatologie. Die Realität der Geisterwelt, sowie das Phänomen der Geister. Historische Uebersicht des Spiritualismus aller Zeiten u. Völker. Stuttgart 870. Lindemann. gr. 8. (XV, 264 S. mit 6 lith. Schrifttaff.) n. 2 ℛ︁ß

Güldenstubbe, Baron Ludw. v., positive Pneumatologie. Die Realität der Geisterwelt, sowie das Phänomen der directen Schrift der Geister. Historische Uebersicht des Spiritualismus aller Zeiten u. Völker. 2., sehr verm. deutsche Aufl. Hrsg. v. seiner Schwester Baronin Julie v. Güldenstubbe. gr. 8. (XV, 316 S. m. 12 lith. Facsm.-Taf.) Bern 877. Leipzig, Mutze in Comm. n. 4. —

Güldenstubbe, Max v., Himmel u. Erde. Sieben Gedichte. (88 S.) 8. Leipzig (907). M. Spohr. 1. —

Güldenstubbe, Max v., Hubert. Eine Erzählung aus der Reformationszeit. (31 S.) 8. Leipzig 905. M. Spohr. n. 1. —

Güldenstubbe, W. v., zur Revision der Landgemeinde-Ordnung und der Wohlfahrtsregeln vom J. 1866. gr. 8. (80 S.) Dorpat 879, Karow. *

Güldenstubbe, W. v., zur Revision der Landgemeinde-Ordnung u. der Wohlfahrtsregeln vom Jahre 1866. gr. 8. (80 S.) Dorpat 881. Karow. n. 1. 80

Güldenstubbe, Willib. v., was ist Wahrheit? (112 S.) gr. 8. Dorpat 909. K. Glück. 2. —

Guldin, A[ugust]. Die internierten Franzosen in St. Gallen-Tablat. Gedenkblätter an das Kriegsjahr 1870/71 und die Bourbaki-Armee in der Schweiz. Mit einer statistischen Übersicht der Internierungsorte der bourbakischen Armee in der Schweiz im Jahre 1871 mit Angabe der Internierungszahl und der Gestorbenen, sowie der bestehenden Denkmäler. Hrg. von A' G'.... [Mit 4 Tafeln.] 8. [St. Gallen 1898.]
[1. Aufl.] — 2. Aufl.

Guldin, A. Les monuments des soldats de l'armée de Bourbaki décédés en Suisse en 1871. St. Gallen 1898. 8°.

Guldin. A[ugust]. Souvenir dédié aux parents et amis des soldats de l'armée française internés et morts (*Umschlag: Les Monuments des Soldats de l'armée de Bourbaki décédés) en Suisse en 1871. [Illustré. 2 parties.] 8. St.-Gall 1898.
([1re partie] Les monuments des soldats de l'armée de B' en S' [Avec 2 planches.])
([2de partie] Les internés français à St. Gall-Tablat. [Suivi du] Tableau Statistique des lieux d'internement ...)

Guldin, A. Souvenir dédié aux parents et amis des soldats de l'armée française internés et morts en Suisse en 1871.. 79 p. et 71 illustr. St. Gall 1898, A. Guldin. Relié 5 —

Guldin, Joh. C., „Altes und Neues" aus dem Schatz des göttlichen Wortes in einer Sammlung von Predigten und Predigtentwürfen. 2. Aufl. gr. 8. (XXXI und 608 S.) New-York 853. (Philadelphia, Schäfer und Koradi.) *

Guldin, T. C., s. Zeitschrift, Christliche, der Hochdeutschen Reformirten Kirchen.

Güldner, Friedrich: Jakob Questenberg, ein deutscher Humanist in Rom. Wernigerode a. H. 1905: B. Angerstein. (VIII, 64 S.) 8° [F.]
Bonn, Phil. Fak., Ref. Schulte, Diss. v. 8. Aug. 1905
[Geb. 14. Okt. 81 Düsseldorf; gestorben; Staatsangeh.: Preußen; Vorbildung: Gymn. Düsseldorf Reife O. 00; Studium: Tübingen, Leipzig, Bonn, Freiburg i. B., Bonn; Rig. 5. Juli 05.]

Güldner, Hans, s.: Adressbuch des Kyffhäuser-Verbandes der Vereine deutscher Studenten.

Güldner, Hans: Bestimmungen über Vorbildung und Prüfung der nicht akademisch gebildeten Lehrer u. Lehrerinnen an Höheren Mädchenschulen u. weiterführenden Bildungsanstalten i. Preussen. — Halle: Waisenhaus 1909. 72 S. 8°

— Die höheren Lehranstalten f. die weibl. Jugend Preußens. Bestimmungen, Verfügg. im Erlasse üb. höh. Mädchenschulen, Studienanstalten, höhere Lehrerinnenseminare u. Frauenschulen sowie üb. deren Lehrkräfte. (520 S.) gr. 8. Ebd. 909. 7.50; geb. 8.50

— s.: Mädchenschule, die höhere.

Kyffhauser-Verband d. Vereine Deutscher Studenten. Verzeichnis der Ehrenmitglieder u. Alten Herren ⟨Stand vom 28. Juli 1897⟩ Hrsg. vom derzeit. Vorsitzenden d. Vororts-Ausschusses des K.-V., cand. med. Peisker Unter Mitw. von Emil Wendel, Gerichtsref., bearb. von Dr Hans Güldner, Seminarlehrer. *Breslau 1897: L. Flottmann in Gutersloh.* (48 S.) 8° [F.] [co. 353 11

Güldner, Hugo

Das Entwerfen und Berechnen der Verbrennungsmotoren. Handbuch f. Konstrukteure u. Erbauer von Gas- u. Ölkraftmaschinen. Von Hugo Güldner, Obering. Mit 12 Konstruktionstaf. u. 750 Textfig. *Berlin: J. Springer 1903.* (XIII, 546 S.) 4°(8°) [c3. 676

Güldner, Hugo, das Entwerfen u. Berechnen der Verbrennungsmotoren. Handbuch f. Konstrukteure u. Erbauer v. Gas- u. Oelkraftmaschinen. 2., bedeutend erweit. Aufl. Mit 800 Textfig. u. 30 Konstruktionstaf. (XVI, 626 u. 1 S.) Lex.-8. Berlin 905. J. Springer. Geb. in Leinw. n. 24. —
1. Aufl. (XIV, 547 S.) 903. n. 20. —

Güldner, H., s.: Kalender f. Betriebsleitg. u. prakt. Maschinenbau.

— Konstruktion u. Betriebsergebnisse v. Fahrzeugmotoren f. flüssige Brennstoffe. Mit e. theoret. Tl.: Berechnung der Motorleistg. u. des Kraftbedarfes v. Motorwagen u. e. Anh.: Leistungsversuche an Fahrzeugmotoren. Mit 154 in den Text gedr. Konstruktionsfiguren u. Diagrammen. gr. 4. (IV, 60 S.) Berlin 901. J. Springer. n. 4. —
Sonderabdruck aus: „Ztschr. d. Vereins deut. Ingenieure".

— s.: Maschinenbauschule.

Güldner, H., Monteurschulen — e. Bedürfniss d. practischen Maschinenbaues! Anregg. z. Beseitigg. e. Lücke in uns. techn. Fachschulwesen. gr. 8. (22 S.) Magdeburg 895. Selbstverlag. n. 1. —

— der Motorwagen. Ein zerlegbares Modell, zum Zwecke der Selbstbelehrung u. f. den Unterricht an gewerbl. Fachschulen bearb. Mit geschichtl. u. beschreib. Text versehen. (9 S. m. Abbildgn.) qu. Fol. Fürth (904). G. Löwensohn. Kart. n. 3. —

— f. des Technikers Tisch u. Tasche. Hilfsblatt z. sachgem. Ausführg. techn. Zeichngn. In 10fachem Farbendr. Für Techniker, Betriebsbeamte, Maschinenbauer etc. [Erweit. Sonderausg. der Materialien-Tafel aus des Verf. „Kalender f. Betriebsleitg. u. prakt. Maschinenbau".] 12. (6 S.) Dresden 895. G. Kühtmann. n.n. — 25

— für des Technikers Tisch u. Tasche. Hilfsblatt zur sachgemässen Ausführung techn. Zeichngn. In zehnfachem Farbendr. Für Techniker, Betriebsbeamte, Maschinenbauer u. s. w. (Erweiterte Sonderausg. der Materialien-Taf. aus des Verf. „Kalender f. Betriebsleitg. u. prakt. Maschinenbau".) 12. (7 S. Text m. 2 Fig.) Dresden (900). G. Kühtmann. n n. — 25

— über den Umfang u. Inhalt v. Kreisen. (1 Bl.) gr. Fol. Leipzig 906. H. A. L. Degener. n. — 50
Sonderabdruck aus: „Güldner's Kalender f. Betriebsleitg. u. prakt. Maschinenbau".

— s.: Werkmeister- u. Industriebeamten-Kalender.

Güldner, Karl [pr. Arzt zu Brüel]: Über primäre Beckenknochensarkome ... Wismar, Willgeroth & Menzel, 1895; 54 S. 8.
Rostock, Med. Fak., Inaug.-Diss. v [3. Dez.] 1895

Güldner, Wilh., wie erhalte ich sofort Geld als Darlehen, Beteiligung, Hypothek? (48 S.) 8. Leipzig (903). Ficker's Verl. n. 1. 50

Guldnwir, Königs v. Kanfern, Lebensgesch. 8. Magdeburg, Seidel. 747.

Guleke, Armin., de vi magnesiae ustae alvum purgante. Dissertatio inauguralis. 8maj. (28 S.) Dorpati Liv. 854. (Mitaviae, libr. Reyher.)

Guleke, Heinr., üb. die Häufigkeit e. sicht- u. fühlbaren Herzspitzenstosses beim Menschen. Diss. gr. 8. (55 S.) Jurjew (Dorpat) 892. (E. J. Karow.) n. 1. 20

Guleke, Herm., Deutschlands innere Kirchenpolitik von 1105 bis 1111. Abhandlung. gr. 8. (120 S.) Dorpat 882. (Karow.) n 2. —

Guleke, Nicolai: **Beitrag zur Statistik des Mamma-Carcinoms.** Zusammenstellung der in d. Klinik d. Hrn Geheimrath Prof. Dr. E. v. Bergmann in d. J. 1882—1899 zur Beobachtung gelangten Fälle von Mamma-Carcinom. *Berlin 1902: L. Schumacher.* (31 S.) 8° ¶ Aus: Archiv f. klin. Chirurgie, Bd 64, H. 3.
Strassburg, Med. Diss. v. 1902

Guleke, Rhold., Alt-Livland. **Mittelalterliche Baudenkmäler Liv-, Est-, Kurlands u. Oesels.** 1. u. 2. Abtlg. à 4 Lfgn. 4. Leipzig 896. (K. F. Koehler.)
In Leinw.-Karton à Abtlg. n. 53. —
1. (160 Lichtdr.-Taf.) — 2. (158 u. Doppeltaf. in Lichtdr.)

Guleke, Rhold., über Lage, Ergiebigkeit und Güte der Brunnen Dorpats. Vortrag, gehalten am 80. Septbr. 1888 in der Dorpater Naturforscher-Gesellschaft. gr. 8. (60 S. mit 8 Taf.) Dorpat 888. (Leipzig, K. F. Koehler.) *
Aus: Archiv für Naturkunde Liv-, Esth- und Kurlands, besonders abgedruckt.

(Guler v[on] Weineck. Joh[ann].) Pündtnerischer Handlungen Widerholte unnd vermehrte Deduction. Darinnen weitläuffig ... erwiesen wird, was massen die Einwohner deß Zehen Gerichten Pundts in Alter Rhätia, von deß Hochlöblichen Hauses Oesterreichs nachgesetzten Obristen unnd Befelchshaberen widerrechtlich uberfallen ... unnd deßwegen jhnen die ... erlaubte Defension Leibes und der Seelen im verwichenen Monat Aprilis abgetrungen worden. Sampt einem warhaften Bericht, was zwüschend beyden Partheyen biß dato denckwürdiges fürgeloffen. Mit seinen Beylagen. Gedruckt im Jahre des HERRN 1622. Neu aufgelegt 1877. 8. Cur 1877.
Bündnerische Geschichtschreiber und Chronisten. Publikation 10.

Gulgowski, J., s.: Mitteilungen d. Vereins f. kaschub. Volkskunde.

Gulgowski, J. (Hrsg.), s. Vereinsnachrichten.

Gülhane-Festschrift zum 10jährigen Bestehen des Kaiserlichen Osman. Lehrkrankenhauses Gülhane. Hrsg. von Wieting-Pascha. Leipzig 1909.

Gulhoff, Franz: Der deutsche Ritterorden in der deutschen Dichtung des Mittelalters. Zabrze 1907: M. Czech. (24 S.) 4°
Zaborze O.-S., G OP 1907 (262)

Gulian, Kervok H.

— Elementary English grammar for the use of Armonians. (Method Gaspey-Otto-Sauer.) gr. 8. (VIII, 232 S. m. 2 Karten.) Ebd. 901. Geb. in Leinw. n. 3. —

Gulian, Kevork H., Elementary modern Armenian grammar. (Method Gaspey-Otto-Sauer.) gr. 8. (VIII, 196 S.) Heidelberg 902. J. Groos. Geb. in Leinw. n. 3. —

Guliat, Antonio

Napoleon I. Die Besetzung von Görz durch d. Franzosen im Frühjahr 1797. Nach e. Ms. (Verf.: Antonio **Guliat**) von Carl v. Ritter-Záhony. Leipzig: H. Schmidt & C. Günther 1905. (85 S.) 8° [Fr.] (05.13449

Gulich, s.a. Gülich.

Gulich, Gerh. Fried. von (Osnabrück), De jure scindendi cespites in fundis communitatis ad laetificandos agros ibi sitos in episcopatu Osnabrugensi. Diss. jur. Götting. (Barmeier) 28. IV. 1774. 44 S., tlws. dtsch. (5.50) 12283

v. Gülich, G. F., s. Lage, üb. die gegenwärt., des Ackerbaues.

v. Gülich, Gust., geschichtl. Darstell. d. Handels, der Gewerbe u. des Ackerbaues d. bedeutendsten handeltreibenden Staaten unserer Zeit. 1r u. 2r Bd. gr. 8. Jena 830. Frommann. 7 Thlr 12 Gr

v. Gülich, Gust., geschichtliche Darstellung des Handels, der Gewerbe und des Ackerbaues der bedeutendsten handeltreibenden Staaten unserer Zeit. 3.—5. Bd. — A. u. d. T.: Die sämmtl. gewerbl. Zustände in den bedeutendsten Ländern der Erde während der letzten 12 Jahre, mit besond. Berücksicht. d. Finanz-, Geld-, Land- u. Bevölkerungs-Verhältnisse, sowie des materiellen, politischen und moralischen Zustandes der arbeitenden Classen. 1.—3. (letzter) Bd. gr. 8. Jena 842—45, Frommann. 3. Bd. n. $2^1/_2$ Thlr 4. Bd. n. 3 Thlr 5. Bd. n. $2^1/_3$ Thlr Alle 5 Bde. n. $11^5/_6$ Thlr

—— über d. Einfluß d. neuesten Revolution in Frankreich u. d. Niederlanden auf d. Handel dies. Länder, so wie besond. auf d. Handel Deutschlands, u. üb. das, was Deutschland Noth thut. gr. 8. (6 B.) Göttingen 831, Vandenhoeck u. Ruprecht.

—— über d. Handel u. d. übrigen Zweige d. Industrie im Königr. Hannover, besond. üb. d. Zustand ders., seit d. J. 1826. gr. 8. (7 B.) Hannover 831, Hahn.

v. Gülich, Gust., über die gegenwärtige Lage des engl. und des deutsch. Handels, mit einer allgem. Uebersicht der Fortschritte der Production u. Consumtion in Europa u. Amerika. gr. 8. Göttingen 834. Vandenhöck u. Ruprecht. 1 Thlr

(Gülich, G. von): „Ueber die gegenwärtige Lage des Ackerbaus, der Gewerbe und des Handels im Regierungsbezirke Minden, mit besonderer Berücksichtigung des physischen und moralischen Zustandes der arbeitenden Classen", Rinteln 1843. — Vorh.: Com. Bibl. Hamburg.

—— noch e. Wort üb. Handel u. Gewerbe d. Königr. Hannover, u. Untersuch. d. Frage: ob f. dieses gerathen sei, sich d. preuß. Zollverbande anzuschließen? gr. 8. ($2^1/_2$ B.) Hameln 832. (Hannover, Hahn.)

Gülich, G. v. Kleine Schriften staatwirtschaftlichen und verwandten Inhaltes. 1. (einz.) Heft. 8°. Hammeln 1833.

Gülich (Ober- und Landgerichts-Advocat Dr. jur.), Schutzschriften für den Bürger u. Literaten Hansen in Eckernförde, mit einem angehängten Schreiben des Letzteren an den Ersteren, in Betreff einer die Gebührenerhebung im Eckernförder Zollamte betreff. Annonce im dort. Wochenblatte. gr. 8. Eckernförde 840. (Kiel, Bünsow.) n. $^5/_{12}$ Thlr

v. Gülich, Gust., tabellarische Uebersichten hierzu. 1.—3. Liefg. gr. Fol. Jena 842—45, Frommann. I. n. $1^1/_2$ Thlr II. n. 2 Thlr III. n. $1^1/_3$ Thlr

Gülich, Gust. v., Ueber die Urbarmachung wüster Ländereien, als Mittel viele Erwerblose zu beschäftigen. Cassel 1844.

—— über d. Verhältnisse d. Bauern im Fürstenth. Calenberg. gr. 8. ($4^1/_4$ B.) Hannover 831, (Hahn.)

Gülich, Gust. von, Ein Wort über Vergangenheit, Gegenwart und Zukunft von Deutschlands Handel, Gewerbe und Ackerbau mit besonderer Berücksichtigung des Getreideverkehrs und des Ergebnisses der Ernte vom Jahre 1847. Berlin 1847. 8.
(HC.)

v. Gülich, Gust., ein Wort üb. Vergangenheit, Gegenwart u. Zukunft von Deutschlands Handel, Gewerbe u. Ackerbau mit besond. Berücksicht. des Getreideverkehrs u. des Ergebnisses der Ernte vom J. 1847. gr. 8. (VI u. 101 S.) Berlin 848, Schneider & Co. n. 12 Ngr

Gülich, G. von: „Ueber den gegenwärtigen Zustand des Ackerbaues, des Handels und der Gewerbe im Königreich Hannover", Hannover 1827 (Hahn). — Vorh.: Preuß. Staatsb. Berlin.

Gülich, G. v., Die gesammten gewerblichen Zustände in den bedeutendsten Ländern der Erde während der letzten 12 Jahre mit besonderer Berücksichtigung der Finanz-, Geld-, Land- und Bevölkerungsverhältnisse etc. Jena 1842—45. 3 Bde. 8°. Mit 2 Lief. tabellarischer Uebersichten.

Gülich, G. v., Die gesammten gewerblichen Zustände in den bedeutendsten Ländern der Erde. 2 Bde. 8°. Jena 1884.

Gülich, J., Beitrag zur Reinigung der deutschen Sprache, früher u. d. T.: „Die Rechtssprache u. das Sprachrecht". 2., vervollständ. Aufl. 8. (27 S.) Hamburg 887. O. Meißner's Verl. —30

(Gülich, J.) Die Bürgermeister-Wahl in Buxtehude von dem in der Verbannung zum Bürgermeister erwählten Dr. Gülich, vormal. Oberger.-Advocat ꝛc. Hamburg 854. Hoffmann u. Campe. 12. (68 S.) 7½ ngl

— die Rechtssprache und das Sprachrecht. Altona 858. Hammerich. 8. (16 S.) n. 3 ngl

Gülich (des Advocaten), J., rechtliche Vertheidigung als gerichtlich bestellten Defensors des Joachim Hinrich Ramcke aus Halstenbeck, peinlich Angeklagten: in pct. angeschuldigten Mordes, nächsten Versuchs zum Morde u. Mordbrandes. Mündlich vorgetragen am 26. Juli 1841. gr. 8. Altona 842, Hammerich. ½ ꝛf

Gülich, Jac., Vertheidigung des Daseins Gottes und der Göttlichkeit des Christenthums gegen die gotteslästerlichen Reden des Herrn F. Hassaurect. Nebst drei Tractaten. Ueber die Gottheit Christi. Ueber die Versöhnung durch Jesum Christum. Ueber die Auferstehung Jesu Christi und die Auferstehung des Fleisches. Bremen 856. Strack in Comm. gr. 8. (2 Bl., 86 S.) n. 8 ngl

GÜLICH, [JAC. GUIDO THEOD.], Schutzschriften für den Bürger und Literaten [Joh. Jürgen Heinr.] Hansen in Eckernförde mit einem angehängten Schreiben des Letzteren an den Ersteren. Eckernförde. 1840.

GÜLICH, JEREMIAS FRIEDRICH.
Anweisung zur Färberei auf Schaafwolle. . . . Ulm, 1786. 8vo.

— Beschr. und Vorschr. zur Manchester-Piqué-Mousselin- und Casimir-Druckerey (ist d. Färb- und Bleichbuch 7r Thl.) 8. Ulm, Stettin. 799.

Genaue Beschreibung und Vorschriften zur Manchester-Piqué-, Mousselin- und Casimir-Druckerey. Ulm, 1800. 8vo.

Gülich, Jerem. Fr., († d. 10. Septbr. 1808.), s. Färbe- und Bleichbuch.

Vollständiges Färbe- und Bleichbuch. . . . Ulm, 1779–99. 7 vols., 8vo.

Gülich J Fr, vollständ. Färb- u Bleichbuch für Fabrikant. u Färber. Bd 2-6 Ulm 1780-95

Gülich, J. F., Vorschr. z. Bleichwesen und z. ganzen Farbemacherey f. Cattunfabrik, ist Farbe- und Bleichbuch 6r Thl.

— Johann Philipp Gottfried von (Wetzlar), De jure primariarum precum Caesareo in fundationibus imperii mediatis. Diss. jur. Präs. Georg Heinrich Ayrer. Gött. (Joh. Christ. Ludolph Schultz) 28. III. 1752. 68 S. (6.—) 12123
Gew.: Johann Jacob Zwirlein. — Widm. v.: Albert Philipp Westphal, Joachim Friedrich Brandenburg.

Gülich, Karl Ludwig

Gülich, Carl Ludw., der Kartoffelbau. 1. u. 2. Aufl. (35 S.) 868 u. 3., mit Zusätzen versehene Aufl. Altona 869. Mentzel. gr. 8. (40 S.) n. 10 ngr

Gülich, L. P. J. v., üb. d. Meyerdinge d. nördl. Deutschl. ꝛc. 4. Gießen, Heyer. 803.

Gülich, Ludwig von. Erb-Huldigung / So ... Josepho Dem Ersten / Von Denen gesambten Nider-Oesterreichischen Ständen ... an dem / auff den 22. deß Monats Septembris Anno 1705. angesetzten Tag abgelegt / vnd ... zusammen getragen worden Durch ... Ludwig von Gülich Edlen zu Lilienburg ... Gedruckt zu Wienn in Oesterreich / Bey Johann Jacob Kürner ... o. J.
Titelkupfer. Tit., 46 S.; 11 Taf. in Kupferst. 2°.
Zeichner: M. Steinl (Tit.) u. J. C. Hackhofer Stecher: J. A. Pfeffel u. C. Engelbrecht.
Vinet 675

Gülich, Ldw. Aug., Kritik d. Vorstell. d. Schleswigschen Hoffschauspielergesellschaft in Flensburg. 2 Abthl. 8. Altona 800. Bechtold. 8 ꝁ

Schuld und Strafe, oder Ermordung des Capitains Jens Nielsen Holst und dessen Sohns, des Obersteuermanns Niels Hansen Holst vom dänischen Brigschiffe l'Espérance; ein Auszug aus den Criminalacten, hrgg. v. Ludwig August Gülich. Flensburg. 1821. 8°.

Gülich, L. A.,) Schuld u. Strafe, oder Ermordung d. Schiffscapitains J. N. Horst u. seines Sohnes. Aus d. criminalacten gezogen 8. Flensburg 822, Zimmermann.

Gülich, Ludw. Aug., poetische Versuche. 8. (13 B.) Flensburg 829. (Schleswig, Koch.)

v. GÜLICH, Phil. Jac.: Histor.-jurid. Abhandl. üb. die Meyergedinge im nördl. Deutschland, insbes. des Hochstifts Hildesheim. *Giessen*, Heyer. 802. 4. (1 Thl.)

— histor. jurid. Abhandlung über d. Meyerdinge d. nördl. Deutschlands, insbesondere d. Hochstifts Hildesheim. 4. Gießen 803. Heyer. 1 ꝛf

GÜLICH, Philipp Jakob von: „Die der hohen Domkirche zu Hildesheim zustehenden Meyerdinge in ihren ehemaligen und gegenwärtigen rechtlichen Verhältnissen", Wetzlar 1802. — Vorn. Bibl. des Oberlandesgerichts Celle — Md. 510.

v. Gülich, Ph. Jak., über d. Negrediент-Erbrecht. 4. Wetzlar 800.

Gülich, R.: De t e r m i n o a quo praescriptionis actionis ex contractu assecurationis secundum ordinationem assecurationis hamburgensem.
Gottingae 1776.

Gülich, Th. (Hrsg.), s. Z e i t g e d i c h t e .

Gülick, W. van, das Psalterium, s.a. **Sammlung der gekrönten Preisschriften von Curatgeistlichen der Diöcese Münster.**

van **Gülick, W.**, Das Psalterium in seinem Hauptinhalte, in seiner wissenschaftlichen und praktischen Bedeutung für den Seelsorger. Münster, Theissing, 1858, gr. 8°, 96 S., 6 Mk.

van Gulik, Theod. (geb. Goch im Rheinl. 5. 4. 1838): De colica saturnina nonnulla. Berolini (1862). (31 S.) 8°
Berlin, Med. Diss. v. 19. Juli 1862

Gulik, W. van

Franziskus v. Assisi. Dramat. dargest. in einzelnen Zügen aus s. Leben. Nach e. holländ. Ms. bearb. in 5 Aufz. von W. van **Gulik**, Kaplan. *Kempen (Rhein): Klöckner & Mausberg 1901.* (57 S.) 8° [F.] (ca. 760 5

Gulik, Wilh. van, Johannes Gropper (1503 bis 1559), s.a. **Erläuterungen u. Ergänzungen zu Janssens Geschichte des deutsch. Volkes. V, 1. 2.**

Gulik, Wilh. van, Johannes Gropper. (1503 bis 1559). E. Beitr. z. Kirchengesch. Deutschlands, bes. d. Rheinlande im 16. Jh. M. Benutz. ungedr. Quellen. Freiburg i. Br. 1906. 8°.
(Erläuterungen u. Ergänz. zu Janssens Gesch. d. deutschen Volkes, hrsg. von Ludw. *Pastor*. Bd 5, H 1. 2.)

Gulik, W(ilhelm) van, (dioecesis Monast. Presb.): **Der Scholaster** Johannes **Gropper** und seine Thätigkeit im Churfürstentum Köln bis zum Jahre 1540. *Münster i. W. 1902: Westfäl. Vereinsdr.* (63 S.) 8°
Münster, Kath.-theol. Diss. v. (24. Apr.) 1902

Gulistan, oder der Hulla von Samarkanda, s.a. **Etienne.**

Gulistan; od. der Hulla von Samarkanda. Oper in 3 Aufz. 8. Wien, Wallishäusser. 807.

Gulistan, od. d. Rosengarten. Ein Gesellschaftsspiel f. d. elegante Welt u. d. gebild. Jugend. Mit 1 color. Spielplan. Leipz. Joachim. 811.

Gulitz, Dom. Mich., Predigten über einige wichtige Wahrheiten des Glaubens und der Sittenlehre. gr. 8. Bresl. Korn d. ält. 789.

Guliz, Dom. Michael

— Jesus Christus ist wahrer Gott. gr. 8. Bresl. 795. J. F. Korn. 8 gr.

Guliz, Dom. Mich., (†d. 28. Aug. 1802.) Predigten über einige wichtige Wahrheiten d. Glaubens- und d. Sittenlehre. gr. 8. Bresl. 790. J. F. Korn. 12 gr.

Gülke, Carl, s. Gülke, Karl

Gülke, H.: Lied, s. Hurka, Friedrich Franz

Gülke, H(einrich), approb. Arzt aus Hameln: **Aus d. chirurg. Klinik zu Kiel. Seltenere Befunde** bei der Radical-Operation von Inguinal-Hernien. *Kiel 1904: H. Fiencke.* (18 S.) 8°
Kiel, Med. Diss. v. [9. Febr.] 1904

Gülke, Karl

Gülke, Carl, appr. Arzt a. Hameln a. W.: Verlauf und Verknöcherung der Stirnnaht. Göttingen 1904: L. Hofer. (16 S.) 8°
Göttingen, Med. Fak., Ref. Kallius, Diss. v. 24. Okt. 1904
[Geb. 3. Apr. 78 Hameln; Wohnort: Hameln; Staatsangeh.: Preußen; Vorbildung: Gymn. Hameln Reife O. 98; Studium: Göttingen 5, Erlangen 1, Göttingen 3 S.; Coll. 8. Aug. 04; Approb. 28. Juli 03.]

Gülker, August

Gülker, Aug., Germania. Sammlung neuer patriot. Lieder. (Orig.-Kompositionen) f. gemischten Chor zum Gebrauch an höh. Lehranstalten hrsg. 3 Hfte. 8. Düsseldorf 900. L. Schwann. à n. — 70
1. 2., verb. Aufl. (32 S.) — 2. 2., verb. Aufl. (36 S.) — 3. (33 S.)

Gülker, Aug., Germania. Sammlung neuer patriot. Lieder (Orig.-Kompositionen) f. gemischten Chor, z. Gebrauch an höh. Lehranstalten hrsg. II. Heft. 3. Aufl. (36 S.) 8. Düsseldorf (908). L. Schwann. p — 70

Gülker, A., Liederschatz f. höhere Schulen, s.: **Noack,** G.

Gulkewitsch, N. A., Typen u. Racen v. Pferden im Russischen Kaiserreiche. (30 Lichtdr.-Taf. m. III, 30 Bl. Text in russ., engl. u. deutscher Sprache.) 40,5×50,5 cm. St. Petersburg (908). (Bücher-Versand, „Poutschenie") Geb. in Leinw. 75 —

Gull, F. Heraldische und sphragistische Notizen über Dynastien und edle Geschlechter der Ostschweiz: Die Grafen von Toggenburg. Mit 2 Taf. und 39 Holzschn. Lex. in-8°. 23 S. Neuchâtel, Maurice Tripet. 1890.
*** Beilage zu „Archives héraldiques suisses. Nr. 38—40 (Févr.—avril 1890)."

Gull, F. Heraldische und sphragistische Notizen über Dynastien und edle Geschlechter der Ostschweiz (II.): Die Grafen von Montfort, von Werdenberg-Heiligenberg und von Werdenberg-Sargans. Mit 1 color. Wappentaf. (9 Fig.), 92 Holzschn. u. 3 Stammtaf. In-4°. 66 S. Neuchâtel, Administr. der „Archives héraldiques suisses." 1891.
*** Beilage zu „Archives héraldiques suisses. N° 55-58 (Juillet octobre 1891)."

Gull, Gustav. Projekt für die Ueberbauung des Werdmühle(-) und des Oetenbach-Areals und ein alle Verwaltungsabteilungen umfassendes Stadthaus in Zürich. Im Auftrage des Stadtrates von Zürich ausgearbeitet. Sonder-Abdruck aus der «Schweizerischen Bauzeitung», Band 46, Nr. 5. [Mit Abbildungen, Planskizzen und 3 Tafeln.] II + 12 S. 4. Zürich, Jean Frey, (1905). [fr. 2. —]

Gull, Gust., **Prof. Julius Stadler v. Zürich,** s.a. **Neujahrsblatt d. Zürcher Kunstgesellschaft. 1907.**

Gull, Gustav (Hrsg.), s.a. Stadler. – Julius Stadler von Zürich

(Gull, Gustav.) Prof. Julius Stadler von Zürich (1828—1904). Mitteilungen aus seinem Nachlass. [Mit Porträt, sowie vielen Abbildungen nach J' St'.] 58 S. 4. (Zürich,) Berichthaus (Komm. Fäsi & Beer). [fr. 3. —]
Neujahrsblatt der Zürcher Kunstgesellschaft für 1907.

Gull, Martin Heinrich, alt Sekundarlehrer in Weinfelden geb. 21. Oktober 1834 — gest. 16. Januar 1901. [Porträt und Lebensabriss.] 1 Bl. 8. Weinfelden, Typ. W. Schläpfer.

Göll, Friedrich

—— **Ein Bild seines Lebens, s. Gärtner, Friedr.**

GÜLL [Umschlagtitel:] *Neue Bilder* für Kinder von TONY MUTTENTHALER mit Liedern von Friedrich Göll. München bei Braun und Schneider [1849]. 56 S. (inkl. Umschlag) mit 32 großen Originalholzschnitten. 4°. Brosch. — ★ Erstausgabe in dieser Form. Schönes Ex. 22.—

Güll, Frdr., Bilderbuch, s.: Kaulbach-Güll-Bilderbuch.

Güll's, Frdr., systemat. Bilderschule f. das zarte Kindesalter. Neuester Anschauungs-Unterricht mit 18 color. Bildertaf. in Tondruck, allegor. Titelbilde, ausführl. Texte, sowie Erklärg. in deutscher, franz. u. engl. Sprache. Fol. (28 S.) Nürnberg 817, Lotzbeck. 2⅓ ℳ (2. Thl. s.: **Bilderschule.**)

— **Frühling, Frühling überall, s.: Caspart, Gertr.**

GÜLL u. POCCI. *Kinderheimath.* Stuttgart, Liesching, 1846. — Ein anderes Ex. in dem die Holzschnitte sauber handkoloriert sind. — Der Vortitel fehlt, ebenso die SS. 5—12. Einige Blätter lose, 2 kl. Einrisse, Titel etw. beschnitten, Einband lose. — Kl.-8°. Benutzter Hlwd. d. Z. 25.—

Güll, Fr., Kinderheimath in Bildern u. Liedern. Mit e. Vorwort von Gustav Schwab. Mit 11 Kpfr. 8. Stuttgart 837. Liesching. 1 ₰

Güll, Fr., Kinderheimath in Bildern und Liedern. Mit Vorwort von Gust. Schwab. 2. reich verm. Aufl. A. u. d. T.: Kinderheimath in Liedern und Bildern von Fr. Güll u. Frz. Pocci. gr. 8. Stuttgart 846, S. G. Liesching. geb. n. 1 ₰

— — 2. Gabe. A. u. d. T.: Scherz und Ernst für Jung und Alt. Mit (eingedr.) Holzschn. nach Zeichnungen von Hugo Bürkner. Stuttgart 859. S. G. Liesching. gr. 16. (VI, 156 S.) n. 24 ngr.

Güll, Frdr., Kinderheimath in Liedern. 1. Gabe. A. u. d. T.: Kinderheimath in Liedern und Bildern von Frdr. Güll und Frz. Pocci. Mit einem Vorwort von Gust. Schwab. 3. Aufl. Stuttgart 860. S. G. Liesching. gr. 16. (VII, 232 S. m. Holzschn.) n. 1 ₰

Güll, Friedr., Kinderheimath in Liedern. 1. Gabe. Kinderheimath in Liedern u. Bildern von Friedr. Güll u. Frz. Pocci. Mit einem Vorwort von Gust. Schwab. 4. Aufl. Gütersloh 867. Bertelsmann. gr. 8. (IV, 162 S.) cart. n. 24 ngr.

Güll, Friedr., Kinderheimath in Liedern. Erste Gabe. Mit Bildern von Frz. Pocci. Mit einem Vorwort von Gust. Schwab. 4. Aufl. (VI, 152 S.); 5. Aufl. 8. (160 S. mit eingedr. Holzschn.) Gütersloh 876, Bertelsmann. cart. *

— dass. — Zweite Gabe. A. u. d. T.: Scherz und Ernst für Jung und Alt. Mit Bildern nach Zeichnungen von H. Bürkner. 8. (VI, 156 S.) Ebendas. 875. cart. *

— dass. — Volksausgabe. Drei Gaben in 1 Bd. 8. (255 S.) Ebendas. 875. * ℳ 2,70.; geb. *

Güll, Frdr., Kinderheimat in Liedern. 1. u. 2. Gabe. 6. Aufl. 8. Gütersloh 889. C. Bertelsmann. Geb. à n. 2.—
1. Kinderheimat in Liedern u. Bildern v. Frdr. Güll u. Frz. Pocci. Mit e. Vorwort v. Gust. Schwab. (68 S.)
2. Scherz u. Ernst f. jung u. alt. Mit Holzschn. nach Zeichngn. v. Hugo Bürkner. (128 S.)

Güll, Frdr., Kinderheimat in Liedern. 3. Gabe. Für unsere Kleinen. Lieder, Sprüche u. Rätsel. Mit Bildern nach Zeichngn. v. H. Bürkner u. a. 8. (XVIII, 147 S. m. Portr.) Gütersloh 890. Bertelsmann. geb. n. 2. —

Güll, Frdr., Kinderheimat in Liedern. Auswahl. Für die Jugend ausgewählt aus den drei Teilen der Kinderheimat vom Hamburger u. Münchener Jugendschriften-Ausschuß. 8. (86 S.) Gütersloh 901. C. Bertelsmann. Geb. n. — 70

Güll, Frdr., Kinderheimat in Liedern. 2. Gabe: Scherz u. Ernst f. jung u. alt. Mit Holzschn. nach Zeichnungen v. H. Bürkner. 7. Aufl. (128 S.) 8. Gütersloh (905). C. Bertelsmann. Kart. n. 2. —

— Kinderheimat in Liedern. Ausgewählt v. M. Pichler. Mit zahlr. (8 farb. Voll-)Bildern v. W. Claudius, M. Voigt, E. Voigt u. M. Hohneck. (112 S.) 8. Reutlingen (910). Enßlin & Laiblin. Geb. in Leinw. 3. —

— dasselbe. In Musik gesetzt v. Wilh. Müller. (Farbiger) Buchschmuck v. Jos. Mauder. (Dietrichs Münchener Künstler-Bilderbücher.) (44 S.) Lex. 8. München (910). G. W. Dietrich. Geb. 4. —

— Leitstern auf der Lebensfahrt. Ein Spruchbrevier für jeden Tag des Jahres. Mit Titelornamenten u. Zierleisten v. Alw. Gottschaldt. 8. (405 S.) Leipzig 881. A. Dürr. geb. m. Goldschn. n. 4. 50

— Frohe Lieder. Gedichte. Mit Bildern v. Maria Hohneck. [Aus der Sammlg.: „Das deutsche Bilderbuch".] (16 S. m. farb. Abbildgn.) 22,5×29,5 cm. Mainz (910). J. Scholz. Geb. 1. —

—— Lieder für Kinder, s. Muttenthaler, T.

—— Perlen aus dem Schatze deutscher Lyrik, s. Perlen.

— Rätselstübchen. Erste Sammlung sämtl. Orig.-Rätsel, hrsg. v. Jul. Lohmeyer. 12. (144 S.) Glogau 882. Flemming. geb. 1. 50

GÜLL. *Rätselstübchen.* Erste Sammlung sämtlicher Original-Rätsel von Friedrich Güll, herausgegeben von Julius Lohmeyer, Glogau, C. Flemming [1889]. 144 S. Kl.-8°. Orhlwd. m. farb. Deckelbild. ★ 1. Ausg. 10.—

— Scherz u. Ernst, s. a. Hey, Wilh.

GÜLL. *Scherz und Ernst* für Jung und Alt von Friedrich Güll. Mit Holzschnitten nach Zeichnungen von HUGO BÜRKNER. Stuttgart, S. G. Liesching. (Nebentitel, ebenfalls in Rot u. Schwarz gedruckt:) Kinderheimat in Liedern von Friedrich Güll. Zweite Gabe . . . [1860]. 4 Bl. 154 S. 1 Bl. 8°. Hellbrauner Or.Karton m. Rückentitel u. Deckelholzschnitten in roter Bordüre. 40.—
R. 174. Seltene ★ Erstausgabe. Mit 35 sehr hübschen Textholzschnitten u. zahlr. figurierten Holzschnittinitialen. — Einbandrücken etwas lose. Schönes Ex.

— Uebungsbüchlein für den Rechenunterricht in der ersten Schulzeit. 1. Hft. 6000 Aufgaben für das Zusammenzählen und Abziehen innerhalb Hundert. gr. 8. (Mit Vorrede.) München 844. (Nördlingen, Beck'sche B.) 3 ngl ohne Vorrede 2 ngl.

Güll, Friedr., Uebungsbüchlein für den Rechenunterricht in der ersten Schulzeit. 1. Heft. 2. Aufl. Sechstausend Aufgaben für das Zusammenzählen und Abziehen innerhalb Hundert. Nördlingen 853. Beck. 8. (VIII, 32 S.) 3 ngl

— Weihnachtsbilder. Mit 6 Zeichnungen. (Aus der Jugend-Bibliothek von Nieritz.) kl. 8. Berlin 840, Simion. 1/4 ₰

Güll, J., die Anpflanzungen in dem Nerotal. Ein botan. Führer durch die Anlagen. Vollständige Aufzählg. u. Beschreibung der Flora des Parkes, zugleich Lehrbuch für den botan. Unterricht in den Wiesbadener Schulanstalten. (VIII, 248 S. m. 1 farb. Plan.) 8. Wiesbaden (905). R. Bechtold & Co. n. 1. 50

Güll, Wilh., Aurel Liffa u. Emerich Timkó, üb. die agrogeologischen Verhältnisse des Ecsedi-láp, s.: Mitteilungen aus dem Jahrbuche der königl. ungar. geolog. Anstalt. XIV. 5.

Gülland, Albert, a. Rockstedt in Thüringen: Das Klima von Swakopmund. (Berlin 1907: E. S. Mittler & Sohn.) (34 S.) 4°
Berlin, Phil. Fak., Ref. Hellmann, Diss. v. 21. Sept. 1907
[Geb. 23. Juni 71 Rockstedt; Wohnort: Windhuk, Südwestafrika; Staatsangeh.: Preußen; Vorbildung: Gymn. Sondershausen Reife M. 93; Studium: Bonn 4, Berlin 3 S.; Rig. 16. Mai 07.]

Gülland, Paul, Einführung in die zivilist. Praxis in Erfindungs- u. Patentsachen m. besonderer Berücksicht. der Grundlagen des gewerblichen Rechtsschutzes nebst Aktenbeispielen. (XII, 395 S.) gr. 8. Berlin 909. F. Vahlen. 7.50; geb. n 8. 50

Gülland, Paul, Gerichtsass. aus Nordhausen a. H.: Welche Personen gehören zu den neben dem Richter bei der Testamentsaufnahme Mitwirkenden, welche nur unter Beobachtung der Vorschriften der §§ 133, 135, 136 I, 12 Allgem. Landrechts im Testamente bedacht werden können? Eine landrechtl. Interpretationsstudie mit Berücks. d. 'Materialien' u. d. gemeinrechtl. Grundlagen d. Allgem. Landrechts. *Düsseldorf 1900: L. Schwann.* (VII, 66 S.) 8°
Freiburg i. B., Rechts- u. staatswiss. Diss. v. 1900

Gullann: Beschreibung der Bergung des Wracks vom Linienschiffe Christian VIII. bei Eckernförde. Berlin 1850

Zeichnung des Tönninger Fährdamms am rechten Ufer der Eider nach dem bey diesem Damme im May und Juny ausgeführten Bau gez. im Juny 1829 v. F. v. Gullann. o. O. 1 Bl. Fol. 51,65 cm.

Gullann, (Friedr.), Karte von Schleswig, Holstein u. Lauenburg. [Nach der neuen Wegeordnung] u. nach eigenen Vermessungen aufgenommen. In Stein gravirt v. W. Heuer. 4. verb. u. verm. Aufl. Fol. Color. Hamburg 850, Volks-Buchhandl. in St. Pauli. n. 4 ℳ

Gullan, H. Ludwig

— Liederbuch f. d. Harmonie in Glückstadt. 8. Glückst. 812.

v. Gullann, (H. L.) Liedersamml. f. gesellige Vereine. 8. Altona 827. Busch.

v. Gullann, H. Ldw., Liedersammlung f. gesellige Vereine. 8. Rendsb. 827. (Aue in Altona). 20 gr

GULLANN, H[EINR.] L[OR.] v., Liedersammlung für gesellige Vereine. Gesammelt und geordnet. Rendsburg. 1824.

Gullasch, Emil, Lesebuch f. die Fachklassen d. Bekleidungsgewerbes. Hrsg. unt. Mitwirkg. bewährt. Fachmänner. Ergänzg. zum Lesebuch f. gewerbl. Fortbildgs.- u. Fachschulen. Allgem. Tl. (8. verm. u. verb. Aufl.) v. J. F. Ahrens. Nach den Vorschriften des Hrn. Ministers f. Handel u. Gewerbe v. 5. VII. 1897. (VIII, 249 S. m. Abbildgn.) gr. 8. Kiel 910. Lipsius & Tischer. Geb. in Leinw. 2. —

— Scheckkunde m. besond. Berücksicht. d. Postprotestes u. des Postscheckverkehrs, in leicht verständl. Form m. Beispielen zur Selbstbelehrg. u. zum Gebrauch in Fortbildungs- u. Handelsschulen. Mit 2 Taf. u. zahlr. Formularen im Text. (120 S.) 8. Leipzig 909. F. Hirt & Sohn. 1.50

Gulli, Graf, u. seine Söhne. Trspl. 8. Weimar 787. Hoffmann. 8 gr

Gulliver, s. a. Guilliver.

Gulliver, Lemuel, erst Wundarzt, dann Kapitän mehrerer Schiffe, Reisen in verschiedene ferne Länder der Welt. In 4 Tln. Erste ungekürzte Ausg. nach dem Swiftschen Text. (Den Umschlag zeichnete Paul Renner, die Übertragg. besorgte Fritz Thurow.) (V, 320 S.) 8. Berlin-Westend (909). E. Reiß. 2.—; geb. 3. —

Gulliver, Der neue, oder die Reise J. Gullivers, Sohnes des Capitain Samuel Gullivers. Hamb. 1731. V: *Desfontaines, Pierre François Guydot.* (Mitth. Prof. Dr. H. Ullrich - Brandenburg a. H.)

Gulliver, Der neue, oder die Reise J. Gullivers, Sohnes des Capitain Samuel Gullivers . . . Hamburg 1731. B: *Wend, Chph Gottlieb.* (EB)

Gulliver revived, or the travels voyages and adventures by Baron Münchhausen. Hamburg 1790. H: *Timäus, Johann Jacob Carl.* (MGT)

Gulliver, Lemuel [Pseud.]
s. Swift, Jonathan. [og. 12877

Gulliver's, des Capitain Lemuel, Reise nach dem Lande der Riesen von Brobdignack. Mit 16 ill. Kpfrstichen. qu. 16. Leipzig 839. Baumgärtner. n. 1/2 Thlr

Gulliver's, des Capitain Lemuel, Reise nach dem Lande der kleinen Lilliputier. Mit 16 ill. Kpfrstichen. qu. 8. Leipzig 838. Baumgärtner. n. 1/3 Thlr

Gullivers, Lemuel, Reise nach Lilliput, aufs neue verdeutscht von C. H. K. , n. 8. Kopenhagen, 786. Proft. 8 sgl.
Dasselbe Buch mit Kupf. 8. Zürich, 788. Orells. 1 Rthl.

Gullivers, Lemuel, Reisen nach Lilliput, aufs neue verdeutscht v. C. H. K. (Karl Hnr. Krögen). 8. Kopenh. 786. Proft. 6 gr

Gulliver, Lemuel, Reisen nach Lilliput, Brobdignak u. andern wundervollen Ländern. 8. Nürnb. 821. Campe. 1 Thlr 12 gr

Gulliver's Reise in das Land der kleinen Leute von Lilliput. (Mit eingedruckten color. Abbild.) 8. Chur 843, Grubenmann. 5/12 Thlr

Gulliver's Reise nach Lilliput. Eine Erzählg. m. (6 chromolith.) bewegl. Bildern f. die liebe Jugend. 4. (6 Bl. Text.) Fürth 885. Schaller & Kirn. geb. 2.50

— Reise zu den Riesen im Lande Brobdignac. 8. (Mit 22 eingedruckten color. Abbild.) Ebend. 844. 1/3 Thlr

Gulliver's u. Klim's wunderbare Reisen, im Auszuge, s. Lappe, Karl.

Gullivers Reisen n. Lilliput, 2e Aufl. 8. Nürnb 823. Campe.

Gulliver's Reisen in fremde Welttheile, s. Wagner, Ed.

Gulliver's travels into several remote nations of the world, by J. Swift. 12. London, Walker. (Leipzig, Hinrichs.) 818.

— Voyage to Lilliput, s. Schüler-Bibliothek, englische.

(v. GULLMANN): Abhandlung von d. Geschichte derer wichtigsten deutschen Reichsgrundgesetze. *Frankf. u. Leipzig,* 767. 8.

Gullmann, F. Karl, Geschichte d. Stadt Augsburg, seit ihrer Entstehung bis zum Jahre 1806. 6 Bde. 8. Augsb. 808—22. (Kummer in Leipz.) 8 Thlr 6 gr

Gullmann, F. Karl, Geschichte der Stadt Augsburg, seit ihrer Entstehung bis zum Jahre 1806. 4 Bde. 8. Augsburg. (Leipzig, Kummer) 819. 20.
(1r Bd. 1 Thlr. 2r 3r Bd. 2 Thlr. 14 Gr. 4r Bd. 1 Thlr. 8 Gr.)

Gullmann, (F Carl,) Geschichte d. Stadt Augsburg seit ihrer Entstehung bis z. J. 1806. 5r. u. 6r Bd. 8. Augsb. 822, (Leip., Kummer.) 5r Bd. 1 Rthlr. 8 gr. 6r Bd. 2 Rthlr. 3 Rthlr. 8 gr 1r — 6r Bd. 808 — 22.

Gullmann, Johann Wilhelm (Frankfurt/M.), Rationem usitatam et exploratam in demonstrando nobilitatem proavitam insigniaque gentilitia. Präs. Johann Georg Estor. Marburg (Müller) Juni 1745. 84 S., z. gr. Tl. dtsch. (10.—) 12284
16er Ahnentafel d. Frantz Joseph Damian Hugo v. Heusenstein u. Christian Ludwig Grf. Isenburg u. Büdingen m. Text.

Gullon, H.: Beschreibung d. in d. homöopath. Pharmacopoe aufgenommenen Pflanzen. 60. Lieferung 1865–1867.

Gullstrand, Allvar, die optische Abbildung in heterogenen Medien u. die Dioptrik der Kristallinse des Menschen. (Kungl. svenska vetenskaps akademiens handlingar. 43. Bd. Nr. 2.) (58 S. m. 4 Fig.) 31,5×25,5 cm. Uppsala 908. (Berlin, R. Friedländer & Sohn.) nn 3. —

Gullstrand, Allvar, die reelle optische Abbildung. (Kungl. svenska vetenskapsakademiens handlingar. 41. Bd. Nr. 3.) (III, 119 S. m. 2 Fig.) 4. Uppsala 906. Almqvist & Wiksell. (Nur direkt.) n.n. 7. —

— Handbuch der physiolog. Optik, s.: Helmholtz, H. v.

Gullstrand, Allvar, allgemeine Theorie der monochromatischen Aberrationen u. ihre nächsten Ergebnisse f. die Ophthalmologie. gr. 4. (III, 204 S. m. Fig.) Upsala 900. (Akadem. Buchh.) n. 16. —
Sonderabdruck aus: „Nova acta reg. soc. scient. Upsal."

Allgemeine Theorie der monochromatischen Aberrationen und ihre nächsten Ergebnisse für die Ophthalmologie von Allvar Gullstrand. *Upsala 1900: E. Berling.* (204 S.) 4°
— Acta, Nova, Reg. Societatis scient. Upsaliensis. Ser. 3. Vol. 20, Fasc. 1. Sectio med. et hist. nat. 1. [03. 3565

Photographisch-ophthalmometrische und klinische Untersuchungen über die Hornhautrefraction v. Allvar Gullstrand. M.; Taf. *Stockholm: K. boktr. P. A. Norstedt & söner 1896.* (64 S., 7 Taf.) 4.
= Handlingar, K. Svenska Vetenskaps-Akademiens. N. F. Bd 28. No 7. [96 6633

Gull-Thóris Saga oder Thorskfirdhinga Saga, die. Hrsg. von Konr. Maurer. Lex.-8. (VIII und 87 S.) Leipzig 858, Hinrichs'sche Verlagsh.

Gully, Eugen [aus Sentheim (Ober-Elsass)]: Ueber die ε-Oxy-α-Aethyladipinsäure und die δε-Heptensäure. Basel 1897. 32 S. 8°.
Basel. Phil. Diss. 1897/98.

Gully's, James Manby, Wasserheilkunde bei chronischen Krankheiten. Aus dem Engl. von Louis Lehmann. gr. 12. (X u. 336 S.) Köln 852, Greven. 1 ₰

Gülpen, A. van, graphische Darstellung der Preise v. good average Santos-Caffee in Hamburg in den J. 1882–1899 nebst den Zahlen der Vorräthe in Europa u. Nordamerika am 31. XII.; den Zahlen der Brasil-, Java- u. Weltproduction, sowie der Termin-Umsätze v. Caffee in den betr. Jahren. 3 Blatt. schmal gr. Fol. Berlin 899. H. Walther. n. 1. —

Drei Karten Graphische Darstellung der Preise von good average Santos-Caffee in Hamburg in den Jahren 1882–1899 nebst d. Zahlen d. Vorräthe in Europa u. Nordamerika am 31. Dez. ... Hrsg. von A. van Gülpen. *Berlin: H. Walther 1899.* (3 Tab.) quer-8° [Umschlagt.] [00. 9397

— über e. internationale Entente der großen landwirtschaftl. Verbände zur besseren Regulirung der Getreidepreise, s.: Ruhland, G.

— das Interesse des Mittelstandes an den neuen Handelsverträgen. — Die Entartg. des Kredits. gr. 8. (16 S.) Berlin (901). Herm. Walther. n. — 50

— Neukapital. Brennende Fragen. Mit e. Tabelle: Caffee-Statistik. gr. 8. (108 S.) Ebd. 899. n. 1. —

Gülpen, A. van, Terminhandel u. Börse. Die Eingaben d. Handelskammer in Wesel a. d. kgl. preuß. Handelsministerium u. e. graph. Darstellg. d. Preise v. Good average Santos-Caffee in den J. 1882–1893. gr. 8. (138 S.) Berlin 895. H. Walther. n. 1. —

[F.] Terminhandel und Währung. Von A. v. Gülpen. *Berlin: In Komm. b. C. Heymanns; (Dr. v. J. Sittenfeld) 1896.* (2 Bl., 111 S.) 1 Bd 8. [96. 2932

Gulski, B., Die latein. Sprache in Polen. Tl. 1 Pr. 1874. 28 S. 4°.

Gülstoff, Harald, das Wurzelziehen, s.: Miniatur-Bibliothek.

Gultier de Claubry, des Prof., Flachsbereitungs-Verfahren. Veröffentlicht durch das königl. Ministerium des Innern. gr. 8. Hannover 846, Helwing'sche Hofbuchh. 1/4 ₰

Gültigerklärung der Hauptergebnisse der eidgenössischen Volkszählung vom 1. Dezember 1900. 8. [Bern, Stämpfli & Cie.,] 1901
Botschaft des Bundesrates. (Vom 29. November 1901.) 24 S.
Bundesbeschluss. (Vom 20. Dezember 1901.) 3 S.

Ueb. die z. Gültigk. mehr. Artt. d. Pressburger Friedens unumgängl. Nothwendigk. ein. genehmigenden Beitritts d. deutschen Reichs zu dies. Frieden. *s. l.* 806.

Gültigkeit, Die, des Edikts vom 20. Okt. 1798. In: Mittheilungen der Grossen Loge Royal York zur Freundschaft 1896—1897, S. 37—69. V: *Knorr, Emil.* (wolfstieg II, 32)

Gültigkeit, Unumstössliche, der heimlichen Priesterehe bis zur Aufhebung des Cälibats ... Frankf. u. Leipz. [Wien] 1785—89. V: *Michaeler, Carl Joseph.* (WBL) (GGr) (MGT) (Ky)

Gültigkeit, unumstößliche, der heimlichen Priesterehen, bis zur Aufhebung d. Cölibats, (von K. J. Michaeler). 2 Thle. gr. 8. Frankf. u. Leipz. (Wien) 785. Schaumburg u. C. 1 ₰ 12 gr. 3r Bd. A. u. d. T.: Duplik auf d. Replik in e. Antwort an den M. J. Caelebs über d. Kirchl. d. Caelibats. 8. Ebd. 788.

Gulz, Ign. J., die sogenannte egyptische Augenentzündung oder der Catarrh, die Blennorrhöe und das Trachom der Bindehaut. Mit besond. Berücksicht. der beim Militair vorkommenden Formen. gr. 8. (139 S.) Wien 850, [Keck und Pierer.]

Gülzow [Schlagwort]

Gülzow, s.: Geologische Karten. Preussen 96.

Gülzow [Verfasser]

Gülzow, A. [aus Stettin]: Die Temperatur-Verhältnisse von Putbus auf Rügen auf Grund 33jähriger Beobachtungen (1854 bis 1886 einschl.). Ein Beitrag zur Klimatologie der deutschen Ostseeländer .... Greifswald, Druck v. Julius Abel, 1888; 3 Bl. + 34 S. + 13 Bl. u. 4 Taf. 8°
Greifswald, Phil. Fak., Inaug.-Diss. v. 9. Apr. 1888

Gülzow, Erich (Hrsg.). s. Arndt, Ernst Moritz: Briefe an eine Freundin.

Gülzow, Erich (Hrsg.), s. A r n d t , Ernst Moritz: Briefe aus Schweden an einen Stralsunder Freund.

Gülzow, Erich (Hrsg.), s. A r n d t , Ernst Moritz: Heimatbriefe.

Gumal und Lina; eine Geschichte für Kinder . . . Gotha 1795—1800. V: *Lossius, Caspar Friedrich.* (Ky) (MGT) (Adel)

Gumal u. Lina, e. Gesch. f. Kind. v. K. F. Lossius. 3 Thle. m. 4 K. 8. Gotha, Perthes. 809.
Fein Pap. m. 8 K.

Gumal u. Lina. Drama in 2 Aufz. nach Lossius, von F. W. Lomler. 8. Gotha, J. Perthes. 811.

Gumal u. Lina; e. Schspl. in 3 Aufz. mit Gesang, nach Lossius. 8. Münch. 812.

Gumaelius, **Gust. Wlh.**, s. ***Anacreon***, Carmina.

Gumbart, H. Die electrischen Staatstelegraphen in Bayern, ein geschichtlicher Rückblick. 4°. München 1859.

Gumbel, Karl, Gerichtsassessor a. Frankfurt a. M.: Der Stahlkammerfachvertrag der Deutschen Banken. Guben 1908: A. Koenig. (VII, 59 S.) 8° [J.]
Marburg, Jur. Fak., Ref. Leonhard, Diss. v. 8. Jan. 1908
[Geb. 26. Febr. 79 Bruchsal (Baden); Wohnort: Frankfurt a. M.; Staatsangeh.: Preußen; Vorbildung: Gymn. Bruchsal Reife M. 97; Studium: München 4, Marburg 3 S.; Rig. 4. Mai 01.]

Gumbel, Karl, der Stahlkammerfachvertrag der deutschen Banken. (VII. 59 S. m. 1 Taf.) gr. 8. Berlin 908. F. Vahlen. 1. 80

[J.] **Gumbel,** Sigfried [aus Heilbronn]: Der Betrugsparagraph und seine Ergänzung durch das Gesetz zur Bekämpfung des unlauteren Wettbewerbs . . . Tübingen, Druck v. H. Laupp jr, 1897; 2 Bl., 50 S. 8.
Tübingen, Jur. Fak., Inaug.-Diss. v. 1897

Gumbel, Siegfr., der Betrugsparagraph u. seine Ergänzung durch das Gesetz zur Bekämpfung des unlauteren Wettbewerbs. Diss. (I, 50 S.) gr. 8. Tübingen 904. F. Fues. n. 2. —

Gümbel, der rechte evangelische Arbeiter, s.a. Flugschriften des Evangelischen Bundes.

Gümbel, Der rechte evangelische Arbeiter. Aus den Verhandlungen der 7. General-Versammlung des Evangel. Bundes zu Bochum 6.—9. Aug. 1894. (Flugschr. des evangel. Vereins, Heft 93, Leipzig 1894.)

Uebersichtskarte über das Gebiet der Vogesenklub-Section Schlettstadt-Hohkönigsburg mit d. Wegen nach d. Ruinen Frankenburg, Ortenburg u. Ramstein. (Entworfen von Forstmeister **Gümbel** nach d. Stande v. 1. Juli 1905. 1:10,000. [Mit 1 Grundriss.] Schlettstadt: V. K. Sektion; A. Mantels in Komm. [1906]; Lith. P. Baron, Liegnitz.) (1 Kartenbl. 114×61 cm.) [kol.] [06. 1096

Gümbel, A. W., Katechismus der evangelischen Lehre für die vereinigte protestantische Kirche der Pfalz. Für den Lehrer u. Hausvater bearbeitet. Landau 854. Kaußler. 12. (144 S.) n. 10 ngr.

— — Mit 3 Anhängen: „Gebete", „christl. Zeittafel" und „das Kirchenjahr". 2. verm. u. verb. Aufl. Ebend. 855. 12. (101 S.) n. 10 ngr.

Gümbel, A. W., acht neue Märchen und Fabeln, den lieben Kindern erzählt. Landau 858. Kaußler. 12. (48 S.) n. 4 ngr.

Gümbel, Aug., mein Heimatdorf. (Eine Jugendgeschichte.) (55 S.) 8. Dresden (907). E. Pierson. 1. — ; geb. n 2. —

Gümbel, C. W., s. G ü m b e l , K. Wilhelm

Gümbel, H. Gesch der Prot Kirche in der Pfalz. Kaiserslautern. 1885.

Guembel, Heinrich [aus Dürkheim a. H.]: Ueber die Esterificirung aromatischer Säuren . . . Ludwigshafen a. Rh., Buchdr. v. Weiss & Hameier, 1893; 39 S. 8.
Heidelberg, Naturw.-math. Fak., Inaug.-Diss. v. [1. März] 1893

Guembel, K. Bundesfeldherrnamt u. Militärhoheit nach deutschem Staatsrecht.
München 1899. 66 S.

Gümbel, K. Wilhelm von

— — Die miocänen Ablagerungen im oberen Donaugebiete. Theil 1. München 1887. 8.

— — Abriss der geognostischen Verhältnisse der Tertiärschichten bei Miesbach und des Alpengebiets zwischen Tegernsee und Wendelstein. München 1875. 8.

Gümbel, C. W., kurze Anleitung zu geologischen Beobachtungen in den Alpen, s.a. Anleitung zu wissenschaftlichen Beobachtungen auf Alpenreisen.

Gümbel, C. W.: Kurze Anleitung zu geologischen Beobachtungen in den Alpen. 168 S. = Anleitung zu wissenschaftlichen Beobachtungen auf Alpenreisen. Bd. 1. Abth. I. S. 25—192. Wien 1878. 8°.

Gümbel, C. W.: B e i t r ä g e zur Flora der Vorzeit. 4°.

Gümbel, C. W., Beiträge zur Foraminiferenfauna der nordalpinen Eocängebilde. [Aus den Abhandlgn. der k. bayer. Akad. der Wiss.] München 868. (Franz.) gr. 4. (152 S. mit 4 lith. Taff.) n. 2 ℳ

von **Gümbel**, Carl Wilhelm: Beiträge zur Geologie der Goldküste in Afrika. (Sitzungsberichte der mathematisch-physischen Classe der königl. bayer. Akademie der Wissenschaften. Heft 2. S. 170—196.) München 1882. 27 S. 8°.

Gümbel, C. W., Beiträge zur Kenntniss der Organisation u. systematischen Stellung v. Receptaculites. [Aus: „Abhandlgn. d. k. b. Akad. d. Wiss."] gr. 4. (49 S. m. 1 Steintaf.) München 875. Franz in Comm. n. 2. 10

—— Beiträge zur Kenntniss der Procän- oder Kreide-Formation im nord-westlichen Böhmen in Vergleichung mit den gleichzeit. Ablagerungen in Bayern und Sachsen. gr. 4. (79 S.) München 868, (Franz'sche Buchh.) *
Vorstehende zwei Schriften sind aus: Abhandlungen der k. bayer. Akademie der Wissenschaften, besonders abgedruckt.

— — Beiträge zur Kenntniss der Texturverhältnisse der Mineralkohle. (Sitz.-Ber. der Kgl. bayer. Akad. d. Wissensch., 1883.) München 1883. 8. Mit 3 Tafeln.

Gümbel, Die mineralogisch-geologische Beschaffenheit der auf der Forschungsreise S. M. S. „Gazelle" gesammelten Meeresgrund-Ablagerungen. Berlin (ohne Druckjahr). 4.

Gümbel, C. W., geognostische Beschreibung des bayerischen Alpengebirges und seines Vorlandes. Herausg. auf Befehl des königl. bayer. Staatsministeriums der Finanzen. Ausgearbeitet nach seinen im dienstlichen Auftrage vorgenommenen geognostischen Untersuchungen. Mit 5 (lith.) Blättern, 1 geognost. Karte des Königr. Bayern (in Fol.), 1 (lith.) Blatt Gebirgsansichten (in Fol.), 42 (lith.) Profiltaf. (in 4. u. Fol.) und 25 in den Text gedr. Holzschn. Gotha 861. J. Perthes. 4. (X, 950 S.) n. 32 ℳ

— geognostische Beschreibung des Königr. Bayern. Hersg. auf Befehl des k. bayer. Staatsministeriums der Finanzen. 2. Abth. A. u. d. T.: Geognostische Beschreibung des ostbayerischen Grenzgebirges oder des bayerischen u. oberpfälzer Waldgebirges. Ausgearb. nach den im dienstl. Auftrage vorgenommenen geognost. Untersuchgn. Mit 5 Blättern e. geognost. Karte u. 1 Blatt Gebirgsansichten (in Chromolith. u. Imp.-Fol.) Im Texte 16 (chromolith.) Ansichten u. zahlreiche (eingedr.) Holzschn. Gotha 868. J. Perthes. hoch 4. (VIII, 968 S.) n. 36 *ℳ*

— geognostische Beschreibung des Königr. Bayern. Hrsg. auf Befehl des k. bayer. Staatsministerium des Innern. 3. Abth. A. u. d. T.: Geognostische Beschreibung des Fichtelgebirges m. dem Frankenwalde u. dem westlichen Vorlande. Ausgearb. nach den im dienstl. Auftrage vorgenommenen geognost. Untersuchungen. Mit 2 (chromolith.) geognost. Karten, einem (chromolith.) Blatt Gebirgsansichten (in Imp.-Fol.), zahlreichen dem Text beigegebenen (lith.) Plänen, (eingedr.) Holzschn. u. Zeichnungen v. Gesteinsdünnschliffen u. Versteinerungen (lith. u. chromolith.). hoch 4. (VIII, 698 S.) Gotha 879. J. Perthes. n. 70. — (I—III.: n. 274. —)

Gümbel, K. Wilh. v., geognostische Beschreibung d. Königr. Bayern. IV. Abth. A. u. d. T.: Geognostische Beschreibg. der Fränk. Alb [Frankenjura] m. dem anstoss. fränk. Keupergebiete. Hrsg. auf Befehl d. königl. bayer. Staatsministeriums d. Innern [Abtheilg. f. Landwirthschaft, Gewerbe u. Handel]. Ausgearb. nach den im dienstl. Auftrage vorgenommenen geognost. Untersuchgn. u. m. Beiträgen von v. Ammon u. Thürach. Mit e. (farb.) Uebersichtskarte (43,5 × 40 cm). Textbd. hoch 4. (IX, 763 S. m. Abbildgn.) Kassel 891. Th. Fischer. n. 100. —; m. 5 geolog. Karten n. 220. (I—IV.: n. 374. —)

— über Clymenien in den Uebergangsgebilden des Fichtelgebirges. Mit 7 (lith.) Taf. Abbildungen. (Abdr. aus „Palaeontographica. Beiträge zur Naturgeschichte der Vorwelt.“ 11. Bd.) Cassel 863. Fischer. gr. 4. (81 S.) n. 6 *ℳ*

— die Dachsteinbivalve [Megalodon triqueter] und ihre alpinen Verwandten. Ein Beitrag zur Kenntniss der Fauna der Alpen. Mit 7 (lith.) Taf. (Aus den Sitzungsber. der k. Akad. d. Wiss.) Wien 862. (Gerold.) gr. 8. (53 S.) n. 26 *ngr.*

— die geognostische Durchforschung Bayerns. Rede, in der öffentl. Sitzung der k. Akademie der Wissenschaften am 28. März 1877 zur Feier ihres 118. Stiftungstages geh. gr. 4. (80 S.) München 877. Franz in Comm. n. 2. 80

– Eocän-Gebilde in Baiern. (Aus d. geognost. Beschreibung von Baiern.) Gotha. 1861. 8°.

Gümbel (C. W. v.). Ueber die in den letzten Jahren in Bayern wahrgenommenen Erdbeben. (Sitz.-Ber. d. math.-phys. Cl. d. k. bayer. Akad. d. Wissensch., Bd. 28, 1898.) München 1898. 8.

Gümbel, K. W. v., Kurze Erläuterungen zu dem Blatte Speyer (No 18) der Geognostischen Karte des Königreichs Bayern. Hrsg. im Auftrage des K. Bayer. Staatsministeriums des Innern. Kassel, 1897. 77 S. mit 1 Karte.

— Gardone Riviera, s.: Heinzelmann, Hugo.

Gümbel, K. Wilh. v., Geologie v. Bayern. 1. Thl.: Grundzüge der Geologie. In 3 Lfgn. Mit zahlreichen Abbildgn. im Text. gr. 8. (720 S.) Kassel 884–86. Fischer. à n. 5. —

Gümbel, K. Wilh. v., Geologie v. Bayern. 2 Bde. Mit zahlr. Zeichngn. u. Profilen im Text u. 1 geolog. Karte v. Bayern. gr. 8. (VIII, 1087 u. 1184 S.) Kassel 884—894. München, Piloty & Loehle. n. 85. —; ermäss. Pr. n. 60. —; geb. n. 70. —

Gümbel, K. Wilh. v., Geologie von Bayern. 1. Thl.: Grundzüge der Geologie. 4. u. 5. (Schluss-) Lfg. Mit zahlr. Abbildgn. im Text. gr. 8. (S. 721 — 1087.) Cassel 887. Fischer. à Lfg. n. 5. — (1. Thl. cplt.: n. 25. —)

— Geologie v. Bayern. 2. Bd. Geologische Beschreibg. v. Bayern. Mit zahlreichen Zeichngn. u. Profilen im Text u. 1 geolog. Karte v. Bayern als Beilage. 14 Lfgn. gr 8. (VIII, 1184 S.) Kassel 891–894. Th. Fischer. n. 60. — (2 Bde. kplt.: n. 85. —)

Gümbel, C. W.: Gliederung der sächs. u. bayerischen oberen Kreideschichten. 1867.

Gumbel K. W. v.: Grundzüge d. Geologie. Kassel 1888. 1144 S. Fig. 4°.

———— (C. W. v.), Ueber die Grünerde vom Monte Baldo (Separat-Abdruck aus: Sitzungsberichte der kgl. bayr. Akademie der Wissenschaften 1896.) München 1896. 8.

Gümbel, K. W., der Grünten. Eine geognostische Skizze. München 856. Palm. gr. 8. (20 S. u. 1 lith. Taf. in 4.) n. 8 *ℳ*

Geognostische Karte des Königreichs Bayern. Herausgegeben auf Befehl des königl. bayer. Ministeriums der Finanzen. 1. Abthl.: Das bayer. Alpengebirge und sein Vorland in 5 Blättern und 1 Blatt Gebirgsansichten, im dienstlichen Auftrage ausgearbeitet von C. W. Gümbel. Gotha. 1861.

Gümbel, C. W., Geognostische Karte des Kgrs Bayern und der angrenzenden Länder. M. 1 : 500000. München 1858. 4 Bll. . . . . (Br. Mus.; D.)

Gümbel, C. W.: Geognostische Karte des Königreichs Bayern und der angrenzenden Länder. München 1859. 4 Blätter. Folio.

[Umschlagt.:] Geologische Karte von Südwestdeutschland. Von Dr. K. Wilhelm v. **Gümbel**, kgl. bayer. Oberbergdir. Maassst. 1:1000000. *Cassel: Th. Fischer [1896].* (1 Ktnbl. 2) 1 Bd 8. [illegible]

Gümbel (C. W.). Ueber das Knochenbett (Bonebed) und die Pflanzenschichten in der rhätischen Stufe Frankens. (Sitzungsber. der Akademie zu München. 1864.) 8.

– Lias der baierischen Alpen. (Aus der geognost. Beschreib. von Baiern.) Gotha. 1861. 8°.

———— Geognostische Mittheilungen aus den Alpen. V. Die Pflanzenreste-führenden Sandsteinschichten von Recoaro. (Sitzungsber. der Akad. München. 1879.) 8.

———— Geognostische Mittheilungen aus den Alpen. VII. (Gebirge am Comer- und Luganer See.) (Sitz.-Ber. München 1880.) 8.

———— Geologische Mittheilungen über die Mineralquellen von St. Moritz im Oberengadin und ihre Nachbarschaft. (Sep.-Abdr. Sitz.-Ber. d. Akad. München. 1893.) 8.

— Mittheilungen über die neue Färberflechte Lecanora ventosa Ach. nebst Beitrag zur Entwickelungsgeschichte der Flechten. Mit 1 (lith.) Taf. Aus d. Denkschr. d. k. Akad. d. W. Wien 856. (Gerold.) gr. 4. (1 Bl., 18 S.) n. 18 *ngr*

Gümbel (C. W.). Nachträge zu den Mittheilungen über die Wassersteine (Enhydros) von Uruguay und über einige süd- und mittelamerikanische sogen. Andeste. (Sitz.-Ber. d. Akademie München 1881.) 8.

———— Ueber die Natur- und Bildungsweise des Glaukonits (Sitzungsbericht). München 1886. 8.

Gümbel (v.). Naturwissenschaftliches aus der Umgebung von Gardone Riviera am Gardasee. München 1895. 8.

— **die sogenannten Nulliporen [Lithothamnium u. Dactylopora] u. ihre Betheiligg. an der Zusammensetzg. der Kalkgesteine. 1. u. 2. Thl. [Aus „Abhandlgn. d. k. bayer. Akad. d. Wiss."] 4. Ebend. 871. 72. n. 4. 80**
1. **Die Nulliporen d. Pflanzenreichs [Lithothamnium]. Mit 2 (lith.) Taf. (in Tondr.) (42 S.) n. 1. 80**
2. **Die Nulliporen d. Thierreichs [Dactyloporidae] nebst Nachtrag zum 1. Thle. Mit 4 (lith.) Taf. (60 S.) n. 3. —**

——— Ein geognostisches Profil aus dem Kaisergebirge der Nordalpen (Sitz.-Berichte der Münchener Akademie). München 1874. 8.

— — Geologische Rundschau von Kissingen. (Aus Sotier, Bad Kissingen.) Leipzig 1881. 8. — Desgl. ein 2. Exemplar.

Gümbel, C. W.: Die Pflanzenreste-führenden Sandsteinschichten von Recoaro. 1879.

Gümbel. Die Streitberger Schwammlager und ihre Foraminiferen-Einschlüsse. (Aus Würtemb. Jahresb.) Stuttgart. 1862. 8.

Gümbel (C. W.), Die in Bayern gefundenen Steinmeteoriten. (Sep.-Abdr. aus d. Sitzungsber. der k. bayer. Akad. d. Wissensch. Math.-phys. Cl. 1878. 1.) München 1878. 8.

– Trias der baierischen Alpen. (Aus der geognost. Beschreib. von Baiern.) Gotha. 1861. 8°.

Gümbel, C. W.: Uebersicht der geognostischen Verhältnisse der Oberpfalz. (Aus d. Correspondenzblatt d. zoologisch-mineralogischen Vereins.) Regensburg. 1854. 8°.

— Uebersicht der geologischen Verhältnisse des Reg.-Bezirks Oberbayern. (Sep.-Abdr. München 1885.) 4.

Gümbel, K. W. v.: Geologische Uebersichtskarte von Bayern und den angrenzenden Ländern. 1:1 000 000. München, 1910.

Gümbel (C. W. v.). Geologisch-Mineralogische Untersuchungen der Meeresgrundproben aus der Nordsee. (Sep.-Abdr. Berlin 1886.) 4.

– Die geognostischen Verhältnisse der baierischen Alpen und der Donau-Hochebene. (Aus d. Bavaria I.) München 1859? 8°.

– Die geognostischen Verhältnisse des Fichtelgebirges und seine Ausläufer. (Aus d. Bavaria III.) München. 1863. 8°.

– Die geognostischen Verhältnisse des ostbaierischen Grenzgebirges. (Aus d. Bavaria.) München. 1861. 8°.

Gümbel, C. W.: Verzeichniss neuer Arten von organischen Ueberresten aus verschiedenen Schichten der bayerischen Alpen. (Aus d.Corr. Blatt d. zool. miner. Ver.) Regensburg. 1861. 8°.

Gümbel, C. W.: Über zwei jurassische Vorläufer des Foraminiferen-Geschlechtes Nummluina und Orbitulites. 1872.

Gümbel, Karl: **Bundesfeldherrenamt und Militärhoheit nach deutschem Staatsrecht. Von d. Juristenfakultät Würzburg gekr. Preisschrift.** *München 1899: Knorr & Hirth.* (66 S.) 8° [J.] ¶ Aus: Annalen d. Deutschen Reichs, 1899.
Würzburg, Jur. Diss. v. 1899
(Nur in beschränkter Zahl für den Austausch)

Gümbel, L., Professor, Die Rettung der verwahrlost. Jugend. »Zimmer's Handbibliothek.« (68 S.) Gotha 1890. F. A. Perthes.

Gümbel, Ludwig

Gümbel, L., Bibelkunde f. höhere Unterrichts-Anstalten. 8. (V, 73 S.) Stuttgart 890. Greiner & Pfeiffer. cart. n. — 75

Gümbel, Ludwig: Fabrikorganisation mit spezieller Berücksichtigung der Anforderungen der Werftbetriebe. Berlin: Springer (1910). S. 329—436, 10 Taf. 4°
¶ Aus: Jahrbuch d. Schiffbautechn. Gesellschaft. Bd 11.
Berlin, Dr.-Ing.-Diss. v. 28. 1. 1910

Gümbel, L., die Gedächtniskirche der Protestation v. 1529 zu Speyer, ein Dankesdenkmal der gesamten evangel. Welt. Festschrift f. den frohen Tag der Weihe, 31. VIII. 1904. (64 S. m. 10 Taf.) 8. Speyer 904. (M. Nimtz). n. 1. —

Gümbel, L[udwig]: Das Johannesevangelium, eine Ergänzung des Lukasevangeliums. Exeget. Studie. Speyer 1909: Jäger. 43 S. 8°
Speyer, k. G P 1909* [S 09. 148

Gümbel, L., Katechismus für die vereinigte protestantisch-evangelisch-christliche Kirche der Pfalz. Für den Lehrer u. Hausvater bearb. 8. (IX, 138 S.) Kaiserslautern 878. Tascher. n. 1. 60

— 22 **Lieder** des Gesangbuchs für die prot.-evangelischen Christen der Pfalz nach Entstehung u. Geschichte kurz erläutert. 8. (VI, 54 S.) Ebend. 879. n. — 60

— die **Rettung der verwahrlosten Jugend**, s.a. Zimmer's Handbibliothek der praktischen Theologie.

Die Seligpreisungen der Bergpredigt. Eine theologische Studie. — Von L. Gümbel, G.-P. für prot. Relig.-Lehre. — 1899, Speier, Dr. Jäger. — P. 3—64.
Progr. Speier (Pfalz), K. Gymn.

Gümbel, L., das Stabilitätsproblem d. Schiffbaues. M. 28 Textfig. u. 6 lith. Taf. gr. 8. (VI, 49 S.) Berlin 897. G. Siemens. n. 2. 40

Gümbel, L., das Werk Gottes. [Joh. 6, 29.] Vortrag, geh. im evang. Vereinshause zu Karlsruhe am 21. Febr. 1892. gr. 8. (29 S.) Karlsruhe 892. Evangel. Schriftenverein. n. — 25

Gümbel, Th., die Fremdencolonie in Billigheim u. Umgebung,
— die wallonisch-französische Fremdengemeinde in St. Lambrecht-Grevenhausen,
} **s.: Geschichtsblätter d. deutschen Hugenotten-Vereins.**

Gümbel, Theodor, s.a. Gümbel, Wilhelm Theodor

Gümbel, Theodor: (Aus d. Pathol. Institut zu Straßburg.) Über das **Chlorom** und seine Beziehungen zur Leukämie. *Berlin 1903: G. Reimer.* (22 S.) 8°
Straßburg, Med. Diss. v. 1903

Gümbel, Thdr., Erinnerungen e. freiwilligen Krankenpflegers vom Kriegsschauplatz 1870. Nebst 2 Beigaben v. anderen Verfassern: Fahrten e. Nichtkombattanten auf dem Kriegsschauplatz in den Augusttagen 1870. Hrsg. v. J. Zeitz. — Aus den Tagen der Schlacht v. Wörth am 6. Aug. 1870. Ungedr. Skizzen vom Verf. der „Fröschweiler Chronik". (K. Klein.) 8. (VI, 225 S.) München 890. Beck. n. 2. 25; cart. n. 2. 80

Gümbel, Thdr., Erinnergn. e. freiwill. Krankenpflegers v. Kriegsschauplatz 1870. Nebst 2 Beigaben v. anderen Verff.: Fahrten e. Nichtkombattanten auf dem Kriegsschauplatz in den Augusttagen 1870. Hrsg. v. J. Zeitz. Aus den Tagen der Schlacht v. Wörth am 6. VIII. 1870. Ungedruckte Skizzen vom Verf. d. Fröschweiler Chronik. 2. Aufl. (V, 226 S.) 8. München 908. C. H. Beck. 2.25; kart. 2. 80

Gümbel, Thdr., die Geschichte der protest. Kirche der Pfalz m. besond. Berücksicht. der pfälzischen Profangeschichte, nach gedruckten u. ungedruckten Quellen bearb. gr. 8. (VIII, 792 S. m. 3 Tab.) Kaiserslautern 885. A. Gotthold's Verl. n. 8. —

Gümbel, Thdr., Geschichte des Fürstent. Pfalz-Veldenz, dargestellt nach den Orig.-Urkunden des kgl. bayer. Geheimen Haus-Archivs München; den Copial-Büchern des kgl. bayer. Geheimen Staats-Archivs München; den Orig.-Urkunden des luther. Kirchschaffnei-Archivs Lauterecken u. sonst. archival. Quellen. gr. 8. (VI, 378 S.) Kaiserslautern 900. E. Crusius. n. 4.50

Gümbel, Tob., Trostschrift an Krito, beim Tode s. Bruders. 8. Manh. 782. Löffler. 6 kr Schrbp. 8 kr

Gümbel, Tob., Trostschr. an Krito b. Tode s. Bruders. 8. Mannh. Akad. Bchhdl. 790.

Guembel, Wilh. Karl, Verzeichniss der bisher in den bayerischen Alpen und den angrenzenden Gebietstheilen gemessenen Höhenpunkte. ... 8. . . . . [illegible]

Gümbel, Wilhelm Theodor

Gümbel, Theodor „Auszug aus dem Tagebuch über das botanische Gärtchen in den Jahren 1839, 1840, 1841". pg. 3–8. 4°. Georg Ritter.
Zweibrücken, Progr. 1840/41

G ü m b e l, (Wilh. Thdr.), **B r y o l o g i a europaea,** s. **B r u c h, Ph.**

Gümbel, Theodor „Einiges über Kartoffeln". pg. 6. 4°. J. Baur.
Landau, Progr. 1842/43

Guembel (W. T.). Die L a u b m o o s e der Rheinpfalz . . . Landau. [1860?]. fol.

Gümbel, Theodor „Momente zur Ergründung des Wesens der Trauben- und Kartoffelkrankheit, als Beiträge zur allgemeinen Entwicklungsgeschichte der Pflanze". pg. 25–30. 4°. Ed. Kaussler.
Landau, Progr. 1853/54

Gümbel, Wilh. Thdr., die M o o s f l o r a der Rheinpfalz, für die Mitglieder u. lieben Freunde der Pollichia. Abdr. aus dem Jahresberichte der Pollichia pro 1857. Landau 857. Kaussler in Comm. gr. 8. (95 S. u. 1 lith. Taf. in Fol.) n. 1 Thlr 15 Ngr

Gümbel, Theodor „Eine Notiz vom brennenden Berge bei Sulzbach". pg. 3–7. 4°. Georg Ritter.
Zweibrücken, Progr. 1837/38

— das S p r e i t e k o r n im Parallelismus mit dem Pollenkorn. (Aus den Acta Acad. Caes. Leopold.-Carol.) Breslau u. Bonn 855. Bonn, Weber. gr. 4. (87 S. u. 2 lith. Taf.) n. 1 Thlr 20 Ngr

Gümbel, Theodor „Stoffwechsel in der organischen Natur". pg. 8-11 4°. K. Georges.
Landau, Progr. 1843/44

G ü m b e l, Wilh. Thdr., erster Unterricht in der Thierwelt, zunächst für Gewerbschulen. gr. 8. (98 S.) Landau 849, Kaußler.

Gümpel, Wilh. Thdr., erster Unterricht in der Thierwelt, zunächst f. Gewerbschulen. gr. 8. (98 S.) Landau 850, Kaußler. 1/3 Thlr

Gümbel, Wilhelm Theodor „Unterricht in der Pflanzenwelt". pg. 1-9. 4°. J. Baur.
Landau, Progr. 1848/49

—— der V o r k e i m. Beitrag zur Entwickelungsgeschichte der Moospflanze. gr. 4. (97 S.) Bonn 854, Weber. *

— der V o r k e i m. Beitrag zur Entwickelungsgeschichte der Moospflanze. (Aus d. Acta Acad. Caes. Leopold-Carol.) Breslau u. Bonn 856. Bonn, Weber. gr. 4. (94 S. u. 2 lith. Taf.) n. 1 Thlr 20 Ngr

Gümbel, Theodor „Die Wirbelbewegung an Stoffen im gestaltlosen Zustand". pg. 1–6. 4°. Mit einer Tafel. C. Georges.
Landau, Progr. 1851/52

THEODOR GÜMBEL, Die Wirbelbewegung an Stoffen im gestaltlosen Zustand. (Mit 1 Tafel.) Landau, 1852. Buchdruckerei von J. Baur. 8°.

—— die fünf W ü r f e l s c h n i t t e. Ein Versuch, die verschiedenen Krystallgestalten in einen innigen Zusammenhang zu bringen. Denkschrift auf den 6. Oktbr. 1851, als den Jahrestag der Stiftung der Pollichia, eines naturhistor. Vereins der Pfalz. gr. 4. (19 S. mit 2 Stnt. in qu. gr. Fol.) Landau 852, (Kaußler.) * –

Gümbel, Theodor „Die Wurzel als Organ der Verjüngung". pg. 3–6. 4°. Mit 2 Tafeln. C. Georges.
Landau, Progr. 1845/46

Gümbel, W.: Das A l t e r der Tertiär-Gebilde in der oberen Donau-Hochebene, s. S a n d b e r g e r, Fr.

Gümbel (W. v.). Geologische Bemerkungen über die warmen Quellen von Gastein und ihre Umgebung. (Sitz.-Ber. d. Akad. d. Wiss., Math.-phys. Cl., München, Bd. 19, H. 3.) München 1890. 8.
———— Geologische Bemerkungen über die warme Quelle des Brennerbades und ihre Umgebung. (Sitz.-Ber. d. bayer. Akad., Mathem.-phys. Classe, Bd. 22, H. 1, 1892.) München 1892. 8.

v. Gümbel, W. Geologie der warmen Quellen von Gastein. München, 1889.

v. Gümbel, W. Grundzüge der Geologie. I. II (II. Bd. Geologie von Bayern). Cassel. 1887 und 1893.

Gümbel, W. v. Geolog. Mittheilungen über die Mineralquellen von St. Moritz im Oberengadin und ihre Nachbarschaft nebst Bemerkungen über das Gebirge bei Bergün und die Therme von Pfäfers. Mit 3 Abb. In-8°. 83 S. München (Basel, Georg & Co.). 1893.

Gumbel, W. [illegible] des Bodens. 8.

Gumbert, Arthur, Referendar: Die **Erwerbsfrau** nach dem Rechte des Bürgerlichen Gesetzbuches. *Hannover [1900]: A. Grimpe.* (51 S.) 8°
Göttingen, Jur. Diss. v. [9. Apr.] 1900

Gumbert, Arth., die Erwerbsfrau nach dem Rechte des bürgerl. Gesetzbuches. Diss. gr. 8. (51 S.) Hannover (900). (Göttingen, Vandenhoeck & Ruprecht.) n. 1.20

Gumbert, F., die Kunst geliebt zu werden, s. Bloch's, E., Dilettanten-Bühne.

Gumbert, Ferd., Bis der Rechte kommt, s. Bloch's, E., Dilettanten-Bühne.

— Musik. Gelesenes und Gesammeltes. In bunter Reihe zusammengestellt. Illustrirt von J. Raymond de Baux. Berlin 860. Lassar. 16. (45 S. m. Holzschn.) n. 15 Ngr

Des Wanderers Stern. Zu einer Mel. von Ferd. **Gumbert** (Op. 36, No 2.), gedichtet von C[arl Adolph] Beatus. o. O. [1851?]. 1 Bl. 8° [Kopftit.]
Ohne Noten: „Du lichter Stern, bei dessen Strahle ..." 157.

Gumbert, Frdr., Posthornschule u. Posthorn-Taschenliederbuch. Sammlung beliebter Volkslieder, Arien, Märsche etc. für Posthorn, Trompete oder Cornet à Piston leicht ausführbar eingerichtet, nebst Abriss der Geschichte des Posthorns u. Sammlung histor. Posthornstücke v. Karl Thieme. (70 S. m. Abbildgn.) 8. Leipzig (903). C. Merseburger. n. 1.20

GUMPINGER, Otto (Niederraunau): Ueber Vergiftung.- Speyer: Kranzbuhler 1856. 16 S. 12.8.1852 - Urk (Titel: De venenatione.); P 67
Diss. Ingolst.-Landsh.-Mchn.

Gumbinnen [Schlagwort]

Gumbinnen, s.a. **Europa. Liebenow.**

— s. a.: Gumbinnen, Reg.-Bez.

— s. a.: Radfahrerkarten. Ravenstein.

Gumbinnen, Reg.-Bez. Entfernungskarte (Umschlag: Entfernungs- u. Reisekarte), amtliche, des Reg.-Bez. Gumbinnen. Nach amtl. Ermittelgn. u. unter Benutzg. der Generalstabskarte bearb. im J. 1907 durch die Katasterverwaltg. der königl. Regierg. zu Gumbinnen. Hrsg. v. R. Mittelbach. 1:75,000. Farbdr. Leipzig, Mittelbach.
Kreise: Angerburg. 48×62 cm. (908.) 2.—. — Darkehmen. 51×55 cm. (908). 1.50. — Goldap. 61×59 cm. (908.) 2.—. — Gumbinnen. 43×48 cm. (908.) 1.50. — Heydekrug. 58×47 cm. (908.) 2.—. — Insterburg. 68×73 cm. (908.) 2.—. — Niederung. 61,5×58,5 cm. ('09.) 2.—. — Oletzko. 57×48 cm. (908.) 2.—. — Pillkallen. 49×67 cm. (909.) 2.—. — Ragnit. 64×77 cm. (909.) 2.—. — Stallupönen. 58×41 cm. (908.) 1.50. — Tilsit, Stadt u. Land. 58×56 cm. (909.) 2.—.

Gumbinnen, Kreis. Karte der Kreise Gumbinnen u. Stallupönen im Reg.-Bez. Gumbinnen. Hrsg. v. der kartogr. Abteil. der königl. preuss. Landesaufnahme 1875. Aufgenommen vom königl. preuss. Generalstab 1862–1864. Einzelne Nachträge 1902. 1:100,000. 45×67 cm. Farbdr. Berlin (R. Eisenschmidt). n.n. 2.—: ermäss. Pr. n.n. 1.50

Gumbinnen, Reg.-Bez. Liebenow, W., Specialkarte des Reg.-Bez. Gumbinnen, f. Reise, Bureau u. Verkehr. [Aus: „L., Karte v. Mittel-Europa".] 1:300,000. 78×52 cm. Farbdr. Frankfurt a/M. (903). L. Ravenstein. In Decke n. 3.—; auf Leinw. in Decke n. 4.50

— — dasselbe. 1:300,000. (Volksausg. Neu bearb. auf Grund offizieller Unterlagen von Hans Ravenstein.) 78,5×43,5 cm. Farbdr. Ebd. (905). n. 1.50

Gumbinnen, Stadt. Müller, Frz., Plan v. Gumbinnen. 1:4000. 65×60 cm. Lith. Gumbinnen (908). (C. Sterzel.) 1.—

Gumbinnen [Sachliches OW]

Gumbinnen, der Regierungsbezirk, nach seiner Lage, Begrenzung, Größe, Bevölkerung u. Eintheilung, nebst einem Orts-verzeichniß u. Register. 4. Gumbinnen 818. Krauseneck.

Gumbinner, J. (Hrsg.), s. Theater, Die, der Welt.

Gumbinner, Julius

Gumbinner, Julius (Moritz) (geb. Berlin 30. 6. 1859): Eine gutartige Mycosis des Pharynx. Berlin (1883). (28 S.) 8°
Berlin. Med. Diss. v. 11. Mai 1883

Gumbinner, Jul. Ludwig, s.a. Gumbinner, L.

— prakt. Brennerei-Verfahren nach dem gegenwärt. Standpunkte seiner Ausbild. gr. 8. Berlin 843, Heymann. 1 ß

Gumbinner, Jul. Ldw., Handbuch der prakt. Bierbrauerei nach den neuesten und bewährtesten Methoden mit Einschluß des Filz-Malzens, der Bereitung der wichtigsten Biersorten, der Dampfbrauerei, und der Anlage von Brauereigebäuden. Mit in den Text gedruckten Holzschnitten u. 2 lithogr. Taf. 1.—8. Lfg. gr. 8. Berlin 845, 46, Stuhr'sche B. Subscr.-Pr. à n. 2/3 ß

Gumbinner, Jul. Ldw., Handbuch der prakt. Branntweinbrennerei nach den neuesten u. bewährten Methoden, mit Einschluß eigenthümlicher, erprobter u. noch nicht veröffentlichter Verfahrungsweisen bei der Hefen- u. Maisch-Bereitung u. bei der Dampf-Destillation, nebst Beschreibung der zugehörigen Apparate u. Maschinerien ꝛc. Mit 6 Steindrucktaf. gr. 8. Berlin 840. Bethge. n 4 2/3 ß

— Handbuch der prakt. Branntweinbrennerei nach den neuesten u. bewährtesten Methoden, mit Einschluß d. Grün-Malzens, der Dampf-Destillation und der Anlage von Brennereien. 2. verb. u. stark verm. Aufl. Nebst 7 Steindrucktaf. gr. 8. Berlin 843, Berliner Verlagsbuchh. 4 2/3 ß

Gumbinner, L., s.a. Gumbinner, Julius Ludwig

Gumbinner, L., praktische Anleitung zur Spiritus-Fabrikation. Nach den neuesten Erfahrungen bearb. gr. 8. (XIII, 456 S.) Berlin 882. Baensch. n. 10. —

Gumbinner, L., praktische Anweisung zum Brennereibetriebe mit besonderer Rücksicht auf Steuerersparniß u. auf die neuesten Erfindungen u. Erfahrungen aus den J. 1853 u. 1854. Berlin 854. Abelsdorff. 8. (85 S.) verklebt 3 ß

Gumbinner, L., der Brennerei-Betrieb. Praktische Anweisung zur Erzielung des höchstmöglichsten Spiritus-ertrages, nach den neuesten Grundsätzen und aus einer 28jährigen Erfahrung gesammelt. Berlin 859. Adolf & Co. in Comm. gr. 8. verklebt n. 6 ß

— Handbuch der Liqueur-Fabrikation, enth. die neuesten Methoden der Liqueurfabrikation, die Bereitung der in Syrup u. Branntwein eingemachten Früchte, der Syrupe ꝛc. nebst Beschreibung der besten Apparate. Nach dem Franz. d. P. Duplais frei bearb. 3., neu bearb. Aufl. Mit 26 in den Text gedr. Holzschn. gr. 8. (XVI, 231 S.) Berlin 878. Baren. n. 4. —

L. Gumbinner, Katechismus der Spiritusfabrikation. Mit 3 (ein gedr.) Holzschn. Wien. 1875. (XXIV, 197 S.)

Gumbinner, L., Katechismus der Spiritusfabrikation. Mit 3 (eingedr.) Holzschn. 8. (XXIV, 197 S.) Wien 876. Lehmann & Wentzel. n. 3. —

— Lexikon der Brennerei-Technik. Praktisches Handbuch über alle Verhältnisse der Spiritusfabrikation, sowie über Anlage u. Neubau v. Brennereien, Apparaten u. Maschinen. gr. 8. (VIII, 155 S.) Wien 877. Hartleben. 4. 50

— die Liqueurfabrikation und Destillation des Alkohols, enthaltend die neuesten Methoden der Liqueurfabrikation, die Bereitung der in Syrup und Branntwein eingemachten Früchte, der Syrupe, Konserven ꝛc. nebst Beschreibung der neuesten Egrot'schen und Derosne'schen Apparate. Nach dem Französ. des P. Duplais frei bearb. 2 Bde. Mit 13 lith. Taf. (in Fol.) Berlin 861. Bosselmann. (Wiegandt & Hempel.) gr. 8. (XIII, 521 S.) n. 3 ℛ 15 ngr.

—— die Liqueur-Fabrikation und Destillation des Alkohols, enth. die neuesten Methoden der Liqueur-Fabrikation, der Bereitung der in Syrup und Branntwein eingemachten Früchte, der Syrupe, Conserven, der parfümirten Oele, Absynthe, des Wermuths, der süssen Weine und moussirenden Wasser, sowie die bei der Spiritus-Fabrikation anzuwendenden Regeln und Operationen nebst Beschreibung der neuesten Egrot'schen und Derosne'schen Apparate. Nach dem Französ. des P. Duplais. 2 Thle. in 1 Bde. 2. Ausg. 8. (522 S. mit 13 lithogr. Taf.) Berlin 869, Wiegandt, Hempel und Parey.

— praktischer Wegweiser zur Spiritus-Fabrikation. Gegründet auf während 36jähr. Praxis gesammelte eigene Erfahrgn. Nebst e. Zusammenstellg. der gesetzl. Vorschriften f. den Brennerei-Betrieb. 2. verm. u. verb. Aufl. Mit mehreren in den Text gedr. Illustr. (in Holzschn.) 2 Abtheilgn. gr. 8. (1. Abth. VIII, 198 S.) Leipzig 872. Spamer. n. 5. —

— dasselbe. 1. [praktisch-techn.] Theil. 3. verm. u. verb. Aufl. Mit mehreren in den Text gedr. Illustr. (in Holzschn.) gr. 8. (VIII, 243 S.) Ebend. 873. n. 3. —

Gumbinner, L., praktischer Wegweiser zur Spiritus-Fabrikation. Unter eingehender Berücksicht. der Maischbereitung nach Hollefreund, Bohm u. A. Für Brennereibesitzer, Steuerbeamte ꝛc. Gegründet auf während 36jähr. Praxis gesammelte eigene Erfahrungen. 1. [praktisch-techn.] Thl. 3. verm. und verb. Aufl. gr. 8. (VIII, 243 S. mit mehreren in den Text gedr. Illustr. in Holzschn.) Leipzig 873, Spamer. *
2. Abthl. (Gesetzliche Bestimmungen.) Ebendas. *M. 4.

Gumbinner, L.: Praktischer Wegweiser zur Spiritus-Fabrikation. 3. Aufl. Leipzig Th. 1. Die Spiritusfabrikation. 1874

— das Wichtigste und Interessanteste aus dem Brennereibetriebe, mit Bezug auf alle zur Brennerei anwendbaren Fruchtgattungen. Aus einer 25jähr. Erfahrung gesammelt u. mit Rücksicht auf die neuesten Erfindungen bearb. (Als Mscrpt. gedruckt.) Berlin 855. (Geelhaar.) 8. (91 S.) verklebt n. 3 ℛ

— das Wichtigste und Interessanteste aus dem Brennerei-Betriebe, mit Bezug auf alle zur Brennerei anwendbaren Fruchtgattungen. Aus einer 25jährigen Erfahrung gesammelt und mit Rücksicht auf die neuesten Erfindungen bearb. 2. Aufl. Berlin 859. Adolf & Co. gr. 8. (91 S.) verklebt 1 ℛ 15 ngr.

Gumbinner, P., Verhandlungen des Vereins der Aerzte und Wundärzte in Berlin, s. Verhandlungen.

Gumbinner, Paul (Berlin), De prosopalgia observationes nonnullae nuper factae. Dissert. med. Bln. (Friedlaender) 16. V. 1838. 31 S. mit Liter. u. Biogr. (M.: J. Levy.) (5.50) 12285
Oppon.: L. Meyer, W. Pauli, S. Gumbinner. — Gew.: Wilhelm Wagner.

Gumbinner, Paul Rede zum Gedächtniß Robert Blums am 8. November 1849 gehalten im 4. berliner Volks-Verein Berlin, Lauter 1849. 8.

Gumbinner, Sally [wirkl. Name], s. W i n t e r f e l d, Karl [Pseud.]

Gumbinner, L., *praktischer Techniker für Brennereiwesen.* Anweisung zum Brennereibetriebe überhaupt und zur Maisbrennerei insbesondere. Auf die neuesten Erfahrungen gegründet. *Lemberg* 1857. Druck u. Verl. v. *E. Winiarz.* VIII, 170 S. 3 Bl. 8°.

Gumbrecht, C. G., s. Julius, od. Geschichte e. Jünglings.

Gumbrecht, J. Paul, vollständ. Anweisung zur griech. Sprache. 8. Lpz. Junius. 707.

Gümel, J. G., siehe: Erfahrungen. — Erzählungen vom Lande. — Morgenland.

Gnmlaugi Ormstungu Saga. 4maj. Hafniae, Bonnier.

Gumlich: Beiträge zur Würdigung und zum Verständnis des platon. Timaeus. 26 S. – Berlin Friedr. G.u.R., Progr. 1869.

Gumlich. Ueber Shakespeare. Berlin, Handelssch., 1864. 22 S. 4. Progr.

Gumlich, Alb., Grundriss der Sittenlehre. (III, 64 S.) gr. 8. Leipzig 906. W. Engelmann. n. 1. 50

Gumlich, Bruno: Die Beziehungen der Herzöge von Lothringen zum deutschen Reiche im 13. Jahrhundert mit Berücksichtigung der übrigen lothringischen Gewalten. *Halle a. S. 1898: C. A. Kaemmerer & C.* (XII, 81 S.) 8° [F.]
Halle, Phil. Diss. v. 13. Juli 1898

Gumlich, E., und E. **Vollhardt:** Über die Abhängigkeit der magnetischen Eigenschaften des Dynamobleches von Walzrichtung und Bearbeitung. Berlin 1908 (Mitteil. a. d. Physik.-Techn. Reichsanst.)

Gumlich, E., thermometrische Arbeiten, s.: Pernet, J.

Gumlich, E., u. H. F. **Wiebe,** üb. d. Bestimmung d. specifischen Wärme v. Flüssigkeiten, insbes. bei tiefen Temperaturen. [Aus: „Zeitschr. f. comprimirte u. flüss. Gase".] hoch 4. (7 S.) Weimar 898. C. Steinert. n. — 80

Gumlich, E: Regelbare Drosselspule. Magnetische Einrückungsvorrichtung für einen Umdrehungszähler. Berlin 1906

Gumlich, E., und W. F. **Wiebe:** Ueber eine Fehlerquelle in der Andrews'schen Methode zur Bestimmung der specifischen Wärme von Flüssigkeiten. Leipzig (1898)

Gumlich, E: Über die Größe der Koerzitivkraft bei stetiger und bei sprungweiser Magnetisierung. Berlin 1906 (Mitteil. a. d. Physik.-Techn. Reichsanst.)

— Ueber die Herstellung der Arons'schen Bogenlampen mit Amalgamfullung. [Sonder-Abdruck aus der Zeitschrift fur Instrumentenkunde 1897, Heft 6] Berlin 1897.

Gumlich, E.: H e r s t e l l u n g und Untersuchung der Quecksilber-Normalthermometer, s. P e r n e t, J.

Gumlich, E: Über die Messung hoher Induktionen. Berlin 1909 (Mitteil. a. d. Physik.-Techn. Reichsanst.)

Gumlich, E: Die Messung hoher Induktionen. Einige physikalische Eigenschaften von Eisen-Silicium-Legierungen. Halle a. S. 1909

Gumlich, E., Präcisionsmessungen m. Hilfe der Wellenlänge des Lichts, s.: Vorträge u. Abhandlungen, hrsg. v. der Zeitschrift „Das Weltall". 3.

Gumlich, E., Rotationsdispersion und Temperaturcoefficient des Quarzes. (Sonder-Abdruck aus den Annalen der Physik und Chemie. Neue Folge, Band 64.) Leipzig 1898.

Gumlich, E., und E. Schmidt: Ueber den Unterschied zwischen stetiger und unstetiger Magnetisirung. Berlin und München 1900

Gumlich, E., und E. Schmidt: Magnetische Untersuchungen an neueren Eisensorten. Berlin 1901

Gumlich, E., und P. Rose: Vergleichende magnetische Untersuchungen mit den Eisenprüfapparaten von Epstein, Möllinger und Richter. Berlin 1905 (Mitteil. a. d. Physik.-Techn. Reichsanst.)

Gumlich, E. u. Scheel, K., Vergleichung zwischen Stab- und Einschlussthermometern aus gleichen Glassorten. [Sonder-Abdruck aus der Zeitschrift für Instrumentenkunde 1897, Heft 12.] Berlin.

Gumlich, E: Ueber das Verhältniß der magnetischen Eigenschaften zum elektrischen Leitvermögen magnetischer Materialien. Berlin 1902

Gumlich, E: Versuche mit Heuslerschen Mangan-Aluminium-Kupfer-Legierungen. Leipzig 1905 (Mitteil. a. d. Physik.-Techn. Reichsanst.)

Gumlich, Ernst: Theorie der Newton'schen Farbenringe im durchgehenden Lichte .... Leipzig, Druck v. Metzger & Wittig, 1885; 40 S. u. 1 Taf. 8°.
Jena, Phil. Fak., Inaug.-Diss. v. 1885.

Gumlich, Ernst, Theorie der Newton'schen Farbenringe im durchgehenden Lichte. Diss. Jena 1885, G. Neuenhahn. 8°. 40 S. mit einer Taf.

Gumlich, Gotthold Albert

Gumlich, Gotthold Albert, (geb. Nichtewitz bei Torgau 2. 11. 1823): De homine [illegible] ... Berolini (1863). (57 S.) 8°
Berlin, Phil. Diss. v. 28. Febr. 1863

Gumlich, G. A., kurzgefaßte christliche Symbolik. Die kirchl. Symbole u. ihre Lehre nebst den Lehren der wichtigsten Secten übersichtlich zusammengestellt. 8. (VI, 98 S.) Berlin 878. Haack. n. 1. 60

Gumlich, G. A., kurzgefaßte christl. Symbolik. Die kirchl. Symbole u. ihre Lehre, nebst den Lehren der wichtigsten Secten, übersichtlich zusammengestellt. 2. Aufl. 8. (IV, 76 S.) Berlin 889. Haack. n. 1. 20

Gumlich, G. A., kurzgefaßte christliche Symbolik. Die kirchl. Symbole u. ihre Lehre, nebst den Lehren der wichtigsten Secten, übersichtlich zusammengestellt. 3. Aufl. gr. 8. (IV 88 S.) Berlin 893. A. Haack. n. 1. 20

Gumlich, G. A., kurzgefaßte christliche Symbolik. Die kirchl. Symbole u. ihre Lehre nebst den Lehren der wichtigsten Secten, übersichtlich zusammengestellt. 4. Aufl. gr. 8. (IV, 94 S.) Berlin 899. A. Haack. n. 1. 60; kart. n. 2. —

Gumlich, G. A., kurzgefaßte christliche Symbolik. Die kirchl. Symbole u. ihre Lehre nebst den Lehren der wichtigsten Sekten, übersichtlich zusammengestellt. 5. Aufl., bearb. v. Bruno Gumlich. (IV, 93 S.) 8. Berlin 905. A. Haack. n. 1. 60; geb. n. 2. —

Gumlich, G. A., kurzgefaßte christl. Symbolik. Die kirchl. Symbole u. ihre Lehre nebst den Lehren der wichtigsten Sekten, übersichtlich zusammengestellt. 6. Aufl., bearb. v. Bruno Gumlich. (99 S.) 8. Berlin 910. A. Haack. 1.80; geb. 2. 20

Gumlich, Otto, aus Nichtewitz b. Torgau a. E.: **Hydrazid** und Azid der Hippuryl-β-Amnobuttersäure. *Heidelberg 1904: K. Roßler.* (54 S.) 8°
Heidelberg, Naturw.-math. Diss. v. 1904

Gummel, Otto

Festschrift zur Schill-Ausstellung in Stralsund, enth. Schills Zug nach Stralsund ... z. Ehrenrettung Schills verf. von Otto **Gummel**, Geh. Baurat. Stralsund [1909]: Kgl. Regierungs-Buchdr. 34 S. 8° (09. 11039)

Gummere, F. B. The Anglo-Saxon Metaphor. Diss. Freiburg 1881. 63 S.

Gummersbach [Sachliches OW]

Kreiselelektrizitätswerk Gummersbach in Dieringhausen. — (Dieringhausen 1908.) 40 S., 6 Taf. 4° 38 A.

Gummersbach [Schlagwort]

Gummersbach, s.: Industriekarten. Mittelbach.

Gummert, Ludw., u. Frau Clara Strtzowski-Baedeker, Beiträge zur Reform der Frauenkleidung. (48 S. m. 4 Fig.) 8. Essen 906. G. D. Baedeker. n. — 60

Gummert, Ludwig [app. Arzt aus Hattingen in Westf.]: Über Kaiserschnitt ... Tübingen, Druck v. H. Laupp jr., 1893; 16 S. 8.
Tübingen, Med. Fak., Inaug.-Diss. v. 1893

Gummerus, Herm., der römische Gutsbetrieb als wirtschaftlicher Organismus nach den Werken des Cato, Varro u. Columella, s.a. Beiträge zur alten Geschichte. 5. Beiheft.

Der römische Gutsbetrieb als wirtschaftlicher Organismus nach den Werken des Cato, Varro und Columella. Von Herman **Gummerus.** Leipzig: Dieterich 1906. (VIII, 100 S.) 4°(8°)
— **Beiträge** z. alten Geschichte. Beih. 5. (06. 3490)

Gummerus, Jaakko

Die Homöusianische **Partei** bis zum Tode des Konstantius. Ein Beitrag z. Gesch. d. Arianischen Streites in d. Jahren 356–361 von Lic. J[aakko] **Gummerus.** *Leipzig: A. Deichert 1900.* (196 S.) 8°
[Erschien auch als theol. Diss. v. Helsingfors.] (00. 11908 S)

Gumml, Alb., Rede anläßlich d. Trauer-Gottesdienstes bei d. Ableben d. Kaiserin Elisabeth in d. evang. Kirche in Außig a. E., geh. am 18. IX. 1898. gr. 8. (7 S.) Außig 898. (A. Grohmann.) n. — 25

GUMMI, Friedrich Caspar (Kulmbach): De febri puerperali.- Culmbaciae: Spindler 1842. 29 S.
7.8.1841 - Urk; F 65
Diss.Ingolst.-Landsh.-Mchn.

Gummich, Christoph (Essen), De capitis laesionibus earumque sequelis adnexa memoratu digna capitis laesionis historia. Diss. med.-chir. Bln. (Brandes & Klewert) 17. VII. 1830. 32 S. mit Biogr. (M.: G. Dresbach.) (5.50) 12287
Oppon.: A. Laurent, G. Schmitt, C. Dolnet. — Gew.: Carl Wilh. Ulrich Wagner, Joh. Nepomuc Gummich (Vater).

— **Franz** (Essen), De cognoscendis mammarum muliebrium morbis. Diss. med. Bln. (Nietack) 29. XI. 1837. 40 S. mit Biogr. (M.: G. Dresbach.) (5.50) 12288
Oppon.: E. Schulte, O. Naegele, Chr. Harprath. — Gew.: F. L. Truestedt, Christoph Gummich (Bruder).

Gummich, Ioan. (geb. Cöln a. Rh. 29. 12. 1841): De stricturis urethrae earumque therapia. Berolini (1864). (32 S.) 8°
Berlin, Med. Diss. v. 5. Aug. 1864

Gummi-, Gutta-Percha- u. Asbest-Journal. Organ f. die techn. u. chirurg. Gummibranche, wie f. die gesammten Maschinen-Bedarfs-Artikel. Red. u. Hrsg.: M. W. P. Conrad. 2.—5. Jahrg. 1891—1894. à 12 Nrn. (à ca. 2 Bog. m. Abbildgn.) gr. 4. Dresden. (Leipzig, E. Haberland.) à Jahrg. n. 6. —

Gummi-, Gutta-Percha- u. Asbest-Journal. Organ f. techn. u. chirurg. Gummibranche, wie f. die gesammten Maschinen-Bedarfs-Artikel. Redact. u. Hrsgbr.: M. W. P. Conrad. 2. u. 3. Jahrg. 1891 u. 1892. à Jahrg. 12 Nrn. (à Nr. 2 Bog. m. Abbildgn.) Fol. Dresden. (Lpz., Hucke.) à Jahrg. * 6 —

Deutsche Gummi- und Guttapercha-Waaren-Fabrik Actien-Gesellschaft vorm. Volpi & Schlüter. Erinnerungs-Schrift aus Anlass des 50jährigen Bestehens der Fabrik. Berlin 1902.

Gummi-Kalender, s.: Kalender f. d. Gummi-Industrie.

Auf **Gummischuhen**. Käthes Hühner. Liegnitz: Verl. f. Nationalstenogr. 1905. (16 S.) 8° [Umschlagt. Text stenogr.]
— Zehnpfennig-Unterhaltungshefte f. Nationalstenogr. No 11. [illegible]

Gummitechniker, Der, früher Handbuch der Gummiwarenfabrikation. Hrsg. von Werner Esch. Bd 1. 2. Hamburg 1910—12

Gummiwaaren-Fabriken, Vereinigte Berlin-Frankfurter: Anleitung zum Gebrauch des Abfüll-Apparates für Säuren, Laugen usw. Gelnhausen b. Frankfurt a. M. (1904?)

Gummiwaaren-Fabriken, Vereinigte Berlin-Frankfurter: Beschreibung der selbstthätigen Säure-Pumpen (Automaten). Gelnhausen b. Frankfurt a. M. (1904?)

Gummiwaaren-Fabriken, Vereinigte Berlin-Frankfurter: Über Gummi-Bezüge für Naß-, Preß- und Gautsch-Walzen. Gelnhausen b. Frankfurt a. M. (1904?)

Gummiwaaren-Fabriken, Vereinigte Berlin-Frankfurter: Preisliste über technische Gummi-Fabrikate. Gelnhausen bei Frankfurt a. M. (1902)

Gummi-Zeitung. Organ f. die gesammten Interessen der Gummi-Branche u. deren Hilfs- u. Neben-Industrieen. Red.: Th. Gampe. 5. Jahrg. 1890. 24 Nrn. (1½ B. m. Abbildgn.) gr. 4. Dresden, Pillnitzerstr. 62, Gampe. n. 8. —

Gummi-Zeitung. Organ f. die gesammten Interessen d. Gummi-Branche u. deren Hilfs- u. Neben-Industrieen. Redact.: Th. Gampe. 7. Jahrg. 1892. 24 Nrn. (à Nrn. 1¼ Bog. m. Abbildgn.) gr. 4. Dresd., Pillnitzerstr. 62 II, Gampe. * 8 —

Gummi-Zeitung. Organ f. die gesammten Interessen der Gummi-Branche u. deren Hilfs- u. Neben-Industrieen. Red. u. Hrsg.: Th. Gampe. 8. u. 9. Jahrg. Oktbr. 1893—Septbr. 1895. à 24 Nrn. (à ca. 1½ Bog. m. Abbildgn.) gr. 4. Dresden. (Leipzig, E. Haberland.) à Jahrg. n. 8. —

Gummi-Zeitung, Organ f. d. ges. Interessen d. Gummi-Branche u. deren Hilfs- u. Neben-Industrieen. Red. u. Hrsg.: Th. Gampe. 10. Jahrg. Oktbr. 1895—Septbr. 1896. 24 Nrn. (à ca. 20 S. m. Abb.) gr. 4. Dresden-Blasewitz, Steinkopff-Springer. n. 8. —

— dasselbe. 11. Jahrg. Oktbr. 1896—Septbr. 1897. 52 Nrn. (à ca. 2 Bog. m. Abb.) gr. 4. Ebd. n. 9. —

— dasselbe. Organ f. d. ges. chirur., techn. u. elektrotechn. Handel. Red.: G. Springer. 12.—13. Jahrg. Oktbr. 1897—Septbr. 1899. à 52 Nrn. (à ca. 12 S. m. Abb.) gr. 4. Ebd. à Jahrg. n. 10. —
Kann auch vierteljährlich bezogen werden.

Gummi-Zeitung. Fachblatt f. d. Gummi-, Guttapercha- u. Asbest-Industrie, sowie deren Hilfs- u. Neben-Branchen. Organ f. den gesammten chirurg., techn. u. elektrotechn. Handel. Mit der monatl. Beilage: Die Celluloid-Industrie. Begründet v. Th. Gampe. Red.: G. Springer. 14.—17. Jahrg. Oktbr. 1899—Septbr. 1903. à 52 Nrn. Fol. (à ca. 18 S. m. Abbildgn.) Dresden, Steinkopff & Springer. à Jahrg. n. 10. —

Gummi-Zeitung. Fachblatt für die Gummi-, Guttapercha- u. Asbest-Industrie, sowie deren Hilfs- u. Neben-Branchen. Organ für die gesamten chirurg., techn. u. elektrotechn. Handel. Mit e. monatl. Beilage: Die Celluloid-Industrie. Begründet v. Th. Gampe. Red.: G. Springer. 18.—21. Jahrg. Oktbr. 1903—Septbr. 1907. à 52 Nrn. (18—20: X, 3429; XII, 3514 u. XIV, 3670 S. m. Abbildgn.) Fol. Dresden, Steinkopff & Springer. à Jhrg. n. 10. —

Gummi-Zeitung. Fachblatt f. d. Gummi-, Guttapercha- u. Asbest-Industrie, sowie deren Hilfs- u. Neben-Branchen. Organ f. den gesamten chirurg., techn. u. elektrotechn. Handel. Mit e. Beilage: Die Celluloid-Industrie. Begründet v. Th. Gampe. Schriftleiter: G. Springer. 22—25. Jahrg. Oktbr. 1907—Septbr. 1911. à 52 Nrn. (22—24. Jahrg. 1530, 1690 u. 2024 S. m. Abbildgn.) 34,5×24,5 cm. Berlin, Union, Zweigniederlassung. à Jahrg. 10. —

Gummi- u. Asbest-Zeitung, früher: Gummi-, Guttapercha-, Asbest- u. Celluloid-Zeitung. Mit der Beilage: Technische Rundschau f. medizinisch-chirurg. Artikel, Krankenpflege u. Hygiene. Fachblatt f. Fabrikation u. Handel. Hrsg. u. Red.: Vikt. Stern. Chef-Red. der techn. Rundschau: Julian Marcuse. 5. Jahrg. 1906. 24 Nrn. (à ca. 10 u. 6 S.) 4. Wien. (Leipzig, R. Gerhard.) n. 10. —
Erschien früher u. d. T.:

Gummi- u. Asbest-Zeitung. Organ des Verbandes der österreich.-ungar. Kautschukwaren-Fabriken. Mit d. Beilage: Techn. Rundschau f. medizinisch-chirurg. Artikel, Krankenpflege u. Hygiene. Hrsg. u. Red.: Vikt. Stern. 6—9. Jahrg. 1907—1910. à 24 Nrn. (1907 384 S.) 32×22 cm. Wien. (Leipzig, R. Gerhard.) à Jahrg. 10. —

Gummi-, Guttapercha-, Asbest- u. Celluloid-Zeitung m. der Beilage: Technische Rundschau f. medicinisch-chirurg. Artikel, Krankenpflege u. Hygiene. Fachblatt f. Fabrikation u. Handel, elektrotechn. u. techn. Artikel, sowie f. alle einschläg. Hilfs- u. Nebenbranchen. Hrsg. v. Ign. Tenger. Red.: Ant. Klinger. 1. Jahrg. Mai 1902—April 1903. 24 Nrn. hoch 4. (à ca. 16 S.) Wien. (Leipzig, R. Gerhard.) n. 10. —

Gummi-, Guttapercha-, Asbest- u. Celluloid-Zeitung m. der Beilage: Technische Rundschau f. medizinisch-chirurg. Artikel, Krankenpflege u. Hygiene. Fachblatt f. Fabrikation u. Handel, elektrotechn. u. techn. Artikel, sowie f. alle einschläg. Hilfs- u. Nebenbranchen. Hrsg. u. Red.: Vikt. Stern. Chef-Red. der techn. Rundschau: Julian Marcuse. 2.—4. Jahrg. 1903—1905. à 24 Nrn. (à ca. 10 u. 6 S. m. Abbildgn.) 4. Wien. (Leipzig, R. Gerhard.) à Jhrg. n. 10. —

de Gumoëns, Alexis Fred., de systemate nervorum Sciuri vulgaris. Dissertatio inauguralis. Imp. 4. (52 S m. 6 lith. Tafeln.) Bernae 852. (Huber & soc.) n. 1⅓ ℳ

Gumpach, Johs. v., zwei chronologische Abhandlungen: „Ueber den Apiskreis" von Prof. R. Lepsius, und „Mémoire où se trouve restitué pour la première fois le Calendrier lunisolaire chaldéo-macedonien dans lequel sont datées trois observations planétaires citées par Ptolémée", par Th. H. Martin, kritisch gewürdigt. Nebst einem Anhange: Ueber die, den Makkabäerbüchern zu Grunde liegende Epoche der Seleucidischen Aere. Heidelberg 854. Bangel u. Schmitt. gr. 8. (V, 122 S.) n. 24 ngr

— Abriss der Babylonisch-Assyrischen Geschichte, von dem Beginn des 25. bis in die letztere Hälfte des 6. Jahrh. v. Chr., unter Zugrundelegung einer aus dem Englischen übersetzten, und mit kritischen Anmerkungen begleiteten Skizze der Geschichte Assyriens, von H. C. Rawlinson, nach den von A. H. Layard unter den Trümmern Ninive's entdeckten Inschriften, mit besonderer Rücksicht auf die Zeitfolge entworfen. Mannheim 854. Bassermann. gr. 8. (2 Bl., VIII, 196 S.) n. 1 ℛ 18 ngr

Gumpach, J. v.: Kritisch-populäre Briefe über die neuere Astronomie I: Die Gravitationstheorie. München 1860.

— Erläuterungen u. Berichtigungen zu Dahlmann's Geschichte der engl. Revolution. Die Tudors. gr. 8. Ebd. 845. 3/4 ℛ

Gumpach, Johs. v., die Freudenbotschaft des Gottesreiches. Eine, auf chronologischem Grunde angeordnete einheitliche Darstellung der evangelischen Geschichte. München 860. Palm. 8. (IV, 196 S.) 18 ngr

v. **Gumpach**, Johannes, Geschichte der Trennung der engl. Kirche von Rom. gr. 8. Darmstadt 845. Jonghaus. 1 2/3 ℛ

— Grundzüge einer neuen Weltlehre. 1. Bd. A. u. d. T.: Kritisch-populäre Briefe über die neuere Astronomie. 1. Bd. Die Gravitationstheorie als Anziehungslehre. Ebend. 860. Lex.-8. (XVI, 621 S.) n. 4 ℛ 10 ngr

— der Prophet Habakuk. Nach dem gründlich revidirten, zum erstenmale in seiner ursprünglichen Verbindung wiederhergestellten hebräischen Text auf's neue übers., eingeleitet und erklärt. Ebend. 860. gr. 8. (VIII, 260 S.) n. 1 ℛ 15 ngr

Gumpach, Johs. v., Hülfsbuch der rechnenden Chronologie, oder Largeteau's abgekürzte Sonnen- und Mondtafeln, zum Handgebrauch für Astronomen, Chronologen, Geschichtsforscher u. Andere herausg., erweitert u. erklärt, nebst Beispielen ihrer praktischen Anwendung. Heidelberg 853. Mohr. gr. 8. (VII, 110 S.) n. 20 ngr

v. **Gumpach**, Johs., üb. den altjüdischen Kalender, zunächst in seiner Beziehg. zur neutestamentl. Geschichte. Eine kronologisch-krit. Untersuchg., [zugleich ein Beitrag zur Evangelien-Harmonistik.] Nebst e. Anh. v. Tafeln zur bequemen Berechng. altjud. Daten für den Zeitraum der J. 168 vor bis 72 nach Kr. Lex. 8. (XIV u. 384 S.) Brüssel 848, Kiessling & Co. In Engl. Einb. n. 4 ℛ

— eine Kritik und Antikritik, als Streitschrift wider Herrn Heinrich Ewald, ord. Prof. d. morgenl. Sprachen an d. Univ. Göttingen, aus den Heidelb. Jahrb. d. Lit. 1853. S. 42 ff. besonders abgedr., nebst einer Einleitung u. einer angehängten Abhandlung über die Schatzung Luk. 2, 1--5. Heidelberg 853. Mohr. gr. 8. (LXI, 65 S.) n. 20 ngr

— über den Nutzen der Largeteau'schen Sonnen- und Mond-Tafeln. Ein Nachtrag zu meinem Hülfsbuch der rechnenden Chronologie. Heidelberg 854. Mohr. 4. (36 S.) n. 15 ngr

—— alttestamentliche Studien. gr. 8. (XI und 269 S.) Heidelberg 852, J. C. B. Mohr. *

— practical tables for the reduction of Mahometan dates to the christian kalendar, computed for the use of astronomers, chronologers, historians, diplomatists etc. with an introduction including some special remarks on the Turkish kalendar. London 856. (Berlin, Asher u. Co.) gr. 4. (23 S.) n. 2 ℛ 15 ngr

—— die Zeitrechnung der Babylonier und Assyrer. Nebst Exkursen und einer Zeittafel. gr. 8. (XVI und 170 S. mit 5 Tab. in qu. gr. 4.) Heidelberg 852, J. C. B. Mohr. *

— die Zeitrechnung der Babylonier u. Assyrer. Nebst Exkursen. I. Ueber die Abfassungszeit des Buches Habakuk. II. Ueber die Sonnenfinsterniss des Thales. III. Ueber das Jahr der Zerstörung Ninive's, u. die Uebereinstimmung der bibl. Nachrichten aus der Periode des ersten Tempels mit der Zeitgeschichte; begleitet von drei Nebenexkursen: I. Ueber den Zeitraum der babylon. Gefangenschaft. II. Ueber die histor. Glaubwürdigkeit des Buches Judith. III. Ueber den Apiskreis, u. einer Zeittafel. gr. 8. (XVI u. 170 S. mit 4 Tabellen in qu. gr. 4.) Ebd. 852. n. 1 1/6 ℛ

Gumpel, S., die Spekulation in Goldminenwerten. Praktische Ratschläge u. Belehrungen. Mit Karten u. Plänen. 1.—10. Taus. (VIII, 248 S.) 8. Freiburg i/B. 903. F. E. Fehsenfeld. Geb. in Leinw. n. 5.—

Gümpel, Carl Gfr., üb. die natürliche Immunität gegen Cholera. Verhütung dieser, sowie ähnl. Krankheiten durch einfache physiolog. Mittel. gr. 8. (IV, 71 S.) München 894. J. F. Lehmann's Verl. n. 2.—

Gümpel, C. G. Über die natürliche Immunität gegen Cholera. Verhütung dieser, sowie ähnlicher Krankheiten durch einfache physiologische Mittel. In-8°. 71 S. Zürich-Oberstrass, E. Speidel. 1894.

Gümpel, J. N. Friedrich des Zweiten und August Wilhelms Wechselgang im Elysium. (Berlin 1786.) 8.

Gümpel, Th., bryologia Europaea, s.: Bruch, Ph.

Gümpel, Wilhelm Theodor, s. Gümbel.

Gümpell, Jean, Geschichte des Schützen-Vereins zu Cassel 1547—1907. Nach alten Urkunden, Akten u. Aufzeichngn. bearb. Hrsg. v. Schützen-Verein zu Cassel. (VIII, 108 S. m. 3 Taf.) Lex. 8. Cassel 908. G. Dufayel. 4.—

Gümpell, Jean, ins Land der Herero. Erlebnisse eines jungen Deutschen. Erzählung f. die reifere Jugend. Mit e. Märchen u. vielen Abbildgn. (VII, 168 S.) gr. 8. Berlin 904. W. Süsserott. Geb. in Leinw. n. 4.—

— die Wahrheit über Deutsch-Südwest-Afrika. (20 S.) gr. 8. Cassel 905. G. Dufayel. n. —50

Gumpelmeier's, Herrn, Einquartierungs-Drangsale, während des friedlichen Kriegszustandes. Humoristische Tableaux in 6 Bildern v. Aegidius Spassvogel. br. 8. (6 lith. Taf. m. Text.) Berlin 851. (Hopf.) baar 1/12 ℛ

Gumpelzhaimer, Christian Gottlieb

Gumpelzhaimer, Chr. Gli., zwei Actenstücke aus d. Deputations-Protokollen v. J. 1803 (307. 308.), d. Herzogl. Mecklenburg. Domherren-Stellen in Straßburg betr., als ein Beitrag zum Mecklenburg. Staatsrecht ꝛc. 4. Regensb. 803.

Gumpelzhaimer, Chr. Gli., staatsrechtl. Betrachtt. über d. Unterschied zwischen Polizei- u. Justiz-Sachen, bei Gelegenheit d. hochfürstl. Lübeckischen Recurses gegen d. k. Reichshofrath, d. Angelegenheit e. Weide-Vertheilung betreff. gr. 8. Regensb. 805.

— Regensburgs Geschichte, Sagen u. Merkwürdigkeiten, von den ältesten bis auf d. neuesten Zeiten, in e. Abriß aus d. besten Chroniken, Geschichtbüchern u. Urkunden-Sammll. dargestellt. 1ste Abthlg. vom Ursprunge Regensburgs bis 1486. Mit 1 Grundr. gr. 8. Regensb. 830. Pustet. 2 ₰

Gumpelzhaimer, Christ. Gtlieb., Regensburg's Geschichte, Sagen u. Merkwürdigkeiten von den ältesten bis auf die neuesten Zeiten, in einem Abriß aus den besten Chroniken, Geschichtbüchern u. Urkunden-Sammlungen. 2e u. 3e Abthl. Vom Jahre 1486 bis 1790. gr. 8. Regensburg 837, 38. Pustet. 3 1/3 ₰ — 4e u. letzte Abthl. Vom Jahre 1790 bis 1805, dann Ueberblick der Verhältnisse während der Regierung des Fürsten Primas bis zur Vereinigung mit Bayern im Jahre 1810, so wie noch Einiges über die interessant. Ereignisse bis in die neueste Zeit, namentlich in den Jahren 1817. 1818. 1825. 1830. Nebst vollständ. Register über die 4 Abthll. (u. 2 Ansichten). gr. 8. Ebd. 838. 1 ₰ (1—4 ist d. Pr. 7 ₰)

— s. Reichstags-Almanach.

— evangel. Religionsgeschichte d. Stifts Straßburg. gr. 8. Ulm 794. Wohler. (a. Wienbrack in Leipz.) 8 gr. in 4. Schwerin 794.

Gumpelzhaimer, Geo. Gli., († d. 3. Febr. 1709.), s. Prüfung, aktenmäßige ꝛc., d. Gesch. d. Gerechtsame.

Gumpelzhaimer, Hnr. Siegm., s.a. Reichsmatrikel.

(Gumpelzhalmer, H. Sigm.): „Die Reichsmatrikel aller Kreise; nebst den Usual-Matrikeln des kaiserlichen und Reichs-Kammergerichts; mit beygefügten seit deren Entstehung bis auf gegenwärtige Zeit erfolgten Veränderungen", Ulm 1796 (Stettin).

Gumperich, Briefe e. Vaters an seinen Sohn. Als Weihnachtsgeschenk den deutschen Jünglingen gewidmet. 16. (94 S.) Ulm 849, Gebr. Nübling. 6 ngr

v. Gumpenberg, Andr. Bericht über die Eroberung Roms durch Karl V. 1527. Hersgeg. von Ferd. Gregorovius. (60.) 8. München 1877.

Gumpert, Chr. Glo., s.a. *Asclepiadis*.

Gumpert, Christian Gottlieb (Wczowa Borussus merid.), De Asclepiade Bithyno. Dissert. med. Jena (Goepferdt) 5. IV. 1794. 40 S. (5.50) 12292
Gew.: Chr. Gottl. Gumpert (Mederecenses).

Gumpert, Dagob., giebt es e. Beweis f. d. Unsterblichkeit d. Seele außerhalb d. Religion? Eine populäre Abhandlg. 8. (16 S.) Berlin 898. W. Süsserott. n. — 50

Gumpert, Ely [aus Berlin]: Beitrag zur Bestimmung des therapeutischen Wertes des Phenocollum hydrochloricum ... Berlin, Druck v. A. Ostrowski, 1891; 24 S. 8.
Würzburg, Med. Fak., Inaug.-Diss. v. 1891

Gumpert, Ernst [Referendar]: Der Verlust des juristischen Besitzes an den Detentor ... Berlin, Berl. Buchdr.-Akt.-Ges., 1896; 42 S. 8.
Erlangen, Jur. Fak., Inaug.-Diss. v. 1896

Gumpert, Ferdinand Argumentum satirae Horatianae II. 1 enarratur eiusque loci nonnulli difficiliores accurate explicantur. 4 (32 S., 1 S. unp.) **Progr.** Rprg. *Buxtehude* 1888 (315).

Gumpert, F. Beiträge zur Kritik und Erklärung von Horat. Sat. I 9 nebst deutscher Übersetzung in Hexametern. 23 S. **Progr.** *Buxtehude* 1881.

[F.] [Umschlagt.:] **Gumpert,** Ferd. [Dr.]: „Über Friedr. Roth's Leben und Schriften". Buxtehude, Druck v. J. Vetterli, 1892; 15—19 S. 4.
Buxtehude, RPG, OP 1892 (329)

Gumpert, Ferd. Die sittliche Lebensanschauung Walters von der Vogelweide. 23 S. **Progr.** *Wurzen* 1876.

Gumpert, Ferd*inand Friedrich* Friedrich Roth. (Umschlagtitel: Über Friedr. Roth's Leben und Schriften). 4 (S. 15—19). **Progr.** Rprg. *Buxtehude* 1892 (329).

Gumpert, Frz. [aus Rosswein]: Zur Kenntniss des Isocyansauren Phenyls .... Leipzig, Druck v. Metzger u. Wittig, 1885; 25 + 1 S. 8°
Leipzig, Phil. Fak., Inaug.-Diss. v. 2. Dez. 1885.

Gumpert, Frz., zur Kenntnisss des Isocyansauren Phenyls. Diss. Leipzig 1885, Gustav Fock. 8°. 25 S.

Gumpert, Hans, das Grundstück. Handbuch f. Grund- u. Hausbesitzer u. Hypothekgläubiger. (512 S.) gr. 8. München 910. Buchdr. u. Verlagsanstalt C. Gerber.
Geb. in Halbleinw. 3. —

Gumpert, Jacob, prakt. Arzt in Berlin: Ein seltener Fall eines streifenförmigen Lichen ruber planus. Berlin 1905: M. Driesner. (29 S.) 8°
Leipzig, Med. Fak., Ref. Curschmann, Diss. v. 2. Jan. 1905
[Geb. 10. Apr. 57 Budzin, Bez. Bromberg; Wohnort: Berlin; Staatsangeh.: Preußen; Vorbildung: Gymn. Rogasen Reife O. 80; Studium: Berlin 9 S.; Coll. 14. Jan. 05; Approb. 18. Juli 88.]

Gumpert, Olga, die erfahrene Puppen-Köchin. 16. (36 S.) Wurzen 889. Kiesler. cart. — 30

Gumpert, Reinhold, die Quelle des Wohlstandes. Ein Haus- und Familienschatz unentbehrlicher Kenntnisse und bewährter Rathschläge für alle Zweige der Haus- und Landwirthschaft, sowie ein Recept-Lexikon für die Bedürfnisse der menschlichen Gesundheitspflege und Thierheilkunde. Berlin 862. C. Heymann. gr. 8. (IV, 361 S.) 1 ₰

†Gumpert, Thekla v., [Thekla v. Schober]

Gumpert, Thekla v., der Adventsbaum. Eine Erzählg. f. Jung u. Alt. [Aus: „Töchter-Album".] 1. u. 2. Aufl. 12. (173 S. m. 1 Farbendr.) Bielefeld 891. 892. Schriften-Niederlage der Anstalt Bethel. Kart. n. 1. —

Gumpert, Thekla v. (Th. v. Schober), d. Adventsbaum. Eine Erzählg. f. Jung u. Alt. [Aus: „Töchter-Album".] 3. Aufl. 12. (178 S.) Bethel b. Bielefeld 895. Buchhandlg. d. Anstalt Bethel. Kart. n. 1. —

— mère Anne et sa fille Margot. Conte pour des enfants agés de 4 à 8 ans et pour leurs mères. Traduit de l'allemand par Susanne Bouc. Ouvrage illustré de 6 lithogr. (ill.) par L. Venus. Glogau 867. Flemming. br. 8. (VIII, 102 S.) cart. 22½ ngr

Gumpert, Thècle de, la mère Anne et sa petite Marguerite, s.a. Anne, la mère.

Gumpert, Thecla de, la mère Anne et sa petite Marguerite. Traduit de l'allemand par A. de Blockhausen. Mulhouse. (Frankfort s. M. 857. Voelcker.) 8. (168 S. u. 4 Lithogr.) nn. 17 ngr

— Mutter Anne u. ihr Gretchen. Ein Buch f. Kinder v. 4 bis 8 Jahren u. f. deren Mütter. Auch zum Vorlesen in Kleinkinderschulen u. Bewahranstalten. br. 8. (VIII u. 120 S. m. 6 lith. Taf.) Stuttgart 852, Ed. Hallberger. ¾ ₰

Gumpert. *Mutter Anne* und ihr Gretchen. Ein Buch für Kinder von vier bis acht Jahren. 2. Aufl. Mit 6 Bildern von L. Venus. Glogau, C. Flemming [c. 1855].. VIII, 112 S. 4°. Schöner geprägter weißer Or.Pappbd. mit Ornamenten in Gold, Blau und Weiß. 30.—
Merget S. 131. Mit ausgezeichneten handkolor. Lithographien. — Sehr schönes, kaum benutztes Ex.

Gumpert, Thekla v., Mutter Anne u. ihr Gretchen. Ein Buch für Kinder von 4 bis 8 Jahren u. für deren Mütter. Auch zum Vorlesen in Kleinkinderschulen u. Bewahranstalten. 2. Aufl. Glogau 867. Flemming. br. 8. (VIII, 112 S. mit 6 lithogr. u. color. Bildern in Tondr.) cart. 22½ ngr

— Mutter Anne u. ihr Hänschen. Ein Buch für Kinder von 6—9 Jahren u. für deren Mütter. Auch zum Vorlesen in Kleinkinderschulen u. Bewahranstalten. Mit 6 (lith. u. color.) Bildern von H. Bürkner. Ebend. 869. br. 8. (VIII, 131 S.) cart. 22½ ngr

Gumpert, Thekla v., Mutter Anne u. ihr Hänschen. Erzählungen f. kleine Kinder u. f. deren Mütter. Mit 6 Bildern v. Hugo Brückner. 2. Aufl. 8. (VIII, 126 S.) Glogau 886. Flemming. geb. 2. 25

Gumpert, Thekla v., Ann' Rosel. Erzählung für Kinder. 8. (14 S.) Breslau 848, Hirt's Verlag.

— Ann' Rosel. Erzählung für Kinder. Neue verlängerte Ausg. Breslau 855. Dülfer. 12. (24 S.) n. 2 ngr

Gumpert, Thekla v., der dritte August. Erzählung f. die Jugend. Mit 4 (lith. u. color.) Illustr. gr. 16. (128 S.) Glogau 870. Flemming. geb. n. 1. —

[F.] Autographen und Erinnerungen hrsg. v. Thekla v. Schober, geb. v. Gumpert. *Bremen: C. E. Müller 1893.* (1 Bl., VIII, 330 S., 1 Musikbeil.) 1 Bd 8. [96. 1??]

— Backfische. 4 Erzählungen. Mit 6 (chromolith.) Bildern nach Orig.-Zeichngn. v. F. Bürkner. 8. (VII, 319 S.) Ebend. 883. geb. 4. —

v. Gumpert, Thekla, die Badereise der Tante. Ein Buch für Kinder. 8. Berlin 844, Alex. Duncker. ½ ℔

Gumpert, Thekla v., Beata. Erzählgn. f. die Mädchenwelt. Mit 3 Einschaltbildern. (236 S.) 8. Berlin (907). Verl. Jugendhort. Geb. in Leinw. 5.—; Prachtausg. m. 4 Einschaltbildern 6. —

Gumpert's, Thekla v., Bücherschatz f. Deutschlands Töchter. 1.—9. Bd. 8. (Mit je 1 Farbendr.) Glogau 889. 890. Flemming. geb. à 3. —

1. Erinnerungen e. Großmutter von A. v. Schwerin. (186 S.)
2. Harmlose Geschichten v. A. v. Carlowitz. (186 S.)
3. Die Familie Justin v. Jenny Fischer [Bach]. (181 S.)
4. Aus Vergangenheit u. Gegenwart. Von M. Petzel. (180 S.)
5. Aus dem Leben von Thekla v. Gumpert. (205 S.)
6. Familiengeschichten. Von E. v. Wasmer. 2. Aufl. (246 S.)
7. Gertrud's Tagebuch. Erzählung v. Fanny Stöckert. Mit e. Bild in Farbendr. v. Emil Volgt. (194 S.)
8. Schön Elslin. Historische Erzählg. aus dem 15. Jahrh. v. Ludw. Ziemssen. (185 S.)
9. Verschiedene Wege. Von Arda Träd. (210 S.)

— Bücherschatz f. Deutschlands Töchter. 10.—16. Bd. 8. Glogau, C. Flemming. Geb. in Leinw. à 3. —

10. Licht u. Schatten. Von Martha Eltner. Mit 1 Farbendr. v. M. Heldel. (230 S.) 891.
11. Vom Lebenswege. Von Gräfin Paula Lehndorff. Mit 1 Farbendr.-Bild v. E. Volgt. (184 S.) 891.
12. Fügungen. Von Hedwig Gräfin v. Rittberg. Mit 1 Farbendr.-Bild v. E. Volgt. (190 S.) 891.
13. Guck in-die-Welt. Von Frida v. Kronoff. Mit 1 Farbendr.-Bild v. E. Volgt. (88 S.) 892.
14. Nordische Geschichten. Von Auguste Groner. Mit 1 Farbendr.-Bild v. W. Claudius. (212 S.) 892.
15. Aus der Jugendzeit. Von Cl. Gerlach u. A. Godin. Mit 1 Farbendr.-Titelbild v. O. Försterling. (135 S.) 892.
16. Rosen u. Dornen. Erzählungen von Thekla v. Gumpert. (190 S. m. farb. Titelbild.) 894.

—— Robinsons Enkelin, s. Germanie.

8 Erzählungen aus der Kinder Welt. Für Knaben u. Mädchen hrsg. Mit 6 Farbdr.-Bildern nach Aquarellen v. C. Offterdinger. gr. 4. (III, 120 u. 111 S.) Ebd. 891. Kart. 5. —

Gumpert, Thekla v., Erzählungen für meine jungen Freundinnen. 4 Bdchn. Glogau 865, 67. Flemming. 16. (III, 135 S., III, 144 S., III, 160 S., III, 156 S., mit à 4 lithogr. u. color. Illustr. von Rud. Geißler.) Jedes Bdchn. cart. n. 10 ngr

GUMPERT, THEKLA V. *Erzählungen* für meine jungen Freundinnen. Zweites Bändchen. Mit 4 [kolor.] Illustrationen von RUDOLPH GEISSLER. Glogau, Flemming [c. 1870]. Kl.-8°. Dreifarbig lithogr. Or.Karton. 10.—
5 Erzählungen, Die Thränenweide, Der blinde Tyroler etc., reizend illustriert. — Titelrücks. gestempelt.

GUMPERT. *Erzählungen* für meine jungen Freundinnen von Thekla von Gumpert. Drittes, Viertes, Fünftes Bändchen. Mit [je] 3 [chromolith.] Bildern von HUGO BÜRKNER und JULIUS SCHOLZ. Glogau, C. Flemming [c. 1870]. 8°. Etw. ben. chromolithogr. Or.Pappbde. 20.—
Erzählungen, die zuvor im „Töchter-Album" erschienen waren. Band 3 u. 4 liegen in 2. Aufl. vor. Vorzüglich illustriert.

—— Erzählungen für meine jungen Freundinnen. 1. und 2. Bdchn. Mit je 3 (chromolithogr.) Illustr. von Rud. Geißler. 2. Aufl. 8. (108; 114 S.) Ebendas. 876. cart. à Bdchn. ℳ 1,50.

—— dass. — 3. Bdchn. Mit 3 (chromolithogr.) Illustr. von H. Bürkner und B. Mühlig. 2. Aufl. 8. (136 S.) Ebendas. 876. cart.

—— dass. — 4. Bdchn. Mit 3 (chromolithogr.) Illustr. von F. Bürkner, C. Hasse und B. Mühlig. 2. Aufl. 8. (128 S.) Ebendas. 877. cart.

— **dasselbe. 5. u. 6. Bdchn. Mit je 3 (chromolith.) Bildern v. Hugo Bürkner u. Jul. Scholz. 8. (147 u. 143 S.) Ebend. 876.** à 1. 50

— Erzählungen für Kinder. (Mein erstes weißes Haar. — Die Badereise der Tante. — Der kleine Vater u. das Enkelkind.) 2. Ausg. Mit 1 (color.) Titelkpfr. 8. (208 S.) Berlin 847, A. Duncker. n. 1⅓ ℔

GUMPERT, THEKLA VON. *Erzählungen* aus der Kinder-Welt. Ein Familienbuch. Mit [5 lithogr., hand]colorirten Abbildungen nach FERDINAND KOSKA's Originalzeichnungen. [Band I—V in 1 Band]. Breslau, F. Hirt [1847]. Kl.-8°. Halbldr. d. Z. mit Rv. im romantischen Stil. 35.—
★ Erstausg. Sehr hübsches seltenes Kinderbuch, von dem insgesamt 10 Bändchen erschienen. Der Einbandrücken trägt irrtümlich: 1—6 statt 1—5. Einige wenige Bll. etw. lose.

GUMPERT. *Erzählungen* aus der Kinder-Welt. Ein Familienbuch von Thekla von Gumpert. Mit colorirten Abbildungen nach FERDINAND KOSKA's Originalzeichnungen. (Band 1, 2, 4, 6, 9, 10, zusammen 6 Bändchen.) Breslau, F. Hirth [1847 ff.]. Mit zusammen 6 handkolor. lithogr. Frontispizen u. einigen Textabb. Kl.-8°. Or.Karton. 40.—
Rümann 1154. Sechs in sich abgeschlossene Erzählungen mit hübschen Titelbildern. In jedem Band Bibliotheksstempel der Prinzessin Maria zu Anhalt. Ein Bändchen wasserfleckig, die Einbde. leicht benutzt, 1 Rücken lädiert.

—— Erzählungen aus der Kinder-Welt. Ein Familienbuch. Mit Abbildungen nach F. Koska's Orig.-Zeichn. 1—10. Bdchn. (à ca. 8 Bog. mit ill. Stnt.) Breslau 847—49, Hirt's Verlag. à Bdchn. * 10 Ngr. *

Bdchn. 1. Der Bettelknabe, oder: Bete und arbeite!
" 2. Poch, poch, poch! oder: Klopfet an, so wird Euch aufgethan!
" 3. Der kleine Schuhmacher, oder: Wo Treue Wurzel schlägt, da macht Gottes Segen einen Baum daraus.
" 4. Vier Wochen Ferien, oder: Arbeit ist Krieg gegen das Elend.
" 5. Die Schleifmutter, oder: Reichthum ist ein köstliches Messer, aber man muß es zum Brotaustheilen, nicht zum Verwunden gebrauchen.
" 6., 7. Die kleinen Helden, oder: Ein gutes Gewissen ist ein sanftes Ruhekissen. 2 Abthlgn.
" 8. Das stumme Kind, oder: Gottes unvergänglicher Geist ist in Allem.
" 9. Der Mann im Korbe, oder: Kann man auch Trauben lesen von den Dornen.
" 10. Die Kinder des Auswanderers, oder: Bleibe im Lande und nähre Dich redlich!

Das 8—10. Bdchn. bildet auch der 2. Sammlung 1—3. Bdchn.

†Gumpert, Thekla v. [Thekla v. Schober], vier Erzählungen aus der Kinder Welt. Für Knaben und Mädchen. 1. Bd. 1.—5. Aufl. und 2. Bd. 4. (IV, 120; IV, 111 S. mit je 4 feinen Farbendr.-Bildern von C. Offterdinger.) Stuttgart 887,88, F. Loewe. geb. à Bd. ℳ 3.—.

— vier Erzählungen aus der Kinder Welt. Für Knaben u. Mädchen. 1. u. 2. Bd. u. Neue Folge. Mit je 4 feinen Farbdr.-Bildern v. C. Offterdinger. 4. Stuttgart 888—890. F. Loewe. geb. à 3. —
1. 5. Aufl. (IV, 120 S.) — 2. (IV, 111 S.) — Neue Folge. (IV, 110 S.)

— vier Erzählungen aus der Kinder Welt. Für Knaben u. Mädchen hrsg. Mit 4 feinen Farbdr.-Bildern v. C. Offterdinger. 6. Aufl. gr. 4. (IV, 120 S.) Stuttgart 891. F. Loewe. Kart. 3. —

— vier Erzählungen aus d. Kinder Welt. Für Knaben u. Mädchen. M. 4 feinen Farbdr.-Bild. v. C. Offterdinger. 7. Aufl. 4. (IV, 120 S.) Stuttgart 896. F. Loewe. Geb. 3. —

— dasselbe. Mit 4 feinen Farbdr.-Bildern. v. C. Offterdinger. Neue Folge. 6. Aufl. 4. (IV, 111 S.) Ebd. 896. Geb. 3. —

— Familienbuch. Erzählungen aus der Kinderwelt. Neue Aufl. 1—10. Hft. 8. Leipzig 873. Hirt & Sohn. à n. 1.25
1. Der Bettelknabe od. Bete u. arbeite! Mit e. (chromolith.) Titelbilde v. Hugo Bürkner. (III, 72 S. m. eingedr. Holzschn.)
2. Poch, poch, poch! od. Klopfet an, so wird euch aufgethan. Mit e. (chromolith.) Titelbilde v. Jul. Scholz. (86 S.)
3. Der kleine Schuhmacher od. Wo Treue Wurzel schlägt da läßt Gott e. Baum daraus wachsen. Mit e. (chromolith.) Titelbilde v. Jul. Scholz. (88 S.)
4. Die Schloßmutter od. Reichthum ist e. köstl. Messer, aber man muß es zum Brodaustheilen, nicht zum Verwunden gebrauchen. Mit e. (chromolith.) Titelbilde v. Hugo Bürkner. (82 S.)
5. Vier Wochen Ferien od. Arbeit ist Krieg gegen das Elend. Mit e. (chromolith.) Titelbild v. B. Mühlig u. (Holzschn.-)Illustr. im Text. (89 S.)
6.7. Die kleinen Helden od. Nichts ist so fein gesponnen, es kommt an's Licht der Sonnen. 2 Thle. Mit je e. (chromolith.) Titelbilde v. A. Diethe u. W. Heine u. (Holzschn.-)Illustr. in Text. (84 u. 88 S.)
8. Das stumme Kind, od. Gott ist allgegenwärtig. Mit e. (chromolith.) Titelbild v. H. Bürkner u. (Holzschn.-)Illustr. im Texte. (75 S.)
9. Der Mann im Korbe od. kann man auch Trauben lesen v. den Dornen? Mit e. (chromolith.) Titelbild v. H. Bürkner u. (Holzschn.-)Illustr. im Text. (72 S.)
10. Die Kinder d. Auswanderers od. bleibe im Lande u. nähre dich redlich. Mit e. (chromolith.) Titelbilde v. A. Diethe u. (Holzschn.-) Illustr. im Text. (82 S.).

GUMPERT. *Vier Wochen Ferien.* Neue Aufl. Breslau & Lpz., Hirt, 1873. 2 Bl. 89 S. m. einigen Illustr. u. 1 farb. Frontisp. 8°. Chromolith. Or.Kart. Rücken erneuert. = Familienbuch, Bd. V. 8.—

—— Für deutsche Frauen, s.a. Für.

(Gumpert, Thekla v.): Für deutsche Frauen. — Dresden: Walther 1848. 16 S. 8°

— s. Germanie, Gräfin, Robinson's Enkelin.

—— Grüß Gott! Lebensbilder für die reifere Jugend und Jugendfreunde. 8. (VI und 170 S.) Breslau 852, Hirt's Verlag. *

— Grüß Gott! Ann' Rosel. Der Herbergsvater. 3 Erzählgn. f. d. Jugend 12. (31 S.) Bethel b. Bielefeld 897. Buchhandlung der Anstalt Bethel. n. — 15

[G.] Grüss Gott! Ann' Rosel. Der Herbergsvater. 3 Erzählgn f. d. Jugend v. Thekla v. Gumpert. *Gadderbaum b. Bielefeld: Schriften-Niederl. d. Anst. Bethel [1897!].* (31 S.) 1 Bd 8. [97-1919]

—— Gott in der Natur, s. Gott.

— mein erstes weißes Haar. Erzählung für Kinder. 8. (Mit color. Titelbild.) Ebend. 844. 5/12 ngr

Gumpert, Thekla v., Mein erstes weißes Haar. Erzählung für Kinder. Neue Aufl. Berlin 864. A. Duncker. 8. (60 S. u. 1 color. Lithogr.) 12½ ngr.

Gumpert, Thekla v., mein erstes weißes Haar u. die Badereise der Tante. Zwei Erzählgn. f. Kinder. 3. Aufl. Mit 6 (lith. u. color.) Bildern v. Alfr. Diethe. br. 8. (135 S.) Glogau 870. Flemming. geb. 2. 25

— mein erstes weißes Haar u. die Badereise der Tante. 2 Erzählungen f. Kinder u. f. Kinderfreunde. 4. Aufl. Mit 6 (chromolith.) Bildern v. Alfr. Diethe. 8. (161 S.) Ebend. 886. geb. 2. 25

— der Heckpfennig. Erzählung für die Jugend. Berlin (853.) Wohlgemuth. 32. (36 S. u. 1 Holzschn.) 3 ngr

— — 3. Ausg. Ebend. 856. 16. (39 S. u. 1 Lithogr.) 7½ ngr

— — Wohlf. Ausg. 3. Abdr. Ebend. (856.) 32. (29 S.) 30 Expl. nn. 1 ₰

— die Herzblättchen. Erzählungen aus dem Familienleben u. der Natur für kleine Kinder. (1. Bd.) 855. (VIII, 116 S. u. 7 Lithogr.) — 2. Aufl. Glogau (857.) Flemming. 16. (VIII, 116 S. u. 8 Lithogr.) 18 ngr; color. 22½ ngr

— — 2. Bd. Ebend. 856. 16. (VI, 104 S. u. 7 Lithogr.) 22½ ngr

Gumpert, Thekla v., die Herzblättchen. Erzählungen aus dem Familienleben und der Natur für kleine Kinder. (1. Bd.) 2. Aufl. br. 8. (VIII und 516 S. mit 8 Stnt.) Glogau 858, Flemming's Verlag.
ill. –

— die Herzblättchen. Erzählungen aus dem Familienleben und der Natur für kleine Kinder. 2 Bde. Glogau 564. Flemming. 8. Jeder Bd. 22½ ngr.
1. Bd. 3. Aufl. (VIII, 116 S. u. 8 color. Lithgr.) — 2. Bd. 2. Aufl. (VI, 112 S. u. 7 color. Lithogr.)

— die Herzblättchen. Erzählungen aus dem Familienleben u. der Natur für kleine Kinder. 1. Thl. 5. Aufl. Ebend. 870. br. 8. (VIII, 127 S. mit 8 Chromolithogr.) cart. 22½ ngr.

— die Herzblättchen. Erzählungen aus dem Familienleben u. der Natur f. kleine Kinder. 1—3. Bdchn. br. 8. Ebend. 872. geb. à 2. 25
1. 6. Aufl. (127 S. m. 8 Chromolith.) — 2. 4. Aufl. (113 S. m. 7 Chromolith.) — 3. Mit 6 (chromolith.) Bildern v. Hugo Bürkner. (IV, 130 S.)

— die Herzblättchen. Erzählungen aus dem Familienleben u. der Natur für kleine Kinder. I. 7. Aufl. 8. (122 S. m. 6 Chromolith.) Ebend. 882. geb. 2. 25

— die Herzblättchen. Erzählungen aus dem Familienleben u. der Natur f. kleine Kinder. II. u. III. 5. u. 2. Aufl. 8. (VI, 110 u. VI, 132 S. m. 6 Chromolith.) Ebend. 885. 86. geb. à 2. 25

— die Herzblättchen. Erzählungen aus dem Familienleben u. der Natur f. kleine Kinder. I. 8. Aufl. br. 8. (VI, 122 S.) Glogau 888. Flemming. geb. 2. 25

Gumpert, Thekla v. (Thekla v. Schober), s.: Herzblättchens Zeitvertreib.

— ein Jahr. Tagebuch für die reifere weibliche Jugend. Mit (5) Holzschn. nach Orig.-Zeichnungen von Ant. Diettrich. Ebend. (858.) 16. (2 Bl., 261 S.) 1 ℛ 10 ngr

— ein Jahr. Tagebuch für die reifere weibliche Jugend. Mit 13 (chromolith.) Bildern v. C. F. Seidel u. Hugo Bürkner. 2. Aufl. 8. (VIII, 267 S.) Ebend. 882. geb. 6. —

— für die Kinderstube. Erzählungen aus dem täglichen Leben kleiner Kinder, verbunden m. biblischen Geschichten, zur Entwickelung der religiösen Begriffe, des Pflichtgefühls u. der Nächstenliebe. 1. u. 2. Bd. 8. (VIII, 112 u. 113 S. m. 1 lith. u. color. Karte u. je 4 Chromolith.) Glogau 879. Flemming. cart. à 2. 25

†Gumpert, Thekla v. [Thekla v. Schober], das Confirmationsjahr. Mit 4 (chromolithogr.) Illustr. von H. Bürkner und F. Bürkner. 8. (308 S.) Glogau 879, Flemming. cart.

Gumpert, Thekla v., das Confirmationsjahr. Mit 4 (chromolith.) Illustr. v. H. Bürkner u. F. Bürkner. 8. (308 S.) Glogau 880. Flemming. cart. 3. 50

— das Konfirmationsjahr. Mit e. (farb.) Titelbild v. H. Bürkner. 2. Aufl. 8. (277 S.) Glogau 891. C. Flemming. Geb. in Leinw. 3. 50

— aus dem Leben, s.: Gumpert's, Th. v., Bücherschatz f. Deutschlands Töchter.

— Lebensbilder. In e. alten Schreibtisch gefunden. 8. (IV, 146 S.) Gotha 889. F. A. Perthes. geb. n. 3. —

— Lebensbilder. In e. alten Schreibtisch gefunden. 2. (Titel-)Aufl. Das Karlsstift. 8. (IV, 146 S.) Gotha 894. F. A. Perthes. Geb. in Leinw. n. 2. —

— Mich dürstet. Erzählung für die Jugend. Breslau 856. Dülfer. 24. (24 S.) n. 2 ngr

— mich dürstet! 2. Aufl. 12. (16 S.) Berlin 894. Deutsche evangel. Buch- u. Tractat-Gesellschaft. n.n. — 5

Gumpert, Thekla v., Nächstenliebe u. Vaterlandsliebe. Erzählungen. 1. u. 2. Bdchn. Mit je 1 (Holzschn.-)Bilde. 12. (VII, 86 u. VII, 124 S.) Glogau 882. Flemming. cart. à — 75

Gumpert, Thekla v., the nestegg. A tale for children. From the German. Berlin 860. J. A. Wohlgemuth. 16. (36 S.) 7½ ngr

— Rosen u. Dornen. Erzählungen (f. junge Mädchen). 2. Aufl. 8. (VII, 172 S.) Glogau 901. C. Flemming. Geb. in Leinw. n. 2. —

— Rosen u. Dornen. Erzählgn. f. die Mädchenwelt. Mit 3 Einschaltbildern. (218 S.) 8. Berlin (907). Verlag Jugendhort. Geb. in Leinw. 5.—; Prachtausg. m. 4 Einschaltbildern 6. —

GUMPERT. *Die Schloßmutter*, oder: Reichthum ist ein köstliches Messer, aber man muß es zum Brotaustheilen, nicht zum Verwunden gebrauchen. Eine Erzählung von Thekla von Gumpert. Breslau, F. and Hirt [1848]. 2 Bll. 104 S. m. schönem, handkolor. Titelbild v. FERD. KOSKA. Kl.-8°. Halbleinenbd. = Erzählungen aus der Kinderwelt V. 12.—

— Schloßpeterchen und Bauerhänschen. Kleine Geschichten für kleine Kinder. 1. Mit (12 lith.) Bildern von Jul. Scholz. Glogau 861. Flemming. 4. (31 S.) 22½ ngr

— Schloßpeterchen u. Bauerhänschen. Kleine Geschichten f. kleine Kinder. Mit (10 chromolith.) Bildern v. Jul. Scholz. 2. Aufl. 4. (28 S.) Ebend. 876. 2. —

— Nach der Schule. Vaterwort und Mutterauge. Weihnachtsbuch für die Jugend. Mit 8 (lith.) Illustr. von H. Bürkner und C. Erhardt. Ebend. 861. gr. 8. (IV, 252 S.) 1 ℛ 7½ ngr

— nach der Schule. Vaterwort u. Mutterauge. Ein Familienbuch. 1. Bd. 2. Aufl. u. 2. Bd. Mit je 6 (chromolith.) Bildern v. H. Bürkner u. A. Ehrhardt. br. 8. (III, 240 u. 254 S.) Ebend. 872—74. geb. à 4. —

— nach der Schule. Vaterwort u. Mutterauge. Ein Familienbuch. 1. u. 2. Bd. Mit je 6 (chromolith.) Bildern. 8. Ebend. 879. cart. à 3. —
1. 2. Aufl. (240 S.) — 2. (254 S.)

— der alte Stelzfuß. Erzählung. Dresden 866. (am Ende.) 16. (31 S.) n.n. 2½ ngr

— s.a. Töchter-Album.

GUMPERT, THEKLA V. *Töchter-Album*. Unterhaltungen im häuslichen Kreise zur Bildung des Verstandes und Gemüthes der heranwachsenden weiblichen Jugend. . . Bd. 1, 13, 18, 20—22, 29, 30, 33—37: zusammen 13 Bände. Glogau, Carl Flemming [1854—1890]. Mit vielen Abbildungen, z. T. auf Tafeln und in Farben, z. T. im Text, mit Karten u. Plänen. 8°. 10 Orig.-Einbde., 3 neuere Leinenbde. 75.—
Das Töchteralbum „wurde allmählich zum regelmäßigen Weihnachtsbuch für das junge Mädchen" (Dyhrenfurth), und gehört zu den verbreitetsten Jugendzeitschriften mit nachhaltiger Wirkung. Die Herausgeberin erhielt für ihre Verdienste um die Bildung u. Unterhaltung der jungen Mädchen die silberne Verdienstbrosche am weißen Bande v. d. dt. Kaiserin. Die Zeitschrift enth. neben Anleitungen zu Spielen u. Beschäftigungen, Erzählungen v. Rosalie Koch, Pauline Schanz, Gräfin Thekla Baudissin u. v. a. Die „anerkennenswerte Ausstattung" verdankt sie der künstlerischen Sorgfalt HUGO BÜRKNERS. Die sehr schön lithogr. Pflanzentafeln von HERM. WAGNER, Wiedergaben von Richter-Holzschnitten, Bilder von A. Diethe, R. Leinweber, L. Venus u. v. a., großenteils lithographiert, bilden einen bes. Reiz dieser textlich heute altmodisch anmutenden Reihe. — Teilw. leicht fleckig, mit Gebrauchsspuren. 1 Einband defekt.

— Mutter Treuen u. ihre Söhne, } s.: Volks-Bibliothek, christliche.
— Mutter Treuen u. ihre Töchter, }

— der kleine Vater u. das Enkelkind. Eine Erzählung für Kinder. Mit 2 Abbild. 8. Berlin 843, A. Duncker. 1 1/6 ℛ

— der kleine Vater u. das Enkelkind. Eine Erzählg. für Knaben u. Mädchen im Alter von 8 bis 12 Jahren. Mit 6 (lith. u. color.) Bildern von L. Venus. 3. Aufl. Glogau 869. Flemming. br. 8. (V, 191 S.) 1 ℛ

— der kleine Vater u. das Enkelkind. Eine Erzählg. f. Knaben u. Mädchen im Alter von 8—12 Jahren. 4. Aufl. Mit 6 (chromolith.) Bildern v. W. Claudius. 8. (VII, 186 S.) Ebend. 884. geb. 2. 50

— das Vaterunser in Erzählgn. f. d. Jugend. 12. (31 S.) Bethel b. Bielefeld 897. Buchhandlg. d. Anstalt Bethel. n. — 15

[F.] Das Vaterunser in Erzählungen f. d. Jugend v. Thekla v. Gumpert. *Gadderbaum b. Bielefeld: Schriften-Niederl. d. Anst. Bethel [1897?].* (31 S.) 1 Bd 8.
[97. 3910

—— Herzblättchens Zeitvertreib, s. Herzblättchens Zeitvertreib.

Gumpertz, A(ron) S(alomon) (Hrsg.u.Comm.):

s.: Loeseke, Johann Ludwig Leberecht: Abhandlung der auserlesensten Arzeney-Mittel... 2.Aufl. Berlin: 1758

JB 1.355

Gumportz, Aaron Sal., De temperamento. 37 pp. Frcf. ad V. 4°.

Gumpertz, Aron Sal., De temperamentis. 37 pp. Frcf. ad V. 4°. 1761

Gumpertz, Karl, über die physiologischen Anschauungen des Zeugeneides. gr. 8. (11 S.) Berlin 901. J. Goldschmidt. n. 1. —

Gumpertz, Karl, üb. Chorea paralytica. (Nach e. Krankenvorstellg. in d. Berliner Gesellschaft f. Psychiatrie u. Nervenkrankheiten am 9. Decbr. 1895.) [Aus: „Allg. med. Centralzeitg."] gr. 8. (8 S.) Berlin 896. O. Coblentz. n. 1. —

Gumpertz, Karl, Glossen zur Unfallbegutachtung. (16 S.) gr. 8. Berlin 908. J. Goldschmidt. n. 1. —
Sonderabdruck aus: „Deutsche med. Presse".

Gumpertz, Karl (Breslau), Zur Kenntnis d. Lippencarcinoms. Diss. med.-chir. Bln. (E. Bartels) 19. II. 1889. 56 S. mit Biogr. (5.—) 12293
Oppon.: Ernst Herzfeld, James Daus, Curt Stern.

Gumpertz, K., zur Kenntnis d. Lippencarcinoms. Inaug.-Diss. gr. 8. (55 S.) Berlin 889. (Leipzig, Fock.) n. 1. —

— wie wirken Traumen auf die Psyche erblich belasteter u. seelisch minderwerthiger Personen? gr. 8. (19 S.) Ebd. 901. n. 1. 50
2 Sonderabdrucke aus: „Deutsche medicin. Presse".

Gumperz, Alfred, aus Hannover: Die Bildungs- und Löslichkeitsverhältnisse der Natriumdoppelsulfate des Zinks und des Cadmiums. *(Berlin 1904: A. W. Schade.)* (54 S.) 8°
Berlin, Phil. Diss. v. 12. März 1904

Gumperz, Richard, appr. Arzt a. Hildesheim: Aus der Prosektur des Münchener Krankenhauses r. I. ⟨Prosektor: Privatdoz. Dr. Oberndorfer.⟩ Über Mißbildungen und Geschwülste im Bereich des Ductus omphalomesentericus. München 1906: C. Wolf & Sohn. (22 S.) 8°
München, Med. Fak., Ref. v. Bollinger, Diss. v. 1. Juni 1907
[Geb. 6. Okt. 82 Hildesheim; Wohnort: Hildesheim; Staatsangeb.: Preußen; Vorbildung: Gymn. Andreanum Hildesheim Reife O. 00; Studium: Freiburg i. B. 1, Bonn 1, München 1, Heidelberg 2, München 5 S.; Coll. 1. Juni 07; Approb. 16. Mai 07.]

Gumpfer, M., alphabet. Zusammenstellung sämmtl. Administrativ- u. Polizey-Verordnungen, nebst Citationen aus d. Civil-Codexe u. Straf-Gesetzbuche d. Königr. Bayern. 1. Bd. 1—5. Lfg. gr. 8. (60 B.) München 843—45. (Palm's Hofbh.) ü*

Gumpinger, Frida, e. Buch der Träume. Gedichte. Mit e. Vorworte. 16. (IV, 40 S.) Leipa 892. J. Küstner. n. — 60

Gumplowicz, Ladisl., Ehe u. freie Liebe. gr. 8. (15 S.) Berlin 900. Verlag der socialist. Monatshefte. n. — 50

Ehe und freie Liebe. Von Ladislaus Gumplowicz. Umschlag-Zeichnung von Käthe Kollwitz. 2. Aufl. *Berlin: Socialist. Monatshefte 1903.* (59 S.) 8° [F.] [01. 10536

Gumplowicz, Ladislaus. Ehe u. freie Liebe. Umschlag-Zeichng. v. Käthe Kollwitz. 3. Aufl. (59 S.) 8. Berlin 902. Verlag der sozialist. Monatshefte. n. 1. —; geb. n. 2. —; Agitationsausgabe n. — 20

— Nationalismus u. Internationalismus im 19. Jahrh., s.a. Am Anfang des Jahrhunderts. 7. Hft.

Nationalismus und Internationalismus im 19. Jahrhundert. Von (Dr.) Ladislaus Gumplowicz. *Berlin: Aufklärung 1902.* (56 S.) 8° [F.]
— Anfang, Am, des Jahrhunderts. H. 7. [02. 369

Gumplowicz, Ludwig

Gumplowicz, L., Einleitung in das Staatsrecht. gr. 8. (IV, 224 S.) Berlin 889. C. Heymann's Verl. geb. n. 5. —

Gumplowicz, Ludw., soziologische Essays. 8. (V, 174 S.) Innsbruck 899. Wagner. n. 2. —

Gumplowicz, Ludw., Geschichte der Staatstheorien. (XI, 592 S.) gr. 8. Innsbruck 905. Wagner. n. 12. —

Gumplowicz, Ludw., Grundriß der Sociologie. gr. 8. (VI, 246 S.) Wien 885. Manz. n. 4. 80

— Grundriss der Soziologie. 2., durchgeseh. u. verm. Aufl. (XVI, 384 S.) gr. 8. Wien 905. Manz. n. 8. 20; geb. in Leinw. n. 9. 60

Gumplowicz, Ludwig (Hrsg.), s. Gumplowicz, Max: Zur Geschichte Polens im Mittelalter.

Gumplowicz, Ludw., Compendium der österreich. Reichsgeschichte. 2., verm. Ausg. der Einleitg. in das Staatsrecht. gr. 8. (VII, 250 S.) Berlin 896. C. Heymann's Verl. Geb. in Leinw. n. 5. —

Gumplowicz, Ludw., Raçe u. Staat. Eine Untersuchg. üb. das Gesetz der Staatenbildg. gr. 8. (V, 58 S.) Wien 875. Manz. n. 1. 20

— der Rassenkampf. Sociologische Untersuchgn. gr. 8. (VIII, 376 S.) Innsbruck 883. Wagner. n. 6. —

Gumplowicz, Ludw., der Rassenkampf. Soziolog. Untersuchgn. 2., durchgeseh. u. m. Anh., enth. die 1875 erschienene Schrift „Rasse u. Staat" verseh. Aufl. (XV, 432 S.) gr. 8. Innsbruck 909. Wagner. 6. —

Gumplowicz, Ludw., das Recht der Nationalitäten u. Sprachen in Oesterreich-Ungarn. gr. 8. (VII, 329 S.) Innsbruck 879. Wagner. n. 6. —

— Rechtsstaat u. Socialismus. gr. 8. (VIII, 548 S.) Ebend. 881. n. 10. 80

Oesterreichische Reichsgeschichte. Von Dr. Ludwig Gumplowicz, Prof. ... in Graz. 2. verm. Ausg. d. Einl. in d. Staatsrecht. *Berlin: C. Heymanns 1896.* (VII, 249 S.) 1 Bd 8.
= Compendien d. österreichischen Rechtes. [Bd] V. [96. 380

Gumplowicz, L., Sozialphilosophie im Umriss. (VII, 162 S.) 8. Innsbruck, Wagner. 1909. 3. —

— Sozialphilosophie im Umriss. (VII, 162 S.) 8. Ebd. 910. 3. —

Gumplowicz, Ludw., Sociologie u. Politik. gr. 8. (VIII, 162 S.) Leipzig 892. Duncker & Humblot. n. 3. 40

— die sociologische Staatsidee. gr. 8. (III, 134 S.) Graz 892. Leuschner & Lubensky. n. 3. —

— die sociologische Staatsidee. 2. verm. Aufl. gr. 8. (VIII, 224 S.) Ebd. 902. n. 4. 80

Allgemeines Staatsrecht v. Ludwig Gumplowicz, Universitätsprof. in Graz. 2. umgearb. u. verm. Aufl. des 'Philosophischen Staatsrechts'. *Innsbruck: Wagner 1897.* (XV, 522 S., 1 Bl.) 1 Bd 8. [97. 381

— Allgemeines Staatsrecht. 3. verm. u. verb. Aufl. (XVI, 540 S.) gr. 8. Ebd. 907. 12. —

— das österreichische Staatsrecht [Verfassungs- u. Verwaltungsrecht]. Ein Lehr- u. Handbuch. gr. 8. (XIII, 656 S.) Wien 891. Manz. n. 10. —

— das österreichische Staatsrecht (Verfassungs- u. Verwaltungsrecht). Ein Lehr- u. Handbuch. 2., vielfach verm. u. verb. Aufl. gr. 8. (XIV, 671 S.) Wien 902. Manz. n. 10. 80; geb. n. 12. 60

— Das österreich. Staatsrecht (Verfassungs- u. Verwaltungsrecht.) Ein Lehr- u. Handbuch. 3., in Verbindg. m. Rud. Bischoff bearb., verm. u. verb. Aufl. (XIV, 714 S.) gr. 8. Wien 907. Manz. 10.80; geb. in Halbfrz. n 13. 10

— philosophisches Staatsrecht. Systematische Darstellung f. Studirende u. Gebildete. gr. 8. (VII, 195 S.) Wien 877. Manz. n. 4. —

— Verwaltungslehre mit besonderer Berücksicht. des österreichischen Verwaltungsrechts. gr. 8. (VIII, 472 S.) Innsbruck 882. Wagner. n. 7. 60

Gumplowicz, Max, Bischof Balduin Gallus von Kruszwica, Polens erster latein. Chronist. [Aus: „Sitzungsber. d. k. Akad. d. Wiss."] Lex.-8. (36 S.) Wien 895. (C. Gerold's Sohn.) n. — 80

Gumplowicz, Dr. Max, Bischof Balduin Gallus von Kruszwica. Polens erster lateinischer Chronist. Gr.-8. (36 S.) —.40
Wien: Tempsky 1895.

Zur Geschichte Polens im Mittelalter. Zwei krit. Untersuchgn über d. Chronik d. Balduin Gallus v. Dr. Max Gumplowicz, weil. Lector an d. Univ. in Wien. Aus d. Nachl. d. Vfs hrsg. (v. Ludwig Gumplowicz). *Innsbruck: Wagner 1898.* (v S., 1 Bl., 261 S., 1 Portr.) 1 Bd 8. (98. 9059

Gumplowicz, Max, Leben u. Schicksale Balduins, Bischofs v. Kruschwitz (1066—1145). (Aus dem Nachlasse des Verf. hrsg.) gr. 8. (III, 63 S.) Posen 902. J. Jolowicz. n. 1. 20
Sonderabdruck aus: „Zeitschr. d. hist. Gesellsch. f. d. Prov. Posen"

Gumpoldskirchen [Schlagwort]

Gumpoldskirchen, s.: Wiener Ausflugskarten.

Gumpoltsberger, F.: Beiträge zu den Witterungsverhältnissen Mährens und Schlesiens. 12 S. 4^0.– Brünn Auspitz öff. OR., Progr. 1872.

Gumpoltsberger, Franz X. — Reden, welche bei der am Schlusse des Schuljahres 1854 bei der k. k. Kreishaupt- und Unterrealschule zu Ried feierlich vorgenommenen Prämien-Vertheilung vorgetragen wurden von Klotilde Fossel und Heinrich Scherrl. Verfaßt von — —. 12. (20 S.) Ried. Gedruckt bei Josef Kränzl.

Gumpoltsberger R.: Kaiser Gratian (375—83 n. Chr.) 70. Melk 79.
Progr.

Gumpoltsberger R.: Melk in der Türkennoth 1683. Mit 2 Bildern: Melk 1529 u. 1683. 74. Melk 83.
Progr.

Gumposch, Victor Philipp

— Beiträge zur Poesie und Poetik. 16 Heft. 16. Leipzig 840. Kummer. 5/12 ₰

— s. Bellarmin, R., Streitschriften. — dess. über die Concilien. — dess. über die letzte Oelung. — dess. über den Papst. — dess. über das Wort Gottes.

Gumposch, Victor Philipp, Briefe über religiöse Duldung. 8. (IV u. 172 S.) Augsburg 847, Kollmann. 3/4 ₰

— Geschichte der Philosophie, s.: Rixner's Handbuch der Geschichte der Philosophie.

— u. V. Fischer, das Geschwornengericht. Handbuch f. Richter, Anwälte u. Geschworne. gr. 8. (VI u. 177 S.) Nördlingen 819, Beck. 18 ngr

— die philosophische u. theologische Literatur der Deutschen von 1400 bis auf unsere Tage. 1. Bd. A. u. d. T.: Die philosophische Literatur der Deutschen von 1400 bis auf unsere Tage. gr. 8. (XII u. 640 S.) Regensburg 851, Manz. 2 1/2 ₰

Gumposch, Vict. Ph., allgem. Literaturgeschichte der Deutschen. Leitfaden zu akadem. Vorlesungen. 1. Abthl. gr. 8. Augsburg 846, M. Rieger'sche Buchh. 1 1/3 ₰

Gumposch, Vikt. Phil., über die Logik u. logischen Schriften des Aristoteles. 8. Leipzig 839. Kummer. 2/3 ₰

Gumposch, Viktor Philipp, Die Seele und ihre Zukunft. Untersuchungen über die Unsterblichkeitslehre. St. Gallen, Scheitlin u. Zollikofer, 1849, gr. 8°, IV, 176 S., 1,50 Mk.
Recens. (Bonner) Ztschr. f. Philos. u. k. Theol. 1849, Heft 1 S. 109—36; 1850, Heft 1 S. 108—26.

Frh. v. Gumppenberg, Der Galactometer (Milchmesser oder praktische Anleitung zur Untersuchung der Milch). München 1845
Ähnlich als Vortrag in Nr. 554, SS. 280—284. — Verf. Gutsbesitzer in Wallenberg/Obb.

Gumppenberg, v. Leitf. z. dienstl. Unterrichte an d. Mannschaft d. Kgl. 2. Sanitäts-Kompagnie. Würzburg 1856.

Versuch einer Schutzrede des Ordens der Freimaurer, von einem E.·. Mitgliede der ger. und vollk. Loge, die wachsende zu den drei Schlüsseln verfertiget, und mit Bewilligung der Ehrw. Loge auf gemeinsame Kosten zum Druck befördert. [Unterz.:] v. G[umppenberg?]. Regensburg, d. 4.·.5774. [Regensburg 1774.] 16 S. 4^0
21 in: Sammlung einiger Frmrreden d. L. in Regensburg. 1773.
Selten. 23.

Gumppenberg, Anselm Frhr. v., die sieben Hauptsünden, betrachtet im Gegensatz zur bitteren Passion d. Herrn. Fastenvorträge. gr. 8. (VI, 92 S.) Augsburg 891. Kranzfelder. n. 1. 20

Gumppenberg, A. Frhr. v., Jesus Christus, betrachtet in seinen alttestamentl. Vorbildern. Fastenvorträge. gr. 8. (VII, 92 S.) Augsburg 890. Kranzfelder. n. 1. 20

Gumppenberg, Anselm Frhr. v., Trauer u. Trost an den Gräbern unserer lieben Toten. (IV, 632 S.) 8. Regensburg 909. F. Pustet. 5.10; geb. in Halbldr. 6. 80

— die Vollkommenheiten Gottes, betrachtet im Wiederschein d. Leidens u. Todes Jesu Christi. Fastenvorträge. gr. 8. (VI, 96 S.) Ebd. 892. n. 1. 20

Gumppenberg, C. von. Systema geometrarum, s.a. Acta, nova, academiae caes. Leop.-Carol.

Systema Geometrarum zonae temperatioris septentrionalis. Systemat. Bearbeitg d. Spanner d. nördl. gemäss. Zone v. C. F[rh.] v. **Gumppenberg**. Th. 1--8 ... *Halle: In Comm. b. W. Engelmann in Leipzig; Dr. v. E. Blochmann & Sohn in Dresden.* (Th. 7 ff.: *Buchdr. d. Dr. Güntz'schen Stiftg) 1887—96.* 4.
1. M. 3 Taf. 1887. (172 S., 3 Kt.) 2. 1888. (131 S.) 3. 1890. (163 S.) 4. 1890. (112 S.) 5. 1892. (130 S.) 6. 1893. (99 S.) 7. 1895. (146 S.) 8. 1896. (100 S., 5 Taf.)
= Acta, Nova, academiae Caes. Leopoldino-Carolinae Germ. naturae curiosorum. T. 49. No 4. T. 52. No 4. T. 54. No 3. 4. T. 58. No 4. T. 59. No 2. T. 64. No 6. T. 65. No 3. 97. 1422

Gumppenberg, E. v., ausklingende Gedanken. (7, 48 S.) 8. Leipzig 907. M. Altmann. 1.—; geb. 1.50

Gumppenberg, G., Atlas marianus. fol. Münch. Lentner. 762.

Gumppenberg, Hanns, v., s. a.: Jodok.

Gumppenberg, Hanns v., Alles u. Nichts. Dichtung in 3 Abthlgn. u. 12 Bildern. gr. 8. (IV, 251 S.) Großenhain 894. Baumert & Ronge. n. 2.50

— Münchhausens Antwort. Komödie in 1 Aufzug. 8. (64 S.) Berlin (901). E. Bloch. n. 1.—

Gumppenberg, Hanns v., Apollo. Eine Komödie in 2 Aufzügen. 12. (41 S.) München 890. (Lindauer.) n. 1.—

Gumppenberg, Hanns v., s.: Bellman-Brevier.

— Herzog Philipps Brautfahrt. Opernlustspiel in 3 Akten nach e. histor. Anekdote. (107 S.) 8. Ebd. 904. 2.—

— das teutsche Dichterroß, in allen Gangarten vorgeritten. Mit e. Titelbild v. Vict. Frisch. 4. Aufl. gr. 8. (115 S.) München 901. (Leipzig, H. Dege.) n. 2.—

Gumppenberg, Hanns v., das teutsche Dichterroß, in allen Gangarten vorgeritten. Mit e. Titelbild von Vict. Frisch. 5. Aufl. (117 S.) 8. München 906. G. D. W. Callwey. n. 2.50; geb. n. 3.25

— Das teutsche Dichterroß, in allen Gangarten vorgeritten. Mit e. Titelbild v. Vict. Frisch. 6. Aufl. (117 S.) 8. München 908. G. D. W. Callwey. 2.50; geb. 3.25

— Die Einzige. Tragikomödie in 3 Aufzügen. (IV, 121 S.) 8. Ebd. 905. 2.—

— Grundlagen der wissenschaftlichen Philosophie. (56 S.) gr. 8. Ebd. 903. n. 1.20

— König Heinrich I. Geschichtliches Schauspiel in 1 Vorspiel u. 5 Akten. (V, 209 S.) gr. 8. Ebd. 904. n. 2.—

— der erste Hofnarr. Schauspiel in 5 Aufzügen. gr. 8. (180 S.) Großenhain 899. Baumert & Ronge. n. 2.—

—— Der Prophet Jesus Christus, die neue Religion u. andere Erläutergn. zum 3. Testamente Gottes. gr. 8. (16 S.) Münch. 891, (Münch. Handelsdruckerei u. Verlagsanstalt M. Poessl). * — 25

— König Konrad I. Geschichtliches Schauspiel in 1 Vorspiel u. 5 Akten. (XIV, 166 S.) gr. 8. Ebd. 904. n. 2.—

— Kritik d. Wirklich-Seienden. Grundlagen zu e. Philosophie d. Wirklich-Seienden. 8. (120 S.) Berlin 892. Deutsche Schriftsteller-Genossenschaft. n. 2.—

— deutsche Lyrik v. gestern, s.: Flugschriften, Münchener.

— schwedische Lyrik. Deutsch von v. G. (285 S.) gr. 8. München 903. [Dr. J. Marchlewski & Co.] Etzold & Co. Geb. in Leinw. n. 6.-

— der Messias. Trauerspiel in 5 Aufzügen. gr. 8. (IV, 169 S.) München 891. L. Finsterlin. n. 2.—

— die Minnekönigin, s.: Universal-Bibliothek.

Gumppenberg, Hanns v., d. fünfte Prophet, s.a. Veröffentlichungen d. Vereins f. deutsches Schriftthum.

[F.] Der fünfte Prophet. Psychol. Roman v. Hanns v. Gumppenberg. *Berlin: Ver. f. Deutsches Schriftthum [1895].* (VI, 349 S.) 1 Bd 8.
= [Veröffentlichungen d. Vereins f. Deutsches Schriftthum.] Jg. II. Bd 1. 96. 4903

— aus meinem lyrischen Tagebuch. (118 S.) 8. München 906. G. D. W. Callwey. n. 2.—; geb. n. 2.60

— das dritte Testament. Eine Offenbarg. Gottes. Seiner Zeit mitgetheilt. gr. 8. (41 S.) München 891. Münch. Handelsdruckerei u. Verlagsanstalt, M. Poessl. n. — 80

— Thorwald. Trauerspiel in 4 Aufz. 8. (73 S.) München 888. L. Finsterlin's Verl. n. 1.50

Überdramen von Jodok (d. i. Hanns v. Gumppenberg). Bdch. 1. 3. Aufl. *Berlin: Th. Mayhofer Nachf. [1902].* 8° [F.] 03. 490

Überdramen von Jodok (d. i. Hanns v. Gumppenberg). 1. Aufl. Bdch. 1. Berlin: Th. Mayhofer Nachf. [1902]. 8° [F.] 03 1995 11

— die Verdammten. Schauspiel in 1 Aufzug. 8. (40 S.) Ebd. (901). n. 1.—

Gumppenberg, Karl Frhr. von

Gumppenberg, C. Frhr. v., das Bauerntheater in Südbayern u. Tirol. [Aus: „Zeitschrift d. Deutschen u. Oesterr. Alpenver."] gr. 8. (26 S. m. 2 Abbildgn. im Text.) Wien 889. (München, Lindauer.) n. 1.—

Gumppenberg, Karl Frhr. v., Bergamseln. Dichtungen in oberbayer. Mundart. 8. (IV, 162 S.) München 878. (L. Finsterlin.) cart. n. 3.—

—— beim dàmisch'n Loder. Dichtungen im oberbayer. Dialekt. 8. (VIII, 108 S.) Stuttgart 888, Bonz und Comp. cart. * geb. *

Gumppenberg, K. v., und F. A. Schmitt, Miesbach und seine Umgebung. Mit 1 Stahlst. (in 4.) München 858. Franz. 16. (48 S.) 8 ngr.

Gumppenberg, C. Frhr. v., Post und Eisenbahn. Ein Büchlein für's Volk, worin es findet: wie man sich bei Benützung der Staats-Anstalten zu verhalten hat. 2 Hefte. 8. (à Heft 48 S. mit eingedr. Holzschn.) Augsburg 861, (v. Jenisch und Stage'sche Buchh.) à Heft * 6 Ngr. *
Inhalt:
Heft 1. Die Post. 2. Aufl.
" 2. Die Eisenbahn.

Gumppenberg, Carl Frhr. v., „da bsunderne Ring". A richtige Gschicht aus der alten Zeit, in oberbayr. Mundart erzählt. Landshut 867. (München, Gummi.) gr. 8. (VII, 125 S. mit 1 Holzschntaf. in 4.) n. 15 ngr.

§ JOCOSUS, Pipin (d. i. *Carl* Frhr. *v. Gumppenberg*), Scherz und Ernst. Poetische Spielereien. Augsburg, Jenisch u. Stage, 1862. 8⁰. (In München: P. o. germ. 687 f oder 531 o.)

Gumppenberg, L. A. v., Geschichte der Familie von Gumppenberg. Als Manuscript gedruckt. Mit Tfln., vielen Hschn. u. geneal. Tabellen. Würzburg 1856. 8. — 2. Aufl. Mit 12 Tfln., zahlr. Hschn. u. geneal. Tabellen. München 1881. 8. Nicht im Handel.

— Die Gumppenberge auf Turnieren. Nachtrag zur Geschichte der Familie von Gumppenberg. Würzburg 1862. 8. Nicht im Handel.

Gumppenberg Pöttmes, Ferd. v., Gedichte. 16. (10⅛ S.) Eßlingen 843. (Dannheimersche Buchh.) Thlr. à

Gumppenberg-Pöttmes, Ferd. v., der Offizier in seinen wichtigsten Verhältnissen. Augsburg 854. v. Jenisch u. Stage in Comm. 12. (3 Bl., 129 S.) n. 10 ngr.

— und L. Preysinger, Taschenbuch für Bayerisches Militair und für Freunde dieser Krieger. Sulzbach 853. v. Seidel. 16. (IV, 204 S. u. 1 Tab. in Fol.) 11¼ ngr.

— die Wege der Vorsehung, oder der treue Tyroler. Eine vaterländ. Erzählung aus dem Tyrolerkrieg im J. 1809. München 857. Finsterlin. 8. (3 Bl., 181 S. u. 1 Holzschn.) n. 15 ngr.

Gumppenberg-Pöttmes, Jos. v., der Wasserbau an Gebirgsflüssen oder praktische Anleitung, die Gebirgsflüsse dort, wo sie in zerstreuten Rinnsalen das flache Land verwüsten, und endlich die sie aufnehmenden Hauptströme versanden, ihrer Natur entsprechend zu behandeln, mit erklärender Hinweisung auf wirklich ausgeführte u. projektirte Fluss-Correktionen. Augsburg 854. Rieger. gr. 4. (VIII, 83 S. u. 5 lith. Taf. in gr. Fol.) 1 ₰ 24 ngr.

Gumppenberg-Pöttmes, Jos. v., der Wasserbau an Gebirgsflüssen oder praktische Anleitung, die Gebirgsflüsse dort, wo sie in zerstreuten Rinnsalen das flache Land verwüsten, und endlich die sie aufnehmenden Hauptströme versanden, ihrer Natur entsprechend zu behandeln, mit erklärender Hinweisung auf wirklich ausgeführte und projektirte Fluss-Correktionen. Neue Ausg. Augsburg 860. Rieger. gr. 4. (VIII, 83 S. u. 5 lith. Taf. in Fol.) 1 ₰ 24 ngr.

Gumppenberg-Pöttmes, Wilhelm Erhard v.

— s. Galaktometer.

v. Gumppenberg, Pöttmes, Freiherr, Wlh. Erhrd., Gedichte. 16. Eßlingen 843. (Dannheimer.) n. ⅔ ₰.

Gumpper, Emil: Ueber die Heilbarkeit der Sympathischen Iridocyclitis. *Strassburg i. E. 1898: C. & J. Goeller.* (68 S.) 8° Strassburg, Med. Diss. v. 1898

Gumprecht, des Landwirths Ausbildung und Prüfung von der Schule bis zum eigenen Heerd. Der Beruf zum Landwirth. — Die Erziehung zum Landwirth. — Die Ausbildung des Landwirths ꝛc. Berlin 860. F. Duncker. 8. (X, 70 S.) n. 10 ngr.

Gumprecht, Bemerkungen zu W. Kette's Lupine als Feldfrucht. gr. 8. (IV und 40 S.) Berlin 856, R. Kühn.

Gumprecht. Eine Entdeckungsreise nach Fezzan, Aghadez und Kaschna in den Jahren 1710–11. 1854.

Gumprecht, s.: Neisser, A., stereoscopischer medicinischer Atlas.

Gumprecht (Hrsg.), s. Zeitung, Neue landwirtschaftliche.

Gumprecht, Aaron (Göttingen), De sequela territoriali vulgo Landfolge. Diss. jur. Göttingen (Joh. Chn. Dieterich) 25. X. 1799. 92 S. (6.—) 12294

Gewidm.: Carl Rudolph August Grf. v. Kielmannsegge, Christoph Ludw. August Frh. v. Arnswaldt, Georg August Frh. v. Steinberg, Ernst Ludwig Julius Frh. v. Lenthe, Claus Frh. v. Decken.

Gumprecht, Ad.

— Ueber Armenerziehung, Waisen- u. Rettungsanstalten. 8⁰. 1880.

(Gumprecht, Ad.) Wider den Trunk. Dresden 1885. 92 S. Mk. —.50.

Gumprecht, Adf., s. Michelis, Arth.

Gumprecht, Ch. G., landwirthschaftl. Berichte aus Mittel-Deutschland, s. Berichte.

—— Mittheilungen aus d. Generalversammlung deutsch. Landwirthe in Potsdam, insbesond. Zusammenstell. d. Verhandln. d. Abtheil. f. Schaafzucht. gr. 8. (7 B. u. 1 Tab.) Leipzig 839. [Berlin, Klemann.]

Gumprecht, Ch. Th. G.

— s.: Annalen des Niederschles. landwirthschaftl. Beamten-Vereins.

Gumprecht, (Ch. Th. G.), gesammelte Bemerkgn. üb. Trockenlegung der Felder durch unterirdische Wasserabzüge [Drains]. Mit 16 in den Text eingedr. Holzschn. gr. 8. (IV u. 62 S.) Berlin 852, Springer. n. ½ ₰

Gumprecht, (Ch. Th. G.), Bemerkungen zu W. Kette's Lupine als Feldfrucht. Berlin 856. R. Kühn. gr. 8. (IV, 40 S.) 7½ ngr.

— der Chili-Salpeter. Eine Belehrung für den deutschen Landwirth über dessen Nutzen u. Anwendung. Aus den neuesten Erfahrungen über die Auffindung, Bestandtheile u. die Resultate der Wirksamkeit dieses wichtigen Düngungs-Mittels zusammengestellt. Ebend. 855. 8. (VI, 58 S.) n. 10 ngr.

—— nützliche und kurzweilige Gespräche am Sonntag Nachmittag der Bauern in Ruhleben über Haus und Flur, über Vieh und Gesind' und Alles was den Bauern recht und lieb ist, Gut thut und Noth thut! Eine Dorfgeschichte in einzelnen Sammlungen nach den Jahreszeiten. 1. Sammlung: Die Milchkuh und die Rinderzucht für den Bauersmann. 8. (40 S.) Berlin 854, [Verlag des Verfassers.] •.

— des Landwirths Wanderschaft. Ein Wegweiser f. junge Landwirthe, um m. Nutzen zu reisen u. die Fortschritte anderer Länder zum Gemeingute des Vaterlandes zu machen. 1. Thl.: Reise durch Holstein u. landwirthschaftl. Reisebilder u. Skizzen aus Mecklenburg, Pommern, Dänemark, Westphalen, Holland, Belgien u. Westpreußen. Mit 2 lith. Abbildungen (in Tondr.) gr. 8. (IV u. 176 S. m. eingedr. Holzschn.) Glogau 852, Flemming. 1 ₰

Gumprecht, Engelmann Gottlieb

— s.a. Briefe über d. Radeburger Bad.

Engelmann Gottlieb Gumprecht

Briefe über das Radeberger Bad enth.: die Beschreibung der Gebäude, des Bades Entstehung, Bestandtheile, Kräfte... [Verf.: Engelmann Gottlieb Gumprecht.]Dresden 1790: Meinhold. 86 S. 8°

Gumprecht, Engelm. Gli., Unterricht f. Accis-Einnehmer. 4. Dresden 802. Arnold. 4 gl.

Gumprecht, F. E. Beiträge zur geognostischen Kenntniss einiger Theile Sachsens und Böhmens. Berlin, 1835.

Gumprecht, Ferdinand

Gumprecht, Ferd., Generalregister, s.: Handbuch der Therapie innerer Krankheiten.

Gumprecht, Ferdinand [aus Berlin]: Zur Kenntniss des Nachfiebers beim Scharlach. . . . Jena, Druck v. B. Engau, 1889; 29 S. 8°
Jena, Med. Fak., Inaug.-Diss. v. [24. Aug.] 1889

Gumprecht, die Regelung des deutschen Apothekenwesens u. der Entwurf e. Reichs-Apothekengesetzes v. März 1907. Vortrag, geh. auf d. Haupt-Versammlung des deutschen Medizinalbeamten-Vereins zu Bremen am 10. IX. 1907. [Sonderabdr. aus dem offiziellen Bericht des deutschen Medizinalbeamten-Vereins.] (83 S.) gr. 8. Berlin (908). Fischer's medicin. Buchh. 1.50

Gumprecht. [Ferd.]. Die Regelung des deutschen Apothekenwesens und der Entwurf eines Reichs-Apothekengesetzes vom März 1907. Vortrag. (Aus d. offiz. Bericht d. D. Mediz.-Beamtenvereins.) Berlin: Kornfeld 1908.

Gumprecht, F., d. Technik d. spez. Therapie. Für Aerzte u. Studierende. gr. 8. (XI, 337 S. m. 181 Abb.) Jena 898. G. Fischer. n. 7.—; geb. n. 8.—

Gumprecht, F: Die Technik der speziellen Therapie. 2. Aufl. Jena 1900

— die Technik der speziellen Therapie. Ein Handbuch f. die Praxis. 3. umgearb. Aufl. gr. 8. (X, 402 S. m. 182 Abbildgn.) Jena 903. G. Fischer. n. 8.—; geb. n. 9.—
2. Aufl. (XII, 354 S. m. 182 Abb.) Ebd. 900. n. 7.—; geb. n. 8.—

Gumprecht, F., die Technik der speziellen Therapie. Ein Handbuch f. die Praxis. 4. umgearb. Aufl. (X, 412 S. m. 205 Abbildgn.) Lex.-8. Jena 906. G. Fischer. n. 8.—; geb. n. 9.—

— allgemeine Therapie der Krankheiten der Circulations- u. Respirationsorgane. [Aus: „Lehrb. der allg. Therapie".] gr. 8. (IV u. S. 123—302). Wien 899. Urban & Schwarzenberg. n. 6.—

[Umschlagt.:] Gumprecht, Ferdinand [Dr., Assistenzarzt am Inst. f. experiment. Pathol.]: Versuche über die physiologischen Wirkungen des Tetanus-Giftes im Organismus ... (Aus: Arch. f. d. ges. Physiol., Bd. 59.) Bonn, E. Strauss, 1894; 105—152 S., 1 Bl., 1 Taf. 8.
Jena, Med. Fak., Hab.-Schr. v. 1895

— Georg Gottlieb (Halle), De consensu partium, praecipuo pathologiae et praxeos medicae fundamento. Diss. med. Präs. Friedrich Hoffmann. Halle (Chn. Henckel) April 1717. 40 Seiten. (6.—) 12296

Gumprecht, Hugo Armin. Rich. (geb. Gerstungen an d. Werra 9. 10. 1827): De calculis biliariis. Berolini (1854). (28 S.) 8°
Berlin, Med. Diss. v. 28. Dez. 1854

— Johann Gottlieb (Dresden. Leipzig), Trebellianicam et legitimam exules in fideicommissis fructuariis. Diss. jur. Präs. Johann Peter Ludewig. Halle (Chn. Henckel) 12. IX. 1712. 66 S. (6.50) 12300
Gew.: Johann Aegidius v. Alemann (Schmideberg), Johann Georg Boerner.

Gumprecht, Johann Paul

— — u. (Respond.) Gottfried Boettner (Frider./Laus.), De obligatione hominis erga patriam. Dissert. moralis. Lpz. (Imann. Titius) 13. III. 1700. 12 Bl. (5.50) 12302

— — (Rector), Positionum & aphorismorum de disciplina scholastica, fasciculus, quem spec. disp.-valedict. loco defend. Christoph Kühn (Waldau/Laus.) paucis ante abitum in acad. Leucoream & excut. Gottlob Friedrich Gude (Lauban). Lauban (Nicol. Schill) 19. IX. 1719. 20 S. (5.—) 12303

Gumprecht, Jos. Jak., Diss. inaug. de pulmonum abscessu ope chirurg. aperiendo. 8maj. Götting. 793. Dieterich. 3 gl.

— ein Beitrag f. d. gerichtl. Geburtshülfe, nebst Ankündigung e. Entbindungs-Klinikums. 8. Leipz. 801.

— ist es erlaubt. e. Kinde im Mutterleibe d. Kopf anzubohren? 8. Leipz. 805.

— u. J. H. Wiegand, Hamburg. Magazin f. d. Geburtshülfe. 1n Bds. 1s u. 2s Stck. Mit Kpf. gr. 8. Hamb. 809. Schmidt. 1 Rthlr 20 gl.

— s. Magazin, Hamb., f. d. ausländ. Lit.

— über e. Ursachen d. Unvollkommenheit in d. Geburtshülfe. 8. Götting. 800.

— Carl Gottfried (Waldenburg), Quaestio juris controversi an ficta adulterii confessio praestet indicium ad inquisitionem specialem. Präs. Christian Heinr. Breuning. Lpz. (Langenheim) 13. X. 1777. 8 S. (4.—) 12295

Gumprecht, Kurt, Referendar in Sebnitz (Sachs.): Über den Aufsichtsrat der Aktiengesellschaft. *Borna-Leipzig 1902: R. Noske.* (IX, 59 S.) 8°
Leipzig, Jur. Diss. v. 1902

Gumprecht, Otto

Gumprecht, O., vom Alpenschnee zum blauen Meer. Wanderbilder aus den Ostalpen. Nebst e. Uebersichtsblatte der Ostalpen. 8. (VIII, 124 S.) Leipzig-Reudnitz 892. M. Hoffmann. n. 1.—

Gumprecht, O[tto], Direktor Prof. Dr.: (1.) Zur Aufklärung. (2.) Immanuel Kant (Entlassungsansprache Ostern 1905). Glauchau 1905: R. Dulce. (S. 3—6. 45—48.) 4°
Glauchau, R m. PG P 1905 (680)

Gumprecht, Otto, approb. Arzt aus Mühlberg a. d. E.: Die Beziehungen des Traumas zur multiplen Sclerose. *Leipzig 1901: B. Georgi.* (37 S.) 8°
Leipzig, Med. Diss. v. (21. Mai) 1901

Gumprecht, Otto, musikalische Charakterbilder. Schubert. — Mendelssohn. — Weber. — Rossini. — Auber. — Meyerbeer. Leipzig 869. Gumprecht. gr. 8. (VII, 341 S.) n. 1 Rthlr 20 ngr.

—— neue musikalische Charakterbilder. Die Frauen in der Musik. — Klatschen und Zischen. — Karl Löwe. — Richard Wagner. I. Tristan und Isolde. II. Die Meistersinger. III. Das bestehende Opernwesen und das Gesammtkunstwerk. — Joseph Joachim. — Zum Gedächtniß Beethoven's. I. Julia Guicciardi. II. Bei Gelegenheit der Säcularfeier am 16. Decbr. 1870. gr. 8. Ebendas. 875. *

Gumprecht, Otto, neue musikalische Charakterbilder. 8. (326 S.) Leipzig 876. Haessel. à n. 5. —

Gumprecht, Otto [aus Chemnitz] Der mittlere Isonzo und sein Verhältnis zum Natisone. Leipzig, *Druck v Schmidt & Baumann in Leipzig-Reudnitz*, 1886; 46 S. u. 2 Taf. 8°.
Leipzig, Phil Fak., Inaug.-Diss. v. 30. Okt. 1886.

Gumprecht, Otto, der mittlere Isonzo u. sein Verhältnis zum Natisone. Ein Beitrag zur Lösg. der Frage nach dem Alter d. Isonzosystems. Mit 1 Taf. Karten. gr. 8. (46 S.) Leipzig 886. Fock. n. 1. 20

Gumprecht, Otto De jure principi in bona cameralia competente Berolini (1846). (VIII, 87 S.) 8°
Berlin, Jur Diss. v 8 Aug 1846

Gumprecht, O[tto] Immanuel Kant. Entlassungsansprache Ostern 1905. S. 45—48. 4. Progr. Realschule mit Progymn. *Glauchau* 1905 (680).

Gumprecht, Otto (I.), musikalische Lebens- und Charakterbilder. 4 Bde. 8. Leipzig 886, Haessel. [1. und 2. Bd.: Unsere klassischen Meister. 2 Bde. *ℳ 11.—.; 3. und 4. Bd.: Neuere Meister. 2 Bde. *ℳ 6.—.] *

Inhalt:
Bd. 1. Warum treiben wir Musik? — Joh. Seb. Bach. — Geo. Friedr. Händel. — Chrph. Willib. Gluck. [Neue Ausg. 886.] (370 S.) *ℳ 5.—.
„ 2. Jos. Haydn. — Wolfg. Amad. Mozart. — Ludw. v. Beethoven. (III, 477 S.) *ℳ 6.—.
„ 3. Frz. Schubert. — Felix Mendelssohn-Bartholdy. — Rob. Schumann. [Neue Ausg. 886.] (279 S.) *ℳ 3.—.
„ 4. Frédéric Chopin. Karl Maria v. Weber. Gioachino Rossini. Daniel François. Esprit Auber. Giacomo Meyerbeer. [Neue Ausg. 886.] (254 S.) *ℳ 3.—.

Gumprecht, Otto, unsere klassischen Meister. Musikalische Lebens- u. Charakterbilder. 1. u. 2. Bd. gr. 8. Leipzig, Haessel. n. 11. —; geb. n. 13. —
1. Warum treiben wir Musik? Joh. Seb. Bach. Geo. Frdr. Händel. Chrph. Willib. Gluck. (370 S.) 883. n. 5. —; geb. n. 6. —
2. Jos. Haydn, Wolfg. Amadeus Mozart, Ludw. van Beethoven. (III, 477 S.) 885. n. 6. —; geb. n. 7. —

— neuere Meister. Musikalische Lebens- u. Charakterbilder. 2 Bde. 2. umgearb. u. erheblich verm. Aufl. gr. 8. Ebend. 883. à n. 3. —; cplt. geb. n. 8. —
1. Frz. Schubert. Felix Mendelssohn-Bartholdy. Rob. Schumann. (279 S.)
2. Frédéric Chopin. Karl Maria v. Weber. Gioachino Rossini. Daniel François Esprit Auber Giacomo Meyerbeer. (254 S.)

Gumprecht, Otto [Dr.]· Die geographische Verbreitung einiger Charakterpflanzen der Flora von Leipzig. Leipzig, Druck v. A. Edelmann, Univ.-Buchdr., 1892; 1—46 S. 4.
Leipzig K. G. OP 1893 (538)

— die geographische Verbreitung einiger Charakterpflanzen der Flora v. Leipzig. Progr. gr 4. (46 S.) Leipzig 893. (J. C. Hinrichs' Sort.) n. 1. 20

— Richard Wagner u. sein Bühnenfestspiel: „Der Ring d. Nibelungen." Eine krit. Studie. 8. (70 S.) Leipzig 873. Leuckart. n. 1. 50

Gumprecht, O.
Wie studirt man Chemie und die beschreibenden Naturwissenschaften? Mit Berücksichtigung der sächsischen, preussischen und bayrischen Prüfungsordnungen. Leipzig, 1884. 8vo.

Gumprecht, Otto, wie studirt man Chemie u. die beschreibenden Naturwissenschaften? Mit Berücksicht. der sächs., preuß. u. bair. Prüfungsordngn. 8. (30 S.) Leipzig 885. Roßberg. n. — 60

Gumprecht, O., wie studiert man Chemie u. d. beschreib. Naturwissenschaften? M. Berücksicht. d. sächs., preuß. u. bair. Prüfungsordngn. 2., veränd. Aufl. 8. (31 S.) Leipzig 896. Roßberg. n. — 60

Gumprecht, O., wie studiert man Chemie u. die beschreibenden Naturwissenschaften? Mit Berücksicht. der sächs., preuß. u. bayr. Prüfungsordngn. 3., abermals veränd. Aufl. (50 S.) kl. 8. Leipzig 909. Roßberg'sche Verlagsbuchh. 1. —

Gumprecht, Rich., moderues Seelenleben. Betrachtungen üb. die Tendenz d. modernen Seelenlebens. 8. (VIII, 190 S.) Leipzig 892. W. Friedrich. n. 3. —

Gumprecht, Rich., Thanatos. Probleme u. Rätsel. (240 S.) 8. Berlin (910). K. Curtius. 3.—; geb. 4. 50

Gumprecht Th., Mittheilungen aus der Generalversammlung deutscher Landwirthe in Potsdam, insbesond. Zusammenstellung der Verhandlungen der Abtheilung für Schaafzucht. Mit 1 Tabelle. gr. 8. Leipzig 839. G. Wigand. 3/4 ß

Gumprecht, Th. G., s. Gumprecht, Thaddäus Eduard

Gumprecht, Thaddäus Eduard

Gumprecht, T. E., Afrika, s.a. Stein, C. G. D., und F. Hörschelmann, Handbuch der Geographie und Statistik.

Gumprecht, T. E., und Otto **Delitsch** Afrika (Nebst Nachträgen und Ergänzungen von Otto Delitsch.) 7 Auflage Leipzig 1866. XII, 500 S.
= Handbuch der Geographie und Statistik Bd. 2 Abth 1 8°

Gumprecht, Th. G., Annalen d. niederschles. landwirthschaftl. Beamten-Vereins, s. Annalen.

Gumprecht, Th. G., s. Annalen, schles., der Landwirthschaft.

Gumprecht, T. E. Neuer Atlas der ganzen Erde, s. Wagner, K. Th.

Gumprecht, T. E.: Über Dr. H. Barth und Dr. Overwegs Begleitung . . ., s.a. Ritter, C.

Gumprecht, T. E., Barth und Overwegs Untersuchungs-Reise nach dem Tschad-See und in das innere Africa. 1. u. 2. Heft. Berlin 852. Schropp u. Co. gr. 8. (52; 211 S., 1 lith. Taf. u. 3 lith. Karten in gr. 8. u. Fol.) n. 1 ℳ

Gumprecht, Thaddäus Eduard· Die Bedeutung der Versteinerungen für die wissenschaftliche Erdkunde. (Vorlesung, gehalten im Wissenschaftlichen Verein zu Berlin am 16. Februar 1850 (Deutsches Museum 1851 1) (Berlin 1851) 19 S. 8°.

Gumprecht, Thaddäus Eduard Einige Beiträge zur Geschichte der Geognosie (Archiv für Mineralogie, Geognosie, Bergbau und Hüttenkunde. Bd. 23. Heft 2. S. 468—576.) (Berlin 1850.) 109 S. 8°.

Gumprecht, T. E, Beiträge z. geognost. Kenntniss einiger Theile Sachsens u. Böhmens. gr. 8. (15½ B. u. 9 Stnt.) Berlin, Posen u. Bromberg 835, Mittler.

— s.a. Berichte, landwirthschaftliche, aus Mittel-Deutschland.

Gumprecht, Th. G. „Landwirthschaftliche Berichte aus Mitteldeutschland, enthaltend das Neueste und Wissenswürdigste für Landwirthe; z. B. die Quintessenz der ökonomischen Tagesliteratur und Journalistik, der agrarischen Gesetzgebung, der Protokolle der landwirthschaftlichen Vereine, Berichte über den Stand der Früchte und Erndten, der Correspondenz und Mittheilungen aus verschiedenen Gegenden, Recensionen neuer Schriften, Empfehlungen gelungener und erprobter Versuche und Warnungstafel mißlungener, Anfragen und Beantwortungen, Beschreibungen interessanter Wirthschaften, Process- und Streitfragen, Intelligenz- und Adressnachrichten von vacanten Etablissements, Pachtungen etc.", 1.—18. Heft, Ilmenau und Weimar 1833 bis 1840 (Voigt).

Gumprecht, Thaddäus Eduard: Leopold v. Buch. [o. O. 1853.] 12 S. in: Sammelband: Biographica. 1831—1853. No. 8. 8°. [A 3715

Gumprecht, **T. E.** Geognostische Karte von Sachsen, Schlesien, einem Theile Böhmens und der Rheinlande in 30 Blättern. Zur östlichen und westlichen Erweiterung der geognostischen Karte vom nordwestlichen Deutschland des Prof. Fr. Hoffmann. Berlin 1836—1846.

Gumprecht, Thaddäus Eduard: Zur geognostischen Kenntniss von Pommern. ([S.-A.] Archiv für Mineralogie, Geognosie, Bergbau und Hüttenkunde. Bd. 20. S. 402—474.) [Berlin 1846.] 73 S. 8°.

– (Hrsg.), s. Landmann, Der, für Haus und Flur.

– die Mineralquellen auf dem Festlande v. Africa, besonders in Bezug auf ihre geognost. Verhältnisse. gr. 8. (215 S.) Berlin 851. G. Reimer. 1 Thlr.

– (Red.), s. Monatsberichte über die Verhandlungen der Gesellschaft für Erdkunde.

(Gumprecht, T. E.,) das osmanische Reich in Europa, Asien und Africa. Das Königreich Griechenland. 1 Bog. in gr. Fol. Leipzig 855, Hinrichs'sche Buchh. Thlr.

(——) das russische Reich. 1 Bog. in gr. Fol. Leipzig 855, Hinrichs'sche Buchh.

(——) die Königreiche Schweden und Norwegen. Das Königreich Dänemark und die Herzogthümer Schleswig, Holstein und Lauenburg. 1 Bog. in gr. Fol. Leipzig 855, Hinrichs'sche Buchh.

(——) statistische Tabelle und Zeittafel der Geschichte von Frankreich. 1 Bog. in gr. Fol. Leipzig 855, Hinrichs'sche Buchh.

(——) statistische Tabelle und Zeittafel der Geschichte von Spanien und Portugal. 1 Bog. in gr. Fol. Leipzig 855, Hinrichs'sche Buchh.

Gumprecht (T. E.). Die vulkanische Thätigkeit auf dem Festlande von Africa, in Arabien und auf den Inseln des Rothen Meeres. Berlin 1849. 8.

Gumprecht, Thaddäus Eduard: Geognostischer Ueberblick Deutschlands. (Zeitschrift des Vereins für deutsche Statistik. Jahrg. 2.) (Berlin 1847 u. 1848.) 61 S. 8°.

Gumprecht, Thaddäus Eduard: Ueber einige geognostische Verhältnisse des Grossherzogthums Posen und der ihm angrenzenden Landstriche. ([S.-A.] Archiv für Mineralogie, Geognosie, Bergbau und Hüttenkunde. Bd 19. S. 627—666.) [Berlin 1845.] 42 S. 8°.

– (Hrsg.), s. Zeitschrift für allgemeine Erdkunde.

Gumprecht, W. B. A., s.: Michelis, A.

Gumprecht, William, Referendar in Burgstädt ⟨Sachsen⟩: Die rechtliche Natur des Gepäckscheins. Borna-Leipzig 1904: R. Noske. (VIII, 43 S.) 8°
Leipzig, Jur. Fak., Diss. v. 15. Okt. 1904
[Geb. 12. Dez. 80 Kaiserslautern; Wohnort: Wurzen; Staatsangeh.: Sachsen; Vorbildung: Gymn. Rutheneum Gera Reife O. 00; Studium: Grenoble 1, Berlin 1, Leipzig 5 S.; Rig. 25. Jan. 04.]

GUMPRECHTS, J. C., Ergötzlichkeit der poetischen Neben-Stunden. Leipzig verl. D. Richter. 8°.
H. M. V. 1732. G 4a, s. l. f. n. p.

Gumprich, Bertha

Gumprich, Jos., geb. Meyer, vollständ. prakt. Kochbuch f. d. jüdische Küche. Selbstgeprüfte u. bewährte Rezepte z. Bereitg. aller Speisen, Getränke, Backwerke u. alles Eingemachten f. d. gewöhnl. u. fein. Küche. 2., bedeut. verm. u. verb. Aufl. gr. 8. (XIX, 251 S.) Trier 896. (F. Lintz.) n. 3.—

Vollständiges Praktisches Kochbuch für die jüdische Küche. Selbstgeprüfte u. bewährte Rezepte. Von Wittwe Joseph Gumprich [**Bertha Gumprich**], geb. Meyer. 3., bed. verm. u. verb. Aufl. *Trier: Kaufmann & Co. (1899).* (348 S.) 8° [F.] [oo. 610

Gumprich, Wwe. Jos. (Bertha), geb. Meyer, vollständiges prakt. Kochbuch f. die jüd. Küche. Selbstgeprüfte u. bewährte Rezepte zur Bereitg. aller Speisen, Getränke, Backwerke u. alles Eingemachten, für die gewöhnl. u. feinere Küche. 3., bedeut. verm. u. verb. Aufl. gr. 8. (VII, 348 S.) Trier (900). (F. Lintz.) Geb. in Leinw. n 4.—

Gumprich, Joseph, s. Gumprich, Bertha

Gumprich, Paul, approb. Arzt aus Hamburg: Ueber den **Zusammenhang** des Befundes im circulatorischen und respiratorischen Apparat bei der Chlorosis. *München 1901: Kastner & Lossen.* (48 S.) 8°
München, Med. Diss. v. 1901

Gumtau, Carl Friedr., die Jäger u. Schützen d. Preuß. Heeres. Was sie waren, was sie sind u. was sie sein werden. 2 Thle. gr. 8. Berlin, (Mittler.)
Thl. 1. Was sie waren. — Ihre Geschichte. (30³/₄ B. u. 1 ill. Abbild.) 834. 2 Thlr. 12 Gr.
2. Was sie sind. — Ihre gegenwärt. Dienstverhältnisse. (24 B., 7 B. Tab., 2 Stnt. Fol. u. gr. 8., u. Musikbeil. ½ gr. Fol.) 835. 2 Thlr. 12 Gr.

Gumtau, Carl Friedr., die Jäger u. Schützen d. preuß. Heeres. Was sie waren, was sie sind u. was sie sein werden. 3. Thl. Was sie sein werden. — Ihre dereinstigen Leistungen. (Nachtrag z. 1. u. 2. Thle. — Nebst e. Anh.) gr. 8. (33³/₄ B., ill. Titlbild u. 4 Pläne.) Berlin 838, (Mittler.)
1. u. 2. Thl. Ebendas. 1834, 35. 5 Thlr.

Gumtau, Karl Fr., die Jäger u. Schützen des Preuß. Heeres. Was sie waren, was sie sind und was sie sein werden. 1r Thl. Was sie waren. Ihre Geschichte. Mit 1 ill. Abbildd. gr. 8. Berlin 835. (Mittler.) 2½ Thlr — 2r Thl. Was sie sind. — Ihre gegenwärtige Dienstverhältnisse. Mit 1 ill. Abbild. Tabellen u. 2 Steintaf. gr. 8. Ebd. 835. 2½ Thlr — 3r Thl. Was sie sein werden. — Ihre dereinstigen Leistungen. Mit ill. Titelbild u. 4 Plänen. Nachtrag zum 1n u. 2n Thle. — Nebst e. Anhange. gr. 8. Ebd. 838. 3 Thlr (1—3. 8 Thlr)

Gumtau, Walther, pract. Arzt aus Pritzwalk: **Neuere Anschauungen über die Behandlung der Basedow'schen Krankheit.** *Berlin: W. Isleib 1901.* (39 S.) 8°
Berlin, Med. Diss. v. 30. Juli 1901

Gumtow, Albert, appr. Tierarzt aus Stolzenhagen: Aus d. Pharmakol. Institut d. Universität zu Gießen. Über den Chloroformgehalt der Organe während der Narkose. *Gießen 1904: v. Münchow.* (22 S.) 8°
Gießen, Veterinär-med. Diss. v. 1904

Gumtz, Paul, die Anordngn. des deutschen Kaisers gegenüber Militär u. Kriegsmarine u. ihre ministerielle Gegenzeichnung. (VI, 56 S.) 8. Schneidemühl 910. (Eichstädtsche Buchdruckerei.) (Nur direkt.) nn 1.50

Gumtz, Paul, Referendar: Die ministerielle Verantwortlichkeit bei Anordnungen des Kaisers auf dem Gebiete des Militärwesens und der Kriegsmarine. Schneidemühl 1910: Eichstädt. VI, 55 S. 8° ¶ (Ersch. auch als Buch ebd. u. d. T.: Die Anordnungen d. dtsch. Kais. gegenüb. Mil. u. Kriegsmar.)
Heidelberg, Jur. Diss. v. 21. April 1910, Ref. Jellinek
[Geb. 2. Nov. 79 Kolmar i. P.; Wohnort: Posen; Staatsangeh.: Preußen; Vorbildung: Realgymn. Frankfurt a. O. Reife M. 02; Studium: Berlin 1, Bonn 1, München 1, Königsberg 3 S.; Rig. 28. Febr. 10.] [U 10. 1881

Gůmůscheff, Nicolaus G., a. Karlovo ⟨Bulgarien⟩: **Der Kaufmannsbegriff** nach dem neuen **bulgarischen Handelsgesetz.** ⟨Ein Vergleich mit dem des Code de commerce und der beiden deutschen Handelsgesetzbücher.⟩ Heidelberg: Heidelberger Verlagsanstalt u. Druckerei 1907. (66 S.) 8°
Heidelberg, Jur. Fak., Ref. Schroeder, Diss. v. 1907
[Geb. 1. Aug. 80 Karlovo; Wohnort: Heidelberg; Staatsangeh.: Bulgarien; Vorbildung: Gymn. Philippopel Reife M. 00; Studium: Sofia 2, Berlin 1, Heidelberg 9, Genf 1 S.; Rig. 8. Aug. 07.]

Gumz, Max, appr. Arzt a. Lissow, Kr. Lauenburg in Pommern: Klinischer Beitrag zur Kenntnis des Mesenterial-Echinococcus. Greifswald 1900: H. Adler. (44 S.) 8°
Greifswald, Med. Fak., Ref. Friedrich, Diss. v. 29. Dez. 1906
[Geb. 8. Juni 78 Schwartow i. Pom.; Wohnort: Lissow, Kr. Lauenburg i. P.; Staatsangeh.: Preußen; Vorbildung: Gymn. Neustadt i. Westpr. Reife M. 99; Studium: Berlin 3, Würzburg 1, Breslau 1, Greifswald 5 S.; Coll. 20. Nov. 06; Approb. 1. Nov. 05.]

Gunckel, Fr. Wilh., s. Sammlung der auf d. Forst-, Jagd- u. Fischereiwesen in Kurhessen Bezug habenden Landes-Ordnungen.

Gunckel, Heinrich [aus Altmorschen]: Über einen Fall von Pseudo-Hermaphroditismus femininus. (Aus d. patholog. Institut zu Marburg.) ... Marburg, Univ.-Buchdr. (R. Friedrich), 1887; 1 Bl. + 33 + 1 S. + 1 Bl. u. 1 Taf. 8°
Marburg, Med. Fak., Inaug.-Diss. v. [15. Aug.] 1887

Gunckel, Heinr., über einen Fall von Pseudo-Hermaphroditismus femininus. [Aus dem patholog. Institut zu Marburg.] gr. 8. (34 S. mit 1 Taf.) Marburg 887, Elwert's Verlag. *

Gunckel, Justus H.

1785. * Entfernungen ohne Instrument durch bloſse Rechnungen zu finden, eine Aufgabe nebſt der Auflöſung. Frankfurt u. Leipzig, 8. 32 S. m. 2 Kpft. u. eine Tabelle für die Winkel, deren Sehnen bey einem Halbmeſſer von 30 Schuh in Zehendel eines Schuh wachſen, (von *Juſt. H. Gunckel.*)

Gunckell, Adolf, a. Ronshausen bei Bebra: Nachweis der Entstehung von Jonen bei Bildung und Zerfall von Ozon, und aus einigen anderen Gasen. Marburg 1905: R. Friedrich. (VIII, 47 S.) 8°
Marburg, Phil. Fak., Ref. Richarz, Diss. v. 10. Febr. 1905
[Geb. 10. Apr. 80 Schwarzenhasel, Kreis Rotenburg; Wohnort: Marburg; Staatsangeh.: Preußen; Vorbildung: Realgymn. Cassel Reife O. 01; Studium: Berlin 2, München 1, Berlin 1, Marburg seit O. 03; Rig. 18. Jan. 05.]

Günczy: W a n d k a r t e der österreich.-ungarischen Monarchie, s. D o l e z a l

Gund, J. J., die Malerey der Griechen ic. 8. Dresden, Walther. 810.

Gundacker's v. Judenburg Christi Hort, hrsg. v. J. Jaksche, s.a. T e x t e, deutsche, des Mittelalters. XVIII.

Gundackers von Judenburg Christi Hort aus d. Wiener Hs. hrsg. von J. Jaksche. Mit 1 Taf. Berlin: Weidmann 1910. XVIII, 91 S. 8°
(Deutsche Texte d. Mittelalters. Bd 18.)

Gündchen, das selige, u. d. Liebe auf der Gartenmauer, s. Alexis, der Wanderer.

Gundel, Guilelm., de stellarum appellatione et religione romana, s.a. V e r s u c h e u. V o r a r b e i t e n, religionsgeschichtliche. III, 2.

Gundel, Guilelmus, Argentoratensis: De stellarum appellatione et religione Romana. Pars prior. Numburgi ad Salam: Lippert 1906. (125 S.) 8° ¶(Erscheint vollst. in: Religionsgeschichtl. Versuche u. Vorarbeiten Bd 3, T. 2.) *
Gießen, Phil. Fak., Ref. Wünsch, Diss. v. 29. März 1906
[Geb. 26. Aug. 80 Straßburg i. E.; Wohnort: Gießen; Staatsangeh.: Elsaß-Lothringen; Vorbildung: Gymn. Mainz Juli 99; Studium: Heidelberg 2, Gießen 6 S.; Rig. 5. Okt. 03.]

De stellarum appellatione et religione Romana scripsit Guilelmus **Gundel.** Gissae: A. Toepelmann 1907. (160 S.) 8°
[Ein T. erschien als Inaug.-Diss. Giessen 1906.]
= **Versuche,** Religionsgeschichtl., u. Vorarbeiten. Bd 3, H. 2. [07. 4156]

Gündel, Alexander: Vogtei Groitzsch und Geleitsamt Pegau von der Mitte des XIV. bis zum Ausgange des XV. Jahrhunderts. Ein Beitr. z. Geschichte d. sächs. Ämterverwaltung. Rudolstadt 1910: Mitzlaff. XI, 148 S. 8° ¶(Ersch. vollst. u. d. T.: Landesverwaltung u. Finanzwesen in d. Pflege Groitzsch-Pegau v. d. Mitte d. 14. bis z. Mitte d. 16. Jhs., als: Bibliothek d. sächs. Gesch. u. Landesk. Bd 2, H. 2.)
Leipzig, Phil. Diss. v. 21. Juni 1910, Ref. Lamprecht, Seeliger
[Geb. 17. Juli 81 Dresden-Striesen; Wohnort: Leipzig; Staatsangeh.: Sachsen; Vorbildung: Fletschersches Sem. Dresden bis O. 02, Wahlfähigk. Nov. 04; Studium: Leipzig 6 S.; Rig. 19. Juli 09.] [U 10. 3142]

Zur Organisierung der Geistesschwachen-Fürsorge. Von Dr. phil. A[lvin] **Gündel,** Rastenburg. Halle a. S.: C. Marhold 1906. (190 S.) 8° [07. 6...]

Gündel, Alwin, Leben u. Wirken E. Chr. Trapp's. Diss. gr. 8. (53 S.) Leipzig 892. (Kössling.) n. 1. —

Gündel, *Robert* Alwin *Theodor* [aus Kamenz i. S.]: Leben und Wirken E. Chr. Trapp's ... Leipzig, Druck v. A. Mehnert, 1892; 53 S., 1 Bl. 8.
Leipzig, Phil. Fak., Inaug.-Diss. v. [21. Mai] 1892

Freimaurerei und Staat. Vortrag von Edm. Gündel, gehalten in der Versammlung der Grossen Landesloge von Sachsen zu Dresden am 27. März 1909. [Dresden 1909: Ulrich.] 16 S. 8° [Kopftit.]
cf. L. 32 (1909) S. 304 (P. Fischer); MittS. 213 (1909) S. 4—6 der 1. Pag.

[F.] **Gündel,** *Gustav* Edmund: Edgar Allan Poe. E. Beitr. z. Kenntnis u. Würdigg d. Dichters. Freiberg, Gerlachsche Buchdr., 1895; 36 S. 4.
Freiberg, st. RG, OP 1895 (566)

Gündel, Frdr., zur Geburtstagsfeier Sr. Maj. d. Königs v. Sachsen. Bekannte Gesänge u. Festgedichte zum Vortrage in Stadt- u. Landschulen f. Lehrer u. Kinder. gr. 8. (14 S.) Leipzig 883. M. Schäfer. — 25

Gündel, Fridericus *Hermannus* [Lipsiensis]: De legione II. Adiutrice ... Lipsiae, typ. O. Brandstetteri, 1895; 87 S., 1 Kt. 8.
Leipzig, Phil. Fak., Inaug.-Diss. v. [1. Juli] 1895

Gündel, Friedrich Hermann, s.a. G ü n d e l, Friedrich

Gündel, Frdr. Herm., deutsche Geschichte in deutschen Gedichten. Gesammelt u. hrsg. 8. (IV, 144 S.) Zwickau 878. Beyer. n. 1. —

Gündel, Fr. Herrm., Handfibel, das ist Elementarbüchlein für d. vereinigten Sprech-, Sprach-, Lese-, Schön- u. Rechtschreib-Unterricht. gr. 8. Adorf 838. Verlags-Bureau. n. 1/12 ℔

— Lehrbuch d. christlichen Religion für Elementar-Volksschulen, in neuer sach- u. zeitgemäßerer Auswahl, Ordnung u. Folge der Materie. 1r u. 2r Cursus. Auch u. den T.: Erster Religionsunterricht, d. i. Anregung, Belebung u. Bildung des moralisch-religiösen Gefühles in Bibel- u. Denksprüchen. — Die Hauptsätze der christl. Glaubens- u. Tugendlehre für die 2e Abthl. einer Volksschule. 8. Meißen 839. Goedsche. 3/8 ℔

— der kleine Tafelrechner, oder Lehrgang zu Einübung der 4 Grundrechnungsarten, gleich- und ungleichbenannter, ganzer Zahlen. gr. 12. Grimma 838. Verlags-Comptoir. n. 1/12 ℔

(——) Fazit-Büchlein hierzu. gr. 12. (1 B.) Ebds. 838.

Gündel, Fritz: Coniectanea Lucianea. *Leipzig 1897.*
in: Beiträge, Philologisch-histor., C. Wachsmuth z. 60. Geburtstage überreicht. [97. 3344]

Gündel, Gustav Edmund, s. G ü n d e l , Edmund

Guendel, Martinus, Dresdensis: De Ciceronis poetae arte capita tria. Lipsiae 1907: R. Noske Bornensis. (81 S.) 8°
Leipzig, Phil. Fak., Ref. Heinze-Lipsius, Diss. v. 23. Aug. 1907
[Geb. 27. Juli 84 Dresden; Wohnort: Dresden; Staatsangeh.: Sachsen; Vorbildung: Kreuz-Gymn. Dresden Reife O. 03; Studium: Leipzig 7 S.; Rig. 18. Juni 07.]

Gündel, Robert Alwin Theodor, s. G ü n d e l , Alwin

Gundelach, Carl, s. G u n d e l a c h , Karl

Gundelach, Emil: Katalog über chemische Apparate. Gehlberg 1908

Gundelach, Emil: Preisliste »Physik«. Ausg. Juni 1909 Nr 68. Nebst Nachtr. 1912. Gehlberg i. Th. 1909—12

Gundelach, Ernst

Gundelach, Exerzier-Reglement u. Festungskrieg. (III, 166 S.) gr. 8. Berlin 907. R. Eisenschmidt. 3.—; geb. in Leinw. 4.—

Gundelach, Festung u. Feldarmee im Kriege 1870/71. gr. 8. (III, 132 S. m. 1 Karte.) Berlin 902. R. Eisenschmidt. n. 2. 40

Gundelach, Ferd. Wilh., Nachtrag zur Naturgeschichte der Honigbienen. 8. (IV u. 47 S. m. 1 lith. Taf. in qu. 4.) Cassel 852, Bohné. n. 1/3 ß

Gundelach, Fd. Wlh., die Naturgeschichte der Honigbienen, durch langjähr. Beobachtungen ermittelt. 8. (Mit 1 Steintaf.) Cassel 842, Bohné. 3/8 ß

Jo. Ehregott Gundelach analecta literaria medicinam forensem spectantia, diss. inaug. Rostoch. 1817. 8.

Gundelach, Jh. Chr., († d. 23. Oct. 1814.), s. Anmerkk. über d. Verbesser. d. Justizwesens.

— die moralische Vergleichung nach dem Muster Plutarchs. 4. Jena 760.

Gundelach, Jh. Dn., († d. 6. März 1818.) die Vortheile langwieriger Krankheiten; e. Standrede. 4. Jena 769.

Gundelach, Karl

Gundelach, Carl [cand. med. aus Koburg]: Über gesunde und kranke Cilien. . . . München, *Verl.-Anst. vorm. G. J. Manz,* 1891; 16 S. 8°
München, Med. Fak., Inaug.-Diss. v. 1891

Gundelach, Karl (Kassel)
Untersuchung der Schweinegalle.
[In: Annalen d. Chemie u. Pharmacie Bd 62 (1847) 205.]
Dr. phil. Giessen 12.6.1846.

Gundelach, Nik., der Wahrheitsspiegel f. d. Philosophie im Allgemeinen u. f. d. Afterphilosophie insbesondere. 8. Berl. 804. (Sander). 6 K

Gundelach, Otto

Gundelach, O., Briefsteller f. Handwerker u. Geschäftsleute, s.: Hanow, A.

Gundelach, O., Musterbeispiele f. den schriftl. Verkehr, s.: Hanow, A.

— der schriftliche Verkehr des Kaufmanns u. Gewerbetreibenden, s.: Hanow, A.

Gundelfingen. Im Jahre 1826. Vom K. Steuer-Kataster. 1 : 2,500. 1 Bl.

Gundelfinger, Friedrich
Pseud.: Friedrich Gundolf

Gundelfinger, Friedrich, aus Darmstadt: **Caesar in der deutschen Litteratur.** *Berlin 1903: C. Salewski.* (42 S.) 8° ¶ (Erscheint vollst. in: Palaestra, H. 33.)
Berlin, Phil. Diss. v. 20. Juni 1903

Gundelfinger, Frdr., Caesar in der deutschen Literatur, s.a. **Palaestra. XXXIII.**

Caesar in der deutschen Literatur. Von Dr. Friedrich **Gundelfinger.** *Berlin: Mayer & Müller 1904.* (VI, 129 S.) 8°
— **Palaestra.** 33. 04. 3816 10

Fortunat. (Vier Gesänge.) Von Friedrich Gundolf [d. i. Friedrich **Gundelfinger**]. (Mit Titelzeichn. von Ernst Gundolf. [Berlin]: Blätter f. d. Kunst 1903.) 66 S. 8° A 12. 5523

— s.: Goethe im Gespräch.

Gundolf, Frdr., s.: **Jahrbuch f. die geistige Bewegung.**

Gundelfinger, Frdr., s.a. **Romantiker-Briefe.**

Gundelfinger, Friedrich. Romantiker-Briefe. Hrg. von F' G'. [Mit 1 Porträt-Tafel.] IV + XVIII + 512 S. 8. Jena, Eugen Diederichs, 1907. [M. 7.—]
Darin S. 35. 133. 152 f. 181. 208. 270 f. 394 f. 400. 407. 409. 413. 417. 445. 467 f. etc. über Schweizer (Johannes [von] Müller, Rousseau, Mad. de Staël *u. a.*).

Zwiegespraeche von Friedrich **Gundolf.** Berlin: Blaetter f. d. Kunst 1905. (49 S.) 8° [F.] 07. 3970

Gundelfinger, Jac., die russische Währung. gr. 8. (31 S.) Wien 893. Manz. n. —80

Gundelfinger, P., s. Handelsgesetze des Erdballs: Bolivien.

Sechsstellige Gaussische und siebenstellige gemeine Logarithmen von S[igmund] **Gundelfinger.** *Leipzig: Veit & Co. 1900.* (31 S.) 4° 00. 10510

Gundelfinger, S., sechsstellige Gaussische u. siebenstellige gemeine Logarithmen. 2., durch e. Ergänzungstabelle verm. Aufl. 4. (IV, 31 S.) Leipzig 902. Veit & Co. In Leinw. kart. n. 2. 80

Gundelfinger, S., s. Hesse, Otto, Vorlesungen über analytische Geometrie des Raumes.

Gundelfinger, S., u. A. M. **Nell,** Tafeln zur Berechnung neunstelliger Logarithmen mittelst e. neuen Interpolationsmethode. Mit erläut. Nachwort. Lex.-8. (60 S.) Darmstadt 891. Bergsträsser Verl. n. 2. —

Tafeln zur Berechnung der reellen Wurzeln sämtlicher trinomischer Gleichungen. Hinzugefügt sind vierstellige Additions-, Subtraktions- u. Briggische Logarithmen sowie e. Interpolationstaf. f. alle Differenzen unter hundert v. Prof. Dr. S[igmund] **Gundelfinger.** *Leipzig: B. G. Teubner 1897.* (2 Bl., 15 S.) 1 Bd 4. 97. 816

Gundelfinger, S., zur Theorie des simultanen Systems e. cubischen u. e. biquadratischen binären Form. Inauguralschrift. Stuttgart 869. (Tübingen, Fues.) gr. 4. (44 S.) n. 18 *ngr.*

— Vorlesungen a. d. analytischen Geometrie d. Kegelschnitte. Hrsg. v. Frdr. Dingeldey. M. i. d. Text gedr. Fig. u. e. Anh., enth. Aufgaben u. weit. Ausführgn. gr. 8. (VII, 434 S.) Ebd. 895. n. 12. —

Gundelfinger, S., Vorlesgn. a. d. analytischen Geometrie der geraden Linie usw., s.: **Hesse, Otto.**

Gündell, William Hounsell, die Feuerwaffen der Königl. Hannoverschen Infanterie, ihre Einrichtung, Behandlung u. ihr Gebrauch. Als Leitfaden beim Ertheilen v. Unterricht in den Regiments- u. Compagnie-Schulen u. zum Selbstunterrichte. Nebst einem Anh. über das Zündnadel-Gewehr. Mit 130 (eingedr.) Orig.-Holzschn. u. 3 lith. Taf. gr. 8. (VIII u. 208 S.) Hannover 852, Hahn. 1 1/6 ℛ

Gundelsheim, s : **Württemberg. Höhenkurvenkarte.**

Gundelwein, F., der Billigheimer Purzelmarkt, s.: Sonderdrucke des „Pfälzerwaldes". I.

Günder, Alfons, Rechtsprakt.: Die rechtliche Natur der Wandelung. Würzburg 1904: Fränkische Gesellschaftsdruckerei. (49 S.) 8°
Würzburg, Jur. Fak., Ref. v. Burckhard, Diss. v. 8. März 1905
[Geb. 30. April 82 Ullstadt; Wohnort: Würzburg; Staatsangeh.: Bayern; Vorbildung: Gymn. Kitzingen Reife Juli 01; Studium: Würzburg 6 S.; Rig. 2. Nov. 04.]

Günder, Edmund, a. Ullstadt (Mittelfranken): Ein Sarkom mit Epitheleinschlüssen, ein Beitrag zu der Lehre von den sogenannten atypischen Epithelwucherungen. Würzburg 1904: P. Scheiner. (36 S.) 8°
Würzburg, Med. Fak., Ref. v. Rindfleisch, Diss. v. 19. Sept 1904
[Geb. 16. Sept. 78 Ullstadt; Wohnort: Ullstadt; Staatsangeh.: Bayern; Vorbildung: Gymn. Würzburg Reife Juli 96; Studium: Würzburg, München 1, Würzburg 8 S.; Coll. 29. Juli 04; Approb. 8. März 04.]

Günder, Johann Gottfried

De philologia apud Graecos commentationem scrips. Joan. Godofredus Guender, G. P. — 1860. Ibid. — S. 3—30.
Progr. Dillingen

Günder, Karl: Das Institut der laudatio auctoris in seinen Beziehungen zum germanischen Eviktionsprocesse. Würzburg, Druck der Thein'schen Druckerei (Stürtz), 1883. 8. 103 S.

Gunderlich, Arnold, die Fischvermehrung bis in's Unendliche durch die künstliche Befruchtung des Rogens mittelst der Milch. Nach dem eigenthümlichen, selbsterfundenen Verfahren des französischen Fischers Remy. Aus dem Französ. nach den von genanntem Erfinder dem Dr. Haro gemachten und in dessen „Guide de Pisciculteur" niedergelegten Angaben und mit Benutzung einiger andern einschlägigen Materialien zusammengestellt. Mit 11 lith. Abbildgn. Weimar 854. Voigt. 12. (VIII, 95 S. u. 3 Taf. in gr. 8.) 10 ngr

Gunderlich, A., die Fischvermehrung bis in's Unendliche durch die künstliche Befruchtung des Rogens mittelst der Milch. Nach dem eigenthümlichen selbsterfundenen Verfahren des französ. Fischers Remy. Aus dem Französ. ꝛc. und mit Benutzung einiger andern einschlägigen Materialien zusammengestellt. 2. verm. Aufl. Mit 20 lith. Abbildungen. Weimar 861. Voigt. 12. (VIII, 110 S. u. 8 lith. Taf.) 10 ngr

Gunderlich, A., die Fluß-, Bach- u. Teich-Fischerei, siehe: Boccius, Gottl.

Gundermann, E., Biologien heimischer Schmetterlinge, s.: **Ihle, Paul.**

Gundermann, Erich [aus Gutschdorf in Schles.]: Ueber das Monobromphenylchlorphosphin und dessen Derivate ... Rostock, Univ.-Buchdr. v. Adler's Erben, 1894; 38 S., 1 Bl. 8.
Rostock, Phil. Fak., Inaug.-Diss. v. [2. Juni] 1894

Gundermann F. W.: Die Cultur v. Zuckerrüben (*Beta cicla*) in künstlich gemischten Bodenarten. Diss. Leipz. 1868. 20 S. P.

Gundermann, Ferd., Chronik der Stadt Eilenburg. Nach den Quellen bearb. Mit einem Bildnisse des Verf. u. Martin Rinckart's. gr. 8. (X, 415 S. m. 1 Photogr. u. 1 Karte.) Eilenburg 879. Becker. n. 5. —

Gundermann, Gottholdus: Quaestiones de Iuli Frontini strategematon libris ... (Aus: Jahrb. f. class. Philol. Suppl. B. XVI.) Lipsiae, typ. B. G. Teubneri, 1888; 2 Bl. + S. 810—860. 8°
Jena, Phil. Fak., Hab.-Schr. v. 1888

Gundermann, Gotthold, Dr., Prof. d. klass. Philol.: Die Zahlzeichen. *Giessen 1899: v. Münchow.* (50 S.) 4°
Giessen, Progr. zum Ludwigstage 1899

Gundermann, Ghold., die Zahlzeichen. Progr. gr. 4. (50 S. m. 13 Fig.) Giessen 899. (J. Ricker.) n. 2. —

Gundermann, H. Ch. F., Anleitung, ohne viele Mühe auch dem kleinsten Kinde das Geschriebene lesen zu lehren, nebst einer kurzen Uebersicht der Sprachtheile u. der Rechtschreibung einzelner Sylben, als ein Hülfsbüchlein für Kinder. 8. Nordhausen 833. Köhne. 1/6 ℛ

Gundermann, H. Ch. F., Fibel für d. Elementarunterricht im Rechnen, als gründl. Vorschule zum Tafelrechnen, in stufenmäßig fortschreit. Reihenfolgen. 8. Nordhausen 831. Fürst. 3 gGr

Gundermann, Josef Ignaz

Gundermann, Ign., über die Einstimmigkeit der Geschwornen. Beitrag zu Geschichte u. Verständniss des Schwurgerichts. gr. 8. (212 S.) Munchen 849. Franz. 1 ℛ

GUNDERMANN, Ignaz (Burgwindheim): Geschichte der Entstehung der Jury in England und deren leitender Gedanke. Ein germanistischer Versuch.- München: Rösl 1847. VI,85 S.
19.8.1848 - Urk (Titel: De origine et indole patriae juratae.); F 49
Diss. Ingolst.-Landsh.-Mchn.

— Geschichte der Entstehung der Jury in England u. deren leitender Gedanke. Ein germanist. Versuch. gr. 8. (VI u. 85 S.) München 847. (Franz.) n. 16 ngr

Gundermann, Jos. Ign., englisches Privatrecht. 1. Thl. Die Common law. A. u. d. T.: Besitz und Eigenthum in England. Tübingen 864. Laupp. gr. 8. (XXXVI, 508 S.) 3 ℛ

Gundermann, Richteramt u. Advokatur in England mit Vergleichung continentaler Zustände. München 870. Franz. gr. 8. (XXIV, 68 S.) n. 16 ngr

Gundermann, Julius, appr. Arzt: Ueber Paraffinprothesen in der Rhinologie. Würzburg 1909: Staudenraus. 32 S. 8°
Würzburg, Med. Diss. v. 22. Dez. 1909, Ref. Enderlen
[Geb. 4. Juni 76 Busenborn; Wohnort: Würzburg; Staatsangeh.: Hessen; Vorbildung: Gymn. Offenbach Reife M. 99; Studium: Gießen Tierheilk. 7, Med. 1, Straßburg 3, Würzburg 3 S.; Coll. 24. Nov. 09; Approb. 16. April 07.]
[U 10. 4349

Gundermann, Karl: Über jodbindende Systeme in den Eiweissspaltkörpern. Würzburg 1909: Stürtz. 57 S. 8°
Würzburg, Phil. Diss. v. 30. Jan. 1909, Ref. Manchot
[Geb. 8. Febr. 82 Würzburg; Wohnort: Würzburg; Staatsangeh.: Bayern; Vorbildung: Realgymn. Würzburg Reife Juli 03; Studium: Würzburg 10 S.; Rig. 22. Dez. 08.]
[U 09. 4164

Gundermann, Paul, approb. Arzt aus Weimar: **Aus d. pathol. Institute zu Kiel. Über umschriebene Ektasie der Speiseröhre über dem linken Bronchus.** *Kiel 1901: H. Fiencke.* (14 S.) 8°
Kiel, Med. Diss. v. [7. März] 1901

Gundermann, Wilhelm *Albert Julius Heinrich* [aus Gutschdorf in Schles.]: Quantitative Untersuchungen über die Bildung von Crotonsäure und Isocrotonsäure aus einigen β-Derivaten der Buttersäure ... Leipzig, Druck v. M. Hoffmann, 1893; 26 S., 1 Bl. 8.
Leipzig, Phil. Fak., Inaug.-Diss. v. [21. Juni] 1893

Gundermann, Wilhelm, appr. Arzt: Ueber das Verhalten der Reflexe bei Querschnittsläsionen des Rückenmarks an der Hand zweier Fälle von Fraktur der Halswirbelsäule. Leipzig 1905: B. Georgi. (63 S.) 8°
Leipzig, Med. Fak., Ref. Trendelenburg, Diss. v. 31. Juli 1905
[Geb. 13. Mai 78 Kahla i. Th.; Wohnort: Kahla; Staatsangeh.: S.-Altenburg; Vorbildung: Gymn. Eisenberg S.-A. Reife M. 96; Studium: Jena 5, Leipzig 5 S.; Coll. 2. Aug. 05; Approb. 10. Apr. 05.]

Gundermann, Wilhelm Albert Julius Heinrich, s. G u n d e r m a n n , Wilhelm

Gunderode, s. G ü n d e r o d e

Günderode, Die [Sachliches OW], s.a. A r n i m , Bettina von: Die Günderode.

Günderode, Die. Ein Briefwechsel. Grünberg 1840. H: *Arnim, Cath. Elisabeth Ludovica Bettina Magd. v. geb. Brentano.* (EK)

Günderode, die, Bettina. (Ein Briefwechsel.) 1r u. 2r Thl. gr. 12. Grünberg 840. Levysohn. n. 4 1/2 ß

--and Arnim, Bettina v. Günderode. [Tr: Margaret Fuller]. Boston, 1842.

Günderode, die. Ausg. v. 1840. gr. 8. (VIII, 442 S.) Berlin 890. Hertz. n. 4. —; geb. in Leinw. n. 5. —; in Halbkalbldr. n. 7. —

Günderode, Friedrich Justinian

v. Günderode, Frhrr. Fr. Justinian I., genannt Kellner, († d. 16. Mai 1785.) Beschreibung e. Reise aus Deutschland durch e. Theil von Frankreich, England u. Holland. 2 Thle. 8. Bresl. 783. (Gosohorsky). 1 ß 12 K

Günderode, Friedrich Justinian, s. B e s c h r e i b u n g e. Reise d. e. Theil d. Schwarzwaldes.

v. Günderode, Fr. Just., s. 1) Beständigkeit. 2) Frau, die gelehrte. 3) Mariane.

– s. B r i e f e e. Reisenden über d. Zustand v. Cassel.

– s. F r a g m e n t e zur Kenntnis d. Menschen.

– s. G e d a n k e n über Reisen.

– s.a. L u d w i g d. Friedsame.

Günderode, Fr. Just. v., Ludwig der Friedsame, Landgr. von Hessen. Ein Bruchstück der Geschichte. 8. Frst. Hermann. 784.

Günderrode, F. J. von, u. M. B. Borkhausen, die Pflaumen, s. Pflaumen.

– s.a. V e r s u c h e. Beweises über d. phys. Kenntn. d. Pferde.

[**Günderode,** Fr. Just. v.]: V e r s u c h eines Beweises über die phisiognomische Kenntniss der Pferde. Frankfurt a. M. 1778. 42 S.

Günderode, Friedr. Just. v., s.: Vorschläge z. Verbreitung etc.

Günderode, Hektor Wilhelm

v. GÜNDERRODE, H. W.: Abhandl. üb. Gegenstände a. d. Rechtsgelehrsamk. u. Geschichte. *Dessau,* Gelehrt. Buchhandl. 782. 8.

v. Günderode, Frhrr. Hektor Wlh., gen. v. Kellner, († d. 16. Mai 1786.) Abhandl. über Gegenstände d. Rechtsgelehrsamkeit u. Geschichte. 8. Dessau 787. (Barth in Leipz.) 15 K

— Abhandl. von d. Staatsverfassung d. deutschen Reichs unter d. Regierung Otto I. 8. Frankf. u. Leipz. (Cassel) 775. Krieger. 5 K

v. GÜNDERODE, H. W.: Beantwort. d. Frage: Ob d. Indossat geg. d. Indossanten weg. eines mit Protest zurückgekomm. Wechsels, nach Wechselrecht klagen könne. *Giessen.* 788. 8.

— Beiträge zur Rechtsgelehrsamkeit, Geschichte u. Münzwissenschaft. 8. Gießen (Cassel) 778. Krieger. 8 K

Günderode, Hektor Wilhelm, s.a. G e s c h i c h t e d. Röm. Königs Adolph.

(v. Günderode, H. W.) Geschichte des römischen Königs Adolph von Nassau 8. Frankfurt 1770. — 8. ib. 1779. 1,00.

– s. H o l b e r g , L. von: Einleitung in d. Weltgeschichte.

— Idyllen. 8. Carlsr. Macklot. 771.

— Preisschrift von d. vornehmsten Ursachen, welche den Verfall d. geograph. Eintheilung d. deutschen Reichs, besonders d. Rhein. Länder in Gauen veranlaßt haben. gr. 4. München 776. (G. Franz). 3 K

— Versuch in Idyllen. Mit einer Vorrede von J. L. Böckmann. 8. Karlsr. 772. Macklot. 3 K

— sämmtl. Werke aus d. deutschen Staats- u. Privatrechte, der Geschichte u. Münzwissenschaft, herausgeg. von Er. L. Posselt. 2 Thle. gr. 8. Leipz. 787, 88. (Aue in Altona). 3 ß

v. Günderode, Jh. Ant. Mor., Magazin f. d. Mittelrheinischen Rechte u. Geschichte. 2 Hfte. 8. Frankf. a. M. 803.

— s. Versuch e. Einleitung in d. Staatsverfass.

Günderode, Joh. Max von

Günderrode, Joh. Max. v.: Abhandlung des Teutschen Staats-Rechts, worinnen alle Materien nach Maßgabe der Reichs-Gesetzen . . . vorgestellet werden. Giessen 1743.

Günderode, J. Max. v., Abhl. des deutschen Staatsrechts &c. 8. Gießen. Krieger. 743.

Günderode, Karl von

FAUSTINS B r i e f e (von *Carl v. Güntherode*). Bdchn. 1 (einz.). Mit Titelkpf. (Portrait der Caroline v. Güntherode). Berlin (Salzburg, Mayr) 1785. 8°. 226 S.
U. A.: M i t t e l w i d e r d i e U n z u c h t , aus dem Leben des heil. Ignatius. — Blutige Hostien zu Wolfsberg. — etc. Cat. Cammerer II. Erlang. 1796. 8°. p. 176; Weller, fing. Dr. (1 Mk. 80 Pfg. G. Priewe, 1895.)
— — Dasselbe. O. O. (Grätz) 1785. 8°. (Im British Museum.) Im Anon.-Lex. I. p. 271 wird als Vf. „Carl Frhr. v. G ü n d e r o d e" genannt (nach Kayser u. Meusel).

Günderode, Karl von, s.a. F a u s t i n ' s Briefe.

Günderode, Karl von, s.a. Gesetzbuch, das Römische.

[Günderrode, Karl Frh. v.]: Das römische Gesetzbuch. [Nebst] Anh. Frankfurt u. Leipzig 1787—88. 4 Bde

Anh. [u. d. Tit.:] Die römische Religionskasse. Th. 1—3. Karlsruhe 1787—88.

RELIGIONSKASSE, Die römische. Ein Anhang zum römischen Gesetzbuch (,) oder die in Teutschland noch zu wenig bekannten Grundsätze des römischen Hofes (von *Karl* Frhrn. *v. Güntherode = Günderode*). 3 Bde. Mit satyr. Kupfervignetten. Karlsruhe (Volke in Wien) 1787—88. 8⁰. (Im British Museum.) (6 Mk., zus. mit dem „Röm. Gesetzbuch" v. 1787, A. Bielefeld, 1883.)

In scharfer Weise gegen das Papstthum und die kathol. Geistlichkeit, sowie gegen kirchliche Missbräuche gerichtet. Anon.-Lex. III. p. 372 (nach Meusel, Engelmann, Weller, Wurzbach u. Kayser).

Günderode, Karoline von

v. Günderode, Karol., († 1806.) s.a. Tian.

Günderode, Karoline, and Arnim, Bettina v. Corr of Fräulein v G. and Bettina v A. Tr: Margaret Fuller and Mrs. Minna Wesselhoeft. Bost, 1861.

Günderode, Karoline v., gesammelte Dichtungen. Zum ersten Mal vollständig herausg. durch Friedr. Götz. Nebst dem (lith.) Brustbilde der Dichterin u. ihrem Grabsteine. Mannheim 857. Götz. gr. 4. (X, 78 S.) n. 1 ℛ 25 ngl

Guenderode, Karoline v., s.a. Melete.

Melete. Von Ion (d. i. Karoline v. **Günderode**). Heidelberg bey Mohr u. Zimmer 1806. (Hrsg. von Dr. Leopold Hirschberg.) Berlin: M. Harrwitz 1906. (VIII, 80 S.) 8⁰ [F.] [[illegible]] 4

v. Günderode, Frhrr. Ph. Max., Holm, genannt Salomo. 8. Dessau u. Leipz. 783.

* **HOLM**, genannt Salomo. (Zahme Liebesgeschichte in 7 Büchern, in Versen von *P. M. v. Günderrode.)* Ostermesse 1783. in der Buchhdlg. der Gelehrten. gedr. in Offenbach mit Weißischen Schriften. 8⁰.

Tit., 1 Bl. Vorw. (unter dem sich Vf. nennt), 128 S. Nirgends citirt, sehr selten! — Fehlt im Anon.-Lex.

— — Dasselbe, tit.: Des ehrbaren und tugendsamen Ritters Holm genannt Salomo Liebes und Heldengeschichte in sieben Büchern besungen. Jubilatemesse 1785. in der Buchhandlung der Gelehrten. Gedruckt in Offenbach mit Weissischen Schriften. 8⁰. 1 Bl., 128 S., 1 Bl. Druckf.

Mart. Breslauer's Berliner Oct.-Auct. 1910, no. 1264.

Günderrode, s. Günderode

Gundert, s.: Blätter, neue, aus Süddeutschland f. Erziehung u. Unterricht.

Gundert, E., die biblische Geschichte zum Gebrauch f. Lehrer. Mit e. Vorwort v. Karl Burk. gr. 8. (VIII, 564 S.) Calw 885. Vereinsbuchh. n. 4. —; geb. n. 5. —

Gundert, E., die biblische Geschichte zum Gebrauch f. Lehrer. 2., durchgeseh. Aufl. gr. 8. (576 S.) Calw u. Stuttgart 894. Vereinsbuchh. n. 4. —

Gundert, Gustav, approb. Arzt aus Stuttgart: Die **Häufigkeit** des Vorkommens der Mastitis puerperalis an der Würzburger Universitätsfrauenklinik in den Jahren 1889—1899. *Würzburg 1900: P. Scheiner.* (28 S.) 8⁰

Würzburg, Med. Diss. v. 1900

Gundert, H., die Geschichte der neuesten Zeit 1815—1877, s.: Redenbacher, W., Lesebuch der Weltgeschichte.

Gundert, Herm., aus dem Briefnachlaß. (560 S. m. Bildnis.) gr. 8. Calw u. Stuttgart 907. Vereinsbuchh. n. 4. —; geb. n. 5. —

Gundert, Herm., s.: Christianen's Denkmal.

Gundert, H., zur Erinnerung an Gottfr. Weigle u. Pauline Bacmeister. 8. (32 S.) Basel 884. Missionsbuchh. n — 20

Gundert, H., Gowinda, der Elefantenführer. Ein Lebensbild aus Malabar. 3. Aufl. 8. (40 S. m. Abbildgn.) Basel 894. Missionsbuchh. n. — 20

Gundert, Herm., Gowinda d. Elefantenführer. Ein Lebensbild aus Malabar. 4. Aufl. 8. (40 S. m. Abbildgn.) Basel 899. Missionsbuchh. n. — 15

Gundert, H., Gowinda, der Elefantenführer. Ein Lebensbild aus Malabar. 5. Aufl. (40 S. m. Abb.) 8. Basel 909. Basler Missionsbuchh. — 15

[Gundert, Hermann, und Mögling, Hermann Friedrich.] Samuel Hebich (1803—1868). Ein Beitrag zur Geschichte der indischen Mission. Von zwei Mitarbeitern des Verewigten. [Mit Porträt-Tafel.] 5. Basel 1872.

Gundert, H[ermann]. Vier Jahre in Asante. Tagebücher der Missionare (Friedr[ich] Aug[ust]) Ramseyer und (Johannes) Kühne aus der Zeit ihrer Gefangenschaft. Mit [4 Tafeln,] dem Bilde der Gefangenen [Tafel], einer Karte und einem Plan von Kumase. Bearb. von H. G. 2. verbesserte und vermehrte Aufl. 8. Basel 1875.

— Imadeddin. Ein bekehrter Muhammedaner. 8. (16 S.) Basel 881. Missionsbuchh. n. — 10

— die evangelische Mission, ihre Länder, Völker u. Arbeiten. 8. (VIII, 359 S.) Calw 881. Vereinsbuchh. cart. n. 2. —; geb. n. 2. 40

— die evangelische Mission, ihre Länder, Völker u. Arbeiten. 2. Aufl. 8. (VIII, 439 S.) Calw 886. Vereinsbuchh. n. 2. —; geb. n. 2. 75

— die evangelische Mission, ihre Länder, Völker u. Arbeiten. 3., durchaus verm. Aufl. 8. (VIII, 531 S.) Calw u. Stuttgart 894. Vereinsbuchh. Geb. in Leinw. n. 3. —

Gundert, H[ermann]. Die Evangelische Mission, ihre Länder, Völker und Arbeiten. Von H. Gundert †Dr. phil. 4., durchaus vermehrte Aufl. bearb. von D. G[ünther] Kurze und Pastor F[riedrich] Raeder. VIII + 686 S. 8. Calw & Stuttgart, Vereinsbuchh., 1903. [M. 4. —, geb. M. 5. —]

— Hermann Mögling. Ein Missionsleben in der Mitte des Jahrhunderts. Mit (lith.) Bildniß. 8. (390 S.) Ebend. 882. n. 3. —

— **Schriftgedanken auf alle Tage des Jahres. Aus hinterlassenen Predigtentwürfen, Briefen rc. 1. u. 2. Aufl. 8. (à 376 S.) Calw u. Stuttgart 902. Vereinsbuchh. Geb. in Leinw. n. 1. 50**

Gundert, Herm., Schriftgedanken auf alle Tage des Jahres. Aus hinterlassenen Predigtentwürfen u. Briefen. 3. durchgeseh. Aufl. 8.—11. Taus. (376 S.) 8. Calw u. Stuttgart 906. Vereinsbuchh. Geb. in Leinw. n. 2. —

Gundibert, S., Lesebuch f. Menschen, die gern lachen. 8. Wien 812.

Gundiberts, Sempronius, e. deutsch. Philosophen, Leben u. Meinungen, (v. Fr. Nicolai.) nebst 2 Urkunden d. neuest. Philosophie, m. K. 8. Berlin, Nicolai. 798. Schreibp.

Gundinger, Anton, das Angebinde. Eine Prämien-Sammlung für die fleißige u. gesittete Jugend. 6 Bdchen. gr. 12. Wien 841, Pichlers sel. Witwe. (Leipzig, Liebeskind.) 1 2/3 ℛ (Auch u. folg. Titeln: Wenzel Lebka. Eine wahre Geschichte zur Belehrung u. Warnung für Aeltern u. Kinder. — Joseph, der Zinngießer u. Siegelstecher. Eine wahre Geschichte aus d. jetzigen Zeit. — Drei Erzählungen: Rosalinde. Die Vergeltung. Feuer durch Wasser. Zur Belehrung f. Aeltern u. Kinder. — Palmburg u. seine Söhne. Eine wahre Geschichte aus den Zeiten des 7jähr. Krieges. — Die Nachteule als Verrätherin. Eine Erzählung zur Belehrung u. Warnung. — Der Raubschütz. Eine wahre Geschichte zur Belehrung u. Warnung.)

Gundinger, Anton, die sieben Gaben des heil. Geistes. 12. Wien 845, Wimmer, Schmidt u. Leo. 1 1/4 ℛ

Gundinger, Ant., die sieben Gaben des heiligen Geistes. 2. wohlfeile Ausg. Wien 861. Seidl. 12. (VI, 402 S.) n. 16 ngr.

— das Gebet. 1. Bdchn. Das Vater Unser. 8. Regensburg 846, Manz. 1 1/8 ℛ

— dass. 2. Bdchn. Der engl. Gruß. 8. Ebend. 846. 2/3 ℛ

— dass. 3. u. 4. Bdchn. Das apostol. Glaubensbekenntniß. 1. u. 2. Abthl. 8. Ebend. 846. 1 3/4 ℛ (1.—4. Bdchn. 3 ℛ 16 1/4 ngr)

Gundinger, Ant., die christliche Gerechtigkeit in Kanzel-Vorträgen. 10 Hefte. Wien 869. Urban & Schwarzenberg. gr. 8. (1. Bd. III, 312 S. u. 2. Bd. 312 S.) n. 3 ℛ

— Ernest Graf v. Kollonitsch. Wien 863. Mechithar.-Congreg.-Buchhdlg. 8. (176 S.) 18 ngr.

— Wenzel Lebka. Eine wahre Geschichte zur Belehrung und Warnung für Ältern und Kinder. Wien 861. Pichler. (Leipzig, Liebeskind.) 8. (108 S.) 6 ngr.

— Lilienblüten. Ein Erbauungsbuch für fromme Seelen. Mit (2) Stahlst. 12. Wien 841, Mausberger. (Leipzig, Hunger.) 1 ℛ

Gundinger, Ant., die lauretanische Litanei nach Schrift u. Tradition gemeinfaßl. erklärt. 8. (535 S.) Regensburg 847, Manz. 1 1/3 ℛ

— Palmburg und seine Söhne. Eine wahre Geschichte aus den Zeiten des 7jährigen Krieges. Ebend. 861. 8. (IV, 164 S.) 6 ngr.

— patristische Rundschau, oder passende Stellen für die vorzüglichsten Glaubens- u. Sittenlehren der katholischen Erblehre aus den Schriften der heil. Kirchenväter. 2. Ausg. Ebend. 861. gr. 8. (XII, 353 S.) 24 ngr.

— Theorie der Wolken, oder Nephelologie nach ihrem neuesten Standpunkte bearbeitet. gr. 12. Wien 840. Gerold. 1/2 ℛ

Gundinger, Ant., die Verrechnung. Zwei wahre Geschichten zur Belehrung u. Warnung für die Jugend. (I. Die Familie Rosendorn. II. Der Argwohn ist ein Schelm.) Mit Titelkpfr. gr. 12. Wien 839. Mausberger; Leipzig, Hunger. 7/12 ℛ

Gundinger, Ant., Vorbereitung zur Generalbeicht. 12. (5 B.) Wien 841, [Wimmer, Schmidt u. Leo.] Thlr.

Gündisch, Guido, das neue Volksschulgesetz. Der Gesetzartikel XXVII v. J. 1907 üb. die Rechtsverhältnisse der nichtstaatl. Elementarvolksschulen u. üb. die Bezüge der kommunalen u. konfessionellen Volksschullehrer. Mit Anmerkgn. versehen. (48 S.) kl. 8. Kronstadt 907. H. Zeidner. — 50

Gundlach, A. v., das Krokodil bei Warnemünde od. Ehestands-Quarantäne. Lustspiel in 1 Aufzuge. Nach dem Franz. 8. (34 S.) Rostock 886. Stiller. n. — 50

Gundlach, Adf., das Handschriften-Verhältnis des Siège de Barbastre, s. a. Ausgaben und Abhandlungen aus dem Gebiete der romanischen Philologie.

Gundlach, A. Das Handschriftenverhältnis des Siège de Barbastre. Diss. Marburg 1882. 33 S.

Gundlach, A[dolf], Prof. Dr.: Katalog der Bibliothek des Königlichen Gymnasiums zu Weilburg. 1. Geschichte. *Weilburg (1903): A. Cramer.* (31 S.) 8°
Weilburg, k. G, P 1903 (461)

Gundlach, A[dolf], Prof. Dr.: Katalog der Bibliothek des Königlichen Gymnasiums zu Weilburg. 2. Erdkunde. Weilburg 1904: H. Zipper. (16 S.) 8° ¶ [Forts. d. P-Beil. 1903.]
Weilburg, k. G P 1904 (467)

Gundlach, A. Henry Kirke White. Ein Beitrag zur englischen Litteraturgeschichte. Weilburg, G., 1884. 18 S. 4.
Progr.

Gundlach, Albert: 1. Zur Kenntnis aromatischer Aldehyde. 2. Über Merkaptane der Anthrachinonreihe. Offenbach a. M. [1908]: Scherz. 38 S. 8°
Freiburg i. B., Phil. Diss. v. 1908, Ref. Gattermann
[Geb. 2. Okt. 83 Groß-Almerode; Wohnort: Groß-Almerode; Staatsangeh.: Preußen; Vorbildung: Realgymn. Lippstadt Reife M. 03; Studium: München 3, Freiburg i. B. 6 S.; Rig. 20. Aug. 08.] [U 09. 1010

Gundlach, Alfred, Referendar in Schwerin: Das Wesen der Ministerverantwortlichkeit und ihre Gestaltung in den deutschen Einzelstaaten. *Sternberg 1904: A. Rohloff.* (IV, 93 S.) 8°
Rostock, Jur. Diss. v. [30. Juni] 1904

Gundlach, C. C., Stammbaum der Grossherzogl. Häuser Mecklenburg-Schwerin und Mecklenburg-Strelitz [mit den weiblichen Linien], nach bisher ungedr. Urkunden entworfen und gez. Wismar 864. Gundlach. gr. Fol. n. 5 ℛ 20 ngr.

Gundlach, F., siehe: *Jahrbuch.*

Gundlach, Franz: Zur Geschichte des Kieler Stadtarchivs. Zugleich 1. Bericht über d. Stadtarchiv f. d. Zeit v. 1. Jan. 1907 bis 31. März 1909 erstattet v. Stadtarchivar —.
Kiel 1909: A. F. Jensen. 60 S. 8°

. . . Bericht über das Kieler Stadtarchiv für die Zeit . . . erstattet v. Franz Gundlach. Kiel . . . 8°
2 ff., 1909/10 ff. 1910 ff.

Gundlach, Frz., d. Casseler Bürgerbuch (1520—1699), s.: Zeitschrift d. Vereins f. hess. Geschichte u. Landeskunde.

Gundlach, Frz., s.: Denkelbok, das Kieler.

Gundlach, Franz: Hessen und die Mainzer Stiftsfehde 1461—1463. *Marburg 1898: R. Friedrich.* (62 S.) 8° ¶ (Erscheint vollständig bei N. G. Elwert in Marburg.)
Marburg, Phil. Diss. v. [17. Mai] 1898

Gundlach, Frz., Hessen u. die Mainzer Stiftsfehde 1461 — 1463. Mit e. Anh. v. Urkunden u. Aktenstücken. gr. 8. (IV, 160 S.) Marburg 899. N. G. Elwert's Verl. n. 3. 60

Quellen zur Kieler Verfassungs- und Verwaltungsgeschichte von 1640 bis 1728 v. Franz Gundlach. Kiel. 1909. 8°

Gundlach, Fritz. Aucassin und Nicolette, s. Universal-Bibliothek Nr. 2848.

Gundlach, Fritz [Hrsg.], s. H u g o , Viktor: Ausgewählte Gedichte

Gundlach, Fritz, französische Lyrik seit der großen Revolution bis auf die Gegenwart, s.a. Universal-Bibliothek.

Gundlach, Fritz: Französische L y r i k seit der Großen Revolution bis auf die Gegenwart. In Übertragungen hrsg. von –. Leipzig: Ph. Reclam jun. [1904]. (455 S.) 8°
(Universal-Bibliothek. 4621–25.)

Gundlach, Fritz, italienische Lyrik seit d. Mitte d. 13. Jahrh. bis auf d. Gegenwart. In deutschen Uebertragngn. hrsg. u. m. biograph. Notizen versehen. gr. 8. (XVIII, 451 S.) Berlin 897. A. Duncker. Geb. in Leinw. n n. 7. 50
Erschien auch in 6 Lfgn. à n. 1. —.

Gundlach, Fritz, 1000 Schnadahüpfln, s.: Universal-Bibliothek.

GUNDLACH, Georg (München): Commentarius in cap. II epistolae S. Pauli ad Colossenses. (Titel nach der Urkunde)
26.7.1879 - Urk: Chr 1879/80,13
Diss. Ingolst.-Landsh.-Mchn.

Gundlach, Geo., Exerzitien-Vorträge f. weibliche Ordensgenossenschaften. 2. Bd. Hrsg. v. Jos. Göttler. (VII, 377 S. m. 3 Taf.) gr. 8. München 904. J. J. Lentner. n. 4. —; geb. n. 5. —
Bd. 1. Ebd. 901. n. 4. —; geb. n. 5. —.

Gundlach, Geo., Exerzitien-Vorträge f. weibliche Ordensgenossenschaften. 1. Bd. Hrsg. v. Ant. Linsenmayer. 2. verb. Aufl. (XIV, 422 S. m. 1 Stahlst.) gr. 8. München 910. J. J. Lentner. 4.50; geb. in Leinw. n 5. 50

Gundlach, Gustav [München]: Über die Beschaffenheit des Kendlmühl-Filz, e. Beitr. z. Kenntnis d. Moore Oberbayerns ... M. 3 Taf. (Aus: Journ. f. Landw., Bd. 40.) Merseburg, Buchdr. v. F. Stollberg, 1892; 31 S., 1 Pl., 1 Taf. 8.
Erlangen, Phil. Fak., Inaug.-Diss. v. 1892

Gundlach, Hans, Referendar a. Warnemünde: **Die perpetua causa servitutis im früheren und heutigen Recht. Rostock 1906: Adlers Erben.** (64 S.) 8°
Rostock, Jur. Fak., Ref. Matthiaß, Diss. v. 20. Sept. 1906
[Geb. 29. Nov. 82 Warnemünde; Wohnort: Rostock; Staatsangeh.: Mecklenburg-Schwerin; Vorbildung: Gymn. Rostock Reife O. 01; Studium: Heidelberg 1, Leipzig 1, München 1, Leipzig 1, Rostock 4 S.; Rig. 25. Juli 06.]
35°

Gundlach, J., kleine Samml. algebraischer Aufgaben u. deren Auflösung vom 1sten, 2ten u. 3ten Grad. Marburg 821. Krieger. 8 gK

von Gundlach, J. F. Zur Geschichte des chinesischen Porzellans. Besprechung des Werkes „Ancient porcelain: a study in chinese mediaeval industry and trade", von Dr. F. Hirth. Separat-Abzug aus dem Ostasiatischen Lloyd. Shanghai 1888. 8°.

Gundlach, Josef [pr. Arzt in Waischenfeld]: **Über die Verwendung von Hühnereiweiss zu Nährböden für bakteriologische Untersuchungen** ... Erlangen, k. b. Hofbuchdr. v. A. Vollrath, 1894; 35 S., 1 Bl. 8.
Erlangen, Med. Fak., Inaug.-Diss. v. Juli 1894

Gundlach, Karl, a. Eisenach i. Th.: **Über die konstitutionelle Identität der wahren Nitroso- und der sogenannten Bisnitrosylverbindungen. Zur Kenntnis der wasserfreien Blausäure. Erlangen 1905:** E. Th. Jacob. (58 S.) 8°
München, Phil. Fak., Ref. v. Baeyer, Diss. v. 19. Juni 1905
[Geb. 29. März 78 Eisenach; Wohnort: Eisenach; Staatsangeh.: Sachsen-Weimar-Eisenach; Vorbildung: Gymn. Eisenach Reife O. 96; Studium: Jena 4, München 14 S.; Rig. 14. Febr. 05.]

--Thomas Münzer, der Prophet des dten Bauern-krieges. Volks-drama in 5 Akten. Chicago, 1894.

Der Zugführer im Feuergefecht. Von L. v. **Gundlach**, Major. Mit 6 Skizzen. Berlin: Liebel 1909. 16 S. 8° (10. 6433

Gundlach, L. v., der Zugführer im Feuergefecht. 2., nach den neuesten Dienstvorschriften umgearb. Aufl. von v. Uechtritz u. Steinkirch. (III, 18 S. m. 6 Skizzen.) kl. 8. Berlin 910. Liebel. -- 40

Gundlach, Ludwig: Aus d. chir. Universitätsklin. zu Breslau. Über kongenitale Pektorialisdefekte und ihre Entstehung. Breslau 1910: Breslauer Genossensch.-Buchdr. 57 S. 8°
Breslau, Med. Diss. v. 8. Aug. 1910, Ref. Küttner
[Geb. 29. April 82 Warschau; Wohnort: Lodz; Staatsangeh.: Rußland; Vorbildung: Gymn. Lodz Reife Juni 04; Studium: Leipzig 4, Göttingen 2, München 2, Breslau 4 S.; Rig. 30. Juli 10.] [U 10. 568

Gundlach, M., Friedrich der Große u. sein Vorleser de Prades, s.a. Sammlung gemeinverständlicher wissenschaftlicher Vorträge.

Gundlach M. Friedrich der Grosse und sein Vorleser de Prades. (Sammlung gemeinverständlicher wissenschaftlicher Vorträge N F 160) Hamburg 1892

Gundlach, Max [app. Arzt aus Neustrelitz, Mecklenb.]: Ueber Harnblasengeschwülste ... Freiburg i. B., Buchdr. v. Ch. Ströcker, 1893; 44 S. 8.
Freiburg i. B., Med. Fak., Inaug.-Diss. v. 1893

Gundlach, Nic., d. Wahrheitsspiegel für die Philosophen rc. 8. Cassel. (Oehmigke d. jüng. Berlin.) 805.

Gundlach, O., **bibliotheca familiarum nobilium.** Repertorium gedruckter **Familien-Geschichten u. Familien-**Nachrichten. **Ein Handbuch f. Sammler,** genealog. Forscher, Bibliothekare u. Antiquare. gr. 8. (III, 260 S.) Neustrelitz 883. (Neubrandenburg, Brünslow.) cart. u. m. Schreibpap. durchsch. n.n. 10. —

— dasselbe. 2., **stark verm. u. vielfach verb. Aufl.** gr. 8. (III, 332 S.) **Berlin 886. (Stargardt.)** cart. n.n. 12. —

Gundlach, O., bibliotheca familiarum nobilium. Repertorium gedruckter Familien-Geschichten u. Familien-Nachrichten. E. Handbuch f. Sammler, genealog. Forscher u. Bibliothekare. 3., vollständig umgearb., verb. u. bedeutend verm. Aufl. gr. 8. (XV, 1280 S.) [Neustrelitz 897 (G. Barnewitz)]. München, Ph. Ackermann. n.n. 28. 50; geb. n.n. 30. —

Gundlach, W., über die Bedeutung der deutschen Freiheitsdichtung von 1813. Festrede, gehalten am 20. Aug. 1863 zur Feier des Geburtsfestes Sr. Königl. Hoh. des Kurfürsten Friedrich Wilhelm I. in der Aula des Hanauer Gymnasiums. Hanau, König's Verlag. 8. (31 S.) n. 4 ngr.

Gundlach, W., Quaestiones Procopianae. Pr. 1861. 28 S. 4°.

Gundlach, W., der **Streit** der **Bisthümer Arles u. Vienne um den Primatus Galliarum. Ein philologisch-diplomatisch-histor. Beitrag.** [Erweiterter Abdr. aus: „Neues Archiv d. Gesellsch. f. ältere deut. Geschichtskunde".] **gr. 8. (XXII, 294 S.) Hannover 890. Hahn.** n. 6. —

Gundlach, Wilh., e. Dictator aus der Kanzlei Kaiser Heinrichs IV. Ein Beitrag zur Diplomatie d. salischen Herrscherhauses m. Excurson üb. den Verfasser der Vita Heinrici IV. Imperatoris u. d. Carmen de bello saxonico. gr. 8. (V, 199 S.) Innsbruck 884. Wagner. n. 6. 50

Gundlach, Wilh., die Entstehung des Kirchenstaates u. der curiale Begriff Res publica Romanorum, s.a. Untersuchungen zur deutschen Staats- u. Rechtsgeschichte. 59.

Gundlach, Wilhelm: Die Entstehung des Kirchenstaates und der curiale Begriff Res. publica Romanorum. Ein Beitrag z. fränk. Kirchen- u. Staatsrecht von Dr. –. Breslau: M. & H. Marcus 1899. (VII, 121 S.) 8°
= Untersuchung z. Deutschen Staats- u. Rechtsgeschichte. H. 59.

Gundlach, Wilh., Friedrich Wilhelm I. u. die Bestellung der städtischen Beamten, s.a. Bausteine zur preuß. Geschichte. N. F. 1.

Friedrich Wilhelm I. und die Bestellung der städtischen Beamten. Ein Beitrag z. Geschichte d. preuß. Verwaltung von Wilhelm Gundlach. Jena: H. Costenoble 1906. (VIII, 85 S.) 8° [F.]
= Bausteine z. Preussischen Geschichte. N.F. II. 1. [06. 7963]

– Geschichte der Stadt Charlottenburg. Im Auftrage des Magistrats bearb. 2 Bde. Lex.-8. Berlin 906. J. Springer. à n. 10. —; geb. in Leinw. à n. 12. 50
1. Darstellung. Mit 170 Textabbildgn. u. 35 Beilagen. (XIX, 676 S.) — 2. Urkunden u. Erläuterungen. Mit 21 Textabbildgn. u. 4 Beilagen. (XXXVI, 604 S.)

Gundlach, Wilh., s.a. Heldenlieder der deutsch. Kaiserzeit.

Gundlach, Wilhelm, Heldenlieder der deutschen Kaiserzeit, aus dem Lateinischen übersetzt, an zeitgenössischen Berichten erläutert und eingeleitet durch Uebersichten über die Entwickelung der deutschen Geschichtsschreibung im X., XI. und XII. Jahrhunderte, zur Ergänzung der deutschen Literaturgeschichte und zur Einführung in die Geschichtswissenschaft. II. Band: Der Sang vom Sachsenkriege. 8. (XIX, 818 S.) 4.20
Innsbruck: Wagner 1896.

— Karl der Grosse im Sachsenspiegel, s.a. Untersuchungen zur deutschen Staats- u. Rechtsgeschichte. 60.

Gundlach, Wilhelm: Karl der Grosse im Sachsen-Spiegel. Eine Interpretation von –. Breslau: M. & H. Marcus 1899. (VI, 35 S.) 8°
= Untersuchungen z. Deutschen Staats- u. Rechtsgeschichte. H. 60.

Gundlach, Wilh., eine neue Reformation. Reden an die deutsche Nation. (160 S.) 8. Frankfurt a/M. 907. Neuer Frankfurter Verlag. 2. —

—— Wer ist der Verfasser des Carmen de bello Saxonico? s.a. Pannenberg, A. Lambert von Hersfeld.

— wer ist der Verfasser d. Carmen de bello saxonico? Eine Entgegnung auf die Beurteilungen, welche der Schrift: „Ein Dictator aus der Kanzlei Kaiser Heinrich's IV." gewidmet worden sind. Mit 3 Schrifttaf. gr. 8. (IV, 135 S.) Innsbruck 887. Wagner. n. 6. —

Gundlfinger, Bernh., Wasser u. Luft. Versuch e. neuen Anschaug. ihrer wechselseit. Beziehg. Hervorgerufen durch die Beobachtg., daß sich das Wasser beim Gefrieren nicht ausdehnt, sondern zusammenzieht. Augsburg 868. (v. Jenisch & Stage.) 8. (12 S.) n. 8 ngr.

Gundlich, Charles [aus New-York, U. S. A.]: Ueber den Abau einiger cyclischer Hexenone. '(Δ_2-Keto-R-hexene.)' … eidelberg, Univ.-Buchdr. v. J. Hörning, 1896; 29 S., 1 Bl. 8.
Heidelberg, Naturw.-math. Fak., Inaug.-Diss. v. [5. Jan.] 1897

Gundling, Jakob Paul von

— Brandenburgischer Atlas. 8. Berlin. 724.

— pommerscher Atlas. 8. Berlin. 724.

Gundling, Jac. Paul, v. Ausz. Brandenburgischer Geschichte etc. 8. Berlin. 722. Rthlr.

v. Gundling, Jac. P. Auszug churbrandenburgischer Geschichen Joachims I., Joachims II. und Johann Georgs VI. 8. Hale 1722.

Gundling, Jac. Paul v., Geschichte der Churmark Brandenburg. 8. Lpz. Weidmann. 754.

v. Gundling, Jak. P. Geschichte und Thaten Friedrichs I., Königs von Preussen. 8. Halle 1715.

Geschichten u. Thaten Käyser Heinrichs VII. Aus dem Hause der Hertzogen von Limburg und Graffen zu Luxemburg. — 2. Geschichten u. Thaten Käyser Conrads III. Aus dem Geschlecht der Hertzogen in Schwaben. Halle, Neue Buchhandlung, 1719–20. *Mit 2 Kupferstichportrats u. 4 S. Stammtafeln.*

— Geschichte und Thaten Kaiser Heinrichs VII. 8. Halle, Kummel. 719.

Gundling, Jakob Paul v. Geschichten und Thaten Kaiser Conrads II. Aus dem Geschlecht der Herzoge in Schwaben. 8. Halle 1720.

Gundling, Jacob Paul von, Geschichte und Thaten // Kayser // Conrads des Vierdten, // aus dem Geschlecht der Hertzoge von Schwaben /// Wie auch // Kayser Wilhelms /// aus dem Geschlecht der Grafen von Holland // Aus den Schrifften selbiger Zeit und andern Documenten // ausgefertiget / von // Jacob Paul von Gundling /// Königl. Preuss. Ober-Ceremonien-Meister, Ober-Appellations-Gerichts- Kriegs- // Hoff- Cammer- auch Hoff- und Cammer-Gerichts-Rath und Praesidenten der Königl. // Societät der Wissenschafften. // BERLIN, // Verlegts Christoph Gottlieb NICOLAI, 17.. – 8 Blatt (nicht paginiert: Titelkupfer, Untertitel, doppelseitiges Titelblatt und Vorrede) – .. S., 1 leeres Blatt und .. S.

v. Gundling, J. P. Geschichten und Thaten Kaiser Konrads IV. 8. Halle 1719.

v. Gundling, J. P. Geschichte und Thaten Kaiser Richards. 8. Berlin 1719.

Gundling, Jakob Paul von: Geschichten und Thaten …, s. Gundling: Geschichte und Taten

v. Gundling, Jak. P. Leben und Thaten Alberti Ursi, Fürsen von Anhalt. fol. Berlin 1751.

v. Gundling, Jak. P. Leben und Thaten Friedrichs des Andern, Churfürsten zu Brandenburg. 8. Berlin u. Potsdam 1725. — 8. ib. 1753.

— Leben und Thaten Friedrichs I., Churf. zu Brandenb 8. Halle, Renger. 715.

(v. Gundling, Jac. P.) Leben und Thaten Friedrich Wilhelms des Grossen, Churfürsten zu Brandenburg. 8. M. Plän. Belin 1710.

— Leben und Thaten Friedrichs II., Churf. zu Brandenb 8. Berlin. 734.

GUNDLING, JACOB PAUL VON. Historische Nachricht Von dem Lande Tuscien ode dem Groß-Herzogthum Florentz, Worbey nach denen Reichs-Rechten Die Hoheit de Teutschen Reiches … angeführet wird … durchgesehen und vermehret. Franckfur 1723. 4°. 3 Bl. 30 S.

Gundling, Jak. Paul, († d. 11. April 1731.) Nachricht von den Commerzien u. Manufakturen in d. Mark Brandenburg, den Herzogth. Magdeburg, Pommern rc. im Jahre 1712. Nebst einigen Vorschlägen rc. herausg. von J. G. Hoche. 4. Halle 795. Gebauer. 12 gl.

Gundling, J. P. Frh. v., Histor. und geneal. Nachrichten von den Herren von Buch. Berlin 1854. 8. Neuer Abdruck.

[Ders.] Historische Nachrichten Von denen Herzogthümern Parma und Placenza Und derselben Dependenz Vom Römischen Teutschen Reich. Franckfurt 1723. 4 Bl. 72 S. Neuerer Umschlag. 40.—

Gundling, Jul., s.a. † Herbert, Lucian.

Gundling, Jul., Bilder aus dem Lagerleben bei Olmütz. Troppau 854. Traßler. 16. (111 S.) n. 10 ngr.

Gundling, Julius
Die Blume von Sumatra. Roman von Lucian Herbert [d.i. J.Gundling.]. Bd.2.
Leipzig: Günther 1873. 246 S. 8°

— Deutsch und Dänisch, s. Unterwegs und Daheim.

— Federzeichnungen aus den Feldlagern bei Boulogne u. Krakau im J. 1854. Stuttgart 854. E. Hallberger. gr. 8. (222 S.) 1 rf

Gundling, Jul. Fez und Tschacko. Soldatengeschichten. (380) 8. Leipzig 1859. 4.50.

Gundling, Jul., neue Prager Geheimnisse. Roman aus dem Prager Leben der vierziger Jahre. 8. (247 S.) Prag 881. (André.) n. 2. —

Gundling, Jul., Satan Gold. Familiengeschichten. Leipzig 860. Grunow. 8. (288 S.) 1 rf 15 ngr.

— deutsche Hiebe. Oesterreichische u. Preußische Soldatengeschichten. 2 Bde. Leipzig 858. Costenoble. 8. (3 Bl., 226; 3 Bl., 231 S.) 1 rf 15 ngr.

— deutsche Hiebe. Oesterreichische und preußische Soldatengeschichten. 2 Bde. 2. Aufl. Leipzig 863. O. Purfürst. 8. (VI, 457 S.) 1 rf 15 ngr.

— der Jesuit, s. Unterwegs und Daheim.

— ein moderner Don Juan. Roman. 2 Bde. Leipzig 862. Grunow. 8. (VIII, 404 S.) n. 2 rf 15 ngr.

Gundling, Jul., ein moderner Don Juan. Roman. 2 Bde. 2. (Titel-)Ausg. Leipzig 866. Grunow. 8. (VI, 404 S.) 1 rf 15 ngr.

— §§. [Paragraphe.] Skizzen aus der Juristen- und Beamtenwelt. 2 Bdchn. Prag 859. Gundling's Selbstverlag. 8. (243 S.) n. 20 ngr.

— Pôle-mêle. 3 Bde. 2. (Titel-)Ausg. Ebend. (863.) 867. 8. (IX, 883 S.) 3 rf

Gundling, Julius
Bis zum Rubicon. Roman aus Julius Cäsar's Jugendleben. Von Lucian Herbert [d.i. J.Gundling.]. Bd.1 - 4.
Leipzig: Günther 1867. 8°

Gundling, Jul., Advokat Schnobeles. Eine Geschichte aus dem Alltagsleben. 2 Bde. Leipzig 859. Herbig. 8. (637 S.) 2 rf 15 ngr.

Gundling, Julius
Advokat Schnobeles. Geschichte aus dem Alltagsleben. 2. Ausg. Bd 1.2.
Leipzig: Grunow 1860. 8°

— Schnobeles. Roman. 2. Aufl. Ebend. 865. 8. (IV, 318 S.) 1 rf 20 ngr.

— Henriette Sonntag. Künstlerlebens Anfänge in Federzeichnungen. 2 Bde. 860. n. 2 rf 7½ ngr. — 2. Ausg. Ebend. 862. 8. (446 S.) n. 2 rf

—— Henriette Sontag. Künstlerlebens Anfänge in Federzeichnungen. 2 Bde. 2. (Titel-)Ausg. 8. (446 S.) Leipzig (861)62, Grunow.

— — Dasselbe. 2. Aufl. 2 Bde. Ebd. 1862. 8°. (6 Mk. 50 Pfg. E. Frensdorff, 1907:)
Vergriffen! Enth. interessante Enthüllungen aus dem Leben dieser berühmten Sängerin; auch über Carl Maria v. Weber.

Gundling, Julius [Red.], s. Vaterland, Das

— Verworfen. Roman. 2 Bde. Leipzig 858. Wiedemann. 8. (V, 233; 2 Bl., 237 S.) n. 3 rf

Gundling, Nikolaus Hieronymus

Hieronymus à Sancta Fide (d. i. *Nic. Hieron. Gundling*). — Gründliche Abfertigung der unpartheyischen Gedancken eines ungenandten Auctoris, die Er von der Lehre De crimine Magiae Chr. Thomasii herausgegeben, gestellet von *Hieronymo a Sancta Fide*. Franckf. 1703. 4°. 24 Bll. (8 Mk. Jacques Rosenthal, c. 1903.) Rar!
Weller, Lex. Ps. p. 498; Grässe S. 64. — Gegen Elias Camerarius' anonyme Schrift.

Nicolai Hieronymi Gundlings Academische Abhandlung, von dem Zustande des Teutschen Reichs unter der Regierung Conrads des Ersten dieses Namens [illegible] aus dem Lateinischen in gut Teutsch übersetzet [illegible] v. Carl Ferdinand Philemon (d. i. Christian Friedrich Hempel). Halle an der Saale 1712. [illegible]

— Abriß zu einer vollkommnen Reichshistorie. 8. Halle, Renger. 724.

— — Quaestio jurid. an nobilitet venter? vulgo Vom Kunckel=Schleyer= und Weiber=Adel. Halle 1718. Ed. nov. (Hendel) 1734. 92 Seiten. (7.50) 12319

— [Rec.] 1745.

Gundling, N. H. Rechtliche Ausarbeitungen, bestehend in Consiliis, Responsis, und Deductionibus . . . Halle 1772—73. H: *Weidlich, Christoph.* (ML)

Gundling, Nic. Hier., († d. 9. Dec. 1729.) rechtl. Ausarbeitungen, bestehend in consiliis, responsis u. deductionibus, (nach seinem Tode gesammelt u. herausg.) 2 Thle. gr. 4. Halle 772—77. (Curt). 4 rf

Gundling, Nicol. Hieronym. [Praes.], s. Bode, Alexander Maximilian: De jure Augustissimi imperatoris et imperii in Magnum Etruriae ducatum.

Gundling, Nicolaus Hieronymus. Collegium historico-literarium oder Discourse über die vornehmsten Wissenschaften. Bremen 1738—42. H: *Hempel, Chn Frdr.* (Ebert)

Des Herrn Geheimen Raths Nicolai Hieronymi Gundlings Collegium Historico-Literarium oder Ausführliche Discourse über die Vornehmsten Wissenschaften und besonders die Rechtsgelahrheit. ... in Anmerckungen bis 1737 fortgesetzet. Bremen, Bey Nathanael Saurmann 1738.

— Collegium historio-literar. od. Discourse über d. vornehmsten Wissenschaften rc. 2 Thle. 4. Brem. Sauermann. 738–42.

— — u. **Jo. Georg Schertz,** De imp. Adolphi Nassovii depositione commentationes junctim editae atque indice auctae. Lpz. (Jo. Chn. Langenheim) 1749. 72 S. (6.50) 12326
Respond. unter Schertz: Johann Wieger (Strassburg). Strassbg. 28. XII. 1711.

— digesta, in quibus rationis principia, jus rom. et teuton. expenduntur. 8. Halae, Renger. 723.

— Discours ub. dess. Abriß e. Reichshist. 4. Ebend. 732.

— akadem. Discours oder Vorlesungen über G. A. Struves jurisprudentia rom. germ. forens. 4. Frft. Hermann. (auch Brönner.) 746.

Gundling, Nic. Hier.: „Ausführlicher und mit illustren Exempeln aus der Historie und Staaten Notiz erläuterter Discours über Weyl. Herrn D. Jo. Franc. Buddei ... Philosophiae practicae part III. Die Politic ... Nebst einer Vorrede Herrn D. Jacob August Franckensteins", Frankfurt a. M. und Leipzig 1733. — Vorh.: Stadtbibliothek Nürnberg.

— Discours üb. I. F. Buddei philos. pract. part. III. d. Politik. 4. Frankf. Garbe. 739.

Ders.: Ausführl. Discours üb. d. Utrecht-Rastädtischen Frieden. *Frankf.* u. *Leipz.* 740. 4.

Gundling, Nic. Hieron.: Ausführlicher Discours über das Natur- und Völcker-Recht, nach Anleitung u. Ordnung des zum 2. Male hrsg. iuris naturae ac gentium. Andere Aufl. Franckfurt u. Leipzig 1747.

— über d. Natur- und Völkerrecht rc. 4. Frankf. Garve. 747.

— — dass. 4. Frankf. Brönner. (auch Hermann) 742.

Gundling, N. H.: „Ausführlicher Discours über den letzigen Zustand der europäischen Staaten. Mit genealogischen Tabellen und einer Vorrede J. A. Falkensteins von dem Nutzen und der Nothwendigkeit der Staaten-Notiz überhaupt", 2 Teile, Frankfurt und Leipzig 1733, 1734. — Vorh.: Com. Bibl. Hamburg, StB Koblenz.

— über den jetzigen Zustand der europäischen Staaten mit Generaltabell. rc. 2 Thle. 4. Frft. Hermann. 746. 52.

Grundling, Nicolai Hieronymus, D. Weyland Königl. Preuss. Geheimden- und Consistorial-Rath auch Professoris Publ. Ordin. auf der Universität zu Halle. Ausführlicher Discours über den vormalichen und itzigen Zustand der Teutschen Churfürsten-Staaten. Darinnen von derselben Ursprung und Wachsthum, mittlern und neueren Historie, Macht, Commercien, Reichthum und Schwäche, Beschaffenheit der Länder und Einwohner, Regirungs-Form, Interesse, Prätensionen und Streitigkeiten, deutlich und gründlich gehandelt ist. Auch in den Zusätzen der allerneueste Zustand dieser Staaten bis und mit I. Th. 1746. II. und III. Th. 1747. IV. Th. 1748 Vornemlich aber die letzten Begebenheiten in Böhmen, Schlesien und Mähren zugänglich und unparteyisch dargestellt werden nebst nützlichen Registern. (4 Bde.) 4. Frankfurt und Leipzig 1747–1749

Gundling, Nic. Hieron., Discours über Pufendorfs Einleit. z. d. Hist. der vornehmst. Reiche und Staaten rc. 4. Frft. Varrentrapp. 737. Mitolr.

— Discours über den Westphal. Frieden u. den Ursachen d. dreyßigjähr. Kr. rc. v. Feustel. 4. Frft. Hermann. (auch Gebhardt und K.) 736.

... Gründlicher Discours über den Westphälischen Frieden, Zu dessen Erläuterung Eine kurtze Erzehlung der vornehmsten Ursachen des Dreyszig-Jährigen Krieges Von Zeit Der Reformation, bis auf den Westphälischen Frieden, abgefasset und vorgesetzet worden von D. Christian Johann Feustel ... Franckfurt und Leipzig Verlegts Wolffgang Ludwig Spring. Buchhändler in Franckfurt am Mayn. 1736.

Gundling, Nikolaus Hieronymus: Discours, Gründlicher, über ...

— Discours über die Justin. Institutionen. 8. Frft. Kochendörfer. 739.

Gundling, Nicol. Hieronymus: „Gründlicher Discours über Henrici de Coccell juris publici prudentiam", Frankfurt a. M. und Leipzig 1735. — Vorh.: Bibl. des Oberlandesgerichts Celle — Qa. 171.

— Discours über H. de Coccell juris publ. prudentiam. 4. Frft: Garve. (Brönner) 735.

— philos. Discours über s. viam ad veritatem logic. et moral. etc. 3 Thle. 4. Frft. Hermann. (Gebhardt und K. a. Brönner. 739. 40.

— Philosophischer Discourse Erster [Anderer und Dritter Als Letzter] Theil oder Academische Vorlesungen über seine Viam ad veritatem logicam ... Nebst nöthigen kurtzen Anmerckungen. 3 Teile in 1 Bde. Frankfurt & Leipzig, W. L. Spring, 1739—40. 4°. 4 Bl. 496 S. 18 Bl.; 10 Bl. 612 S. 1 Bl., S. 615—720, 2 Bl. S. 726—966, 69 Bl. Pgt. d. Z.

Posthume Originalausgabe. Als eine Art Fortführung von G's Collegium historico-literarium erschienen, das 1738 in Bremen von F. Hempel (ps. Phleme) herausgegeben worden war, vgl. FdF. 1573.

— Discours über d. Politik. 4. Hamb. Wand. 733.

— Discours über die Wahlcapitulation Carls VI. Frft. und Lpz. Hermann. (a. Brönner) 741.

Gundling, Nikolaus Hieronymus [Präs.], s. Ebner von Eschenbach, Jo. Wilhelm: De Statu reipublicae Germ. sub Conrado I. ...

— — **De efficientia metus tum in promissionibus liberarum gentium tum etiam hominum privatorum auxiliisque contra metum liber singularis in quo universa atque singula secundum jura naturae et gentium civile Romanum pontific. antiquas Germaniae leges et inprimis observantiam fori hodierni excutiuntur atque illustr. Halle (Renger) 1711. 172 S. (9.—) 12318**

Gundling, N. H. Einleitung zur wahren Staatsklugheit ... Frankf. u. Leipz. 1751. H: *Christ, Gottlieb Paul.* (ML)

Gundling, Nic. Hier. von: „Einleitung zur wahren Staatsklugheit; aus desselben mündlichem Vortrag aufgezeichnet, jetzo aber aus zuverlässigen Handschriften zusammengetragen", Frankfurt a. M. und Leipzig 1751 (Hermann, auch Gebhard & K.) 4°. — Vorh.: StB Koblenz, Com. Bibl. Hamburg und Bibl. des Kammergerichts Berlin — Ja 1500. — Neuauflage 1786.

— — **De emptione uxorum dote et Morgengaba ex jure Germanico. Libellus singularis. Halle März 1722. (Christian Henckel) 1723. 152 S. (9.50) 12320**
Gew.: David Wilhelm Feyerabend.

— — Dasselbe. Ohne Widm. Lpz. (Joh. Chn. Langenheim) 1731. 150 S. u. 4 Bl. Index. (9.50) 12321

— de emtione uxorum dot. 4. Lps. Weygand. 731.

GUNDLING, N. Hi.: De emtione uxorum, dote et morgengaba. (*Halle*. 722. cur. II. Gli. FRANKE. *Lpz*. 734.) Ed. 3a. *Lpz.*, Langenheim. 777. 4. (8 Gr.)

— — Dasselbe. Lpz. (Langenheim) 1744. (9.50) 12322

GUNDLING, Nicol. Hieron.: Erkläu. d. güldenen Bulle od. gründl. Discours über die auream bullam K. Caroli IV. etc. *Frankf.* u. *Leipzig*, (Kettembeil.) 744. 4. (1Thl. 8 Gr.)

Gundling, Nic. Hieron.: Ausführliche Erläuterung über Schilteri institutiones juris feudalis, mit Registern versehen von Chr. Joh. Feustel. Franckfurt u. Leipzig 1736.

— Erläut. über Schilteri institut. juris feudalis v. Feustel. 4. Frft. Hermann. (auch Gebhard und K.) 736.

— Erläut. über Sam. Pufendorfs 2 Bücher de officio hom. et civis. etc. 8. Ebend. 744.

— Erläut. d. güldn. Bulle Kais. Carls VI. 4. Frft. Hermann. (u. Gebhardt und Körber.) 744.

Gundling, Nicol. Hieron., Erörterung der Frage: ob wegen der anwachsenden Macht der Nachbarn man den Degen entblössen könne. Anjetzo von neuem gedruckt. Franckfurth u. Leipzig 1757. 4.

— — Errores pragmaticorum de renunciatione hereditatum filiarum illustrium. Von dem Verzicht Adelicher Töchter. Halle 25. XI. 1729. (Hendel) 1751. 44 S. (6.—) 12323
Widm. v.: Justus Henning Boehmer.

Nic. Hieron. Gundlingii Jcti Ethica seu Philosophia Moralis Genuinis Fundamentis superstructa ... Editio II. Auctior et emendatior Halae Magdeburgicae, ... 172[illegible]. Prost. in Officina Rengeriana.

Gundlingii, Nic., Exercitationes academicae. C. praef. J. G. Heineccii de usu et praestantia numismatum in jurisprudentia. Halae 736. 37. 2 Tom. 4. 2 rthl. 20 gr.

Gundlingius, Nic. Hieron.: Diatriba ex jure feudali atque publico de feudis vexilli vulgo Fahn-Lehn. Halae Magdeb. 1715.

— — Commentatio de feudis vexilli vulgo feudis imperii regalibus Fahn=Lehn in qua multa nova deteguntur multi errores virorum clariss. ostenduntur haud pauca vero distinctius ac copiosius proponuntur. Ed. nov. Jena (Joh. Chph. Croeker) 1740. 143 S. (10.—) 12325

Gundling, Nikolaus Hieronymus [Präs.], s. Feyerabend, David Wilhelm: De Emptione uxorum ...

— üb. d. Utrecht.-Rastädt. Frieden, m. Stammtaf. 4. Frft. Hermann. (Gebhardt u. Körber. auch Brenner.) 740.

— Gedanken vom Verfall u. Aufnahme einer Akademie. 8. Leipz. 787. Jacobäer. 8 𝔤ℛ

Gundling, Nikolaus Hieronymus (Präs.), s. Goll, Jakob Friedr.: De principe haerede ex testamento civium.

Gundlingiana, Darinnen allerhand Zur Jurisprudentz, Philosophie, Historie, Critic, Litteratur Und übrigen Gelehrsamkeit gehörige Sachen abgehandelt werden. Erstes [-Fünff und viertzigstes und letztes] Stück. Halle im Magdeburgischen. An. 1715–32. Zu finden in der Rengerischen Buchhandlung.

Gundlingiana (Gundling, Nic. Hieron.) materia continuata; Oder allerhand, zur Jurisprudentz, Philosophie, Historie, Critic, Litteratur und übriger Gelehrsamkeit gehörige Sachen. Stück 1–4. (Leipzig) 1731.

— — materia continuata. 4 Stck. 8. Lpz. Gleditsch. 735.

Nicolai Hieronymi Gundlings Sammlung kleiner Teutscher Schriften, und Anmerckungen, als ein Anhang zu denen Gundlingianis, mit einer Vorrede versehen von ... Gottlieb Stollen, öffentlichen Lehrer der Politick auf der Universtität zu Jena. Halle, 1737. Zu finden in der Rengerischen Buchhandlung.

Gundlingiana, Samml. kleiner deutscher Schriften, als ein Anhang zu den Gundlingianis. 2 Thle. 8. Halle 737—52. Renger. 12 ℛ

— de Henrico Aucupe. 4. Halae, Renger. 711.

— Hist. philosophiae moral. 4. ibid. 706.

— Historie der Gelahrheit, oder Discours über Heumanni conspectum reipubl. liter. 3 Thle. u. Forts. 4. Frankfurt, Hermann. 734—46.

— — dass. 5 Thle. Frankf. Brönner. 734-46.

Gundling, N. H. Vollständige Historie, oder Ausführliche Discourse ... Frankf. u. Leipz. 1734—36. H: *Hempel, Christian Friedrich.* (Ebert) (ML)

— — De jure Augustissimi imperatoris et imperii in Magnum Etruriae ducatum commentatio. Quam triplici indice diplomatum autorum et rerum copiosissimo nec non historia fatorum doctrinae de finibus Sacri Romano-Germanici Imperii instruxit Heinr. Gottlieb Francus. Lpz. (Langenheim) 1732. 24, 230 S., 13 Bl. (12.50) 12324

— de jure Imp. rom. in magn. Etruriae ducat. 4. Lps. Gleditsch. 732.

— — (Halle), Schediasma de jure oppignorati territorii secundum jus gentium et Teutonicum &c. Halle (Renger) 1706. 92 S. (6.50) 12314

— Dasselbe. Wittenbg. u. Lpz. (Ephraim Gottlob Eichsfeld) 1741. (6.50) 12315

Gundling, Nicolaus Hieronymus: „Jus naturae ac gentium". Halae Magdeburgicae 1714. — Edit. 2 auct. et em., Halae Magdeburgicae 1728, vorh.: Bibl. des Oberlandesgerichts Celle — An. 11[3] —. Edit. 3: 1746; Edit. noviss.: 1769.

Nicolai Hieronymi Gundlingii J.C. Ius Naturae ac Gentium Connexa Ratione Novaque Methodo Elaboratum Et A Praesumtis Opinionibus Aliisque Ineptiis ... Halae Magdeburgicae, 1728. In Offic. Libr. Rengeriana.

Gundling, N. Hier.: **Jus naturae ac gentium connexa ratione novaque methodo elaboratum.** *Hal.* **714. Ed. 3a. *ib.* 736. 8. Ed. nov. *ib.*, Renger. 769. 8. (14 Gr.)**

— logica. 8. ibid., 726.

Gundling, Nic. Hieron.: Historische Nachricht von der Graffschaft Neufchatel u. Valangin, worinnen die Ursachen angezeiget werden, warum Se. Königl. Maj. von Preußen den 3. Nov. a. 1707 davon in die Possession gesetzet worden. Franckfurth u. Leipzig 1708.

[Beigedr.:]

Gundling, Nic. Hieron.: Erläuterung des historischen Berichts von der Graffschaft Neufchatel u. Valengin. Franckfurt u. Leipzig 1708.

— hist. Nach. v. d. Graffschaft Neuchatel u. Valengin. 8. Halle, Renger. 708.

— observat. ad rem literariam spect. III Tmi. 8. ibid. 737.

— D. Nicol. Hieronymi Gundlings, P. P. Otia, Deren I. Auflage Von vielen andern solle begleitet werden. Deren II. Auflage ... Deren III. Auflage ... (3 Teile in 1 Bde., die Bezeichnung „Auflage" bedeutet hier Teil oder Tomus). Frankfurt & Leipzig, Rengerische Buchhandlung, 1706—07. 8°. 8 Bl. 224 S.; 8 Bl. 232 S. 3 Bl.; 12 Bl. 316 (falsch gez. 332) S. 31 Bl. Mit 1 gefalt. Tabelle. Pgt. d. Z.

H.-G. II, 707. Originalausgabe. Ähnlich wie die „Gundlingiana" eine Sammlung von Aufsätzen über kulturhistor., histor., philosoph. usw. Themen wie: „Von dem Temperament der Spanier, Von Reinero Bachovio. Von den Liebhabern der Anagrammatum, Hippocrates atheus, Gedanken über den weinenden Heraclitus und lachenden Democritus, Versuch von dem Willen des Menschen, Von der hl. Kunegunde und derselben vermeinter Keuschheit" etc. Gundlings Beeinflussung durch Thomasius ist spürbar.

— uber die sämmtlichen Pandekten rc. 2 Thle. Frankf. Garbe. (u. Brönner) 738. 39.

— praelect. ad πρωτα pandectarum, oder über die vier ersten Bücher der Pandekten. 4. Frankfurt, Hermann. (a. Brönner) 7[illegible]8.

Gundling, Nic. Hieron.: Allgemeines geistliches Recht der drey christlichen Haupt-Religionen, oder gründliche, u. gelehrte Anm. über Arn. Corvini a Belderen jus canonicum. Bd 1. 2. Franckfurt und Leipzig 1743. 44. 2 Bde

— allgem. geistliches Recht d. drey christl. Hauptreligion, oder Anm. uber Arnoldi Corvini jus canon. 2 Thle 4. Frft. Hermann, (Gebhardt, auch Brönner.) (W. Bogel in Lpz.) 743. 44.

(**Gundling,** Nic. Hieron.): Schilterus illustratus oder ausfuhrlicher aus dem Natur- und Volcker-Recht, Deutschen Alterthümern, und durch merckwürdige Exempel, aus der alten und neuen Historie von Deutschland, erl. acad. Discours uber Jo. Schilteri Deutsches Lehen-Recht. Franckfurt u. Leipzig 1735.

— Satyrische Schriften. Jena & Leipzig, J. F. Ritter, 1738. 8°. 8 Bl. 592 S. 8 Bl. HLd d. Z. mit Rv., Scharnier zum Vorderdeckel geplatzt, aber unterlegt.

FdF. 1574. H-G. II, 707 gibt als Erscheinungsjahr irrtümlich 1728 an, was deshalb nicht stimmen kann, da diese Ausgabe erst [illegible] Jahre nach Gundlings (1729 erfolgtem) Tode veröffentlicht wurde.

— satyrische Schriften. 8. Jena, Ritter. 739.

Gundling, Nic. Hier.: Singularia ad legem majestatis, itemque de silentio in hoc crimine. *Hal.* **721. 4. — *ib.* Berger. 737. 4. (8 Gr.)**

— singular. ad legem majestatis, itemq. de silentio in hoc crimine. 4. ibid. (a. Frommann, L.) 737.

— — Commentatio de statu naturali Hobbesii in corpore juris civilis defenso et defendendo occasione L. 5. de Just. & J. Halle 5. V. 1706. (Hendel) 1735. 44 S. (6.—) 12316

Gundling, Nicolaus Hieron. (Nürnberg), De transactione, testamenti tabulis non inspectis. Disp. jur. Halle (Chph. Andr. Zeitler) 21. IV. 1703. 50 S. (6.—) **12311**

— — Dasselbe. **Halle (Hendel) 1735. 48 Seiten. (6.—)** **12312**

— — Dasselbe. Von Errichtung eines Vergleiches, ohne vorhergehende Eröffnung des Testaments. Ed. III. **Halle (Joh. Chn. Hendel) 1750. (6.—)** **12313**

— — C. Trebatius testa jctus ab injuriis tam veterum quam recentiorum auctorum liberatur. **Sched. crit.-jurid. Halle (Chr. Henckel) 1710. 68 S. (4.—)** 12317

Gundlingius, Nic. Hieron.: C. **Trebatius** Testa ictus ab iniuriis veterum atque recentiorum scriptorum liberatus. Rec. opus praef. de jctis Romanis illustribus adjecit Gottlob Aug. Jenichen. Lipsiae 1736.

UNTERREDUNGEN, Neuer, Erster, Anderer, Dritter Monat, oder Januarius, Februarius, Martius soviel ersch., darinnen sowol schertz- als ernsthafft uber allerhand gelehrte u. ungelehrte (auch erotische) Bücher u. Fragen freymüthig u. unpartheyisch raisonniret wird, vorgestellet von *P. S. Q.* (d. i. *Nicolaus Hieronymus Gundling*). Mit 3 curiosen Titelkpfrn. (unsign.). Lützen, wo Konig Gustav Adolph von Schweden tod geblieben. (Halle, Zeitler) ANNO 1702. 8°. (7 Mk. Frdr. Kluber, Munchen, 1905.)

[—] Neuer Unterredungen Erster (Anderer, Dritter) Monat oder Januarius (oder Februarius, oder Martius). Darinnen sowol schertz- als ernsthafft über allerhand gelehrte und ungelehrte Bücher und Fragen Freymüthig und unparteyisch raisonniret wird, vorgestellt von P. S. Q. Lützen, wo Konig Gustav Adolph von Schweden tod geblieben. Anno 1702. Kl.8°. Drei Teile in 1 Bde. (durchnumeriert S. 1—272, ferner vor jedem Monatsteil *1 Titelkupfer* und 1 Titel, vor dem 1. Monat noch 6 Bl. Vorrede). Geheftet in provisor. Umschlag.

Alles was von dieser, bei Diesch nicht verzeichneten Monatsschrift erschienen ist.

— Vorbereit.-Discours zu den Utrecht-Badenschen Fried. n. Frft. Varrentrapp. 736.

— uber den jetzigen Zustand von Europa rc. 8. Halle, Renger. 712.

— dass. 2 Thle. 4. Frft. Bronner. 746. 52.

— v. d. Zust. d. deutschen Reichs unt. Conrad I. 4. Halle. 712.

Gundling, Xaver, aus Laudenbach (Württemberg [!]): **Über Gewichtsverhältnisse der Neugeborenen in den ersten Lebenstagen und die Ursachen der Gewichtsabnahme.** *Ellwangen 1898: G. Bauch.* (14 S.) 8°

Erlangen, Med. Diss. v. 1898

Gundlingiana, s. G u n d l i n g , Nikolaus Hieronymus: Gundlingiana.

Gundolf, Anton

Gundolf, A. Ueber die geometrische Aufgabe als Unterrichtsgegenstand auf Gymnasien. 17 S. . . . .
Progr. Paderborn 1836

Gundolf. Ueber die Lehre vom Lichte. 22 S.
Paderborn, Progr. 1860

Gundolf, (Anton), der elektro=magnetische Telegraph. Aus den physikal. Grundlehren allgemein faßlich dargestellt. [Aus dem Schulprogramme des Gymnasiums zu Paderborn f. das Jahr 1850 abgedruckt.] 8. (33 S. m. 1 lith. Taf. in qu. Fol.) Paderborn 850, Junfermann. n. 1/6 Thlr.

Gundolf, Friedrich [Pseud.], s. Gundelfinger, Friedrich

Gundolf, H. Der Charakter der Griechen in der Zeit von der macedonischen bis zur römischen Eroberung. 16 S. . . . .
Progr. Paderborn 1841

Gundolf, H. De comoediae ap. Graecos origine. 10 S. . . .
Progr. Paderborn 1833

Gundolf, H. Paderborn und dessen höhere Bildungsanstalten. (Geschichtl. kurze Nachrichten.) 17 S. . . . .
Progr. Paderborn 1825

Gundolf, H., de tutela, quam Graecorum loca sacra et hominibus et rebus praestiterint. Paderb. 1839. 4.

Gundramm, Arnold Christoph Friedrich: Cogitata quaedam de catalepsi. Helmstadii (1777:) Schnorr. XX S. 8°
Helmstedt, Med. Diss. v. Dez. 1776

Gundry, Philip George, a. London: Über die mittlere Spannung von Elektroden unter der Wirkung von Wechselströmen. Mit 3 Figuren. Leipzig: W. Engelmann 1905. (40 S.) 8° ¶(Aus: Zeitschrift f. physikal. Chemie Bd 53.)
Göttingen, Phil. Fak., Ref. Nernst, Diss. v. 4. Okt. 1905
[Geb. 30. Aug. 77 London; Wohnort: London; Staatsangeh.: England; Vorbildung: University College School London Reife 94; Studium: London 10, Berlin 1, Göttingen 2 S.; Rig. 5. Mai 05.]

Gundulae, Joannis, chronica Ragusina, digessit Speratus Nodilo, s.: Monumenta spectantia historiam Slavorum meridionalium.

Gundy, Justin Joannis van: „Ignoramus". Comoedia coram Regia Majestate Jacobi Regis Angliae. An examination of its sources and literary influence with special reference to its relation to Butler's „Hudibras". Lancaster 1906: New Era Printing Comp. (III, 105 S.) 8°
Jena, Phil. Fak., Ref. Keller, Diss. v. 31 Juli 1906
[Geb. 9 März 61 Lewisburg, Pa., Ver. Staat.; Wohnort: Lewisburg; Staatsangeh.: Verein. Staaten; Vorbildung: Gymn. Bucknell Bacc. O. 87; Studium: Baltimore 2, Berlin 1, Jena 5 S.; Rig. 15. Juli 05.]

Gunemann, Fr., Tugendbilder. Geschichtliche Erzählungen besonders aus d. Jugendleben edler Menschen für die Jugend gesammelt. Mit (4 ill.) Krpfr. gr. 12. Nürnberg 837. Bauer u. Raspe. 5/6 Thlr.

Gunesch, G.: Die Zeit Andreas II. (1204–1235.) Ein kleiner Beitrag zu einem Handbuch der siebenbürgischen Geschichte in Charakterbildern. 36 S. 8° – Bistritz, OG., Progr. 1873.

Gunesch, Rud. R. v., der Lupkower Tunnel der Ersten ungarisch-galizischen Eisenbahn. Mit 9 (lith.) Taf. Lex.-8. (III, 52 S.) Wien 878. Spielhagen & Schurich. n. 6. —

Gunesch, Rud. Ritter v., Wechselwirkungen v. Eisenbahnen u. Volkswirthschaft. gr. 8. (14 S.) Wien 876. Hartleben. — 60

Gunesch, Wilh., das österreichische Wechselrecht. Zum Gebrauche in höheren Handelsschulen dargestellt. Mit einem Anh.: die wichtigsten wechselgeschäftl. Formulare, die österreich. Wechsel-Ordnung sammt allen Nachtrags=Gesetzen u. das ungar. Wechselgesetz. Wien 860. Gerold's Sohn. gr. 8. (VI, 314 S.) n. 1 Thlr. 24 ngr.

Güngerich, A., landwirtschaftliche Buchführung. 2. Aufl. (der K. Birnbaum'schen landwirtschaftl. Buchführg.), vollst. neu bearb. (X, 237 S. m. 4 Bl. Tab.) kl. 8. Leipzig 908. F. F. Weber. Geb. in Leinw. 4. —

Güngerich, Adolf, pract. Arzt aus Wetter i. Hess.: Aus d. chirurg. Klinik zu Marburg. Ein Fall von Talusfractur. *Marburg 1901: R. Friedrich.* (32 S.) 8°
Marburg, Med. Diss. v. 16. Aug. 1901

Gunkel, Anton

Gunkel, A., die gesammte Fachwissenschaft des Schneiders, s. Müller, G. A.

— vollständiges Handbuch der Zuschneidekunst f. Damengarderobe. Als Lehrsystem an der Europ. Moden=Akademie eingeführt u. zum Selbstunterricht bearb. Fol. (53 S. m. 86 Taf.) Dresden 890. Exped. d. Europ. Moden=Zeitung. n. 9. —; geb. n. 10. —

— vollständiges Handbuch der Zuschneidekunst f. Damengarderobe. Als Lehrsystem an der Europ. Moden=Akademie eingeführt u. zum Selbstunterricht bearb. 2., verb. Aufl. Fol. (54 S. m. 86 lith. Taf.) Dresden 894. Exped. der Europ. Modenzeitg. 9. —; geb. n. 10. —

Gunkel, A., vollständiges Handbuch der Zuschneidekunst f. Damen= u. Kindergarderobe. Als Lehrsystem an der europ. Moden=Akademie eingeführt u. zum Selbstunterricht bearb. 3. verm. u. verb. Aufl. Fol. (63 S. m. 95 Taf.) Dresden (901). Expedition der europ. Modenzeitg. n. 9. —; geb. n. 10. —

Gunkel, A., vollständiges Handbuch der Zuschneidekunst zunächst f. Herrenschneider. Zum Selbstunterricht bearb. hoch 4. (74 S. m. 68 Taf.) Dresden 886. Gilbers' Verl. n. 9. — ; geb. n. 10. —

— vollständiges Handbuch der Zuschneidekunst f. Herrenschneider, als Lehrsystem an der europ. Moden=Akademie eingeführt. 2., verb. u. verm. Aufl. hoch 4. (88 S. m. 100 Taf.) Ebd. 892. 11. —; geb. n. 12. —

Gunkel, A., vollst. Handbuch d. Zuschneidekunst f. Herrenschneider, als Lehrsystem an d. europ. Moden=Akademie eingef. u. z. Selbstunterr. bearb. 3., verb. u. verm. Aufl. Fol. (89 S. m. 100 Taf.) Dresden 896. Exped. der Europ. Modenzeitg. 11. —; geb. n. 12. —

Gunkel, Ant., Collection v. 50 Grundmodellen, s.: Müller, Gust. Adf.

Gunkel, A., Lehrbuch der europäischen Moden-Akademie, enth. die Zuschneidelehre f. Herren- u. Knabengarderobe, sowie Uniformen. Verf. unter Mitarbeit v. H. Wille. 4. vollständig neubearb. verb. u. verm. Aufl. des Gunkelschen Handbuches der Zuschneidekunst. (124 S. m. 150 Taf.) Fol. Dresden (903). Expedition der europ. Modenzeitg. n. 14. —; geb. in Leinw. n. 15. —

Gunkel, Christiana, Hagar. Roman. (151 S.) kl. 8. Leipzig 910. Verlag f. Literatur, Kunst u. Musik. 2. —

Gunkel, Christiana: Ohne H e i m . Novelle von –. Leipzig: Reclam [1908]. 190 S. 8°
(Universal-Bibliothek. 5039. 5040.)

— Ohne Heim. s.a. **Universal-Bibliothek.**

Gunkel, Erich, aus Eilenburg: Ueber einige **Imidoderivate** des Antipyrins. *Rostock 1902: C. Hinstorff.* (54 S.) 8°
Rostock, Phil. Diss. v. [28. Febr.] 1902

Gunkel, G., Predigt, geh. am 18. Juni 1871, dem Tage der Friedensfeier. gr. 8. (15 S.) Lüneburg 871. Herold & Wahlstab. n. — 40

— Genesis, s.: **Handkommentar** z. Alten Testament.

Gunkel, Herm., s.: Beiträge zur Weiterentwicklung der christlichen Religion.

— Elias, Jahve u. Baal, s.a.: **Volksbücher, religionsgeschichtliche.**

Elias, Jahve und Baal. Von Prof. Dr. H[ermann] **Gunkel**-Berlin. 1.–10. Taus. Tübingen: J. C. B. Mohr 1906. (76 S.) 8° [F.]
— **Volksbücher**, Religionsgeschichtliche. Reihe 2, H. 8. [06. 11786

Gunkel, Herm., s.: **Esra**, der Prophet.

Gunkel, Herm., s.: **Forschungen** zur Religion u. Literatur des Alten u. Neuen Testaments.

— Genesis, s.: **Handkommentar** zum Alten Testament.

— **Israel u. Babylonien. Der Einfluss Babyloniens auf die israelit. Religion. 3. Taus., vom Verf. durchgeseh. (48 S.) gr. 8. Göttingen 903. Vandenhoeck & Ruprecht. n. 1. 20**

— s.: **Literaturen, die orientalischen.**

ausgewählte Psalmen, übers. u. erklärt. 2., verb. u. verm. Aufl. (XII, 289 S.) 8. Göttingen 905. Vandenhoeck & Ruprecht. n. 3. 20; geb. in Leinw. n. 4. —
1. Aufl. (X, 270 S.) 901. n. 3. 20; geb. n. 4. —.

— s.: **Religion, die, in Geschichte u. Gegenwart.**

— Die Religionsgeschichte u. die alttestamentliche Wissenschaft. Vortrag. (14 S.) gr. 8. Berlin-Schöneberg 910. Protestant. Schriftenvertrieb. — 50
Sonderabdruck aus „Protokoll des 5. Weltkongr. f. freies Christent. u. relig. Fortschr."

— die Sagen der Genesis (1. Buch Mose). [Aus: „Gunkel, d. Genesis".] 2. durchgeseh. Aufl. gr. 8. (76 S.) Göttingen 901. Vandenhoeck & Ruprecht. n. 1.50
1. Aufl. (71 S.) Ebd. 901. n. 1.40.

Gunkel, Herm., Schöpfung u. Chaos in Urzeit u. Endzeit. Eine religionsgeschichtl. Untersuchung üb. Gen. 1 u. Ap. Joh. 12. Mit Beiträgen v. Heinr. Zimmern. gr. 8. (XIV, 431 S.) Göttingen 895. Vandenhoeck & Ruprecht. n. 10. —; geb. in Halbldr. n. 11. 80

— s.: **Schriften, die, des Neuen Testaments.**

— das alte Testament im Licht der modernen Forschung, s.: **Beiträge zur Weiterentwicklung der christl. Religion.** 2.

Gunkel, Hermann [Cand. d. Theol.]: Thesen . . . . *Göttingen, Druck d. Dieterich'schen Univ.-Buchdr. (W. Fr. Kaestner)* (1888); 1 Bl. 8°
Göttingen, Theol. Fak., Thes. v. 21. Jul. 1888

— zum religionsgeschichtlichen Verständnis des Neuen Testaments, s.a. **Forschungen zur Religion u. Literatur des Alten u. Neuen Testaments.** I 1.

Zum religionsgeschichtlichen Verständnis des Neuen Testaments. Von D. Hermann **Gunkel**, Prof. zu Berlin. *Göttingen: Vandenhoeck & Ruprecht 1903.* (VI, 96 S.) 8°
— **Forschungen** z. Religion u. Literatur d. Alten u. Neuen Testaments. Bd 1, H. 1. [03. 20901

Gunkel, D. Hermann: Zum religionsgeschichtlichen V e r s t ä n d n i s des Neuen Testaments. Von Prof. –. 2. unveränd. Aufl. Anastat. Neudr. Göttingen: Vandenhoeck & Ruprecht 1910. VI, 96 S. 8°
(Forschungen z. Religion u. Literatur d. Alten u. Neuen Testaments. H. 1.)

Gunkel, Hermann [Cand. d. Theol.]: Die Wirkungen des heiligen Geistes, nach der populären Anschauung der apostolischen Zeit und nach der Lehre des Apostels Paulus. Erster Teil . . . . Göttingen, Druck d. Dieterich'schen Univ.-Buchdr. (W. Fr. Kaestner), 1888; 1 Bl. + 34 S. 8°
Göttingen, Theol. Fak., Inaug.-Diss. v. 28. Jul. 1888

Gunkel, H., die Wirkungen d. heiligen Geistes, nach der populären Anschauung der apostol. Zeit u. nach der Lehre d. Apostels Paulus. Eine biblisch-theolog. Studie. gr. 8. (111 S.) Göttingen 888. Vandenhoeck & Ruprecht's Verl. n. 2. 60

— die Wirkungen des hl. Geistes nach der populären Anschauung der apostolischen Zeit u. der Lehre des Apostels Paulus. Eine biblisch-theolog. Studie. 2. unveränd. Aufl. m. Vorwort u. Verzeichnis der citierten Schriftstellen. gr. 8. (XII, 109 S.) Ebd. 899. n. 2. 80

— Die Wirkungen des hl. Geistes nach der populären Anschauung der apostolischen Zeit u. der Lehre des Apostels Paulus. Eine biblisch-theolog. Studie. 3. unveränd. Aufl. (anastat. Neudr.) (VIII, 111 S.) gr. 8. Göttingen [899] 909. Vandenhoeck & Ruprecht. 2. 80

Gunkel, Just. Hnr., s. **Entfernungen** ohne Instrumente.

Gunkel, K., die öffentliche Erklärung d. evangelisch-lutherischen Vereins in der Prov. Hannover erläutert. gr. 8 (44 S.) Hannover 876. Brandes. n. — 60

— die Verpflichtung der Geistlichen auf die Bekenntnißschriften der Kirche. Rede, geh. auf der Bezirks-Synode v. Lüneburg am 25. April 1872. gr. 8. (30 S.) Lüneburg 872. Engel. n. — 60

Gunkel, Karl [Referendar aus Lüneburg]: Suspensivbedingung und Rückwirkung . . . . Osterode, Druck v. Giebel & Oehlschlägel, 1888
15 S. 1 Bl. 8°
Göttingen, Jur. Fak., Inaug.-Diss. v. 26. Jul. 1888

Gunkel, K., Suspensivbedingung u. Rückwirkung. Inaug.-Diss. gr. 8. (47 S.) Osterode 888. (Göttingen, Vandenhoeck & Ruprecht's Verl.) n. 1. 20

Gunkel, Leopold (Heiligenstadt/Eichsfeld), De asthmate thymico. Diss. med. Bln. (Nietack) 22. XI. 1837. 32 S. mit Biogr. (5.50) 12327
Oppon.: A. Benzler, G. Muermann, E. Eichel.

Gunkel, Paul [(Dr. med.) aus Cassel]: Vergleichende Bestimmungen über die Zähigkeit verschiedener Fleischsorten . . . Cassel, Buchdr. v. Drewfs & Schönhoven, 1896; 38 S. 8.
Würzburg, Med. Fak., Inaug.-Diss. v. 1896

Gunkel, Wlh., Rechenbuch für Elementarschüler. 1s Heft: Aufgaben zum schriftl. Rechnen. Die vier Species mit einfach benannten Zahlen. Nebst Auflösungen. 8. Sondershausen 838. (Eupel.) (à 1/12 Rthlr) 1/6 Rthlr

Gunloda. Sommertaschenbuch f. 1832. (Gedichte.) Besorgt von Mor. Bachmann. Mit 3 lithograph. Abbildd. 8. Paderb. und Arnsberg, (Wesener). 20 gr Schrbp. 1 Rthlr

Gunloda. Westphälisches Taschenbuch für 1833. Herausg. von Mor. Bachmann. A. u. d. T.: Gunloda. Wahrheit u. Dichtung. 1r Thl. Mit 2 Steindr. 8. Paderborn 833. (Wesener.) 1 1/2 Rthlr

Günnel, Schleswig-Holstein. Land u. Leute. Zwickau 865. Döhner. 8. (92 S. mit 1 lithogr. Karte in Fol.) 6 ngr

Günnel, die Völkerschlacht bei Leipzig, wie es dazu gekommen, wie sie verlaufen, und was sie Deutschlands Fürsten und Völkern predigt. Eine Gedächtnißschrift zur 50jährigen Jubelfeier der Befreiung Deutschlands. Zwickau 863. Buchhdlg. des Volksschriften-Vereins. 8. (142 S.) 9 ngr

Günnel, J. G., ländlich, sittlich. Bilder aus fernen Landen u. aus dem Leben ihrer Bewohner. Zur belehrenden Unterhaltung für das Volk. 2. durchges. u. verm. Aufl. 8. Zwickau 845. (Leipzig, Klinkhardt.) 6 ngr

Gunnell, Rob. Hier., the English Teacher's Assistent. An elementary Reading-Book etc. A. u. d. T.: Englisches Elementar-Lesebuch zur Erleichterung einer richtigen Aussprache und als Einleitung zur Conversation u. dem Studium der engl. Literatur, nach einem ganz neuen Plane bearbeitet. gr. 12. Mannheim 835. Hoff. 1/3 Rthlr

— the english teacher's assistant. A. u. d. T.: Engl. Elementar-Lesebuch zur Erleichterung einer richtigen Aussprache u. als Einleitung zur Conversation mit dem Studium der engl. Literatur nach einem ganz neuen Plane bearb. 2. verb. Aufl. 8. Ebend. 846. 9 ngr

— the Winnower. A choice miscellany of elegant English literature, in prose and verse, arranged and selected principally from his own album. gr. 8. Mannheim 835. Hoff. 1 1/2 Rthlr

Gunnell, Rob. Hinrichs, the Winnower. A choice miscellany of elegant english literature, in prose and verse arranged and selected principally from his own album. 2. edit. gr. 8. Mannheim 845, Hoff. 1 Rthlr

Gunner, Johann Ernst

— ars heuristica intellectual. 8. Kopenh. 756. Mumme. 6 gr

— Beweise von der Wirklichkeit und Einigkeit Gottes a. d. Vernunft ꝛc. Jena, Melchior. 748.

Gunnerus, J. Er., vollständ. Erklärung d. Natur- u. Völkerrechts, nach Daries. 8 Thle. 8. Frankf. a. M. 748—52. (Gröker in Jena). 3 Rthlr 4 gr Dass. 8 Thle gr. 8 Wien 785, 86. Trattner. 4 Rthlr 12 gr

[Sondertitel] Erläuterungen und Anmerkungen über das Natur- und Völkerrecht des . . . Darjes. Stück 1—8. Frankfurt und Leipzig 1748—52.

Gunner, J. Ern., Erlänt. und Anmerk. über Daries Natur- und Völkerrecht. 8 Thle. 8. Frft. (Gröcker, Jena) 748—56.

— Flora Norwegica. II Tom. c. IX tabb. icon. Fol. Kopenh. 766—72. (Varrentrapp in Frankf. a. M.) 5 Rthlr 8 gr Hbg. Pr. 2 Rthlr 16 gr

— — (Drontheim[Trondhjem]/Norwegen), De fundamento potestatis legislatoriae divinae genuino. Tractatio philos.-theolog. Kopenhagen u. Leipzig (Friedrich Christian Pelt) 13. V. 1766. 4 Bl., 94 S. (6.50) 12329

Gew.: Otto Thott (Gaunoee, Lindesvold, Strandegaart.

— Hirtenbrief an d. Priester in Trundheim. 8. Kopenh. 765. Mumme. 3 gr

Gunner, Johann Ernst, De imputatione peccati Adamitici physica seu non-morali, tamen justissima. Tractatio theolog. Kopenhagen u. Leipzig (Fried. Christ. Pelt) 1765. 8 Bl., 147 S. (6.50) 12328

— institut. metaphysicae. 8. Kopenh. 765. Rothe. 16 gr

— institut. theologiae dogmat. 8. Jena 755. Hartung. 1 Rthlr 4 gr

— de libertate etc. 8. Ienae, Cuno, 747.

— s. Jh. Chr. Jon. Schwartz, Sammls. heil. Reden.

— Trauerreden. 8. Flensb. 760. Korte. 5 gr

Günner Aug., Zwierzina Moritz und Karl Tiller. Oesterreichische Biersteuer. Hilfsbuch für den Finanzdienst und die Brau-Industrie. Zusammengestellt nach den Vorträgen des Verzehrungs-Lehrcurses in Prag. Lex. 8. (22 B.) Mit 42 Abbild. und 12 Formul. Prag, Selbstverlag u. *J. G. Calve'sche Hof- und Univ.-Buchh. 3 fl. N. b. 1884.

Gunning, E. H., der Unterschied zwischen Theologie u. Religionswissenschaft, s.a. Salz u. Licht.

Der Unterschied zwischen Theologie u. Religions-Wissenschaft. Vortrag geh. 1902 in Barmen von Dr. E. H. Gunning, vorm. Prof. in Leiden. *Barmen: Wupperth. Traktat-Ges. (1902).* (24 S.) 8° [F.]

— Salz u. Licht. 4.

Gunning jr., J. H., Christus für u. in uns. Aus dem Holl. v. A. Schreiber. Mit e. neuen Vorrede v. J. H. Gunning. gr. 8. (XI, 100 S.) Gotha 876. F. A. Perthes. n. 1. 80

Gunning, J. H., Glaube u. Sittlichkeit. Vortrag, am 10. Aug. 1882 in der Barmer Festwoche geh. über das Thema: „Keine wahre Sittlichkeit ohne den Glauben an Jesum Christum". gr. 8. (48 S.) Amsterdam 882. Hoeveker & Zoon. — 75

— das Leben der Menschheit u. des Menschen eine göttliche Komödie. Aus dem Holl. durch L. v. H. Mit einer neuen Vorrede v. J. H. Gunning. gr. 8. (XXIII, 138 S.) Gotha 878. F. A. Perthes. n. 2. 60

— Leiden u. Herrlichkeit. Nach der 2., verm. holländ. Ausg. Mit einem Vorwort v. Frz. Delitzsch. gr. 8. (XV, 140 S.) Ebend. 877. n. 2. 60

Gunning, J. H., der Apostel Paulus u. d. Enthaltsamkeit od. Die Starken u. d. Schwachen. Eine Bibelstudie üb. Römer 14 u. 1. Kor. 8ff. Aus d. Holl. übers. v. M. Fiebig. 12. (16 S.) Barmen 898. Elim, Buchh. d. Blauen Kreuzes. n. — 10

— die objective Wahrheit des Gemeindebekenntnisses. Vortrag, in der Pastoral-Conferenz in der Wupperthaler Festwoche am 16. Aug. 1878 geh. 8. (55 S.) Ebend. 879. n. — 80

Gunning, J. W., Missionsstudium, s.: Baart de la Faille, H.

Gunning, J. W.
Ueber Saccharometrie und Zuckerbesteuerung. Herausgegeben von Scheibler. Leipzig, 1875. 8vo. Ill.

Gunning, Jan Willem Boudewyn [aus Amsterdam, pract. Arzt in Ventersdad (S.-Afrika)]: Die prolongirte und die permanente intrauterine Irrigation bei puerperaler Sepsis ... Jena, Druck v. A. Neuenhahn, 1886: 37 S. 8°.
Jena, Med. Fak., Inaug.-Diss. v. 30. Jan. 1886.

Gunnison, Charles A., Gott weiß, warum. Geschichte e. Haushofmeisters. Ins Deutsche übertr. v. E. B. 12. (32 S.) Leipzig 894. (G. Wigand.) — 60

Gunnison, J. W., die Mormonen, s. Jenseits des Oceans.

Gunnison, Die Mormonen im Thale des grossen Salzsee's, nach persönlicher Beobachtung geschildert. Aus d. Engl. von Lindau. Hamburg und Leipzig 1855. 8°. VII u. 247 S.
R. Zinke's Dresdner März-Auction 1906, no. 1049.

Gunnlaug Schlangenzunge, d. Saga v., s. Universal-Bibliothek Nr. 2756.

Gunlaugssaga Ormstungu, s.: Textbibliothek, altnordische.

Gunnlaugs saga Ormstungu, hrsg. v. E. Mogk, s.: Texte, altnordische.

***Gunlaugi* Ormstungu, Sagan af, ok Skald-Rafni.** Gunlaugi vermilinguis et Rafnis poëtae vita. Ex Mss. leg. Magnaeani cum interpretatione latina, notis, chronologia, tabulis genealog. et indicibus tam rerum quam verborum. 4maj. Kopenh. 775. (Gyldendal). ch. scr. 3 ℛ (a. Schubothe das.) 4 ℛ

Gunnlaugsson, Bjorn, Uppdrättr Islands, gjordr ad fyrirsogn Olafs Nikolas Olsens, er stydjast vid þríhyrningamál og strandamalingar þar, sem hid konungliga Rentukammer hefir látid gjora og reiknad hefir Hans Jak. Scheel; gefinn út af enu Islenzka bókmentafélagi. Imp. Fol. Kpfrst. u. color. 4 Bl. u. 1 Bl. Text. Reykjavik og Kaupmannahöfn 844. (Leipzig, T. O. Weigel.) n. n. 7 1/2 ℛ

— Uppdrättr Islands, [Carte d'Islande,] gjordr ad fyrirsogn Olafs Nikolas Olsens, [exécutée sous la direction de Mr. O. N. Olsen]. Gefinn út af enu Islenzka bókmentafélagi. [Publiée par la société littéraire d'Islande.] Imp. Fol. Kpfrst. u. color. Ebd. 849. n. 1 1/3 ℛ

Guenot, C. Sabinianus, s. Zeitbilder u. Erzählungen aus d. Geschichte d. christl. Kirche.

Günsberg F.: Die pathologische Gewebelehre. 2 Bd. Leipz. 1845-48. 5 Tvl.
(=: Studien z. spec. Pathologie. Bd. 1—2).

Günsberg [illegible] der [illegible] 8 [illegible] vgr.
Separatabdruck

[illegible] in [illegible] vgr.
Separatabdruck

Günsberg, Rud., üb. die Untersalpetersäure u. die Constitution der salpetersauren Salze. [Aus: „Sitzungsber. d. k. Akad. d. Wiss."] Lex.-8. (7 S.) Wien 874. (Gerold's Sohn.) 1. 50

Günsberg, R., über das Verhalten von Dextringummi gegen Hühnereiweiss. (Abdr. aus den Sitzungsber. d. k. Akad. d. Wiss.) Wien 864. (Gerold.) gr. 8. (10 S.) n. 2 ngr

Der alte Aar. Musikdrama in 1 Aufz. Dichtung u. Musik von Raoul Gunsbourg. Cöln: Ahn 1909. 20 S. 8°
(Ahns Operntext-Bibliothek. Nr 140.)

Günsburg, C. S., Parabeln. 2 Bdchen. 8. Berlin, Bureau f. Literatur u. Kunst. 820.

Günsburg, (C. S.,) Parabeln. 3s Bdchn. 8. Bresl. 826, Max u. Comp.

Günsburg, Frz., das Einkommensteuergesetz f. den preußischen Staat vom 24. Juni 1891, } s.: Taschen-Gesetz-sammlung.
— das Gewerbesteuergesetz f. d. preuß. Staat vom 24. Juni 1891, } s.: Taschen-Gesetz-sammlung.

Günsburg, Frz., s.: Hausbesitzer-Kalender, deutscher.

— d. bestch. Provinzialrecht d. Kurmark Brandenburg, s.: Scholtz u. Hermensdorff.

Günsburg, Friedr., das Epitelialgewebe des menschlichen Körpers. Mit 1 Steindrucktaf. (Aus Nova Acta Academiae Caesar. Leopold.-Carol.) Breslau u. Bonn 854. Bonn, Weber. gr. 4. (37 S.) n. 20 ngr

— Handbuch der speciellen Pathologie u. Therapie. 2. Bd. A. u. d. T.: Klinik der Kreislaufs- u. Athmungsorgane. Breslau 856. E. Trewendt. Lex.-8. (X, 774 S.) n. 4 ℛ 20 ngr
1. Bd. ist noch nicht erschienen.

Günsburg, Frdr., Mittheilungen über die gegenwärt. Epidemie der asiat. Cholera. gr. 8. (IV u. 91 S.) Breslau 848, Leuckart. 12 ngr

Günsburg, Fr., Studien zur speciellen Pathologie. 1. Bd. A. u. d. T.: Die patholog. Gewebelehre. 1. Bd. Die Krankheitsprodukte nach ihrer Entwicklung, Zusammensetzung u. Lagerung in den Geweben des menschl. Körpers. Mit 3 Taf. gr. 8. Leipzig 845, Brockhaus. 1 1/2 ℛ

— Studien zur speciellen Pathologie. 2. Bd. A. u. d. T.: Die patholog. Gewebelehre. 2. Bd. Die krankhaften Veränderungen der Gewebe d. menschl. Körpers. — Grundriss der patholog. Entwickelungsgeschichte. Mit 2 (lith.) Taf. (in qu. 4.) gr. 8. (XVI u. 412 S.) Leipzig 848, Brockhaus. 2 1/2 ℛ (1. 2.: 4 ℛ)

Guensburg, Fridericus *(geb. Breslau 13. 7. 1820)*: Tentamen physiognomicae pathologicae specialis. Vratislaviae (1841) (34 S., 2 Taf.) 4°
Breslau, Med. Diss. v. 8. Okt. 1841

— Untersuchungen über die erste Entwickelung verschiedener Gewebe des menschlichen Körpers. Mit 4 lith. Taf. Ebend. 854. gr. 8. (2 Bl., 96 S.) n. 1 ℛ 5 ngr

Günsburg, Friedrich [Hrsg.], s. Zeitschrift für klinische Medizin.

Günsburg, K. Siegfried

— s. Erbauungen.

Gunsburg, K. Sgf. Geist des Orients. gr. 8. Breslau 830. Aderholz. 1 Rthlr 12 gr

— Parabeln. 2 Bdchn. 8. Berl. 820. Büreau f. Lit. u. K. 1 Rthlr 15 gr (Wolbrecht in Leipz.) 12 gr 3s Bdchn. 8. Bresl. 826. Max u. C. 16 gr

— die deutsche Synagoge, s. Ed. Kley.

— Zuruf an d. Jünglinge, welche den Fahnen d. Vaterlandes folgen wollen. 8. Berl. 813.

Günsburg, L. G., Parabeln. 2 Bde. 8. Lpz. 818. (Melzer.) 1/2 Rthlr

Günsel, Gust., über die Entwickelung des Carcinoms in Narben, besond. d. Geschwürsnarben d. Magens. Diss. gr. 8. (18 S.) Tübingen 902. F. Pietzcker. n.n. — 70

Gunsett, August: Über Myombildung bei doppeltem Uterus im Anschluss an 3 neue Fälle. *Leipzig: A. Georgi 1900.* (27 S.) 8°
Strassburg, Med. Diss. v. 1900

Gunsser, Eugen [app. Arzt aus Tübingen]: Beitrag zur Kenntniss der Rückenmarks-Tuberkulose. . . . Tübingen, Druck d. L. Fr. Fues'schen Buchdr. (W. Armbruster & O. Riecker), 1890; 80 S. u. 1 Taf. 8°
Tübingen, Med. Fak., Inaug.-Diss. v. 1890

Gunst des Glücks, die bewundernsw. 8. Berl. Haude. 762.

Gunst, die, d. Fürsten. Trauersp. 8. Danzig, Wedel. 776.

GUNST, Die, und Der Hass in der Liebe, oder Geschichte glücklicher, betrogener und unglücklicher Liebenden. Nach der 9. französ. Ausgabe ins Deutsche übers. 3 Thle. Leipzig 1760. 8°. (6 Kr. Halm & Goldmann, 1907.) Heinsius.

UM(B) völlige Gunst. (8 achtzeil. Str.) — Er reitzt sie zur Liebe an. (7 sechszeil. Str. von *E. H. v. H.*, nicht Hoffmannswaldau.) Zwei erotische Gedichte aus dem 17. Jahrhundert. [illegible] mmender verliebter Mercurius vom 18. Martii Anno 1702. Erotisches Curiosum (Prosa.) O. O. u. J. (Com. Franz Teubner, 1890; *a. E.:* Druck von Elias Neuwald, Budapest.) Kl. 8°. (Mk. 0,75.)
Alle 3 Stücke aus: Auferweckte Gedichte. 1702. 8°. [illegible] Tit. m. Bordure, auf d. Rücks. Teubner'sche Verlagsan[illegible] Vergriffen!

Gunst, Rudolf: Ein Beitrag zur Lehre von der Amortisationshypothek. Münster i. W. 1910: Westfäl. Vereinsdr. 37 S. 8°
Münster, Rechts- u. staatsw. Diss. v. 28. Sept. 1910, Ref. Erman, Jacobi
[Geb. 16. Nov. 83 Hembsen; Wohnort: Münster i. W.; Staatsangeh.: Preußen; Vorbildung: Gymn. Koesfeld Reife O. 05; Studium: Kiel 1, Paris 1, München 1, Münster 3 S.; Rig. 6. Mai 10.] [U 11. 3913

Gunst, W., Der amerikanische Hochsprung mit Anlauf (Scherensprung). Erl. u. bildl. aufgen., Leipzig. 2 S., 6 Taf., Kl.-8°.

Gunstdamen, die, u. die Kinder der Liebe im Hause Habsburg. Eine galante Studie v. A. L. Berlin 870. Schlingmann. gr. 16. (104 S.) 7½ ngr

Gunstke, Wilh., eine paradoxe Behauptung. Schwank in 3 Aufzügen. 8. (48 S.) Barmen 881. Inderau. n. — 80

Gunstke, Wilh., Hartmann v. Siebeneichen. Historisches Zeitbild aus dem 12. Jahrh. in 5 Acten. 8. (67 S.) Ludwigshafen 875. Lauterborn. n. 1. 20

Günstling, Der, von der Verfasserin von Gustavs Verirrung. Posen 1809. V: *Augusti, Caroline geschiedene Chn Aug. Fischer geb. Venturini.* (Ky) (Schl) (MGT)

Günstling, der, von d. Verf. Gustavs Verirrung (Karol. Augusti). 8. Posen 809. Kühn. (Centr.-Cpt in Leipz.) 1 Rthlr 8 gr

GÜNSTLING, Der, des Glücks. (Galanter Roman aus der englischen Gesellschaft.) Aus d. Französ. (von Carl Conrad Streit). 2 Thle. (Mit einander gleichen typogr. Titel-Vignetten.) Breßlau, 1780, bey Wilh. Gottlieb Korn. 8°.
Tit., 102+112 S. — Das französ. (vielleicht nach e. englischen Orig. bearb.) Buch hat d. Tit.: Le favori de la fortune, 2 pts. Amsterd. 1780. 8°. (12 Sgr. Scheible, vor 1875.)

Günstling, der, des Zaren. Erinnerungen an St. Petersburg v. G. D. P. (IV, 120 S.) 8. Leipzig (906). B. Elischer Nachf. n. 1. 50

Günstlinge, die, s. a. Darstellungen, biographische.

Günstlinge, die, od. in d. Noth lernt man Freunde kennen. Schsp. v. Kaffka. 8. Riga. (Hartknoch in Lpz.) 791.

* Günstlinge, die, von Möller. 8. Gießen, Müller. 802.

Günstlinge, Russische. Tübingen 1809. V: *Helbig, Gustav Adolph Wilhelm von.* (Ky) (MGT) (BrMm)

Günstlinge, Russische, (von G. Ad. W. v. Helbig). gr. 8. Tübing. 809. v. Cotta. 2 Rthlr 8 gr

Günsz, Aron, die Abhandlung Alexanders von Aphrodisias über den Intellekt. Aus handschriftlichen Quellen zum ersten Male herausgegeben und durch die Abhandlung: „Die Nûslehre Alexanders von Aphrodisias und ihr Einfluss auf die arabisch-jüdische Philosophie des Mittelalters" eingeleitet. Diss. Leipzig 1886, Gustav Fock. 8°. 32. 36 S.

Günsz, Aron (Jankovácz/Komitat Bács-Bodrogh, Ungarn), Die Abhandlung Alexanders von Aphrodisias über d. Intellekt. Aus handschriftl. Quellen z. erst. Male hersg. u. durch d. Abhandlung: „Die Nûslehre Alexanders von Aphrodisias u. ihr Einfluß a. d. arabisch-jüdische Philosophie d. Mittelalters" eingeleitet. Diss. philos. Leipzig. Bln. (H. Itzkowski) 1886. 42 S. mit Biogr. u. 16 S. (5.—) 12127

Gunszt, Ladislaus: Die ungarischen Sparkassen. Borna-Leipzig 1908: Noske. 109 S. 8°
Leipzig, Phil. Diss. v. 5. Dez. 1908, Ref. Bücher, Stieda
[Geb. 22. Jan. 85 Budapest; Wohnort: Budapest; Staatsangeh.: Ungarn; Vorbildung: Ev.-ref. Gymn. Budapest Reife Juni 03; Studium: Budapest 2, Leipzig 1, Berlin 1, Leipzig 0 S.; Rig. 30. Juni 08.] [U 09. 2976

Gunten, F. v[on]. Unterseen und seine Umgebung in historischer Beziehung. Zusammengestellt von F. v. G. 8. Interlaken 1882.

Gunten, Pierre v[on]. Les foyers périapicaux dentaires chroniques et leurs retentissements sur les adénites cervicales tuberculeuses. (Etude clinique et thérapeutique.) Thèse Méd. Genève. (Extr. de la « Revue mensuelle suisse d'Odontologie », Tome 44, 1934, N° 12.) IV+IV+48 p. 25,5 15,5 cm. Zurich, Impr. Berichthaus, 1934. V Genf

Gunter's, ..., Sittenbuch der engl. Gesellschaft, aus dessen Papieren von P. Q. D. Aufwärter bei Almack's. Mit Titelvign. gr. 8. Stuttgart 839. Hallberger.

Gunter, Archibald Clavering

— Als Herr Woodhouse erwachte (Dr. Burton als Detektiv), s.: Kriminal-Romane aller Nationen.

Gunter, A. C., Mr. Barnes of New York, s. Collection of British Authors.

Gunter, Archibald Clavering: Mr. Barnes von New York, s. Engelhorn's allgemeine Romanbibliothek.

Gunter, Archib. C., Nächte des Grauens (Dr. Burton als Detektiv), s.: Kriminal-Romane aller Nationen.

Gunter, Archibald Clavering, Miß Niemand, s.: Engelhorn's allgemeine Romanbibliothek.

Gunter, Archibald Clavering: Mr. Potter aus Texas, s. Engelhorn's allgemeine Romanbibliothek.

— Die Stecknadel im Heuhaufen (Dr. Burton als Detektiv), s.: Kriminalromane aller Nationen.

Guenter, Adolf *(geb. Neidenburg in Ostpr. [1. 9. 1849])*: Ueber die Echinococcuskrankheit der Athmungsorgane. Breslau 1872. (31 S.) 8°

Breslau, Med. Diss. v. 1. [vielmehr 3.] Juli 1872

Günter, Art., bunte Bilder. Unsere Schutztruppe in Deutsch-Süd-West-Afrika. Festspiel in 6 leb. Bildern m. verbind. Text. Dichtung v. Rich. Liebsch. (8 S.) kl. 8. Leipzig-R. (Kohlgartenstr. 56) 907. A. Günther. — 25

Günter, Edmund [pract. Arzt aus Gr. Algermissen (Hannover)]: Ueber Dupuytren'sche Exostose der grossen Zehe .... Würzburg, Becker's Univ.-Buchdr., 1886; 24 S. 8°.

Würzburg, Med. Fak., Inaug.-Diss. v. 1886.

Günter, Edmund, über Dupuytren'sche Exostose der grossen Zehe. Diss. Würzburg 1886, Stahelsche Univ.-Buchh. 8°. 24 S.

Günter, Emil, 's Järbsyte-Peters Gschichtli vom alte Napolion u. vom Chröjebüel. Mit vile Fäderzeichnige v. J. F. Wermuth. (VIII, 163 S.) kl. 8. Bern 908. K. J. Wyß. Kart. 4. —

Günter, Eugen, a. Geislingen a. d. Steige, Stadttierarzt in Lauffen a. N. ⟨Württemberg⟩: Aus d. pharmakol. Institut d. Universität Giessen. Der Chloroformgehalt von Blut, Leber und Niere während der Narkose. ⟨Mit 2 Abbildungen.⟩ Gießen 1906: v. Münchow. (33 S.) 8°

Gießen, Med. Fak., Ref. Geppert, Diss. v. 28. Juli 1906

[Geb. 21. Aug. 81 Geislingen a. d. Steige; Wohnort: Lauffen a. N.; Staatsangeh.: Württemberg; Realgymn. Ulm Reife Juli 99; Studium: München und Stuttgart, Tierärztl. Hochsch., aus. 8 S.; Rig. 10. Juli 06.]

EREIGNISSE aus meiner Familiengeschichte.... (von *Franz. v. Günter*). O. O. 1802.

Anon.-Lex. II. p. 41 (nach Meusel).

v. Günter, Frz., s. Horaz, Oden.

Günter, Franz, über Luxationen des Talus und ihre Behandlung. Diss. Würzburg 1886, Stahelsche Univ.-Buchh. 8°. 30 S.

Günter, Franz [aus Ahrbergen (Hannover)]: Ueber Luxationen des Talus und ihre Behandlung .... Würzburg, Kohl & Hecker's Buchdr., 1887; 30 S. 8°.

Würzburg, Med. Fak. Inaug.-Diss. v. 1887.

Günter, Heinr., die Habsburger-Liga 1625—1635, s.a. **Studien, historische. 62. Heft.**

Die **Habsburger-Liga** 1625–1635. Briefe u. Akten aus d. General-Archiv zu Simancas. Von Heinrich Günter. Berlin: E. Ebering 1908. (XVI, 487 S.) 8°

= **Studien,** Historische. H. 62. 08. 14963 2

Günter, Heinrich, Kaiser Heinrich II., der Heilige, s.a. **Sammlung illustr. Heiligenleben. 1.**

Günter, Heinrich. Kaiser Heinrich II., der Heilige. Mit 1 Kunstbeilage und 52 Abbildungen im Text ([sowie Anhang:] Zur Ikonographie Kaiser Heinrichs II. [von] E[rnst] A[lfred] Stückelberg). VIII + 102 S. 8. Kempten und München, Jos. Kösel, 1904. [geb. M. 3. —]

Sammlung illustrierter Heiligenleben. [Band] 1....

— **Die christliche Legende des Abendlandes,** s.a. **Bibliothek, religionswissenschaftliche.**

Günter, Heinrich: Die christliche Legende des Abendlandes. Von Prof. –. Tübingen. Heidelberg: Winter 1910. VIII, 246 S. 8°

(Religionswissenschaftliche Bibliothek. 2.)

— Legenden-Studien. **(XI, 192 S.) gr. 8.** Köln 906. J. P. Bachem. **n. 3. 60**

Günter, Heinrich [Dr.]: Das Münzwesen in der Grafschaft **Württemberg.** Stuttgart, W. Kohlhammer, 1897; IV, 121 S., 1 Bl. 8.

Tübingen, Phil. Fak., Hab.-Schr. v. 1897
(Nicht für den Austausch)

Günter, Heinrich. Das Restitutionsedikt von 1629 und die katholische Restauration Altwirtembergs. VIII + 387 S. 8. Stuttgart, W. Kohlhammer, 1901. [M. 7. —]

Darin S. 161. 163. 177. 193. 222. 230. 283. 328. 341 etc. die Schweiz *etc. betr.*

Günter, Heinrich [(Dr.) aus Ahrbergen (Prov. Hannover)]: [I.] Über die Stereoisomerie des 2,5-Diaminohexans. [II.] Zur Kenntniss der Diazoniumperhaloïde ... Hannover, Druck v. W. Riemschneider, 1897; 31 S. 8.

Würzburg, Phil. Fak., Inaug.-Diss. v. 1897

— die Toleranz in der Geschichte, s.: **Vorträge,** populärwissenschaftliche. 11.

— s.: Urkundenbuch d. Stadt Rottweil.

v. Günter, K., eine unterthänigste Vorstell. an seinen gnädigsten Landesherrn. 8. Münch. 802. Weber. 2 gr.

v. Günter, Kas. Fr., Etwas v. d. abwechselnden Schicksalen der alten Pfälzischen Kurwürde. 4. Münch. 776. (Franz). 8 gr.

— kurze, jedoch verlässige Nachricht der Baierschen Fehde. gr. 4. Münch. 782. (Franz). 4 gr.

— von d. Verhältnisse d. Adels in Kraichgau gegen d. Kurpfalz. gr. 4. Manh. 782. Löffler. 3 gr. (Franz in Münch.) 5 gr.

Günter, Mich., das metrische Mass, seine Theile und deren gegenseitige Werte in ihren Beziehungen zum Wiener Masse. Für Volks-, Bürger-, Real- und Handelsschulen und ähnl. Anstalten, überhaupt für Alle, welche sich auf die schnellste und leichteste Weise mit dem metr. Masse vertraut machen wollen. Ausg. von 1872. *M. 3., und Neue Ausg. Mit Text. gr. 8. (15 chromolithogr. S. in Imp.-Fol.) Wien 873, Pichler's Wwe. und Sohn. *
Aufgezogen mit Stäben *

—— Meter, Liter, Kilo. Praktischer Apparat für die Jugend. Zur leichten Erlernung der neuen (metr.) Masse und Gewichte. (8 S. Text in gr. 4., 1 Uebersichts-Tab. in qu. gr. 4. und 8 Fig. auf Carton.) Wien 874, Pichler's Wwe. und Sohn. In Mappe

Guntermann, A., m. Badens Wehr f. deutsche Ehr. Die bad. Truppen u. ihre Anteilnahme am Einigungskriege. Mit 1 Bilde, 10 Gefechtsskizzen u. 1 Uebersichtskarte. 8. (VII, 337 S.) Freiburg i/B. 895. Lorenz & Waetzel. n. 3. 50; geb. n. 4. 50
Erschien auch in 10 Lfgn. z. Subskr.-Preise à — 25.

Ⓑ Guntermann, A., mit Badens Wehr f. deutsche Ehr. 895. (KBL. 29.) Jetzt: Karlsruhe. F. Gutsch.

Guntermann, August

— Gedichte. 12. (48 S.) Ebd. 895. n. 1. —

Guntermann, August: G e d i c h t e von –. Freiburg in B.: Lorenz & Waetzel 1896. (52 S.) 8°.

Guntermann, Aug., Mesalliance. Novellen. (261 S.) 8. Straßburg 907. J. Singer. 4.—; geb. in Leinw. 5. —

— der Spion. Histor. Erzählg. 8. (103 S.) Freiburg i/B. 897. P. Waetzel. n. 2. —; geb. in Leinw. n. 2. 75

Guntermann, August [aus Fulda]: Rudolf von Zähringen, Bischof von Lüttich … Bühl, Druck d. Aktienges. Konkordia, 1893; 76 S., 1 Bl. 8.
Freiburg i. B., Phil. Fak., Inaug.-Diss. v. 1893

Guntermann, Karl: Herrschaftliche und genossenschaftliche termini ⟨für gott, Christus, den teufel und ihre umgebung⟩ in der geistlichen epik der Westgermanen. Kiel 1910: Lüddens & Haase. 112 S. 8°
Kiel, Phil. Diss. v. 1. Sept. 1910, Ref. Kauffmann
[Geb. 31. Aug. 87 Wilhelmshaven; Wohnort: Kiel; Staatsangeh.: Preußen; Vorbildung: Gymn. Kiel Reife O. 06; Studium: Kiel 3, Leipzig 1, Kiel 4 S.; Rig. 8. März 10.] [U 11. 2627

Günterrode, s. G ü n d e r o d e

Güntersberg, H. Chr. K., Anleitung, d. vorzügl. Choräle mit der Orgel zu begleiten. 2 Hfte. quer Fol. Meißen 815. Goedsche. (1r 18 gGr 2r 20 gGr) 1 Thlr 14 gGr

— der fertige Orgelspieler, od. Kasualmagazin f. alle vorkommende Fälle im Orgelspiele. 3 Thle. gr. 4. Meißen 823 — 24. Goedsche. 6 Thlr 16 gGr Neue wohlf. Ausg. 829. 2 Thlr 12 gGr

Güntersdorf, Herold v., „Allein" u. andere Erzählungen. (101 S.) 8. Straßburg 907. J. Singer. 2. —

Güntershof, s.: Preussen. Messtischblätter.

Güntert, Hermann: Zur Geschichte der griechischen Gradationsbildungen. 1. Straßburg: Trübner 1909. 72 S. 8° ¶ (Aus: Indogerm. Forschungen. Bd 27. T. 2 ersch. später.)
Heidelberg, Phil. Diss. v. 10. Juli 1909, Ref. Osthoff
[Geb. 5. Nov. 86 Worms; Wohnort: Heidelberg; Staatsangeh.: Baden; Vorbildung: Gymn. Worms Reife O. 05; Studium: Heidelberg 7 S.; Rig. 11. Juli 08.] [U 09. 1993

Guntha. Ein altdeutsches Mährlein. Schauspiel. Hanau 1809. V: *Wolfart, Carl Christian.* (MGT) »Frankfurt« (Ky) »dramatisches Gedicht. Hanau 1809.« (Hitzig)

Guntha. E. altdeutsch. Mährch. m. K. (Schsp.) 8. (Frkft. Jäger in Commiss.) 809.

Günthart, August

Günthart, A., die Aufgaben des naturkundlichen Unterrichts vom Standpunkte Herbarts, s.a. S a m m l u n g naturwissenschaftlich-pädagog. Abhandlungen, 5. Hft.

Günthart, A[ugust]. Die Aufgaben des naturkundlichen Unterrichts vom Standpunkte Herbarts. Von Dr. A. Günthart [aus Zürich], Oberlehrer in Barmen. Mit 3 Skizzen im Text. VIII + 67 S. gr.-8. Leipzig und Berlin, B. G. Teubner, 1904. [M. 1. 40]
Sammlung naturwissenschaftlich-pädagogischer Abhandlungen. Hrg. von Otto Schmeil … und W(alther) B Schmidt…. Heft 5.

Günthart, A., Beiträge zur Blüthenbiologie der Cruciferen, Crassulaceen u. der Gattung Saxifraga, s.a. B i b l i o t h e c a botanica.

Günthart, A[ugust]. Beiträge zur Blüthenbiologie der Cruciferen, Crassulaceen und der Gattung Saxifraga. *Kopftitel:* Arbeit aus dem botanischen Museum des eidgen. Polytechnikums in Zürich. X + 97 + *Tafel-Erklärungen* 11 S. 4. Stuttgart, Erwin Naegele, 1902.
Ausg. A: Diss. Phil. II. Univ. Zürich. ([Mit 11 Tafeln. — Sep.-Ausg. von:] Bibliotheca Botanica. Heft 58.)
Ausg. B: Mit 11 Tafeln. — *A. u. d. T.:* Bibliotheca Botanica. Original-Abhandlungen aus dem Gesammtgebiete der Botanik. Hrg. von Prof. Dr. Chr[istian] Luerssen…. Heft 58…. [M. 28. —]

Guenthart, August, Dr.: Beiträge zur Pädagogik und Methodik der Naturwissenschaften. Der chemische Unterricht als philosophischer Unterricht. Barmen: D. B. Wiemann (1905). (20 S.) 4°
Barmen, st. RG u. R ⟨ReformS⟩ P 1905 (566)

Günthart, A[ugust]. Prinzipien der physikalisch-kausalen Blütenbiologie in ihrer Anwendung auf Bau und Entstehung des Blütenapparates der Cruciferen. Mit 136 Abbildungen im Text. X + 172 S. 8. Jena, Gustav Fischer, 1910. [M. 4. 50]

Günthart, August, s. S c h r o e t e r, C.: Das Pflanzenleben der Alpen…

Guenthart, August. Der chemische Unterricht als philosophischer Unterricht. Von Oberlehrer Dr. A' G' [aus Zürich]. [Beilage zum Programm des städtischen Reformrealgymnasiums in Barmen.] *Kopftitel:* Beiträge zur Pädagogik und Methodik der Naturwissenschaften. 20 S. 4. Barmen, D. B. Wiemann, [1905].

Günthart, A[ugust]. Der physikalische Unterricht als Arbeitsunterricht. [Mit Figuren.] 8.
Programm der Höheren T ö c h t e r s c h u l e der Stadt Zürich. Schuljahr 1908/1909. Beilage…. Zürich, Müller, Werder & Co., 1909. S. 5—34.

Günthart, A[ugust]. Blütenbiologische Untersuchungen. Nr. 2: Beiträge zur Blütenbiologie der Dipsaceen. Von Dr. A. G' [aus Zürich], Oberlehrer in Barmen. Hierzu 30 Textfiguren. (Sonderabdruck aus «Flora oder Allg. bot. Zeitung», 1904, Bd. 93, Heft 3.) II S. + S. 199—250. 8. [Marburg, N. G. Elwert.]
(B' U', Nr. 1 *u. d. T.:* Beiträge zur Blütenb' der Cruciferen … *s. Bulletin 1902, S. 868:* N° 1315 u. N° 1316)

Gunthas; ein altdeutsches Mährchen. Schspl. (v. Karl (Chr.) Wolfart). Mit 7 Steindruckplatten. 8. Frankf. 809. Jäger. 16 gGr

Gunther s.a. **Günther.**

Gunther, s.a. G u n t h e r ' s

Gunther und Schlentert, Naturschönheiten sächsischer Gegenden. 3 Thle. m. K. 8. Lpz. Hinrichs. 800–3. (à 1 Rthlr. 12 gr.)

— — maler. Skizzen v. Deutschland, s. Skizzen.

GUNTHER, F. St.
(F) Auf dem Küniglberg. Kleinigkeiten aus der Grosstadt von F. St. Gunther. Umschlagbild von W. Hejda. Linz. Wien. Leipzig: [1901.] Oesterr. Verlagsgesellschaft. Gr.-8°. 131 S.

Gunther, F. St., auf dem Küniglberg. Kleinigkeiten aus der Großstadt. Umschlag-Bild v. W. Hejda. 2. Aufl. 8. (131 S.) Linz (902). Wien, Österreich. Verlagsanst. n. 2.—

Gunther, Fritz, s.: Stuber-Gunther, Fritz.

Gunther, Willib., Bekenntnisse. Gedichte. (Titelbild v. Max Tilke.) (64 S.) kl. 8. Straßburg 906. J. Singer. Kart. n. 2. 50

GÜNTHER, Graf von Delmenhorst. Scenen aus den Ereignissen neuester Zeit. (Roman.) 2 Thle. Hamburg. Vollmer. 1809. 8°. (1½ Rthl.) Rar!

Familie von Günther. Stammtafel, generatio I-V in direct aufsteigender Mannesfolge. O. O. 1880. fol.

Günther, Graf von der Halle. Eine Geschichte aus den Ritterzeiten. Vom Verf. der Ruinen der Teufelsburg. 8. Nordhausen. (Jetzt Lauffer in Leipzig.) 818.

Günther. – Johann Arnold Günther

— ein Lebensgemälde, s. F. J. L. Meyer

Günther v. Schwarzburg. Schspl. (v. Ant. v. Klein). 8. Manh. 777. Schwan u. G. (Löffler). 8 K

Guenther, William Barstow v. Ein Lebensbild. [Aus: „Zeitschr. d. histor. Gesellsch. f. d. Prov. Posen".] gr. 8. (18 S. m. Bildnis.) Posen 894. (J. Jolowicz.) n. —80

Günther, s.a. Collins-Günther

Günther, s.a. Günther's

Günther [wirkl. Name], s.a. Helmuth [Pseud.]

Günther, Altes u. Neues aus Pegau, s.: Dillner.

— Tractatio de curando aneurysmate per compressionem arteriae. Lpz. (Staritz) 23. IX. 1852. 7 S. (—.80) 12132

Guenther, Nonnulli de externo aquae in morbis chirurgicis usu aphorismi. Lpz. (Staritz) 23. IX. 1844. 8 S. (1.—) 12128

Günther und Bech, geschichtliche Beschreibung von Spandow, s. Bech.

— De difficultate, qua haemorrhagiae traumaticae interdum sistuntur. Lpz. (Staritz) 23. IX. 1850. 8 S. (1.—) 12131

Günther (Praes.): Cerebri et nervorum distributionis expositio brevis, s. Bursinck, W. Gerh. (Resp.)

Günther: Formen der Hypothesis aus Livius für den Schulgebrauch. 32 S.– Bromberg, Progr. 1871.

Geschichte des Pionier-Bataillons Fürst Radziwill ⟨Ostpreußischen⟩ Nr 1. Im Auftr. d. Bataillons zsgest. von Günther, Oberlt. Stuttgart: Uhland 1910. 335 S. 8° In. 2721

Günther: Geschichte d. höheren Stadtschule zu Inowraclaw bis zu ihrer Erhebung zu einem Gymnasium. 4. 9p. 1864.
Schul-/Univ.-Schrift

— De indicatione ad trepanationem in capitis laesionibus expositio. Lpz. (Staritz) 23. IX. 1846. 7 S. (—.80) 12129

Günther, s. Liberalismus u. Verfassung.

— Nonnulla de rabie canina in hominibus. Lpz. (Wilh. Staritz) 23. IX. 1848. 7 S. (—.80) 12130

Günther, von, Predigt am 24. Juny 1817. gr. 8. Nürnberg, Monath u. K. 817. -

Günther, Rede, s.: Weiß, H.

— kurze Uebersicht und Würdigung der vorzüglichen bisher in der Lustseuche versuchten Heilmittel, zum Gebrauch für Wundärzte. gr. 8. Cöln, Rommerskirchen. 807.

Günther, ..., 12 Vorschriften zum Deutsch- u. Lateinschreiben. qu. Fol. Münst. 806. Aschendorf. 16 K

Günther, Widodari. Dramatisches Gedicht in 2 Aufzügen. Zur Aufführg. f. die Jugend. 8. (32 S.) Berlin 889. H. Steinitz' Verl. n. 1. —

Worte, am 6. November 1858, als dem Jahrestage des fünfundzwanzigjährigen Bestehens des ärztlichen Vereines der Zwölfer zu Dresden, gesprochen von einem Mitgliede (GÜNTHER). s. l. & a. 8°.

Günther: Zur Zins- und Disconto-Rechnung. 34 S.–Halle R., Progr. 1857

Günther, Zusammenstellung urkundlicher Aktenstücke üb. die Verfassung der protestantischen bayer. Landeskirche. 8. (112 S.) München 883. (Kaiser.) 1. 20

Günther, A., die Fische des Neckars, untersucht und beschrieben. gr. 8. (IV und 136 S. mit 1 lithogr. und ill. Abbild.) Stuttgart 853, Ebner und Seubert.

Günther, A., neuester u. bester Geschäfts-Briefsteller u. Volksadvokat. Ein f. jeden Bürger unentbehrl. Ratgeber im Geschäfts- u. Gerichtsverkehr. Neue Ster.-Ausg. 8. (96 S.) Reutlingen 897. Enßlin & Laiblin. — 60

Günther, A., Sammeln von Reptilien, Batrachiern u. Fischen, s.: Anleitung zu wissenschaftl. Beobachtungen auf Reisen.

Günther, das Soolbad in physiologischer u. therapeutischer Beziehung. Vier Briefe an einen Collegen. gr. 8. (30 S.) Basel 882. Schwabe. n. — 80

Günther, A., Versuche üb. Stallmist-Behandlung, s.: Hansen, J.

Günther, Adolf

— u. O. Schneider, Beiträge zur Methodik des Unterrichtes in der Heimatkunde, s.a. Bausteine, pädagog.

Beiträge zur Methodik des Unterrichtes in der Heimatkunde. Mit Bezugnahme auf die von ihnen verfasste 'Heimat- u. Landeskunde d. Herzogt. Anhalt' dargeboten von A[dolf] Günther. Mittelschullehrer in Cöthen, u. O. Schneider, Mittelschullehrer in Bernburg. *Dessau & Leipzig: R. Kahle 1894[1899].* (110 S.) 8°
— Bausteine, Pädagogische. II. 6.

Günther, A., Gedanken üb. das neue Lesebuch f. die anhaltischen Volksschulen, nebst e. Anh., enth. behördl. Bestimmgn. üb. den Gebrauch desselben. In Gemeinschaft m. F. Lindecke u. O. Römelt dargeboten. gr. 8. (IV, 56 S.) Cöthen 901. O. Schulze Verl. n. — 80

Günther, Adf., das Gefecht bei Aschaffenburg am 14. VII. 1866. (63 S.) 8. Aschaffenburg 902. C. Krebs. n.n. 1. —

— die Geschichte Anhalts in Wort u. Bild, s.: Lorenz, Herm.

Guenther, Adolph (*geb. Lickerwitz bei Trebnitz in Schles. 1.9.1844*): Geschwulst in den Bauchdecken vorgetäuscht durch ein Ovarien-Cystom. Breslau (1868). (31 S.) 8°
Breslau, Med. Diss. v. 1. Aug. 1868

Günther, Adf., die Gesetzgebung des Auslandes üb. den Verkehr m. Wein. Nach amtl. Quellen bearb. u. zusammengestellt. (VIII, 267 S.) gr. 8. Berlin 910. C. Heymann. 7. —

Günther, A., u. O. Schneider, Grundzüge der Gesetzes- u. Wirtschaftskunde f. anhaltische Staatsbürger. (VII, 127 S.) 8. Cöthen 907. O. Schulze Verl. Geb. 1. —

— — Heimat- u. Landeskunde des Herzogt. Anhalt. Mit 1 Karte, 4 Plänen u. 1 geolog. Schnitte. (Ausg. A f. gehobene Anstalten.) gr. 8. (VIII, 159 S.) Ebd. 893. Geb. in Leinw. n. 1. —

— — dasselbe. Ausg. B (f. Volks- u. Landschulen). gr. 8. (IV, 80 S. m. 4 Plänen.) Ebd. 893. Kart. n. — 50

Günther, A., u. O. Schneider, Heimat- u. Landeskunde des Herzogt. Anhalt. Ausg. B (f. Volks- u. Landschulen). 2., verb. Aufl. gr. 8. (96 S. m. 1 farb. Karte.) Dessau 898. H. Kahle. Geb. n.n. — 50

— — Heimat- u. Landeskunde des Herzogt. Anhalt. 3., verb. Aufl. gr. 8. (96 S. m. 1 farb. Karte.) Cöthen 901. O. Schulze Verl. Kart. n. — 75

— u. O. Schneider, Heimat- u. Landeskunde v. Anhalt. Heimatkundliches Lesebuch f. die Schulen des Herzogtums. 4., verb. Aufl. Mit 1 (farb.) Karte des Herzogt. Anhalt. (109 S.) 8. Cöthen 904. O. Schulze Verl. Kart. n. — 80

— — Heimat- u. Landeskunde v. Anhalt. Heimatkundl. Lesebuch f. die Schulen des Herzogtums. 5., verb. Aufl. Mit 1 (farb.) Karte des Herzogt. Anhalt. (IV, 112 S.) 8. Ebd. 908. Kart. — 80

Günther, A., zur Lehrerbildungsfrage, s.: Sammlung pädagogischer Vorträge.

Günther, A., der Lehrermangel nach seinen Ursachen u. Wirkungen, s.a. Hefte der pädagogischen Zeitung. I.

Der Lehrermangel nach seinen Ursachen und Wirkungen. Vortrag im Berliner Lehrerver. 1907. Von A. Günther. Berlin 1907: W. & S. Loewenthal. (47 S.) 8°
— Hefte d. Pädagog. Zeitung. 1.

Günther, Adolf: Synthese des d- und l-β-Aethylpiperidins. *Berlin (1898): G. Schade.* (52 S.) 8°
Berlin, Phil. Diss. v. 16. März 1898

— Der Tarifvertrag in München, seine geschichtl. Entwickelg., seine rechtl. Struktur, seine statistisch-wirtschaftl. Grundlagen. Im Auftrage des statist. Amts der Stadt München dargestellt. (VII, 136 S.) gr. 8. München 908. J. Lindauer. 1. 20
= Einzelschriften d. Statist. Amts d. Stadt München. H. 7.

— Untersuchungen üb. den Säuregrad des Weines, s.: Paul, Thdr.

Günther, Adolf, aus Gladebeck: Untersuchungen über die im Magen unserer Hauswiederkäuer vorkommenden Wimper-infusorien. Mit 2 Taf. u. 2 Textfig. *Marburg 1899: R. Friedrich.* (42 S.) 8° [Umschlagt.] ¶(Aus: Zeitschrift f. wissensch. Zoologie. — Ohne die Taf. — Soll fortgesetzt werden.)
Marburg, Phil. Diss. v. [24. Aug.] 1899

Günther, Adf., Vorschläge zu e. zeitgemässen Gestaltung d. Geschichtsunterrichtes, s.a. Zeit: u. Streitfragen, pädagogische.

Günther, Adf., Vorschläge zu e. zeitgem. Gestaltg. d. Geschichtsunterrichtes. 2., neu bearb. Aufl. gr. 8. (IV, 50 S.) Wiesbaden 897. E. Behrend. n. — 80

— u. Rich. Marschner, Weingesetz vom 7. IV. 1909 m. den Ausführungsbestimmungen des Reiches u. der Bundesstaaten, der Weinzollordnung u. Anweisung zur chemischen Untersuchung des Weines. Vom techn. u. jurist. Standpunkt erläutert. (XXIV, 595 S.) gr. 8. Berlin 910. C. Heymann. 14.—; geb. 16. —

Günther, Adf., u. René Prévôt, die Wohlfahrtseinrichtungen der Arbeitgeber in Deutschland u. Frankreich, s.a. Schriften des Vereins f. Socialpolitik. 114. Bd.

Günther, Adolf: Die Wohlfahrtseinrichtungen der Arbeitgeber in Deutschland. (Leipzig: Duncker & Humblot 1905.) (194 S.) 8° [J.] ¶[= Schriften d. Vereins f. Sozialpolitik CXIV, S. 1—194.]
München, Staatswirtsch. Fak., Ref. Brentano, Diss. v. 12. Aug. 1905
[Geb. 21. März 81 Ansbach; Wohnort: München; Staatsangeh.: Bayern; Vorbildung: Maximiliansgymn. München Reife Juli 00; Studium: (phil.) Erlangen 1, München 1, (iur.) Erlangen 2, Kiel 1, München 3 S.; Rig. 19. Mai 05.]

Die Wohlfahrtseinrichtungen der Arbeitgeber in Deutschland und Frankreich. Von Adolf Günther u. René Prévôt. (Vorr.: L[ujo] Brentano.) Vom Verein f. Socialpolitik hrsg. Leipzig: Duncker & Humblot 1905. (VIII, 275 S.) 8° [J.]
— Schriften d. Vereins f. Socialpolitik. 114.

— „Wohlfahrts"-Einrichtungen u. „Betriebs"-Einrichtungen, s.a. Schriften des sozialwissenschaftl. Vereins der Universität München.

Günther, Adolf: 'Wohlfahrts'-Einrichtungen und 'Betriebs'-Einrichtungen. Vortrag, geh. im Sozialwissenschaftl. Verein d. Univ. München 1909 von Dr. –. München: Rieger 1909. 47 S. 8°

Günther, Adolf Berthold, s. Günther, Berthold

Günther, Albert [aus Mergentheim]: Die Dislokationen auf Hiddensoe ... Rostock, Univ.-Buchdr. v. Adler's Erben, 1891; 64 S., 9 Taf. 8.
Rostock, Phil. Fak., Inaug.-Diss. v. [4. Juni] 1891

Günther, A., die Dislokationen auf Hiddensoe. gr. 8. (64 S. m. Text-Abbildgn. u. 9 Taf.) Berlin 891. R. Friedländer & Sohn. n. 3. —

Günther, Alb., Handbuch der medicinischen Zoologie bearb. für Studirende der Naturwissenschaften, der Medicin und Pharmacie, für prakt. Aerzte u. Pharmaceuten. Stuttgart 858. Schweizerbart. gr. 8. (VIII, 244 S.) n. 24 ngr

Günther, Albert Karl Ludwig Gotthelf

Günther, A. C. L. G., Andrew Garrett's Fische der Südsee, s.a. **Journal d Museum Godeffroy.**

Guenther, Albert C[arl] L[udwig] G[otthelf]: Andrew Garrett's F i s c h e der Südsee, beschr. u. red. von –. Mit Taf. u. Holzschn. Bd 1–3. Hamburg: Friedrichsen 1873–1910. 4⁰
1. (H. 1–4.) 1873–75.
2. (H. 5–7.) 1876–81.
3. (H. 8. 9.) 1909–10.
(Journal d. Museum Godeffroy. Bd 2. 4. 6.)

Günther, Alb. C. L. G., Handbuch der Ichthyologie. Uebers. von Gust. v. Hayek. (In 7 Lfgn.) 1. u. 2. Lfg. gr. 8. (160 S. m. 103 Holzschn.) Wien 886. Gerold's Sohn. à n. 2. —

Günther, A. C. L. G., Handbuch der Ichthyologie. Uebers. von G. v. Hayek. Von dem Autor genehmigte deutsche Ausg. 3.—7. (Schluss-)Lfg. Mit 363 Orig.-Holzschn. gr. 8. (XI u. S. 161—527.) Wien 886. Gerold's Sohn à n. 2. — (cplt.: n. 14. —)

Günther, Alexander (geb. Frankfurt a. O. 3. 2. 1840): Ueber Phlegmone. Berlin (1870). (32 S.) 8°
Berlin, Med. Diss. v. 23. März 1870

GÜNTHER, Alfred: Bauernwald und Waldgenossenschaft. - Wien 1904. 57 S., m. Beil.: Der genossenschaftliche Betrieb des Kleinwaldbesitzes

Günther, Alfred: Der genossenschaftliche Betrieb des Kleinwaldbesitzes. [Wien 1900.]

Guenther, *Friedrich* Alfred *Hermann* [aus Riga in Russl.]: Ueber die Einwirkung von Phosphorpentachlorid auf Succin-p-toluil ... Bonn, Univ.-Buchdr. v. C. Georgi, 1895; 40 S., 1 Bl. 8.
Bonn, Phil. Fak., Inaug.-Diss. v. 22. Febr. 1895

Günther, Alfr., Pappenheim, s.: Kühne, Henry.

GÜNTHER, Alfred
(F) Der Waldarbeiter. Eine Richtschnur für Waldbesitzer zur Heranbildung tüchtiger, ständiger Waldarbeiter. Von Alfred Günther Verfasst auf Grund der gesammelten Erfahrungen auf folgenden Forstgütern: 1. Herrschaft „Gleiss" in Niederösterreich (Hochgebirge). 2. Vereinigte Güter Ebenzweyer-Puchheim in Oberösterreich (durchgehends Plänterbetrieb, Hügelland). 3. Gut Salzburg (Verwaltung Parsch). Auwald-, Mittelwald- und Hochwaldbetrieb (Ebenes Terrain, Mittelgebirge, strenges Hochgebirge). 4. Domaine Königswart in Böhmen (Mittelgebirge). Wien. 1900. Frick. 8⁰. 43 S. K 1. –

Günther, Andreas, aus Kurland, Beiträge zur Kenntniss der Syphilis im russischen Heere. Diss. Dorpat. 8⁰. 66 pp. 1865.

Günther, Anton

Günther, Ant., Anti-Savarese. Hrsg. m. e. Anh. v. Pet. Knoodt. 8. (XII, 818 S.) Wien 883. Braumüller. n. 6. —

Günther, Anton, approb. Arzt aus Herzogenrath: **Aus d. chirurg. Klinik d. Universität Bonn. Ueber Atresia ani.** ***Bonn a. Rh. 1902: S. Foppen.*** (36 S.) 8°
Bonn, Med. Diss. v. 27. Juni 1902

GÜNTHER, ANTON: Die katholische Autonomie in Ungarn. In: Arch. f. kath. Krecht. Bd 80. 1900, S. 733-763.

Günther, Anton, k. k. Hauptm. (ehemaliges Mitglied des Genie-Comités). .. Ueber den Bau von Fougassen (Flatterminen) und deren Verwendung beim Angriff, hauptsächlich aber bei der Vertheidigung von Feldschanzen, Forts und festen Plätzen (mit vielen neuen Constructionen.) (Mit 2 Plänen.) kl. 8. Olmütz 1870.

Günther, Ant., über den Bau von Fougassen [Flatterminen] u. deren Verwendg. beim Angriff, hauptsächlich aber bei der Vertheidigg. von Feldschanzen, Forts u. festen Plätzen [mit vielen neuen Constructionen]. Wien 870. Hölzel's Verl. (32 S. mit 2 Steintaff. in qu. Fol.) n. 12 ngr.

Günther, Anton: Comtesse D o r n r ö s c h e n , s. T h e a t e r - M a p p e .

Ant. **Günther**'s Eurystheus u. Herakles; metalogische Kritiken u. Meditationen. *Wien*, Beck. Univ.-B. 843. gr 8⁰ 2 ß 15 gl

Ant. **Günther**: Peregrin's Gastmahl; e. Idylle in eilf Octaven a. d. deutschen wissenschaftl. Volksleben, m. Beitrr. z. Charakterist. europ. Philos. in ält. u. neu. Zeit. *Wien*, Mechitaristen-Congregat. B. 830. gr 8⁰ 1 ß 16 gl

Günther, Ant., Peregrin's Gastmahl. Eine Idylle in eilf Octaven aus dem deutschen wissenschaftl. Volksleben, mit Beiträgen zur Charakteristik europäischer Philosophie in älterer und neuerer Zeit. Neue (Titel-)Ausg. gr. 8. (XVIII und 563 S.) Wien 850, Braumüller. *

Günther, Ant., s.a. **Gedichtla, a baar, ven Tolerhans-Tonl.**

Günther, Anton: A baar G e d i c h t l a ven Tolerhans-Tonl. Erzgebirg. Mundart. 2. Aufl. H. 1. Gottesgab: A. Günther 1909 8⁰.

Günther, A., in Hemdsärmeln, s.a. **Bloch's, Ed., Theater-Korrespondenz.** Nr. 253.

Günther, Anton: In H e m d s ä r m e l n , s.a. T h e a t e r - M a p p e .

Günther, A.: In H e m d s ä r m e l n . Schwank in 1 Aufzug von –. Mühlhausen i. Th.: G. Danner [1902]. (32 S.) 8⁰
= Thalia. 95.

— u. J. H. Papst, Januskopfe, für Philosophie u. Theologie, gr. 8. Wien 833, Wallishauser. 2 ß 8 g

Eb.: d. Juste-Milieus in d. deutschen Philos. gegenwärtiger Zeit. *Wien*, Beck. Univ.-B. 838. gr 8⁰ 2 ß 15 gl

Günther, Anton: Der Herr v. L o h e n g r i n , s. T h e a t e r - M a p p e .

Günther, Ant., Lustspiele. 1. Bd. (132 S.) Oldenburg 876. Schmidt's Sort. n. 2. 50

Günther, Ant., Lustspiele. 2. Bd. 8. (136 S.) Oldenburg 877. Schmidt's Sort. n. 2. 50

— Lustspiele. 3. u. 4. Bd. 8. (143 u. Musikbeilage 2 u. 152 S.) Oldenburg 883. 84. Schmidt's Sort. à n. 2. 50

Günther, A., Lustspiele. 5. Bd. 8. (158 S.) Oldenburg 889. Schmidt's Sort. n. 2. 50; geb. n. 3. 50 (1—5.: n. 12. 50; geb. n. 17. 50)

— u. J. E. Veith, Lydia. Philosophisches Taschenbuch als Seitenstück zu A. Ruge's „Akademie". 8. (XVI u. 568 S.) Wien 849, Braumüller. n. 2 ₰ — 2. Jahrg. 2 Abthlgn. u. 3. Jahrg. 8. (II. 1: XXIV u. 409 S. 2: LXXXIV u. 321 S. III: XXVIII u. 408 S.) Ebd. 850—52. (1: n. 1⅔ ₰ 2: n. 1⅓ ₰ 3: n. 2 ₰) n. 5 ₰

Günther, Ant., und J. E. Veith, Lydia. Philosophisches Jahrbuch. 3. und 4. und 5. (letzter) Jahrg. gr. 12. Wien, Braumüller. [3. (XLVII und 468 S.) 852. * 2 Thlr., 4. und 5. (XI und 656 S.) 854. * 2 Thlr. 20 Ngr.] *
1. und 2. Jahrg. Ebendas. 1849—51. * 3 Thlr.

Günther, Anton: Ein passionierter R a u c h e r , s.a. T h a l i a .

Günther, Anton: Ein passionierter R a u c h e r , s.a. T h e a t e r - M a p p e .

Günther, A.: Ein passionierter R a u c h e r . Schwank in 1 Aufzug von –. Mühlhausen i. Th.: G. Danner [1902]. (39 S.) 8°
= Thalia. 96.

Günther's, Ant., gesammelte Schriften. Neue (Titel-)Ausg. in 9 Bdn. gr. 8. Wien (1827 u. ff.) 882. Braumüller. n. 50. —
1. 2. Vorschule zur speculativen Theologie des positiven Christenthums. 2. Aufl. 1. Abth. Die Creationstheorie. 2. Abth. Die Incarnationstheorie. (XVI, 397 u. CCXVII, 558 S.) n. 20. —
3. Peregrin's Gastmahl. Eine Idylle in eilf Octaven aus dem deutschen wissenschaftlichen Volksleben mit Beiträgen zur Charakteristik europäischer Philosophie in älterer u. neuerer Zeit. (XVI, 562 S.) n. 5. —
4. Süd u. Nordlichter am Horizonte speculativer Theologie. Fragment eines evangelischen Briefwechsels. (XVI, 368 S.) n. 4. —
5. Januskopfe. Zur Philosophie u. Theologie. Unter Mitwirkung v. J. H. Pabst hrsg. (XVI, 413 S.) n. 7. —
6. Der letzte Symboliker. Eine durch die symbol. Werke J. A. Möller's u. F. C. Baur's veranlaßte Schrift in Briefen. (VII, 382 S.) n. 6. —
7. Thomas a Scrupulis. Zur Transfiguration der Persönlichkeits-Pantheismen neuester Zeit. (317 S.) n. 5. —
8. Die Juste Milieu's in der deutschen Philosophie gegenwärtiger Zeit. (VIII, 423 S.) n. 6. —
9. Euristheus u. Heracles. Meta-logische Kritiken u. Meditationen. (545 S.) n. 7. —

(Ant. Günther's) Süd- u. Nordlichter am Horizont speculat. Theologie; Fragmm. e. evangel. Briefwechsels. *Wien*, Mechitar.-Congreg.-B. 832. gr8° 1 ₰ 8 gl

—— Süd- und Nordlichter am Horizonte speculativer Theologie. Fragment eines evangel. Briefwechsels. Neue (Titel-) Ausg. gr. 8. (XVI und 368 S.) Wien 850, Braumüller. *

— der letzte Symboliker. Eine durch die symbolischen Werke J. A. Möhler's u. F. C. Baur's veranlaßte Schrift, in Briefen. gr. 8. Wien 834. Wallishausser. 2½ ₰

Günther, A., Thomas a Scrupulis. Zur Transfiguration des Persönlichkeitspantheismus neuester Zeit. Wien, Wallishäuser, 1835, gr. 8°.
Gegen Hegels Pantheismus. Vgl. dazu: W. v. Schütz, Hegel u. Günther. Nicht Posaunenklang des jüngsten Gerichtes, nur 5 philos. Betrachtungen. Leipzig, Fleischer, 1842, gr. 8°, 2 Mk.

· s.a. Vorschule zur Theologie.

—— Vorschule z. speculat. Theologie d. posit. Christenthums. In Briefen. 2 Abthln. gr. 8. Wien, Wallishausser.
Abthl. 1. Die Creationstheorie. (Erschien anonym.) (14¼ B.) 828. 1 Thlr.
" 2. Die Incarnationstheorie. (28 B.) 829. 2 Thlr.

— Vorschule der speculativen Theologie des positiven Christenthums. In Briefen. 2. Abth.: Die Incarnationstheorie. 2. verm. Aufl. gr. 8. (XL. 558 u. CCXVIII S.) Wien 848, Wallishausser. 4 ₰ 21 ngr (1. Abthl. siehe Kaysers Bücherlexicon Bd. X S. 479. Vorschule &c. n. 2 ₰ 12 ngr)

Günther, Anton: Z u glücklich, s. T h e a t e r - M a p p e .

Günther, Arno, aus Pegau i. S.: **Sachsen und die Gefahr einer schwedischen Invasion im Jahre 1706.** *Pegau 1903: H. Günther.* (90 S.) 8°
Leipzig, Phil. Diss. v. 1903

Günther, Arnold, med. pract. von Rheinfelden [Kt. Aargau]: Zur Casuistik der leukämischen Mediastinaltumoren. Zür. Zürcher u. Furrer Dr. 1876. 24 S., 1 Bl. Thesen. 8°.
Zürich. Med. Diss. [v. 19. Febr. 1876].

Günther, Arthur. Beiträge zur Kenntnis der Beckmannschen Umlagerung. Diss. Phil. [II.] Univ. Zürich. VI + 58 S. 8. Borna-Leipzig, Robert Noske, 1905.

Günther Arthur: Die Jahre der offenen Ausbildung des Christentums. Vom Regierungsantritte Caracallas bis zum Tod Alexanders Severus. 211—235 n. Chr.
H. 1897 PN 1098 Diss. Wien, Univ. 806

Günther, Arwed, Apotheker a. Breslau: **Beitrag zur Kenntnis der aromatischen Antimonverbindungen. Rostock 1904: C. Hinstorff.** (46 S.) 8°
Rostock, Phil. Fak., Ref. Michaelis, Diss. v. 28. Dez. 1904
[Geb. 23. Jan. 76 Neumarkt, Schlesien; Wohnort: Breslau; Staatsangeh.: Preußen; Vorbildung: Wilh. Gymn. Breslau Reife f. Obersekunda O. 93; Studium: Breslau 4, Rostock 4 S.; Rig. 10. Juni 04.]

Günther, Arwed, approb. Arzt aus Eisenberg: 〈Aus d. med. Universitätspoliklinik in Jena.〉 Ein **Beitrag zur Kenntnis der Bernhardt'schen Sensibilitätsstörung am Oberschenkel im Gebiete des Nervus cutaneus femoris externus.** *Jena 1901: B. Vopelius.* (30 S.) 8°
Jena, Med. Diss. v. (28. März) 1901

Günther, August [aus Münden]: I. Ueber quantitative Bestimmung von Furfurol und Pentaglycosen. II. Ueber die Fucose, einen der Rhamnose isomeren Zucker aus Seetang '(Fucus-Arten)' ... Göttingen, Buch- u. Steindr. v. L. Hofer, 1891; 36 S., 1 Bl. 8.
Göttingen, Phil. Fak., Inaug.-Diss. v. [24. Juni] 1891

Günther, Aug., I. üb. quantitative Bestimmung v. Furfurol u. Pentaglycosen. II. Ueber die Fucose, e. der Rhamnose isomeren Zucker aus Seetang [Fucus-Arten]. Diss. gr. 8. (36 S.) Göttingen 891. (Vandenhoeck & Ruprecht.) n. — 80

Günther, A., Dichterstimmen aus der Kaserne. Militärischer Schwank in 1 Akt. (15 S.) kl. 8. Paderborn 909. Bonifacius-Druckerei. — 30

Günther, Aug., der Diebstahl. Schwank m. Gesang in 1 Akt. (15 S.) kl. 8. Paderborn (905). Bonifacius-Druckerei. n. — 30

Günther, Aug., Entwürfe f. kleine Wohn- u. Geschäftshäuser in Farbendr. Ein Taschen-Album zur Vereinfachg. der Projekt-Vorlage bei Bauinteressenten. Entworfen u. gezeichnet. 50 Bl. m. 150 Grundrissen. (100 Taf.) 8. Wien (909). A. Schroll & Co.
In Mappe 10. —

Günther, Aug., ein Frühlingstag beim Redakteur, s.a. Dilettanten-Bühne, die.

Günther, August: Ein F r ü h l i n g s t a g beim Redakteur. Schwank mit Gesang in 1 Akt von –. Düsseldorf: W. Deiters [1904]. (19 S.) 8°
= Dilettanten-Bühne, Die. H. 16.

— Die Gäste des Herrn Leutnants, s.a. Esser's, J., Sammlung leicht aufführbarer Theaterstücke.

Günther, A.: Die G ä s t e des Herrn Leutnants. Militär. Posse mit Gesang in 1 Akt von –. Paderborn: J. Esser [1908]. (18 S.) 8°
= Sammlung, J. Esser's, leicht aufführbarer Theaterstücke. H. 97.

— Pantoffelhelden als Skatspieler, s.: Esser's, J., Sammlung leicht aufführbarer Theaterstücke.

— die Rache des Mimen, s.a. Esser's, J., Sammlung leicht aufführbarer Theaterstücke 83. Hft.

Günther, A[ugust]: Die R a c h e des Mimen. Schwank mit Gesang in 2 Akten, von –. 2. Aufl. Paderborn: J. Esser [1904]. (32 S.) 8°
= Sammlung, J. Esser's, leicht aufführb. Theaterstücke. H. 83.

— im Redaktionszimmer der „Pomuchelner Zeitung". Schwank mit Gesang in 1 Akt. (18 S.) kl. 8. Paderborn (905). Bonifacius-Druckerei. n. — 30

— Spießbürger u. Vagabunden. Schwank m. Gesang in 1 Akt. (18 S.) kl. 8. Ebd. (905). n. — 30

— Villen-Entwürfe in Farbendruck. Ein Taschen-Album zur Vereinfachung der Projekt-Vorlage bei Bauinteressenten. Entworfen u. gezeichnet. 50 Blätter m. Grundrissen (u. Titelblatt). 8. Ebd. (908.)
In Umschlag 7. —

— auf der Wache, s.a. Esser's, J., Sammlung leicht aufführbarer Theaterstücke 86. Hft.

Günther, August: Auf der W a c h e . Posse in 1 Akt von –. 2. Aufl. Paderborn: J. Esser [1904]. (24 S.) 8°
= Sammlung, J. Esser's, leicht aufführb. Theaterstücke. H. 86.

Günther, August Friedrich

Günther, Aug. Fr., Beobachtungen über die Entwickelung des Gehörorgans bei Menschen u. höheren Säugethieren. Mit 1 Kupfertaf. gr. 8. Leipzig 842, Engelmann. 5/8 ℛ.

— über den Einfluß des Turnens auf die einzelnen Lebenserscheinungen des Menschen. Eine Rede. (Beilage zu Nr. 7 des Turners.) gr. 8. (14 S.) Dresden 847, Gottschalck. n. 1 ngr

— **August Friedrich** (Dresden), De cavitatis tympani et partium adhaerentium genesi in hominibus. Diss. anatom. Leipzig 14. IX. 1838. Dresden (Meinhold). 31 S. (5.—) 12133
Gew.: Burcard Wilhelm Seiler, Ludwig Choulant, Johann Caspar Sahlfelder, Ernst August Pech.

— **Commentatio de Hermaphroditismo, cui adiectae sunt nonnullae singulares observationes. Cum iconibus lapidi incisis. gr. 8. (Mit 1 lithogr. Taf.) Leipzig 846, Teubner. 18 ngr**

—— Lehrbuch der Physiologie des Menschen für Aerzte u. Studirende. I. B. A. u. d. T.: Lehrbuch d. allgem. Physiologie. Enthalt. die allgem. physiol. Chemie, die allgem. Histiologie u. die allgem. Gesetze der Lebenserscheinungen. gr. 8. (42½ B. u. 3 Kpfrt. u. Holzschn.) Leipzig 843, Teubner.

Günther, Aug. Frdr., Lehrbuch der Physiologie des Menschen f. Aerzte u. Studirende. II. Bd. 1. Abth. A. u. d. T.: Lehrbuch der speciellen Physiologie. 1. Abth. Enth. die Physiologie der vegetativen Function. Mit 2 Stahlst. (in qu. 4.) u. mehreren (eingedr.) Holzschn. gr. 8. (VIII u. 304 S.) Leipzig 848, Teubner. 1¾ ℛ (I. II, 1.: 5¼ ℛ)

Günther, Aug. Friedr., Lehrbuch der Physiologie des Menschen für Aerzte und Studirende. Fortgesetzt von O t t o F u n k e. II. Bd. 2—4. Abth. (Schluss.) Leipzig 853. Teubner. gr. 8. (X, S. 609—1304, mit Holzschn. im Text.) 5 ℛ 7½ ngr;
1. u. 2. Bd. jetzt 7 ℛ

Günther, A(ugust) F(riedrich): Resultate geologischer, anatomischer und zoologischer Untersuchungen über das unter dem Namen Hydrarchos von Dr. A. C. Koch zuerst nach Europa gebrachte und in Dresden aufgestellte grosse fossile Skelett. Dresden u. Leipzig: 1847

s.: Carus, K(arl) G(ustav)

JB 6.342

Günther, August Friedrich [Hrsg.], s. S e i l e r , B. W.: Anatomie des Menschen.

Günther, A. F., das Skelet und die Muskeln des Pferdes. 2. Aufl. 1 Stnt. und 1 Blatt Text in Imp.-Fol. Leipzig 862, Arnoldische Buchh.

— **August Heinr.** (Ilfeld), **Animadversiones in aliqua Virgilii Aeneidos loca. Götting. (J. C. Baier) 1817. 22 S. (4.80)** 12134

Günther, A. H., animadversiones in aliqua Virgilii Aeneidis loca. 4. Götting. 817. Brose. 3 ggr

Günther, Aug. L., Hilfstafeln zur Berechnung des Nährstoffgehaltes absoluter Gewichtsmengen der einzelnen Futtermittel bei Aufstellung von Futterrationen nach Dr. Grouven's Normen nebst einer Reihe kompleter Futterrationen. Mit einem Vorworte von H. Grouven. Prag 865. Rziwnatz. 8. (X, 112 S.) n. 20 ngr

Günther, Aug. L., ist unter den gegenwärtigen Wirthschaftsverhältnissen für manche Gegenden der Uebergang zur extensiven Wirthschaft empfehlenswerth? (Internationaler land- u. forstwirthschaftl. Congress zu Wien 1890, 25. Hft.) gr. 8. (11 S.) Wien 890. (Frick.) n. — 60

Günther, Aug. L., üb. Qualification u. Stellung der Güterbeamten. (Internationaler land- u. forstwirthschaftlicher Congress zu Wien 1890, 71. Hft.) gr. 8. (14 S.) Wien 890. (Frick.) n. — 60

Günther, Brnhrd., Anleitung zum Hopfenbau. Nach den besten Quellen u. langjähr. eignen Erfahrungen. 8. Nordhausen 842, Fürst. ⅓ ℛ

Günther, Bernh. (geb. Liebenwalde in d. Mark 18. 2. 1860): Zwei Fälle von Pseudohypertrophia musculorum. Berlin (1884). (30 S.) 8°
Berlin, Med. Diss. v. 5. Apr. 1884

Günther, Bernh., die Leidensgeschichte Jesu Christi nach bibl. Quellen bearb. Ein Buch zur Belehrung u. Erbauung für Christen aller Confessionen. Prachtwerk. (In 12—15 Lfgn.) 1. Lfg. (S. 1—16 m. 1 Lith.) Dresden 851. (Schönfeld.) n. 3 ngr

Günther, Bernh., die letzten Tage unsres Herrn Jesu Christi nach biblischen Quellen bearbeitet. Ein Buch zur Belehrung und Erbauung für Christen aller Confessionen. 1—3. Liefg. Dresden (853.) (Schönfeld.) gr. 8. (S. 1—48. mit 3 lith. u. color. Bildern.) Jede Liefg. n. 2½ ngr

Günther, Berthold *ΤΩΙ ΕΝ ΚΡΟΤΟΣΙΝΙ ΓΥΜΝΑΣΙΩΙ ΤΩΙ ΟΥΙΛΕΛΜΟΥ ΤΟΥ ΒΑΣΙΛΕΟΣ ΕΠΩΝΥΜΩΙ ΤΑΝ ΔΕΚΑΤΑΝ ΠΕΝΤΑΕΤΗΡΙΔΑ ΕΚΤΕΛΕΣΣΑΝΤΙ ΣΥΓΧΑΙΡΕΙ* Β. G. (Umschlagtitel: Griechische Festode.) 4 (4 unp. 8.).
In: Beilage z. Jubiläums-Programm Wilhelms-G. *Krotoschin* 1886.
Nicht im Tauschverkehr.
Progr.

Katalog der Kramer'schen Bibliothek. S. 19—40. G. *Marienwerder* 1885. Progr.

Katalog der Bibliothek des Realprogymnasiums zu Langenberg. 10 S. Progr. *Langenberg* 1885.

Günther, B. Katalog der Schülerbibliothek des kön. Wilhelms-Gymnasiums zu Krotoschin nach Klassen und Wissenschaften zusammengestellt. (II, 89 SS.) 8. Progr. *Krotoschin* 1884.

Guenther, (Adolph) Berthold (geb. Fraustadt in Posen 24. 3. 1830): De sumptibus a Romanis in cultum deorum factis. Particula prior. Berolini (1853). (38 S.) 8° * Fortsetzung bis 1899 nicht erschienen.
Berlin, Phil. Diss. v. 8. Aug. 1853

Günther, Berthold [Prof. Dr.]: Kgl. Wilhelms-Gymn. zu Krotoschin. Verzeichnis der Bücher der Lehrerbibliothek. Tl 1. Krotoschin, Druck v. F. A. Kosmäl, *1893*; 1 Bl., 32 S. 8.
Krotoschin, k. Wilhelms-G, OP 1892 (155)

Günther, Berthold [Prof. Dr.]: Kgl. Wilhelms-Gymn. zu Krotoschin. Verzeichnis der Bücher der Lehrerbibliothek. Tl II. [Forts. d. ... -Beil. 1892.] Krotoschin, Druck v. F. A. Kosmäl, *1893*; 1 Bl., 33—58 S. 8.
Krotoschin, k. Wilhelms-G, OP 1893 (158)

Günther, Betty: Merkbüchlein der Frauenfrage. Im Auftr. d. Rhein.-Westphäl. Frauenverbandes hrsg. — Bonn 1901: (Georgi). 94 S. 8°

Günther, Betty, Merkbüchlein der Frauenfrage. Im Auftrage des rheinisch-westphäl. Frauenverbandes hrsg. gr. 8. (94 S.) Bonn 901. (Röhrscheid & Ebbecke.) — 75

Günther, C. v., Beitrag zur Kenntniss der Mumien. (Sep.-Abdr. aus der Gaea 1875.) 8°. brosch. (32 S.)

Günther, C. [Hrsg.], s. Mitteilungen aus der kgl. Prüfungsanstalt für Wasserversorgung und Abwässerbeseitigung.

Günther, C. F. De muneris scholastici iucunditate. 5 S. . . . .
Progr. Oels 1825

Günther, C.G.: Die rationelle Behandlung der Knochenbrüche an den untern Extremitäten mittelst eines neuen höchst einfachen Schienen-Schweb-Apparates. Durch Abbildungen und Krankengeschichten practisch erläutert. 74 S., gbd., 2 Taf.

Grimma: Verlags-Comptoir 1840

Günther, C. H., historia ἀγαπητῶν (συνεισάκτων). Regiom. 1722. 4.

— C. L., De religionis, literarum, et artium apud veteres Aegyptios statu. Dissertatio quam Dresdae 12. III. 1793 valedicendi causa defend. Dresden (Heinr. Wilh. Harpeter) 34 S. mit kopt. Alphabet. (5.50) 12179

Günther, C. W., Musterblätter des modernsten nordamerikanischen Wagenbaues. Nebst erklärendem Text. 1—3. Liefg. Weimar 857, 58. Voigt. gr. 4. (18; 14; 14 S.) Jede Liefg. mit 7 lith. Taf. 25 ngr

Günther, C. W., Musterblätter des modernsten nordamerikanischen Wagenbaues. Nebst erklärendem Text. 3 Hefte [20 (lith.) Blätter] in 1 Bde. 2. wohlfeile Ausg. Weimar 862. Voigt. gr. 4. (44 S.) 1 ℛ

Günther, Cäcilie, die Mädchen- u. Frauenwelt, s. Encyklopädie d. weibl. Hauptkenntnisse.

Günther, Carl, s. Günther, Karl

Günther, Carl August, s. Günther, Karl August

Günther, Carl Friedrich, s. Günther, Karl Friedrich

Günther, Carl Gottlob, s. Günther, Karl Gottlob

Günther, Carl Oskar, s. Günther, Karl

Günther, Carl Richard, s. Günther, Karl Richard

Günther, Caroline, s. Günther, Karoline

Günther, Chr., Aem. Schummel et H. E. Grabowsky, Herbarium vivum plantas in Silesia indigenas exhib. Centuria I—XII. Fol. Bresl. 811—23. Verf. 32 ℛ

Güntheri, Chr. Henr., diss. de spirituum fluctorum praeter mentem existentia ex lumine naturae. Regiomont. 730. 4.

Günther, Chr. Wilh., Kindermärchen aus mündlichen Erzählungen gesammelt. 2. Aufl. 8. (VII und 150 S. mit vielen eingedr. Holzschn. nach Zeichnungen von Schneider.) Jena 856(57,) Frommann.

— Christian (Lauban), De convicto non-confesso. Diss. jur. Präs. Gottfried Barth. Lpz. (Christoph Fleischer) Okt. 1699. 22 Bl. (6.20) 12181
Widm. v.: Präs., Johann Günther (a. d. Respond. Vater Joachim Günther).

— — Dasselbe. Lpz. (Andr. Mart. Schede) 1715. 27 Bl. ohne Widm. (6.—) 12182

— — Dasselbe. Lpz. (Schede) 1729. 44 Seiten. (6.—) 12183

— — De fidejussore indemnitatis, Von Schadloß=Bürgen. / Disp. jur. Präs. Christian Thomasius. Halle (Chn. Henckel) 27. VI. 1703. 32 Seiten. (6.—) 12184
Gew.: Anton Egon Fürst zu Fürstenberg. — Widm. v.: Gottfr. Barth, Johann Günther, Gottfried Olearius.

Günther's, Christian, Strophen. Ausgewählt, eingeleitet u. hrsg. v. Wilh. v. Scholz. 12. (XXVIII, 182 S.) Leipzig 902. E. Diederichs. Kart. n. 4. 50; in Liebhaberbd. n. 6.—

Günther, Christian Adolph

— — De fide vasallitica statuum Imperii S. R. Germanici. Diss. inaug. Erfurt (Hering) 8. III. 1732. 25 S. (6.—) 12186
Gew.: Joa. Christoph Zeumer (Niederaurbach, Zechau), Chph. Thoellden (Gangloffsoemmern).

— Christian Adolph (Stolberg), De scriptura eiusque necessitate in testamento nuncupativo. Diss. jur. privati. Präs. Ferdinand August Hommel. Lpz. (Jo. Heinrich Richter) 1729. 48 S. (6.20) 12185
Gew.: Christoph Conrad Besser, Christian Günther (Vater). — Widm. v. Präs.

Günther, Christian August
Günther, Chr. A. IV., vollständ. prakt. Anweisung, technische Gegenstände geometrisch richtig zu zeichnen, in Hinsicht auf Bestimmung d. Umrisse, des Lichts u. d. Schatten. gr. 8. Mit 8 Kpft. in Fol. Dresd, 823, Arnold. 4 ₰

Günther, Christian August: A r c h i v f. d. theoret. u. prakt. Rechtsgelehrsamkeit, s. H a g e m a n n , Theodor

Günther, Chr. Aug. I., rechtl. Bemerkk., durch vorgekommene Fälle veranlaßt. 1r Bd. gr. 8. Helmst. 802. Fleckeisen. 21 gr

Günther, Christian August, s. B e r t o c h: Promptuarium.

— de invalida coelibatus conditione ultimae voluntati adjecta etc. 4. Helmst. 791. Fleckeisen. 2 gr

— — Nonnulla de invalida caelibatus conditione ultimae voluntati adiecta, quamvis pia caussa in illius defectum fuerit substituta. Helmstedt (M. G. Leuckart & S.) 15. X. 1791. 22 S. mit handschriftl. Widm. (4.80) 12190

Günther, Chr. Aug., charakterist. Darstell. d. meisten deutschen Hö l z e r, als Lectionsblätter f. Landschaftszeichner. Leipzig, 1809. Leo. (H. Fritzsche.) 1. 15

— kurze Darstellung d. großen Völkerschlacht bei Leipzig. 8. Eisenb. 814. Schöne. 4 gr

— elementa juris romani privati. II Tom. 8maj. Jena 805—9. Cröker. (I. 1 ₰ II. 3 ₰) 4 ₰

— — De furto domestico commentatio. Lpz. (Solbrig) 7. IV. 1785. 27 S. (5.—) 12189

Günther, Chr. Aug. III., (Fr. Ad. Ebert), Geschichte d. Kriegs d. Russen u. Deutschen gegen d. Franzosen 1812—14. 8. Eisenberg 815. Schöne. 12 gr

– s. H a g e m a n n , Th.: Archiv.

— histor. juris Romani. 8. Helmstädt 798. Fleckeisen. 1 ₰ 4 gr

Landschaftszeichnenschule. 4. Leipz. 809. Leo. 1 ₰ 12 gr

— Leben Napoleon Bonapartes bis zu seiner Verbannung nach St. Helena. 8. Eisenberg 816. Schöne. 12 gr

— — u. **Christian Gottfried Wohlgeb** (Dresden), De lege naturae ex mente Ciceronis commentatio. Lpz. (Büschel) 25. X. 1783. 34 S. (5.—) 12188

— u. C. F. Otto, Leipz. Magazin f. Rechtsgelehrte. 3 Bde. à 6 Stcke. 8. Leipz. 784—86. Müller. 4 ₰ 12 gr Neues Leipziger Magazin etc. 6 Stcke. 8. Leipz. 786, 87. Linke. 1 ₰ 12 gr

– s. M o s h e i m , J. L. v.: Kirchenrecht.

Günther, Christian August. Naturschönheiten Sächsischer Gegenden . . . Dresden 1797—1806. H: *Brückner, Joh. Jacob.* (Ky) (EngG) S. a. Nr. 8238.

Günther, Chr. Aug. II., († d. 8. März 1824.) Naturschönheiten Sächsischer Gegenden, auf e. gesellschaftl. Reise gesammelt und herausg. u. mit maler. Schilderungen versehen von einem seiner Freunde, (J. J. Brückner). 4 Hfte. mit 48 Landschaften. 8. Dresd. (u. Leipz.) 798—806. Hinrichs. 4 ₰ A. u. d. T.: Pittoreske Reisen durch Sachsen etc. Vergl. Reisen.

— **Christian August** (Schoenstad/Thüring.), De poena ab irato principe extra ordinem imperata in diem tricesimum differenda ad L. XX. C. de poenis. Excercit. jur. civil. Präs. Christ. Gottl. Richter. Lpz. (Jacobäer) 25. X. 1781. 35 Seiten. (5.—) 12187

— principia juris romani privati noviss. Pars general. 8maj. Jena 804. Cröker. 1 ₰

Günther, C. A. Pittoreske Reise durch Sachsen . . . Dresden 1798—1806. H: *Brückner, Johann Jacob.* (Ky) S. a. 8237.

Günther, C. A., Représentation caractéristiq. de la plupart des b o i s d'Allemagne. 4. Lps. Leo. 809.

— u. Fr. Schlenkert, maler. Skizzen von Deutschland. 2 Hfte. Mit Kpf. Fol. Leipz. 794, 95. Voß. 4 ₰ 16 gr

Günther, Christoph, EXERCITII PIETATIS // METRICI, // sive // EPIGRAMMATUM // SACRORUM // Libri Tres, // quorum Primus // Omnis generis Doctrinas et Ob- //servationes Theologicas, // Secundus // Salutares Adhortationes // et Vitae Regulas, // Tertius // Devota suspiria et pias preca- //tiunculas complectitur. // AUTORE // M. CHRISTOPHORO Günthern /// ECCLESIAE SULANAE ARCHI- //DIACONO. // I. Tim. 4,7. // γύμναζε σεαυτὸν πρὸς εὐσέβειαν. // SILUSIAE, // Typis SEBASTIANI GOEBELI. - 4 Blatt (nicht paginiert) Titelblatt, Widmung und Lobgedichte. - 60 S.
B. S. T. 8°.267.

Guenther, Coelestinus (geb. Stolberg a. H. 1828): De diphtheritide morbo. Berolini (1853). (28 S.) 8°
Berlin, Med. Diss. v. 10. Aug. 1853

Günther, Constantin, s. G ü n t h e r , Konstantin

Güntheri, Cyr., Latinitas restituta sive de vitiis latini sermonis liber. Ed. G. Vockerodt. Jen. 701. 708. 2 Tom. 12. Ibid. 717. 734. 2 Tom. 12. 1 rthl.

Günther, D., Werth d. Geschichte d. Lit.-Anstalten in Baiern. 4. Landsh. 811. (Weber in Münch.) 1½ gr

Günther, Daniel Erhard

Guenther, D(aniel) E(rhard): Kurzer Entwurf der anatomischen Nervenlehre. (Cerebri et nervorum distributionis expositio. Dt.) Übers. von H. W. Pottgiesser. 181 S., gbd.

Düsseldorf: Dänzer 1789

JB 629

Günther, Dn. Erhrd., cerebri et nervorum distributionis expositio. 8. Duisb. 786. Dass. deutsch unter d. T.: Entwürfe d. anatom. Nervenlehre, übersetzt mit Zusätzen des Verf., herausgeg. von H. W. Pottgieser. 8. Düsseld. 789. Dänzer. (Barth, Hinrichs in Leipz.) 12 gr

Günther, Dav. Heinr., Andächten über das Lied: Nun kommt der Heiden Heiland. 8. Danzig, Knoch. 745.

— Betrachtungen über verschiedene Glaubens- und Tugendlehren. 3 Thle. 8. Berlin, Nicolai. 744.

Günther, E., Anleitung zur Rettung Ertrinkender, m. Abb., neu bearb. v. –, 21.–30. Taus., Dresden-A., 75 S., 8°.

O Deutschland, hoch in Ehren! 110 Lieder f. Soldaten u. Jugendwehren, ausgew. v. E. Günther, Oldenburg i. Gr., 62 S., 16°.

Günther, E., s.: Glaube, unser.

Günther, E., Heimatkunde d. Kreises Gostyn. Unt. Benutzg. amtl. Quellen. gr. 8. (15 S.) Lissa 898. F. Ebbecke. n. — 20; m. Karte n. — 60

Günther, E., Hilfe bei Eisunfällen, 1 Bl., 8°.

— E., s. Sammlung nationalök. u. stat. Abhandlungen.

Günther, E. [Hrsg.], s. Turnerliederbuch der Niedersachsen und Friesen.

Günther, E., Zusammenstellungen von verschiedenen Bau-Ausführungen und einzelnen Gebäudetheilen. Zur besonderen Benutzung für Maurer herausgegeben. Leipzig 853. Fr. Fleischer in Comm. gr. Fol. (8 S. u. 18 lith. Taf.) n. 4 ℳ

[F.] Was wir an unserer Taufe haben! Von Edgar Günther. *Lissa i. P.: F. Ebbecke 1896.* (41 S.) 1 Bd 8. [97. 788

Günther, Edmundus: De coniunctionum causalium apud Quintilianum usu. Halis Saxonum 1881: Kosmael in Krotoschin. 47 S. 8°
Halle-Wittenberg, Phil. Diss. v. [21. Apr.] 1881
Geb. Berlin 9. 1. 1858. V.

Günther, Eduard

Günther, Ed., praktische Anleitung zur vollständigen Heilung d. Stotterns f. Eltern u. Lehrer sowie zum Selbstgebrauch. Lex.-8. (X, 127 S.) Neuwied 873. Heuser. n. 3. —

Günther, Ed., praktische Anleitung zur vollständigen Heilung d. Stotterns. 2., verb. Aufl. Lex.-8. (VIII, 106 S.) Neuwied 888. Heuser's Verl. n. 2. —; cart. n. 2. 40; geb. n. 2. 50

Günther, Ed., praktische Anleitung zur vollständigen Heilung des Stotterns f. Eltern u. Lehrer sowie zum Selbstgebrauch. 8., verb. Aufl. Lex.-8. (VIII, 106 S.) Neuwied 893. Heuser's Verl. n. 2. —; geb. n. 2. 50

Geschichte | des | berüchtigten Zigeuner- und Räuberhauptmannes | Hannickel. | Ein Bild aus dem Räuber- und Vagabundenwesen | des vorigen Jahrhunderts | von | Eduard Günther. | Reutlingen. | Druck und Verlag von Robert Bardtenschlager.
o. J. (1877), 64 S., 162 × 106, U.-Fig.: *Die Räuber überfallen eine reiche Familie*, 70 × 86.
LBS d. D. oct K 3376.
Schenda VoB S. 400.

Geschichte | der | schönen und unglücklichen Königin von Schottland | Maria Stuart. | Von | Eduard Günther. | Reutlingen. | Druck und Verlag von Rob. Bardtenschlager. (= *Nro.* 227).
o. J. (1879), 64 S., 160 × 105, U.-Fig.: *Die Enthauptung*, 63 × 83.
LBS d. D. oct K 3559.

Günther, Ed., die Herrin v. Morton-Haus. Eine Geschichte aus dem Leben der Deutschen in Amerika. 8. (64 S.) Reutlingen 883. Bardtenschlager. — 25

Der | Kaperschiffer. | Eine Erzählung für das Volk | von | Eduard Günther. | Reutlingen. | Druck und Verlag von Rob. Bardtenschlager. (= *Nro.* 228).
o. J. (1879), 64 S., 160 × 105, U.-Fig.: *Weißer und Eingeborener in einem Gebirge mit Tiger*, 75 × 85.
LBS d. D. oct 3489.

— der Kaperschiffer. Eine Erzählg. f. das Volk. 8. (64 S.) Ebend. 883. — 25

Günther, Ed., am Marterpfahl. Eine Erzählg. aus dem Westen Amerikas. 12. (64 S.) Reutlingen 892. R. Bardtenschlager. — 25

Günther, Ed.: Mianta, s. Volksbücher, Reutlinger.

Günther, Ed., der heldenmütige Oberst od. der Entscheidungskampf am Hurikon. Für das Volk erzählt. 12. (64 S.) Reutlingen 890. Bardtenschlager. — 25

Günther, Ed.: Das Paradies im Goldlande, s. Volksbücher, Reutlinger.

— die Rache der Indianerin. Ein Lebensbild aus dem Westen Amerika's. 8. (64 S.) Reutlingen 883. Bardtenschlager. — 25

— Rowson od. das Lynchgericht in Arkansas. Für das Volk erzählt. 8. (64 S.) Ebend. 883. — 25

— die Station am Murray, s.: Volksbücher, Reutlinger.

— der Ueberfall in der Prairie [Steppe]. Eine Geschichte aus dem Westen Amerikas. 8. (64 S.) Reutlingen 883. Bardtenschlager. — 25

— die Wasser-Nixe od. der Tummler der Meere. Für das Volk erzählt. 8. (64 S.) Ebend. 883. — 25

— kurzer Wegweiser f. Lehrer, stotternde Kinder zu heilen. gr. 8. (48 autogr. S.) Neuwied 876. (Strüder.) 1. 50

Günther, Elias Melchior

— Fr. und Antw. von den Merkwürdigkeiten Schlesiens. 8. Bresl. Seidel. 733.

Günther, El. Melch., Frag. von den vier Monarchien. 8. Bresl. Schreibhauer. 735.

Günther, Emil: Ein Beitrag zur Kenntnis des Hagelversicherungswesens in Deutschland. . . . Leipzig, Druck v. Ramm & Seemann, 1889; 63 S. 8°
Leipzig, Phil. Fak., Inaug. Diss. v. 3. Jul. 1889

Günther, Emil, die Darstellung des Zinks auf elektrolyt. Wege, s.a. Monographien üb. angewandte Elektrochemie. 16. Bd.

Günther, Emil: Die Darstellung des Zinks auf elektrolytischem Wege. Von Dr. ing. –, Hütten-Ing. Mit 59 Abb. Halle: W. Knapp 1904. (XII, 245 S.) 8°
= Monographien über angewandte Elektrochemie. Bd 16.

(Günther, Emil, k. k. Hauptm. im 75. Inft.-Reg.) Geist und Herz des österreichischen Soldaten. Ihr Studium und ihre Pflege. Von einem k. k. Offizier. 8. Wien 1867.

Günther, Emil, Verfasser des „Geist und Herz der österr. Soldaten“ etc. Zur Pflege des Soldatengeistes. Für den Feldgebrauch unentbehrlich, für alle Officiers- und Chargen-Schulen und alle gebildeten Wehrpflichtigen nothwendig. kl. 8. Wien 1869.

Günther, Emil, Verfasser des „Geist und Herz des österr. Soldaten“ etc. Skizzen für die Zukunfts-Taktik. (Vorposten.) Den Kameraden gewidmet. kl. 8. Wien 1869.

Günther, E. Skizzen für die Zukunfts-Taktik. 8. Teschen 1879.

— Verfahren zur Gewinnung v. Kupfer u. Nickel aus kupfer- u. nickelhaltigen Magnetkiesen. Diss. (32 S.) Lex.-8. Berlin 903. (Freiberg, Craz & Gerlach.) nn. 2. 50

Günther, Emil: Verfahren zur Gewinnung von Kupfer und Nickel aus kupfer- und nickelhaltigen Magnetkiesen. 1903. 32 S. 4° ¶ Auch bei Craz & Gerlach in Freiberg i. S. u. als: Mitteilungen über Forschungsarbeiten auf d. Gebiete d. Ingenieurwesens. H. 10; Ausz. in: Zeitschrift d. Vereines deutscher Ingenieure. Bd 47, Halbj. 2.
Aachen, Dr.-Ing.-Diss. v. 14. 1. 1903

Günther, Emilio, üb. die Masernepidemie v. Göttingen im Jahre 1874/75. Inaugural-Dissertation. gr. 8. (29 S.) Göttingen 877. (Vandenhoeck & Ruprecht.) n. — 60

Günther, Erich, die Einschränkung d. Familie u. d. hierzu geeign. Mittel. Nebst e. Anh.: Ueb. d. willkürl. Zeugg. d. Geschlechter. Nach d. neuesten wissenschaftl. Quellen bearb. 8. (36 S.) Leipzig-Lindenau 898. (Leipzig, F. v. Lüpke.) 1. —

Günther, Ernst, a. Irchwitz (Reuß ä. L.): Die revisionistische Bewegung in der deutschen Sozialdemokratie. T. 1: Die allgemeinen theoretischen Grundlagen. (Leipzig: Duncker & Humblot) 1905. (46 S.) 8° [F.] ¶ (Erschien vollst. in: Jahrbuch f. Gesetzgebung, Verwaltung u. Volkswirtschaft Jg. 29 u. 30 1905 f.)
Berlin, Phil. Fak., Ref. Schmoller, Diss. v. 28. Okt. 1905
[Geb. 20. Febr. 73 Irchwitz; Wohnort: Greiz; Staatsangeh.: Reuß ä. L.; Vorbildung: Stadt. Gymn. Greiz Reife O. 91; Studium: Charlottenburg T.H. u. München T.H. zus. 4, Berlin 9 S.; Rig. 10. Juli 05.]

Günther, Ernst, das versunkene Dorf, s.: Dost, Walth.

Günther, Ernst, die Entlöhnungsmethoden in der bayrischen Eisen- u. Maschinen-Industrie, s.a. Untersuchungen üb. die Entlöhnungsmethoden in der deutschen Eisen- u. Maschinen-Industrie. 7. Hft.

Günther, Ernst: Die Entlöhnungsmethoden in der bayrischen Eisen- und Maschinen-Industrie. Von Dr. –. Groß-Lichterfelde. Berlin: L. Simion Nf. 1908. (VII, 230 S.) 8°
= Untersuchungen über d. Entlöhnungsmethoden in d. deutschen Eisen- u. Maschinenindustrie. H. 7.

Günther, Ernst, approb. Arzt aus Halle a. S.: Ueber Kiemengangscysten. *Halle a. S. 1900: Wischan & Wettengel.* (35 S.) 8°
Halle, Med. Diss. v. 16. Juni 1900

Günther, Ernst, die praktische Landwirthin in ihrem Geschäftskreise nach den Anforderungen der jetzigen Zeit. Zugleich ein zweckmäßig belehrendes Handbuch für angehende Landwirthinnen zur Erlernung aller in ihrem Wirkungskreise vorkommenden Verrichtungen. 8. (VI u. 118 S.) Leipzig 851, Reichenbach. ½ ₰

Günther, Ernst: Englisches Leben im vierzehnten Jahrhundert. Dargestellt nach „The Vision of William concerning Piers the Plowman“ by William Langland. . . . Leipzig, Druck v. Hesse & Becker, 1889; V S. + 1 Bl. + 62 S. + 1 Bl. 8°
Leipzig, Phil. Fak., Inaug.-Diss. v. 19. Jun. 1889

— Lohn-Tabellen, od.: Zwei Tabellen zur Benutzung bei Auszahlung der verschied. Arbeitslöhne v. 5 bis 29 Sgr., in ¼, ½, ¾ Tagen, so wie einer ganzen Woche bis zu 7 Arbeits-Tagen. Ein Handbuch f. Fabrikherren, Oekonomen, Maurer- u. Zimmermeister ꝛc. 12. (35 S.) Sagan 850. Leipzig, Fr. Fleischer in Comm. n. ⅙ ₰

Günther, Ernst, Dr.: Die Quellen der Fabeln Florians. *Plauen i. V. 1900: M. Wieprecht.* (34 S.) 4°
Plauen i. V., k. G, OP 1900 (581)

Günther, Ernst, Arzt: Quetschfracturen des Calcaneus. *Leipzig 1901: B. Georgi.* (23 S.) 8°
Leipzig, Med. Diss. v. (29. Apr.) 1901

– s.: Rundschau, hygienische.

Günther, Ernst [aus Jessen]: Stieltorsion eines mit Sarcombildung complicierten Uterusfibroms, Ascites, Heilung mittelst Laparotomie ... Jena, Druck v. B. Engau, 1892; 31 S. 8.
Jena, Med. Fak., Inaug.-Diss. v. [27. Febr.] 1892

Günther, Ernst, Stieltorsion e. m. Sarcombildung complicierten Uterusfibroms, Ascites, Heilg. mittelst Laparotomie. Diss. gr. 8. (30 S.) Jena 892. (Rudolstadt, H. Dabis.) n. — 60

Günther, Ernst: Zur Umlagerung der Oximidoverbindungen. Leipzig, *Druck v. Wilhelm Keller in Giessen.* 1889; 33 S. + 1 Bl. 8°
Leipzig, Phil. Fak., Inaug.-Diss. v. 31. Mai 1889

Günther, Ernst, a. Altona: Untersuchungen über die Beziehungen zwischen eutropischen und isomorphen Substanzen. Coburg 1908: A. Roßteutscher. (33 S.) 8°
Jena, Phil. Fak., Ref. Linck, Diss. v. 13. März 1908
[Geb. 8. Jan. 85 Dessau; Wohnort: Dessau; Staatsangeh.: Anhalt; Vorbildung: Oberrealsch. v. d. Holstentore Hamburg Reife O. 04; Studium: Jena 1, Berlin 1, Jena 4 S.; Rig. 14. Dez. 07.]

Günther, Ernst, s.: Von der Schillerfeier 1905 in d. Kreisst. Plauen.

Günther, Ernst, Wahlrechtsreform. Ein Wort in letzter Stunde an Preußens Parlament u. Volk. (22 S.) 8. Berlin 910. O. Elsner. — 25

Günther, Ernst August Wilhelm

Günther, E. A. W., die deutsche Heldensage des Mittelalters. Für Schule u. Haus bearb. Hannover 870. Brandes. gr. 8. (XIII, 246 S.) n. 15 ngr.

Günther, E. A. W., die deutsche Heldensage d. Mittelalters. Für Schule u. Haus bearb. 2. (Titel-)Ausg. gr. 8. (XII, 245 S.) Hannover 878. Meyer. n. 1. 50

Günther, E. A. W., die deutsche Heldensage d. Mittelalters, nebst der Sage vom heil. Gral [Titurel, Parcival, Lohengrin]. 3. durchgeseh. u. erweit. Aufl. Mit 1 Titelbilde (in Holzschn.). gr. 8. (VIII, 288 S.) Hannover 884. Meyer. n 4. —; geb. n. 5. —

Günther, E. A. W., kurzer Leitfaden der deutschen Heldensage d. Mittelalters, nebst e. Ueberblick üb. die Götterlehre der alten Deutschen. Für Gymnasien u. Realschulen bearb. gr. 8. (IV, 45 S.) Hannover 876. Brandes. n. — 60; cart. n. — 75

— kurzer Leitfaden der deutschen Heldensage d. Mittelalters, nebst einem Ueberblick über die Götterlehre der alten Deutschen. Für Gymnasien u. Realschulen bearb. 2. (Titel-)Ausg. gr. 8. (V, 45 S.) Ebend. 878. n. — 60

— kurzer Leitfaden der deutschen Heldensage d. Mittelalters, nebst e. Überblick üb. die Götterlehre der alten Deutschen. Für Gymnasien, Real- u. höhere Töchterschulen bearb. 3., durchgesch. Aufl. gr. 8. (52 S.) Ebend. 884. n. — 60

Günther, Ernst Friedrich

— — u. (Respond.) **Friedrich Freiesleben** (Montano), De auctoritate judicis in causis non contentiosis arbitrio privatorum restricta spec. I. Lpz. (B. G. Teubner) 21. X. 1830. 34 S. (5.—) 12193
Gew.: Carl Friedr. Guenther (Bruder).

s. Horaz, Briefe, u. dessen Oden, 4 Bücher.

— — Solemnia inaug. viri Franz Wilhelm Meinert (Oelsnitz). — Inest commentatio: de jure fidejussoris inter creditores obaerati debitoris in judicio nomen professi. Lpz. (Wilh. Staritz) 24. II. 1842. 12 S. mit Biogr. M.'s. (M.: J. Altenburg.) (3.50) 12196

— — Viro Christian Moritz Hesse (Dresden) summos in utr. jure honores. — Insunt: de jure laudemii quaestiones jur. Saxon. tres. Lpz. (Staritz) 26. III. 1844. 12 S. mit Biogr. H.'s. (M.: Ch. Ch. Schubart.) (3.50) 12198

— **Ernst Friedrich** (Leipzig), De actionum ex negotio cambiali oriundarum natura et praescriptione. Lpz. (Carl Tauchnitz) 6. XII. 1810. 38 S. (5.—) 12192
Gew.: Heinrich Bluemner.

— — Solemnia inaug. viri Friedrich Robert Hoppe (Pirna). — Insunt quaestiones juris Saxonici. Lpz. (Staritz) 26. II. 1839. 16 S. mit Biogr. H.'s. (M.: L. Schirrmeister.) (3.50) 12194

— — Solemnia inaug. viri Friedrich Franz Fuessel (Pegau). — Inest quaestio jur. civ.: Quatenus fidejussor, qui verbis indefinitis pro nomine alieno fidem obligavit, ad usuras praestandas sit obstrictus? Lpz. (Wilh. Staritz) 28. VII. 1842. 15 S. m. Biogr. F.'s. (M.: R. F. Heinichen.) (3.50) 12197

— s. Tibullus, Elegien.

— — Solemnia inaug. viri Otto Kraft (Leipzig). — Inest commentatio de confessionis limitatae in judicio civili ad onus probandi inter partes litigantes definiendum vi ac momento. Lpz. (Staritz) 29. V. 1841. 16 S. mit Biogr. K.'s. (M.: W. Hamburg.) (3.50) 12195

Günther, Erwin, die europäischen Fernsprechgebührentarife, s.a. Sammlung, nationalökonomischer u. statistischer Abhandlungen des staatswissenschaftlichen Seminars zu Halle a. d. S. 61. Bd.

Günther, Erwin: Die europäischen Fernsprechgebührentarife. Ihre Grundlagen, Entwickelung u. zweckmäßige Gestaltung. Von Dr. –, Jena: Fischer 1910. XI, 263 S. 8°
(Sammlung nationalökon. u. statst. Abhandlung d. Staatswiss. Seminars zu Halle. Bd 61.)

Günther, Erwin, Ober-Postprakt.: Über die Grundlagen, die Entwickelung und die zweckmässige Gestaltung der europäischen Fernsprechgebührentarife. Halle ⟨Saale⟩ 1909: (Lippert, Naumburg a. S.). VIII, 76 S. 8° ¶(Ersch. vollst. u. d. T.: Die europ. Fernsprechgebührentarife, als: Sammlung nationalökon. u. statist. Abhandl. d. staatswiss. Sem. zu Halle. Bd 61. 1910.)
Halle, Phil. Diss. v. 21. Dez. 1909, Ref. Conrad
[Geb. 10. Juni 77 Jauer; Wohnort: Halle a. S.; Staatsangeh.: Preußen; Vorbildung: Realgymn. Görlitz Reife O. 96; Studium: Berlin 5, Halle 4 S.; Rig. 6. Dez. 09.] [U 10. 1743

Günther, F., s. Hauswirthschaftszeitung.

Günther, F., jenseits des Glückes! Schauspiel in 4 Aufzügen. (III, 92 S.) 8. Dresden (907). E. Pierson. 2. —

Günther, F. Der Strassburger Munster (Kupferst.) Strassburg 1877. Fol (In Rahmen.)

Günther, F., u. Fr. Böhm, Rechenbuch f. höhere Lehranstalten. gr. 8. (IX, 182 S.) Berlin 885. H. W. Müller. n. 1. 80

Günther, F., u. Fr. Böhm, Rechenbuch f. höhere Lehranstalten. 2., verb. Aufl. gr. 8. (IX, 189 S.) Berlin 890. H. W. Müller. n. 1. 80; geb. n.n. 2. 10

Günther, F., u. Fr. Böhm, Rechenbuch f. höhere Lehranstalten. 3., durchgeseh. Aufl. gr. 8. (IX, 189 [182] S.) Berlin 892. H. W. Müller. n. 1. 80; geb. n.n. 2. 10

Günther, F., u. Boehm, Rechenbuch f. höh. Lehranst. 5., durchgeseh. Aufl. gr. 8. (X, 189 S.) Berlin 898. H. W. Müller. n. 1. 80; geb. n. 2. 20

Günther, F., u. F. Boehm, Rechenbuch f. höh. Lehranstalten. 7., verm. Aufl. gr. 8. (IX, 197 S.) Berlin 902. H. W. Müller. n. 1. 80; geb. n. 2. 20

Günther, F., u. F. Boehm, Rechenbuch f. höhere Lehranstalten. 9. Aufl. (Unveränd. Abdr. der 8. Aufl.) (X, 197 S.) 8. Berlin 906. H. W. Müller. Geb. n. 2. 20

Günther, F., u. F. Boehm, Rechenbuch f. höh. Lehranstalten. 10. Aufl. (Unveränd. Abdr. der 8. u. 9. Aufl.) (X 197 S.) 8. Berlin 908. H. W. Müller. Geb. 2. 20

Günther, F., üb. den historisch-geograph. Unterricht auf höhern Schulen. Sendschreiben an F. A. Krummacher. gr. 4., Leipz. Göschen. 815.

Günther, F. Ueber die südfranzösische Volkspoesie. Bernburg, G., 1844. 30 S. 4. Progr.

— der Woldenberg u. seine Umgebung. Ein Führer f. Einheimische u. Fremde. Mit 1 Stammtaf., mehreren Abbildgn. u. 1 Siegeltaf. 12. (VIII, 148 S.) Ebd. 889. n. 1. 60

Günther, F., Die Ziergewächse u. ihre Cultur bei den Alten. I. Pr. 1861. 28 S. 4°.

Günther, F. B., Berichte über Ost-Tenessee u. die Deutsche Ansiedelung. gr. 8 (48 S.) Stuttgart 849, Hoffmann. 1/6 ℛ︁

Günther, F. C., Sammlung von Nestern u. Eyern verschiedener Vögel. fortges. v. G. Leske. Heft 1 u. 2. M. 50 kolor. Kpfrt. Nürnb. 1772–84. gr. Fol.

Günther, F. G., s. G ü n t h e r , Friedrich Wilhelm

Günther, Felix [cand. med. aus Greifenberg i. P.]: Über Hyperpyrexie beim akuten Gelenkrheumatismus ... Erlangen, Druck v. A. Vollrath's k. b. Hofbuchdr., 1892; 32 S., 1 Bl. 8.
Erlangen, Med. Fak., Inaug.-Diss. v. 15. Juli 1891

Günther, Fel., Troeltsch-Heidelberg u. die Lamprechtsche Richtung. Eine Entgegng. (23 S.) 8. Leipzig 909. Dr. Seele & Co. — 50

Günther, Felix. a. Crossen a. d. W. Elster: Die Wissenschaft vom Menschen. Ein Beitrag zum deutschen Geistesleben im Zeitalter des Rationalismus mit besonderer Rücksicht auf die Entwickelung der deutschen Geschichtsphilosophie im 18. Jahrhundert. Gotha 1906: F. A. Perthes. (VI, 193 S.) 8°
Leipzig, Phil. Fak., Ref. Lamprecht, Volkelt, Diss. v. 2. Aug. 1906
[Geb. 13. Okt. 77 Crossen; Wohnort: Annaberg; Staatsangeh.: Sachsen; Vorbildung: Seminar Borna Wahlfähigkeitszeugnis 16. Nov. 00; Studium: Leipzig 6 S.; Rig. 27. Febr. 06.]

— Die Wissenschaft vom Menschen, s.a. U n t e r s u c h u n g e n , geschichtliche. V, 1.

Die Wissenschaft vom Menschen. Ein Beitrag z. deutschen Geistesleben im Zeitalter d. Rationalismus, mit besond. Rücks. auf d. Entwickelung d. deutschen Geschichtsphilosophie im 18. Jh. Von Felix **Günther**. Gotha: F. A. Perthes 1907. (VIII, 193 S.) 8°
→ **Untersuchungen**, Geschichtliche. Bd 5, H. 1. [07. 5107

Günther, Ferdinand, s. Ferdinand Günther.

Günther, (Kl.) Aniello, d. Bund des Ringes oder der blonde Bandit. Romantisch-histor. Darstellung des neuen Jahrhunderts. 8. Berl. 825, Lüderitz.

Günther, Fr.

— F., Der Ackerbau bei Homer. Pr. 1866. 34 S. 4°. 1.20

Günther, Fr.: Die Viehzucht bei Homer. Bamberg. 4°
Schul-/Univ.-Schrift

Gunther, Fr. Cas. v., Etwas vom Adel im Kraichgau gegen d. Churpfalz. 8. Mannh. Schwan. 783.

— — dass. 8. Mannh. Löffler. 782.

Günther, Fr. Chr., († d. 24. April 1774.), s. 1) J. A. Scopoli, Bemerkungen aus d. Naturgeschichte. 2) Adm. Ldw. Wirsing, Samml. von Nestern u. Eiern d. Vögel.

Günther, **Fr. H. Wlh.**, de mortis Jesu Christi fine salutari ac vi sacrificali peculiari. Commentatio praemio ornata. 4maj. Götting. 830. Vandenhöck u. R. 16 gℊ Hbg. Pr. 8 gℊ

Günther, Franz [app. Arzt aus Jena]: '[Aus d. medizin. Klinik zu Jena.]' Ein Fall von Carcinom des Duodenums ... Jena, Druck v. B. Engau, 1897; 32 S., 1 Bl. 8.
Jena, Med. Fak., Inaug.-Diss. v. [23. Febr.] 1897

Günther, Frz., der niederösterreichische **G r o s s - G r u n d b e s i t z.** Alphabetisch geordnetes Nachschlage-Buch üb. den Eigenthums- u. Besitzstand der landtäfl. Güter nach dem alten u. neuen Flächenmaasse. Nach den neuesten Daten bearb. gr. 8. (L, 74 S.) Wien 875. Gerold's Sohn. n. 4. —

— der österreichische **Grossgrundbesitz**. Nachschlage-Buch üb. Eigenthums- u. Besitzstand aller landtäfl. Güter Oesterreichs unter Darstellg. der geognost. u. landwirthschaftl. Verhältnisse jedes einzelnen Kronlandes, m. Skizzen üb. den Hypothekar-Credit u. e. Formular zu Guts-Taxationen. Red. nach den neuesten statist. Daten. gr. 8. (100 S. m 2 Tabellen in qu. 4. u. qu. gr. 4.) Wien 873. Lit.-art. Anstalt. 4. —

Günther, Frz., der österreichische Großgrundbesitzer. Ein Handbuch f. den Großgrundbesitzer u. Domainebeamten. [Archiv f. Landwirthschaft. (Beilage zur „Wiener landwirthschaftl. Zeitung.") Hrsg. v. Hugo H. Hitschmann. I.] gr. 8. (XIV, 325 S.) Wien 883. Gerold's Sohn in Comm. n. 9. —

Günther, Frz., u. C. **Kyffhausen,** Liederbuch f. deutsche Gastwirts-Gehilfen. 2., verm. u. verb. Aufl. d. „Kommers-Liederbuches deutscher Gastwirts-Gehilfen". 12. (284 S.) Leipzig 892. P. M. Blüher. Geb. n. 1. 50

Günther, Frz., u. C. **Kyffhausen,** Liederbuch f. deutsche Gastwirts-Gehilfen. (Blüher's Sammel-Ausg. v. Gasthaus- u. Küchen-Werken, Bd. 19.) 4. Aufl. des „Kommers-Liederbuch deutscher Gastwirts-Gehilfen". (284 S.) kl. 8. Leipzig (905). P. M. Blüher. Geb. in Leinw. n. 1. —

Günther, Frz., die Rechnungs-Bilanz f. d. Grossgrundbesitzer zum Zwecke der Personal-Einkommensteuer-Bekenntnisse, s.a. A r c h i v f. Landwirtschaft.

Die Rechnungs-Bilanz für den Großgrundbesitzer zum Zwecke der Personal-Einkommensteuer-Bekenntnisse. Von Franz **Günther**, Wirtschaftsrat. Wien: R. & H. Hitschmann 1907. (16 S.) 8°
→ **Archiv** f. Landwirtschaft. 41. [07. 2485

Günther, Frz., Rosalinde, eine Dichtung in drei Lieder-Kranzen. I. Liederkranz: „Die Knospe". gr. 8. (XVI u. 122 S.) Brünn 850, Nitsch & Grosse in Comm. n. 2/3 ℛ︁

Günther, Franz: R ü b e z a h l , s. V o l k s s c h r i f t e n .

Günther, Frz., **Rübezahl** u. andere Märchen, s.: **Musäus.**

— die **Schildbürger**; d. schöne Melusine, s.: **Schwab, Gust.**

Günther, Franz: Die S c h i l d b ü r g e r , s. V o l k s - s c h r i f t e n .

— Die allgemeine Teuerung. Ursachen u. Bekämpfung vom Standpunkte der Land- u. Forstwirtschaft, der Industrie, des Handels u. der Konsumenten. (39 S.) 8. Wien 910. W. Frick. — 60

Günther, Frz., Vergangenheit, Gegenwart, Zukunft des österr. Großgrundbesitzers u. Güterbeamten. 2., verm. u. verb. Aufl. gr. 8. (93 S.) Wien 901. W. Frick. n. 2. —
1. Aufl. (83 S.) Ebd. 901. n. 2. —.

Günther, Franz [Rechtsanw. in Berlin]: Die Verschwiegenheitspflicht des Arztes nach § 300 des Reichsstrafgesetzbuchs ... *Berlin, Druck v. R. Skrzeczek, 1891*; 31 S. 8.
Rostock, Jur. Fak., Inaug.-Diss. v. [22. Dez.] 1891

Günther, Frz. (I.), s. Volksschriften.

Günther, F[rida]: Zu Schillers Gedächtnis. Den 10. November 1909. Burg b. M. 1910: Schultze. S. 1—6. 4°
Burg b. M., st. HM, Luisen-S OP 1910 [43] [S 10. 154

Günther, Friedrich [Pseud.], s.a. Hildebrandt, Hans

Günther, F., der Ambergau. 1. Abtlg. gr. 8. (160 S.) Hannover 885. Meyer. n. 2. 50

Günther, F., der Ambergau. 2.—4. (Schluß-)Abtlg. gr. 8. (XIII u. S. 161—576.) Hannover 887. C. Meyer. Subskr.-Pr. à n. 2. 50 (Ladenpr. cplt.: n. 12. —)

Günther, Frdr., im Bannkreise d. Brockens. Der Harz, s.: Wanderungen durch deutsche Gaue.

Günther, Frdr., d. Bedeutg. d. Ortsnamen f. d. Kulturgeschichte, s.a. Abhandlungen, pädagogische.

Günther, Friedrich: Die Bedeutung der Ortsnamen für die Kulturgeschichte. Von —. Schulinsp. in Clausthal . . . Bielefeld: A. Helmich [1898]. (15 S.) 1 Bd 8.
= Abhandlungen. Pädagogische. N. F. Bd III. H. 2.

Günther, F.; Bemerkungen zu Johannes Meyer's „Provinz Hannover, Natur- u. Lebensbilder zur näheren Kenntnis d. hannoverschen Landes u. seiner Bewohner". gr. 8. (98 S.) Clausthal 882. Grosse. n. 1. 20

— die Besiedelung d. Oberharzes. Vortrag, geh. auf der XVII. Hauptversammlg. d. Harzvereins f. Geschichte u. Alterthumskunde zu Klausthal am 29. Juli 1884. Halle 884. (Clausthal, Grosse.) n. — 80

Günther, Frdr., und Karl **Günther,** die Beurtheilungslehre des Pferdes bezüglich dessen Dienst-, Zucht- u. Handelswerthes. Nebst einem Anhang über die Lehre von den gesunden und kranken Zähnen. Mit in den Text gedr. Holzschn. Hannover 859. Hahn. gr. 8. (XXXII, 688 S.) n. 3 ℛ 10 ngr

Günther, Fr.: Einfache Buchführung für Haushaltsrechnungen und den Kleinhandel, für Bürger und Handwerker aller Klassen: nebst Klugheitsregeln über die Erweiterung, die Erhaltung und den Gebrauch des Vermögens", Frankfurt a. M. 1819 (Jäger).

Günther, Friedr., einfache Buchführung f. Haushaltungs-Rechnungen u. den Klein-Handel; auch z. Schulgebr. dienlich. Nebst e. Abhandl. v. Klugheitsregeln u. Grundsätzen üb. d. Erwerb, die Erhaltung u. den Gebrauch d. Vermögens u. e. Anh. von Tabellen u. Regeln z. Gebr. f. Haushaltungs-Rechnungen. 2., wohlf. Ausg. gr. 8. (1¼ B.) Frankfurt a. M. 837, Jäger'sche Buchh.

Günther, Frdr., „Durch den Wechsel zieht uns Gott am stärksten zu sich." Erntedankpredigt, gehalt. am 16. post Trinit. 1847 zu Altenburg. 3. Aufl. gr. 8. (15 S.) Altenburg 849, Schnuphase. ⅛ ℛ

Günther, Frdr., Erinnerungen an berühmte Virtuosen der Gegenwart. Briefe e. kassub. Konzert-Arrangeurs an seinen Freund in der Residenz. gr 8. (VII, 56 S.) Stolp 892. H. Hildebrandt. n. 1. —

vgl.: Hildebrandt, Hans

— Luther's Erklärung der vierten Bitte — ein Wort an unsere Zeit. Erntedankpredigt, gehalt. am 16. post Trin. 1849 zu Altenburg. gr. 8. (15 S.) Ebd. 849. n. n 1/12 ℛ

Günther, F., Friedrich der Gebissene. Romanzencyclus. Zur Feier d. 800jähr. Regierungsjubiläums d. erlauchten Hauses Wettin neu hrsg. v. Geo. Günther. 8. (XXVIII, 90 S.) Altenburg 889. Bonde's Verl. n. — 60

— Geschichte d. kgl. Gymnasiums u. d. Knabenschulwesens zu Klausthal. Festschrift zu d. am 8. u. 9. VI. 1897 zu Klausthal stattfind. Versammlg. früh. Schüler d. Gymnasiums. gr. 8. (180 S.) Klausthal 897. Grosse. n. 2. —

— aus der Geschichte der Harzlande. 1.—3. Bdchn. 8. Ebd. 890. cart. n. 3. —
1. Aus vorgeschichtlicher Zeit. (III, 48 S. m. 22 Abbildgn.) n. — 75
2. Aus der Zeit der Völkerwanderung. Niederlassungen fremder Stämme in späterer Zeit. (III, 58 S.) n. — 75
3. Wie die Harzer Christen wurden. (V, 162 S.) n. 1. 50

Günther, F., aus der Geschichte der Harzlande. 4. Bdchn. 8. Hannover 891. C. Meyer. Kart. n. 1. — (1—4.: n. 4. —)
Aus der Zeit der sächsischen Kaiser. (III. 92 S.)

Günther, Frdr., die Gründung der Bergstadt Grund und ihre erste Geschichte. (50 S.) 8. Wernigerode (906). (Grund i. Harz, Max Ludwig.) (Nur direkt.) Nicht im Handel.
Sonderabdruck aus „Zeitschr. des Harzvereins".

Günther, Fr., der Harz, s.a. Land u. Leute. IX.

Der Harz. Von Fr[iedrich] Günther. Mit 115 Abb. u. 1 Karte. *Bielefeld & Leipzig: Velhagen & Klasing 1901.* (128 S.) 4°(8°) [J.]
= Land u. Leute. 9. [01. 9194

— der Harz in Geschichts-, Kultur- u. Landschaftsbildern. (In ca. 8 Lfgn.) 1—6. Lfg. gr. 8. (544 S.) Hannover 885. 86. Meyer. à n. 1. —

— der Harz, in Geschichts-, Kultur- u. Landschaftsbildern geschildert. Mit 1 Karte d. Harzes v. C. Diercke, enth. die Gau- u. Diözesangrenzen. 7.—12. (Schluß-)Lfg. gr. 8. (XII u. S. 545—912.) Ebd. 888. Subscr.-Pr. à n. 1. — (cplt.: n. 13. —; geb. n.n. 15. —)

—— die Heimat im Schulunterricht. Vortrag, auf der Seminarkonferenz zu Alfeld am 10. Juni 1886 gehalten. gr. 8. (24 S.) Ebendas. 886. *

Günther, F., die Heimat im Schulunterricht. Vortrag, auf der Seminarkonferenz zu Alfeld am 10. VI. 1886 geh. 2. Aufl. (26 S.) 8. Hannover 905. C. Meyer. n. — 50

Günther, Frdr., die erste Kommunion auf dem Oberharz, s.a. Forschungen zur Geschichte Niedersachsens. II, 2.

Günther, Friedrich: Die erste Kommunion auf dem Oberharz: Von —. Hannover & Leipzig: Hahn 1909. 68 S. 8°
(Forschungen z. Geschichte Niedersachsens. Bd 2, H. 2.)

Günther, Friedr., von der Liebesthätigkeit des christlichen Glaubens. Gal. 5, 6. Predigt bei der am 24. Aug. 1855 stattgefundenen Jahresversammlung des Altenburger Hauptvereins der Gustav-Adolf-Stiftung gehalten zu Altenburg. Beigefügt sind ein eröffnendes Gebet von J. F. Huth, sowie ein Schlußgebet von J. G. Höfler. Altenburg 855. Schnuphase. 8. (15 S.) nn. 2½ ngr

[Lied.] Zum 20. April 1851. [Von Friedr. Günther.] [Altenburg 1851: Hofbuchdr.] 1 Bl. 8⁰ [Kopftit.]
Ohne Noten: „Was führt uns zusammen zum Festverein?"

[Lied. Unterz.:] Fr[iedr.] G[ün]th[e]r. [Altenburg ca 1860: Hofbuchdr.] 1 Bl. 8⁰
Ohne Noten: „Des Lebens Stunden gleiten . . ." 3.

— „Mitten in der Noth kommt der liebe Gott." Erntedankpredigt gehalt. am 11. Sonnt. p. Trin. zu Altenburg. gr. 8. (16 S.) Ebd. 848. ⅛ ℛ

Günther, Frdr., Etienne Pasquier. Ein Beitrag zur Kenntniss der franzos. Sprache im 16. Jahrhundert. [Abdr. aus dem Programm d. Herzogl. Carls-Gymnasiums in Bernburg v. J. 1851.] 4. (24 S.) Bernburg 851, Groening. ¼ ℛ

— „Prüfet die Geister!" Gastpredigt, gehalt. am Feste Trinitatis 1850 zu Ronneburg. gr. 8. (15 S.) Ronneburg 850, Hofmeister. n. 2 ngr

— **kaufmännisches Rechenbuch f. d. höhern Schulgebrauch, die Privatlehre u. zur Selbstübung,** mit allen dazu nötigen Rechnungsarten, Regeln, Beispielen ꝛc. gr. 8. Frankf. a. M. 848. Jäger. 1 ℛ 16 Sgr (Vrgl. Comptoir-Handbuch.)

Günther, Friedr., Romanzen u. Balladen. 8. (19 B.) Leipzig 812. [Herm. Fritzsche.] 1 Thlr.

Günther, Frdr., aus Sage u. Geschichte. Lyrisch-epische Dichtungen. 8. (164 S.) Dresden 879. Pierson. n. 3. 60

— **aus dem Sagenschatz der Harzlande. Mit vielen Textbildern v. H. Mittag.** gr. 8. (XII, 260 S.) Hannover-Linden 893. Manz & Lange. n. 6.—; geb n. 6.40

Günther, Friedrich [app. Arzt aus Göttingen]: Ueber die bei der Diagnose der acuten Peritonitis auftretenden Schwierigkeiten . . . Göttingen, Druck d. Dieterich'schen Univ.-Buchdr., 1893; 31 S. 8.
Göttingen, Med. Fak., Inaug.-Diss. v. [2. März] 1893

Günther, Frdr., üb. die bei der Diagnose der acuten Peritonitis auftretenden Schwierigkeiten. Diss. gr. 8. (31 S.) Göttingen 893. (Vandenhoeck & Ruprecht.) n. — 60

Günther, Frdr., zur Vorgeschichte der königl. Bergakademie zu Clausthal. hoch 4. (11 S.) Clausthal 900. Grosso. n. 1. —
Sonderabdruck aus: „Berg- u. hüttenmänn. Zeitg."

Günther, [Friedrich]: Pfälzer Wappen. Pfalzkreis- u. Städtewappen. Städtechronik. Hrsg. von Obersekr. - . in Ludwigshafen. Ludwigshafen: Selbstverl. [übergekl.: Kaiserslautern: Crusius] 1905. VII, 95 S. 8⁰

Günther, Friedrich Alfred Hermann, s. Günther, Alfred

Günther, Friedrich August

Günther, F. A., s.: Bäcker- u. Konditor-Zeitung.

Günther, Friedrich August: Bäcker- und Konditorzeitung, s. Günther's Bäcker- und Konditor-Zeitung

Günther, F. A., Bericht über die 11. Generalversammlung des allgemeinen Vereins deutscher Gerber zu Hannover am 12. u. 13. Octbr. 1856, sowie Vorbericht über Entstehung u. Verbreitung des Vereins. Neuhaldensleben 857. (Magdeburg, Creutz.) gr. 8. (1 Bl., 151 S.) n. 20 ngr

Günther, Fr. Aug., die Erd- u. Mondbahn. Zur Erläuterung einer neuen Veranschaulichungsmaschine des Erd- u. Mondlaufes, ein Vortrag in der Lehrerconferenz zu Langensalza, den 7. October u. 2. December 1840 gehalten. Mit 1 Figurentaf. gr. 8. Sondershausen 842, Eupel. ½ ℛ

Günther, Fr. Aug., allgemeine Erdbeschreibung, oder Lehrbuch der mathemat. u. physikalischen und Einleitung zur politischen Geographie, nebst e. Anhange, enthaltend: Die Kalenderkunde, für Schullehrer, Seminarien, Lehrer an Bürger-, Real- und Volksschulen u. gebildete Leser überhaupt. gr. 8. Sondershausen 837, Eupel. ⅔ ℛ

Günther, F. A., die Fabrikation des lohgaren Leders in Deutschland auf ihrem jetzigen Standpunkte, s. a. Schauplatz, neuer, der Künste u. Handwerke. Bd. 282.

Günther, F. A., Die Fabrikation des lohgaren Leders in Deutschland auf ihrem jetzigen Standpunkte u. deren nothwendige Fortschritte u. Vervollkommnungen nach den vom Verfasser auf der Pariser Ausstellung 1867 gewonnenen Anschauungen u. Erfahrungen etc. Mit eingedruckten Holzschnitten u. 7 Foliotfln. Weimar 1867. 2 Abtheilungen in 1 Bd. 8⁰.

Günther, F. A., u. W. **Kampffmeyer,** siehe: Gerberverein, der Norddeutsche.

— s.: Gerberzeitung, deutsche.

Günther, Friedrich August: Deutsche Gerber-Zeitung. s. Günther's deutsche Gerber-Zeitung.

Günther, Friedr. Aug., kindliche Gespräche mit Gott. Ein Andachtsbuch für Schule u. Haus. Leipzig 858. Klinkhardt. 8. (2 Bl., 92 S.) 6 ngr

Günther, Friedrich August [Hrsg.]. s. Handels-Zeitung, Deutsche

Günther, F. A., Die homöopath. Hausapotheke u. ihre zweckmässige Anwendung zur Heilung kranker Haustiere. 6. Auflage. Sondershausen 60.

— **der homöopath. Hausfreund. Ein Hülfsbuch für alle Hausväter,** welche die am häufigsten vorkomm. menschl. Krankheiten in Abwesenheit oder Ermangelung des Arztes schnell, sicher und wohlfeil selbst heilen wollen. Nebst e. zweifachen Abhandlung über das Wesen u. die Wirkungen der Homöopathie ꝛc. gr. 8. Sondershausen 840. Eupel. 1⅓ ℛ

der homoeopathische Hausfreund. Ein Hülfsbuch für alle Hausväter. 1. Thl. 2. verm. u. verb. Aufl. Die Krankheiten der Erwachsenen. gr. 8. Ebend. 844. 1⅓ ℛ 3. vermehrte u. verb. Aufl. Ebend. 846. 1⅓ ℛ 2. Thl. Die Kinderkrankheiten. gr. 8. Ebend. 843. 1⅓ ℛ — 1. u. 2. Thl. 2⅔ ℛ

Günther, Frdr. Aug., der homöopathische Hausfreund. Ein Hülfsbuch f. alle Hausväter, welche die am häufigsten vorkommenden menschl. Krankheiten in Abwesenheit, od. Ermangelung d. Arztes schnell, sicher u. wohlfeil selbst heilen wollen. Nach den besten Quellen u. Hülfsmitteln u. vielfältigen eigenen Erfahrungen bearb. u. herausg. 3. verm. u. verb. Aufl. 2 Thle. gr. 8. 1. Thl. Die Krankheiten der Erwachsenen. (XVI u. 572 S.) — 2. Thl. Die Kinderkrankheiten. (XXIV u. 412 S.) Sondershausen 847. 50, Eupel. (à 1⅓ Thlr) 2⅔ Thlr — 1. Thl. 4. sehr verm. u. verb. Aufl. A. u. d. T.: Die Krankheiten der Erwachsenen. 4. sehr verm. u. verb. Aufl. gr. 8. (XXXII u. 577 S.) Ebd. 850. 1⅓ Thlr

Günther, F. A., der homöopathische Hausfreund. Ein Hülfsbuch für alle Hausväter, welche die am häufigsten vorkommenden menschlichen Krankheiten in Abwesenheit, oder Ermangelung des Arztes schnell, sicher u. wohlfeil selbst heilen wollen. Nach den besten Quellen u. Hülfsmitteln u. vielfältigen eignen Erfahrungen bearb. u. herausgegeben. 1—3. Thl. Sondershausen, Eupel. gr. 8. Jeder Thl. 1 Thlr 10 ngr

1. Thl.: Die Krankheiten der Erwachsenen. Ein Hülfsbuch für alle Hausväter 2c. 5. Aufl. 853. (XXXI, 577 S.) — 6. Aufl. 855. (XXXII, 583 S.) — 7. sehr verm. u. verb. Aufl. 858. (XXXII, 583 S.)
2. Thl.: Die Kinderkrankheiten. Ein Hülfsbuch 2c. 4. verm. u. verb. Aufl. 853. (XXIII, 414 S.) — 5. 2c. Aufl. 857. (XXIII, 414 S.)
3. Thl.: Die Frauenkrankheiten. Ein Hülfsbuch 2c. 856. (XVI, 384 S.)

Günther, Frdr. Aug., der homöopathische Hausfreund. Ein Hülfsbuch für alle Hausväter, welche die am häufigsten vorkommenden menschlichen Krankheiten in Abwesenheit oder Ermangelung des Arztes schnell, sicher und wohlfeil selbst heilen wollen. Nach den besten Quellen u. Hülfsmitteln und vielfältigen eigenen Erfahrungen bearb. und herausg. 3 Thle. Sondershausen 862. Eupel. gr. 8. Jeder Thl. 1 Thlr 10 ngr

1. Thl.: Die Krankheiten der Erwachsenen. 8. verm. u. verb. Aufl. (VIII, 584 S.)
2. Thl.: Die Kinderkrankheiten. 6., verm. u. verb. Aufl. (XV, 408 S.)
3. Thl.: Die Frauenkrankheiten. 2., verb. u. verm. Aufl. (XV, 384 S.)

Günther, Friedr. Aug., der homöopathische Hausfreund. Ein Hülfsbuch für alle Hausväter, welche die am häufigsten vorkommenden menschl. Krankheiten in Abwesenheit oder Ermangelung des Arztes schnell, sicher u. wohlfeil selbst heilen wollen. Nach den besten Quellen u. Hülfsmitteln u. vielfält. eigenen Erfahrungen bearb. u. hrsg. 1. u. 2. Thl. Gotha. (Lübeck, Bolhoevener.) gr. 8. 2 Thlr 10 ngr

1. Thl. Die Krankheiten der Erwachsenen. 9. verm. u. verb. Aufl. (VII, 578 S.) 867. 1 Thlr 10 ngr
2. Thl. Die Kinderkrankheiten. 7. verm. u. verb. Aufl. (XV, 350 S.) 869. 1 Thlr

Günther, Friedr. Aug., der homöopathische Hausfreund. Ein Hülfsbuch für alle Hausväter, welche die am häufigsten vorkommenden menschl. Krankheiten in Abwesenheit oder Ermangelung des Arztes schnell, sicher und wohlfeil selbst heilen wollen. Nach den besten Quellen und Hülfsmitteln und vielfält. eigenen Erfahrungen bearb. und hrsg. 3 Thle. gr. 8. Lübeck 869, Bolhoevener. [Langensalza, Dr. F. A. Günther.] à Thl. M 3.

Inhalt:

Thl. 1. Die Krankheiten der Erwachsenen. 10. verm. und verb. Aufl. (VII, 578 S.)
" 2. Die Kinderkrankheiten und deren homöopath. Behandlung. Nebst einer ausführlichen Abhandlung über die körperliche Erziehung des Kindes. 7. verb. Aufl. (XV, 350 S.)
" 3. Die Frauenkrankheiten. 3. verb. Aufl. (XV, 384 S.)

Günther, Frdr. Aug., der homöopathische Hausfreund. Ein Hülfsbuch f. alle Hausväter, welche die am häufigsten vorkomm. menschl. Krankheiten in Abwesenheit, od. Ermangelg. d. Arztes schnell, sicher u. wohlfeil selbst heilen wollen. Nach den besten Quellen u. Hülfsmitteln u. vielfält. eigenen Erfahrgn. 2. Thl. Die Kinderkrankheiten u. deren homöopath. Behandlg. Nebst e. ausführl. Abhandlg. üb. die körperl. Erziehg. d. Kindes. 8. verb. Aufl. gr. 8. (XII, 381 S.) Langensalza 875. Dr. Günther. n. 3. —

Günther, F. A., der homöopathische Hausfreund. Ein Hülfsbuch für alle Hausväter, welche die am häufigsten vorkomm. menschl. Krankheiten in Abwesenheit, od. Ermangelung des Arztes schnell, sicher u. wohlfeil selbst heilen wollen. Nach den besten Quellen u. Hülfsmitteln u. vielfält. eigenen Erfahrungen bearb. u. hrsg. 1. Thl. A. u. d. T.: Die Krankheiten der Erwachsenen. 11., verb. Aufl. gr. 8. (VIII, 376 S.) Langensalza 879. Günther. n. 3. —

— dasselbe. 3. Thl.: Die Frauenkrankheiten. 4., verb. Aufl. gr. 8. (XI, 273 S.) Ebend. 881. n. 3. —

Günther, F. A., der homöopathische Hausfreund. 1. u. 2. Thl. gr. 8. Langensalza, Dr. Günther. à n. 3. —; geb. à n. 3. 60

1. Die Krankheiten der Erwachsenen. 12. Aufl. (VIII, 300 S.) 886.
2. Die Kinderkrankheiten u. deren homöopath. Behandlg. Nebst e. ausführl. Abhandlg. üb. die körperl. Erziehg. d. Kindes. 9. Aufl. (X, 354 S.) 882.

Günther, F. A., der homöopathische Hausfreund. Ein Hülfsbuch f. alle Hausväter, welche d. am häufigsten vorkomm. menschl. Krankheiten in Abwesenheit, od. Ermangelg. d. Arztes schnell, sicher u. wohlfeil selbst heilen wollen. Nach d. besten Quellen u. Hülfsmitteln u. vielfält. eigenen Erfahrgn. bearb. u. hrsg. 3 Tle. gr. 8. Langensalza, Dr. F. A. Günther. à 3. —; geb. à 3. 60

1. Die Krankheiten der Erwachsenen. 13., verb. Aufl. (VIII, 319 S.) 898.
2. Die Kinderkrankheiten u. der. homöopath. Behandlg. Nebst e. ausführl. Abhandlg. üb. d. körperl. Erziehg. des Kindes. 10., verb. Aufl. (XII, 312 S.) 895.
3. D. Frauenkrankheiten. 5., verb. Aufl. (XII, 271 S.) 895.

Günther, F. A., der kleine homöopathische Hausfreund od. kurze Beschreibg. der in der Familie am häufigsten vorkomm. Krankheiten u. Anweisg. zur Heilg. derselben m. homöopath. Mitteln. Als Auszug aus den 3 Bdn. v. Günthers homöopath. Hausfreund bearb. u. hrsg. 12. (IV, 63 S.) Langensalza 891. Dr. F. A. Günther. Kart. n. 1. —

— der kleine homöopathische Hausfreund od. kurze Beschreibg. d. in d. Familie am häufigsten vorkomm. Krankheiten u. Anweisg. z. Heilg. derselben m. homöopath. Mitteln. E. f. Jedermann verständl. Volksbüchl. z. Einführg. in d. Homöopathie. Als Auszug aus d. 3 Bdn. v. Günthers homöopath. Hausfreund bearb. u. hrsg. 2. Aufl. 8. (IV, 63 S.) Ebd. 898. Kart. 1. —

— die Kastration unserer nutzbaren Hausthiere. Beschreibung der Mängel u. Krankheiten, die bei u. nach derselben von Bedeutung sind. Zur Belehrung f. Kastrirer, Landwirthe u. Thierärzte. 8. (V, 78 S.) Leipzig 881. Wilfferodt. n. 1. —

[F.] Die Krankheiten der Erwachsenen. Ein Hülfsb. f. alle Hausväter, welche die am häufigsten vorkommenden menschl. Krankheiten in Abwesenheit od. Ermangelg d. Arztes schnell ... selbst heilen wollen. Nach d. besten Quellen ... bearb. u. hrsg. v. Dr. F. A. **Günther**. 13. verb. Aufl. *Langensalza: F. A. Günther 1898.* (VIII, 355 S.) 1 Bd 8.
= **Günther**, F. A.: Der homöopath. Hausfreund Th. 1. [98. 11963 II.

Günther, F. A., Lehrbuch der Glacé-Handschuhleder-Fabrikation f. Zickel- u. Lammleder-Gerberei nach der vorzüglichsten gegenwärt. Gerbmethode vom pract. Standpunkt aus u. für den pract. Gebrauch bearb. m. besond. Ergründg. der Vorzüge der französ. wie der deutschen Methoden, sowie der Kalbkidleder-Fabrikation nach den neuesten u. bewährtesten englisch-deutschen System m. besond. Hervorhebg. der englisch-deutschen Finisch-Methode verfaßt in Folge langjähr. Erfahrg. v. e. prakt. Werkführer. gr. 8. (VIII, 120 S.) Leipzig 874. Friese. n. 4. —

— s. Magazin für die neuesten Beobachtungen im Gebiete d. homöopath. Thierheilkunde.

Günther, Friedrich August: Vom Mesmerismus oder thierischen Magnetismus. 8 S.(S.341-348), gbd.

Sondershausen: Eupel 1844
(Günther, F.A.: Der homöopathische Hausfreund. Th.2: Die Kinderkrankheiten, Anhang)

JB 2.626/2,Anh.

Günther, Friedrich August [Hrsg.], s. Sattler-Zeitung, Deutsche, und Lederwaren - Zeitung

GÜNTHER, F. A. (Hrsg.): Die Schälung aller Arten Rinden in jeder Jahreszeit vermittelst Dampf für Lederfabrikanten, Waldbesitzer, Holz- und Lohehändler. . Patentirt durch die kaiserlich französische Regierung. Übers. v. Ch. Schoren. - Berlin 1869. 31 S.

— s.: Schuhmacher-Zeitung, deutsche.

Günther, Friedrich August: Deutsche Schuhmacher-Zeitung, s. Günther's deutsche Schuhmacher-Zeitung

Günther, Fr. Aug., die Sonntagsschule. Ein Lehr- und Lesebuch für Sonntags- und städtische Gewerbeschulen. 1. Heft. — A. u. d. T.: Lesebuch rc. gr. 8. Sondershausen 842, Eupel. 1/3 ℛ — 2. Heft. (1. u. 2. Abtheil.) 1. Abthl. — A. u. d. T.: Musteraufsatzbuch für Sonntags u. städtische Gewerbsschulen. 1. Abthl. Der Briefstyl. gr. 8. Ebend. 842. 1/3 ℛ — 2. Abthl. Der Geschäftsstyl. gr. 8. Ebend. 844. 1/3 ℛ — 4. Hft. oder 3. Hft. 1. Abthl. A. u. d. T.: Größenlehre. 1. Abthl. Bürgerliche Rechnenkunst. gr. 8. Ebend. 841. 1/3 ℛ — 2. Abthl. A. u. d. T.: Größenlehre. 2. Abthl. Geometrie. Mit 3 Tafeln. gr. 8. Ebend. 844. 1/3 ℛ

Günther, Fr. Aug., Theorie d. Clavierspielens. gr. 4. Gotha 827. (Eupel in Sondersh.) 20 𝒩

— der homöopath. Thierarzt. Ein Hülfsbuch für Cavallerie-Officiere, Gutsbesitzer, Oekonomen u. alle Hausväter, welche die an d. Hausthieren am häufigsten vorkomm. Krankheiten schnell, sicher u. wohlfeil selbst heilen wollen, nebst e. Abhandlung über das Wesen der Homöopathie im Allgemeinen u. ihre Anwendung zur Heilung kranker Hausthiere insbesondere. 1r Thl. A. u. d. T.: Die Krankheiten des Pferdes u. ihre homöopath. Heilung. Mit Beiträgen von Joh. Friedr. Kerl. gr. 8. Sondershausen 837. Eupel. 3/4 ℛ — 2e verb. u. verm. Aufl. gr. 8. Ebd. 839. 1 ℛ — 2r Thl. A. u. d. T.: Die Krankheiten der Rinder, Schaafe u. Schweine und ihre homöopath. Heilung. gr. 8. Ebd. 837. 3/4 ℛ — 2e verb. u. verm. Aufl. gr. 8. Ebd. 840. 3/4 ℛ — 3r Thl. A. u. d. T.: Die homöopath. Hausapotheke u. ihre zweckmäßige Anwendung zur Heilung kranker Hausthiere, od. Anleitung zum Studium der populären Thierheilkunde. gr. 8. Ebd. 840. 1/2 ℛ

— der homöopathische Thierarzt. 1. Thl. — A. u. d. T.: Die Krankheiten des Pferdes u. ihre homöopath. Heilung. Mit Beiträgen v. Jh. Fr. Kerl. 3. sehr verm. u. verb. Aufl. 842. 4. Aufl. 844. gr. 8. Ebend. 1 ℛ — 2. Thl. Die Krankheiten der Rinder, Schafe, Schweine, Ziegen und Hunde und ihre Heilung. 3. verb. u. verm. Aufl. gr. 8. Ebend. 843. 1 ℛ — 4. verm. u. verb. Aufl. gr. 8. Ebend. 846. 1 ℛ — 3. Thl. Die homöopath. Hausapotheke u. ihre zweckmäßige Anwendung zur Heilung kranker Hausthiere, oder Anleitung zum Studium der populären Thierheilkunde. 2. verb. u. verm. Aufl. gr. 8. Ebend. 845. 2/3 ℛ (1—3: 2 1/4 ℛ)

— der homöopathische Thierarzt. Ein Hülfsbuch f. Cavallerie-Offiziere, Gutsbesitzer, Oekonomen u. alle Hausväter, welche die an den Hausthieren am häufigsten vorkommenden Krankheiten schnell, sicher u. wohlfeil selbst heilen wollen. Nebst zwei Abhandlungen üb. das Wesen der Homöopathie im Allgemeinen u. ihre Anwendung zur Heilung kranker Hausthiere insbesondere. 1. Thl. A. u. d. T.: Die Krankheiten des Pferdes u. ihre homöopath. Heilung. 5. verm. u. verb. Aufl. gr. 8. (XXII u. 320 S.) Sondershausen 847, Eupel. — 6. verm. u. verb. Aufl. gr. 8. (XXIV u. 320 S.) Ebd. 850. — 7. verm. u. verb. Aufl. gr. 8. (XL u. 301 S.) Ebd. 852. — 2. Thl. A. u. d. T.: die Krankheiten der Rinder, Schafe, Schweine, Ziegen u. Hunde u. ihre homöopath. Heilung. 5. verb. u. verm. Aufl. gr. 8. (XVI u. 304 S.) Ebd. 849. — 6. verm. u. verb. Aufl. gr. 8. (XVI u. 302 S.) Ebd. 852. — 3. Thl. A. u. d. T.: Die homöopathische Hausapotheke u. ihre zweckmäßige Anwendung zur Heilung kranker Hausthiere, oder Anleitung zum Studium der populären Thierheilkunde. 3. verb. u. verm. Aufl. gr. 8. (XVI u. 313 S.) Ebd. 848. (à Bd. 1 ℛ) 3 Bde. cplt. 3 ℛ

— der homöopathische Thierarzt. Ein Hülfsbuch für Cavallerie-Officiere, Gutsbesitzer rc., welche die an den Haus- und Nutzthieren am häufigsten vorkommenden Krankheiten schnell, sicher u. wohlfeil selbst heilen wollen. Nebst zwei Abhandlungen über das Wesen der Homöopathie im Allgemeinen u. ihre Anwendung zur Heilung kranker Hausthiere insbesondere. Ebend. gr. 8. Jeder Thl. 1 ℛ

1. Thl.: Die Krankheiten des Pferdes und ihre homöopath. Heilung rc. 8. verm. rc. Aufl. 855. (XL, 301 S.) — 9. rc. Aufl. 857. (XL, 308 S.)
2. Thl.: Die Krankheiten der Rinder, Schafe, Schweine, Ziegen u. Hunde und ihre homöopathische Heilung. Ein Hülfsbuch für Landgeistliche, Landwirthe und alle Besitzer von Haus- und Nutzthieren. 7., verm. u. verb. Aufl. 854. (XV, 302 S.) — 8. verm. rc. Aufl. 856. (XV, 310 S.)
3. Bd.: Die homöopathische Hausapotheke und ihre zweckmäßige Anwendung zur Heilung kranker Hausthiere, oder Anleitung zum Studium der populären Thierheilkunde. 4. verm. u. verb. Aufl. 853. (XV, 351 S.) — 5. verm. rc. Aufl. 857. (XV, 356 S.)

— der homöopathische Thierarzt. Ein Hülfsbuch für Cavallerie-Officiere, Gutsbesitzer, Oekonomen und alle Hausväter, welche die an den Haus- und Nutzthieren am häufigsten vorkommenden Krankheiten schnell, sicher und wohlfeil selbst heilen wollen. 3 Thle. Sondershausen, Eupel. gr. 8. Jeder Thl. 1 ℛ

1. Thl.: Die Krankheiten des Pferdes und ihre homöopathische Heilung. 10. Aufl. 859. (XV, 318 S.) — 11. Aufl. 861. (XXIV, 326 S.) — 12. Aufl. 864. (XIV, 326 S.)
2. Thl.: Die Krankheiten der Rinder, Schafe, Schweine, Ziegen und Hunde und ihre homöopathische Heilung. 9. Aufl. 859. (XV, 312 S.) — 10. Aufl. 861. (XII, 312 S.) — 11., verm. u. verb. Aufl. 864. (XII, 312 S.)
3. Thl.: Die homöopathische Hausapotheke und ihre zweckmäßige Anwendung zur Heilung kranker Hausthiere oder Anleitung zum Studium der populären Thierheilkunde. Eine nothwendige Zugabe zu dem Werke: „Der homöopathische Thierarzt." 6. verm. u. verb. Aufl. 860. (VIII, 388 S.)

— der homöopathische Thierarzt. Ein Hülfsbuch für Cavallerie-Offiziere, Gutsbesitzer, Oekonomen u. alle Hausväter, welche die an Haus- u. Nutzthieren am häufigsten vorkommenden Krankheiten schnell, sicher u. wohlfeil selbst heilen wollen. Nebst 2 Abhandlungen über das Wesen der Homöopathie im Allgemeinen u. ihre Anwendung zur Heilung kranker Hausthiere insbesond. 3 Thle. Ebend. gr. 8. Jeder Thl. 1 Thlr.

1. Thl. Die Krankheiten des Pferdes. 13. Aufl. (VIII, 326 S.) 867.
2. Thl. Die Krankheiten der Rinder, Schafe, Schweine, Ziegen u. Hunde u. ihre homöopath. Heilung. 12. verm. u. verb. Aufl. (V, 312 S.) 867.
3. Thl. Die homöopath. Hausapotheke u. ihre zweckmäß. Anwendung zur Heilung kranker Hausthiere. 7. verm. u. verb. Aufl. (VIII, 381 S.) 866.

—— der homöopathische Thierarzt. Ein Hülfsbuch für Cavallerie-Offiziere, Gutsbesitzer, Oekonomen und alle Hausväter, welche die an Haus- und Nutzthieren am häufigsten vorkommenden Krankheiten schnell, sicher und wohlfeil selbst heilen wollen. Nebst zwei Abhandlungen über das Wesen der Homöopathie im Allgemeinen und ihre Anwendung zur Heilung kranker Hausthiere insbesondere. 3 Thle. gr. 8. Lübeck, Volhoevener. [Langensalza, Dr. F. A. Günther.] à Thl. * M. 2. *

Inhalt:

Thl. 1. Die Krankheiten des Pferdes. 16. verb. Aufl. (VIII, 223 S.) 870. (M. 2.25.) * M. 2.
» 2. Die Krankheiten der Rinder, Schafe, Schweine, Ziegen und Hunde und ihre homöopath. Heilung. 13. verb. Aufl. (VII, 256 S.) 870. (M. 2.25.) * M. 2.
» 3. Die homöopathische Hausapotheke und ihre zweckmäß. Anwendung zur Heilung kranker Hausthiere. 7. verm. und verb. Aufl. (VIII, 381 S.) 866. (M. 3.) * M. 2.

—— der homöopathische Thierarzt. Ein Hülfsbuch für Cavallerie-Officiere, Gutsbesitzer, Oekonomen und alle Hausväter, welche die an den Hausthieren am häufigsten vorkommenden Krankheiten schnell, sicher und wohlfeil selbst heilen wollen. 3 Thle. gr. 8. Ebendas. à Thl. * M. 2. *

Inhalt:

Thl. 1. Die Krankheiten des Pferdes und ihre homöopathische Behandlung. 15. und 16. verb. Aufl. (VIII, 256 S.) 873,78.

— der homöopathische Thierarzt. Ein Hülfsbuch f. Cavallerie-Officiere, Gutsbesitzer, Oekonomen u. alle Hausväter, welche die an den Hausthieren am häufigsten vorkomm. Krankheiten schnell, sicher u. wohlfeil selbst heilen wollen. 1—3. Thl. gr. 8. Langensalza 877. 78. Günther. à n. 2. —

1. Die Krankheiten des Pferdes u. ihre homöopathische Heilung. 16., verb. Aufl. (VIII, 256 S.)
2. Die Krankheiten der Rinder, Schafe, Schweine, Ziegen u. Hunde u. ihre homöopath. Heilung. 15., verb. Aufl. 8. (X, 291 S.)
3. Anleitung zur Ausübung der populären homöopathischen Thierheilkunde, oder das Wissenswertheste über Pflege u. Zucht der gesunden u. den Gebrauch der homöopath. Hausapotheke bei Erkrankungen der Hausthiere; nebst einer Anleitung zur Erkennung der Krankheiten. Eine Schrift für Jedermann, der sich eingehender mit der homöopath. Thierheilkunde befassen will. 8., gänzlich umgearb. Aufl. m. zahlreichen (eingedr.) Holzschn. (VIII, 340 S.)

— der homöopathische Thierarzt. 1—3. Thl. gr. 8. Ebend. à n. 2. —

1. Die Krankheiten d. Pferdes u. ihre homöopath. Heilung. 17. Aufl. (VIII, 285 S.) 884.
2. Die Krankheiten der Rinder, Schafe, Schweine, Ziegen u. Hunde u. ihre homöopathische Heilung. 16. Aufl. (X, 262 S.) 883.
3. Anleitung zur Ausübung der populären homöopathischen Thierheilkunde, od. das Wissenswertheste üb. Pflege u. Zucht der gesunden u. den Gebrauch der homöopath. Hausapotheke bei Erkrankgn. der Hausthiere; nebst e. Anleitg. zur Erkenng. der Krankheiten. Eine Schrift f. Jedermann, der sich eingehender m. der homöopath. Thierheilkunde befassen will. 9. Aufl. m. zahlreichen Holzschn. (VIII, 303 S.) 885.

— der homöopathische Thierarzt. 2. Thl. gr. 8. Ebd. 891. n. 2. —

Die Krankheiten der Rinder, Schafe, Schweine, Ziegen u. Hunde u. ihre homöopathische Heilung. Ein Hülfsbuch f. Landgeistliche, Landwirthe u. alle Besitzer v. Haus- u. Nutzthieren. 17., verb. Aufl. (X, 266 S. m. Abbildgn.)

Günther, F. A., der homöopathische Thierarzt. Ein Hülfsbuch f. Cavallerie-Officiere, Gutsbesitzer, Oekonomen u. alle Hausväter, welche die an den Hausthieren am häufigsten vorkomm. Krankheiten schnell, sicher u. wohlfeil selbst heilen wollen. 1. u. 2. Thl. gr. 8. Langensalza, Dr. F. A. Günther. à 2. —; geb. à 2. 60

1. Die Krankheiten des Pferdes u. ihre homöopath. Heilg. 18. verb. Aufl. (VIII, 253 S.) 896.
2. Die Krankheiten der Rinder, Schafe, Schweine, Ziegen u. Hunde u. ihre homöopath. Heilg. 18., verb. Aufl. (XI, 268 S.) 900.

Günther, F. A., der homöopathische Tierarzt. Ein Hilfsbuch f. Kavallerie-Offiziere, Gutsbesitzer, Oekonomen u. alle Hausväter, welche die an den Haustieren am häufigsten vorkomm. Krankheiten schnell, sicher u. wohlfeil selbst behandeln wollen. 1. Tl. 8. Leipzig 910. (Dr. W. Schwabe.) 2.40; geb. in Leinw. 3. —

Die Krankheiten des Pferdes u. ihre homöopathische Behandlung. Ein Hilfsbuch f. Kavallerie-Offiziere, Landwirte und Pferdebesitzer bearb. u. hrsg. 19., verb. Aufl. (VIII, 238 S. m. Abb.)

—- der kleine homöopathische Thierarzt. Ein für Jedermann verständl. Buch, nach welchem der Landwirth mehr als 100 Krankheiten seiner Hausthiere mit homöopath. Mitteln schnell, sicher und wohlfeil selbst heilen kann. Als Auszug aus den 3 Bdn. von Dr. Günther's homöopath. Thierarzt bearb. und hrsg. 8. (VIII, 78 S.) Ebendas. 884. cart.

— s.: Tischler-Zeitung, deutsche.

Günther, Friedrich August: Deutsche Tischler-Zeitung, s. Günther's deutsche Tischler-Zeitung

— **Friedrich Franz Aug.** (Lausigk), De exstirpatione ovariorum meletemata quaedam. Diss. med. Präs. Carl August Kuhl. Lpz. (Staritz) 8. IX. 1826. 20 S. (5.—) 12199

Günther, Friedrich Joachim

Günther, Fr. Joach., christliche Andachten über die Psalmen zum Vortrage sowie zu häuslicher Erbauung. Halle 856. Pfeffer. gr. 8. (2 Bl., 532 S.) 1 Thlr. 24 ngr.

Günther, Frdr. Joach., christl. Aufklärung üb. die wichtigsten polit. Irrthümer der Gegenwart u. üb. das constitutionelle Königthum. Ein Gespräch. 8. (39 S.) Halberstadt 849, Frantz. 3 ngr.

— Auslegung der biblischen Geschichten für Lehrer in Kirche, Schule und Haus. 1. Bd.: Die Geschichten des Alten Testaments. — 2. Bd.: Die Geschichten des Neuen Testaments. Braunschweig 851, 55. Schwetschke u. Sohn. gr. 8. (X, 650; IX, 657 S.) Jeder Bd. n. 1 Thlr. 26 ngr.

Günther, Frdr. Joach., Auslegung von Volks- und Vaterlandsliedern für höhere Lehranstalten. Eisleben 861. Reichardt. gr. 8. (163 S.) 15 ngr.

— s. Becker, Karl Fr., Erzählungen aus d. alten Welt.

-- erbauliche Betrachtungen über das Leben Jesu nach den vier Evangelien. Ebend. 857. gr. 8. (VII, 657 S.) 1 Thlr. 26 ngr.

Günther, Friedrich Joachim: Briefe an eine Mutter üb. d. wichtigsten Mängel in d. jetzigen Erziehung der Töchter höherer Stände. — Bielefeld: Velhagen & Klasing 1851. 386 S. 8°

— Entwürfe zu Vorträgen u. Aufsätzen über 100 Sprichwörter und 100 Schiller'sche Sprüche für die oberen Klassen höherer Lehranstalten. Ebend. 861. gr. 8. (XII, 450 S.) n. 1 ℛ 10 ngr.

Günther's, Frdr. Joach., Entwürfe zu Vorträgen u. Aufsätzen üb. 100 Sprichwörter u. 100 Schillersche Sprüche f. die oberen Klassen höherer Lehranstalten. 2. Aufl., hrsg. u. bearb. von Carl Aug. Peschel. 8. (XIV, 460 S.) Leipzig 882. Reichardt. n. 4. —

Günther, Friedr. Joach. Entwürfe zu Vorträgen u. Aufsätzen üb. 100 Sprichwörter u. 100 Schiller'sche Sprüche, f. die oberen Klassen höherer Lehranstalten hrsg. u. bearb. v. Carl Aug. Peschel. Neudr. der 2. Aufl. 4 Lfgn. (XIV, 460 S.) Lpz. 891,92, Reichardt. à Lfg. * 1 —; * 4 —

—— die Geschichte der Perserkriege, s. Becker, C. F., Erzählungen aus der alten Welt.

— die Geschichte der Perserkriege nach Herodot, s. Jugend-Bibliothek des griechischen und deutschen Alterthums.

— Handbuch für den deutschen Unterricht auf Gymnasien, enthaltend eine nach den sechs Classen eingerichtete Vertheilung des Lehrstoffs mit kurzen method. Anweisungen, 2600 Aufgaben zu schriftl. Arbeiten mit kurzgefaßter Theorie der Stilarten rc. gr. 8. Halle 845. Buchh. d. Waisenh. 1⅔ ℛ

—— neuer Preußischer Kinderfreund oder Lesebuch für Volksschulen. Halberstadt (854.).(Frantz.) 8. (2 Bl., 346 S.) n. 8 ngr.

—— und Strübing, preußischer Kinderfreund. Ein Lesebuch für Volksschulen, zusammengestellt von A. E. Preuß und J. A. Vetter. Auf Grund der 215. Aufl. nach den „Allgemeinen Bestimmungen" für Schulen beider Confessionen umgearb. 1.—6. revid. Aufl. 2 Abthlgn. gr. 8. Königsberg 877—79, Bon's Verlag. *

Inhalt:
Abthl. 1. Mittelstufe. (VI, S. 1—88.) * 20 Pf.
" 2. Oberstufe. (VIII, 89—400.) * 80 Pf.

Günther u. Strübing, preußischer Kinderfreund. Ein Lesebuch für Volksschulen, zusammengestellt v. A. E. Preuß u. J. A. Vetter, auf Grund der 215. Aufl. nach den „Allgemeinen Bestimmungen" für Schulen beider Confessionen umgearb. 7., rev. Aufl. 2 Abteilungen. Mit der neuen angeordneten Orthographie. gr. 8. Königsberg 880. Bon's Verl. n. 1. —
1. Mittelstufe. (VI, 88 S.) n. — 20
2. Oberstufe. (VIII u. S. 89—400.) n. — 80

Günther u. Strübing, preußischer Kinderfreund. Anhang zur 1. Abteilung, Mittelstufe: 67 Lesestücke für die Mittelstufe. Ergänzung für mehrklassige Volksschulen. 8. (48 S.) Ebend. 880. n. — 10; steif broch. n. — 17

— — dasselbe. Anhang zur 2. Abteilung, Oberstufe, für evangel. Schulen: Bilder aus der Geschichte der evangel. Kirche. Hrsg. v. Schröter. 8. (32 S.) Ebend. 880. n. — 10; steif brosch. n. — 14

— u. Strübing, preußischer Kinderfreund. Ein Lesebuch für Volksschulen, nach den „Allgemeinen Bestimmungen" für Schulen beider Confessionen zusammengestellt. 2 Abtlgn. In der vom Königl. Preuß. Kultusministerium angeordneten Orthographie. gr. 8. Königsberg, Bon's Verlag. n. 1. —; geb. n. 1. 46
1. Mittelstufe. 14., revid. Aufl. (IV, S. 1—88.) 887. n. — 20; geb. n. — 36
2. Oberstufe. 12., revid. Aufl. (VIII, S. 89—400.) Mit Anhang: Westpreußen. (32 S.) 886. n. — 80; geb. n. 1. 10

Günther u. Strübing, preußischer Kinderfreund. Ein Lesebuch f. Volksschulen, nach den „Allgemeinen Bestimmgn." f. Schulen beider Konfessionen zusammengestellt. 11. Aufl. 2. Abtlg. Oberstufe. 8. (VIII u. S. 89—400.) Königsberg 885. Bon's Verl. n. — 80

— u. Strübing, preußischer Kinderfreund. Ein Lesebuch f. Volksschulen, nach den „Allgemeinen Bestimmgn." f. Schulen beider Konfessionen zusammengestellt. 2 Abtlgn. gr. 8. Königsberg 889. J. H. Bon's Verl. n. 1. —; geb. n.n. 1. 43
1. Mittelstufe. 15., rev. Aufl. (IV, 88 S.) n. — 20; geb. n.n. — 33. — 2. Oberstufe. 13. rev. Aufl. (VIII u. S. 89—400 u. Heimatkunde 2 Bog.) n. — 80; geb. n.n. 1. 10

— deutsche Klassiker in ihren Meisterwerken dargestellt. 1. Bd. A. u. d. T.: Friedrich von Schiller's Lied von der Glocke ausgelegt. Elberfeld 853. Friderichs. 8. (XXVIII, 399 S.) n. 1 ℛ

— Lehrbuch der Weltgeschichte für Schule und Haus insonderheit auch für gebildete Frauen und Jungfrauen. 2 Bde. Halle 859, 60. Pfeffer. gr. 8. (IV, 455; IV, 465 S.) 1.: n. 1 ℛ 20 ngr.; 2.: n. 25 ngr.
Inhalt: 1. Bd. Alte und mittlere Geschichte. — 2. Bd. Neuere Geschichte.

Günther, Frdr., Joach., deutsches Lesebuch f. höhere Lehranstalten, zunächst f. Schullehrer-Seminarien. 2., verb. Aufl. gr. 8. (XII, 668 S.) Gera 877. Reisewitz. n. 5. —

Günther, Friedr. Joach., deutsches Lesebuch für Schullehrer-Seminarien. Lex.-8. (XIII, 720 S.) Breslau 874, Malzer. (Gera, Reisewitz' Verlag.)

— die Deutsche Literatur in ihren Meistern mit einer Auswahl charakteristischer Beispiele für gebildete Leser. Halberstadt 853. Frantz. gr. 8. (VIII, 475 S.) 1 ℛ 15 ngr.

— hundert Paragraphen aus der Rhetorik u. Poetik, m. literar.-histor. Notizen u. e. Uebersicht der deutschen Literaturgeschichte seit Luther f. Schullehrer-Seminarien u. andere höhere Lehranstalten. gr. 8. (VI, 114 S.) Ebend. 875. n. 1. 60

Günther's, Frdr. Joach., hundert Paragraphen aus der Rhetorik u. Poetik, nebst e. kurzen Übersicht der deutschen Litteraturgeschichte u. litterar-histor. Personalnotizen f. Schullehrer-Seminare u. andere höhere Lehranstalten. 2. Aufl., neu bearb. v. Carl Schroeter. gr. 8. (VIII, 161 S.) Gera 886. Reisewitz. n. 1. 60

Günther, Fr. Joach., die Poetik. (Nach Hegels Aesthetik.) Für Gymnasien. Besond. Abdruck aus Dessen Handbuch rc. gr. 8. Halle 845, Buchh. d. Waisenhauses. ⅓ ℛ

— Rede zur Feier des Geburtstages Sr. Maj. des Königs Friedrich Wilhelm IV. gehalten zu Halberstadt. gr. 8. Halberstadt 845, Frantz. n. 4 ngr.

Günther's, Frdr. J., Rhetorik u. Poetik. 2., verb. Aufl., bearb. v. C. Schroeter. [Aus: „Günther's 100 Paragraphen aus der Rhetorik u. Poetik rc."] gr. 8. (IV, 92 S.) Gera 891. Reisewitz. n. 1. —

— Sammlung von Musterbriefen deutscher Schriftsteller und von Aufgaben zur Nachbildung für höhere Bildungsanstalten der weiblichen Jugend. 1. u. 2. Aufl. Bleicherode 865. Ruediger. gr. 8. (XXIV, 244 S.) n. 1 ℛ

— Schulreden. 1. Bd.: I. Das Kirchenjahr. Mit einer histor. u. erbaulichen Erklärung des christl. Kirchenjahres. gr. 8. Jena 842, Frommann. n. 1 1/3 ℛ

Günther, Fried[rich] Joach[im]: Das Schulwesen im protestantischen Staate. Vorträge f. Gebildete. — Elberfeld: Friderichs 1852. 359 S. 8°

Günther, Friedr. Joach., deutsches Sprachbuch für Volksschullehrer u. Seminaristen. Berlin 867. Stubenrauch. gr. 8. (VIII, 249 S.) n. 1 ℛ

— über den deutschen Unterricht auf Gymnasien. Mit einem Auszuge aus dem 4. Theile der deutschen Grammatik von J. Grimm (einzeln 1/4 ℛ), u. einer Erklärung der Tropen u. Figuren (einzeln 1/3 ℛ). gr. 8. Essen 841, Bädeker. 3 ℛ

Günther, F. J., Was eine Mutter ihren erwachsenen Töchtern erzählt und der Vater zu Papier gebracht hat. Novelletten. München 864. Fleischmann. 8. (2 Bl., 364 S.) 1 ℛ 12 ngr.

— Weltgeschichte in 50 Lebensbildern. gr. 8. (VI u. 386 S.) Halberstadt 849, Frantz. n. 1 ℛ — Ausg. mit 4 Stahlst. n. 1 1/3 ℛ

Günther, Friedrich Wilhelm

Günther, F. W., the little American. Der kleine Amerikaner, e. leichtes Hülfsmittel, in welchem nach e. neuen Methode alle Redetheile stufenweise angeführt, u. durch pass. Beispiele, nebst richt. Aussprache, prakt. erläut. worden sind, um in kurzer Zeit e. Jeden in d. Stand zu setzen, sich d. Amerikanern verständl. zu machen. gr. 8. (4 B.) Bremen 833, Schünemann.

Günther, F. W., the little American. Der kleine Amerikaner, ein leichtes Hülfsmittel, in welchem nach einer neuen Methode alle Redetheile stufenweise angeführt und durch passende Beispiele, nebst richtiger Aussprache, praktisch erläutert worden sind, um in kurzer Zeit einen Jeden in den Stand zu setzen, sich den Amerikanern verständlich zu machen. gr. 8. Bremen 833. Schünemann. 1/4 ℛ — 2e Aufl. 836. — 3e u. 4e Aufl. 836, 37. — 5e Aufl. 840. 1/4 ℛ

Günther, F. W., the little American. Der kleine Amerikaner, ein leichtes Hülfsmittel, in welchem nach einer neuen Methode alle Redetheile stufenweis angeführt, u. durch Beispiele, Aussprache rc. erläutert worden sind. 6. Aufl. 8. Bremen 843, Schünemann. 1/6 ℛ — 7. Aufl. 8. Ebend. 846. 1/6 ℛ

Günther, F. W., the little American. Den lille Amerikaner. En letfattelig Veileder for Emigranter og Andre, som i kort Tid ville lære at forstaae, og at gjøre sig forstaaelige i det engelske Sprog. Oversat efter 7. Original-Udgave. 8. (72 S.) Kiobnhavn 847. (Gyldendal.) n. 12 ngr.

Günther, F. W., the little American. Der kleine Amerikaner, e. leichtes Hülfsmittel in welchem nach e. neuen Methode alle Redetheile stufenweise aufgeführt, u. durch pass. Beispiele, nebst richt. Aussprache, praktisch erläutert worden sind, um in kurzer Zeit e. Jeden in Stand zu setzen, sich den Amerikanern verständlich zu machen. 11. neu umgearb. Aufl. v. R. 8. (IV, 128 S.) Bremen 873. Schünemann. — 50

Günther, F. W., der kleine Amerikaner, ein leichtes Hülfsmittel, in welchem nach einer neuen Methode alle Redetheile stufenweise angeführt, u. durch passende Beispiele, nebst richtiger Aussprache praktisch erläutert worden sind, um in kurzer Zeit einen Jeden in den Stand zu setzen, sich den Amerikanern verständlich zu machen. 10. gänzlich umgearb. Aufl. von R. Bremen 869 Schünemann. 8. (IV, 151 S.) 5 ngr.

Günther, Fr. W., Aufgaben für das praktische Rechnen zum Gebrauch in den unteren Klassen höherer Lehranstalten und in den mittleren Klassen von Bürgerschulen. I. 859. (IV, 111 S.) — 2. verm. u. verb. Aufl. Halle 862. Berner. gr. 8. (III, 110 S.) n. 10 ngr.; Auflösungen dazu. 2 Hefte. 859. (70; 64 S.) n. 1 ℛ — 2. Aufl. 862. (47 S.) n. 15 ngr.

— — II. Ebend. 859. gr. 8. (IV, 112 S.) n. 10 ngr.

Günther, F. W., Aufgaben f. das praktische Rechnen zum Gebrauch in den untern u. mittleren Klassen höherer Lehranstalten u. in den mittleren u. oberen Klassen v. Bürgerschulen. 1—4. Hft. 4., m. Rücksicht auf die neue deutsche Reichsmünze bearb. Aufl. gr. 8. Halle 875. Buchh. d. Waisenh. n. 2. 85

1. 4 Species unben. Zahlen. Resol. u. Reduct. ganzer ben. Zahlen. 4 Species ganzer ben. Zahlen. (III, 41 S.) n. — 60
2. Bruchrechnung. (92 S.) n. 1. —
3. Zeitrechnung. — Regelbetri. — Zinsrechnung. (82 S.) n. — 75
4. Aufgaben zum Einüben d. Kettensatzes. — Gesellschaftsrechnung. — Tararechnung. — Mischungsrechnung. — Disconto. Provision. (39 S.) n. — 50

— dasselbe. Auflösungen. 4. m. Rücksicht auf die neue deutsche Reichsmünze bearb. Aufl. gr. 8. (103 autogr. S.) Ebend. 875. n. 4. —

— Aufgaben für Tara-Münz-Wechsel-Rechnung zum Gebrauch in den oberen Klassen höherer Lehranstalten. (Fortsetzung der „Aufgaben für das prakt. Rechnen.) Halle 860. Buchhdlg. des Waisenhauses. gr. 8. (74 S.) n. 10 ngr.

— Auflösungen dazu. 2 Hefte. br. 8. (70; 64 S.) Ebendas. 859. à Heft * 15 Ngr. *

Günther, F. W., the Englishman. Ein leichtes Hülfsmittel, um in kurzer Zeit einen Jeden in den Stand zu setzen, sich den Engländern verständlich zu machen. Nach einer neuen Methode sind alle Redetheile stufenweise angeführt u. durch pass. Beispiele, nebst richt. Aussprache, praktisch erläutert. Neue (Titel-)Ausg. der 11. neu umgearb. Aufl. von „The little American". 8. (IV, 128 S.) Bremen 877. Schünemann. — 60

Günther, F. W., the Englishman. Ein leichtes Hülfsmittel, um in kurzer Zeit e. Jeden in den Stand zu setzen, sich den Engländern verständlich zu machen. Nach e. neuen Methode sind alle Redetheile stufenweise angeführt u. durch pass. Beispiele, nebst richt. Aussprache, praktisch erläutert. Neue Ausg. der 12. neu umgearb. Aufl. v. „The little American". 8. (III, 100 S.) Bremen 886. Schünemann. — 60

Günther, F. G., Hülfsmittel ohne Lehrer die engl. Sprache lesen u. verstehen zu lernen. 8. Göttingen, Brose. 815. Rthlr.

Günther, F. W., Hülfsmittel, ohne Lehrer d. Engl. Sprache lesen u. verstehen zu lernen. 8. Götting. 815. Vandenhöck u. R. 9 gr. (a. Krieger in Marb.) 12 gr.

Günther, F. W., Hülfsmittel ohne Lehrer die Englische Sprache lesen u. verstehen zu lernen. 8. Göttingen, Vandenhöck u. R. 819. -

Günther, Fridericus Guilelmus *(geb. Bunzlau 27.9.1814)*: De perturbationibus quas Saturnus per integram revolutionem in Palladem exercet commentatio astronomica, cui Palladis orbitae determinatio nova superstruitur. Wratislaviae (1860). (21 S.) 4°

Breslau, Phil. Diss. v. 15. [vielmehr 14.] Dez. 1860

Günther, Friedr. Wilh., die Verwaltung d. Armenwesens nach d. neuesten preuß. Gesetzgebung. Ein prakt. Leitfaden f. Ortsbehörden etc. 12. (VIII u. 57 S.) Nordhausen 847, Büchting. 1/4 ℛ

Günther, Fritz [aus Brenkenhoffswalde]: Ueber Aethylbenzhydroxamsaures Aethyl .... Königsberg in Pr., Druck v. M. Liedtke, 1888; 2 Bl. + 34 S. + 1 Bl. 8°

Königsberg, Phil. Fak., Inaug.-Diss. v. 2. Jun. 1888

Günther, F., üb. aethylbenzhydroxamsaures Aethyl. Inaug.-Diss. gr. 8. (34 S.) Königsberg 888. (Gräfe & Unzer.) n.n. 1. —

Günther, Fritz [Kammerger.-Ref. in Berlin]: Das Automatenrecht ... Göttingen, Druck d. Univ.-Buchdr. v. W. F. Kästner, 1892; 43 S. 8°.

Göttingen, Jur. Fak., Inaug.-Diss. v. [19. Nov.] 1892

Günther, Fritz, das Automatenrecht. Diss. gr. 8. (43 S.) Göttingen 892. (Berlin, H. Bahr's Sort.) n. 1. —

Günther, Fritz [aus Wulmersen]: Beiträge zur Kenntniss der Entstehung von Halogensubstitutionsproducten der Methanreihe mit specieller Berücksichtigung des Jodoforms und Bromoforms .... Halle, Buchdr. d. Waisenhauses, 1887; 34 S. 8°.

Erlangen, Phil. Fak., Inaug.-Diss. v. 1887.

Günther, Fritz, die Konkursordnung nebst Anfechtungsgesetz, s.: Willenbücher.

Günther, Fritz, Lesebuch zur deutschen Kultur- u. Literaturgeschichte, s.: Velhagen & Klasing's Sammlung deutscher Schulausgaben.

Günther, Fritz, Studentenherz. Gedichte. (VII, 174 S.) kl. 8. Dresden 909. E. Pierson. 2.50; geb. n 3. 50

Günther, Fritz Carl, s. Günther, Fritz Karl

Günther, Fritz Hermann, Referendar: Die bei Lösung eines Theaterbillets entstehenden Rechtsverhältnisse. Jena 1905: Frommann. (62 S.) 8° [F.]

Jena, Jur. Fak., Ref. Danz, Diss. v. 2. Aug. 1905

[Geb. 22. Okt. 83 Altenburg; Wohnort: Roda; Staatsangeh.: Sachsen-Altenburg; Vorbildung: Friedr.-Gymn. Altenburg Reife O. 02; Studium: München 2, Freiburg i. B. 1, Berlin 1, Jena 3 S.; Rig. 2. Aug. 05.]

Günther, Fritz Karl

Günther, Fritz Carl, aus Winkel a. Rh.: Ueber Derivate des Dicyanhydrochinons. *Heidelberg 1901: J. Hörning.* (52 S.) 8°

München, Phil. Diss. v. 1902

Günther, G., die Geschichte Sachsens von den ältesten Zeiten bis auf unsere Tage. Ein Buch für Volk, Schule u. Haus. Mit mehrern histor. Karten, chronolog. Tabellen u. bildl. Darstellungen der wichtigsten historischen Momente in Stahlstich. 1. Bd. 17 Liefg. 16. (Mit 17 Stahlst.) Leipzig 842 — 46, Binder. (Bamberg.) à n. 1/6 ℛ

Günther, G., historia clerogamiae ad concilium usque Nicaenum. Lips. 1701. 4.

Günther, G., der Landwirt, s.: Burkhardt, O.

Günther, G., Krit. Miscellen. Z. Kritik u. Erklärung des Soph. (Trachin. u. Electra.) Pr. 1885. 10 S. 4°. —.90

Günther, G., ein Spaziergang durch das Römerkastell Saalburg am Limes (bei Homburg v. d. Höhe). (19 S. m. 11 Abb.) 8. Hannover 904. Dr. M. Jänecke. n. — 30

Günther, G. C., moral. Grundsätze d. Lebensweisheit. Aus den Werken klass. Schriftsteller alter u. neuer Zeit etc. 12. Nürnb., Schneider u. W. 6 gr.

Günther, G. J., über die Bauart, Befestigung und Vertheidigung von Farm- und andern Gebäuden in wilden Ländern. Mit 70 Holzschn. Leipzig 859. Michelsen's Buchhandlung. gr. 8. (27 S.) 7½ ngr.

Günther, G. B. L., die hörbaren Erscheinungen der Gelenke im gesunden und kranken Zustande. Düren 854. Gislason in Comm. gr. 8. (32 S.) n. 10 ngr

Günther, G. W., grammatische Wandtafeln f. d. deutschen Unterricht, m. übereinstimm. verklein. Tafeln f. d. Hand d. Schülers. 3 Taf. à 96×64 cm. Hannover 898. Hahn. n. 3. —; Schülerausgabe dazu. Fol. (3 Tabellen.) n. — 40

Günther, Georg Beiträge zur Geschichte und Ästhetik der antiken Tragödie. I. Teil. 28 S. Progr. *Plauen* 1880.

Guenther, Georg. (Rud. Ludov.) (geb. Düren 1. 6. 1822): De colore icterico nonnulla. Berolini (1845). (30 S.) 8°

Berlin, Med. Diss. v. 20. Sept. 1845

Geschichte des Orients Plauen. Festgabe zum hundertjährigen Jubiläum der Freimaurerloge daselbst von Georg Günther. Plauen i. V. 1889: Neupert. 62, XXVII S. 8°

Recens: Bh. 33 (1890) S. 13—14.
cf. Al. 15 (1889) S. 383—384 (H. Hagen); L. 13 (1890) S. 16 (B. Cramer).
Nebst Mitgl.- u. Beamtenverzeichn. der Logen zu den drei Flammen u. zur Pyramide.

Günther, Geo., Gottesklänge aus der Haide. Ausführlicher Bericht über das Missionsfest zu Hermannsburg am 24. und 25. Juni 1857, die daselbst gehaltenen Predigten und Reden u. s. w. Göttingen 857. Vandenhoeck u. Ruprecht. gr. 8. (44 S.) n. 5 ngr

Günther, Geo., Grundzüge der tragischen Kunst. Aus dem Drama der Griechen entwickelt. gr. 8. (VIII, 543 S.) Leipzig 885. Friedrich. n. 10. —

Günther, Geo., Liederkranz. Lyrisches u. Religiöses. gr. 8. Celle 845, Capaun. n. 1/2 ℛ

Günther, Geo., die Meisterkur. Ländliches Singspiel in 3 Aufzügen. Die Gesangweisen vom Verf., eingerichtet v. Rich. Seydel. 2. Aufl. gr. 8. (54 S.) Plauen 899. R. Neupert jr. n. 1. —; Klavierausz. Lex.-8. (27 S.) n. 2.50; Stimmen. Lex.-8. (3, 3, 3, 3, 3, 3, 3 u. 3 S.) n. 2. —

Günther, Geo., Perseus. Ein Märchen in 8 Gesängen. (168 S.) 8. Dresden 909. E. Heinrich. 2.50; geb. 3.50

Günther, G., die Ritter v. Marienburg. Histor. Gemälde in 1 Aufz. 8. (31 S.) Plauen i/V. 888. Neupert's Verl. n. — 40

Günther, G., Rose u. Akazia. Vorträge geh. i. d. □ zur Pyramide i. O. Plauen. 8. (IV, 132 S.) Plauen 887. Ulm, H. Kerler. n. 2. —; geb. n. 2.50

Rose und Akazie. Vorträge gehalten in der □ zur Pyramide i. O. Plauen von Georg Günther. Plauen: Neupert 1887. 132 S. 8⁰
Recens: Al. 13 (1887) S. 111—112; Bh. 30 (1887) S. 91—93; FZ. 41 (1887) S. 182—183; L. 10 (1887) S. 56.
12 mrische Abhandlungen, davon 2 in Versen. Im Anh.: 6 Gedichte.

Günther, Geo., Tachymeter, Tachymetrie, Tachygraphie. (Schnellmesser, Schnellmessung, Schnellzeichnung.) Besonders wichtig, bequem und praktisch für Architekten, Ingenieure, Mechaniker etc. Nebst kurzem Anhang behufs kritischer Beleuchtung des Verhältnisses der Maass- und Zahlen-Systeme zu einander u. hierauf basirter Vorschläge. Mit 7 lith. Taf. und mehreren Maass-Reductions-Tabellen. Linz 862. (Wien, Gerold.) Lex.-8. (38 S.) n. 20 ngr.

Günther, G. [Hannover]: Ueber den Wortaccent bei Spenser. . . . Jena, Druck v. G. Neuenhahn, 1888; 36 S. 8°
Jena, Phil. Fak., Inaug.-Diss. v. 1888

Günther, G., üb. Wortaccent bei Spenser. Inaug.-Diss. gr. 8. (36 S.) Jena 889. Rudolstadt, Dabis. n. — 60

— Zeugnisse u. Proteste. Gesammelte Aufsätze üb. trag. Kunst. 1. Reihe. gr. 8. (VIII, 127 S.) Ebd. 887. n. 2. —

Günther, Georg Friedrich Karl

Günther, G. Fr. K., († d. 29. Nov. 1825.) Abriß d. allgem. Geschichte. Grundlage f. d. universalhistor. Unterricht auf Gymnasien. 8. Helmst. 824. Fleckeisen. 12 gr. 2e verm. Aufl. (herausg. von J. G. C. Schedel). 8. Ebd. 831. 10 gr.

— Anleit. zum Uebersetzen aus d. Deutschen in d. Griechische. 1r u. 2r Curs., nebst Vorübungen z. Erlernung d. hauptsächl. syntaktischen Regeln. 8. Halle 813, 16. Schwetschke u. S. 1r Curs. 4e A. 826. 15 gr. 2r Curs. 2e A. 820. 18 gr. 1 Thlr 9 gr.

Günther, G. Fr. C. u. W. Wachsmuth, Athenäum. s. Athenäum.

Günther, Georg Friedrich Karl, s. Cornelius Nepos.

— griech. Elementarbuch rc., s. Elementarbuch.

— — Explanatio loci Herodotei de Θεῶν φθονερῷ. Helmstedt (Leuckart) 12. IV. 1824. 8 Seiten. (3.—) 12202

— kurzgefaßte deutsch-latein. Grammatik. Eine Anweis. zum grammatisch-richtigen Uebersetzen aus d. Deutschen in's Latein. 8. Halle 824. Schwetschke u. S. 4 gr.

— G. F. C. (Director), Examen publicum IV. inferiorum classium gymnasii Helmstadiensis. Helmstedt (Leuckart) 27. IX. 1822. 22 Seiten. (4.80) 12200
De Homero ejusque carminibus.

— — Examen publicum III. superiorum classium gymnasii Helmstadiensis. Helmstedt (Leuckart) 24. III. 1823. 50 S. (4.80) 12201
De vera sermonis Homerici indole. — Ab S. 15: Schulnachrichten.

— s.a. Lesebuch, Deutsches, f. d. mittlern Klassen.

— deutsches Lesebuch f. d. mittl. Klassen 1r Curs. 2e Aufl. 8. Helmst. 825, Fleckeisen.

Günther, G. F. C., De loco Ciceroniano de Off. I. 33. Pr. 1828. 32 S. 4°.

— Sendschreiben an Hrn. Superintendent Dr. Krummacher, üb. d. histor.-geograph. Unterricht auf höhern Schulen. 4. Leipz. 815. Göschen. 8 gr.

— s. Tacitus, Publius Cornelius: De situ . . .

Günther, G. F. C., über den historisch-geographischen Unterricht auf höhern Schulen. Leipzig 815. 8. 8 gr.

— de usu praepositionum apud Homerum. Epistolae ad Fr. Aug. Wolfium. 4maj. Halle 814. Schwetschke u. S. 10 gr.

— deutsch-griech. Wörterbuch zu d. beiden Cursus d. Anleitung. 8. Halle 816. 2e A. 819. 3e A. 825. Schwetschke u. S. 6 gr.

Günther, Georg Rudolf Ludwig, s. Günther, Georg

Günther, Georg Wilhelm

Günther, Geo. Wlh., s. Carstair's Schnell-Schreib-Lehr-System.

Günther, G. W., Leitfaden beim ersten Zeichenunterricht in vollen Klassen. 2 Hfte. 2., verm. Aufl. 4. (à 20 Steintaf.) Erfurt 881. Bartholomäus. à 1. 50
1. Uebungen m. geraden Linien. — 2. Uebungen m. gebogenen Linien.

— Schreiblesebuch, s. Meier, J.

Günther's, G. W., Uebungsgänge im Zeichnen. 1—4. Hft. qu. gr. 4. (à 12 Steintaf. u. 6 Bl. Gradnetze.) Erfurt 876. Bartholomäus. à n. 1. 50

Günther, Geo. Wilh., Vorlagen zum Zeichnen f. Anfänger. 4 Hfte. 1. Uebungen m. geraden Linien. 2. Uebungen m. geraden u. krummen Linien. 3. Uebungen in Blätter- u. Fruchtformen. 4. Uebungen in Thierformen. qu. gr. 8. (à 24 lith. Bl.) Erfurt 852, Villaret. (à n. 1/3 Thlr) n. 1 1/3 Thlr

— Vorlegeblätter f. Elementar-Zeichner, in Umrissen gezeichnet u. systemat. in Hefte geordnet. 11 Hfte. 1. Zeichnungen zur Einübung gerader Linien. — 2. Zeichnungen zur Einübung krummer Linien. — 3. Pflanzenformen. — 4. Obstformen. — 5. Thier-Formen. — 6 u. 7. Ornamente. — 8 u. 9. Köpfe. Menschliche Figuren. — 10 u. 11. Anleitung zum Blumenzeichnen. qu. 8. (à 24 lith. Taf.) Erfurt 847—49, Bartholomäus. (à n. 1/3 ℛ) n. 3 2/3 ℛ

Günther, Geo. Wilh., Vorlege-Blätter für Zimmerleute und Maurer. Zum Gebrauche in Sonntags- und niedern Gewerbe-Schulen. 3 Hefte. (à 16 lithogr. Bl.) (Allgemeine Vorübungen. — Vorlagen für Zimmerleute. — Vorlagen für Maurer.) qu. Fol. Erfurt 856, Bartholomäus. à Heft* 16 Ngr. Thlr. *

— 20 Zeichnen-Vorlagen. Pflanzen-Formen in ornamentaler Zusammenstellung. 2 Hfte. qu. Fol. (à 10 Steintaf.) Ebend. 876. à n. 1. 50

Günther, Gerh., der moderne Vereinsredner. Eine Auswahl neuer u. eigenart. Reden f. das moderne Vereinsleben. (48 S.) 8. Leipzig (905). S. Schnurpfeil. —30

Günther, Gottfried

— — De casibus circa legitimam controversis. Disput. jur. Präs. Samuel Stryk. Halle (Joh. Gruner) 3. I. 1705. 40 S. (5.50) 12204
Widm. v.: Präs., Johann Günther.

— Gottfried (Lauban/Laus.), De hodierna tutorum et curatorum minoribus datorum differentia. Thema jurid. Präs. Georg Beyer. Lpz. (Joh. Andr. Zschau) 1703. 12 Bl. (5.50) 12203
Gew.: Johann Günther.

— Gottlieb (Lauban), De libris hodoeporicis. Diss. acad. Präs. Gottfried Gottschling (Hirschberg/Schles.). Lpz. (Joh. Chph. Brandenburger) 28. IV. 1703. 12 Bl. (6.50) 12205

Günther, Glo., Privatunterricht in d. Civilarchitektur. 8. Leipz. 791. (W. Rauck). 1 ℛ

Das Land Barnim. Für d. Schulgebr. bearb. von G[ustav] Günther, Rektor in Neu-Weissensee. Massst. 1 : 200,000. *Berlin: Fussinger [1903]; Geogr. Anst. C. Kirst & Co., Leipzig.* (1 Kartenbl. 41 × 35 cm.) quer-4° [kol.] [03. 9999

Günther, G., Grundriss der vergleich. Histologie der Haussäugetiere, s.: Ellenberger, W.

Günther, G., üb. e. Krystalloid d. menschl. Schilddrüse. [Aus: „Sitzungsber. d. k. Akad. d. Wiss."] gr. 8. (6 S. m. 1 Fig.) Wien 896. (C. Gerold's Sohn.) n. — 30

— Gustav Biedermann (Schandau), Analecta ad anatomiam fungi medullaris. Diss. med.-chir. Lpz. (Gust. Naumann) 9. XI. 1824. 56 S. mit Literatur. (5.—) 12206
Gew.: Carl August Kuhl.

Günther, Gust. Biedermann, u. Jul. Milde, die Chirurgische Anatomie in Abbildungen. Ein Handbuch für studirende und ausübende Aerzte, gerichtliche Aerzte, Wundärzte ꝛc. ꝛc. 3r Thl. A. u. d. T.: Die chirurgische Muskellehre, v. Günther. 6 Hfte. Tafel 1—44. Roy.-4. Hamb. 838—40. Meißner. (à n. 1 2/3 ℛ) n. 10 ℛ — Ausg. mit schwarz. Abbildd. (44 Taf.) gr. 4. Ebd. 840. n. 7 1/2 ℛ

Günther, Gust. Biedermann, die chirurgische Anatomie in Abbildungen. Ein Handbuch für studirende u. ausübende Aerzte, gerichtl. Aerzte, Wundärzte ꝛc. — Atlas zur chirurg. Knochenlehre nach der Natur auf Stein gezeichnet von Jul. Milde. gr. 4. (Mit 26 lithogr. Tafeln.) Hamburg 844, Meißner. n. 4 ℛ

Günther, Gust. Biedermann, dass. Atlas zur chirurg. Muskellehre nach d. Natur auf Stein gezeichn. v. Jul. Milde. gr. 4. (6 B. u. 44 Stnt.) Hamburg 844, Meissner. *

Günther, G. B., über den Bau des menschlichen Fußes und dessen zweckmäßigste Bekleidung. Mit 65 in den Text gedr. Abbildgn. (Holzschn.) Leipzig 859. C. F. Winter. gr. 8. (34 S.) n. 10 ngr.

Günther, G. B., über den Bau des menschlichen Fußes und dessen zweckmäßigste Bekleidung. gr. 8. (34 S. mit 65 in den Text gedr. Abbild. in Holzschn.) Leipzig 863, C. F. Winter'sche Verlagsh. *

GÜNTHER, G[UST.] B[IEDERMANN], Bemerkungen über die Verkrümmungen des Rückgrates und besonders über die Mittel denselben vorzubeugen. Als Resultat einer mehr als zehnjährigen Erfahrung. Besonders abgedruckt aus Pfaffs pract. med. krit. Mittheil. 4. Jahrg. 5—6. H. Mit einem Anhang über das Wachsthum der Kinder. Kiel. 1839. Universitäts-Buchh.

Guenther, Gustav Biedermann [Präs.], s. G a u d l i t z , Friedrich Hermann: De cirrhosi hepatis.

-- das Handgelenk in mechanischer, anatomischer u. chirurg. Beziehung dargestellt. Mit Zeichnungen von Jul. Milde. Lex.-8. (Mit 16 Steintaf.) Ebend. 841. n. 2 2/3 ℛ

Günther, Gust. Biedermann, das Handgelenk in mechanischer, anatom. u. chirurg. Beziehung dargestellt, m. Zeichngn. von J u l. M i l d e. Neue wohlf. (Titel-)Ausg. Lex. 8. (140 S. m. 16 lith. Taf.) Hamburg (841) 850, Meissner. n. 1 ℛ
— die chirurgische Knochenlehre in Abbildungen. Ein Atlas f. studirende u. ausübende Aerzte, gerichtl. Aerzte, Wundärzte etc. Nach der Natur auf (26) lith. Taf. gez. v. J u l. M i l d e. Neue wohlf. (Titel-)Ausg. gr. 4. (IV u. 40 S.) Ebd. (844) 850. n. 2 ℛ

Günther, G. B., Lehre von den blutigen Operationen am menschlichen Körper. In Abbildungen mit erläuterndem Texte. Zum Gebrauch für Studirende und ausübende Wundärzte. Unter Mitwirkung der Herren Ritterich, Streubel, Schmidt, Berger, Coccius u. Hennig. 1—29. Liefg. Leipzig 853—58. C. F. Winter. gr. 4. (1. Abth.: 40 S.; 2. Abth.: VIII, 211 S.; 3. Abth.: VII, 149 S.; 4. Abth.: S. 1—40; 6. Abth.: S. 1—32.) Jede Liefg. mit 4 lith. Taf. n. 15 ngr.
2. Abth. A. u. d. T.: Lehre von den blutigen Operationen an den untern Extremitäten mit Einschluss des Hüftgelenkes am menschlichen Körper etc. Die Abbildgn. sind nach der Natur und auf Stein gez. von C a r l S c h m i e d e l. Mit 47 Taf. Abbildgn.
3. Abth. A. u. d. T.: Lehre von den blutigen Operationen an den obern Extremitäten am menschlichen Körper etc. Mit 20 Taf. Abbildgn.

-- Lehre von den blutigen Operationen am menschlichen Körper. In Abbildungen mit erläuterndem Texte. 30—66. Liefg. Leipzig 859—63. C. F. Winter. gr. 4. (1. Abth.: S. 41—88. — IV. 1.: VII, 500 S.; IV. 2.: VI, 179 S.; IV, 3. VI, 128 S; — V.: 192 S. — VI.: VIII, S. 32—68.) Jede Liefg. mit 4 lith. Taf. n. 15 ngr.
1. Abth. A. u. d. T.: Die Elementar- und die allgemeinen Operationen von G. B. G ü n t h e r.

4. - 1. Unterabth. A. u. d. T.: Die Lehre von den Operationen am Becken.
2. Unterabth. Die Operationen am Bauche bearb. von G. B. Günther und Benno Schmidt.
3. Unterabth. Die Operationen am Thorax von G. B. Günther.
6. - Lehre von den blutigen Augenoperationen am menschlichen Körper. Von Fr. Phil. Ritterich.

Günther, G. B., Lehre von den blutigen Operationen am menschlichen Körper. In Abbildungen mit erläuterndem Texte. Zum Gebrauche für Studirende und ausübende Wundärzte, unter Mitwirkung von Ritterich, Streubel, Schmidt, Berger, Coccius und Hennig. 20—57. Lfg. Imp.-4. (1. Abthl. S. 33—88 Schluss, 2. Abthl. X S., 3. Abthl. S. 28—140 Schluss mit 15 Stnt., 4. Abthl. S. 1—352 mit 15 Stnt. und 1. Unterabthl. VII und S. 353—500, 2. Unterabthl. VI und S. 1—178 mit 6 theils ill. Stnt., 3. Unterabthl. VI und 128 S. mit 6 Stnt., 6. Abthl. S. 1—68 mit 23 Stnt. und 23 Bl. Erläuterungen.) Leipzig 857—61, C. F. Winter'sche Verlagsh. à Lfg. * 15 Ngr. *

1—19. Lfg. Ebendas. 1853—56. * 9 Thlr. 15 Ngr.

Die bis jetzt ausgegebenen Abtheilungen dieses Werks sind auch unter nachstehenden Titeln erschienen:

Abthl. 1. Die Elementar- und die allgemeinen Operationen, bearb. von G. B. Günther. Mit 5 Taf. Abbildungen. 3 Thlr.
» 2. Die Operationen an den untern Extremitäten mit Einschluss des Hüftgelenks, bearb. von G. B. Günther. Mit 47 Taf. Abbildungen. 7 Thlr. 10 Ngr.
» 3. Die Operationen an den obern Extremitäten, bearb. von G. B. Günther. Mit 20 Taf. Abbildungen. 5 Thlr. 15 Ngr.
» 4. 1. Unterabthl. Die Operationen am Becken. Bearb. von G. B. Günther, Schmidt, Hennig und Berger. Mit 27 Taf. Abbildungen. 5 Thlr. 20 Ngr.
» 4. 2. Unterabthl. Die Operationen am Bauche, bearb. von G. B. Günther und Benno Schmidt. Mit 11 Taf. Abbildungen. 2 Thlr. 10 Ngr.
» 4. 3. Unterabthl. Die Operationen am Thorax, bearb. von G. B. Günther. Mit 7 Taf. Abbildungen. 1 Thlr. 20 Ngr.
» 6. Die blutigen Operationen am menschlichen Körper, bearb. von Friedr. Phil. Ritterich. Mit 22 Taf. Abbildungen. 4 Thlr.

— - Lehre von den blutigen Operationen am menschlichen Körper. In Abbildungen mit erläuterndem Texte. Zum Gebrauche für Studirende und ausübende Wundärzte, unter Mitwirkung von Ritterich, Streubel. Coccius, Benno Schmidt, Berger und Hennig. 58.—88. Lfg. Imp.-4. (5. Abthl. VI und 416 S. mit 29 Stnt. und 7. Abthl. 1.—6. Heft XXVI und 308 S. mit 20 Stnt.) Leipzig 862—66, C. F. Winter'sche Verlagsh. [58.—85. Lfg. à * 15 Ngr., 86.—88. * 1 Thlr. 10 Ngr.]

Inhalt:

Abthl. 5. Lehre von den Operationen am Halse des menschlichen Körpers. Mit 29 Taf. Abbild. * 9 Thlr.
» 7. Lehre von den Operationen am Kopfe des menschlichen Körpers.
Heft 1. Operationen an den Gefässen. Mit 2 Taf. Abbild. * 15 Ngr.
» 2. Operationen an den Nerven. Mit 4 Taf. Abbild. * 1 Thlr.
» 3. Operationen an den Lippen und Wangen. Mit 10 Taf. Abbild. * 2 Thlr. 15 Ngr.
» 4. 5. Operationen an den Zähnen und dem Zahnfleische. Operationen an und unter der Zunge. Mit 1 Taf. Abbild. * 1 Thlr.
» 6. Operationen an der Uvula und den Tonsillen, am Palatum pendulum, am harten und weichen Gaumen. Mit 3 Taf. Abbild. * 1 Thlr. 10 Ngr.

1.—57. Lfg. Ebendas. 1853—61. * 28 Thlr. 15 Ngr. Vgl.: XIII. Bd. 1. Abthl. S. 395.

Lfg. 1—88 sind auf * 20 Thlr. herabgesetzt.

— Leitfaden zu den Operationen am menschlichen Körper nebst Anweisung zur Übung derselben am Leichname. Für praktische Wundärzte und Studirende. 1. Thl.: Elementar- und allgemeine Operationen. Die Operationen an den Extremitäten. Mit 440 Holzschn. Ebend. 859. Lex.-8. (XII, 356 S.) n. 2 ß 10 ngr

Günther, G. B., Leitfaden zu den Operationen am menschlichen Körper etc. 2. Thl.: Operationen am Becken. Lex.-8. (VI und 347 S. mit 154 eingedr. Holzschn.) Leipzig 861, C. F. Winter'sche Verlagsh. Thlr.

Günther, G. B., Leitfaden zu den Operationen am menschlichen Körper nebst Anweisung zur Uebung derselben am Leichname für prakt. Wundärzte u. Studirende. 3. Thl.: Operationen am Bauche, Brustkasten, Halse u. Kopfe. Leipzig 865. C. F. Winter'sche Verlagsh. Lex.-8. (XIII, 390 S. mit 270 eingedr. Holzschn.) n. 3 ß

— — De luxatione metacarpo-phalangali pollicis ad posteriora et de structura hujus articulationis. Dissertatio. Lpz. (Hirschfeld) 27. II. 1844. 35 S. mit Liter. (4.50) 12207

— s. Mittheilungen aus d. Gebiete d. Medicin.

-- die chirurgische Muskellehre in Abbildungen. Ein Handbuch f. studirende u. ausübende Aerzte etc. Neue wohlf. (Titel-) Ausg. gr. 4. (XVI u. 247 S. m. 44 lith. Taf.) Ebd. (844) 850. n. 3 ß; color. n. 5 ß

— Operationslehre am Leichname. Für Studirende, Wundärzte u. Lehrer der Chirurgie, in lithogr. Abbild. mit erläut. Texte. 1.—8. Hft. Roy.-4. (Mit Abbild.) Leipzig 843, 44, Fr. Fleischer. à n. 1/2 ß

Günther, Gust. Biederm., Reise im Norden Europas rc., s. F. A. L. Thienemann.

—— der hohe **Steinschnitt** seit seinem Ursprunge bis zu seiner jetzigen Ausbildung. gr. 8. (82 S.) Leipzig 851, E. Schäfer.

Günther, Gust. B., d. **Verrenkung** des erst. Daumengliedes nach d. Rückenfläche, nebst einem Vorschlage zu einer sichern Repositionsmethode derselben, gestützt auf anatom. Untersuchungen und auf Experimente an Leichen. Mit 19 Abbild. auf 6 lith. Taf. gr. 4. Leipzig Fr. Fleischer. 844. n. 2 1/2 ß

Günther, Gust. Ed., Sollen wir unsere Kinder früher oder später confirmiren lassen? Eine Gewissensfrage für Aeltern, nach dem Zeitbedürfniß beantwortet. Buchholz 853. Adler in Comm. (Annaberg, Renne.) 8. (VIII, 60 S.) n. 5 ngr

Günther, H., aus dem Böhmerwald, s.: Wartburghefte.

Günther, H., Choräle u. Arien f. den vierstimmigen gemischten Chor, zum Gebrauche bei Begräbnissen u. andern kirchlichen Feiern zusammengestellt u. hrsg. 8. (III, 104 S.) Hildburghausen (901). F. W. Gadow & Sohn. n. 1.—

Günther, H., Cours-Calculations-Tabelle von 130—70 Rubel per £ 10. Calculirt von 10 Shilling bis £ 10 per Ton in Copeken per Pud. 1 Ton gerechnet m. 62 Pud. 12. (116 autogr. S) St. Petersburg 889. (Hoenniger.) geb. n. 7.—

Günther, H., u. A. **Kannengießer**, Leitfaden f. den ersten Unterricht in der Sage u. Geschichte. gr. 8. (VI, 39 S) Harburg 884. Elkan. n. -- 50

Günther, H., deutsches Lesebuch f. mehrklassige evangelische Volksschulen. Hrsg. unter Mitwirkg. e. Lehrer-Kommission. 2. Tl. Oberabtlg. der Unterstufe. gr. 8. (XII, 92 S.) Osterwieck 892. A. W. Zickfeldt. Geb. n. — 60

Günther, H., und A. Kannengießer

— — tabellarische **Übersicht** f. den ersten Unterricht in der Sage u. Geschichte [im Anschluß an die „300 Geschichtszahlen, zum Auswendiglernen zusammengestellt v. Lehrern d. Johanneums zu Lüneburg"]. gr. 8. (24 S.) Ebend. 884. n. — 25

Günther, H. W., das menschliche Auge u. die Gesichtswahrnehmungen. Delitzsch 869. (Pabst.) 4. (23 S. mit 1 Steintaf. in qu. gr. 4.) n. 12 ngr

Günther, Hans

— Er u. Du! Schlichte Zeugnisse. (V, 113 S.) gr. 8. Halle 908. R. Mühlmann's Verl. 1.80; geb. 2. 70

Günther, Hans, die rechte Hand des Fabrikanten ist: Die moderne Buchführung f. Handel u. Fabrikation unter besond. Berücksicht. v. Spesen-Berechnung u. Kalkulation, nebst Anleitg. zur Aufstellg. von Betriebs-Bilanzen ohne Lagerbuch u. ohne Inventuraufnahme. (Dr. Ludw. Huberti's moderne kaufm. Bibliothek.) gr. 8. (VIII, 72 S.) Leipzig (901). Dr. L. Huberti. Geb. in Leinw. n. 2. 75

Günther, Hans, a. Leipzig: Romantische Kritik und Satire bei Ludwig Tieck. Leipzig 1907: H. Schmidt & C. Günther. (214 S.) 8° [F.]
Heidelberg, Phil. Fak., Ref. Braune, Diss. v. 1907
[Geb. 10. Mai 80 Leipzig; Wohnort: Leipzig; Staatsangeh.: Sachsen; Vorbildung: Gymn. Leipzig Reife O. 01; Studium: Tübingen 1, Leipzig 5, Grenoble 1, Heidelberg 3 S.; Rig. 30. Juli 06.]

— Lyrik der Renaissance. s.: Ganzenmüller, Agnes.

Guenther, Hans, Schatten u. Helle. Neue Gedichte. Buchschmuck v. Joh. Walter u. H. v. Hoerner. (16 S.) gr. 8. Mitau 906. Verlag „Kunst u. Leben". n.n. — 80

Günther, Hans, aus Leipzig: Johann Gottfried Herders Stellung zur Musik. *Leipzig 1903: (E. Schneider, Eisleben.)* (80 S.) 8°
Leipzig, Phil. Diss. v. 1903

Günther, Hans [aus Weimar '(Grossh. Sachsen-W.)']: Ueber die Umwandlung von Pentenderivaten in Indenderivate .. Marburg, Buchdr. F. Sömmering, 1892; 41 S., 1 Bl. 8.
Marburg, Phil. Fak., Inaug.-Diss. v. [20. Nov.] 1892

Günther, Hans [aus Sande]: Untersuchungen über Auswitterungen an Ziegeln und Ziegelmauerwerk, deren Ursache und Verhütung ... Güstrow, Druck d. Ratsbuchdr., 1896; 2 Bl., 53 S., 1 Bl., 1 Taf. 8.
Rostock, Phil. Fak., Inaug.-Diss. v. [26. Mai] 1896

Günther, Hans, Untersuchgn. üb. Auswitterungen an Ziegeln u. Ziegelmauerwerk, deren Ursache u. Verhütung. Diss. gr. 8. (53 S. m. 1 Taf.) Güstrow 896. (Opitz & Co.) n. 1. 25

Günther, Hans, Medizinalprakt. im dtsch. Hosp.: Aus d. Röntgenlabor. d. Med. Poliklinik in Jena. Die Wirkung der Röntgenstrahlen auf einige Protozoen und Fermente, unter besonderer Berücksichtigung der Wärme- und ultravioletten Strahlen. Leipzig: J. A. Barth 1909. 20 S. 8° ¶ (Aus: Zeitschrift f. med. Elektrol. u. Röntgenkunde. Bd 11.)
Jena, Med. Diss. v. 1. März 1909, Ref. Krause
[Geb. 9. Juli 84 Alexanderbad; Wohnort: London; Staatsangeh.: Bayern; Vorbildung: Wettiner-Gymn. Dresden Reife O. 03; Studium: Leipzig 5, Jena 5 S.; Coll. 4. Febr. 09; Approb. 27. Dez. 09.] [U 10. 2292

— **Heinrich** (Margl./Laus.), De potestate eligendi imperatorem ad solos electores restricta. Lucubrat. histor. Präs. Joh. Heinr. Krause (Margl./Laus.). Lpz. 28. II. 1703 (Joh. Chph. Brandenburger). 8 Bl. (5.—) 12208

Günther, Heinrich [pr. Arzt aus Roebel]: '(Aus d. geburtshülfl. Universitätsklinik d. Charité.)' Ein Fall von Porro-Operation mit glücklichem Ausgange für Mutter und Kind ... Berlin, Buchdr. v. G. Schade, *1892;* 30 S., 1 Bl. 8.
Berlin, Med. Fak., Inaug.-Diss. v. 28. Mai 1892

Günther, Heinr., kleine Geschichtstabelle. Für mittlere Bürgerschulen entworfen. 8. (18 S.) Löwenberg 878. Köhler. n. — 20

GÜNTHER, HEINRICH. I. Ueber die Stereoisomerie des 2, 5-Diaminohexans. II. Zur Kenntniss der Diazoniumperhaloïde. (Würzburg). Hannover, 1897.

Günther, Henry, keine Wage mehr, oder das Gewicht des Rindviehes und der Schweine mittelst nachstehender Tabellen zu bestimmen. 8. (24 S.) Doylestown 851. (Philadelphia, E. Schäfer.)

Günther, Hermann [aus Aschersleben]: Ueber die Ausdrucksweise des altfranzösischen Kunstromans .... Halle a. S., *Erfurt, Ohlenroth'sche Buchdr.,* 1886; 32 S. 8°.
Halle, Phil. Fak., Inaug.-Diss. v. 2. März] 1886.

Günther, Hermann, über die Ausdrucksweise des altfranzösischen Kunstromans. Diss. Halle 1886, Lippertsche Buchh. 8°. 32 S.

Günther, H., Betrachtungen üb die ersten Sätze der Herbart'schen Psychologie. gr. 8. (IV, 114 S.) Leipzig 889. Grieben. n. 2. —

Günther, Herm., Botanik. Tabellen zur Bestimmung der in Norddeutschland häufig wildwachsenden u. angebauten Pflanzen. 2., verm. u. verb. Aufl. Mit 86 in den Text gedr. Holzschn. 8. (VII, 327 S.) Hannover 881. Helwing's Verl. n. 1. 50

Günther, H., Botanik. Zum Gebrauche in Schulen u. auf Exkursionen bearb. 1. Tl. Morphologie. Systematik. Bestimmungstabellen. Ausländische Kulturpflanzen. 3., verm. Aufl. Mit 140 in den Text gedr. Holzschn. gr. 8. (VI, 343 S.) Hannover 888. Helwing's Verl. n. 1. 60

Günther, Herm., Botanik. Zum Gebrauche in Schulen u. auf Exkursionen bearb. 2 Tle. 8. Hannover, Helwing's Verl. n. 2. 40; geb. n.n. 3. —
1. Morphologie. Systematik. Bestimmungstabellen. Ausländische Kulturpflanzen. 4. Aufl. (VII, 343 S. m. 147 Holzschn.) 892. n. 1. 60; geb. n.n. 2. —
2. Abriß der Kryptogamenkunde. Grundzüge der Anatomie, Physiologie u. Pflanzengeographie. 3., verm. Aufl. Mit 76 in den Text gedr. Holzschn. u. e. Vegetationskarte der Erde. (III, 116 S.) 889. n. — 80; geb. n.n. 1. —

Günther, Herm., Botanik. Z. Gebr. in Schulen u. auf Exkursionen bearb. 1. Tl. Morphologie. Systematik. Bestimmungstabellen. Ausländ. Kulturpflanzen. 5. Aufl. 8. (V, 343 S. m. 147 Abb.) Hannover 898. Helwing. n. 1. 70; Einbd. n.n.n. — 30

Günther, Herm., Botanik. Zum Gebrauche in Schulen u. auf Exkursionen. 1. Tl. Morphologie. Systematik. Bestimmungstabellen. Ausländische Kulturpflanzen. (XXXIII, 328 S. m. 147 Abbildgn.) 8. Hannover 903. Helwing. Geb. in Leinw. n. 2. 20

Günther, Herm., Botanik. Zum Gebrauche in Schulen u. auf Exkursionen bearb. 7. verm. u. verb. Aufl. (VI, 510 S. m. 324 Holzschn.) kl. 8. Hannover 907. Helwing. Geb 3. 20

Günther, Hermann: D'r Fremdelegionär. Ein elsäss. Lebensbild in 3 Aufz. von –. Straßburg i. E.: Elsäss. Theater 1903. 70 S. 8°

Günther, H., Geschäftsvorfälle zur Benutzung beim Unterricht in der doppelten Buchführung u. Handelskorrespondenz. gr. 8. (III, 34 S.) Lüneburg 899. Herold & Wahlstab. Geb. in Leinw. n. 1. —

Günther, Herm., Jakob Heim. Erzählung. (236 S.) 8. Dresden 909. E. Pierson 3. —; geb. n 4. —

Günther, H., Hülfsbuch f. d. Unterr. in d. Handelsgeographie. Zum Gebr. an Handelsschulen u. kaufmänn. Fortbildungsschulen bearb. gr. 8. (VII, 141 S.) Lüneburg 898. Herold & Wahlstab. n. 2. —; geb. in Leinw. n. 2 50

— Hülfsbuch f. den Unterricht in der Handelsgeographie. Zum Gebrauche an Handelsschulen u. kaufmänn. Fortbildungsschulen bearb. 2., verb. Aufl. gr. 8. (XVI, 218 S.) Ebd. 900. Geb. in Leinw. n. 2. 80

— u. A. Fecht, Hülfsbücher f. den Unterricht in den Handelswissenschaften. Zum Gebrauche an Handelsschulen u. kaufmänn. Fortbildungsschulen bearb. 2 Tle. 2. verb. Aufl. gr. 8. Ebd. 901. Geb. in Leinw. n. 4. —
1. Die kaufmänn. Buchführung, einfache, doppelte, amerikanische u. Fabrik-Buchführung. (IX, 116 S.) n. 2. 20
2. Wechsellehre u. Wechselrechnen. (VII, 71 S.) n. 1. 80

Günther, Herm., im frohen Kreise. Unentbehrl. Ratgeber f. gesellschaftl. Spiele, Scherze u. Kunststücke aller Art. 12. (62 S.) Köln 897. J. Püttmann. — 30

Günther, Herm., im frohen Kreise. Unentbehrlicher Ratgeber f. gesellschaftl. Spiele, Scherze und Kunststücke aller Art. 2. Aufl. (64 S.) kl. 8. Berlin (906). Leipzig, J. Püttmann. — 30

Günther, H., u. J. Möhlmann, Lehrbuch der deutschen Handelskorrespondenz, nebst Geschäftsaufsätzen, Kontorarbeiten u. Formularen. Zum Gebrauche an Handelsschulen, kaufmänn. u. gewerbl. Fortbildungsschulen, sowie zum Selbstunterricht bearb. gr. 8. (XIV, 144 S.) Stuttgart 884. Maier. geb. n. 2. 60

Günther, H., u. Möhlmann, Lehrbuch der deutschen Handelskorrespondenz nebst Geschäftsaufsätzen, Kontorarbeiten u. Formularen. Zum Gebrauche an Handelsschulen, kaufmänn. u. gewerbl. Fortbildungsschulen, sowie zum Selbstunterricht. 5. neu durchgeseh. Aufl. Hrsg. v. H. Günther. (XII, 144 S.) 8. Berlin (904). Verlag f. Sprach- u. Handelswissenschaft Geb. in Leinw. n. 2. 60

Günther, Herm., u. Möhlmann, Lehrbuch der deutsch. Handelskorrespondenz nebst Geschäftsaufsätzen, Kontorarbeiten u. Formularen. Zum Gebrauche an Handelsschulen, kaufmänn. u. gewerbl. Fortbildungsschulen, sowie zum Selbstunterricht. 6. neu bearb. Aufl. Hrsg. v. Herm. Günther. (XII, 146 S.) gr. 8. Berlin 908. Verlag f. Sprach- u. Handelswissenschaft. Geb. in Leinw. 2. 60

L'oubli? (Das Vergessen?) Dramat. Skizze in 1 Akt von Hermann Günther. Straßburg i. E.: Elsäss. Theater 1905. (43 S.) 8° [16. 109

Günther, Herm., L'Oubli? (Das Vergessen?) Dramatische Skizze in 1 Akt. (43 S.) 8. Strassburg 905. (Schlesier & Schweikhardt.) n. — 80

— 30 Pflanzenbeschreibungen. Eine Vorstufe zur Botanik. (31 S.) 8. Ebd. 903. n. — 50
Sonderabdruck aus: „Botanik" 1. Tl.

Günther, Herm., d'r Cousin Réfractaire. E Stroßburjer Familjefarce in 2 Akte. (79 S.) gr. 8. Straßburg 907. (Schlesier & Schweikhardt.) 1. 50

Günther, H., Tabellen zur leichten Bestimmung der häufigsten u. merkwürdigsten Blütenpflanzen Norddeutschlands zum Schulgebrauche bearb. gr. 8. (112 S.) Hannover 875. Helwing's Verl. n. 1. —

Günther, Hermann, Kammergerichtsreferendar: Die Verpfändung des Nießbrauchs nach römischem Recht und Bürgerlichem Gesetzbuche. Schönberg i. Meckl. 1908: Lehmann & Bernhard. VIII, 40 S. 8°
Erlangen, Jur. Diss. v. 2. Okt. 1908, Ref. Siber
[Geb. 23. Mai 82 Berlin; Wohnort: Charlottenburg; Staatsangeh.: Preußen; Vorbildung: Luisenstadt. Realgymn. Berlin Reife M. 01; Studium: Berlin 8 S.; Rig. 21. Dez. 07.] [U 09. 690

Günther, Hermann [aus Bockenem]: Über die Wirkung des Urethans bei Gesunden und Geisteskranken .... Würzburg, Becker's Univ.-Buchdr., 1886; 22 S. + 1 Bl. 8°.
Würzburg, Med. Fak., Inaug.-Diss. v. 1886.

Günther, Hermann, über die Wirkung des Urethans bei Gesunden und Geisteskranken. Diss. Würzburg 1886, Stahelsche Univ.-Buchh. 8°. 22 S.

Günther, Herm. Ed., das Nationaldenkmal auf dem Niederwald. 12. (20 S. m. 2 Photogr.-Imitationen.) Leipzig 883. Garte. n. — 50

— Hermann Franz (Leipzig), De pneumonia hypostatica. Diss. med. Lpz. (Wilh. Staritz) 21. V. 1847. 27 S. (4.80) 12209

Günther, Hugo, die Schreckenstage v. Peking. Eigene Erlebnisse u. Beobachtgn., nebst Illustr. u. Situationsplan. Hrsg. in Verbindg. m. Herm. Lunecke. gr. 8. (III, 103 S.) Hamm 902. E. Griebsch. n. 1. 50; erm. Preis n. 1. —

Günther, J., Beitrag zur Orientirung in der kirchenpolitischen Gesetzgebung in Preußen, wie solche durch das Gesetz vom 21. Mai 1886 sich gestaltet hat. gr. 8. (VII, 32 S.) Berlin 886. Puttkammer & Mühlbrecht. n. 1. —

Günther, J., 124 Buß- u. Gnadenpredigten. 4. Lpz. 717.

— collegium pastorale deutsch. 8. Lpz. Frommann. 743.

J. Günther, Die Entwicklung der pfälzischen Rindviehzucht unter bes. Berücksichtigung der Simmentaler. o. J. Landau Pf.

— Erklär. der Epist. an die Römer. 2 Thle. 4. Leipzig, Gleditsch. 720.

— geistl. Himmelsrüstung. 12. Lpz. Gleditsch. 740.

— geistl. Krankenkur, verm. von Woog. 8. Anspach, Hauisen. 764.

GÜNTHER, J.: Allgemeines Literatur-Repertorium oder Nachweise der in sämmtlichen wissenschaftlichen Journalen und Zeitungen Deutschlands enthaltenen Abhandlungen nach den einzelnen Materien geordnet. - Jena 1842. 1. Jg. je 12 Nr. - Abth. 1: Allgemeines Literatur-Repertorium der Medizin, -Chirurgie und Augenheilkunde. - Geburtshülfe. Veterinärkunde. - Naturwissenschaften. - Abth. 2: Allgemeines Literatur-Repertorium der Philologie. - Geschichte und Politik. - Geographie. - Pädagogik. - Abth. 3: Allgemeines Literatur-Repertorium der Philosophie. - Literaturwissenschaft. - Schöne Künste. - Mathematik. - Astronomie. - Abth. 4: Allgemeines Literatur-Repertorium der Rechts- Staats- und Kameral-Wissenschaft. - Abth. 5: Allgemeines Literatur-Rpertorium der Technologie. - Forstwissenschaft. - Haus- und Landwirthschaft. - Handlungswissenschaft (incl. Buchhandel). Berg- und Hüttenkunde. - Kriegswissenschaft. - Abth. 6: Allgemeines Literatur-Repertorium der protestantischen, katholischen und jüdischen Theologie

— standhaft. Lutheraner. 8. Lpz. Frommann. 710.

Günther, J., Reichsgesetz üb. die Zwangsversteigerung u. die Zwangsverwaltung nebst dem Einführungsgesetz vom 24. III. 1897. Für die Praxis erläutert. 2 Tle. gr. 8. Berlin, O. Liebmann. Geb. in Leinw. n. 6. —
1. Die Zwangsversteigerg. zum Zwecke der Befriedigg. des Gläubigers aus dem Grundstück. (VI, 187 S.) 899. n. 3. 60
2. Die Zwangsverwaltg., die Zwangsversteigerg. v. Schiffen, die Zwangsversteigerg. u. Zwangsverwaltg. in besonderen Fällen, nebst dem preuß. Ausführungsgesetze vom 23. IX. 1899. (VII, 122 S.) 900. n. 2. 40

GÜNTHER, J., Stammbaum der Napoleonischen Familie. Mit den wichtigeren histor. Notizen. Jena 1840. 4°.

— Streitschriften wider die Papist. 4. Lpz. Frommannn 720.

— erbauliche Tugendpredigten. 4. Lpz. Gleditsch. 724.

[illegible] Ziegesar. [illegible] Skizze nach dem Latei-[illegible] Weimar 1841. 8°.

Günther, J. Ueber Zoll- und Steuerfragen. 8°. Nürnberg 1879.

Günther, J. A., die Rinderpest, ihre Verheerungen u. ihre Bekämpfung durch praktische Vorbeugungsmittel. Ein Rathgeber f. Landwirthe u. Viehzüchter, welche sich vor den Gefahren dieser Seuche schützen u. vor beträchtl Schaden bewahren wollen. gr. 8. (VI, 63 S.) Leipzig 873. Wilfferodt. n. — 80

— die Rotzkrankheit d. Pferdes. Anleitung um seine Hausthiere vor dieser verderbl. Krankheit zu schützen u. sich selbst vor erhebl. Schaden zu bewahren. Zum Gebrauche f. Pferdebesitzer, Landwirthe, Thierärzte 2c. Nebst e. Nachtrag: Stallhaltung u. Gesundheitslehre d. Pferdes. 8. (IV, 63 S.) Ebend. 873. n. 1. —

Günther, J. C. G., Wegweiser f. Wolkenstein im sächsischen Erzgebirge u. seine Umgebung. Mit einer (chromolith.) Karte. gr. 16. (48 S.) Leipzig 879. Arnold. n. — 60

Günthert JE. Erinnergn eines Schwaben. (Joh Bapt.Pflug) 2 Bde Nördlingen 1874.77

Günther, J. F., de cursoribus veterum. Ibid. 1709. 4.

Günther, J. G., s. W. H. Ainsworth, Jak Scheppard.

Günther, J. G., u. Carl **Heyne**, wie können die Bahnhöfe Leipzigs am zweckmäßigsten u. vortheilhaftesten mit einander verbunden werden? Erörtert u. nachgewiesen. gr. 8. (76 S.) Leipzig 847. (O. Wigand.) n. 1/3 ℛ

Günther, J. G. C., Etwas über Würde u. Bestimmung d. Jünglinge. 8. Celle 791. Schulze. 6 gl

G(ünther), J. G. G., Alexander Audrayne, s. Märtyrer.

Günther, J. G. G., s.a.: Geschichte Sachsens.

(— —) die Geschichte Sachsens. Für Volk, Schule und Haus. Mit Stahlstichen. Neue Ausg. 3 Bde. gr. 16. Leipzig 847—48, [Kittler.] 1. (324 S.) 2. (362 S. mit 9 Stahlst.) 3. (960 S. mit 7 Stahlst.)] *
Wohlf. Ausg. mit 16 Stahlst. 851. —

Günther, J. G. G., s. Märtyrer, Politische.

Günther, J. Geo., s. Gewerbe-Blatt für Sachsen. Gewerbezeitung, deutsche. — Whitefriars oder die Tage Karl des II.

Günther, J. H., De jure [illegible] Erfurt 1730. 24 S.

Günther, J. H., Leben und Thaten Friedrichs I. Königs von Preußen. m. K. gr. 8. Bresl. W. G. Korn. 750. Schreibpap.

Günther, J. J. E. Die Politik der Kurfürsten von Sachsen und Brandenburg nach d. Tode Gustav Adolf I. u. d. Heilbronner Bund. (113.) 8. Dresden 1877.

Günther, J. K. G.

— s. G. F. Dinter, Präparationen.

Günther, J. K. G., Kopfrechnungs-Aufgaben für Elementarschulen, zunächst des Preuß. Staats, nebst einigen Berechnungen, die sich zunächst auf Ost-Preußische Maaße, Gewichte und Münzen beziehen. Mit e. Gebrauchs-Anweisung v. Dr Dinter. Neue (2te) umgearb. Ausg. 8. Neustadt 837. Wagner. 1/2 ℛ

Günther, J. M., Rathgeber für Auswanderer nach Nordamerika, oder Anleitung für dieselben ihre Reise nach jenem Lande und Niederlassung daselbst auf vernünftige und vortheilhafte Weise zu unternehmen, nach im Jahre 1832 auf einer Reise durch Nordamerika gesammelten Erfahrungen. gr. 8. Leipzig 833. (Bremen, Heyse.) 1/6 ℛ

Günther, J. D. H., vollständ. Taschen-Wörterbuch der Jägersprache für Jäger u. Jagdfreunde. 16. Jena 840. Mauke. 2/3 ℛ

Günther, J. U., verloren u. wiedergefunden. Wahrheitsgetreu erzählt. gr. 16. (98 S. m. 1 Holzschntaf.) Cleveland, O. 876. (Philadelphia, Schäfer & Koradi.) geb. n. 1. —

Günther, Ignaz Rudolf

— bergmännische Phantasiegemälde. Mit Titelbild u. lith. Titel mit Vign. gr. 12. Ebend. 841. n. 1/12 ℛ

Günther, Ignaz Rud., Theorie neuer Erz-Separations-Methoden, mit Abbild. von zehn Apparaten auf 2 lith. Taf. gr. 8. Prag 841. (v. Mayregg'sche Buchh.) n. 1 ℛ

— **Jo. Christoph** (Rochlitz), De sannis. Diss. jur. Präs. Augustin Leyser. Wittbg. (Wwe. Gerdes) 12. IX. 1733. 8 S. (4.50) 12215

— **Jo. Georg** (Pastor zu Schönberg u. Pfaffroda), Lutherus secunda vice h. e. in altero seculari jubilaeo redivivus in synodo dioecesana Glauchav. Präs. Johann Coler (Superint. Glauchav.). Waldenburg (Heins) 1717. 19 S. (5.—) 12223

— **Jo. Gottfr.**, De recentissimorum philosophorum sententiis circa spiritum. Disp. philos. Präs. Mich. Heinr. Reinhard. Wittenbg. (Wwe. Gaebaerdt) 9. IV. 1729. 15 S. (5.—) 12224

Günther, Joachim

— **Joachim** (Lauban), De privilegiis absentium. Disp. jur. Erfurt (Grosch) Mai 1706. 36 Seiten. (6.—) 12210

— Auszug aus der deutschen Grammatik von J. Grimm. gr. 8. Ebend. 841. 1/4 ℛ

— von den Bogen u. Figuren. gr. 8. Ebend. 841. 1/2 ℛ

— Lehrgang des Unterrichts im deutschen Styl, für Lehrer an mittleren u. höheren Bildungsanstalten der weibl. Jugend. gr. 8. Halle 838. Buchh. des Waisenhauses 1 1/2 ℛ

—— die Realschulen u. der Materialismus. gr. 8. (2½ B.) Halle 839, Anton.

Günther, Joachim, die Realschulen u. der Materialismus. gr. 8. Halle 840. Ed. Anton. 1/6 ℛ

Günther, Joach., über d. deutschen Unterricht auf Gymnasien. Nebst Auszug aus dem vierten Theile der deutschen Grammatik von J. Grimm. — Und: von den Bogen u. Figuren, für Schüler. gr. 8. Essen 841, Bädeker. 2 ℛ

Günther, Johann, s.a. Günther, Johannes

Günther, Joh., Anekdoten-Almanach, s. Anekdoten-Almanach.

Günther, Johann, s. Bibliothek der Bekenntnisschriften.

— Brandchronik auf das Jahr 1842. Eine Zusammenstellung der in dem Jahre 1842 vorgekommenen Brände. 8. Ebend. 843. 1/4 ℛ

– s. Buhe, Adolf: Deutsche Sagen.

— die Ereignisse d. J. 1848 in ihrer Zeitfolge u. ihrem innern Zusammenhang dargestellt. Mit Abbildgn., Plänen u. Charten. 25 Lfgn. br. 8. (258 S. 22 Lith. u. 1 lith. Plane v. Paris in 1. u. XII S. Erklär. des letztern.) Jena 848—50, Mauke. (à Lfg. 1/4 ℛ) 2 ℛ

Günther, Jh., Ersparungsbuch für alle Stände, oder die Kunst, seine Ausgaben zu vermindern und seine Genüsse zu erhöhen, besond. in Hinsicht auf Speise u. Trank, Heizung u. Beleuchtung, Kleider u. Wäsche, häusliche Einrichtung u. viele andere Bedürfnisse. 12. Weimar 840. Voigt. 1/2 ℛ

– s. Florian: Wilhelm Tell.

—— Fremdes u. Eigenes. Novellen, Dramatisches rc., s. Fremdes u. Eigenes.

— Gedichte u. Lieder für Kinder zum Auswendiglernen u. Declamiren. 16. Jena 843, Hochhausen. n. 1/6 ℛ

— Gedichte u. Lieder f. Kinder zum Auswendiglernen u. Declamiren. 2. verb. Aufl. 16. (VIII u. 161 S.) Jena 850, Mauke 6 ngr

s. Gedichte u. Lieder in verschied. deutschen Mundarten.

—— Genius aus Herders Werken, s. Bibliothek deutscher Schönheiten rc., 6. Bd.

—— Genius aus Jean Paul's Werken, s. Bibliothek deutscher Schönheiten rc., 3. Bd.

— Genius aus Wieland's Werken, s. Bibliothek deutscher Schönheiten rc. 5. Bd.

— Geschichte der Pariser Bluthochzeit — Geschichte der Vehmgerichte, s. Volksbibliothek, wohlfeilste, 22. u. 24. Bdchn.

– s. Gripsholm, Das schwedische Schloß

Günther, Joh., und Otto Aug. Schulz, Handbuch für Autographensammler. gr. 8. (VI und 289 S. mit eingedr. Holzschn. und 1 ill. Tab. in qu. 4.) Leipzig 856, O. A. Schulz. **

— die dritte Jubelfeier der Universität Jena am 19. März u. 30. Juni 1818. Blätter der Erinnerung. br. 8. (31 S.) Jena 818, Luden. n. 4 ngr

– s. Kinderbibliothek.

— die Kinderstube. Erzählungen, Bilder aus dem Thierleben, Spiele, Charaden u. Räthsel, Gedichte u. Lieder, Dramatisches u. A. Ein Geschenk für Knaben u. Mädchen. Mit 4 Kpf. 8. Eisenb. 845, Schöne'sche B. 2. Aufl. 846. 2/3 ℛ

— die Kinderstube. Erzählungen, Bilder aus dem Thierleben, Spiele, Charaden rc. Ein Geschenk f. Knaben u. Mädchen. 3. (Titel-)Aufl. Mit 4 Kpfrn. 8. (VIII u. 224 S.) Eisenberg (846) 852, Schöne. 1/3 ℛ Cart. 12 ngr; color. 1/2 ℛ

– s. Literatur-Repertorium der Medicin. – dass. der Philologie. – dass. der Philosophie etc. – dass. der Rechts-, Staats- u. Kameralwissenschaft. – dass. der Technologie. – dass. der jüdischen Theologie.

– s. Luther's, Dr. M., 300 jähr. Todesfeier.

— Mährchen für Kinder. Mit 3 color. Bild. 16. Jena 843, Hochhausen. 1/4 ℛ

—— Mährchen für Kinder. 2. Aufl. 16. (III und 188 S. mit 4 Kpfrn.) Jena 850, Mauke.

— Narrenchronik, oder Leben, Ränke u. Schwänke berühmter Hofnarren und Lustigmacher. 1s Bdchn. 1s Heft. 8. Jena 839. Mauke. 1/4 ℛ

— der 8. October 1842. Weimarische Erinnerungsblätter. gr. 8. Jena 843, Mauke. 1 ℛ

— und Friedr. Bertuch, Pinakothek der deutschen Giftgewächse für Botaniker, Pharmaceuten und Droguisten, sowie zum Selbstgebrauch. In naturgetreuen colorirten Abbildungen. 1e u. 2e Lfrg. (à 6 lithogr. Taf. u. Text.) gr. 4. Jena 840. Mauke. à n. 1/2 ℛ

— u. Fr. Bertuch, Pinakothek der deutschen Giftgewächse. In naturgetreuen, colorirten Abbild. 3.—6. Liefg. gr. 4. (à 6 Steintaf.) Jena 841—44, Mauke. (à) 1/2 ℛ

Günther, (Johann): Pinakothek der deutschen Giftgewächse für Botaniker, Pharmaceuten und Droguisten sowie zum Schulgebrauch. 2. Aufl. Jena: (1844)

s.: Schenk, E(rnst)

JB 1.285

— Polyglotte des Rheinliedes, oder das Rheinlied in deutscher, engl., französ., holländ. u. latein. Sprache. Saalfeld 841, Niese. 2 ngr

– s.a. Räthselgarten, Poetischer.

Günther, ..., poetischer Räthselgarten, 310 der besten Räthsel u. Charaden von den berühmt. deutschen Dichtern enth. 8. Quedlinburg 841, Ernst. 1/3 ℛ

— und C. Schenk, kleiner wohlfeiler Schul-Atlas über alle Theile der Erde, für den ersten geograph. Unterricht, nach den Lehrbüchern von Cannabich, Engelbrecht, Hörschelmann, Pistor, Raumer, Rebau, Selten u. Voigt entworfen. Mit einer allgem. Uebersicht von den fünf Welttheilen, besonders von Europa. (7 lithogr. u. ill. Bl. u. Text.) qu. gr. 4. Jena 840. Mauke. n. 1/3 ℛ

—— Sphinx, s.a. Sphinx.

— Sphinx. Charaden, Räthsel, Logogryphen &c. Nebst einem Anhang deutscher u. französ. Wortspiele. 12. Eisenberg 844, Schöne. 2. Aufl. 845. 1/4 ℛ

— Stammbaum der Napoleonischen Familie. Mit den wichtigeren histor. Notizen (u. Titelvign.). 4. Jena 840. Mauke. 1/4 ℛ

– s. Taschenbibliothek klass. Romane des Auslandes.

—— humoristisch-satyrisches Taschen-Conversationslexikon, s.a. Taschen-Conversationslexikon.

—— humoristisch-satyr. Taschen-Conversationslexicon. Ein Pendant zu allen Encyclopädieen, Universal- u. andern Lexicis. 12. Ebend. 844. 1/4 ℛ

—— vollständ. Taschen-Wörterbuch d. Jägersprache f. Jäger u. Jagdfreunde. 16. (15 B.) Jena 840. Mauke.

—— Theater für Kinder, s. Theater.

-- Turnlieder. 12. Erfurt 844, Hennings u. Hopf. 1/8 ℛ

—— Turnlieder. 12. (5 1/4 B.) Erfurt 845, Hennings u. Hopf.

— Turnlieder. 3. (Titel-)Aufl. Leipzig (844)865 (Wolf.) 12. (VIII, 118 S.) 2 1/2 ngr.

– s. Zeitblüthen.

—— Zeitgenossen in Biographien und Portraits, s. Zeitgenossen.

Günther, Johann Arnold

Günther, Jh. Arn., Anleit. zu d. Administrationsgeschäften der Hamburg. Versorgungs-Anstalt. 4. Hamb. 791.

— Argumente u. Erfahrr. über Krankenbesuchanstalten f. Arme &c. 4. Hamb. 791. (Campe). 4 gr.

Günther, Jh. Arn., Vollständige Einrichtung der Hamburger Armen-Anstalt. 1. Bd. 8°. Hamburg 1788.

Günther, J.A.: Ueber die Einrichtung der mit der Hamburgischen Armen-Anstalt verbundenen Kranken-Besuch-Anstalt. 96 S., Gbd.

Leipzig: Weygand 1793
aus: Beiträge zum Archiv der medizinischen Polizei und der Volksarzneikunde, hrsg. von Johann Christian Friedrich Scherf. Bd 5, Sammlung 1

JB 5.376

Günther, J[ohann] A[rnold]. Erinnerungen aus den deutschen Kriegs-Gegenden, aus der Schweiz und aus den angrenzenden Ländern, in vorzüglicher Hinsicht auf Natur-Schönheit und auf Völker-Glück. Aufgesammelt im Sommer 1796 von J. A. G'... Nach dessen Tode hrg. von F[riedrich] J[ohann] L[orenz] Meyer... 8. Hamburg 1806.

— Erinnerung aus d. deutschen Kriegsgegenden, aus d. Schweiz &c., nach d. Verf. Tode herausg. von F. J. L. Meyer. 8. Hamb. 806. Bohn. (Petersen in Altenb.) 2 ℛ Schrbp. 2 ℛ 12 gr.

— Erinnerung aus der deutschen Kriegsgeg. a. d. Schweiz. 8. Hamb. Bohn. 808.

Schreibp.

— Geschichte u. Einrichtung d. Hamburg. Rettungsanstalten f. im Wasser Verunglückte. Mit 3 Kpf. gr. 8. Hamb. 794. 2e A. 808. (Campe). 8 gr. 3e Ausg. mit e. Anh. u. 6 Kpf. gr. 8. Hamb. 828. Herold jun. 16 gr.

— Geschichte d. Entstehung, Fundation u. Ausbreitung der im J. 1778 errichteten allgem. Versorgungsanstalt, bis 1807. gr. 8. Hamb. 807. (Campe). 6 gr.

— — Geschichte der im Jahre 1778 erricht. Versorgungsanstalt. gr. 8. 806. Ist jetzt Ebend.

Günther, J. Arn. [illegible] 17[7]8 [illegible]

— — Nachricht von der Hamburg. Gesellschaft zur Beförderung der Künste &c. gr. 8. 793. Ist jetzt Verlag von Hoffmann u. Campe in Hamb.

— Nachr. v. d. 1791 in Hamb. veranl. Lehrvortrag für junge Handwerker &c. gr. 8. Hamb. Bohn. 793.

— Nachr. e. Rettungsanstalt bei Wasser- u. Feuersgefahr. gr. 8. Hamb. 808. (Campe). 12 gr.

— Nachr. über d. Zweck, d. Einrichtung u. d. Fortgang des im J. 1791 von d. Hamburg. Gesellsch. &c. veranlaßten Lehrvortrags f. junge Handwerker &c. gr. 8. Hamb. 793. (Campe). 4 gr.

Günther, Johann Arnold, s.a. Nachrichten von d. Einrichtung der Hamb. Armenanstalt.

Günther, J. Arn. und C. Vogts Nachrichten v. d. Einrichtung und dem Fortg. der Armenanstalt. 2 Hfte. 4. Hamb. Hoffmann. 791.

— Vogt und Bartels Nachrichten von der Einrichtung und Fortgange der Hamburger Armenanstalt. 1r bis 2n Bd. 2s Hft. 4. Ebend. 795.

— Nachrichten über d. Einrichtung der mit d. Hamburger Armen-Anst. verbund. Krankenbesuchanstalt. gr. 8. Leipz. 793. Weygand. 8 gr.

– s. Reden, Drei, bei d. Stiftungsfeier.

— über Rettung d. beweglichen Eigenthums bei Feuersbrünsten u. über Verhüten von Feuersgefahr in Fabriken. gr 8. Hamb. 797. Bohn. 6 gl

— Teich- u. Fischerey-Wirthschaft, s. J. B. Sickler Landwirthschaft IIr Thl.

Günther, Johann Arnold [Hrsg.], s. Verhandlungen und Schriften der hamburgischen Gesellschaft zur Beförderung der Künste und nützlichen Gewerbe.

— Versuch zu einem Entwurfe einer revidirten Ordnung f. d. General-Feuerkasse der R.-St. Hamburg rc. 4. Hamb. 802. Perthes u. B. 1 rthl 8 gl Schrbp. 1 rthl 16 gl

— Versuch e. Geschichte d. Hamburg. Gesellschaft z. Beförder. der Künste u. nützl. Gewerbe in d. ersten 25 Jahren. 8. Hamb. 790.

Günther, J. A. Versuch zu einer revidierten Ordnung für die Generalfeuerkasse der Reichsstadt Hamburg nach allgemeinen Assekuranzgrundsätzen, nebst angehängtem Vorschlag eines Reglements für die Rettung von bürgerlichen Gütern bei entsprechenden Feuersbrünsten mit erläuternden Anmerk. Hamburg 1802.

Günther, J. A.: „Versuch einer vollständigen Untersuchung über Wucher und Wucher-Gesetze und über die Mittel, dem Wucher ohne Strafgesetze Einhalt zu thun, in politischer, justizmässiger und mercantilischer Rücksicht", 1. (einziger) Teil: „Wucher in zinsbaren Geld-Anleihen", Hamburg 1790. — Vorh.: Com. Bibl. Hamburg. Campe.

Günther, Johann Baptist, Mainz, approb. Arzt: **Aus d. Universitäts-Frauenklinik in Gießen. Über operative Dauererfolge** bei retroflexio uteri und prolapsus vaginae. *Main: 1904: O. Schneider.* (33 S.) 8°
Gießen, Med. Diss. v. 1904

Günther, Johann Caspar, s. Günther, Johann Kaspar

Günther, Johann Christian

— — Auswahl von Berth. Litzmann in Reclam's Universal-Bibl. Nr. 1295—1296. (Wird im Goedeke gelobt.)

Günther, J. C., Gedichte, s.a. **Dichter, deutsche, d. 17. Jahrhunderts.**

Günther, Johann Christian: Gedichte, s.a. Günther: Sammlung . . . Gedichten

Günther, Joh. Chrn., Gedichte, s.a. Universal-Bibliothek Nr. 1295 und 1296.

— — *Johann Christian Günthers* Gedichte. Sechste verbesserte und geänderte Auflage. Mit Portrait. (S. G. Herzog del., J. D. Philippin sc.). Breßlau u. Leipzig, bey Joh. Ernst Meyer, 1764. — Anhang: Ibid. eod. a. Gr. 8°. (10 Mk., Rossberg, Lpz., 1910.)
Vollständigste aller Ausgaben. 7 Bll., 1006 S., 13 Bll. Reg., dann neuer Tit., 170 S., 2 Bll. Reg.

— — Gedichte von *Johann Christian Günther.* Hrsg. von Julius Tittmann. Leipzig 1874. 8°. LXXVIII—264 S.

— — (Gedichte). Herausgegeben von LUDWIG FULDA. Berlin & Stuttg., W. Spemann (ca. 1890). 8°. XXXIX & 332 S. *Mit 4 Abbild.* OLn. (= Kürschners DNL: 38. Gegner der 2. schles. Schule I).
Sehr reichhalt. Auswahl; gute, krit. revid. Ausgabe.

— auserlesene Gedichte, s. auch Bibliothek deutscher Dichter. 10r Bd.

Günther, (J. C.,) auserlesene Gedichte, s. Müller Biblioth. d. Dichter. 10r Bd.

Günther, Jh. Chr., sämmtliche Gedichte. 8. Bresl. 723. 6e A. 764. (Gosohorsky). 1 rthl 20 gl Anhang, besonders gedr. 8. Ebd. 765. 8 gl Nachlese zu dens. 8. Bresl. 760. W. G. Korn. 6 gl

Günther, J. C., sämmtl. Gedichte. 8. Bresl. Meyer. 764.

— — Anhang, besonders gedruckt. 8. Ebend. 765.

Joh. Chr. Günthers Leben auf Grund seines handschriftlichen Nachlasses. Hrsg. von Alfons Heyer u. Adalbert Hoffmann. Leipzig, Dieterich'sche Verlagsbuchh., Theod. Weicher, 1909. Gr. 8°. (Mk. 6—.) (4 Mk. 50 Pfg., Expl. im Orig.-Cart., Frdr. Meyer, Lpz., 1909; 9 Mk., Liebhaberausgabe in Orighprgtbd., Ottmar Schönhuth, München, 1911.)

Johann Christian Günthers, Des berühmten Schlesischen Dichters, Leben und Schrifften. Gedruckt in Schlesien (Breslau) 1738. Auf des Verfassers eigene Unkosten

GÜNTHER. — Joh. Chriſtian Günthers aus Schleſien curieuſe und merckwürdige Lebens- und Reiſe-Beſchreibung, welche er ſelbſt mit poetiſcher Feder entworffen, und an einen guten Freund überſchicket, nebſt einem Anhang einiger von ihm verfertigten noch ungedruckten Briefe. Schweidnitz und Leipzig 1732. 128 S. Kl. 8°.
Goedeke III, 198, 16. Berüchtigte zeitgenöſſiſche Myſtifikation. Der Verfaſſer iſt unbekannt. Hayn-Gotendorf II, 701, beſchreibt nur den Nachdruck von 1738.

Joh. Christian Günthers aus Schlesien curieuse und merckwürdige Lebens- und Reise-Beschreibung ... (Nebst einem Anhang) Einiger von ihm verfertigten noch ungedruckten Briefe. Schweidnitz und Leipzig, Verlegts Johann George Böhm, Buchhändler, 1732.

Joh. Christian Günthers aus Schlesien curieuse und merckwürdige Lebens- und Reise-Beschreibung, Welche Er selbst mit poetischer Feder entworffen, und an einen guten Freund überschicket, Nebst einem Anhang Einiger von ihm verfertigten noch ungedruckten Briefe. Franckfurt und Leipzig, 1738.

PERSONEN, Einiger Hoher, Verwundernswürdige Liebes-Begebenheiten, In gebundener Rede, nach Juristischer Art vorgetragen und abgehandelt. (Epos, verfasst von *Joh. Chrn. Günther*, dem bekannten unglückl. schlesischen Dichter.) Schweidnitz und Leipzig, Joh. George Böhm, Buhhändler (so!), 1732. 8°. 56 S. Das einzige bekannte Expl. besitzt verw. Frau Marie Wittig in Ottsville Bucks County, Pa. (Pensylvanien). (Laut gütiger Mittheilung des Herrn Landgerichtsraths Adalbert Hoffmann in Breslau).
Cfr. Wittig, Greg. Constantin, Neue Entdeckungen zur Biographie Joh. Chrn. Günther's. (1900.) S. 147; Inhaltsanzeige daselbst, S. 229, Anmerkg. 1.

Günther, Johann Christian: Sammlung . . . Gedichte, s.a. Günther: Gedichte

GÜNTHER, Joh. Christian (geb. 8. April 1695 zu Striegau, † 15. März 1723 zu Jena). — Sammlung von *Joh. Chrn. Günthers* aus Schlesien, Theils noch nie gedruckten, theils schon heraus gegebenen, Deutschen und Latein. Gedichten. Franckfurth u. Leipzig, Bey Michael Hubert (in Breslau). 1724. (Ed. I. Bresslau [sic!] 1723.) 8°.
Tit., 3 Bll. Vorr. d. Verlegers, 528 SS. u. 4 Bll. Reg. Enth. ausser Gelegenheits- auch galante Poesien. Das sotad. Gedicht „Als er Ihrentwegen Einen schweren Traum hatte", S. 351 bis 354, fehlt in späteren Ausgaben. — Ein erot. Hochzeit-Scherz, nach d. Lat. des Johannes Secundus, steht S. 268—275 (auch in den späteren Ausg. ibid. 1725, 1726, 1730, 1733. 1735. 1739. 1742, 1746, 1751, 1764.) (Sämmtlich in Berlin.)

— — Andere und verbesserte Auflage. Franckfurth und Leipzig. Bey M. Hubert 1725. 8°. 488 S. (10 Mk., mit d. folgenden Fortstzg., L. Rosenthal, 1906.)

— — Fortsetzung. Franckfurth und Leipzig. Bey M. Hubert, 1725. 8°. 3 Bll., 250 S.

— — Sammlung .... Dritte und verbesserte Auflage. Franckfurt und Leipzig. Bey M. Hubert. 1726. 8°. 488 S. (15 Mk., mit 2 Fortsetzungen von 1726 und 1727, Max Jaeckel, Potsdam, 1908.)

— — Fortsetzung .... Andere und verbesserte Auflage. Franckfurt und Leipzig. Bey M. Hubert. 1726. 8°. 250 S.

— — Zweyte Fortsetzung oder Dritter Theil. Franckfurt und Leipzig, Bey M. Hubert, 1727. 8°. 4 Bll., 360 S.

— — Sammlung .... Vierdte und verbesserte Auflage. Franckfurt und Leipzig. Bey M. Hubert. 1730. 8°. 488 S. (In Göttingen: P. 3353.) (4 Mk., nicht ganz sauberes Expl., Wilh. Koebner, Breslau, vor 1890.)

— — Fortsetzung .... Dritte und verbesserte Auflage. Franckfurt und Leipzig Bey M. Hubert. 1730. 8°. 250 S. (In Göttingen.)

— — Zweyte Fortsetzung oder dritter Theil. Franckfurt und Leipzig. Bey M. Hubert. 1731. 8°. 4 Bll. u. 360 S. (In Göttingen.)

— — Sammlung .... Fünffte und verbesserte Auflage. Franckfurt und Leipzig. Bey M. Hubert. 1733. 8°. 488 S.

— — Fortsetzung. Vierdte und verbesserte Auflage. Franckfurt und Leipzig. Bey M. Hubert. 1733. 8°. 250 S.

— — Zweyte Fortsetzung oder dritter Theil. Franckfurt und Leipzig Bei M. Hubert 1733. 8°. 360 S.

— — Der Sammlung .... Vierdter Theil oder Dritte Fortsetzung. Breßlau und Leipzig. bey M. Hubert. 1735. 8°. 3 Bll. u. 436 S.

— — Sammlung von *Johann Christian Günthers*, aus Schlesien, bis anhero edirten deutschen und lateinischen Gedichten. Auf das neue ubersehen, wie auch in einer bessern Wahl und Ordnung an das Licht gestellet. Nebst einer Vorrede von den so nöthigen als nützlichen Eigenschaften der Poesie. Breßlau und Leipzig, Bey M. Hubert. 1735. 8°. 13 Bll., 1102 S. u. Reg. (In Göttingen.)
Vgl. Gottscheds Beytr. 4, 169 ff.

— — Sammlung .... Bei dieser zweyten Auflage mit einem Anhang und Register vermehrt .... Breßlau und Leipzig. Bey M. Hubert 1739. 8°. 1178 S. u. Reg.

— — Sammlung .... bey dieser Dritten Auflage mit des Autoris Leben vermehrt. Mit Titelkpf. Breßlau und Leipzig. Bey M. Hubert 1742. 8°. 1178 S., 15 Bll u. Reg. (In Göttingen.) (8 Mk. W. Koebner, Breslau, vor 1890; 36 Mk. Martin [illegible] Berlin [illegible])

— Nachlese zu Johann Christian Günthers, von Striegau in Schlesien, Gedichten, welche aus lauter in der vorigen Sammlung nicht befindlichen Stücken bestehet. Breslau, J. J. Korn, 1742. 8°. 8 Bl. 234 S. 2 Bl. Schöner marmor. Pbd. d. Z. m. Rsch.
G. III, 351, 2v. H.-G. II, 700. Erste Ausgabe der Nachlese, welche auch unterschobene Gedichte enthält.

— — Nachlese .... Zweite verbesserte und vermehrte Auflage. Breßlau 1745 verlegts Johann Jakob Korn. 8°. 282 S. u. Reg. (In Göttingen.)

— — Sammlung .... Vierdte Auflage .... Breßlau und Leipzig. Bey M. Hubert. 1746. 8°. 22 Bll., 1178 S. u. Reg. Mit Titelkpf. (von Strahowsky) u. Vign. (In Göttingen.) (10 Mk. 50 Pfg. Max Perl's Berliner Octob.-Auct. 1907, no. 423; 12 Mk. F. Waldau, Fürstenwalde, 1909.)

— — Sammlung .... Fünfte Auflage. Mit Titelkpf. Breßlau und Leipzig. Bey M. Hubert. 1751. 8°. 1178 S., 15 Bll. u. Reg. (36 Mk. Mart. Breslauer, 1908.)

— — Nachlese von Gedichten, welche aus lauter in der Sammlung derselben nicht befindlichen Stücken bestehet. Bresslau 1751. Gr. 8°. 282 S. (In Göttingen.) (3 Mk. Baer & Co., 1888.)

Günther, Joh. Chrn., neuester Wiegen-Lieder-Kranz in plattdeutscher Mundart. Oder: Große Sammlung ältester u. neuester Wiegenlieder zum Nutzen u. Erheiterung der kl. Kinder. 8. (VI u. 59 S. m. 1 color. u. 1 schw. Lith.) Magdeburg 848, Quednow. 6 ngr

— Johann Ernst (Misn.), **Dubia juridica. Disp. jur. Erfurt (Joh. Heinr. Grosch) 23. III. 1700. 23 S. (5.—)** **12216**
Widm. v.: Joh. Phil. Streit, Joh. Heinr. Meier, Georg Heinrich Brückner, J. G. Borgehl, J. Mellen (Lübeck), Johann Hermann Heinrici, J. F. Sartorius, Sigismund August Pfeiffer, Joh. Christoph Günther (Bruder), Andreas Philipp Peetz.

Günther, Johann Friedrich

— — (Königsberg/Pr.), De conjugio illegitimo indulgentia principis confirmato. Disp. jur. publ. sol. Präs. David Stavinski. Königsberg 12. XII. 1697. Lpz. (Heinr. Sam. Scipion) 1707. 54 S. (6.—) 12220

— — (Dresden), De hypotheca pupillorum ac minorum feudali Saxonica tacita. Diss. jur. Präs. Carl Friedrich Walch. Jena (Strauss) 16. IX. 1769. 32 S. (5.50) **12222**
Gew.: Adolph Heinrich Grf. v. Schoenberg (Berthelsdorff). — Widm. v. Präs.

— — (Pirna), De investitura abusiva. Diss. jur. Präs. Sam. Stryke. Halle (Christ. Henckel) Nov. 1704. 63 S. (5.50) 12221

— Johann Friedrich (Pirna), **De jure asyli legatorum aedibus competente, occasione controversiae illustris quae hactenus inter pontificem & Galliarum regem agitata fuit. Präs. Christian Thomasius. Lpz. (Christian Scholvin) 3. X. 1689. 21 Bl. (6.—)** **12217**

— — Dasselbe. Von der Quartiers=Freyheit derer Abgesandten. / Lpz. 1718. 48 S. (6.—) 12218

— — Dasselbe. Lpz. (Stopffel) 1757. 62 Seiten. (6.—) 12219

Günther, Jh. Geo., († 1818.), s. Auszug aus d. Pfälzischen Geschichte.

Günther, Jh. Geo. Cph., († d. 6. Sept. 1777.) Anweis. zur Pastellmalerei. Mit 6 Kpf. 4. Nürnb. 762. N. A. 792. Schneider u. W. 1 ß

Günther, Jh. Gli., († . . .) Abbild. u. Beschreibung 1) einer Art von Nachrechen in d. Erndte; 2) eines Sturmfasses auf Rädern. Mit 2 Kpft. gr. 4. Leipz. 799. (Mittler). 12 gr

Günther J. G.: Abbildung u. Beschreibung zweyer neu erfundenen bequemen ökonom. Instrumente, nehmlich I. Einer neuen Art v. Nachrechen z. Gebrauch in der Ernte u. II. Eines Sturmfasses auf Rädern. Leipz. 1799. (3) S. 2 Tvl. 4°. Supprian.

Günther, Johann Heinrich

— — (Rochlitz), De citationibus potissima capita et cautelae. Diss. jur. Präs. Tobias Jac. Reinharth. Erfurt (Joh. Chph. Hering) 16. VIII. 1731. 19 S. (5.—) 12226

— Johann Heinrich (Schneeb.), De ΠΡΟΣΩΠΟΛΗΨΙΑ in jure licita. Präs. Jacob Aug. Franckenstein. Lpz. (Titius) 14. X. 1728. 56 S. (6.—) 12225

— — (Zittau), De testamentifactione jure Germanico arctis limitibus passim circumscripta. Diss. jur. Präs. Johann Gottlieb Heineck. Halle (Joh. Friedr. Grunert) 18. X. 1734. 58 S. mit Widm. v. Präs. (6.—) 12227

Günther, [Johann Heinrich] Friedrich u. Karl Günther: Die Beurtheilungslehre des Pferdes bezüglich dessen Dienst- Zucht- und Handelswerthes. Nebst e. Anh. über d. Lehre von d. gesunden u. kranken Zähnen. Hannover 1859. XXXII, 688 S.

Günther, J. H. F., das Gangwerk der Pferde. Ein Beitrag zur Beurtheilungslehre u. Züchtungskunde des Pferdes. gr. 8. Hannover 845, Helwing'sche Hofb. n. 1/3 ß

Günther, J. H. F., Lehrbuch d. prakt. Veterinär-Geburtshülfe, nebst e. Anhang über d. Wahl d. Zuchtpferde. Mit 3 Kpf. gr. 8. Hannov. 830. Hahn. 1 ß 8 gr

Günther, J. H. F., Lupinenbau und darauf basirte Sommer- und Winterfütterung der Schafe und übrigen Hausthiere oder statt reiner Brache reiche Ernten! Hannover 857. Schmorl u. v. Seefeld. gr. 8. (136 S.) n. 25 ngr

Günther, J. H. Fr., Untersuchungen und Erfahrungen im Gebiete der Anatomie, Physiologie und Thierarzneikunde. 1e Lfrg. Die Erection des Penis, nach Beobachtungen u. Versuchen an Thieren, besonders an Pferden. gr. 8. Hannover 837. Helwing. 2/3 ß

Günther, Johann Jakob: Anweisung für den Weinbauer, wie der Beschädigung der Weinberge durch Früh- und Spätjahrfröste zuvorzukommen, und dem Weine selbst der höchst-möglichste Grad der Güte zu verschaffen sei. Deutz 1806: Hochfürstl. Nassau Usingische priv. Buchdr. 36 S. — 12°. 23

— Anweis. f. Weinbauer. gr. 8 Heidelb. 806. Braun (Schäfer in Frankf. a. M.) 4 gr

Günther, Joh. Jak., Anweis. f. d Weinbauer, wie d. Beschädigung d. Weinberge durch Früh- u. Spätjahrfröste zuvorzukommen, u. d. Weine selbst d. höchstmöglichsten Grad d. Güte z. verschaffen sei. gr. 8. Deutz, 1806. (Frankfurt, Stiefel.) — 5

Günther, Jh. Jak., über die diätetische u. medizinische Anwendung des Zuckers. (2e mit Zusätzen verm. Ausg.) 8. Köln 836. Eisen. 1/6 ß

Günther, Jh. Jak.; über d. Anwendung d. Gasarten auf d. kranken menschl. Körper; mit e. Vorrede von Fd. Wurzer. gr. 8. Frankf. a. M. 807. (Verlagsgesellsch. in Köln) 9 gr

— über d. medicinische Anwendung d. Zuckers. 8. Köln 820. Bachem. 3 gr

— die Atmosphäre und ihre vorzüglichsten Erscheine, nach den Grundsätzen d. neuern Meteorologie, nach eigenen u. anderer Beobachtungen bearbeitet. Mit 1 Steindr. gr. 8. Frankfurt a. M. 835. Sauerländer. 1 3/8 ß

— einige Bemerkk. üb. d. jetzt herrschende Fieberform. 8. Köln 814.

— einige vorläufige Bemerkk. über Köln u. seine Bewohner, in medicinisch-phys. Hinsicht, als Einleit. zu e. vollständ. medicin. Topographie ders. 8. Köln 824. Bachem. 4 gr

— populäre Betrachtung über die Kometen mit Bezug auf die uns in diesem (1834) oder folgenden Jahre (1835) bevorstehende Erscheinung des sogenannten Halley'schen Kometen. Ein Schriftchen für jeden lesbar. gr. 12. Cöln 834. Arend. 1/4 ß

Günther, Jh. Jac., Cura progrediens, oder: über eine wesentliche Reform in der pract. Heilkunde, hinsichtlich der allgem. Jaterie. — Als Anhang zu dessen Schrift: Natur u. Kunst in Heilung der Krankheiten. Lex.-8. Düsseldorf 842, Schreiner. n. 1/3 ß

Günther, Joh. Jac., kurzgefaßte Darstellung einer allgem. statist. Uebersicht üb. das Verhältniß der Geburten u. Sterbefälle zu den Lebenden. Für d. größere Publikum entworfen. 8. (18 S.) Köln 847, Mathieux. 1/6 ß

— Darstell. einiger Resultate, die aus d. Anwend. d. pneumatischen Chemie auf d. prakt. Arzneikunde hervorgehen. Mit e. Vorrede von Fd. Wurzer. 8. Marb. 801. Krieger. 9 gr

Günther, J. J., Etwas über den Werth des warmen Badens. ꝛc. gr. 8. Frankf. Eßlinger. 804.

— physische Geschichte unserer Erde und der vorzüglichsten Länder-Entdeckungen seit Colon's bis auf unsere Zeiten. In Briefen an einen Freund. gr. 8. Nürnberg 833. Schrag. 5/8 ß

— Geschichte d. Vaccine u. ihre Impfung als Mittel, d. Blattern auszurotten. 8. Köln 802. Haas. (a. Fabricius). 16 gr

— architekton. Grundriß d. medicin. Disciplinen, nebst Anleit. zu einem zweckmäß. Studium derselben. gr. 8. Köln 819. Rommerskirchen. 1 ß

— üb. Luftreinigung in Zimmern u. Krankensälen. 8. Aachen 826.

— über Luftreinigung in Zimmern u. Krankensälen. 8. Aachen 826, (Bachem in Cöln.)

Günther, Joh(ann) Jak(ob): Über Luftreinigung in Zimmern und Krankensälen. Neue Aufl. 66 S., gbd.

Aachen: Cremer 1831

JB 2.850

— Natur u. Kunst in Heilung der Krankheiten. Ein Leitfaden für angehende Aerzte. gr. 16. Frankfurt a. M. 834. Sauerländer. 7/8 ℛ

— Resultate, d. aus d. Anwend. d. pneumatisch. Chemie auf d. prakt. Arzneikunde hervorgeh. 8. Marburg, Krieger. 801.

— Revision der Kriterien, deren sich gewöhnlich d. gerichtl. Arzneiwissenschaft zur Entscheidung der Frage bedient: ob todtgefundene Neugeborene eines natürl. od. gewaltsamen Todes gestorben seyen? gr. 12. Köln 820. Rommerskirchen. 18 gr

— üb. Selbstentzündungen, nebst einigen Bemerkungen, die Verhütung von Feuersgefahren betreffend. gr. 12. Frankfurt a. M. 837. (Leipzig, Dörffling.) 1/8 ℛ

— Uebers. d. Heilmitt. in d. Lustseuche. gr. 8. Frankf. Eßlinger. 807.

— kurze Uebersicht u. Würdigung d. vorzügl. bisher in d. Lustseuche versuchten Heilmittel. gr. 8. Frankf. a. M. 807. (Schäfer). 6 gr

– über nachtheilige Umänderungen u. Verfälschungen des Cyders, Branntweins, Thees, Kaffees, der Chokolade, des Pfeffers, Senfs u. Zimmts, so wie über Verunreinigung des Trinkwassers und deren Entdeckung, nebst einigen Bemerkk. über

Töpferglasur, als Gegenstand d. medizin. Polizei, zu Jedermanns Belehrung. 8. Köln 836. Mathieur. 1/4 ℛ

– über nachtheilige Umänderungen und Verfälschungen des Mehls, Brods, der Milch, Butter, des Käses, Olivenöls, Essigs, Salzes, Biers und der Weine, als einiger der vorzügl. in d. Hauswirthschaft gebräuchl. Nahrungsmittel u. Getränke, nebst deren Entdeckung, nach eigener u. Anderer, namentlich des um diesen Zweig der Chemie so sehr verdienten P. Orfila's Beobachtungen zu Jedermanns Belehrung. gr. 12. Köln 835. Renard. 1/3 ℛ

— kurzgefaßter Unterricht für Mütter, über das schwere od. krankhafte Zahnen, und die, zur Verhütung desselben zu beachtenden Verhaltungsregeln, hinsichtlich der diätetischen Erziehung der Kinder. gr. 12. Crefeld 837. Funcke. 1/4 ℛ

— Versuch einer medizinischen Topographie von Köln am Rhein. Nebst mehreren, die Erhaltung der bestehenden und Herstellung der verlornen Gesundheit betreffenden Bemerkungen. gr. 8. Berlin 833. Th. Enslin. 1 1/8 ℛ

Günther, Johann Jakob: Über sogenannte Vorbauungsmittel oder Präservative. als Beitrag z. Ausrottung diätetischer Vorurtheile. Deuz 1805. 24 S.

— über sogenannte Vorbauungsmittel od. Präservative, als Beitrag zur Ausrottung diätet. Vorurtheile. 8. Köln 805. Fabricius. 6 gr

Günther, Jh. Jak., über Vorzeichen der Witterung für Liebhaber der Witterungskunde besonders für Landwirthe und Reisende, nach eigenen u. Anderer Beobachtungen bearbeitet. Mit 1 Steindr. gr. 12. Köln 834. (Renard.) 1/4 ℛ

— etwas über d. Werth d. warmen Badens 2c. gr. 8. Marb. 804. (Schäfer in Frankf. a. M.) 6 gr

— **Johann Joseph** (Steinbach), De nobili immediato catholico a jurisdictione ordinarii non exempto. Diss. eccles.-publ. Präs. Jo. Andreas Ditterich. Bamberg 13. IX. 1754 (I. G. Klietsch) 1757. 40 S. (5.50) 12228

Günther, Johann Kaspar

— **Joh. Caspar** (Kahla), De Jesu Christi filii dei coaeterna cum patre exsistentia contra Wilhelmum Whiston Anglum. Diss. theol. Präs. Joh. Andreas Danz. Jena (Joh. Adolph Müller) 15. VI. 1726. 39 S. (5.50) 12212

Günther, Johann Otto Hugo Viktor, s. Günther, Otto

— **Johann Wilhelm** (Ernstroda/Thür.), Dialectis tribuum Judae, Ephraim & Benjamin. Präs. Joh. Daniel Kiesling. Lpz. (Andr. Mart. Schede) 5. IX. 1714. 20 S. (5.50) 12229

Günther, Johannes, s.a. Günther, Johann

Günther, Joh., Adressbuch der deutschen Advokaten. Hülfsbuch für Banquiers, Kaufleute, Comptoiristen etc. Jena 1860. gr. 12.

Günther, Jh., Thüringische Bilder. Eine Sammlung von Schilderungen der wichtigsten Ereignisse aus der thüring. Geschichte. 1. Bdchn. kl. 8. Eisenberg 841, Schöne. 2/3 ℛ

Günther, Joh., Thüringische Bilder. Eine Sammlung von Schilderungen d. wichtigsten Ereignisse aus der thüring. Geschichte. 2. Aufl. 8. (VI u. 198 S.) Eisenberg 847, Schöne. 1/2 ℛ

—— thüringische Bilder. Eine Sammlung von Schilderungen der wichtigsten Ereignisse aus der thüring. Geschichte. 3. (Titel-) Aufl. 8. (IV und 198 S.) Eisenberg (847)60, Schöne'sche Buchh.

Günther, Johs., Erinnerungsblätter an die 300jährige Jubelfeier der Universität Jena 15./16. u. 17. Aug. 1858. Inhalt: Festprogramm; Festgrüße, Fremdenliste, Ehrendoctorenpromotionen, Verzeichniß der auf die Jubelfeier bezüglichen Schriften 2c. 1. u. 2. Aufl. Jena 858. Deistung. gr. 8. (86 S.) n. 10 ngr

Günther, Johs., deutsche Frauen. Biographien und Portraits der bedeutendsten lebenden Schriftstellerinnen und Künstlerinnen. 1. u. 2. Liefg. Jena 862. Mauke. gr. 4. (S. 1–31 u. 8 Stahlst.) Jede Liefg. n. 20 ngr

– s.a. Gelegenheitsdichter, Der.

— der Gelegenheitsdichter. qu. 12. Erfurt 845, Hennings u. Hopf. 1/3 ℛ

— der Gelegenheitsdichter. Geburtstagsgedichte, Neujahrswünsche, Polterabendscherze 2c. Ein unentbehrl. Rathgeber für Jedermann. 3. Aufl. Erfurt (855) Hennings u. Hopf. 8. (VIII, 124 S.) 10 ngr

— und Otto Aug. **Schulz**, Handbuch für Autographensammler. Mit Holzschn. (im Text) u. 1 color. Tab. (in 4.) Leipzig 856. O. A. Schulz. gr. 8. (VI, 289 S.) n. 3 ℛ

— Jena und die Umgegend. Ein Wegweiser für Einheimische u. Fremde. Jena 857. Doebereiner. 8. (2 Bl., 108 S.) n. 10 ngr

— Lebensskizzen der Professoren der Universität Jena seit 1558 bis 1858. Eine Festgabe zur 300jähr. Säcularfeier der Universität am 15., 16. u. 17. Aug. 1858. Jena 858. Mauke. Lex.-8. (XX, 291 S.) n. 2 ₰

— großes poetisches Sagenbuch des deutschen Volks, s.a Sagenbuch.

Günther, L., Großes poetisches Sagenbuch des deutschen Volkes. Mit erklärenden historischen u. geographischen Anmerkungen herausg. Bd. 1. 2. Jena 1844. Lex.-8.

— großes poetisches Sagenbuch des deutschen Volks. Mit erklärenden historischen u. geographischen Anmerkungen herausgegeben. 2. Bd. 3. u. 4. (letzte) Liefg. Ebend. 853. gr. 8. (2. Bd.: S. 121—256, u. S. XVII - XXVIII.) Jede Liefg. 7½ ngr

— die Schillerfeier in Jena. Blätter zur Erinnerung. Jena 859. (Mauke.) 8. (23 S.) 3 ngr

Günther, Johannes, Oberarzt im Inf.-Reg. Nr. 28, kommand. z. Univ.-Augenklin. in Breslau: Aus d. Univ.-Augenklin. zu Breslau. Ueber die Schrotschussverletzungen des Auges vom klinischen und pathologisch-anatomischen Standpunkte aus. Stuttgart 1909: Hoffmann. 33 S. 8°
Breslau, Med. Diss. v. 28. April 1909, Ref. Uhthoff
[Geb. 11. Aug. 78 Clausthal; Wohnort: Breslau; Staatsangeh.: Preußen; Vorbildung: Gymn. Clausthal Reife O. 98; Studium: Berlin K. W. A. 9 S.; Coll. 30 Sept. 08; Approb. 12. Aug. 09.] [U 09. 550

— Surrogatenbuch, oder die vorzügl. Ersatzmittel für Kapern, Oliven, Citronensaft, Kartoffeln, Eier, Sago, Kaffee, Arac, Rum, Ratafia, Mandelmilch, Zucker ꝛc. Ein unentbehrl. Rathgeber für Jedermann. 8. Ebd. 842. ⅓ ₰

— Surrogatenbuch, od. die vorzüglichsten Ersatzmittel für: Kapern, Oliven, Citronensaft, Kartoffeln, Eier, Sago, Kaffee, Arac, Rum, Ratafia, Mandelmilch, Zucker ꝛc. Ein unentbehrl. Rathgeber f. Jedermann. 2. Aufl. 8. (VI u. 110 S.) Eisenberg 847, Schöne. 9 ngr

— Surrogatenbuch oder die vorzüglichsten Ersatzmittel für Kapern, Oliven, Citronensaft, Kartoffeln ꝛc. Ein unentbehrlicher Rathgeber für Jedermann. 3. (Titel-) Aufl. Eisenberg (847.) 858. Schöne. 8. (IV, 110 S.) 9 ngr

Günther, Josef: Aus d. patholog. Institut zu München. Ueber einige seltenere Formen von Endotheliom. Mit 3 Originalzeichn. u. 8 schematischen Fig. im Text. *München 1899: M. Ernst.* (21 S.) 8°
München, Med. Diss. v. 1899

Günther, Julia Engell, d. beste Freund od. was e. deutsche Mutter zu ihren Kindern spricht. Nützliches Wissen in Reimen. 1. Abth. Mit Illustr. u. Karten verziert. gr. 4. (III, 47 S. m. eingedr. Holzschn. u. 2 chromolith. Karten.) Gera 872. Issleib & Rietzschel. geb. n. 3. —

Günther, K.

— u. G. Noack, Chorlieder f. höh. Schulen. Vierstimm. Gesänge f. 2 Soprane, Alt u. Männerstimme. 8. (189 S.) Herford (893). G. Noack. Kart. n. 1.20

— u. G. Noack, Chorlieder f. höhere Schulen. Vierstimm. Gesänge f. 2 Soprane, Alt u. Männerstimme. 6. Aufl. (192 S.) 8. Berlin-Karlshorst 909. G. Noack. (Nur direkt.) Geb. 1.20

Günther, K., Etwas zur richtigen Würdigung d. Schmuckerischen Fomentationen ꝛc. bei Kopfverletzung 8 Frankf. a. M. 805. (Schäfer). 4 gl

Günther, K., und G. Noack

— — Fest- u. Feierklänge f. höh. Schulen. Ausg. f. 4stimm. gemischten Chor. 2 Hfte. 2. Aufl. 8. (à IV, 64 S.) Ebd. (889). à n. — 40

Günther, K., s. Handels- u. Gewerbezeitung.

Günther, K., das Kapaunen der Hähne, nebst Notizen üb. Hühnermast. [Aus: „Berliner thierärztl. Wochenschrift"] gr. 8. (27 S.) Berlin 890 Th. Chr. Fr. Enslin. n. 1. —

Günther, K., eigene Landhäuser u. Heimstätten f. Beamte in d. Nähe großer Städte. Zugl. e. kleiner Beitrag z. prakt. Lösg. d. sozialen Frage. Vortrag, geh. am 4. Febr. 1896 f. d. Mitglieder d. Posener Abtheilg. d. preuß. Beamten-Vereins in Hannover. gr. 8. (26 S. m. Abb. u. 1 Taf.) Posen 896. F. Ebbecke. n. — 50

Günther, K., eigene Landhäuser u. Heimstätten f. Beamte in der Nähe großer Städte. Zugleich e. kleiner Beitrag zur prakt. Lösg. der sozialen Frage. Vortrag, geh. am 4. II. 1896 f. die Mitglieder der Posener Abtheilg. des preuß. Beamten-Vereins in Hannover. 2. verb. Aufl. gr. 8. (40 S. m. Abbildgn. u. 1 Taf.) Posen 896. F. Ebbecke. n.n. — 75

Günther, K., s.: Liederschatz f. höhere Schulen.

Günther, K., Liederschatz f. höh. Schulen, s.: Noack, G.

v. Günther, K., die Stenographie der deutschen Sprache. Nach e. verb. System dargestellt. gr. 4. (20 u. 52 lith. S.) München 851. (Finsterlin.) n. 1 ₰ 6 ngr

Günther, K., die Verbindg. zwischen Schule u. Haus, s.a. Volkswohl-Schriften.

Günther, Mittelschullehrer **K.,** Die Verbindung zwischen Schule u. Haus. »Volkswohl-Schriften. 25. Heft.« (27 S.) Dresden 1897. O. V. Böhmert.

Günther, K., Volkszeitung v. Handel ꝛc., s. Handels- u. Gewerbszeitung ꝛc.

Günther, K.: Ein Votum des Lehrkörpers der Wiedner Oberrealschule zur Reform der technischen Mittelschulen. Wien. 4. 8p. 1867.
Schul-/Univ.-Schrift

— die Wuthkrankheit der Hunde. Populärer Vortrag, geh. im „Verein zur Veredelung der Hunderassen für Deutschland" am 1. Apr. 1880. Gedr. auf Veranlassung d. Vereins. gr. 8. (27 S.) Berlin 880. Parey. n. — 60

Günther, K. Anton, Geschichte der preuss. Fabrikgesetzgebung. 8°. Leipzig 1891.

Philaletes [d. i. **Günther,** K. F.]: Gutachten über die Frage: Ob die Gesetzgebung den Lieferungshandel mit Staatspapieren verbieten solle? Mit bes. Rücksicht auf Sachsen. Leipzig 1825.

Günther, K. F. W., Behandlung der deutschen Lesestücke. Vortrag, geh. auf dem IV. Oberelsäss. Lehrertage, am 1. Juli 1879. Mit 3 lith. Zeichnungen. 8. (35 S.) Mülhausen i/E. 880. Bufleb. n. — 40

Günther, K. G., Gedächtnißübungen in faßl. Verschen u. bibl. Sprüchen. 8. Leipz. 821. Dürr. 1 gr.

— Kopf- u. Rechnungsaufgaben, zunächst f. Ostpreußens Schulen bestimmt. Mit e. Gebrauchs-Anweis. von Dinter. 8. Neustadt 822. Wagner. 12 gr.

— — *TA XPYΣTA EΠH*, oder die pythagorischen goldnen Sprüche, für den Privatfleiß der Schüler der beyden obern griechischen Klassen der Gelehrtenschulen. 8. Breslau, Holäufer (in C.) 816.

Günther, K. G., 16 katechet. Unterhaltungen über mehrere der wichtigsten Christenlehren u. Christenpflichten, z. Schulgebrauch. 8. Leipz. 829. Lehnhold. 16 gr.

Günther, K. Jak., Uebersicht u. Würdigung d. vorzügl. bisher in d. Lustseuche versuchten Heilmittel. gr. 8. Köln, Imhof. 6 gr.

Günther, K. L. G., s. G ü n t h e r, Karl Ehrenfried

Günther, Karl

Günther, Carl (Osc.) (geb. Naumburg a. S. 21. 9. 1854): Ueber die Achsendrehung der Ovarientumoren im Allgemeinen und über einen speciellen Fall von Achsendrehung mit Ileus. Berlin (1879). (27 S.) 8°
Berlin, Med. Diss. v. 30 Juli 1879

Günther, Karl, Photographisches Album der Ausstellung prähistorischer und anthropologischer Funde Deutschlands in Originalaufnahmen, herausg. von A. Voss. Berlin 1880.

Günther. Beiträge zum Situs d. Rindes. Mit 3 (lith.) Taf. Abbildgn. gr. 8. (17 S.) Hannover 875. Schmorl & v. Seefeld. n. — 80

Günther, K[arl]: Zur Beurtheilung des Kehlkopfpfeifens von forensischem Standpunkte. Karlsruhe 1894. 12 S.

Günther, Carl, die Chronik der Magdeburger Erzbischöfe. 1. Thl. bis 1142. Inaugural-Dissertation. gr. 8. (72 S) Göttingen 871. (Rente.) n. 1. —

Günther, Karl Die Chronik der Magdeburger Erzbischöfe. II. Teil. 1142—1371. 49 S. [I: Diss. in. gott. 1871.] *Lauenburg a. E.* 1877. Progr.

Günther, Carolus: De Claudii Claudiani comparationibus Pedeponti, typ. expr. J. & C. Mayr, 1894; 37 S. 8.
Erlangen, Phil. Fak., Inaug.-Diss. v. 1894

Günther, Carolus [Dr.]: De Claudii Claudiani comparationibus. [= Inaug.-Diss. v. Erlangen 1894.] Stadtamhof, Druck v. J. & K. Mayr, 1894; 37 S. 8.
Regensburg, k. Altes G, P 1894*

Günther, Carl, Einführung in das Studium der Bakteriologie m. besond. Berücksicht. der mikroskopischen Technik. Für Aerzte u. Studirende bearb. Mit 60 fast sämmtlich nach eigenen Präparaten vom Verf. hergestellten Photogrammen. Lex.-8. (IX, 244 S.) Leipzig 890. Geo. Thieme. n. 8. —; cart. n. 8. 50

Günther, Carl, Einführung in das Studium der Bakteriologie m. besond. Berücksicht. der mikroskopischen Technik. Für Aerzte u. Studirende bearb. 2., verm. u. verb. Aufl. Mit 72 fast sämmtlich nach eigenen Präparaten vom Verf. hergestellten Photogrammen. Lex.-8. (VII, 274 S.) Leipzig 891. G. Thieme. n. 9. —; geb. n. 10. —

— dasselbe. 3., verm. u. verb. Aufl. Mit 72 nach eigenen Präparaten vom Verf. hergestellten Photogrammen (auf 12 Taf.). gr. 8. (VIII, 376 S.) Ebd. 893. n. 10. —; geb. in Leinw. n. 11. —

Einführung in d. Studium der Bakteriologie mit bes. Berücks. d. mikrosk. Technik. Für Aerzte u. Stud. bearb. v. Dr. med. Carl Günther, Privatdoc. a. d. Univ. ... Berlin. 4. verm. u. verb. Aufl. Mit 72 nach eign. Praeparaten vom Vf. hergestellt. Photogrammen. *Leipzig: G. Thieme 1895.* (VIII, 461 S., 12 Taf.) 1 Bd 8. [illegible]

Günther, Carl, Einführg. in d. Studium der Bakteriologie mit bes. Berücksicht. d. mikroskop. Technik. Für Aerzte u. Studirende d. Medicin. 5., verm. u. verb. Aufl. M. 90 v. Verf. hergestellten Photogrammen. gr. 8. (VIII, 631 S.) Leipzig 898. G. Thieme. n. 12. —; geb. n. 13. 50

Günther, Carl, Einführung in das Studium der Bakteriologie m. besond. Berücksicht. der mikroskopischen Technik. Für Aerzte u. Studirende der Medicin. 5. Aufl., 2. unveränd. Abdr. Mit 90 vom Verf. hergestellten Photogrammen. gr. 8. (VIII, 631 S.) Leipzig 902. G. Thieme. n. 12. —; geb. in Leinw. n. 13. 50

Günther, Carl, Einführung in das Studium der Bakteriologie m. besond. Berücksicht. der mikroskopischen Technik. Für Ärzte u. Studierende der Medicin. 6., verm. u. verb. Aufl. Mit 93 vom Verf. hergestellten Photogrammen. (XII, 904 S.) Lex.-8. Leipzig 906. G. Thieme. n. 13. —; geb. in Halbfrz. n. 15. 80

Günther, Carl [pr. Arzt]: Eine Frucht mit Mikrocephalus, [pa]rtieller Rachischisis, Cheilo-Gnatho-Palatoschisis und nach [!] [m]ehreren andern Missbildungen ... Königsberg i. Pr., Druck [v.] M. Liedtke, 1897; 2 Bl., 19 S., 2 Bl. 8.
Königsberg, Med. Fak., Inaug.-Diss. v. 8. Apr. 1897

[F.] Günther, Carl [Prof. Dr.]: Die Fürstengruft in der Lauenburger Stadtkirche. Lauenburg, Druck v. Gebr. Borchers, 1895; 3—12 S. 4.
Lauenburg a. d. E., Albinus-S (RPG u. R), OP 1895 (204)

Günther, K[arl]: Das Kapaunen der Hähne nebst Notizen über Hühnermast. Berlin (1890). 27 S.

Günther, Carl: Zur Kulturgeschichte Lauenburgs im sechzehnten Jahrhundert. Lauenburg, Druck v. Gebr. Borchers, 1890: S. 19—70: 8°
Lauenburg a. d. Elbe, Albinus-S(RPG), Festschr. 1890

— s.: Mitteilungen a. d. königl. Prüfungsanstalt f. Wassorversorgung u. Abwässerbeseitigung zu Berlin.

[F.] Unser lieben Frauen Münster zu Freiburg im Breisgau. 68 Lichtdrucktaf. nach Aufn. v. Carl Günther, m. begl. Text v. Fritz Geiges. Hrsg. v. Freiburger Münsterbauver. *Freiburg i. B.: (Dr. v. H. M. Poppen & Sohn) 1896.* (18 S., 68 Taf.) 1 Bd gr. 2. [illegible]

Günther, C., die topographische Myologie des Pferdes. Mit besond. Berücksichtigung der locomotor. Wirkung der Muskeln. Hannover 866. Rümpler. gr. 8. (VI, 333 S.) n. 2 Thlr

Günther, Karl [Hrsg.], s. P o l i z e i o r d n u n g e n, Die, der Städte Ratzeburg und Lauenburg

Günther, Karl: Das Recht der Frau auf Arbeit, eine soziologische Betrachtung. — Berlin & Leipzig: Wattenbach 1899. 14 S. 8°

Günther, Recht u. Sprache. Ein Beitrag zum Thema vom Juristendeutsch. Berlin 898.

— s.: Rundschau, hygienische.

Günther, Carl, pract. Arzt in Berlin: Ueber operative **Sterilisation** durch Tuben-Resektion. *Leipzig 1901: B. Georgi.* (34 S.) 8°
Leipzig, Med. Diss. v. (5. Aug.) 1901

Günther, K., Studien üb. das Kehlkopfpfeifen der Pferde. gr. 8. (64 S.) Karlsruhe 893. (G. Braun.) n. 1. 50

Günther, K., Studien üb. d. Kehlkopfpfeifen d. Pferde. 2. Aufl. gr. 8. (113 S.) Karlsruhe 896. (Macklot.) n. 2. —

Günther, K., die königl. Thierarzneischule zu Hannover in den ersten hundert Jahren ihres Bestehens. Ein Beitrag zur Geschichte der Thierheilkunde. Festschrift zum 100jähr. Jubiläum am 5. Aug. 1878. Mit 4 Blatt (lith.) Zeichnungen (in Fol.). gr. 8. (VI, 166 S.) Hannover 878. Schmorl & v. Seefeld. n. 3. —

— der kleine homöopathische Thierarzt, oder wie kann ich meine Pferde, Rinder, Schafe ꝛc. schnell u. billig selbst heilen. Aus den langjährigen Erfahrungen einer großen Praxis. Berlin 867. Schotte & Co. 8. (X, 152 S.) cart. 12 ngr.

Günther, Carl, der kleine homöopathische Thierarzt, od. wie kann ich meine Pferde, Rinder, Schafe, Schweine, Ziegen, Hunde schnell u. billig selbst heilen. Aus den langjähr. Erfahrgn. e. großen Praxis. 2. Ausg. 8. (X, 152 S.) Berlin u. Leipzig 875. H. Voigt. geb. 1. 40

Günther's, Carl, kleiner homöopathischer Thierarzt od. wie kann ich meine Pferde, Rinder, Schafe, Schweine, Ziegen, Hunde schnell u. billig selbst heilen. 2., verb. Aufl. 8. (XVI, 112 S.) Leipzig 888. (Hugo Voigt.) Geb. n. 1. 50

Günther's, Carl, kleiner homöopath. Thierarzt od. Wie kann ich meine Pferde, Rinder, Schafe, Schweine, Ziegen, Hunde schnell u. billig selbst heilen. Nach langjähr. Erfahrg. in großer Praxis unt. Berücksicht. der auf diesem Gebiete gemachten neuesten Forschgn. neu bearb. 2., verb. Aufl. gr. 8. (XVI, 101 S.) Leipzig (888). Täschner & Co. Geb. in Leinw. n. 1. 50

Guenther, Carolus: De genuino quem vocant dativi usu Homerico. Halis Saxonum 1884: Teubner in Leipzig. 87 S. 8°
Halle-Wittenberg, Phil. Diss. v. [6. März] 1884
Geb. Nienburg a. d. S. (Anhalt) 20. 9. 1861. V.
Im Buchhandel Cöthen: Schulze 1884.

Günther, K[arl], Dr.: Plutarchs **Vita** Camilli in ihren Beziehungen zu Livius und Aurelius Victor. *Bernburg 1899: A. Meyer.* (24 S.) 4°
Bernburg, herz. Karls-RG u. VS d. Carolinums, OP 1899 (724)

Günther, Carl, die Willensfreiheit. Eine psycholog. u. philosoph. Studie. (31 S.) gr. 8. Berlin (909). G. Wattenbach. 1.—; kart. 1. 30

Günther, Carl, Wissenschaft, Glaube und Socialpolitik, eine psychologische und rechtsphilosophische Studie. gr. 8°. Berlin, G. Wattenbach, 1899.

— Wissenschaft, Glaube u. Socialpolitik, e. psycholog. u. rechtsphilosoph. Studie. gr. 8. (36 S.) Ebd. 900. n. 1. 50

Günther, K., die Zucht des wahren Gebrauchs- u. Ackerpferdes. Vortrag, gehalten in der Versammlung des Landwirthschafts-Vereins für das Brem. Gebiet am 25. Novbr. 1867. Bremen 868. Hampe. gr 8 (51 S.) n. 10 ngr.

Günther, Carl, die Zurechnung im Strafrecht. Ein off. Wort zur Abwehr d. Lehre v. d. Willensunfreiheit im Positivismus. gr. 8. (14 S.) Berlin 898. G. Wattenbach. n. 1. —

Günther, Carl, die Zurechnung im Strafrecht u. die gesetzliche Berücksichtigung der geistig Minderwertigen. 2., verm. u. verb. Aufl. (55 S.) gr. 8. Berlin (905). G. Wattenbach. n. 2. —

Günther, Karl August

Günther, Carolus Augustus (geb. am 20 Okt. 1828 in Koblenz): De abscessu atque hydatide hepatis dignoscendis ... Bonnae, typ. Krüger 1851. 30 S., 1 Bl. 8.
Bonn, Med. Fak., Diss. v. 5 Febr. 1851

GÜNTHER, Carl Aug., Poetische Alleen, oder neue Sammlung wolgerathener (wohleingerichteter?) Gedichte, in welchen die auserlesensten Verliebten, Ehren-, Hochzeit-, Trauer- und andere Gedichte zusammengetragen. Leipzig u. Budissin, verlegts Dav. Richter, 1733. 8°. Höchst selten!
M. M. V. 1733. E 2a; O. M. V. 1734. G 2b.

Günther, Karl Ehrenfried, s. A B C, Deutsches, od. 30 Uebungen etc.

– s. Anweisung zum Gebr. d. Dic cur hic.

– s. Anweisung zum Gebr. d. Buchs: Natur und Gott.

– s. Aussichten z. Feststellung eines Elementarunterrichts.

– s. Dic cur hic.

Günther, Schlesiens allgem. und besondere Geschicht.. 1r Thl. 1ste und 2te Hälfte. 8. Bresl. Barth. (Siegert in Liegnitz) 802. (1ste 7 gr. 2te 12 gr.)

Günther, Karl Ehrenfr., Schlesiens allgemeine u. besondere Geschichte. 1r Thl. 1e u. 2e Hälfte. 8. 802. Jetzt Heymann in Berlin. 19 ℋ

– s. Hefte. Geometr.

– s. Menschheit und Gott.

– s. Natur und Gott.

– s. Pythagoras: Goldene Sprüche.

– s. Schlesiens allgemeine und besondere Geschichte.

Günther, K. E., kleine latein. Sprachlehre. Züllich. 792. 8. 5 gr.

– s.a. Sprachmeister, Latein.

Günther's, K. E., lateinischer Sprachmeister, oder Übungen im Lesen, Übersetzen, Sprechen und Schreiben der latein. Sprache. Jena 801. 8. 10 gr.

Günther, K. E., Die Pythagoräischen goldenen Sprüche für den Privatfleifs der Schüler oberer Griech. Klassen eigenthümlich bearbeitet. Bresl. 817. 8. 6 gr.

– s. Theorie, Die.

Günther's, K. E., Griechisches Übungsmagazin oder der sich selbst belehrende Grieche. Leipz. 806. Erster Lehrgang. 8. 12 gr. Dazu gehört noch Ebend. Anweisung zum Gebrauch dieses Magazines. Leipz. 806. 8. 6 gr. Märker.

– s. Unterrichtskunst.

– s. a. Versus memoriales.

– Versus memorialis, oder Samml. ausgewählter u. planmäßig geord Erinnerungsverse. 8. Breslau 822, J. Fr. Korn.

– s. Vorübungen, Hebräische.

– s. a. Wie Albert ein verständ. Mensch wird.

Günther, (C. L. G.,) wie Albert ein verständ. Mensch ward oder Abc für Elementarschulen. 8. Breslau 822, J. Fr. Korn.

Günther, Karl Friedrich

— — Memoriam summorum in utr. jure honorum in virum Carl August Brehm ante hos quinquaginta annos collat. recol. indic. interpr. Lpz. (Staritz) 26. VII. 1838. 16 S., tlws. dtsch. (4.80) 12154
De tormentorum in Saxonia abrogatione anno 1770 decreta.

— — Viro Theodor Julius Hertel (Nemta b. Wurzen. Dresden) summos in utr. jure honores. — De mariti actione contra uxorem ob fructus paraphernorum non perceptos. Lpz. (Staritz) 20. XII. 1832. 15 S. mit Biogr. H.'s. (M.: W. C. Seyffarth.) (4.—) 12147

Günther, C. F., Anekdoten, Charakterschilderungen u. Denkwürdigkeiten aus der Hessischen Geschichte. gr. 8. Darmstadt 843, Jonghaus. 1/2 Thlr

(— —). Viro **Carl Friedrich Guenther** munus ordinarii ac professoris primarii in facultate jurid. Lipsiensi ante viginti quinque annos die 22. VII. solemniter auspicato temporis inde exacti felicitatem laetamque memoriam pie gratul. professores facult. jurid. Lips. ordinarii. — Inest: Animadversionum criticarum ad diversos juris Justinianei locos spec. X. Lpz. (A. Edelmann) 1854. 44 S. (4.50) 12168

Günther, C. F., denkwürdiger und nützlicher hessischer Antiquarius, s. Antiquarius, denkwürdiger und nützlicher hessischer.

— — Dissertatio ad art. 6. legis anno 1848 die 26. XI. ordinandi per totam Germaniam juris cambialis caussa latae. Lpz. (A. Edelmann) 10. XII. 1860. 12 S., meist dtsch. (2.—) 12176

Günther, Carl Friedr., Dissertatio ad art. 6 legis a. 1848 die 26. Nov. ordinandi per totam Germaniam juris cambialis causa latae. gr. 4. (12 S.) Leipzig 861, Dürr'sche Buchh. Thlr.

— — Viro Julius Friedrich Lorentz (Plauen/V.) summos in utr. jure honores. Lpz. (Staritz) 10. XII. 1829. 19 S. mit Biogr. L.'s. (M.: C. W. Wesp.) (4.—) 12142
De assignationibus spec. II.

Günther, Karl Fr., Betrachtungen über das Gesetz im Staate. Abdruck des Artikels „Gesetz" aus J. Weiske's Rechtslexikon. Lex.-8. Leipzig 842. Otto Wigand. 1/2 Thlr

Günther, Karl Friedr., Betrachtungen über das Recht auf Entschädigung wegen entzogener Grundsteuerfreiheit. (Mit besonderer Rücksicht auf die neuere Gesetzgebung des Herzogthums Sachsen-Altenburg.) Leipzig 855. Dürr'sche Buchhdlg. 8. (87 S.) 15 Ngr

— observatt. pragmaticarum biga. 4. Leipzig 833. (Goethe.) 1/10 Thlr

Günther, C. F., Bilder aus der Hessischen Vorzeit. Mit 51 (lith.) Taf. Abbildgn. Darmstadt 853. Jonghaus. gr. 8. (5 Bl., 474 S.) n. 5 Thlr 10 Ngr

(— —) Viro **Carl Friedrich Guenther** laetam diei memoriam quo ante hos quinquaginta annos summos in jure honores rite adeptus est pie gratul. decanus senior et rel. professores facult. jur. Lips. ordinarii. — Insunt decani de partitionis legato selecta capita. Lpz. (A. Edelmann) 3. VI. 1858. 20 S. (4.50) 12172

— — Dissertatio de collisione legum, quibus praescriptio exstinctiva regitur. Lpz. (A. Edelmann) 3. XII. 1860. 12 S., meist dtsch. (2.—) 12175

— Dissertatio de collisione legum, quibus praescriptio exstinctiva regitur. gr. 4. (12 S.) Leipzig 861, Dürr'sche Buchh.

— — Commentationis ad titulum XL. §. 3. legis judiciariae recognitate specimen I. Lpz. (Staritz) 21. IV. 1830. 19 S. (4.—) 12143

— — Viro Albert Kriegel (Dresden) summos in utr. jure honores. — Praemitt. comment. ad titulum XL. §. 3. Legis judiciariae recognitae spec. IV. Lpz. 9. IX. 1830. 15 S. mit Biogr. K.'s. (M.: H. Boehringer.) (4.—) 12144

— de controversiis quibusdam, exortis in interpretanda lege, anno 1848 d. 26. Nov. ordinandi per totam Germaniam juris cambialis causa lata. Pars I. gr. 4. (13 S.) Leipzig 860, Dürr'sche Buchh.

— — De controversiis quibusdam, exortis in interpretanda lege, anno 1848 d. 26. XI. ordinandi per totam Germaniam juris cambialis causa lata. I. Lpz. (A. Edelmann) 28. III. 1860. 13 S., tlws. dtsch. (1.80) 12174

— — Viro Ludw. Friedr. Oscar Schwarze (Loebau) summos in utr. jure honores. — Decisionem Sax. LVII. d. a. 1661 quantocius abrogandam esse, ostenditur. Lpz. (Staritz) 27. VI. 1839. 19 S. mit Biogr. S.'s. (M.: A. C. Marcus.) (4.—) 12156

— — De expeditoribus mercium per varia emporia transportandarum (Spediteurs). Comment. jur. Lpz. (Carl Tauchnitz) 31. V. 1808. 54 S. (5.—) 12136

— — Solemnia inaug. viri Johann Gottlob Moritz Poppe (Leipzig). — Praemitt. explicatio quaestionis: Num ex jure Saxonico hypotheca in mola navali constitui possit? Lpz. 19. V. 1831. 16 S. mit Biogr. P.'s. (M.: M. S. Oehler.) (4.—) 12145

Günther, K. Fr., commentatio de fatis libelli Carpzoviani, cui inscribitur: Peinlicher Inquisitions- und Achtsprocess caet. Leipzig 859. Dürr'sche Buchhdlg. 4. (12 S.) 4½ ngr.

— — Viro Emil August Merkel (Leipzig) summos in utr. jure honores. — Inest commentatio dissertat. de quibusdam causarum figuris, in quibus dubium est, utrum acta dicasterio transmittere iudici liceat, nec ne? Lpz. (Wilh. Staritz) 10. IX. 1846. 12 S. mit Biogr. M.'s. (M.: H. F. E. Bauer.) (4.—) 12165

Günther, Karl Friedrich, s. Handbuch der wichtigsten Sächs. Gesetze.

Günther, Karl Friedrich, s. Haubold, Christian Gottlieb: Lehrbuch des königl sächsischen Privatrechts.

(— —) de herede ex re certa instituto, eoque legatis vel fideicommissis onerato. Dissertatio. 4maj. Lipsiae 856, libr. Dürr.

Günther, Carl Friedr., In causa damni, quod quis alteri nec dolo nec culpa dedit, utrum jus Romanum an jura antiqua Germanica in foro debeant praevalere? Pars I. et II. Dissertatio. gr. 4. (15 S., 17 S.) Leipzig 858, Dürr'sche Buchh. à Pars 8 Ngr.

— — In causa damni, quod quis alteri nec dolo nec culpa dedit, utrum jus Romanum an jura antiqua Germanica in foro debeant praevalere? I. Lpz. (A. Edelmann) 15 III. 1858. 15 S., tlws. dtsch. (1.80) 12170

— — Dasselbe. II. Lpz. (A. Edelmann) 23. VI. 1858. 17 S., tlws. dtsch. (1.80) 12171

Günther, C(arl) F(riedr.), Commentatio de jure fossae molaris. gr. 4. (13 S.) Leipzig 862, Dürr'sche Buchh.

Günther, Karl Frdr., der Concurs der Gläubiger nach gemeinem deutschen Rechte zugleich m. Angabe der wichtigsten besonderen Bestimmungen d. im Königr. Sachsen geltenden Rechts. 2. verm. u. verb. Aufl. gr. 8. (VIII u. 127 S.) Leipzig 852, O. Wigand. n. ⅔ ℛ

Günther, Karl Friedr., die neuen Criminalgesetze f. d. Königreich Sachsen, erläut., s.a. Criminalgesetze.

Die neuen Criminal-Gesetze f. d. Königr. Sachsen erläutert, aus den Landtagsverhandlungen v. d. J. 1836 u. 1837 v. K. Fr. Günther. Mit einem Sachregister. Leipz., Hinrichs. 838. gr. 8. (1 Thl. 6 Gr.)

— — u. (Respond.) **Moritz Meisner (Leipzig)**, Ad LL. XII. et XXVII. D. pro socio. Diss. jur. Lpz. (F. C. W. Vogel) 16. I. 1823. 44 S. (5.—) 12137

— — Brevis narratio de iis, quae medio saeculo XVIII in Saxonia de jure universo harum terrarum in formam codicis redigendo acta sunt. Spec. I. (Viro Martin Eduard Stephani [Beucha] summos in utr. jure honores.) Lpz. (Staritz) 22. XII. 1842. 12 S., tlws. dtsch., mit Biogr. St.'s. (M.: E. Wunder.) (3.50) 12159

— — Dasselbe. II. (Viro Herrmann Mangelsdorf [Crimmitzschau] summos in utr. jure honores.) Lpz. (Staritz) 6. IV. 1843. 15 S., meist dtsch., mit Biogr. M.'s. (M.: S. C. Herrmann.) (3.50) 12160

Günther, Karl Fr., de documenti notione recte constituenda Specimen I. et II. 4. Leipzig 832. (Goethe.) 5 gl

— — Viro Bruno Winkler (Rochlitz) summos in utr. jure honores. — De documenti notione recte constituenda spec. I. Lpz. (Wilh. Haack) 18. X. 1832. 14 S. mit Biogr. W.'s. (M.: E. H. Benedic.) (4.—) 12146

— **Carl Friedrich** (Leipzig), De furti notione per leges constituta adcuratius definienda. Präs. Christian Daniel Erhard. Lpz. (Carl Tauchnitz) 3. VII. 1806. 158 S. (6.—) 12135
Gew.: Christian Gottfried Hermann, Christian Gottl. Einert. — Widm. v. Präs.

— — Viro Julius Carl Unrein (Leipzig) summos in utr. jure honores. — Num propter aucta pendente concursu debitoris communis bona citatio edictalis iteranda sit, disquiritur. Lpz. (Staritz) 20. XII. 1838. 16 S. mit Biogr. U.'s. (M.: C. F. Webel.) (3.50) 12155

— — Viro Carl Gustav Gloeckner (Annaberg. Rosswein) summos in utr. jure honores. — Num uxor usuras sortis illatae in concursu mariti recte petat, disquiritur. Lpz. 15. V. 1834. 15 S. mit Biogr. Gl.'s. (M.: Ch. Ch. Benedict.) (4.—) 12150

— — Viro Wilhelm August Meissner (Dresden) summos in utr. jure honores. — Insunt: De Paulliana actione extra concursum instituta observationes. Lpz. (Wilh. Staritz) 21. VI. 1842. 15 S. mit Biograph. M.'s. (M.: W. A. Huebel.) (4.—) 12158

— — Observationes quaedam ad actionem suppletoriam; — ad L. 30. D. de rebus creditis spectantes. gr. 4. (15 S.) Leipzig 861, Dürr'sche Buchh.

— — Observationes quaedam I. ad actionem suppletoriam, II. ad L. 30. D. de rebus creditis spectantes. Lpz. (A. Edelmann) 22. VI. 1861. 15 S., meist dtsch. (2.—) 12177

— — Observat. de collisione legum externarum et domesticarum in causis cambialibus spec. III. (Viro Johann Bernhard Arnest [Dresden] summos in utr. jure honores.) Lpz. (Staritz) 21. XII. 1843. 16 S., tlws. dtsch., mit Biogr. A.'s. (M.: A. Teubler.) (3.50) 12161

— — Dasselbe. IV. (Viro Heinrich August Meissner [Dresden] summos in utr. jure honores.) Lpz. (Staritz) 25. I. 1844. 12 S., meist dtsch., mit Biogr. M.'s. (M.: W. A. Huebel.) (3.50) 12162

— — Dasselbe. V. (Viro Armin Eduard Lauenstein [Hamburg] summos in utr. jure honores.) Lpz. (Staritz) 18. V. 1844. 12 S., meist dtsch., mit Biogr. L.'s. (M.: D. Baumgart.) (3.50) 12163

— — Viro Carl Otto Albert Friese (Breslau) summos in utr. jure honores. — Insunt: Observationes de iure venditoris fundi in concursu emtoris. Lpz. (Staritz) 19. IV. 1842. 16 S. mit Biogr. F.'s. (3.—) 12157

—— Observationes quaedam de testibus in locum deperditorum subrogatis. gr. 4. (15 S.) Leipzig 857, (Dürr'sche Buchh.)

— — Ad §. II. legis Saxonicae de incendiariis d. d. 16. XI. 1741 promulgatae comment. I. (Viro Carl August Lehmann [Neukirch/Laus.] summos in utr. jure honores.) Lpz. 21. XII. 1833. 16 S. tlws. dtsch., mit Biogr. L.'s. (M.: Ch. E. Protz.) (4.—) 12148

— — Dasselbe. II. (Viro Eduard Gaudlitz [Leipzig] summos in utr. jure honores.) Lpz. (Hirschfeld) 22. V. 1834. 12 S. mit Biogr. Ga.'s. (M.: C. J. Hermann.) (4.—) 12149

— — Viro Carl Theodor Tittmann (Dresden) summos in utr. jure honores. — Ad §. 34. edicti d. d. 15. II. 1844, cui inscribitur: Verordnung zur Ausführung des Gesetzes v. 6. XI. 1843, die Grund- u. Hypothekenbücher u. das Hypothekenwesen betr. (G.- u. V.-Bl. v. 1844. St. 3. No. 9. S. 45. §. 34.) Lpz. (Staritz) 28. V. 1846. 15 S. mit Biogr. T.'s. (M.: J. F. Mertz.) (3.50) 12164

— s. Philalethes, Gutachten.

(— —) Viro **Carl Friedrich Guenther** laetam diei 22. VII. 1829 memoriam quo ordinarii ac professoris primarii in facultate juridica Lipsiensi munus solemniter auspicatus est pie gratul. dicasterii regii Lpsiensis collegae. — Inest quaestio: An vidua intra trigesimum pro debito mariti valide intercedat? Lpz. (A. Edelmann) 1854. 31 S. (4.50) 12167

— — Dissertatio qua tractatur quaestio ad jus molarum pertinens. Lpz. (A. Edelmann) 1. XI. 1858. 14 S., meist dtsch. (2.—) 12173

—— Dissertatio qua tractatur quaestio ad jus molarum pertinens. gr. 4. (14 S.) Leipzig 859, Dürr'sche Buchh.

— — Quaestionum de jure aquarum spec. I. Quaenam aquae profluentes publicae, quae privatae sint. (Solemnia inaug. viri Franz Theodor Hauschild [Dresden]). Lpz. (Staritz) 21. XII. 1826. 23 S. mit Biogr. H.'s. (M.: Ch. W. Weinlig.) (4.50) 12138

— — Dasselbe. II. Additamenta ad spec. I (juris Lusatici de fluminibus praecepta). De causis ac rationibus dominii privati aquarum profluentium. (Solemnia inaug. viri Carl August Albrecht [Dresden]). Lpz. (Breitkopf-Härtel) 18. IX. 1828. 19 S. mit Biogr. A.'s. (M.: J. C. Siegel.) (4.—) 12139

— — Dasselbe. III. Fortsetzg. (Solemnia inaug. viri Gustav Pohland [Dresden]). Lpz. (Breitkopf-Härtel) 14. X. 1828. 20 S. mit Biogr. P.'s. (M.: J. A. Hauschild.) (4.—) 12140

— — Dasselbe. IV. Fortsetzg. (Solemnia inaug. viri Ludwig Prasse [Merseburg]). Lpz. (Breitkopf-Haertel) 22. I. 1829. 20 S. mit Biogr. P.'s. (M.: Ch. S. Kuehn.) (4.50) 12141

— — Viro Carl Friedrich Heinrich Saxe (Dresden) summos in utr. jure honores. — Inest quaestionum ad jus constituendum pertinentium spec. II. Ad §. 71. legis Saxonicae „de forma executionum" d. d. 28. II. a. p. C. 1838. Lpz. (Staritz) 8. VI. 1848. 15 S., meist dtsch., mit Biogr. S.'s. (M.: F. C. Simon.) (4.—) 12166

Register zu den fünf ersten Bänden des Archivs für Hessische Geschichte und Alterthumskunde. Von CARL FRIEDRICH GÜNTHER. Darmstadt 1850. Buchdruckerei von Heinrich Brill. 8°.

—— Responsum, quo quaestiones quaedam ad doctrinam de compensatione spectantes tractatae sunt. gr. 4. (11 S.) Leipzig 862, Dürr'sche Buchh.

—— Responsum, quo quaestiones quaedam de negotiis prodigorum tractantur. 4maj. (14 S.) Lipsiae 856, libr. Dürr.

– s. Sickel, R.: Repertorium.

— — Disputatio de usuris morae in concursu creditorum locandis. Lpz. (A. Edelmann) 13. II. 1856. 12 S. (1.80) 12169

— — De vi atque usu leg. V. Cod. de legg. sententiae. Spec. I. (Viro Alexander Otto Kormann [Leipzig] summos in utr. jure honores.) Lpz. 29. XII. 1836. 15 S., meist dtsch., mit Biogr. K.'s. (M.: W. Immisch.) (4.—) 12151

— — Dasselbe. II. (Viro Ludwig Jerusalem [Leipzig] summos in utr. jure honores.) Lpz. 6. IV. 1837. 11 S., meist dtsch., mit Biogr. J.'s. (M.: L. Friedenreich.) (4.—) 12152

— — Dasselbe. III. (Viro Theodor Leberecht Ernst Wilhelmi [Leipzig] summos in utr. jure honores.) Lpz. (Hirschfeld) 2. V. 1837. 16 S., meist dtsch., mit Biogr. W.'s. (M.: J. Ch. R. Crusius.) (4.—) 12153

Günther, Karl Fr., Wappenbuch der Städte im Großherzogthum Hessen, dargestellt nach ihren Siegeln. Aus dem Archiv für hessische Geschichte besonders abgedruckt. gr. 8. (Mit 19 lith. Taf.) Darmstadt 843. (Leske.) n. 1 ₰

Günther, Karl Frdr., vollständige Worterklärung u. lateinisches Specialwörterbuch zur Pharmacopoea germanica. Ein prakt. Hilfsbuch zum sichern Verständniß derselben. Für Studirende der Apothekerkunst zum Selbstunterricht u. zur Selbstprüfung, zugleich m. Rücksicht auf das erste Apotheker- [das sogenannte Gehilfen-] Examen bearb. 1. Abth.: Worterklärung. 2. Abth.: Lateinisches Specialwörterbuch. à 4 Hfte. gr. 8. (1. Abth. 250 u. 2. Abth. 254 S.) Leipzig 878. Violet. à n. — 75

Günther, Karl Gottlob

— über Einrichtung d. Hauptarchive, besond. in deutschen Reichslanden. 8. Altenb. 783. (Hennings in Neisse). 14 gr

— s.a. Grundriß d. europ. Völkerrechts.

Günther, K. Glo.: „Grundriss eines Europäischen Völkerrechts nach Vernunft, Verträgen, Herkommen und Analogie; mit Anwendung auf die deutschen Reichsstände", Regensburg 1777 (Montag).

— **Carl Gottlob** (Lübben/Laus.), **Observationum juridicarum spec. acad. Präs. Fried. Gottlieb Zoller. Lpz. (Langenheim) 30. IX. 1773. 24 S. (5.—) 12178**
Gew.: Johann Nicolaus v. Maxen (Oegeln . .), Carl Wilhelm v. Carlowitz (Ohorn . .).

GÜNTHER, C. Glo.: De origine et auctoritate constitutionum Saxonicar. de anno 1572. *Ratisbonae*, (Manz.) 776. 8. (3 Gr.)

— de origine et auctorit. constitution. Saxonicar. de anno 1572. 8. Regensb. 776. Montag u. W. 3 gr

Günther, Karl Glo., († d. 18. Dec. 1832.) d. Privilegium de non appellando d. Chur- u. Fürstl. H. Sachsen. gr. 8. Dresd. 788. (Kummer in Leipz.) 12 gr

GÜNTHER, K. Glo.: Das Privilegium de non appellando des Kur- und Fürstenhauses Sachsen a. d. Staatsrechte m. dazu gehör. Actenstücken erläutert. *Leipz.*, Breitkopf. 788. 8. (12 Gr.)

— d. unbegrenzte Umfang d. Sächs. Appellationsfreiheit. gr. 8. Dresd. 789. Richter. (Herold jun. in Hamb.) 4 gr

Günther, C. G., der unbegrenzte Umfang der sächsischen Appellationsfreyheit. gr. 8. Hamb. Vollmer. 789.

Günther, Carl Gottlob: „Europäisches Völkerrecht in Friedenszeiten; nach Vernunft, Verträgen und Herkommen, mit Anwendung auf die teutschen Reichsstände", 2 Teile, Altenburg 1787 (Richter). — Vorh.: Com. Bibl. Hamburg.

— europäisches Völkerrecht in Friedenszeiten, nach Vernunft, Verträgen u. Herkommen, mit Anwendung auf d. deutschen Reichsstände. 2 Bde. gr. 8. Altenb. 793. (Hennings in Neisse). 2 rß 12 gr

Günther, Karl Edw., d. Ganze d. Viehzucht. 2 Bde. mit Kpf. 8. Leipz. 800. (Mittler). 2 rß 18 gr

Günther, Karl Otto, a. Löbau: **Aus d. med. Universitätspoliklinik zu Leipzig.** ⟨Geheimrat Professor Dr. Hoffmann.⟩ **Scirrhus ventriculi diffusus mit hochgradiger Verkleinerung des Magens unter geringfügigen klinischen Erscheinungen.** Leipzig 1908: B. Georgi. (54 S.) 8°
Leipzig, Med. Fak., Ref. Hoffmann, Diss. v. 19. Febr. 1908
[Geb. 16. Juni 80 Löbau; Wohnort: Zittau; Staatsangeh.: Sachsen; Vorbildung: Fürstensch. Meißen Reife O. 02; Studium: Leipzig 10 S.; Coll. 7. März 08; Approb. S.-S. 07.]

Günther, Karl Richard

— **Carl Richard** (Berlin), **De doctrinae Brunonis in medicinam recentiorem vi et auctoritate. Diss. med. Halle (Fr. Schimmelpfennig) 6. III. 1840. 27 S. mit Biogr. (M.: M. Barstolo.) (5.—) 12180**
Oppon.: I. Falk, A. Stoerzel. — Gew.: L. H. Friedlaender, Wilhelm Baum (Danzig).

Günther, Karoline

Günther, Caroline, Schule und Leben. Blätter aus der Briefmappe einer Erzieherin. Frankfurt a. M. 856. Sauerländer's Verlag. 8. (186 S.) 22½ ngr

Guenther, Konr., der **Darwinismus** u. die Probleme des Lebens. Zugleich e. Einführg. in das einheim. Tierleben. 1. u. 2. Aufl. (à XV, 460 S.) gr. 8. Freiburg i/B. 904. F. E. Fehsenfeld. n. 5. —; geb. n. 6.—

— dasselbe. 3.—12. Taus. Volksausg. (XV, 468 S.) 8. Ebd. 905. Kart. n. 2. 50

— die Entwicklung der Tierwelt, s.a. Hillger's illustr. Volksbücher.

Guenther, Konrad: Die Entwicklung der Tierwelt von Dr. –. Mit 18 Ill. Berlin, Leipzig: H. Hillger [1906]. (88 S.) 8°
= Volksbücher, Hillgers illustrierte. Bd 46.

— erhaltet unserer Heimat die Vogelwelt! Mit e. Anh.: Empfehlenswerte Stubentiere. (96 S.) gr. 8. Freiburg i/B. (906). F. E. Fehsenfeld. n. — 60

Guenther, Konr., der Kampf um das Weib in Tier- und Menschenentwicklung. 1—10. Taus. (VIII, 113 S. m. 50 Abbildgn. u. 4 [3 farb.] Taf. 8. Stuttgart 909. Strecker & Schröder. 1.50; geb. 2. 50

— Keimfleck u. Synapsis. Studien an der Samenreifg. v. Hydra viridis, s.: Jahrbücher, zoologische. VII. Suppl.-Bd.

— Die Lehre vom Leben. Ernährung, Fortpflanzung, Befruchtg., Vererbg., Entwicklg. u. Tod. 1—6. Taus. (VIII, 178 S. m. 58 Abbildgn. u. 6 z. Tl. farb. Taf.) 8. Ebd. 911 2.—; geb. 3. —

— Der Naturschutz. 1—5. Taus. (IV, 278 S. m. 54 Abbildgn.) 8. Freiburg i/B. 910. F. E. Fehsenfeld. 3.—; geb. 4. —

GÜNTHER, Konrad: Der Naturschutz. - Freiburg i. Br. 1910. IV, 278 S., 54 Abb. - 3. Aufl. Volksausg. ebd. 1912. IV, 287 S., 54 Abb., 1 Taf. - Neue bis auf d. Gegenwart ergänzte Ausg. Stuttgart 1919. V, 288 S.

Guenther, Konrad, aus Riga: Ueber **Nervenendigungen** auf dem Schmetterlingsflügel. Mit 1 Taf. *Jena: G. Fischer 1901.* (S. 551—572.) 8° ¶(Aus: Zool. Jahrbücher, Abth. f. Anat. u. Ontog. d. Thiere, Bd 14, H. 4.)
Freiburg i. B., Phil. Diss. v. 1901

Guenther, Konrad, Dr., aus Riga: Ueber den **Nucleolus** im reifenden Echinodermenei und seine Bedeutung. Mit 1 Taf. *Jena: G. Fischer 1903.* (28 S.) 8° ¶(Aus: Zool. Jahrbücher, Abth. f. Anat. u. Ontog. d. Thiere, Bd 19, H. 1.)
Freiburg i. B., Phil. Hab.-Schr. v. 1903

— Praxis des Vogelschutzes. (S. 113—136 m. Abb.) 8. Ebd. (910). — 30
Sonderabdruck aus „Der Naturschutz".

— Rückkehr zur Natur? Eine Betrachtg. über das Verhältnis des Menschen zur Natur u. die Entwicklg. desselben. (72 S.) 8. Leipzig 907. J. A. Barth. 1.20

— Tote u. lebende Substanz, s.a. Flugschriften des deutschen Monistenbundes.

Tote und lebende Substanz. Von Dr. Konrad **Guenther**. Berlin & Leipzig: Deutscher Monistenbund [1910]. 27 S. 8°
(Die Einheit in d. Natur. 2.)
(Deutscher Monistenbund. Flugschrift d. Ortsgruppe Groß-Berlin. 4.)
(Flugschriften d. Deutschen Monistenbundes. Nr 24.) [10. 10449

— Tiergarten fürs Haus in Bild u. Wort. (Volks-Ausg. (100 Taf. m. Text auf der Rückseite u. VIII S. Text.) 35×26,5 cm. Stuttgart (910). Deutsche Verlags-Anstalt. Geb. in Halbleinw. 6.—; Pracht-Ausg (100 Taf. m. 107 S. Text.) Geb. in Leinw. 12.—

— Vom Urtier zum Menschen. Ein Bilderatlas zur Abstammungs- u. Entwicklungsgeschichte des Menschen. Zusammengestellt u. erläutert. (II, 202 u. 220 S. m. 90 [15 farb.] Taf.) 35,5×26,5 cm. Ebd. 908.09. 20.—; in 2 Leinw.-Bdn. od. Text geb., Taf. in Mappe: 26.—; auch in 20 Lfgn. à 1.—

Günther, Konstantin

Günther, Const., neueste ungelehrte, aber pract. u. sichere Anleitung zur galvanischen Vergoldung, Versilberung ꝛc. mittelst höchst einfachen Apparats, nebst Anweisung zur Contactvergoldung ohne allen Apparat. Mit 1 Lithogr. 8. Grimma 843. Verlags-Compt. n. 2/3 ℛ

Günther, Const., die durch Schönheit, Dauer und Billigkeit unübertreffliche electrochemische Feuervergoldung u. Versilberung. Für den Juwelier, Gold- u. Silberarbeiter etc. in zweckmässigster Kürze bearb. u. mit den Recepten zur Goldauflösung etc., zur Silbersolution, zum Glühwachs etc. versehen. Dresden (856.) Klemm. gr. 8. verklebt n. 5 ℛ 20 ngr

Günther, Constant., Handbuch für feinere Metallarbeiter, Vergolder, Juweliere, Bronceure, Mechaniker und dergleichen. Zusammengestellt und mit allen einschlagenden Recepten in 114 Capiteln mitgetheilt. gr. 8. (VIII und 87 S.) Dresden 860, Klemm's Verlag.

Günther, Const., Handbuch für feinere Metall-Arbeiter, und für alle Gewerbtreibenden, bei denen einzelne Metalltheile zur Verwendung kommen, insbesondere für Vergolder, Juweliere, Bronceure etc. Zusammengestellt und mit allen einschlagenden Recepten in 200 Capiteln mitgetheilt. 860. (VIII, 87 S.) 1 ℛ — 2. verm. Aufl. Dresden 862. Klemm. gr. 8. (VIII, 142 S.) 22½ ngr

— die neue electro-chemische Vergoldung und Versilberung sämmtlicher Metalle. Für den Juwelier, Gold- und Silberarbeiter, Vergolder etc. in zweckmässigster Kürze bearb. u. mit Recepten zur Goldauflösung für gewöhnliche, sowie für Pariser Mattvergoldung etc. versehen. 2. wohlfeilere Ausg. Ebend. 860. gr. 8. verklebt 15 ngr

Günther, Kurt, Kammergerichtsref. in Spandau: **Das Frachtbriefduplikat nach Eisenbahnfrachtrecht.** *Berlin [1903]: G. Bernstein.* (50 S.) 8°
Rostock, Jur. Diss. v. [17. Juni] 1903

Günther, Kurt, Referendar: Haftet der eingetragene Verein für die Schulden des nicht rechtsfähigen, aus welchem er entstanden? Berlin 1908: Streisand. 55 S. 8°
Würzburg, Jur. Diss. v. 17. Aug. 1908, Ref. Mayer
[Geb. 8. Okt. 80 Berlin; Wohnort: Berlin; Staatsangeh.: Preußen; Vorbildung: Gymn. Berlin Reife O. 00; Studium: Berlin 4, Genf 1, Edinburg 1 S.; Rig. 24. Juli 08.] [U 09. 4052

Günther, Curt, Hertha. Sittenbild in 1 Akt. 8. (19 S.) Dresden 900. E. Pierson. n. —75

Günther, Curt, Jahrhundertsende. Novellistische Skizzen. gr. 8. (88 S.) Frankfurt a/M. 894. C. Koenitzer's Verl. 1.—

Günther, Curt, die Verba im Altostfriesischen. Ein beitrag zu e. altfries. grammatik. Inaugural-dissertation. gr. 8. (82 S.) Leipzig 880. Urban. 2.—

Günther, L. [Dr. jur.]: Die Idee der Wiedervergeltung in der Geschichte und Philosophie des Strafrechts. Ein Beitrag zur universalhistorischen Entwickelung desselben. Abteilung 1: Die Kulturvölker des Altertums und das deutsche Recht bis zur Carolina. . . . Altenburg, Pierer'sche Hofbuchdr. Stephan Geibel & Co., 1889; 2 Bl. + 298 S. 8°
Giessen, Jur. Fak., Hab.-Schr. v. 1889

Günther, L., die Idee der Wiedervergeltung in der Geschichte u. Philosophie d. Strafrechts. Ein Beitrag zur universalhistor. Entwickelg. desselben. 1. Abtlg.: Die Kulturvölker d. Altertums u. das deutsche Recht bis zur Carolina. gr. 8. (XVI, 298 S.) Erlangen 889. (Blaesing.) n. 6.—

Günther, L., die Idee der Wiedervergeltung in der Geschichte u. Philosophie d. Strafrechts. Ein Beitrag zur universal-histor. Entwickelg. desselben. 2. Abtlg.: Das deutsche Strafrecht nach der Carolina bis zur Mitte d. 18. Jahrh. u. die jurist. u. philosoph. Strafrechts-Litteratur vor Kant. gr. 8. (XVIII, 270 S.) Erlangen 891. Th. Blaesing. n. 6.— (1. 2.: n. 12.—)

Günther, L, die Idee d. Wiedervergeltung in d. Geschichte u. Philosophie d. Strafrechts. E. Beitrag z. universal.-histor. Entwicklg. desselben. III. Abtlg., 1. Hälfte: Die Strafgesetzgebg. Deutschlands seit d. Mitte d. 18. Jahrh. bis z. Gegenwart m. vergleich. Berücksicht. d. Gesetzgebg. d. übr. europ. u. ein. aussereurop. Staaten. gr. 8. (XXXVIII, 648 S.) Erlangen 895. Th. Blaesing. n. 18.— (I—III, 1.: n. 30.—)

— **L. Johannes,** Modum singularem et infallibilem convincendi Lutheranos etiam contumacissimos praxi missionariorum accommodatum & ab autore, J. T. Chr. H. Saxone, sacerdote, Clementi XI. pontifici max. & sacrae congregationi de propaganda fide Romae anno 1702 oblatum. Lpz. (Christian Scholvin) 8. XI. 1708. 64 S. (6.50) 12211

Günther, Leo, der Kaffee als Hausgetränk. Eine Warng. (22 S.) gr. 8. Leipzig 907. B. Konegen. —50

Günther, Leo, der Übergang des Fürstbist. Würzburg an Bayern, s.a. Studien, Würzburger, zur Geschichte des Mittelalters u. der Neuzeit. 2. Hft.

Günther, Leo, a. Landau, Pfalz: Der Übergang des Fürstbistums Würzburg an Bayern. Das Ende der alten und die Anfänge der neuen Regierung. Leipzig: Quelle & Meyer 1910. 65 S. 8° ¶(Ersch. vollst. als: Würzburger Studien z. Gesch. d. Mittelalt. u. d. Neuzeit. H. 2.)
Würzburg, Phil. Diss. v. 23. Jan. 1910, Ref. Chroust
[Geb. 20. Okt. 78 Haßloch; Wohnort: Würzburg; Staatsangeh.: Bayern; Vorbildung: Gymn. Landau Reife Juli 97; Studium: München 2, Straßburg 1, Freiburg i. B. 1, München 2, Würzburg 6 S.; Rig. 23. Jan. 09.] [U 10. 4391

Günther, Leontine, die Mädchen- u. Frauenwelt, s.a. Encyclopädie aller weibl. Hauptkenntnisse, 2. Bd.

Günther, Leontine, die Mädchen- u. Frauenwelt. Ein Lehrbuch für alle Verhältnisse des weiblichen Lebens. Supplement zur Encyclopädie der Frauenkünste (von Caroline Leonhardt und Cäcilie Seifer). gr. 8. Leipzig 835. Friese. 1 ℳ

Günther, Leopold

Günther, L., Engel u. Satan, s.: Bloch's, E., Theater-Gartenlaube. Nr 43.

Günther, Leop., der Leibarzt. Lustspiel in 4 Acten. [Mit Benutzg. e. Riehl'schen Idee.] 8. (106 S.) Berlin 886. Kühling & Güttner. 2. 50

Günther, L., Lott' ist todt, s. Bloch's, E., Dilettanten-Bühne.

— die Nachrede. Lustspiel in 3 Aufz. Neue Bearb. 8. (98 S.) Berlin 889. Kühling & Güttner. n. 2. 50

Günther, Leopold, Referendar b. d. Staatsanwaltsch. Leipzig: Notadresse und Ehrenaccept nach geltendem Wechselrecht. Pegau 1910: Günther. VII, 75 S. 8°
Leipzig, Jur. Diss. v. 22. Sept. 1910
[Geb. 28. Okt. 83 Pegau; Wohnort: Pegau; Staatsangeh.: Sachsen; Vorbildung: Furstensch. Grimma Reife O. 03; Studium: Leipzig 2, Heidelberg 1, Leipzig 5 S.; Rig. 18. Febr. 07.] [U 11. 2848

— Pietsch in der Afrikanerin, s. Bloch's, E., komische Solo-Scenen.

— Pietsch in der Afrikanerin, s. Solo-Scenen, komische.

Günther, Leopold, appr. Arzt a. Kirchenlamitz: Über Polyposis adenomatosa im Magendarmkanal und einen Fall von Adenokarzinom des Rectums. Borna-Leipzig 1905: R. Noske. (18 S.) 8°
Würzburg, Med. Fak., Ref. v. Rindfleisch, Diss. v. 28. Nov. 1905
[Geb. 18. Juni 79 Kirchenlamitz; Wohnort: Kirchberg; Staatsangeh.: Bayern; Vorbildung: Gymn. Erlangen Reife Juli 99; Studium: München 1, Erlangen 2, Wurzburg 7 S.; Coll. 8. Nov. 05; Approb. 16. Aug. 05.]

— ein alter Tänzer, s. Bloch's, E., Dilettanten-Bühne.

Günther, Ludw., ein Beitrag zur Reform des gregorianischen Kalenders, m. e. Einleitg.: Auf den Frühlingspfaden unseres Kalenders v. Max Jacobi, u. e. Anh.: Kalender f. alle Jahre von v. Sichart, s.: Vorträge u. Abhandlungen, hrsg. v. der Zeitschrift „Das Weltall". 6. Hft.

Günther, Ludwig, gepr. Lehramtskand.: Über das farbenempfindliche Chlorsilber und Bromsilber. 1904. 71 S. 8°
¶ Aus: Abhandlungen d. Naturhistor. Gesellschaft zu Nürnberg. Bd 15. 1905.
München, Dr.-Ing.-Diss. v. 3. 3. 1904

— ein Hexenprozeß. Ein Kapitel aus der Geschichte des dunkelsten Aberglaubens. (XII, 112 S.) 8. Gießen 906. A. Töpelmann. n. 2. —

— Kepler u. die Theologie. Ein Stück Religions- u. Sittengeschichte aus dem XVI. u. XVII. Jahrh. Mit dem Jugendbildnis Keplers, um 1597, u. e. gleichzeit. Fksm. (XVI, 144 S.) 8. Ebd. 905. n. 2. 60; geb. n.n. 3. 60

Günther, Ludw., s.: Kepler's Traum vom Mond.

Günther, Ludw., die Mechanik des Weltalls. Eine volkstüml. Darstellung der Lebensarbeit Johannes Keplers, besonders seiner Gesetze u. Probleme. Mit 13 Fig., 1 Taf. u. vielen Tab. (XVI, 156 S.) 8. Leipzig 909. B. G. Teubner. Geb. 2. 50

— Recht u. Sprache. E. Beitrag z. Thema v. Juristendeutsch. gr. 8. (XV, 360 S.) Berlin 898. C. Heymann's Verl. n. 6. —

Deutsche Rechtsaltertümer in unsrer heutigen deutschen Sprache von Dr. L[udwig] **Günther**, Prof., Gießen. *Leipzig: F. W. Grunow 1903.* (VI, 160 S.) 8° [F.]
Erw. Abdr. aus: Grenzboten Jg. 62. 1903. [03. 14319

— das Rotwelsch des deutschen Gauners. (XXI, 101 S.) gr. 8. Ebd. 905. n. 3. —

Keplers Traum vom Mond. Von Ludwig **Günther.** M. d. Bildn. Keplers, d. Faks.-Titel d. Originalausg., 24 Abb. im Text u. 2 Taf. *Leipzig: B. G. Teubner 1898.* (1 Bl., XXII, 185 S., 1 Portr., 1 Facs., 2 Taf.) 1 Bd 8. [98. 9303

Günther, Ldw. Chr. Bemerkungen über Pacht- und Kaufanschläge, Abnahme, Uebernahme etc. der Domainenämter; mit Anmerk. von F. G. Leonhardi. gr. 8°. Leipzig, Breitkopf u. H., 1795.
vgl. Günther, Ludwig G.

Günther, Ludwig G.

Günther, L. G.: „Practische Bemerkungen über Pacht- und Kaufanschläge, Abnahme, Uebergabe und Verwaltung der Domainenämter und Rittergüter", mit Anmerkungen von F. G. Leonhardi, Leipzig 1795 (Breitkopf).
vgl. Günther, Ludwig Chr.

— durch die Karten, s.: Bühnenfreund, der. — Theater-Mappe.

Günther, M., Mama muß heirathen, s.: Theater-Mappe.

Günther, M. J. F., De teletarum et mysteriorum traditione exercitatio. Diss. 1708. 41 S. 4°. 1,50

Günther, Maria, das Bild der Schwiegermutter, s.: Album f. Liebhaber-Bühnen.

Günther, Maria, Feuerprobe, Die, s. Theater-Mappe.

Günther, Maria, Goldmarie u. Pechmarie. Märchen m. Gesang u. Tanz in 3 Akten u. 5 Bild., n. d. Grimm'schen Märchen frei bearb. Musik v. Thdr. Hauptner u. and. Komponisten. 8. (59 S.) Berlin 893. Kühling & Güttner. n. 2. 50

Günther, Maria: Jeder nach seinem Geschmack, s. Theater-Mappe.

— der räthselhafte Liebhaber. Schwank in 3 Aufz. 8. (111 S.) Berlin 887. Kühling & Güttner. 2. 50

Günther, Maria, das graue Männchen. Orig.-Lustspiel in 4 Aufzügen. 8. (76 S.) Berlin 885. Kühling & Güttner. 2. 50

— u. Leop. **Günther,** der neue Stiftsarzt. Lustspiel in 4 Aufzügen. 8. (120 S.) Ebend. 885. 2. 50

Günther, Martin

Günther, M., populäre Symbolik. Lutherischer Wegweiser zur Prüfg. der amerikan. Kirchen u. religiösen Gesellschaften. gr. 8. (304 S.) St. Louis, Mo. 872. (Dresden, Naumann.) n. 8. —

Günther, Mart., populäre Symbolik. Lutherischer Wegweiser zur Prüfung der verschiedenen Kirchen u. religiösen Gesellschaften. 2., verm. Aufl. gr. 8. (IV, 397 S.) St. Louis, Mo. 881. (Dresden, H. J. Naumann.) geb. n. 12. 50

Günther, Mart., populäre Symbolik. Luther. Wegweiser z. Prüfg. d. verschied. Kirchen u. religiösen Gesellschaften. 3., verm. Aufl. gr. 8. (VII, 472 S) St. Louis, Mo. 898. (Zwickau, Schriftenverein.) n. 8. —

Günther, Mart. Dr. C. F. W. Walther. Lebensbild. 8. (VI, 256 S. m. 11 Bildern.) St. Louis, Mo. 890. (Dresd., H. J. Naumann.) geb. * 4 —

Günther, Mart., C. F. W. Walther. Lebensbild. 8. (VI, 256 S. m. 11 Bildern.) St. Louis, Mo. 890. (Zwickau, Schriftenverein.) Geb. n. 4. —

Günther [Max], Direktor Dr.: Die Ausdrucksfertigkeit der französischen und der deutschen Sprache. Dirschau 1907: Dirschauer Zeitung. (S. 11—20.) 4° [F.]
Dirschau, Kaiserin Auguste Viktoria-S P 1907

Günther, Max, aus Birkenberge, Prov. Brandenb., Kammergerichts-Ref.: Die **Auslobung** nach dem Bürgerlichen Gesetzbuch. *Berlin (1900): W. Isleib.* (72 S.) 8°
Erlangen, Jur. Diss. v. 14. Juni 1900

Günther, Max: A defence of Shakespeare's „Romeo and Juliet" against modern criticism. Halis Saxonum (1876): Orphanotropheum. 31. S. 8°
Halle-Wittenberg, Phil. Diss. v. 8. Jan. 1876
Geb. Halle a. d. S. 14. 4. 1851. V.

Günther, Max: Entstehungsgeschichte von Defoe's Robinson Crusoe. Greifswald 1909: Abel. 79 S. 8°
Greifswald, Phil. Diss. v. 2. April 1909, Ref. Konrath
[Geb. 15. Nov. 84 Insterburg; Wohnort: Konitz; Staatsangeh.: Preußen; Vorbildung: Gymn. Konitz Reife O. 03; Studium: Greifswald 1, Berlin 2, Greifswald 4 S.; Rig. 22. Febr. 09.] [U 09. 1525

-- **Max** (Marzdorf/Westpr.), **Ueber einen Fall von Angiosarkom der Chorioidea. Diss. med.-chir. Bln. (Gust. Schade [O. Francke]) 26. III. 1892. 31 S. mit Biogr. (4.50)** 12231
Oppon.: W. Veit, **W. Freih. v. Marenholtz, Dr. med. Rethers.**

Günther, französische Gespräche f. den Schulgebrauch. gr. 8. (III, 81 S.) Danzig 892. A. W. Kafemann. n. 1.20

Günther, Max [aus Cöln a. Rh.]: Haarknopf und innere Wurzelscheide des Säugetierhaares ... Berlin, Buchdr. v. G. Schade, *1895*; 74 S., 1 Bl., 2 Taf. 8.
Berlin, Med. Fak., Inaug.-Diss. v. 13. Aug. 1895

Günther, English letters. Collected for the use of schools. gr. 8. (III, 46 S.) Danzig 889. Kafemann. n. 1. —

-- **Maximilian** (Dresden), **De mutata feudorum extra curtem inter principes foederi Rhenano adscriptos ratione commentatio Präs. Christian Ernst Weisse. Lpz. (Carl Tauchnitz) 19. X. 1809. 48 S. (6.—)** 12232
Gewidm.: **Georg Wilhelm Grf. v. Hopfgarten (Mühlstedt ..), Pet. Friedr. u. Pet. Carl Grf. v. Hohenthal (Kayna .. u. Königsbrück ..), Heinr. Ferdin. v. Zedtwitz, Johann Ernst v. Globig, Joh. Sigism. v. Zeschau, Gottlob Adolph Ernst Nostitz u. Jaenkendorf (Oppach).**

— — **Jus sigillorum medii aevi ex formulis sphragisticis proprii sigilli absentiam vel defectum indicantibus illustr. Diss. jur. Leipzig 10. VI. 1813. Druck: Dresden (C. G. Gaertner). 48 S. (6.—)** 12233

Günther, Maxim., das Siegelrecht d. Mittelalters erläut. aus sphragist. Formeln, welche d. eignen Siegels Abwesenheit od. Mangel, die s. g. Siegel-Carenz bezeichnen. Lateinische Dissertation. [Ius sigillorum medii aevi ex formuli sphragisticis proprii sigilli absentiam vel defectum indicandibus illustratum. Leipzig 1813.] Uebersetzt v. K. L. Als Mscr. gedr. gr. 4. (VIII, 38 S.) Stuttgart 870. Fischhaber. 3. —

Günter, Michael, Das metrische Maß, seine Theile und deren gegenseitige Werthe in ihren Beziehungen zum Wiener Maße. 3. vollständig umgearbeitete Auflage. Wien 1891. Verlag von A. Pichler's Witwe u. Sohn. (Min.-Erl. v. 2. Jan. 1895, Z. 22511.) In Mappe 1.20, auf Leinwand gezogen mit Stäben Wien: Pichler 1895. 2.80

Günther, Moritz, approb. Arzt aus Cassel: **Ein Beitrag zur** Kenntnis der Rückenmarkserkrankungen bei letalen Anaemien. Mit 1 Taf. *Cassel 1899: L. Döll.* (21 S.) 8°
Leipzig, Med. Diss. v. 22. Dez. 1898
(Nur in beschränkter Zahl für den Austausch)

Günther, N., kurzer Auszug a. d. pfälzischen Gesch. 8. Mannheim, Löffler. 793.

— **Nicolaus Joseph** (Magdeburg), **De consortibus et adjutoribus criminum eorumque poena et noxa, secundum leges Germaniae criminales generatim. Diss. philos.-jur. Präs. Ernst Christ. Westphal. Halle 21. VI. 1760. 62 S. (6.20)** 12234
Gew.: Ernst Johann v. Voss (Gr.- u. Kl.-Glewitz ..), Jacob Friedrich Burghoff, Gebhard **Friedrich Bastineller. — S. 59/60: Edict geg. d. Diebes-Haehler, Berlin 1720.**

Günther, O.

—s. a. d. Architekt im Kleinen.

Günther, (O.,) d. Architekt im Kleinen. 16—36 Hft. Mit Kupf. 4. Leipz. 825, Baumgärtner.

Günther, O., die Bremerhavener Hafen- u. Dock-Anlagen, s.: Rudloff, R.

Günther, O. B., ausführl. Beschreib. des Pise-Baues, mit allen dabei vorkommenden Arbeiten u. den vielen wesentl. Verbesserungen neuerer Zeit. — Als des vergriffenen Werkes „über d. Pise-Baukunst v. Prof. Seebaß." 2e Aufl. Mit 5 Kpft. gr. 8. Leipz. 826. Baumgärtner. 18 gr.

Günther, Oscar, aus Alt-Rudnitz a. O. (Brandenb.): **Ueber Derivate** des 1-Phenylnaphtalins. *München 1901: V. Höfling.* (80 S.) 8°
München, Phil. Diss. v. 1902

Günther, Osc., das sächsische Dreiklassenwahlgesetz in seinen Wirkgn. Vortrag, geh. in d. Generalversammlg. d. Landesvereins d. freisinn. Volkspartei im Königreich Sachsen am 27. V. 1897. 8. (16 S.) Leipzig 897. R. Streller. — 20

Günther, Osk., Erlebnisse e. Husarentrompeters unt. d. „alten Fritz". Erzählg. f. d. Jugend u. d. Volk. 8. (103 S. m. 2 Bildn.) [Leipzig 895. G. Strübig.] Charlottenburg, Schreiter. Kart. n. 1. 20

Günther, O. (Hrsg.), s. L i v i u s Andronicus

Alt-Danzig. Ausstellung d. Danziger Stadtbibliothek in d. oberen Räumen d. Stadtmuseums. Stadtansichten, hist. Blätter, Porträts alter Danziger u. a. (Kupferstiche, Handzeichnungen, Drucke, Handschriften.) (Verf.: [Otto] Günther.) Danzig 1906: (A. Schroth). (14 S.) 8° [06. 10598

Günther, Otto, Avellana-Studien. [Aus: „Sitzungsber. d. k. Akad. d. Wiss."] gr. 8. (134 S.) Wien 896. (C. Gerold's Sohn.) n. 2. 80

Guenther, Otto (geb. Bernburg 6. 3. 1821): De balneis veterum. Berolini (1844). (45 S.) 8°
Berlin, Med. Diss. v. 1. März 1844

Günther, Otto [cand. med. aus Amberg i. d. Oberpfalz]: Beitrag zur Statistik der Frakturen ... München, G. Franz'sche h. b. Hofbuchdr., 1892; 2 Bl., 40 S. 8.
München, Med. Fak., Inaug.-Diss. v. 1893

Günther, Otto, Beiträge zur Chronologie der Briefe d. Papstes Hormisda. [Aus: „Sitzungsber. d. k. Akad. d. Wiss."] Lex.-8. (60 S.) Wien 892. (F. Tempsky.) n. 1.10

Günther, Beiträge zur Kenntnis des Trypanosoma gambiense, s.: Bentmann.

Günther, Otto, s.a. Breslau, das malerische.

Günther-Naumburg, Otto: Das malerische B r e s l a u . 12 Vierfarbendrucke nach Aquarellen von Prof. –, Prof. Heinrich Irmann u. Josef Langer mit erl. Text von Dr. Wilh. Korn u. Textzeichn. von Arnold Busch. Breslau: Korn (1909). 15 S. gr. 2°

Günther, Otto, H. Irmann u. J. Langer, das malerische Breslau in Postkarten. Verkleinerte Nachbildg. der Vierfarbendrucke in der Kunstmappe „Das maler. Breslau" nach Originalen. (12 farb. Bl. m. VII S. Text.) 16. Breslau 910. W. G. Korn. In Mappe 1.—; geb. 1. 20

Günther, Otto, s.: Briefe an Desiderius Erasmus v. Rotterdam.

Günther-Naumburg, Otto, Burgen u. Schlösser aus Tyrol. 6 Aquarelle. schmal Fol. Berlin (900). W. Schultz-Engelhardt. 9. —

Guenther, Otto: De Ciceronis Philippicarum codice Ienensi recte aestimando. Ienae 1909: Neuenhahn. 37 S. 8°
Jena, Phil. Diss. v. 8. Mai 1909, Ref. Götz
[Geb. 12. Febr. 84 Freienorla; Wohnort: Altenburg; Staatsangeh.: Sachsen-Altenburg; Vorbildung: Gymn. Altenburg Reife O. 04; Studium: Jena 9 S.; Rig. 19. Dez 08.] [U 09. 2178

Säulen: Älteste noch existierende Denkmäler der Freymaurerey in Deutschland. Gezeichnet von Otto Günther. Mit 3 lithogr. Bl. Leipzig: Industrie-Comptoir 1824. 4 Bl. quer 2° [Umschlagtit.]
Kl. 2750. Selten. Abb. der Säulen J. u. B. im Dom zu Würzburg nebst Einl. 139. 215.

Guenther, Otto, s.: Epistulae imperatorum, pontificum etc.

Günther, Otto, allgem. Gelehrten-Lexikon, s.: Jöcher, Chrn. Glieb.

Günther, Otto, zur Geschichte des Leipziger Musenkrieges im J. 1768. [Aus: „Mittheilgn. der Deutschen Gesellschaft zu Leipzig".] gr. 8. (46 S.) Leipzig 894. (K. W. Hiersemann.) n. 3. —

Günther, Otto. Danziger Hochzeits- und Kleiderordnungen.
46 S. 8°.
Aus: Zeitschrift des Westpreussischen Geschichtsvereins H. 42. [Danzig 1900].

— s.: Katalog der Danziger Stadtbibliothek.

Günther, Otto, s.: Lengnich, des Syndicus Gfr., ius publicum civitatis Gedanensis.

Günther, Ottom. Kritische Miscellen. (Zur Kritik und Erklärung des Sophokles. I. Trach. II. Elektra.) 10 S.
Progr. *Greifenberg Po.* 1885.

Günther, O[tto]: Zwei M i s c e l l e n zur Danziger Buchdrucker- und Literaturgeschichte im siebenzehnten Jahrhundert. Von Dr. –, Bibliothekar. Danzig 1898: Kafemann. 20 S. 8° [Umschlagt.]
Aus: Zeitschrift d. Westpreuss. Geschichtsvereins. H. 38.

— Paysages. schmal Fol. (12 Farbdr.) Ebd. (899). 12. —

Günther, Otto [aus Connewitz b. Leipzig]: Plautuserneuerungen in der deutschen Litteratur des XV.—XVII. Jahrhunderts und ihre Verfasser .... Leipzig, Druck v. C. Marquart, 1886; 8+91+1 S. 8°.
Leipzig, Phil. Fak., Inaug.-Diss. v. 22. Dez. 1885.

Günther, Otto, Plautuserneuerungen in der deutschen Litteratur des XV.—XVII. Jahrhunderts und ihre Verfasser. Diss. Leipzig 1886, Gustav Fock. 8°. 91 S.

Günther, Otto, u. Karl Fröhlich, Jung Purzelmann. Eine Bärengeschichte in Bildern v. O. G., m. Reimen v. K. F. 4. (23 Bl. m. eingedr. color. Illustr.) Frankfurt a/M. 886. Literar. Anstalt. cart. 1. 80

Guenther, Otto [Luneburgensis]: Quaestiones Ammianeae criticae ... Gottingae, *typ. impr. F. Scheel, Casselae,* 1888; 2 Bl. + 61 + 1 S. + 1 Bl. 8°
Göttingen, Phil. Fak., Inaug.-Diss. v. 16. Nov. 1887

Guenther, Otto (I.), quaestiones Ammianae criticae. gr. 8. (62 S.) Göttingen 888, Vandenhoeck und Ruprecht's Verlag. *

Günther, Otto [Hrsg.] s. S c h i l l e r b u c h , Marbacher

Günther, [Otto]: Die Danziger S t a d t b i b l i o t h e k . Ihre Entwicklung u. ihr Neubau. Zur Erinnerung an d. Übersiedelung d. Bibliothek in ihr neues Gebäude dargest. von Dr. –, Stadtbibliothekar, u. [Karl] Kleefeld, Stadtbauinsp. Danzig 1905: A. W. Kafemann. (27 S.) 4°

Günther, Otto, appr. Arzt aus Görlitz (Schles.): (Aus d. med. Klinik zu Jena.) Primäre maligne Tumoren der Lymphdrüsen in Combination mit Tuberkulose. *Jena 1900: G. Neuenhahn.* (40 S.) 8°
Jena, Med. Diss. v. (9. Juli) 1900

Guenther, (Joan.) Otto (Hugo Victor) (geb. Wriezen a. O. 24. 3. 1826): De variola et vaccina. Berolini (1852). (28 S.) 8°
Berlin, Med. Diss. v. 18. Febr. 1852

Günther, Otto [Hrsg.], s. V e r ö f f e n t l i c h u n g e n des schwäbischen Schillervereins

— Wald- u. See-Idyllen. gr. 8. (6 Farbdr.) Ebd. 899. 7. 50

Günther, Otto, die Wiegendrucke der Leipziger Sammlgn. u. der herzogl. Bibliothek in Altenburg, s.a. Zentralblatt f. Bibliothekswesen.

Die Wiegendrucke der Leipziger Sammlungen und der Herzoglichen Bibliothek in Altenburg. Ein Verzeichnis von Otto **Günther**. [Nebst] Nachträge. Leipzig: Harrassowitz 1909–10. 8°
(Zentralblatt f. Bibliothekswesen. Beihefte 35.)

Günther, P., bin ich gewerbesteuerpflichtig? Ein allgemein verständl. Überblick üb. das neue Gewerbesteuergesetz u. zugleich e. Anleitg. zur Handhabung desselben. gr. 8 (32 S.) Berlin 892. J. J. Heine. n. — 50

Günther, P., die Domänen-Verwaltung des Preußischen Staates, s.: Oelrichs, H.

Günther, P., der wilde Jäger, s. Breitkopf und Härtel's Text-Bibliothek Nr. 51.

Günther, Paul

— s.a. Günther-Ernst, Paul.

Günther, Paul, Berechnung v. Eisenbeton- u. Steineisendecken, Plattenbalken u. Steineisendecken m. aufbetoniert. Druckschicht nach Tabellen der Widerstandsmomente. Nach den Ministerialerlassen vom 24. V. 1907 u. vom 6. V. 1904 unter Berücksicht. der dazu erlassenen Ausführungsvorschriften. (62 u. XX S. m. Fig.) Lex. 8. Spandau (908). (Berlin, Tonindustrie-Zeitg.) 3. —

Günther, Paul [aus Bernburg]: Über lineare Differentialgleichungen, deren Integrale nur einen singulären Punkt im Endlichen besitzen und im Unendlichen sich regulär verhalten. . . . Berlin, Druck v. Georg Reimer, 1889; 2 Bl. + 36 S. 4°
Berlin, Phil. Fak., Inaug.-Diss. v. 15. März 1889

Günther, Paul, dolle Geschichten, s.a. Bibliothek Eros.

Dolle Geschichten. Von Paul **Günther**. *Berlin: C. M. A. Müller & Co. [1902].* (79 S.) 8°
= Eros, Bibliothek. Bd 7.

Günther, Paul, aus Berlin: Ueber **Halogenierung** von Oxyanthrachinonmonosulfosäuren. *Berlin 1901: A. W. Schade.* (49 S.) 8°
Münster, Phil. Diss. v. 6. Febr. 1901

Günther, Paul, Homosexual in ethisch-religiöser Beleuchtung unter Bezugnahme auf das Wirken des Hrn. Aug. Fleischmann, m. besond. Berücksicht. seiner Broschüre „Krupp in Essen u. auf Capri". (19 S.) 8. München 903. (Lorch, K. Rohm.) n. — 50

Günther, Paul, s.: Hürde, die letzte.

Günther, Paul: Die letzte Hürde, s. Puttkammer, Marie Madeleine von

Guenther, Paul: Das Leben des heiligen Gerard, Stifters und ersten Abtes des Klosters Brogne im Luetticher Sprengel. Halle 1877: Gebauer-Schwetschke. 31 S. 8°
Halle-Wittenberg, Phil. Diss. v. [9. Aug.] 1877
Geb. Halle a. d. S. 3. 2. 1850. V.

Günther, Paul: Auf d. Liebesinsel, s.a. Vereins-Bühne.

Auf der Liebesinsel. Lustspiel in 1 Akt von Paul **Günther**. *(Berlin: E. Bloch [1893].)* (12 S.) 8° [Umschlagt. J.]
= [Vereins-Bühne. No 11.]

Günther, Paul, Pfeilgift. Novellen u. Stimmgn. 2. [Titel-]Aufl. (144 S.) 8. Berlin [902] 903. Rixdorf C. M. A. Müller & Co. n. 2. —; geb. n. 3. —

— Radfahrer in Afrika, s.: Vereins-Bühne.

Günther, Paul: Radfahrer-Triumpfe, s.a. Vereins-Bühne.

Radfahrer-Triumphe. Schwank in 2 Aufz. von Paul **Günther**. *(Berlin: E. Bloch) 1892.* (28 S.) 8° [J.]
= [Vereins-Bühne. No 12.]

Guenther, Paulus [Nossenensis]: De ea, quae inter Timaeum et Lycophronem intercedit, ratione. . . . Lipsiae, typ. Max. Hoffmanni, 1889; 73 + 1 S. + 1 Bl. 8°
Leipzig, Phil. Fak., Inaug.-Diss. v. 30. Dez. 1889

Guenther, P., de ea, quae inter Timaeum et Lycophronem intercedit, ratione. Inaug.-Diss. gr. 8. (74 S.) Leipzig 889. Fock. n. 1. 20

Günther, Paul: Traumfrühling. Gedichte. Mit e. einl. Gedicht von Marie-Madeleine [d. i. Marie Madeleine Freifrau v. Puttkamer, geb. Günther]. Berlin: Berolina [1903.] (48 S.) 8°

Günther, Paul, a. Halle a. S.: Über die Wärmeleitung von Sauerstoff, Stickstoff und Wasserstoff. Halle a. S. 1906: M. Kandler. (46 S.) 8°
Halle, Phil. Fak., Ref. Dorn, Diss. v. 24. April 1906
[Geb. 29. Dez. 81 Halle a. S.; Wohnort: Halle; Staatsangeh.: Sachsen; Vorbildung: Oberrealsch. d. Franckeschen Stiftungen Halle Reife O. 00; Studium: Halle 12 S.; Rig. 26. Febr. 06.]

Günther, Paul R(einhold) E(mil), a. Loschwitz b. Dresden: Das Problem der Theodizee im Neuplatonismus. Borna-Leipzig 1906: R. Noske. (64 S.) 8°
Leipzig, Phil. Fak., Ref. Heinze, Wundt, Diss. v. 12. März 1906
[Geb. 21. Jan. 82 Loschwitz; Wohnort: Radeburg b. Dresden; Staatsangeh.: Sachsen; Vorbildung: Gymn. Schneeberg Reife O. 01; Studium: Leipzig 7 S.; Rig. 30. Jan. 06.]

Guenther, Paula: Histologischer Hand-Atlas, s. Benda, Carl

Günther, R., e. deutscher Abenteurer. Eine Erzählg. aus West-Afrika. 8 (64 S.) Hamburg 890. Kramer's Verl. — 25

Günther, R.: Ein deutscher Abenteurer. Eine Erzählung aus West-Afrika von –. Berlin: A. Weichert [1900]. (64 S.) 8°
= Indianer- u. Volksbibliothek. 110.

- Günther, R. (H.), die Ansiedler am Red-River,
- —— ein Außenposten in den Pacapas,
- —— deportiert nach den Philippinen,
- —— eine Kreuzfahrt auf Sulupiraten,

s. Volks-Erzählungen, kleine.

Günther, R., üb. Behandlung u. Unterbringung der irren Verbrecher. gr. 8. (VIII, 131 S.) Leipzig 893. F. C. W. Vogel. n. 3. —

Günther, R. Beiträge zur Kenntniss des Orthocymol's. (Freiburg im Breisgau) Freiburg in Baden, 1884.

Günther, R., kritische Beleuchtung der Stenotachygraphie. Im Auftrage des schles. Stenographenbundes hrsg. gr. 8. (15 S.) Breslau 885. Kelsch. — 30

Heisses Blut. Erzählung von R. **Günther**. *Berlin: A. Weichert [1900].* (64 S.) 8° [J.]
= Indianer- u. Volksbibliothek. 109.

Günther, R. [Hrsg.], s. Taschenkalender, Schweizerischer akademischer

Günther, R., s.: Volks-Erzählungen, kleine.

Günther, Rhold., Abriss d. Taktik. Für Aspiranten u. jüng. Offiziere, Unteroffiziere u. jeden Wehrmann d. schweizer. Armee. 12. (VIII, 133 S. m. Fig.) Zürich 895. A. Müller. In Leinw. kart. n. 2. —

Beiträge zur Geschichte der Schweizer Infanterie von Reinhold **Günther**, Lt. im Füsilier-Bat. 17. Die Entwickelung d. leichten Infanterie. Frauenfeld: (J. Huber) 1894. (94 S.) 8°
= **Monatschrift**, Schweizerische, f. Offiz. aller Waffen. Jg. 6, No 7–10. 12; 7, No 1–3. 6–8, Beil. [94. 1896

— Beiträge z. Geschichte d. schweizer Infanterie. Die Entwicklg. d. leichten Infanterie. gr. 8. (92 S.) Frauenfeld 895. J. Huber's Verl. n. 1. 20

Günther, Reinhold, Oberlieutenant im Füsilier-Bataillon 17. Beiträge zur Geschichte der schweizer Infanterie. Die Entwicklung der leichten Infanterie. 8. Frauenfeld 1896.

Günther, Reinhold. Bilder aus der Kulturgeschichte der Schweiz. 8. Zürich und Leipzig 1896.

— Bilder aus d. Kulturgeschichte d. Schweiz. gr. 8. (IV, 110 S.) Zürich 896. Th. Schröter. n. 1. 60

Die Entwickelung der Feuertaktik der Infanterie. Geschichtl. Abriß von Dr. Reinhold **Günther**, Eidg. Hauptm. d. Inf. *Berlin: Voß 1902.* (123 S.) 8° [G.] [03.10008

Günther, Reinhold. Die Entwickelung der Feuertaktik der Infanterie. Geschichtlicher Abriss von Dr. Reinhold Günther, Eidg. Hauptmann der Infanterie. [Mit 1 Tabelle.] VI + 128 S. 8. Berlin, Voss, 1902. [M. 2. —]

Günther, Reinhold. **Felddienst und Gefecht eines Bataillons mit zugeteilter Kavallerie. Nach angewandter Art zum Studium der Vorschriften bearb. von R' G' .... [Mit Figuren und 1 Karte.] 133 S. 8.** Horgen, Verlag der «Schweizerischen Soldatenblätter» ⟨C. Schläpfer⟩, 1901.

— der Feldzug der Division Lecourbe im schweizer. Hochgebirge 1799. Mit e. 1. Preise bedacht v. der schweizer. Offiziers-Gesellschaft zu Basel am 1. Juli 1895 u. m. Unterstützg. derselben zum Druck beförd. M. 1 Uebersichtskarte d. Gotthardgebietes u. 4 Skizzen. gr. 8. (III, 216 S.) Frauenfeld 896. J. Huber. n. 2. 40

GÜNTHER, Dr. Reinhold, Frauenschönheit im Spiegel der Jahrhunderte. Studien u. Schilderungen. Zurich u Leipzig. Th. Schröter (189*). 8°. (Mk. 2,40.)
2 Bll., 189 S., 1 Bl. Verlag d. Firma.

Günther, Rhold., allgemeine Geschichte d. Handfeuerwaffen, s.a. Wissen u. Können.

Günther, Reinhold. Allgemeine Geschichte der Handfeuerwaffen. Eine Übersicht ihrer Entwickelung. Mit 123 Abbildungen und 4 Übersichtstafeln. XII + 132 S. 8. Leipzig, Johann Ambrosius Barth, 1909. (geb. M. 4. —)
Wissen und Können. (Sammlung von Einzelschriften aus reiner und angewandter Wissenschaft, hrg. von Prof. Dr. B[ernhard] Weinstein. Band 16.)

Günther, Rhold., Geschichte des Feldzuges v. 1800 in Ober-Deutschland, der Schweiz u. Ober-Italien. Von der schweizer. Offiziersgesellschaft gekrönte Preisschrift. gr. 8. (211 S. m. 1 Karte.) Frauenfeld 893. J. Huber's Verl. n. 3. 60

Günther, Reinhold. **Heerwesen und Kriegführung in unserer Zeit. Von Reinhold Günther, Dr. phil., Hauptmann im Eidgen. Füsilier-Bataillon No. 17. XII + 242 S. 8. Berlin, Vossische Buchh., 1901. [M. 6. —]**

Günther, Reinhold. Vor hundert Jahren. [A.] 8. (Leipzig 1900.)

(Günther, Reinhold. Jeanneton — Die junge Schweiz. Zwei Erzählungen.) 140 S. 8. [fr. 1. 50]
Bergkristalle.... Serie II. Band 10. Biel, Ernst Kuhn, 1908.

— die Kriegsführg. im Gebirge, s.a. **Sammlung militärwissenschaftl. Vorträge u. Aufsätze.**

[G.] Die Kriegführung im Gebirge. Takt. Studie an d. Hand v. kriegsgeschichtl. Beispielen. Von Reinhold **Günther**, Dr. phil., Hauptm. ... im Eidg. Füsilierbat. No 17 (Freyburg i'. *Berlin: Militär-Verlagsanst. 1898.* (57–82 S.) 8.
= **Sammlung** militärwissensch. Vorträge u. Aufsätze. H. 14. [98. 11229

— Allgem. Kulturgeschichte s.a. **Hillger's, Herm., illustr. Volksbücher.**

— Allgem. Kulturgeschichte. gr. 8. (XIV, 280 S.) Zürich 897. Th. Schröter. n. 4. —; geb. n. 5. —

Allgemeine Kulturgeschichte von Dr. Reinhold **Günther**-Basel. Berlin, Leipzig: H. Hillger [1907]. (85 S.) 8° [G.]
— Volksbücher, Hillgers illustrierte. Bd 72. [07. 16113

— deutsche Kulturgeschichte, s.a. **Sammlung Göschen.**

Günther, Reinhold. **Deutsche Kulturgeschichte. 2., umgearbeitete Aufl. 123 S. + *Anzeigen.* 8. Leipzig, G. J. Göschen, 1907. (geb. M. —. 80)**
Sammlung Göschen. (Nr. 56.)

— Kulturgeschichte der Liebe. Ein Versuch. gr. 8. (XI, 419 S.) Berlin 899. C. Duncker. n. 7. —; geb. n. 8. —

— **Kulturgeschichte des späten Mittelalters** s.a. **Hillger's, Herm., illustr. Volksbücher.**

Günther, Reinhold. Kulturgeschichte des späten Mittelalters. Mit 20 Illustrationen [und illustriertem Umschlag]. 88 S. 8. Berlin, Leipzig, Hermann Hillger, [1909]. (M. —. 30, geb. —. 50)
Hillgers illustrierte Volksbücher. (Eine Sammlung von gemeinverständlichen Abhandlungen aus allen Wissensgebieten.) Band 132.

— Notizen f. d. Dienst als Zugführer i. d. schweizer. Infanterie. gr. 16. (V, 40 S. m. Fig.) Basel 895. B. Schwabe. Kart. n.n. — 65

Günther, Rhold., Bergmann's Rückstosslader. gr. 8. (95 S. m. Abbildgn. u. 3 Taf.) Berlin 900. Militär-Vorlagsanstalt. n. 3. —

— Die junge Schweiz. Jeanneton u. andere Erzählungen, s.: Bergkristalle. II. 10.

Günther, Rhold., Sclaven d. Feder. Roman. 8. (328 S.) Berlin 897. C. Duncker. n. 4. —

Günther, Rhold., die Trauung am Damenstein. Auf dem Mattenhofe. Die Bekehrung des Mönchs, s.a. **Bergkristalle. II. 5.**

(Günther, Reinhold. Die Trauung am Damenstein; Auf dem Mattenhofe; Die Bekehrung des Mönchs. Erzählungen....) 157 S. 8. [fr. 1. 50]
Bergkristalle.... Serie II. Band 5. ... Biel, Ernst Kuhn, 1904.

— der Uebergang d. Corps Lecourbe üb. den Rhein bei Stein am 1. Mai 1800, s.: Sammlung militärwissenschaftlicher Vorträge u. Aufsätze.

Günther, Reinhold: Weib und Sittlichkeit. Studien u. Darlegungen. —- Berlin: Duncker 1898. 261 S. 8°

Günther, Richard, a. Löbtau: Die Präpositionen in den griechischen Dialektinschriften. Straßburg 1906: K. J. Trübner. (VI, 103 S.) 8° ¶ (Aus: Indogermanische Forschungen Bd 20.)
Leipzig, Phil. Fak., Ref. Brugmann, Lipsius, Diss. v. 3. Mai 1906
[Geb. 14. Okt. 81 Löbtau; Wohnort: Dresden; Staatsangeh.: Sachsen; Vorbildung: Kreuzsch. Dresden Reife O. 00; Studium: Leipzig 10 S.; Rig. 20. Juli 05.]

Zur Mund- und Zahnpflege. Ein Beitrag z. Volksgesundheit von R[ich.] F[riedr.] **Günther,** Bonn. (Bonn 1904: C. Georgi.) (9 S.) 8° [F.]
Aus: Zahnärztl. Rundschau. Jg. 13. 1904. [illegible]

10 Goldene Regeln zur Mund- und Zahnpflege nebst Erklärungen f. Lehrer u. Eltern von R[ich.] F[riedr.] **Günther,** Bonn. Bonn: C. Georgi [1904]. (8 S.) 8° [Umschlagt. F.] [illegible]

Günther, R. F., I. Verhütg. der Zahnverderbnis. II. Leitsätze zur Mund- u. Zahnpflege. 3 Tafeln m. 20 Bildern, dazu Erklärgn. (36 S.) gr. 8. Bonn 909. L. Röhrscheid. 1. 25

Weiteres zur Mund- und Zahnpflege, besonders in der Volksschule. (Vortrag, geh. b. 25. Stiftungsfeste d. Vereins d. Zahnärzte im Rheinl. u. Westfalen in Köln von R[ich.] F[riedr.] Günther, Bonn.) o. O. u. J. [1904]. (12 S.) 8° [Ant. u. F.]
Aus: Deutsche zahnärztl. Wochenschr. 7, No 6. [illegible]

Günther, R. F., die Zähne des Menschen. Vorfall u. Erhaltg. Mit 22 Abbildgn. auf 3 Taf. (80 S.) gr. 8. Bonn 906. M. Hager. n. 2. —

Günther, Robert [aus Satzung]: Pädagogische Berührungspunkte zwischen J. Locke und A. H. Francke. . . . Leipzig, Druck v. C. Grumbach (Johs. Curitz) (1890); 35 + 1 S. 8°
Leipzig, Phil. Fak., Inaug.-Diss. v. 28. Apr. 1890

Guenther, Rob. [illegible] De epilepsia. [illegible]
[illegible] 31 S. 8°
Berlin, Med. Diss. v. 1. Aug. [illegible]

Günther, R., Handbuch der deutschen Sprachlehre f. Lehrerbildungsanstalten. 2 Bde. gr. 8. Leipzig 903. Dürr'sche Buchh. Kart. à n. 1. 50
1. Neuhochdeutsche Sprachlehre f. Präparandenanstalten. (130 S.)
2. Deutsche Lautlehre u. Sprachgeschichte f. Lehrerseminare. 3. Aufl. (104 S. m. Abbildgn.)

Günther, Rob., Handbuch der deutschen Sprachlehre f. Lehrerbildungsanstalten. 2 Bde. gr. 8. Leipzig, Dürr'sche Buchh. Kart. à n. 1. 60
1. Neuhochdeutsche Sprachlehre f. Präparandenanstalten. 3., durchgeseh. Aufl. (149 S.) 906.
2. Deutsche Lautlehre u. Sprachgeschichte f. Lehrerseminare. 4. Aufl. Mit e. mehrfarb. Karte der deutschen Mundarten. (111 S. m. Abbildgn.) 901.

Günther, Rob., Handbuch der deutschen Sprachlehre f. Lehrerbildungsanstalten. 2 Bde. 8. Leipzig, Dürr'sche Buchh. Geb. 3. 40
1. Neuhochdeutsche Sprachlehre f. Präparandenanstalten. 4., durchgeseh. Aufl. (149 S.) 909. Geb. 1. 60
2. Deutsche Lautlehre u. Sprachgeschichte f. Lehrerseminare. 11. Aufl. Mit 1 mehrfarb. Karte der deutschen Mundarten. (133 S. m. Abbildgn.) 910. Geb. 1. 80

Günther, Rob., Handbuch der deutschen Sprachlehre. 2 Bde. Jetzt: Berlin, Union, Zweigniederlassg.

— Die deutsche Heimat, s.: **Dürr's deutsche Bibliothek.**

Günther, R., Hilfsbuch zu d. Ergänzgn. z. Seminar-Lesebuche (I. Vaterländisches). gr. 8. (70 S.) Leipzig 897. Dürr'sche Buchh. Kart. n. 1. —

— Hilfsbuch zu den Ergänzungen zum Seminar-Lesebuche (I. Vaterländisches). 2., verb. Aufl. gr. 8. (80 S.) Ebd. 900. Kart. n. 1. 20

— deutsche Lautlehre u. Sprachgeschichte f. Lehrerbildungsanstalten. gr. 8. (96 S. m. Abbildgn.) Ebd. 902. Kart. n. 1. 30

Günther, R., Leitfaden f. den Unterricht in der Sprachlehre u. Rechtschreibung. Für Volksschulen bearb. gr. 8. (IV, 100 S.) Berlin 890. Nicolai's Verl. n. – 60

— deutsche Sprachlehre f. Mittelschulen, Präparanden-Anstalten u. Schullehrer-Seminare, unter Benutzg. der deutschen Sprachlehre v. O. Schulz bearb. gr. 8. (VIII, 116 S.) Ebd. 889. n. 1. —; geb. n. 1. 20

— deutsche Sprachlehre f. Mittelschulen, Präparanden-Anst. u. Schullehrer-Seminare. 2., neubearb. Aufl. gr. 8. (X, 128 S.) Berlin 897. Nicolai's Verl. Geb. n. 1. 50

Günther, Rud., die indische Cholera in Sachsen im Jahre 1865. Auf Grund amtlicher Mittheilungen u. eigener Wahrnehmungen dargestellt. Leipzig 866. Brockhaus. gr. 8. (X, 137 S. mit 1 Atlas, enthltd. 1 chromolith. Karte, 5 chromolith. Stadtpläne, 2 chromolith. Dorfpläne u. 11 lith. Tabb. in Fol. u. gr. Fol.) n. 5 ℳ

— die indische Cholera im Reg.-Bez. Zwickau im Jahre 1866. Auf Grund amtl. Mittheilungen u. eigener Wahrnehmungen dargestellt. Mit einem Atlas, enthltd. 1 (chromolith.) Karte, 4 (lith.) Ortspläne, (wovon 2 in Buntdr.) u. 2 (lith.) graph. Uebersichten (in gr. 4., qu. u. gr. Fol.). Ebend. 869. gr. 4. (VI, 120 S.) n. 4 ℳ

Günther, R., die Cholera-Epidemie des Jahres 1873 in dem Königreich Sachsen, s.: Berichte der Cholera-Kommission f. das Deutsche Reich.

GÜNTHER, Rudolf (Dresden): Der Farbensinn, sein Wesen und seine Entwicklung. - München: Wolf 1880. 57 S.
4.2.1881 - Urk (Titel: De sensu colorum deque eius progressu.); Chr 1880/81,15
Diss. Ingolst.-Landsh.-Mchn.

Günther, Rud. (I.), Flaggenbuch, s.a. **Flaggenbuch.**

Günther, Rud. Flaggenbuch, enthaltend die Flaggen aller Nationen. 8. Stettin 1855.

Günther, Rud., der hl. Garten. Ein Hausbuch religiöser Lyrik. Der „Verlorenen Kirche" 2. Aufl. (Die Decke zeichnete Frdr. Felger, die Ornamente Rud. Steinhausen.) (IV, 392 S.) 8 Heilbronn 911. E. Salzer. Geb. in Leinw. 3. —

Günther, Rud. (II.), Gedichte. 16. (VIII und 88 S.) Jena 858. (Mauke.) *

Günther, Rudolf. Aus der verlorenen Kirche. Religiöse Lieder und Gedichte für das deutsche Haus. Gesammelt von R' G'. Mit Zeichnungen von L[udwig] von Schlieben. IV + 374 S. 8. Heilbronn, Eugen Salzer, 1907. [geb. M. 3.—]
Darin S. 15/7. 32. 55 f. 85 f. 92. 106. 137. 147 f. 151/3. 179 f. 187 f. 211 f. 228 f. 234. 243 f. 248. 252/6. 346 Gedichte von Ambrosius Blaurer, Johann Peter Hebel, Gottfried Keller, Gottfried Kinkel, Konrad Ferdinand Meyer, Karl Spitteler; *vgl. S. 349 ff.*

s.: **Monatsschrift f. Pastoraltheologie.**

Günther, Rudolf, Referendar: **Die Wirkungen des Pfandverkaufs nach dem Bürgerlichen Gesetzbuche.** *Berlin 1903: W. Pilz.* (58 S.) 8° [J.]
Rostock, Jur. Diss. v. [30. März] 1903

— **Rudolph Biedermann** (Dresden), **Ducenti sex casus arteriae femoralis ligatae propter aneurysma accedente historia aneurysmatis arteriae femoralis traumatici. Diss. med. Lpz. 22. VI. 1850. 32 S. mit Liter., Biogr. (M.: L. Boel) u. 1 Abbild. (O. Funke del., C. Schmiedel lith.). (5.—)** 12235
Gew.: Carl Friedrich Naumann. — Kranken-gesch. v. Johann Michael Schaller (Weidensis).

Günther, S., Der Branntwein u. die Mässigkeits-Vereine. Allen Freunden u. Feinden der Mässigkeitssache gewidmet. Nebst einem literar. Anhange. gr. 8°. Glogau, Flemming, 1844.

Günther, S., Gebete f. die christl. Hausandacht. Zur Förderung häusl. Erbauung hrsg. 2., verb. u. verm. Ausg. 8. (VIII u. 232 S.) Glogau 848, Günther. 9 ngl

Günther, S., s. Gerhardi, Jo., Meditationes.

Günther, S., biblische Geschichten des alten und neuen Testamentes mit den Worten der Bibel erzählt u. mit Lehren versehen. 8. Glogau 840. Günther. 1/4 rf

— biblische Geschichten des A. u. N. Test., ausgewählt u. mit den Worten der Bibel erzählt. 8. Glogau 843, Günther. n. 6 1/4 ngl

— dass. Mit Lehren versehen. 2. verb. Aufl. 8. Ebend. 843. n. 1/4 rf

Günther, S., biblische Geschichten des alten und neuen Testamentes, ausgewählt und mit den Worten der Bibel erzählt. 2. verb. Aufl. 853. – 3. Aufl. Glogau 857. Günther. 8. (VI, 231 S.) 6 ngl

Günther, Sam., Glaubensbekennt. der poln. Stände Augsb. Confession. lat. u. deutsch. 4. Danz. Knoch. 735.

Günther, Siegmund

Abhandlungen zur Geschichte der Mathematik. Ebda 1877.

— — 6 kleinere Abhandlungen aus den Sitz.-Ber. der physik.-medizinischen Societät zu Erlangen. 1874. 8°. 1. Histor. Notizen über die Lateralrefraction. 2. Ueber das irreguläre Siebeneck Faulhabers. 3. Ueber die Geschichte des Foucault'schen Pendelversuches. 4. Ueber einige Determinantensätze. 5. Ueber eine unrichtige Anwendung der Differentialrechnung auf chemische Fragen. 6. Vergleichung zweier Methoden zur näherungsweisen Bestimmung irrationaler Grössen. (In 1 Brosch.)

Günther, Siegm., Abriss der Geschichte der Mathematik u. der Naturwissenschaften im Altertum, s.: Handbuch der klassischen Altertums-Wissenschaft.

— Adam v. Bremen, der erste deutsche Geograph. [Aus: „Sitzungsber. d. k. böhm. Gesellsch. d. Wiss."] gr. 8. (68 S.) Prag 894. (F. Řivnáč.) n. 1.20

Günther, Siegm., der Algorithmus linealis des Heinr. Stromer, s.a. **Abhandlungen der königl. böhm. Gesellschaft der Wissenschaften.**

Günther. S. Der Algorithmus linealis des Heinr. Stromer. Prag 1880. 4.

Günther. S. Die Anfänge und Entwicklungsstadien des Coordinatenprincipes. Nürnberg. (Abh. d. Naturh. Ges. VI. Bd.)

Günther. S. Die erste Anwendung des Jakobstabes zur geographischen Ortsbestimmung. 1890.

Günther. S. Anwendung schiefwinkliger Coordinaten auf ein Problem der Potentialtheorie. 1879.

Günther. S. Einige Anwendungen des Hauber'schen Theorems.

Günther. S. Peter und Philipp Apian. Prag 1882. 4.

Günther. S. Operative Arithmetik und Geometrie der Gittersysteme.

Günther. S. Über die allgemeine Auflösung v. Gleichungen durch Kettenbrüche. 1873.

Günther, Dr., Barometer-Bebungen, beobachtet zu Köln a. R. (Aus: Archiv für Chemie und Meteorologie. Bd. 4. H. 1.)

Günther, Siegmund: Ueber die physikalischen Bedingungen des Versiegens von Wasserläufen. (Verhandlungen der Gesellschaft Deutscher Naturforscher und Aerzte. 1894. Bd. 2. 1. Hälfte. S. 226–232.) Leipzig 1894. 7 S. 8°. [B 8456

Günther, S., Martin Behaim, s.a. **Bibliothek, bayerische.**

Günther, Siegmund: Martin Behaim. Zeichnungen von Otto E. Lau. (Bayerische Bibliothek. Bd. 13.) Bamberg 1890. 86 S. 8°. [A 3814

Günther, Siegm., ein Beitrag zur Vorgeschichte der mod. Gewitterkunde, s.a. **Sitzungsberichte der königl. bayer. Akademie der Wissenschaften. 1910. IV.**

Günther, Siegmund: Ein Beitrag zur Vorgeschichte der modernen Gewitterkunde. Von –. München: Franz in Komm. 1910. 22 S. 8°
(Sitzungsberichte d. Kgl. Bayer. Akad. d. Wiss. Math.-phys. Kl. Jg. 1910, Abh. 4.)

Günther. S. Beiträge zur Erfindungsgeschichte der Kettenbrüche. 1872. 4.

Beiträge zur Geschichte der neueren Mathematik. – Von Dr. Siegmund Günther, G. P. — 1881, Ansbach, ibid. — S. 3—40⁸.
Progr. Ansbach, K. Gymn.

Günther, Siegm., neue Beiträge zur Theorie der Erosionsfiguren. (S. 477—494 m. 8 Fig.) gr. 8. München 906. (G. Franz' Verl.) n. — 40

Günther. S. Beobachtung und Experiment im Altertum. Vortrag. München 1887.

— S., Bericht über neuere Publikationen auf dem Gebiete der Naturwissenschaft, Technik, des Handels und Verkehrs im Altertum. S.-A. 1887. 50 S.
— — 1890. 50 S.

Günther. S. Eusebius Amorts Bestrebungen auf astronomischem u. physikal.-geograph. Gebiete. München 1892.

— Die Beteiligg. der Deutschen am Zeitalter der Entdeckgn., s.a. Meereskunde 11. Heft.

Günther, Siegmund: Die Beteiligung der Deutschen am Zeitalter der Entdeckungen von –, Prof. Berlin: Mittler 1908. 38 S. 8° [Umschlagt.]
(Meereskunde. Jg. 2, H. 11.)

Der Thibaut'sche Beweis für das elfte Axiom historisch und kritisch erläutert. — Von Dr. Siegm. Günther, G. P. — 1877. Ansbach, ibid. — S. 3—16⁸.
Progr. Ansbach. K. Gymn.

Günther. S. Über eine merkwürdige Beziehung zwischen Pappus und Kepler. 1888.

Günther, Siegm., das independente Bildungsgesetz der Kettenbrüche. [Aus: „Denkschr. d. k. Akad. d. Wiss."] Imp.-4. (8 S.) Wien 875. Gerold's Sohn in Comm. n.n. — 50

Günther, S. Über den Bildungswerth der mathematisch-naturwissenschaftl. Fächer und über die denselben an den verschiedenen Bildungsanstalten angewiesene Stellung. Halle 1890.

— s.: Bücher der Naturwissenschaft.

— Darstellung der Näherungswerthe v. Kettenbrüchen in independenter Form. gr. 8. (IV, 128 S.) Erlangen 873. Besold. n. 2. 80

— glaziale Denudationsgebilde im mittleren Eisackthale. (S. 459—486.) gr. 8. Ebd. 903. n. — 40
2 Sonderabdrucke aus: „Sitzungsber. d. bayer. Akad. d. Wiss."

Günther, S. Über einige Denudationsgebilde. 1873.

Günther, Siegm., Didaktik u. Methodik der mathemat. Geographie, s.: Handbuch d. Erziehungs- u. Unterrichtslehre f. höh. Schulen.

— u. Alf. **Kirchhoff**, Didaktik u. Methodik d. Geographie-Unterrichts (mathemat. u. allgem. Geographie). [Aus: „A. Baumeister's Handbuch der Erziehungs- u. Unterrichtslehre f. höh. Schulen".] gr. 8. (44 u. 67 S.) München 895. C. H. Beck. n. 3. —

— s.: Donau-Main-Kanalprojekt, das.

— der Einfluß der Himmelskörper auf Witterungsverhältnisse. Vortrag geh. zu Nürnberg u. München. gr. 8. (42 S.) Nürnberg 876. v. Ebner. n. — 50

Günther, Siegm., der Einfluss der Himmelskörper auf Witterungsverhältnisse. Eine meteorolog. Studie. 2. Aufl. gr. 8. (V, 69 S.) Nürnberg 884. v. Ebner. n. 1. 50

Günther, Siegm., Entdeckungsgeschichte u. Fortschritte der wissenschaftl. Geographie im 19. Jahrh., s.a. Am Ende des Jahrhunderts. 23. Bd.

Entdeckungsgeschichte und Fortschritte der wissenschaftlichen Geographie im neunzehnten Jahrhundert. Von Dr. Siegmund Günther, Prof. in München. *Berlin: S. Cronbach 1902.* (231 S.) 8° [7/5!]
— Ende, Am, d. Jahrhunderts. Bd 23

— Die Entstehung der Lehre v. der meteoritischen Bildg. des Erdkörpers. (S. 21—39.) gr. 8. München 908. (G. Franz' Verl.) — 40

— Erdbrände u. deren angebliche geophysische Konsequenzen. (S. 123—139.) gr. 8. Ebd. 908. — 40
2 Sonderabdr. aus „Sitzungsber. d. bayer. Akad. d. Wiss."

Günther, Siegmund. Erd- und Himmelsgloben, ihre Geschichte und Konstruktion. Nach dem Italienischen Matteo Fiorinis frei bearbeitet. Leipzig 1895. (17714)

— Erdkunde u. Mathematik in ihren gegenseitigen Beziehungen. gr. 8. (III, 30 S.) München 887. Th. Ackermann's Verl. n. 1. —

— Erdpyramiden u. Büsserschnee als gleichartige Erosionsgebilde. (S. 397—420.) gr. 8. München 904. (G. Franz' Verl.) n. — 60
Sonderabdruck aus: „Sitzungsber. d. bayer. Akad. d. Wiss."

— die geographische Erschliessung Japans s.a. Orient, der. 3. Hft.

Die geographische Erschließung Japans. Vortrag geh. 1904 in d. Münchner Orient. Gesellsch. von Prof. Dr. S[igmund] Günther. Halle: Gebauer-Schwetschke 1905. (18 S.) 8°
= Orient, Der. H. 3. [06. 5999 3

— s.: Fiorini, Matteo, Erd- u. Himmelsgloben, ihre Geschichte u. Konstruktion.

— astronom. Geographie, s.a. Sammlung Göschen.

Astronomische Geographie. Von Dr. Siegmund Günther, Prof. Mit 52 Abb. Neudr. Leipzig: Göschen 1905. 170 S. 8°
(Sammlung Göschen. 92.) [11.14317 11

— u. Wilh. Götz, Geographie f. bayerische Gymnasien. 2., umgearb. u. dem neuen Studienplan angepaßte Aufl. gr. 8. (XII, 200 S. m. 14 Fig.) Bamberg 891. C. C. Buchner Verl. Geb. in Leinw. n. n. 2. 20

— u. **Wilh. Götz, Geographie f. bayerische Gymnasien.** 3. umgearb. Aufl. (XV, 227 S. m. Fig.) 8 Bamberg 898. C. C. Buchner's Verl. Geb. 2. 20

— — dasselbe f. technische Lehranstalten, zunächst in Bayern. 2., umgearb. u. dem neuen Studienplane angepaßte Aufl. gr. 8. (XII, 228 S. m. 25 Fig.) Ebd. 891. Geb. in Leinw. n.n. 2. 40

Mathematische Geographie. Von Dr. Siegmund Günther, Prof. . . . in München. *(München: C. H. Beck 1895.)* (44 S.) 8.
= Handbuch d. Erziehungs- u. Unterrichtslehre f. höh. Schulen. Bd 4. Abt. 2, (1) [58. 2645

Günther, S. Mathematische Geographie [illegible] München 187[illegible]

— u. W. Götz, Geographie f. bayerische Mittelschulen. gr. 8. (XIV, 310 S. m. Fig.) Bamberg 889. Buchner. geb. n.n. 2. 40

Günther, Siegmund. Physikalische Geographie. Mit 29 Abbildungen. (Sammlung Göschen 26.) Stuttgart 1891. 126 S. 8°. [B 125

— physische Geographie, s.a. Sammlung Göschen.

Günther, Siegmund: Physische Geographie mit d. erforderlichen Abänderungen. Von Dr. –, Prof. Mit 32 Abb. 3. Aufl. Durchges. Neudr. Leipzig: Göschen 1908. 147 S. 8°
(Sammlung Göschen. 26.)

— u. Wilh. Götz, Geographie f. bayer. Realschulen. 4., teilw. geänd. Aufl. gr. 8. (VIII, 275 S. m. Fig.) Bamberg 901. C. C. Buchner's Verl. Geb. in Leinw. n. 2. 60

— Geschichte der Erdkunde, s.a. Erdkunde, die. 1.

Günther, Siegmund: Geschichte der Erdkunde: Von Dr. –, Prof. in München. Leipzig & Wien: F. Deuticke 1904. (XI, 343 S.) 4° (8°)
= Erdkunde, Die. T. 1.

— Geschichte der Mathematik, s.: Sammlung Schubert.

— dasselbe, s.a. Vorlesungen üb. Geschichte der Mathematik.

— Geschichte der Naturwissenschaften, s.a. Universal-Bibliothek.

Günther, Siegmund: Geschichte der Naturwissenschaften von –. T. 1. 2. Leipzig: Reclam [1908–09]. 8°
(Bücher d. Naturwissenschaft. Bd 2.3.)
(Universal-Bibliothek. 5069–5074.)

— Geschichte der anorganischen Naturwissenschaften im 19. Jahrh., s.a. Jahrhundert, das neunzehnte, in Deutschlands Entwicklung. V.

Günther, Siegmund. Geschichte der anorganischen Naturwissenschaften im Neunzehnten Jahrhundert. 1., 2. und 3. Tausend. — *A. u. d. T.:* Das Neunzehnte Jahrhundert in Deutschlands Entwicklung. Unter Mitwirkung von ... Hrg. von Paul Schlenther. Bd. 5.... — [Mit 16 Porträts.] XX + 988 S. 8. Berlin, Georg Bondi, 1901. (br. M. 10. —, geb. M. 12. 50)
Lesesaal

— u. **Windelband,** Geschichte der antiken Naturwissenschaft u. Philosophie, s.: Handbuch der klassischen Altertumswissenschaft, 5. Bd.

— Geschichte d. mathematischen Unterrichts im deutschen Mittelalter bis zum J. 1525, s.a. Monumenta Germaniae paedagogica.

Günther, Sgmd. Geschichte des mathematischen Unterrichts im deutschen Mittelalter bis zum Jahre 1525. Berlin 1887. gr. 8.
A. u. d. T.: Monumenta Germ. paedag. Bd. 3. . . . . (10.)

Günther, S. Die Münchener Globen Philipp Apians. München 1888.

— über gewisse hydrologisch-topographische Grundbegriffe. gr. 8. (S. 17—38.) München 902. (G. Franz' Verl.) n. — 40
Sonderabdruck aus: „Sitzungsber. d. bayer. Akad. d. Wiss."

— die naturwissenschaftlichen Grundlagen der wirthschaftlichen Geographie. [Aus: „Deutsche Rundschau f. Geographie u. Statistik".] gr. 8. (24 S.) Wien 889. Hartleben. n. — 60

Günther, Siegm., Grundlehren der mathematischen Geographie u. elementaren Astronomie zum Gebrauche in höheren Mittelschulklassen u. bei akadem. Vorträgen. gr. 8. (VIII, 127 S.) München 878. Th. Ackermann. n. 1. 80

— Grundlehren der mathematischen Geographie u. elementaren Astronomie zum Gebrauche in höheren Mittelschulklassen u. bei akadem. Vorträgen. 2. Aufl. gr. 8. (XI, 157 S.) München 886. Th. Ackermann's Verl. n. 2. —

— Grundlehren der mathematischen Geographie u. elementaren Astronomie, f. den Unterricht bearb. 3., durchaus umgearb. u. rev. Aufl. gr. 8. (IX, 134 S. m. Fig. u. 2 Taf.) München 893. Th. Ackermann. n. 2. —

— Grundlehren d. mathematischen Geographie u. element. Astronomie, f. d. Unterricht bearb. 4., durchgeseh. Aufl. Mit 47 eingedr. Fig. u. 2 Sternkarten. gr. 8. (X, 143 S.) München 896. Th. Ackermann. n. 2. —

— Grundlehren der mathematischen Geographie u. elementaren Astronomie, f. den Unterricht bearb. 5. durchgeseh. Aufl. Mit 47 eingedr. Fig. u. 2 Sternkarten. gr. 8. (X, 143 S.) München 900. Th. Ackermann. n. 2. —; geb. in Leinw. n. 2. 40

— Grundlehren der mathematischen Geographie u. elementaren Astronomie, f. den Unterricht bearb 6., umgearb Aufl. m. 47 eingedr. Fig u. 2 Sternkarten. (XII, 139 S.) 8. München 907. Th Ackermann. 2.—; geb 2. 40

— Handbuch der mathematischen Geographie. gr. 8. (XVI, 793 S. m. 155 Abbildgn.) Stuttgart 890 Engelhorn. n. 16 —

— Handbuch d. Geophysik. (2 Bde.) 2., gänzlich umgearb. Aufl. (In ca. 10 Lfgn.) 1.—9. Lfg. gr. 8. (1. Bd. XII, 648 S. u. 2. Bd. S. 1—512 m. Fig.) Stuttgart 897—898. F. Enke. à Lfg. n. 3. — (1. Bd. kplt. n. 15. —)

— Handbuch der Geophysik. 2. gänzlich umgearb. Aufl. 10.—12. Lfg. gr. 8. (2. Bd. XIV u. S. 513—1009 m. Abbildgn.) Stuttgart 899. F. Enke. n. 11. —; (2. Bd. n. 23. —; kplt. n. 38. —)

— Simon L'Huilier. [Aus: „Mathemat.-naturwiss. Mitteilgn."] gr. 8. (9 S.) Tübingen 887. Fues' Verl. n. — 20

— A. v. Humboldt. — L. v. Buch, s.a. Geisteshelden.

A. v. Humboldt. L. v. Buch. Von (Prof.) Siegmund **Günther**. Mit 2 Bildn. *Berlin: E. Hofmann & Co. 1900.* (271 S.) 8° [F.]
— **Geisteshelden**. Bd 39. [oo. 6653

Günther. Siegmund: Aeltere und neuere Hypothesen über die chronische Versetzung des Erdschwerpunktes durch Wassermassen. Halle 1878. 87 S
= Günther: Studien zur Geschichte der mathematischen und physikalischen Geographie. [Heft 3.] 8°.

— die quadratischen Irrationalitäten der Alten u. deren Entwickelungsmethoden, s.: Abhandlungen zur Geschichte der Mathematik.

— Kepler. Galilei, s.a. Geisteshelden.

[F.] Kepler. Galilei. Von Siegmund **Günther**. M. 2 Bildn. *Berlin: E. Hofmann & C. 1896.* (4 Bl., 233 S., 2 Portr.) 1 Bd 8.
= **Geisteshelden**. Bd 22. (Sammlg IV. Bd 4.) [96. 7106

— Johs. Kepler, s.a. Abhandlungen, geographische.

Günther, Siegmund, Johannes Kepler und der tellurisch-kosmische Magnetismus. (Geogr. Abhandl. von Prof. Dr. Albrecht Penck in Wien. Bd. III, Heft 2.) Wien und Olmütz 1888.

— Columbus u. die Erweiterung d. geographisch-kosmischen Horizonts, s.a. Sammlung gemeinverständlicher wissenschaftlicher Vorträge.

Günther, Siegmund: Columbus und die Erweiterung des geographisch-kosmischen Horizontes (Sammlung gemeinverständlicher wissenschaftlicher Vorträge. N. F. Ser 7. Heft 154.) Hamburg 1892 52 S. 8°. [A 2113

Die Korallenbauten als Objekt wissenschaftlicher Forschung in der Zeit vor Darwin. Von Siegmund **Günther**. München: Akad.; Franz in Komm. 1910. 42 S. 8°
(Sitzungsberichte d. Kgl. Bayer. Akademie d. Wiss. Math.-physik Kl. Jg. 1910, Abh. 14.) [11. 3957

Günther, S. Über die Lateralrefraction. 1871.

— Lehrbuch der Determinanten-Theorie f. Studirende. gr. 8. (VIII, 236 S. Erlangen 875. Besold. n. 5. —

— Lehrbuch der Determinanten-Theorie f. Studirende. 2., durchaus umgearb., verm. u. durch eine Aufgaben-Sammlung bereich. Aufl. gr. 8. (XII, 209 S.) Erlangen 877. Besold. n. 5. —

— Lehrbuch der physikalischen Geographie. gr. 8. (XII, 508 S. m. 169 Holzschn. u. 3 Taf. in Farbendr.) Stuttgart 891. F. Enke. n. 12. —

—— Lehrbuch der Geophysik und physikalischen Geographie. 2 Bde. gr. 8. Stuttgart, Enke. [1. Bd. (X, 418 S. mit 77 in den Text gedr. Abbild.) 884. *M* 10.; 2. Bd. (XII, 670 S. mit 118 in den Text gedr. Abbild.) 885. *M* 15.]

Günther, Siegmund: Die Lehre von der Erdrundung und Erdbewegung im Mittelalter bei den Arabern und Hebräern. Halle 1877. IV, 71 S.
= Günther: Studien zur Geschichte der mathematischen und physikalischen Geographie. [Heft 2] 8°.

— die Lehre v. den gewöhnlichen u. verallgemeinerten Hyperbelfunktionen, theilweise auf Grund freier Bearbeitung v. Laisant's „Essai sur les fonctions hyperboliques" u. Forti's „Tavole logaritmiche" dargestellt. Mit vielen in den Text eingedr. Holzschn. gr. 8. (X, 440 S.) Halle 881. Nebert. n. 12. —

— G. C. Lichtenberg u. die Geophysik. Lex.-8. (17 S.) Wien 899. R. Lechner's Sort. n.n. — 50
Sonderabdruck a.: „Abhandlgn. d. geogr. Gesellsch. i. Wien".

— parabolische Logarithmen u. parabolische Trigonometrie. Eine vergleich. Untersuchung. gr. 8. (IV, 99 S. m. eingedr. Holzschn.) Leipzig 882. Teubner. n. 2. 80

Günther, S. Die Mechanik der Gewitterfortpflanzung. 1888. 4.

—— die praktische Meteorologie der Gegenwart, s. Abhandlungen der naturhistor. Gesellschaft zu Nürnberg.

— die Meteorologie, ihrem neuesten Standpunkte gemäss u. m. besond. Berücksicht. geograph. Fragen dargestellt. Mit 71 Abbildgn. gr. 8. (VIII, 304 S.) München 889. Th. Ackermann's Verl. n. 6. 40

— s.: Mitteilungen zur Geschichte der Medizin u. der Naturwissenschaften.

Die geometrischen Näherungskonstruktionen Albrecht Dürers. Mit einer Figurentafel. — Von Dr. Sigmund Günther, G.-P. — 1886, Ansbach, ebenda. — S. 1—31.
Progr. Ansbach, K. Gymn.

— antike Näherungsmethoden im Lichte moderner Mathematik. [Aus: „Abhandlungen d. k. böhm. Gesellsch. d. Wiss."] gr. 4. (44 S.) Prag 878. (Grégr & Dattel.) n. 2. 10

— Ein Naturmodell der Dünenbildung. (S. 139—153 m. Fig.) gr. 8. München 907. (G. Franz' Verl.) — 20
Sonderabdruck aus „Sitzungsber. d. bayer. Akad. d. Wiss."

Günther, S. Historische Notizen über die Geschichte der Pendeluhr vor Huygens. 1873.

— üb. d. einheitl. Pflege d. Hydrographie, s.: Faber

— d. Phänologie, e. Grenzgebiet zwischen Biologie u. Klimakunde. [Aus: „Natur u. Offenbarg."] gr. 8. (51 S.) Münster 895. Aschendorff. n. 1. —

— das Pothenot'sche Problem auf der Kugelfläche. (S. 115—123.) gr. 8. München 904. (G. Franz' Verl.) n. — 20
Sonderabdruck aus: „Sitzungsber. d. bayer. Akad. d. Wiss."

— akustisch-geographische Probleme. gr. 8. (S. 15—33.) München 901. (G. Franz' Verlag). n. — 40

— dasselbe. (II.) gr. 8. (S. 211—263.) Ebd. 901. n. 1. —
2 Sonderabdrucke aus: „Sitzungsber. d. bayer. Akad. d. Wiss."

Günther, S. Satz vom Tetraederinhalt.

Günther, S. Das irreguläre Siebeneck Faulhabers. 1874.

— Geographische Studien. (V, 172 S.) gr. 8. Stuttgart 907. Strecker & Schröder. 4. —

— Studien zur Geschichte der mathematischen u. physikalischen Geographie. 6 Hfte. gr. 8. Halle 877—79. Nebert. n. 12. —

1. Die Lehre von der Erdrundung u. Erdbewegung im Mittelalter bei den Occidentalen. (56 S.) n. 1. 80
2. Die Lehre von der Erdrundung u. Erdbewegung im Mittelalter bei den Arabern u. Hebräern. (S. 57—127.) n. 2. 10
3. Aeltere u. neuere Hypothesen über die chron. Versetzung des Erdschwerpunktes durch Wassermassen. (III u. S. 129—215.) n. 2. 40
4. Analyse einiger kosmographischer Codices der Münchener Hof- u. Staatsbibliothek. (III u. S. 217—275.) n. 1. 80
5. Johann Werner aus Nürnberg u. seine Beziehungen zur mathematischen u. physischen Erdkunde. (III u. S. 277—332 m. eingedr. Holzschn.) n. 1. 80
6. Geschichte der loxodromischen Curve. Mit 51 in den Text gedr. Holzschn. (VII u. S. 333—407.) n. 2. 40

— s.a. Studien, Münchener geographische.

Gunther, Siegmund, Münchener geographische Studien. München 1896. (17833)

— Studien zur theorethischen Photometrie. Inauguraldissertation. gr. 8. (III, 50 S.) Ebend. 872. n. 1. 50

Günther, S. Zur Theorie congruenter Zahlen. Prag 1879.

— u. J. Reindl, seismologische Untersuchungen. (S. 631—671 m. 1 Taf.) gr. 8. Ebd. 904. n. — 60
2 Sonderabdrucke aus: „Sitzungsber. d. bayer. Akad. d. Wiss."

— vermischte Untersuchungen zur Geschichte der mathematischen Wissenschaften. Mit in den Text gedr. Holzschn. u. 4 lith. Taf. (in qu. gr. 4.) gr. 8. (VIII, 352 S.) Leipzig 876. Teubner. n. 9. —

— Untersuchgn. üb. Wackelsteine u. damitzusammenhängende Denudationserscheinungen, s.: Sitzungsberichte der königl. bayer. Akademie der Wissenschaften. Mathem.-phys. Klasse 1909. VIII.

— Varenius, s.a. Klassiker der Naturwissenschaften. 4. Bd.

Varenius von Prof. Dr. S[iegmund] Günther. Leipzig: Th. Thomas 1905. (218 S.) 8°
= Klassiker d. Naturwissenschaften. Bd 4. [05. 7788

Günther, S. Vorgeschichte des Foucault'schen Pendels. Erlangen 1873.

— u. Sim. Dannbeck, die Vorgeschichte des barischen Windgesetzes. (S. 381—426 m. Fig.) gr. 8. München 905. (G. Franz' Verl.) n. — 60

— der Wapowski-Brief des Copernicus u. Werner's Tractat über die Praecision, s.a. Mittheilungen des Coppernicus-Vereins.

Günther, S. Der Wapowski-Brief des Coppernicus. Thorn 1880.

— Wirtschaftsgeographie u. Naturwissenschaft. (12 S.) 8. München 903. O. Schuh & Co. n. — 20
Sonderabdruck aus: „Monatsschr. f. Handels- u. Sozialwissenschaft".

—— die mathematischen und Naturwissenschaften an der Nürnbergischen Universität Altdorf, s.a. Mittheilungen des Vereins für Geschichte der Stadt Nürnberg.

Günther, S. Die mathematischen und Naturwissenschaften an der nürnbergischen Universität Altdorf. Nürnberg 1881.

— das Zeitalter der Entdeckungen, s.a. Aus Natur u. Geisteswelt.

Das Zeitalter der Entdeckungen. Von Prof. Dr. S[iegmund] **Günther**. Mit 1 Weltkt. 2. Aufl. Leipzig: Teubner 1905. 144 S. 8°
(Aus Natur u. Geisteswelt. Bdch. 26.) [11. 18367 II

— s.: **Zeitschrift f. Mathematik u. Physik.**

— **Jakob Ziegler, e. bayer. Geograph u. Mathematiker.** Lex.-8. (64 S. m. 6 Fig.) Ansbach 896. Berlin, H. Bermühler. n. 3. —

— **Jakob Ziegler, e. bayer. Geograph u. Mathematiker.** [Aus: „Forschgn. z. Kultur- u. Litteraturgeschichte Bayerns".] Lex.-8. (64 S. m. 6 Fig.) Ansbach 896. M. Eichinger. n. 2. —

— **Ziele u. Resultate der neueren mathematisch-historischen Forschung.** gr. 8. (IV, 133 S.) Erlangen 876. Besold. n. 2. 80

— **Ziele, Richtpunkte u. Methoden der modernen Völkerkunde.** (VII, 52 S.) gr. 8. Stuttgart 904. F. Enke. n. 1. 60

— **Sigismund** (Leutschau/Ungarn), De statu & juribus peculiaribus neminis vom Niemande. Paradoxon jurid. Präs. Adrian Beier. Jena (Ehrich) Sept. 1695. 36 S. (6.—) 12236

— — Dasselbe. 1712. (6.—) 12237

— — Dasselbe. o. O. 1729. 32 S. (6.—) 12238

Günther, Th., Festspiele f. d. Jugend. I. Des Königs Ruf. 8. (24 S.) Dessau 889. Bieger. n. — 15

Günther, Th., Fussleiden u. Fusspflege. Gemeinverständl. dargest. gr. 8. (63 S.) Berlin 898. H. Steinitz. n. 1. 50

Günther [Saalhausen], Th., die Reform des Real-Credits. Ein Mahnruf an Grundbesitzer und Capitalisten, zunächst im Königreich Sachsen, bei Gelegenheit der Begründung der Hypotheken-Banken zu Meiningen, Frankfurt a. M., Breslau und Erfurt. Dresden 863. Schönfeld. gr. 8. (80 S.) n. 15 ngr.

Günther, Traugott [aus Braunschweig]: Studien über die Untersuchung des Mehles zum Zwecke der Backfähigkeit. . . . München, M. Rieger'sche Univ. Buchh. (Gustav Himmer) 1889; 40 S. u. 1 Tab. 8°
Erlangen, Phil. Fak., Inaug.-Diss. v. 1889

Gunther, U. Ch., Andacht b. d. Communion. 8. Gotha, Ettinger. 789.

Guenther, Vict., Lyrik. 8. (X, 126 S.) Riga 900. Jonck & Poliewsky. n. 2. 80; geb. n. 3. 60

Günther, Vikt., Pétersbourg s'amuse s. a. **Großstadt-Dokumente.**

Günther, Viktor: Pétersbourg s'amuse von —. 2. Aufl. Berlin & Leipzig: H. Seemann Nachf. [1907]. (104 S.) 8°
= Großstadt-Dokumente. Bd 32.

Günther, W., Die Burggrafschaft Hammerstein und ihre Burggrafen. Koblenz 1821. 8.

Günther, (W.,) Codex diplomaticus Rheno-Mosellanus, s. **Codex.**

Günther, W., Hämorrhoiden, s. a. **Hämorrhoiden.**

Günther, W., Hämorrhoiden. Radicale, sichere u. gefahrlose Heilung aller Hämorrhoidal-Beschwerden in kürzester Frist, faßlich dargestellt v. e. Nichtarzte. 12. (24 S.) Hamburg 852, Th. Niemeyer. ⅙ ₰

Günther, W., Heimatkunde u. Landeskunde v. Thüringen für Geraer Schulen. gr. 8. (57 S.) Gera 898. A. Nugel, Verl. Kart. n. — 50

Günther, W., praktischer Ratgeber zum Betriebe einträglicher Bienenzucht. Mit 56 Abbildgn. 8. (VIII, 279 S.) Leipzig 886. Thomas. n. 2. —

Günther, W., praktischer Ratgeber zum Betriebe einträglicher Bienenzucht. Mit 56 Abbildgn. 2. Aufl. 8. (XIV, 289 S.) Leipzig 888. Thomas. n. 2. —; cart. n. 2. 30

Günther, W., praktischer Ratgeber zum Betriebe einträglicher Bienenzucht. 3., verm. Aufl. 8. (XV, 294 S. m. 61 Abbildgn.) Leipzig 893. Th. Thomas. n. 2. —; kart. n. 2. 30

Günther, W., Prakt. Ratgeber zum Betriebe einträgl. Bienenzucht. M. 66 Abb. 4., verm. u. verb. Aufl. 8. (XV, 307 S.) Leipzig 897. Th Thomas. n. 2. —; geb. n. 2. 50

Günther, W., des Oberlehrers Töchterlein. Eine Erzählg. aus der Seminarzeit. (64 S.) kl. 8. Leipzig (910). F. Schneider. 1. 25

Günther, W. A., das preußische Feld- u. Forstpolizeigesetz vom 1. April 1880 aus den Materialien u. mit besonderem Bezug auf die zur Ausführung desselben ergangenen Verfügungen des Ministers für Landwirthschaft, Domainen u. Forsten vom 12. u. 29. Mai 1880 erläutert. gr. 8. (IV, 151 S.) Breslau 880. Kern's Verl. geb. n. 3. —

— das preußische Gesetz vom 15. April 1878 betr. den Forstdiebstahl, mit Erläuterungen aus dem Systeme der Rechtsgeschichte u. den Materialien. gr. 8. (IV, 84 S.) Breslau 878. Kern's Verl. n. 1. 60

Günther, W. A., die preußische Polizei- u. Strafgesetzgebg. in Feld- u. Forstsachen nebst den ministeriellen Instruktionen erläutert durch rechtsgeschichtl. Einleitgn. u. durch Bemerkgn. vornehmlich aus der Judikatur. gr. 8. (VIII, 116 S.) Breslau 874. Kern's Verl. 2. 25

Günther, W. A., populäre Vorträge u. Abhandlungen über Rechtsmaterien. [Ehe. Adel. Duell. Leben. Eid.] Berlin 869. Kortkampf. gr. 8. (V, 198 S.) n. 1 ₰

Günther, W. Ant., Euristheus und Heracles. Metalogische Kritiken u. Meditationen. gr. 8. Wien 843, Fr. Beck. 2⅝ ₰

Günther, W. Arn., topograph. Geschichte d. Stadt Coblenz, von ihrem Entstehen bis zum Schlusse des 18. Jahrhunderts. gr. 12. Coblenz 815. Paulin. R. 18 K

Günther, Waldemar Wilhelm, Dr. jur., aus Alt-Rüdnitz in d. Neumark, z. Zt. Referendar am Kgl. Amtsgericht zu Hallau: **Begriff und Bedeutung der Gebietshoheit.** *Heidelberg: K. Groos 1899.* (47 S.) 8°
Erlangen, Jur. Diss. v. Dez. 1898

Günther, Wilhelm [aus Freiburg i. B.]: **Beitraege zur Kenntnis der Tetrahydrochinolin-o-sulfonsäure und der Brom-tetrahydrochinolin-o-sulfonsäure.** . . . Freiburg i. B., Buchdr. v. Chr. Ströcker, 1891; 57 S., 1 Bl. 8°
Freiburg i. B., Phil. Fak., Inaug.-Diss. v. 1891

Günther, W[ilhelm]: Der Kausalitätsbegriff bei Spinoza. Wolgast 1905: E. Hoffmann. (S. 1—24.) 4° [F.]
Wolgast, RPG (WilhelmsS) OP 1905 (184)

Günther, Wilh., s. Missionsharfe, kleine.

Günther, Wilhelm Winkelteilung, speciell Trisektion. 33 S. u. Taf.
Progr. *Delitzsch* 1877.

Günther, Wlh. Eph., († d. 15. Novbr. 1826.) Andachten bei der Communion. Mit e. Vorrede von J. G. v. Herder. 8. Gotha 789. Ettinger. 6 gr.

— s. J. A. Chr. Löffler, u. Schriften.

— die Waisen im Großherzogth. Sachsen-Weimar. Geschichte der Versorgungs-Anstalt d. Waisen durch Privat-Erziehung in Familien, nebst ihrem Erfolge binnen 40 Jahren. Actenmäßig beschrieben u. mit Thatsachen belegt. gr. 8. Weimar 825. Landes-Ind.-Compt. 1 ₰

Günther, Willy, a. Langfuhr b. Danzig: Aus d. Botan. Garten d. Universität Breslau. Beiträge zur Anatomie der Myrtifloren mit besonderer Berücksichtigung der Lythraceae. Breslau 1905: P. Förster. (39 S.) 8°
Breslau, Phil. Fak., Ref. Pax, Diss. v. 31. Juli 1905
[Geb. 10. Mai 81 Schidlitz, Kr. Danzig; Heimatsort: Langfuhr bei Danzig; Staatsangeh.: Preußen; Vorbildung: Realgymn. St. Johann Danzig Reife O. 01; Studium: Breslau 8 S.; Rig. 7. Juli 05.]

Günther, Willy, appr. Arzt, Assistenzarzt: Die Orexinprobe zur Feststellung der Salzsäuresekretion des Magens. Jena 1910: Neuenhahn. 25 S. 8°
Jena, Med. Diss. v. 10. Febr. 1910, Ref. Stintzing
[Geb. 5. März 82 Altenburg; Wohnort; Magdeburg-Sudenburg; Staatsangeh.: Sachsen-Altenburg; Vorbildung: Gymn. Altenburg Reife O. 02; Studium: Jena 5, München 1, Erlangen 1, Jena 4 S.; Coll. 15. Dez. 09; Approb. 19. Jan. 09.] [U 10. 2293

Günther, Wolfgang, Medizinalpraktikant: Zur Frage: An welchem Tage nach der Geburt soll die gesunde Wöchnerin das Bett verlassen? Emmendingen: Dölter 1907. 26 S. 8°
Freiburg i. B., Med. Diss. v. 1908, Ref. Krönig
[Geb. 14. Juli 82 Wolgast; Wohnort: Freiburg i. B.; Staatsangeh.: Preußen; Vorbildung: Realgymn. Stralsund Reife O. 01; Studium: Göttingen 1, Halle 2, Berlin 7, Freiburg i. B. 2 S.; Coll. 26. Juli 07.] [U 09. 929

Günther-Ernst, Paul, Carrière. Ultima ratio. Sühne. 12. (61, 23 u. 10 S.) Lübeck 895. Lübcke & Hartmann. n. 1. —

Günther von Freiberg
d. i. Ada Pinelli

Günther v. Freiberg, Dijon-Rosen. Gedichte 8. (298 S. m. 1 Chemigr.) Wien 888 Konegen. n. 3 —

Günther v. Freiberg, Flamma. Roman. 2 Bde. Leipzig 869. Dürr'sche Buchh. 8. (244 u. 196 S.) 2 ₰ 15 ngr.

Günther v. Freiberg (Ada Pinelli), Geschichten aus Welschland, s.: Eckstein's Reise-Bibliothek.

— Hildebrandt und Schirmer. gr. 16. (III, 94 S.) Berlin 871, Gebr. Paetel. (*M.* 1,50.)
geb. mit Goldschn. (*M.* 2,70.)

Günther v. Freiberg (Frau Ada Pinelli), Don Juan de Maraña. Monodrama. (Musik v. A. Boczek.) 12. (24 S.) Leipzig 894. O. Mutze. n. — 50

— Kinder der Flamme. Roman. gr. 8. (284 S.) Leipzig 896. Literar. Anstalt, A. Schulze. n. 3. —

— Thorwaldsen's Liebe, s.: Eckstein's 50 Pfg.-Bibliothek.

Günther v. Freiberg, die Perle v. Palermo. Roman. 3 Bde. 8. (312, 332 u. 284 S.) Berlin 872. Janke. 12. —

— Puderwolken, s.: Eckstein's Reisebibliothek.

— Aus dem Süden. Novellen. 8. (217 S.) Berlin 873, Gebr. Paetel.
Inhalt:
Hortensia Mancini. — Zweimal gelebt. — Südliche Liebe. — Ein Trauerspiel auf der Krim.

Günther v. Freiberg (Frau Ada Pinelli), Blonde Teufel, s.: Eckstein's Reise-Bibliothek.

Günther-Schwerin, Leop., wahr od. Wahn? Seltsame Geschichten. (III, 155 S.) 8. Wiesbaden (910). H. Staadt. nn 2.50; geb. nn 3.50

Günther & Tegetmeyer: Prospekt. Apparat zur Messung der Elektrizitäts-Zerstreuung in der Luft nach Angaben von Elster und Geitel. Braunschweig 1901

Güntherod, Karl, s. G ü n d e r o d e

Güntherode, s. G ü n d e r o d e

Gunt-herr, Gernot, auf Adlersflügeln. Ein geschichtlich-polit. Drama aus Deutschlands großer Zeit in 5 Aufzügen. (V, 145 S.) 8. Dresden 906. E. Pierson. n. 2. —

— Bismarckiana. Gedichte. 2., gesonderte Aufl. (63 S. m. 1 Bildnis.) schmal gr. 8. Frankfurt a/M. (903.) Gebr. Knauer. n. 1. 25

— Germania. Gedichte. 4., gesonderte Aufl. (63 S.) gr. 8. Ebd. (903). n. 1. 25

— Heidelbergia. Gedichte. 4., gesonderte Aufl. (61 S. m. 1 Abbildg.) schmal gr. 8. Ebd. (903). n. 1. 25

Gunt-herr, Gernot, Heidelberger Lieder. 8. (VI, 116 S.) Stuttgart 900. (J. B. Metzler's Verl.). n. 2. —;
geb. n. 2. 75

— dasselbe. 3., umgestaltete Aufl. 8. (VIII, 101 S. m. 1 Abbildg.) Frankfurt a/M. (902). Gebr. Knauer. n. 2. —

— auf der Wanderfahrt. Gedichte. 5., verm. Aufl. (IV S. u. 57 Bl.) 8. Dresden 906. E. Pierson.
n. 1. 25; geb. n. 2. 25

— auf der Wanderschaft. Gedichte. 4., gesonderte Aufl. (89 S.) gr. 8. Frankfurt a/M. (903). Gebr. Knauer. n. 1. 25
Die früheren Aufl. erschienen in den „Heidelberger Liedern".

Günther's v. Pairis im Elsaß Ligurinus, e. Epos zum Ruhme Kaiser Rothbart's aus dem 12. Jahrh. Deutsch v. Th. Vulpinus. gr. 8. (XV, 173 S.) Straßburg i. E. 889. Heitz. n. 3. 50

Günther's, Anton, Biographie, s.: Knoodt, P.

Günther's, F. A., Bäcker- u. Konditor-Zeitung Berlin. Organ f. die gewerbl. u. geist. Interessen der Bäckerei, Konditorei u. verwandten Berufszweige. Erstes offizielles Organ des Zentral-Verbandes deutscher Bäckerinnungen „Germania" usw. Begründet v. F. A. Günther. Red. unter Mitwirkg. intelligenter Fachgenossen. Red.: A. Brunnemann. 30.—33. Jahrg. 1903—1906. à 104 Nrn. (à ca. 16 S.) 4. Mit Unterhaltungsblatt: Sorgenfrei. Wochenschrift zur Unterhaltg. u. Belehrg. Red.: Osk. Krahner. 32. Jahrg. 52 Nrn. (à ca. 8 S.) 4. Berlin, F. A. Günther's Zeitungsverlag. à Jhrg. n. 4. —

Günther's, F. A., Bäcker- u. Konditor-Zeitung Berlin. Organ f. d. gewerbl. u. geist. Interessen d. Bäckerei, Konditorei u. verwandten Berufszweige. Erstes offizielles Organ des Zentral-Verbandes deutscher Bäckerinngn. „Germania" usw. Begründet von F. A. Günther. Red.: A. Brunnemann. 34—37. Jahrg. 1907—1910. à 104 Nrn. (à ca. 16 S.) 32,5×24 cm. Mit Unterhaltungsbl.: Sorgenfrei. Wochenschrift zur Unterhaltg. u. Belehrg. Red.: C. Wilkens. 36. Jahrg. 52 Nrn. (à ca. 8 S.) 31,5×22,5 cm. Berlin, F. A. Günther's Zeitungsverlag. à Jhrg. 6. —

Günther's Eisenbahn-Bibliothek. 1—5. Bd. gr. 16. Leipzig 875. E. J. Günther. à n. 1. —

1—3. Für alle Wagen- u. Menschen-Classen. Plaudereien von Station zu Station von Osc. Blumenthal. 1—3. Classe. (107, 108 u. 127 S.)

4. 5. Drollige Soldatengeschichten f. Haus u. Reise. Von A. v. Winterfeld. 1. u. 2. Bdchn. (155 u. 158 S.)

Masse u. Gewichte. (8 S. Text in gr. 4. 1. Uebersichts-Tabelle in qu. gr. 4. u. 8 Fig. auf Carton.) Wien 874. Pichler's Wwe. & Sohn. In Mappe. 1. 20

Günther's Eisenbahn-Bibliothek. 6—9. Bd. 8. Leipzig 878-80. Abel. à n. 1. —
Allotria. Komische Geschichten u. Plaudereien von A. v. Winterfeld. 4 Bde. (151, 131, 148 u. 140 S.)

Günther's deutscher Gerber-Kalender, s.: Gerber-Kalender, deutscher.

— deutsche Gerber-Zeitung. Organ des Central-Vereins der deutschen Leder-Industrie usw. u. des v. der westdeutschen Versicherungs-Aktien-Bank in Essen garantierten Feuer-Versicherungs-Verbandes f. die deutsche Leder-Industrie. Red.: Osk. Krahner. 46.—49. Jahrg. 1903—1906. à 156 Nrn. (à ca. 6 S.) gr. 4. Mit Beiblatt: Sorgenfrei. Wochenschrift f. Unterhaltg. u. Belehrg. Red.: Osk. Krahner. 32. Jahrg. 52 Nrn. (à ca. 8 S.) 4. Ebd. à Jhrg. n. 14. —

— deutsche Gerber-Zeitung und Handelsblatt. Ältestes Zentralorgan sämtl. Zweige der Gerberei, Lederindustrie u. verwandter Branchen. Organ des Central-Vereins der deutschen Leder-Industrie, des Verbandes der sächs. Leder-Produzenten usw. Red.: Osk. Krahner. 51. Jahrg. 1908. 312 Nrn. (à ca. 4 S.) 39×28 cm. Mit Beiblatt: Sorgenfrei. Wochenschrift z. Unterhaltg. u. Belehrg. Red.: C. Wilkens. 34. Jahrg. 52 Nrn. (à ca. 8 S.) 31,5×22,5 cm. Ebd. 18. —
Fortsetzg., s.: Lederindustrie, die.

Günther's Gesetzsammlung. 1. Bd. kl. 8. Aschersleben (910). W. Günther. 1.—; geb. 1. 30

1. Reichsgesetz üb. den Verkehr m. Kraftfahrzeugen. Vom 3. V. 1909. Nebst der Ausführungsverordng. vom 3. II. 1910 u. ausführl. Sachregister. (96 S.)

Günther's Mentor f. d. Tentamen physicum. I. Anorgan. Chemie. 8. (VII, 62 S.) Berlin 897. M. Günther. n — 80

Günther's Mentor f. das Tentamen physicum. II, III u. V. 8. Berlin 901. M. Günther. n. 6. 10

II. Organische Chemie. Ein kurzes Repetitorium, nebst Angabe leicht ausführbarer, grundlegender Experimente, f. Mediziner, Pharmaceuten u. Chemiker bearb. von Karl Hauser. (IX, 40 S.) 901. Kart. 1. 60

III. Experimentalphysik. 2., verb. Aufl. (VII, 114 S.) 900. Kart. n. 2. —

V. Grundriss der Zoologie. Ein Compendium für Mediziner, Veterinärmediziner u. alle, welche Zoologie als Nebenfach treiben. Von Karl Hauser. Mit 50 Fig. auf 10 Taf. (108 S.) 903. n. 2. 50; geb. n. 3. —

I. Ebd. 897. n. — 80.

Günther's deutsche Romanbibliothek. 1. Serie. 20 Bde. Neue (Titel-)Ausg. Leipzig (856—865) 868. Günther. 16. Jeder Bd. 7½ ngr.

Inhalt: Der Ring der Kaiserin. Roman von Elfr. v. Taura. 2 Bde. (XII, 423 S.) — Aus Nord- u. Südamerika. Erzählungen von Frdr. Gerstäcker. (228 S.) — Die Passauer in Prag. Historischer Roman von G. E. Haas. 2 Bde. (X, 440 S.) — Tolleneck. Eine Erzählg. aus der Napoleon. Zeit von Edm. Hoefer. 3 Bde. (XXI, 752 S.) — Die Töchter des Freischulzen. Erzählung von Karl v. Holtei. (VII, 227 S.) — Franz Rakóczy. Ungarisches Lebensbild von Louise Mühlbach. 2 Bde. (VII, 276 S.) — Die letzten Lebenstage Katharina II. Historische Novelle von Louise Mühlbach. (244 S.) — Ehre. Roman in sechs Büchern von Jul. Mühlfeld. 4 Bde. (XXVIII, 917 S.) — Schiller. Culturgeschichtlicher Roman in 6 Büchern von Johs. Scherr. 4 Bde. (971 S.)

— deutsche Schuhmacher-Zeitung. Organ f. die künstler., gewerbl. u. geist. Interessen der gesamten Schuhbranche. Offizielles Organ des Verbandes „Bund deutscher Schuhmacher-Inngn." Organ des Central-Verbandes deutscher Schuhmacher-Rohstoff-Genossenschaften usw. Red.: Wilh. Herbach. 35.—38. Jahrg. 1903—1906. à 52 Nrn. (à ca. 10 S. m. Abbildgn. u. Taf.) Mit Beiblatt: Sorgenfrei. Wochenschrift f. Unterhaltg. u. Belehrg. Red.: Osk. Krahner. 32. Jahrg. 52 Nrn. (à ca. 8 S.) 4. Ebd. à Jhrg. n. 6. —

— deutsche Schuhmacher-Zeitung. Offizielles Organ des Verbandes „Bund deutscher Schuhmacher-Inngn." Organ des Central-Verbandes deutscher Schuhmacher-Rohstoff-Genossenschaften usw. Red.: Wilh. Herbach. 39.—42. Jahrg. 1907—1910. à 52 Nrn. (à ca. 12 S. m. Abb.) 32,5×23,5 cm. Mit Beiblatt: Sorgenfrei. Wochenschr. zur Unterhaltg. u. Belehrg. Red.: C. Wilkens. 36. Jhrg. 52 Nrn. (à ca. 8 S.) 31,5×22,5 cm. Ebd. à Jhrg. 6. —

Günther's, F. A., deutsche Schuhmacher-Zeitung. Jetzt: Berlin (C., Kaiser-Wilhelmstr. 43), W. Herbach.

Günther's deutscher Tischler-Kalender f. 1903. Hrsg. v. der Red. der „Deutschen Tischler-Zeitg." 12. (128 S. m. Abbildgn.) Berlin, F. A. Günther's Zeitungsverlag. Geb. in Leinw. n. 1. 50; f. Abnehmer der „Deutschen Tischler-Zeitg." n. 1. —

Günther's deutscher Tischler-Kalender f. 1907. Hrsg. v. der Red. der „Deutschen-Tischler-Zeitg." (F. A. Günther). (128 S.) kl. 8. Berlin, F. A. Günther's Zeitungsverlag. Geb. in Leinw. n. 1. 50; f. Abnehmer der „Deutschen Tischler-Zeitg." 1. —

— deutscher Tischler-Kalender f. 1911. Hrsg. v. der Red. der „Deutschen Tischler-Zeitg." (F. A. Günther). (128 S.) kl. 8. Berlin, F. A. Günther & Sohn. Geb. in Leinw. 1. —

— deutsche Tischlerzeitung. Aelteste illustr. Fachschrift f. alle Zweige der Tischlerei u. verwandte Kunstgewerbe. Alleiniges offizielles Publikations-Organ des Innungs-Verbandes „Bund deutscher Tischler-Inngn." Red.: Osk. Krahner. 30.—33. Jahrg. 1903—1906. à 52 Nrn. (à ca. 20 S. m. Taf.) Mit Beiblatt: Sorgenfrei. Wochenschrift f. Unterhaltg. u. Belehrg. Red.: Osk. Krahner. 32 Jahrg. 52 Nrn. (à ca. 8 S.) 4. Ebd. à Jhrg. n. 6. —

— deutsche Tischlerzeitung. Aelteste illustr. Fachschr. f. alle Zweige der Tischlerei u. verwandte Kunstgewerbe. Alleiniges offizielles Publikations-Organ des Innungs-Verbandes „Bund deutscher Tischler-Inngn." Red.: Karl Wilkens. 34. Jahrg. 1907. 52 Nrn. (à ca. 30 S. m. Taf.) 33×24,5 cm. Mit Beiblatt: Sorgenfrei. Wochenschrift zur Unterhaltg. u. Belehrg. Red.: C. Wilkens. 33. Jhrg. 52 Nrn. (à ca. 8 S.) 31,5×22,5 cm. Ebd. 6. —
Fortsetzg., s.: Tischlerzeitung, deutsche.

Güntheroberg, Gh. E., Uebungsstücke für angehende Clavierspieler. Eisleben, jetzt Hermes in Berlin. 1/3 ₰

Günthert, Ernst, **Gedichte**. Ulm 869. Stettin. 16. (VIII, 80 S.) cart. n. 18 ngr.

— Liudolf Herzog von Schwaben. Drama in 5 Aufzügen. (Bühnen-Mscr.) Ulm 865. (Ebner'sche Buchh.) gr. 8. (114 S.) 15 ngr.

Günthert, Julius Ernst

Günthert, J. E. v., **Agnes**. Eine Hexengeschichte aus dem 16. Jahrh. gr. 8. (253 S.) Stuttgart 887. Bonz & Co. n. 3. —; geb. n. 4. —

Günthert, Jul. Ernst v., Barbablanca. Eine Rhapsodie. Dem deutschen Volk gewidmet zur Erinnerung an sein Heer von 1870. 8. (VIII, 263 S.) Stuttgart 881. Krabbe. n. 4. —; geb. n. 5. —

Günthert, Jul. Ernst v., dramatische Dichtungen. gr. 8. (XVI, 85 u. VIII, 72 S.) Stuttgart 891. W. Kohlhammer. n. 1. —

Günthert, Jul. Ernst, s. Erinnerungen eines Schwaben.

Günthert, J. E. v., **Gedichte**. 8. (IV, 173 S.) Stuttgart 887. Cotta Nachf. n. 2. 25; geb. n. 3. —

— der schwarze Hauptmann. Deutsches Volksdrama in 5 Akten. gr. 8. (VIII, 72 S.) Ebd. 891. n. — 60

Günthert, Jul. Ernst, Leipzig 1813. Helden-Gedicht in fünf Gesängen. Ulm 864. (Frey.) 16. (40 S.) n. 5 ngr.

—— Liudolf Herzog von Schwaben. Drama in 5 Aufzügen. (Bühnen-Mskr.) gr. 8. (114 S.) Ulm 865, (Ebner'sche Buchh.)

— Friedrich Theodor Vischer. Ein Charakterbild. 8. (214 S.) Stuttgart 889. Bonz & Co. n. 2. —; geb. n. 3. —

Günthert, Ottmar [aus Ulm a./D.]: Über Bromderivate des Anethols. . . . Stuttgart, Druck v. W. Kohlhammer, 1889; 33 S. 8°
Erlangen, Phil. Fak., Inaug.-Diss. v 1889

Günthert, Thomas: Die Eibildung der Dytisciden. Rostock 1910: (Lippert, Naumburg a. S.). 72 S. 8° ¶(Aus: Zool. Jahrbücher. Bd 30. Abt. f. Anat.)
Rostock, Phil. Diss. v. 11. Dez. 1909, Ref. Will
[Geb. 15. Juni 83 Nußdorf b. Landau; Wohnort: Rostock; Staatsangeh.: Preußen; Vorbildung: Gymn. Weißenburg i. E. bis M. 02, zahnärztl. Staatspr. 05; Studium: Heidelberg 3, Würzburg 3, Rostock 6 S.; Rig. 6. Dez. 09.]
[U 10. 3952

Guentherus. Ligurinus s. de rebus gestis Friderici I. libri X. fol. Basilae 1569 — 8. Heidelbergae 1812.

Günthner, A., deutsche Sprachlehre mit Satzlehre nach den Ergebnissen der deutschen Sprachwissenschaft. Für Volksschulen u. untere Klassen höherer Lehranstalten. Leitfaden f. die Hand d. Lehrers. gr. 8. (IV, 283 u. XIX S.) Stuttgart 890. Verlag d. Deutschen Volksblattes, A.-G. n.n. 3. —

Günthner, A., des Volksschülers Sprachschatz u. Sprachlehre. Leitfaden für die Hand des Lehrers. gr. 8. (XI, 316 S.) Ellwangen 883. Heß. n. 3. —

Günthner, Engelbert

Günthner, E., Calderon u. seine Werke. 2 Bde. 8. Freiburg i/Br. 888. Herder à n. 4. — (in 1 Bd. geb.: n. 10. 50)
1. Calderon Litteratur. Leben d. Dichters. Religiöse, symbol., mytholog. u. Ritterschauspiele. Mit Calderon's Bildniß. (XL, 336 S.)
2 Lustspiele. Heroische u. geschichtl. Dramen. Geistliche Festspiele. (VIII, 438 S.)

Günthner, Engelbert Calderons Dramen aus der spanischen Geschichte mit einer Einleitung über das Leben und die Werke des Dichters. 94 S. **Progr.** *Rottweil* 1885.
Vgl. des Verf. Calderon und seine Werke. 2 Bde. (XLVIII, 774 SS.) 8. Freiburg Br. 1888, Herder. 8 Mk.

[Umschlagt.:] **Günthner,** Engelbert [Prof.]: Studien zu Lope de Vega. Rottwfil [!], M. Rothschild's Buchdr., 1895; 1—79 S. 4.
Rottweil, k. G, P 1895 (603)

Günthner, Engelbert Studien zu Lope de Vega.
4 (79 S.). **Progr.** Kgl. G. *Rottweil* 1895 (603)
I. Bibliographische Uebersicht über die Lope de Vega-Litteratur. II. Leben und Werke Lope de Vegas. Sein Einfluſs auf das Drama auſserhalb Spaniens.

Günthner, Rudolf [app. Arzt aus Horb a/N.]: Zwei Fälle von Osteomalacie, geheilt durch die Castration ... Tübingen, F. Pietzcker, 1896; 48 S. 8.
Tübingen, Med. Fak., Inaug.-Diss. v. 1896

Günthner, Sebastian

Günthner, Sebast., Bemerkungen über des Herrn *Heinr. Zschokke's baierischer Geschichten III. Band.* München, bey Jak. Giel. 1818. 8°. Cart.[2])
VI—110 S. Laut Anzeige auf Rücks. d. Umschl (wo auch Druckf.-Verz.) sollte noch ein zweites Heft mit fortlauf. Seitenz. erscheinen

Günthner, Seb., Biographie d. Gregor Rottenkolber, Abt des ehemal. Stifts Tegernse u. Primas v. Baiern. Mit 1 Bildnisse. 8. Münch. 811. Giel. 8 gl.

Günthner, Sebast. (1773—1820), Geschichte der literar. Anstalten in Baiern. Ein Versuch. 3 Bde. München, Jos. Lindauer, 1810. (Bd. 3: Ibid., Jac. Giel, 1815. Auch titulo: Was hat Baiern f. Wissenschaften u. Künste gethan? Bd. 1.) 8°. (Mk. 8.) Hfrzbde.
Geschätztes Werk. I. Geschichte seit der Einwanderung der Bojer bis zum XIV. Jahrh. XXIV, 352 S., 7 Bll. Err. u. Inh.-Verz. II. Geschichte seit dem XV. Jahrh. bis z. Tode Churf. Maximilian's III. (1777) 2 Bll., 315 S., 1 S. Err., 2 Bll. Inh. III. (s. ob.). VI S. (incl. Doppeltit.) u. 380 S. (incl. Reg. zu 1—3), 2 Bll. Inh., 1 Bl. Err.

— Geschichte d. literar. Anstalten in Baiern. 2 Bde. 8 München 810. Jos. Lindauer. 1 ₰ 20 gl.

— über Zschokke's baierische Geschichten. gr. 8. Münch. 818. Giel. (Barth in Leipz.) 8 gl.

— merkwürd. Lebensgeschichte Sr. Heiligkeit Papst Pius VII. 8. Münch. 814.

— die Monumenta Boica vom 1—16 Bd., vor d. Richterstuhl d. Kritik vertheidigt. 8. Münch. 815. Lentner. 5 gl.

— von dem Princip u. d. rechtlichen Folgen d. Landstandschaft in Baiern. 8. Landsh. 802.

— was hat Baiern f. Künste u. Wissenschaften gethan. 1r Bd. (Auch als Fortsetz. d. liter. Anstalten ꝛc. 3r Bd.) 8. München 815. Giel. 20 gl.

— rechtl. Würdigung d. Bemerkk. über d. Schrift: d. Monumenta Boica vor dem Richterstuhle d. Kritik vertheidigt ꝛc. gr. 8. Münch. 816. Lentner. 6 gl.

Guntlsberg, Marie (M. Hesse). Eine Deutsche im Osten, s.: Jugend- u. Volksbibliothek, deutsche.

Güntler, J. G., Grammatik, als Grundlage in jeder besond. Sprache enth. d. Ideen d. berühmt. Philolog. Wolf. Görlitz, Anton. 810.

Güntner, C.: Ein Votum des Lehrkörpers zur Reform der technischen Mittelschulen. 8 S. – Wien OR.W., Progr. 1867.

Güntner, Frz. Xav., Handbuch der gerichtlichen Medizin f. Mediziner, Rechtsgelehrte u. Gerichtsärzte, m. Rücksichtsnahme auf die Schwurgerichte bearb. gr. 8. (XX u. 472 S.) Regensburg 851, Manz. 2 Thlr

Güntner, Frz. Xav., Handbuch der gerichtlichen Psychologie. Das Seelenleben des Menschen im gesunden u. kranken Zustande in Bezug auf die Zurechnung vor den Gerichtshöfen für Juristen u. Aerzte. 2. (Titel=)Aufl. Hamburg (861)868. J. P. F. E. Richter. gr. 8. (XIV, 240 S.) n. 1 Thlr 15 ngr.

—— Handbuch der öffentlichen Sanitätspflege für Aerzte. Juristen und jeden Gebildeten. Lex.-8. (VIII und 398 S.) Prag 865, Credner. *

Güntner, Frz. Xav., Kindesmord u. Fruchtabtreibung. In gerichtsärztl. Beziehung für Gerichtsärzte u. Juristen. gr. 8. Prag 845, (Verl.=Exped. von) Haase Söhne. 14 ngr

Güntner, Frz. Xav., das Seelenleben des Menschen im gesunden und kranken Zustande in Bezug auf die Zurechnung vor den Gerichtshöfen für Aerzte und Juristen. Prag 861. Kober. gr. 8. (XV, 240 S.) n. 1 Thlr 18 ngr.

— gerichtsärztliche Würdigung der Körperverletzungen und Narben. gr. 8. (107 S.) Prag 848. (Leitmeritz, Medau.) 16 ngr

Güntner, Gabr. Joan. B., Hermenentica biblica generalis juxta principia catholica. gr. 8. (XVIII u. 205 S.) Pragae 848, Credner & Kleinbub in comm. n. 1 Thlr 6 ngr — Altera vice emendatius et auctius edita. gr. 8. (XX u. 243 S.) Pragae 851. (Viennae, Braumüller.) n. 1 1/2 Thlr

Güntner, Gabr. Joa. B., hermeneutica biblica generalis juxta principia catholica. Tertia vice emendatius et auctius edita. Prag 863. Credner. Lex.-8. (XVI, 232 S.) n. 1 Thlr 10 ngr.

—— Introductio in sacros Novi Testamenti libros historico-critica et apologetica. 2 tomi. Lex.-8. (VIII und 352 S.) Prag 863, Credner. *

Güntner, Karl

Güntner, Carl, üb. die Benützung der Sonnenwärme zu Heizeffecten durch e. neuen Planspiegel-Reflector. [Mit 1 (lith.) Taf. in (in qu. gr. 4.)] [Aus: „Sitzungsber. d. k. Akad. d. Wiss.“] Lex.-8. (13 S.) Wien 875. (Gerold's Sohn.) n. -- 60

Güntner, Carl, Lehrbuch der darstellenden Geometrie, mit eingehender Anleitung zur Schattenkonstruktion, Linear=Perspektive und axonometr. Darstellung für Realschulen und zum Selbstunterricht. 8. (XIII und 200 S. mit 276 in den Text gedr. Holzschn.) Wien (861)62, Sallmayer und Comp. *

Güntner, Carl, Lehrbuch der darstellenden Geometrie für Realschulen u. zum Selbstunterricht. 2., verb. Aufl. Mit 272 in den Text gedr. Holzschn. gr. 8. (VIII, 199 S.) Wien 878. Graeser. n. 3. 20

Güntner, Th., Kubik=Tafel in Hundertteilen des Kubikmeters. Nebst den Schon= u. Fangzeiten f. Wild u. Fische u. Umrechnungstabellen. 8. (13 S.) Stuttgart 894. H. Zeller. — 30

Güntner, Th., neuester ausführlichster Stuttgarter Schnell= und Zinsrechner. 12. (128 S.) Stuttgart 879. 30 Pf.; cart. *
geb. in Halbleinw. *
geb. in Leinw. oder Glanzleder als Brieftasche

Güntner, Th., neuester ausführlichster Stuttgarter Schnell= u. Zinsrechner. 12. (128 S.) Stuttgart 880. Kupfer. — 30; cart. n. — 40; geb. in Halbleinw. n. — 50; in Leinw. oder Glanzldr. als Brieftasche — 90

Güntner, Th., Theorie des Strafrechts. 8. Stuttgart 844, Sonnewald. 1/2 Thlr

Güntner, Wenzel, Grundzüge der allgemeinen Chirurgie. Prag 864. Credner. gr. 8. (XIV, 466 S.) n. 2 Thlr 20 ngr.

Gunton, David (Soham)
Questions on modern geography to be answered from maps. 10. ed.
London: Jarrold [u.a.] 1856. 52 S.
[An Stelle einer Dissertation eingesandt.]
Dr. phil. Giessen 20.11.1857.

Guntram von der Erichsburg odę die warnende Erscheinung auf dem Runen felsen. Quedlinburg 1829. V: *Fricke. Friedrich Wilhelm*. (GGr X, 493) (Brü II³, 276 »Gutram 1830«) (Zeitschr. f. Büch. 1923, S. 87)

Guntram von d. Erichsburg, od. d. warnende Erscheinung auf d. Runenfelsen. Gesch. a. d. Mittelalter. 2 Thle. 8. (28 B.) Quedlinburg 829, Basse.

Guntram, A., ohne ehrlichen Namen. Erzählung. (207 S.) 11. 8. Berlin (906). Berliner Verlags=Institut. n. 1. —

Guntram, E., Dervorgill. Ein episches Gedicht. 8. (196 S.) Leipzig 889. Friedrich. n. 2. 40

Guntram, Ernst, Mohnblüten. Gedichte. 8. (117 S.) Dresden 899. E. Pierson. n. 2. —; geb. n. 3. —

Guntram, Hugo [aus Osthofen '(Rheinhessen)']: Über den Einfluss intramolekularer Verhältnisse auf die Bildung von Stickstoffalkyloximidoverbindungen ... Erlangen, k. b. Hof- u. Univ.-Buchdr. v. F. Junge, 1896; 36 S., 1 Bl. 8.
Erlangen, Phil. Fak., Inaug.-Diss. v. 4. März 1896

Guntram, K., Dorfgeschichten, s.: Meyer's Volksbücher.

Guntram, K., Felicitas, s.: Lese=Cabinet, neues belletristisches.

Guntram, Karl, Gedichte. 12. (VII, 130 S.) Stuttgart 894. Süddeutsches Verlags=Institut. Kart. n. 2. —

Guntram, Karl, drei Geschwister. Ein Roman. 3 Bde. 8. (258. 346 u. 309 S.) Stuttgart 847, Hallbergersche Verlagsh. — 2. (Titel=)Aufl. 8. Ebd. 851. 3 Thlr

Guntram, K., mit dunklem Hintergrund, s. Lese=Cabinet, neues belletristisches.

Guntram, K. Sandwirth Hofer. (52) 16. Wien, Pest 1867. 0,75.

Guntram, Karl, Sandwirth Hofer. Wien 867. Hartleben's Verlag. 16. (52 S.) 7 1/2 ngr.

— Kaiser Karl der Fünfte. Wien 865. Bartelmus. gr. 8. (VII, 475 S.) n. 2 Thlr

Guntram, Karl, Schattenspiele. Roman. 2 Thle. Wien 854. Hartleben. 8. (250; 260 S.) 1 Thlr 20 ngr

— Viola tricolor u. andere Novellen. 8. (338 S.) Dresden 891. E. Pierson. n. 3.–

Guntrams Schatten um Mitternacht. 2 Bde. 8. Wien, K. Haas. 16 fl

GUNTRUM, HUGO. Ueber den Einfluss intramolekularer Verhältnisse auf die Bildung von Stickstoffalkyloximidoverbindungen. Erlangen, 1896.

Güntsche, Richard [Dr.]: Beitrag zur Integration der Differentialgleichung $\frac{dy}{dz} = p_0 + p_1y + p_2y^2 + p_3y^3$. Berlin, R. Gaertner, 1893; 32 S. 4.
Berlin, m. R '(IIB)', OP 1893 (120)

Güntsche, *Edmund Heinrich* Richard [aus Rudolstadt]: Zur Integration der Differentialgleichung $\frac{dy}{dz} = p_0+p_1y+p_2y^2+p_3y^3$ ... Jena, Druck v. B. Engau, 1891; 25 S. 4.
Jena, Phil. Fak., Inaug.-Diss. v. 1891

Güntsche, Rich., zur Integration der Differentialgleichung $\frac{dy}{dz} = p_0 + p_1y + p_2y^2 + p_3y^3$. Diss. gr. 4. (25 S.) Jena 891. (Rudolstadt, H. Dabis.) n. –60

Güntter, F., tägliche Hingabe an Gott. Aus den Schriften Gott ergebener Seelen. Mit e. Einleitg. d. Hrn. v. Reiser. 8. (XII, 479 S. m. 1 Stahlst.) Stuttgart 890. Wildt'sche Buchhandlg. n. 3. 20; geb. m. Goldschn. n. 4. 80

Güntter, Otto, vaterländische Gedenktage. Kaiser Wilhelm I. u. seine Helden. gr. 8. (60 S. m. 1 Taf.) Stuttgart 899. C. Grüninger. n. 1.—

Güntter, Otto [Hrsg.], s. Hausbuch schwäbischer Erzähler.

Güntter, Otto: Schillers Lebensgang. Von –. Mit d. Bildn. d. Dichters u. e. Briefe als Handschriftprobe. Leipzig: Hesse (1910). 110 S. 8⁰ [Umschlagt.]
Aus: Schiller: Sämtl. Werke, hrsg. von O. Güntter u. G. Witkowski. Bd 1.

Güntter, O., die Poesie des 7jähr. Krieges, s.: Sammlung Göschen.

Güntter, Otto [Hrsg.], s. Schiller, Friedrich: Sämtliche Werke.

Güntter, Otto, s.: Schillerbuch, Marbacher.

— Syntax der französ. Sprache, s.: Ehrhart, E.

Güntter, Otto, s.: Veröffentlichungen des schwäbischen Schillervereins.

Güntter, Otto, s.: Walther v. d. Vogelweide.

Güntter-Staib, s.a.: Adressbuch d. Maschinenpapier- u. Pappenfabriken etc. v. Oesterreich-Ungarn u. der Schweiz.

Güntter-Staib, Adress-Buch der Maschinen-Papier-Fabriken und der Holzstoff-Fabriken des deutschen Reiches, Oesterreichs und der Schweiz. 2. Aufl. gr. 8. (27 S.) Biberach 872, Dorn'sche Buchh. *
— dass. — der Maschinen-Papier-Fabriken und der Holzstoff-, Strohstoff- und Cellulose-Fabriken des deutschen Reichs, Oesterreich-Ungarns und der Schweiz. 3. Aufl. (47 S.) 1874. ℳ 1,80., und 4. Aufl. gr. 8. (60 S.) Ebendas. 875. *

Güntter-Staib, Adress-Buch der Maschinen-Papier-Fabriken und der Holzstoff-, Strohstoff- und Cellulose-Fabriken des deutschen Reiches, Oesterreich-Ungarns und der Schweiz. 5. Aufl. 1877/78; 6. Aufl. 1878/79. 8. (à 68 S.) Biberach, Dorn'sche Buchh. *

Güntter-Staib, Adress-Buch der Maschinen-Papier- und Pappen-Fabriken und der Holzstoff-, Strohstoff- und Cellulose-Fabriken des deutschen Reichs, Oesterreich-Ungarns und der Schweiz. 7. Aufl. (71 S.) 1880; 8. Aufl. 1881/82. (102 S.) 1881; 9. Aufl. 1883. (III, 112 S.) 1883 und 10. Aufl. 1884/85. 8. (III, 124 S.) Biberach 884, (Dorn'sche Buchh.) cart. à Jahrg. ℳ 2.; geb.

Güntter-Staib, Adressbuch der Maschinen-Papier- und Pappen-Fabriken, sowie der Holzstoff- und Holzpappen-, Strohstoff- und Cellulose-Fabriken des Deutschen Reiches, Oesterreich-Ungarns und der Schweiz. 11. Aufl. (III, 152 S.) 1886, und 12. Aufl. 1887/88. 8. (156 S. mit Portr. des Hrsgbr.) Biberach, (Dorn'sche Buchh.) cart. à Jahrg. *
13. Aufl., s. Adressbuch der Maschinen-Papier- und Pappe-Fabriken.

— Adressen der Papier-, Pappen-, Holzstoff-, Strohstoff- u. Cellulose-Fabriken v. Dänemark, Norwegen, Schweden u. Finnland. 3. Aufl. 8. (20 S.) Biberach 893. (Dorn.) n. 1. 50

— s.: Wochenblatt f. Papierfabrikation.

Güntz

— s. a. **Günz**.

Güntz, Edmund, s. Güntz, Justus Edmund

Güntz, Eduard Wilhelm (Übers.):

s.: Baratta, Giovanni: Praktische Beobachtungen über die votzüglichsten Augenkrankheiten. (Osservazioni pratiche sulle principali malattie degli occhi. Dt.) Th.1 - 2. Leipzig: 1822 - 1823

JB 4.241

Güntz, Eduard Wilhelm, s. Barzelotti, Giacomo: Tabellen der praktischen Heilkunde

Güntz, Eduard Wilhelm, s. Bibliothek der ausländ. Literatur für Medizin

Günz, Ed. W., der Leichnam d. Menschen in seinen physischen Verwandlungen. 1r Thl. A. u. d. T.: der Leichnam d. Neugeborenen. Mit 2 ill. Kpft. gr. 8. Leipz. 827. Barth. 1 ℳ 12 gr

Günz, Ed. Wlh., s. Orfila u. Lesuer, Handbuch z. Gebrauche bei gerichtl. Ausgrabungen.

Güntz, Ed. Wilh., die Irren-Heil- und Pflege-Anstalt Thonberg im ersten Vierteljahrhundert ihrer Wirksamkeit. Mit 12 (lith.) von Heinr. Lauterbach gezeichneten Ansichten, 1 (lith.) Plane (in Fol.) u. 1 (lith.) Lineartaf. Leipzig 861. Bh. Reclam jun. in Comm. 4. (IX, 120 S.) n. 1 ℳ 10 ngr

Ihrem hochverehrten ordentlichen Mitgliede Herrn Christian August Sonnenkalb ... wünscht am Tage der von ihm vor 50 Jahren erlangten medicinischen und chirurgischen Doctorwürde ehrerbietigst Glück ... die medicinische Gesellschaft zu Leipzig. Inhalt: ED. WILH. GÜNTZ: Das ableitende Vermögen der Seelenverrichtungen, ein Schutzmittel gegen Seelenstörungen. Leipzig, am 19. Mai 1869. (Druck von Philipp Reclam jun.) 8⁰.

Güntz, Eduard Wilhelm (Wurzen), De via ac ratione qua in instituto Trieriano artis obstetriciae usus et docetur et exercetur. Diss. med.-chir. Lpz. (Hirschfeld) 10. IV. 1827. 27 S. (5.—) 12239

Günz, Emil, s. C. P. Dons, Zeitung d. Actienwesens.

Güntz, Felix Ludwig [wirkl. Name], s.a. Falidor [Pseud.]

Güntz, Fel. Ludw., eine zwölfjährige Meuchelei, erlebt und enthüllt. Berlin 861. Peiser. gr. 8. (15 S.) 3 ngr.

Güntz, Heinrich Edmund Max [aus Thonberg]: Untersuchungen über die anatomische Structur der Gramineenblätter in ihrem Verhältniss zu Standort und Klima mit dem Versuche einer auf dieselbe begründeten Gruppirung der Gramineen .... Leipzig, Druck d. Rossberg'schen Buchdr., 1886; 72 S. u. 2 Taf. 8°.
Leipzig, Phil. Fak., Inaug.-Diss. v. 8. Aug. 1886.

Güntz, Heinrich Edmund Max, Untersuchungen über die anatomische Structur der Gramineenblätter in ihrem Verhältniss zu Standort und Klima mit dem Versuche einer auf dieselbe begründete Gruppirung der Gramineen. Diss. Leipzig 1886, Gustav Fock. 8°. 72 S. mit 2 Taf.

— **Justus (Zeitz), De conceptione tubaria duabus observationibus Lipsiae nuper factis illustrata. Lpz. (Georg Maret) 4. II. 1831. 36 S. u. 2 Abb. (Weber lith.). (5.—) 12240**
Gew.: Johann Christian Gottfried Joerg.

Guentz, J., de conceptione tubaria duabus observationibus Lipsiae nuper factis illustr. Acced. tab. lith. (Fol.) 4 maj. (4½ B.) Lipsiae 831, (Reclam.)

— **Justus Christian (Dresden), Selecta e jure vario capita. Präs. Josia Ludwig Ernst Püttmann. Lpz. (Jacobäer) 21. X. 1790. 36 S. (5.50) 12241**

Güntz, Justus Edmund: Zur Abwehr der Prostitution u. ihrer Folgen. gr. 8 (23 S.) Berlin 892. H. Steinitz'Verl. n.–60

Güntz, Just. Edm., Anfechtungen von Aerzten am Krankenhaus zu Friedrichstadt-Dresden. gr. 8. (27 S.) Dresden 886, (Arnoldische Buchh.) *

Güntz, Edm., gegen d. disciplinare Beaufsichtigung d. Aerzte. Denkschrift zu d. Verhandlgn. d. hohen Landtags im J. 1895 in Dresden. gr. 8. (III, 27 S.) Dresden 895. A. Beyer. n. 1. —

— die Behandlung der syphilitischen Geschwüre nach den neueren Methoden. 12. (IV, 48 S.) Leipzig 891. E. Haberland. n. 1. 20

(B) Güntz, J.E., Behandlg. d. syphilit. Geschwüre, 891. (KBl.27:) Jetzt: Leipzig. M. Wendel.

— die Behandlung der Gonorrhoe nach den neueren Methoden, insbesondere m. Zinkstäbchen auf d. Grundlage der Lehre vom Tripperpilz. [Aus: „Allg. Wiener medizin. Zeitg."] gr. 8. (24 S.) Wien 893. (Dresden, A. Beyer.) n. 1. 50

— üb. d. Behandlg. v. Tripper u. Schanker m. Jodoformin. [Aus: „Allg. med. Centralzeitg."] gr. 8. (3 S.) Berlin 896. O. Coblentz. n. 1. —

Güntz, J. Edm., Beiträge zur Geschichte der Medicin. Ueber Alter u. Ursprung der Syphilis. Leipzig 868. F. Fleischer. gr. 8. (29 S.) 7½ ngr.

Güntz, J. Edmund, der Blasenirrigator u. dessen Anwendung, um den Blasenkrampf u. Blasenkatarrh erfolgreich zu behandeln. [Hierzu 1 lith. Taf. (in gr. 4.)] gr. 8. (15 S.) Dresden 872. Leipzig Fr. Fleischer. — 60

Güntz, Just. Edm., die Chromwasser-Behandlung der Syphilis. Eine neue Methode. gr. 8. (VIII, 358 S.) Leipzig 883, Arnoldische Buchh.

— dasselbe, s.a. Wander-Vorträge, medicinische.

Güntz, Just. Edm., die Chromwasser-Behandlung der Syphilis. Eine neue Methode. 2. Aufl. gr. 8. (VIII, 372 S.) Leipzig 886. Arnold. n. 5. —

Güntz, J. E., die Chromwasser-Behandlung der Syphilis. Eine neue Methode. 3., verm. Aufl. gr. 8. (X, 394 S.) Leipzig 889. Arnold. geb. n. 6. —

— der Coccus gonorrhoicus in seiner Bedeutung f. e. rationelle Behandlung d. ansteckenden Harnröhrenausflusses insbesondere mit Zinkstäbchen. [Aus: „Memorabilien".] gr. 8. (19 S.) Heilbronn 887. (Dresden, Arnoldi'sche Buchh.) 1. 50

—— Diagnose der Lungensyphilis am Lebenden durch gummöse Sputa bei gleichzeitiger Hämoptyse. (Heilung durch Chromwasser.) gr. 8. (12 S.) (Ebendas.) 882.

— die blutbildende u. prophylaktische Eigenschaft der Chromwasserbehandlung bei venerischen Geschwüren. [Aus: „Allg. Wiener medizin. Zeitg."] gr. 8. (20 S.) Wien 891. (Dresden, Arnoldische Buchh.) 1. 50

Güntz, J. Edm., über den Einfluss der russischen Dampfbäder auf die Ausscheidung des Quecksilbers bei Quecksilberkranken. gr. 8. (24 S.) Dresden 880. Pierson. n. 1. —

— die Einreibungskur bei Syphilis in Verbindung m. Schwefelwässern. Zur Unterweisg. für Kranke während der Kur. (16 S.) Ebend. 872. n. — 40

— neue Erfahrungen über die Behandlung der Syphilis u. Quecksilberkrankheit mit besonderer Berücksichtigung der Schwefelwässer u. Soolbäder. Eine klinische Studie. gr. 8. (III. 149 S.) Ebend. 878. n. 4. —

— neue Erfahrungen üb. die Behandlung der Syphilis u. Quecksilberkrankheit m. besond. Berücksicht. der Schwefelwässer u. Soolbäder. Eine klinische Studie. 2. (Titel-)Aufl. gr. 8. (VIII, 149 S.) Dresden 894. A. Beyer. n. 6. —

—— über Erkrankung der Nieren bei Quecksilberkuren. gr. 8. (19 S.) (Ebendas.) 885.

— das syphilitische Fieber. Lex.-8. (214 S.) Ebend. 873. 4. 50

— über die Gefahr v. Quecksilberkuren bei Syphilis u. gleichzeitigem Diabetes. [Aus: „Memorabilien".] gr. 8. (6 S.) Ebd. 890. n. 1. —

— ein Heilmittel bei Diphtheritis. gr. 8. (18 S.) Dresden 891. Arnoldische Buchhandlg. n. 1. 50

— ein Heilmittel der Diphtheritis im Spiegel der Cellularpathologie. [Aus: „Allg. Wiener medizin. Zeitg."] gr. 8. (8 S.) Wien 892. (Dresden, A. Beyer.) n. 2. —

Güntz, J. Edm., weiterer Nachweis üb. die Unschädlichkeit u. heilende Wirkung des Chromwassers gegen Syphilis. 8. (32 S.) Leipzig 902. E. Haberland. n. — 60

—— über den Nutzen der Chromwasser-Behandlung in einem Falle von Syphilis maligna. gr. 8. (12 S.) (Ebendas.) 885.

— die **Quecksilberfrage** u. die Beurtheilung einer neuen Heilmethode bei Syphilis. Nach den Discussionen der société impériale de chirurgie zu Paris. Ebend. 868. gr. 8. (IV, 50 S.) n. 10 ngr.

— die Quecksilberfrage und die Beurtheilung einer neuen Heilmethode bei Syphilis. Nach den Discussionen der Société impériale de chirurgie zu Paris. gr. 8. (IV, 50 S.) Leipzig 869, Fr. Fleischer. *

— die Syphilis-Behandlung ohne Quecksilber. Eine neue abortive Methode. gr. 8. (65 S.) Berlin 882. Hirschwald. n. 1. 50

— the value in the Chromo-Water treatment in a case of Syphilis maligna. Presented to the 3. international congress of Dermatology in London 1896. „Betz's Memorabilien 1885, 2." gr. 8. (11 S.) Dresden 896. A. Beyer. n. — 50

— über die **Verhütung der Syphilis**. Ebend. 870. 8. (IV, 137 S.) 18 ngr.

— das **Vermögen** der Schwefelwässer, bei der latenten Syphilis die Symptome der Krankheit wieder zur Erscheinung zu bringen. Lex.-8. (16 S.) Dresden 877. Pierson. n. 1. —

Güntz, Justus Gottfried

s.: Günz, Justus Gottfried

— **Justus Maximilian Theobald** (Thum), De anatomia pathologica cerebri vesanorum commentatio. Diss. med. Lpz. (Phil. Reclam jun.) 22. III. 1853. 64 S. mit Biogr. (M.: W. F. Biedermann.) (5.50) 12242
Gew.: Eduard Wilhelm Güntz.

Güntz, Max (Hrsg.), s. B l ä t t e r , Landwirtschaftlich-historische.

Festschrift zur Feier des 50jähr. Bestehens des Landw. Hauptvereins f. zu W e l m a r. Bearb. auf Grund der Akten u. unter Mitw. d. landw. Zweigvereine von Max Güntz. — Weimar (1907): Dietsch & Brückner. VIII, 216 S. 8°

Güntz, Max, Eduard Wilhelm Güntz, der Begründer des Thonbergs. Eine archivalisch-biograph. Studie. Festgabe zum 3 V. 1906, dem Tage des 70jähr. Bestehens der Heilanstalt Möckern-Thonberg. Bearb. v. seinem Enkel. (V, 76 S. m. Abbildgn. u. 1 Bildnis.) Lex.-8. Leipzig 906. (Weimar, Erfurterstr. 30, II, Rittergutsbes. Dr. Güntz.) n. 3. —

— E. Reischle u. Prinz, landwirtschaftl. Gesellschaftsreise in Italien, s.a. A r b e i t e n d. deutschen Landwirtschafts-Gesellschaft.

[F.] Landwirtschaftliche Gesellschaftsreise in Italien im Mai 1896. Zwei Berichte. a) Landwirtschaftlicher v. Rittergutsbes. Dr. (M.) Güntz, Vippachedelhausen; b) Kulturtechnischer v. Kreis-Kulturing. E[duard] Reischle, Landshut (Bayern), nebst e. Einl. v. Dr. (Otto) Prinz, Sesto fiorentino. M. e. Darstellg d. Reiseweges u. 17 Abb. *Berlin: Dr. v. O. Thiele 1896.* (1 Bl., VII, 40 S.) 1 Bd 8.
= Arbeiten d. Deutschen Landwirtschafts-Gesellschaft. H. 22.
[97. 1443

Güntz, Max, Handbuch der landwirtschaftlichen Litteratur. 2 Thle. Auf Grund v. Bibliotheksstudien zusammengest. gr. 8. Leipzig 897. H. Voigt. n. 9. —
1. Bis ca. 1750. M. biograph. Notizen u. 6 Bildn. v. Autoren. (III, 170 S.) n. 3. —
2. Bis zur Gegenwart. M. biograph. Notizen u. 24 Bildn. v. Autoren. (XII, 310 S.) n. 6. —

Güntz, Max, Handbuch der landwirtschaftl. Litteratur. III. Thl. Ergänzungsheft. Mit 8 Bildnissen v. Autoren. Auf Grund v. Bibliotheksstudien zusammengestellt. gr. 8. (III, 183 S.) Leipzig 902. H. Voigt. n. 3. 50
I. u. II. Ebd. 897. n. 9. —.

Güntz, M., Normal-Buchführung f. den mittleren Landwirt, s.: Franz, H.

Güntz, Max, Untersuchungen üb. die anatomische Structur der Gramineenblätter in ihrem Verhältniss zu Standort u. Klima, m. dem Versuche e. auf dieselbe begründeten Gruppirg. der Gramineen. gr. 8. (70 S. m. 2 Holzschntaf.) Leipzig 886. Rossberg. n. 2. —

Güntz, Theobald

Guentz, Th. Statist. Ber. üb. d. Heilanstalt Thonberg (1836—76). Leipzig 1877. 4.

Güntz, Theob. Die Geisteskrankheiten s.a. G e s u n d h e i t s b ü c h e r, illustr.

Güntz, Th., die Geisteskrankheiten. Geschildert f. gebildete Laien. Mit den Portraits v. Pinel, Pisani, Conolly u. Griesinger. 8. (VIII, 156 S.) Leipzig 890. J. J. Weber. n. 2. —; geb. n.n. 3. —

Güntzberg, Benedikt, die Gesellschafts- u. Staatslehre der Physiokraten. s.a. A b h a n d l u n g e n, staats- u. völkerrechtl.

Güntzberg, Benedikt, a. Kalwarja (Rußland): Die Gesellschafts- und Staatslehre der Physiokraten. Altenburg 1907: Pierer. (XI, 144 S.) 8° ¶ [— Staats- u. völkerrechtl. Abhandlungen Bd 6 H. 3.]
Heidelberg, Phil. Fak., Ref. Jellinek, Diss. v. 21. Okt. 1907
[Geb. 8. Aug. 81 Kalwarja, Gouv. Suwalki; Wohnort: Marjampol, Gouv. Suwalki; Staatsangeh.: Rußland; Vorbildung: Gymn. Marjampol Reife O. 00; Studium: Warschau 8, Heidelberg 4 S.; Rig. 12. Jan. 07.]

Güntzel, s.a. G ü n z e l

Güntzel, Eph., s. Statuten d. Stadt Coburg.

Güntzel, Ernst Franz. Systematische Zusammenstellung der Gewolbeformen. (Progr. d. Realschule I. Ord. zu Trier. 1871-72.) 4.

Güntzel, F. E., e. Blick in d. Werkstatt d. Weltgeschichte. gr. 8. (III, 240 S.) Leipzig 893. [M. Spohr.] E. Fiedler. n. 3. 60
Auch die übrigen Schriften desselb. Verf. a. d. Vorlage v. M. Spohr sind an obige Firma übergegangen.

— das Geheimnis der Phantasie u. d. Gemüts. Reflexionen, auf physiolog. Basis üb. e. psycholog. Studie in gemeinverständl. Weise dargestellt. gr. 8. (XI, 146 S.) Ebd. 891. n. 2. 80

Güntzel, F. E., Reflexionen bei Betrachtung der Lebenserscheinungen der Erde. Eine philosophisch-naturwissenschaftl. Darstellung. gr. 8. (79 S.) Leipzig 888. Veit & Co. n. 2. —

— was lehrt die Natur üb. das Schicksal unserer Seele? Reflexionen, auf biolog. Grundlage in gemeinverständl. Weise ausgeführt. gr. 8. (XV, 184 S.) Ebd. 891. n. 3. 40

Güntzel, F. L., kleine deutsche Grammatik, abgefaßt nach den Schriften der vorzüglichsten Sprachforscher Heyse, Andresen rc., sowie nach den Regeln der neuen Orthographie. 8. (96 S.) Apenrade 883. Wohlenberg. cart. n. — 80

Güntzel, Ferdinand: Über Gruppierungen und Realitätsverhältnisse gewisser Punkte bei Raumkurven vierter Ordnung erster Species. Coburg 1909: Roßteutscher. 62 S. 8°
Jena, Phil. Diss. v. 30. April 1909, Ref. Thomae
[Geb. 28. Dez. 84 Neuses b. Koburg; Wohnort: Neuses; Staatsangeh.: Sachsen-Koburg-Gotha; Vorbildung: Oberrealsch. Koburg Reife O. 04; Studium: Jena 10 S.; Rig. 12. Dez. 08.] [U 09. 2179

Güntzel, Heinr., Geschichte Schlesiens, von den ältesten Zeiten bis auf die Gegenwart nebst e. kurzen Uebersicht d. Brandenburgisch-Preuß. Geschichte. Vom kathol. Standpunkte aus zum Gebr. in Volksschulen u. f. Freunde d. vaterländ. Geschichte bearb. gr. 8. (IV u. 260 S.) Striegau 848, Hoffmann. n. 16 ngr

— Katechismus der katholischen Glaubens- u. Sittenlehre. Zunächst als Handbuch f. Lehrer u. Katecheten. gr. 8. (IV u. 265 S.) Ebd. 851. n. 3/4 ß

Güntzel, H., Leitfaden für den Beicht- und Communion-Unterricht, f. Leitfaden.

[F.] Aus grosser Zeit. Gedenkbuch an die Krieger d. Kreises Schweidnitz aus d. Feldzügen v. 1864, 1866 u. 1870/71. Gewidmet v. Oscar Güntzel, Hrsg. d. „Tägl. Rundschau f. Schlesien u. Posen." Bearb. v. Red. Otto Tippel. *Schweidnitz: Dr. v. L. Heege (1897).* (3 Bl., 90 S.) 1 Bd 8. [98. 8197 B.

Güntzer's, Augustin, merkwürd. Lebensgeschichte, s.a Bücherschatz, Barmer.

[F.] Augustin Güntzers merkwürdige Lebensgeschichte. E. Kulturbild a. d. Jh. d. 30j. Krieges. Erzählt v. ihm selbst. *Barmen: Wupperthaler Traktat-Ges. [1897].* (159 S. einschl. Titelb., 1 Bl., 3 Taf.) 1 Bd 8.
= Bücherschatz, Barmer. Bd 3. 4. [97. 3791

Güntzrot, Brief an s. Vater aus dem Bivouaque von St. Just nahe bei Saumur, 18. Juli 1793. 8°. Strassburg.

Gunz u. S. Merzbacher, das Reichsbankgesetz vom 14. III. 1875 in der durch die Gesetze vom 18. XII. 1889, 7. VI. 1899, 19. III. 1900 u. 1. VI. 1909 bewirkten Fassung, nebst dem Reichsbankstatut, eingeleitet u. erläutert. (XLIX, 191 S.) kl. 8. München 910. C. H. Beck.
Geb. in Leinw. 3. 50

Gunz, E. v., u. F. Marschall, der Coupon. Hilfs- u. Nachschlagebuch f. österreichisch-ungar., sowie der in Wien notirten od. zahlbaren fremden Wertpapiere u. deren Coupons. 1. Jahrg. 1884. gr. 8. (246 S.) Stuttgart 884. Maier. n. 4. —

Gunz, E. v., und Frz. Marschall, der Coupon. 2. Jahrg. u. fg., s.a Coupon, der.

— — dasselbe. 2. Jahrg. 1886. gr. 8. (V, 371 S.) Wien 885. Manz. n.n. 4. 80

Gunz, Hugo, die rechtliche Natur des Treuhänders im Hypothekenbankgesetz, s.a. Studien, rechts- u. staatswissensch. 19. Hft.

Die rechtliche Natur des Treuhänders im Hypothekenbankgesetz. Von Hugo Gunz, Dr. jur. *Berlin: E. Ebering 1903.* (123 S.) 8°
— Studien, Rechts- u. staatswissenschaftliche. H. 19. [03. 1946] 10

Gunz, Joseph

Gunz u. Merzbacher, S., Das Reichsbankgesetz vom 14. III. 1875 in der durch die Gesetze vom 18. XII. 1889, 7. VI. 1899, 19. III. 1900 u. 1. VI. 1909 bewirkten Fassung, nebst dem Reichsbankstatut, eingeleitet u. erläutert. (XLII, 191 S.) kl. 8. München, C. H. Beck. 1910. Geb. in Leinw. 3. 50.

Gunz, Jos., das Vollgiro zu Inkassozwecken, s.a. Studien, rechts- u. staatswissenschaftliche. 20. Hft.

Das Vollgiro zu Inkassozwecken. Von Joseph Gunz. *Berlin: E. Ebering 1903.* (257 S.) 8°
— Studien, Rechts- u. Staatswissenschaftliche. H. 20. [03. 14737 6

Gunz, Justus Gottfried

s.: Günz, Justus Gottfried

Gunz, E., s. Beitr. zur Mathematik.

Gunz, Otto [app. Arzt aus Hannover]: Beschreibung eines Falles von protrahierter Geburt. . . . Strassburg, Buchdr. C. Goeller, 1890; 25 S. + 1 Bl. 8°
Strassburg, Med. Fak., Inaug.-Diss. v. 1890

Gunz, Simon

— Anfangsgründe d. Gleichungslehre od. d. sogen. Algebra; und d. hierzu erforderl. Rechnungsarten mit Buchstaben, insgemein d. Buchstabenrechnung genannt. 8. Prag 820. Kronberger u. W. 12 kr (a. Gundelach in Kitzing.) 14 kr

Gunz, Sim., († d. 11. Jan. 1824.) der fertige Arbitrageur; ein Handbuch f. Banquiers u. Kaufleute, bestehend in Arbitragetabellen, aus denen d. Resultate anzustellender Wechselarbitragen zwischen Wien, Augsburg, Leipzig rc. zu ersehen sind. N. A. 12. Prag 818. Enders. 1 ß

— prakt. Bemerkk. u. Vorschläge u. Verbess. des Lesebuchs, f. angehende Haus- u. Schullehrer. 8. Prag 792.

— Elementar-Theorie d. parallelen Geraden rc., s. Beitr. zur rc. Mathematik. 1s Hft.

— Handbuch f. Kaufleute, enthalt. allgemeine Schlüssel, vermittelst deren man d. Localbetrag e. Wiener Centners od. Pfundes, in Wiener Cours jeder vorkommend. Art rc. berechnen kann. 8. Prag 792.

— der Kassirer, ein Taschenbuch f. Banquiers u. Kaufleute, bestehend in Tabellen. 8. Prag 818. Enders. 9 kr

— Cours- u. Wechseltabellen, e. Handbuch f. Banquiers, Kaufleute u. Geschäftsleute überhaupt. 4. Wien 807. (Schaumburg). 1 ß 8 kr Hbg. Pr. 16 kr

— theoret.-prakt. Rechenbuch f. Lehrer u. Lernende. 2 Thle. gr. 8. Prag 802. 2e Aufl. 3 Thle. gr. 8. Ebd. 808. 5e Aufl. 816. 6e Aufl. 3 Thle. gr. 8. Ebd. 832. Enders. 4 ß 3r Thl. A. u. d. T.: Prakt. Unterricht in Berechnungen ausländ. Waaren, od. Waarenkalkulationen rc. 808. 6e A. 832. 1 ß 12 kr

— Rechenschlüssel, od. äußerst kurze allgemeine Rechenregeln, vermittelst deren der Locobetrag in Fl. Conv. eines Wiener Centners od. Pfundes eines jeden vorkommenden Waarenartikels in einem Amsterdamer, Hamburger, Londoner u. Frankfurter Preiscourante ohne Federansatz, blos mit 1 od. 2 Ziffern zu berechnen sey. 8. Prag 818. Enders. 1 ß

— Tabelle zur schnellen Uebersicht, wie viel d. jedesmalige Stand der 5 p. C. Obligationen in Silbermünze nach d. jedesmaligen Geldcourse in W. W. betrage. Prag 818. Enders. 9 kr

— Nelkenbrechers Taschenbuch, f. d. österreich. Staaten bearbeitet. 8. Prag 815. 2e A. 818. 3e A. . . . Enders. 2 ß.

—— prakt. Unterricht in Berechnungen ausländ. Waaren; od. Waarenkalkulaturen üb. Waaren aus Holland, Hamburg, England, Frankreich, Italien, Spanien, Portugal, Dänemark u. Rußland. Nebst e. Anh., üb. Dezimalbrüche, z. bess. Verständlichkeit v. Nelkenbrechers Taschenbuch od. ähnl. Schriften u. d. vortheilhaften Anwend. ders. bei kaufmänn. Rechnungen. gr. 8. (17 B.) Prag 832. Enders.

— Verhältnißtabellen d. niederösterr. Gewichts, nassen u. trocknen Maaßes, d. Elle, Klafter, gegen d. Altböhm., u. umgekehrt. 8. Prag 793.

Günz

— s. a. Güntz.

Günz, Justus Friedrich, De vota puerorum coma et juvenum barba apud veteres. Ad virum Justus Gottfried Günz cum summos in philos. honores adipisceretur epistola. Lpz. (Langenheim) 1737. 20 S. (5.50) 12246

– Dass., s.a. G ü n z , Justus Gottfried

Günz, Justus Gottfried

(— —). De obsequio principum erga medicos viro desideratae memoriae **Justus Gottfried Günz** amico et collegae ipso quo ille superiori anno inter vivos esse desiit die 21. VI. 1755 parentaturi scribunt . . decanus senior et assess. facult. medicae Lips. Lpz. (Langenheim). 16 S. (4.—) 12255

— — Commentatio de arteria maxillari interna. Lpz. (Langenheim) 1743. 40 S. (6.—) 12249
Ad Josephum Exuperium Bertinum doct. med. principis Moldaviae archiatrum.

Just. Godofr. G ü n z de auctore operis de re medica vulgo Plinio Valeriano adscripti. Lips. 1736. 4. (Neque Plinium majorem neque Plin. Valerianum, secundum inscriptionem apud Gruter. 635, 1, sed Gallum quendam Christianum paullo ante Marcellum Empiricum auctorem esse illius libelli; S i b u r i u m esse conjicitur ex Marcelli Empir. loco in praefatione: *Nec solum veteres medicinae auctores* etc.)

Gunzii, J. G., Libellus de auctore operis de re medica; vulgo Plinio Valeriano adscripti. Lips. 753. 4.

Just. Godofr. G ü n z epist. gratul. de vota puerorum coma et juvenum barba apud veteres. Lips. 1737. 4.

– Dass., s.a. G ü n z , Justus Friedrich

Günz, Justus Gottfried: Dissertatio de daduchiais in sacris Aesculapii. Von Justus Gottfried Günz und Jo(hann) Fr(iedrich) Gott(lieb) Richter. 108 S. (S. 49-156), gbd.

Lipsiae: 1737
(Opuscula ad medicinae historiam pertinentia. Bd 1,2)

JB 5.705

Günz, Justus Gottfried: Daidouxias in sacris Aesculapii. Von Justus Gottfried Günz und Jo. Friedrich Gottlieb Richter. 68 S., gbd., Abb.

Lipsiae: Langenheim 1737

Just. Godofr. G ü n z (resp. Jo. Frid. Glo. Richter) de δᾳδουχίαις in sacris Aesculapii. Lips. 1737. 4. — *Recus. in* J. Chr. Gl. Ackermann opusc. ad medicinae historiam pertinent. (Norimb. 1797. 8.) pag. 49—156.

— — u. (Respond.) Johann Heinrich Schmid (Leipzig), Derivationem puris ex pectore in bronchia ad Galenum de loc. affect. lib. V. cap. III. Diss. pathol. Lpz. (Langenheim) 29. VIII. 1738. 30 S. (5.50) 12248

Günz, Justus Gottfried: Prolusio ad anatomicas exercitationes...in cadavere foeminae circa cerebrum, sensuum organa et genitales partes instituendas, qua de entero-epiploocele observationem proponit. 12 S., gbd.

Lipsiae: Langenheim 1738

— — Prolusio ad anatomicas exercitationes in cadavere foeminae circa cerebrum, sensuum organa et genitales partes instit., qua de enteroepiploocele observat. Lpz. (Langenheim) 3. III. 1749. 12 S. (4.—) 12251

Günz, Justus Gottfried: De mammarum fabrica et lactis secretione. Diss. 44 S., gbd.

Lipsiae: Langenheim 1734

Guenz, J. G., resp. H. **Bornet**, Prolusio, qua lapillos glandulae pinealis in quinque mente alienatis inventos proponit. 24 pp. Lps. 4°. *Haller*, Diss. Laus. 1757, I, 235—49. 1 7 5 3

— **Justus Gottfried,** Ad audiendam orationem, qua physiologiam publice docendi munus. — De sanguinis motu per durioris cerebri membranae sinus observationes quasdam proponit. Lpz. (Langenheim) o. J. 24 S. (4.80) 12247

Günz, Just. Gttl., Pr. de sanguinis motu per durioris cerebri membranae sinus. Lps. 4°.
1 7 4 7

—, De sanguinis motu per durioris cerebri membranae sinus. 24 pp. Lps. 4°. 1 7 5 3

— de s u f f u s i o n i s natura et confusione. 4. ibid. 750.

— — Prolusio observat. anatom. de cerebro continens I. exercitationibus splanchnologicis in cadavere foeminae. Lpz. (Langenheim) 23. V. 1750. 12 S. (3.—) 12252

— — Dasselbe. Contin. II. Lpz. (Langenheim) 31. V. 1750. 12 S. (2.—) 12253

Guenz, J. G., Prolus. II cont. observationes anatomicae de cerebro. 12 pp. Lps. 4°. *Haller*, Bibl. anat. II, 271.
1 7 5 0

— — Prolusio ad panegyrin medicam. — Observat. quasdam anatom. de utero et naturalibus foeminarum. Lpz. (Langenheim) 13. IV. 1753. 16 S. (4.20) 12254
Biogr. v. Martin Gottlob Halpitius (Neu-Zauche b. Lübben/N.-Laus.).

— — u. **Joh. Ehrenfried Geisler** (Langnau/Laus.), De herniis. Observat. anatom.-chirurg. Lpz. (Langenheim) 23. X. 1744. 45 S. (6.—) 12250

Günz, Justus Gottfried: Observationum anatomico-chirurgicarum de herniis libellus. 116 S., gbd.

Lipsiae: Langenheim 1744

Iustus Godofredus Gunzius [Guenz]: Observationes anatomico-physiologicae circa hepar. [Resp.:] Ioannes Gabriel Thilo. Lipsiae (1748:) Langenheim. 32 S. 8°
Leipzig, Med. Disp. v. 2. Aug. 1748

Günz, Justus Gottfr(ied): Observationum chirurgicarum de calculum curandi viis, quas Foubert, Garengeot, Perchet, Le Dran et Le Cat, chirurgi Galli, repererunt, liber unus. 145 S., gbd.

Lipsiae: Langenheim 1740

Iustus Godofredus Günz: Observationes ad ozaenam maxillarem ac dentium ulcus pertinens. (Lipsiae 1753: Langenheim.) XVIII S. 8°
[Einladungsschrift zur Dr. med.- Promotion von Ernst Heinrich Hausdoerffer, Leipzig, 28. Sept. 1753.]

Günz, Justus Gottfr(ied): Commentatio medicochirurgica de commodo parientium situ. Wie eine Kreißende bequem zur Geburt zu stellen. (Lat.) 52 S., gbd.

Lipsiae: Langenheim 1742

Guenz, Justus Gottfried: De Staphylomate. [Resp.:] Iohannes Michael Barth. ([Leipzig] 1748:) Langenheim. 38 S. 8°
Leipzig, Med. Diss. v. 27. Febr. 1748

Günz, Justus Wilhelm

— — u. **Christoph Carl Mayenberg** (Sonnenwalde/Laus.), De cortice salicis cortici peruviano substituendo. Disp. I. Lpz. (Langenheim) 21. III. 1772. 28 S. (5.—) 12257
Gewidmet: Jo. August Ernesti (Kahnsdorf), Christian Gottlieb Ludwig, Ernst Gottlob Bose, Christian Friedrich Kadelbach.

— — Dasselbe. II. Lpz. (Langenheim) 10. IV. 1772. 32 S. (4.50) 12258

Guinz, I. G., de cortice Salicis, cortici peruvian. substit. 8. Lips. Craffé. 787.

Günz, Just. Wlh., († d. 16. Mai 1815) de cortice salicis, cortici Peruvian. substit. 8. Leipz. 787. Müller. 6 gr

— **Justus Wilhelm** (Leipzig), De elasticitate disserit simulque viro Johann Gottfried Leonhardi (Leipzig) summos in arte salutari honores nomine collegii disputatorii sub praes. Ernst Gottlob Bose gratul. Lpz. (Langenheim) 25. X. 1771. 16 S. (4.50) 12256

Günz, Marie, der Kinder Hort, s.: Dick, Alex.

Günz, Marie: Der Kinderhort, s. Mittemann, E.

Gunzburg, David, s. Günzburg

Günzburg [Schlagwort]

Günzburg, s.: Deutschland. Kürschner-Pelp.

Günzburg [Verfasser]

Günzburg, s.a. Eberlin v. Günzburg.

Günzburg, Aaron, dogmatisch-histor. Beleuchtung des alten Judenthums. 8. Prag 846. (Leipzig, C. L. Fritzsche.) n. 2/3 Thlr

Gunzburg, Baron Dav. de, s.: Divan, le, d'Ibn Guzman.

Günzburg, Baron Dav. de, le premier livre imprimé en hébreu. [Aus: „Recueil des travaux réd. en mémoire du jubilé scient. de M. D. Chwolson".] gr. 8. (65 S.) Berlin (899). S. Calvary & Co. n. 3. —

Günzburg, D., les manuscrits arabes, karchounis, grecs, coptes, éthiopiens, arméniens, géorgiens et bâbys, s.: Collections scientifiques de l'institut des langues orientales du ministères des affaires étrangères.

Günzburg, Dav., et Vladimir **Stassoff,** L'ornement hébraïque. (27 farb. Taf.) Imp.-Fol Nebst Text. (18 S.) gr. 4. Berlin 905. S. Calvary & Co. In Mappe n. 120. —

— s.: Recueil des travaux rédigés en mémoire du jubilé scientifique de M. Daniel Chwolson.

Günzburg, Karl, zur Gescichte u. Statistik d. kaiserl. Moscau'schen Findelhauses. gr. 8. (28 S.) Wiesbaden 875. (Rodrian.) n. — 50

Günzburg, Liberal, die Lungenschwindsucht, ihre naturgemäße Behandlung u. Verhütung. Ein Handbuch für Aerzte u. gebildete Laien mit besonderer Angabe der geeigneten Kurorte, der Wohnung, Nahrung, Kleidung etc. bei Anlage zur Lungensucht u. bei ausgebildetem Leiden. Wien 869. Braumüller. 8. (XI, 272 S.) n. 24 *ngr.*

Günzburg, Liberal, Pathologie und Therapie der Respirations- und Circulations-Organe vom theoretischen und practischen Standpunkte aus, nach den neuesten Fortschritten der Wissenschaft, nebst einem Abrisse der physikal. Untersuchungsmethoden mit besond. Berücksicht. der wiener Schule. gr. 8. (XII und 782 S.) Wien 861, Braumüller's Verlags-Conto.

Günzburg, Dr. Liberal, Percussion u. Auscultation des Herzens im gesunden u. kranken Zustande; nebst tabell. Uebersichten der Herz- u. Lungenleiden, in diagnost. u. pathol.-anatom. Beziehung nach Skoda u. Rokitansky, mit e. Anh. über die Behandlung derselben. 2. verm. Aufl. Mit 1 Abbild. gr. 8. Wien 844, Kaulfuß Wwe., Prandel u. Co. 1 Thlr

Günzburg, L., Rathgeber f. Brustschwache m. tuberkulöser Anlage, beginn. u. ausgebildeter Lungenschwindsucht. Nach dem heut. Standpunkte der Wissenschaft gemeinfaßlich dargestellt. 2. gänzlich umgearb. u. verm. Aufl. Mit in den Text gedr. Holzschn. 8. (XVII, 206 S.) Wien 873. Hartleben. 2. 25

Günzburg, Olga, aus St. Petersburg: Die Unglücksfälle durch Ueberfahrenwerden mit tötlichem Ausgange in der Schweiz während der Jahre 1900—1904. Bern 1908. 36 S. 8°. [15. VII. 08].
Bern. Med. Diss. 1908/09.

Günzburg, Olga. Die Unglücksfälle durch Ueberfahrenwerden mit tötlichem Ausgange in der Schweiz während der Jahre 1900—1904. Diss. Med. Bern. 36 S. 8. Bern, H. v. Kamp-Berger, 1908.

Günzburg, T. B., Anleitung zum Selbst-Unterricht in der chromatischen Tuschir-Methode zur leichten u. schnellen Abtuschirung v. Zeichnungen aller Art, zum Schattiren geometr. Körper, Köpfe, Ornamente, Landschaften, Karten etc. Nebst Anh., enth. e. kurze Anleitg. zum Gebrauche d. Pantographen. 3., neu bearb. Aufl. gr. 8. (62 S.) Berlin 887. (Bormann Nachf.) n. 1.—

Günzburg, T. B., Anleitung zur chromatischen Tuschir-Methode, zur leichten u. schnellen Abtuschirung von Zeichnungen aller Art, zum Schattiren geometr. Körper, Köpfe, Ornamente, Landschaften, Situationspläne, Karten, für architectonische, technische, fortificatorische, anatomische, botanische, zoologische, astronomische Zeichnungen etc. mittelst der patentirten verstellbaren Pinsel u. unverwaschbaren Farben, nebst Anhang, enthaltend eine kurze Anleitung zum Gebrauche des Pantographen. gr. 8. (24 S.) Berlin 882. (Bohne.) n. 1.

Günzburger, Max [aus Lahr in Baden]: Beiträge zur Kasuistik der Elephantiasis ... Würzburg, Druck d. k. Universitätsdr. v. H. Stürtz 1897; 34 S., 2 Taf. 8.
Würzburg Med. Fak., Inaug.-Diss. v. 1897

Günzel, s.a. G ü n t z e l

Günzel · Sollte das bei dem kathol. Gymn. zu G. früher bestandene Seminar nicht billig wieder hergestellt werden? . . . .
Progr. Glogau 1828

Günzel, Aloys

—— Trauerrede b. d. Todesfeier Friedr. August's, König v. Sachsen. gr. 8. ... Dresden 828, (Grimmer.)

Günzel, Aloys, welcher Gewinn entspringt dem besorgten Christen beim Antritte eines neuen Jahres aus d. vorurtheilsfreien Prüfung d. jüngstvergangenen Zeit? Predigt, am Neujahrs-Tage 1828 in d. Kön. Sächs. kathol. Hofkirche gehalten. gr. 8. Dresd. 828. (Hilscher). 3 gl

GÜNZEL, Cp.: Statuten d. herzogl. sächs. Resid.-Stadt Coburg, d. i. die sogen. alten Statuten geordn., m. Bemerkk. u. hierher gehör. Entscheidungsurthh. u. Rescrr. vers; als auch d. 1675 neuprojectirten Statuten neb. den alten — abgedr., beide aber mit d. Statuten v. *Hildburghausen* — — vergl. u. m. ein. Einleit. z. Entwickel. ihrer gegenw. Gestalt u. d. jetzt gelt. Stadtrechte begl. v. J. And. ORTLOFF. *Coburg*, Ahl. 818. 4. (2 Thl.)

Günzel, D. C., Statuten der Herzogl. Sächs. Residenzstadt Coburg. Mit Anmerkungen, Entscheidungsurtheilen und Rescripten. herausgegeben von Dr. J. A. Ortloff. 4. Coburg, Ahl. 818.

Günzel, Frz. Vikt., der Saazer Hopfen. Hrsg. unter Mitwirkg. v. Ambros Bauer, Otto Englisch u. Andr. Nowoczek. Mit 22 Schwarz- u. 6 Buntdr.-Taf., zahlr. Abbildgn. im Texte u. 2 Versendungskarten f. Saazer Hopfen in Original. (III, 324 S.) gr. 8. Saaz 904. (A. Ippoldt's Nachf.) Geb. in Leinw. n.n. 11.—

Günzel, Frz. Vikt., die alte Veste Petersburg. Monographie. (31 S. m. 1 Fig.) 8. Saaz 906. (A. Ippoldt's Nachf.) nn 1.—

Günzel, Friedrich, Referendar a. Dresden: Das deutsche Apothekergewerbe insbesondere die Errichtung von Apotheken. Borna-Leipzig 1905: R. Noske. (VI, 48 S.) 8°
Leipzig, Jur. Fak., Diss. v. 10. Juli 1905
[Geb. 23 Juli 79 Dresden; Wohnort: Dresden; Staatsangeh.: Sachsen; Vorbildung: Kreuzgymn. Dresden Reife O. 99; Studium: Leipzig 7 S.; Rig. 9 Febr. 05.]

Günzel, Friedrich. Der französische Unterricht in den lateinlosen höheren Unterrichtsanstalten. 4 (XV S.). Rsch. *Ottensen* 1887 (274).
Progr.

Günzel, Geo., die Amateurphotographie, s.: Grethlein's praktische Hausbibliothek. 9. Bd.

Günzel, Georg: Über die Ortsbewegung der Tiere. Berlin, R. Gaertner, 1893; 23 S. 4.
Berlin, Achte R. (HB)', OP 1893 (125)

Günzel, K[arl]: Allgemeine V e r f ü g u n g e n des Magistrats d. Königl. Haupt- und Residenzstadt Breslau. ‹Umfassend d. Zeit von 1846 bis Ende 1901.› Nach amtl. Quellen im Auftr. d. Vereins Breslauer Magistratssekretäre bearb. von -, F(ranz) Kreisel, Magistratssekr.
Breslau: Verein 1902. 97 S. 8°

Gunzenhausen [Sachliches OW]

Gunzenhausen. Gemessen im Jahre 1825. Gravirt 1827.
Vom K. Steuer-Kataster. 1 : 2,500. 1 Bl.

Gunzenhausen [Schlagwort]

Gunzenhausen, s.: Deutschland. Kürschner-Peip.

[F.] **Gunzenhauser,** Alfred [Justizref. in Tübingen]: Die Beeidigung der Zeugen im Strafprozess insbesondere nach der Strafprozessordnung für das deutsche Reich ... Tübingen, Druck v. H. Laupp jr., 1892; VIII, 63 S. 8.
Tübingen, Jur. Fak., Inaug.-Diss. v. 1892

Gunzenhauser, Alfr., Sammlung der Gesetze, Verordngn., Verfügungen u. Erlasse betr. die Kirchenverfassg. u. die religiösen Einrichtungen der Israeliten in Württemberg. (VI, 312 S.) gr. 8. Stuttgart 909. W. Kohlhammer. 5.—

Gunzenhauser, C., Baukonstruktionen in Holz. Ein Handbuch z. Selbstunterricht f. Bautechniker, Architekten, Zimmerleute u. Bautischler. Zugleich e. Leitfaden f. Vorlesgn. 1. Abtlg.: Holzverbindungen, Gebälke, Wände u. Dächer. Fol. (32 Taf. m. 968 Abb. u. 42 S. Text.) Ravensburg 899. O. Maier. n. 10.—

Gunzenhauser, Lehrheft der königlichen Baugewerkschule in Stuttgart über landwirtschaftliche Baukunde (40 S. 14 T.) 4° Stuttgart 1901

Gunzenhauser, C., s.: **Wandtafeln zur Kunstgeschichte.**

Gunzenhauser, Samson, Betrachtungen über die Bibel und unserer Weisen Aussprüche in Predigten. 1. Liefg. Stuttgart 863. Levi in Comm. 8. (VIII, S. 1—152.) n. 12⅔ ngr

Gunzenhauser, Samson, „kurz u. gut." Zwanzig Predigten für Feste, Sabbathe u. Gelegenheiten. Zum Gebrauche der Prediger, Vorbeter u. Lehrer in kleineren Gemeinden. 2. (Titel-)Ausg. Breslau (863) 870. Schletter. 8. (VIII, 152 S.) 12 ngr

Gunzenhauser, Samson, „Kurz u. gut!" 20 Predigten f. Feste, Sabbathe u. Gelegenheiten. Zum Gebrauche der Prediger, Vorbeter u. Lehrer in kleineren Gemeinden. 3. Aufl. gr. 8. (VIII, 158 S.) Breslau 890. Jacobsohn & Co. n. 2.25

Gunzert, G., les livres fonciers d'après les projets de lois soumis à la délégation d'Alsace-Lorraine dans la session de 1885. Rapport présenté à la délégation au nom de la commission spéciale. 8. (III, 127 S.) Strassburg 885, Trübner. *

Gunzert, Ludwig, Zahnarzt: **Beitrag zur Statistik der Epulis.** *Berlin 1898: E. Dreyer.* (46 S.) 8°
Heidelberg, Med. Diss. v. [20. Dez.] 1898

Gunzert, Wilh., das Elsaß-Lothringische Katastergesetz. Textausg. m. französ. Uebersetzg. u. Anmerkgn. 8. (89 S.) Straßburg 884. Trübner. cart. n. 1. 60

Gunzert, Wilh., das elsaß-lothringische Katastergesetz vom 31. März 1884 u. das Gesetz vom 6. Apr. 1892 betr. Abänderung d. Katastergesetzes, sowie Ausgleichung der Grundsteuer. Text m. französ. Uebersetzg. u. Anmerkgn. (2. Aufl.) 12. (102 S.) Straßburg i/E. 892. K. J. Trübner Verl. Kart. n. 1. —

— les livres fonciers d'après les projets de lois soumis à la délégation d'Alsace-Lorraine dans la session de 1885. Rapport présenté à la délégation au nom de la commission spéciale. 8. (III, 127 S.) Ebend. 885. n. 2. —

Rabbi Israel Baal-Schem, der Stifter der Chassidismus. Sein Leben u. s. Lehre dargest. von I[srael] Günzig. Brünn: Jüd. Buch- u. Kunstverl. 1908. 70 S. 8°

Günzig, J., Rabbi Israel Baal-Schem, der Stifter des Chassidismus. Sein Leben u. seine Lehre. (70 S.) gr. 8. Brünn 908. Verlag der „Jüd. Volksstimme". 2. —

Günzig, Israel, s.: Jophet Bon Ali Halêvi, Commentar zu d. Proverbien.

Günzig, Israel [aus Krakau]: **Der Commentar des Karäers Jephet Ben Ali Halêvi zu den Proverbien. Zum ersten Male nach mehreren Handschriften edirt, mit einer Einleitung und Anmerkungen versehen. Krakau 1898.** 50, XXXII S. 8°.
Bern. Phil. Diss. 1897/98.

Gunzinger, P.: Bekämpfung des Alkoholmißbrauches durch die erziehende Tätigkeit im schulpflichtigen Alter. (Manuskript in der Bibliothek der eidgenössischen Alkoholverwaltung in Bern.) Fol. 7 S. Solothurn. 1903.

Gunzinger, P., siehe: *Fortbildungsschüler.*

Gunzinger, Peter, bacc. iur.: Die **Vertretungsmacht** des Vorstands der Aktiengesellschaft. *Borna-Leipzig 1902: R. Noske.* (.. S.) 8°
.. Jur. Diss. v. 1902

<u>Gunzius</u>, Justus Gottfried
s.: <u>Günz</u>, Justus Gottfried

Günzl, Joh., auf sonniger Höh'! Gedichte theosoph. u. belletrist. Inhalts. Hrsg. u. m. e. Vorwort versehen v. Leop. Engl. 8. (XVI, 255 S. m. Bildnis.) Bitterfeld (899). F. E. Baumann. 1. 25; geb. n. 1. 75

Günzl, Jos., auf alten u. neuen Wegen. Okkulte Erzählgn. in volkstüml. Form. Hrsg. u. m. e. einleit. Vorwort versehen v. Gottfr. Buchner. (XV, 508 S. m. Bildnis.) Kl. 8. Lorch 910. K. Rohm. 3.75; geb. 4. 50

Günzler, A. F., Gamm's Aschenfunken, eine Schwabschrift vom J. 1817 gegen d. Würtemberg. Consistorium, aus d. sichersten Quellen mit ruhiger Wahrheitsliebe beleuchtet. 8. Stuttg. 819. Löfflund. 12 gr.
vgl. Günzler, M.

— über d. Werth u. d. Einführbarkeit e. allgem. 4stimmigen Choralgesanges in d. evangel. Kirchen. gr. 8. Stuttg. 825. Metzler. 4 gr.

Günzler, A. F., Winke z. Aufmunterung u. Warnung f. Lehrer, Freunde u. Beförderer d. method. Gesangs in d. evangel. Kirchen u. Schulen, u. Andeutungen üb. d. rechte Behandl. dess., erläut. durch Nachrichten üb. d. Stand u. Fortgang dess. in Württemberg. gr. 8. (5½ B.) Stuttgart 832, Metzler.

Günzler, Eduard, Prof. Dr.: **Das Psephisma des Demophantos.** Schw. Hall 1907: E. Schwend. (S. 3—14.) 4°
Schwäb. Hall, k. G P 1907 (738)

Günzler, Ernst, approb. Arzt aus Leonberg: **Aus d. pathol. Institut zu Tübingen. Ein Fall von Cystadenoma papillare der Schilddrüse mit Drüsen-Metastase.** *Tübingen 1902: G. Schnürlen.* (19 S.) 8°
Tübingen, Med. Diss. v. 1902

Günzler, Ernst, ein Fall v. Cystadenoma papillare der Schilddrüse m. Drüsen-Metastase. Diss. gr. 8. (20 S.) Tübingen 902. (F. Pietzcker). n.n. — 70

Günzler, Heinrich, approb. Arzt aus Stuttgart: **Aus d. Tübinger Universitäts-Augenklinik. Ueber direkte Verletzung des Opticus durch Querschüsse der Orbita.** *Tübingen: F. Pietzcker 1904.* (29 S.) 8°
Tübingen, Med. Diss. v. 1904

Günzler, K.: Einfluß des Alkohols auf die Zuckerausscheidung. D. Tübingen. 1858.

Günzler, M., Gamm's Aschenfunken, eine Schwabschrift vom Jahr 1817 gegen das Würtembergische Consistorium, aus den sichersten Quellen mit ruhiger Wahrheitsliebe beleuchtet. 8. Stuttgart, Löfflund. 819.
vgl. Günzler, A. F.

Günzler-Stotz, Charlotte, Christblumen. Gedichte. 8. (239 S.) Stuttgart 887. Belser. geb. m. Goldschn. n. 3. —

Günzrot, Jh. Chr., die Wagen u. Fuhrwerke d. Griechen u. Römer, dann anderer alten Völker, nebst deren Bespannung, Zäumung u. Verzierung ihrer Zug-, Reit- u. Lastthiere. Mit 100 Kpf. 2 Bde. gr. 4. Münch. 817. Lentner. 42 fl 16 gr.

* **OFFENBARUNGEN** über Deutschland, vorzüglich über die Städte Wien, Leipzig .... (von *Franz Guolfinger* Ritter *v. Steinsberg*). Amsterdam (Prag) 1785. 8°.
Anon.-Lex. III. p. 233 (nach Kayser, Wurzbach, Meusel, Weller.) — Höchst selten! Seiner Zeit confiscirt!

PREDIGTKRITIKEN (von *Fr. Guolfinger* Ritter *v. Steinsberg*). Prag 1782.
Anon.-Lex. III. p. 297 (nach Kayser u. Meusel). — Sehr rar!

Güpner, Johann Basilius (Leichtenburg; Orlamünde), De jure thalami. Vom Rechte des Ehe-Bettes. / Diss. jur. Präs. Christ. Wildvogel. Jena (Müller) 1. VIII. 1703. 49 S. (6.—) 12259

— — Dasselbe. 1717. 50 S. (6.—) 12260

— — Dasselbe. 1722. (6.—) 12261

— — Idem opus. Ibid. 1733. 4°.
¼ Rthlr. Schmidt, Halle. 142. p. 54. jetzt theurer!

Guppenberger, L.: Antheil Ober-und Niederösterreichs an der deutschen Literatur seit Walthers v. d. Vogelweide bis zum Ende des 14. Jahrh. 64 S. 4°.– Kremsmünster OG., Progr. 1871.

Guppenberger, P. Lambert, Anleitung zur Bestimmung der Gattungen der in Kremsmünster und Umgebung wildwachsenden und allgemein kultivirten Pflanzen. 8. (VI, 76 S.) Linz 873, Fink. cart. *
—— dass. — gr. 16. (VI, 188 S. mit 1 chromolithogr. Taf. in 4.) Ebendas. 874. cart. *

Guppenberger, Lambert, Bibliographie d. Clerus der Diöcese Linz von deren Gründung bis zur Gegenwart 1785 – 1893. gr. 8. (IX, 270 S.) Linz 893. (F. I. Ebenhöch.) n. 4. —

Guppenberger, Lambert, die Geburt Jesu Christi, s.: Schul- u. Vereinsbühne, christliche, Nr. 40.

Guppenberger, Lambert, Gunther u. Irmgart. gr. 8. (140 S.) Linz 877. Fink. n. 2. —

Guppenberger Lambert: Der Pagus Grunzwiti. (Grunzwin). 84. Urfahr 98. **Progr.**

Gupta [illegible] Über die Zusammensetzung der Produkte alkalischer Hydrolyse des kristallisierten [illegible]dbamins. S. 118. H[illegible] . . . . . vgr.
Separatabdruck

Gura, Eug., Erinnerungen aus meinem Leben. (124 S. m. Bildnis u. 4 Taf.) 8. Leipzig 905. Breitkopf & Härtel. n. 4. —; geb. in Leinw. n. 5. —

Guradze, Franz: Der Bauer in Posen. Beiträge zur Geschichte d. rechtl. u. wirthschaftl. Hebung d. Bauernstandes d. jetzigen Provinz Posen durch d. preuss. Staat (seit 1772). Th. 1 (1772 – 1815). *Halle 1898: (E. Schmidicke, Posen).* (97, II S.) 8° [F.] ¶(Erscheint vollst. in d. Zeitschrift d. histor. Gesellschaft f. d. Provinz Posen.)
Halle, Phil. Diss. v. 1898

Guradze, Hans: Die Reye'sche **Geometrie** der Mannigfaltigkeiten projectiver Grundgebilde behandelt mittels einer besonderen Art bilinearer Formen. *Breslau 1900: R. Galle.* (68 S.) 8°
Breslau, Phil. Diss. v. 11. Aug. 1900

Guradze. [illegible]
[illegible]
Berlin, Med. Diss. v. [illegible] März 1855

Guradze, Paul [app. Arzt aus Masselewiz[!] bei Breslau]: Zur Casuistik der Gehirntumoren. E. Fall v. multiplen Carcinommetastasen im Gehirn nach Mammacarcinom ... Strassburg i. E., Buchdr. C. & J. Goeller, 1896; 46 S. 8.
Strassburg, Med. Fak., Inaug.-Diss. v. 1896

Guradze-Kotlischowitz, intensiv oder extensiv, s.: Buerstenbinder.

Guralski, Schmuel. Über Di- und Triamminchromisalze. Diss. Phil. [II.] Univ. Zürich. [Mit Figuren.] 46 S. 8. Zürich, J. J. Meier, 1909.

[Koptt.:] **Gurau**, *Siegfried* [Dr. med.]: Aus d. städt. Krankenhause Moabit zu Berlin, chirurg. Abtheilg d. Prof. Dr. Sonnenburg. Ein Fall von Compressionsfractur des Condylus externus tibiae. [Aus: Deutsche Zeitschr. f. Chir., Bd 41.] [o. O.], *1895*; 151 – 188 S. 8.
Leipzig, Med. Fak., Inaug.-Diss. v. [illegible] Nov. 1894

Guerber, 4 Nationalkirchen, s.: Compaß für das katholische Volk.

Gürber, August

Gürber, weisse Blutkörperchen u. Blutgerinnung. [Aus: „Sitzungsber. d. Würzb. phys.-med. Gesellsch."] gr. 8. (5 S.) Würzburg 892. Stahel. n. — 30

Gürber, A., Leitfaden d. Physiologie d. Menschen, s.: Schenk, F.

Gürber, August [Dr. phil. aus Werthenstein '(Schweiz)']: Salze des Blutes. 1. Tl: Salze des Serum ... Würzburg, Druck d. Stahel'schen k. Hof-Buchdr., 1894; 1 Bl., 21 S. 8.
Würzburg, Med. Fak., Inaug.-Diss. v. 1894

— Salze des Blutes. 1. Tl.: Salze d. Serum. [Aus: „Verhandlgn. d. physikal.-medicin. Gesellsch. z. Würzburg".] gr. 8. (21 S.) Würzburg 895. Stahel'sche Verlagsanstalt. n. — 60

Gürber, August, Dr. med. et phil.: **Aus d. physiol. Institut zu Würzburg. Salze des Blutes.** T. 2. **Salze der Blutkörper.** *Würzburg 1901: H. Stürtz.* (37 S.) 8° ¶(T. 1: Salze des Serums, in: Verhandl. der Phys.-med. Gesellsch. zu Würzb., N. F. Bd 28.)
Würzburg, Med. Hab.-Schr. v. 1904

— Serum-Albumin-Krystalle, s.: Michel, A.

Gürber, August, aus Werthenstein (Cant. Luzern): Untersuchungen ueber die physiologischen Wirkungen der Lupetidine und verwandter Körper und deren Beziehungen zu ihrer chemischen Constitution. (S. A. aus: Archiv f. Anat. u. Physiol., Physiol. Abt., Jg. 1890, S. 401 – 476.) Leipz. Veit u. Cie 1890. 78 S., 1 Bl., Tafel IV. 8°.
Zürich. Phil. Diss. (v. 10. März 1890).

— Wechselbeziehungen zwischen dem Hämoglobin u. dem thierischen Protoplasma. [Aus: „Sitzungsber. d. Würzb. phys.-med. Gesellsch."] gr. 8. (9 S.) Ebd. 891. n. — 50

Guerber, Jos., Bauern- u. Schwedenkrieg im Elsaß. Historische Erzählgn. (344 S.) 8. Rixheim 906. (Straßburg, F. X. Le Roux & Co.) n.n. 2. 50

Guerber, Jos., der Landsknecht. [Aus: „Hl. Familie".] gr. 8. (III, 162 S.) Rixheim 902. (Straßburg, F. X. Le Roux & Co.). n. 1. —

Guerber, Jos., Bruno Franz Leopold Liebermann. Mit dem (Lichtdr.-)Bildniß Liebermanns. gr. 8. (XII, 392 S.) Freiburg i. Br. 880, Herder'sche Verlagsh. *

— um den Odilienberg. [Aus: „Hl. Familie".] 8. (III, 188 S.) Ebd. 901. n.n. 1. —

Gürbethal-Bahn, Die schmalspurige. Bern 1898. V: *Bay-Ammann, R., Fr. Volmar & Eug. Escher.* (Zuwachsverz. d. Bibl. in Zürich 1898 ff.) (BSchwLk V, 9 h)

Gurcke, Gottfried

Gurcke's, Gfr., Elementarbuch der englischen Sprache. Bearb. v. Chr. Lindemann. 27. Aufl. gr. 8. (VIII, 232 S.) Hamburg 890. O. Meißner's Verl. n. 1. 60; geb. n.n. 1. 90

Gurcke, G., englische Elementargrammatik. Hamburg 863. O. Meißner. gr. 8. (VIII, 250 S.) n. 18 ngr.

—— englisches Elementarlesebuch. gr. 8. (VIII und 191 S.) Hamburg 863. O. Meissner. *

Gurcke, Gottfr., englisches Elementar-Lesebuch. 2. und 3. Aufl. 1872,73. *M. 1,50., und 4. Aufl. gr. 8. (192 S.) Hamburg 875, O. Meissner. *

— dasselbe. 4. Aufl. gr. 8. (192 S.) Ebend. 875. n. 1. 60

Gurcke, Gfried., englisches Elementar-Lesebuch. 5. und 6. Aufl. gr. 8. (192 S.) Hamburg 877,79, O. Meissner. * geb. *

Gurcke, Gfried., englisches Elementar-Lesebuch. 7.—10. Aufl. 8. (192 S.) Hamburg 880—84, O. Meissner. * geb. *

Gurcke, Gfr., englisches Elementar-Lesebuch. 11.—16. Aufl. 8. (192 S.) Hamburg 885—88, O. Meissner's Verlag. *

— englisches Elementar-Lesebuch. 16. Aufl. 8. (192 S.) Ebd. 889. n. 1. 60

—— Englisches Elementar-Lesebuch. 20. Aufl. gr. 8. (192 S.) Ebd. 892. * 1 60; geb. * 2 —

Gurcke, Gfr., englisches Elementar-Lesebuch. Neu bearb. u. verm. v. Chr. Lindemann. 22. Aufl. gr. 8. (IV, 266 S.) Hamburg 894. O. Meissner's Verl. n. 1. 60; geb. n.n. 1. 90

Gurcke, Gfr., engl. Elementar-Lesebuch. Neu bearb. u. verm. v. Chr. Lindemann. 24. Aufl. gr. 8. (IV, 266 S.) Hamburg 896. O. Meissner's Verl. n. 1. 60; Einbd. n.n.n. — 30

Gurcke, Gfried., englisches Elementar-Lesebuch. Neu bearb. u. verm. v. Chr. Lindemann. 26. Aufl. (IV, 266 S.) 8. Hamburg 906. O. Meissner's Verl. n. 1. 60

Gurcke, Gottfr., englisches Elementar-Lesebuch. Neu bearb. u. vermehrt v. Chr. Lindemann. 30. Aufl. (IV, 266 S.) 8. Hamburg 910. O. Meissner's Verl. 1.60; geb. 2. 20

— english grammar. Key. gr. 8. (166 S.) Ebend. 873. 1. 50

Gurcke, Gottfr., die Hauptpunkte der deutschen Sprachlehre. Hamburg 868. O. Meißner. 8. (60 S.) geb. n. 6 ngr.

— die Hauptpunkte der deutschen Sprachlehre. 2. Aufl. 8. (IV, 60 S.) Ebend. 871. n. — 50

— dasselbe. 5. Aufl. 8. (64 S.) Ebend. 874. geb. n. — 70

—— die Hauptpunkte der deutschen Sprachlehre. 6.—9. Aufl. 8. (64 S.) Ebendas. 876—79. * 60 Pf.; geb. *

—— Hauptpunkte der deutschen Sprachlehre. 10. und 11. Aufl. 8. (64 S.) Ebendas. 880,81. * 60 Pf.; geb. *

—— dass. — Neu bearb. von J. Schönhof. 12. und 13. [der neuen Bearbeitung 1. und 2.] Aufl. 8. (VII, 112 S.) Ebendas. 881. *

— dasselbe. Neu bearb. von J. Schönhof. 12. [der neuen Bearbeitung. 1.] Aufl. 8. (VII, 112 S.) Ebend. 882. n. — 80

— Hauptpunkte der deutschen Sprachlehre. Neu bearb. v. J. M. Corens, H. Kadow, H. Lüder u. H. F. J. Ulmer. 16. [der neuen Bearbeitg. 1.] Aufl. Ausg. B. 8. (IV, 64 S.) Ebend. 883. n. — 40; Einbd. n.n. — 15

— Hauptpunkte der deutschen Sprachlehre. Neu bearb. v. J. Schönhof. 35. [der neuen Bearbeitg. 4.] Aufl. gr. 8. (VII, 103 S.) Ebd. 890. n. — 80

— d. Hauptpunkte d. deutschen Sprachlehre. Für Realschulen. 12. Orig.-Ausg. gr. 8. (64 S.) Ebd. 896. n. — 80; Einbd. n.n.n. — 20

— dasselbe. Bearb. v. J. Schönhof. Neu bearb. v. Arth. Koch. 40. Aufl. Ausg. f. d. Ausland. gr. 8. (VIII, 112 S.) Ebd. 896. n. — 80; Einbd. n.n.n. — 20

— Hauptpunkte der deutschen Sprachlehre. Neu bearb. v. J. Schönhof. 43. Aufl. (VIII, 104 S.) gr. 8. Ebd. 902. n. — 80

Gurcke, G., praktischer Lehrgang zur leichten u. gründlichen Erlernung der englischen Sprache, einer elementar. Sprech- u. Sprachschule. 1. Cursus. 8. (144 S.) Hamburg 852, Kittler. n. 9 ngr.

— praktischer Lehrgang der englischen Sprache. Cursus für Anfänger. 2. Aufl. Hamburg 869. Kittler. 8. (144 S.) n. 9 ngr.

Gurcke. G., Schreib- und Lesefibel. In analytisch-synthetischer Anordnung. Hamburg 857. (Altona, Wendeborn.) 12. (84 S. m. Holzschn. im Text.) nn. 6 ngr.

— Schreib- und Lesefibel. Mit Bildern (Holzschn.) von Otto Speckter. 2—4. Aufl. Ebend. 859—63. 8. (104 S.) n. 6 ngr.

— Schreib- u. Lesefibel. 5—13. Aufl. Hamburg 865—69. O. Meißner. 8. (104 S. mit Bildern in eingedr. Holzschn. von Otto Speckter.) cart. n. 6 ngr.

—— Schreib- und Lesefibel. Mit Bildern von Otto Speckter. 10.—40. Aufl. 8. (104 S. mit eingedr. Holzschn.) Hamburg 868—74, O. Meißner. geb. *

—— Schreib- und Lesefibel. Mit Bildern (in eingedr. Holzschn.) von Otto Speckter. 41.—58. Aufl. gr. 16. (104 S.) Ebendas. 875,76. *

—— dass. — Schreibschrift von J. Rosenkranz. 59.—85. Aufl. 8. (104 S.) Ebendas. 877—79. * 50 Pf.; geb. *

—— Schreib- und Lesefibel. Mit (eingedr. Holzschn.-)Bildern von Otto Speckter. Schreibschrift von J. Rosenkranz. 86.—98. Aufl. Neue Rechtschreibung. 8. (104 S.) Ebendas. 881,82. * 50 Pf.; cart. *

—— dass. — 99.—105. Aufl. (112 S.) 1882; 106.—112. Aufl. 8. (114 S.) Ebendas. 883,84. cart. * *

—— Schreib- und Lesefibel. Schreibschrift von J. Rosenkranz. 113.—140. verb. Aufl. 8. (114 S. mit Bildern von Otto Speckter.) Ebendas. 885—88. geb. **
s. a., s. Brandt, K.

— Schreib- u. Lesefibel. Mit Bildern v. Otto Speckter. 159. Aufl. 8. (120 S.) Ebd. 890. cart. n.n. — 60

— Schreib- u. Lesefibel. Mit Bildern v. Otto Speckter. 171. Aufl. 8. (120 S.) Ebd. 892. cart. ** — 60

— Schreib- u. Lesefibel. Bearb. v. Karsten Brandt. Mit Bildern v. Otto Speckter u. H. de Bruycker. Schreibschrift v. J. Schmarje. 186. Aufl. 8. (128 S.) Ebd. 894. n. — 50; geb. n.n. — 60

— dasselbe. Ausg. A. 187. Aufl. 8. (128 S.) Ebd. 894. n. — 50; geb. n.n. — 60

— dasselbe. 194. Aufl. Ausg. m. steiler Schrift m. Neigungswinkel v. 70° v. E. Thormühlen. gr. 8. (128 S.) Ebd. 895. n. — 50; Einbd. n.n.n. — 10

— Schreib- u. Lesefibel. Bearb. v. Karsten Brandt. M. Bild. v. Otto Speckter u. H. de Bruycker. Schreibschrift v. J. Schmarje. 200. Aufl. gr. 8. (128 S.) Ebd. 896. Kart. n.n. — 60

— dasselbe. Mitteldeutsche Schreibschrift v. J. Schmarje. Ausg. A. 217. Aufl. gr. 8. (128 S.) Ebd. 899. n. — 50; Einbd. n.n.n. — 10

Gurcke, Gfr., Schreib- u. Lesefibel. Mit Bildern v. Otto Speckter u. H. de Bruycker. Schreibschrift v. Chr. Seemann. 218. Aufl. gr. 8. (128 S.) Hamburg 900. O. Meißner's Verl. n. — 50; Einbd. n.n.n. — 10

— Schreib- u. Lesefibel. Mit Bildern v. Otto Speckter u. H. de Bruycker. Steile Schrift m. Neigungswinkel v. 70° v. E. Thormöhlen. 223. Aufl. (128 S.) gr. 8. Ebd. 903. Kart. n.n. — 60

— dasselbe, neu bearb. v. W. Böhling, J. Spiering u. A. Winckler. Bilder v. Otto Speckter u. H. de Bruycker. Schreibschrift-Ausg. 224. Aufl. (128 S.) 8. Ebd. 904. n. — 50; Kartonnage n.n.n. — 10

— dasselbe. Schreibschrift v. Chr. Seemann. 224. Aufl. (128 S.) 8. Ebd. 904. n. — 50; Kartonnage n.n.n. — 10; Ausg. m. Vorkursus. (XVI u. S. 3—128.) Geb. n. 1.—

— dasselbe. 225. Aufl. Ausg. B. (120 S.) 8. Ebd. 904. n. — 50; Kartonnage n.n.n. — 10

— Schreib- u. Lesefibel. Mit Bildern v. Otto Speckter. 185. Aufl. (120 S.) 8. Ebd. 910. — 50; geb. — 70

— dasselbe, neu bearb. v. W. Böhling, J. Spiering u. A. Winckler. Bilder v. Otto Speckter u. H. de Bruycker. Schreibschrift v. Chr. Seemann. 236. Aufl. (128 S.) 8. Ebd. 910. — 50; geb. — 70

— deutsche Schulgrammatik. gr. 8. (XII und 260 S.) Hamburg 861, O. Meißner.

— deutsche Schulgrammatik. 2. Aufl. 1867. und 3. Aufl. 8. (VIII und 151 S.) Hamburg 868. O. Meißner. *

— deutsche Schulgrammatik. 4.—9. Aufl. 8. (156 S.) Hamburg 869—75, O. Meißner. *

— deutsche Schulgrammatik. 10.—14. Aufl. 8. (156 S.) Ebendas. 876—79. * *M* 1.; geb. *

— deutsche Schulgrammatik. 15. Aufl. 8. (156 S.) Ebendas. 880. *

— dass. — 16. Aufl. Ausg. für österreich. Schulen, besorgt von Herm. Gloede. 8. (VIII, 164 S.) Ebendas. 881. *

— dass. — 17. und 18. Aufl. Ausg. A. In neuer Bearbeitung von Herm. Gloede. 8. (XI, 180 S.) Ebendas. 882. *

— dass. — Neu bearb. von S. Waetzoldt und J. Schönhof. 17. [der neuen Bearbeitung 1.] Aufl. (VIII, 226 S.) 1881; 18. und 19. [der neuen Bearbeitung 2. und 3.] Aufl. 8. (VIII, 232 S.) Ebendas. 884.

— deutsche Schulgrammatik. Neu bearb. von S. Waetzoldt und J. Schönhof. 20. [der neuen Bearbeitung 3.] Aufl. 8. (VIII, 240 S.) Ebendas. 887. *

— deutsche Schulgrammatik. Neu bearb. von S. Waetzoldt u. J. Schönhof. 21. [der neuen Bearbeitg. 4.] Aufl. 8. (VIII, 240 S.) Ebd. 889. n. 1. 60

— deutsche Schulgrammatik. Für techn. Lehranstalten bearb. v. Arth. Haese. gr. 8. (VIII, 210 S.) Ebd. 894. n. 1. 40

— deutsche Schulgrammatik. Neu bearb. v. Waetzold u. J. Schönhof. 23. Aufl. gr. 8. (VIII, 231 S.) Ebd. 895. n. 1. 60; Einbd. n.n.n. — 30

— deutsche Schulgrammatik. Neu bearb. v. Waetzoldt u. J. Schönhof. 25. Aufl. (VIII, 229 S.) gr. 8. Ebd. 908. n. 1. 60

— englische Schulgrammatik. 1. Thl. Elementarbuch. 2. Aufl. Ebend. 869. 8. (VII, 246 S.) n. 18 ngr.

— — 2. Thl. Grammatik für Oberklassen. Ebend. 870. gr. 8. (XV, 404 S.) n. 20 ngr.

— englische Schulgrammatik. 1. Thl.: Elementarbuch. 2.—5. Aufl. 1869—74. * *M* 1,50., und 6. Aufl. gr. 8. (VIII, 230 S.) Hamburg 875, O. Meißner. *

— dass. — 2. Thl.: Grammatik für Oberklassen. 1. Aufl. (XV, 404 S.) 1870, und 2. gänzlich umgearb. Aufl. gr. 8. (VIII, 374 S.) Ebendas. 873. *

— englische Schulgrammatik. 2 Thle. gr. 8. Ebendas. * geb. *

Inhalt:

Thl. 1. Elementarbuch. 7.—9. Aufl. (VIII, 230 S.) 876—78. * *M* 1,60.; geb. * *M* 2,10.

" 2. Grammatik für Oberklassen. Neu bearb. von H. Fernow. 3. Aufl. (XIV, 391 S.) 878. * *M* 2,60.; geb. * *M* 3,20.

— englische Schulgrammatik. 1. u. 2. Thl. 8. Ebend. 881. 82. n. 4. 20

1. Elementarbuch. 12. Aufl. (VIII, 230 S.) n. 1. 60
2. Grammatik für Oberklassen. Neu bearb. von H. Fernow. 4. Aufl. (X, 390 S.) n. 2. 60

— englische Schulgrammatik. 1. Tl. Elementarbuch. 15. Aufl. 8. (VIII, 230 S.) Ebend. 884. n. 1. 60

— englische Schulgrammatik. 1. Tl.: Elementarbuch. 16.—24. Aufl. 8. (VIII, 230 S.) Ebendas. 885—88. * 2. Tl. Ebendas. 1881. * *M* 2.60.

Gurcke, Gfr., englische Schulgrammatik. 1. Tl. Elementarbuch. 26. Aufl. 8. (VIII, 230 S.) Hamburg 889. O. Meißner's Verl. n. 1. 60

— Englische Schulgrammatik. 2 Tle. gr. 8. Ebd. 892. * 4 20; geb. ** 5 —

1. Elementarbuch. Bearb. v. Chr. Lindemann. 29. Aufl. (VIII, 232 S.) 892. * 1 60; geb. * 2 —.
2. Grammatik f. Oberklassen. Neu bearb. v. H. Fernow. 5. Aufl. (VIII, 392 S.) 891. * 2 60; geb. ** 3 —.

— englische Schulgrammatik. 2 Tle. gr. 8. Ebd. n. 4. 20; geb. n.n. 5. —

1. Elementarbuch. Bearb. v. Chr. Lindemann. 32. Aufl. (VIII, 232 S.) 894. n. 1. 60; geb. n.n. 2. —
2. Grammatik f. Oberklassen. Neu bearb. v. H. Fernow. 5. Aufl. (VIII, 392 S.) 891. n. 2. 60; geb. n.n. 3. —

— englische Schulgrammatik. 1. Tl. Elementarbuch. Bearb. v. Chr. Lindemann. 35. Aufl. (VIII, 232 S.) gr. 8. Ebd. 902. n. 1.60

— Uebungsbuch zur deutschen Grammatik. Nach Jahrescursen geordnet. 3.—13. Aufl. 8. (88 S.) Hamburg 868—75, O. Meißner. * 60 Pf.; cart. *

— Uebungsbuch zur deutschen Grammatik. Nach Jahrescursen geordnet. 14.—21. Aufl. 8. (88 S.) Ebendas. 876—79. * 60 Pf.; geb. *

Gurcke, Gfr., Uebungsbuch zur deutschen Grammatik. Nach Jahrescursen geordnet. 22. Aufl. 8. (88 S.) Hamburg 880. O. Meißner. n. — 60; cart. n. — 80

— dasselbe. 23. Aufl. Rev. nach der durch das königl. Unterrichts-Ministerium für die preußischen Schulen eingeführten Rechtschreibung v. Steph. Waetzold. 8. (112 S.) Ebend. 880. n. — 80

— dass. — Neu bearb. von S. Waetzoldt und J. Schönhof. 24.—44. Aufl. 8. (IV, 145 S.) Ebendas. 881—84. *

— Ubungsbuch zur deutschen Grammatik. Nach Jahrescursen geordnet. 29. Aufl. Ausg. A. In neuer Bearbeitg. v. Herm. Gloede. 8. (IV, 147 S.) Ebend. 882. n. 1.—

— dasselbe. Für Volks- u. Mittelschulen neu bearb. v. J. M. Corens, H. Kabow, H. Lüder u. H. F. J. Ulmer. 41. Aufl. [der neuen Bearbeitg. 10., bericht. Aufl.] Ausg. B. 8. (III, 104 S.) Ebend. 884. n. — 80

— Übungsbuch zur deutschen Grammatik. Für Realschulen. 24. Orig.-Ausg. gr. 8. (87 S.) Ebd. 896. n. 1.—; Einbd. n.n.n. — 25

— Übungsbuch zur deutschen Schulgrammatik. Nach Stufen geordnet. Neu bearb. von S. Waetzoldt und J. Schönhof. 66. [der neuen Bearbeitung 5.] Aufl. gr. 8. (IV, 151 S.) Ebendas. 888. *

— Ubungsbuch zur deutschen Schulgrammatik u. zu den Hauptpunkten. Nach Stufen geordnet. Neu bearb. von S. Waetzoldt u. J. Schönhof. 67. Aufl. Hrsg. v. J. Schönhof. gr. 8. (VIII. 151 S.) Ebd. 890. n. 1.—

— Übungsbuch zur deutschen Schulgrammatik u. zu den Hauptpunkten. Nach Stufen geordnet. Neu bearb. v. St. Waetzold u. J. Schönhof. 68. Aufl. Hrsg. v. J. Schönhof. gr. 8. (VIII, 151 S.) Hamburg 892. O. Meißner's Verl. n. 1.—; geb. n.n. 1.35

— Übungsbuch zur deutschen Schulgrammatik u. zu den Hauptpunkten. Nach Stufen geordnet. Neu bearb. v. St. Waetzoldt u. J. Schönhof. 73. Aufl. Hrsg. v. J. Schönhof. gr. 8. (VIII, 151 S.) Ebd. 900. n. 1.—; Einbd. n.n.n. — 25

— Uebungsbuch zur deutschen Schulgrammatik u. zu den Hauptpunkten. Nach Stufen geordnet. Neu bearb. v. St. Waetzoldt u. J. Schönhof. 74. Aufl. Hrsg. v. J. Schönhof. (VIII, 151 S.) gr. 8. Ebd. 902. n. 1.—

— Übungsbuch zur deutschen Schulgrammatik u. zu den Hauptpunkten. Nach Stufen geordnet. Neu bearb. v. St. Waetzoldt u. J. Schönhof. 79. Aufl. Hrsg. v. J. Schönhof. (VIII, 151 S.) 8. Ebd. 910. 1.—; geb. 1.40

— einige Worte über den ersten Leseunterricht. 2. neubearb. Aufl. Ebend. 862. 8. (24 S.) 3 ngr.

— einige Worte üb. den ersten Leseunterricht. 3. Aufl. 8. (24 S.) Ebend. 870. — 30

— einige Worte üb. den ersten Leseunterricht. 4. Aufl. 8. (23 S.) Ebend. 884. — 30

Gurcke, Karl, Material zur Erlernung der doppelten Buchführung. Hamburg 861. O. Meissner. gr. 8. (64 S.) 12 ngr.

Guercke, Friedrich Wilh. Emil (Sprottau/Schles.), De dignoscendis ventriculi morbis. Diss. med. Bln. (Friedlaender) 18. IX. 1838. 32 S. mit Biogr. (M.: A. Conrad.) (5.50) 12263
Oppon.: L. Moritz, G. Leuschner, G. Sieber.

Gurdi, A[lfred]. Die Schützen-Gesellschaft der Stadt Luzern. Ein Beitrag zur Geschichte des Luzerner Schiesswesens. (*Umschlag:* 1429—1901.) [Mit Vignetten und 14 Tafeln.] 174 + IV S. 8. Luzern, J. Burkhardt, 1901. [fr. 1.50]

Guretzki, A. von, s. Liederbuch für Athleten

Guretzki, A. v., der moderne Ringkampf. Eine prakt. Schule zur kunstgerechten Erlerng. der Technik des Ringkampfs, m. vielen, noch nicht veröffentlichten neuen Griffen u. Paraden, nebst e. genauen Beschreibg. des Trainings der berühmtesten Ringkämpfer als Wegweiser zur Erlangg. v. Muskelkraft u. Körpergewandtheit. Mit 55 Abbildgn. nach photograph. Orig.-Aufnahmen. 2. verm. u. verb. Aufl. (III, 98 S.) 8. Leipzig 908. Modern-medizin. Verlag. 2.—

Geschichte des 1. brandenburgischen Ulanen Regiments (Kaiser von Russland) Nr. 3. Auf Wunsch des Regiments bearbeitet. (I. Theil.) Vom Jahre 1809—1859. (Mit 1 Portrait, 2 Tafeln Abbild.) Von H. v. **Guretzky-Cornitz**, k. Major etc. II. Theil. Vom Jahre 1859—1879. von den Rittmeistern **Bothe** und v. **Ebart**, Escadron-Chefs im Regiment. (2 Bde.) Berlin 1866—1879.

Guretzky-Cornitz, H. v., Geschichte des 1. Brandenburgischen Ulanen-Regiments (Kaiser von Rußland) Nr. 3. Vom Jahre 1809—1859. Berlin 866. Mittler & Sohn. gr. 8. (VII, 449 S. mit 3 Steintaff., wovon 2 color.) n. 2 ℛ 10 ngr.

Gurewitsch, Aron [aus Russland]: Zur Geschichte des Achtungsbegriffes und zur Theorie der sittlichen Gefühle ... Würzburg, Druck d. Bonitas-Bauer'schen ... Hofbuchdr., 1897; 62 S., 1 Bl. 8.
Würzburg, Phil. Fak., Inaug.-Diss. v. 1897

Gurewitsch, Berka

Gurewitsch, B., die Entwicklung der menschl. Bedürfnisse u. die sociale Gliederung der Gesellschaft, s.a. Forschungen, staats- u. socialwissensch. XIX. 4.

Gurewitsch, Berka, aus Gorki (Russl.): **Die Entwickelung der menschlichen Bedürfnisse und die sociale Gliederung der Gesellschaft.** *Berlin: (Duncker & Humblot, Leipzig) 1901.* (32 S.) 8° ¶(Erscheint vollst. als: Schmollers Staats- u. socialwiss. Forschungen, Bd 19, H. 4.)
Berlin, Phil. Diss. v. 12. Aug. 1901

Gurewitsch, B[erko]: Aus d. pathol. Inst. d. med. Fak. zu Bonn. Dir.: Ribbert. **Ueber Neubildung von Talgdrüsen.** (Berlin 1910: Blanke.) 28 S. 8°
Berlin, Med. Diss. v. 21. Jan. 1910, Ref. Orth
[Geb. 26. Okt. 81 Retschetilowka; Wohnort: Berlin; Staatsangeh.: Rußland; Vorbildung: Gymn. Pirluki Reife Mai 01; Studium: Berlin 6, Bonn 4 S.; Rig. 14. Dez. 09.] [U 10. 41

Gurewitsch, Dora. Über das Verhalten des Coffeïns mit Rücksicht auf die Angewöhnung im Organismus. Diss. Med. Univ. Zürich. (Sonderabdruck aus dem Archiv für Experimentelle Pathologie und Pharmakologie [Band 57, Heft 3 und 4].) *Kopftitel:* Aus dem pharmakolog. Institut Zürich. IV + 8 S. 8. Zürich, Buchd[r]uck. Gebr. Leemann & Co. [u. Leipzig, Druck J. B. Hirschfeld], 1907.

Gurewitsch, Dweira, aus Loew, Gouvern. Minsk (Rußland): Traumatische Tuberkulose. Bern, H. v. Kamp-Berger, 1910. 32 S. 8°. [15. VII. 10.]
Bern. Med. Diss. 1910/11.

Gurewitsch, Ljubow, Trennung, s.: Novellen, russische.

Gurewitsch, Morduch, aus Tschetscherak: Ueber einige Amidoderivate der Schwefelsäure. Bern 1910. 32 S. 8°. [8. II. 10.]
Bern. Phil. Diss. 1909/10.

Gurewitsch, Frl. Ressja. Zur Aetiologie und Symptomatologie des Mammacarcinoms. Diss. Med. Bern. [Mit 2 Figuren.] 24 S. 8. Bern, H. v. Kamp-Berger, 1907.

Gurewitsch, Rosalie. Über die Verbreitung des Carcinoms in den peripheren Nervenstämmen mit Rücksicht auf die Lymphgefässe. Diss. Med. Univ. Zürich. *Kopftitel:* Aus dem pathologischen Institut der Universität Zürich. — [Mit 1 Tabelle.] 18 S. 8. Zürich, Buchdr. des Schweiz. Grütlivereins, 1902.

Gurewitsch, Ruwin, aus Witebsk (Russland): Ueber die Wirkung des Jodkaliums auf die Pulszahl. Göttingen 1907. 24 S. 8°. S.-A. aus Hofmeister's Beiträge zur chem. Physiologie und Pathologie.
Basel. Med. Diss. 1906/1907.

Gurewitsch, Ruwin. Ueber die Wirkung des Jodkaliums auf die Pulszahl. Diss. Med. Basel. [Mit Figuren.] 24 S. 8. Göttingen, Dieterichsche Univ.-Buchdr., 1907.

Gurewitsch-Axelrod, Vera. Ueber gleichzeitiges Vorkommen von Scharlach und Varicellen bei demselben Individuum und die Beeinflussung des Krankheitsverlaufes der einen Krankheit durch die andere. Diss. Med. Univ. Zürich. [Mit 1 graphischen Tabelle.] *Kopftitel:* Aus dem Kinderspital in Zürich. 42 S. 8. Zürich(-Selnau), Gebr. Leemann & Co., 1906 (*Umschlag:* 1907).

Gurgenjanz, G. Über ein neues Reduktionsprodukt des Xanthons. In-8°. 62 S. Bern. These. 1895.

Gürgens, Heinr., Welt. Bemerkungen z. Frage d. rechtl. Trennbarkeit d. Gewässers von seinen Ufern. gr. 8. (44 S.) Riga 897. Jonck & Poliewsky. n. 1. 35 (1. u. 2.: n. 2. 55)

Guergens, Henr., de contractibus claudicantibus. Dissertatio inauguralis. 8. (IV, 60 S.) Berlin 863, (Puttkammer und Mühlbrecht.) *

— die Lehre v. d. ehelichen Gütergemeinschaft n. livländ. Stadtrecht. gr. 8. (XII, 190 S.) Ebd. 898. n. 5. 50

— über d. rechtl. Trennbarkeit d. Gewässers v. s. Ufern nach balt. Privatrecht. gr. 8. (31 S.) Ebd. 897. n. 1. 20

Gurgl [Schlagwort]

Gurgl, s.: Oetsthal.

Guri, Paul, approb. Arzt, Straßburg i. E.: Die bisher beim Rheumatismus articulorum acutus erhobenen bakteriologischen Befunde. *Straßburg i. E. 1903: C. Müh & Co.* (40 S.) 8°
Straßburg, Med. Diss. v. 1903

Gürich, der Gelenkrheumatismus, sein tonsillarer Ursprung u. seine tonsillare Heilung. (III, 60 S. m. 1 Abbildg.) 8. Breslau 905. M. Woywod. Kart n. 2. —

Gürich, der Umlagebeschluß nach der Kirchengemeinde- u. Synodal-Ordnung vom 10. Septbr. 1873 u. nach den Vorschriften des Gesetzes über die Vermögens-Verwaltung in den katholischen Kirchengemeinden vom 20. Juni 1875. Zur Instruction für die kirchlichen Gemeinde-Organe in der evangelischen u. katholischen Kirche. 8. (31 S.) Liegnitz 882. Krumbhaar. — 60

Ein Rückblick auf die Ersten fünfundzwanzig Jahre der Schlesischen Provinzialverwaltung vom Landessynd., Geh. Reg.R. [Arthur] Gürich. Im amtl. Auftr. *Breslau 1901: Grass, Barth & Co.* (47 S.) 8° [F.] (01. 1918 2

Gürich, Georg [Dr. phil.]: Beiträge zur Geologie von West-Afrika .... Berlin, Druck v. J. F. Starke (1887); 48 + 1 S. 8°.
Breslau, Phil. Fak., Hab.-Schr. v. 2. Mai 1887.

Gürich, Geo., Beiträge zur Geologie von West-Afrika. Habilitationsschrift. gr. 8. (48 S.) Breslau 887, (Köhler.) *

Gürich, Georg *(geb. Guttentag in Oberschles. 25. 9. 1859)*: Beiträge zur Kenntniss der Niederschlesischen Thonschieferformation. ⟨Gekrönte Preisschrift.⟩ Breslau 1883. (50 S.) 8°
(Aus: Zeitschr. d. Deutsch. geol. Gesellsch. [Bd 34.] 1882.)
Breslau, Phil. Diss. v. 27. Jan. 1883

Gürich, G., Clymenienkalk v. der Conrad-Mühle in Polsnitz bei Freiburg in Schlesien. (S. 341—344 m. 1 Taf. u. 1 Bl. Erklärgn.) Lex. 8. Berlin (N. 4, Invalidenstr. 44) 910. Vertriebsstelle der kgl. geolog. Landesanstalt. nn — 30
Sonderabdr. a. „Jahrb. d. kgl. preuss. geol. Landesanst."

Gürich, Geo., Deutsch Südwest-Afrika, s.a. Mittheilungen der geographischen Gesellschaft in Hamburg.

Deutsch-Südwest-Afrika. Reisebilder und Skizzen aus den Jahren 1888 u. 1889 mit einer Original-Routenkarte v. Georg **Gürich.** Hamburg. 1891. 8° = Mittheilungen der Geographischen Gesellschaft in Hamburg. 1891—92, H. 1.

Gürich, G.: Die botanischen Ergebnisse der Flegel'schen Expedition nach dem Niger-Benuë. (S.-A.) Englers Botanische Jahrbücher. Bd. 8. 1886 Heft 2. S. 154—160.) (Leipzig 1886.) 7 S. 8°.

GEORG GÜRICH, Erläuterungen zu der Geologischen Uebersichtskarte von Schlesien. Breslau 1890. J. U. Kern's Verlag (Max Müller). 8°.

Gürich, Geo., geologischer Führer in das Riesengebirge, s.a. Sammlung geologischer Führer. VI.

Geologischer Führer in das Riesengebirge von Prof. Dr. G[eorg] Gürich. Mit 24 Abb. u. 3 Taf. *Berlin: Gebr. Borntraeger 1900.* (X, 301 S.) 8°
= Sammlung geologischer Führer. 6. (01. 139) 2

— Leitfossilien. Ein Hilfsbuch zum Bestimmen v. Versteinergn. bei geolog. Arbeiten in der Sammlg. u. im Felde. 1. u. 2. Lfg. Lex. 8. Berlin, Gebr. Borntraeger. Subskr.-Pr. 28. 80
1. Kambrium u. Silur. (95 S. m. 28 Taf. u. 28 Bl. Erklärgn.) 908. 14. 80
2. Devon. (S. 97—199.) (95 S. m. 24 Taf. u. 24 Bl. Erklärgn.) 909. 14. —

— das Mineralreich, s.a. Hausschatz des Wissens.

Gürich, Georg: Das Mineralreich. Von Dr. —, Privatd. zu Breslau. 521 Abb. im Text. 8 Taf. u. Beil. in Schwarz- u. Farbendr. Neudamm: J. Neumann [1899]. (754 S.) 8°
= Hausschatz d. Wissens. Abt. 4, Bd 6.

Gürich, Dr. G. Geologische Skizze von Afrika. 1 : 45 000 000. Gotha 1887. 1 Bl. c. L. Fr.

Geologische Übersichts-Karte von Schlesien, zusammengestellt von GEORG GÜRICH. Herausgegeben mit Unterstützung der Schlesischen Gesellschaft für vaterländische Cultur. Maassstab 1 : 400 000. Breslau 1890. J. U. Kern's Verlag (Max Müller).

Festlied zur Wiedereröffnung unserer renovirten Bauhütte zum Tempel der Eintracht im Or. Posen am 5. Nov. 1873. [Am Ende:] fec. Heinr. Mayer, comp. Jul. Gürich. [Posen 1873.] 1 Bl. 8° [Kopftit.]
Ohne Noten: „Seid gegrüsst, o theure Brüder . . .“

Gürich, Jul Ein Stern ging auf , s. B e r n u t h , Theodor v

Gürich, Lothar [pr. Arzt, Assist.-Arzt an d. Provinzial-Hebammen-Lehranst. zu Breslau]: Aus d. Provinzial-Hebammen-Lehranstalt zu Breslau. Der Wert des Morphins bei der Behandlung der puerperalen Eklampsie. E. krit. Studie nebst e. casuist. Beitrag ... Breslau, Druck v. O. Gutsmann, 1897; 40 S., 1 Bl. 8.
Breslau, Med. Fak., Inaug.-Diss. v. 19. [handschr.: 20.] März 1897

Gürich, Loth., der Wert des Morphins bei d. Behandlg. d. puerperalen Eklampsie. Eine krit. Studie nebst e. casuist. Beitrag. Diss. gr. 8. (40 S.) Breslau 897. (Schletter.) n. — 80

Gurlt, E. F., zur Geschichte der internationalen u. freiwilligen Krankenpflege im Kriege. gr. 8. (XX, 866 S.) Leipzig 873. F. C. W. Vogel. 18. —

— Handbuch der vergleichenden Anatomie der Haus-Säugethiere. Neu bearb. v. A. G. T. Leisering u. C. Mueller. 5. Aufl. Mit 171 in den Text gedr. Holzschn. Lex.-8. (VII, 903 S.) Berlin 873. Hirschwald. n. 20. —

— wissenschaftliche Instrumente, s.: Bericht, amtlicher, üb. die Wiener Weltausstellung im J. 1873.

— die Kriegs-Chirurgie der letzten 150 Jahre in Preussen. Rede, geh. zur Feier d. Stiftungstages der militärärztl. Bildungsanstalten am 2. Aug. 1875. gr. 8. (47 S.) Berlin 875. Hirschwald. n. 1. —

— Leitfaden f. Operationsübungen am Cadaver u. deren Verwerthung beim lebendigen Menschen. 4. verb. Aufl. 8. (X, 182 S.) Ebend. 876. n. 4. —

— über thierische Missgeburten. Ein Beitrag zur patholog. Anatomie u. Entwickelungs-Geschichte. Mit 20 lith. Taf., enth. 119 zum Theil color. Fig. gr. 4. (IV, 97 S.) Ebend. 877. n. 20. —

Gurlt, I., Narratio de Vita Brodhagenii. 8. maj. Hamb. Hoffmann. 806.

[Gurk, Eduard.] 48 Erinnerungs-Blätter an die Krönung S. K. H. des Erzherzogs Kronprinzen Ferdinand zum König von Ungarn in Presburg den 28. September 1830. (Nach der Natur gezeichnet von Eduard Gurk. Wien, bei T. Mollo.) [Umschlagtit.]
44 Taf. in kol. Lithogr. gr. 2°
Taf. 30—33 fehlen. Taf. 1 von Höchle gez.

Gurke, Gottfried, s. G u r c k e

Gürke, Max

Gürke, M., eine angeblich neue Baumwollpflanze. [Aus: „Ztschr. f. d. ges. Textil-Industrie“.] gr. 4. (2 S.) Leipzig-Gohlis 898. L. A. Klepzig. n. — 50

Gürke, Max [aus Beuthen a. Oder]: Beiträge zur Systematik der Malvaceen ... (Aus: Engler's Bot. Jahrb., Bd. XVI.) Leipzig, W. Engelmann, 1892; 58 S., 1 Bl. 8.
Göttingen, Phil. Fak., Inaug.-Diss. v. [12. Dez.] 1892

— Borraginaceae, s.: Engler, A., u. K. Prantl, d. natürl. Pflanzenfamilien.

Gürke, M., Ebenaceae, Hydrocharitaceae, Symplocaceae, Styracaceae, s.: Engler, A., u. K. Prantl, die natürlichen Pflanzenfamilien.

Gürke, M., s. Engler und Prantl, die natürl. Pflanzenfam.

Gürke, Max, s.: Kakteen, blühende

— s.: Köhler's Medizinal-Pflanzen.

— d. Kultur u. Produktion d. Sisalhanfes. [Aus: „Ztschr. f. d. ges. Textil-Industrie“.] gr. 4. (4 S. m. 3 Fig.) Leipzig-Gohlis 898. L. A. Klepzig. n. — 50

Gürke, Max, d. Mauritiushanf. gr. 4. (2 S.) Leipzig-R. 899. L. A. Klepzig. — 60
Sonderabdruck aus: „Zeitschrift f. d. ges. Textilindustrie“.

— Melianthaceae, s.: Engler, A., u. K. Prantl, d. natürl. Pflanzenfamilien.

— s.: Monatsschrift f. Kakteenkunde.

— Plantae europaeae, s: Richter, K.

Gürke, M., Register, s.: Verhandlungen d. botanischen Vereins der Prov. Brandenburg.

— über Torfwolle, s.: Förster, Aug.

— s.: Verhandlungen d. botan. Vereins der Prov. Brandenburg.

Gürke, Osc., über einige benzoyl- u. aethylhaltige Derivate des Hydroxylamins. Inaugural-Dissertation. gr. 8. (75 S.) Königsberg 879. Hartung. n. 1. 50

Gürke, W., neuestes Militair-Liederbuch f. die deutsche Armee. Eine Sammlg. v. 390 der vortrefflichsten Vaterlands-, Kaiser-Königs- u. Soldatenlieder. [Berufs-, Marsch-, Lager-, Trink-, Kriegs- u. Siegeslieder.] 16. (V, 383 S.) Rogasen 872. Alexander. n. 1. —

— dasselbe. Ausg. ohne Noten. 16. (376 S.) Ebend. 875. n. — 50

Gurkenmonate, homöopathische, s.a. Elias.

Gurkenmonate, Homöopathische. . . . Halle 1826. V. *Kahleis, Benj.* (call)

Gurkenmonate, homöopathische, od. Hahnemann's des Homöopathen Leben u. letzte Thaten; z. Unterhalt. u. Belehrung für Aerzte u. die es nicht sind. Von K. H. Elias. gr. 8. Halle 826, Fr. Ruff.

Gurkenmonate, homöopath. gr. 8. Halle 826. jetzt Verlag von Grunert. 1/4 Rthlr

Gurkentopf, der, ein Pamphlet. 8. Stendal 783. Franzen u. G. 2 gr

Gürker, F., s. B l u m e n z w i e b e l n , Die, in deutschen Gärten

— d. Obstbaumschnitt. Od. gründl. Anweis., junge Bäume durch richtige Behandl. im Schnitt z. Hochstämmen, Halbstämmen etc. z. erziehen, so wie ihnen grosse Fruchtbarkeit, vollkommene Gesundheit u. e. hohes Alter z. verschaffen. 8. Ebend. 1828. — 20

— der deutsche Tabakspflanzer, od. Anweis., d. Tabaksbau auf's Vollkommenste einzurichten u. in Deutschland eben solche gute Tabaksblätter wie im Auslande zu erziehen. 8. Quedlinb. 824. Basse. 10 gr

Gürker, F., d. Veredlung d. Obstbäume. Od. gründl. Anweis. junge u. alte Bäume durch Oculiren, Röhrlen, Copuliren, Ablactiren u. Pfropfen richtig z. veredeln u. ihnen e. kraftvolles Wachsthum u. schnelle Fruchtbarkeit z. verschaffen. Mit 3 Taf. 8. Quedlinburg, 1828. Basse. — 20

Gurland, Aron, aus Wilna: Grundzüge der muhammedanischen Agrarverfassung und Agrarpolitik mit besonderer Berücksichtigung der türkischen Verhältnisse. Ein kritischer Versuch. Dorpat 1907. X + 85 S. 8°. [23. VI. 08.]
Bern. Phil. Diss. 1907,08.

Gurland, Aron, Grundzüge der muhammedanischen Agrarverfassung u. Agrarpolitik m. besond. Berücksicht. der türkischen Verhältnisse. Ein krit. Versuch. (IX, 85 S.) gr. 8. Dorpat (Jurjew) 907. F. Bergmann. 2. 40

Gurland, J., Beiträge zur Geschichte der Judenverfolgungen. [Aus: „Jüd. Literar. Magazin".] gr. 8. (29 u. 40 S.) Krakau 888. (Wien, Lippe.) n. 1. —

Gurland, M. Jonas, Beiträge zur Geschichte der Judenverfolgungen. gr. 8. (29, 40 S.) Krakau 888. (Wien, Lippe.) *
Aus: Jüdisches Literarisches Magazin, besonders abgedruckt.

Gurland, R., ein bekehrter Rabbiner, jetzt evangel. Past. zu Kischenew in Südrußland. Ein Zeuge für die Gotteskraft des Evangeliums etc. [Schriften für Israel Nr. 4.] Erlangen 869. Deichert. 8. (61 S.) n. 6 ngr.

Gurland, R., Zionsharfe. Auswahl alter u. neuer geistlicher Lieder für die evangelische Jugend. Gesangbüchlein für Kirche, Schule u. Haus, mit besonderer Berücksichtigung des Kindergottesdienstes u. der Versammlungen für innere u. äußere Mission. 8. (XIV, 126 S.) Mitau 880. Hamburg, Gebr. Behre's Verl. cart. n. — 70

— dasselbe, m.: Hausbüchlein für die christliche Familie. 8. (XIV, 126 u. 48 S.) Ebend. 880. cart. n. 1. —; Hausbüchlein apart n. — 30

Gurland, Rud. Herm., s.: In zwei Welten.

Gurland-Eljaschoff, Esther, erkenntnistheoretische Studien auf antipsychologistischer Grundlage, s.a. Studien, Berner, zur Philosophie u. ihrer Geschichte.

Gurland-Eljaschoff, Esther. Erkenntnistheoretische Studien auf antipsychologistischer Grundlage. Teil 1 · Die Voraussetzungen des modernen Psychologismus und der Ausgangspunkt Kants. IV + 105 S. 8. Bern, Scheitlin & Co., 1910.
Ausg. A: Diss. Phil. Bern.
Ausg. B: Von Dr. E' G'-El'. [fr 1. —.] — Berner Studien zur Philosophie und ihrer Geschichte .... Band 71.

Gürlich, Jak. Alfr., Erinnerungen. (VII, 259 S.) 8. Karlsbad 905. (Prag, J. G. Calve.) n. 2. —

Guerlin, F. Ant., neues System des Kontokorrents. Darstellung e. neuen Anordng. des Kontokorrents m. besond. Berücksicht. einzelner Branchen. (82 S.) gr. 8. Leipzig 908. E. Gröber. 1. —

Guerlin, J., Handbuch f. Rechnungsführung u. -Prüfung v. Krankenkassen. Enth. die Bestimmgn. der bei Führg u. Prüfg. der Einnahme- u. Ausgabe-Bücher in Betracht komm. Gesetze. Für den prakt. Gebrauch zusammengestellt. 8. (30 S.) Berlin-Charlottenburg 893. F. Kortkampf. n. — 60

Gurlitt's, D., Worte über Cl. Harms zu Kiel. Für Ungelehrte aus dem Lateinischen übersetzt und mit einem Vorwort begleitet. Kiel. 1818. P.

Meine Entlassung als deputirter Burger der Stadt Husum. Emanuel Gurlitt. Kiel. 1865. 8°

Gurlitt, E., erst en Näs un denn en Brill. En plattdütsch Lustspill in 1 Optog. 8. (35 S.) Garding 889. Lühr & Dircks. n. — 75

Gurlitt, Eman., Hausmittel. Schwank in 4 Akten. gr. 8. (52 S.) Husum 893. (F. Petersen.) n. 1. —

Gurlitt, Eman., Incognito oder ein Muster-Bürgermeister. Orig.-Lustspiel in 4 Akten. 8. (70 S.) Leipzig 879. C. A. Koch in Comm. n. — 80

— von de Nordseestrand. Plattdütsche Gedichte. 8. (VIII, 117 S.) Ebend. 880. n. 1. 60; geb. n. 2. 40

— de Slacht bi de Kohstieg. En sleswig-holsteensche Dichtung. 8. (VII, 87 S.) Ebend. 877. n. 1. 20; geb. n. 2. —

— der verhängnißvolle Schlüssel. Lustspiel in 1 Aufzug. gr. 8. (15 S.) Ebend. 878. n. — 40

— der neue Schulrath. Schwank in 2 Akten u. 4 Bildern nach einem Sujet der Gartenlaube. 8. (57 S.) Ebend. 879. n. — 80

Gurlitt, Eman., Weinsprossen. Lieder u. Sprüche. 8. (127 S.) Husum 876. Delff. n. 2. 40

— Weinsprossen. Lieder u. Sprüche. 2., verm. Aufl. 12. (176 S.) Breslau 889. Morgenstern's Verl. n. 2. —; geb. n. 2. 80

Gurlitt, Frdr., die ersten Baujahre in Deutsch-Ostafrika. (17 S. m. 85 Abbildgn. u. 2 Taf.) gr. 4. Berlin 905. W. Ernst & Sohn. n. 3. —
Sonderabdruck aus: „Ztschr. f. Bauwesen".

Gurlitt, J. Fr. K., Predigt am 12. Febr. 1832, als dem wegen Befreiung von d. Cholera angeordneten Dankfeste. gr. 8. Hamburg 832. Erie. 3 gr

Gurlitt, Johann Gottfried

J. Gf. Gurlitt's Abriss d. Gesch. d. Philosophie. *Lpz.*, Müller. 786. 8° 1 ß

Gurlitt, J. Gf., Abr. d. Gesch. d. Philosophie. gr. 8. Leipz Müller. 787.

— Abriß d. Philosophie, zum Gebrauch d. Lehrvorträge. 8. Magdeburg 788. . . . 1 ß

Gurlitt, Jh. Gf., († d. 14. Juni 1827.) Animadversionum ad auctores veteres Spec. I — IV. 4. Magdeb. 800 — 806. Spec. V. Et. s. titulo: Susiana ad Symmachum, quatuor programm. scholasticis edidit. 4. Hamb. 818. (Meissner). 16 gr Part. IX, Ch. G. Schwarzii annotationes nunc primum editae. Part. X. Inest annotationum Ch. G. Schwarzii in Sulpiciae Satiram Pars altera. 4. Hamb. 819. Meissner.

— — Animadversionum ad auctores veteres spec. I. Bergen 3. IV. 1800. Magdeburg (Hessenland). 40 S. (4.50) 12339

— — Dasselbe. II. Contin. apparatus critici ad Juvenalem recensendum comparati descriptio et specim. comment. in Juvenalis sat. I. a Jo. Winckelmanno conscripti. 22. V. 1801. Magdeburg (Hessenland). S. 41—80. (4.50) 12340

— — Dasselbe. III. Orat. Heinrich Traugott Struve in discessu e gymn. Hamburg. — Continentur coniecturae criticae Susii, jur. D. clar., et fragmentum incerti scriptoris historiae Judaicae a cel. Ebelingio repertum. Hamburg (Schniebes) 17. IV. 1806. 24 S. (4.50) 12341

— — Dasselbe. IV. — Insunt coniecturae criticae Susii, Sarpii et editoris. Hamburg (Schniebes) 1815. 27 S. (4.20) 12342

— — Dasselbe. VI. Ad indic. exam. in juven.: Ernst Fried. Christensen et Carl Grf. v. Moltke (Kiel), Jo. Elias Münster, Eduard Grape et Jo. Fried. Endelmann (Hamburg), Ferd. Joh. Witt (Altona.) — Apparatus ad Symmachum a Susio instructi pars 2. Hamburg (Schniebes) 10. IV. 1817. 24 S. (4.20) 12343

— — Dasselbe. VII. (Ftsg.) 3. Hamburg (Schniebes) 30. IX. 1817. 28 S. (4.—) 12344

— — Dasselbe. IX. — Chr. Gottl. Schwarzii, Altdorfini, annotationes in Sulpiciae satiram nunc primum editae. Hamburg (Meissner/Hoffmann & Campe in Comm.) 18. (26.) III. 1819. 28 S. (4.80) 12345

— — Dasselbe. X. (Ftsg.) 2. Hamburg (Jo. Aug. Meissner) 1819. 34 S. (4.—) 12346

Blicke und Gedanken des edlen Menschen beim Scheiden des Jahres. Eine Rede am Schlusse des Jahres 1787, gehalten in der Magdeburgischen Loge F[erdinand] z. G[lückseligkeit] vom Br [Joh. Gottfr.] G[urlitt]. Magdeburg 1788: Günther. 16 S. 8° [Umschlagtit.]
Kl. 1077 b.

Gurlitt, Johann Gottfried, s. Borger, A.: Über Mysticismus.

— s. Catull: 2 Brautgesänge u. dessen epischer Gesang.

Gurlitt, J., Zur Charakteristik Ossians, mit Hinsichten auf Homer. Pr. 1802. 86 S. 4°. 1.20

— — Die Donau, zweiter Gesang aus einem Gedicht: die Ströme vom Herrn Prediger Bodenburg (Klein-Lübs b. Magdeburg). — Z. Ankünd. d. Schülerprüfung. im Johanneum. — Nebst einer klein. Schulrede. Hamburg (G. Fr. Schniebes) 11./18. IV. 1809. 32 S. (5.50) 12361

— allgem. Einleit. in d. Studium d. schönen Kunst d. Alterthums. 1e Abth. 8. Magdeb. 799. Heinrichshofen. 6 ℛ

— Entwurf d. Lectionen f. d. Johanneum in Hamburg. 4. Hamb. 803. Bohn. 6 ℛ

— — Entwurf der Lectionen für das Johanneum zu Hamburg v. Jan. 1803 bis Ostern 1804. Hamburg (G. Fr. Schniebes). 34 S. (4.—) 12353

— — Epistola qua viro Johann August Ernesti de die natali gratul. Lpz. (Langenheim) 4. VIII. 1775. 16 S. (4.50) 12331

Gurlitt, Johann (Gottfried) (Leipzig), Explanatio brevis hymni 43. Davidis propos. tum quum e disciplina scholae Thomanae discederet. Halle (Curtius) 1773. 16 S. (—.50) 12330

Gurlitt, J. G., explicatio loci Matth. 26, 36 ss. Magdeb. 1800. 4.

(— —). Nova explicato loci nobilis de *ΑΠΟΚΑΡΑΔΟΚΙΑΙ ΤΗΣ ΚΤΙΣΕΩΣ*. Rom. VIII. comm. 18—25, qua se viro Johann Gottfried Gurlitt ad munus capess. in schola Bergensi prope Magdeburgum proxime profecturo amici quidam commendabant. Lpz. (Loeper) April 1778. 24 S., mit Namen d. Gratul. (4.50) 12333

— Ossians Fingal, 2r — 6r Gesang, verdeutscht von K. G. Neumann. Nebst Nachträgen u. Anmerkk. zur Ossian. Literat. 4. Hamb. 804, 5.

Gurlitt, Johann. Fragment einer archaeologischen Abhandlung über Hercules. Magdeburg 1801. 4°.

— über d. Gemmenkunde. 4. Magdeb. 798. Heinrichshofen. 8 ℛ

— Catull's epischer Gesang v. d. Vermählung d. Peleus ꝛc. s. Catull.

— (Spittler's) Geschichte d. Benedictiner-Ordens. Voran e. kurze oriental. Mönchsgesch. 4. Hamb. 823. Meißner. 9 ℛ

Geschichte des Bettelmönchsorden. (Nach den . . . Vorträgen eines . . . Historikers . . . [d. i. L. Tim. v. Spittler]) hrgg. v. J[ohann] Gottfried Gurlitt. Hamburg. 1822. 8° Meißner.

Geschichte der Jesuiten . . . (nach den freien Vorträgen eines Historikers [d. i. L. Tim. v. Spittler]) hrgg. v. J[ohann] [Gottfried] Gurlitt. (1. 2.) Hamburg. 1822. 8° Meißner.

Kurze Geschichte des Tempelherrn-Ordens. Zur Anzeige der Maturitäts-Prüfung der vom Johanneum abgehenden Primaner am 30. Sept. und der Abschieds-Reden am 7. Oct., hrsg. von J. Gurlitt. Angehängt ist eine kurze Uebersicht der Geschichte des Deutschherrn-Ordens, nebst der Literatur über beide Orden. Hamburg 1823: Meissner. 47 S. 4° [Umschlagtit.]
Kl. 2284. Die Gesch. der Tempelherren (S. 3 bis 33), ein Abdr. von v. Spittlers Abhandl.: „Etwas üb. d. Tempelh.-Orden." (Nr 5148.)

— (Spittler's) kurze Gesch. d. Tempelherren-Ordens. Angehängt ist eine kurze Uebersicht d. Gesch d. Deutschherren-Ordens, nebst d. Literatur über beide Orden. 4. Hamb. 824. Meißner. 9 gr

Gurlitt, Joh. (Gtfr.), Geschichte des Papsttums, s. Spittler, L. T., Vorlesungen etc.

— über Herkules. 4. Magdeb. 801.

— — Uber antike Köpfe, Hermen und Büsten. Einlad.-Schr. zu d. Prüf. u. Redeüb. in d. Klosterbergischen Schule 26./27. IX. 1799. Magdeburg (G. Ch. Keil). 32 S. (4.50) 12338

— Leben, d. Aonius Palearius, e. Märtyrers d. Wahrheit. gr. 4. Hamb. 805. (Campe). 8 gr

— specimen lectionum publicarum in N. T. Spec. I. II. 4. Magdeb. 797, 98. Heinrichshofen. (à 4 gr) 8 gr Spec. III.—VI. 4. Hamb. 805—17. Campe.

— — (Director), Specim. lectionum publicarum in novum testamentum ad examen liter. et actum orat. in schola Bergensi 10./11. IV. 1797. — Explic. ca. 15. epist. Paulinae prioris ad Corinthios. Magdeburg (Pansa). 34 S. (3.50) 12336

[— —] Lectionum in novum testamentum spec. II. — Explicationis loci Matthaeiani, qui de extremo vitae Jesu Christi actu exponit, partic. I. Bergen b. Magdeburg 25./26. IX. 1800. Magdeburg (Pansa). 28 S. (4.—) 12347

— — Dasselbe. III. — Explicatur c. 21 evangelii Joannei et simul de eius auctoritate exponitur. Hamburg (Theoph. Friedr. Schniebes) 4. IV. 1805. 20 S. (4.—) 12348

— — Dasselbe. IV. Quo orat. duor. civ. gymnas. Ernst Carl David Behm (Mecklenbg.) et Christian Theophil Strauch (Hamburg) ad acad. studia transeuntium. — Explicatio c. 18 evangelici Joannei. Hamburg (Th. Fr. Schniebes) 18. IV. 1805. 28 S. (4.50) 12349

— — Dasselbe. V. Ad indic. orat., qua Carl Friedrich Hippius, profess. in schola Joannea nuperrime constitutus, profess. mathesis in gymnas. reipubl. Hamburg. auspic. — Explic. evangelii Joannei c. 2 v. 13- cap. 3 v. 13, adiuncta annotatione Hermanni Sam. Reimari, hactenus inedita. Hamburg (Th. Fr. Schniebes) 5. XII. 1805. 32 S. (4.50) 12350

— — Dasselbe. VI. — Explicatur c. 11 epistolae ad Corinthios Paullinae prioris. Hamburg (Th. Fr. Schniebes) 1. XI. 1817. 36 S. (4.20) 12351

— Lectionsplan f. d. Schule des Klosters Bergen auf d. J. 1797 u. 98, nebst einigen Bemerkungen über Schulunterricht u. Methode. 4. Magdeb. 797. Heinrichshofen. 2 gr

— — Viro Joh. Friedr. Adolph Kirsten honores magistri philosophiae et artium societ. cujusdam amicorum nomine gratul. Lpz. (Langenheim) März 1778. 18 S., mit Namen d. Gratul. (1.—) 12332

Dissertatio I. de locis Prophetarum minorum in N. T. laudatis.

— — (Bergen), Diss. II. de locis prophetarum minorum in n. t. laudatis. Lpz. (Langenheim's Erb.) 1778. 22 S. (—.50) 12334

Zwey Maurerreden, in der Magdeburgischen Loge Ferdinand zur Glückseligkeit gehalten vom Br. J[oh.] G[ottfr.] G[urlitt]. Magdeburg: Scheidhauer 1785. 51 S. 8⁰

[Dasselbe.] 2. Aufl. Ebendas. 1786. 60 S. 8⁰

Recens: WJ. 3, 3 (1786) S. 212.

Kl. 1068, Tt. 2119. Üb. das Studium der Wahrheit u. Weisheit u. üb. die Menschenliebe des echten Mrs.

— über d. Mosaik. 4. Magdeb. 798. Heinrichshofen. 8 gr

— — Über die Mosaik. — Zur Ankündigung der in d. Schule des Klosters Bergen v. Ostern bis Michaelis 1798 zu haltenden Lectionen. Magdeburg (Gg. Chn. Keil). 32 S. mit Liter. u. Schulnachr. (4.—) 12337

— biograph. u. literar. Nachr. von J. Winckelmann. 4. Magdeb. 797. Heinrichshofen. 6 gr

— — dasselb. 4. Hamb. Bohn. 802.

— — Nachtrag zu der biographischen und literarischen Notiz von Joh. Winckelmann. Hamburg (Joh. Aug. Meissner) 10./11. X. 1820. 31 S. (5.—) 12364

— — Zweiter Nachtrag zu der von mir 1797 zu Magdeburg herausgegebenen Notiz von Joh. Winckelmann, nebst noch einigen ungedruckten Briefen desselben. Hamburg (Joh. Aug. Meissner) 16. X. 1821. 36 S. (5.—) 12366

– s. Nahum. Übers. v. Middelsorpf.

— narratio de vita Pt. Henr. Brodhagenii. 4maj. Hamb. 806. (Campe). 8 gr

— narratio de vita Hermanni Doormanni, jur. utr. Doct. et Syndicorum civitatis Hamburgensis olim Senioris. 4mai. Hamb. 826. (Herold). 14 gr

— — Narratio de vita Hermanni Doormanni, juris utr. doctoris et syndicorum civitatis Hamburgensis olim senioris. Hamburg (Joh. Aug. Meissner) 1826. 63 S. (6.50) 12370

— oratio de usu librorum sacrorum ad humanitatem etc. excolend. 4. Hamb. 803. Bohn. 8 gr

— — Oratio de usu librorum sacrorum ad humanitatem et omnem doctrinam liberalem excolendam vario et multiplici. — Profess. Hebraicae ceterarumque OO. LL. in gymnasio Hamburg. auspicat. d. 11. I. 1803 recit. Hamburg (Th. Fr. Schniebes). 67 S. mit Biogr. (M.: J. Ch. Carnal) u. Schriftenverz. (6.—) 12354

– s. P i n d a r : Kriegsgesänge – Siegsgesänge – Pythische Siegsgesänge – u. 10r Nemeischer Siegsgesang.

— — Probe einer Psalmenübersetzung von Herrn Katecheten S t u h l m a n n mit Einl. u. Anmerk. z. Ankünd. d. Prüf. im Johanneum. Hamburg (G. Fr. Schniebes) 7./14. IV. 1807. 62 S. (6.—) 12360

— Progr. über Ossian. (Fingal 1r Gesang, übers. v. Neumann.) 4. Magdeb. 802. Heinrichshofen. 6 gr

— — Rede zur Einführung des Herrn Professors Hipp, geh. 8. X. 1805. — Antrittsrede des Herrn Professors H i p p. (Zwei Schulreden . .) Hamburg (G. F. Schniebes) 1806. 25 S. (5.50) 12358a

— — Rede zur Empfelung des Vernunftgebrauchs bei d. Studium d. Theologie. Sr. Hochwürden dem Herrn Senior Dr. Willerding bei seiner funfzigjährigen Amtsfeier ehrfurchtsvoll gew. Nebst ein. Vorber. u. e. Anh., zwei Gedichte von D i n t e r enthalt. 2. Aufl. Hamburg (Joh. Aug. Meissner) 18. IV. 1822. XXXIII, 28 S. (5.—) 12367

— Rede zur Empfehlung des Vernunftgebrauchs bei d. Studium d. Theologie, bei d. Abgange einiger studirenden Jünglinge aus dem Johanneum zu Hamburg gehalten. 2e Aufl. 4. Hamb. 823. (Leipz. Gleditsch.)

— Rede von d. Pflichten, Freuden u. Leiden d. Lehrers d. Jugend. 4. Magdeb. 797. Heinrichshofen. 2 gr

— Rede über einige Vorzüge d. verwichenen Jahrhund. 4. Hamb. 804. (Campe). 8 gr

— — Rede über einige Vorzüge des verwichenen Jahrhunderts. — Zu d. Schülerprüfung u. Redeübung im Johanneum. Hamburg (Gottlieb Friedr. Schniebes) 10./11. u. 17. IV. 1804. 52 S. (0.—) 12356

— einige Reden zur Entlassung studirender Jünglinge. Nebst angehängter Empfehlung d. theolog. Dogmatik des D. Wegscheider. 4. Hamb. 821. Campe. (a. Meißner das.) 8 gr

— — Einige Reden zur Entlassung studirender Jünglinge aus dem Johanneum. — Angeh. ist eine Empfehlung d. theolog. Dogmatik des Dr. W e g s c h e i d e r zum prüfenden Studium für angehende Theologen. Hamburg (Joh. Aug. Meissner) 10./12. IV. 1821. 31 S. (4.—) 12365

— — Zwei lateinische Reden von Carl S i e v e k i n g u. David M e n d e l z. Ankünd. d. Schülerprüf. im Johanneum w. a. d. Einf. d. Prof. Hipp, hrsg. mit e. Anh. über das Bürgerrecht d. Juden. Hamburg (G. F. Schniebes) 8./9. X. 1805. 46 S. (5.50) 12358

— Progr. Reden, gehalten bei d. Säcularfeier d. Reformation. 4. Hamb. 818.

— — Der Rhein. Fragment aus einem Gedicht: Die Ströme, vom Herrn Prediger B o d e n b u r g (Klein-Lübs b. Magdeburg). Z. Matur.-Exam. d. abgeh. Priman. d. Johanneums Heinr. Schmeichel, Ernst Carl Dav. Behm u. Eduard Loder. Hamburg (G. Fr. Schniebes) 22. III. 1804. 28 S. (5.—) 12355

– s. R u h n k e n : Adnotat. in Terentium.

GURLITT's, J., archäologische Schriften, gesammelt und mit Anmerkungen begleitet herausgeg. von CORNELIUS MÜLLER. Altona. 1831. Hammerich.

— Schulplan. 4. Ebend.

— drei Schulreden. 4. Hamb. 803. (Campe). 8 gr (a. Meißner das.) 9 gr

— — Drei Schulreden. Hamburg (Joh. Aug. Meissner) 1./29. IV. 1824. 35 S. (5.—) 12369
U. a.: Rede z. Einführung des Herrn M. Franz Wolfgang Ullrich als Profess. d. Johanneums am 17. VII. 1823.

— — Drei Schulreden. Hamburg (Gottl. Friedr. Schniebes) 1803. 51 S. (6.—) 12352
Gewidm.: Chn. Gottlieb Strauch (Hamburg), Heinr. Schmeichel (Grenada/Westindien), Ernst Karl David Behm (Wahren/Meckl.), Eduard Loder (Jena), Joh. Chn. Lucas Oldenburg (Hamburg). — Antr.-Rede b. d. Einf. d. Hn. Profess. Brodhagen . . — Rede b. Niederlegung m. Amtes als Direkt. u. Prof. d. Schule zu Klosterbergen.

— Schulschriften. 1r Bd. gr. 8. Magdeb. 801. Heinrichshofen. 1 Thlr. 2r Bd. A. u. d. T.: Hamburg. Schulschriften. Nach dem Tode des Verf. gesammelt u. mit einigen Anmerkk. begleitet v. Corn. Müller. gr. 8. Ebd. 829. 1 Thlr. 16 gr

— — Pindars achter Isthmischer Siegesgesang. — Angehängt ist die vom Herausgeber am Jubelfest d. Reformation gehaltene Rede. Hamburg (G. Fr. Schniebes) 31. III. / 2. IV. 1818. 36 S. (4.50) 12362

— — Pindars fünfter Nemeischer Siegesgesang übersetzt u. erklärt von Carl Ferdinand Theodor H e p p. Zur Anz. d. Prüfungen . . hrsg. Hamburg (Joh. Aug. Meissner) 11.—13. IV. 1820. 36 Seiten. (5.50) 12363

— — Pindars Olympischer Siegsgesänge erster. Hamburg (G. Fr. Schniebes) 7./8. X. 1806. 16 S. (3.50) 12359

– s. S p i t t l e r : Vorlesungen u. dessen Geschichte d. Papstthums.

– s. S u l p i c i a e Satyra.

Gurlitt, Jh. Gf., Versuch über d. Wüstenkunde. 4. Magdeb. 800. Heinrichshofen. 16 gr

— — De utilitate ex poetarum, in primis veterum, justa lectione capienda, scriptiuncula. Friedrich Gabriel Resewitz abbati coenobii Bergensis diem natal. d. 7. a. idus martias gratul. stud. litter. in schola Bergensi. Magdeburg (Faber) 1786. 28 S. mit Namen d. Gratul. (5.—) 12335

— — Vita Friderici a Graffen, juris utr. licentiati, consulis nuper in republica Hamburgensium magn. Hamburg (Joh. Aug. Meissner) 1824. 32 S. mit Wappen-Med. (Frich sc.) (6.50) 12368

⊙ Worte [Johann] Gurlitt's über den Archidiakonus Klaus Harms zu Kiel. Für Ungelehrte aus dem Lateinischen übersetzt und mit einem Vorwort begleitet. Kiel. 1818. 8°.

— Worte über d. Archidiakonus Cl. Harms zu Kiel. Aus d. Latein. übersetzt. 8. Kiel 818. (Hartmann in Leipz.) 2 gr

Gurlitt, Karl Fr., Formenlehre der deutschen Sprache, bestimmt für Volksschulen. 8. Leipzig 837. (Melzer.) 1/4 ℞

Gurlitt, Kornelius

Gurlitt, Cornel., d. Albrechtsburg zu Meißen, s.: Mandel, Otto.

Gurlitt, Cornelius, das Barock- u. Rococo-Ornament Deutschlands. 1. u. 2. Lfg. Fol. (à 20 Lichtdr.-Taf. m. 1 Bl. Text.) Berlin 885. 86. Wasmuth. In Mappe. n. 20. —

Gurlitt, C., das Barock- und Rococo-Ornament Deutschlands. 3. u. 4. Lfg. Fol. (à 20 Lichtdr.-Taf. m. 1 Bl. Text.) Berlin 889. Wasmuth. In Mappe. à Lfg. n. 20. —

Gurlitt, Cornel., über Baukunst, s.a. Kunst, die, 26. Bd.

Gurlitt, Cornelius: Über Baukunst von —. Mit 1 Heliograv. u. 10 Vollbild Berlin: J. Bard [1904]. (63 S.) 8°
= Kunst, Die. Bd 26.

— die Baukunst Frankreichs. (In 8 Lfgn.) 1.—6. Lfg. gr. Fol. (à 25 Lichtdr.-Taf.) Dresden 896—898. Gilbers. In Mappe à Lfg. n. 25. —

Gurlitt, Cornelius, die Baukunst Frankreichs. 7. u. 8. (Schluss-)Lfg. gr. Fol. (50 Lichtdr.-Taf. u. X, 25 S. Text m. eingedr. Grundrissen.) Dresden (900). Leipzig, Gilbers. Mit Leinw.-Mappe à n. 25. —; (kplt. in 2 Leinw.-Mappen n. 210. —)

Gurlitt, Cornel., die Baukunst Konstantinopels. 1.—6. Lfg. (145 [3 Doppel-] Taf. m. illustr. Text S. 1—64.) 54,5×36 cm. Berlin 907—10. E. Wasmuth. Mit Mappe à Lfg 30. —

Gurlitt, Cornelius, Baukunst d. Mittelalters, s.: Klassiker-Bibliothek der bildenden Künste.

— s.: Baukunst, die, Spaniens.

Gurlitt, Cornelius, die Baukunst Spaniens, s.: Junghändel, Max.

— Bautzen (Stadt), s.: Darstellung, beschreibende, der älteren Bau- u. Kunstdenkmäler des Königr. Sachsen.

— s.: Beiträge zur Bauwissenschaft.

— Beiträge zur Entwicklungsgeschichte der Gothik. [Aus: „Zeitschr. f. Bauwesen".] gr. 4. (18 S. m. 3 Holzschn. u. 2 Kpfrtaf.) Berlin 892. W. Ernst & Sohn. Kart. n. 4. —

— im Bürgerhause. Plaudereien üb. Kunstgewerbe u. Wohnungs-Ausstattung. gr. 8. (VI, 232 S.) Dresden 888. Gilbers' Verl. n. 4. —; geb. n. 5. —

· Sir Edward Burne-Jones. (S. 21—56 m. Abb. u. 11 Taf.) 36×27 cm. München (895). F. Hanfstaengl. 8. —

— Walter Crane. (28 S. m. Abbildgn. u. 14 Taf.) 36×27 cm. Ebd. (898). 8. —
2 Sonderabdrucke aus „Die Kunst unserer Zeit".

— s.: Darstellung, beschreibende, der älteren Bau- u. Kunstdenkmäler des Königr. Sachsen.

— Antike Denkmalsäulen in Konstantinopel. (8 S. m. 5 Abbildgn. u. 1 Taf.) 41×30 cm. München (909). G. D. W. Callwey. 3. —

— s.: Dorfkirche u. Bauernhaus im Königr. Sachsen.

— Dresden, s.a. Kultur, die.

Dresden von Cornelius Gurlitt. Mit 29 Vollbild. Berlin: Marquardt & Co. (1907). (115 S.) 8°
= Kultur, Die. Bd 23/24. [07. 11396]

— Amtshauptmannsch. Dresden-Altstadt (Land), s.: Darstellung, beschreibende, der älteren Bau- u. Kunstdenkmäler des Königr. Sachsen. 24. Hft.

— Das Freilegen u. Umbauen alter Kirchen, s.: Flugschrift, 52., des Dürerbundes zur ästhetischen Kultur.

Gurlitt, Cornelius. Geschichte des Barock-Stiles in Belgien, Holland, Frankreich und England. Stuttgart 1888. 8°.

Gurlitt, Cornelius. Geschichte des Barock-Stiles in Italien. Stuttgart 1887. 8°.

Gurlitt, Corn., Geschichte des Barockstiles und des Rococo in Deutschland. Mit Illustr. Stuttgart 1889. 8.
Ist: Burckhardt, J., W. Lübke u. C. Gurlitt, Gesch. d. neu. deut. Baukunst. Bd. 5. Abth. 2. Tbl. ?

— Geschichte d. Barockstiles, d. Rococo u. d. Klassicismus, s.a. Burckhardt, Jac., Geschichte der neueren Baukunst.

— Geschichte d. Barock-Stiles, d. Rococo u. d. Klassicismus. [In 2 Bdn. (20 Lfgn.) m. ca. 300 Illustr. u. zahlreichen Orig.-Zierleisten, Vignetten u. Initialen.] 1—7. Lfg. Lex.-8. (S. 1—336.) Stuttgart 886. Ebner & Seubert. à n. 1. 40

— Geschichte des Barock-Stiles, des Rococo u. des Klassicismus. Mit Orig.-Illustr. 32 Lfgn. — 2 Abthlgn. in 3 Thln. gr. 8. Stuttgart, Ebner & Seubert. à Lfg. n. 1. 40; cplt.: n. 44. 80; geb. n. 55. —

Abthlg. 1. = Lfg. 1—12: Italien. (XVIII, 562 S. m. 217 Orig.-Illustr., zahlr. Zierleisten, Vignetten u. Initialen.) 887. n. 16. 80; geb. n. 20. —
Abthlg. 2. 1. Thl. = Lfg. 13—21: Belgien. Holland. Frankreich. England. (XII, 420 S. m. 125 Illustr., zahlr. Zierleisten, Vignetten u. Initialen.) 888. n. 12. 60; geb. n. 16. —
Abthlg. 2. 2. Thl. = Lfg. 22—32: Deutschland. (VIII, 500 S. m. 164 Illustr.) 889. n. 15. 40; geb. n. 19. —

Gurlitt, C., s. Geschichte der neueren Baukunst.

— Geschichte der neueren Baukunst, s.: Burckhardt, Jak.

— Geschichte der Kunst. 2 Bde. Mit je 15 Bildertaf. Lex.-8. (VIII, 696 u. VI, 792 S.) Stuttgart 902. A. Bergsträßer. n. 44. —; geb. n. 48. —

— s.: Heimatschutz in Sachsen.

Gurlitt, Kornelius: Sächsiche Herrensitze und Schlösser, s. Hänel

— die Hochzeitsreise. Illustr. v. Paul Hey. Lex.-8. (39 S. m. Typograv.) München 891. F. Hanfstaengl Kunstverl. A.-G. Mit Goldschn. n. 4. —

Gurlitt, Corn., das neue königl. Hoftheater zu Dresden. [Nach dem Feuilleton des „Dresdner Journals".] Mit einem Lichtdr. von Römmler u. Jonas. 8. (43 S.) Dresden 878. Bierson. n. 1. 20

Kirche und Kunst. Rede geh. bei Übernahme d. Rektorats d. Kgl. Sächs. Techn. Hochschule am 1. März 1904 von Cornelius Gurlitt. *Göttingen: Vandenhoeck & Ruprecht 1901.* (8 S.) 4° [J.]
Aus: Monatschrift f. Gottesdienst u. kirchl. Kunst. Jg. 9. 1904. April-No. [04. 13033] 10

— Kirchen, s.a. Handbuch der Architektur. 8. 1.

Kirchen. Von Cornelius Gurlitt, Dresden. Mit 607 Abb. u. 6 Taf. Stuttgart: A. Kröner 1906. (VII, 568 S.) 4°(8°)
— Handbuch d. Architektur. T. 4. Halbbd 8, H. 1. [06. 4906

— Klassiker der Baukunst, s.: Klassiker-Bibliothek der bildenden Künste.

— Konstantinopel, s.a. Kultur, die.

Konstantinopel. Von Cornelius Gurlitt. Mit 32 Vollbild. Berlin: Marquardt & Co. [1908]. (118 S.) 8°
— Kultur. Die. Bd 31 u. 32. [08. 17890

— s.a. Kultur, die.

Die Kultur. Sammlung illustr. Einzeldarstellungen hrsg. von Cornelius Gurlitt. Bd 1. (Berlin: Bard, Marquardt & Co. [1905].) 8° [05. 15888

— Die deutsche Kunst des 19. Jahrh., s.a. Jahrhundert, das 19., in Deutschlands Entwicklung. II.

Gurlitt, Cornelius: Die deutsche Kunst des Neunzehnten Jahrhunderts. Ihre Ziel eund Thaten von —. M. 40 Vollbild. Berlin: Georg Bondi 1899. (XVI, 701 S., 40 Taf.) 1 Bd 8°.
= Jahrhundert, Das 19., in Deutschlands Entwicklung. Bd II.

Gurlitt, Cornelius: Die deutsche Kunst des Neunzehnten Jahrhunderts. Ihre Ziele u. Thaten von —. 2. Aufl. Berlin: G. Bondi 1900 (XV, 743 S.) 8°
= Jahrhundert, Das Neunzehnte, in Deutschl. Entwicklung. Bd 2.

Die deutsche Kunst des Neunzehnten Jahrhunderts. Ihre Ziele u. Taten von Cornelius Gurlitt. 3., umgeänd. Aufl. Berlin: G. Bondi 1907. (XV, 722 S.) 8° [J.]
— Jahrhundert, Das Neunzehnte, in Deutschlands Entwicklung. Bd. 2. [07. 9400

— die Kunst unter Kurfürst Friedrich d. Weisen. (Archival. Forschgn. II. Hft.) gr. 8. (II, 100 S.) Dresden 897. Gilbers. n. 3. —
Heft 1 der Archival. Forschgn. erschien 1869 unt. d. Einzeltitel: Gurlitt, C., Deutsche Turniere, Rüstungen u. Plattner d. XVI. Jahrh.

— Kunst u. Künstler am Vorabend der Reformation, s.: Schriften d. Vereins f. Reformationsgeschichte.

— die Kunst unserer Zeit auf d. internationalen Kunstausstellung zu Berlin 1891. Text v. C. G. 6 Lfgn. Fol. (VII, 148 S. m. Textabbildgn. u. Taf. in Typograv.) Ebd. 892. à n. 2. — (kplt. geb.: n. 15. —)

Der Rembrandtdeutsche (Julius Langbehn) v. Cornelius Gurlitt. (Berlin. 1908. 1909.) 8° Ausschnitt aus: Die Zukunft. Jg. 16, Nr. 18 u. Jg. 18, Nr. 12.

Gurlitt, Kornelius, s. Meyer, Johann: Sechs kleine plattdeutsche Lieder

— Moebel deutscher Fürstensitze. (In 2 Lfgn.) 1. Lfg. Fol. (20 Lichtdr.-Taf.) Berlin 886. Wasmuth. In Mappe. n. 20. —

— Moebel deutscher Fürstensitze. 2. (Schluss-)Lfg. Fol. (20 Lichtdr.-Taf. m. 1 Bl. Text.) Berlin 887. Wasmuth. In Mappe. n. 20. — (cplt.: n. 40. —)

— die deutsche Musterzeichner-Kunst u. ihre Geschichte. Lex.-8. (68 S.) Darmstadt 890. Alex. Koch. n. 2. —

— Das englische Porträt im XVIII. Jahrh., s.a. Porträt, das.

Das englische Portrait im XVIII. Jahrhundert von Cornelius Gurlitt. (In 2 Lfgen.) Mit [je] 5 Kupferdr.-Taf. u. [je] 5 Abb. Berlin: J. Bard; B. Cassirer 1906. 2°
1. Gainsborough. Romney. Raeburn. 2. Reynolds. Hoppner. Lawrence.
— Porträt, Das. Lfg. 1. 2. [06. 88]

— das Schloss zu Meissen. Eine kunstgeschichtliche Studie. Lex.-8. (44 S. mit eingedr. Holzschn. u. 6 Lichtdr.) Dresden 881. Gilbers' Verl. n. 3. —

— Andreas Schlüter. Lex.-8. (VI, 242 S. m. Abbildgn.) Berlin 891. E. Wasmuth. n. 8. —

— historische Städtebilder. 1. Bd.: Erfurt. gr. Fol. (29 Lichtdr.-Taf. m. 22 S. illustr. Text.) Berlin 901. E. Wasmuth. In Leinw.-Mappe n. 30. —

— dasselbe. I. Serie. 2. Hft.: Würzburg. gr. Fol. (30 Lichtdr.-Taf. m. 32 S. illustr. Text.) Ebd. 902. In Leinw.-Mappe n. 35. —

Gurlitt, Cornelius, historische Städtebilder. (1. Serie.) 3. Bd.: Tangermünde — Stendal — Brandenburg. (29 Lichtdr.-Taf. m. 24 S. illustr. Text.) gr. Fol. Berlin 902. E. Wasmuth. In Mappe n. 30. —

— historische Städtebilder. (1. Serie.) 4. u. 5. Bd. gr. Fol. Berlin, E. Wasmuth. In Mappe à n. 35. —
4. Bern—Zürich. (31 Lichtdr.-Taf. m. 26 S. illustr. Text.) 903.
5. Lyon. (30 Lichtdr.-Taf. m. 30 S. illustr. Text.) 904.

— dasselbe. II. Serie. 1.—4. Heft. Des ganzen Werkes 6.—9. Heft. Fol. Ebd. In Mappe à n. 25. —; Einzelpr. à n. 35. —
1. Ulm. (28 Lichtdr.-Taf. m. 35 S. illustr. Text.) 904.
2. Cambridge. (28 Lichtdr.-Taf. m. 29 S. illustr. Text.) 905.
3. Breslau. (32 Lichtdr.-Taf. m. 32 S. illustr. Text.) 906.
4. Lüttich. (29 Lichtdr.-Taf. m. 29 S. illustr. Text.) 906.

— Historische Städtebilder. X. u. XI. Bd. (II. Serie. 5. Heft u. III. Serie 1. Heft.) 49,5×33,5 cm. Berlin, E. Wasmuth. In Mappe, Subskr.-Pr. à 25.—; Einzelpr. à 35. —
X. Potsdam. (33 Lichtdr.-Taf. u. 31 S. Text m. Abbildgn.) 909.
XI. Danzig. (30 Lichtdr.-Taf. u. 24 S. Text m. Abbildgn.) (910).

— Franz v. Stuck u. die Kritik. (S. 189—208 m. Abbildgn. u. 6 Taf.) 36.5×27 cm. München (910). F. Hanfstaengl. 4. —
Sonderabdruck aus „Die Kunst uns. Zeit".

Gurlitt, Cornelius: Deutsche Turniere, Rüstungen und Plattner des XVI. Jahrhunderts. Archivalische Forschungen. . . . Dresden, Gilbers'sche K. Hof-Verlagsbuchh. (J. Bleyl.), 1889; 2 Bl. + 116 S. 8°
Leipzig, Phil. Fak., Inaug.-Diss. v. 16. Jul. 1889

Gurlitt, Cornelius. Das deutsche Turnierwesen in der zweiten Hälfte des 16. Jahrhunderts . . . S. 500—519. 8°.
Aus: Zeitschrift für Geschichte und Politik Bd. 5. 1888.

— s.: Watteau, Handzeichnungen.

— die Weststürme des Meissner Domes. gr. 8. (47 S. m. 41 Abbildgn.) Ebd. 902. n. 1.50

— die Lutherstadt Wittenberg, s.a. Kunst, die.

Die Lutherstadt Wittenberg von Cornelius **Gurlitt**. *Berlin: J. Bard [1902].* (67 S.) 8°
— **Kunst**, Die. Bd 2. [03. 8.407]

— das Zeughaus, der Zeughof u. die Brühlsche Terrasse zu Dresden. Vorschläge für den Bebauungsplan von Dresden-Altstadt. Mit einem Plane (Lichtdr. in qu. gr. Fol.) gr.8. (44 S.) Dresden 877. Patzig. n. 1.50

Gurlitt, Louis, Landschafts-Zeichen-Schule. 36 Blätter in 3 Sectionen eingetheilt. 2. Aufl. gr. Fol. Leipzig 861. [Dresden,] Schrag's Verlagsanstalt. [1. und 2. Sect. (à 12 lithogr. Bl.) à 1 Thlr., einzelne Bl. 3 Ngr.; 3. Sect. (12 lithogr. Bl. in Tondr.) 1 Thlr. 10 Ngr., einzelne Bl. 4 Ngr.]

—— Zeichen-Schule. In 3 Sectionen à 2 Hefte. Fol. (à Heft 6 Stnt.) Wien 858, Typographisch-literarisch-artistische Anstalt. à Heft * 25 Ngr *
Einzelne Bl. *

Gurlitt, Ludw., Anschauungstafeln zu Caesars Bellum Gallicum. I u. II. à 60,5×91 cm. M. je 1 Bl. Text. 4. Gotha 898. F. A. Perthes. à n. 3. —
I. Castra Romana. (Das röm. Lager.)
II. Alesia. (Caesar bell. gall. VII. cp. 69—90.)

Gurlitt, Ludw., Anschauungstafeln zu Caesars Bellum Gallicum. III—VI. à ca 60×90 cm. Mit je 1 Bl. Text. 4. Gotha (900). F. A. Perthes. à n. 3. —
III. Caesar's Unterhandlung m. Ariovist.
IV. Vercingetorix m. einigen vornehmen Galliern.
V. Caesar's Landung in Britannien.
VI. Caesar's Sturm auf Avaricum.

Friedrich Hebbels Beziehungen zu dem Landschaftsmaler Louis Gurlitt v. Ludwig **Gurlitt**. Mit 2 Bildnissen. (Braunschweig. 1908.) 4° Ausschnitt aus: Westermanns Monatshefte. Jg. 52, H. 5.

Gurlitt, L., die Briefe Cicero's an M. Brutus, in Bezug auf ihre Echtheit geprüft, s.: Philologus.

Gurlitt, Ludw., der Deutsche u. seine Schule. Erinnerungen, Beobachtgn. u. Wünsche eines Lehrers. 2. Aufl. (4. u. 5. Taus.) (XII, 246 S.) gr. 8. Berlin 906. Wiegandt & Grieben. n. 2. —; geb. n. 3. —
1. Aufl. (XII, 240 S.) 905. n 2. —; geb. n. 3. —.

— der Deutsche u. sein Vaterland. Politisch-pädagog. Betrachtgn. eines Modernen. gr. 8. (VI, 134 S.) Berlin 902. Wiegandt & Grieben. n. 1.20

— dasselbe. 3. u. 4. Aufl. gr. 8. (à VII, 142 S.) Ebd. 902. n. 1.50

— der Deutsche u. sein Vaterland. Politisch-pädagog. Betrachtgn. eines Modernen. 5. Aufl. (VII, 142 S.) gr. 8. Ebd. 902. n. 1.50

— dasselbe. 6. u. 7. Aufl. (à VIII, 145 S.) gr. 8. Ebd. 903. n. 1.50; geb. n. 2.25

Ludwig **Gurlitt**: Der Deutsche und sein Vaterland. Polit.-pädag. Betrachtungen e. Modernen. (9. Aufl.) Berlin: Wiegandt & Grieben 1906. VIII, 150 S. 8° [10. 18430 B

Der Deutsche und sein Vaterland. Polit.-pädagog. Betrachtungen eines Modernen von Dr. Ludwig **Gurlitt**, Oberl. in Steglitz. 8. Aufl. *Berlin: Wiegandt & Grieben 1903.* (VII, 153 S.) 8° [04. 15402

Gurlitt, Ludw., de M. Tullii Ciceronis epistulis earumque pristina collectione. Dissertatio inauguralis. gr. 8. (47 S.) Göttingen 879. Peppmüller in Comm. n. 1.20

— s.: Erinnerungen an Ernst Curtius.

Gurlitt, Ludwig: Erziehung zur Mannhaftigkeit. Berlin: Concordia 1906. (VIII, 244 S.) 8°

— Erziehung z. Mannhaftigkeit. 3. Aufl. (VIII, 245 S.) gr. 8. Berlin 906. Concordia. n. 2.80; geb. n. 3.60

Ludwig **Gurlitt**. Erziehung zur Mannhaftigkeit. 5. Aufl. Berlin: Concordia 1907. (VIII, 244 S.) 8° [F.] [07. 1192

Gurlitt, L.: Erziehung zur Mannhaftigkeit. 6. Aufl. Berlin 1907. 244 S.

Gurlitt, Ludw., Erziehungslehre. (Titel u. Umschlag gezeichnet v. Paul Hosch. 1—3. Taus.) (VIII, 353 S.) 8. Berlin (909). Wiegandt & Grieben. 4.50; geb 5.50

Gurlitt, Ludw., Erziehungslehre. — Lateinische Fibel. Jetzt: Leipzig, G. K. Sarasin.

[F.] Ludwig **Gurlitt**. Lateinische Fibel. [Th. 1.] *Berlin: Wiegandt & Grieben 1897.* 4.(8.) [97. 5032

Ludwig Gurlitt, Lateinische Fibel. (2. Aufl.) [1.] Sexta. *Berlin: Wiegandt & Grieben 1903.* 4°(8°) [F.] [04. 12714

— lateinische Fibel. Sexta. 3. Aufl. (VIII, 128 S. m. Abbildgn.) gr. 8. Berlin 906. Wiegandt & Grieben. Geb. n.n. 2. 25

— Lateinische Fibel. Sexta. 4. Aufl. (VIII, 128 S. m. Abbildgn.) gr. 8. Ebd. 908. Geb. nn 2. 25

— s.: Jahresbericht üb. etc. class. Altertumswissenschaft.

— s.: Jahresbericht üb. die Fortschritte der class. Altertumswissenschaft.

— Jahresbericht über die Litteratur zu Ciceros Briefen aus den Jahren 1885—1894. S.-A. 1895. 25 S. 1.—
— — Aus den Jahren 1885 (1895)—1897. S. A. 1898. 60 S. 1.25

— Mein Kampf um die Wahrheit. (98 S.) 8. Berlin 907. Concordia. 1. 20

Gurlitt, Ludwig: Mein Kampf um die Wahrheit von –. 2. Aufl. Berlin: Concordia 1907. 98 S. 8°

Mein Kampf um die Wahrheit von Ludwig Gurlitt. 3. Aufl. Berlin: Concordia 1907. (98 S.) 8° [F.] [07. 11098

— lateinisches Lesebuch m. Bildern. Quinta. Lex.-8. (X, 257 S. m. 1 Karte.) Berlin 899. Wiegandt & Grieben. Geb. in Leinw. n.n. 2. 40

— lateinisches Lesebuch. Quinta. 2. Aufl. (X, 257 S. m. Abbildgn. u. 1 Karte.) gr. 8. Berlin 906. Wiegandt & Grieben. Geb. n.n. 2. 50

Gurlitt, Ludwig Nonius Marcellus und die Cicero-Briefe. 4 (21 S.). Progr. Prg. *Steglitz* 1888 (87).

— s.: Pestalozzi. Eine Auswahl aus seinen Schriften.

— Pflege u. Entwicklung der Persönlichkeit. (53 S.) 8. Leipzig 905. R. Voigtländer. n. — 80

— Pflege des Heimatsinnes, s.: Führer ins Leben.

— Präparation zu Ciceros Briefen, s.: Präparationen f. die Schullektüre.

— beim göttlichen Sauhirten. Ein dramat. Bild nach Homer. gr. 8. (44 S.) Berlin 902. (Schalke, E. Kannongiesser.) n. — 80

— Die Schule, s.a. Gesellschaft, die.

Die Schule. Von Ludwig Gurlitt. Frankfurt am M.: Rütten & Loening (1907). (112 S.) 8°
— Gesellschaft, Die. Bd 16. [08. 709

— Schule u. Gegenwartskunst. (83 S.) 8. Berlin-Schöneberg 907. Verlag der Hilfe. Geb. 1. 50

— Schülerselbstmorde. 1—5. Taus. (59 S.) 8. Berlin (908). Concordia. — 50

Gurlitt, L., drei suasorien in briefform, s.: Philologus.

Gurlitt, Ludwig: Textkritisches zu Ciceros Briefen. *Steglitz 1898: Stegl. Zeitung.* (1–16 S.) 4° [Umschlagt.]
Steglitz, G, P 1898 (88)

— zur Überlieferungs-Geschichte v. Ciceros epistularum libri XVI. [Aus: „Jahrbb. f. class. Philol., 27. Suppl.-Bd."] gr. 8. (48 S.) Leipzig 896. B. G. Teubner. n. 1. 60

Gurlitt, Ludwig: Der Verkehr mit meinen Kindern. Illustr. Berlin: Concordia [1907]. 194 S. 8°

— Virtus Romana. Erzählung aus dem altröm. Leben. Der reiferen Jugend gewidmet. Mit 8 Bildern nach Zeichngn. v. Johs. Gehrts. 1. u. 2. Aufl. (à 256 S.) gr. 8. Leipzig (904. 905.) F. Hirt & Sohn. n. 3. 50; geb. in Leinw. n. 5. —

Gurlitt, Ludwig [Dr.]: Zur Weihe. *Steglitz, Druck v. G. Loper* (1890); S. 3—4; 4°
Steglitz, PG, Festschr. 1890 ••

Gurlitt, Otto, unter Helm u. Hut. Lieder e. Mitstreiters aus 1870/71. 8. (78 S.) Berlin 892. R. Boll. n. 1. —

— W., Die grosse eherne Athena d. Pheidias. S.-A. 1893. 23 S.

Gurlitt, W.: De tetrapoli Attica. 51 S. Diss. Göttingen 1867.

Gurlitt, Wilhelm

Gurlitt, W., das Alter der Bildwerke u. die Bauzeit d. sogenannten Theseion in Athen. Eine archaeolog. Untersuchg. 8. (95 S.) Wien 875. Gerold's Sohn. n. 2. —

Gurlitt, Wilh., s.: Krones, Franz v., zum 19. November 1895.

Gurlitt, W., üb. Pausanias. Untersuchungen. gr. 8. (XII, 494 S.) Graz 890. Leuschner & Lubensky. n. 10. —

Gurlt, Adolph

Gurlt, Ad. Ueber den Abbau Grubengas führender Steinkohlenflötze. Vortrag. Bonn. 1883.

Gurlt, Ad., Bemerkungen über die neueren Fortschritte des Kupferhüttenprozesses in England. Mit 1 (lith.) Taf. Abbildungen. [Abdruck aus der Berg- und hüttenm. Zeitung. Jahrg. 1852.] gr. 8. (42 S.) Freiberg 852, Engelhardt. n. 1/3 ℳ

Gurlt, Adf., die Bereitung der Steinkohlen-Briquettes. Mit Rücksicht auf die Verhältnisse in Rheinland u. Westfalen. gr. 8. (VII, 59 S.) Braunschweig 880. Vieweg & Sohn. n. 2. —

Gurlt, Adf., die Bergbau- und Hüttenkunde. Eine gedrängte Darstellung der geschichtl. und kunstmäß. Entwickelung des Bergbaues und Hüttenwesens. 1. Aufl. (VIII, 176 S. mit 109 in den Text eingedr. Holzschn.) 1877; 2. durchgeseh. Aufl. gr. 8. (VIII, 172 S. mit 109 in den Text eingedr. Holzschn.) Essen 879, Bädeker. * ℳ 2.; geb. *

Gurlt, Adf., die Bergbau- u. Hüttenkunde, e. gedrängte Darstellg. der geschichtl. u. kunstmäß. Entwickelg. d. Bergbaues u. Hüttenwesens. Mit 109 in den Text gedr. Holzschn. 3. Aufl. gr. 8. (VIII, 173 S.) Essen 884. Bädeker. n. 2. —; geb. n. 3. —

Gurlt, A., Die Bergwerks-Industrie in Griechenland und dem türkischen Reiche. Berlin, 1882. 35 S.

GURLT und KERL.
Bericht über Eisen, Stahl und Kupfer, ihre Darstellung und Eigenschaften auf der Wiener Ausstellung. Braunschweig, 1875. 8vo.

Gurlt, Adolph. (geb. Berlin 14. 7. 1829): De ferri carburetis eorumque ad ferri crudi constitutionem relatione. Berolini (1855). (32 S.) 8°
Berlin, Phil. Diss. v. 10. Mai 1855

Gurlt, Adf., der Darlington-Gesteinsbohrer, e. neue Bohrmaschine zum Betriebe v. Bergwerken, Tunneln u. Steinbrüchen. Mit Abbildgn. (in eingedr. Holzschn.) gr. 8. (27 S.) Bonn 875. Cohen & Sohn. n. 1. —

Gurlt, A., und N. v. Egerstroem, der Einfluss der Rotation auf die Abweichung der Geschosse von ihrer Flugbahn. gr. 8. (32 S. mit 8 Stnt.) Köln 857, [Assenheimer und Comp.]

Gurlt, A., Eisen- und Stahlgewinnung bei den Römern. Siegen, 1881. 28 S. mit 1 Taf.

Gurlt, A., Das Hüttenwesen. Berlin, 1881. 34 S.

Gurlt, A. Pyrogennete künstliche Mineralien. Freiberg 1857.

—— die Roheisenerzeugung mit Gas oder die Verhüttung der Eisenerze mit indirecter Benutzung des Brennmateriales. gr. 8. (30 S. mit 1 Stnt. in qu. gr. 4.) Freiberg 856(57,) Engelhardt. *

Gurlt, Ad., die Steinkohle als überseeische Handelswaare. Bremen 868. Halle, Gesenius. 8. (VIII, 51 S.) n. 10 ngr.

—— Uebersicht der pyrogenneten künstlichen Mineralien namentlich der krystallisirten Hüttenerzeugnisse. gr. 8. (XII und 100 S.) Freiberg 856(57,) Engelhardt. *

— die Verhütung v. Explosionen schlagender Wetter in Steinkohlenbergwerken. Vortrag geh. auf d. allgemeinen deutschen Bergmannstage zu Cassel, im Septbr. 1880. gr. 8. (46 S.) Bonn 880. Cohen & Sohn. n. — 80

Gurlt, E. Die freiwilligen Leistungen der preuss. Nation in den Kriegsjahren 1813 1815. 8. Berlin 1872.

Gurlt, E. F., s. G u r l t , Ernst Friedrich. – G u r l t , Ernst Julius.

Gurlt, Ernst Friedrich

Gurlt, E. F., anatom. Abbildd. d. Haus-Säuge-Thiere. 1e—14e Liefer. gr. Fol. Berl. 824—32. Reimer. 21 Thlr. Text dazu. gr. 8. Ebd. 829. 1 Thlr. 18 gGr.

Gurlt, E. F., anatomische Abbildungen der Haus-Säugethiere. 15e u. letzte Lfrg. Tafel 141—150. Mit Erklärung. gr. Fol. u. gr. 4. Berlin 833. Reimer. 1½ Thlr. Alle 15 Hefte. 23 Thlr. Vgl. Thl. II. S. 461.

Gurlt, E. F., anatomische Abbildungen der Haussäugethiere. 2. Aufl. 15 Hefte. Mit 150 Taf. gr. Fol. Berlin 843—45, Reimer. compl. 15 Thlr.

Gurlt, E. F., anatomische Abbildungen der Haussäugethiere. Supplement. 26 (lith. u. theils color.) Taf. gr. Fol. (Mit 54 S. Text in gr. 8.) Berlin 848, G. Reimer. 5 Thlr. (cmplt. 16 Hfte. 30 Thlr.)

—— und C. H. Hertwig, chirurgische Anatomie und Operationslehre für Thierärzte. gr. Fol. (IV und 218 S. mit 10 Kpfrt.) Berlin 847, G. Reimer.

— Anatomie der Hausvögel. Mit 5 lith. (theils color.) Taf. (in 8. u. qu. 4.) [Abdr. aus dem Magazin f. die gesammte Thierheilkunde. Bd. XIII u. XIV.] gr. 8. (94 S.) Berlin 849, A. Hirschwald. 27 ngr.

— Anatomie d. Pferdes. Mit 65 Kpft. Fol. u. gr. 8. Berl. 831, 32. Reimer. 12 Thlr.

—— die Anatomie d. Pferdes in 70 lith. Taf., mit erklär. Text. (2 Lfgn.) gr. Fol. (13¾ B. Erklärung.) gr. 8. Berlin 832, Reimer.

Gurlt, Ernestus Fridericus *(geb. Drentkau in Schles. 13.10.1794)*: De venarum deformitatibus adnexo vitii rarioris venae cavae inferioris exemplo. Vratislaviae (1819). (43 S., 1 Taf.) 4° *[Im Buchhandel 1819 bei Korn in Breslau. — Verf. erlebte die Diplomerneuerung 1869 als Geh. Medizinalrat u. Prof. in Berlin, vgl. Anh. Nr 289.]*
Breslau, Med. Diss. v. 5. [vielmehr 6.] Aug. 1819

Gurlt, E. F., Handbuch d. vergleichenden Anatomie d. Haus-Säugethiere. 2 Bde. gr. 8. Berl. 821—22. (Logier). 4 Thlr. 6 gGr.

— Handbuch der vergleichenden Anatomie d. Haus-Säugethiere. 1r Bd. 2e Aufl. gr. 8. Berlin 833. Logier. 1⅚ Thlr. — 2r Bd. 2e Aufl. gr. 8. Ebd. 834. 2⅓ Thlr.

-- Handbuch der vergleich. Anatomie der Haus-Säugethiere. 2 Bde. 3. verm. Aufl. gr. 8. Berlin 843, 44, Logier. 4½ Thlr.

Gurlt, E. F., Handbuch der vergleichenden Anatomie der Haus-Saugethiere. 4. verb. Aufl. Berlin 860. Hirschwald. gr. 8. (XI, 792 S.) n. 4 Thlr. 15 ngr.

Gurlt's, E. F., Handbuch der vergleichenden Anatomie der Haus-Säugethiere. Neu bearb. von A. G. T. Leisering und C. Mueller. 5. Aufl. Lex.-8. (VII, 903 S. mit 171 in den Text gedr. Holzschn.) Berlin 873, Hirschwald. *

—— Hand-Atlas dazu. gr. 4. (22 Stnt., wovon 10 in Buntdr., mit 41 S. Text.) Berlin 860, A. Hirschwald. *

Gurlt, Ernst Friedrich s. H a u p t , W.: Über einige Seuchenkrankheiten der Hausthiere etc.

Gurlt: Katalog d. zootomischen Museums d. königl. Thierarzneischule zu Berlin. [Berl. 1838]. (94) S. (Særtr.).

—— Lehrbuch d. patholog. Anatomie d. Haus-Säugethiere. 2 Thle. gr. 8. Berlin, Reimer.
Thl. 1. Pathol. Anatomie d. Haus-Säugethiere. Nebst e. Anh., welcher d. Beschreib. d. bei d. Haus-Säugethieren vorkomm. Eingeweidewürmer enthält. (26¼ B., 4 Stn.- u. 6 Kpfrt. Fol.) 831. 8 Thlr. 18 Gr.
- 2. Die Classification, Beschreibung u. Anatomie der Missgeburten. (32 B., 25 Stat. gr. Fol. u. 1 Tab. ½ B. gr. 4) 832. 5 Thlr. 6 Gr.

—— Nachträge zum 1. Thl. des Lehrbuches der patholog. Anatomie der Haus-Säugethiere. gr. 8. (IV und 143 S.) Berlin 849, G. Reimer. –
Der 1. und 2. Theil des Lehrbuches der patholog. Anatomie etc. erschien ebendas. 1831—32. und kostet 9 Thlr.

— Lehrbuch der vergleichenden Physiologie der Haus-Säugethiere. Mit 3 Kpfrtaf. gr. 8. Berlin 837. Hirschwald. 2⅓ Thlr.

— Lehrbuch der vergleichenden Physiologie der Haus-Säugethiere. 2. verm. Aufl. Mit 3 Kpfrtaf. (in gr. 4.) gr. 8. (XII u. 479 S.) Berlin 847, A. Hirschwald. 2½ ß

Gurlt, E. F., Lehrbuch der vergleichenden Physiologie der Haus-Säugethiere. 3., verm. Aufl. Berlin 865. A. Hirschwald. gr. 8. (XIV, 266 S. mit 4 Kpfrtaff. in 4.) n. 3 ß

—— und C. H. Hertwig, Magazin f. d. gesammte Thierheilkunde. s. Magazin.

Gurlt, E. F., über thierische Missgeburten. Ein Beitrag zur patholog. Anatomie und Entwickelungs-Geschichte. gr. 4. (IV, 97 S. mit 20 lithogr. Taf., enth. 119 zum Theil color. Fig.) Berlin 877, Hirschwald. *

— siehe: Pharmacopöe, Preußische.

— s. 1) Uebersicht d. Pflanzen. 2) Uebersicht d. Pflanzenreichs.

— u. C. H. Hertwig, vergleichende Untersuchungen über die Haut des Menschen u. der Haus-Säugethiere, und über die Krätz- oder Räudemilben. Mit 2 Kupfertaf. 2. verm. Aufl. der im Magazin f. d. ges. Thierheilkunde Jahrg. 1835 abgedr. Abhandlungen. gr. 8. Berlin 844. A. Hirschwald. 7/8 ß

Gurlt, E. F., Verzeichniß der Thierärzte Preußens. [Abdr. a. d. Magazin f. d. gesammte Thierheilkunde, Jahrg. XV. Hft. 3.] gr. 8. (20 S.) Berlin 849, A. Hirschwald. n. n. 1/12 ß

Gurlt, Ernst Julius

Gurlt, E., Abbildungen zur Krankenpflege im Felde auf Grund der internationalen Ausstellung der Hilfs-Vereine für Verwundete zu Paris im Jahre 1867 u. mit Benutzung der besten vorhandenen Modelle herausg. — Planches descriptives du matériel des ambulances. 16 lith. Taff. in Farbendr. (in Imp.-Fol.) mit Text. Berlin 868. Th. Enslin. Fol. (VIII, 87 S.) n. 10 ß 20 ngr.

Gurlt, Dr. E., Anleitungen zur Krankenpflege im Felde. 1 Band Text. 4. Mit Atlas fol. Berlin 1868.

Gurlt, E., s.: Archiv f. klin. Chirurgie.

Gurlt, E. Beitrag zur Kenntniß des engl. Militär-Medicinal-Wesens. Berlin 1861. 8°. (Aus: Preuß. Militär-ärztl. Zeitg.)

Gurlt, E., Beiträge zur vergleichenden pathologischen Anatomie der Gelenkkrankheiten. gr. 8. (XVI und 656 S.) Berlin 853, G. Reimer.

Gurlt, E., neue Beiträge zur Geschichte der internationalen Krankenpflege im Kriege. [Aus: „Kriegerheil".] 8. (44 S.) Berlin 879. C. Heymann's Verl. n. 1. —

Gurlt, Dr. E., a. o. Prof. der Chirurgie an der k. Universität zu Berlin. Militär-chirurgische Fragmente. 1. Ueber einige neue Transportmittel für Schwerverwundete. 2. Die Geschosse der preussischen und dänischen Feuergewehre. 3. Zur Statistik der Kriegswunden. 4. Ueber Granat-Verwundungen. (Separat-Abdruck aus der „Berliner klinischen Wochenschrift".) 8. Berlin 1864.

Gurlt, E., militär-chirurgische Fragmente. gr. 8. (29 S. mit eingedr. Holzschn.) Berlin 864, A. Hirschwald. *
Aus: Berliner klinische Wochenschrift, 1864, besonders abgedruckt.

— die Gelenk-Resectionen nach Schussverletzungen, ihre Geschichte, Statistik, End-Resultate. Mit 26 in den Text gedr. Holzschn. 2 Abtheilungen. gr. 8. (XX, 1333 S.) Berlin 879. Hirschwald. n. 40. —

— Geschichte d. Chirurgie u. ihrer Ausübg. Volkschirurgie — Alterthum — Mittelalter — Renaissance. 3 Bde. M. 30 Taf Abb. v. Instrumenten u. Apparaten, 5 Bildn., sow. 20 Phototypieen u. Holzschn. im Text. gr. 8. (XVI, 976; VII, 926 u. XII, 834 S.) Berlin 898. A. Hirschwald. n. 96. —

—— zur Geschichte der internationalen und freiwilligen Krankenpflege im Kriege. gr. 8. (XX, 866 S.) Leipzig 873. F. C. W. Vogel.

— Handbuch der Lehre von den Knochenbrüchen. Mit zahlreichen in den Text gedr. Holzschn., fast sämmtlich nach Original-Zeichnungen des Verf. 1. (allgemeiner) Thl. (3 Liefgn.) Frankfurt a. M. 860—62. Meidinger Sohn & Co. (Berlin, Grote.) Lex.-8. (XV, 800 S.) Jede Liefg. n. 2 ß

—— Handbuch der Lehre von den Knochenbrüchen. 2. Thl. 2 Lfgn. Berlin, A. Hirschwald. [1. Lfg. (S. 1—368 mit 31 in den Text eingedr. Holzschn., sämmtlich nach Orig.-Zeichnungen des Verf.) 863. * 2 Thlr. 25 Ngr., 2. Lfg. (S. 369—860 mit 30 in den Text eingedr. Holzschn.) 865. * 3 Thlr. 20 Ngr.] *

— Jahresbericht üb. d. Leistgn. u. Fortschritte in d. Anatomie u. Physiologie.

— s.: Jahresbericht üb. d. Leistungen etc. in d. ges. Medicin.

—— wissenschaftliche Instrumente, s. Bericht, amtlicher, über die Wiener Weltausstellung im J. 1873.

Gurlt, E. Krankenpflege. Geschichtlicher Abriß. (Wien c. 1880.) 8°. (Aus: Real-Encyclopädie d. ges. Heilkunde.)

—— die Kriegs-Chirurgie der letzten 150 Jahre in Preussen. Rede, gehalten zur Feier des Stiftungstages der militärärztl. Bildungsanstalten am 2. Aug. 1875. gr. 8. (47 S.) Ebendas. 875. *

—— Leitfaden für Operationsübungen am Cadaver und deren Verwerthung beim lebenden Menschen. 8. (VIII und 167 S.) Berlin 862, A. Hirschwald. cart. *

—— Leitfaden für Operationsübungen am Cadaver und deren Verwerthung beim lebendigen Menschen. 2. Aufl. (X, 179 S.) 1870. * ℳ 3., und 3. verb. Aufl. 8. (X, 177 S.) Berlin 874, Hirschwald. *

—— Leitfaden für Operationsübungen am Cadaver und deren Verwerthung beim lebenden Menschen. 4. verb. Aufl. 8. (X, 182 S.) Ebendas. 876. *

— Leitfaden f. Operationsübungen am Cadaver u. deren Verwerthung beim lebenden Menschen. 5., verb. Aufl. 8. (X, 190 S.) Ebend. 881. n. 4. —

Gurlt, E., Leitfaden f. Operationsübungen am Cadaver u. deren Verwerthung beim lebenden Menschen. 6. Aufl. 8. (XII, 192 S.) Berlin 885. Hirschwald. n. 4. —

Gurlt, E., Leitfaden f. Operationsübungen am Cadaver u. deren Verwerthung beim lebenden Menschen. 7., verb. Aufl. 8. (XII. 195 S.) Berlin 889. Hirschwald. n. 4. —

—— über einige durch Erkrankung der Gelenkverbindungen verursachte Missstaltungen des menschlichen Beckens. gr. Fol. (IV und 40 S. mit 5 lithochrom. Taf. Abbild. und 1 Tabelle.) Berlin 854, G. Reimer. *

Gurlt, Ern. (Julius) (geb. Berlin 13. 9. 1825): De ossium mutationibus rhachitide effectis. Berolini (1848). (48 S.) 4°
Berlin, Med. Diss. v. 19. Apr. 1848

— de ossium mutationibus rhachitide effectis adjecta una tabula (lith.) Dissertatio inaug. anatomico-pathologica. 4maj. (51 S.) Berolini 848, (A. Hirschwald, Verlag.)

— la protection internationale des militaires blessés et malades en campagne et l'assistance volontaire en cas de guerre dans le royaume de Prusse. Mémoire présenté à la conférence internationale des délégués des gouvernements, qui ont adhéré à la convention de Genève et des sociétés de secours aux militaires blessés et malades. hoch 4. (V, 58 S.) Berlin 870, Th. C. F. Enslin. *

— der internationale Schutz der im Felde verwundeten und erkrankten Krieger und die freiwillige Kriegs-Krankenpflege in Preußen. Denkschrift der vom 22. bis 27. April 1869 zu Berlin gehaltenen internationalen Conferenz von Delegirten der der Genfer Convention beigetretenen Regierungen und der Vereine zur Pflege im Felde verwundeter und erkrankter Krieger. 4. (IV, 60 S.) Berlin 869, Th. C. F. Enslin. *

— über den Transport Schwerverwundeter und Kranker im Kriege, nebst Vorschlägen über die Benutzung der Eisenbahnen dabei. Lex.-8. (83 S.) Berlin 860, Th. Chr. Fr. Enslin.

— über die Cystengeschwülste des Halses. Eine chirurg. Monographie. gr. 8. (VIII und 284 S.) Berlin 855, Th. Enslin. *

Gurlt, W., Der Telegraph Jaite. Deutsch und französisch mit 2 Abbildungen. (Extr. du Journ. télégraphique. Vol II, Nos. 33 et 34.) Berlin 1871.

Gurn, H. W., zehnjährige auf Beweise gegründete Erfahrungen über Entwässerung der Felder, durch Gräben, Drains u. Kanäle. gr. 8. (32 S.) Schweidnitz 852, Heege. 6 ngr

Gurnemanz, Giordano Bruno, s.: Volksaufklärung. Nr. 66.

Gurnemanz, die Greuel der französischen Revolution, s.: Volksaufklärung.

Gurney, E., Telepathie: eine Erwiderung auf die Kritik des Hrn. W. Preyer. gr. 8. (63 S.) Leipzig 887. Friedrich. n. 1.—

Gurney, E., F. W. H. Myers u. F. Podmore, Gespenster lebender Personen u. and. telepathische Erscheinungen. Verkürzte Uebersetzg. d. engl. Werkes Phantasms of the Living unter bes. Berücksicht. d. beiden verkürzten Uebersetzgn. in russ. u. französ. Sprache v. F. Feilgenhauer. M. e. Vorwort v. Charles Richet. gr. 8. (VI, XVI, 345 S.) Leipzig 897. M. Spohr. n. 6.—

Gurney, J. J., d. Lehre d. Christenthums nach ihrem Inhalte, ihrer Begründung u. ihrem Einflusse auf d. Leben des Menschen. In einer Reihe von Versuchen entwickelt. Aus d. Engl. gr. 8. Basel 829. Neukirch. 1 rf 8 gl

Gurney, Jos. Jh., Brief an einen Freund über das Ansehen, den Zweck u. die Wirkungen des Christenthums, u. vornehmlich über die Lehre von der Erlösung. 8. Düsselthal 841, Rettungsanstalt. (Leipzig, Barth.) n. 1/6 rf

Gurney, Jos. John, die Liebe zu Gott, als der Weg zum Himmel dargestellt. Aus dem Engl. 8. (VIII u. 202 S.) Bielefeld 847, Velhagen & Klasing. 5/12 rf

Gurnigel. Bad- und Kuranstalten (Umschlag: Bad) G. bei Bern … Illustrierter Führer, mit 1 Doppeltafel.] 8. Zürich [1898].

Gurnigel-Bad bei Bern gehalten durch J. Hauser…. 8. Biel 1881.

Gurnigel-Bad bei Bern gehalten durch den Besitzer J. Hauser. [Mit 1 Ansicht und 1 Karte.] 8. Biel 1883.

Gurnigel-Bad bei Bern…. [Mit 1 Ansicht und 1 Karte.] 8. Biel 1889.

Gurnik, Adolf

Gurnik, A., Bilder aus d. Geschichte d. Stadt Frankfurt a/Oder, s.: Bieder, H.

Gurnik, Adolf Kurze Darstellung der Verhältnisse, welche den Verlust der Militärhoheit des deutschen Kaisertums im XVII. und XVIII. Jahrhundert herbeiführten. 21 S. Rg. *Frankfurt a/O.* 1876
Progr

[Ant. u. F.] **Gurnik,** Adolf [Dr.]: Das Stadt-Archiv zu Frankfurt a. O. ([Umschlagt.:] … und dessen älteste Urkunden '(1253—1373)'.) Frankfurt a. O., kgl. Hofbuchdr. Trowitzsch & Sohn, 1895; 3—32 S. 4.
Frankfurt a. d. O., Ober-S '(RG)', OP 1895 (104)

[Ant. u. F.] **Gurnik,** Adolf [Dr.]: Die Urkunden des Stadt-Archivs zu Frankfurt a. Oder. II. Tl. '(1377—1512.)' [Forts. d. P-Beil. 1895.] Frankfurt a. O., kgl. Hofbuchdr. Trowitzsch & Sohn, 1896; 1—35 S. 4.
Frankfurt a. O., Ober-S '(RG)', P 1896 (103)

[Ant. u. F.] **Gurnik,** Adolf [Dr.]: Die Urkunden des Stadt-Archivs zu Frankfurt a. Oder. III. Tl. '(1513—1602.)' [Forts. d. P-Beil. 1895. 96.] Frankfurt a. O., kgl. Hofbuchdr. Trowitzsch & Sohn, 1897; 1—34 S. 4.
Frankfurt a. O., Ober-S '(RG)', P 1897 (103)

Gurnik, Adolf: Die Urkunden des Stadt-Archivs zu Frankfurt a. Oder. IV. T. 'Schluss. 1604—1722.' ([Umschlagt.:] … 1602—1722).) *Frankfurt a. O. 1898: Trowitzsch & Sohn.* (1—28 S.) 4° • [Schluss d. P-Beilagen 1895. 96. 97.] [F.]
Frankfurt a. O., Ober-S '(RG)', P 1898 (103 [vielm. 104])

Gurnik, Georg, a. Berlin: Zur Klimatologie von Schwerin. Kalender des Luft- und Dunstdruckes in Schwerin nach Monaten und Dekaden für die Periode 1853—1902. Anhang: Graphische Wettertafel von Schwerin für das Jahr 1900. Rostock 1904: Adlers Erben. (53 S.) 8°
Rostock, Phil. Fak., Ref. Matthiessen, Diss. v. 4. Sept. 1904
[Geb. 30. März 79 Elbing, Westpr.; Wohnort: Berlin; Staatsangeh.: Preußen; Vorbildung: Luisenstädt. Realgymn. Berlin Dezbr. 98 aus Oberprima; Studium: Charlottenburg T.H. 9, Rostock 2 S.; Rig. 6. Aug. 04.]

Gurnik, Geo., das Messingwerk. (VII, 40 S. m. 14 Abb.) 8. Wien 908. A. Hartleben. 2.—; geb. 2 80

Gürnth, Amalia [Pseud.], s.a. G ü r n t h, Christiane Dorothea

(Gürnth, Amalie): „Oekonomische Unterhaltungen für Frauenzimmer. Eine belehrende Lectüre für Damen auf dem Lande, die ihrer Wirthschaft selbst vorstehen wollen", Berlin 1810 (Duncker & Humblot)

Gürnth, Christiane Dorothea [wirkl. Name],
s.a. A m a l i a [Pseud.]

Gürnth, Christiane Dorothea, s. F e l d —, Jagdt- u. Reiseküche. – F o r s t ö k o n o m i e, Weibliche. – G a r t e n ö k o n o m i e. – H a u s f a b r i k f. Frauenzimmer. – H a u s b e d a r f, Ökonom.- moral. für Mädchen. – H a u s w i r t h i n, Die gute. – J o u r n a l, Ökonom. für Frauenzimmer. – K o c h b u c h, Diätetisches. – K o c h b u c h, Schlesisches.

* **AMALIENS** Krämchen zu einer angenehmen u. nüzlichen (!) Unterhaltung f. ihr Geschlecht (von *Christiane Dorothea Gürnth*). Mit Titel-Vign. (C. Henne sc.). Breßlau, Brieg u. Leipzig, Gutsch, 1786. 8°.

Gürnth, Christiane Dorothea, s. Noth- u. Hilfs büchlein, Wirthschaftliches. – Rath für junge Hausmütter d. Mittelstandes. – Unterhaltungen, Ökonomische. – Vorkenntnisse d. Kochkunst. Wittwe, Die.

Gürnth, Geo. Sam., († d. 3. Febr. 1803.), s. 1) Abwechselungen f. Kinder. 2) Erbauungsblatt für Familien. 3 Stcke. 8. (Brieg) 783. 3) Erbauungsfreund. 4) Erholungen f. arbeitsame u. fleißige Schüler, u. setze hinzu: (v. G. S. Gürnth). 5) Erstlinge e. Schülers maurerischer Weisheit, u. setze hinzu: (v. G. S. Gürnth). 6) Gespräch, bibl.-christl., f. preuß. Unterofficiere. 7) Lesearchiv. 8) Lesestücke für Kinder. 9) Mannigfaltigkeiten für Kinder zur Unterhaltung ꝛc., u. setze hinzu: (v. G. S. Gürnth). 10) Patriotismus, über gesetzl., im Staat. 11) Ruhestunden, Freunden u. Freundinnen ꝛc. gewidmet. 12) Staatskatechismus, biblischer. 13) Unterhaltungen, vermischte, von Kindern ꝛc. 14) Vornehmste, d., aus d. Kirchengeschichte.

Gurowitsch, S[chmul] II . Über die Aktinomykose des Cœcums. Diss. Med. Basel. 31 S. 8. Zürich-Selnau, Gebr. Leemann & Co., 1907.

Gurowski, Comte A., la Civilisation et la Russie. gr. in-8. Pétersbourg 840. (Leipzig, Voss.) n. 3 ℛ

v. **Gurowski**, Adam Graf, Deutschland u. die Schweiz. Aus d. Französ. 8. Leipzig 846, Thomas. 1 1/2 ℛ

— die letzten Ereignisse in den drei Theilen d. alten Polens. Geschichtl. erläutert. gr. 8. München 846, Franz. 7 ngl

— Impressions et Souvenirs. Promenade en Suisse en 1845. 12. Lausanne 846. (Berlin, Asher et Co.) n. 1 1/3 ℛ

— Rußland u. die Civilisation. gr. 8. Ebend. 841. 1 1/2 ℛ

Gurowski, Graf A., Rußland u. die Civilisation. Wohlfeile (Titel-)Ausg. gr. 8. (256 S.) Leipzig 848, Hunger. 1/2 ℛ

— Eine Tour durch Belgien im Jahre 1844. Aus dem Tagebuche desselben. 8. Heidelberg 845, Groos. n. 1 2/3 ℛ

— der Polen Zukunft. Deutsch von C. Herrmann. gr. 8. Leipzig 842, Hunger. 1/2 ℛ

Gurr, Paul: Bilder aus der Berliner Mission in Lukhang-Südchina. Nach d. Berichten d. Missionars Rhein zsgest. von –, Pfarrer. Berlin: Buchh. d. Berliner evangel. Missionsgesellsch. [1908]. 85 S. 8°

Gurr, Paul, Bilder aus der Berliner Mission in Lukhang-Südchina. Nach den Berichten des Missionars Rhein zusammengestellt. (85 S. m. Abbildgn.) 8. Berlin (909). Buchh. der Berliner ev. Missionsgesellschaft. — 75

— Daniel Heese. Ein Lebensbild aus der Mission in Makapaanspoort in Nord-Transvaal. Nach den Tagebüchern des Missionars u. privaten Mitteilgn. zusammengestellt. (128 S. m. Abbildgn.) gr. 8. Ebd. (907). 1.50

Vier Staatsreden aus Thucydides in deutscher Uebersetzung. Von Heinrich Gürsching, Stdl. — 1856. Augsburg, Wirth. — S. 3—28.
Progr. Augsburg

Gürsching, Moriz: Die Argonautenfahrt von C. Valerius Flaccus. Übersetzungsprobe mit kritischen Nachweisen. Ansbach, Druck v. C. Brügel & Sohn, 1890; 22 S. 8°
Ansbach, k. StA, P 1890

Gürsching, Mauritius: Alberti Kuni Leonbergensis Ἑτεοστεψίας libros I, II, IV e codice Tubingensi edidit. Bayreuth, Buchdr. v. E. Mühl, 1894; 52 S. 8.
Bayreuth, k. Humanist. G, P 1894*

Gürsching, Mor., s.: Kunius, A., *Ἑτεοστεψία*.

Gurschner, Frau Alice, s. a. Althof, Paul.

Paul Althof [d. i. Alice **Gurschner**], Die schlafende Seele. Berlin: Romanwelt 1897. (S. 50–90.) 8°
= Geschichten, Kurze. 1, 6, [3.]

Gürschner, Robert: Stadtentwässerung. Von Prof. –. u. Ing. [Max] Benzel. Mit 129 Abb., 3 Taf. u. 4 Tab. Leipzig & Berlin: Teubner 1910. VI. 151 S. 8°
(Gürschner u. Benzel: Der städtische Tiefbau. 3.)
(Der Unterricht an Baugewerkschulen. 36.)

Gürschner u. **Benzel**, der städtische Tiefbau, s.: Unterricht, der, an Baugewerkschulen. 35.

Gurski, Victor, a. Graudenz: Über den Zusammenhang zwischen den partikulären Lösungen der einzelnen Gebiete bei der hypergeometrischen Differentialgleichung dritter Ordnung mit zwei endlichen singulären Punkten. Berlin: R. Trenkel 1907. (60 S.) 8°
Kiel, Phil. Fak., Ref. Heffter, Diss. v. 14. Jan. 1908
[Geb. 8. Aug. 86 Graudenz; Wohnort: Graudenz; Staatsangeh.: Preußen; Vorbildung: Oberrealsch. Graudenz Reife O. 04; Studium: Kiel 3, München 2, Kiel 1 S.; Rig. 3. Aug. 07.]

Gursky, Carl [aus Schlesien]: Ein Fall von solitärem cysticercus cellulosae der regio cervicalis. . . . Greifswald, Druck v. Julius Abel, 1890; 35 S. 8°
Greifswald, Med. Fak., Inaug.-Diss. v. 17. März 1890

Gürten, Bertram, e. Beitrag z. Methodik d. wichtigsten Fibelabschnitte. gr. 8. (50 S.) Trier 895. H. Stephanus. n. 1. —

— das Diktat in d. Volksschule. gr. 8. (VII, 92 S.) Trier 898. F. Lintz. n. 1. 60

Gürten, B., Erläuterungen ausgewählter Lesestücke aus katholischen Volksschullesebüchern. Mit besond. Berücksicht. der kathol. Volksschullesebücher f. den Reg.-Bez. Köln. 2 Tle. gr. 8. Köln, Du Mont-Schauberg. n. 8. —
1. Mittelstufe. (IV, 296 S.) 887. n. 3. 60
2. Oberstufe. (VI, 357 S.) 888. n. 4. 40

Gurten-Bahn. Bern. [Illustrierter Prospect.] 8. *o. O. u. J.* [ca. 1900].

Gurtenkulm. Bern.... [Illustrierter Prospect.] 8. Bern (1900).

Gürth, d. Farbenlaborant im Großen. 8. Wien, Geistinger. 805.

Gürth, Jos., d. Farben-Laborant im Großen; oder aufrichtige Anzeige d. wichtigsten geheim gehaltenen Farbenbereitungen. 8. Wien 804. N. A. 820. Gerold. 18 ℊ Hbg. Pr. 12 ℊ

Gürthofer, *Georg*: Sammlung praktischer Beispiele zu den wichtigsten Regeln der griechischen Grammatik. I. Tl: Kasuslehre. Freising, Buchdr. v. A. Fellerer, 1892; 25 S. 8.
Freising, G, P 1892*

Gurtis, F., willst du dein Herz mir schenken. Ein Strauß v. Liebesliedern aus 8 Jahrhunderten deutscher Dichtg. Mit Bildern deutscher Meister der Gegenwart. (VIII, 156 S.) 8. Stuttgart-Cannstatt (910). Holbein-Verlag. Geb. in Pappbd. 3.—; in Leinw. 4.—; in Ldr. 6. —

Gurtl [fälschlich], A., s. G u r l t, Adolf

DANNY GÜRTLER, der letzte Romanficker. [Berlin W, Alfred Michow Verlagsgesellschaft] (Um 1910.) Kl. 8°.
Verb. d. Ldg. I Berlin 38 J. 850/12.

Das Problem des Rhythmus des Arbeitsmarktes und die Methode seiner Erfassung und Darstellung. Von Dr. Alfred **Gürtler.** Graz: Leuschner & Lubensky 1906. 8°
— **Gürtler:** Der Rhythmus d. Arbeitsmarktes. H. 1. [06. 13/03]

Gürtler, Alfr., das österreichische Trunkenheitsgesetz vom 28. VI. 1881, R.-G.-Bl. Nr. 62. (51 S.) gr. 8. Graz 908. Leuschner & Lubensky. 1. —

— Die Volkszählungen Maria Theresias u. Josef II. 1753—1790. (XV, 152 S. m. 11 Tab.) gr. 8. Innsbruck 909. Wagner. 8. —

Gürtler, Arno, kindertümliche Faustskizzen f. den naturkundlichen Unterricht in der Volksschule. 2 Tle. Leipzig, E. Wunderlich. 2. 40
I. 1. Mineralien. 2. Tierwelt. Anh.: Winke f. Anfänger. (32 Taf. m. 8 S. Text.) 12,5×19 cm. 909. — 80
II. Pflanzenwelt. (8 Taf. m. 7 S. Text.) 29,4×22 cm. 910. 1.60; geb. 2. —

Gürtler, Danny, Hetärenlieder. (63 S.) 8. Mannheim (907). (Stern-Ellreich & Co.) 1. —

— König der Bohême. Gedichte. 22—27. (Umschlag: 28 u. 29.) Taus. (158 S.) 8. Ebd. (908). 2. —

Gürtler, Ed., Altkatholisch od. Echtkatholisch? Zeitgemäße Erwäggn. 8. (40 S.) Graz 899. „Styria". n. — 15

— vollständige Katechesen f. das 1. Schulj. im Anschlusse an den vom österr. Gesammt-Episkopate approbierten kleinen Katechismus. Mit e. Anh.: Fragen u. Antworten f. den kathol. Religionsunterricht im 1. Schulj. 3., verb. Aufl. gr. 8. (X, 188 u. 38 S.) Ebd. 902. Geb. in Leinw. u. geh. n. 2. 40
1. u. 2. Aufl. (à VIII, 160 u. 34 S.) Ebd. 899. n. 2. 20.

Gürtler, Eduard, vollständige Katechesen f. das 1. Schuljahr. Mit e. Anh.: Merksätze f. den kathol. Religionsunterricht im 1. Schuljahre. 5. Aufl. (VIII, 244 u. 38 S.) 8. Graz 910. Styria. Geb. u. geh. 2. 80

Gürtler, Franz [prakt. Arzt]: Der Strichnin-Diabetes .... Königsberg i. Pr., R. Leupolds Buchdr., 1886; 31 S. 8°.
Königsberg, Med. Fak., Inaug.-Diss. v. 1. Febr. 1886.

Gürtler, Frz., der Strychnin-Diabetes. Inaugural-Dissertation. 8. (27 S.) Königsberg i. Pr. 886, (Koch's Antiqu.) **

Gürtler, Friedrich, a. Fraustadt in Posen: Ueber interzellulare Haarbildungen, insbesondere über die sogenannten inneren Haare der Nymphaeaceen und Menyanthoideen. (Berlin 1905: E. Ebering.) (91 S.) 8°
Berlin, Phil. Fak., Ref. Schwendener, Diss. v. 28. Okt. 1905
[Geb. 15. Sept. 81 Buk, Prov. Posen; Wohnort: Fraustadt; Staatsangeh.: Preußen; Vorbildung: Gymn. Fraustadt Reife O. 01; Studium: Berlin 10 S.; Rig. 18. Mai 05.]

Gürtler, Gustav *(geb. Sagan 8. 4. 1856)*: Ueber Veränderungen im Stoffwechsel unter dem Einfluss der Hypnose und bei der Paralysis agitans. Breslau 1882. (24 S.) 8° *[Im Buchhandel 1882 bei Köhler in Breslau.]*
Breslau, Med. Diss. v. 14. März 1882

Gürtler, Hans: Das Diminutivsuffix -chen im Frühneuhochdeutschen. Düsseldorf: Bax & Frembgen 1909. 36 S. 8°
Freiburg i. B., Phil. Diss. v. 1909, Ref. Kluge
[Geb. 23. März 87 Rastatt; Wohnort: Rastatt; Staatsangeh.: Baden, Vorbildung: Gymn. Rastatt Reife Juli 05; Studium: Freiburg i. B. 2, Münster 1, Freiburg i. B. 1, Nancy 2, Freiburg i. B. 1 S.; Rig. 2. März 09.] [U 09. 1000]

Gürtler, Hans. Basler Männerchor 1826—1901. Denkschrift zur Feier des 75jährigen Bestandes. Im Auftrage des Vereines verfasst und demselben gewidmet vom I. Sekretär: Hans Gürtler. Anhang: Mitgliederverzeichnis und Programme. 170 S. kl.-4. (Basel, J. Frehner, 1901.)

Gürtler Heinrich: Die wirtschaftlich-ökonomischen Folgen des Jahres 1809 für Oesterreich.
M. 1910 PN 3047 Diss. Wien, Univ. 1047

Gürtler, J., Ambros Opitz †. Ein Streiter f. Wahrheit, Freiheit u. Recht. (104 S. m. Abbildgn. u. 1 Bildnis.) kl. 8. Warnsdorf (908). A. Opitz. — 50

Gürtler, J. D., Aufgaben auf Vorlegeblättern zu schriftl. Sprachübungen aus d. Wort- u. Satzlehre, nach e. geordn. Stufenfolge für Schulen. 8. Neustadt 822. Wagner. 12 Kr

— allgem. Grammatik, als Grundlage d. Unterr. in jeder andern Sprache rc. 8. Görlitz 810. (Anton in Halle). 6 Kr

Gürtler, J. D., Allgemeine Grammatik, als Grundlage des Unterrichts in jeder besondern Sprache. Görlitz. 811. 8. 6gr.

Gürtler, J. D., s. Fr. A. Wolf's Vorlesungen.

Gürtler, Joseph

Gürtler, Jos., s.: Herbach, Karl.

— Katholik u. Presse od. prakt. Preß-Förderung. 3., z. Thl. veränd. Aufl. (9. bis 12. Taus.) gr. 8. (16 S.) Ebd. 898. n. — 10

Gürtler, Jos., die Prospekte u. Pläne der Stadt Köln. (Aus der rhein. Geschichte. Nr. 32.) gr. 8. (26 S.) Bonn 898. P. Hanstein. n. — 50

— soziale Thätigkeit d. Kirche. Antworten auf kirchenfeindl. Anzapfgn. 2. Aufl. 16. (32 S.) Ebd. 898. n. — 10

— 900 christliche Vereine Oesterreichs. (Eingerechnet d. Ortsgruppen.) 16. (48 S.) Ebd. 897. n. — 35

— vor d. Wahlen, od. Wen soll ich wählen? Material z. Beleuchtg. v. Parteien u. Schlagworten. Mit Nutzen zu verwenden: 1. f. d. persönl. Orientirg., 2. f. d. Aufklärg. d. Volkes in Versammlgn., 3. f. Interpellationen an gewisse „Volksführer", 4. f. Abfassg. v. Wahlaufrufen. 3. Aufl. 12. (58 S.) Ebd. 897. n. — 10

— wie kommen wir vorwärts? od. Katholiken-Organisation. 2. Aufl. 16. (48 S.) Ebd. 898. n. — 20

Gürtler, Jos., kleiner Citatenschatz f. d. kathol. Clerus u. d. kathol. Volk. 12. (175 S.) Warnsdorf 888. (A. Opitz). n. 1. —

Guertler, Mart., von Gott — zu Gott. Predigten auf die Sonn- u. Festtage des Kirchenjahres, vaterländ. Gedenktage u. kirchl. Feiern. (VIII, 460 S.) gr. 8. Gr.-Lichterfelde-Berlin (903). E. Runge. n. 4. —; geb. n.n. 5. —

Guertler, Martin: L a z a r u s von Bethanien, s. L i n n a r z , Paul

Im deutschen Osten. Geschichtl. Schauspiel in 3 T. ⟨Trilogie⟩ von Martin Guertler, Marienburg Wpr. 5. Aufl. Marienburg Wpr.: P. Assmus [1908]. (74 S.) 8° [F.] 10

Gürtler, Max, Spinnerei u. Zwirnerei, s.: Sammlung Göschen.

Gürtler, Max, Textil-Industrie, s.a. Sammlung Göschen.

Gürtler M, Textilindustrie. II. Weberei, Wirkerei usw. (154 S) (Sammlung Göschen 185) 16° Leipzig 1903

Gürtler M, Textilindustrie. I. Spinnerei und Zwirnerei. (137 S) (Sammlung Göschen 184) 16° Leipzig 1908

Gürtler, Nic., historia Templariorum. 8. Amst. 703.

— institutiones theologiae etc. 4. Marb. (Hermann, Gebhardt et K. etiam Brönner, Francf.) 732.

Gürtleri, Nic., Lexicon quadripartitum, latinum, germanicum, graecum, gallicum. Basil. 715. 8. Ib. 731. 8.

Gürtler, Nic., Lexicon univers. quat. linguar., lat., germ., graec. et gallic. 8. Basel 773. (Neukirch). 1 6/4

Gürtler, Nic., synops. theologiae reformatae. 8. Marb. (Brönner, Frcf.) 731. Rthlr.

— syst. theologiae propheticae. 4. Frcf. Brönner. 724.

Guertler, William, a. Hannover: Über wasserfreie Borate und über Entglasung. Leipzig 1904: Metzger & Wittig. (79 S.) 8°

Göttingen, Phil. Fak., Ref. Tammann, Diss. v. 7. Okt. 1904

[Geb. 10. März 80 Hannover; Wohnort: Hannover; Staatsangeh.: Preußen; Vorbildung: Gymn. Hameln Reife M. 99; Studium: Hannover T.H. 1, München Univ. u. T.H. 5, Göttingen 5 S.; Rig. 25. Aug. 04.]

Gürtler, Geschichte des Infanterie-Regiments Graf Kirchbach (1. niederschles.), Nr. 46. 1860—1910. Im dienstl. Auftrage neu bearb. u. fortgeführt. Offiziersausg. (XII, 543 S. m. Abbildgn., 7 Taf. u. z. Tl. farb. Karten im Text u. auf Beilagen.) Lex. 8. Berlin 910. R. Eisenschmidt. 13.50; geb. 15. -

Guertler, W., Metallographie. Ein ausführl. Lehr- u. Handbuch der Konstitution u. der physikal., chem. u. techn. Eigenschaften der Metalle u. metall. Legiergn. I. Bd.: Die Konstitution. 1—6. Heft. (X u. S. 1—448 m. Fig. u. 9 Taf.) Lex. 8. Berlin 909. 10. Gebr. Borntraeger. Subskr.-Pr. 23. —

Gürtler, Wilhelm [prakt. Arzt]: Mortalitäts-Statistik der Breslauer Geburtshilflichen Klinik vor und nach Einführung der antiseptischen Behandlung .... Breslau, Druck d. Bresl. Genossenschafts-Buchdr., 1886; 34 S. u. 1 Taf. 8°.

Breslau, Med. Fak., Inaug.-Diss. v. 20. Jul. 1886.

Gürtler, Wilh., Mortalitäts-Statistik der Breslauer geburtshilflichen Klinik vor u. nach Einführung der antiseptischen Behandlung. gr. 8. (32 S. m. 1 Curventaf.) Breslau 886. (Köhler.) n. 1. —

Gürtler: T r u p p e n l e b e n in der Mandschurei. Betrachtungen über d. russisch-japan. Feldzug. Von —., Oberlt. Berlin: Eisenschmidt. 1909. 88 S. 8°

Gürtler-, Bijouterie- u. Bronzewaren-Industrie, die. Kunstgewerbliches Fach- u. Handelsblatt f. Gürtler-, Bijouterie-, Metall- u. Bronzewarenfabriken usw. Organ f. die Gürtler-Inngn. Deutschlands. 3. u. 4. Jhrg. 1905 u. 1906. à 24 Nrn. (II, 386 u. II, 392 S. m. Abbildgn.) 4. Leipzig-Gohlis, F. E. Steiger. à Jhrg. n. 6. —

Gürtler-, Bijouterie- u. Metallwaren-Industrie, die. Zeitschrift f. die gesamte galvan., chem. u. mechan. Metall-Behandlg. u. Verarbeitg. Illustr. Fach- u. Handelsblatt f. Gürtlereien, Bijouterie, Metall- u. Bronzewaren-Fabriken usw. 5—8. Jahrg. 1907—1910. à 24 Nrn. (II, 340; IV, 338; IV, 336 u. IV, 336 S. m. Abb.) 31×23,5 cm. Leipzig-Gohlis, F. E. Steiger. à Jg. 6. —

Gürtler-, Bronzearbeiter- und Galvaniseur-Kalender pro 1886. Hrsg. von Carl Pataky etc. gr. 16. (VIII, 112, 88 S.) Berlin, Pataky. geb. in Leinw. * geb. in Leder *

—— dass. — pro 1887—1889. gr. 16. (à Jahrg. VIII, 112, 112 S.) Ebendas. geb. in Leinw. à Jahrg. * geb. in Leder à Jahrg. *

Gürtler-, Bronzearbeiter- u. Galvaniseur-Kalender für 1890—1893. Hrsg. v. Carl Pataky. 10.—13. Jahrg. à Jahrg. 2 Thle. gr. 16. (XIV, 144, 40; XIII, 112, 184; XIII, 128, 112; XIII, 128, 112, III, 122 S. m. Abbildgn.) Berl., Pataky. geb. u. geh. à Jahrg. * 2 —

Gürtler-, Bronzearbeiter- und Galvaniseur-Kalender für 1894 Herausgegeben von Carl Pataky. Reich illustrirt. XIV. Jahrgang. 16. (111 S., mit Notizblättern.) In Lnwd. geb. 1.30
Wien: Perles.

Gürtler-, Bronzearbeiter- u. Galvaniseur-Kalender f. 1895. Hrsg. v. Carl Pataky unter Mitwirkg. vieler Fachleute. 15. Jahrg. 2 Thle. gr. 16. (XV, 128; 160 u. 120 S. m. Abbildgn.) Berlin, C. Pataky. Geb. in Leinw. u. geh. n. 2. —

Gürtler-, Broncearbeiter- und Galvaniseur-Kalender, für 1896. Herausgegeben von Carl Pataky. Reich illustrirt. XVI. Jahrgang. 16. (144 S., mit Notizblättern.) In Lnwd. geb. 1.30
Wien: Perles.

Gürtler-, Bronzearbeiter- und Galvaniseur-Kalender für 1897. Herausgegeben von Carl Pataky. Reich illustrirt. XVII. Jahrg. 16. (144 S., mit Notizblättern.) In Lnwd. geb. 1.30
Wien: Perles.

Gürtler-, Bronzearbeiter- und Galvaniseur-Kalender für 1898. Herausgegeben von Carl Pataky. Reich illustrirt. XVIII. Jahrg. 16. (144 S., mit Notizblättern.) In Lnwd. geb. 1.30
Wien: Perles.

Gürtler-, Bronzearbeiter- u. Galvaniseur-Kalender f. 1899. Hrsg. v. Carl Pataky unt. Mitwirkg. vieler Fachleute. 19. Jahrg. 2 Tle. 12. (XV, 128, 160 u. 116 S. m. Fig.) Berlin, C. Pataky. Geb. in Leinw. u. geh. n. 2. —

Gürtler-, Bronzearbeiter- und Galvaniseur-Kalender für 1900. Herausgegeben von Carl Pataky unter Mitwirkung vieler Fachleute. Reich illustrirt. XX. Jahrgang. Wien. Perles. 8°. 160 S. Geb. fl. 1.30

Gürtler-, Bronzearbeiter- und Galvaniseur-Kalender für 1901. Herausgegeben von Carl Pataky unter Mitwirkung vieler Fachleute. Reich illustrirt. XXI. Jahrgang. Wien. Perles. 8°. 160 S. Geb. K 2 60

Gürtler-, Bronzearbeiter- und Galvaniseur-Kalender für 1902. Herausgegeben von Carl Pataky unter Mitwirkung vieler Fachleute. Reich illustrirt. XXII. Jahrgang. Wien. Perles. 8°. 160 S. Geb. K 2.60

Gürtler-, Bronzearbeiter- u. Galvaniseur-Kalender f. 1903. Hrsg. v. Carl Pataky unter Mitwirkg. vieler Fachleute. 23. Jahrg. 12. (XV, 128 u. 160 S. m. Fig.) Berlin, C. Pataky. Geb. in Leinw. n. 2.—

Gürtler-, Bronzearbeiter- und Galvaniseurkalender für 1904. 24. Jahrg. 8°. (ill. 160 S.) K 2.60

Gürtler-, Bronzearbeiter- u. Galvaniseur-Kalender f. 1906. Hrsg. v. Carl Patáky unter Mitwirkg. vieler Fachleute. 26. Jahrg. (XV, 128 u. 168 S. m. Fig.) kl. 8. Berlin, C. Pataky. Geb. in Leinw. n. 2.—

Gürtler-, Bronzearbeiter- u. Galvaniseur-Kalender f. 1908. Hrsg. v. Carl Pataky unt. Mitwirkg. viel. Fachleute. 28. Jahrg. (XV, 128 u. 163 S. m. Fig.) kl. 8. Berlin, C. Pataky. Geb. in Leinw. 2.—
Fortsetzg., s.: Bronzeur-, Galvaniseur- u. Gürtler-Kalender.

Gürtler-Zeitung, deutsche. Fachblatt f. Gürtler u. verwandte Berufsgenossen. Organ f. die Interessen der freien Vereiniggn. der Gelbgiesser u. Gürtler. Red.: Ad. Gassert. 1. Jahrg. 1887. 24 Nrn. (³/₄ B.) hoch 4. Dresden. (Hamburg, Jensen & Co.) n. 4.—
Erschien nicht weiter.

Gurtschin, s.: Geologische Karten. Preussen 99.

Gurupûjâkaumudî. Festgabe zum 50jähr. Doktorjubiläum Albrecht Weber dargebracht v. s. Freunden u. Schülern. Lex.-8. (VII, 128 S. m. 1 Taf.) Leipzig 896. O. Harrassowitz. n. 10.—

Gurwitsch, Alex., Atlas u. Grundriss der Embryologie der Wirbeltiere u. des Menschen, s.a. Lehmann's medizin. Handatlanten.

Gurwitsch, Alexander. Atlas und Grundriss der Embryologie der Wirbeltiere und des Menschen. Von Dr. A' G', St. Petersburg, früher Privatdozent in Bern. Mit 143 vielfarbigen Abbildungen auf 59 Tafeln und 186 schwarzen Abbildungen im Text. XXII + 345 S. 8. München, J. F. Lehmann, 1907. (geb. M. 12.—)
Lehmann's Medizin. Handatlanten. Band 35.

Gurwitsch, Alexander. Morphologie und Biologie der Zelle. Von Dr. A' G', Privatdozent ... in Bern. Mit 239 Abbildungen im Text. VI + XXII + 438 S. gr.-8. Jena, Gustav Fischer, 1904. [M. 9.—]

Gurwitsch, Alexander: Über die formative Wirkung des veränderten chemischen Mediums auf die embryonale Entwickelung. Versuche am Frosch- und Krötenei (R. fusca und B. vulg.). *München: (W. Engelmann in Leipzig) 1898.* (219—260 S. mit Taf.) 8° ¶(Aus: Archiv für Entwickelungsmechanik, Bd 3.) [Umschlagt.]
München, Med. Diss. v. 1898

Gurwitsch, Girsch: Der strafrechtliche Schutz des Wahlrechts. (§§ 107—109 RStGB.) Borna-Leipzig 1910: Noske. VI, 49 S. 8°
Heidelberg, Jur. Diss. v. 22. Juni 1910, Ref. v. Lilienthal
[Geb. 25. Okt. 84 Kowna; Wohnort: Heidelberg; Staatsangeh.: Rußland; Vorbildung: Gymn. Kowna Reife 04; Studium: Berlin 3, Heidelberg 8 S.; Rig. 14. Febr. 10.] [U 10. 1882

Gurwitsch, Jacob: Zur Frage der Lumbalanästhesie. (Aus d. Univ.-Frauenklinik Freiburg). Freiburg i. B. 1909: Parkkoin. 23 S. 8°
Freiburg i. B., Med. Diss. v. 1910, Ref. Krönig
[Geb. 21. Febr. 80 Moskau; Wohnort: Freiburg i. B.; Staatsangeh.: Rußland; Vorbildung: Gymn. Astrachan Reife 08; Studium: Berlin 6, Bern 4, Freiburg i. B. 1 S.; Rig. 17. Dez. 09.] [U 10. 967

GURWITSCH, LEO. Zur Kenntniss der Indazolbildung. (Basel) Freiburg i. B., 1895.

Gurwitsch, M., quantitative Analysen des zu- u. abströmenden Milzblutes. Diss. gr. 8. (70 S.) Jurjew (Dorpat) 893. (E. J. Karow.) n. 1. 50

Gurwitsch, Sophie, experimentelle Untersuchungen üb. Leichenveränderungen zur Bestimmung d. Alters der Leichen in gerichtlichen Fällen. [Aus dem toxikolog. Institut der Universität Bern.] Inaug.-Diss. gr. 8. (44 S.) Bern 889. (Huber & Co.) n. — 80

Gury, Ein zweiter, oder die Moraltheologie von Kenrick als Ersatz für diejenige des Jesuitenpaters Gury am Priesterseminar zu Solothurn. 2. Aufl. 1870. V: *Keller, August.* (Bibliogr. d. Schweiz. Landeskunde. Bern 1892 ff. V, 10 e.)

Gury, ein zweiter, oder die Moraltheologie von Kenrick als Ersatz für diejenige des Jesuitenpaters Gury am Priesterseminar zu Solothurn. 2. unveränd. Aufl. Aarau 870. Sauerländer's Verl. gr. 8. (56 S.) 6 ngr.

Gury, A. Zur ersten Jahres-Feier der Revolution. Den Theilnehmern am Festmahle in Oertges Café de l'Europe gewidmet. Druck von Brandes u. Schultze. 1 Bl. Fol.
Flugblatt. Berlin, 1848/49.

Gury, Joan. Petr.

Gury, J. P., Casus conscientiae in praecipuas quaestiones theologiae moralis. 6 Fasc. gr. 8. (XVI und 719 S.) Regensburg 864, Manz.

Gury, Joa. Petrus, casus conscientiae in praecipuas quaestiones theologiae moralis. Ed. VI. 2 tomi. gr. 8. (VII, 468 u. 503 S.) Lugduni 881. (Freiburg i/Br., Herder.) n. 8. —

Gury, J. P., casus Conscientiae in praecipuas quaestiones theologiae moralis. Edit. VII. 2 tomi. 8. (XII, 961 S.) (Lyon u. Paris 886.) Freiburg i. Br., Herder. n. 8. —

Gury, Joh. Pet., casus conscientiae in praecipuas quaestione theologiae moralis. Ed. VIII. 2 tomi. gr. 8. (471 u. 494 S.) Lugduni et Parisiis 891. (Freiburg i/B., Herder.) n 8. —

Gury, Joa. Petrus, S. J., compendium theologiae moralis, s.a.; Sabotti, Aloys.

— Compendium theologiae moralis ex genuina doctrina S. Alphonsi Mariae de-Ligorio. Addito jure Austriaco per Didacum Micheletti. III tomi. gr. 16. (440, 448 u. 597 S.) Veronae 851. (Oeniponte, Pfaundler.) n. 3 ℛ

— — Monasterii 852. Cazin. nn. 1 ℛ

— — Monasterii (852). Coppenrath. 12. 1 ℛ 10 ngr

Gury, Joan. Petrus, Compendium theologiae moralis. Editio IV. II Partes. 12. (Pars I. XII und 390 S.) Tornaci 852. (Moguntiae, Kirchheim.)

Gury, Joannes Petrus, compendium theologiae moralis. Editio nova J. Casterman filiorumque Tornaci. 2 partes. Paderbornae, (853.) Schöningh. 12. (XII, 794 S.) n. 1 ℛ 2 ngr

—— id. — Editio in Germania prima ad optimar. edit. fidem accurate impressa. 8maj. (XVI und 489 S.) Ratisbonae 853, Manz.

—— id. — Editio II. IV Fasciculi. 8maj. (Fasc. I. S. 1—128.) Ibid. 856(57.)

— Edit. II., ad optimarum editionum fidem accurate impressa. Ratisbonae 857. Manz. gr. 8. (XV, 499 S.) 1 ℛ 10 ngr

— compendium theologiae moralis. Editio in Germania III., ad recentissimae editionis gallicae fidem impressa, emendata et permultis additamentis aucta. Ebend. 862. gr. 8. (XXIV, 770 S.) 2 ℛ 3 ngr.

— — Editio romana ab auctore emendata et notabiliter adaucta. 2 tomi. Romae 862. (Leipzig, Brockhaus' Sortiment u. Antiquarium.) gr. 8. (XVI, 559 S. u. 615 S.) n. 3 ℛ 6 ngr.

— — Edit. XVII ab auctore recognita et Ant. Ballerini adnotationibus locupletata. 4 tomi. Ebend. 866. gr. 8. (XXX, 836 S., XVIII, 980 S.) n.n. 7 ℛ

Gury, J. P., Compendium theologiae moralis. Editio in Germania IV., ad editionis romanae fidem impressa, emendata et permultis additamentis aucta. 4 Liefgn. Regensburg 866—68. Manz. gr. 8. (XX, 1014 S.) 2 ℛ 25½ ngr.

Gury, Joh. Peter, compendium theologiae moralis. Ed. Romana novis adnotationibus et ss. congregationum resolutionibus locupletata. Tomus I. gr. 8. (XXIV, 612 S.) Romae 872. (Regensburg, Pustet.) n.n. 4. 20

Gury, John Peter, compendium theologiae moralis. Ed. novissima, multis correctionibus aucta, et recentioribus actis sanctae sedis, maxime constitutioni ss. d. n. papae Pii IX. super censuris latae sententiae, accommodata a. R. P. Henr. Dumas. 2 Tomi. gr. 8. (CVIII, 460 u. 536 S.) Anicii 874. (Freiburg i/Br., Herder.) 10. —

— idem liber. Editio in Germania quinta, emendata et permultis additamentis aucta. Lex.-8. (XX, 1027 S.) Regensburg 874. Manz. 9. 30

— idem liber, ab auctore recognitum et Ant. Ballerini adnotationibus locupletatum. Ed. III., novis curis expolitior et auctior praesertim responsionibus ad vindicias Alphonsianas. 2 Tomi. gr. 8. (CXX, 760 u. 656 S.) Romae 874. (Regensburg, Pustet. Leipzig, Brockhaus' Sort.) n.n. 16. 50

— idem liber. Ed. II. 2 Tomi. gr. 8. (VIII, 576 u. 561 S.) Lugduni 875. (Freiburg i/B., Herder.) 12. —

— idem liber. Ed. II. romana, novis adnotationibus et ss. congregationum resolutionibus locupletata cura et studio P. Nicolai Cretoni. 2 tomi. gr. 8. (XXIV, 612 u. 719 S.) Romae 875. (Leipzig, Brockhaus' Sort.) n. 10. —

— compendium theologiae moralis. Multis correctionibus auctum et recentioribus actis Sanctae Sedis, maxime constitutioni sanctissimi domini nostri papae Pii IX super censuris latae sententiae accommodatum a R. P. Henr. Dumas, S. J. Ed. III. 2 tomi. gr. 8. (VIII, 576 u. 560 S.) Ebend. 881. n. 9. 60

— compendium theologiae moralis, multis correctionibus auctum et recentioribus actis sanctae sedis maxime constitutioni sanctissimi domini nostri papae Pii IX super censuris latae sententiae accomodatum a R. P. Henrico Dumas, S. J. Ed. V. 2 tomi. gr. 8. (VIII, 564 u. 543 S.) Lugduni 890. Ebd. n. 9. 60

— Moraltheologie. In's Deutsche übertragen von Joh. Geo. Wesselack. 2 Abthlgn. Regensburg 858. Manz. gr. 8. (VIII, 936 S.) 2 ℛ 12 ngr

— Moraltheologie. Ins Deutsche übertragen von Joh. Geo. Wesselack. Nach der neuesten Ausg. des latein. Orig. bearb. sehr verb. u. verm. Aufl. Regensburg 868. Manz. gr. 8. (1952 S.) 3 ℛ 6 ngr.

Gury, Victor, prakt. Arzt aus Sierck i. Lothr.: Über die Lösung und Ausstossung der Nachgeburt sowie die zweckmässigste Behandlung der Nachgeburtszeit. *Leipzig (1900): A. Edelmann.* (74 S.) 8°
Leipzig, Med. Diss. v. (16. Mai 1900)

GUSARI, Spiridion Nicol. (Zante/Griechenl.): De pleuritide. (Titel nach der Urkunde) 13.4.1850 - Urk; P 67
Diss. Ingolst.-Landsh.-Mchn

Gusbeth, Ed., die Bewegung der Bevölkerung im Kronstädter Komitat in den J. 1876—1887. gr. 4. (86 S.) Kronstadt 888. (Albrecht & Zillich.) n. 1. 60

Zur Geschichte der Sanitäts-Verhältnisse in Kronstadt v. Eduard Gusbeth. Kronstadt. 1884. 8°.

Die vorherrschenderen Infektionskrankheiten in Kronstadt im 19. Jahrhundert. Von Dr. Eduard Gusbeth. Festgabe d. Vfs f. die v. 22.—25. Aug. 1892 in Kronstadt tagende XXVI. Wanderversammlg d. ungar. Aerzte u. Naturforscher. *Kronstadt: Buchdr. Alexi 1892.* (46 S.) 1 Bd 8.
[98. 73]

— das Sanitätswesen in Kronstadt im Jahre 1888. 5. Jahresbericht. gr. 8. (107 S.) Ebd. 889. n. 1. —

Guse, Ant. Siegfr., (†1789.) Beschreib. e. röm. Exagial-Normal-Gewichts von korinth. Erz, aus d. ersten Jahrh. rc. Mit Kpf. gr. 8. Dessau 782. (W. Vogel in Leipz.) 14 K

— Beschreib. zweier von gebackener Erde sehr raren Schilder, aus d. 2ten Jahrh. rc. Mit Kpf. 8. Dessau u. Leipz. 784. (W. Vogel). 12 K

— erster u. zweiter Versuch einiger erläuternden Schriftsteller, nach Anleit. d. röm. Münzwissenschaft. 8. Wesel 767.

Guse, C., aus dem Forstschutz, s.a. Bibliothek, forstwirthschaftliche.

GUSE, C.: Aus dem Forstschutz. Eine kurze Darstellung der Regeln desselben. - Berlin, Leipzig 1876. VI, 178 S. - (Forstwiss. Bibliothek Nr. 8)

Guse, Franz

Guse, das Fahren der Feldartillerie. 8. (52 S.) Berlin 901. E. S. Mittler & Sohn. n. 1. —

— Winke f. Ertheilung e. prakt. Reitunterrichts. 2. verb. u. verm. Aufl. 12. (V, 81 S.) Berlin 902. R. Schröder. n. 1. 20
1. Aufl. (IV, 67 S.) Ebd. 901. Kart. n. 1. —.

Guse, Winke f. Ertheilung e. praktischen Reitunterrichts. 3., verb. u. verm. Aufl. (VII, 94 S.) kl. 8. Berlin 905. R. Schröder. n. 1. 50

Guse, Winke f. Erteilung e. praktischen Reitunterrichts. 4. verb. u. verm. Aufl. (90 S.) kl. 8. Berlin 908. Zuckschwerdt & Co. 1. 50

Guse, Winke f. Ertheilg. e. prakt. Reitunterrichts. Liefert: Cöpenick, R. Schön.

Guse, Leonh., der practische Bautischler. Eine Sammlung von Zeichnungen ausgeführter Bautischler-Arbeiten. gr. Fol. (20 Steintaf. m. 1 Bl. Text.) Osnabrück 881. Meinders. 7. 50

v. Guseck s.a. Bernd von Guseck.

Guseck, Bernd von [Pseud.]
s.a. Berneck, Karl Gustav von [Wirkl. Name]

— — f. Album. Bibliothek deutscher Originalromane.

Guseck, Bernd von, s. Barginet, Alexandre: Isarda.

Guseck, Bernd v., vom Borne der Zeiten. Novellen. 3 Bde. 8. (60⅝ B.) Berlin 844. [Danz.]
Inhalt: Die Tscherkessen. Johanniter auf Malta. Des Frömmlers Kind. — Der Fürst der Serben. Mirandola. Das Diadem. — Die Gefesselte. Leon.

— Madame de Brandebourg, s.a. Album. Bibliothek deutscher Originalromane.

Gusek, Bernd von, Madame de Brandebourg. Histor. Roman. 2 Thle. in 1 Bde. 16. (243 u. 241 S.) Wien, Markgraf. 1 fl. 80 kr.

Guseck, Bernd von, s. Dante Alighieri: Göttl. Komödie.

Guseck, Bernd v., Deutschlands Ehre. 1813. Historischer Roman. 3 Bde. Jena 864. Costenoble. 8. (838 S.) 4 ₰

— König Murats Ende, f. Album. Bibliothek deutscher Originalromane.

— das Erbe von Landshut. Ein histor. Roman. 2 Thle. gr. 8. (34¼ B.) Cottbus 842. [Bergers Buchh.]

†Guseck, Bernd v., [Gustav v. Berneck], der schlimmste Feind, f. Unterhaltungs-Bibliothek.

— Nach der Flut, f. Album. Bibliothek deutscher Originalromane.

†Guseck, Bernd v., [Gustav v. Berneck,] Girandola. Novellen. 4 Bde. 2. (Titel-)Ausg. 8. (XXVIII und 907 S.) Leipzig (856)60, Costenoble.

— die Hand des Fremden. Historischer Roman. 2 Bde. Leipzig 857. Costenoble. 8. (2 Bl., 267; 2 Bl., 267 S.) 2 ₰ 22½ ngr

— Heimath und Ferne, s.a. Album. Bibliothek deutscher Originalromane.

—— Heimath und Ferne. Historischer Roman in 2 Bdn. 16. (502 S.) Prag 857. [Wien, Markgraf und Comp.]

— im Herzen von Deutschland. Historische Erzählung. 2 Bde. Berlin 869. Janke. 8. (367 S.) Jeder Bd. n. 20 ngr

— Jakobäa. Trauerspiel in 5 Acten. Berlin 853. Trowitzsch u. Sohn. 8. (100 S.) 12 ngr

— s. Immergrün.

— Kaltenborn, f. Album. Bibliothek deutscher Originalromane.

Gusek, Bernd von, Karl X. Gustav. Historischer Roman. 2 Thle. in 1 Bde. 16. (487 S.) Wien. Markgraf & Comp. 1862. 1 fl. 80 kr.
—— Dasselbe. f.. Album. Bibliothek deutscher Originalromane.

— Katharina v. Schwarzburg. Historischer Roman. 3 Bde. Leipzig 868. E. J. Günther. 8. (678 S.) 2 ₰

Guseck, Bernd v., (Karl Gust. v. Berneck.) Auseig'ner Kraft, f. Album. Bibliothek deutscher Originalromane.

— die Krone von Böhmen, f. Novellen-Bibliothek.

— unter dem Krummstabe. Historischer Roman. 3 Bde. Hannover 865. Rümpler. 8. (761 S.) 4 ₰

— Der Graf v. der Liegnitz. Historischer Roman. 3 Bde. (855 S.) 866. 4 ₰ u. 2. (Titel-)Ausg. Jena 869. Costenoble. 8. 3 ₰

†Guseck, Bernd v., [Gustav v. Berneck], Nicht auf immer. Erzählung aus alten deutschen Grenzlanden. 2 Bde. 8. (255; 267 S.) Berlin 870, Janke. *

— Novellen, f. Abende, deutsche.

v. Gusek, Bernd, Novellen u. Erzählungen. 3 Bde. 8. Leipzig 837. Focke. 4½ ₰

—— der erste Raub an Deutschland. Historischer Roman. 4 Bde. 8. (1066 S.) Leipzig (861)62, Costenoble.

v. Guseck, Bernd, (Gustav v. Berneck), Salvator. Roman. 2 Bde. 8. (308 u. 307 S.) Bremen 851, Schlodtmann. 2 ₰

— Schaumperlen der Gegenwart. Zwei Novelle. 8. Bunzlau 838. Appun. 1⅓ ₰

—— Seegemälde, s. Seegemälde.

— der Sohn der Mark. Histor. Roman. gr. 8. (414 S.) Frankfurt a. d. O. 848, Kosckh & Co. 1 2/3 ₰

Guseck, Bernd v. [Carl Gust. v. Berneck], der Sohn der Mark. Historischer Roman. 2. Aufl. 12 Lfgn. 8. (388 S.) Frankfurt a/O. 885. Schiefer. n. 4. —; geb. 5. —

— die Stedinger. Ein Volksbild aus dem Mittelalter. 8. Leipzig 837. Kollmann. 1 1/2 ₰

— im Strom der Zeit, s. Album. Bibliothek deutscher Originalromane. 15. Jahrg.

– s. Ueberläufer, Sechs.

—— Vielliebchen, s. Vielliebchen.

—— Vulkansteine. Zwei Novellen. 8. (25 B.) Bunzlau 838, Appun's Buchh.

— Waldrast, s. Unterhaltungs-Bibliothek.

— der Welfenlegionär. Erzählung aus der Geschichte der Gegenwart. Berlin 869. Janke. 8. (364 S.) 1 ₰ 15 *ngr.*

– – Wildfeuer. Novellen. 2 Bde. 8. (41 1/2 B.) Berlin 845. [Danz.]

Güselfuhr: Die Güselfuhr
⑤ für 1852 vorgesehen ⑦ Wochenblatt ⑧ Luzern: Kaspar Hübscher ⑬ BGSZ: 1028, 1031 ⑮ Lt. Ankündigung, erschienen im «Luzerner Boten» 1851, Nrn. 103, 104, wollte Hübscher unter obigem Titel ein Wochenblatt herausgeben. — Im Jahr 1852 erschien dann unter diesem Namen eine Fastnachtszeitung.

Güselkübel: Der Güselkübel
⑮ Polemische Bezeichnung für die «Schweizerische Volkszeitung» die hin und wieder auch noch das «Blatt der Bauern» genannt wird (v. «Stimme von der Limmat» vom 18. 12. 1852).

Gusenburger, H., die Untersuchungen der Schmieröle u. Fette m. specieller Berücksicht. der Mineralöle. gr. 8. (37 S.) Luxemburg 886. (Schamburger.) n. 1.20

Güsewell, Paul [aus Langenweddingen '(Prov. Sachsen)']: Ueber das Diphenylmethanchlorphosphin und einige Derivate desselben ... Rostock, C. Boldt'sche Hof-Buchdr., 1895; 64 S. 8.
Rostock, Phil. Fak., Inaug.-Diss. v. [9. März] 1895

Güsgens, Jos., Joannes Chrysostomus Magnenus, e. Naturphilosoph d. 17. Jahrh., s.: Renaissance u. Philosophie.

Güsgens, Joseph: Die Naturphilosophie des Joannes Chrysostomus Magnenus. Bonn: Hanstein 1910. S. 25—56. 8° ¶(Ersch. vollst. u. d. T.: Joannes Chrysostomus Magnenus, e. Naturphilosoph d. 17. Jhs, in: Renaissance u. Philosophie.)
Bonn, Phil. Diss. v. 8. Juni 1910, Ref. Dyroff
[Geb. 17. Juni 86 Aachen; Wohnort: Bonn; Staatsangeh.: Preußen; Vorbildung: Kaiser-Karls-Gymn. Aachen Reife O. 06; Studium: Bonn 1, Aachen Techn. Hochsch. 2, Bonn 6 S.; Rig. 26. Jan. 10.] [U 10. 370

Gusikoff, Peische, aus Astrachan (Russland): Ueber die Mutterhals-Scheidefisteln beim Abort. (Frauen-Spital Basel-Stadt. Direktor: Prof. v. Herff.) Basel, Brin & Cie., 1910. 24 S. 8°.
Basel, Med. Diss. 1910/11.

Gusinde, Alois, theoretisch-praktische Anleitung zur Erteilung des Gesangunterrichts in Volksschulen u. höheren Lehranstalten nach den Grundsätzen der Kunsterziehung, sowie unter Berücksicht. der Fordergn. des im Auftrage des Ministers bearb. Lehrplans f. Berliner Gemeindeschulen. (176 S.) gr. 8. Berlin (903). L. Oehmigke's Verlag. n. 3. —

Gusinde, Alois, Liederbuch, s.: Runge, Bernh.

Gusinde, A., Prüfungsheft f. die Erfolge im Schönschreibunterr. 4. (32 S.) Berlin (901). G. Winckelmann. n.n. — 15

— Berliner Schulliederbuch, s.: Gast, Karl, u. W. Hastung.

— Singfibel, s.: Runge, Bernh.

— s.: Stimme, die.

— u. O. Janke, Übungsschule zur Erlerng. d. deutschen Sprache in Wort u. Schrift. (In 6 Hftn.) 1. u. 2. Hft. gr. 8. Berlin 903. L. Oehmigke's Verl. n.n. — 55
1. (2. Schulj.) (48 S.) n.n. — 25
2. (3. Schulj.) (80 S.) n. — 30

— u. O. Janke, Uebungsschule zur Erlernung der deutschen Sprache in Wort u. Schrift. (In 6 Heften.) 3.—6. Heft. gr. 8. Berlin, L. Oehmigke's Verl. n.n. 1. 75
3. (4. Schulj.) (112 S.) 903. n. — 35
4. (5. Schulj.) (112 S.) 903. n. — 35
5. (6. Schulj.) (128 S.) 903. n. — 40
6. (7. u. 8. Schulj.) (208 S.) 904. n.n. — 65

— u. O. Janke, Übungsschule zur Erlernung der deutschen Sprache in Wort u. Schrift. 6 Hefte. Ausg. A. 8. Berlin (910). L. Oehmigke's Verl. 1. 85
I. (2. Schulj.) 46. Ster.-Aufl. (24 S.) — 20
II. (3. Schulj.) 46. Ster.-Aufl. (32 S.) — 25
III. (4. Schulj.) 42. Ster.-Aufl. (40 S.) — 30
IV. (5. Schulj.) 38. Ster.-Aufl. (44 S.) — 30
V. (6. Schulj.) 33. Ster.-Aufl. (56 S.) — 35
VI. (7. u. 8. Schulj.) 30. Ster.-Aufl. (80 S.) — 45

Gusinde, Josef, Referendar b. Kgl. Amtsgericht zu Breslau: Beiträge zur Lehre vom Zwischenstreite. Breslau: M. & H. Marcus 1905. (40 S.) 8° ¶(Ersch. 1905 im gleichen Verlage vollst. u. d. T.: Der Zwischenstreit in der deutschen Zivilprozeßordnung.)
Breslau, Jur. Fak., Ref. Fischer, Diss. v. 17. Juli 1905
[Geb. 18. Mai 79 Breslau; Heimatsort: Breslau; Staatsangeh.: Preußen; Vorbildung: St. Matthias-Gymn. Breslau Reife O. 98; Studium: Breslau 1, Berlin 1, Heidelberg 1, Breslau 5 S.; Rig. 6. Juni 02.]

Gusinde, Jos., der Zwischenstreit in der deutschen Zivilprozessordnung (IV, 76 S.) gr. 8. Breslau 905. M. & H. Marcus. n. 2. —

Gusinde, Konrad

— Anschauung. üb. Gehirnfunktionen. Inaugurationsrede. gr. 8. (38 S.) Wien 902. W. Braumüller. n. — 80

Gusinde, Konr., Neidhart m. dem Veilchen, s.a. Abhandlungen, germanistische. XVII.

Gusinde, Konrad, aus Breslau: **Neidhart mit dem Veilchen.** Th. 1. *Breslau 1899: H. Fleischmann.* (48 S.) 8° ¶(Erscheint vollst. als H. 17 d. Germanistischen Abhandlungen.)
Breslau, Phil. Diss. v. 1. Aug. 1899

Gusinde, (Paul August) Oswald *(geb. Trebnitz in Schles. 5. 10. 1860)*: Beiträge zu dem Thema: „Ueber den Ausfluss von Wasser durch kleine kreisförmige Oeffnungen". Breslau 1885. (44 S., 1 Taf.) 8° *[Im Buchhandel 1885 bei Köhler in Breslau.]*
Breslau, Phil. Diss. v. 14. März 1885

Guskar, Hermann: Fletchers Monsieur Thomas und seine Quellen. T. 3. Halle a. S. 1905: E. Karras. (VIII, 44 S.) 8° ¶(Ersch. vollst. in: Anglia N. F. 16 H. 4 u. 18 H. 1.)
Halle, Phil. Fak., Ref. Wagner, Diss. v. 11. Aug. 1905
[Geb. 12. Juli 76 Kuschkow, Kr. Lübben; Wohnort: Halle; Staatsangeh.: Preußen; Vorbildung: Realgymn. Guben Reife M. 98; Studium: Berlin 5, Halle 9 S.; Rig. 8. Juni 05.]

Güsten, M., Ist die Homöopathie Schwindel? Für denkende Aerzte und denkende Laien. 12. (60 S.) Aachen 884, (Schweitzer.)

Güsken, M., ist die Homöopathie Schwindel? Für denk. Aerzte u. denk. Laien. 12. (60 S.) Aachen 885. (Schweitzer.) n. — 60

Gusmann v. Alfarache; e. kom. Roman, v. le Sage. 3 Thle. m. K. 8. Wien, Al. Doll. 805.

— — lustige Lebensgesch. 2 Thle. m. Kupf. 8. Leipz. Hilscher. (Compt. f. Literat.) 782. (I. 16 gr. II. 12 gr.)

Festspiel des Vaterländischen Frauenvereins ⟨Zweigverein Schleswig⟩ zur Feier der silbernen Hochzeit unseres Kaiserpaares am 26. und 28. Februar 1906 in Schleswig v. Elisabeth von **Gusmann.** Den Bühnen gegenüber als Manuskript gedruckt. Berlin. 1906. 8°

Gusmann, Franz, s.a. G u s s m a n n , I. F.

— Dissertationes philosophicae in universam philosophiam Veteris Testamenti. 8. Grätz 756—81.

Gusmann, **Frz., (†. . .) Diss. de divina gratia ac reprobatione secund. Aurelii Augustini systema. II Ptes. 8. Grätz 786. Zaunrieth. 2 ß**

- - Diss. de clericali instituto. 8. Grätz 771. u. 786. Zaunrieth. 6 ℛ

Gusmann, Ludwig

Gußmann, v., u. du Plat, Geschichte des Schleswigschen Infanterie-Regiments Nr. 84. Im Auftrage d. Regiments bearb. gr. 8. (III, 205 S.) Berlin 884. Mittler & Sohn. n. 4. —

Gusnar, Fridericus Wilhelmus Bernhardus
De acidulis Silesiacis Flinsbergensibus. Diss. inaug. med. Gissae: Lichtenberger 1830. 34 S.
Diss. med. 3.2.1830. vorh. 4.

von Gusnar, *Albert Max* Paul [aus Magdeburg]: **Beiträge zur Lactosurie der Wöchnerinnen ... Halle a. S., Hofbuchdr. v. C. A. Kaemmerer & C., 1895; 24 S., 2 Bl. 8.**
Halle, Med. Fak., Inaug.-Diss. v. 28. Mai 1895

Guss, Josef, Dipl. Ingenieur a. Kattowitz O.-S.: **Über konische Prismen zur Projektion künstlicher Regenbogen.** Kattowitz O.-S. 1906: Gebr. Böhm. (28 S.) 8°
Rostock, Phil. Fak., Ref. Martens, Diss. v. 8. März 1906
[Geb. 2. Juli 79 Kattowitz; Wohnort: Kattowitz; Staatsangeh.: Preußen; Vorbildung: Oberrealsch. Gleiwitz bis O. 00; Studium: Bergakad. Berlin 8, Univ. Rostock 3 S.; Rig. 5. März 06.]

Gussander, P. U., neue schwedische Milchwirthschaft ohne Keller erfunden und beschrieben. Mit Zeugnissen für die Richtigkeit ihrer Principien und für die praktische Nützlichkeit begleitet von Aug. Stöckhardt und Heinr. Schober. Dresden 856. Schönfeld. 8. (24 S.) 6 ngr

Güssefeld, Emil Louis Ferd., Briefwechsel, s.: **Liebig,** Justus v.

Güssefeld, F. L. Carte de l'Electorat de Brandebourg. 1773. 1 Bl. c. K. v.

Güssefeld, F. L., Carte geographique du Cercle de Franconie. Der Fraenkische Kreis ... (Nürnberg) Héritiers d'Homann, 1782. Fol. Kupf. u. kolor.

Güssfeld, F. L.: Carte de la Moldavie et de Valachie. Il est marqué entre autre dans cette carte la Bukovine. (1:330.000.) **Nürnberg: Homann 1784.**

General Charte vom Königreich **Daenemark** nebst dem Herzogthum Holstein nach den besten astronomischen Beobachtungen und den Special Charten von Wessel, Godiche u. a. m. entw. durch **F. L. Güssefeld.** Nürnberg bey den Homan: Erben. 1789. Kol. Kupferstich. 1 Bl. Fol., ca. 54 60 cm (beschn.).

Güssefeld, F. L., General-Charte von Deutschland mit Angabe aller Poststrassen von Paris bis Warschau, und von Trient bis Stralsund nach guten Quellen entworfen. M. 1 : 1800000. Weimar (L.-Ind.-Comptoir.) 1811. Kupferst. u. kol. Imp.-Fol.

Güssefeld, F. L., General-Charte über die sämmtlichen Kgl. Preussischen Staaten. ... Dessau 1794. Kupf., kolor. . . . .

Güssefeld, F. L. Die Fürstenthümer Grubenhagen, Calenberg, Wolfenbüttel und Blankenburg, welche den südlichen Theil der Chur- und Fürstlich Braunschweig-Lüneburgischen Reichsländer begreifen. Nürnberg 1786. 1 Bl. c. K. v.

Güssefeld, F. L. Charte vom Fürstenthum Anhalt. Nürnberg 1797 1 Bl. c. K. v.

Güssefeld, F. L. Charte vom Königreich Böhmen. Nach Murdochischer Projection entworfen, berichtiget und revidiret auf der Seeberger und Prager Sternwarte Weimar 1799. 1 Bl. c. K. v.

Güssefeld, F. L., Charte von Deutschland, ... Nürnberg 1807. Fol. Kupf. u. kol.
——, —— in orographischer Hinsicht aber, und nach dem Wiener Frieden vom 14. Oct. 1809 berichtigt ... Weimar 1809. Fol. Kupf. u. kol. . . . .

Güssefeld, F. L., Charte von Deutschland zuerst entworfen 1807. — **In orographischer Hinsicht aber, und nach dem Wiener Frieden vom 14. October 1809 berichtigt im November dieses Jahres von F. W. Streit. M. 1 : 2500000.** Weimar, L.-Ind.-Comptoir, 1811. Imp.-Fol. Kupferst. u. kol.

Güssefeld, F. L., Charte von Teutschland nach den Besitzungen der Chur- und Fürstlichen Häuser und der Reichsstädte nebst den Entschädigungen nach dem definitiven Reichs-Deputations-Schlusse vom 20. Nov. 1802. Weimar, L.-Ind.-Compt., 1803. Fol. . . . .

——, Charte von Deutschland nebst den angrenzenden Ländern nach astronomischen Beobachtungen etc. entworfen. M. 1 : 2500000. Nürnberg, Homanns Erben, 1810. Imp.-Fol.

Güssefeld, F. L., Charte von Deutschland und den angrenzenden Theilen der benachbarten Länder. Nach den bewährtesten astronomischen Beobachtungen etc. entworfen. M. 1 : 1225000. 4 Blätter. Nürnberg, Homanns Erben, 1810. Roy.-Fol.

Güssefeld, F. L., Charte über die Entschädigungen der durch Abtretungen des linken Rheinufers an Frankreich an Land und Leuten beschädigten deutschen Erbfürsten, durch Vertheilung der Erz- und Hochstifte, Abteyen, Reichsstädte u. s. w. Entworfen nach dem Entschädigungsplan vom 8. Oct. 1802. Nürnberg 1803. Kupf., kol.

Güssefeld, F. L.: Karte vom Erfurtischen Gebiete nebst der Herrschaft Blankenhayn und Unter Gleichen. Augsburg 1803. 1 Bl. c. K. v.

Charte den Bayerischen Kreis vorstellend. Nach astronom. u. andern bewährten Hülfsmitteln neu entworfen von **F. L. Güssefeld.** — Weimar: Im Verlag d. Industrie-Comptoirs 1796. 44 × 56 cm [Stich, Kol.]

B a y e r i s c h e n K r e i s e — Charte vom — Nach astronomischen Ortsbestimmungen u. s. w. entworfen von F. L. G ü s s e f e l d. Nürnberg bey den Homann. Erben 1805. 1 : 650,000. 1 Bl.

Güssefeld, F. L., Charte vom Fränkischen Kreise. Weimar, Ind.-Compt., 1797. Kupf., kolor. . . . .

Güssefeld, F. L., Charte vom Niedersächsischen Kreise. Nach Murdochischer Projection. Weimar, 1800, 1803, 1804. Kupf., kolor. . . . .

Güssefeld, F. L. Charte über die der Neumark einverleibten Kreise. Nürnberg 1799. 1 Bl. c. K.

Güssefeld, F. L. Charte über die Länder des Herzoglich Sachsen-Ernestinischen Hauses. Weimar 1796 und 1804. Je 1 Bl. c. K. v.

Sachsen Ernestinischen Hauses — Charte über die Länder des Herzoglich — Nach astronom. Beobachtungen etc. entworfen 1804 von F. L. Güssefeld. Weimar im Geogr. Institut. Nach den neuesten Grenzberichtigungen verbessert im July 1812. (Eine andere Auflage derselben Karte mit den Grenz-Berichtigungen von 1815) 1 : 510,000 1 Bl.

Güssefeld, F. L. Charte von den Ländern zwischen dem Rheine, der Werre, dem Necker und der Dimel. Weimar 1804. 1 Bl. c. K. v.

Charte über die sämmtlichen zum Westphälischen Kreis gehörige Länder. Mit Anzeige der Entschädigungen von F. C, Güssefeld. Nürnberg bey den Hommannischen Erben 1802. 1: 850,000. 1 Bl.

Güssefeld, F. L. Charte vom Laufe des Rheins von Coblenz bis Wesel. Das Herzogthum Berg, die Grafschaften Wied, Nieder-Isenburg und andere Länder vorstellend. Nürnberg 1797 1 Bl. c. K. v.

Güssefeld, F. L. Das Herzogthum Magdeburg nach seiner jetzigen Abtheilung nebst der Grafschaft Mansfeld, Magdeburgischer Hoheit. Nürnberg 1784. 1 Bl. c. K. v.

Güssefeld, F. L. Charte vom Herzogthum Mecklenburg Schwerinischen Antheils nebst den Fürstenthumern Schwerin und Ratzeburg. Nach astronomischen Bestimmungen, der grossen Charte des Grafen von Schmettau, auch anderen Charten und Nachrichten entworfen. Nürnberg 1800. 2 Bl. c. K.

Güssefeld, F. L. Charte von der Neumarck, neu entworfen und nach ihren Kreisen abgetheilt. Nürnberg 1789. 1 Bl. c. K.

Güssefeld, F. L. Charte von dem Grossherzogthum Niederrhein, den Herzogthümern Cleve, Berg, Geldern und den Grafschaften Essen und Werden. Nürnberg 1816. 1 Bl. c. K. H.

Güssefeld, F. L. Charte vom Ober-, Unter- und Vor-Harze nebst den umliegenden Ländern. Weimar 1801. 1 Bl. c. K. v.

Güssefeld, F. L., Charte das Deutsche Reich nach seinen Kreisen und deren Unterabtheilungen vorstellend... Nouvelle carte géographique de l'empire d'Allemagne... Nürnberg 1789. Fol. Kupf. u. kol. . . . .

Güssefeld, F. L. Charte vom Königreich Sachsen, nebst den Fürstlich Sachsischen und anderen zum südlichen Theil von Ober-Sachsen gehörigen Ländern. Nürnberg 1807. 1 Bl. c. K. v.

Güssefeld, F. L. Charte von Schlesien und Mähren. Nach Murdochischer Projection entworfen, nach den neuesten und zuverlässigsten astronomischen Ortsbestimmungen berichtigt und revidirt auf den Sternwarten zu Prag und Seeberg bey Gotha. Weimar 1799. 1 Bl. c. K. v.

Charte vom Herzogthum **Schleswig.** Nach den vorzüglichsten Charten. Ortsbestimmungen und Nachrichten entworf. v. **F. L. Güssefeld.** Nürnberg bey Homanns Erben 1809. jetzt Christoph Fembo. 1813. Kupferst., kol. 1 Bl. Fol. 48/60 cm beschn. Aufgez. auf Leinen.

Güssefeld, F. L. Charte über den nördlichen Theil des Ober-Sächsischen Kreises, enthaltend die Mark Brandenburg und das Herzogthum Pommern. Nach Murdochischer Projection entworfen, nach den neuesten astronomischen Ortsbestimmungen berichtigt auf der Sternwarte Seeberg bei Gotha. Weimar 1798. 1 Bl. c. K.

Güssefeld, F. L. Charte über den nördlichen Theil der Chur- und Fürstlichen Braunschweigischen Lande, die Herzogthümer Bremen und Sachsen Lauenburg, die Fürstenthümer Lüneburg und Verden und die Grafschaften Hoya und Diepholz vorstellend. Nürnberg 1786. 1 Bl. c. K.

Güssefeld, F. L. Charte den südlichen Theil des Ober-Sächsischen Kreises vorstellend. Nach Murdochischer Projection entworfen, nach den neuesten astronomischen Orts-Bestimmungen berichtiget und revidirt auf der Seeberger Sternwarte bey Gotha. Weimar 1798 und 1803. Je 1 Bl. c. K.

Güssefeld, F. L.: Karte ...

Güssefeld, F. L., Der südliche Theil des Ober-Saechsischen Kreises die Chur- und Fürstl. Sächsischen und andere hierher gehörige Länder vorstellend. Nürnberg, Homännische Erben, 1783. . . . .

Güssefeld, F. L. Charte von Thüringen. Nürnberg 1796. 1 Bl. c. K. v.

Güssefeld, F. L. Charte von der Uckermark. Nürnberg 1792. 1 Bl. c. K.

Güssefeld, F. L., Charte für die neueren Verhältnisse von Deutschland. — Enthaltend die sämmtlichen Staaten des Rheinischen Bundes. M. 1 : 1400000. Nürnberg, Homanns Erben, 1807. Imp.-Fol.

Güssefeld, F. L. Charte von dem Fürstenthume Weimar. 1 Bl. c. K. v.

Güssefeld, F. L. Der Fränkische Kreis. Nürnberg 1782. 1 Bl. c. K. v.

Güssefeld, F. L., Neue und vollständige Postkarte durch ganz Deutschland, nach den bewährtesten Nachrichten. Berlin 1792. Kupf. u. kol. . . . .
——, —— Augsburg, Weigel & Schneider, 1792. Fol. Kupf. u. kol. . . . . . .

Güssefeld, F. L. Post-Charte des Königreichs Sachsen und der angränzenden Länder. Weimar 1809 und 1812. Je 1 Bl. c. K. v.

Güssefeld, Deutsche Reichs-Vicariats-Charte. Nouvelle géographique de l'Empire d'Allemagne... O. o. 1790. Fol. Kupf. . . . .

Güssefeld, Otto, I. Ueber Monobenzoylparaamidophenol u. über e. Paraamidonitrophenol. II. Ueber Bromphenylbenzoate. Inaugural-Dissertation. gr. 8. (38 S.) Göttingen 880. (Vandenhoeck & Ruprecht.) n. — 80

Chronik der Familie Güssefeld. (Verf.: Otto Emil Güssefeld.) *Berlin: W. T. Bruer (1901).* (24 S.) 8° [F.]
T. 2 aus: Geneal. Handbuch bürgerl. Familien. Bd 9. [01. 3479

Gussenbauer, C., s.: **Archiv f. klin. Chirurgie.**

— s.: **Tuberculose, die.**

— s.: **Zeitschrift f. Heilkunde.**

Gussenbauer, Karl

Gussenbauer, K., Anschauungen über Gehirnfunktionen. Gr. 8°. (38 S.) Wien: Braumüller, 1902. K 1.—

Gussenbauer, Carl, üb. die Aetherisation incarcerirter Hernien nach Finkelstein, s.a. Wander-Vorträge, medicinische.

1. Ueber die Aetherisation incarcerirter Hernien nach Finkelstein. II. Ueber sacrale Dermoïde. Von Prof. Dr. Carl **Gussenbauer.** *Berlin: Fischer 1893.* (5, 6 S.) 1 Bd 8.
— Wander-Vorträge, Medicinische. H. 35. [97. 736

— e. Beitrag zur Exstirpation v. Beckenknochengeschwülsten. [Aus: „Festschrift zur Centennalfeier d. k. k. allgem. Krankenhauses in Prag".] gr. 8. (37 S. m. Holzschn.) Berlin 891. Fischer's medicin. Buchhandlg. n. 1.—

— über sacrale Dermoïde, s.: Wander-Vorträge, medicinische.

Gussenbauer, Carl, Erfahrungen üb. Massage. [Aus: „Prager med. Wochenschr."] 8. (31 S.) Prag 881. Dominicus. n. — 48

Gussenbauer, Carl, über das Gefässsystem der äusseren weiblichen Genitalien. [Aus den Sitzungsber. der k. Akad. der Wiss.] Wien 870. Gerold's Sohn. Lex.-8. (22 S.) n. 4 *ngr.*

—— über die Muskulatur der Atrioventricularklappen des Menschenherzens. Lex.-8. (8 S.) Wien 868, (Gerold's Sohn.) *
Vorstehende zwei Schriften sind aus: Sitzungsberichte der k. Akademie der Wissenschaften, besonders abgedruckt.

— über Nervendehnung. Vortrag, geh. in der zu Prag abgeh. Generalversammlung d. Centralvereines der deutschen Aerzte in Böhmen am 16. Decbr. 1881. [Aus: „Prager med. Wochenschr."] gr. 8. (24 S.) Prag 882. Tempsky. n. — 60

– Sephthämie, Pyohämie u. Pyo-Sephthämie, s.a. Chirurgie, Deutsche.

Gussenbauer, Carl: Sephthämie, Pyohämie und Pyo-Sephthämie. Mit 4 lithogr. Taf. Stuttgart 1882. XXXVI, 293 S.

(Deutsche Chirurgie. Lfg 4.)

– Die traumatischen Verletzungen, s.a. Chirurgie, Deutsche.

Gussenbauer, Carl: Die traumatischen Verletzungen. Mit 3 Holzschn. Stuttgart 1880. XX, 316 S.
(Deutsche Chirurgie. Lfg 15.)

Gussenbauer, Karl [Hrsg.], s. Wochenschrift, Wiener klinische

Gusserow, Adolph

Gusserow, s.: Archiv f. Gynaekologie.

Gusserow, A., üb. Carcinoma uteri, s.: **Sammlung klin. Vorträge.**

— zur Erinnerung an Sir James Y. Simpson. Rede geh. zur Feier d. Stiftungsfestes der Hochschule Zürich am 29. April 1871. gr. 8. (45 S.) Berlin 871. Hirschwald. n. 1. —

Gusserow, A., zur Geschichte u. Methode d. klinischen Unterrichts. Rede, geh. zur Feier des Stiftungstages der militärärztl. Bildungsanstalten am 2. Aug. 1879. gr. 8. (47 S.) Berlin 879. Hirschwald. n. 1. —

Gusserow, A., über Krankenhäuser u. Gebäranstalten. Antrittsvorlesung gehalten zu Zürich am 20. Dezbr. 1867. Zürich 868. Meyer & Zeller's Verl. gr. 8. (28 S.) 7½ ngr.

— über Menstruation u. Dysmenorrhoe, s.: Sammlung klinischer Vorträge.

Gusserow, A., die Neubildungen des Uterus, s. Chirurgie, deutsche.

—— die Neubildungen des Uterus, s. Handbuch der allgemeinen und speciellen Chirurgie. — Handbuch der Frauenkrankheiten.

Gusserow, Adolph (Ludov. Sigism.) (geb. Berlin [illegible]): De [illegible] genitalium tuberculosi, adjectis aliquot observationibus. Berolini 1839 [illegible] 32 S. 8°
Berlin, Med. Diss. v. 11. Juli 1859

-- Universitäten oder Fachschulen? Rede in Zürich am 29. April 1870 gehalten. Ebend. 870. gr. 8. (34 S.) n. 10 ngr.

Gusserow, Adolph Ludwig Sigismund, s. Gusserow, Adolph

Gusserow C. Attraction der Körperstümpfe, welche von einer Fläche 2. Grades und zwei zu deren Axe senkrechten Ebenen begrenzt werden. 1867 [illegible]
Diss. Göttingen

Gusserow, C., die gerichtlich-chemischen Untersuchungen. Eine prakt. Anleitung für Aerzte. (Aus d. Archiv f. medizin. Erfahrung abgedr.) gr. 8. Berlin 836. Reimer. ⅓ rℓ

Gusserow, Carl, s. Gusserow, Karl

Gusserow, Carl August, s. Gusserow, Karl August

Gusserow, Chr. Aug., d. Chemie des Organismus, abgeleitet aus Betrachtungen über d. elektro-chemischen Wirkungen d. organ. u. der diesen ähnl. wirkenden Grundstoffe. Ein Leitfaden für d. Untersuchung chem.-organ. Vorgänge. gr. 8. Berl. 832. Hirschwald. 1 rℓ 8 gℓ
vgl. Gusserow, Karl August

— de electricarum chemicarumque organismi virium ratione atque efficacia. Dissert. inaug. physico-chemica. 8maj. Berl. 832. (Hirschwald). 6 gℓ
vgl. Gusserow, Karl August

Gusserow, Karl

— u. Leop. **Levy,** Abriss der Trigonometrie. Geometrisch behandelt. Mit 14 Holzschn. im Text. 8. (80 S.) Berlin 883. Polytechn. Buchh. cart. n. — 60

— u. Leop. **Levy,** Abriss der Trigonometrie. Geometrisch bearb. 2., verb. Aufl. 8. (61 S. m. 23 Fig.) Berlin 891. Polytechn. Buchh. Kart. n. 1. —

Gusserow, Carl, die Inhaltsermittlung der Körper aus ihren Projektionen. 4. (16 S.) Berlin 882. Weidmann. n. 1. —

Gusserow, Carl, Leitfaden f. den Unterricht in der Stereometrie m. den Elementen der Projektionslehre. Mit 45 in den Text gedr. Fig. gr. 8. (VIII, 96 S.) Berlin 885. Springer. cart. n. 1. 40

—— über anschauliche Quadratur und Kubatur. gr. 8. (10 S. mit 4 Holzschn.) Berlin 886, Gaertner's Verlag. *
Aus: Festschrift des Dorotheenstädtischen Realgymnasiums, besonders abgedruckt.

Gusserow, Carl [Dr., Oberl.]: Stereometrische Untersuchungen. . . .
Berlin, R. Gaertner. 1891; [illegible] 4°
Berlin, Leibniz-G. OP 1891 (61)

Gusserow, Karl August

GUSSEROW, CARL AUGUST.
Die Chemie des Organismus abgeleitet aus Betrachtungen über die elektro-chemischen Wirkungen der organischen und der diesen ähnlich wirkenden Grundstoffe. Berlin, 1832. 8vo.
vgl. Gusserow, Chr. August

Gusserow, Carl August (Stargard/Pomm.), De electricarum chemicarumque organismi virium ratione atque efficacia. Diss. phys.-chem. Bln. (Feister) 26. VI. 1832. 42 S. mit Biogr. (M.: A. Nachtigall.) (5.50) 12373
Oppon.: P. Jablonsky, E. Lehmann, W. Schüler. — Gew.: E. D. Aug. Bartels.
vgl. Gusserow, Chr. August

Gusset, H., die Alpenwirthschaft in ihrem ganzen Umfange u. darauf bezügl. Urkunden u. Sagen. 1. Thl. Bern 869. Rieder & Simmen. 8. (VII, 256 S.) n. 22½ ngr.

Gusset, Iac., Lexicon linguae hebr. c. Clodii supplem. 4. Lips. (Walther, Dresd.) 740.

Gussew, H., Ueber die Gestalt des Mondes. (Tiré du Bull., Tome I.)

Güssfeld, Paul, s. Güssfeldt, Paul

Güßfeldt, E., die Insel Reichenau u. ihre Klostergeschichte. 12. (85 S.) Konstanz 894. (W. Meck.) n. 1.—

Güssfeldt, Paul: Bericht über eine Reise in den centralen chileno-argentinischen Andes. (Sitzungsberichte der Königlich Preussischen Akademie der Wissenschaften zu Berlin. Sitzung der physikalisch-mathematischen Classe vom 24. Juli 1884. XXXVIII.) (Berlin 1884.) 41 S. 8°.

Gvessfeldt, Pavlvs (geb. am 14 Okt. 1840 in Berlin): De cvrva plana tertiae classis, tangenti dvplici praedita ... Bonnae, form. C. Georgi (1865). 2 Bl., 28 S., 1 Bl. 4.
Bonn, Phil. Fak., Diss. v. 14 Aug. 1865

Güßfeldt, Paul, meine Erinnerungen an den Prinzen Friedrich Karl v. Preußen. (64 S.) 8. Berlin 910. Gebr. Paetel. 1.20

Güssfeldt, Paul: Erste Ersteigung des Monte Rosso di Scerscen. (13. September 1877.) Piz Kesch. Bern 1878. 39 S., 1 Tf. 8°.

Güßfeldt, P., die Erziehung d. deutschen Jugend. [Aus: „Deutsche Rundschau".] 1.—3. Aufl. gr. 8. (VI, 161 S.) Berlin 890. Gebr. Paetel. n. 2.50

Güssfeldt, Paul, Grundzüge der astronomisch-geographischen Ortsbestimmung auf Forschungsreisen u. die Entwickelung der hierfür massgebenden mathematisch-geometrischen Begriffe. (XIX, 377 S. m. 95 Abbildgn.) gr. 8. Braunschweig 902. F. Vieweg & Sohn. n. 10.—; geb. in Halbfrz. n. 12.—

Güßfeldt, Paul, in den Hochalpen. Erlebnisse aus den J. 1859—1885. 2. Aufl. gr. 8. (IV, 349 S. m. 4 Lichtdr.-Taf.) Berlin 886. Allgemeiner Verein f. deutsche Literatur. n. 6.—

— in den Hochalpen. Erlebnisse aus d. Jahren 1859—1885. 2. Aufl. gr. 8. (IV, 349 S. m. 4 Illustr.) Berlin 886. Allg. Verein f. deutsche Literatur. n. 6.—; geb. n. 7.—

Güßfeldt, Paul, in den Hochalpen. Erlebnisse aus den J. 1859—1885. 3. Aufl. gr. 8. (IV, 349 S. m. 1 Bild.) Berlin 892. Allg. Verein f. deutsche Litteratur. n. 6.—; geb. n. 7.—

Güßfeldt, Paul, meine Kriegserlebnisse im deutsch-französ. Feldzug, nebst autobiographischen Mitteilgn. aus den J. 1868/69 u. 1906/07. Mit 2 Kartenskizzen. (XII, 195 S.) 8. Berlin 907. Gebr. Paetel. 4.—; geb. in Leinw. 5.—

Güssfeldt, Paul, Jul. Falkenstein, Ed. Pechuël-Loesche, die Loango-Expedition, ausgesandt v. der Deutschen Gesellschaft zur Erforschung Aequatorial-Africas 1873—1876. Ein Reisewerk in 3 Abtheilungen. Mit (Holzschn.-)Illustr., gezeichnet v. A. Göring, M. Laemmel, G. Mützel. 1. u. 2. Abth. u. 3. Abth. 1. Hälfte. Lex.-8. Leipzig 879—82. Frohberg. n. 42.—
I. v. Paul Güssfeld. (VIII, VI, 232 S. mit 1 chromolith. u. 1 lith. u. color. Karte in gr. Fol.) n. 15.—
II. v. J. Falkenstein. (VI, 183 S. m. 1 Chromolith.) n. 12.—
III. 1. v. E. Pechuël-Loesche. (IV, 301 S. mit 1 chromolith. Karte.) n. 15.—

— Jul. Falkenstein u. Eduard Pechuël-Loesche, die Loango-Expedition, ausgesandt v. der deutschen Gesellschaft zur Erforschg. Äquatorial-Afrikas 1873—1876. Ein Reisewerk in 3 Abtlgn. Mit Illustr. v. A. Göring, M. Laemmel, G. Mützel, O. Herrfurth. III. Abtlg. 2. Hälfte. (S. 305—316 u. VIII, 503 S. m. Abbild.) Lex. 8. Stuttgart 907. Strecker & Schröder. 24.— (Vollständig, erm. Pr.: 54.—)
I, II u. III 1. Leipzig 879—882. Jetzt Ebd. 42.—

— der Montblanc. Studien im Hochgebirge, vornehmlich in der Montblanc-Gruppe. Mit 8 Illustr. in Lichtdr., 1 (farb.) Karte u. 3 Diagrammen. gr. 8. (XII, 280 S.) Berlin 894. Gebr. Paetel. n. 12.—; geb. in Halbfrz. n. 14.—

— Reise in den Andes v. Chile u. Argentinien. Mit 1 Uebersichtskarte u. 2 Specialkarten. gr. 8. (XV, 480 S.) Berlin 888. Gebr. Paetel. n. 12.—

— dasselbe. Mit 20 Abbildgn. in Lichtdr. gr. 8. (XV, 480 S.) Ebd. 888. n. 18.—

— Kaiser Wilhelm's II. Reisen nach Norwegen in den J. 1889 u. 1890. Mit 21 Heliogravüren u. 124 Holzschn. nach Zeichngn. v. C. Saltzmann u. 1 Orientirungskarte. 8. (XVI, 351 S.) Ebd. 890. n. 24.—; in Halbfrz. geb. n. 28.—

—— dass. — 2. Aufl. Mit 26 Heliograv. u. 152 Holzschn. nach Zeichngn. v. Carl Saltzmann u. 1 Orientierungskarte. Lex.-8. (XLIV, 416 S.) Ebd. 892. geb. * 28 —
Vgl.: Dirichlet, G. Lejeune. — Gedanken, angeregt durch die Erziehung rc. — Geffcken, J. — Kunow, Ewald. — Lagarde, Paul de. — Schmidt, Karl. — Schöler, Alb.

Güssfeldt, Paul. Jenseits der Schneegrenze. [A.] 8. [Berlin 1880.]

v. Gußmann, Donna Aurora. Lstspl. in 1 A. 8. Leipz. 795. (André.) 3 gr.

Gußmann, Donna Aurora von., Lustsp. in 1 A. n. Gilblas. 8. Lpz. Bauer, 795.

Gußmann, Edmund Ludwig, approb. Arzt aus Ulm a. D.: Ein Fall von angeborenem Herzfehler. *Freiburg i. B.: Speyer & Kaerner 1903.* (32 S.) 8°
Freiburg i. B., Med. Diss. v. 1903

Gussmann, Ernst: Über complexe Ferri- und Chromiacetate. Würzburg 1910: Becker. 108 S. 8°
Tübingen, Naturwiss. Diss. v. 29. Juli 1910, Ref. Wislicenus
[Geb. 26. Nov. 84 Grunbach, OA. Schorndorf; Wohnort: Tübingen; Staatsangeh.: Württemberg; Vorbildung: Gymn. Tübingen; Studium: Tübingen 10 S.; Rig. 29. Juli 10.] [U 11. 4447

Gussmann, Ernst, statistische Untersuchungen über die Mortalitäts-Verhältnisse im ärztlichen Stande. Tübingen 865. (Laupp'sche Buchh.) gr. 8. (36 S. mit 1 Steintaf. in 4.) 9 ngr.

Gußmann, F., s.: Bibliothek der Gesundheitspflege.

Gußmann, G., Lai Hinljam. Selbstbiographie e. chines. Christen. Im Auszug übers. 8. (32 S.) Basel 884. Missionsbuchh. n. —15

Gußmann, G., auf chinesischen Missionspfaden. 13 Stationsbilder aus d. Basler Mission. 8. (80 S. m. 15 Bild. u. 1 Karte.) Basel 897. Missionsbuchh. n. —30

Gußmann, G., auf chinesischen Missionspfaden. 13 Stationsbilder aus der Basler Mission. 2. ergänzte Aufl. 8. (80 S. m. Abbildgn. u. 1 Karte.) Basel 901. Missionsbuchh. n. — 30

Gussmann, Hermann [aus Waiblingen]: Über Eugenolderivate ... Leipzig, Druck v. R. Hahn. 1893; 47 S. 8.
Erlangen, Phil. Fak., Inaug.-Diss. v. 1893

Gussmann, I. F., s.a. Gusmann, Franz

Gussmann, I. F., de divina gratia etc. ac A. Augustini systema. 2 Ptes. 8. Graez, Zaunrieth. 786.

— de clericali instituto. 8. ibid. 786.

Gussmann, Karl

Gußmann, K., das Beerenbüchlein. Ein Not- u. Hilfsbüchlein als Hilfe gegen die Not in den Weinbergen u. in den Obstgärten. Mit 16 Abbildgn. gr. 8. (39 S.) Frankfurt a/O. 888. Trowitzsch & Sohn. n. 1. 20

— e. Gegenreformation im Hohenloher Land, s.: Für die Feste u. Freunde d. Gustav-Adolf-Vereins.

Gussmann, Karl, zur Geschichte d. württembergischen Obstbaus. Festschrift, hrsg. vom württemberg. Obstbauverein zur X. Wanderversammlg. d. deutschen Landwirtschaftsgesellschaft in Stuttgart im Juni 1896. Lex.-8. (124 S. m. 5 Abb.) Stuttgart 896. (W. Kohlhammer.) Kart. n. 3. —

Gußmann, Karl, das Johannis- u. Stachelbeerbüchlein od. wie keltert man auf's einfachste aus Johannisbeeren u. Stachelbeeren guten Wein? 2., verb. u. verm. Aufl. d. „Beerenbüchleins". gr. 8. (III, 32 S. m. 11 Abbildgn.) Frankfurt a/O. 894. Trowitzsch & Sohn. n. 1. 20

Gußmann, Karl, das Johannis- u. Stachelbeerbüchlein od.: Wie keltert man aufs einfachste aus Johannisbeeren u. Stachelbeeren guten Wein? 5., wesentlich verb. u. auf den Stand der neuesten Erfahrgn. gebrachte Aufl. des „Beerenbüchleins". (67 S. m. 88 Abbildgn.) gr. 8. Frankfurt a/O. 903. Trowitzsch & Sohn. n. 1. 20

Gußmann, Karl, das Johannis- u. Stachelbeerbüchlein od.: Wie keltert man aufs einfachste aus Johannis- u. Stachelbeeren guten Wein? 6., verm. u. verb. Aufl. (VIII, 68 S. m. 39 Abb.) gr. 8. Frankfurt a/O., Trowitzsch & Sohn. 1. 20

Gußmann, Karl, s.: Obstbau, der.

— das Obstbüchlein. Ein Schulbuch f. ältere Volksschüler. Ein Volksbuch f. den Landmann jeden Alters. Auf Grund der Preisarbeit v. E. Gang bearb. Mit 17 Abbildgn. 28. Tausend. gr. 8. (VII, 39 S.) Frankfurt a/O. 888. Trowitzsch & Sohn. n.n. — 30

[F.] Das Obstbüchlein. E. Schulbuch f. ältere Volksschüler. E. Volksbuch f. d. Landmann jeden Alters. Auf Grund d. Preisarbeit v. Emil Gang, Lehrer in Triptis, bearb. v. Karl **Gussmann**, Pfarrer in Gutenberg (Württemberg). M. 17 Abb. ... (31.—35. Taus.) *Frankfurt a. O.: Trowitzsch & Sohn 1895.* (V, 42 S.) 1 Bd 8. [95. 16]

— das Obstbüchlein. Ein Schulbuch f. ält. Volksschüler. E. Volksbuch f. d. Landmann jeden Alters. Auf Grund d. Preisarbeit v. Emil Gang bearb. M. 17 Abb. 36.—40. Tausf. gr. 8. (V, 42 S.) Frankfurt a/O. 898. Trowitzsch & Sohn. n.n. — 30

— das Obstbüchlein. Ein Schulbuch für ältere Volksschüler. Ein Volksbuch f. den Landmann jeden Alters. 46.–52. Tausf. (VIII, 48 S. m. 12 Abbildgn.) gr. 8. Frankfurt a/O. 906. Trowitzsch & Sohn. n.n. — 30

Gussmann, Paul, Atlas f. Perückenmacher. Derselbe enthält 6 grosse Taf., jede ca. 60×90 cm, m. 100 Modell-Massschnitten in natürl. Grösse, in saubererster Lithographie u. vollendetster techn. Ausführg., nebst üb. 100 S. Text u. ca. 150 Abbildgn. normaler u. anormaler Schädelbildgn., sowie geschmackvoller Herren- u. Damenperücken, Toupets, Damenscheitel, halben u. ganzen Transformationen u. s. w., genau dem anatom. Bau des menschl. Kopfes Rechnung tragend. (112 S.) gr. 8. Leipzig 905. J. Ferda. n. 7. —

— Lehrbuch f. den Perückenmacher m. ca. 170 Abbildgn. A. Leitfaden f. Fachschulen sowie f. diejenigen, welche in den elementaren Begriffen des Perückenmacher-Handwerks vorgeschult sind. B. Leitfaden f. Vorgeschrittene u. Meister. (183 S.) 8. Ebd. 904. n. 5. —

— Lehrbuch f. den Perückenmacher u. Tischarbeiter m. ca. 480 Abbildgn., 153 Kapiteln u. ca. 450 S. Text. Leitf. f. Fachschulen, Anfänger u. Vorgeschrittene, sowie f. solche, welche ihre Talente in der Perückenmacherkunst vervollkommnen wollen. 3. verb. Aufl. (444 S.) gr. 8. Leipzig 909. J. Ferda. 7.—; geb. in Leinw. 8.—; auch in 5 Lfgn. à 1. 50

Gußmann, Rud., Valeria. Tragödie in 5 Akten. Leipzig 853. O. Wigand. 16. (2 Bl., 109 S.) n. 1 ℛ

GUSSMANN, Rudolph Vinzenz Johannes von (Wien): De pneumonia et schola Viennensi medica. (Titel nach der Urkunde.)
1.7.1830 - Urk; F 67
Diss. Ingolst.-Landsh.-Mchn.

Gußmann, W., zur Erinnerung an Karl Eduard Rösler. Einige Blätter aus seinem Nachlasse, zusammengetragen v. W. G. Mit Bild u. Lebensabriß. [Schriften d. luther. Büchervereins.] gr. 8. (XIX, 196 S.) Tübingen-Stuttgart 893. (Stuttgart, J. F. Steinkopf.) n n. 2. 50

Gußmann, W., die Kirche im neuen Jahrhundert, s.: Hefte zum „Alten Glauben". 2.

Gußmann, W., unsere kirchliche Lage, s.: Hefte zum „Alten Glauben". 10.

— der Zusammenschluß der deutschen evangel. Landeskirchen, s.: Hefte zum „Alten Glauben". 6.

Güßmann, Frz., Beiträge zur Bestimmung d. Alters unserer Erde. 2 Thle. gr. 8. Wien 782, 83. Gerold. 1 ℛ 8 gr

— über d. Berechnung d. Kometen-Bahnen. gr. 4. Wien 803. Tendler. 8 gr

— lithophylacium mitisianum. 8. Vien. Camesina. 785.

Güssmann, **Frz**, lithophylacium mitisianum, dissertatione praevia et observation. physico-mineralog. explicatum. Cum fig. 8. Wien 785. (Heubner). 2 ℛ 12 gr

— Nachricht v. d. Vorrichtung bei Fernröhren zur Bewirkung ungemeiner Vergrößerung. 8. Wien 788. Schaumburg u. Comp. 8 gr

1788. * Nachricht von einer Vorrichtung bei Fernröhren zur Bewirkung ungemeiner Vergrösserungen, von *Fr. Güssmann*, Wien, Stahel. 104. S. gr. 8. m. 1 Kupft.

— über d. Steinregen. Mit 1 Kpf. gr. 4. Wien 803. Tendler. 8 gr.

— über d. alten Thierkreise in Egypten; an junge Adelige. gr. 8. Wien 801. Beck. 10 gr. Schrbp. 12 gr.

— Tryphon u. Justin, oder vom Judenthum; mit e. Vorrede an M. Mendelsohn. 8. Wien 785. Schaumburg u. C. 16 gr.

— christl. Unterhaltungen für d. Tage u. Abende. 8. Wien 795. (Alle 14 Tage 1 Bogen).

— über d. bisher. Versuche u. derselben Berechnung in Hinsicht auf d. Theorie d. Stoßes u. d. Widerstoßes flüssiger Körper. Mit 1 Kpf. gr. 4. Wien u. Leipz. 805. Weidmann. 18 gr.

Güssow, A., deutsches Liederbuch. Eine Sammlung der schönsten Lieder, f. den Schulgebrauch zusammengestellt. Neubearb. u. in stufenmäß. Folge geordnet v. K. Petzoldt. 2 Hefte. 4., verm. u. verb. Aufl. 8. Osterwieck 904. A. W. Zickfeldt. Kart. n. — 75
1. Unter- u. Mittelstufe. (III, 96 S.) n. — 35
2. Oberstufe. (IV, 108 S.) n. — 40

Güssow, A., Schul-Choralbuch. Enth. 100 Melodien zu Liedern d. neuen Provinzial-Gesangbuchs m. untergelegtem Text u. nach den verschiedenen Stufen methodisch geordnet. Bearb. im Auftrage der Osterwiecker Lehrer-Conferenz-Gesellschaft. 2. Aufl. 12. (VII, 63 S.) Osterwieck 891. A. W. Zickfeldt. n.n. — 25

Gussow, C., maltechnische Winke u. Erfahrungen. (95 S. m. Bildnis.) 8. München 907. E. Reinhardt. 1.60

Güssow, Fritz, aus Breslau. Aus d. Kgl. Botan. Garten zu Breslau. **Beiträge zur vergleichenden Anatomie der Araliaceae.** *Breslau 1900: R. Galle.* (67 S.) 8°
Breslau, Phil. Diss. v. 28. März 1900

Güssow, Fritz, des Königs Rock, s.a. Bloch's, Ludw., Militär-Festmappe.

Des Königs Rock. Festspiel in 1 Aufzug von **Fritz Güssow**. *Berlin: E. Bloch (1897).* (11 S.) 8° [F.]
= **Militär-Festmappe**, Ludwig **Blochs**, f. vaterl. Gedenktage ... II. 52.
(ur 1030)

Güssow, Otto: Über Hülfsmittel für den Unterricht in der Naturbeschreibung und ihre Verwertung. Quedlinburg, Druck v. G. Voges, 1889; 1 Bl., 17 S. 4°
Quedlinburg, f. G, CP 1889 (234)

Güssow, Paul, s.: Pastors Kinder auf dem Lande.

Güssow, Udo

[F.] **Güssow**: Ueber den Zusammenhang, welchen bei den Blütenpflanzen Farbe, Geruch und Gestaltung von Kelch und Blumenkrone mit den Verrichtungen dieser Blütenteile haben. Wollin, Dampfschnellpressendr. v. P. Lipski, 1893; 3—15 S. 4.
Wollin i. Pomm., st. RPG u. HT, P 1893**

Güssregen, Carl, s. Güssregen, Karl

Güssregen, Jh. Andr., Aphorismi de sacramentis novi Testam., sacrificio missae et indulgentiis. 4. Bamb. 789.

Güssregen, Karl

Die Stoechiometrie. Von Carl Güssregen, G. P. d. Math. — 1852. Ebd. — S. I—II u. 1—30.
Progr. Freising

Gussstahlgeschütz, das preussische gezogene 6 Pfdr., als Einheitsgeschütz der Feldartillerie. Vorschlag eines Artillerie-Offiziers. Cassel 864. Freyschmidt. gr. 8. (32 S. u. 1 lith. Taf.) n. 7½ ngr.

Gußwaaren der Kurfürstlich-Hessischen Eisenhütte zu Veckerhagen. Mit vielen Abbildungen. gr. 8. Cassel 834. (Bohné.) n. 1 ß 19 gr.

Gusstylt, Carl, Maximal-Arbeitszeit f. Ladengeschäfte, unt. spez. Berücksicht. d. Bekleidungs- u. Kurzwaarenbranche. 12. (9 S.) Düsseldorf 896. Schmitz & Olbertz. n. — 15

Gust, Hans [aus Lauban (Schles.)]: Ueber Wildvergiftung. Berlin, Buchdr. v. G. Schade, *1894;* 30 S., 1 Bl. 8.
Berlin, Med. Fak., Inaug.-Diss. v. 31. Juli 1894

(Gusta, Franz.) Leben des portugiesischen Staatsministers Pombal. 5 Bde. 8. Leipzig 1782. 4,50. - A. d. Italien. von Chr. v. Jagemann. 2 Bde. 8. Dessau 1794. 3,00.

Gustaf [Pseud.], s. Heidenreich, Joh. Heinr. Chrn.

Gustafsson, Fridolf V.

Gustafsson, F., de Apollinari Sidonio emendando. gr. 8. (XVIII, 123 S.) Helsingforsiae 882. (Berlin, Mayer & Müller.) n. 2. 50

— de vocum in poematis graecis consonantia. [Aus: „Ant. soc. scient. fenn."] gr. 4. (32 S.) Ebend. 879. n. 2. —

Gustafsson, F., de Livii libro XXI emendando. gr. 4. (III, 24 S.) Helsingforsiae 890. (Berlin, Mayer & Müller.) n. 1. 20

Gustafsson, Fridolf V., de Ciceronis primo de finibus bonorum et malorum libro quaestiones. gr. 8. (89 S.) Helsingforsiae 878. (Berlin, Mayer & Müller.) 2. —

Gustafsson, G. A. (ehem. König von Schweden), s. Gustav IV Adolf, König von Schweden.

Gustafsson, Rich., am Kamin. Nordische Märchen u. Erzählgn. Deutsch v. Wilh. Thal. Mit 34 Kopfleisten u. Aquarellen v. Willy Werner. gr. 8. (III, 196 S.) Berlin (901). H. J. Meidinger. Geb. in Leinw. n. 3. —

Gustafsson, Rich., Märchen. Aus dem Schwed. übers. von Emil J. Jonas. Mit zahlreichen Original-Illustr. (in eingedr. Holzschn.). Einzig autoris. Ausg. 8. (VIII, 269 S.) Berlin 879. Straßburg, Schultz & Co. geb. 4. —

— dasselbe. Neue einzig autoris. Ausg. 8. (VIII, 269 S.) Ebend. 882. geb. 2. —

Gustaps N.: Das Stockholz . . . Diss. Giessen 1903. 133 S. 3 Tvl.

Gustav, s.a. Gustavs

GUSTAV, oder die Reise auf die Universität (Wittenberg). (Kl. typ. Ornam.) Preßburg, bei Philipp Ulrich Mahler. 1791. 8°.

— od. d. Papagey; e. Gesch. f. Kinder, um sie üb. d. Werth d. Dinge z. belehren, v. G. E. Fischer, m. K. 8. Leipz. Leo. 795.

Gustav oder die Widersprüche des menschlichen Herzens . . . Leipzig 1797. V: *Bertuch, Heinrich Frdr. Chn.* (Ky) (MGT)

— od. d. Widersprüche d. menschl. Herzens; e. Charaktergemälde. 8. Lpz. Schäfer. (Kühn.) 797.

Gustav, oder der Märtyrer der Wahrheit. 8. Leipz. 804. (W. Rauck). 10 gr

GUSTAV, oder: der Märtyrer der Wahrheit. Eine Reihe interessanter Begebenheiten aus der wirklichen Welt. Mit curioser (unsign.) Titelvignette. Leipzig, in Commission in der Sommerschen Buchhandlung(,) 1804. 8°. Zahm.
Titel u. 216 S. (incl. Nebentit. u. 3 Bl. Vorr.).

Gustav, oder die Minnegräber in Schweden. Schspl. in 5 A. nach Lamartelliere (von J. F. Castelli). 8. Wien 805. Wallishausser. 6 gr

Gustav Adolf, s.a. Splitter, protestantische, u. römische Balken.

Gustav-Adolph; ein Familiengemählde aus zwey Jahrhunderten. Leipzig 1791. V: *Heun, Carl Gottlieb Samuel.* (Ky) (MGT) (Hitzig) (Koner)

Gustav Adolph; e. Familiengemälde, (v. Karl Heun). 8. Leipz. 791. Weygang. 1 rthl 4 gr

Gustav Adolph. 2 Bde, in 4 Abtheill. gr. 8. Bresl. 795. J. F. Korn. 2 rthl

Gustav Adolf. Drama in 6 Akten. gr. 8. (96 S.) Mitau 884. (Besthorn.) n. 2.—

Gustav Adolf. Ein Festspiel f. ev. Arbeiter- u. Handwerkervereine. 8. (III, 64 S.) Rothenburg o/Tbr. 894. (C. H. Trenkle.) n.n. —40

Gustav Adolph als Christ, in seinem Verhältniss zum evangelischen Bekenntniss und Gottesdienst. Berlin 1845. V: *Bötticher, Wilhelm.* (Koner 1845, S. 36) (Zeitschr. f. Büch. 1923, S. 87)

Gustav Adolph als Christ, in seinem Verhältniß zum evangel. Bekenntniß u. Gottesdienst. Zur Erinnerung an den 9. Dec. 1594 u. den 6. Nov. 1632 beim Wechsel des Kirchenjahres. gr. 8. Berlin 845, Wohlgemuth. n. 1/6 rthl

Gustav Adolph in Deutschland. Kritische Geschichte seiner Feldzüge . . . Berlin 1808. V: *Bülow, Adam Hnr. Dietr. v.* (BrMm) (Ky) (MGT)

Gustav Adolph in Deutschland; Krit. Geschichte seiner Feldzüge; vom Verfass. d. Geistes d. neuen Kriegssystems, (H. v. Bülow). 2 Thle, mit Kpf. 8. Berl. 808. (Reimer). 3 rthl 8 gr

Gustav Adolph in Teutschland. Trauerspiel in 5 Akten von C. Gehe. 8. Leipzig, Kollmann. 817.

Gustav Adolph u. seine Freunde. Von einem deutschen Patrioten. [Aus: „Bonifacius-Broschüren".] 12. (32 S.) Paderborn 882. Bonifacius-Druckerei. —15

— der Hort des wahren evang. Glaubens. Ein Gedenkbüchlein für alle ächte Protestanten. 16. Leipzig 846, Deberich. 1/6 rthl

Gustav Adolf, König von Schweden, s. Abhandlungen, Hallesche, zur neueren Geschichte Heft 20.

Gustav Adolf, König v. Schweden, s. Devrient, Otto.

— König v. Schweden. Ein traur. Jubiläum, s.: Flugschriften, katholische, zur Wehr u. Lehr'.

Gustav Adolf, König von Schweden, s. Lamparter, Ed.

Gustav Adolph, König von Schweden, als Freund und Liebender . . . Leipzig 1801. V: *Baumgärtner, Friedrich Gotthelf.* (Ky)

Gustav Adolph, König v. Schweden, als Freund u. Liebender; in der Manier d. Meißner. Alcibiades dargestellt (von F. G. Baumgärtner). Mit 3 Kpf. 8. Leipz. (801.) Baumgärtner. 1 rthl

Gustav Adolph, Kön. d. Schweden, als Freund u. Liebhab. e. Roman. m. K. 8. Lpz. Baumgärtner. 801.

Gustav Adolf, König v. Schweden, in Gottes Hand d. Retter d. evang. Deutschlands, s.: Geschichten u. Bilder fürs deutsche Volk.

Gustav Adolph, König v. Schweden, d. Retter Deutschlands, der Märtyrer protestant. Glaubensfreiheit. Eine biograph. Skizze, entworfen u. niedergeschrieben im J. 1832, bei d. 2ten Säcularfeier d. Lützner Schlacht am 6. Nov. 1832. Nebst Gust. Adolphs Bildniß, d. Plane d. Schlacht (in Fol.) u. Abbild. d. Denksteins (in Steindr.) 8. Meißen 832, Goedsche. 14 gr

Gustav Adolph und Maximilian. Neun Gesänge. München 1827. V: *Soeltl, Johann Michael.* (GGr X, 577) (Zeitschr. f. Büch. 1923, S. 87)

Gustav Adolph u. Maximilian. Neun Gesänge 16. Münch. 827. Lindauer. 12 gr

Gustav Adolph

— d. Retter d. evang. Deutschland, s.: Schriften, kleine.

Gustav Adolph's Schwanengesang, s. Geffcken.

Gustav Adolphs Tod. Schspl. 8. Frankf. 802. Körner. 16 gr

Gustav Adolphs Tod. Trauerspiel in 5 Akten v. E. Schöne. 8. Berlin, Amelang. 818.

— u. Antonie, s. Entsagen, Dulden, Wonne 2c.

Gustav v. Bardenstein, od. die Abentheuer der Liebe. 8. Cassel 804. (Luckhard). 14 gr.

Gustav u. Malvinens schönstes Bilder-ABC-Buch. Eine Gabe für die liebe Jugend v. einem Freunde derselben. Mit 14 (lith. u.) color. Bildern. 3. Aufl. 8. (24 S.) Neu-Ruppin 852, Oehmigke & Riemschneider. n. 1/6 Thlr.

Gustav und seine Brüder. Aus den neueren Papieren des Herausgebers der Geschichte des Grafen Donamar. 2 Bde. Halle 1796/1797. V: *Bouterweck*, *Friedrich*. (Mitth. Prof. Dr. H. Ullrich-Brandenburg a. H.)

— u. seine Brüder; e. Gesch. in Briefen, v. Fr. Bouterweck. 2 Thle. 8. Halle, Renger. 796–97. (I. 1 Rthlr. II. 1 Rthlr. 4 gr.)

Gustav und Caroline, s. Gustav und Karoline

Gustav in Darlekarlien oder die Minengräber in Schweden. Schauspiel in fünf Akten nach Lamartelliere. Wien 1805. V: *Castelli*, *Ignaz Franz*. (Ky)

— der Dritte u. sein Hof. Historischer Roman aus dem letzten Decennium des 18. Jahrh. Nach d. Schwed. v. Carl Eichel. 2 Bde. kl. 8. Leipzig 841, Kollmann. 3 1/2 Thlr.

Gustav der Dritte, König von Sachsen. [Halle 1802.] V: *Voss*, *Christian Daniel*. (MGT)

Gustav III., König v. Schweden. 2 Thle, mit 2 Kpf. 8. Chemn. 793. (Starke). 2 Thlr.

— III. König von Schweden. Histor. Trauersp. in 5 Akten, v. G. E. Horn. 8. Frkft. Zeßler. (Diez.) 793. Schreibp.

GUSTAV, Herzog, und Heino der Räuber, ein komischer Roman mit ernsten Intermezzos von *K. H***r*. Leipzig, Bruder u. Hofmann, 1805. 8°. (21 ggr.)

Gustav, Herzog, und Heino der Räuber. 8. Leipzig, Bruder und H. 806. (Büschler in Elberfeld.)

— Herzog u. Heino d. Räuber; e. komisch. Roman m. ernsten Intermezzo's, v. C. H. 8. Lpz. Schödel. (Bruder u. Hoffmann.) 806.

Gustav, Herzog, u. Heino der Räuber. 8. Leipz. (Elberf.) 806. Schönian. 21 gr.

— und Ida, Acmet. Zwey Erzählungen von Fr. Gleich. 8. Leipzig, Hinrichs. 817.

— u. Julie, od. d. Sieg d. Tugend, v. A. Ehrlich. 8. Zerbst, Füchsel.

Gustav u. Karoline, od. die Wege der göttl. Vorsehung, (von Johannes Ludwig). 8. Nürnb. 800. Bauer u. M. 1 fl.

— u. Karoline, od. d. Wege d. göttl. Vorsehung in d. Lebensgesch. e. Landgeistl. u. seiner Gattin. 8. Nürnb. Raspe. 800.

Gustav und Caroline, oder die Wege der göttlichen Vorsehung ... Nürnberg 1801. V: *Ludwig*, *Johannes*. (MGT) »1800« (Ky) (Adel)

— Markis von St. Urbin und Ottilie von Blaingevour, eine Klostergeschichte von erstern selbst erzählt, aus dem Franz. 3 Theile, mit 1 Kupf. 8. Altona, 783. Kaven. 8 fgl.

Gustav Mehrwelt, oder die Quelle der Glückseligkeit. 8. Leipz. 797. (Knobloch). 16 gr.

Gustav von Meissen. Ein komischer Roman. Leipzig 1809. V nicht: *Graumann*, *Gustav*. (Zeitschr. f. Büch. 1923, S. 87)

Gustav von Meissen. Ein komischer Roman. 2 Thle. Ebd. 1809. 8°. Tit., 211 u. 200 S. (2/3 Rthl. Scheible; jetzt theurer!)

Im Anon.-Lex. II. p. 248 ist aus Versehen „Gustav Graumann" als Verfasser bezeichnet.

— — Dasselbe. Ebd. 1811. 8°.

Gustav Moritz. Stralsund 1790. V: *Nordenskiöld*, *Carl Friedrich*. Ü: *Mandorff*. (Ehrenström, Efterlemnade historiska anteckningar. Upsala 1882—83. II, 313.)

— u. Emmas Reisen d. d. wirkl. Welt, v. K. Herrmann. m. K. 8. Braunschw. G. Korn. 810.

— der Verwiesene, von G. Bertrand, m. K. 2 Thle. 8. Lüneb. Herold u. W. 805.

Gustav III, König von Schweden

Gustav der Dritte, König von Schweden. Siri Brahe oder die Neugierigen. Schauspiel. A. d. Schwed. Berlin 1794. Ü: *Gruttschreiber*, *J. A.* (Ky)

Gustav III., König von Schweden, Siri Brahe, oder die Neugierigen. Schspl. Aus d. Schwed. (v. J. A. Gruttschreiber). gr. 8. Berl. 794. Unger. 12 gr.

— vergl. Correspondance.

— orationes e Suecico in Lat. conversae. 8. Berl. 773. Rottmann. 8 gr.

— III., des Königs, nachgelassene u. 50 Jahre nach seinem Tode geöffnete Papiere. Uebersicht, Auszug u. Vergleichung von E. G. Geijer. Aus d. Schwed. 1. u. 2. Thl. u. 3. Thl. 1. u. 2. Abthl. gr. 8. Hamburg 843—46, Fr. Perthes. (1. u. 2. Thl. à n. 1 Thlr 3. Thl. 1. 24 ngr 3. Thl. 2. 28 ngr) 3 Thlr 22 ngr

Gustav III., König v. Schweden, Schauspiele, s. Bibliothek, ausgewählte, der Classiker des Auslandes, 18. Bd.

— Staatsreden, gesammelt u. aus d. Schwed. übers. v. D. H. Thomas. 8. Lübeck 781. Riemann u. C. 5 gr.

Werke; aus d. Französ., im Ausz., mit Anmerkk. v. Fr. Rühs. 3 Bde, mit d. Portr. d. Königs. 8. Berl. 805—8. Voß. 5 Thlr 8 gr Hdg. Pr. 4 Thlr

Gustav vom See

— Arnstein. Roman. 3 Bde. Ebend. 868. gr. 8. (991 S.) 5 Thlr.

† Gustav vom See, (v. Struensee,) die Belagerung vom Rheinfels. Geschichtlicher Roman. 2 Bde. 8. (VIII und 394 S. mit einer Ansicht von St. Goar und den Ruinen der Bergfestung Rheinfels in Stahlst.) Leipzig 850, Wienbrack. Thlr.

— Blätter im Winde. Roman. 4 Bde. gr. 8. (V, 231; V, 260; V, 247 u. V, 260 S.) Hannover 873. Rümpler. 18. —

— die Egoisten, s. Bibliothek deutscher Original-Romane.

— erlebt u. erdacht. Novellen u. Erzählgn. 2 Bde. 8. (279 u. 260 S.) Ebend. 875. 9. —

Gustav vom See [G. v. Struensee], Erzählungen eines alten Herrn. Breslau 860. Trewendt. 8. (V, 296 S.) 1 Thlr. 7¼ ngr.

— — Neue Folge. Ebend. 863. 8. (266 S.) 1 Thlr. 7½ ngr.

— Faltenrobe. Roman in 4 Bdn. Hannover 870. Rümpler. 8. (IV, 259 S., IV, 239 S., IV, 259 S., IV, 249 S.) 6 Thlr.

— zwei gnädige Frauen. Roman in 3 Bdn. Ebend. 860. 8. (708 S.) 3 Thlr. 22½ ngr.

— Gänse-Liese. Roman. 3 Bde. 8. (251, 264 u. 262 S.) Ebend. 873. 13. 50

— Geheimnisse des Glückes. Roman. 4 Bde. Berlin 867. Janke. gr. 8. (XIV, 958 S.) 6 Thlr.

— Gräfin und Marquise, s.a. Album. Bibliothek von Originalromanen.

— Gräfin u. Marquise. Roman. 4 Thle. Wien 865. (Leipzig, E. J. Günther.) 8. (979 S.) 3 Thlr. 24 ngr.

— Heimathlos. Roman. 4 Bde. Breslau. 867. Trewendt. 8. (1376 S.) 6 Thlr.

—— Herbst-Blätter. Gedichte. 1. Aufl. 12. (IV und 60 S.) und 2. Aufl. 16. (62 S.) Breslau 853, (Graß, Barth und Comp. Verlag.) **

—— Herz und Welt. Roman in 3 Bdn. 8. (1009 S.) Breslau (861)62, E. Trewendt.

— Vor fünfzig Jahren. Roman in 3 Bdn. Ebend. 859. 8. (737 S.) 4 Thlr.

Gustav vom See, (v. Struensee), Aus dem vorigen Jahrhundert. Zwei Novellen. Breslau 854. Korn. 8. (294 S.) 1 Thlr. 15 ngr.

— Ideal u. Wirklichkeit. Roman. 3 Bde. 8. (205, 176 u. 212 S.) Ebend. 875. 13. 50

— Krieg u. Friede. Roman. 4 Bde. 8. (III, 252; III, 216; III, 247 u. III, 264 S.) Berlin 872. Janke. 18. —

Gustav vom See: Aus dem Leben, s. Aus dem Leben

— Lisbana. Roman. 2 Bde. 8. (243 u. 267 S.) Hannover 875. Rümpler. 9. —

— das Majorat. Roman. 3 Bde. 8. (256, 234 u. 259 S.) Ebend. 875. 13. 50

—— neue Novellen. 8. Hannover 869, Rümpler. (M 3,75.)
Inhalt:
Scheherasade. — Der Rittmeister. — Dämonisch. (III, 318 S.)

— Ost u. West. Des Romans „Gräfin u. Marquise" 2. Abthl 4 Thle. Breslau 865. Trewendt. 16. (1003 S.) 2 Thlr.

— die Philosophie d. Unbewußten. Roman. 3 Thle. 8. (170, 178 u. 158 S.) Ebend. 876. n. 10. —

— Rabowa. Roman. 4 Bde. Hannover 870. Rümpler. 8. (III, 261; III, 249; III, 233 u. III, 247 S.) 6 Thlr.

— Rancé, s.a. Rancé.

Gustav vom See, (psdn.), Rance. Ein Roman. 3 Thle. 8. Leipzig 845, Wienbrack. 4 Thlr.

Gustav vom See's, [G. v. Struensee], gesammelte Schriften. 18 Bde. Breslau 867, 68. Trewendt. 16. Subsc.-Pr. Jeder Bd. 15 ngr.;
Ladenpr. Jeder Bd. 20 ngr.
1—3. Bd. Vor fünfzig Jahren. Roman. 3 Bde. 2. Aufl. (X, 616 S.)
4—7. „ Die Egoisten. Roman. 2. Aufl. 4 Bde. (XVIII, 726 S.)
8—10. „ Herz u. Welt. Roman. 3 Bde. 2. Aufl. (831 S.)
11—13. „ Rancé. Roman. 2. Aufl. 3 Bde. (584 S.)
14—16. „ Zwei gnädige Frauen. Roman. (545 S.)
17—18. „ Die Belagerung von Rheinfels. Roman. 2. Aufl. (VIII, 299 S.)

— Fränzchen Sebastiani. Nebst e. Anh. üb. den St. Bernhard. 8. (228 S.) Ebend. 872. 3. 75

— Valerie. Roman in 4 Thln. Breslau 869 Trewendt. 8. (273, 240, 243 u. 269 S.) 6 Thlr.

† Gustav vom See [G. v. Struensee], ausgewählte Werke. (Wohlfeile Familien-Ausg.) 6 Bde. oder 60 Lfgn. gr. 16. Breslau 876, Trewendt. à Lfg. * 30 Pf.; à Bd. * M 3. *
Inhalt:
Nr. 1. Die Egoisten. Roman in 4 Thln. (145; 200; 187; 194 S.)
„ 2. Herz und Welt. Roman in 3 Thln. (269; 266; 296 S.)
„ 3. Rancé. Roman in 3 Thln. (162; 199; 220 S.)
„ 4. Zwei gnädige Frauen. Roman in 3 Thln. (179; 179; 187 S.)
„ 5. Die Belagerung von Rheinfels. Geschichtlicher Roman in 2 Thln. (162; 135 S.)
„ 6. Vor fünfzig Jahren. Roman in 3 Thln. (214; 192; 210 S.)

— Wogen des Lebens. Roman in 3 Bdn. Ebend. 863. 8. (XII, 739 S.) 4 Thlr.

Gustav Adolph [Pseud.], s. Sickel, Gust. Adolph Friedr.

Gustav IV Adolf, König von Schweden

Gustafsson's, G. A., ehemal. Königs v. Schweden, Betrachtt. über meine ersten Kriegsthaten. Aus d. Französ. 8. Jena 817. Schmid. 6 gr.

— la journée du treize Mars, ou les faits essentils de la Révolution de mille huit cent neuf. gr. in-8. St. Gallen 835. Huber et Comp. 5/12 Thlr.

Gustave Adolphe, roi de Suède, lettres, adressées à son général Dodo v. In- und Kniphausen en 1630, 1631 et 1632, publiées par H. O. Feith. Gröningen 860. (van Boekeren.) gr. 8. (VIII, 68 S. u. 1 lith. Taf. in Fol.) n. 20 ngr.

— den trettende Marts, eller de vigtigste Tildragelser under Revolutionen i Aret atten Hundrede og ni. Oversat af Erich Ch. Monrath. stor 16. Kopenhagen 835. Philipsen. 1/4 ℛ

Gustafsson, (ehemal. König v. Schweden) Obrist, der dreizehnte März, oder die wichtigsten Thatsachen der Revolution von achtzehnhundert und neun. gr. 8. St. Gallen 835. Huber u. C. 7 ℊ

Gustafsson, ehemal. König v. Schweden, Obrist, Memorial, s.a. Memorial.

Gustafsson, C A. (Gustav IV. Adolf.) Memorial des Obrist Gustafsson. Deutsch von Frdr Gleich. (9 1/2 B) 8. Leipzig 1829. 2.25.

— über die unbeschränkte Preßfreiheit. 8. Aachen 833. Mayer. 1/4 ℛ — dass. Franz. unter d. T.: Nouvelles Considérations sur la liberté illimitée de la Presse, fondées sur le Mémorial du Colonel Gustavsson; développées par lui-même. 8. le même 833. 1/4 ℛ

Gustaf Adolf, Schriftstucke von ..... zumeist an evangelische Fürsten Deutschlands. Gesammelt und herausgegeben von G. Droysen. 8. Stockholm (1877).

Gustav, lustiges ABC. Bilderreime u. Reimbilder f. ABC-Schützen. (25 S. m. farb. Abbildgn.) 4. Ravensburg (904). O. Maier. Geb. n. 2. 50

Gustav, ..., Erholungen; e. Samml. unterhalt. Erzählungen. Mit 4 Kpf. 8. Leipz. 820. (W. Nauck). 1 ℛ 12 ℊ

GUSTAV (ps.), Erholungen. Eine Sammlung unterhaltender Erzählungen. Mit 4 Kpfrn. Leipzig, Sommer, 1824. 8°. (1 1/2 Rthl.) (1 fl. 30 xr. Scheible, vor 1870.)

Gustav, (Jh. Hnr. Chr. Heydenreich), launige Erzählungen u. Mährchen. 8. Leipz. 803. (Brockhaus). 1 ℛ

Herr Gustav, Lehrbuch der vergleichenden Erdbeschreibung für die unteren und mittleren Classen der Gymnasien, Realschulen und verwandter Lehranstalten.
I. Cursus: Grundzüge für den ersten Unterricht in der Erdbeschreibung. 10., revidirte Auflage. Preis, gebunden 72 kr.
II. Cursus: Länder- und Völkerkunde. 7., revidirte Auflage. Preis, gebunden 1 fl. 52 kr.
Wien 1881. Karl Graeser.

Gustav, ..., vaterländ. Volksmährchen. 14 Bdchn. 8. Leipz., (Wienbrack). 1 ℛ

Gustav, G., Philipp Melanchthon. E. Lebensbild f. jung u. alt z. Feier f. 400jähr. Geburtstages. 8. (IV, 106 S. m. 3 Abb.) Breslau 896. G. Sperber. n. — 75; kart. n. — 90

— Melanchthon-Büchlein f. d. Jugend. Z. 400jähr. Geburtstage Philipp Melanchthons. 1497—16. Febr.—1897. 12. (48 S.) Ebd. 897. n. — 20

Gustav, Leop., Susette. Histor. Novelle. 8. (69 S.) Frankfurt a/M. 896. Kesselring. n. 1. —

Gustav, Philipp Christoph (Nürnberg), De pluralitate votorum. Dissert. jur. Altdorf (Hessel) 12. XII. 1796. 28 S. (5.50) 12374
Gew.: Joh. Sigism. u. Joh. Georg Haller v. Hallerstein.

Gustav, P. C., diss. de pluralitate votorum. 4. Nrnb. Lechner. 796.

Gustava Augusta, die Spuren der Erwählten. Roman. gr. 8. (III, 460 S.) Dresden 872. Schönfeld's Verl. in Comm. n. 6. —

Gustav-Adolf-Blatt, rheinisch-westfälisches. Hrsg. v. Terlinden. 32.—34. Jahrg. 1888—1890. à 12 Nrn. (B.) gr. 4. Duisburg, (Ewich). à Jahrg. n. 1. —

Gustav-Adolf-Blatt, rheinisch-westfälisches. Hrsg. aus Auftrag der Vorstände d. rhein. u. d. westfäl. Hauptvereins der Gustav-Adolf-Stiftung von Terlinden. 35.—38. Jahrg. 1891—1894. à 12 Nrn. (Bog. m. Abbildgn.) gr. 4. Duisburg, (J. Ewich). à Jahrg. n. 1. —

Gustav-Adolf-Blatt, rheinisch-westfälisches. Hrsg. aus Auftrag d. Vorstände d. rhein. u. d. westfäl. Hauptvereins d. Gustav-Adolf-Stiftg. v. Terlinden. 39.—42. Jahrg. 1895—1898. à 12 Nrn. (Bog. m. Abb.) gr. 4. Duisburg (J. Ewich). à Jahrg. n. 1. —

Gustav-Adolf-Blatt, rheinisch-westfälisches. Hrsg. aus Auftrag der Vorstände des rhein. u. des westfäl. Hauptvereins der Gustav-Adolf-Stiftg. v. Terlinden. 43.—46. Jahrg. 1899—1901. à 12 Nrn. gr. 4. (à ca. 16 Sp. m. Abbildgn.) Duisburg (J. Ewich). à Jahrg. 1. —

Gustav-Adolf-Blatt, rheinisch-westfälisches. Hrsg. im Auftrag der Vorstände des rhein. u. des westfäl. Hauptvereins der Gustav-Adolf-Stiftg. von Terlinden. 47.—50. Jahrg. 1903—1906. à 12 Nrn. (à Jhrg. 192 Sp. m. Abbildgn.) Lex.-8. Duisburg, Hauptverein d. Gustav-Adolf-Stiftg. à Jhrg. n. 1. —

Gustav-Adolf-Blatt, rheinisch-westfälisches. Hrsg. aus Auftrag der Vorstände des rhein. u. d. westfäl. Hauptvereins der Gustav-Adolf-Stiftg. v. Terlinden. 51—54 Jahrg. 1907—1910. à 12 Nrn. (à 16 Sp. m. Abb.) Lex. 8. Duisburg, (Dietrich & Hermann). à Jhrg. p 1. —

Gustav-Adolf-Bote f. Ostpreußen. Red.: Fritz Schawaller. 1. Jahrg. Apr. 1894—März 1895. 12 Nrn. (Bog.) gr. 4. Königsberg, Hartung. n. 1. 20

Gustav-Adolf-Bote f. Ostpreußen. Hrsg. v. Vorstande d. Hauptvereins unt. Red. v. Fritz Schawaller. 2.—5. Jahrg. 1895—1898. à 12 Nrn. (Bog.) gr. 4. Königsberg, Hartung. à Jahrg. n. 1. 20

Gustav-Adolf-Bote f. Ostpreußen. Red.: Fritz Schawaller. 6.—9. Jahrg. 1899—1902. à 12 Nrn. gr. 4. (à ca. 8 S.) Königsberg, Hartung. à Jahrg. n. 1. 20

Gustav-Adolf-Bote für Ostpreußen. Red.: Fritz Schawaller. 10.—13. Jahrg. 1903—1906. à 12 Nrn. (à Jhrg. IV, 96 S.) Lex.-8. Königsberg, Hartung. à Jhrg. n. 1. 20

Gustav-Adolf-Bote f. Ostpreußen. Red.: Fritz Schawaller. 14—17. Jahrg. 1907—1910. à 12 Nrn. (à Jhrg. IV, 96 S.) Lex. 8. Königsberg, Hartung. à Jhrg. 1. 20

Gustav-Adolfs-Bote, sächsischer. Hrsg. v. den Hauptvereinen der evangel. Gustav-Adolf-Stiftg. zu Leipzig u. Dresden. Red.: Blanckmeister. 1. Jahrg. Juli 1890—Juni 1891. 12 Nrn. (B.) gr. 4. Dresden, Expedition. n. 1. —

sächsischer. Hrsg. v. den Hauptvereinen der evangel. Gustav-Adolf-Stiftung zu Leipzig u. Dresden. Ein evangel. Volksblatt. Red.: F. Blanckmeister. 2.—5. Jahrg. Juli 1891—Juni 1895. à 12 Nrn. (Bog.) gr. 4. Dresden, F. Sturm & Co. à Jahrg. n. 1. —

— sächsischer. Hrsg. von d. Hauptvereinen d. evang. Gustav-Adolf-Stiftg. zu Leipzig u. Dresden. E. evangel. Volksblatt. Red.: F. Blanckmeister. 6.—8. Jahrg. Juli 1895—Juni 1898. à 12 Nrn. (Bog.) gr. 4. Dresden, F. Sturm & Co. à Jahrg. n. 1. —

— sächsischer. Ein christl. Volksblatt f. das evangel. Deutschland zur Förderg. der Arbeit evangel. Bruderliebe. Hrsg. v. den Hauptvereinen der Gustav=Adolf=Stiftg. zu Leipzig u. Dresden durch F. Blanckmeister. Red.: F. Blanckmeister. 9.—13. Jahrg. Juli 1898—Juni 1903. à 12 Nrn. gr. 4. (à ca. 8 S. m. Abbildgn.) Dresden, F. Sturm & Co. à Jahrg. n. 1.—

— sächsischer. Ein christl. Volksblatt f. das evangel. Deutschland. Hrsg. v. den Hauptvereinen der Gustav-Adolf-Stiftg. zu Leipzig u. Dresden durch F. Blanckmeister. Red.: F. Blanckmeister. 18—21. Jahrg. Juli 1907—Juni 1911. à 12 Nrn. (à Jhrg. 96 u. 48 S. m. Abb.) Lex.8. Dresden, F. Sturm & Co. à Jhrg. 1.—

— Schleswig-Holsteinischer. Ein christl. Volksblatt f. das evangel. Deutschland. Zur Förderg. der Arbeit evangel. Bruderliebe hrsg. von F. Blanckmeister u. Rendtorff. 1. Jahrg. 1894. 12 Nrn. (Bog. m. Abbildgn.) gr. 4. Ebd. n. 1.—

— Schleswig-Holsteinischer. Ein christl. Volksblatt f. d. evangel. Deutschland. Zur Förderg. d. Arbeit evangel. Bruderliebe hrsg. v. F. Blanckmeister u. Rendtorff. 2.—5. Jahrg. 1895—1898. à 12 Nrn. (à ca. 12 S. m. Abb.) gr. 4. Ebd. à Jahrg. n. 1.—

— schleswig-holsteinischer. Ein christl. Volksblatt f. das evangel. Deutschland. Zur Förderg. der Arbeit evangel Bruderliebe hrsg. v. F. Blanckmeister u. Rendtorff. 6.—9. Jahrg. 1899—1902. à 12 Nrn. gr. 4. (à ca. 8 S. m. Abbildgn.) Ebd. à Jahrg. n. 1.—

— schleswig-holsteinischer. Im Auftrage des schleswig-holstein. Hauptvereins der evangel. Gustav Adolf-Stiftg. hrsg. v. Rendtorff. 10.—13. Jahrg. 1903—1906. à 12 Nrn. (à ca. 8 S.) gr. 8. Preetz, J. M. Hansen. à Jhrg. n. — 80

— der, f. die Prov. Westpreußen, hrsg. im Auftrage d. Hauptvereins der evangel. Gustav-Adolf-Stiftung f. die Prov. Westpreußen v. M. Koch. 4.—6. Hft. 8. (III, 100; III, 128; IV, 132 S.) Danzig 891—893. A. W. Kafemann. à n. — 60
Das 1.—3. Hft. kamen nicht in den Handel.

— der, f. d. Prov. Westpreußen, hrsg. i. Auftr. d. Hauptvereins d. evang. Gustav-Adolf-Stiftg. f. d. Prov. Westpreußen v. A. Doeblin. 7.—11. Hft. 8. (VI, 184, IV, 132, IV, 140, IV, 105 u. IV, 129 S.) Danzig 894—898. A. W. Kafemann. à n. — 60

— der, f. die Prov. Westpreußen, hrsg. im Auftrage des Hauptvereins der evangel. Gustav-Adolf-Stiftg. f. die Prov. Westpreußen v. Döblin. 12.—15. Hft. gr. 8. (IV, 116; IV, 117; IV, 108 u. IV, 115 S.) Danzig 899—902. (Ev. Vereins-Buchh.) à n.n. — 60

— der, für die Prov. Westpreußen, hrsg. im Auftrage des Hauptvereins der evangel. Gustav-Adolf-Stiftg. für die Prov. Westpreußen v. Döblin. 17.—19. Heft. (IV, 113; IV, 106 u. IV, 120 S.) 8. Danzig 904—906. (Ev. Vereins-Buchh.) à n.n. — 60

— der, f. die Prov. Westpreußen, hrsg. im Auftr. des Hauptvereins der evangel. Gustav-Adolf-Stiftg. f. die Prov. Westpreußen v. Döblin. 20 u. 21. Heft. (IV, 109 u. IV, 112 S.) 8. Danzig 907.08. (Ev. Vereins-Buchh.)
Nicht mehr im Handel. à nn — 60

Gustav-Adolf-Geschichten f. Kinder. Hrsg. vom Verlag der Blanckmeister'schen Festschriften f. Gustav-Adolf-Vereine. 1. u. 2. Heft. kl. 8. Leipzig, A. Strauch. à — 05
1. Ein Gustav-Adolf-Fest auf dem Lande. Von Karl W. A. Hartmann. (16 S. m. Abbildgn.) (905.)
2. Wenn Christus seine Kirche schützt. Denkwürdige Geschichte e. alten evangel. Gotteshauses im Böhmerland. Von Frz. Blanckmeister. (16 S. m. Abbildgn.) (905.)

Gustav-Adolf-Geschichten f. Kinder. Hrsg. v. Verlag der Blanckmeister'schen Festschriften f. Gustav-Adolf-Vereine. 3. u. 4. Heft. kl. 8. Leipzig, A. Strauch. à nn — 05
Laufberger, Friederike, zwei Weihnachtsabende. Erzählung. (16 S. m. Abbildgn.) (908). (Hft. 4.)
Scharfe, Mart., Gustav Adolf als Pate. (16 S. m. Abbildgn.) (908). (Hft. 3.)

Gustav-Adolf-Hefte, sächsische, Nr. 1—4. gr. 8. Dresden, F. Sturm & Co. à — 10
1. Bewegung, die evangelische, in Oesterreich. Eine Denkschrift f. das Wiedererwachen des reformator. Geistes in unserm Nachbarlande, dem evangel. Volke u. der evangel. Jugend gewidmet v. „Sächs. Gustav-Adolf-Boten". 4. Aufl. (35. Taus.) (16 S. m. Abbildgn.) 901.
2. Nacht u. Morgen in Oesterreich. Reisebilder aus unserm Nachbarlande. Für das evangel. Volk gezeichnet vom „Sächs. Gustav-Adolf-Boten". (20 S.) 901.
3. Vom Irrtum zur Wahrheit. Geschichten vom Übertritt röm. Katholiken zum Protestantismus. Für d. evangel. Volk erzählt vom „Sächs. Gustav-Adolf-Boten". (16 S.) (902.)
4. Daheim u. draußen. Gustav-Adolf-Geschichten. Dem evangel. Volke u. der evangel. Jugend erzählt vom „Sächs. Gustav-Adolf-Boten". (16 S.) (902.)

Gustav-Adolf-Hefte, sächsische, Fortsetzg., s.: Sturm's Gustav-Adolf-Hefte.

Gustav-Adolf-Kalender, s. Gustav-Adolfs-Kalender

Gustav-Adolfs-Bote, Sächsischer, s. Gustav-Adolf-Bote, Sächsischer

Gustav-Adolfs-Calender, s. Gustav-Adolfs-Kalender

Gustav-Adolfs-Fest, das, in Landsberg an der Warthe, den 25. u. 26. Juni 1861. Vorträge. Predigt. Verhandlungen. Berlin 861. Geelhaar in Comm. gr. 8. (40 S.) n. 3 ngr.

Gustav-Adolfs-Kalender für das Jahr 1854—59. 1—6. Jahrg. Mit Holzschn. Darmstadt, Leske. 4. Jeder Jahrg. n. 2½ ngr.

Gustav-Adolfs-Kalender, der, des Jahres 1858, auf Veranlassung des bischöflichen Ordinariats zu Mainz strafrechtlich verfolgt in der Person seines Herausgebers des evangelischen Pfarrers Ritter zu Planig bei Kreuznach. Specielle Darlegung der Anschuldigungspunkte nebst kurzer Proceßgeschichte und vollständigem Ergebniß der Cassations-Instanz. Darmstadt 859. (Mainz, v. Zabern.) gr. 8. (51 S.) n. 6 ngr.

Gustav-Adolfs-Kalender für das Jahr 1860—63. 7—10. Jahrg. Mit Holzschn. Darmstadt, Leske. 4. Jeder Jahrg. n. 2½ ngr.

Gustav-Adolfs-Kalender für die Jahre 1865—67. 11—14. Jahrg. Darmstadt, B. Groß. 4. Jeder Jahrg. (60 S. mit eingedr. Holzschn.) n. 2½ ngr.

— — für das Jahr 1868—70. 15—17. Jahrg. Darmstadt 867—70. Winter's Buchdruckerei. 4. Jeder Jahrg. (60 S. mit eingedr. Holzschn.) n. 2½ ngr.

— für das Großherzogth. Baden. 16. Jahrg. 1869. Heidelberg, C. Winter. 4. (62 S.) n. 2½ ngr.

Gustav-Adolfs-Kalender für die J. 1869—1875. 16.—22. Jahrg. (à ca. 60 S. mit eingedr. Holzschn.). 4. Darmstadt, Winter'sche Buchdr. à Jahrg. *

—— für das Großherzogthum Baden. 16.—22. Jahrg. 1869—1875. (à ca. 60 S.) 4. Ebendas. à Jahrg. *

Gustav-Adolfs-Kalender für die J. 1876—1880. 23.—27. Jahrg. 4. (à ca. 116 Sp. mit eingedr. Holzschn.) Darmstadt, Winter'sche Buchdruckerei. à Jahrg. **

— für das Großherzogth. Baden. 23. Jahrg. 1876 4. (124 Sp. mit eingedr. Holzschn.) Darmstadt, Winter'sche Buchdruckerei. (Heidelberg, C. Winter's Universitäts-Buchh.) **
Nicht weiter erschienen.

— für die J. 1876—1880. 23.—27. Jahrg. Ausgabe für Hessen-Nassau und Rheinprovinz. 4. (104 Sp. mit eingedr. Holzschn.) Darmstadt. (Wiesbaden, Limbarth.) à Jahrg. **

—— für Oesterreich-Ungarn. 23.—27. Jahrg. 1876—1880. 4. (à 64 S. mit eingedr. Holzschn.) Klagenfurt, Bertschinger und Heyn. à Jahrg. *

Gustav-Adolfs-Kalender für die J. 1881—1885. 28.—32. Jahrg. 4. (à Jahrg. ca. 150 Sp. mit eingedr. Holzschn.) Darmstadt, Winter'sche Buchdruckerei. à Jahrg. **

— — dass. — Ausg. für Oesterreich-Ungarn. 1881—1885. 28.—32. Jahrg. 4. (à Jahrg. ca. 150—160 Sp. mit eingedr. Holzschn.) Klagenfurt, Heyn's Buchh. à Jahrg. **
Feine Ausg. à Jahrg. **

Gustav-Adolfs-Kalender für die J. 1886—1889. 33.—36. Jahrg. 4. (à Jahrg. ca. 150 Sp. mit eingedr. Holzschn.) Darmstadt, Winter'sche Buchdr. à Jahrg. **
—— dass. — Ausg. für Oesterreich-Ungarn 1886—1889. 33.—36. Jahrg. 4. (à Jahrg. 180—200 Sp. mit eingedr. Holzschn.) Klagenfurt, Heyn. à Jahrg. **

Gustav-Adolfs-Kalender f. d. J. 1890—1893. 37.—40. Jahrg. 4. (158 Sp. u. 8 S.; 190 Sp. u. 16 S.; 160 Sp. u. 16 S.; 168 Sp. u. 16 S. m. Abbildgn.) Darmstadt, Winter. à Jahrg. ** — 25

—— f. Österreich-Ungarn 1890—1893. 37.—40. Jahrg. 4. (216; 224; 224; 208 Sp. u. 12 S. m. Bildern.) Klagenfurt, Heyn. à Jahrg. ** — 44

Gustav-Adolfs-Kalender f. das J. 1895. 42. Jahrg. 4. (180 Sp. u. 16 S. m. Abbildgn.) Darmstadt, C. F. Winter'sche Buchdr. n.n. — 25

— f. Österreich-Ungarn 1895. 42. Jahrg. 4. (216 Sp. u. 12 S. m. Bildern.) Klagenfurt, J. Heyn. n.n. — 44

Gustav-Adolf-Kalender für Oesterreich-Ungarn, 1896. XLIII. Jahrg. Kl.-4. (231 Sp.) —.22
Klagenfurt: Heyn 1895.

Gustav-Adolf-Kalender für Oesterreich-Ungarn, 1897. XLIV. Jahrg. Kl.-4. (183 Sp.) —.22
Klagenfurt: Heyn 1896.

Gustav-Adolfs-Kalender f. d. J. 1899. 46. Jahrg. 4. (198 Sp. u. 16 S. m. Abb. u. 1 Wandkal.) Darmstadt, C. F. Winter'sche Buchdr. n. — 25
In verschiedenen Ausgaben f. Hessen-Nassau, Württemberg u. Oesterreich-Ungarn.

— f. Österreich-Ungarn 1899. 46. Jahrg. 4. (240 Sp. u. 12 S. m. Abb.) Klagenfurt, J. Heyn. n.n. — 44

(F) Gustav-Adolfs-Kalender für Oesterreich-Ungarn 1901. XLVIII. Jahrgang. Klagenfurt. Heyn. Gr.-8°. 208 Sp. K —.40

(F) Gustav-Adolfs-Kalender für Oesterreich-Ungarn 1902. XLIX. Jahrgang. Klagenfurt. Heyn. Gr.-8°. 216 Sp. K —.40

Gustav-Adolfs-Kalender f. d. J. 1903. 50. Jahrg. 4. (210 Sp. u. 16 S. m. Abbildgn.) Darmstadt, C. F. Winter'sche Buchdr. n. — 25

— für Österreich-Ungarn 1903. 50. Jahrg. 4. (210 Sp. u. 24 S. m. Abbildgn.) Klagenfurt, J. Heyn. n.n. — 40

(F) Gustav Adolfs-Kalender für Österreich-Ungarn 1904. 51. Jahrg. Lex.-8°. (286 Sp.) Klagenfurt: Heyn 1903. K —.40

(F) Gustav Adolf-Kalender für Österreich Ungarn. 1906. 53. Jahrg. Gr.-8°. (239 S.) Klagenfurt: Heyn 1905. K —.40

Gustav-Adolfs-Kalender f. d. J. 1907. 54. Jahrg. (210 Sp., 12 S. m. Abbildgn. u. Wandkalender.) 8. Darmstadt, C. F. Winter'sche Buchdr. n. — 25

— f. Oesterreich-Ungarn 1907. 54. Jahrg. (214 Sp. u. 24 S. m. Abbildgn.) 8. Klagenfurt, J. Heyn. n.n. — 40

(F) Gustav Adolf-Kalender für Österreich-Ungarn. 1908. 25. Jahrg. Gr.-8°. (239 S.) † Klagenfurt: Heyn 1907. K —.40

(F) Gustav Adolfs-Kalender für Österreich-Ungarn 1909. 56. Jahrg. Gr.-8°. (239 S.) Klagenfurt: Heyn 1908. K —.36 no.

Gustav-Adolfs-Kalender f. d. J. 1910. 57. Jahrg. (212 Sp. u. 8 S. m. Abbildgn. u. Wandkalender.) 8. Darmstadt, C. F. Winter'sche Buchdr. — 25

059. (F) Gustav Adolf-Kalender für Österreich-Ungarn 1910. 57. Jahrg. 57. Jahrg. Gr.-8°. (247 S.) K —.40
Klagenfurt: Heyn 1909.

— f. Oesterreich-Ungarn 1911. 58. Jahrg. (210 Sp. u. 24 S. m. Abb.) 8. Klagenfurt, J. Heyn. — 40

Gustav-Adolfs-Kalender

Gustav-Adolfs-Calender auf das Schaltjahr 1864. Kiel. H: *Fries, Jürgen Nicolaus.* (A)

— — auf das Jahr 1864. Kiel, Schröder & Co. 4. (44 S. m. Holzschn.) n. 2½ ngr.

— für das Jahr 1867. 2. Jahrg. Nürnberg 867. Sichling. 4. (38 S. mit eingedr. Holzschn.) n.n. 2½ ngr.
Durchschossen n.n. 3½ ngr.

Gustav-Adolfs-Kalender

—— neuer allgemeiner, für das evangelische Deutschland für die J. 1884 und 1885. Zur Förderung des evangelisch-christl. Lebens und der Vaterlandsliebe hrsg. von Emil Ohly, unter Mitwirkung von v. Criegern, Fricke, Dorner etc. Mit Bildern und Verzeichniß der Jahrmärkte. (1. und 2. Jahrg.) 4. (72; 76 S.) Wiesbaden, Ebbecke. à Jahrg. *

Gustav-Adolf-Kalender, neuer allgemeiner, für das evangel. Deutschland für die J. 1886—1889. Zur Förderung des evangelisch-christl. Lebens und der Vaterlandsliebe hrsg. von Emil Ohly unter Mitwirkung von v. Criegern, Fricke, Dorner etc. Mit Verzeichniß der Jahrmärkte. 4. (à Jahrg. 82 S. mit Bildern und 1 Wandkalender.) Wiesbaden, Ebbecke. à Jahrg. *

Gustav-Adolf-Kalender, neuer allgemeiner, f. das evangel. Deutschland auf d. J. 1890—1898. 7.—10. Jahrg. Begründet v. Emil Ohly u. hrsg. unter Mitwirkg. von v. Criegern, Fricke rc. Mit Illustr., je 1 Buntdr., 1 Wand- u. 1 Taschenkaldr., u. vom 10. Jahrg. an „Ärztl. Ratgeber für's Haus". 4. (82; 82; 85; 66, 16 S.) Dresd., Gustav-Adolf-Verlag. à Jahrg. * — 50

— neuer allgemeiner, f. d. evangel. Deutschland auf d. J. 1894. 11. Jahrg. Begründet v. Emil Ohly u. hrsg. unter Mitwirkg. von Büttel, v. Criegern, Drechsel u. A. Mit 1 Buntdr., 10 Illustr., 1 Wandkalender, 1 Taschenkalender, Verzeichnis der Jahrmärkte u. 1 „ärztl. Ratgeber für's Haus". (2. Lfg.) 4. (67 u. 17 S.) Dresden, Gustav-Adolf-Verlag. n. - 50

Gustav Adolf-Kalender, Neuer allgemeiner, für das evangelische Deutschland und Oesterreich-Ungarn auf das Jahr 1897. 14. Jahrg. Mit Illustrationen und drei Gratis-Beilagen. 4. (64 S.) Dresden: Gustav-Adolf-Verl. 1896. * —.36

Gustav Adolf-Kalender, Neuer allgemeiner, für das evangelische Deutschland und Oesterreich-Ungarn auf das Jahr 1898. XV. Jahrgang. Begründet von Pfarrer Emil Ohly. Mit vier Gratis-Beilagen: 2 Buntdruckbildern (und etwa 130 Illustrationen), einem Schwarzdruck-Vollbilde und einem Rathgeber bei Diphtheritis. Kl.-4. (64 S.) In Comm. —.36
Wien: Möbius 1897.

— neuer allgemeiner, f. d. evang. Deutschland u. Oesterreich-Ungarn auf d. J. 1899. 16. Jahrg. Zur Förderg. d. evang. christl. Lebens u. d. Vaterlandsliebe begr. v. Emil Ohly u. hrsg. unt. Mitwirkg. v. Büttel, v. Criegern, Dammann u. s. w. M. 5 Gratis-Beilagen: 1 Buntdruckbild (u. etwa 130 Illustr.), 1 Wandkalender, 1 Taschenkalender, 1 Verzeichnis d. Jahrmärkte u. 1 „Ratgeber bei ansteck. Krankheiten" (v. Biesenthal). 4. (68 u. 16 S. u. 12 S. in 8.) Dresden-Blasewitz, Gustav-Adolf-Verl. — 50

— dasselbe. Kleine Ausgabe auf d. J. 1899. M. 8 Gratis-Beilagen: 1 Vollbild, 1 Wandkal. u. 1 Taschenkal. 4. (68 S.) Ebd. n. — 25

Gustav-Adolf-Kalender, neuer allgemeiner, f. das evangelische Deutschland u. Oesterreich-Ungarn auf d. J. 1903. 20. Jahrg. Unabhängiges Organ zur Förderg. des evang.-christl. Lebens u. der Vaterlandsliebe. Begründet bez. fortgeführt v. Emil Ohly unter Mitwirkg. v. Ernst Evers, E. Frommel, G. Gerok u. A. Hrsg. von Rich. v. Grumbkow unter Mitwirkg. von v. Bodelschwingh, Bräunlich, Büttel u. A. Mit 5 Gratis-Beilagen: 1 Buntdruckbild, 1 Marinebild, 1 Wandkalender, 1 Taschenkalender, 1 Marktverzeichnis. 4. (64 u. 16 S. m. Abb.) Dresden-Blasewitz, Gustav Adolf-Verlag. — 50

Gustav-Adolf-Kalender, neuer allgemeiner, f. das evangelische Deutschland u. Oesterreich-Ungarn auf d. J. 1907. 24. Jahrg. Unabhängiges Organ zur Förderg. des evang.-christl. Lebens u. der Vaterlandsliebe. Begründet bez. fortgeführt v. Emil Ohly, unter früherer Mitwirkg. v. Ackermann, Emil Frommel, G. Gerok u. a. Hrsg. von Rich. v. Grumbkow unter Mitwirkg. von Frhr. v. Bodelschwingh, Büttel, Burkhardt u. a. Mit 5 Gratis-Beilagen: 1 Buntdr.-Bild, 1 Kunstdr.-Bild, 1 Wand- u. 1 Taschenkalender, 1 Marktverzeichnis. (64 u. 16 S. m. Abbildgn.) gr. 8. Dresden-Blasewitz, Gustav-Adolf-Verlag. — 50

Gustav-Adolf-Kalender, neuer allgemeiner, f. das evangel. Deutschland u. Oesterreich-Ungarn auf d. J. 1911. 28. Jahrg. Unabhängiges Organ zur Förderg. des evangel.-christl. Lebens u. der Vaterlandsliebe. Begründet v. Emil Ohly. Unter Mitwirkg. zahlr. evangel. Geistlicher u. Freunde der Gustav Adolf-Sache. Kleine Ausg. Mit 3 Gratis-Beil.: 1 Marktverzeichnis, 1 Wand- u. 1 Taschenkalender. (81 u. 16 S. m. Abbildgn.) gr. 8. Dresden-Blasewitz, E. Leonhardi. — 25

— dasselbe. Große Ausg. Mit 5 Gratis-Beilagen: 1 Buntdr.-Bild, 1 Wand- u. 1 Taschenkalender, 1 Marktverz. u. 1 Festspiel. (81 u. 16 S. m. Abb.) gr. 8. Ebd. — 50

Gustav-Adolfs-Kalender

—— österreichischer, 1863. Volksbuch zur Beförderung evangel. Sinnes. 8. (161 S. mit eingedr. Holzschn.) Wien, Fromme. *

Gustav-Adolf-Kalender, österreichischer, 1863. Volksbuch zur Beförderung evangelischen Sinnes. Mit Holzschn. Wien 863. Tendler & Co. 8. (161 S.) n. 10 ngr.

Gustav-Adolfs-Kalender-Prozeß, der. Dem evangelischen Volke zur Belehrung und Beherzigung in gedrängter Darstellung treu und frei erzählt. 3. Aufl. Kreuznach 859. (Darmstadt, Würtz.) 16. (48 S.) n. $2^1/_2$ ngr.

Gustav-Adolf-Stunden. Sammlung v. Vorträgen üb. das Gustav-Adolf-Werk. Ein Handbuch f. die Freunde desselben. Hrsg. v. Frz. Blanckmeister. Wohlfeile [Titel-] Ausg.) (VIII, 357 S.) 8. Dresden [894] 909. C. L. Ungelenk. 2. —

Gustav Adolf-Verein. Atlas des Gustav Adolf-Vereins, enth. sämtl. zur Zeit vom Gustav Adolf-Verein unterstützte Gemeinden. Hrsg. vom Central-Vorstand des evangel. Vereins der Gustav Adolf-Stiftg. Auf Grundlage v. Karten aus Andrees Handatlas u. Lehmann-Potzolds Atlas bearb. in der geograph. Anstalt von Velhagen & Klasing in Leipzig. (30 Kartens. m. II S. Text) 45,5×30,5 cm. Leipzig 903. (J. C. Hinrichs' Verl.) Kart. n. 6. —

Gustav-Adolf-Verein, Der, und seine 6. Hauptversammlung zu Darmstadt . . . Darmstadt 1847. V: *Nodnagel, August.* (zu)

Gustav-Adolf-Verein, der, u. seine 6. Hauptversammlung zu Darmstadt. Briefe an einen Laien. gr. 8. (83 S.) Darmstadt 847, Jonghaus. 1/3 ℛℓ

Gustav-Adolf-Verein, der, in Oesterreich Zum Reformationsfeste 1862. Wien 862. Fromme. gr. 8. (47 S.) n. $2^1/_2$ ngr.

Gustav-Adolf-Vereinsbote, Thüringer. Red.: K. G. Schmidt. 1—3. Jahrg. 1848—1850. à 12 Nrn. gr. 8. (1/2 Bog.) Rudolstadt, Froebel in Comm. 1848: n. 3 ngr 1849. u. 50: à 6 ngr

Gustav-Adolphs-Denkmal, das, bei Lützen als Erinnerung an Gustav Adolph König von Schweden und die Schlacht bei Lützen 1632. 8. (16 S. und 1 Holzschn.) Lützen 849. (Leipzig, Joachim's Separat-Conto.)
Mit 1 Stnt. in gr. 4.
Mit 1 ill. Stnt. in gr. 4.

Das Gustav-Adolphs-Lied von 1633. (Ein schön newes und wahrhafftes Lied, Von ... Gustaff Adolffo, Der Schweden ... König ... Darinnen kurtzlich verzeichnet werden die Vrsachen, was diesen dapfferen Helden, zu Erretung der Euangelischen Kyrchen ... bewegt habe ...). Mit e. litter. Einl. u. hist. Anm., neu wieder bekannt gemacht u. hrsg. von Dr. phil. Ernst Wangerin, Oberl. Duisburg: J. Ewich 1905. (40 S.) 8° [ü.] [05. 9808

Gustave Adolphe, s. Gustav IV Adolf, König von Schweden

Gustav-Freytag-Galerie

G. Freytag-Gallerie. Photographien nach Orig.-Gemälden u. Cartons v. C. Becker, R. Beyschlag, W. Camphausen, etc. Photographirt v. Fr. Bruckmann in München. 1. Serie. 1—4. Lfg. Kaiser-Ausg. Imp.-Fol. (à 3 Bl.) Leipzig 877. 78. Schloemp. Subscr.-Preis à n. 48. —; Ladenpr. à 60. —

— dasselbe. [Cabinet-Ausg.] Mit deutschem, engl. u. franz. Text (auf der Rückseite). 1. Serie. Blatt 1—6. 8. Ebend. 877. pro Bl. 1—12 15. —; einzelne Blätter à 1. 50

— dasselbe. 2. Serie. Blatt 13—15. 8. Ebend. 878. 3. 75; einzelne Blätter à 1. 50

— dasselbe. Mit begleit. Texten v. Johs. Proelß. (Album-Ausg.) 16 Lfgn. gr. 4. (V, 76 S. m. 80 Photogr.) Ebend. 882. à n. 2. 50

— dasselbe. [Auswahl.] (Salon-Ausg.) gr. Fol. (8 Blatt.) Ebend. 879. In Leinw.-Mappe 50. —

Gustav Freytag-Galerie. Nach den Orig.-Gemälden und Cartons der ersten Meister der Neuzeit photogr. von Fr. Bruckmann. Mit begleit. Texten von Johs. Proelß. (Album-Ausg.) 16 Lfgn. gr. 4. (30 Bilder in Lichtdr. und Holzschn. und 16 Bog. Text.) Leipzig 882, Schloemp. à Lfg. * compl. geb. *

Gustav Freytag-Galerie. Nach den Orig.-Gemälden und Cartons der ersten Meister der Neuzeit. 20 Blätter mit begleit. Texten. Photogr.-Druck von Wilh. Hoffmann in Dresden. Jubiläums-Ausg. gr. 8. (VIII, 48 S.) Leipzig 887, Schloemp. In Relief-Leder-Einband *

Gustav Freytag-Galerie. N. d. Orig.-Gemälden u. Cartons d. ersten Meister d. Neuzeit. 20 Blätter m. begleit. Texten. Photographiedr. v. Wilh. Hoffmann in Dresden. Jubiläums-Ausg. (Neue Ausg.) gr. 4. (VII, 48 S. m. 3 Titelbild.) Leipzig 895. F. A. Barthel.
Geb. in Leinw. m. Goldschn. 20 —; in Celluloid 24. —

Gustav **Freytag-Galerie.** Nach den Orig.-Gemälden und Cartons der ersten Meister der Neuzeit. 20 Blätter (in Lichtdr.) m. begleit. Texten. Jubiläums-Ausg. (52. Aufl.) gr. 4. (VIII, 48 S.) Leipzig 889. Fernau. geb. m. Goldschnitt. n. 12. —

Gustav-Freytag-Gallerie, s. Gustav-Freytag-Galerie

Gustavi Adolphi, Suecorum regis Memoria. Ex Joannis Valentini Andreae elogiis redintegrandam curavit Geo. Fr. Hnr. Rheinwald. 8maj. Berolini 814, Schultze. 1/4 Thlr.

Gustavino, E., die große Hungersnot in Indien. Eine Erzählung für die Jugend. Frei nach dem Engl. 12. (48 S.) Bremen 886, Verlag des Tractathauses. *

—— der gute Name. Eine Erzählung für die Jugend. Frei nach dem Engl. 12. (64 S.) Ebendas. 886. *

Gustavs Abentheuer. 2 Thle. 8. Wien 802. Wallishausser. 1 fl. 8 kr.

Gustav's Bildermappe, worin Abbildungen von Thieren, Vögeln, Bäumen ec., zur Unterhaltung für Kinder, die gern zeichnen u. illuminiren wollen, mit bunten, schwarzen u. braunen Probeblättern. 4. Leipz. 804. Joachim. 1 Thlr. 12 gr.

Gustav's III. Tod, (v. A. R. L. Graf v. Lehndorf). gr. 8. Hamb. 793. Bohn. (Petersen in Altenb.) 1 Thlr. 12 gr.

Gustavs III. Tod, ein psychologisch-moralisches Gemählde der Verirrungen des Enthusiasmus und der Leidenschaften, dramatisch dargestellt in vier Büchern, 2 Theile, mit Kupf. 8. Leipzig, 797. Gräff. 2 Rthl. 15 sgl.

Gustavs III. Tod, ein psycholog.-moral. Gemälde, (v G. K. Horst). 4 Bde in 2 Thlen. Mit 5 Kpf. 8. Leipz. 797. (Wienbrack). 2 Thlr. 12 gr.

— III. Tod, e. psychol. moral. Gemälde d. Verirrungen des Enthusiasmus u. d. Leidenschaften, dramatisch dargestellt in 4 Büch. m. K. 2 Thle. 8. Arnb. Raspe. (a. Gräff in Lpz.) 797.

Gustavs Verirrung. Ein Roman in 5 Büchern. (von Karoline Augusti). Mit Kpf. 8. Leipz. ... (Wienbrack). 1 Thlr.

— Verirrungen; e. Roman in 5 Büchern, m. Kupf. 8. Ebend. (a. Gräff in Lpz.)

Gustavsen, E., Seltsames u. Ernsthaftes. Novellen. 8. (160 S.) Leipzig 889. Friedrich. n. 2. —

Gustavsson, Wolfhart, s. a.: Burghauser, Wolfg.

Gustavsson, Wolfhart, Geheimnisse der Religion. Ein Rückblick u. Ausblick üb. Gottheit, Natur u. Naturerkennen. (Den Umschlag zeichnete Maria Wera Brunner.) 1. bis 3. Taus. (82 S.) 8. Stuttgart 906. Strecker & Schröder. n. 1. —

— Geheimnisse der Religion. Ein Rückblick u. Ausblick üb. Gottheit, Natur u. Naturerkennen. (Den Umschlag zeichnete Maria Wera Brunner.) 5. Taus. (82 S.) 8. Stuttgart 907. Strecker & Schröder. 1.—; geb. 1. 80

— Mensch, Tier u. Pflanze. Ein Parallelismus. 1—4. Taus. (VIII, 144 S.) 8. Ebd. 907. 1.—; geb. 1. 80

Gustchens Geschichte, oder eben so muß es kommen. 8. Posen 805. Kühn. (Leipz., Centr.-Compt.) 1 Thlr. 8 gr.

Gustchen's u. Adolph's belehr. Wanderschaft durch d. Bilderfibel, mit Kpf. 8. Berl. 808. Schmidt. 16 gr.

Gustedt, Hermann Ferdinand (Magdeburg), De mutationibus iridis et pupillae morbosis. Dissert. ophthalm. Halle (H. Ruff jun.) 2. VIII. 1836. 24 S. mit Biogr. (M.: H. Schmidt.) (5.50) 12375
Oppon.: H. Brunn, B. Schraeder. — Gewidm.: Ernst Blasius.

Gustedt, Baronin Jenny v., aus Goethes Freundeskreise. Erinnerungen. Hrsg. von Lily v. Kretschman. gr. 8. (VII, 510 S. m. 9 Bildnissen.) Braunschweig 892. G. Westermann. n. 12. —; geb. n.n. 13. 20

Güsten, s.: Preussen. Messtischblätter.

Gustenhoffer, Wilh., katholisches Schüler-Büchlein f. Meß-, Beicht- u. Nachmittags-Andacht. 2., verm. Aufl. (64 S.) 16. Freiburg i/B. (910). Caritas-Verlag. p — 20

Gustermann, Ant., Geschichte Preußens vorz. seit d. 13ten Jahrh. 8. Leipz. (Mösle, Wien.) 786.
vgl. Gustermann, Franz

Gustermann, Anton Wilhelm

Gustermann, Ant. Wlh., Ausbildung d. Verfassung d. Königreichs Ungarn. 2 Bde. gr. 8. Wien 811. Ant. Doll. 2 Rthl.

Gustermann, A. W., Formularbuch d. praktischen u. gerichtlichen Aufsätze etc. 2 Thle. gr. 8. Wien, Mösle. 800.

— Formularbuch zu prakt. u. gerichtl. Aufsätzen in den k. k. Staaten. 2 Thle. gr. 8. Wien 812. v. Mösle. 2 Rthl.

Gustermann, A. W., Formularbuch zu praktischen u. gerichtl. Aufsätzen in den K. K. Staaten. 2te verm. Aufl. 2 Thle. gr. 8. Wien, v. Mösle. 815. Rthlr.

— Oesterr. Kirchenrecht in den deutschen, ungar. u. galiz. Erbstaaten. 3 Thle. gr. 8. Wien 807. auch mit Jahrz. 812. v. Mösle. 2 Rthl. 16 gr.

— Oesterr. Privatrechtspraxis etc. gr. 8. Wien ... 4te verb. Aufl. 3 Bde. gr. 8. Wien 805. 3e A. 822; 25. (Gerold). 6 Rthl. Hbg. Pr. 3 Rthl.

Gustermann, (A. W.,) österr. Privatrechts-Praxis; enthaltend das gerichtl. Verfahren in bürgerl. Rechtssachen u. d. Justiz-Geschäftsstyl 2 Bde. 3e verm. Ausgabe. gr. 8. Wien 822, Geistinger, Landshut, Krüll.

— österreich. Staatsrecht. 1r Thl. gr. 8. Wien, Beck. 793.

— ungar. Staatsrecht. 1r Bd. gr. 8. Wien 818. Ant. Doll. 1 Rthl. 16 gr.

— Versuch e. vollständ. Oesterr. Staatsrechts. 1r Thl. gr. 8. Wien 793. Beck. 1 Rthl. Hbg. Pr. 16 gr.

Gustermann, Ant. W.: Versuch ein. vollständ. Oesterr. Staatsrechts. Ib., Wappler. (1. Bd.) 793. gr. 8. (1 Thl. 8 Gr.)

Gustermann, Franz

— s. Bilanzlehre, Wissenschaft.

Gustermann, Frz., Geschichte Preußens, vorzügl. seit d. 13ten Jahrh. 8. Wien 786. v. Mösle. 16 gr.
vgl. Gustermann, Anton

Gusti, Demetr., Egoismus u. Altruismus. Zur soziolog. Motivation des prakt. Wollens. Diss. (XI, 65 S.) gr. 8. Leipzig 903, Rossberg'sche Buchh. n. 1.20

Gusti, Demetr., die Grundbegriffe d. Pressrechts, s.a. Abhandlungen d. kriminalist. Seminars an d. Univers. Berlin.

Gusti, Demetrius: Die Grundbegriffe des Preßrechts. Eine Studie z. Einführung in d. preßrechtl. Probleme. Von Dr. –. Berlin: Guttentag 1908 (1909). VIII, 131 S. 8°
(Abhandlungen d. kriminalist. Seminars d. Univ. Berlin. N. F. Bd 5, H. 4.)

Gusti, Otto, Katechismus d. Ruder- u. Segelsports, s.a. Weber's illustr. Katechismen.

Gusti O, Katechismus des Ruder- und Segelsports. (291 S 1 K) (Weber's illustrierte Katechismen 177) Leipzig 1898

Gustine, Georg: Die sogenannte Warzenmauke des Pferdes. ‹Dermatitis chronica verrucosa.› Mit 14 Abb. im Text Stuttgart 1910. 45 S.
Giessen, Vet.-med. Diss. v. 1910.
Aus: Monatshefte für prakt. Tierheilkunde. Bd 21.

Gustke, R., Anleitung zum Gebrauche der geometrischen Körper beim ersten Unterrichte in der Raumlehre. Mit besond. Berücksichtigung der von der Schulbehörde der Stadt Köln zusammengestellten Sammlung geometr. Körper zur Veranschaulichung stereometr. Begriffe u. Lehrsätze in der Volksschule. 8. (37 S.) Köln 878. A. J. Tonger. n. — 50

— Leitfaden f. den Unterricht in der deutschen Sprache. Zunächst f. Volks- u. Mittelschulen. gr. 8. (IV, 80 S.) Köln 879. Warnitz & Co. n. — 80

Gustorf, die resinös-balsamischen Kiefer- und Fichtennadelbäder in Thüringen. (Aus der Zeitschr. für wissensch. Therapie.) 2. Aufl. Rudolstadt 854. Renovanz in Comm. (Scheitz.) gr. 8. (31 S.) n. 4 ngr.

Gustorf, L., Diss. inaug. Nonnulla ad delirii sic dicti trementis historiam momenta. 8. Götting. 824.

— verwilderter Prodomus e. Werks über den Zusammenhang zwischen Geist u. Sinnlichkeit; in dem besondern Falle einer epilepsia simulata betrachtet, wenn sie zur vera geworden. 8. Wien 825.

Güstrow [Schlagwort]

Güstrow. Tretow, O., Karte v. Güstrow u. Umgegend. 1 : 25,000. 46 × 58 cm. Farbendr. Güstrow 895. Opitz & Co. n. 1. —

Gusty, Jos., was ist Wahrheit? Antwort auf die wichtigste Frage des Menschen. (108 S.) 12. Breslau (903). F. Goerlich. n. — 60; geb. n. 1. —

Guszmann, Rud., Graf Stephan Széchenyi im Privat-Irrenhause zu Döbling. 8. (89 S.) Pest 860, Heckenast.

(Gut und Blut für unsern Kaiser!) Zur Erinnerung an den 100jährigen Gedenktag der Errichtung der k. und k. Leibgarde-Infanterie-Compagnie. 17. März 1802—1902. 8. Wien 1902.

Gut u. Blut fürs Vaterland. Eine Studie üb. Capitalismus v. K. A. gr. 8. (20 S.) Wien 895. Verl.-Buchh. „Austria". — 36

Gut u. böse. Ein Spiegel für die lieben Kleinen. Nürnberg 865. Koenecke. 4. (16 color. Steintaf.) cart. 10 ngr.; Auf Leinw. 15 ngr.

Gut Deutsch! (Rechtschreibung, Satzlehre, Satzzeichen, Stil), s.: Miniatur-Bibliothek.

Gut deutsch u. evangelisch allewege. 1—10. Heft. (Je ca. 16 S. m. Abb.) 8. Potsdam (910). Stiftungsverl. à — 10

— evangelisch allewege. 1.—6. Heft. 8. Leipzig, A. Strauch. à n. — 10
1. Los von Rom. Reiseeindrücke v. der evangel. Bewegung in Böhmen 1902. Von Kornrumpf. I. Wie es gekommen ist. (15 S.) (906.)
2. Gut evangelisch alle Wege. Selbsterlebtes aus der evangel. Bewegg. Böhmens. Von Joh. Ungnad. (14 S. m. 7 Abbildgn.) (906.)
3. Erzählungen (Umschlag: Geschichten) aus der evangelischen Bewegung. Von Frz. Blanckmeister. (22 S. m. 9 Abbildgn.) 906.
4. Oesterreichische Uebertritts-Geschichten. Erzählungen. Von Adf. Zörkler. (15 S. m. 6 Abbildgn.) 906.
5. Eine evangelische Wallfahrt an Böhmens Grenze. Von E. Quaas. (15 S. m. 2 Abbildgn.) (906.)
6. Zurück nach Rom in der Mark Brandenburg. Ein Wort zur Aufklärg. Von Hans Bahr. 1.—10. Taus. (20 S.) (906.)

evangelisch allewege. (Neue Sammlung.) 1–6. Heft. 8 Leipzig, A. Strauch. à — 10
Bahr, Hans, zurück nach Rom in der Mark Brandenburg. Ein Wort zur Aufklärg. 1—10. Tauf. (20 S.) (907.) (Hft. 6)
Blanckmeister, Frz., ein Blick in Melanchthons Häuslichkeit. (16 S. m. Abb.) (907.) (Hft. 3)
— Ein feste Burg ist unser Gott. Das Lutherlied zu Schutz u. Trutz. (18 S.) (908.) (Hft. 5)
— Nacht u. Morgen in Österreich. (24 S. m. Abb.) (907.) (Hft. 2)
Kornrumpf, wie steht's in Böhmen? Reiseeindrücke v. der evang. Bewegg. (16 S.) (907.) (Hft. 1)
Zörkler, Adf., österr. Übertritts-Geschichten Erzählungen. (15 S. m. Abb.) (907.) (Hft. 4.)

Gut Ferngruss! Monatsschrift d. deutschen Ansichtskarten-Sammler-Verbandes. Organ f. alle Ansichtskarten-Sammler. Red.: Rich. Steppacher. 1. Jahrg. Juli 1897—Juni 1898. 12 Nrn. (à ca. 2 S.) gr. 4. Cölleda, F. Koch. n. 2. —

Gut Heil! Reihenfolge leb. Bilder, s.: Turner's Frohsinn.

Gut Heil! Das 3. deutsche Turnfest in Leipzig von Anfang bis zu Ende (1—5. August 1863) erzählt von einem heiteren Festgenossen. Leipzig 863. Katzsch. 8. (72 S.) 5 ngr.

Gut Heil! Liederbuch für deutsche Turner. Wesel 865. Voß & Finke. 32. (64 S.) n. 2½ ngr.

— neues Turnliederbuch. Mügeln 865. (Leipzig, Senf.) 32. (96 S.) 3 ngr.

—— Taschenbuch der schönsten Lieder für die Turner Schwabens. Mit dem Portr. von Vater Buhl. Enthaltend die kernhaftesten Turnerlieder, wie auch die beliebtesten Volks-, Vaterlands-, Trink- und Gesellschaftslieder. 1.—3. Aufl. 16. (VIII, 114 S.) Eßlingen 882—84, Lung. cart.

Gut Heil! Offizielle Festzeitung für d. zürcherische Kantonalturnfest in Hottingen. Herausgegeben unter Mitwirkung schweizer. Dichter, Künstler und Fachmänner. In-4°, 4 Nummern. Seefeld-Zürich, Druck von F. Lohbauer. Lithogr. von Rüegg & Schaufelberger. 1883. 1 50

— Taschenbuch der schönsten Lieder für die Turner Schwabens. Mit dem Portr. v. Vater Buhl. Enth. die kernhaftesten Turnerlieder, wie auch die beliebtesten Volks-, Vaterlands-, Trink- u. Gesellschaftslieder. 3. Aufl. 16. (VIII, 114 S.) Eßlingen 884. Lung. cart. n. — 40

Gut Heil! Liederbuch f. Turner u. Feuerwehrleute. [Mit vielen Holzschn.] 16. (256 S.) Mülheim 884. Bagel. cart. — 60

Gut Heil! Fest- u. Erinnerungsbl. z. 25jähr. Stiftungsf. d. Schweriner M. T. V., Schwerin 1884, 4°.

— Taschenbuch der schönsten Lieder für die Turner Schwabens. Mit dem Portr. v. Vater Buhl. 4., verm. Aufl. 16. (VIII, 119 S.) Eßlingen 887. Lung. cart. n. — 40

Gut Heil: 1887–?

Juvenile religious monthly. German edition of Good Cheer for Young and Old. Large quarto, each issue 4 pages; illustrated.
New York, NY

Gut Heil! Liederbuch f. deutsche Turner. 2., verm. Aufl. 16. (224 S. m. Holzschn.) Mülheim a/R. 890. Bagel. cart. — 60; geb. — 90

—— —— Taschenbuch d. schönsten Lieder f. die Turner Schwabens. Mit dem Portr. v. R. Langer, Vater Buhl u. Turnvater Jahn. 5. verm. Aufl. 16. (X, 156 S.) Eßlingen 891, Lung. cart. * — 40

— Sammlung v. Unterhaltungsstoffen f. Turner-Festlichkeiten. 1.—6. Hft. 8. Hamburg 892. G. Kramer Verl. n. 3. 60; einzeln à — 75
1. Fidele Turner. Schwank m. Gesang in 1 Akt v. A. Bourset. (24 S.)
2. Chinesisches Raritäten-Kabinet. Humoristischer Vortrag von Alfr. v. Jüchen. (10 S.)
3. Turners Lust u. Leid. Lebende Bilder m. verbind. Text von C. Lüders. (12 S.)
4. Komische Schaustellungen von C. Lüders. Wunder der Mechanik. Curiose Turner. Der Singapparat. (16 S.)
5. Prologe u. Reden f. Turn-Vereine. (20 S.)
6. Komische Scenen von A. Bourset. Pickhahn, der Privatturner. Soloscene. Die Nebenbuhler. Scene m. Gesang. (20 S.)

— Taschenbuch der schönsten Lieder f. die Turner Schwabens. Mit dem Portr. v. R. Langer, Vater Buhl u. Turnvater Jahn. Enth. die kernhaftesten Turnlieder, wie auch die beliebtesten Volks-, Vaterlands- Trink- u. Gesellschaftslieder. 7., verm. Aufl. 16. (X, 154 S.) Eßlingen 893. A. Lung. Kart. n. — 40

Gut Heil! Taschenbuch d. schönsten Lieder f. d. Turner Schwabens. Mit d. Portr. v. O. Hoffmeister, Vater Buhl u. Turnvater Jahn. Enth. d. kernhaftesten Turnlieder, wie auch d. beliebtesten Volks-, Vaterlands-, Trink- u. Gesellschaftslieder. 8., verm. Aufl. gr. 16. (VI, 120 S.) Eßlingen 896. Stuttgart, A. Lung. Kart. n. — 40

Gut Heil! Liederbuch f. deutsche Turner. 3. verm. Aufl. 16. (224 S. m. 1 Bildn.) Mülheim a/R. 899. J. Bagel. Kart. — 60

— — Taschenbuch der schönsten Lieder f. die Turner Schwabens. Mit dem Portr. v. O. Hoffmeister, Vater Buhl u. Turnvater Jahn. Enth. die kernhaftesten Turnlieder, wie auch die beliebtesten Volks-, Vaterlands-, Trink- u. Gesellschaftslieder. 9. verm. Aufl. gr. 16. (VI, 120 S.) Eßlingen 899. Stuttgart, A. Lung. Kart. n. — 40

Gut Heil! Liederbuch f. deutsche Turner. 3. verm. Aufl. *Mülheim a. d. R.: J. Bagel [1900]*. (224 S.) 8° [F.] [... 5033 B

Gut Heil!: Jahrgang 1, Apr. 1904–?

Weekly. Official organ of Chicago Turn Bezirke. Large quarto, each issue 8 pages. Edited by Leopold Neumann, Apr. 1904–?
Chicago, IL

— Heil! Neuestes Turner-Liederbuch. Enth. die beliebtesten Lieder. (96 S.) 16. Reutlingen (904). R. Bardtenschlager. — 20

— — Turn-Liederbuch, enth. 167 der geeignetsten Lieder. 18. Aufl. Mit dem Bild v. Eman. Schmuck, Turnvater Jahn u. Fr. Helm. Den Turnern des IX. Kreises gewidmet. (VI, 110 S.) 16. Stuttgart (905). A. Lung. Kart. n. — 35

— Heil! Turn-Liederbuch, enth. 167 der geeignetsten Lieder. 18. Aufl. Mit dem Bild von Emanuel Schmuck, Turnvater Jahn u. Fr. Helm. Den Turnern des IX. Kreises gewidmet. (VI, 110 S.) 16. Stuttgart (909). A. Lung. Kart. -- 35

— dasselbe, enth. 178 d. geeignetst. Lieder. 91—110. Tauf. Mit d. Bild des Turnvater Jahn. Den Turnern Deutschlands gewidmet. (VI, 120 S.) 16. Ebd. (909). Kart. — 40

— dasselbe. 22. Aufl. Mit den Bildern v. H. G. Wanner u. Jahn. Dem X. deutschen Turnkreis gewidmet. (VI, 120 S.) 16. Ebd. (909). Kart. — 35

Gut, Das höchste, oder die beiden Banken nach der Geschichte und der Erfahrung von keinem Juden und keinem Verwaltungsrathe. Amberg 1873. V: *Donin, Ludwig.* (EB)

Gut, das höchste, od.: Die beiden Banken nach der Geschichte u. der Erfahrg. v. keinem Juden u. keinem Verwaltungsrathe. gr. 16. (47 S.) Amberg 873. Habbel. — 30

— das höchste. Gesundheits-Bibliothek f. Familie u. Haus. 1—48. Lfg. gr. 8. Berlin 874. 75. Grieben. à — 75

Lehrbuch der praktischen Naturheilkunde nach Steinbacher's kombinirter Naturheilmethode. u. 18jähr. eigenen Erfahrgn., v. Alex. Loh. (155 S.)

Das Haus, in dem ich wohne. Gemeinfaßliche Erklärg. der Bauart u. der Verrichtgn. d. menschl. Körpers. Für den Familiengebrauch v. W. A. Alcott. (107 S.)

Der Liebling d. Hauses [das Kind] u. seine Erhaltung. Drei Vorlesgn. üb. Verdaug., Blutumlauf u. Athmg. Von Lydia Fowler. (S. 1—68.)

Weibliche Aerzte f. Frauen, Mädchen u. Kinder. Ein Wort zur Beherzigg. f. alle wahren Freunde d. socialen Fortschritts, v. E. Weilshäuser. — Gesundheit u. Krankheiten der Frauen. Von R. J. Trall. (60 S.)

Die Gefahren der Impfung u. die Staatsmedizin. (63 S.)

Das gewöhnliche Wasser. Seine Eigenschaften u. sein Nutzen als Verbeugungs- u. Heilmittel vieler Krankheiten. Gesammelt aus den Schriften vieler berühmter Aerzte u. aus 40jähr. Erfahrg. v. J. Smith. Nebst Regeln zur Erhaltg. der Gesundheit durch Diät, m. Zusätzen v. J. Shew. (60 S.)

Die physische Lebenskunst. Inbegriff prakt. Anweisgn. zur Verhütg. v. Krankheiten u. zur Verlänggerg. d. menschl. Lebens. Von W. A. Alcott. Mit Abbildgn. (351 S.)

Der Schmerz, seine Milderg. Beseitigg. u. Heilg. Eine kurze Erklärg. seiner Behandlg. m. Wasser v. verschiedenen Wärmegraden v. Ellis. (23 S.)

Das Buch der Gesundheit f. das Volk, v. Laroy Sunderland. (52 S.)

Die Ernährung d. Menschen v. Lees. — Gesundheit, Glück u. hohes Alter, od. wie soll der Mensch leben? Von A. Nicholson. (72 S.)

Ueber die Rechte u. die Stellung der Frauen v. K. Heinzen. Mit verschiedenen Zusätzen. (110 S.)

Einführung in die Naturheilkunde. Genaue Erklärg. der menschl. Konstitution, Bedinggn. der Gesundheit, Natur u. Ursachen der Krankheit, die leitenden Medizinsysteme u. die Grundsätze, Praxis, Anwendgn. u. Ergebnisse der Hydrotherapie od. Wasserkur als wissenschaftl. u. umfass. System zur Erhaltg. u. Wiederherstellg. der Gesundheit. Von L. Nichols. (48 S.)

Der Mensch — kein Raubthier. Ein Beitrag zur Lösg. der diätet. Frage v. J. Scholefield. — Das blutlose Zeitalter. Wohlgemeinter Rath f. Diejenigen, welche sein Herankommen beschleunigen u. das Blut aus unsern Küchen verbannen wollen v. R. G. Gammage. — Was ist Vegetarianismus? Eine Beleuchtg. dieser Grundlage aller gesellschaftl. Reformen. (48 S.)

Die Mutterschaft od. das Tragen u. Stillen der Kinder. Mit Bemerkgn. üb. weibl. Erziehg. u. Schönheit. Von O. S. Fowler. Nebst Anh.: Ueber die Erziehg. der Kinder im Allgemeinen v. W. A. Alcott. (IV, 155 S.)

Die junge Hausfrau. Gedanken üb. Nahrg. u. Küche v. W. A. Alcott (IV, 204 S.)

Der Alkohol u. seine Verbannung aus unserem Arzneischatze v. R. T. Trall. (178 S.)

Die Cholera, ihre Ursachen, Vorbeugung u. Heilung. Beweise f. die Unwirksamkeit der Arzneibehandlg. u. f. den Vorzug der Wasserkur. Von J. Shew. (VI, 71 S.)

Blattern u. Impfung. Von W. J. Collins. (55 S.)

Vegetarianisches Kochbuch. Ein Hilfsbuch f. Alle, welche sich der blutlosen Diät zugewendet haben od. zu derselben übergehen wollen. Von E. Weilshäuser. (90 S.)

Unser tägliches Brot od. der Werth d. Brotes aus ungebeuteltem Mehle. Von W. Horsell. Mit Zusätzen v. Mehreren. (59 S.)

Früchte u. Mehlstoffe, die eigentl. Nahrg. d. Menschen. Geschichtliche, anatom., physiolog. u. chem. Thatsachen. Zusammengestellt v. John Smith. (XV, 272 S.)

Die Kunst, mit 5 Groschen = ½ Mark täglich auskömmlich zu leben. Von T. L. Nichols. (32 S.)

Der Tabak u. seine Wirkungen. Ein Preisversuch f. den Beweis, daß der Tabak e. phys., geist., sittl. u. gesellschaftl. Uebel ist. Von H. Gibbons. (27 S.)

Der Alkohol als Medizin. Ein Vortrag v. R. T. Trall. (41 S.)

Thee u. Kaffee in ihren physischen, geistigen u. moralischen Wirkungen auf das menschliche System. Von W. A. Alcott. (44 S.)

Die Arzneimittel, ihre Natur, ihre Folgen u. Wirkgn. Von R. T. Trall. Stimmen der Weisen u. der Zeiten, od. histor. Aehrenlese. Von F. Towgood. (64 S.)

Die Wasserkur bei Schwangerschaft, Geburt u. Wochenbett. Von J. Shew. (VII, 85 S.)

Winke f. Ehemänner. Enthüllte Geheimnisse der männl. Geburtshilfe. Von G. Morant. (60 S.)

Die diätetische Frage, nach den neuesten wissenschaftl. Forschgn. allseitig beleuchtet v. W. Horsell u. R. T. Trall. (70 S.)

Hygienisches Allerlei. Eine Sammlg. v. Reden, Abhandlgn., Berichten u. Briefen üb. die diät. Reform. Hrsg. v. E. Weilshäuser. (96 S.)

Der kranke Mensch od. Ursache u. Heilg. der Krankheiten. Ein vollständ. ärztl. Familien-Rathgeber. Von Wilson. (V, 90 S.)

Die Krankheiten der Zeugungs-Organe. Ihre Entstehg. u. Heilg. nach Grundsätzen der Naturheilkunde. Von J. C. Jackson. (51 S.)

Eine Vorlesung f. junge Männer üb. Keuschheit. Zugleich Warnungs- u. Belehrungsschrift f. Eheleute, Eltern u. Vormünder. Von S. Graham. (84 S.)

Liebessünden od. die Folgen unmäßiger Geschlechtsliebe u. ihre Heilg. Warnung u. Rath f. Verheirathete u. Unverheirathete. Von O. S. Fowler. (II, 59 S.)

Die Vivisection [Zergliederg. lebendiger Thierkörper]. Ist sie nothwendig od. zu entschuldigen? Von G. Fleming. (80 S.)

Die Kehl u. Lungenkrankheiten. Von R. T. Trall. (47 S.)

Die pythagoräische Lebensweise. Ein Mittel zur Erhaltg. der Gesundheit u. zur Unterstützg. der Heilkunde. Von A. Cocchi. — Der einzig sichere Schutz gegen Cholera u. die einzige Kurmethode. Von W. Horsell. — Früchte u. Vegetabilien. Von S. Graham. (43 S.)

Die weibl. Kleidung u. ihre sittl. u. leibl. Beziehgn. Mit 14 Abbildgn (in eingedr. Holzschn.) Von Marie M. Jones. (32 S.)

Milch, Butter, Käse, Hülsenfrüchte. Nebst e. Anh. üb. die Desinfection. Von F. Abl. (53 S.)

Die Diphtheritis. Natur, Geschichte, Ursachen, Vorbeugg. u. naturgemäße Behandlg. Mit e. Darlegg. der verschiedenen Theorien, Irthümer u. Praktiken der Medizîner. Von R. T. Trall. (200 S).

— Holz! Lieder f. deutsche Kegelbrüder. Nach bekannten Melodien zu singen. 12. (96 S.) Mülheim a/Rh. (900). J. Bagel. — 30

— Licht! Jahrbuch u. Almanach f. Photographen u. Kunstliebhaber. Unt. Mitwirkg. namhafter Fachgenossen hrsg. v. Herm. Schnauss. 1. Jahrg. Für d. J. 1896. 12. (IV, 166 S. m. Abb. u. 6 Kunstbeilagen.) Dresden 895. Verlag d. Apollo. Geb. in Leinw. n. 1. 50

— dasselbe. 2. Jahrg. Für d. J. 1897. 12. (V, 160 S. m. Abb. u. 9 Kunstbeilagen.) Ebd. 896. Geb. in Leinw. n. 1. 50

— dasselbe. 3. Jahrg. Für d. J. 1898. 8. (IV, 146 S. m. Abb. u. 8 Kunstbeilagen.) Ebd. 897. n. 1. 20

— Licht! Jahrbuch u. Almanach f. Liebhaber-Photographen. Red. v. Herm. Schnauss. 7. Jahrg. Für d. J. 1902. 8. (III, 93 S. m. Abbildgn. u. 9 Kunstbeilagen.) Dresden, Verlag d. Apollo. n. 1.20; geb. in Leinw. n. 1.50

— Licht! Jahrbuch u. Almanach f. Liebhaber-Photographen. Hrsg. v. Herm. Schnauss. 10. Jahrg. Für d. Jahr 1905. (IV, 123 S. m. 65 Abbildgn. u. 9 Kunstbeilagen.) 8. Dresden, Verlag des Apollo. n. 1. 50; geb. n. 1. 80

Erscheint nicht mehr.

Gut f. die Tasche. Kalender f. 1895, enth. Kalendarium, Notiz-Kalender, sowie allerhand Mittheilgn. aus dem Verkehrswesen. schmal 8. (Tagebuch u. 81 S. m. 1 Taf.) Elberfeld, S. Lucas. Kart. n. — 50

— f. d. Tasche. Kalender f. 1896, enth. Kalendarium, Notiz-Kalender, sowie allerhand Mittheilgn. aus dem Verkehrswesen. schmal 8. (Tagebuch u. 76 S. m. 1 Taf.) Elberfeld, S. Lucas. Kart. n. — 50

— f. die Tasche. Kalender f. 1903, enth. Kalendarium, Notiz-Kalender, sowie allerhand Mittheilgn. aus dem Verkehrsleben. schmal 8. (Schreibkalender u. 86 S. m. 1 Taf.) Elberfeld, S. Lucas. Geb. n.n. — 50

— f. die Tasche. Kalender f. 1906, enth. Kalendarium Notiz-Kalender, sowie allerhand Mitteilgn. aus dem Verkehrsleben. (Schreibkalender u. 112 S.) schmal kl. 8. Elberfeld, S. Lucas. Geb. n.n. — 50

— verwahrt, s.a. Weihnachtsrosen.

Gut verwahrt. Eine wirkl. Geschichte von A. v. K. Dessau: Ev. Vereinsh. [Berlin: Sonntagsschulbuchh. 1896]. (S. 21–24.) 8°
= Weihnachts-Rosen. H. 12, 2.

Gut Woch. Hrsg. u. Red.: S. Meyer. 2. Jahrg. Eine Nr. gr. 4. (8 S.) Berlin 889. (Max Harrwitz.) n.n. 1. —

Gut Woch. Hrsg. u. Red.: Siegfr. Meyer. 11. Jahrg. Nr. 29. gr. 4. (8 S.) Berlin 891. (M. Harrwitz.) n.n. 1. —

Gut (Pseud.). Um 1770, s. Beaumont, Mme de

Gut, Adolf [aus Oetlingen (Kt. Zürich)]: Ein Beitrag zur Casuistik der Hypophysistumoren. Zürich 1899. 19 S. 8°.
Zürich. Med. Diss. 1898/99.

Gut, Ad., das geometrische Darstellen von Körpern m. Schnitten u. Abwickelungen. (Rechtwinklige Projektion.) Zugleich erläut. Text zu den „20 Wandtafeln zur Projektionslehre", f. höhere Lehranstalten u. Gewerbeschulen, sowie zum Selbstunterricht bearb. gr. 8. (VIII, 43 S. m. 55 Fig.) Wiesbaden 894. R. Bechtold & Co. n. 1. 50

Gut, Ad., das geometrische Darstellen von Körpern mit Schnitten u. Abwickelungen. (Rechtwinklige Projektion.) Für höhere Lehranstalten u. Gewerbeschulen sowie zum Selbstunterricht. 2. Aufl. (VIII, 43 S. m. 55 Fig.) gr. 8. Wiesbaden (903). R. Bechtold & Co. n. 1. 50

Gut, A., Leitfaden f. den Freihandzeichenunterricht an Volks- u. höheren Schulen. 1. Tl.: Freies Zeichnen ebener Gebilde. I. Stufe: Die gerade Linie u. geradlinige Flächenfiguren. (4. Schulj., bezw. 1. Zeichenj.) Text mit 72 Fig. auf 6 lith. Taf. u. 12 Holzschn. gr. 8. (IV, 36 S.) Wiesbaden 889. Bechtold & Co. n.n. — 75

— dasselbe. 14 Wandtafeln dazu. Imp.-Fol. Ebd. 889. Auf 7 Pappen gezogen. n.n. 7. —; Kasten dazu n.n. 1. 50

— Leitfaden für den Freihandzeichenunterricht an Volks- u. höheren Schulen. 2. Tl.: Freies Zeichnen ebener Gebilde. II. Stufe: Die krumme Linie u. krummlinige Flächenfiguren. Text m. 220 Fig. auf 16 lith. Taf. u. 22 Holzschn. Hrsg. vom allgemeinen Lehrerverein im Reg.-Bez. Wiesbaden. gr. 8. (IV, 90 S.) Ebd. 891. n. 2. — (1 u. 2.: n.n. 2. 75)

— dasselbe. 32 Wandtafeln dazu. Imp.-Fol. Ebd. 891. Auf 16 Pappen gezogen. n.n. 18. —; Kasten dazu n.n.n. 2. — (1 u. 2.: n.n. 25. —)

Gut, Adf., Leitfaden f. d. Freihandzeichenunterricht an Volks- u. höheren Schulen. 1. Tl. gr. 8. Wiesbaden 896. R. Bechtold & Co. n. — 75
Freies Zeichnen ebener Gebilde. I. Stufe: D. gerade Linie u. geradlin. Flächenfiguren. (4. Schulj., bezw. 1. Zeichenj.) M. 72 Fig. auf 6 lith. Taf. u. 12 Holzschn. 2. Aufl. Hrsg. vom „Allgem. Lehrerverein im Reg.-Bez. Wiesbaden". (VII, 39 S.)

Gut, Adf., Leitfaden f. den Freihandzeichenunterricht an Volks- u. höheren Schulen. 2 Tle. 3. Aufl. Hrsg. v. „Allgem. Lehrerverein im Reg.-Bez. Wiesbaden". gr. 8. Wiesbaden (900). R. Bechtold & Co. n. 2. 75
1. Die gerade Linie u. geradlinige Flächenfiguren. Mit 72 Fig. auf 6 lith. Taf. u. 12 Holzschn. (VII, 39 S.) n. — 75
2. Die krumme Linie u. krummlinige Flächenfiguren. Mit 22 Holzschn. u. 220 Fig. auf 16 lith. Taf. (VII, 90 S.) n. 2. —

Gut, Ad., das Linearzeichnen. Ein Leitfaden für die Hand der Schüler an höheren Bürger-, gewerbl. Fortbildungs- u. Realschulen bearb. 1. u. 2. Thl. gr. 8. Wiesbaden 878. 80. Limbarth. n. 3. 50
1. Das geometrische Zeichnen. Mit 12 (lith.) Taf. (in qu. Fol.). (V, 37 S.) n. 2. —
2. Die rechtwinkl. Projektion. Mit 9 (lith.) Taf. (XI, 39 S.) n. 1. 50

Gut, A., das Linearzeichnen. Ein Leitfaden f. Real-, höhere Bürger- u. gewerbl. Fortbildungsschulen, sowie zum Selbstunterrichte. III. Tl. Die Perspektive u. die perspektiv. Schattenkonstruktion. Mit 8 Taf. gr. 8. (IV, 36 S.) Wiesbaden 888. Limbarth. cart. n. 1. 80 (1—3.: n. 5. 60)

Gut, Adf., das Linearzeichnen in d. Volksschule nach d. preuß. Lehrplänen v. 1902. (32 S. m. 12 lith. Taf.) 17,5×25,5 cm. Stade 907. A. Pockwitz. 1. 60

Gut, Adf., Loreley. Eine Sammlg. leicht sangbarer Männerchöre. 1. Hft. 50 Chöre enth. 8. (IV, 127 S.) Wiesbaden 872. Limbarth. n — 80

— Perlen. Eine Sammlung v. ein- u. mehrstimmigen Liedern u. gemischten Chören f. Privatanstalten u. andere höhere Schulen. 1—4. Hft. qu. 4. Wiesbaden 871. 75. Limbarth. à n. — 80
1. 20 einstimmige Lieder m. einfacher Pianoforte-Begleitung u. 30 zweistimmige Lieder enth. (X, 64 S.)
2. 30 drei- u. 20 vierstimm. Lieder f. Sopran- u. Altstimmen enth. (VIII, 67 S.)
3. 50 gemischte Chöre enth. 2. Aufl. (VIII, 71 S.)
4. 50 Choräle, theils rhythmisch bearb. f. 3 u. 4 Sopran- u. Altstimmen, sowie f. gemischten Chor. (VIII, 80 S.)

— Perlen. Eine Sammlung von ein- u. mehrstimmigen Liedern u. gemischten Chören f. höhere Schulen u. Privatanstalten. 1., 2., 4. u. 5. Hft. 2. [Ster.-]Aufl. qu. gr. 8. Ebend. 876—78. à n. — 80
1. 20 einstimm. Lieder mit leichter Pianoforte-Begleitung. 30 zweistimm. Lieder u. 5 Canons. (VIII, 64 S.)
2. 30 drei- u. 20 vierstimm. Lieder f. Sopran- u. Altstimmen oder f. Männerchor enth. (VIII, 68 S.)
4. 2. Ster.-Aufl. (VIII, 80 S.)
5. Gemischte Chöre religiösen u. ernsten Inhalts enth. (VII, 75 S.)

—— Perlen. Eine Sammlung von ein- und mehrstimm. Liedern und gemischten Chören für höhere Schulen und Privatanstalten. 4. Heft: 50 Choräle, theils rhythmisch, bearb. für drei und vier Sopran- und Altstimmen, sowie für gemischten Chor. 2. Ster.-Aufl. qu. gr. 8. (VIII, 80 S.) Ebendas. 881.
1., 2., 3. und 5. Heft. Ebendas. 1875—78. à * 80 Pf.

Gut, Adf., Perlen. E. Sammlg. v. ein- u. mehrstimm. Liedern u. gemischten Chören f. höh. Schulen u. Privatanstalten. 1. u. 2. Hft. 3. (Ster.-)Aufl. qu. gr. 8. Wiesbaden 898. Ch. Limbarth. à n. — 80; geb. à n. 1. 20
1. 20 einst. Lieder m. leichter Pianof.-Begleitung, 30 zweist. Lieder u. 5 Canon's enth. (VIII, 64 S.)
2. 30 drei- u. 20 vierst. Lieder f. Sopran- u. Altstimmen od. f. Männerchor enth. (VIII, 68 S.)

Gut, Adf., Volkslieder. Für gemischten Chor bearb. 1. Hft. 50 Nummern f. Schulen u. Gesangvereine enth. gr. 8. (55 S.) Wiesbaden 883. Limbarth. n. — 60

Gut, Adf., Volkslieder. Für gemischten Chor bearb. 2. Aufl. gr. 8. (56 S.) Wiesbaden (899). Ch. Limbarth's Verl. n. — 60

— Volks-Lieder f. die Volksschule. 2 Hfte. 8. Wiesbaden 888. Bechtold & Co. n. — 60
1. Für die Unter- u. Mittelstufe. (48 S.) n. — 25
2. Für die Oberstufe. (56 S.) n. — 35

— dasselbe. 1. u. 2. Hft. Mit Vorwort u. Litteratur-, resp. Entstehungsnachweis. [Ausg. f. Lehrer.] 8. (XI, 48 u. 56 S.) Ebd. 888. — 60

— 18 Wandtafeln z. geometr. Zeichnen. (Planimetrische Konstruktion.) Für höh. Lehranst. u. Gewerbeschulen, sow. z. Selbstunterr. à 72,5 × 36 cm. Farbdr. M. Text. gr. 8. (32 S. m. 22 Taf) Ebd. 898. Auf Karton n. 15.—; Aufbewahrungskasten n.n.n. 1.50; Text allein 1.50

— Wandtafeln zur Projektionslehre. 20 Taf. auf Karton à 63×83 cm. Farbendr. Nebst Textbuch: Das geometrische Darstellen von Körpern 2c. gr. 8. (VIII, 43 S. m. 65 Fig.) Ebd. 894. n. 15. —

Gut, Alb., die Baustile, s.: Miniatur-Bibliothek.

— Grundriß der Kunstgeschichte, s.: Miniatur-Bibliothek.

Gut. Franz Joseph. Die sonderbaren Heilswirkungen Gottes in Einsiedeln. Predigt am Feste der Engelweihe zu E', gehalten den 14. Herbstmonat 1837. 8. Einsiedeln 1837.

Gut. Franz Joseph. Predigt. über die ungerechte Aufhebung der Klöster im Kanton Aargau. mit Hinsicht... auf die jetzigen kirchlichen Wirren, nebst der Lage der Schweiz. Verfasset und vorgetragen ... zu Stanz, am 26. Wintermonat 1843. 8. Luzern.

Gut. Franz Joseph. Predigt über die heutigen Religionsgefahren und über die Mittel unserer Rettung, vorgetragen ... zu Stanz... den 3. August 1834. 8. *o. O.* 1834.

Gut. Franz Joseph. Der Sieg über die Freischaaren. In einer Dankpredigt vorgetragen zu Stanz am 4. Mai und ersten Sonntag 1845. 8. Schwyz 1845.

Gut. Franz Joseph. Sind in der Schweiz Religionsgefahren oder nicht? Beantwortet von F' J' G'.... 8. Luzern 1844.

Gut. Franz Joseph. Der Ueberfall in Nidwalden im Jahre 1798 in seinen Ursachen und Folgen. Verfasst und hrg. von F' J' G'.... ([Mit] Anhang: A. Verzeichniss der im Jahre 1798 am 9. Herbstmonat in Nidwalden Umgekommenen.... B. Entwurf der helvetischen Staatsverfassung.) 8. Stans 1862.

Gut. Franz Joseph *s.* Volksfest. Das V' in Nidwalden.... 1850. (Luzern.)

— das dreifache Zeugniß für die Gottheit Jesu Christi, zur Belehrung und Stärkung für alle Christen unsers Zeitalters, besonders für das gemeine Volk. Stans 864. (Luzern, Gebr. Räber.) 8. (207 S.) n. 12 ngr.

Gut, Frdr., Dienst-Kalender f. die großh. badischen Amtsgerichte, s.: Betzinger, B

Gut, J., der Baumwärter. Einfache u. genaue Anweisung zur Pflanzung u. Pflege der Obstbäume. Mit 17 Holzschnitten im Texte gr. 8. (87 S.) Zürich 878. Schultheß. 1. 80

Gut, J., der Baumwärter. Einfache u. genaue Anweisung zur Pflanzung u. Pflege der Obstbäume. 2., durchgeseh. Aufl. m. e. Schlußabschnitte: Über die Anzucht der Bäume v. Leonh. Baterlaus. gr. 8. (IV, 96 S. m. 17 Holzschn. u. 1 Taf.) Zürich 891 Schultheß. n 1. 80

Gut, J., di fereinfachung unserer schrift u. schreibweise. Eine manung an alle schul- u. folksfreunde, besonders an eltern u. lehrer. 8. (30 S.) Zürich 871. Verlags-Magazin. n. — 50

Gut, J., Di Vereinfachung unserer Shrift und Shreibveise. Eine Manung an alle Schul- und Folksfreunde, besonders aber an Eltern und Lerer. 32 Seiten. 8. Zürich, Verlags-Magazin. —.50 1871.

Gut. Jacob. von Marbach-Rüschlikon [Kt. Zürich]: Ueber Diplopia monophthalmica. Zür. Zürcher u. Furrer Dr. 1854. 30 S., 1 Bl. 8°. Zürich. Med. Diss. [v. 25. Febr. 1854].

Gut, Johann

Gut, J., Mostbüchlein. Ausführliche u. gründliche Anleitung zur Bereitung eines guten Mostes. Gekrönte Preisschrift. 2. verb. Aufl. Bern 869. gr. 8. (68 S.) 7½ ngr.
3. Aufl. Bern: Wyss 1873. 67 S.

Gut, J., Mostbüchlein. Ausführliche u. gründl. Anleitg. zur Bereitg. eines guten Mostes. Gekrönte Preisschrift. 5. Aufl., neu bearb. v. G. Stalder. gr. 8. (77 S. m. Abbildgn.) Bern 890. Wyß. n. 1. —

— Mostbüchlein. Ausführliche u. gründl. Anleitg. zur Bereitg. e. guten Mostes. Gekrönte Preisschrift. 6. Aufl., neu bearb. v. G. Stalder. gr. 8. (71 S. m. 15 Fig.) Bern 892. K. J. Wyß. n. 1. —

Gut, J., Mostbüchlein. Ausführliche u. gründliche Anleitg. zur Mostbereitg. Gekrönte Preisschrift. 7. Aufl., neu bearb. von G. Stalder. (118 S. m. Abbildgn.) gr. 8. Bern 905. K. J. Wyß. n. 1. 20

Gut, J., e. vortheilhafte Obstdörre nebst e. Anleitg. zum Dörren überhaupt. Mit 4 (eingedr.) Holzschn. u. 1 Titelbilde (Holzschntaf.) gr. 8. (30 S.) Zürich 874. Schultheß. — 90

Gut, J., Obstweinbereitung u. Verwertung d. Obsttrester. („Mostbüchlein".) Gekrönte Preisschrift. 8. Aufl., neu bearb. v. G. Stalder. (140 S. m Abb. u. 1 Taf.) gr. 8. Bern 910. K. J. Wyß. 1. 50
1.-7. Aufl. u.d.T. Gut: Mostbüchlein. 1864-1905.

Gut, Johs., das Einfachste und Nützlichste der unorganischen Chemie. Leichtfassliche Vorträge. Thun 855. Christen. 8. (XII, 264 S.) n. 24 ngr.

[Gut, Johannes.] Das Freischaarenfest in Langenthal. Den 3. April 1870. Hrg. auf Veranlassung des Fest-Comité's. [Mit 1 Tafel.] 8. Langenthal [1870].

GUT, Karl (Grünstadt): Ausgedehnte Schädelverletzung mit Ausgang in Heilung. (Titel nach der Urkunde)
1.5.1893 - Urk: Chr 1892/93,17
Diss. Ingolst.-Landsh.-Mchn.

Gut, Max, das ehemalige kaiserl. Landgericht auf der Leutkircher Heide u. in der Pirs, s.a. Beiträge, urkundliche, zur Gesch. d. bürgerl. Rechtsganges. II.

Gut, Max, Rechtsanwalt in Leutkirch: Das ehemalige kaiserliche Landgericht auf der Leutkircher Heide und in der Pirs. E. rechts- u. verfassungsgeschichtl. Untersuchung. Berlin: E. Weber 1907. (73 S.) 8° ¶ [Aus: Urkundl. Beiträge z. Gesch. d. Bürgerl. Rechtsganges 2.]
Tübingen, Jur. Fak., Ref. Rietschel, Diss. v. 27. Sept. 1907
[Geb. 24. April 77 Leutkirch; Wohnort: Leutkirch; Staatsangeh.: Württemberg; Vorbildung: Gymn. Rottweil Reife M. 96; Studium: Tübingen 6, München 1, Leipzig 1 S.; Rig. 10. Mai 06.]

Gut, S[alomon]. Zur Erinnerung an den 10jährigen Bestand der Kirche Enge [in Zürich]. Predigt, gehalten bei der Erinnerungsfeier am 19. Juni 1904 von S. Gut, Pfarrer. [Mit 1 Tafel.] 18 S. 8. Zürich, J. Rüegg, (1904).

Gutachten

— abgefaßtes, einer ehrwürd. Geistlichkeit d. Stadt Basel rc. 4. Basel 809. (Neukirch). 3 ℛ

Gutachten, Abgefordertes, einer ehrwürdigen Geistlichkeit der Stadt Basel über Jung's, gen. Stilling, Theorie der Geisterkunde. Basel 1809. V: *Merian, Eman.* (Cat. d. Stadtbibl. Zürich. Zürich 1864—97.)

Gutachten über Teller's Abhandlung von der Güte der Schauspieler. Leipzig 1778. V: *Thilo, Friedrich Theophilus.* (Ky)

— über Teller's Abhandl. von d. Güte d. Schauspieler, (v. F. Th. Thilo). 8. Leipz. 778. Schneider. 3 ℛ

— ein, über den 5. u. 6. Abschnitt d. Staatsgrundgesetz-Entwurfs betreff. das Kirchen- u. Schulwesen in besonderer Berücksichtigung der protestant. Landestheile des Herzogth. Oldenburg. Aug. 29. 1848. gr. 8. (28 S.) Oldenburg 848, Schulze. n. 1/6 ℛ

Gutachten der zur Vorbereitung ernannten Abtheilung des Vereinigten ständischen Ausschusses, betr.: den Entwurf eines Strafgesetzbuchs für die Preußischen Staaten. [Berlin 1848.] fol.

„Gutachten der Abteilungen des Kgl. Staatsraths für die Justiz und die inneren Angelegenheiten über den Entwurf eines Gesetzes, die Handelsfirmen betreffend", Berlin 1840. — Vorh.: Bibl. des Reichsbankdirektoriums Berlin.

— 8, üb. die Sonntagsruhe im Handelsgewerbe, s. a. Schriften der Gesellschaft f. soziale Reform. II. 6.

Gutachten (8) über die Sonntagsruhe im Handelsgewerbe, erstattet von kaufmännischen Gehilfenvereinen auf Ansuchen des Vorstandes der Gesellschaft für sociale Reform. 8°. Jena, G. Fischer, 1905. (Schriften der Gesellschaft für sociale Reform, II_6.)

Gutachten d. unterzeichn. Advokaten an d. Grßh. Badischen Appellationsgerichte zu Freiburg, über d. Frankfurter Bundestags-Beschlüsse v. 28. Juni 1832, mit d. Ueberschrift: „Maasregeln zur Aufrechthaltung d. gesetzl. Ordnung u. Ruhe im deutschen Bunde." gr. 8. Frburg 832. Groos. 4 ℛ

11. Österreichischer Advokatentag. **Gutachten.** [1–3. Nebst] Anhang: Regierungsvorlage betr. d. Änderung u. Ergänzung einiger Bestimmungen d. allgem. bürgerl. Gesetzbuches. Wien: Manz 1908 (Getr. Pag.) 8°

[Sondert. 1.] Prof. Dr. Rudolf Pollak, Gutachten über d. Reform d. Konkursrechts.

[2.] Prof. Armin Ehrenzweig, Gutachten über d. Entwurf e. Nachtraggesetzes z. allgem. bürgerl. Gesetzbuche.

[3.] Prof. Robert v. Mayr, Betrachtungen über d. Revisionsentwurf.

Gutachten, akademische, über die Zulassung von Realschul-Abiturienten zu Facultäts-Studien. Amtlicher Abdr. Berlin 870. Hertz. gr. 8. (III, 112 S.) n. 12 ngr.

Gutachten, e. zwar älteres, aber immer noch zeitgemäßes, in Sachen der Jesuiten. Gelegentlich d. Antrages auf „Ausweisung der Jesuiten aus Oesterreich." gr. 8. (36 S.) Linz 874. Ebenhöch. n. — 50

Gutachten der Aeltesten der Kaufmannschaft von Berlin zu den Beschlüssen der Börsen-Enquête-Kommission. Fol. (II, 44 S.) Berlin 894. (Puttkammer & Mühlbrecht.) n. 1. 20

Gutachten der Aeltesten der Kaufmannschaft v. Berlin üb. Gebräuche im Handelsverkehr. Im Auftrage des Aeltesten-Kollegiums hrsg. v. Heinr. Dove u. Max Apt. 2 Hfte. gr. 8. (VI, 118 S. u. VII—XII u. S. 119—362.) Berlin 900. C. Heymann's Verl. à n. 2. —

— der Aeltesten der Kaufmannschaft v. Berlin üb. Gebräuche im Handelsverkehr. 1. u. 2. Folge. Im Auftrage des Aeltesten-Kollegiums hrsg. v. Max. Apt. (VIII, 124 u. VII, 195 S.) gr. 8. Berlin 904. 905. C. Heymann. à n. 2. —

— der Ältesten d. Kaufmannschaft v. Berlin üb. Gebräuche im Handelsverkehr. Neue Sammlg. d. bis zum 1. IV. 1907 erstatteten Gutachten. Im Auftrage d. Ältesten-Kollegiums hrsg. v. Max Apt. (XVI, 953 S.) gr. 8. Ebd. 907. 10. —

— dasselbe. Neue Sammlg. 2. Bd. Im Auftrage des Ältesten-Kollegiums hrsg. v. Max Apt. (VIII, 473 S.) gr. 8. Ebd. 910. 5. —

— amtliche, die Verfassung der evangel. Kirche in Preußen betreffend. Im Auftrage zum Druck befördert durch (Aemil.) Ludw. Richter. gr. 8. (XIV u. 446 S.) Leipzig 849, B. Tauchnitz. — 2. unveränd. Abdr. 8. Ebd. 849. 1 1/2 ℛ

— amtliches, der theologischen Facultät zu Marburg über die hessische Katechismus- und Bekenntnißfrage. Marburg 855. Elwert. gr. 8. (83 S.) 8 ngl.

Gutachten, Amtliches, eines offenbarungsgläubigen Gottesgelehrten über das Verderbliche des Rationalismus . . . Schleswig [Leipzig] 1830. V: *Fritzsche, Christian Friedrich.* (Bachmann, Hengstenberg. Gütersloh 1876—92. II, 50.) (Ky)

— amtl., eines offenbarungsgläubigen Gottesgelehrten über das Verderbliche d. Rationalismus, der durch Wegscheider u. Gesenius verbreitet wird, (v. Chr. Fr. Fritzsche). gr. 8. Schleswig 830. Koch. 7 ℛ

Gutachten und Analyse über das Natürliche Bitterwasser von Birmenstorf, Kanton Aargau ⟨Schweiz⟩ .... 8. (Brugg [18]88.)

Gutachten über wünschenswerte Änderungen des Branntweingesetzes, von einem bei der allg. Mäßigkeitsversammlung ausgewählten Komitee. 1 Bd. 39 S. 8°. Helsingfors. 1885.

Gutachten über die Anlage oder den Ankauf eines neuen Kraftwerks, erstattet an den Stadtrat von Zürich von der bestellten Expertenkommission. (1902 September 15.) 37 S. 8. Zürich, Aschmann & Scheller.

Gutachten über die Anlage einer Eisenbahn von Cöln nach Cassel in Verbindung mit der Halle-Casseler-Bahn. [Gummersdorf 1862.] V: *Garcke.* (stbKöln II, 271)

Gutachten über die Anlage oder den Kauf eines neuen Kraftwerks; erstattet an den Stadtrat von Zürich ... Zürich [1902]. V: *Moser, Rob.* (Zuwachsverz. d. Bibliotheken in Zürich 1898 ff. 7.)

Gutachten über Anlage einer elektrischen Strassenbahn Chur-Churwalden-Tiefenk. O. O. [1896]. V: *Moser, Rob.* (Cat. d. Stadtbibl. Zürich. Zürich 1864—97.)

Gutachten betreffend die Ansprüche aus dem Mönchensteiner Eisenbahnunglück vom 14. Juni 1891. Bern 1892. V: *Baron, Julius.* (EB)

Gutachten über den Antrag von K. Hilse: Der deutsche Juristentag wolle seine Ueberzeugung dahin aussprechen: »daß — unabhängig von der Frage, wie weit die Zuständigkeit der Militär-Gerichtsbarkeit sich in Deutschland zu erstrecken habe, — jedenfalls die unausbleiblich nöthige und bereits angebahnte Einigung des Militärstrafverfahrens in Deutschland nur auf Grund eines Gesetzes wird geschehen dürfen, welches bei Oeffentlichkeit, Mündlichkeit und Unmittelbarkeit dem Richter freie Würdigung des Beweis-Ergebnisses, und dem Angeschuldigten unbeschränkte Vertheidigungs-Befugnis überläßt«, erstattet von C. Höß. von Harrasowsky, Mellien und [Karl] Mittelstädt. 8. DJT. 1. Bd. 134—193. (1869.) — Referat von [Melchior] Stenglein. 8. DJT. 2. Bd. 193—206. — Verhandlungen. 8. DJT. 2. Bd. 206—225. (1870.)

Allgemeine Versicherungsgesellschaft Helvetia in St. Gallen. Gutachten u. Antrag des Verwaltungsrathes auf Erhöhung des Actien-Capitals von fünf auf zehn Millionen Franken. 19 Stn. 4. St. Gallen, Druck der M. Kälin'schen Offizin. 1872.

Schweizer. Lloyd, Transportversicherungsgesellschaft in Winterthur. Gutachten und Antrag des Verwaltungsrathes üb. Errichtung der Rückversicherungsgesellschaft in Winterthur. 32 Stn. 4. Winterthur, Druck v. J. Westfehling. 1874.

Gutachten und Anträge betreff. eine Hypothekarbank Glarus. 1866. 4. Kommissions-Mehrheit.

Gutachten aus dem Anwaltstande über die erste Lesung des Entwurfs eines BGB. Hrsg. von Adams, Wilke [u. a.]. Berlin 1888—90. 4 Bde

[Bd 1,] H. 1. **Mecke**: Das Verhältniß des BGB. zu den Landesgesetzen.
Kausen, Herm.: Juristische Personen mit bes. Berücks. der mod. Personenvereine.
Lin[c]kelmann II, Carl: Der Beginn des Rechtsstreits.
Martinius: Uebertragung der Forderung.
David: Die Vormundschaft des Entw.

„ 2. **Lehmann**, Gust.: Die Anspruchsverjährung des Entw.
Hachenburg, Max: Gutachten über den 2. Abschn. des Rechts der Schuldverhältnisse: Schuldverhältnisse aus Rechtsgeschäften unter Lebenden.
Cohn: Das gesetzliche Pfandrecht des Vermiethers.

„ 3. **Reatz**, C. F.: Die Schenkung.
Westrum, A.: Bemerkungen bezügl. des Rechts der Schuldverhältnisse.

„ 4. **Gebhart**: Das Recht der Schuldverhältnisse im Allgem. vergl. mit den treffenden Bestimmungen des Code civil.
Berolzheimer: Buch 4. Familienrecht. Abschn. 1. Ehe.
Kempf: Einige krit. Bemerk. zu § 89 des Entw. eines BGB.

„ 5. **Hartmann**: Das Recht der Schuldverhältnisse. 4. Abschn.
Scholler: Pfandrecht und Grundschuld.
Wernick: Pfandrecht an bewegl. Sachen und an Rechten.

„ 6. **Staub**, Herm.: Die Eigenthümer-Hypothek u. Eigenthümer-Grundschuld.
Fuld, Ludw.: Die elterliche Gewalt und das BGB.
Linckelmann, H. Carl: Die Unterhaltungspflicht des unehelichen Vaters.
Stein, Fr.: Errichtung letztwilliger Verfügungen und Verfügungen von Todeswegen durch Vertrag.

[Bd 2.] H. 7. **Hellmann**: 1. Buch. 4. Abschn. Rechtsgeschäfte.
Reatz, C. F.: Der Erfüllungsort.
Horwitz, O.: Die Unterbrechung der Verjährung.

„ 8. **Martinius**: Versprechen der Leistung an einen Dritten u. Schuldübernahme.
Wolff, Max: Zum Sachenrecht des Entw. eines BGB.

Rieß: Zum Sachenrecht des Entw. 3. Buch. 4. Abschn.

H. 9. **Boyens**: Miethe und Pacht.
Reatz, C. F.: Der Besitz.

„ 10. **Klöppel**: Urtheil und Beweis.
Kausen: Die Form der Cession (Abtretung).
Loewenfeld, Theod.: Ueber den Dienst-, Werk- u. Auftragsvertrag nach dem Entw. des BGB.

[Bd 3.] H. 11. **Meyer**, Fritz: Die Lehre von den Zeitbestimmungen, Bedingungen und Befristungen und der Anspruchsverjährung nach d. Entw. des BGB. (§§ 128–185.)
Metz I: Vorschlag zur Aufnahme einiger allgemeiner Normen über die Benutzung der fließenden Gewässer (Wasserrecht) in den Entw. des BGB.
Westrum: Einige Bemerkungen zum Buch 4, Abschn. 2, Tit. 1 des Entw. eines BGB.
Wilke: Gesetzliche Erbfolge und Pflichttheil.

„ 12. **Boyens**: Gesellschaft unter Vergleichung mit anderen Rechtsgemeinschaften.
Davidsohn, C.: Buch 3, Abschn. 3 u. 9, Tit. 1. 2. des Entw. eines BGB.

„ 13. **Reatz**, C. F.: Die gemeinschaftl. Schuld.

„ 14. **Schmidt**, Ge.: Das Schadensersatzrecht des Entw.
Hartmann: Der Entwurf des EG

[Bd 4.] H. 15. Erklärung des Vorstandes des dt. Anwalt-Vereins.
Verzeichniß der Gutachten.
Reatz, C. F.: Die Ergebnisse der Gutachten aus dem Anwaltstande.
Kloppel: Entwurf eines dt. BGB.
Register.

Gutachten aus dem Anwaltstande üb. die 1. Lesung d. Entwurfs e. bürgerlichen Gesetzbuchs, hrsg. im Auftrage d. Deutsch. Anwalt-Vereins v. Adams, Wilke, Mecke, Hartmann, Erythropel. 15 Hfte. gr. 8. (VIII, 1650 S.) Berlin 888—890. Moeser. à Hft. n. 2. —

— der territorialen Arbeiter-Unfallversicherungsanstalten üb. d. Regierungsprogramm f. d. Reform u. d. Ausbau d. Arbeiterversicherung. (XIV, 343 S.) 31×23,5cm. Wien 907. (F. Deuticke.) 6. —

Gutachten der territorialen Arbeiter-Unfalversicherungsanstalten über das Regierungsprogramm für die Reform und den Ausbau der Arbeiterversicherung. 8°. Wien, F. Deuticke, 1908.

Gutachten des Architekten- und Ingenieur-Vereins für Hannover, betreffend die Einrichtung von Abortsanlagen. Hannover 1863

Gesellschaft zur Herstellung alkoholfreier Weine, Bern, in Meilen am Zürichsee. Gutachten von Aerzten über die Alkoholfreien Trauben- und Obstweine [und] Preisliste (1901).... 16 S. 8.

Gutachten, Ärztliche, s.a. Gutachten, Ärztliches

Aerztliche **Gutachten** über Lullusbrunnen. 1. Dr. [Hermann Lewis] Hillebrecht ... 2. Dr. Schumann ... Hersfeld: Brunnengesellsch. (1905). (22 S.) 8° [illegible]

Hersfelder Brunnengesellsch. . . . Aerztliche **Gutachten** über Lullusbrunnen. 1. Dr. [Hermann Lewis] Hillebrecht . . . 2. Dr. Schumann . . . [2. Aufl.] Hersfeld: Brunnengesellsch. (1906). 30 S. 8°

Ärztliche Gutachten über den Wert körperlicher Übungen für das weibliche Geschlecht u. üb. d. Notwendigkeit d. Errichtung e. Turn- u. Turnspielplatzes f. dasselbe, München 1898, 22 S., 4°.

Gutachten, Ärztliches, s.a. Gutachten, Ärztliche

Gutachten, ärztliches, üb. das Elementarschulwesen Elsaß-Lothringens. Im Auftrage d. kaiserl. Statthalters erstattet von e. medizin. Sachverständigen-Kommission. Lex.-8. (106 S.) Straßburg 884. Schultz & Co. Verl. n. 1. —

Ärztliches Gutachten über das Elementarschulwesen Elsaß-Lothringens. Straßburg i. E. 1884. 106 S.

Gutachten, ärztliches, über das höhere Schulwesen Elsaß-Lothringens. Im Auftrage d. kaiserl. Statthalters erstattet v. e. medizin. Sachverständigen-Kommission. Lex.-8. (47 S.) Straßburg 882. Schultz & Co. n. 1. —

Aerztliches **Gutachten** über das höhere Töchterschulwesen Elsass-Lothringens. Im Auftr. d. Kais. Statthalters erstattet v. einer med. Sachverständigen-Kommission. — Straßburg: Schultz 1884. 50 S. 4°

— ärztliches, üb. den Wert körperlicher Uebungen f. das weibliche Geschlecht u. üb. die Notwendigkeit der Errichtung e. Turn- u. Turnspiel-Platzes f. dasselbe. gr. 4. (22 S.) München (900). H. Korff. — 50

Gutachten über die Aufhebung fideicommissarischer Substitutionen durch die Einführung des Code Napoléon. Wolffenbüttel 1820. V: *Strombeck, Friedrich Carl von.* (KGBerlin II, 2212)

Gutachten über die Ausführbarkeit einer Eisenbahn von Liebenau über Leipa nach Leitmeritz; und Gutachten über die Ausführbarkeit einer Eisenbahn von Liebenau über Böhmisch-Aicha nach Münchengrätz. *Prag* 1858. *C. Bellmann.* 7 S., 2 Bl. 4°. Mit 1 Karte.

— ausgewählte, der Handelskammer zu Frankfurt a. M. Eine Quelle des Handelsrechts. Herausg. von Konr. Malß. Frankfurt a. M. 854. Sauerländer's Verlag. gr. 8. (XII, 196 S.) n. 1 ℛ

— des engeren Ausschusses des Elberfelder Kirchentags über die Oldenburgische Kirchenverfassung von 1849. gr. 8. (8 S.) Oldenburg 852, Schulze. 2 ngr

Gutachten des Ausschusses I der Commission für die coburg-gothaische Vereinigungsfrage rücksichtl. der äußeren Beziehungen beider Herzogthümer sowie der Militairverhältnisse. [Metallogr.]

Gutachten des Ausschusses der württemb. Wasserwerkbesitzer über Titel 12 und 13 des Entwurfs eines Landeskulturgesetzes für Württemberg, Entwässerungen und Bewässerungen betreffend. Nebst Tit. 12 und 13 des Gesetzentwurfs und den Verhandlungen der Centralstelle für Gewerbe u. Handel über dieselben. Stuttgart 1853. V: *Ammermüller, Friedrich.* (Kat. d. ständ. Bibl. Stuttgart 1907. S. 635.) (Tübz 1, 39)

Gutachten über die Bahnhof-Frage in Zürich. Zürich 1854. V: *Beckh, A. & Wild.* (Cat. d. Stadtbibl. Zürich. Zürich 1864—97.)

Gutachten der Baukommission der Kirchenpflege Neumünster über die Kirchhoffrage. 15 Stn. 8. Zürich, Druck v. Schiller & Co. 1873.

[Kopft.:] **Gutachten** über die Bedeutung eines Grossschifffahrtsweges Berlin-Stettin für die wirthschaftlichen Verhältnisse Berlins. *(Berlin: Buchdr. r. Reuter & Nicolas [1898].)* 1 Bd 4. [illegible]

Gutachten über die militärische Bedeutung der Jurabahnen, besonders der projektirten Linien Delsberg-St. Ursanne-Pruntrut . . . [Bern 1872]. V: *Feiss, Joachim.* (BSchwLk V, 9 h)

Gutachten über Befund und künftige Behandlung des Refectoriums in dem ehemaligen Predigerkloster in Bern. [Zürich 1894.] V: *Rahn, Johann Rudolph.* (Cat. d. Stadtbibl. Zürich. Zürich 1864—97.)

Gutachten über C. F. A. S. Thiele ökonomische Beobachtungen . . . Göttingen 1797. V: *Springer, Johann Christoph Erich von.* (ML)

—— betr. die Berufung einer allgemeinen Landessynode 2c., s. Aktenstücke aus der Verwaltung des evangelischen Oberkirchenraths.

Gutachten über die Betriebskosten der Nationalbahn. Lausanne 1879. V: *Büri, M. & Jac. Tobler.* (Cat. d. Stadtbibl. Zürich. Zürich 1864—97.)

Gutachten, Bohrtabellen, Flötzprofile und Uebersichtskarte der Braunkohlenfelder bei Rosko, Provinz Posen. (Berlin) o. J. 54 S., 2 Taf.

Gutachten des Börsenausschusses über die Abänderung einzelner Bestimmungen des Börsengesetzes, erstattet auf Grund der Verhandlungen vom 11. und 12. Juni 1901. (Berlin 1901.) fol.

Gutachten über die Broschüre von A. Thommen: »Die Gotthardbahn . . .« Zürich 1877. V: *Hellwag, Wilh.* (BSchwLk V, 9 h)

Gutachten verschied. Buchhändler üb. d. Verlags recht an Werken verstorbener Gelehrten; bei Gelegenheit eines Processes üb. d. neue Ausg. v. Tozen's Staatsk. 791.

Gutachten . . . Classe . . ., s. Gutachten . . . Klasse . . .

Gutachten . . . Colleg . . ., s. Gutachten . . . Kolleg . . .

Gutachten . . . Commission . . ., s. Gutachten . . . Kommission . . .

Gutachten . . . Committirten . . ., s. Gutachten . . . Kommittierten . . .

Gutachten der Grossherzoglichen Handelskammer Darmstadt über den Entwurf eines Alters- und Invaliditätsversicherungsgesetzes. Darmstadt 1889

Gutachten über die Denkschrift von M. Pollacsek betreffend . . . die schweizerische Nationalbahn . . . 1879. O. O. [1879]. V: *Wetli, Caspar.* (Cat. d. Stadtbibl. Zürich. Zürich 1864—97.)

*Gutachten, Denkschriften und Verhandlungen des VI. Internationalen Kongresses für Versicherungswissenschaft. 4 Bde. Wien 1909.

Gutachten der Königlichen Wissenschaftlichen Deputation für das Medicinal-Wesen, betreffend die Frage nach der angemessensten Art, die Stadt Berlin von den Auswurfstoffen zu reinigen. Mit Nachtrag. Berlin 1867. Fol.

— der königl. wissenschaftlichen Deputation für das Medicinalwesen in Preussen betr. die Ueberbürdung der Schüler in den höheren Lehr-Anstalten. [Aus: „Vierteljahrsschr. f. gerichtl. Med. etc."] gr. 8. (32 S.) Berlin 884. Hirschwald. n. — 60

— der königl. preußischen wissenschaftlichen Deputation f. das Medizinal-Wesen, betr. Maßregeln gegen Verbreitung der Tuberkulose, veröffentlicht vom königl. Polizei-Präsidium zu Berlin. gr. 16. (14 S.) Berlin 891. Hayn's Erben. n.n. — 10

Kaufmännische Corporation in St. Gallen. Gutachten des Kaufmännischen Directoriums über Errichtung eines städtischen Lagerhauses. (1902 Juni 13.) 5 S. 4.

Gutachten des kaufmänn. Direktoriums in St. Gallen in Sachen des eidgenöss. Münzwesens, abgegeben zu Handen u. auf Einladung des Kleinen Rathes d. Kantons St. Gallen. 8. (31 S.) St. Gallen 849, Huber & Co. — 2. Aufl. 8. (31 S.) Ebd. 851. n. 3 ngr

Gutachten, drei, über das schweizerische Banknotenwesen. Veröffentlicht von dem schweizer. Handels- und Industrie-Verein. 83 S. 8. Bern, J. Dalp'sche Buchh. (K. Schmid.) 1871. 1. 50

— drei, d. Kriegsschaden-Umlage betreffend, verfaßt von Hartmann, Pfaff u. J. F. C. Weisser. 8. Stuttg. 797. Metzler. 1 gr 6 kr (A. u. d. T.: 3te Beilage zum 2ten Heft d. Zeitschr.: Der Landtag in Würtemberg im J. 1797.)

Gutachten, Dreifaches, nebst einem fürstlichen Endurtheil über die Frage: Sind rationalistische Theologen ihrer Aemter zu entsetzen oder nicht? Leipzig 1830. V (Gutachten 3.): *Dohna-Schlobitten, Frdr. Ferd. Alex. Graf v.* (Bachmann, Hengstenberg. Gütersloh 1876—92. II, 48.)

—— dreifaches, nebst e. fürstl. Endurtheil üb. d. Frage: Sind rationalist. Theologen ihrer Aemter zu entsetzen od. nicht? gr. 8. (5 B.) Leipzig 830, Voß.

Gutachten über Einführung gleichen Masses und Gewichtes in den deutschen Bundesstaaten. Ausgearbeitet von der durch die deutsche Bundesversammlung hiezu berufenen Kommission. fol Frankfurt a. M. 1861

Gutachten über die Einführung der Schleppschiffahrt an versenktem Tau oder Kette auf dem Neckar. Heilbronn 1873

Gutachten eines Eingesessenen im Zauchischen Kraise über den Plan zur Aufhelfung des Credits . . . Prentzlow 1777. V: *Berg, Christian v.* (ML) »1776« (Holz)

Gutachten über die Einrichtung einer Realschule in Bern. [Bern] 1829. V: *Studer, Bernhard.* (Zuwachsverz. d. Bibl. Zürich 1898 ff. 7.)

61 Gutachten zu den Erfurter Thesen. Hrsg. von Lic. [Reinhard] Mumm. Berlin: Berl. Stadtmiss. 1900. (113 S.) 8°
= Reform d. Konfirmationspraxis 1.
= Hefte d. freien kirchlich-sozialen Konferen. H. 11/12.

Gutachten des Einwohnergemeinderaths von Bern über den geeignetsten Platz zum Bau des Bundesrathhauses. Bern 1850. 4.

Gutachten über die Eisenbahn-Projekte von Zürich nach Luzern und Brunnen. Zürich 1857. V: *Wild, Johann & Ludwig Pestalozzi.* (Cat. d. Stadtbibl. Zürich. Zürich 1864—97.)

Gutachten über die Entlebucher-Bahn in technischer Beziehung. Luzern 1870. V: *Wetli, Caspar.* (BSchwLk V, 9 h)

— u. Entscheidung d. Juristenfakultät zu Würzburg in d. Sache d. Minoriten-Guardians Apolin Samenmann wider d. General-Vicariat zu München. gr. 8. Dortmund 805. (Wundermann in Hamm). 10 ℳ

Gutachten über ein Entwässerungs-System für Frankfurt a. M. Frankfurt a. M. 1863

— über den im preußischen Justiz-Ministerium ausgearbeiteten Entwurf e. deutschen Civil-Prozeßordnung auf Veranlassg. d. deutschen Anwalt-Vereins erstattet v. Stammler, Haenle, Sieger ꝛc. Hrsg. v. dem Vereinsvorstande. hoch 4. (IV, 193 S.) Berlin 871. Möser. n. 3. —

Gutachten über den Entwurf eines Eisenbahn-Reichsgesetzes. Karlsruhe 1876

— üb. den vom k. k. Handelsministerium veröffentlichten Entwurf e. Musterschutzgesetzes. Hrsg. vom k. k. Handelsministerium. gr. 4. (IV, 317 S.) Wien 902. (Hof- u. Staatsdruckerei) n. 6. —

Gutachten über den nach den Beschlüssen eines Königlichen Hohen Staatsraths red. Entwurf einer ländlichen Gemeinde-Ordnung für die Provinzen Westphalen und Rheinland ... [Berlin 1833 bis 1834.] V: *Haxthausen, August Freih. von.* (KGBerlin I, 1709)

— betr. den Entwurf e. Sr. königl. Hoheit dem Großherzoge v. Sachsen-Weimar mittelst Berichts d. geh. Staatsr. Stichling vom 15. März 1870 zur Einführg. in den dort. Landen empfohl. Synodal-Ordng. von Gottlieb. Chrph. Adf. v. Harleß, Frdr. Kaysel, Thdr. Frdr. Dethloff Kliefoth, Chrph. Ernst Luthardt. Fol. (48 autogr. S.) Jena 872. (Fr. Frommann.) n. 2. —

Gutachten, betr. die Entwürfe zu einem neuen Tarif für die Schiffahrts- u. Flösserei-Abgaben auf den Wasserstrassen zwischen Elbe und Oder. (Nebst Anl. 1. 2.) *(Berlin 1901: A. W. Hayn's Erben.)* (7, 4 S.) 4° [Kopft. 𝔉.] (Central-Verein f. Hebung d. deutschen Fluss- u. Kanal-Schiffahrt No 1517.) [illegible] II

Gutachten über die vom k. k. Handels-Ministerium veröffentlichten Entwürfe eines Patent-Gesetzes und eines Gebrauchs-Musterschutz-Gesetzes. Herausgegeben vom k. k. Handels-Ministerium. 4. (V, 596 S.) 3. —
Wien: Hof- und Staatsdruckerei, 1895.

Gutachten über Erhebung von Gemeindesteuern für Deckung von Deficiten in Kirchen-, Schul- und Armengütern. Glarus 1864. 4.

— u. Erkenntniß, d. Oberappellationsgerichts in Berlin, in Sachen Eckerts. Fol. Berl. 788. Kunze. 12 ℳ

Gutachten über die Errichtung und Organisation einer Fakultät für katholische Theologie an der Hochschule Bern. Bern 1874. V: *Herzog, Eduard, Eduard Müller & Frdr. Nippold.* (Cat. d. Stadtbibl. Zürich. Zürich 1864—97.)

Gutachten über Erstellung einer schmalspurigen Lokomotivbahn von Liestal nach Waldenburg. 20 St. S. Basel-Landschaft. 1871.

Gutachten der Experten über die Sicherung der Wasserversorgung der Stadt Wien. Wien 1875

Gutachten der vom Regierungsrathe des Kantons Zürich bestellten Expertencommission für die Revision des Handelsvertrages mit Spanien. Zürich 1882. V: *Cramer-Frey, Conr.* (Cat. d. Stadtbibl. Zürich. Zürich 1864—97.)

Gutachten der vom Reg.-Rathe des Kantons Zürich bestellten Expertenkommission für die Revision des Handelsvertrages mit Spanien, Jan. 1882. In-4°, 20 S. Zürich, Druck der Genossenschafts-Buchdruckerei.

Schweizerische Rentenanstalt. Gutachten der Expertenkommission und Schlußentscheid des Schweizerischen Bundesrates vom 12. III. 1880.

Anonym: „Gutachten hamburgischer Fabrikanten über die deutsche Zollfrage, zunächst in Bezug auf Hamburg" (als Ms. gedruckt). (Hamburg 1848). — Vorh.: Com. Bibl. Hamburg.

[*Umschlagt.*] [*𝔉.*] **Gutachten** der Evangelisch-theologischen Fakultät zu Bonn über die Vorschläge der zu Duisburg am 13 und 14 März 1850 zusammengetretenen vereinten Commissionen der Westphälischen und Rheinischen Provinzial-Synode zur Revision der Kirchenordnung. '(Als Manuscript gedruckt.)' (*Am Ende:* Bonn, d. 1 Oct. 1850.) Bonn, gedr. bei C. Georgi 1850. 14 S. 4.

[*𝔉.*] **Gutachten** der Evangel.-theologischen Fakultät der Rheinischen Friedrich-Wilhelms-Universität über den auf der im August 1835 gehaltenen Rheinischen Provinzial-Synode '(nach § 45 der Verhandlungen)' gemachten Antrag auf Entbindung der Evangelischen Geistlichen von der Verpflichtung, die neue Ehe geschiedener Eheleute kirchlich einzusegnen. 2 rechtm. Abdruck. (*Am Ende:* Bonn d. 15ten Mai 1836 ... Dr. Friedrich Bleek, d. Z. Dekan. — *Unter d. Vorw.:* Bonn, d. 2 Jan. 1837 ... Dr. [Carl Immanuel] Nitzsch, d. Z. Dekan.) Bonn, A. Marcus 1837. 36 S. 8. ¶ Zuerst 1836 bei J. F. Steinhaus in Barmen 'als Manuskript gedruckt' zur offiziellen Verteilung an die Mitglieder der Prov.-Synode. — Von hier wieder abgedr. in d. Allgem. Kirchen-Ztg 1836 No 148 u. 149. — Ein Exemplar des 1 Drucks hat sich nicht auftreiben lassen.

— der juristischen Fakultät zu Christiania über das Sanktionsrecht des Königs bei Grundgesetzveränderungen. Uebers. u. hrsg. von Emil Jonas. gr. 8. (XX, 88 S.) Oberhausen 882. Spaarmann. n. 1. —

— d. jurist. Fakultät zu Marburg über d. von d. Reuß-Plauischen Ritterschaft geführten Beschwerden. Fol. Gera 770. Rothe. 18 ℳ

Gutachten der Marburger medicinischen Facultät betreffend die Zusammenstellung d. Ergebnisse d. commissar. Berathungen über d. Revision d. med. Prüfungen. *(Marburg [1896]: R. Friedrich.)* (26 S.) 4°(2°) [Kopft. 𝔉.] [illegible]

— d. medicin. Fakultät zu Jena über d. Impfung d. Kuhpocken. gr. 8. Weim. 802. Ind.-Compt. 3 ℳ

Gutachten der theologischen Fakultät der Christian-Albrechts-Universität zu Kiel über die von dem Königlichen Landgericht zu Flensburg unter dem 7. Oktober 1884 derselben vorgelegte Frage. Authentischer Abdruck. Kiel. 1885. 4°

Gutachten d. theolog. Facultät v. Freiburg üb. d. **Amtsverrichtungen** d. franz. kathol. Geistlichen, die d. Verfassungseid leisteten. Mit Einleit., ungedr. Aktenstücken, Uebersetzungen u. Anmerkn. hrsg. v. Heinr. Amann. gr. 8. (7½ B.) Freiburg 832, Gebr. Groos. Thlr.

Gutachten der **theologischen Facultät** zu **Göttingen** über die in dem Erachten des Consistoriums zu Rostock gegen die Theologie des Dr. Baumgarten erhobene Beschuldigung fundamentaler Abweichung von der kirchlichen Lehre. Mit Genehmigung der Fakultät dem Druck übergeben. Gotha 859. F. A. Perthes. gr. 8. (199 S.) n. 28 ngr.

— der **theologischen Facultät** zu **Greifswald** über das Rostocker Consistorialerachten. Leipzig 859. Lehmann. (Wolf.) gr. 8. (38 S.) 7½ ngr.

— der theologischen **Fakultät** der Universität Heidelberg über den durch Pastor R. Dulon angeregten Kirchenstreit in Bremen. Mit einem Vorwort v. D. **Schenkel**. gr. 8. (VI u. 131 S.) Heidelberg 852, Akadem. Anstalt für Literatur u. Kunst. n. 16 ngr.

Gutachten der theol. Fakultät der k. Julius-Maximilian-Universität in Würzburg über 5 ihr vorgelegte Fragen, das bevorstehende ökumenische Konzil in Rom betreffend. Würzburg, Woerl, 1870, gr. 8°, 2. Aufl., 48 S., 90 Pf.

Ausgearbeitet von dem Kirchenhistoriker u. Kanonisten Prof. Jos. **Hergenröther**. Wegen der lichtvollen Darlegung, der gediegenen Motivierung u. des reichen Apparates theologischer Litteratur von bleibendem wissenschaftl. Werte. Auszüglich mitgeteilt bei Scheeben, Ökum. Konzil Bd. 1, S. 167—72, u. Ökum. Konzil Stimmen a. M.-Laach Heft 6, S. 201—11. — **Hergenröther**, Jos.

Gutachten der **theologischen Facultät** an einen hochwürd. Kirchenrath von Basel betreffend die Stillstellung des Herrn Cand. Wilh. Rumpf jünger. Basel 857. Bahnmaier. 8. (27 S.) n. 4 ngr.

Gutachten der theologischen Fakultät auf der Portugiesischen hohen Schule zu Coimbra an die Königl. allergetreueste Majestät über des Ant. Pereira Lehre von der Macht der Bischöfe bes. in Ansehung der Ehedispensen. Von neuem an das deutsche Licht gestellt von Ge. Wizel.
Mainz [usw.] 1787.

— deutscher evangelisch-theologischer **Facultäten** üb. den der vereinigten Kirche in d. bayer. Pfalz zugedachten Verfassungsentwurf. gr. 8. (X u. 261 S.) Frankfurt a. M. 851, Zimmer'sche Sort. B. in Comm. n. 1 ₰

[f.] **Gutachten** der Ev.-theol. Facultäten der Königl. Preussischen Universitäten über den Licentiaten Bruno Bauer in Beziehung auf dessen Kritik der evangelischen Geschichte der Synoptiker. Im Auftrage des vorgesetzten Hohen Ministeriums hrsg. von der Ev.-theol. Facultät der Rheinischen Friedrich-Wilhelms-Universität. (*Unter d. Vorr.:* Bonn, d. 3ten Sept. 1842 ... Dr. [Friedrich] Bleek, d. Z. Decan.) Berlin, F. Dümmler 1842. XII. 175 S. 8. ¶ Das Bonner Gutachten wurde auch sep. ausgegeben (1 Bl., 34 S.).

— zweier Fakultäten, d. Würzburger u. Göttinger über Bahrdt's System. gr. 8. Berl. 779. Mottmann. 6 gr.

— zweier Fakultäten, d. Würzburger u. Göttinger, über d. Uebereinstimmung Bernhards mit d. reichsgesetzmäß. Lehrsystem ausgefertigt. gr. 8. Berl. 779. Mottmann. 6 gr.

Gutachten des Finanzausschusses über die bei den Vorlagen des Herzogl. Staatsministeriums wegen der Vereinigung der Herzogthümer Coburg u. Gotha zu beachtenden finanziellen Verhältnisse. [Metallogr.]

Gutachten der Fleischhackermaster z' Vösendorf über d' hoglerti G'sellschaft der Predigerkridi z' Wien, die s naili übern Pader Pochlin her g'macht hat. Mit anner Zuschrift an Buchdrucker Schmidt und ain klain Schreibn an gnadigen Herrn Buchdrucker baim Kärnertor. Wien. V: *Pochlin, Jos.* (Behrisch, Wiener Autoren, S. 167) (Geissau, Verzeichnis, S. 48) (BiblPort)

Gutachten betreffend **Flussreinhaltung** und Verfahren für Abwässer-Reinigung. Hrsg. von Dr. (A[dolf] L.) Schmidtmann, Geh. Ober-Med.R. *Berlin: A. Hirschwald 1901.* (XLII, 319 S.) 8°
— **Vierteljahrsschrift** f. gerichtl. Medicin u. öff. Sanitätswesen. Folge 3. Bd 21, Suppl. II. [illegible]

Gutachten üb. d. Fortführg. d. **Valuta-Reform** in Oesterreich. Gesammelt u. hrsg. v. d. Gesellschaft österr. Volkswirthe in Wien. gr. 8. (III, 216 S.) Wien 896. A. Hölder. n. 2. 80

Gutachten über die Frage des Absinthverbotes. Dem schweizerischen Justiz- und Polizeidepartement erstattet von Dr. J[ustus] Gaule, Professor ... in Zürich, Dr. A[lfred] Jaquet, Professor ... in Basel, und Dr. R[udolf] Weber, Professor ... in Genf. (1906 Dezember 31.) 14 S. 4. Bern, Ott & Bolliger, [1907].

Gutachten über die Frage, in welche Stadt im Interesse einer richtigen obersten Bahnverwaltung der Sitz der Generaldirektion der künftigen schweizerischen Bundesbahnen zu verlegen sei. [Zürich 1897.] V: *Burkhard-Streuli, Werner Glieb, W. Wehrmann & Ph. Heitz.* (BSchwLk V, 9 h)

Gutachten über die Frage: Kann ein in höheren Weihen stehender Geistlicher entlassen . . . werden? Frankf. 1800. V: *Werkmeister, Bened. Maria Leonhard von.* (schmal)

— üb. d. Fr.: Kann e. in d. höhern Weihung steh. **Geistlicher** entlass. u. wied. unt. d. Laien vers. werden? 8. Frkf Hermann. 800. Rthlr.

Gutachten über die Frage: »Ob und unter welchen Bedingungen sowohl der Bau als der Betrieb einer Eisenbahn auf die Jungfrau . . . möglich sei . . .« (1890). O. O. [1890]. V: *Gerlich, Eduard, Hugo Kronecker & Gg. Veith.* (Zuwachsverz. d. Bibliotheken in Zürich 1898 ff.)

•*Handelskammer zu Leipzig.* Gutachten über die Frage der reichsgesetzlichen Regelung des Versicherungswesens. Leipzig 1879.

Gutachten über die Frage der Vollstreckung und der Umwandlung von Polizeibussen in Gefängnis. Zürich 1902. V: *Sträuli, Hans.* (Zuwachsverz. d. Bibliotheken in Zürich 1898 ff. 8.)

Gutachten, Eines Galanten und gelehrten Frauenzimmers, Von zwey curieuser Leute Sentiment über die Contusch- und Reiffen-Röcke. In Meissen. 1714. V: *Leucorande*, *Eleonora Charlotta.* (Kat. d. Lipperheide'schen Kostümbibl. Berl. 1898 ff.)

Funf medizinisch- gerichtliche Gutachten uber einen erhangt gefundenen Knaben in Hinsicht auf Mord oder Selbstmord. Hrsg. von F[riedrich Gerhard] Wegeler. Koblenz 1812: Pauli. 34 S. 8°

Gutachten. Fünf G' über den Straffall von Dr. (E[ugen]) Wannier. Dem Appellationsgericht Basel-Stadt vorgelegt am 6./10. Januar 1905. 32 S. 8. Basel, Druck der Gesellschaft des «Basler Volksblatt», 1905.
Ausg. A, sep.
Ausg. B: Der Straffall (Eugen) Wannier.... Basel ... 1906. [Teil 2.]

—— Ganganelli's, Clemens XIV., in Angelegenheiten der Blutbeschuldigung der Juden. Aus dem Italien. übers. von A. Berliner. 8. (48 S.) Berlin 888, Rosenstein. *

— uber den Gebrauch der latein. Sprache in der Liturgie, s. Einwendungen, die, eines heirathslustigen Abbe ꝛc.

Gutachten von vier Gegenseitigkeits-Gesellschaften (Gotha, Leipzig, Stuttgart, Karlsruhe) über die Nutzbarmachung der Lebensversicherung für die Schuldentlastung des ländlichen Grundbesitzes. Februar 1900.

— der deutsch-katholischen Gemeinde in Worms über den offenen Brief des Dr. Rupp an Dr. Behnsch. gr. 8. (16 S.) Worms 847. (Rahke.) 3 *ngr*

—— des General-Anwalts betreffs der brittischen Rekrutirung in den Vereinigten Staaten. gr. 8. (23 S.) Washington 856. (Philadelphia, Schäfer und Koradi.)

Gutachten. Geologisches G' über die Frage ob aus der Senkung des Wasserspiegels der Jura-Seen Erdrutschungen entstehen könnten. Von den Experten B[ernhard] Studer . . . , Fr[anz] Lang . . . , N. (V[ictor]) Gillieron. 8. Bern 1866.

Gerichtlich-psychiatrische **Gutachten** aus der Klinik v. Herrn Prof. Dr. Forel in Zürich f. Ärzte u. Juristen hrsg. v. Dr. Theodor Kölle, Assist. ... in Zürich. M. e. Vorw. v. Prof. Dr. (A[ugust]) Forel. *Stuttgart: F. Enke 1896.* (x, 322 S.) 1 Bd 8. [96. 1116

— ein, in der Gerichtsorganisationsfrage von einem Landgerichts-Assessor. Nördlingen 860. Beck. gr. 8. (31 S.) n. 5 *ngr.*

*Gutachten gemeinnütziger Gesellschaften über die schweiz. Rentenanstalt in Zürich. Frauenfeld 1861.

Gutachten d. ökonom. Gesellschaften zu Madrid ꝛc., s. Jovellanos.

— über die mit dem Erlasse des k. k. Handelsministeriums vom 6. X. 1901, Z. 45334 versendeten Gesetzentwürfe I betr. den Schutz gegen unlauteren Wettbewerb u. II betr. die Abänderung u. Ergänzung der Gewerbeordng. Hrsg. vom k. k. Handelsministerium. (VI, 658 S.) Lex.-8. Wien 906. (Hof- u. Staatsdruckerei.) n. 6. —

. . . . au . . . .: „Gutachten über Getraide-Ausfuhrverbote und Magazine. Als Beurtheilung der Abhandlung von Schmalz über den sogenannten Getraidewucher in der „Hallischen Literatur-Zeitung", Leipzig 1809. — Vorh.: Com. Bibl. Hamburg.

— über Getreide-Ausfuhr-Verbote u. Magazine. gr. 8. Leipz. 806. N. A. 809. Göschen. 8 *gl*

Gutachten des Gewerbevereins über die Erbauung einer Gewerbe- und Güterhalle in Stuttgart. Stuttgart (1860)

Gutachten des Reutlinger Gewerbevereins über den württembergischen Gesetz-Entwurf, Bewässerungs- und Entwässerungsanlagen betreffend. Reutlingen 1843

Gutachten der Gewerbssektion des Zürcherischen Rathes des Innern über die Frage der Handwerksinnungen. Erstattet im Sept. 1847. 4°. Zürich, Orell, Fuessli u. Co., 1849.

Gutachten in der Fränkisch- und Westphälischen Grafensache. [Regensburg] 1783. V: *Moser*, *Johann Jacob.* (ML)

Gutachten des Grossbeamten-Collegiums [der Gr. Landesloge von Sachsen] über den in Punkt 10 unter d der Mittheilungen Nr. 139 bezeichneten Antrag. [Dresden 1883: Heinrich.] 11 S. 8° [Kopftit.]
2 Gutachten: 1 von K. A. F. Rumpelt gen. Walther, 2. von A. Wengler. Betr. die Gewährung einer Vertretung auf dem Grlogentage an die 5 unabhängigen Logen.

— über Handelsgebräuche, erstattet v. d. Handelskammer zu Berlin, nebst den f. einzelne Geschäftszweige festgestellten Ortsgebräuchen u. Geschäftsbedingungen. Im Auftrage d. Handelskammer zu Berlin hrsg. v. Heinr. Dove u. Eduard Meyerstein. (XV, 319 S.) gr. 8. Berlin 907. C. Heymann. 6. —

Gutachten der Handelskammer über die Aufhebung der Ein- und Ausfuhr-Accise und die vorgeschlagenen Ersatzsteuern. Bremen 1862.

Gutachten der Handelskammer in Bremen über die höhere Besteuerung des Tabacks. Bremen 1868.

Gutachten der Handelskammer zu Hamburg betr. Reform des Aktiengesellschaftsrechts. [Hamburg 1884.] fol.

Gutachten der kärnt. Handels- u. Gewerbekammer über die Revision des österreichisch-deutschen Handels- u. Zollvertrages. Klgft., Bertschinger & Heyn, 1876. Quart. 16 S.

Gutachten der Handelskammer zu Magdeburg über den Entwurf eines abgeänderten Gesetzes zur Bekämpfung des unlauteren Wettbewerbes. Magdeburg 1900: Baensch. 12 S. 8°
(Veröffentlichungen d. Handelskammer zu Magdeburg. [2.])

Gutachten der Handelskammer über die Reform des Gewerbewesens. 8°. Bremen 1860.

— der Handelskammer des Kantons Zürich, betreff. den Vorschlag eines Bundesgesetzes über das Zollwesen. 4. (24 u. XXI S.) Zürich 849, Orell, Füßli & Co. 6 *ngr*

Gutachten der Handels- und Gewerbekammern über die Regelung der Arbeitszeit in Fabriken. Hrsg. auf Veranlassung des K. K. Handelsministeriums. gr. 4°. Wien, Hof- u. Staatsdr., 1869.

Gutachten von A. Heim, C. Cramer, G. Lunge und A. Bertschinger betreffend die Quellen im hintern Wäggithal. Zürich 1884.

Gutachten, Das, der Universität Helmstädt bei Gelegenheit der von einer protestantischen Prinzessin geschehenen Annahme der katholischen Religion beleuchtet. Salzb. 1815. V: *Prechtl, Max.* (Th)

Gutachten über die Herstellung einer Eisenbahnlinie von Görz durch das Isonzothal bis Villach. Görz 1865. V: *Semrad.* (EB)

Gutachten über die Historia morbi. [Leipzig 1783.] V: *Jördens, Chn Friedrich.* (ML)

Gutachten, Ein, in Sache der Jesuiten. Lintz 1874. V: *Kobler, Andreas.* (Jes)

— d. Immediat-Justiz-Commission über d. Geschwornengericht. Fol. Berl. 819. (Nauck). 1 ₰ 8 gr

— d. königl. preuß. Immediat-Justiz-Commission üb. Mündlichkeit u. Oeffentlichkeit des gerichtlichen Verfahrens. Nebst einer denselben Gegenstand betreff. Stelle aus dem General-Bericht des Justizministers Mühler. gr. 8. Leipzig 842, Baumgärtner's Buchh. 5/12 ₰

Bern-Schwarzenburg-Bahn. (Gutachten [an das] Initiativ-Comité über: 1. Wahl des Betriebssystems, 2. Anschluss in Bern. [Von] Rudolf von Erlach, Ch[arles] Rochat, E[mil] Oppikofer, G[erold] von Erlach, O E[mil] Arni. — 1901 Juni 10.) 6 S. 4.

Gutachten für die bernische Jurabahn-Gesellschaft betreffend die Einsprache gegen die ... Verpfändung des Jurabahnnetzes. [Bern 1881.] V: *Niggeler, Rud.* (BSchwLk V, 9 b)

— der Leipziger Juristenfakultät üb. das Recht der Söhne Sr. Erlaucht des Graf-Regenten Ernst zur Lippe-Biesterfeld auf die Thronfolge im Fürstent. Lippe. (48 S.). gr. 8. Leipzig 906. Veit & Co. n. 1.50

— der Juristen-Facultäten in Heidelberg, Jena und Tübingen, die Hannoversche Verfassungsfrage betreffend. Herausg. von Dahlmann. 2e mit Actenstücken verm. Aufl. gr. 8. Jena 839. Fromman. n. 1 ₰

[Gutachten betr. Kalksandsteine.] [Hrsg. vom] Verein d. Kalksandsteinfabriken. (Berlin-Wilmersdorf 1910.) 2°

Gutachten über die Kanalisation der Stadt Mannheim, s. Baumeister, Reinhard

Gutachten, St. Käsborers, über die Wahlfähigkeit eines Würtembergischen Landtagsdeputirten. O. O. 1797. V: *Pahl, Johann Gottfried von.* (GGr) (MGT) (NN)

— über d. Kirchenvereinigung. gr. 8. Jena 819. Bran. 12 gr

Gutachten über d. Klärung des Kanalwassers von Baden-Baden, s. Baumeister, Reinhard

Gutachten ... Klasse ...

Gutachten der historisch-philologischen Classe der königl. Akad. der Wissenschaften an das königl. Preuss. Ministerium in Berlin ... [Frankf. a. M. 1821.] V: *Wilken, Friedrich.* (MGT)

Gutachten ... Kolleg ...

Gutachten des ältesten Collegs der Berliner Kaufmannschaft über die Besteuerung der Schlussscheine, Wertpapiere etc. 4°. Berlin 1869.

Gutachten ... Kommission ...

— der Commission f. Berathung der Ausführung d. Gesetzes vom 6. März 1875, Maassregeln gegen die Reblauskrankheit betr. [R.-G.-Bl. S. 175.] Zusammentritt zu Berlin, den 22. April 1875. [Aus: „Annalen d. Oenol."] gr. 8. (14 S.) Heidelberg 876. C. Winter. n.n. — 30

Gutachten der von dem Kgl. sächsischen Finanzministerium berufenen Commission zur Revision der Gesetzgebung über die directen Steuern. 4°. Dresden 1869.

Gutachten der durch den K. K. Statthalter für Holstein und die Holsteinische Landesregierung berufenen Kommission zur Prüfung des Staatsbudgets für das Finanzjahr 1866/67. Kiel den 26. März 1866. Hektographirt. Fol.

Gutachten der Commission zur Erforschung über die Brauchbarkeit der mineralischen, in Böhmen vorfindigen Kohlengattungen zur Locomotivheizung. Wien. 1850. 4.

Gutachten der Kommission von Fachmännern, die gemeinsame Regelung der zum Schutze von Erfindungen aufzustellenden Vorschriften betr. fol Frankfurt 1863

Gutachten der Commission für Gymnasium und Lyceum über die höhere Lehranstalt zu Lucern und die beantragte Einführung der Jesuiten an derselben. 8. Lucern 1842.

Gutachten, der in der Angelegenheit des Herrn Dr. Paul Vital Ignaz Troxler niedergesetzten Kommission. An den Grossen Rath des Kantons Luzern. ([Vom] 13. April 1835.) 8. *o. O.*

Gutachten der Herren Committirten über die Verbesserung der hiesigen Criminal-Processform. Bern 1797. V: *Haller, Carl Ludwig von.* (MGT)

Gutachten der Konkursverwalter beim Königl. Amtsgericht I in Berlin über die Abänderungsvorschläge zur Konkursordnung. (Berlin 1898.) fol.

Gutachten der Kunstabtheilung des Goethe-Comité über die Aufstellung der drei Standbilder von Schiller, Goethe und Lessing auf dem Gensdarmenmarkte in Berlin. Nebst Beilagen. Berlin 1862. 8°.

Gutachten der Landwirtschaftskammer für die Provinz Ostpreußen, betr. die Petition der städtischen Behörden zu Königsberg i. Pr. um Aufhebung des Verbots der Schweine-Einfuhr aus Rußland. Königsberg i. Pr.: Ostpreuß. Zeitungs- u. Verl.-Dr. 1898. (34 S.) 8° [𝔉.]
— [**Arbeiten** d. Landwirtschaftskammer f. d. Prov. Ostpreußen. No 2.]
[o8. 1489

Gutachten der Majorität der Grossraths-Kommission (des Kantons Luzern) über den mit den ehrw. Vätern der Gesellschaft Jesu abgeschlossenen Vertrag zur Uebernahme des Priesterseminariums und der theologischen Lehranstalt, so wie der Pfarrfiliale in der Kleinstadt Luzern. (Luzern, den 23. Weinmonat 1844.) 8. (Luzern 1844.)

Gutachten der Majorität der Kommission des Ständerathes über den Nachlass der Sonderbundsschuld. Vom 28. Juli 1852. 4. *Lithographiert. o. O.*

Gutachten der aus dem Herzogthum Schleswig, dem Königreiche Dänemark und dem Herzogthum Holstein zusammenberufenen Männer, in Betreff der festen und endlichen Ordnung der gegenseitigen Verhältnisse der zu der Monarchie gehörenden Landestheile, namentlich mit Rücksicht auf die Stellung des Herzogthums Schleswig. o. O. (1851.) 4°.

Gutachten den beweglichen Mast des »Columbus« betreffend. [Mannheim 1856.] V: *Wimmer.* (Tübz 4, 32)

Gutachten, medicinisches, und Delegirten-Bericht über die Canalisation der Stadt Basel. 69 Stn. 8. Basel. 1872.

Gutachten medizinisches wie
Medicinisches Gutachten, wie man sich bey der anderweitig-einzureissen beginnenden Rind-Vieh-Seuche zu verhalten, oder was zu gebrauchen und zu beobachten, daß das gesunde Vieh unangesteckt, das erkrankte aber beym Leben erhalten und wiederum hergestellt werden möge...verabfasset von dem Hochfürstlich-Brandenburgischen Collegio-Medico zu Bayreuth. 8 S., gbd.

Bayreuth: typ.Dietzel 1744

Gutachten der Mehrheit des Erziehungsrathes [des Cantons Zürich] veranlasst durch den Beschluss des Regierungsrathes vom 4. März betreffend die Angelegenheit des Herrn Dr. [David Friedrich] Strauss. (Zürich, den 9. März 1839.) 4. [Zürich.]

Anonym: „Mein Gutachten über die Dismembration der Landgüter, veranlasst durch die neulich erschienenen Gedanken über die Schrift des Herrn Merkel", Breslau 1804 (Korn). — Vorhanden: Preuß. Staatsbibliothek Berlin.

Gutachten über Nevéos Militär-Dampfküche und Bade-Anstalt, ausgestellt vom 1. Bataillon 3. westphälischen Regiments Nr. 16; bekannt gegeben von der Actien-Commandit-Gesellschaft Walther und Comp. in Kalk am Rhein. (Mit 3 Taf.)
gr. 8. Cöln 1880.

Gutachten der Minderheit des Ausschusses über den Protest der Agnaten u. die darauf bezügl. Vorlage der Staatsregierung. [Metallogr.]

Gutachten der Minderheit des Erziehungsrathes [des Cantons Zürich] veranlasst durch den Beschluss des Regierungsrathes vom 4. März betreffend die Angelegenheit des Herrn Dr. [David Friedrich] Strauss. (Zürich, den 9. März 1839.) 4. [Zürich.]

Gutachten der Minorität der Synode an den hohen Großen Rath über den regierungsräthlichen Gesetz-Entwurf betreffend die Organisation des Kirchenrathes. O. O. [1850.] V: *Schweizer, Alexander.* (Cat. d. Stadtbibl. Zürich. Zürich 1864—97.)

— das, der Holsteinischen Mitglieder der Flensburger Notabeln-Versammlung über den ihr vorgelegten Plan zur Organisation der Dänischen Monarchie vom Jahre 1851. Mit einem Vorw. 1. u. 2. Aufl. Kiel 858. Schwers. gr. 8. (40 S.) n. 5 ngr.

Gutachten über die Motion Othm. Blumer . . . [betreffend] den Entwurf eines Gesetzes betreffend die Sensale. [Zürich 1882.] V: *Cramer-Frey, Conr.* (Cat. d. Stadtbibl. Zürich. Zürich 1864—97.)

Gutachten, Motivierte, gutächtliche, über die . . . 1787 eingesandten zwey Bittschriften des Grafen Johann Salazar . . . O. O. 1787. V: *Heidegger, Hnr.* (Cat. d. Stadtbibl. Zürich. Zürich 1864—97.)

Gutachten eines patriotisch-kosmopolitischen Münzwardeins über das Vorzugsrecht der Würtembergischen Landeskinder gegen die Ausländer. O. O. 1797. V: *Harter, Johann Heinrich Samuel.* (MGT)

Neue Gutachten über das jüdisch-rituelle Schlachtverfahren ‹Schächten.› Gesammelt von Dr. Hirsch Hildesheimer. Hrsg. v. Verband d. deutschen Juden. Berlin: 1908: (Braunbeck & Gutenberg-Dr.) 70 S. 2°

Neun fachmännische **Gutachten** über die Biologische Station zu Plön und deren bisherige Thätigkeit. Beilage zu einer Petition an das Hohe Haus der Abgeordneten in Berlin. Plön. 1895. 8°.

Gutachten, 9, die künftige handelspolitische Stellung Hamburgs betreffend. Vom Verein für den Anschluss Hamburgs an den Zollverein. Hamburg 1867

Gutachten, 89, über die völlige Sonntagsruhe im Handelsgewerbe. (31 S.) 8. Hamburg 903. Deutschnationaler Handlungsgehilfen-Verband. n. — 20

— noch ein, üb. die 16 ersten Theses, welche den Neoapprobanden u. a. Priestern der Erzdiözese Köln zur Unterschrift vorgelegt werden. 16. Darmstadt 837. Leske. 1/3 ₰

— zur Novellierung d. Gesetzes v. 16. XII. 1906, R.G.Bl. Nr. 1 ex 1907, betr. die Pensionsversicherung d. in privaten Diensten u. einiger in öffentl. Diensten Angestellten. 1. Tl. Systemat. Darstellg. der v. der allgemeinen Pensionsanstalt f. Angestellte durchgeführten schriftl. Expertise. (XVI, 337 S.) Lex. 8. Wien 910. (Hof- u. Staatsdruckerei.) 1.40

—— des K. Ober-Appell.-Gerichts, vom 25. März 1782, üb. e. neue Concurs-Ordn., s. Zeitung, jurist.

Gutachten eines Würtemberg. Oberbeamten über d. Revision d. Oberamtsbezirke gr. 8. Stuttg. 817. Metzler. 2 $^1/_4$

Gutachten des Königl. Geh. Ober-Tribunals vom 1. Mai 1837 in Betreff der Erbfolge der Ascendenten und Geschwister. 8. Dortmund 838. Krüger. $^1/_{12}$ ℔

— des K. Preuß. Geh. Ober-Tribunals über den Begriff des strafbaren Nachdrucks u. der demselben nach §. 3 des Gesetzes vom 11. Jan. 1837, zum Schutze des Eigenthums an Werken der Wissenschaft u. Kunst gegen Nachdruck u. Nachbildung, gleichzuachtenden Vergehungen, auf Veranlassung des Justiz-Ministers Mühler abgegeben am 13. Febr. 1844. Aus dem Justiz-Ministerial-Blatt 1844 abgedruckt. 4. Berlin 844, Heymann. n. $^1/_6$ ℔

— offizielles, über Scherr's Sprachlehrmittel für die Elementarschule zu Handen des hohen Erziehungsrathes des Kantons Zürich. Zürich 865. Orell, Füßli & Co. 8. (72 S.) n. 10 ngr.

Gutachten, Ohnparthey-isches rechtliches, cum inserta compendiosa Facti Specie der berühmten Juristen-Facultät bey der . . . Universität zu Giessen . . . O. O. 1716. V: *Weber, Imman.* (Holz)

Gutachten über die Organisation der Kunstanstalten. Berlin 1849. 4°.

Gutachten über eine neue Organisation der Gelehrtenschulen in Schleswig-Holstein, abgefasst von dem in der Rendsburger Lehrerversammlung erwählten Committee. (Glückstadt.) [1848.] 4°.

Gutachten, pfarramtliches — über den Komité-Vortrag des Bürger-Ausschusses, betreffend den Friedhof zu Innsbruck. Innsbruck. 1855. Druck der Wagner'schen Buchdruckerei.

Gutachten, Pflichtmässiges, über die . . . Materien von der Reichskammergerichtlichen Justizverbesserung. Wetzlar 1788. V: *Zwierlein, Christoph Jacob von.* (Pütter, Litt. d. Teutsch. Staatsr. Gött. 1773—91. IV, 348 f.) (Hoscher, Jahrb. d. k. Reichskammerger. Leipz. 1789—91. I, 2, 18.)

— der internationalen Preisrichter der Weltausstellung in Philadelphia 1876 über die Ausstellungs-Gegenstände der preisgekrönten deutschen Aussteller. Zusammengestellt Seitens der Reichskommission. gr. 8. (XII, 86 S.) Berlin 876. (v. Decker.) n. 1. 60

— der internationalen Preisrichter der Weltausstellung in Philadelphia 1876 über die Ausstellungs-Gegenstände der preisgekrönten deutschen Aussteller. Zusammengestellt Seitens der Reichskommission. gr. 8. (XII, 86 S.) Berlin 877, (v. Decker's Verlag.) •

— über die von der Halleschen Revisionskommission hrsg. Probebibel, abgegeben v. der in der deutsch-roman. Section der Philologen-Versammlg. zu Dessau gewählten Kommission. gr. 8. (50 S.) Halle 885. Niemeyer. n. 1. —

Gutachten über das Project einer Dampf-Waschanstalt in Riga. Riga 1879.

Gutachten über das Project der Nordostbahn vom 4. Febr. 1895 betreffend den Umbau des Bahnhofes Zürich . . . Zürich 1895. V: *Gerlich, Eduard, W. Lauter & Theod. Weiss.* (Cat. d. Stadtbibl. Zürich. Zürich 1864—97.)

Gutachten betreffend das Projekt einer Trajektanstalt Tiefenbrunnen-Wollishofen . . . Stäfa [1888]. V: *Wetli, Casp.* (Zuwachsverz. d. Bibliotheken in Zürich 1898 ff.)

Gutachten über das Projekt zur Versorgung der Stadt Görlitz mit Wasser. (Görlitz 1875)

Gutachten betreffend die verschiedenen Projekte für die direkte Verbindung Bern-Neuenburg . . . O. O. [1897]. V: *Moser, Rob., J. Fellmann & J. Hittmann.* (BSchwLk V, 9 h)

— der Provinzial-Landtage über den Entwurf des Strafgesetzbuchs für die preuß. Staaten. Nebst den Landtagsverhandlungen über das Ehescheidungsgesetz, die Patrimonialgerichtsbarkeit, den eximirten Gerichtsstand, die Mündlichkeit u. Oeffentlichkeit des gerichtl. Verfahrens. gr. 8. Leipzig 844, Baumgärtner. $^7/_8$ ℔

— ausländischer Rabbinen üb. die sanctionirten Statuten u. Beschlüsse d. am 10. Dezbr. 1868 eröffneten Landes Congresses der Israeliten in Ungarn u. Siebenbürgen gr. 4. (42 S.) Budapest 870. Rosenberg. 1. —

Gutachten Rabbiner aller Länder üb. Exhumierung u. Aschenurnenbeisetzung auf jüd. Friedhöfen. Hrsg. von M. Lerner. (In hebr. Sprache.) (XXIV, 133 S.) Lex.-8. Berlin 905. M. Poppelauer. n. 2. 40

— rabbinische, betreffs der vom Vorstande der isr. Cultus Gemeinde in Wien, am 21. Jänner l. J. gefaßten u. zu Ausführg. gebrachten Reformbeschlüsse. Nebst e. Vorwor v. Salomon Spitzer. gr. 8. (43 S.) Wien 872 Brüder Winter. n. — 6

— rabbinische, über die Verträglichkeit der freien Forschung mit dem Rabbineramte. 1. u. 2. Sammlung. gr. 8. Breslau 842, 43, Freund. baar 1 ℔

Gutachten betreffend die Rechte, welche Kanton Basel-Land an den . . . Festungswerken zustehen. Liestal 1859. V: *Rüttimann, Jacob.* (Tübz 26, 34)

— rechtliche, der Juristen-Facultät in Tübingen, verfaßt von Prof. Dr. Michaelis über die Fragen: ob in den Gebieten der vormal. Reichsabteyen Weingarten u. Schussenried d. Personal- oder Realleibeigenschaft geherrscht habe, ob der Sterbfall Ausfluß der ersteren gewesen und ob er also durch die württemberg. Gesetzgebung aufgehoben sey? Bekannt gemacht unter Hinzufügung von Beweisstellen für die gleichen Fragen in andern (11) oberschwäb. Herrschaftsbezirken durch Wiest. gr. 8. Ulm 839. (Wohler.) n. 3/8 ℛ

Rechtliche Gutachten u. Recensionen uber die confiscirte u. von Criminal-Gerichts wegen am Aschermittwoch 1803 vor dem Rathhause zu Dusseldorf öffentl verbrennte Druckschrift. Gedanken uber das einreissende Schuldenmachen junger Leute, nebst e. Vorschlag zur Einschränkung desselben, u. uber die bekanntmachung gerichtl Verhandlungen. Veranlaßt durch zwey . processual. Vorgange Hrsg von J H C Schreiner Dusseldorf 1803.

Gutachten, Rechtliches, über die Bürgerrechtsansprache der Gebrüder Kaspar und Friedrich von Müller in Schwyz. O. O. [1853]. V: *Wyss, Friedrich v.* (Cat. d. Stadtbibl. Zürich. Zürich 1864—97.)

— rechtliches, uber einen Erlaß d. K. Justizministeriums, die Beschwerden mehrer Standesherren wegen Beeinträchtigung ihres Rechtszustandes, durch eine Entscheidung des K. Obertribunals, betreffend. Aus Auftrag erstattet von Dr. Pfizer in Stuttgart. 8. Heilbronn 846, Drechsler. n. 1/3 ℛ

Gutachten, Rechtliches, betreffend eine gerichtliche Erörterung zwischen den Administratoren für das Vermögen des Magnus Joachim von Plessen . . . und der Masse des . . . Carl Adolph von Plessen . . . Kiel 1812. V: *Cramer, Andr. Wilh.* (Ky) (EngJ) (Schles)

Gutachten, rechtliches; betreffend eine gerichtl. Erörterung zwischen d. Allerhöchst verordn. Administratoren für d. Vermögen d. Hrn. Mag. Joach. v. Plessen auf Sirrhagen rc. u. d. Masse d. verstorb. Hrn. Kammerhrn. Karl Adolph von u. auf Wahlstroff, wegen eines Fideicommisses, (von A. W. Cramer). gr. 4. Kiel 812. Hesse. 15 Ƙ

— rechtl., üb. d. Fr.: Kann e. Lehumann d. Leibeigensch. aufhören? gr. 8. Wien, Camesina. 785.

— rechtl., über d. Fr.: Kann e. Lehnmann d. Leibeigenschaft aufheben? gr. 8. Wien 785. (Heubner). 5 Ƙ

GUTACHTEN, Rechtliches, der Dülker Gecken-Republik und Ihrer Vorgesetzten nebst Abfertigung der Frey- u. Gleichheitsschwärmer. Dülken, bei Till Eulenspiegel, Academie-Buchdrucker (1798). 8°. 70 S. (5 Mk. R. Hirsekorn, Berlin 1910.)

— rechtl., über d. Denkschrift: Gedanken über d. einreißende Schuldenmachen junger Leute. gr. 8. Düsseld. 804. Schreiber. 8 Ƙ

Gutachten, Rechtliches, in Sachen G. V. Greynleins contra Marx Kugler . . . O. O. 1744. V: *Deinlein, Georg Friedrich.* (BB) (ML)

Rechtliches Gutachten der Jur.-Fak. zu Berlin in Sachen des Anwaltes der Frauen C. S. Burguburu u. C. S. Lasplace, beide geb. Stadel . . . gegen die Administration des Städelschen Kunstinstituts zu Frankfurt a. M., Testamentsanfechtung betr. Frankfurt a. M. 1827.

— rechtliches, d. Götting. Juristenfacultät, s. a. Runde.

Gutachten, Rechtliches, der Göttinger Juristen-Facultät über das Verfahren der Hochfürstlichen Regierung und des Officialat-Gerichtes zu Paderborn gegen den verstorbenen Rentmeister Joseph Göhausen zu Beverungen, die zu Brackel belegenen Göhausischen Güter betreffend. Göttingen 1798. V: *Runde, Justus Friedrich.* (Russell IV, 826)

Gutachten, Rechtliches, der L. Juristen-Facultät zu Marburg über die von einer Gräfl. Reuss-Plauischen jüngerer Linie Ritterschafft . . . aufgestellten Beschwerden . . . Gera u. Leipzig 1775. V: *Müller.* (Holz)

Rechtliches Gutachten der Jur.-Fak. zu München in Sachen der Frauen C. S. Burguburu u. C. S. La[s]place, beide geb. Städel zu Strasburg, . . . gegen die Administratoren des Städelschen Kunstinstituts zu Frankfurt a. M. Frankfurt a. M. 1827.

Gutachten, Rechtliches, der Juristen-Facultät in Tübingen über sieben Rechtsfragen aus dem Lehenrechte . . . Heilbronn 1846. V: *Reyscher, Aug. Ludw.* (BrMm)

— rechtliches, der Juristen-Facultät in Tübingen üb. 7 Rechtsfragen aus dem Lehenrechte, mit besond. Beziehung auf d. bäuerl. Verhältnisse im Hohenloheschen. Bekannt gemacht durch Chr. Fr. Aug. Tafel. gr. 8. Oehringen 843. (Leipzig, Jackowitz. Heilbronn, Drechsler.) n. 1/2 ℛ

— rechtliches, der Juristen-Fakultät an der K. Württ. Universität Tübingen in Sachen des s. t. Herrn Dr. Th. Scherr in Winterthur, betreffend dessen Ansprüche an die Regierung des Kantons Zürich. Dat. 14/16. Januar 1841. gr. 8. Zürich 841, Orell, Füßli u. Comp. n. 1/6 ℛ

Gutachten. Rechtliches G' von der Juristen-Fakultät der Universität in Bern über die Rechtssache zwischen Dr. I[gnaz] P[aul] V[ital] Troxler und der Regierung des Kantons Luzern. 8. *o. O.* 1835.

Rechtliches Gutachten der Juristen-Facultät zu Würtzburg wegen einer minderjährigen zu Versuchung eines Kinder-Mords von ihrer Mutter verführten Tochter. Wodurch die Cramerische ... Abhandlungen gegen alle Einwendungen befestiget worden. Franckfurt u. Leipzig 1741.

— rechtliches, der Juristen-Fakultät in Zürich, bezüglich auf die Verhältnisse des kaufmännischen Direktorialfondes in St. Gallen. gr. 4. St. Gallen 840. (Huber u. Comp.) 1/2 ß

Gutachten, Rechtliches, die Lehensdienste oder Ritterpferde betreffend ... Frankfurt 1735. V: *Kopp, Johann Adam.* (ML) (Stri)

— rechtl., die Lehendienste od. Ritterpf. betr. v. J. K. A. v. Frankf. Andreä. 734.

Gutachten, Rechtliches, die gegründete alleinige Lehensfolge des ... Ferdinand Wilhelm Johann Frhn von der Reck ... auf die Reichsmannlehn ... betreffend. Göttingen 1747. V: *Böhmer, Gg Ludw.* (Holz) »1746« (MGT) (ML)

Gutachten, Rechtliches, wegen der Lehens-Vererbung und jährlicher Bezahlung der Ritter-Pferde. Berlin 1718. V: *Ludewig, Johann Peter de.* (KGBerlin I, 625)

Gutachten, Rechtliches, Ob der in einer Evangelischen Reichs-Statt befindliche Röm. Catholische Clerus ein illimitirtes öffentliches Religions-Exercitium präsendiren könne? Hanau 1749. V: *Moser, Joh. Jacob.* (Moser, Joh. Jacob, Lebensgeschichte von ihm selbst beschrieben. Frankfurt u. Leipzig 1777. III, 150)

Gutachten, Rechtliches, üb. d. Rechtsstreit zw. d. Anwalt der Frauen C. S. Burguburu u. Ch. S. de Laplasse ... u. ... Ludw. Sig. Städel ..., s. Bauer, Anton

Gutachten, Rechtliches, wegen verschiedener von einer ... Ehefrauen ... contrahirten und eingeklagten Schuldposten ... Nürnberg 1782. V: *Feuerlein, Johann Conrad.* (ML)

Gutachten, Rechtliches, die Uebergabe der Festung Mannheim an den Reichsfeind betreffend. Leipzig 1795. V: *Hügel, Johann Andreas von.* (Ky) (Pr)

— rechtl., d. Uebergabe d. Festung Manheim an d. Reichsfeind betreff., (v. J. Al. v. Hügel). gr. 8. Leipz. 795. Fr. Fleischer. 4 K

Gutachten, Rechtsbegründetes, in Sachen weil. Franzen Gassenbauers ... contra die Wolfg. v. Zwengauischen Erben ... Ingolst. 1765. V: *Schmidt, Bened.* (Holz)

Gutachten eines Rechts-Gelehrten von Buchorn über vierzehen, das geistliche Staats-Recht der Reichs-Städte betreffende Fragen. [Frankfurt a. M.] 1767. V: *Senckenberg, Johann Erasmus.* (StBFrankf I, 117)

Gutachten in der Rechtssache der Baugesellschaft Flüelen-Göschenen ... gegen die .. Gotthard-Bahn. Luzern 1887. V: *Bähr, Otto.* (Cat. d. Stadtbibl. Zürich. Zürich 1864—97.)

Gutachten, Reformproject und Projectgesetz über das Armenwesen des Kanton Bern. 8°. 1856.

— zur Regelung der agrarischen Verhältnisse im Sachsenlande. Hermannstadt 864. (Steinhaußen.) Fol. (20 S.) 10 ngr.

Gutachten über das Regierungsprogramm f. d. Reform u. d. Ausbau d. Arbeiterversicherung. Bericht der Handels- und Gewerbekammern und des Zentralverbandes der Industriellen Österreichs. (134 S) 4° Reichenberg 1906

Gutachten des Regierungsrathes und Vorschlag zu einem Gesetze über die Aufhebung der Repetierschule und Feststellung der Schulzeit auf 8 Jahre. Liestal 1850.

Gutachten des herzogl. Regier.-Raths-Collegiums über d. Umlegung e. allg. Steuer in Wirtemberg z. Tilgung des französ. Kriegs-Schadens. (328.) 8. Tübingen 1798.

— d. herzogl. Regierungs-Raths-Collegiums, d. Umlegung e. allgem. Steuer zur Tilgung d. französ. Kriegsschäden betreff., (v J. A. Reuß). 8. Tübing. 799. v. Cotta. 20 K

Gutachten des herzogl. Würtemberg. Regierungsraths-Kollegiums über das Anbringen der allgemeinen Landesversammlung vom 31. Jul. 1797 ... Stuttgart 1798. V: *Reuss, Joh. August.* (MGT) »1799« (Ky)

Gutachten des Reichs-Gesundheitsrates üb. d. Einfluss d. Ableitung v. Abwässern aus Chlorkaliumfabr. auf die Schunter, Oker u. Aller. Berichterstatter: Ohlmüller. Mitberichterstatter: C. Fränkel, Gaffky. Unter Mitwirkg. v. Keller, Orth u. Hofer. (157 S. m. Fig.) Lex. 8. Berlin 907. J. Springer. 7.50
Sonderabdr. aus „Arbeiten a. d. kais. Gesundheitsamte".

des Reichs-Gesundheitsrats üb. d. Auftreten des Milzbrandes unter d. Rindvieh im Schmeiegebiet (kgl. preuss. Reg.-Bez. Hohenzollern) u. üb. den Zusammenhang dieses Auftretens mit der Verunreinig. d. Schmeiebaches durch Abwässer v. Gerbereien in der Stadt Ebingen. Berichterstatter: Gärtner, Mitberichterstatter: Dammann. (42 S.) Lex. 8. Berlin 907. J. Springer. 2. 40

— des Reichs-Gesundheitsrates, betr. die Verunreinig. d. Orla u. Kötschau durch gewerbl. Abwässer. Berichterstatter: v. Buchka. Mitberichterstatter: Renk. (77 S. m. 1 farb. Taf.) Lex. 8. Ebd. 908. 4. 40
2 Sonderabdr. aus „Arbeiten a. d. kais. Gesundheitsamte“.

Gutachten, Das, der Reclamations-Commission der hohen Bundesversammlung über die land- und ritterschaftliche Beschwerdesache. Als Ms. gedruckt. Hannover 1855. V: *Zimmermann, G.* (Löwe, Bibl. d. Hann. u. Braunschw. Gesch. Hann. 1908. S. 154.)

Gutachten wegen der jetzigen Religionsbewegungen . . . [Stuttgart] 1779. V: *Moser, Johann Jacob.* (ML)

Gutachten uber die am 5. Juli 1887 in Zug vorgekommene Rutschung. Datirt den 16. December 1887. ([Erstattet durch] Die Experten: Dr. Albert Heim, Prof. Robert Moser, Ingenieur Dr. A[rnold] Bürkli-Ziegler. [Mit] Anhang, verfasst von ... Anton Wickart in Zug: Das alte Zug und sein Schicksal im Jahre 1435. Das heutige Zug und sein Schicksal im Jahre 1887.) 8. Zurich 1888.

Gutachten der auswärtigen Sachverständigen über den Platz zur Errichtung eines neuen Schlachthofes . . . O. O. 1882. V: *Blankenstein & Zenetti.* (Kat. d. Druckschr. üb. Breslau. Breslau 1903. S. 116.)

Die Gutachten der Sachverständigen über den Konitzer Mord. Nach d. amtl. Akten veröffentl. vom Centralver. deutscher Staatsbürger jüdischen Glaubens. *Berlin: Selbstverl. 1903.* (87 S.) 8° [F.]

— dasselbe, s.a. Publikationen d. Börsenvereins der deut. Buchh.

— der königl. preuß. Sachverständigen-Kammern f. Werke der Literatur u. der Tonkunst aus den J. 1902—1907. Hrsg. v. Paul Daude. (X, 310 S.) gr. 8. Berlin 907. J. Guttentag. 6. —

Gutachten des Literarischen Sachverständigen-Vereins, betreffend den eventuellen Abschluss eines Vertrages zwischen Preussen und Frankreich zum gegenseitigen Schutz der Autoren-Rechte. [Berlin 1856.] V: *Veit, Mor.* (cb)

— d. Literarischen Sachverständigen-Vereins, veranlaßt vom Königl. Landgericht zu Leipzig, darüber, ob der bei Veit & Co. in Leipzig erschienene 2. Bd. v. „Die Litteratur d. 19. Jahrh. in ihren Hauptströmungen“ v. G. Brandes e. Nachdruck v. der bei H. Barsdorf in Leipzig erschienenen Strodtmann'schen Uebersetzung v. „Die Hauptströmungen d. Literatur d. 19. Jahrh.“ v. G. Brandes enthalte. Nebst e. Vorgeschichte d. Prozesses. 8. (23 S.) Leipzig 887. Barsdorf. gratis

—— über d. als Entwurf e. Gesangbuches f. d. Ev. Protest. Kirche d. Großhrzgth. Baden erschien. Sammlung christl. Lieder, Pforzheim 1831. Zunächst d. Ev. Protest. Geistlichkeit Badens, insbesond. d. künft. Mitgliedern d. General-Synode gewid. gr. 8. (3 B.) Heidelberg 832, Reichard.

— d. k. k. Obersten Sanitätsrathes, betr. d. Einrichtg. d. Schulhäuser u. d. Gesundheitspflege in den Schulen. [Beilage zu: „Das österr. Sanitätswesen“.] gr. 8. (16 S.) Ebd. 891. n. — 35

Gutachten der ger.·. u. vollk.·. St.-Johannis-Loge „Zum Wiedererbauten Tempel der Bruderliebe“ im Or.·. von Worms über die Entlassung der ger.·. und vollk.·. eklekt.·. St.-Johannis-Loge „Carl zum Aufgehenden Licht“ im Or.·. von Frankfurt a. M. aus dem eklekt.·. Maurerbunde durch die Hochwst.·. Grossloge des Eklekt.·. Freimaurerbundes zu Frankfurt a. M. vom 2. und 12. Juli 1844. Ms. f. MM.·. [Mainz] 1844: [v. Zabern]. 24 S. 8° [Umschlagtit.]

— des Schiedsgerichts über die eingesandten Entwürfe zu einem Nationaldenkmal für Sr. Maj., den höchstsel. König Maximilian II. München 866. (Kaiser.) gr. 8. (19 S.) n. 4 ngr.

— üb. das jüdisch-rituelle Schlachtverfahren („Schächten“). Fol. (XVI, 122 S.) Berlin 894. E. Apolant. n. 2. 50

— über das in Verhandlung stehende Schulaufsichts Gesetz den Mitgliedern d. preuß. Herrenhauses u. der Geistlichen unserer evangel. Landeskirche gewidmet v. e alten Superintendenten u. Bezirks-Schulinspektor in de Provinz Sachsen. 8. (28 S.) Halle 872. Pfeffer. n. — 5

[Gutachten.] Vor der Entscheidung' 16 Gutachten zur Frage der Pensionsversicherung der Privatangestellten. Düsseldorf 1907. 8°.
(Schriften d. Deutschen Werkmeister-Verbandes. H. 5.)

Gutachten eines practischen Seemannes über einen Entwurf zu einer neuen Muster-Rolle. Hamburg 1847. V: *Gütschow, A. J.* (CBH)

Gutachten der bündnerischen Sektion der gemeinnützigen Gesellschaft über die Münzfrage. Chur 1849.

[Gutachten] Vor der Entscheidung! 27 Gutachten zur Frage der Pensions-Versicherung der Privatangestellten. 2. Aufl. Düsseldorf 1907. 8° *[Umschlagtit.]*
(Schriften d. Deutsch. Werkmeister-Verbandes. 5.)

— Amerikanischer Staatsmänner über Einfuhr-Zölle u. ihre Nutzanwendung f. Deutschland. 1. Auszug aus der Botschaft des Präsidenten James K. Polk. [Washington 2. Decbr. 1845.] 2. Auszug aus dem Bericht des Secretärs der Schatzkammer R. J. Walker [Washington 3. Decbr. 1845.] gr. 8. (35 S.) Frankfurt a. M. 848, Sauerländer. n. 1/6 ℛ︀

Gutachten, Staatsrechtliches, über die Beschlüsse der deutschen Bundesversammlung vom 28. Juni 1832. Hanau 1832. V: *Heckscher, Johann Gustav Wilhelm Moriz.* (CBH) (Schr)

—— staatsrechtl., üb. d. Beschlüsse d. deutschen Bundesversammlung v. 28. Juni 1832. gr. 8. (4½ B.) Hanau 832, König.

— betr. Städtekanalisation u. neue Verfahren f. Abwässerreinigg., hrsg. v. A. L. Schmidtmann, s. a. Vierteljahrsschrift f. gerichtl. Medicin.

Gutachten betreffend Städtekanalisation und neue Verfahren für Abwässerreinigung. Hrsg. v. Dr (A[dolf] L.) Schmidtmann, Geh. Medic.- u. vortragender Rat im Kgl. Preuss. Ministerium. *Berlin: A. Hirschwald 1898.* (3 Bl., XXXIX, 189 S.) 1 Bd 8.
— Vierteljahrsschrift f. gerichtl. Medicin F 3. Bd 16. Suppl.-H.

— betr. Städtecanalisation u. Verfahren f. Abwässer-Reinigung. Hrsg. v. Schmidtmann. gr. 8. (III, 196 S. m. Abbildgn.) Berlin 900 A. Hirschwald. n. 5. — Sonderabdruck aus: „Vierteljahrsschr. f. gerichtl. Medicin u. öffentl. Sanitätswesen".

Gutachten der Stadtverordneten-Deputation zu Berlin über die neue Gemeindeordnung. Berlin 1849. 15 S. 8.

— der vom 20sten bis 27sten Juni d. J. zu Braunschweig versammelten Synode d. vereinigten reformirten Gemeinde Niedersachsens in Sachen d. Hrn. Pastors Geibel zu Braunschweig. Mit Anmerkk. vom Pastor Dr. F. A. Krummacher. Abdruck aus d. Bremer Kirchenboten 1832. 7s Heft. gr. 8. Bremen, Kaiser. 2 gr.

Gutachten, Technisches, über das Trace Luzern-Kriens-Walters als Bestandtheil der Linie Langnau-Luzern. Luzern 1872. V: *Segesser, C. L.* (BSchwLk V, 9 h) (Cat. d. Stadtbibl. Zürich. Zürich 1864—97.)

Gutachten eines schlesischen Theologen über den Magdeburger Kirchenzwist, zugleich ein Supplement für die Leser der deutschen Zeitung. gr. 8. (16 S.) Leipzig 848, O. Wigand. n. 1/12 ℛ︀

— theolog., d. Fakultäten zu Göttingen u. Würzburg üb. Bahrdt's Uebersetzung d. N. Testam., 8. Götting. 779. Vandenhoeck u. R. 3 gr.

— theologische, über das Gebetbuch nach dem Gebrauche des Neuen Israelischen Tempelvereins in Hamburg. Mit einer Einleitung. gr. 8. Hamburg 842. (Berendsohn.) n. 1/2 ℛ︀

Gutachten, Theologisches, über die Frage: Kann ein in der höhern Weihung stehender Geistlicher entlassen . . . werden? Frankf. a. M. 1800. V: *Werkmeister, Benedict Maria Leonhard von.* (Ky) S. a. Nr. 8294.

— theolog., über d. Fr.: Kann ein in d. höhern Weihung stehender Geistlicher entlassen u. wieder unter d. Laien versetzt werden? (v. B. M. Werkmeister). 8. Frankf. a. M. 800. Hermann. 4 gr.

Gutachten, Theologisches, wegen Heurathung der verstorbenen Frauen Schwester. O. O. 1735. V: *Klug, Dan.* (Holz)

Gutachten für die Dampfschiff-Gesellschaft Thuner- und Brienzersee über die projektirte Fusion mit der Thunersee-Bahn 1896. Thun 1896. V: *Escher, Eugen & E. Schmidt.* (Cat. d. Stadtbibl. Zürich. Zürich 1864—97.)

— über Trennung der Gewalten u. Abberufung der Beamten in Berücksichtigung des A. Fehr von St. Gallen. gr. 8. St. Gallen 835. Huber u. Comp. 1/12 ℛ︀

Gutachten des Tribunals zu Königsberg über den revidirten Entwurf des Danziger Partikular-Rechts. Berlin 1841.

Gutachten des Tribunals zu Königsberg vom 21. Jan. 1841, über den revidirten Entwurf des Ostpreußischen Provinzial-Rechts. Berlin 1841.

Gutachten des Tribunals zu Königsberg vom 17. Sept. 1840, über den revidirten Entwurf des Westpreußischen Provinzial-Rechts. Berlin 1841.

Gutachten eines Ungenannten. De statu rerum ad religionem pertinentium … [Paderborn 1891.] V: *Canisius, Peter.* (Jes)

Gutachten der Helmstädter Universität bey der einer protestantischen Prinzessin angesonnenen Annahme der katholischen Religion. Salzb. 1815. V: *Prechtl, Maximilian.* (Ky) (MGT)

— d. Helmstädter Universität bei der von einer protestant. Prinzessin angenomm. kathol. Religion, (v. M. Prechtl) 8. Salzb. 815. (Mayr). 4 gr.

Gutachten, Unmassgebliches, über Hrn. D. Joh. Friedr. Tellers … Abhandlung von der wahren Güte der Schauspiele. Leipzig 1778. V: *Thilo, Friedrich Theophilus.* (MGT)

— unpartheiischer, üb. d. neue Berliner Gesangbuch. gr. 8. (2 B.) Leipzig 830, Tauchnitz.

Gutachten, Unterthänigstes, wegen der jetzigen Religions-Bewegungen besonders in der Evangel. Kirche, wie auch über das Kayserl. Commissionsdecret in der Bahrdtischen Sache. [Stuttgart] 1780. V: *Moser, Joh. Jacob.* (Kat der ständ. Bibl. Stuttg. 1907. S. 97.)

— unterthän., wegen d. jetzigen Religionsbewegung rc. 4. Stuttg. 780. Metzler. 4 ℳ

— (Untertaniges) nebst Vorschlag zu Verordnungen, Herstellung und Verkauf von Branntwein u. a. betr. Februar 1890. 1 Bd. 291 S. 8°. D. kais. Senat. Helsingfors. 1890.

— unvorgreifliches, über d. gegenwärt. Deich- u. Proceßsache des adel. Guts Wuhlenburg im königl. Amte Winsen an d. Luhe, von Seiten d. auswärt. Erben u. Eigenthümer d. Guts. Im Mai 1832. gr. 8. Hamb. 832. Nestler u. M. 3 ℳ

Gutachten, Unvorgreifliches, über das an einigen Orten im Herzogtum Mecklenburg eingerissene Viehsterben. Wismar 1745. V: *Brun, Johann Carl.* (Bachmann, Mecklenburg. Güstrow 1889. S. 281.)

Gutachten, Durch den ohnmassgeblichen Grundriss eines Plans zur Aufhelfung des Credits . . . veranlasstes, eines Märkischen von Adel. Brandenburg 1776. V: *Rochau, Frdr. Eberh. v.* (Holz)

Gutachten bezüglich der Verbesserung der Wasserverhältnisse der Roer... Düsseldorf 1896. V: *Intze, Otto.* (Berl)

GUTACHTEN des ärztlichen Vereines dahier über die Zuträglichkeit des von den Herrn Dr. G. Kerner und P. Schmick empfohlenen Gebirgsquellwassers aus dem Vogelsberge als Genussmittel für die Bevölkerung. Frankfurt am Main. 1866. Druck von J. D. Sauerländer. 8°.

— des pädagogischen Vereins zu Dresden [Bezirks-Lehrerverein Dresden] üb. die Vertauschung der vollständ. Bibel m. e. Bibelauszuge in der Volksschule. Eine Antwort auf die vom sächs. Ministerium d. Cultus u. öffentl Unterrichts veröffentlichten Gutachten üb. die Bibelauszugsfrage. Im Auftrage d. pädagog. Vereins hrsg. v. F. W. Körbitz. gr. 8. (48 S.) Dresden 875. Ehlermann. n. — 60

Gutachten d. Vereins f. Socialpolitik. Leipz. 873.

Gutachten d. Ver. f. Socialpol. üb. Alters- u. Pensionskassen. Leipz. 874.

Gutachten d. Vereins f. Socialpolitik üb. d. Lehrlingswesen. Leipz. 875.

Gutachten über die Vereinigung der Herzogthümer Coburg u. Gotha vom finanziellen Standpunkte. Gotha, d. 13. März 1851. [Metallogr.]

— über d. öffentl. u. mündl. Verfahren in Untersuchungssachen. Fol. Berl. 818. Reimer. 10 ℳ

Das Gutachten des Verfassungsausschusses der hohen Bundesversammlung über die Abänderung der hannoverschen Verfassung von 1848. Hannover 1855. 40 S. 8.

Gutachten zu d. Verhandlungsgegenständen d. 1. österreich. Kinderschutzkongresses in Wien, 1907 s. a. Schriften d. 1. österr. Kinderschutzkongresses in Wien. II.

Gutachten zu den Verhandlungsgegenständen des Ersten Österreichischen Kinderschutzkongresses in Wien, 1907. Gesammelt u. hrsg. von d. vorbereit. Komitee d. Kongr. Wien: Manz in Komm. 1907. (IX, 390 S.) 4°(8°)
— **Schriften** d. Ersten Österr. Kinderschutzkongresses in Wien, 1907. Bd 2. [07. 4905

Gutachten über das wechselseitige Verhältniss der Würtembergischen Prälaten und der Klostershintersassen . . . [Tübingen 1797.] V: *Georgii, Eberhard Friedrich.* (MGT)

Gutachten betreffend die rechtlichen Verhältnisse zwischen den Aktionären der Aktiengesellschaft Leu und Komp. und der Vorsteherschaft . . Zürich 1871. V: *Munzinger, Walther & Bützberger.* (Cat. d. Stadtbibl. Zürich. Zürich 1864—97.)

Gutachten über die ursächlichen Verhältnisse des Krankheitszustandes der Garnison der Stadt Posen. Posen 1865. Fol. Beigeb.: Statistische Erläuterungen über die Morbosität und Mortalität der Garnison Posen. 1865. Fol. Gutachten über den Gesundheitszustand und die Sterblichkeit unter der Civilbevölkerung der Stadt Posen 1839—1864. 1865. Fol. Gutachten über die baulichen Verhältnisse der Stadt und Festung Posen. 1865. Fol.

Gutachten über den Verkaufswerth der Bern-Luzern-Bahn... Bern 1876. V: *Bavier, Sim., Th. Fornaro & J. J. Lochmann.* (Cat. d. Stadtbibl. Zürich. Zürich 1864—97.) (BSchwLk V, 9 h)

Gutachten betreffend Verkehr und Einnahme der Gotthardbahn. Bern 1876. V: *Escher, Eugen & Georg Stoll.* (BSchwLk V, 9 h) (Zuwachsverz. d. Bibliotheken in Zürich 1898 ff.)

— —, Vernunft u. Schriftmäßiges, in kurzer doch gründlicher Beantwortung dreyer vorgelegter Fragen: 1.) Ob ein Ehemann seine Ehefrau schlagen darff? 2.) Ob die Frau sich gegen denselben wehren kan? (sol) 3.) Ob eins dem andern die eheliche Pflicht versagen mag? Leipzig, druckts und verlegts Christian Ehrenfried Förster. 1752. Kl. 8°. 64 S. (incl. Titel). Rar!

Gutachten über die Verordnung der Stadt Zürich betreffend Schriftenabgabe und Einwohnerkontrolle vom 19. Febr. 1898. [Zürich 1902]. V: *Schollenberger, Johann Jacob.* (Zuwachsverz. d. Bibliotheken in Zürich 1898 ff., 8.)

— einer Versammlung von evangelischen Geistlichen über die „Denkschrift des württembergischen Volksschullehrervereins, die Reform des vaterländischen Schulwesens betr." (Abdr. aus dem süddeutschen Boten.) Stuttgart 863. J. F. Steinkopf. gr. 8. (56 S.) 9 ngr.

Gutachten der Versuchsstation für Flachsbau und Flachsbereitung in Trautenau zur Wasserversorgung der Stadt Trautenau. [Trautenau 1895.] V: *Herzog, Alois.* (EB)

Gutachten über Vertheilung der Kriegsschäden. 8⁰. Coblenz, Pauli u. Co., 1802.

Kgl. Versuchs- u. Prüfungsanstalt f. Wasserversorgung u. Abwässerbeseitigung in Berlin. Gutachten betr. d. Verunreinigung der Spree. Erstattet im Auftr. d. Minist . . . . v. 8. Febr. 1904. Als Ms. gedr. Berlin. (Versuchs- u. Prüfungsanst.) 1905. (55 S.) 4⁰

Vier Gutachten über die Frage der Beschaffung tüchtiger Versicherungstechniker (von *Lemke, Otto, Lehr* und *Emminghaus*). Auf Veranlassung der Handelskammer zu Leipzig als Handschrift gedruckt. Leipzig 1895.

— vier, über die bei dem Umbaue des Daches des älteren Museums zu Berlin in Frage gekommenen baulichen Veränderungen der Gemälde-Galerie. Nebst e. Plane in Steindr. Berlin 868. v. Decker. Lex.-8. (V, 42 S.) 7⅓ ngr.

Gutachten betreffend die Vollendung und Restauration des Berner Münsterturmes. 8. Bern 1893.

Gutachten zu den Vorlagen über Arbeitslosen-Versicherung. O. O. [1896]. V: *Greulich, Herm.* (Zuwachsverz. d. Bibliotheken in Zürich 1898 ff.)

o. N., Gutachten über die Vorschläge der l. Bezirkscomités Oberfrankens bezüglich des gegenwärthigen Nothstandes der L. 1866 Bayreuh

Gutachten, Vorschläge u. s. w. über und zu den Grundzügen der Alters- u. Invalidenversicherung der Arbeiter. Sekretariat der Handels- und Gewerbekammer Dresden. 8⁰. Dresden, Druck von C. Hinrich, 1888.

Gutachten und Vorschläge der zur Revision der Verfassung [des Cantons Basel] niedergesetzten Commission. E. E.... Grossen Rath eingegeben den 3. Jenner 1831. 8. *o. O.*

— des Vorstandes und einer Commission des Architecten- und Ingenieur-Vereins für das Königreich Hannover, betr. die zweckmäßigste Einrichtung von Abortsanlagen, insbesondere in der Stadt Hannover. Hannover 863. Schmorl & v. Seefeld. gr. 8. (23 S.) 3 ngr.

GUTACHTEN des Vorstandes des Vereines für das Notariat in Rheinpreussen zu dem Entwurfe eines Gesetzes betreffend das gerichtliche Theilungsverfahren in dem Geltungsbereiche des Rheinischen Rechtes. Köln (1886), Druck von Albert Ahn. 8⁰.

[Gutachten [illegible]] [illegible]

1. Gutachten [illegible]
2. Votum [illegible]
3. [illegible] Ministerium. [illegible]
4. Votum [illegible]
5. Gutachten [illegible]
6. Gutachten [illegible]
7. Resultate der [illegible]
8. Votum [illegible]

Gutachten über das Waisenhaus und die Armenschulen zu Wittenberg. *Wittenberg.* 1756

Gutachten, die Wasserversorgung der königl. Haupt- und Residenzstadt Dresden betreffend. Dresden [1868]. V: *Henoch, G.* (Kat. d. stat. Bureaus. Dresden 1890.)

Gutachten zur Wasserversorgung der Stadt Trautenau. [Trautenau 1895.] V: *Weinberg, Alex.* (EB)

Gutachten betreffend die auf den Wehrenbach . . . sich beziehenden Rechtsverhältnisse. Zürich 1862. V: *Rüttimann, Jacob.* (Cat. d. Stadtbibl. Zürich. Zürich 1864—97.)

— über den Werth d. preuß. Agende vom J. 1829, in Bezug auf Badens liturg. Bedürfniß überhaupt, u. insbesond. über Art u. Weise, auf welche im Großherzogth. Baden e. Landes-Agende ins Leben zu treten versuchen möchte. Nebst e. Anh. über das, was unter d. Badenschen Regierung bereits seit mehr als 30 Jahren in diesen Beziehungen gesetzl. ist. 8. Heilbr. 830. Drechsler. 6 gGr.

Gutachten, wie ein patriotisch gesinnter unpartheyischer Reichsstand die Ostfriesische Sache bei einem Hochansehnlichen Reichs-Convent anzusehen habe. [1753.] [Regensb.?] V: *Pfeil, Christoph Carl Ludwig von.* (Preußische Staatsschriften. II. Berlin 1885. S. 430.)

— wissenschaftliche, üb. die Währungsfrage von Wilh. Lexis, Will. Scharling, Frdr. Kleinwächter, J. Conrad, A. Schäffle, Herm. Schmidt. [Aus: „Deutsches Wochenbl."] 1.—4. Aufl. gr. 8. (52 S.) Berlin 893. H. Walther. n. — 60

Gutachten über die akadem. Witwen- u. Waisenpensionsanstalt zu Jena. (Als Mscr. metallographirt.) 8⁰. Jena, s. a. (1894.)

Gutachten zur Würdigung der Jahnschen und Ling-Rothsteinschen Turn-Systeme v. e. ärztl. Kollegium d. Prov. Sachsen, hrsg. v. Berliner Turnr., Berlin 1862, 19 S., 8⁰.

Gutachten des Centraldirectoriums der Vermessungen über die Denkschrift des Rittergutsbesitzers Sombart, betr. Organisation des Vermessungswesens in Preußen. o. O. (1879.) 8⁰.

Gutachten betreffend die Zerstörungskraft der Geschosse von kleinem und grossem Kaliber. [Bern 1863.] V: *Lehmann, Sam.* (Cat. d. Stadtbibl. Zürich. Zürich 1864—97.)

Gutachten, 20, in Bezug auf Hamburgs künftiges Verhältniss zum Zollverein. Herausg. von Freunden der Freihafenstellung. Hamburg 867. Nolte. gr. 8. (VIII, 140 S.) n. 10 ngr.

Gutachten, Zwei, der Handelskammer,
s. Gutachten, Zwei, der Handelskammer Zürich.

Gutachten, zwei juristische, über den Entwurf eines Gesetzes zur Bekämpfung der Trunksucht. Dresden 1885.

Gutachten, Zwey theologische, 1. Ueber die Nichtigkeit der unfreywilligen Klosterprofession ... [Augsburg] 1808. V: *Werkmeister, Bened. Maria Leonhard von.* (Ky) (MGT)

Gutachten, Zwei unvorgreifliche, in Sachen des protestantischen Kirchenwesens, zunächst in Beziehung auf den Preussischen Staat. Berlin 1804. V: *Schleiermacher, Friedrich Ernst Daniel.* (BrMm) »Gutachten, Zwei« (Hitzig)

— zwei unvorgreifliche, in Sachen d. protestant. Kirchenwesens. 8. Berl. 804. Reimer. 18 gl.

Gutachten, Zwei, der Handelskammer Zürich

Gutachten. Zwei G' der Handelskammer.... Zürich 1907 s.a[Meyer, Hermann].

— zwei, der Handelskammer Zürich. Ausdehnung des Arbeiterinnenschutzes auf d. kaufmänn. Bureaux? Aufhebung d. Güterdienstes im Bahnhof Enge?, s.a. Publikationen, wirtschaftl., d. Zürcher Handelskammer.

Gutachten, Zwei, der Handelskammer: Ausdehnung der Arbeiterinnenschutzes auf die kaufmännischen Bureaux? Aufhebung des Güterdienstes im Bahnhof Enge? Zürich 1907. V: *Meyer, Hermann.* (BBullschw 10, S. 244)

42 Gutachten zu den Erfurter Thesen mit e. Verzeichnis d. Litteratur über Konfirmationsreform. Hrsg. von Lic. [Reinhard] Mumm. *Berlin: Berl. Stadtmiss. 1901.* (95 S.) 8° [J.]
= Reform d. Konfirmationspraxis. 2.
= Hefte d. freien kirchlich-sozialen Konferenz. H. 15/16. Jfg. 9356

Gutachten des Reformators H. Zwingli über die Klöster, nach wörtlichen Auszügen aus seinen Schriften. Zürich 1841. V: *Kottinger, Herm. Marcus.* (Cat. d. Stadtbibl. Zürich. Zürich 1864—97.)

Gutachten-Sammlung der babylonischen Lehrer oder Geonim. Nach einer Handschrift des Mose Mardechai Mejuchas, Chacham in Jerusalem u. nach dem 1. Abdr. zu Salonik 1802 im Buche Naharot Dameschek von neuem herausg. mit beigedr. Anmerkgn. von Dav. Loria von J. Fischl. Leipzig 858. (C. L. Fritzsche.) 4. (XVI, 37, 37 S.) n. 1 ℛ

Gutacker, s.: **Westrem zum Gutacker, v.**

Guta-Lagh, das ist: der Insel Gothland altes Rechtsbuch; in der Ursprache einer alten Uebersetzung aus d. sechszehnten Jahrhundert und einer neuen. Nebst vielen Anmerkungen von K. Schildener. gr. 4. Greifsw., Mauritius. 818.

Gútarre, s. **Guitarre.**

Gutberlet, Caspar, s. Gutberlet, Kaspar

Gutberlet, Constantin, s. Gutberlet, Konstantin

Gutberlet, C., Lehrb. d. Apologetik. 3. (Schluß-)Bd. Von d. kathol. Religion. 3., verm. u. verb. Aufl. (XII, 398 S.) gr. 8. Münster 910. Theissing. 4.—
Bd. 1 u. 2. Ebd. 903. 04. 9.20

Gutberlet, Heinr., Böhmerland deutsches Land! Kampflieder aus d. Ostmark. gr. 8. (49 S.) Leipzig 898. W. Friedrich. n. —50

Gutberlet, Heinr., Böhmerland, deutsches Land! Kampflieder aus der Ostmark. 2. Aufl. (48 S.) gr. 8. Dresden (903). O. Damm. n. —50

— Deutschthum u. Panslavismus! gr. 8. (16 S.) Dresden 898. O. Damm. n. —30

Gutberlet, Heinr., bunte Saat. Gedichte. 8. (VIII, 96 S.) Dresden 899. O. Damm. n. 1.80; geb. in Leinw. n. 2.80

Gutberlet (J.), Einschlüsse in vulkanoidischen Gesteinen. Fulda 1853. 8.

Gutberlet, I. C., de Signis Hydropis Pectoris. 8. maj. Würzb. Rienner.

Gutberlet, Kaspar

Gutberlet, Ksp., († nach 1816.) de signis hydropis pectoris. 8mai. Würzb. 795. Rienner. 3 gl.

Gutberlet, Caspar (Hilders), De divisione morborum. Dissert. med. Präs. Elias Adam Papius. Würzburg (F. E. Nitribitt) 11. VI. 1773. 30 S. (6.—) 12376

Gutberlet, Konstantin

—— s. Braig, Carl, Gottesbeweis oder Gottesbeweise.

Gutberlet, C., das Buch der Weisheit, s.: **Schriften,** die heiligen, d. alten Testaments.

Gutberlet, Const., die Descendenztheorie auf Logik und Thatsachen geprüft, s. **Festschrift,** philosophische, zum Jubiläum S. H. Leo XIII.

Gutberlet, Const., Ethik u. Religion. Grundlegung der religiösen u. Kritik der unabhängig. Sittlichkeit. gr. 8. (VIII, 376 S.) Münster i/W. 892. Aschendorff. n. 7. 50

Gutberlet, C., das Gesetz von der Erhaltung der Kraft u. seine Beziehungen zur Metaphysik. [Aus: „Natur u. Offenbarg."] gr. 8. (III, 135 S.) Münster 882. Aschendorff. n. 2. —

Gutberlet, Konst., Gott der Einige u. Dreifaltige Begründung u. Apologie der christl. Gotteslehre. (VII, 386 S.) gr. 8. Regensburg 907. Verlagsanst. vorm. G. J. Manz. 6. 40

— Gott u. die Schöpfung. Begründung u. Apologie d. christl. Weltauffassg. (VIII, 464 S.) gr. 8. Ebd. 910. 8. —

Gutberlet, Const., s.: Jahrbuch, philosophisches.

— der Kampf um die Seele. Vorträge üb. die brenn. Fragen der modernen Psychologie. gr. 8. (VIII, 501 S.) Mainz 899. F. Kirchheim. n. 7. —; geb. n. 8. 50

— der Kampf um die Seele. Vorträge über die brenn. Fragen der modernen Psychologie. 2 Bde. 2., verb. u. verm. Aufl. (VIII, III, 718 S.) gr. 8. Mainz 903. F. Kirchheim. n. 8. —; geb. in Halbleinw. n. 11. —

— Der Kosmos. Sein Ursprung u. seine Entwicklg. (VII, 625 S.) gr. 8. Paderborn 908. F. Schöningh. 10. —

Gutberlet, C., Lehrbuch d. Apologetik. 1. u. 2. Bd. gr. 8. Münster 888. Theissing. n. 7. —
1. Von der Religion überhaupt. (VIII, 256 S.) n. 3. —
2. Von der geoffenbarten Religion. (V, 323 S.) n. 4. —

— Lehrbuch der Apologetik. 3. Bd. Von der kathol. Religion. gr. 8. (XI, 290 S.) Münster 894. Theissing. n. 3. — (kplt.: n. 10. —; in Halbfrz. geb. n.n. 11. 50)

— Lehrbuch d. Apologetik. 1. u. 2. Bd. 2., verm. Aufl. gr. 8. Münster 895. Theissing. n. 8. — (3 Bde., kplt.: n. 11. —)
1. Von d. Religion überhaupt. (VIII, 314 S.) n. 3. 60
2. Von d. geoffenbarten Religion. (VIII, 405 S.) n. 4. 40

— Lehrbuch der Apologetik. 3. Bd. Von der kathol. Religion. 2. verm. u. verb. Aufl. gr. 8. (X, 370 S.) Münster 899. Theissing n. 4. —; (kplt. n. 12. —)

— Lehrbuch der Apologetik. 1. u. 2. Bd. gr. 8. Münster, Theissing. n. 9. 20
1. Von der Religion überhaupt. 3., verm. u. verb. Aufl. (X, 336 S.) 903. n. 3. 60
2. Von der geoffenbarten Religion. 3., sehr verm. u. verb. Aufl. (VII, 532 S.) 904. n. 5. 60

Gutberlet, Const., Lehrbuch der Philosophie. 1—4. Thl. gr. 8. Münster 878—82. Theissing. n. 11. 40
1. Die Theodicee. (X, 218 S.) n. 2. 40
2. Die Metaphysik. (XIV, 226 S.) n. 2. 40
3. Die Psychologie. (XII, 327 S.) n. 3. 60
4. Logik u. Erkenntnißtheorie. (X, 262 S.) n. 3. —

— Lehrbuch der Philosophie. (5. u. 6. Thl.) gr. 8. Münster, Theissing. n. 4. 40 (1—6.: n. 15. 80)
5. Ethik u. Naturrecht. (XII, 177 S.) 883. n. 2. —
6. Naturphilosophie. (IX, 176 S.) 885. n. 2. 40

— Lehrbuch der Philosophie. I—III. 2., verm. Aufl. gr. 8. Ebd. 890. n. 8. 40
I. Die Theodicee. (XII, 222 S.) n. 2. 40
II. Allgemeine Metaphysik. (XIII, 255 S.) n. 2. 40
III. Die Psychologie. (XII, 328 S.) n. 3. 60

— Lehrbuch der Philosophie. IV—VI. 2., sehr verm. u. verb. Aufl. gr. 8. Ebd. n. 9. — (kplt.: n. 17. 40)
IV. Logik u. Erkenntnißtheorie. (XII, 276 S.) 892. n. 3.
V. Ethik u. Naturrecht. (XII, 214 S.) 893. n. 2. 40
VI. Naturphilosophie. (VIII, 316 S.) 894. n. 3. 60

— Lehrbuch d. Philosophie. (1.—3. Bd.) gr. 8. Ebd. n. 10. —
1. Die Theodicee. 3., verm. Aufl. (XIV, 279 u. 11 S.) 897. n. 3. —
2. Allgem. Metaphysik. 3., verm. u. verb. Aufl. (XV, 279 S.) 897. n. 3. —
3. D. Psychologie. 3., verm. u. verb. Aufl. (XIV, 357 S.) 896. n. 4. —; geb. n.n. 4. 80

— Lehrbuch der Philosophie. (4.—6. Bd.) gr. 8. Ebd. n. 9. 60
4. Logik u. Erkenntnißtheorie. 3. verm. u. verb. Aufl. (XII, 314 S.) 898. n. 3. 60
5. Ethik u. Naturrecht. 3. verm. u. verb. Aufl. (X, 222 S.) 901. n. 2. 40
6. Naturphilosophie. 3., sehr verm. u. verb. Aufl. (VIII, 334 S.) 900. n. 3. 60

— Lehrbuch der Philosophie. (2. u. 3. Bd.) gr. 8. Ebd. n. 7. 60
2. Allgemeine Metaphysik. 4., verm. u. verb. Aufl. (XVI, 328 S.) 906. n. 3. 60
3. Die Psychologie. 4., verm. u. verb. Aufl. (XIV, 383 S.) 904. n. 4 —

— Lehrb. d. Philosophie. (1. u. 4. Bd.) gr. 8. Münster, Theissing. 7. 60
1. Die Theodicee. 4., verm. Aufl. (XVI, 317 S.) 909. 3. 60
4. Logik u. Erkenntnistheorie. 4., verm. u. verb. Aufl. (XIV, 335 S.) 909. 4. —

Gutberlet, Constantin: Logik und Erkenntnisstheorie. Von Dr. –. 3. verm. u. verb. Aufl. Münster: Theissing 1898. (XII, 314 S.) 8°
= Gutberlet: Lehrbuch d. Philosophie. Bd 4.

Gutberlet, Constantin: Logik und Erkenntnistheorie. Von Dr. –. 4. verm; u. verb. Aufl. Münster: Theissing 1909. XIV, 335 S. 8°
(Gutberlet: Lehrbuch d. Philosophie. Bd 4.)

– der Mensch. Sein Ursprung u. s. Entwicklg. Eine Kritik d. mechan.-monist. Anthropologie. gr. 8. (IV, 620 S.) Paderborn 896. F. Schöningh. 10. —

– der Mensch. Sein Ursprung u. seine Entwicklg. Eine Kritik der mechanisch-monist. Anthropologie. 2., verb. u. verm. Aufl. (IX, 645 S) gr. 8. Paderborn 903. F. Schöningh. n. 11. —

[F.] Allgemeine Metaphysik. Von Dr. Constantin Gutberlet. 3., verm. u. verb. Aufl. *Münster: Theissing 1897.* (XV, 279 S.) 1 Bd 8.
= Gutberlet, C.: Lehrbuch d. Philosophie. Bd 2.

Allgemeine Metaphysik. Von Dr. Constantin Gutberlet. 4., verm. u. verb. Aufl. Münster: Theissing 1906. (XVI, 328 S.) 8° [F.]
= Gutberlet: Lehrbuch d. Philosophie. Bd 2.

Gutberlet, Const., der mechanische Monismus. Eine Kritik der modernen Weltanschauung. gr. 8. (VI, 306 S.) Paderborn 893. F. Schöningh. n. 5.

Naturphilosophie. Von Dr. Constantin Gutberlet. 3., verm. u. verb. Aufl. *Münster: Theissing 1900.* (VIII, 334 S.) 8° [F.]
= Gutberlet: Lehrbuch d. Philosophie. [Bd 6.]

— die Pfahlbauten u. ihr Zusammenhang m. dem Alter der Menschheit. [Aus „Zeitgemäße Broschüren."] gr. 8. (21 S.) Münster 872. Russel. — 30

[F.] Die Psychologie. Von Dr. Constantin Gutberlet. 3., verm. u. verb. Aufl. *Münster: Theissing 1896.* (XIV, 357 S.) 1 Bd 8.
= Gutberlet, C.: Lehrbuch d. Philosophie. Bd 3. [97. 12.5

Die Psychologie. Von Dr. Constantin Gutberlet. 4., verm. u. verb. Aufl. Münster: Theissing 1904. (XIV, 383 S.) 8° [F.]
= Gutberlet: Lehrbuch d. Philosophie. [Bd 3.] [5. 3367

— Psychophysik. Historisch-krit. Studien üb. experimentelle Psychologie. (XI, 664 S.) gr. 8. Mainz 905. Kirchheim & Co. n. 9. —; geb. in Halbfrz n. 11. —

— die neue Raumtheorie. gr. 8. (III, 102 S.) Mainz 882. Kirchheim. n. 1. 50

— das Sechstagewerk, s.a. Broschüren, Frankfurter zeitgemäße.

Gutberlet, Konstantin, Das Sechstagewerk. (Zeitgem. Brosch. III, 5.) Frankfurt, Fösser, 1882, 8°, 36 S., 50 Pf.

— der Spiritismus. (1. Vereinsschrift für 1882 der „Görres-Gesellschaft".) gr. 8. (100 S.) Köln 882. Bachem in Comm. n. 1. 80

[F.] Die Theodicee. Von Dr. Constantin Gutberlet. 3., verm. Aufl. *Münster: Theissing 1897.* (XIV S., 1 Bl., 279, 11 S.) 1 Bd 8.
= Gutberlet, C.: Lehrbuch d. Philosophie. Bd 1. 98 3107

— dogmatische Theologie, s.: Heinrich, J. B.

Gutberlet, Konstantin, Das Buch Tobias übersetzt u. erklärt. Münster, Theissing, 1877, gr. 8°, VIII u. 355 S., 3 Mk.
Bildet einen Band des von Aug. Rohling begonnenen, aber unvollendet gebliebenen alttest. Bibelwerkes.
Recens. von Flöckner, Litt. Rundsch. 1878, S. 225—238; B. Schäfer, Litt. Handw. 1877, S. 419—421. Katholik 1877, Bd. II, S. 649—655.

Gutberlet, Konst., Das Unendliche metaphysisch u. mathematisch betrachtet. Mainz, Faber, 1878, 8°, 218 S.

— Vernunft u. Wunder, s.: Glaube u. Wissen. 5. Hft.

— die Willensfreiheit u. ihre Gegner. gr. 8. (VI, 272 S.) Fulda 893. Fuldaer Actien-Druckerei. n. 3. 50

— Die Willensfreiheit u. ihre Gegner. 2., sehr verm. Aufl. (VIII, 458 S.) gr. 8. Fulda 907. Fuldaer Actiendruckerei. 5. —

Gutberlet, Mt. Jos., Versuch über d. Sicherungsanstalten gegen d. Entstehung u. Ausbreitung kontagiöser Krankheiten unter d. Soldaten im Felde rc. 8. Würzb. 811. Stahel. 4 gr

Gutberlet, Tob., opuscula. c. fig. 8. Frcf. 704.

Gutberlet, Wilhelm, appr. Arzt aus Neukirchen (Kr. Ziegenhain): Vierzehn Fälle von Coloncarcinom. Kasuist. Beitrag zur Kenntnis d. Dickdarmcarcinoms. *München 1904: Kastner & Callwey.* (41 S.) 8°
München, Med. Diss. v. 1904

Gutberlet, Wilhelm Karl Julius

Gutberlet (W. K. J.). Geognostische und geologische Beobachtungen über den Calvarienberg bei Fulda. (Ber. d. Oberhess. Ges. f. Natur- u. Heilkunde zu Giessen. 1857.) 8.

Gutberlet, Wilh. Carl Jul., Einschlüsse in vulkanoidischen Gesteinen. Abhandlung. Fulda 853. Müller. gr. 8. (32 S.) n. 10 ngr

Gutberlet (W. K. J.), Ueber die Zeitfolge der höheren Oxydation des Mangan- und Eisenoxydules und ihre geologische Bedeutung. (Sep.-Abdr.) (Ohne Ort und Jahr.) 8.

Gutbier, d. Hauptsysteme d. polit. Oekonomie. Berlin 880.

Gutbier, A. v., Panorama vom Königstein. Nebst topograph. und geschichtl. Erläuterungen. Lithogr. Imp.-Fol. (24 S. in hoch 4.) Dresden 863, Burdach. In Carton. *
ill. *

Gutbier, A., chemisches Praktikum f. Mediziner. Leitfaden f. den praktisch-chem. Unterricht auf physikalisch-chem. Grundlage. (VIII, 100 S.) 8. Leipzig 904. [C. L. Hirschfeld.] Tübingen, H. Laupp. n. 2. 20; geb. n. 2. 80
Auch dess. Verf. „Studien üb. d. Tellur" ist in obigen Verlag übergegangen.

Gutbier, A., über die Resection des Hüftgelenks. Inaugural-Dissertation. gr. 8. (30 S.) Jena 879. (Neuenhahn.) — 60

Gutbier, A. v., die Sandformen der Dresdner Haide bezogen auf das Elbbassin. Erläuterungen zur topograph. Karte des Oberleut. u. Adjut. L. v. Gutbier. Dresden 865. Burdach. gr. 8. (44 S.) 5 ngr.

Gutbier, A. v., geognostische Skizzen aus der sächsischen Schweiz und ihrer Umgebung. Mit 123 in den Text gedr. Abbildgn. (Holzschn.) Leipzig 858. Weber. gr. 8. (X, 108 S. u. 1 color. Karte in Holzschn. in 4.) n. 1 rf

Gutbier, A. A. R., s. Claudius, G. C., allgem. Briefsteller.

Gutbier, Ad. Anton Robert

— Bibliothek d. Elementar-Pädagogik. 1r Bd. A. u. d. T.: Nouveau Système de lecture compar. française-allemande, avec un recueil de mots et de dialogues destinés en enrichir la mémoire et à mettre bientôt à même de prononcer, de lire et de parler l'une ou l'autre de ces deux langues, oder vergleichendes französ.-deutsches Lese- u. Sprechbuch. gr. 8. Leipz. u. Torgau 830. Wienbrack. 15 gr
2r Bd. A. u. d. T.: Vergleich. französ.-deutsche Lesemethode nach Krugscher u. Stephanischer Lehrart; nebst e. kurzen Anweisung, Kindern französ. oder deutsch sprechen zu lehren ohne vorhergegangenen grammatikal. Unterricht; oder Anweis., die französ. oder deutsche Sprache recht sprechen, lesen u. schreiben zu lehren, für Lehrer rc. gr. 8. Ebd. 830. 18 gr 3r Bd., 1e Abtheil. A. u. d. T.: Sprech- u. Denkübungen, verbunden mit d. ersten Religionsunterrichte rc. gr. 8. Ebd. 831. 12 gr

Gutbier, Ad. Ant. Rob., Bibliothek der Elementar-Pädagogik. 3r Bd. 2e Abthl. A. u. d. T.: Sprech- u. Denkübungen, verbunden mit dem ersten Religionsunterrichte, oder Wegweiser durch das Gebiet der sinnlichen Anschauungen. 2e Abthl. gr. 8. Leipzig 839. Wienbrack. 2/3 rf Alle 3 Bde compl. 2 rf 13 gr

Gutbier, Ad. A. R., Gebiet d. sinnl. Anschauung, oder bildl. Darstell. d. wichtigsten Gegenstände aus d. Natur u. Kunst, ein Bilderwerk zur Bibliothek d. Elementar-Pädagogik. gr. qu. Fol. 8 lithogr. Blätter u. 1 Bl. Text. Berl. 832. Gropius. 16 gr ill. 1 rf 12 gr

Gutbier, Adph., Andeutungen üb. die Schulreform in Bayern. gr. 8. (71 S.) München 849, Franz. 12 ngr

Gutbier, Adf., kurze **Anleitung** zur Kunst im richtigen Fragen und Entwickeln der Begriffe, nebst zahlreichen Uebungs-Aufgaben für Lehr-Anfänger, insbesondere aber auch für Lehrer der neuen Sprachen, welche in Deutschland ihre Muttersprache lehren wollen. Freysing 858. Datterer. gr. 8. (XI, 96 S.) n. 10 ngl

—— **practische Anleitung** den 1. Cursus der kaufmännischen Buchführung zu lehren für angehende Lehrer hrsg. 1. Heft. gr. 4. (10 lithogr. S.) München 858, (Finsterlin.) *

Gutbier, Adf., **Entwurf** zu der zu begründenden höheren Bürgerschule. Vorgelegt in der am 23. August in der Westendhalle gehaltenen Versammlung. München 861. (J. A. Finsterlin.) gr. 8. (24 S.) n. 4 ngr.

— die Gliederung der Unterrichts- u. Erziehungsanstalten im Königreich Bayern. [Aus den „Gymnasialblättern" abgedr.] gr. 8. (55 S.) München 850, Rieger. n. 7 ngl

— **Ideen** über den Unterricht in den modernen Sprachen, ein Nachtrag zu Herrn Dr. Hauschild's Plan, eine dauernde Verbindung der Deutschen, Engländer und Franzosen durch eine völkerschaftliche Erziehung der Jugend zu bewerkstelligen. Augsburg 854. v. Jenisch u. Stage. 8. (24 S.) 3 ngl

—— **erster Cursus** in der Buchführung für untere Klassen der Handels-, Real- und Gewerbs-Schulen. gr. 8. (VIII und 48 S.) München 858, Finsterlin.

— siehe: **Lehrbuch** der kaufmänn. Arithmetik.

— erster französischer **Leseschüler** in engster Verbindung mit der Sprachlehre. München 861. Fleischmann. gr. 8. (VI, 170 S.) n. 18 ngr.

Gutbier, Adolf und Schumann, Paul. Museum der Italienischen Malerei in Original-Photographien. Dresden. Fol.
In IV, 8: „Künstlergeschichte" ist bei den einzelnen Künstlern auf dieses Werk Bezug genommen.

Gutbier, Adf., s. **Rafael-Werk.**

— die Reform der Volksschulen u. der Entwurf e. Gesetzes über das Volksschulwesen im Königr. Bayern Ebend. 868. gr. 8 (47 S.) n. 6 ngr.

— deutsches **Sprachbuch** als Grundlage des vergleichenden Sprach-Unterrichtes enthaltend Lesestücke in hochdeutscher Sprache und in den deutschen Mundarten, nebst zahlreichen Uebungsaufgaben und einem Sprachkärtchen von Deutschland. Augsburg 853. v. Jenisch u. Stage in Comm. Lex.-8. (XI, 252 S. u. 1 lith. u. col. Karte in 4.) n. 25 ngr

— erster französischer **Sprachcursus** im engsten Anschlusse an den Unterricht in der Muttersprache zunächst für Schüler, welche noch keine fremde Sprache erlernten. München 863. (L. Finsterlin.) gr. 8. (99 S.) n. 12 ngr.

Gutbier, Adf., erster französischer Sprachcursus im Anschlusse an den Unterricht in der Muttersprache zunächst für Schüler, welche noch keine fremde Sprache erlernten. 2., verm. u. verb. Aufl. München 867. L. Finsterlin. gr. 8. (162 S.) 15 ngr.

— vergleichende französisch-deutsche **Sprachschule**, oder die Anfänge der französischen Sprache vergleichend mit der deutschen zu lehren, nebst Uebungsaufgaben in der Unterredungsform. Leipzig 855. Fr. Fleischer. gr. 8. (XX, 318 S.) 1 ₰

—— vergleichende französisch-deutsche **Sprechschule**, oder die Anfänge der französ. Sprache vergleichend mit der deutschen zu lehren, nebst Uebungsaufgaben in der Unterredungsform. gr. 8. (XX und 318 S.) Leipzig 854(55,) Fr. Fleischer.

Gutbier, Adf., u. **Paul Schumann, Verzeichniss zum Museum der italienischen Malerei in Orig.-Photographien. gr. 8. (XV, 128 S.) Dresden 885. Gutbier. 1.50**

Gutbier, Adf., Verzeichnis z. Museum d. antiken Skulptur, s.: **Herrmann**, Paul.

— Was fordert der Zeitgeist von der Bildung der Töchter des mittlern Bürger- und Beamtenstandes und die Mädchen-Handelsschule. (Abdr. aus Heindl's Repertorium der pädagog. Journalistik.) München 864. L. Finsterlin. gr. 8. (54 S.) n. 8 ngr.

Gutbier, Ad., welche Bildung wird in unsern Tagen von einem Kaufmanne gefordert? u. welche Wege sind zur Erlangung derselben zu verfolgen? Mit besond. Rücksicht auf die techn. Lehranstalten im Königreich Bayern. gr. 8. München 846, Franz. 6 ngl

Gutbier, Alex

— **u L. Birckenbach, prakt. Anleitung z. Gewichtsanalyse.** (VIII, 72 S. m. Fig.) kl. 8. Ebd. 907. Geb. in Leinw. 2. —

— u. L. **Birckenbach**, praktische Anleitung zur Massanalyse. (IV, 87 S.) kl. 8. Erlangen 905. M. Mencke. Geb. in Leinw. u. durchsch. n. 2. —

Gutbier, Alexander, aus Leipzig: **Beiträge zur Kenntnis der** Isorosinduline. *Erlangen 1899: E. Th. Jacob.* (42 S.) 8°
Erlangen, Phil. Diss. v. 1. März 1899

— Zur Erinnerung an Henri Moissan. (V, 308 S. m. Abb. u. 1 Bildn.) Lex.8. Erlangen 908. (M. Mencke.) 6. —

Gutbier, Alex., Nickel u. Verbindungen, s.: **Gmelin u. Kraut's** Handb. d. anorgan. Chemie. V, 1.

Gutbier, Alexander, Dr. phil., aus Leipzig: **Studien über das Tellur.** *Leipzig 1901: J. B. Hirschfeld.* (96 S.) 8°
Erlangen, Phil. Hab.-Schr. v. [27. Nov.] 1901

Gutbier, Alfred, cand. med.: Ueber einen Fall von cerebraler Kinderlähmung mit Atrophie der linken Gross- und rechten Kleinhirnhemisphäre als Obductionsbefund. ⟨Mit 3 Abb.⟩ München: Steinicke 1910. 19 S., 3 Taf. 8°
München, Med. Diss. v. 28. Dez. 1910, Ref. v. Bauer
[Geb. 7. Dez. 83 Buchholz, Sachsen; Wohnort: Buchholz; Staatsangeh.: Sachsen; Vorbildung: Fürstensch. Grimma Reife O. 04; Studium: München 5, Kiel 1, München 4 S.; Coll. 28. Dez. 10; Approb. 15. Dez. 10.] [U 11. 3634

Gutbier, Aug. v., Abdrücke u. Versteinerungen d. Zwickauer Schwarzkohlengebirges u. seiner Umgebungen. (1. Lfg.) gr. 8. (5 B. u. 12 Stnt.) Zwickau 835, Richter'sche Buchh. *
Bildet gleichzeitig die Fortsetz. od. 2. Thl. von dess., Beschreibung d. Zwickauer Schwarzkohlengebirges etc. Ebendas. 1834. 2 Thlr. 16 Gr.

Gutbier, Aug. v., geognost. Beschreibung d. Zwickauer Schwarzkohlengebirges u. seiner Umgebungen. Nebst e. Uebersichtskarte, mehr. Stnt. (auf 3 Bog. Fol. u. 4 Bl. gr. 8) u. (3) Tab. (Fol.) gr. 8. (11½ B.) Zwickau 834, Richter.

v. **Gutbier**, Aug., üb. einen fossilen Farrenstamm Caulopteris Freieslebeni aus d. Zwickauer Schwarzkohlengebirge. gr. 8. (Mit 4 Steintaf.) Zwickau 842. (Richter'sche B.) n. ⅓ ₰

Gutbier, Felix Alexander. Beiträge zur Kenntnis der Isorosinduline. Erlangen, 1899.

Gutbier, Fr. Aug. Ph., Anfangsgründe im Rechnen. 8. Gotha 802. Ettinger. 5 gl

— vorbereitende Fragen zum Unterricht in d. christl. Religion. 8. Erfurt 798. (Otto). 2 gl

— liturg. Handbuch zum Gebrauch für Prediger bei kirchl. Verrichtt. gr. 8. Leipz. 805. Barth. 1 rf 12 gl Velinp. in 4. 3 rf

Gutbier, Fr. Aug. Ph., kurzer Inbegriff aller nothwendigen u. nützl. Kenntnisse, ein Lehr- u. Lesebuch für Schüler in Stadt-, Land-, auch Sonntagsschulen und zur Nachlese für Bürger u. Landleute. zur Beförderung der Realwissenschaften und einer vernünftigen Religionskenntniß. 1r Thl., welcher die Naturlehre, Geographie, Naturgeschichte und Technologie enthält. gr. 8. Leipzig 834. Wienbrack. 1/2 rf — 2r Thl., welcher die Lehre vom Menschen, deutsche Sprachlehre, Welt- u. Menschengeschichte, Arithmetik, Geometrie u. Mechanik enthält. Mit 1 Steindr. gr. 8. Ebd. 834. 1/2 rf — 3r Thl., welcher die Mythologie, Religionsgeschichte, biblische Geschichte nach dem alten Testamente, die Geschichte Jesu u. der Apostel, das Leben Luther's, die Religionslehre nach Jesus eigenen Aussprüchen, den Inhalt der biblischen Bücher, die Angabe der Bekenntniß-Schriften der protestant. Kirche, den Kirchen-Kalender mit der Zeitrechnung enthält. Mit 1 Steindr. gr. 8. Ebd. 834. 1/2 rf

— Lehrbuch d. christl. Glaubens- u. Sittenlehre, nach Dr. M. Luthers kleinem Katechismus, mit Erklärungen, Anmerkk., bibl. Sprüchen u. Liederversen. 8. Gotha 824. Gläser. 12 gl

— Summarien, od. kurzer Inhalt, Erklärr. u. erbaul. Betrachtt. über d. heil. Schrift d. N. Testaments, zum Gebrauch bei kirchl. Vorlesungen &c. 1r Thl. 1r—5r Abschn. gr. 8. Leipz. 831–33. Wienbrack. 1 rf 18 gl

— Summarien, oder kurzer Inhalt, Erklärungen u. erbauliche Betrachtungen der heil. Schrift des neuen Testaments &c. 2r Thl. 1e u. 2e Abthl. u. 3r Thl. 1e u. 2e Abthl. gr. 8. Leipzig 834–36. Wienbrack, 3 11/12 rf — 4r Thl. 1e u. 2e Abthl. Vom Briefe Paulus an d. Galater bis zum Briefe Judä. gr. 8. Ebd. 838. 1 1/3 rf (Das Werk nun complet 5 2/3 rf Vergl. Thl. II. S. 463.)

Gutbier, Friedrich

— Dresden u. die sächs. Schweiz, s.: Grieben's Reise-Bibliothek.

— Hilfsbuch f. den Dampfkesselbetrieb, die Gewichts- u. Druckvergleichungen. In zahlreichen mathemat. u. techn. Anwendgn. Mit 4 Holzschn. im Text. 8. (VIII, 300 S.) Kiel 874. v. Wechmar. n. 6. —; geb. n. 7. —

Gutbier, Frdr. v, Deutschlands wichtigste Hohlmaasse in das metrische Hohlmaass umgerechnet. 14 Verwandlungstafeln f. bad., baier., hannöver., österreich, preuss., sächs. u. württemberg. Flüssigkeits- u. Getreidemaase in Hektoliter, Liter u. Cubikcentimeter. Für Bierbrauer, Spiritusfabrikanten, Chemiker etc. sowie f. Schulen u. Bildungs-Anstalten, Statistiker, Handelsgerichte, Zoll- u. Steuer-Behörden gr. 8. (32 S.) Dresden 870. Burdach in Comm. n. 1. —

Gutbier, Frdr. v., Maasstafeln zur Verwandlung aller sächsischen Längen-, Flächen- u. Hohlmaasse in das metrische Maass. Nebst Verwandlungstaf. für preuss., baier., österreich., engl. u. altfranz. Fuss- u. Zollmaass, sowie für Zollgewicht u. altsächs. Gewicht. Dresden 870. (Burdach.) gr. 8. (48 S.) n. 15 ngr

Gutbier, Hermann: Zur Geschichte des Langensalzaer Kreisblattes 1759–1909. Von –, Stadtarchivar. Langensalza: Wenst & Klauwell (1909). 64 S. 8°
[Umschlagt.:] Festschrift z. 150j. Jubiläum d. Langensalz. Kreisblattes 1909.

Gutbier, Herm., die Grabdenkmäler der Bergkirche zu Langensalza. 30 Abbildgn. m. erläut. Text. Hrsg. vom Gewerbeverein zu Langensalza. gr. 4. (IV, 42 S.) Langensalza 901. (H. Beltz.) n. 6. —

Gutbier, Herm., der Hainich. Ein Beitrag zur Heimatskunde. 12. (48 S.) Langensalza 894. (Wendt & Klauwell.) n. — 50

— der Kampf bei Langensalza am 27. Juni 1866. Ein Gedenkbuch. 4 Lfgn. 8. (VIII, 275 S. m. 1 Karte.) Ebd. 891. Subskr.-Pr. à n. — 75 (kplt.: 3. 60; geb. n. 4. 80)

Gutbier, Herm., der Kampf bei Langensalza am 27. Juni 1866. Ein Gedenkbuch. 2., verm. Aufl. gr. 8. (VII, 278 S. m. 1 lith. Karte.) Langensalza 896. Wendt & Klauwell. n. 2. —; geb. n. 2. 80

Gutbier, H., Schwefelbad Langensalza, nebst Führer durch Stadt u. Umgegend. Mit 8 in den Text gedr. Ansichten u. 1 Plan v. Langensalza. 8. (III, 52 S.) Langensalza 887. Wendt & Klauwell. — 75; ohne Plan — 60; Plan ap. — 25

— Schwefelbad Langensalza. Führer durch Stadt u. Umgegend. Mit ca. 30 in den Text gedr. Ansichten, e. Plan des Gefechtsfeldes, e. (farb.) Stadtplan u. e. Lageplan f. die Kaserne. 2. Aufl. 8. (III, 83 S.) Langensalza (900). O. Stockstrom. n.n. 1. —

Gutbier, Johannes, a. Langensalza: Bruchstück einer lateinischen, mit französischen Sätzen gemischten Predigtsammlung aus dem Ende des XIII. oder Anfang des XIV. Jahrhunderts. Halle a. S. 1908 (Langensalza: H. Beyer & Söhne). (47 S.) 8°
Halle, Phil. Fak., Ref. Suchier, Diss. v. 15. Mai 1908
[Geb. 5 Juni 81 Langensalza; Wohnort: Jena; Staatsangeh.: Preußen; Vorbildung: Gymn. Mühlhausen (Thür.) Reife M. 02; Studium: Jena 3, Poitiers 1, Berlin 1, Jena 1, Halle 4 S.; Rig. 31 Juli 07.]

Gutbier, L., Uebungsblätter für Planzeichnen. Zum Gebrauch beim Unterricht hauptsächlich in landwirthschaftl. Fortbildungsschulen entworfen. qu. gr. 8. (32 Steintaf. m. 8 S. Text.) Merseburg 880. Stollberg. n. 2. —

Gutbier, L., Uebungsblätter f. Planzeichnen, nebst Rechnungs-Aufgaben. Zum Gebrauch beim Unterricht hauptsächlich in landwirthschaftl. Fortbildungsschulen entworfen. 2. Aufl. qu. gr. 8. (36 Steintaf. m. Text 24 S.) Merseburg 883. Stollberg. In Mappe. n. 2. 25

Gutbier, Frau Louise Jeannette Christ., s.: Christ, L. Jean. — Jean-Christ, L.

Gutbier, Frau Luise [L. Jean Christ], die Bedeutung der dramatischen Kunst in Bezug auf ihre historische Entwickelung u. das ethische Bedürfnis der Gegenwart. (Die dramatische Kunst als Volksbildnerin.) Vortrag. gr. 8. (24 S.) Berlin 890. Oehmigke's Verl. n. — 30

Gutbier, Louise: Die Bewegung der Frauenwelt ein wichtiges Moment der neu anhebenden Culturepoche. Vortrag, gehalten in Cassel bei d. 4. Generalversammlung des allgemeinen deutschen Frauenvereins. — Coburg: Riemann [1870]. 15 S. 8°

Gutbier, Luise: Mara. Vom deutschen Stamm. Schauspiel in 5 Akten von L. Jean-Christ [d. i. Luise Gutbier]. 2. Ausg. Berlin: H. Walther 1904. (238 S.) 8°

Gutbier, Luise: Stimmen an Deutschland. Die Bedeutung d. Kunst, vornehml. d. dramatischen, in unserer deutschen Entwicklung. Vortrag geh. 1900 von L. Jean Christ [d. i. Luise Gutbier]. Berlin: H. Walther (1900). (38 S.) 8°

— Moritz Adolph (Portensis), De juribus ecclesiae creditricis singularibus in mutuo usurario. Präs. Christian Gottlieb Hommel. Wittbg. (Gerdes) 27. IX. 1771. 23 S. (5.20) 12378

Gutbier, Paul, die Hauptsysteme der politischen Oekonomie. Inaugural-Dissertation. gr. 8. (40 S.) Berlin 880. (Göttingen, Vandenhoeck & Ruprecht.) n. 1. 20

Gutbier, Paul, der deutsche Verfassungsstaat u. die Parteien. Im Auftrage des „Kaiser-Wilhelm-Dank, Verein der Soldatenfreunde, E. V." bearb. (80 S.) Lex.-8. Berlin 904. Kaiser-Wilhelm-Dank. Kart. n n. — 75

Gutbier, Selmar, de Irideremia, seu defectu Iridis congenito. Dissert. ophthalmiatrica. 8 maj. (1 B. u. 1 ill. Kpfr.) Gothae 834, Glaeser.

Gutbier, Wilhelm [app. Arzt aus Neu-Ulm]: Aus d. patholog. Institute zu München. Ueber einen Fall von destruirendem Papillom des Kehlkopfs. . . . München, Buchdr. v. M. Ernst, 1890; 20 S. 8°
München, Med. Fak., Inaug.-Diss. v. 1891

Gutbir, Casp. Christian (Langensalza), De sententia ipso jure nulla. Diss. jur. Präs. Conrad Wilhelm Strecker. Erfurt (Joh. Chph. Hering) 7. I. 1738. 34 S. (5.50) 12379

— Ludwig Heinrich (Pforta/Thür.), Dissertatio de sponsalibus intra tempus luctus initis. Präs. Josia Ludwig Ernst Püttmann. Lpz. (Langenheim) 3. X. 1774. 14 S. (4.80) 12380
Gew.: C. G. Schubardt (Pauschwitz).

— Sigismund Polycarp (Pforta/Thür.), Dissertatio de ineptiis morientium voluntatibus. Präs. Josia Ludwig Ernst Püttmann. Lpz. (Langenheim) 4. X. 1774. 16 S. (5.—) 12381
Gew.: Georg Friedrich v. Berlepsch (Henningsleben, Leislau).

Gutborn, (Wlh. Gli. Georg), Winterabendgespräche mit seinen Kindern über d. allgem. Weltgeschichte. 1r Bd. 8. Halle 805. (Joachim in Leipz.) 1 ₰ 4 ₰

Gutbrod & Co., zur Erinnerung an den 50jährigen Bestand der Firma 1847-1897. (57 S.) Stuttgart und Bietigheim 1897

Gutbrod, . Worte am Grabe der lieben Martha Josenhans. Geboren in Basel, 17. September 1849, entschlafen zu Leonberg, 20. April 1886 .... Gesprochen von ihrem Schwager, Pfarrer G'.... 8. Stuttgart.

Gutbrod, Alois, die unmittelbaren Städte u. Bezirksämter des Kreises Schwaben u. Neuburg. Mit e. Anh.: Das Wichtigste aus der Geographie u. Geschichte dieses Kreises. Ein Handbuch f. Volksschullehrer zur Erteilg. d. heimatkundl. Unterrichtes. Unter Mitwirkung v. Schulmännern bearb. (VII, 331 S.) 8. Augsburg 890. Schulanstellg. n.n. 3. 50

Gutbrod, Fr. X., Geschichte der Pfarrei Obergünzburg. (In ca. 5 Hftn.) 1.—4. Hft. gr. 8. (S. 1—256 m. eingedr. Abbildgn., 1 Karte u. 4 Taf.) Kempten 889. Kösel. à n. 1. 50

Gutbrod, Fr. X., Geschichte der Pfarrei Obergünzburg. 5. (Schluß-)Hft. gr. 8. (S. 257—328 m. eingedr. Abbildgn., 1 Lichtdr.-Taf. u. 1 Panorama.) Kempten 891. Kösel. n. 1. 60 (kplt.: n. 7. 60)

Gutbrod, J. X., die Kinderbewahr-Anstalt, in ihrem Zwecke u. in den Mitteln zur Erreichg. dieses Zweckes dargestellt. Mit den Beigaben: a) Die erste Hilfe bei Verletzgn. der Kinder, von v. Nußbaum; b) Verzeichniß der sämmtl. Kinderbewahr-Anstalten in Bayern, Zeit ihrer Gründg., Namen der Gründer u. die Zahl der aufgenommenen Kinder. 8. (VIII, 143 S.) Augsburg 884. Literar. Institut v. Dr. M. Huttler. n. 2. —

Gutbrod, G., römische Bruderliebe, s.: Flugschriften d. Evangel. Bundes.

Gutbrod, Johann Lorenz (Stuttgart), Chemische Untersuchung eines Lithion-Glimmers von Zinnwalde in Böhmen. Dissert. med. Präs. Ch. G. Gmelin. Tübing. (Chn. Richter) Febr. 1826. 19 Seiten. (5.—) 12382

Gutbrod, Karl, Rechtsanwalt Dr., in Stuttgart: Der obligatorische Grundstücksveräusserungsvertrag (B.G.B. § 313). Ein Beitrag zur Lehre vom Formalvertrag. Stuttgart 1904: W. Kohlhammer. (126 S.) 8° [J.]
Tübingen, Jur. Fak., Ref. v. Wendt, Diss. v. 30. Juni 1904
[Geb. 7. Aug. 72 Stuttgart; Wohnort: Stuttgart; Staatsangeh.: Württemberg; Vorbildung: Askan. Gymn. Berlin Reife O. 92; Studium: Tübingen 4, Berlin 2, Leipzig 2 S.; Anrechnung der Justizdienstprüfung.]

Gutbrod, Otto, cand. med. aus Stuttgart: Zwei Fälle von rapid verlaufendem Carcinom. *München: J. Rudolph 1899.* (27 S.) 8°
München, Med. Diss. v. 1899

Gutbrod, Theodor [app. Arzt]: Zur Statistik der engen Becken ... München, Buchdr. Kastner & Lossen, 1896; 40 S. 8.
München, Med. Fak., Inaug.-Diss. v. 1896

v. Gutceit, H. L., Beiträge zur Lehre von den typhösen Fiebern, hauptsächlich in Bezug auf ihre Behandlung geliefert. gr. 8. Riga 842, Götschel. 2/3 ₰

Gute Freunde. (16 S. mit 8 Bild. in Farbendruck.) Wien, *Garay & Comp. Eleg. cart. 100 Expl. 9 fl. 60 kr. netto. 1884.

Gute Menschen lieben ihren Fürsten. Zeitstück in 3 Aufz. v. Hensler. 8. Wien, Wallishausser. 799.

Gute Nacht, siehe **Nacht.**

*Gute Nacht Basedow, Qui bene currit, bene dormit. Leipzig 1777, 31 S., 8°.

Gute Nacht dem Erbadel gewünscht von einem Fürsten. 2 Bde. 8. Erfurt, Hennings in Gotha. 2 ßf

Gute Nacht Republik! d. Emigranten stehen auf! oder meine Meinung von d. Gebrauch d. bewaffneten Emigrirten in den k. k. Heeren, (v. Ph. W. Horstmann). 8. o. O. 796.

Güte rettet; ein Lustspiel in fünf Aufzügen . . . Leipzig 1793. V: *Huber, Ludw.* (KY) (MGT) (BrMm) (GGr)

Güte rettet; ein Lstspl., nach Holcroft vom Verfasser des heimlichen Gerichts (L. F. Huber). 8. Leipz. 793. Göschen. 14 gl

Güte, (E. H.,) Angabe u. Berechnung d. Gebornen, Verstorbenen, Kopulirten u. Kommunikanten in Halle v. 1701 bis 1800, m. Anmerkk. gr. 4. 801, ist Verl. v. Reinicke u. C. in H.

Güte, Hnr. Er., Anfangsgründe d. hebr. Sprache. gr. 8. Halle 782. 2e A. 791. (Laue in Berl.) 12 gl 3e A., herausg. v. J. E. T. Güte. A. u. d. T.: Hebr Schul-Grammatik. gr. 8. Berl. 820. Nauck. 16 gl

Güte, Hnr. Er., († d. 6. Dec. 1805.) Angabe u. Berechnung d. Gebornen, Verstorbenen, Copulirten u. Communikanten in Halle. 4. Halle 801. (Reinike). 6 gl

— Einleit. in d. Psalmen. 8. Halle 803. (Hahn in Hannov.) 1 ßf

— Entwurf zur Einleit. ins A. Testam. 8. Halle 787. Waisenh.-Buchh. 15 gl

— Materialien über die Pastoraltheologie. gr. 8. Halle. (Hahn in Hannov.) 804.

— s. 1) Steinersdorff, hebr. Grammatik. 2) J. Chr. Struensee, Uebersetz. d. Psalmen 2c.

— kurze Uebersicht d. vorzügl. Materien, welche in d. Pastoraltheologie Erläuterung verdienen. gr. 8. Halle 804. (Hahn in Hannov.) 18 gl

Güte, J. E. Thdr., s. H. E. Güte, Anfangsgründe d. hebr. Sprache.

Güte, Joannes Ernestus Theodorus: *De methodo, qua discipuli latina lingua sint imbuendi. 12 Bl. 8° (4°)

Halle-Wittenberg, Phil. Diss. v. 27. Okt. 1818

Geb. [Halle a. d. S. 23. 5. 1798]

Verf. wurde ohne Rigorosum promoviert. — G.'s Diss. führt nicht den in der ALZ 1818 III S. 844 angegebenen deutschen Titel.

Güte, Johannes, a. Billigheim ⟨Rheinpfalz⟩: Die produktiven Suffixe der persönlichen Konkreta im Mittelenglischen. Straßburg i. E. 1908: M. DuMont Schauberg. (IX, 104 S.) 8°

Straßburg, Phil. Fak., Ref. Koeppel, Diss. v. 25. Jan. 1908

[Geb. 13. Dez. 83 Billigheim; Wohnort: Billigheim; Staatsangeh.: Bayern; Vorbildung: Gymn. Landau Reife Sommer 03; Studium: München 2, Straßburg 7 S.]

v. d. Güte, Philem., (Hans Adolph Erdm. Graf v. Werthern), d. Processus inhibitus bei dem Oberhofgericht zu Leipzig. 8. Leipz. 769.

Die Gutehoffnungshütte, Oberhausen, Rheinland. Zur Erinnerung an das 100jähr. Bestehen. 1810—1910. [Mit Abb. u. Taf.] (Düsseldorf 1910: Bagel.) VII, 177 S. 4°

GUTEHR, Friedr., Sittlichstaatige (!) Schriften. (Hrsg. von Joh. Michael Constantin Tarnow.) Weltstadt 1799.

Anon.-Lex. II. p. 250 (nach Meusel). — Fehlt in Weller's fing. Dr.

Gutehr, Fr., (Jh. Mark. Konst. Tarnow), sittl.-staatige Schriften. 1s Heft. Ueber den allgem. Schriftstellerfrieden u. über d. Verhältniß desselben zum allgem. Staatenfrieden. 8. Wellstadt 799. (Stiller in Rostock). 10 gl

Gutekunst, H. G., s. Kunst, die, für Alle.

G[utekunst, Jacques]. Waidlingfahrt von Basel nach Köln, Ostern 1903. [Ausgeführt durch den] Genie-Verein Basel. Nach den Aufzeichnungen des Hrn. Genielieuts. G. Separatabdruck aus den Basler Nachrichten [Jahrg. 59, 1903, Nr. 127]. 16 S. 8. ([Basel,] Basler Berichthaus A.-G.)

Gutekunst, K., Botanik m. besond. Berücksicht. der württemberg. Flora. Für Lehrer u. zum Selbstunterrichte. gr. 8. (VIII, 200 S.) Heilbronn 874. Scheurlen's Verl. n. 1. 80

— Geognosie u. Mineralogie Württembergs. Für Lehrer u. zum Selbstunterricht. gr. 8. (VI, 123 S.) Ebend. 872. 1. 20

Gutekunst, K., Geognosie u. Mineralogie Württembergs. 2., gänzlich umgearb. u. verm. Aufl. 8. (X, 156 S.) Heilbronn 880. Scheurlen's Verl. n. 1. 40

Gutekunst, K., Geognosie u. Mineralogie Württembergs. 3., stark verm. Aufl. 8. (XIV, 169 S.) Heilbronn 884. Scheurlen's Verl. n. 1. 50

Gutekunst, K., Geognosie u. Mineralogie Württembergs. 4., verm. Aufl. gr. 8. (XVI, 151 S.) Stuttgart 895. A. Bonz & Co. n. 1. 50

Gutekunst, K., Iphigenie auf Tauris. Ein Schauspiel von Göthe. Für Schule u. Haus erläutert. Stuttgart 865. Aue. 8. (71 S.) 9 ngr.

Gutekunst, K., s. Reimann, E. J., das Luftmeer.

Gutekunst, Otto, appr. Arzt a. Reutlingen: Ein Fall von Cylindrom der Highmorshöhle. Rudolstadt 1904: F. Mitzlaff. (15 S.) 8°

Tübingen, Med. Fak., Ref. v. Baumgarten, Diss. v. 22. Sept. 1904

[Geb. 7. Febr. 78 Marbach a. N.; Wohnort: Pfullingen; Staatsangeh.: Württemberg; Vorbildung: Gymn. Reutlingen Reife M. 96; Studium: Tübingen 8, Kiel 1, Berlin 1 S.; Coll. 26. Juli 02; Approb. 17. Apr. 02.]

Gutekunst, Wilhelm

— Humdibeldei. Lieder in Leid u. Luft. (VIII, 186 S.) 8. Ebd. 903. n. 2. 50; geb. n. 3. 50

Gutekunst, Wilh., ein verkommener Kerl. Schauspiel in 4 Aufzügen. 8. (III, 128 S.) Leipzig 901. [R. Wöpke.] Berlin, L. W. Siedenburg. n. 2. —

— der Liebesgockel. Roman. (221 S.) 8. Berlin 904. E. Fleischel & Co. 3. —; geb. 4. —
Ladenpreis aufgehoben.

Gutekunst, Wilh., aus Deutschlands Werdezeit. Ein Roman. (157 S.) 8. Dresden 903. E. Pierson n. 2. 50; geb. n. 3. 50

Guten Morgen Vielliebchen. Album in Photographien. Mit Gedichten von H. Kletke. Berlin 862. Schauer. hoch 4. (10 Photogr. mit 12 Bll. Text.) In Carton 4 ₰
Ausg. in Imp.-4. geb. mit Goldschn. 8 ₰

Guten Morgen, Vielliebchen! Gelegenheitsgeschenk in 25 sinnigen Orig.-Zeichnungen deutscher Künstler. Lichtdr. gr. 4. München 881. Adf. Ackermann. In Leinwand-Mappe. n. 30. —

Guten Tag. Ein Bilderbuch für Jeden, der's mag. 8. (8 Bl. Bilder in Farbendr. mit eingedr. Versen.) Stuttgart 885, G. Weise. geb.

Guten Tag! Ein Bilderbuch für Jeden der's mag. 4. (24 Chromolith. m. eingedr. Text.) Stuttgart 888. G. Weise. cart. 3. —
Auch u. d. T.: Gabe, e. bunte, den Kleinen zur Labe.

Gutenäcker, A. (Bibliothekar an d. k. Hof- und Staatsbibl. in München), Franz Michael Rudhart. (S.-A. aus d. 42. und 43. Jahresbericht d. histor. Ver. v. Oberbayern, S. 119 ff.) München 1881. Imp.-8°. 10 S. Cart.*)

Gutenäcker, Friedrich

Gutenäcker, F., die Hufkrankheiten des Pferdes, ihre Erkennung, Verhütung u. Heilung. Für Thierärzte u. Studirende der Thiermedicin. gr. 8. (VII, 482 S. m. 106 Abbildgn.) Stuttgart 901. F. Enke. n. 11.40; geb. in Leinw. n. 12.60

— Lehrbuch der pathologischen Anatomie der Hausthiere, s.: Kitt, Th.

Gutenäcker, Fr., die Lehre vom Hufbeschlag m. Berücksicht. der neuesten Fortschritte, in Katechismusform dargestellt. Mit 195 Abbildgn. in Holzschn. theilweise nach Orig.-Zeichngn. d. Frhr. Max v. Branca. 8. (VIII, 195 S.) Stuttgart 884. Schickhardt & Ebner. n. 3. —; geb. n. 3. 50

Gutenäcker, Fr. Die Lehre vom Hufbeschlag. Eine Anleitg. f. die Praxis u. die Prüfg. Mit 218 Holzschn. 2. umgearb. Aufl. (VIII, 250 S.) 889. Mit 232 Holzschn. 3. verb. Aufl. 8. (VIII, 215 S.) Stuttg. 892, Schickhardt u. Ebner. * 3 —; geb. * 3 50

— dasselbe. 4., verb. Aufl. 8. (VIII, 216 S. m. 236 Holzschn.) Ebd. 895. n. 3. —; geb. n. 3. 50

Gutenäcker, Fr., d. Lehre v. Hufbeschlag. E. Anleitg. f. d. Praxis u. d. Prüfg. 5., verb. Aufl. gr. 8. (VIII, 222 S. m. 245 Holzschn.) Stuttgart 896. Schickhardt & Ebner. n. 3. —; geb. n. 3. 50

— die Lehre vom Hufbeschlag. Eine Anleitg. f. die Praxis u. die Prüfg. 7. verm. u. verb. Aufl. gr. 8. (VIII, 220 S. m. 274 Abbildgn.) Stuttgart 902. Schickhardt & Ebner. n. 3.—; geb. in Leinw. n. 3. 50

Gutenäcker, Fr., die Lehre vom Hufbeschlag. Eine Anleitg. für die Praxis u. die Prüfg. 8. verm. u. verb. Aufl. (VIII, 220 S. m. 284 Abbildgn.) gr. 8. Stuttgart 905. Schickhardt & Ebner. n. 3. —; geb. in Leinw. n. 3. 50

Gutenäcker, Frdr., die Lehre v. Hufbeschlag. Eine Anleitg. f. d. Praxis u. die Prüfg., neu bearb. v. E. Moser. 10. verm. u. vollst. umgearb. Aufl. (XV, 282 S. m. 307 Abb.) gr. 8. Stuttgart 911 Schickhardt & Ebner. 3.—; geb. in Leinw. 3. 50

Gutenäcker, Josef

Geschichtlicher Bericht über die Kasse für erkrankte Gymnasiasten und Lateinschüler an der Kgl. Std.-Anstalt zu Bamberg. Von Dr. Jos. Gutenäcker, Stdr. — 1855. Ebend. — S. 3—18.
Progr. Bamberg

Festgruß zur vierzigjährigen Lehramts-Jubelfeier des Hochverehrten Kön. Gym. Prof. Herrn Dr. Ferdinand Habersack, dargebracht von den Lehrern und Schülern der k. Studien-Anstalt Bamberg am 24. Nov. 1857. — Bamberg, J. M. Reindl. — a) S. III–IV Lateinische Votivtafel [von Dr. J. Gutenäcker] — b) S. V—VI Gedicht von 8 sechszeiligen Strophen.
Progr. Bamberg

Freundes-Gruß an Johann Wilhelm Rost, k. b. Landrichter und Regierungs-Commissär [an der Studienanstalt] in Münnerstadt, zur Erinnerung an seine fünfundzwanzigjährige Amtsthätigkeit am 18. April 1848 von Dr. Joseph Gutenäcker, G. P. — Würzburg, Bonitas-Bauer. — ½ Bog. in 8. — 7 achtz. Str.
Progr. Münnerstadt.

Geschichte des Gymnasiums in Münnerstadt. Nach Quellen bearbeitet von Dr. Jos. Gutenäcker, P. — 1836. Würzburg, Bonitas. — S. III—IV u. 1—138 in 8.

Das Grabmal des Archimedes, ein Beitrag zur Charakteristik dieses großen Mathematikers. Von Jos. Gutenäcker, G. P. — 1833. Würzburg, Bonitas. — S. III—IV u. 1—16 mit 1 Fig. Taf.
Progr. Münnerstadt.

Gutenaecker, Jos., variae lectt. Sallust. ex tribus codd. mss. excerpt. Part. I. 4 maj. Wirceb. 837. (Stahel.) 1/8 ₰

Variae lectiones Sallustianae ex tribus codicibus manuscriptis excerptae a Dr. Jos. Gutenäcker, G. P. — Part. I. [descriptionem codicum et Catilinam exhibens] — 1837. Wirceburgi, typ. C. A. Bonitas vid. — S. 3—18.
Progr. Münnerstadt.

Variae lectiones Sallustianae ex tribus codicibus manuscriptis excerptae a Dr. Jos. Gutenaecker, G. P. — Part. II. [Jugurtham continens] — 1839. Wirceburgi, typ. Bonitas vid. — S. 3—20.*)
Progr. Münnerstadt.

Ueber die griechischen Mathematiker überhaupt, und über Euklid in's Besondere. Von Jos. Gutenäcker, P. — 1827. Ebend. — S. 3—19.
Progr. Münnerstadt.

Rede gehalten bei der am 11. Nov. 1843 stattgehabten fünfundzwanzigj. Lehramtsjubelfeier des Herrn Dr. Konr. Wilh. Köhler, k. b. G. P. u. R. der St. A. zu Münnerstadt von Dr. Jos. Gutenäcker, G. P. (Zum Besten der Kulla-Stiftung). — 1844. Ebend. — S. 3—12.
Progr. Münnerstadt.

Reverendissimo et excellentissimo Domino Domino Michaeli de Deinlein Archiepiscopo Bambergensi nuper designato et in summum regni consilium ascripto Equiti ordinum Coronae Bavaricae et sancti Michaelis pro meritis civilibus constitutorum dignissimo etc. etc. Bambergam sedis metropolitanae capessendae causa IV. ante idus Novembres anni MDCCCLVIII sollemni pompa ingresso omni qua par est observantia reverentia veneratione gratulatur Gymnasium Bambergense interprete Dre Josepho Gutenäcker, R. P. Equit. ord. s. Mich. — 1858. Bambergae, typis Reindlianis. — S. III—IV gr. Fol.
Progr. Bamberg

Προκλου Σφαιρα jam primum in linguam vernaculam translata notisque illustrata a Jos. Gutenaecker, G. P. — 1830. Ibid. — S. 3—22.
Progr. Münnerstadt.

Gutenäcker, J., s.a. Verzeichnis der Programme u. Gelegenheitsschriften, welche an den bayr. Lyceen usw. erschienen sind.

Gutenäcker, Jos., Verzeichniß aller Programme u. Gelegenheitsschriften, welche an den k. b. Studien-Anstalten vom Schuljahre 1823/1824 bis z. Schlusse des Schuljahres 1841/1842 erschienen sind, geordnet A. nach Studien-Anstalten, B. nach Verfassern, C. nach Gegenständen. gr. 4. Würzburg 843. (Stahel.) n. 1/3 ₰

Gutenäcker, Jos., Verzeichniß aller Programme und Gelegenheitsschriften, welche an den bayerischen Lyzeen, Gymnasien und lateinischen Schulen vom Schuljahre 1823/24 bis zum Schlusse des Schuljahres 1859/60 erschienen sind, geordnet nach Studienanstalten, nach Verfassern, nach Gegenständen. Ein Beitrag zur Schul- u. Literaturgeschichte Bayerns. Bamberg 862. Buchner in Comm. gr. 4. (VIII, 165 S.) n. 1 ₰

Gutenäcker, Jul., s. *Archimedes*, dimensio circuli.

Gutenberg, s.a. G u t e n b e r g s

Gutenberg, s.a. Linde, A. v. der.

Gutenberg. Hausfreund für gebildete Familien. Redakteur u. Herausg.: R. Büchner. 1r Vierteljahrg. 1840. October—Dec. 12 Numm. (Bog.). Mit Titelvign. gr. 4. Leipzig 840. Franke. n. 1/3 ℳ

Gutenberg. Hausfreund für gebildete Familien. Redakteur u. Herausgeber: R. Büchner. 2. u. 3. Jahrg. 1841 u. 1842. à 52 Numm. (Bog.) Mit 4 schön gestoch. u. fein color. Modenkpfrn. gr. 4. 841, 42. (Leipzig, Franke.) à n. 2 ℳ

Gutenberg. Organ des Buchdruckerverbandes. Hrsg. von Karl Fröhlich. Erschien zuerst in Berlin, seit 1850 in Breslau. 1848—1854.

Gutenberg. Zeitschrift für Buchdrucker, Schriftgießer, Zeichner, Holzschneider, Graveurs, Stein- und Kupferdrucker, Galvanografen, Stilografen, Chemitipisten, Glasätzer, Galvanoplastiker, Fotografen, Buchbinder 2c. Unter dem techn.-artist. Einflusse des Herrn Regier.-Rathes Auer. Herausg. von M. A u e r. 1. u. 2. Jahrg. 1855 u. 56. à 24 Nrn. (à 2 Bgn. m. Illustr. u. artist. Beilagen.) Wien. (Leipzig, R. Hoffmann.) Imp.-4. Jeder Jahrg. n. 4 ℳ

Gutenberg od. das Räthsel der Buchstaben. Eine angenehme u. lehrreiche Unterhaltg. f. jung u. alt. 3 Hfte. 12. (28, 26 u. 8 S. m. 2 Buchstaben-Taf.) Münster i/W. 892. F. Schöningh. In Mappe. n. 1. 25

— und die unsterbliche Erfindung der Buchdruckerkunst, so wie deren Vervollkommnung, seit dem Beginn derselben bis auf unsere Zeit; zugleich mit einer kurzen Schilderung derjenigen Männer, welche sich um dieselbe am meisten verdient gemacht haben, mit besond. Rücksicht auf Deutschland. Eine Festgabe zur vierten Säcularfeier der Erfindung der Buchdruckerkunst den 24., 25. u. 26. Juni 1840. ... Leipzig 840. Glück. 1/12 ℳ

— in seiner Werkstatt. Zur Erinnerung an die 4e Säcularfeier der Erfindung der Buchdruckerkunst. Gemalt von Niemann. Lithogr. von Zöllner u. Schlick. Imp.-Fol. Leipzig 840. Weber. n. 2 ℳ, chines. Pap. n. 3 ℳ

Gutenberg, Berthold [pract. Arzt aus Darmstadt]: Über einen Fall von Caries sicca des Schultergelenks . . . . Darmstadt, Fr. Langnes'sche Hof-Buchdr. (1886); 24 S. 8°.
Würzburg, Med. Fak., Inaug. Diss. v. 1886.

Gutenberg, Berthold, Nervosität u. Ehe. 1.—3. (Titel-)Aufl. gr. 8. (47 S.) Darmstadt 891—893. (J. Waitz.) n. 1. —

Gutenberg-Ausstellung zu Berlin. Berlin 1884

Gutenberg-Ausstellung der Herzoglichen Bibliothek zu Gotha vom 15.—18. Juli 1900. [Gotha 1900]. V: *Ehwald, Rudolf.* (Stadtbibl. Frankf. a. M. Kat. der Neueren Bestände.)

Gutenberg-Ausstellung der Kgl. Hof- und Staatsbibliothek Juni und Juli 1900. Die ältesten u. interessantesten Erzeugnisse d. Buchdruck-Kunst z. Feier des 500jähr. Geburtstages ihres Erfinders. *München 1900: F. Straub.* (26 S.) 8° (oo. 8146

Gutenbergbuch. Eine Verherrlichg. d. Buchdruckerkunst, s.: National-Bibliothek, allgem.

Gutenberg-Büchlein. Zur 500jähr. Gedächtnisfeier des Geburtstages Johann Gutenbergs am 24. VI. 1900, hrsg. v. e. Mainzer Schulmann. 1. u. 2. verb. Aufl. gr. 8. (à 32 S. m. Abbildgn.) Hannover 900. C. Meyer. n. — 25

Gutenbergbüchlein, zum 500-jähr. Jubelfest des Erfinders der Buchdruckerkunst . . . Altona [1900]. V: *Petrich, Hermann.* (Berl)

— zum 500jährigen Jubelfest des Erfinders der Buchdruckerkunst, den 24. VI. 1900. gr. 16. (16 S. m. Abbildgn.) Altona (899). M. Hoffmann. n. — 08

Der **Gutenberg-Bund.** Kurze Geschichte s. gewerkschaftl. Entwickelung. Mit besond. Berücks. d. Kämpfe d. Organisation. Hrsg. v. Hauptvorstand d. Gutenberg-Bundes. Berlin: Gasedow 1906. 52 S. 8°

Gutenberg-Feier in M a i n z. [Einladung zur Theilnahme.] *(Mainz 1900: J. Falk III Söhne.)* (2 Bl.) 4° [Kopft.] (oo. 8168

Gutenberg-Feier, Mainz 1900. Offizielle Darstellg. des histor. Festzuges nach den Orig.-Entwürfen v. Conr. Sutter. qu. Fol. (18 farb. Taf. m. 1 Bl. Text.) Mainz (900). L. Wilckens. n. 2. —

— in Mainz 1900. gr. 8. (VII, 116, 31, 63, 67, 87, 23 32 S.) Mainz (900). Mainzer Verlagsanstalt u. Druckerei. Geb. 2. —

Gutenberg-Feier 1900. Drucksachen bei Gelegenheit der Feier des 500. Geburtstags Joh G's zu Mainz, München, Stuttgart. fol Mainz, München, Stuttgart 1900

Die **Gutenbergfeier** der Königl. Hofbuchdruckerei Trowitzsch & Sohn in Frankfurt a. d. Oder. Am 17. Juni 1900. Frankfurt a. O.: Trowitzsch & Sohn (1900). (26 S.) 8°
[Umschlagt.:] Zum fünfhundertsten Geburtstag Gutenbergs. Festschr. d. Kgl. Hofbuchdr. Trowitzsch & Sohn . . .

Gutenberg-Fest, das, eine poetisch-humorist. Beschreibung, zur Erinnerung an die Feierlichkeiten des 14., 15. u. 16. Augusts 1837. gr. 12. Mainz 837. Boll. 1/4 ℳ

Gutenberg-Fest zu Mainz im J. 1900, zugleich Erinnerungs-Gabe an die Eröffng. des Gutenberg-Museums am 23. VI. 1901. 4. (II, 139 S. m. 1 Lichtdr.-Taf.) Mainz 901. (H. Quasthoff.) n. 1. —

500jährige **Gutenberg-Jubelfeier.** Schiller-Theater. Kiel. 23. und 24. Juni 1900. (Kiel. 1900.) 8°.

Gutenberg-Museum in M a i n z. [Aufforderung zur Unterstützung.] *(Mainz 1900: J. Falk III Söhne.)* (2 Bl.) 4° [Kopft.] (oo. 8169

Gutenberg's erster Druck. Facsimile der ersten Seite des ersten in der Welt gedruckten Buches. Bei Gelegenheit der 4n Säcularfeier des Typendrucks mit e. kurzen geschichtl. Erläuterung herausg. von D. F. Wehrhan. Fol.-Bl. Dresden 840. Naumann. n. 1/3 ℳ

Gutenberg's illustrirtes Sonntagsblatt. Red.: Rud. Elcho. 47.—50. Jahrg. Oktbr. 1899—Septbr. 1903. à 52 Nrn. gr. 4. (à ca. 16 S.) Berlin, „Gutenberg"-Druckerei u. Verlag. à Jahrg. 5. —
Vergl.: Sonntagsblatt, illustriertes.

Gutenberg's illustriertes Sonntagsblatt. Red.: Rud. Elcho. 51.—54. Jahrg. Oktbr. 1903—Septbr. 1907. à 52 Nrn. (51—53: VI, 832; V, 832 u. V, 847 S.) 4. Berlin, „Gutenberg" Druckerei u. Verlag. à Jhrg. 5.—

Gutenberg's illustr. Sonntagsblatt. Red.: Rud. Elcho. 55 bis 57. Jahrg. Oktbr. 1907—Septbr. 1910. à 52 Nrn. (à ca. 16 S.) 81×23 cm. Berlin, Vereinigte Verlagsanstalten G. Braunbeck & Gutenbergdruckerei. à Jhrg. 5.—

Gutenbergs-Album. 1840. Herausg. von Heinr. Meyer. (Mit 1 Bildniß.) gr. 8. Braunschweig 840. J. H. Meyer. 1 1/2 ₰ — dass. (Pracht-Ausg. Mit vielen artist. Beilagen.) gr. 4. Ebd. 840. baar 16 ₰ — dass. in Pracht-Einband mit Goldschnitt baar 20 ₰

Gutenbergs-Album. Zur Erinnerung an das Vierte Säcularfest der Erfindung der Buchdruckerkunst, gefeiert zu Ulm, am 24. Juni 1840. Lex.-8. (Mit Einfassung u. Titel in Silber- u. Farbendruck.) Ulm 841, Nübling. n. 1 1/3 ₰

Gutenbergs-Archiv, oder Sammlung für Kunde deutscher Vorzeit in allen Beziehungen. Unter Mitwirkung Mehrerer herausgeg. v. Ottmar F. H. Schönhuth. Nro. I. (Im Jahr 1840.) gr. 8. Cannstatt 841. (Leipzig, Fr. Fleischer.) n. 4 n𝒳 — Nro. II. Geschichte u. Sage. gr. 8. Ebend. 842. (à) n. 1/3 ₰ — Dass. Nro. 1., 2. im Jahre 1840. gr. 8. Cannstatt 842. (Hall, Haspel'sche Buchh.) n. 1/6 ₰ — Dass. im Jahr 1840. 2. Ausg. gr. 8. Ebend. 844. n. 1/6 ₰

Gutenbergs-Archiv, oder Sammlung für Kunde deutscher Vorzeit in allen Beziehungen. Unter Mitwirkung Mehrerer hrsg. v. Ottm. F. H. Schönhuth im J. 1840. Nr. I—VI. 2. Ausg. 8. (96 S.) Schw. Hall 847, Haspel in Comm. n. 1/2 ₰

Gutenbergs-Archiv, oder Sammlung für Kunde deutscher Vorzeit in allen Beziehungen. Unter Mitwirkung Mehrerer hrsg. von Ottm. F. H. Schönhuth, im J. 1840. Nr. 1—4. 2. Ausg. 8. (96 S.) Schwäbisch Hall 848, Haspel'sche Buchh. *

Gutenbock, Grethe, s. Auer, Grethe [früherer Name]

Gutenburg. Bad G'. Kant. Bern. Bade- und Luftkurort.... [Illustrierter Prospekt.] 8. (Langenthal) *o. J.* [1880/99].

Gutenhaag, Max, zur Einführung in Richard Wagner's Bühnenweihfestspiel Parsifal. gr. 8. (28 S.) Leipzig 883. E. W. Fritzsch. n. — 60

Gutensohn, Eduard, Grundsätze, Ziele u. Wege d. Kunsterziehung, s.: Zeitfragen, pädagogische. 18.

Gutensohn, J. G.

— s.a. Basiliken Roms, die.

[redacted] und J. M. Knapp, die Basiliken des christlichen Roms. [redacted] Text von C. K. J. Bunsen. München. 1843.44. Fol. 9⅓ Thlr.

Gutensohn, J. G., vergleichende Betrachtung üb. Eisenbahn-Anlagen u. ihren Betrieb durch Lokomotiv- u. Pferde-Kraft. 2. verm. Aufl. gr. 8. München 845. (Fleischmann.) n. 1/3 ₰

—u. **J. Thürmer**, Collection des monumens et décorations d'architecture de Rome du 16me et 16me siècle. Samml. von Denkmalen u. Verzierungen d. Baukunst in Rom vom 16ten Jahrh. 1—3s Heft. Rom 826. (Jügel in Frankf.) 7 ₰

Gutensohn, J. G. und Knapp, J. M. Denkmale der christlichen Religion oder Sammlung der aeltesten christlichen Kirchen oder Basiliken Roms. Rom, Stuttgart und Tübingen 1822—1827. Fol.

Gutensohn, J. G. Über Eisenbahnanlagen und ihren Betrieb durch Locomotiv- und Pferdekraft. München 1844.

Gutensohn, J. G. u. J. M. Knapp, Monumenti della religione christiana etc. Denkmale d. christl. Religion, oder Samml. d. ältesten christl. Kirchen oder Basiliken Roms, vom 4ten bis zum 13ten Jahrh. 1s—5s Heft. Roy.-Fol. Rom 823—26. (Stuttg., v. Cotta). (à 3 ₰) 15 ₰

Gutensohn u. **Thürmer**, Sammlung von Denkmalen und Verzierungen der Baukunst in Rom vom 16. Jahrhunderte. (Die 3 ersten Hefte à 6 Blatt.) Rom 1826. Fol.

Gutenstein, s.: **Alpen, Wegmarkirungskarten.**

Gutensteiner Bahn, s.: **Wiener Ausflugskarten.**

Guter Archib., Vendetta. Roman. 8. (267 S.) Mannheim (900). J. Bensheimer's Verl. n. 4.—

Güter, Des Sachsenvolkes, betrachtet bei der Geburtstagsfeier ... des Königs ... den 18. Mai 1854 ... Dresden [1854]. V: *Böttcher, Julius Friedrich.* (neu I, 1, S. 494)

Güter, die, der neuen Wahrheit. Hypothesen in Romanform. (328 S.) 8 Berlin 904. E. Felber. n. 5.—; geb. n. 6.—

Güter-Adreßbuch der Provinz Brandenburg. Verzeichnis sämtl. Güter mit Angabe d. Guts-Eigenschaft, d. Grundsteuer-Reinertrages ... sowie e. alphab. Orts- u. Personenreg. u. e. Handbuch d. Kgl. Behörden d. Prov. Nach amtl. Quellen u. auf Grund direkter Angaben bearb. Stettin: P. Niekammer 1907. (XLIII, 271 S.) 4°(8°)
— **Güteradressbücher**, Niekammer's. Bd 7. [07. 18658

Güter-Adressbuch der Provinz Hannover. Verzeichnis sämtl. Güter .. sowie e. alphab. Orts- u. Personenregister u. e. Handbuch d. Kgl. Behörden. Nach amtl. Quellen ... bearb. Stettin: P. Niekammer 1908. (LXXV, 326 S.) 4°
— **Güter-Adressbücher**, Niekammer's. Bd 8. [08. 17344

Güter-Adreßbuch für Mecklenburg-Schwerin und -Strelitz. Verzeichniß sämmtl. Güter d. Ritterschaft u. d. Großherzogl. Domaniums, sowie d. Erb-Pachthöfe ... Mit Angabe d. Guts-Eigenschaft, d. Gesammtfläche ... sowie e. alphab. Personen- u. Orts-Reg. Nach amtl. Quellen u. auf Grund direkter Angaben bearb. [Nebst] Nachtr. Neubrandenburg: C. Brünslow; (Nachtr.: Stettin: P. Niekammer) 1896—1905. 2 Bde 4°(8°) [F.]
Güter-Adreßbuch. 1896.
Nachtrag ... Verzeichnis der inzwischen eingetretenen Veränderungen d. Besitzer, Pächter u. Verwalter. 1905.
— **Güteradreßbücher**, Niekammers. Bd 4. [05. 11833

Ostpreußisches **Güter-Adreßbuch**. Verzeichnis sämtl. Güter mit Angabe d. Guts-Eigenschaft ... sowie e. alphab. Orts- u. Personenreg. u. e. Handbuch d. Kgl. Behörden d. Provinz. Nach amtl. Quellen u. auf Grund direkter Angaben bearb. Stettin: P. Niekammer 1905. (XXVII, 334 S.) 4°
— **Güter-Adreßbücher**, Niekammer's. Bd 3. [05. 769

Güter-Adressbuch, Pommersches. Verzeichniss sämmtl. Güter m. Angabe der Guts-Eigenschaft, der Gesammtfläche u. d. Flächeninhalts, der einzelnen Kulturen, d. Grundsteuer-Reinertrages, der Besitzer bezw. Pächter u. Bevollmächtigten, der Amtsgerichte, der Post-, Telegraphen- u. Eisenbahn-Stationen, nebst deren Entferngn. vom Gute, der auf dem Gute befindl. industriellen Anlagen, u. d. Viehstandes, nebst alphabet. Personen- u. Ortsregister etc. Nach amtl. Quellen u. auf Grund direkter Angaben bearb. Lex.-8. (XII, 251 S. m. 1 Wappentaf.) Stettin 892. F. Nagel. n. 8.—; geb. in Halbfrz. n. 10.—

Güter-Adressbuch, Pommersches. Verzeichniss sämmtl. Güter m. Angabe der Guts-Eigenschaft, der Gesammtfläche u. des Flächeninhalts, der einzelnen Kulturen, des Grundsteuer-Reinertrages, der Besitzer bezw. Pächter u. Bevollmächtigten, der Amtsgerichte, der Post-, Telegraphen- u. Eisenbahn-Stationen, nebst deren Entferngn. vom Gute, der auf dem Gute befindl. industriell. Anlagen, u. des Viehstandes, nebst alphabet. Personen- u. Ortsregister etc. Nach amtl. Quellen u. auf Grund direkt. Angaben bearb. 2. Ausg. m. Nachtrag: Verzeichniss der inzwischen eingetret. Verändergn. der Besitzer, Pächter u. Verwalter sowie der Parzellirgn. Lex.-8. (XII, 217 u. 83 S.) Stettin 900. P. Niekammer. n. 10. — ; Nachtrag all. n. 3. —

Ⓑ **Güter-Adressbuch,** pommersches. 900. (KBL 31.) Jetzt: Leipzig. Reichenbach.

Güter-Adressbuch der Provinz Posen. Verzeichnis sämtl. Güter mit Angabe d. Guts-Eigenschaft ... sowie e. alphab. Orts- u. Personenreg. u. e. Handbuch d. Kgl. Behörden d. Provinz. Nach amtl. Quellen u. auf Grund direkter Angaben bearb. Stettin: P. Niekammer 1907. (XXIX, 309 S.) 4°(8°)
= **Güter-Adressbücher,** Niekammer's. Bd 6. [07. 1797

Güter-Adreßbuch für das Königreich Sachsen. Verzeichnis sämtl. Güter bis z. Größe von ca. 35 Hektar herab mit Angabe d. Guts-Eigenschaft ..., alphab. Orts- u. Personenreg., e. Handbuch d. kgl. Behörden sowie e. Kt. von Sachsen. Nach amtl. Quellen u. auf Grund direkter Angaben bearb. Leipzig: Reichenbach 1910. LI, 343 S. 4°(8°)
(Niekammer's Güter-Adressbücher. Bd 9.) [10. 12206

Güter-Adreßbuch der Provinz Sachsen. Verzeichnis sämtl. Güter mit Angabe d. Gutseigenschaft ... sowie e. alphab. Orts- u. Personenreg. u. e. Handbuch d. Kgl. Behörden d. Provinz. Nach amtl. Quellen u. auf Grund direkter Angaben bearb. Stettin: P. Niekammer 1906. (XXXXVIII, 403 S.) 4°
— **Güter-Adreßbücher,** Niekammer's. Bd 5. [06. 3171

Güter-Adreßbuch, schlesisches. Verzeichniß sämmtl. Rittergüter, Forstgüter u. selbständ. Gutsbezirke m. Angabe der Guts-Eigenschaft, d. Besitzers bezw. Pächters u. Bevollmächtigten, der Post-, Eisenbahn- u. Telegraphenstationen sowie deren Entferngn. vom Gute, der Gesammtfläche u. d. Flächeninhalts der einzelnen Kulturen, d. Reinertrags, d. Amtsgerichts, der auf dem Gute befindl. industriellen Anlagen u. d. Viehstandes nach der letzten Zählg., nebst alphabet. Personen- u. Ortsregister. 3. Aufl. gr. 8. (VI, 600 S.) Breslau 886. Korn. n. 8. —

—— schlesisches. Verzeichniß sämtl. Rittergüter u. selbständ. Guts- u. Forstbezirke, sowie solcher größeren Güter, welche innerhalb d. Gemeinde-Verbandes m. e. Reinertrag von ca. 1500 Mark u. mehr zur Grundsteuer veranlagt sind. 4. Aufl. gr. 8. (XII, 718 S.) Bresl. 891, Korn. * 9 — ; geb. * 10 —

— schlesisches. Verzeichniß der sämmtl. Rittergüter u. selbständ. Guts- u. Forstbezirke, sowie solcher größeren Güter, welche innerhalb d. Gemeindeverbandes m. e. Reinertrag v. etwa 1500 Mark u. mehr zur Grundsteuer veranlagt sind. 5. Ausg. gr. 8. (VII, 541 S.) Breslau 894. W. G. Korn. n. 9. — ; geb. n.n. 10. —

— schlesisches. Verzeichnis d. sämmtl. Rittergüter u. selbständ. Guts- u. Forstbezirke, sow. solch. größ. Güter, welche innerhalb d. Guts- u. Gemeindebezirke m. e. Reinertrag v. etwa 1500 Mark u. mehr z. Grundsteuer veranlagt sind. 6. Ausg. gr. 8. (V, 570 S.) Breslau 898. W. G. Korn. n. 9. — ; geb. n. 10. —

— Schlesisches. Verzeichniß der sämmtl. Rittergüter u. selbständ. Guts- u. Forstbezirke, sowie solcher größeren Güter, welche innerhalb der Guts- u. Gemeindebezirke m. e. Reinertrag v. etwa 1500 Mark u. mehr zur Grundsteuer veranlagt sind. 7. Ausg. gr. 8. (VII, 599 S.) Breslau 902. W. G. Korn. n. 9. — ; geb. in Leinw. n. 10. —

Güter-Adreßbuch, schlesisches. Verzeichnis sämtl. Rittergüter u. selbständ. Gutsbezirke, sowie solcher größeren Landgüter der Prov. Schlesien, welche innerhalb der Guts- u. Gemeindebezirke m. e. Grundsteuer-Reinertrage v. etwa 1500 Mark u. mehr veranlagt sind. 8. Ausg. (IV, 436 S.) gr. 8. Breslau 905. W. G. Korn. n. 9. — ; geb. in Leinw. n. 10. —

— schlesisches. Verzeichnis sämtl. Rittergüter u. selbständ. Gutsbezirke, sowie solcher größeren Landgüter der Prov. Schlesien, welche innerhalb d. Guts- u. Gemeindebezirke m. e. Grundsteuer-Reinertrage v. etwa 1500 Mark u. mehr veranlagt sind. 9. Ausg. (IV, 658 S.) 8. Breslau 909. W. G. Korn. 9. — ; geb. 10. —

Schlesisches **Güter-Adreßbuch.** Verzeichnis sämtl. Rittergüter u. selbständ. Gutsbezirke ... 8. Ausg. Breslau: W. G. Korn 1905. (IV, 636 S.) 8° [F.] [06. 1113

Güter-Adreßbuch, Schlesisches: Verzeichnis sämtl. Rittergüter u. selbständigen Gutsbezirke, sowie solcher größeren Landgüter d. Prov. Schlesien, welche innerhalb d. Guts- u. Gemeindebezirke mit e. Grundsteuer-Reinertrage von etwa 1500 Mark u. mehr veranlagt sind. 9. Ausg.
Breslau: Korn 1909. IV, 658 S. 8°

Güter-Adressbuch der Provinz Westfalen. Verzeichnis sämtl. Güter mit Angabe d. Guts-Eigenschaft, ... sowie e. alphab. Orts- u. Personenreg. u. e. Handbuch d. Kgl. Behörden d. Provinz. Stettin: Niekammer 1909. LI, 385 S. 8°
(Niekammer's Güter-Adreßbücher. Bd 10.) [09. 17842 G

— **Westpreussisches.** Verzeichnis sämtl. Güter m. Angabe der Guts-Eigenschaft, des Grundsteuer-Reinertrages, der Gesamtfläche u. des Flächeninhalts der einzelnen Kulturen d. Viehbestandes, aller industriell. Anlagen u. der Fernsprechanschlüsse, Angabe der Besitzer, Pächter u. Verwalter, der Post-, Telegraphen- u. Eisenbahnstationen u. deren Entferng. vom Gute, der evangel. u. kathol. Kirchspiele, der Standesamtsbezirke, der Stadt-, bezw. Amtsbezirke, der Oberlandes-, Land- u. Amtsgerichte, sowie e. alphabet. Orts- u. Personenregister. Nach amtl. Quellen u. auf Grund direkter Angaben bearb. 4. (XII, XIX, 210 S.) Stettin 903. P. Niekammer. n. 9. — ; geb. n. 10.50

Ⓑ — westpreuss. 903. (KBL 31.) Jetzt: Leipzig. Reichenbach.

Güter-Adressbücher s.: **Niekammer.**

Güterbock, A., Armenien, siehe Festgabe f. Schirmer.

Güterbock, B., et R. Thurneysen, indices glossarum et vocabulorum hibernicorum, quae in grammaticae celticae editione II. explanantur. Lex.-8. (IV, 151 S.) Leipzig 881. Hirzel. n. 7. —

Güterbock, Carl, s. Güterbock, Karl

Gueterbock, E. E. De jure maritimo, quod in Prussia saec. XVI et ortum et in usu fuit. Regimonti Prussorum 1866.

Scheffer-Boichorst. — **Güterbock,** F. Schilderung seines Lebens. Vorwort (zu:) „Paul ..... Gesammelte Schriften. 1. Bd. Kirchengeschichtliche Forschungen. Mit dem Bildnis.“ (Aus:) „Historische Studien.“ 42. Bd. 8. Berlin 1903

Güterbock, *Moritz Heinrich* **Ferdinand [aus Berlin]: Der Friede von Montebello und die Weiterentwickelung des Lombardenbundes ... Berlin, Mayer & Müller, 1895; 3 Bl., 122 S., 1 Bl. 8.**
Berlin, Phil. Fak., Inaug.-Diss. v. 9. Mai 1895

Güterbock, Ferd., die Lage der Roncalischen Ebene. (26 S. m. 1 eingedr. Kartenskizze.) Lex. 8 Rom 906. Loescher & Co. nn 1.—

— Die Lukmanierstrasse u. die Passpolitik der Staufer. Friedrichs I. Marsch nach Legnano. (26 S.) gr. 8. Ebd. 908. nn 1.60
2 Sonderabdr. aus „Quellen u. Forschgn. aus ital Arch."

— Der Prozess Heinrichs des Löwen. Krit. Untersuchgn. (XI, 210 S.) 8. Berlin 909. G. Reimer. 5.—

Güterbock, Karl

Güterbock, Carl, die englischen Actiengesellschaftsgesetze, s.a. Actiengesellschaftsgesetze.

Güterbock, Carl: „Die englischen Actiengesellschafts-Gesetze von 1856 und 1857. Vollständig in deutscher Uebersetzung. Mit erläuternden Bemerkungen begleitet", Berlin 1858 (Springer). — Vorh.: Büch. der Handelskammer Magdeburg.

Güterbock, Carl, Henricus de Bracton und sein Verhältniss zum römischen Rechte. Ein Beitrag zur Geschichte des römischen Rechts im Mittelalter. Berlin 862. J. Springer. gr. 8. (V, 137 S.) n. 25 ngr.

Güterbock, Karl, Byzanz u. Persien in ihren diplomatisch-völkerrechtlichen Beziehgn. im Zeitalter Justinians. Ein Beitrag zur Geschichte des Völkerrechts. (VIII, 128 S.) gr. 8. Berlin 906. J. Guttentag. n. 3.—

Güterbock, Carl, die Entstehungsgeschichte der Carolina auf Grund archivalischer Forschungen u. neu aufgefundener Entwürfe dargestellt. gr. 8. (VIII, 300 S.) Würzburg 876. Stuber. n. 8.—

— über einige in der Praxis hervorgetretene Mängel des preußischen Konkursverfahrens nach der Konkursordnung vom 8. Mai 1855. Nebst einem Anhang, enth. die Zusammenstellung der Konkursordnung mit dem Entwurfe eines Handelsgesetzbuches für die preuß. Staaten von 1857. Ebend. 860. gr. 8. (40 S.) n. 8 ngr.

Güterbock, Carl, zur Redaktion der Bambergensis. Textkrit. Untersuchgn. (48 S.) gr. 8. Königsberg 910. Aberjahn. 1.60

Güterbock, Karl, Römisch-Armenien u. die römischen Satrapieen im 4.—6. Jahrh., s.: Festgabe der jurist. Fakultät zu Königsberg f. Joh. Theod. Schirmer.

Gueterbock, Carol. Ed., de jure maritimo quod in Prussia saeculo XVI. et ortum est et in usu fuit. Königsberg 866. Academische Buchh. von Schubert & Seidel. gr. 4. (35 S.) n. 12 ngr.

Gueterbock, L., De pure et granulatione. Comment. physiol. Bln. (Plahn [L. Nitze], Druck: Jul. Sittenfeld) 1837. 32 S. u. 1 Tfl. Abbild. (Güterbock del. F. Jättnig sc.). (5.50) 12264
Gew.: Johann Mueller, Gustav Magnus.

Güterbock, L., s. Schönlein's klinische Vorträge.

Güterbock, Moritz Heinrich Ferdinand, s. Güterbock, Ferdinand

Gueterbock, Paul, die englischen Krankenhäuser im Vergleich mit den deutschen Hospitälern. [Aus: „Vierteljahrsschr. f. gerichtl. Med."] gr. 8. (VII, 133 S.) Berlin 881. Hirschwald. n. 2.50

Güterbock, P., die chirurgischen Krankheiten der Harn- u. männlichen Geschlechtsorgane. Für Aerzte u. Studirende bearb. 1. Bd. Die chirurg. Krankheiten der Harnorgane. 2 Thle. gr. 8. Wien 890. Deuticke. n. 16.—
1. Die Krankheiten d. Harnröhre. u. der Prostata. (XIII, 360 S. m. 101 Holzschn.) n. 8.—
2. Die Krankheiten der Harnblase. (X u. S. 261—545 m. 70 Holzschn.) n. 8.—

Güterbock, Paul, die chirurgischen Krankheiten der Harn- u. männlichen Geschlechtsorgane. Für Aerzte u. Studirende bearb. 1. Bd. Die chirurg. Krankheiten der Harnröhre. 3. Thl. Steine u. Fremdkörper der Harnblase u. Harnröhre. Chirurgische Krankheiten der Harnleiter. gr. 8. (XII u. S. 547—838 m. 153 Holzschn.) Wien 894. F. Deuticke. n. 10.—
(1. Bd. 1—3.: n. 26.—)

Güterbock, Paul, die chirurgischen Krankheiten der Harnorgane. Für Aerzte u. Studirende. IV. Thl.: Die chirurg. Krankheiten d. Nieren. M. 50 Holzschn. gr. 8. (XI u. S. 839—1173.) Wien 898. F. Deuticke. n. 10.—; geb. n. 11.60 (Kplt.: n. 36.—; geb. n. 42.40)

Gueterbock, Paul, die neueren Methoden der Wundbehandlung auf statistischer Grundlage. gr. 8. (192 S.) Berlin 876. Hirschwald. n. 4.40

— die öffentliche Reconvalescentenpflege. gr. 8. (IX, 182 S.) Leipzig 882. F. C. W. Vogel. n. 5.—

— üb. die Störungen der Harnentleerung bei Prostata-Hypertrophie, s.: Klinik, Berliner.

— die Verletzungen d. Halses in forensischer Beziehung. Monographisch bearb. [Aus: „Vierteljahrschrift f. gerichtl, Medicin u. öffentl. Sanitätswesen".] gr. 8. (V, 88 S.) Ebend. 873. n. 2.40

Gueterbock, Paul. (Theod.) Maximil. (geb. Berlin 2. 6. 1844): De lactis digestione neonatorum. Berolini (1865). (32 S.) 8°
Berlin, Med. Diss. v. 4. Aug. 1865

Güterbock, Robert, appr. Arzt: Ein Beitrag zur Malakoplakia der Harnblase ⟨Cystitis en plaques⟩. Leipzig 1905: B. Georgi. (33 S.) 8°
Leipzig, Med. Fak., Ref. Marchand, Diss. v. 5. Juni 1905
[Geb. 23. Juli 80 Berlin; Wohnort: Dresden; Staatsangeh.: Preußen; Vorbildung: Franz. Gymn. Berlin Reife M. 98; Studium: München 4, Berlin 3, Rostock 1, Würzburg 3 S.; Coll. 9. Juni 05; Approb. 29. Juli 03.]

Güter-Chroniken, kurländische, s.a. Klopmann.

Güter-Chroniken, kurländische. Neue Folge. Bearb. u. hrsg. im Auftrage d. kurländ. Ritterschafts-Comités. 1. Lfg. [Kautzmünde, Ruhenthal, Schmitten.] gr. 8. (IV, 69 u. 18 S.) Mitau 890. (Behre's Verl.) n. 2.—
s.: Klopmann, F. v., kurländische Güter-Chroniken. 1856. (XIII. Bd.)

Neue Kurländische **Güterchroniken** hrsg. v. Eduard Frhr. v. Fircks. Kirchspiel Kandau 1. 2. Mitau '00—05.

Holstein's adelige **Güter-Districte** nebst Ansichten der adeligen Güter, Kanzleigüter und adeligen Klöster. Zugleich als Beilage zu dem großen Werke „Ansichten der adeligen Güter in Holstein" (gez. v. A. Hornemann). Hamburg. [c. 1850.] Lithogr. 1 Bl. Fol. 66,5/56 cm.

Gütergemeinschft, über die, d. Eheleute, nach d. Code Napoléon. 8. Marb. 808. Krieger. 6 gGr (Wundermann in Hamm). 3 gGr

Güterhandel, d. bisherige, u. seine traurigen Folgen. Ein Versuch. 12. Dresd. 810. Walther. 1 Rthlr 16 gGr

Güterhandel, der bisherige, u. seine traurigen Folgen. Ein Versuch. 12. Dresd. Walther. 811.

Anonym: „Der vorsichtige Güterkäufer; eine Auseinandersetzung der vorzüglichsten Punkte, worauf es ankommt, um bei dem Kauf, Tausch oder Pacht eines Landgutes nicht in Verluste und Process zu gerathen. Nebst gerichtlichen Verhandlungen und Entscheidungen merkwürdiger Fälle dieser Art", Berlin 1819 (Gädicke), 2. Auflage Ulm 1832 (Ebner).

Güter-Lotterie, die, neues unterhaltendes Gesellschaftsspiel, mit einer illum. Figurentaf. in kl. Fol. u. auf Leinwand, u. 21 illum. Würfelkarten in 32. — Les Campagnes en Loterie. Wien 841, Bermann u. Sohn. In 16.-Etui 5/6 Rthlr

Gutermann, Adolf [app. Arzt]: Ein sog. „idiopathischer Hirnabscess" zur Aetiologie, Symptomatologie und Diagnose des Hirnabscesses ... München, Buchdr. Kastner & Lossen, 1896; 38 S. 8.
München, Med. Fak., Inaug.-Diss. v. 1896

Gutermann, Fr., über den Begriff u. die Charaktere des Schönen. 8. Frankfurt a. M. 837. Schmerber. 1/2 Rthlr

Gutermann, Friedr., die alte Rauenspurc (Ravensburg), das Stammschloß der Welfen, seine Umgebung und sein Geschlecht. Geschichtliche Nachrichten aus handschriftlichen Urkunden und gedruckten Schriften gesammelt. Nebst 1 (lith.) Ansicht der Welfenburg und Stadt, u. 3 (lith.) Abbildgn. Stuttgart 856. Hofbuchdr. Zu Guttenberg. gr. 8. (VIII, 87 S.) n. 15 Ngr

Gutermann, Georg Friederich: Erklärte Anatomie für Hebammen, samt derselben Nutzanwendung zur Praxi. 141 S., gbd.

Augsburg: Mertz & Mayer 1752

— Bedenken über Mancherlei aus Unwissenheit, wenn u. wie ein Kind in Mutterleibe zu wenden, durch Mißbrauch stumpfer u. scharfer Instrumenten verunglückten Geburten rc. 2 Thle. gr. 8. Frankf. 761. 62. (Kummer in Leipz.) 1 Rthlr

Gutermann, Ge. Fr. (Resp.): De Efficacia animi pathematum in negotio sanitatis et morborum, s. Camerarius, Al.

— ächte Entbindungskunst. 2 Thle. 8. Frankf. u. Lpz. 763.

— Gutachten über d. Einbeizen d. Kinderblattern; e. Anh. zu Dr. Hurham's Traktat von d. Kinderblatternkrankheit. 8. Augsb. 757.

Gutermann, Georg Friedrich (Biberach/Schwaben). De mammis & lacte, in qua status tam naturalis, quam praeternaturalis hujusque therapia rationalis. Dissert. med. Präs. Johann Zeller. Tübing. (Joseph Sigmund) 24. IX. 1727. 43 S. (6.20) 12383
Gew.: Präs., El. u. Alex. Camerarius, Joh. Salzmann (Strassburg), Joh. Jac. Sachs (Strassburg).

Gutermann, Geo. Fr., († ...) Unterricht von äußerl. oder chirurgischen Arzneimitteln. 2 Thle. 8. Augsb. 761. Rieger. 6 gGr

Gutermann, Oscar [pr. Arzt aus Berlin]: Über die thermische Wirkung experimenteller Eingriffe am Grosshirn, insbes. der Grosshirnrinde ... Berlin, Buchdr. v. G. Schade, 1892; 28 S. 8.
Rostock, Med. Fak., Inaug.-Diss. v. [14. Nov.] 1892

GUTERMANN, Philipp von (Augsburg): Doctrina juris criminalis communis de universitatibus.- Augustae Vindelicorum: Reichel 1839. 24 S.,1 Bl.
16.11.1837 - Urk; F 48
Diss. Ingolst.-Landsh.-Mchn.

Gutermann, [Rudolf], Prof.: **Shakespeare und die Antike.** *Heilbronn 1900: C. Rembold & Co.* (S. 1—28.) 4° [J.]
Heilbronn, k. Karls-G, P 1900 (630)

[J.] **Gütermann,** Emil [Rechtspraktikant am Kgl. Landger. Nürnberg]: Die rechtlichen Grundlagen der Widerspruchsklage. E. Untersuchg auf d. civilrechtl.-prozessualen Grenzgebiete ... München, J. Schweitzer, 1896; 1 Bl., VIII, 134 S. 8.
Erlangen, Jur. Fak., Inaug.-Diss. v. 1896

Gütermann, Eug., die Karlsruher Brauindustrie, s. a. **Abhandlungen, volkswirtschaftliche, der badischen Hochschulen. X, 4.**

Gütermann, Eugen: Die Karlsruher Brauindustrie. Karlsruhe: Braun 1908. 93 S. 8° ¶(Ersch. auch als: Volkswirtsch Abhandlungen d. Bad. Hochschulen. Bd 10, H. 4.)
Heidelberg, Phil. Diss. v. 28. Jan. 1909, Ref. Gothein
[Geb. 7. Aug. 84 Gutach i. Breisg.; Wohnort: Saalfeld a. S.; Staatsangeh.: Sachsen-Meiningen; Vorbildung: Realgymn. Saalfeld Reife O. 05; Studium: Leipzig Handelshochsch. 4, Univ. 1, Heidelberg 1 S.; Rig. 21. Febr 08.]
[U 09. 1993

Gutermilch, J. Protokoll der Vorträge etc über die Allgemeine Pariser Ausstellung vom Jahre 1867, gehalten in den wissenschaftlichen Unterhaltungsstunden der Königl. Artillerie-Werkstatt Berlin. In 3 Lfrgn. (Als Manuscript gedruckt.) Fol.
1. Allgemeine Beschreibung des Ausstellungsparkes, des Ausstellungspalastes u. der deutschen Ausstellung. 2. Die für den Betrieb der Königl. Artillerie-Werkstätten wichtigsten Rohmaterialien, die Bergwerksprodukte, das Leder u. das Holz. 3. Die hervorragendsten Kraft- u. Arbeitsmaschinen der Ausstellung.

Gutermuth, F., Hebemaschinen, s.: **Handbuch der Ingenieurwissenschaften.**

Gutermuth, M. F., **die Einrichtungen des Kraftwerkes u. Maschinenlaboratoriums I der grossherzogl. technischen Hochschule zu Darmstadt,** s.: **Watzinger u. Stiefelhagen.**

Gutermuth, M. F., maschinentechnische Excursionen. Bericht üb. die Studienreisen der Studirenden der techn. Hochschule zu Aachen im Studienj. 1884/85. 62 (autogr.) Blätter Maschinen-Skizzen von Anlagen im Rheinland, in Westfalen u. Belgien. Unter Leitg. v. A. Riedler bearb. Fol. (8 S.) Aachen 886. Freiberg, Craz & Gerlach. In Mappe. n. 18.—

— E. **Reichel, A. Riedler,** Maschinenarbeit u. Ausnutzung der Naturkräfte. Berichte an die Zeitschrift des Vereins deutscher Ingenieure gelegentlich der kolumb. Weltausstellung in Chicago 1893. I u. II. [Aus: „Zeitschrift d. Ver. deutscher Ingenieure".] Imp.-4. Berlin 893. J. Springer. à n. 7.—
I. Kraft-, Licht-, Wärme- u. Kälteverteilung in Städten, Ausnutzung v. Wasserkräften, Seil-Strassenbahnen. (III, 127 S. m. 169 Abbildgn.) — II. Dampfmaschinen, Riementriebe, Pumpwerke, Luftkompressoren, Bergbaumaschinen u. -anlagen. (III, 159 S. m. 352 Abbildgn. u. 1 Taf.)

— **Skizzen zu den Vorlesungen üb. Lasthebe-Maschinen an der königl. technischen Hochschule in Aachen. Nach den Vorlesgn. v. A. Riedler bearb. Fol. (36 autogr. Taf. m. 2 Bl. Text.) Ebend. 885. n.n. 9.—**

Güter- u. Erbrecht, bäuerliches, u. bürgerliches Gesetzbuch, v. e. praktischen Juristen. gr. 8. (60 S.) Hannover 901. C. Meyer. Geb. in Leinw. n. 1. 50

Güterrecht, das eheliche, im Bezirke des Justiz-Senats zu Ehrenbreitstein. Abdr. der im J. 1863 im Auftrage des königl. Justiz-Senats zu Ehrenbreitstein ausgearb. Denkschrift. gr. 8. (52 S.) Neuwied 880. Strüder. 1. 50

Güterrecht, das eheliche u. elterliche, d. Kreises Wetzlar. (Von Cramer.) gr. 8. (III, 39 S.) Frankfurt a/M. 894. Reitz & Koehler. n. 1. 50

Gütersloh [Sachl. OW.]

Gütersloh. Erinnerungen in Bildern. qu. gr. 8. (23 Taf. m. 1 Bl. Text.) Gütersloh (901). F. Tiggés. n.n. 1. 50

Gütersloh [Schlagwort]

Gütersloh, s.: Deutschland, Karte (Abt. Preussen). — Westfalen, Grundkarte.

Gutersohn, J., Beiträge zu e. phonetischen Vokallehre. 2. Tl. 4. (32 S.) Karlsruhe 884. (Braun.) n. — 80

Gutersohn, J., Gegenvorschläge zur Reform des neusprachlichen Unterrichts. gr. 8. (26 S.) Karlsruhe 888, Braun'sche Hofbuchh. *
Aus: Verhandlungen des Vereins akademisch gebildeter Lehrer an badischen Mittelschulen, besonders abgedruckt.

Gutersohn, Jul., Lehrbuch der englischen Sprache, s.: Zimmermann, J. W.

— französische Leseschule. Ein method. Vorkursus zur Einführg. in die französ. Aussprache u. Orthographie. [Zugleich Vorstufe zu Körbitz, französ. Lehr- u. Übungsbuch.] gr. 8. (40 S.) Dresden 886. Ehlermann. n.n. — 50

Gutersohn, J., zur Methodik des fremdsprachlichen Unterrichts. Vortrag, geh. am IV. Neuphilologen-Tage zu Stuttgart, Pfingsten 1890. gr. 8. (29 S.) Karlsruhe 890. Braun. n. — 60;
m. dem 1888 geh. Vortrag in 1 Hft. n. — 80

— zur Methodik des neusprachlichen Unterrichts. Progr. gr. 4. (37 S.) Lörrach 902. (C. R. Gutsch.) n. 1. —

Gutersohn, Jul., Port-Royal, eine Erziehungsschule aus dem 17. Jahrh. Ein Beitrag zur Geschichte der Pädagogik. gr. 8. (59 S.) Schaffhausen 879. (Schoch.) n. 1. 20

—— die schweizerischen Real- und Mittelschulen, zugleich ein Beitrag zur Lösung der deutschen Mittelschulfrage. gr. 8. (30 S.) Berlin 885. (Karlsruhe, Braun'sche Hofbuchh.) *
Aus: Centralorgan für die Interessen des Realschulwesens, besonders abgedruckt.

— Schulreform u. soziales Leben m. besond. Berücksicht. der Berliner Schulkonferenz u. der kaiserl. Reden. Vortrag. gr. 8. (39 S.) Karlsruhe 891. G. Braun. n. — 60

Gutersohn, *Julius* [Prof.]: '(Friedrichs des Grossen Thätigkeit für Unterricht und Bildung.)' (Festrede.) Karlsruhe, Buchdr. v. Malsch & Vogel, 1893; 6—14 S. 4.
Karlsruhe, OR m. Fachkl. f. Kaufleute, MP 1893 (618)

Gutersohn, Ulr., die Schweizer-Flora im Kunstgewerbe f. Schule u. Handwerk. I. Alpenblumen. gr. 4. (20 farb. Taf. m. III S. Text.) Zürich 901. Art. Institut Orell Füssli. In Mappe n. 10. —

Gutersohn-Lingg, R.: Unsere Töchter und die Landwirtschaft. E. Anregung. — Luzern: Keller 1899. 22 S. 8°

Güter-Tarife, die, der Eisenbahnen. Eine Kritik u. Vorschläge zur Reform v. e. Fachmanne. gr. 8. (43 S.) Berlin 875. Kortkampf. n. — 80

Güter-Tarife, neueste, u. Waaren-Verzeichnisse auf den in Leipzig einmündenden Eisenbahnen u. deren Zweigbahnen. (In 5 Heften.) 1. Heft. Leipzig-Dresdner Eisenbahn. Borna 867. Gensel. br. 8. (12 S. mit 2 Tabb. in qu. Fol.) 2⅓ ngr.

Gütertarifwesen, das, der schweiz. Eisenbahnen. Bericht des Vorortes Zürich des schweiz. Handels- und Industrie-Vereins über die von ihm veranstaltete Untersuchung. In-4°, 68 S. Zürich, Ulrich. 1893. 1 50

Gütertransport-Ordnung der württ. Eisenbahn vom Okt. 1847. 12° Stuttgart 1847

Güter-Transport-Ordnung (württemberg. Staatseisenbahnen). 1849.

Güterurkunden, livländische (aus d. J. 1207 bis 1500). Hrsg. von Herm. v. Bruiningk u. Nicol. Busch. (L, 788 S. m. 9 Taf.) Lex. 8. Riga 908. (Jonck & Poliewsky.) 16. —

Güter- und Schiffs-Verkehr, der, auf dem Rheine nach amtlichen Anschreibungen dargestellt Behufs Beleuchtung der Denkschrift in Sachen der Rheinschifffahrt, welche von dem leitenden Geschäfts-Ausschusse der verein. Kölner und Düsseldorfer Dampfschifffahrts-Gesellschaft verbreitet worden ist. Berlin 856. G. Reimer. gr. 8. (IV, 187 S.) n. 25 ngr.

Güterzertrümmerung (Ueber) und Grundstückhandel, besonders in Hinsicht auf die Frage: Ist es zweckmässiger, den jüdischen Güterhandel auch von Juden oder blos von Christen treiben zu lassen? (Von W. H. Puchta.) 8°. Erlangen, Palm u. E., 1816.

Gutfeld, August Heinrich Ferdinand, s. Gutfeldt

Gutfeld, Bettina de, le peloton merveilleux. — Wunderknäul. 17 Erzählgn. (Französisch u. Deutsch.) (64 u. 64 S.) gr. 8. Berlin 903. H. Steinitz.
Geb. in Leinw. u. geh. n. 3. —

Gutfeld, Sali Hugo

Gutfeld, S. H., die örtliche Zuständigkeit der Berliner Gerichte nach d. neuen Berliner Gerichtsorganisation, s.a. Veröffentlichungen des Berliner Anwalt-Vereins. 21. Hft.

Die örtliche Zuständigkeit der Berliner Gerichte nach der neuen Berliner Gerichtsorganisation. Ein Vortrag geh. im Berliner Anwalt-Verein von S[ali] H[ugo] **Gutfeld,** Rechtsanw. Berlin: F. Vahlen 1906. (48 S.) 8° [F.]
= **Veröffentlichungen** d. Berliner Anwalt-Vereins. H. 21. [06. 7411]

[F.] **Gutfeld,** Wilhelm [Kammerger.-Ref.]: Die legislative Stellung des deutschen Kaisers. Seine Rechte u. Pflichten beim Erlass v. Reichsgesetzen ... Berlin, 1897; 38 S. 8.
Erlangen, Jur. Fak., Inaug.-Diss. v. 1897

Gutfeldt, August Heinrich Ferdinand

Gutfeld, Aug. Hnr. Fd., († d. 12. Sept. 1808.) Abhandl. über d. Typhus d. tropischen Regionen, oder d. gelbe Fieber. Aus d. latein. Manuscript übers. vom Verfass. gr. 8. Götting. 801. Schröder. 12 gr (Centr.-Compt. in Leipz.) 16 gr

— Einleitung in der Lehre von den ansteckenden Krankheiten u. Seuchen. gr. 8. Posen, Kühn. 800.

— quaestiones tres medici argumenti. 8. Kiel, Acad. Buchh. 800.

— Diss. inaug. sistens quaestiones tres medici argumenti. 8. Kiel 800. Hesse. 3 gr

Gutfeld, A. H. F., üb. d. Typhus d. tropischen Regionen oder das gelbe Fieber. gr. 8. Göttingen, Schröder. 801.

Gutfeldt, A(ugust) H(einrich) F(erdinand): Untersuchungen über verschiedene Sätze der herrschenden medizinischen Lehrgebäude. Bd 1, 271 S., gbd.

Hamburg: Campe 1802

JB 2.374

— über d. Verhältniß d. wechselerreg. Nervenwirkung u. Bewegung im thierischen Organismus. gr. 8. Götting. 803. Deuerlich. 14 gr

— üb. d. Verhältn. der Wechselerreg. Nervenwirkung u. Bewegung im thierischen Organism. gr. 8. Göttingen, Schröder. 805.

— — dasselbe. gr. 8. Göttingen, Deuerlich. 803.

Gutfeldt, Heinrich Matthias (Altona), De ulcere putridam praecavente febrem. Diss. med. Präs. Philipp Adolph Boehmer. Halle (Beyer) 12, I. 1764. 32 S. (6.—) 12384
Widm. v.: H. Adolph Cruwell (Bielefeld), Friedr. Pet. Bouzanquet (St. Petersburg), B. C. H. Langheim, I. N. Weisser.

Gutfeldt, Ina, meine Seelen. Neue Gedichte. 2. Aufl. (102 S. m. Bildnis.) 8. Weimar (908). H. Grosse. Geb. in Leinw. 3. –

Gutfeldt, Ina, warum? Balladen, Romanzen u. Lieder. gr. 16. (140 S.) Reval 893. F. Kluge. n. 3. 50

Gutfeldt, Ina, Warum? Lieder, Balladen u. Romanzen. 3., bedeutend veränd. u. erweit. Aufl. 12. (151 S.) Bromberg 899. E. Hecht. n. 2. —; geb. n. 3.—

— „Zirp, zirp". Waldmärchen. 12. (V, 79 S.) Ebd. 899. n. 1. 50; geb. n. 2. —

Gutfleisch, Valent., die Käfer Deutschlands. Nach des Verf. Tode vervollständigt und herausg. von Fr. Chr. Bose. Darmstadt 859. Diehl. gr. 8. (XVI, 664 S.) n. 2 ℛ 20 ngr

Gutfreund: Eichenlaub, gewunden durch das Frauenleben. — Prenzlau: Mieck 1873. 112 S. 8°

Gutfreund, E., s.: Plappermaul. — Plappermäulchen.

GUTFREUND, Ernst
(F) Leo Freymann. Sociales Zeitbild in vier Aufzügen von Ernst Gutfreund. Wien und Leipzig. 1900. Breitenstein. 8°. 79 S. K 2.—

Gutfreund, Ernst, in letzter Stunde. Moderne Dichtg. 12. (33 S.) Dresden 897. E. Pierson. n. — 75

Gutfreund, Justus, pia desideria. Bemerkungen über die Verpflegung der Neugebornen, oder Vorschläge über die Art u. Weise, wie einigen wichtigen Uebelständen bei der Besorgung der Neugebornen armer Eltern u. der Verpflegung der Wartekinder zweckmäßig abzuhelfen wäre. Sowie auch einiges über das Ammenwesen. Für Aerzte u. das gebildete Publikum. 8. (40 S.) Bern 849, Jenni Vater (jetzt: Blom). 6 ngr

Gutfrucht, Jos., Reigenfahren. Ausführl Erklärgn. u. Zeichngn. für Radfahrervereine. 2 Hefte. 8. Leipzig (906). Rauh & Pohle. à n. 1 —
1. Für Anfänger (8 u. 12 Fahrer). (4 S. m. 1 Taf.)
2. Für vorgeschrittene Saalfahrer. (4 S. m. 1 Taf.)

Gutfrucht, Jos., Reigenfahren. Ausführliche Erklärgn. u. Zeichngn f. Radfahrervereine. 3. u. 4. Heft. 8. Leipzig, Rauh & Pohle. à 1. —
3. Für Anfänger (6 Fahrer). (7 S. m. 8 S. Fig.) (908).
4. Für vorgeschrittene Saalfahrer (8er Reigen). (8 S. m. 10 Fig.) (908.)

Gutgesell, Aug., s. Archiv des Henneberg. Alterthumsforsch. Vereins.

Gutgesell, Th., das Kloster Lichtenthal bei Baden, dessen Kirche u. Gruftkapelle, s.: Woerl's Reisehandbücher.

Guth, offenes Sendschreiben an Sr. Exc. den Hrn. Justizminister Heintz „den Zustand d. protestant. Kirche Bayerns diesseits des Rheins betreffend." gr. 12. (24 S.) Nürnberg 848, Lotzbeck. 4 ngr

Guth A, das Linearzeichnen. III. Teil: Die Perspektive und die perspektivische Schattenkonstruktion. Wiesbaden 1888

Guth, Alfr., s.: Dichtung, moderne.

— Draußen im Leben. 4. (79 S.) [Berlin 897. H. Storm.] Leipzig, C. F. Tiefenbach, Sep. Cto. n. 3. —; erm. Pr. n. 2. —

Guth, Alfr., vom letzten Tage. 8. (120 S.) Berlin 901. H. Steinitz. n. 2. —

Guth, Alfred: Vom letzten Tage. 2. Aufl. Berlin: H. Steinitz 1901. (120 S.) 8°

— vom Wege. Skizzen. 8. (95 S.) Leipzig 897. W. Friedrich. n. 1. —

Guth, Arthur, aus Zürich, Assistenzarzt an der dermatol. Universitätsklinik Bern: Vorkommen von Amyloidose bei Geschwülsten. ⟨Aus dem pathol. Institut der Universität Zürich. Direktor: Prof. M. B. Schmidt.⟩ Glarus, Rud. Tschudy, 1910. II, 36 S. 8°. [16. IX. 10.]
Zürich. Univ. Med. Diss. 1910/11.

Guth, C., vor der Aufnahme. Eine Selbstvorbereitungs-Arbeit frei nach Schillers Glocke. Als Mscr. gedruckt. 8. (16 S.) Tilsit 873. Loesch. n. — 50

Guth, C., Kleine Baustücke. Zum Besten der Wittwen- und Waisen-Stiftung der Loge Treue. Tilsit, Druck v. Post. (1872.) 8. 32 S.

Guth, Carl, s. Guth, Karl

Guth, Fr., der Geist des Evangeliums u. das kirchl. Uebel der Gegenwart mit Bezug auf d. Synodal-Angelegenheit. gr. 8. Königsberg 845, Theile. 5½ ngr

Guth, Ferdinand, aus Heide i. Holst.: Aus d. Hygien. Institut zu Rostock. Über synthetisch dargestellte einfache und gemischte Glycerinester fetter Säuren. *München 1903: R. Oldenbourg.* (35 S.) 8°
Rostock, Phil. Diss. v. [21. Juli] 1902

Guth, Frz., die Lehre vom Einkommen in dessen Gesammtzweigen. Aus dem Standpunkte der National-öconomie nach e. selbstständ. theoretisch-pract. Anschaug. Prag 869. Tempsky. gr. 8. (XXIII, 412 S.) n. 2 ℛ 10 ngr

Guth, Frz., die Lehre vom Einkommen in dessen Gesammtzweigen. Aus dem Standpunkte der National-öconomie nach einer selbstständ. theoretisch-pract. Anschauung. 2. (Titel-)Ausg. gr. 8. (XXII, 411 S.) Leipzig (1869) 878. C. F. Winter. n. 5. —

Guth, Franz — Lieder für Schule und Haus. Gesammelt für die k. k. vierklassige Piaristen-Hauptschule zu Horn von — —. 1tes Heft. Wien, 1857. Druck von Anton Schweiger. (40 S. 8.)

Guth, Friedrich

Guth, Fr., Anleitung zur Behandlung der grammatischen, orthographischen u. stilistischen Uebungen auf der Oberstufe. Im Anschluß an das [große württemb.] Lesebuch bearb. 8. (VI, 339 S.) Stuttgart 882. Aue. n. 4. 50

Guth, Fr., Anleitung zur Behandlung der grammatischen, orthographischen u. stilistischen Uebungen auf der Oberstufe, 2. verm. Aufl. gr. 8. (VI, 328 S.) Stuttgart 884. Aue's Verl. n. 4. 50

Guth, Fr., Beispiel-Grammatik f. Volks- u. Mittelschulen. Nach amtl. Verordngn. bearb. 8. (40 S.) Stuttgart 876. Aue. n. — 40

— Beispiel-Grammatik für Volks- u. Mittelschulen. Nach amtl. Verordnungen bearb. 2. Aufl. 8. (40 S.) Ebend. 877. n. — 40

— Beispiel-Grammatik u. Rechtschreibschule. Für Volks- u. Mittelschulen bearb. 4. verm. Aufl. 8. (55 S.) Ebend. 884. n.n. — 50

Guth, Fr., Beispiel-Grammatik u. Rechtschreibschule. Für Volks- u. Mittelschulen bearb. 5. Aufl. 8. (55 S.) Stuttgart 890. Bonz & Co. n.n. — 50

Guth, Fr., Beispiel-Grammatik u. Rechtschreibschule. Für Volks- u. Mittelschulen bearb. 6. Aufl. 8. (55 S.) Stuttgart 899. A. Bonz & Co. n.n. — 50

Guth, J. Fr., das angewandte Kopf- und Zifferrechnen als Vorschule des Lebens. Eine Sammlung praktischer Rechnungsaufgaben für Volks- und Realschulen, sowie für die unteren Klassen der Fortbildungsschulen unter Mitwirkung des Lehrervereins zu Crailsheim bearb. Stuttgart 860. Schaber in Comm. 8. (VII, 96 S.) 6 ngr; Resultate dazu (23 S.) n. 2 ngr

— — Resultate dazu. 8. (23 S.) Ebendas. 860. *

— das verbundene Kopf- und Zifferrechnen. Eine Sammlung methodisch angelegter Rechenaufgaben für Volks und Realschulen. 2. Abth. Das angewandte Kopf- und Zifferrechnen als Vorschule des Lebens. 2. verm. u. verb. Aufl. Stuttgart 862. Aue. 8. (X, 152 S.) n. 6 ngr; Resultate dazu. 2. verm. Aufl. (34 S.) n. 2½ ngr

Guth, Fr., das verbundene Kopf- u. Zifferrechnen. Eine Sammlg. methodisch angelegter Rechenaufgaben für Volks- u. mittlere Schulen. 1. Abth. 5. nach dem metr. System u. dem Normallehrplan umgearb. Aufl. Stuttgart 870. Aue. 8. (143 S.) cart. n.n. 6 ngr; Auflösungen dazu, 5 Aufl. (75 S.) n. 4 ngr

— — 2. Abth. 9. nach dem metr. System u. dem Normallehrplan umgearb. Aufl. Ebend. 870. 8. (154 S.) geb. n. 7¾ ngr; Resultate dazu (64 S.) n. 4 ngr

— das verbundene Kopf- u. Zifferrechnen. Eine Sammlg. methodisch angelegter Rechenaufgaben. 1—3. Thl. 8. Ebend. 874. n. 1. 80
1. Die 4 Grundrechnungsarten m. ganzen, vorzugsweise einfach benannten Zahlen. 14. nach den neuen Münzen u. Maßen vollständig umgearb. Aufl. (74 S.) n. — 40
2. Die 4 Grundrechnungsarten m. mehrfach benannten ganzen Zahlen sowie m. gemeinen u. Dezimalbrüchen. 14. nach den neuen Münzen u. Maßen vollständig umgearb. Aufl. (97 S.) n. — 60
3. Der Bruchsatz in seiner Anwendg. auf die Rechenfälle d. Lebens. [Die Schlußrechng. im engeren Sinne.] Für Oberklassen u. Fortbildungsschulen. 19. nach den neuen Münzen u. Maßen vollständig umgearb. Aufl. (153 S.) n. — 80

— dasselbe. Auflösungen. 1—3. Thl. 8. Ebend. 874. n. 1. 70
1. 14. Aufl. (49 S.) n. — 60. — 2. 14. Aufl. (38 S.) n. — 50. — 3. 19. Aufl. n. — 80.

— das verbundene Kopf- u. Zifferrechnen. Nach dem [württemb.] Normallehrplan u. Leitfaden bearb. 1 3. Thl. [Mit Berücksichtigung der vorgeschriebenen abgekürzten Maß- u. Gewichtsbezeichnungen.] 8. Ebend. 878. geb. n.n. 1. 65
1. 20. Aufl. (72 S.) n.n. — 40. — 2. 26. Aufl. (100 S.) n.n. — 55. — 3. 34. Aufl. (115 S.) n.n. — 70

— dasselbe. Auflösungen. 1. Thl. 20. Aufl. 8. (50 S.) Ebend. 878. n. — 60

— dasselbe. Ausgabe für Lehrer. 2. u. 3. Thl. 8. Ebend. 878. geb. n. 3. 50
2. 26. Aufl. (142 S.) n. 1. 60
3. 34. Aufl. (182 S.) n. 1. 90

— dasselbe. Das Rechnen mit mehrfach benannten ganzen Zahlen, sowie mit gemeinen u. Dezimalbrüchen für ungünstig gestellte Volksschulen. Nach dem „Normallehrplan" u. „Leitfaden" unter Mitwirkung mehrerer Lehrer an einklass. Volksschulen bearb. [Auszug aus der 23. Aufl. d. II. Theils d. größeren Rechenbuches.] 8. (44 S.) Ebend. 878. n.n. — 25; Auflösungen (23 S.) n. — 40

— dasselbe. Die Schlußrechnung für ungünstig gestellte Volksschulen. Nach dem „Normallehrplan" u. „Leitfaden" unter Mitwirkung mehrerer Lehrer an einklass. Volksschulen bearb. [Auszug aus der 30. Aufl. des III. Thls. d. größeren Rechenbuches.] 8. (52 S.) Ebend. 877. n. — 30; Auflösungen (22 S.) n. — 50

—— das verbundene Kopf- und Zifferrechnen für mehrklassige Volks-, Mittel- und Töchterschulen. 3 Thle. 8. Ebendas. geb. *

Inhalt:

Thl. 1. Die vier Grundrechnungsarten mit ganzen, vorzugsweise einfach benannten Zahlen. 15.—21. Aufl. (72 S.) 875—79. geb. * 40 Pf.

" 2. Die vier Grundrechnungsarten mit mehrfach benannten ganzen Zahlen sowie mit gemeinen und Dezimalbrüchen. 15.—31. Aufl. (96 S.) 875—79. geb. * 55 Pf.

" 3. Der Bruchsatz in seiner Anwendung auf die Rechenfälle des Lebens. [Die Schlußrechnung im engern Sinne.] Für Oberklassen und Fortbildungsschulen. 20.—40. Aufl. (115 S.) 875—80. geb. * 70 Pf.

—— dass. — Ausgabe für die Lehrer, mit methodischen Winken und Resultaten unmittelbar nach den Aufgaben. 3 Thle. 8. Ebendas. [1. Thl. 15.—21. Aufl. (94 S.) 875—80. geb. * ℳ 1,65.; 2. Thl. 15.—28. Aufl. (142 S.) 875—79. geb. * ℳ 1,60.; 3. Thl. 20.—40. Aufl. (187 S. mit Anhang: Prüfungsaufgaben.) 875—79. geb. * ℳ 1,90.] geb. *

—— dass. — für ein- und zweiklassige Volksschulen. 2 Hefte. 8. Ebendas. *

Inhalt:

Heft 1. Das Rechnen mit ungleich benannten ganzen Zahlen, sowie mit gemeinen und Dezimalbrüchen. 8. Aufl. (48 S.) 879. * 25 Pf.

" 2. Die Schlußrechnung. 10. Aufl. (51 S.) 880. * 30 Pf.

Guth, Friedr., das verbundene Kopf- und Zifferrechnen für ein- und zweiklassige Volksschulen. Ausgabe für die Lehrer, mit method. Winken und Resultaten unmittelbar nach den Aufgaben. 2 Hefte. 8. Stuttgart 878, Aue. [1. Heft. 5. Aufl. (78 S.) 2. Heft. 7. Aufl. (96 S. mit Anhang: Prüfungsaufgaben.) à Heft geb. * ℳ 1.] *

—— das verbundene Kopf- und Zifferrechnen für mehrklassige Volks-, Mittel-, Töchter- und Fortbildungsschulen. 3 Thle. 8. Ebendas. 880—84. geb. *

Inhalt:

Thl. 1. Die vier Grundrechnungsarten mit ganzen, vorzugsweise einfach benannten Zahlen. 22.—26. Aufl. (72 S.) geb. * 50 Pf.

" 2. Die vier Grundrechnungsarten mit mehrfach benannten ganzen Zahlen, sowie mit gemeinen und Dezimalbrüchen. 35.—44. Aufl. (96 S.) geb. * 55 Pf.

3. Der Bruchsatz in seiner Anwendung auf die Rechenfälle des Lebens. [Die Schlußrechnung und geometrische Rechnungen.] 41.—53. Aufl. (116 S.) geb. * 70 Pf.

—— dass. — Ausgabe für die Lehrer. Mit methodischen Winken und Resultaten unmittelbar nach den Aufgaben. 3 Thle. 8. Ebendas. 880—83. [1. Thl. 22.—24. Aufl. (142 S.) geb. * ℳ 1,65.; 2. Thl. 29.—38. Aufl. (142 S.) geb. * ℳ 1,60.; 3. Thl. 41.—51. Aufl. (352 S. mit Anhang: Prüfungsaufgaben.) geb. * ℳ 2,70.] geb. *

—— dass. — für ein- und zweiklassige Volksschulen. 2 Hefte. 8. Ebendas. 880—84. *

Inhalt:

Heft 1. Das Rechnen mit ungleich benannten ganzen Zahlen, sowie mit gemeinen und Dezimalbrüchen. 9.—13. Aufl. (48 S.) * 30 Pf.

2. Die Schlußrechnung. 11.—15. Aufl. (52 S.) * 35 Pf.

—— dass. — Ausgabe für die Lehrer. Mit methodischen Winken und Resultaten unmittelbar nach den Aufgaben. 2 Hefte. 8. Ebendas. 880—83. [1. Heft. 6. und 7. Aufl. (78 S.); 2. Heft. 8. Aufl. (96 S.).] à Heft * ℳ 1.

— das verbundene Kopf- u. Zifferrechnen für mehrklassige Volks-, Mittel-, Töchter- u. Fortbildungsschulen. 3 Tle. 8. Ebend. 884. cart. n.n. 1. 75

1. 27. unveränd. Aufl (72 S.) n.n. — 50. — 2. 48. unveränd. Aufl. (96 S.) n.n. — 55. — 3. 56. unveränd. Aufl. (115 S.) n.n. — 70. Ausg. für die Lehrer. [Im Anhang: 400 Prüfungsaufgaben.] (252 S.) n. 2. 60

— dasselbe. Anhang. Rechnungen, welche in den letzten 14 Jahren bei den Aspirantenprüfgn., sowie beim evangelischen u. kathol. „Landexamen“ gegeben wurden. 8. (35 S.) Ebend. 884. n.n. — 50

Guth, Fr., das verbundene Kopf- und Zifferrechnen für mehrklassige Volks-, Mittel-, Töchter- und Fortbildungsschulen. 3 Tle. 8. Stuttgart, [Aue.] Bonz und Comp. geb. **

Inhalt:

Tl. 1. Die vier Grundrechnungsarten mit ganzen, vorzugsweise einfach benannten Zahlen. 27. und 28. Aufl. (72 S.) 886,87. geb. ** 50 Pf.

" 2. Die vier Grundrechnungsarten mit mehrfach benannten ganzen Zahlen, sowie mit gemeinen und Dezimalbrüchen. 45.—54. Aufl. (96 S.) 885—88. geb. ** 55 Pf.

" 3. Der Bruchsatz in seiner Anwendung auf die Rechenfälle des Lebens. [Die Schlußrechnung und geometrische Rechnungen.] 53.—61. Aufl. (116 S.) 885—88. geb. ** 70 Pf.

—— dass. — Ausg. für Lehrer. 3 Tle. 8. Ebendas. [1. Tl. 25. Aufl. (147 S.) 887. cart. * ℳ 1.65.; 2. Tl. 40. Aufl. (142 S.) 883. cart. * ℳ 1.60.; 3. Tl. 58. Aufl. (252 S.) 887. cart. * ℳ 2.70.] cart. *

—— dass. — für ein- und zweiklassige Volksschulen. 2 Hefte. 8. Ebendas. *

Inhalt:

Heft 1. Das Rechnen mit mehrfach benannten ganzen Zahlen, sowie mit gemeinen und Dezimalbrüchen. 14.—19. Aufl. (48 S.) 885—887. * 30 Pf.

" 2. Die Schlußrechnung und geometr. Rechnungen. 16.—21. Aufl. (52 S.) 885—888. * 35 Pf.

—— dass. — Ausg. für die Lehrer. 2 Hefte. 8. Ebendas. [1. Heft. 8.—18. Aufl. (78 S.) 884—887; 2. Heft. 9.—19. Aufl. (96 S.) 885—888.] à Heft * ℳ 1.—. *

— das verbundene Kopf- u. Zifferrechnen f. ein- u. zweiklass. Volksschulen bearb. 1. u. 2. Hft. 8. Ebd. n.n. — 65

1. 21., unveränd. Aufl. (48 S.) 887. n.n. — 30. — 2. 22., unveränd. Aufl. (52 S.) 889. n.n. — 35.

— dasselbe, f. mehrklass. Volks-, Mittel- u. Töchterschulen bearb. 3 Tle. 8. Ebd. cart. n.n. 1. 75

1. 29., unveränd. Aufl. (72 S.) 889. n.n. — 50. — 2. 56., unveränd. Aufl. (96 S.) 889. n.n. — 55. — 3. 64. Aufl. (111 S.) 889. n. — 70.

— dasselbe. Ausg. f. die Lehrer. 3 Tle. 8. Ebd cart. n. 5. 95

1. 25. Aufl. (147 S.) 887. n. 1. 65. — 2. 40. Aufl. (142 S.) 883. n. 1. 60. — 3. 54. Aufl. (252 S.) 889. n. 2. 70.

—— Das verbundene Kopf- u. Zifferrechnen, f. ein- u. zweiklassige Volksschulen bearb. 2 Hefte. 8. Ebd. [1. Heft. 23. Aufl. (55 S.) 892. ** — 30; 2. Heft. 23. Aufl. (61 S.) 891. ** — 35.] ** — 65

—— dass. — f. mehrklassige Volks-, Mittel- u. Töchterschulen. 3 Tle. 8. Ebd. cart. ** 1 75

1. Die vier Grundrechnungsarten m. ganzen, vorzugsweise einfach benannten Zahlen. 30. unveränd. Aufl. (72 S.) 889. ** — 50.

2. Die vier Grundrechnungsarten m. mehrfach benannten Zahlen, sowie m. gemeinen u. Dezimalbrüchen. 60. unveränd. Aufl. (96 S.) 892. ** — 55.

3. Die Schlußrechnung u. geometrische Rechnungen. 67. unveränd. Aufl. (115 S. m. Fig.) 892. ** — 70.

Guth, Fr., das verbundene Kopf- u. Zifferrechnen f. 1- u. 2klass. Volksschulen. 2 Hfte. 8. Stuttgart, A. Bonz & Co. n.n. — 65

1. Neu bearb. v. G. Borst. 24. Aufl. (84 S.) 894. n.n. — 30

2. 24. Aufl. (61 S.) 891. n.n. — 35

— dasselbe. Ausg. f. die Lehrer. 1. Hft. 24. Aufl. 8. (105 S.) Ebd. 894. n.n. 1. —

— dasselbe f. mehrklassige Volks-, Mittel-, Töchter- u. Fortbildungsschulen. 3 Tle. 8. Ebd. Kart. n.n. 1. 75

1. Die vier Grundrechnungsarten m. ganzen, vorzugsweise einfach benannten Zahlen. 30. unveränd. Aufl. (72 S.) 889. n.n. — 60

2. Die vier Grundrechnungsarten m. mehrfach benannten Zahlen, sowie m. gemeinen u. Dezimalbrüchen. Neu bearb. v. G. Borst. 62. Aufl. (144 S.) 894. n.n. — 55

3. Die Schlußrechnung u. geometrische Rechnungen. 69. unveränd. Aufl. (126 S. m. Fig.) 894. n.n. — 70

— dasselbe. Ausg. f. die Lehrer. 1. Tl. 30. Aufl. 8. (128 S.) Ebd. 893. Kart. n.n. 1. 65

— dasselbe. 2. Tl. Neu bearb. v. G. Borst. 61. Aufl. 8. (170 S.) Ebd. 893. Kart. n. 1. 60

Guth, Fr., das verbundene Kopf- u. Zifferrechnen f. 1- u. 2-klass. Volksschulen. 1. u. 2. Hft. 8. Stuttgart 897. A. Bonz & Co. n.n. — 65
1. Neu bearb. v. G. Vorst. 26. Aufl. (84 S.) (896.) n.n. — 30
2. 29., unveränd. Aufl. (61 S.) n.n. — 35

— dasselbe f. mehrklassige Volks-, Mittel- u. Töchterschulen. II. Tl.: Die 4 Grundrechnungsarten m. mehrf. ben. ganzen Zahlen sow. m. gemeinen u. Dezimalbrüchen. Neu bearb. v. G. Vorst. 69. Aufl. 8. (142 S.) Ebd. 897. Kart. n.n. — 55

— dasselbe, f. mehrklassige Volks-, Mittel-, Töchter- u Fortbildungsschulen. 2. u. 3. Tl. 8. Ebd. Kart. n.n. 1. 25
2. 2 Abtlgn. in 1 Bd. Neu bearb. v. G. Vorst. 66. u. 67. Aufl. (144 u. 142 S.) 896. 97. n.n. — 55
3. D. Schlußrechngn. u. geometr. Rechngn. 75., unveränd. Aufl. (136 S.) 898. Kart. n.n. — 70

— das verbundene Kopf- u. Zifferrechnen f. ein- u. zweiklassige Volksschulen. I. u. II. Hft. 8. Ebd. n.n. — 65
I. Das Rechnen mit mehrfach benannten Zahlen sowie m. gemeinen u. Dezimalbrüchen. Neu bearb. v. G. Vorst. 29. Aufl. (84 S.) (902.) n.n. — 30
II. Die Schlußrechng. u. geometr. Rechngn. 30. unveränd. Aufl. (61 S.) 897. n.n. — 35

— dasselbe, f. mehrklassige Volks-, Mittel- u. Töchterschulen bearb. I.—III. Tl. 8. Ebd. Kart. n.n. 1. 75
I. Die vier Grundrechnungsarten m. ganzen, vorzugsweise einfach benannten Zahlen. 31. unveränd. Aufl. (80 S.) 893. n.n. — 50
II. Die vier Grundrechnungsarten m. mehrfach benannten ganzen Zahlen, sowie m. gemeinen u. Dezimalbrüchen. Neu bearb. v. G. Vorst. 73. Aufl. (142 S. m. Fig.) 899. n.n. — 55
III. Die Schlußrechng. u. geometr. Rechngn. Neu hrsg. v. G. Vorst. 78. Aufl. (140 S.) Ebd. 899. Kart. n.n. — 70

— dasselbe. (Im Anh.: 400 Prüfungsaufgaben.) 65. Aufl. Ausg. f. die Lehrer. 8. (260 S.) Ebd. 899. Kart. n. 2. 70

Guth, Fr., das verbundene Kopf- u. Zifferrechnen f. ein- u. zweiklassige Volksschulen. I. u. II. Heft. kl. 8. Stuttgart, A. Bonz & Co. n.n. — 65
I. Das Rechnen mit mehrfach benannten ganzen Zahlen sowie m. gemeinen u. Dezimalbrüchen. Neu bearb. v. G. Vorst. 30. Aufl. (81 S.) (904.) n.n. — 30
II. Die Schlußrechng. u. geometr. Rechngn. 31. unveränd. Aufl. (61 S.) 897. n.n. — 35

— dasselbe f. mehrklassige Volks-, Mittel- u. Töchterschulen. Neu bearb. v. G. Vorst. II. u. III. Tl. kl. 8. Ebd. Kart. n.n. 1. 25
II. Die vier Grundrechnungsarten m. mehrfach benannten ganzen Zahlen sowie m. gemeinen u. Dezimalbrüchen. I. Abtlg. Das Rechnen m. mehrfach benannten ganzen Zahlen. 75. Aufl. (142 S.) 905. n.n. — 55
III. Die Schlußrechng. u. geometr. Rechngn. 80. Aufl. (140 S.) 904. n.n. — 70

— Leitfaden für den auf das Lesebuch basirten deutschen Sprachunterricht. Ebend. 867. gr. 8. (87 S.) n. 8 ngr.

— praktische Methodik m. Lehrgängen u. Lehrproben. Die Praxis der Nürtinger Seminarschule nach den Grundsätzen d. (württ.) Normallehrplans. 2. Aufl. gr. 8. (IV, 456 S.) Ebend. 874. n. 6. —

— praktische Methodik mit Lehrgängen u. Lehrproben. Mit besonderer Rücksicht auf Seminaristen u. angehende Lehrer bearb. 3., verb. u. verm. Aufl. gr. 8. (IV, 428 S.) Ebend. 878. n. 6. —

— dasselbe. 4., umgearb. u. verm. Aufl. gr. 8. (IV, 531 S.) Ebend. 883. n. 7. —

—— das Rechnen mit mehrfach benannten ganzen Zahlen, sowie mit gemeinen und Dezimalbrüchen für ungünstig gestellte Volksschulen. Nach dem „Normallehrplan" und „Leitfaden" unter Mitwirkung mehrerer Lehrer an einklass. Volksschulen bearb. [Auszug aus der 23. Aufl. des II. Theils des größeren Rechenbuches.] 8. (44 S.) Ebendas. 878. * *
Auflösungen (23 S.) *

—— dass. — Die Schlußrechnung für ungünstig gestellte Volksschulen. Nach dem „Normallehrplan" und „Leitfaden" unter Mitwirkung mehrerer Lehrer an einklass. Volksschulen bearb. [Auszug aus der 30. Aufl. des III. Theils des größeren Rechenbuches.] 8. (52 S.) Ebendas. 878. *
Auflösungen (22 S.) *

— der Sach- u. Sprachunterricht der Mittelstufe, durchgeführt an dem 1. Thl. d. württemb. Lesebuches. gr. 8. (IV, 315 S.) Ebend. 881. n. 4. —

Guth, Gust., s.: **Alexander, der grosse.**

Guth, Heinrich

Guth, H., die Armenpflege, deren Geschichte u. Reformbedürfnis, s.a. Zeitfragen d. christlichen Volkslebens.

Guth, Die Armenpflege, deren Geschichte u. Reformbedürfnis. »Zeitfragen d. christl. Volkslebens.« (68 S.) Ebd. 1885.

Guth, Heinr., Euthanasia. Ein Gedenkbüchlein für Kranke, Sterbende, Trauernde. Frankfurt a. M. 863. Heyder & Zimmer. 8. (XII, 266 S.) n. 15 ngr.

Guth, Heinr., die sociale Frage und die innere Mission, s.a. Zeitfragen des christlichen Volkslebens.

Guth, Heinr., Die sociale Frage und die innere Mission. gr.-8°. Heilbronn, Gebr. Henninger, 1874. (Inneres Titelblatt 1881.) (Zeitfragen des christl. Volkslebens, Heft 39.)

Guth, Heinr., Pastoralspiegel. gr. 8. (VIII, 225 S.) Erlangen 873. Deichert. n. 2. —; geb. n. 2. 80

Guth, H., Präparationen zur unterrichtlichen u. erbaulichen Behandlung d. Katechismus f. die vereinigte protest.-evangel.-christl. Kirche der Pfalz. gr. 8. (VIII, 255 S.) Kaiserslautern 889. Tascher. n. 3. 50; geb. n.n. 4. 10

Guth, H., die moderne Weltanschauung und ihre Consequenzen, s. Zeitfragen des christl. Volkslebens.

Guth, J. Friedrich, s. Guth, Friedrich

Guth, Joh., Seefahrers Lieder. Gedichte u. poet. Erzählgn. 8. (IV, 70 S.) Dresden 901. E. Pierson. n. 1. 50; geb. n. 2. 50

Guth, Jh. Balth., Gesetz u. Evangelium. Eine exegetisch-histor.-kritische Untersuchung über Sinn u. Gebrauch dieser Worte in theoret. u. prakt. Beziehung. gr. 8. Dinkelsbühl 836. Walther'sche Buchh. 1/3 ß

Guth, Jh. Balthasar, s. Ries, das, wie es war u. wie es ist.

Guth, Joh. Glieb., Geschichte der Stadt Taucha von der Zeit ihrer Gründung bis zum J. 1813. Nach den Quellen u. dem Zeugniß anerkannter Quellenschriftsteller bearb. Taucha 866. Thallwitz. gr. 8. (VIII, 90 S.) 15 ngr.

Guth, Karl

Kleine Baustücke von C[arl] Guth. Tilsit: Comm. d. Wittw.- u. Waisen-Stift. d. □ Irene [1872]. 32 S. 8°
Tt. 2348. Gelegenheitsgedichte.

Guth, Karl (Hrsg.), s. G e b a u e r , Karl Theod.: Aehrenlese.

[Gedicht.] Vor der Aufnahme. Eine Selbstvorbereitungs-Arbeit frei nach Schillers „Glocke" von C[arl] **Guth.** Als Ms. gedr. Tilsit: [Lösch 1872]. 16 S. 8°
Recens: Bh. 15 (1872) S. 88.
Tt. 2475.

Guth, Karl. Kaiserquelle Jodbad Tölz in Tölz-Krankenheil. Nach chem. u. physiologisch-chem Analysen bearb. [Aus: „Münch. med. Wochenschr."] gr. 8. (14 S.) München 891. J. F. Lehmann's Verl. n. —60
Vergriffen.

Guth, L., praktischer Lehrgang der einfachen Buchführung in Briefen, verbessert u. vervollkommnet durch ebenso neues wie einfaches Controll-Verfahren, zur schnellsten u. leichtfassl. Erlerng. f. Kauf- u. Geschäftsleute. Zum Zweck d. Selbstunterrichtes hrsg. gr. 8. (VIII, 31 Bl m. 38 Schemataf.) Dresden 883. (v. Zahn & Jänsch.) n.n. 7. 50

Guth, Max

Guth, M., Bauaufsicht u. Bauführung, s.: T o l k m i t t, G.

Guth, Max: Die königl. M a t e r i a l p r ü f u n g s - a n s t a l t der technischen Hochschule Berlin, s. M a r t e n s , Adolf

Guth, Max, der Neubau des 1. chemischen Instituts der Universität Berlin, s.: F i s c h e r, Emil.

Guth, Oskar

Guth, O., das bayerische Rotvieh, s.a. A r b e i t e n d. deutschen Gesellschaft f. Züchtungskunde.

Guth, O.: Das bayerische Rotvieh. E. Beitrag z. Frage d. Bedeutung d. Landschläge. Mit 1 Taf. u. 17 Abb. im Text. Hannover 1910. 124 S.
(Arbeiten d. Deutschen Gesellschaft für Züchtungskunde. H. 6.)

Guth, Osc., die Wahl Ferdinand's I. zum König von Böhmen 1526. [Aus: „Mittheilungen d. Ver. f. Gesch. d. Deutschen in Böhmen".] gr. 8. (64 S.) Prag 877. (Calve.) n. 2. —

G u t h , Oscar. Wurden die Interessen der Landwirtschaft in der nördlichen Oberpfalz dadurch, dass man die öffentliche Förderung der Viehzucht auf einen Landschlag konzentrierte, irgendwie vernachlässigt oder geschädigt? Ein Beitrag zur Rassenbiologie in besonderer Berücksichtigung des roten mitteldeutschen Landschlages. Diss. Vet.-Med. Bern. ... von Oskar G'.... II + 59 S. 8. Weiden, Karl Knauf, 1909.

Guth, William W., aus Boston: Die ältere **Schicht** in den Erzählungen über Saul und David ⟨1 Sam 9 bis 1 Reg 2⟩. *Halle a. S. 1904: Waisenhaus.* (VIII, 41 S.) 8° ¶(Erscheint vollst. bei Mayer & Müller in Berlin.)
Halle, Phil. Diss. v. 1904

Guth, William W., die ältere Schicht in den Erzählungen üb. Saul u. David. (I Sam. 9 bis I Reg. 2), untersucht. (VIII, 82 S.) gr. 8. Berlin 904. Mayer & Müller. n. 2. —

Guth, X., nach den Fidji-Inseln. Reiseerlebnisse des ehrw. P. Roth aus Scherweiler. Nach seinen Briefen erzählt u. hrsg. (XII, 141 S. m. 1 Bildnis.) kl. 8. Straßburg (905). (F. X. Le Roux & Co.) n. 1. 40

Guth-Bender, Julius [aus Baden-Baden]: Über das Verbot der Pfändung im Drittgewahrsam ... Karlsruhe, Druck d. G. Braun'schen Hofbuchdr., 1893; 49 S. 8.
Freiburg i. B., Jur. Fak., Inaug.-Diss. v. 1893

Guth-Bender, Jul., im Werden u. Wandern. 8. (VII, 138 S.) Heidelberg 902. O. Petters. n. 2. 20; geb. in Leinw. n. 3. —

Gueth, Grundlehre des practischen Rechnens. Münster 854. Aschendorff. gr. 8. (136 S.) 10 ngl

Güth, A., s.: **Biblioteca italiana.**

G ü t h , A. Ueber Diderot und das bürgerliche Drama. Stettin, R., 1873. 18 S. 4. Progr.

Güth, A. Geschichte der Realschule II. O. zu Wiesbaden. 27 S. Progr. Rsch. *Wiesbaden* 1882.

Güth, A., Prov. Hessen-Nassau, s.: L a n d e s- u. P r o v i n z i a l g e s c h i c h t e.

Güth, A., die Lehre vom Conjunctivus, m. Anwendg. auf die italien. Sprache. gr. 4. (34 S.) Berlin 876. (Weber.) n. 1. —

Güth, A., Leitfaden f. die Wiederholung der griechischen, römischen u. deutschen Geschichte in höheren Schulen mit 6-, bezw. 7jährigem Kursus. gr. 8. (44 S.) Wiesbaden 891. Limbarth. cart. n. — 80

Güth, Albert. Zu seinem Gedächtnis, s. L a c h m a n n , Jul.

Güth, A[lbertus]: *Das Verhältniß des Hartmann'schen Iwein zu seiner altfranzösischen Quelle. 60 S. 4° (2°)
Halle-Wittenberg, Phil. Diss. v. 7. Aug. 1869
Geb. [Berlin 4. 3. 1843]
Ersch. in: Archiv f. d. Studium der neueren Sprachen u. Literaturen. Bd 46. Braunschweig 1870. S. 251—292.

Güth [Anton], Direktor Prof.: Festschrift . . . Wiesbaden 1907 . . . s. **Bauer,** Hermann.

—— und Ed. M u r e t , französisches Lesebuch in 3 Stufen. Obere Stufe. Bearb. und mit Anmerkungen versehen von Ed. Muret. gr. 8. (VIII, 203 S.) Berlin 878, Simion. *
geb. *

—— —— dass. — Untere und mittlere Stufe. Bearb., mit Anmerkungen und einem Wörterverzeichniß versehen von A. Güth. gr. 8. (XII, 248 S.) Ebendas. 878. * ℳ 2.; geb. *

— — dasselbe. Untere u. mittlere Stufe. 2., verm. Aufl. Bearb., m. Anmerkungen, Präparation u. Wörterbuch versehen von A. G ü t h. gr. 8. (XIV, 263 S.) Ebend. 880. n. 2. —; geb. n. 2. 25

Güth, A., u. Ed. **Muret,** französisches Lesebuch in 3 Stufen. Untere u. mittlere Stufe in 1 Bd. bearb., m. Anmerkgn., Präparation u. Wörterbuch versehen v. A. G ü t h. 3. Aufl. gr. 8. Berlin 883. Simion. n. 2. 20; geb. n. 2. 45
Untere Stufe. (XIV, 176 S.) Einzelpr. n. 1. 20; geb. n. 1. 40
Mittlere Stufe. (II, 156 S.) Einzelpr. n. 1. — geb. n. 1. 20

Güth, A., und Ed. Muret, französisches Lesebuch in 3 Stufen. Untere und mittlere Stufe. gr. 8. Berlin 888, Simion. * geb. *

Inhalt:
Untere Stufe. Bearb., mit Anmerkungen und Präparation versehen von A. Güth. 7. Aufl. (XIV, 176 S.) *ℳ 1.20.; geb. *ℳ 1.40.
Mittlere Stufe. Bearb., mit Anmerkungen und Wörterbuch versehen von A. Güth. 6. Aufl. (II, 156 S.) *ℳ 1.—.; geb. *ℳ 1.30.

— u. Ed. **Muret**, französisches Lesebuch in 3 Stufen. gr. 8. Berlin, Simion. n. 4. 20; geb. n. 4. 85
Untere Stufe. Bearb., m. Anmerkgn. u. Präparation versehen v. A. Güth. 7. Aufl. (XIV, 176 S.) 890. n. 1. 20; geb. n. 1. 40
Mittlere Stufe. Bearb., m. Anmerkgn. u. Wörterbuch versehen v. A. Güth. 7. Aufl. (II, 156 S.) 890. n. 1. —; geb. n. 1. 20
Oberstufe. Bearb. u. m. Anmerkgn. versehen v. Ed. Muret. 2. Aufl. (VIII, 280 S.) 889. n. 2. — ; geb. n. 2. 25

Güth, A. u. Ed. Muret. Französisches Lesebuch in 3 Stufen. gr. 8. Berl., Simion. * 4 20; geb. * 4 85
1. Untere Stufe. Bearb., m. Anmerkgn. u. Präparationen versehen v. A. Güth. 9. Aufl. (XIV, 176 S.) 891. * 1 20; geb. * 1 40.
2. Mittlere Stufe. Bearb., m. Anmerkgn. u. Wörterbuch versehen v. A. Güth. 7. Aufl. (II, 156 S.) 890. * 1 —; geb. * 1 20.
3. Obere Stufe. 3. Aufl. Bearb. u. m. Anmerkgn. versehen v. Ed. Muret. (VIII, 280 S.) 890. * 2 —; geb. * 2 25.

— u. Ed. **Muret**, französisches Lesebuch in 3 Stufen. Untere u. obere Stufe. gr. 8. Berlin, L Simion. n. 3. 20; geb. n. 3. 65
Untere Stufe. Bearb., m. Anmerkgn. u. Präparationen versehen v. A. Güth. 10. Aufl. (XIV, 176 S.) 894. n. 1. 20; geb. n. 1. 40
Obere Stufe. 3. Aufl. Bearb. u. m. Anmerkgn. versehen v. Ed. Muret. (VIII, 280 S.) 892. n. 2. —; geb. n. 2. 25

Französisches Lesebuch in drei Stufen. Hrsg. von Dr. A[nton] Güth und Dr. Ed[uard] Muret. [1–3.] *Berlin: L. Simion 1892–1900.* 3 Bde 8° [F.]
1. Untere Stufe. Bearb., mit Präpar. u. Wörterbuch vers. von Güth. 11. Aufl. 1900.
2. Mittlere Stufe. Bearb. ... von Güth. 8. Aufl. 1892.
3. Obere Stufe. Bearb. u. mit Anm. vers. von Muret. 4. Aufl. 1896. [4. 383]

Güth, Georg [aus Berlin]: Über den diagnostischen Wert einzelner Symptome der traumatischen Neurose. ... Berlin, Buchdr. v. Gustav Schade (Otto Francke) (1890): 31 + 1 S. 8°
Berlin, Med. Fak., Inaug.-Diss. v. 18. Jul. 1890

Güth, Joh. Sebast., Poligraphia Meiningensis, das ist Gründliche Beschreibung der Uhr alten Stadt Meiningen, bestehend in 3 Büchern. Im Namen des Hennebergischen alterthumsforschenden Vereins neu herausg. mit Anmerkungen u. Zusätzen von Ed. Schaubach. Meiningen 861. Brückner & Renner. 4. (XXIV, 343 S. u. 1 lith. Taf.) 1 *ℛ 25 ngr.*

Guth, Ph., Mittheilungen aus dem Resultate seines Forschens im Gebiete der Religion, zur Rechtfertigung des Ueberganges aus der römischen Kirche in die evangelische. gr. 8. Frankfurt a. M. 833. (Streng.) ²⁄₃ ℛ

Guthardt, Vernomy, Gallandt. Trauerspiel in 4 Aufzügen. (102 S.) kl. 8. Leipzig 908. Verlag f. Literatur, Kunst u. Musik. 2.—; geb. n 3. —

[F.] Pastor Hammer. E. Zeitbild v. Leopold Guthart. *Leipzig: R. Werther 1896.* (1 Bl., 174 S.) 1 Bd 8. [Kl. 10705 Gr]

Guthart, Leop., Pastor Hammer. E. Zeitbild. 2. [Titel-] Aufl. 8. (II, 174 S.) Hann. Münden (896) 897. R. Werther. n. 2. —

Katalog der maurerischen Büchersammlung der Freimaurerlogen Friedrich zum weissen Pferde, zum schwarzen Bär und zur Ceder in Hannover. [Zsgest. von Adolf Guthe.] Hannover 1860: [Schlüter]. VIII, 135 S. 8°
cf. L. 20 (1860) S. 161—164. 215.

Guthe, H., s. Bibliotheca historico-naturalis.

Guthe, Hermann

Guthe, Herm., Amos, s.: Sievers, Eduard.

Guthe, Herm., Ausgrabungen bei Jerusalem, im Auftrage d. Deutschen Vereins zur Erforschg. Palästinas ausgeführt u. beschrieben. Mit 11 (lith.) Taf. [Aus: „Zeitschr. d. deutschen Palästina-Ver."] gr. 8. (IV, 305 S.) Leipzig 883. (Bädeker.) n. 8. —

Guthe, Herm., s.: Bibelwörterbuch, kurzes.

— the books of Ezra and Nehemiah, s.: Books, the sacred, of the Old Testament. 19.

— die Lande Braunschweig u. Hannover. Mit Rücksicht auf die Nachbargebiete geographisch dargestellt. 3 Liefgn. Hannover 866, 67. Klindworth. gr. 8. (XIII, 661 S. u. Anh. 41 S. mit 3 Steintaff., wovon 2 color.) Jede Liefg. n. 28 *ngr.*

Guthe, H., die Lande Braunschweig u. Hannover. Mit Rücksicht auf die Nachbargebiete geographisch dargestellt. Große Ausg. 2. Aufl. Bearb. v. A. Renner. 9 Lfgn. gr. 8. (XII, 782 S. m. 3 Taf. u. 1 Karte.) Hannover 887. 888. Klindworth. à Lfg. n. 1. —

— dasselbe. Lesebuch für Schule u. Haus. Neue Ausg. Mit einem großen Bilde (in Holzschn.): Kaiser Wilhelm u. seine Ahnen, einem Titelbilde (in Holzschn.), vielen in den Text gedr. Holzschn. u. 2 Stammtaf. gr. 8. (212 S.) Hannover 880. Klindworth. cart. n. 2. 50

Guthe, Herm., die Lande Braunschweig u. Hannover. In geographisch-histor. Bildern dargestellt. 3. Ausg. Bearb. v. A. Renner. Mit e. großen Bilde: Kaiser Wilhelm u. seine Ahnen, e. Titelbilde, vielen in den Text gedr. Holzschn. u. 2 Stammtaf. gr. 8. (232 S.) Hannover 884. Klindworth. geb. n. 2. 50

— dasselbe. (Kleine Ausg.) Heimatskunde f. Schule u. Haus. 4. Aufl. 2 Tle. gr. 8. Ebd. 890. geb. à n. 1. 25
1. Geographischer Tl. Bearb. v. Aug. Renner. Mit e. Titelbilde u. vielen in den Text gedr. Holzschn. (135 S.)
2. Geschichtlicher Tl. Bearb. v. Frdr. Bosse. Mit e. großen Bilde: Der 1. deutsche Kaiser aus dem Hause Hohenzollern u. seine Ahnen, vielen in den Text gedr. Holzschn. u. 2 Stammtaf. (139 S.)

— — für die Volksschule dargestellt. [Aus Preuß u. Vetter, Kinderfreund.] Königsberg 869. Bon's Verl. gr. 8. (III, 43 S.) n. 2 *ngr.*

Guthe, H., die Lande Braunschweig u. Hannover. Neu rev. 1882. 8. (40 S. m. 1 lith. Karte.) Königsberg 882. Bon's Verl. n. — 30; ohne Karte n. — 25

Guthe, H., Excursionskarte für die Umgegend von Hannover. 1 : 300,000. qu. gr. 4. Hannover 868, Klindworth. *

Guthe, Hermann, s. Fragmente einer Lederhandschrift . . .

— Fragmente e. Lederhandschrift, enth. Mose's letzte Rede an die Kinder Israel, mitgetheilt u. geprüft. Mit e. autogr. Taf. gr. 8. (IV, 94 S.) Leipzig 883. Breitkopf & Härtel. n. 2. —

Guthe, Hermann: Zur Geschichte und Geographie der Landschaft Margiane, des heutigen Merw. (Programm des Lyceums zu Hannover. 1856.) Hannover 1856. 63 S., 1 Krt. 8°.

— Geschichte Israels u. Heilsgeschichte. Vortrag, am 4. X. 1899 vor d. sächs. kirchl. Konferenz in Chemnitz geh. 8. (26 S.) Leipzig (900). G. Wigand. n. — 40
Sonderabdruck aus: „Neues sächsisches Kirchenblatt".

— Geschichte des Volkes Israel, s.a. Grundriss der theologischen Wissenschaften. 14. Abth.

Geschichte des Volkes Israel von D. Hermann Guthe, Prof. in Leipzig. 2. Aufl. Mit 1 Pl. von Jerusalem u. 1 Uebersichtskarte. *Tübingen & Leipzig: J. C. B. Mohr 1904.* (XV, 354 S.) 8°
= Grundriß d. Theolog. Wissenschaften. Th. 2, Bd 3.

Jesaia. Von Prof. D. H[ermann] Guthe-Leipzig. 1.–10. Taus. Tübingen: J. C. B. Mohr 1907. (70 S.) 8° [F.]
— Volksbücher, Religionsgeschichtliche, f. d. deutsche christl. Gegenwart. Reihe 2. H. 10. [07. 568

Guthe, H., Karte von Hannover, Oldenburg, Braunschweig, Lippe, Hamburg, Lübeck und Bremen. M. 1 ; 1000000. Hannover, Klindworth, 1868. qu.-Fol. Chromolith.

—— Lehrbuch der Geographie. Bearb. von Herm. Wagner, s.a. Carl, L., kurze Entdeckungsgeschichte der Erdtheile.

Guthe, Herm., Lehrbuch d. Geographie, s.a. Wagner, Herm.

Guthe-Wagner. Lehrbuch d. Geographie, s.a. Zwitzers, A. E., Leitfaden f. den geographischen Unterricht.

— Lehrbuch der Geographie. 4. Aufl., durchgesehen u. theilweise umgearb. v. Herm. Wagner. gr. 8. (XXXIV, 1030 S.) Hannover 877—79. Hahn. 7. 50

— dasselbe. 5. Aufl. I. Allgemeine Erdkunde. Länderkunde der außereurop. Erdtheile. gr. 8. (XXIV, 580 S.) Ebend. 882. n. 5. —

— Lehrbuch der Geographie. Neu bearb. von Herm. Wagner. 5. Aufl. II. Länderkunde v. Europa. gr. 8. (XVI, 828 S.) Hannover 883. Hahn. n. 6. — (cplt.: n. 11. –)

— Lehrbuch der Geographie für die mittleren u. oberen Classen höherer Bildungsanstalten sowie zum Selbstunterricht. Hannover 868. Hahn'sche Hofbuchh. gr. 8. (XII, 571 S.) 1 ₰ 3 ngr.

— — Register. Ebend. 870. gr. 8. (42 S.) 6 ngr.

—— Lehrbuch der Geographie für die mittleren und oberen Classen höherer Bildungsanstalten sowie zum Selbstunterricht. 2 Hälften. gr. 8. Hannover 869, Hahn'sche Buchh. [1. Hälfte. (S. 1—208 mit eingedr. Holzschn.) M. 1,20.; 2. Hälfte. (XII, S. 209—571.) M. 2,10.]
Register. (42 S.) 1870.

— Lehrbuch der Geographie f. die mittleren u. oberen Classen höherer Bildungs-Anstalten sowie zum Selbstunterricht. 2. Aufl. gr. 8. (XIV, 658 S.) Hannover 872. Hahn. 4. 50

Guthe, H., Lehrbuch der Geographie f. die mittleren u. oberen Classen höherer Bildungs-Anstalten, sowie zum Selbstunterricht. 3. Aufl. gr. 8. (XII, 676 S.) Ebend. 874. 5. 25

—— s. Manssúrov, B., russische Ausgrabungen in Jerusalem.

Guthe, Hermann (Hrsg.), s. Mitteilungen u. Nachrichten des Dt. Palaestina-Vereins.

Guthe, Herm., de foederis notione Jeremiana. Commentatio theologica. - gr. 8. (IV, 67 S.) Leipzig 877. Hinrichs' Verl. n. 2. 50

Palästina. Von D. Hermann Guthe, Prof. Mit 142 Abb. u. 1 Karte. Bielefeld & Leipzig: Velhagen & Klasing 1908. (167 S.) 4°(8°) [F.]
— Land und Leute. 21. [08. 4988

Guthe, H., Palästina in Bild u. Wort, s.: Ebers, G.

Guthe, H[ermann]: Wer hat den Religionsunterricht in der Volksschule zu erteilen, der Staat oder die Kirche? Vortr. Leipzig (1910). 8°

Guthe, Hermann (Red.), s. Zeitschrift des deutschen Palästina-Vereins.

— das Zukunftsbild d. Jesaia. Akademische Antrittsvorlesg. in erweiterter Form. gr. 8. (49 S.) Leipzig 885. Breitkopf & Härtel. n. 1. 20

Guthe, *Karl* [aus Hannover]: Ueber das mechanische Telephon ... Marburg, Buchdr. F. Sömmering, 1892; 47 S., 2 Taf. 8.
Marburg, Phil. Fak., Inaug.-Diss. v. [22. Juni] 1892

Güthe, Georg

Güthe, Geo., die Grundbuchordnung f. das Deutsche Reich u. die preußischen Ausführungsbestimmungen. Erläutert v. G. 2 Bde. (XXXV, VIII, 1642 S.) Lex.-8. Berlin 905. F. Vahlen. n. 33. —; geb. n.n. 38. —

Güthe, Geo., Reichsgesetz üb. d. Zwangsversteigerung u. d. Zwangsverwaltung, s.: Jaeckel, Paul.

Güthe, Jo. W. (J. M.?)

Güthe (J. W.), Ueber den Astrios-Edelstein des Cajus Plinius Secundus. Mit 1 Kupf. (Aus den Abhandlungen der K. Bayer. Akademie der Wissenschaften.) München 1810. 4.

Güthe, J. M., über d. Astrius Edelstein des Cajus Plinius Secundus, eine antiquarisch-lithognostische Abhandl. Mit 1 Kpft. gr. 4. Münch. 812. (J. Lindauer). 10 gr. bei Franz das. 9 gr.

Güthe, Johannes, über die wirklichen u. die scheinbaren Fehler der bildlichen Darstellung überhaupt u. der Metapher insbesondere. Eine philosoph. Abhandlung in 2 Abtheil. Lex.-8. Augsburg 844, Schmid'sche Buchh. 1 1/6 ₰

Gutheil, Arthur, s.a. Gutheil-Hardt, Arthur.

Gutheil, Arth., Angelos Bild. Roman. 8. (270 S.) Leipzig 901. Bernh. Meyer. n. 3. —; geb. n. 4. —

Diamanten. Schauspiel in 4 Akten. Von Arthur Gutheil. Leipzig: Grübel & Sommerlatte 1900. (78 S.) 8° [F.]

— Von Einst u. Jetzt. Verse. gr. 8. (VI, 93 S.) Ebd. 901. Geb. n. 3. —

Gutheil, A., Erlebtes u. Erdachtes. Novellen u. Studien. 8. (212 S.) Hamburg 888. O. Meißner's Verl. 3. —; geb. n. 4. —

Gutheil, Arth., eine Frühlingsfahrt nach Süden. Reisebriefe. (V, 81 S.) gr. 8. Leipzig 904. [F. Luckhardt.) O. Gracklauer. n. 2. —; geb. n. 3. —

— Irrungen. Roman in 3 Büchern. 8. (388 S.) Ebd. 901. n. 4. —; geb. n.n. 5. —

— nur e. Spiel. Novelle. 8. (217 S.) Ebd. n. 2. —

Gutheil, Arthur [app. Arzt aus Hamburg]: Über Sinusthrombose beim Erwachsenen ... Freiburg i. B., Buchdr. H. Epstein, 1892; 39 S. 8.
Freiburg i. B., Med. Fak., Inaug.-Diss. v. 1892

Gutheil, E., Flora d. Nahethales, s.: Schneegans, E., Geschichte d. Nahethales.

Gutheil, Herrm. E., Beschreibung der Wesergegend um Hörter u. Holzminden. Nebst Aufzählung der daselbst wild wachsenden phanerogam. Pflanzen. 8. Holzminden 837. Erdmann. 1/4 ℛ

Gutheil, Johs. Rud., Buchführungs-Unterricht (Methode Gutheil). Das Ganze der Buchführg. Kaufmänn. Unterrichtsbriefe. 1. u. 2. Kurs. 9 Lfgn. gr. 8. Berlin 899. J. R. Gutheil. à — 60; kplt. in 1 od. in 2 Bdn. 5. — ; in 1 Bd. geb. n. 6. —; in 2 Bde geb. n. 7. —; in 1 Bd. in Karton n. 7. 30
1. Die einfache Buchführung m. der Eröffnungs-Inventur, Gewinnberechnung, Abschluss, Steuer-Declaration. 4 Lfgn. (61 S.) à — 60; in 1 Bd. 2. —; geb. n. 3. —; in Leinw. n. 4. —; in Karton n. 5. —
2. Die doppelte (italienische) Buchführung u. das gesammte Abschlußwesen. 5 Lfgn. (78 S.) à — 60; in 1 Bd. 3. —; geb. n. 4. —; in Orig.-Bd. n. 5. —

Gutheil, J. R: Buchführungs-Unterricht. 6. Aufl. Kursus 4. Berlin 1902

— Rathgeber f. stellungsuchende Kaufleute u. Privatbeamte. (8. Aufl.) gr. 8. (37 S.) Ebd. (900). n. — 65

Gutheil-Hardt, Arthur. s.a. Gutheil, Arthur.

Gutheil-Hardt, Arth., Diamanten. Schauspiel in 4 Akten. (95 S.) 8. Leipzig (910). G. Wigand. 1. —

Gutheil-Hardt, Arth., ein Frühlingsabend. Drama in 3 Aufzügen. (158 S.) 8. Leipzig 906. G. Wigand. n. 2. —

— Lieber kleiner Junge. Eine Erinnerg. (V, 259 S.) 8. Dresden 909. E. Pierson. 3.—; geb. n 4. —

Gutheim, Ferdinand

Gutheim, F. Ueber Consonanten-Assimilation im Französischen. Dissertation. Gr. in-8°. 98 S. Bern (Huber & Co.) 1891. 2 25

Gutheim, Ferd. Ueber Konsonanten-Assimilation im Französischen. gr. 8. (VII, 98 S.) Heidelb. 891, Siebert. * 3 —

Gutheim, Karl (Neuschloß)
Untersuchungen über die Vorgänge beim Zahnwechsel.
Giessen: Roth 1871. 23 S. u. 2 Taf.
[Lag bei der Promotion im Manuskript vor.]
Dr. med. 30.7.1870. vorh. 30.

Guther, David

— — De testamentis episcoporum Germaniae. Diss. jur. Präs. Christian Gottlieb Buder. Jena (Pet. Fickelscherr) 25. VI. 1745. 36 S. (6.—) 12386
Widm. v.: Präs., Erh. Anton Rau (Ulm; dtsch.).

Guther, Jacob. Liber de officiis domus Augustae . . . Lipsiae 1776. Ü: *Weinart, Benjamin Gottfried.* (MGT)

Gutherii, J., liber de officiis domus Augustae publ. et privat. cum animadvers. B. G. Weinart. 8. Leipz. 776.

— Joh. David (Ulm), De causis excelsissimum judicium imperiale aulicum fundantibus sine concurrentia cum judicio camerali. Disput. jur. Altdorf (Kohles) 25. VI. 1711. 35 S., tlws. dtsch. (6.—) 12387

Güther, Christian Heinrich (R. B.), De lectis veterum lucubratoriis. Diss. ex antiquitate Romana. Präs. Jo. Jacob Rohde (Königsberg). Königsbg. (Reusner) März 1714. 32 S. (6.—) 12265
Gew.: Alexander Grf. v. Dohna (Schlobitten . .), Jo. Dietrich Frh. v. Hoverbeck (Eichmedien . .), Christoph Alexander v. Rauschken (Elserwagen . .), Friedrich Wilhelm v. Kanitz (Podangen . .), Ludwig v. Ostau (Lablack . .), Dietrich v. Tettau (Wicken . .).

Güther, F. Reliefkarte vom hohen Schwarzwald. 1:52500. Freiburg i. Br. 1 Bl. c. L. NC. Sch.

Güther, Fr. Neueste Touristen-Karte vom Haardt-Gebirge. 1:125000. Kastel-Mainz. 1 Bl. Lichtdruck NC.

Güthert, Frdr., der Haussegen, eine Sammlung kurzer Morgen-, Abend- und Tischgebete für Kinder, aus den besten Liederdichtern entnommen, nach dem Kirchenjahre geordnet u. herausg. Ronneburg 859. (Eisenberg, Schöne.) 16. (VIII, 168 S.) n. 8 ngr.

Gutherz jun., Rob., Wenn Wilhelm nicht wär?! Original-Posse mit Gesang in 1 Akt. Musik von Otto Rosenberg. [Den Bühnen gegenüber Mscr.] Altona 868. Verl.-Bureau. 8. (29 S.) 7½ ngr.

Gutherz, Gerh., die Lilienkrone. Tragödie. (87 S.) 8. Wien (910). H. Heller & Co. 2.50; geb. 3. 75

— s.: Thoreau's Worte.

Der Begriff der Gesetzestechnik und sein Wert. (Untersuchung auf d. Gebiet d. allg. Rechtslehre.) Von Dr. Harald **Gutherz**. Breslau: Schletter 1908. (115 S.) 8°
= Gutherz: Studien z. Gesetzestechnik. T. 1.
= **Abhandlungen,** Strafrechtliche. H. 93. [08. 17001 4

Gutherz, Harald, drei naturalistische Erzählungen, u. Radierungen v. Pet. Breithut. (65 S.) gr. 8. Dresden 905. E. Pierson. n. 4. —; geb. n. 5. —

Gutherz, Harald, Werner Haymdorf. Eine Erzählg. 8. (VII, 117 S.) Wien 901. C. Konegen. n. 2. —

Gutherz, Harald, Licht. (32 S.) Lex. 8. Salzburg (907). (Mayr.) 5. —

Phänomenologie und Lehren der allgemeinen Gesetzestechnik. Von Dr. Harald **Gutherz**. Breslau: Schletter 1900. VII, 70 S. 8°
(Gutherz: Studien z. Gesetzestechnik. T. 2.)
(Strafrechtliche Abhandlungen. H. 98.) [09. 6708 2

Gutherz, Harald: Studien zur Gesetzestechnik. Breslau.
T. 1. Der Begriff d. Gesetzestechnik u. sein Wert. 1905.
„ 2. Phänomenologie u. Lehren d. allgem. Gesetzestechnik. 1909.
(Strafrechtl. Abhandlungen hrsg. von Lilienthal. H. 93. 98.)

Gutherz, Siegfried, appr. Arzt a. Breslau: Aus dem anatomisch-biologischen Institut der Universität Berlin. Zur Kenntnis der Heterochromosomen. Berlin (1906): G. Schade. (37 S.) 8°
Berlin, Med. Fak., Ref. Hertwig, Diss. v. 10. Aug. 1906
[Geb. 27. März 81 Breslau; Wohnort: Breslau; Staatsangeh.: Preußen; Vorbildung: Friedrichs-Gymn. Berlin Reife O. 99; Studium: Freiburg i. B. 1, Berlin 8 S.; Coll. 28. Juli 06; Approb. 1. Aug. 06.]

GUTHERZ, Simson (Speyer): De respiratione et nutritione foetus. (Titel nach der Urkunde)
22.8.1849 – Urk; F 67
Diss. Ingolst.-Landsh.-Mchn.

Gutherz, Simson, die Respiration u. Ernährung im Fötalleben. Eine von der medicin. Facultät in München gekrönte Preisschrift. gr. 8. (104 S.) Jena 849, Mauke. ½ ₰

Gutherzige, der,. Lstsp. v. Goldsmith. 8. Danz. Jacobder. 777.

Gutherzigkeit u. Eigensinn. Lustsp. v. Friedel. 8. Leipz. Fleischer. 789.

Guthjahr, Wilhelm: Die Diakaustik des Kreises. M. 2 Taf. *Berlin: R. Gaertner 1898.* (28 S. mit Taf.) 4°
Berlin, Sophien-G, OP 1898 (64)

Methode Rustin. Mathematische Selbstunterrichtsbriefe ... Hrsg. vom Rustinschen Lehrinstitut ... Bearb. von Oberl. Wilhelm Guthjahr. Lfg 1. *Potsdam & Leipzig: Bonness & Hachfeld [1902].* 4(8) [3.]
— Selbst-Unterrichts-Briefe. [5.] Lfg 1.

Guthke, Ernst, a. Bromberg: Embryologische Studien über die Ganglien und Nerven des Kopfes von Torpedo ocellata. Mit 7 Figuren im Text. Jena: G. Fischer 1906. (61 S.) 8° ¶ (Erscheint vollst. in: Jenaische Zeitschrift f. Naturw. Bd 42.)
Jena, Phil. Fak., Ref. Ziegler, Diss. v. 1. Nov. 1906
[Geb. 8. Aug. 77 Chalsko (Prov. Posen); Wohnort: Berlin; Staatsangeh.: Preußen; Vorbildung: Realgymn. Bromberg Unterprima bis Jan. 96; Studium: Tierärztl. Hochsch. Berlin 10, Jena 3 S.; Rig. 3. Febr. 06.]

Guthknecht, A., das Amtsgericht u. das Verfahren vor demselben vom 1. Oktbr. 1879 ab. Eine übersichtliche Darstellung der im Deutschen Reiche in Kraft tretenden Bestimmungen in Forderungssachen, zur Orientirung für alle Laien. 8. (96 S.) Altona 879. Uflacker. n. — 75

Guthknecht, J. G., Choral-Buch für Schule u. Kirche. Enthaltend 120 Choral-Melodien der gebräuchlichsten Art; zuerst sämmtlich einstimmig, sodann mit Auswahl nach d. häufigsten oder festl. besond. Gebrauche zwei- u. dreistimmig, für Kinderstimmen. qu. gr. 8. Magdeburg 837. Heinrichshofen. ⅓ ₰

Güthlein, das Büreau-Reglement vom 3. Aug. 1841, so wie die Instruktion vom 8. Sept. 1841, nebst ergänzenden und erläuternden Bestimmungen. Frankfurt a. O. 856. Harnecker u. Co. gr. 8. (VII, 179 S.) n. 20 ngr

Güthlein, topographische Uebersicht des Appellationsgerichts-Departements Frankfurt a./O. nebst Verzeichniß der in demselben angestellten Richter, Staats- u. Rechts-Anwalte. Aus amtlichen Quellen zusammengestellt. gr. 8. (XII u. 154 S.) Frankfurt a./O. 850. (Hoffmann.) n. 24 ngr

—— topographische Uebersicht des Appellationsgerichts-Departements Frankfurt a. O. gr. 8. (XXXIV und 170 S.) Frankfurt a. O. 855(56,) Harnecker und Comp. *

Güthlein, Hedw., Rechenbuch f. höh. Mädchenschulen, s.: Müller, Heinr. u. O. Schmidt.

Güthling: Des L. Annaeus Seneca Apokolokyntosis. Uebersetzung mit Erläuterungen. 16 S. – Minden, Progr. 1861

Güthling: Moritz, Herzog und Churfürst von Sachsen. Erste Hälfte 26 S. – Schluß 23 S. – Progr. Minden 1858/59.

Güthling, Carl Ed., Beiträge zur Kenntniß der classischen Latinität. Bemerkungen u. Nachträge zu dem Krebs-Allgayer'schen Antibarbarus der latein. Sprache. Lauban 866. (Berlin, Calvary & Co.) 4. (7 S.) n. 6 ngr

Güthling, Karl Ed. Beiträge zur Statistik des Gymnasiums zu Liegnitz für den Zeitraum von 1867 bis 1877. 9 S. G. *Liegnitz* 1878.
Progr.

Güthling, Karl Ed.: G r a m m a t i c a. Schul-/Univ.-Schrift. Lauban 1865. 7 S. 4°

Güthling, E., die ersten Westfälischen Humanisten. Liegnitz. 4. 36 p.
Schul-/Univ.-Schrift 1867.

Güthling: De latinitate falso suspecta. 15 S. – Bunzlau, Progr. 1863.

Güthling, Karl Ed. Die Lehre des Aristoteles von den Seelenteilen. 11 S. **Progr.** G. *Liegnitz* 1882.

Güthling, Karl Ed. De Cornelii Taciti libris minoribus disputatio. De Agricola. S. 11—16. **Progr.** G. *Liegnitz* 1878.

Güthling: De Titi Livii oratione cap. I., quod est de usu verborum simplicium. 11 S. – Lauban, Progr. 1867

Güthling, C. Ed.: De Titi Livii o r a t i o n e disputatio. Cap. II., quod est de Participiis. 10 S. – Liegnitz, städt. G., Progr. 1872.

Güthling, Otto

Güthling, O., Adnotationes ad V. Aeneidem. Diss. 1877. 25 S.

Güthling, Otto, (Prof. Dr.): Erklärende Anmerkungen zu Arrians Cynegeticus. *Liegnitz 1902: C. Seyffarth.* (28 S.) 8°
Liegnitz, st. ev. G, P 1902 (210)

Güthling, O., Calpurnius Siculus. Nemesianus. Ausonius. Claudianus (1885–1889). 1890. 10 S.

Güthling, Otto Curae Vergilianae. Additae sunt Gustavi Linker emendationes Vergilianae. 4 (S. 3—12).
Progr: Ev. G. *Liegnitz* 1886 (180).

— Jahresb. üb. Calpurnius Siculus. Nemesianus. Ausonius. Claudianus. S.-A. 15 S.

Güthling, Otto: Schlesische Kirchenliederdichter. Liegnitz 1908: Seyffarth. 25 S. 8°
Liegnitz, st. ev. G P 1908 (201) [S 08. 151

Güthling, Otto, Taschenwörterbuch der griechischen u. deutschen Sprache. (Methode Toussaint-Langenscheidt.) 2. Tl. Deutsch-Griechisch. (VII, 547 S.) kl. 8. Berlin-Schöneberg (905). Langenscheidt's Verl.
Geb. in Leinw. n. 2. —
(Vollständig, in 1 Bd. geb. n. 3. 50)
Tl. I s. u.: Menge, Herm.

— Vergilius (1885—1888). S.-A. 1889. 64 S.
— — 1889—1893. S.-A. 1893. 86 S.

Güthling, Otto, Griechisch-deutsches u. deutsch-griechisches Wörterbuch, s.: Menge, Herm.

Guthmann, Alfr., d. Brunnen-, Luft- u. Bade-Kur bei Erkrankgn. v. Lunge, Hals u. Nase. Für Aerzte u. Kurbedürftige. 8. (115 S.) Berlin 898. O. Coblentz. n. 1.50

Guthmann, Alfred [aus Berlin]: Ein Fall von perniciöser Anämie ... Erlangen, Druck v. A. Vollrath's k. b. Hofbuchdr., 1891; 28 S. 8°
Erlangen, Med. Fak., Inaug.-Diss. v. 12. Mai 1891

Guthmann, A., naturgemässes Leben u. Denken. Ein Buch d. Hygiene. (283 S.) 8. Stuttgart (908). Schwabacher. 3.60

Wie soll der gesunde und kranke Kurgast im Ostseebade leben? Ein Wegweiser f. d. Badegäste d. Ostsee von Dr. med. Alfred **Guthmann** in Berlin. Berlin: H. Steinitz 1905. (63 S.) 8° [F.] [06. 449

Guthmann, Fr.

— Anweisung die Guitarre ohne Lehrer spielen zu lernen etc. Leipzig, Kühnel.

— Anweis., d. Guitarre ohne Lehrer spielen zu lernen. Leipz. 807. (Peters). 10 gr.

Guthmann, Fr., Anweis., d. Clavier richtig zu spielen. Fol. Lpz. 804. Magazin f. Ind. 6 gr.

Guthmann, Fr., Methodik d. Clavier- u. Pianofortespiels. gr. 4. Nürnb. 804. Campe. 16 gr.

— Pianoforteschule nach einer neuen Methode, mit besond. Rücksicht auf Fingersatz u. Vortrag. Nebst e. Uebungsstücken. gr. 4. Leipz. 821. N. A. 827. Hofmeister. 1 Thlr. 8 gr.
Vgl. Gutmann, Fr.

— d. Schreibemeister, oder Anweis., mit weniger Zeitverlust als bisher eine schöne deutl. Hand schreiben zu lernen. Mit 24 Vorschriften, gestochen v. Keil. 8. Pirna 806. Friese. 12 gr.

Guthmann, Hanns, s. Guthmann, Johannes.

Guthmann, Heinrich: Ein Fall von Sclerodermie. *Nürnberg (1897): U. E. Sebald.* (63 S.) 8°
Erlangen, Med. Diss. v. 16. Dez. 1897

Guthmann, Hieronymus [pr. Arzt aus Strassburg]: Ueber die bacteriologische Diagnose der Diphtherie. '(Aus d. bacteriolog. Abteilg d. Laboratoriums d. med. Klinik Strassburg i. E.)' ... Strassburg i. E., Buchdr. Ch. Müh & C., 1896; 23 S. 8.
Strassburg, Med. Fak., Inaug.-Diss. v. 1896

Guthmann, Johs., über Otto Greiner. (57 S. m. Abbildgn. u. 8 Taf.) gr. 4. Leipzig 903. K. W. Hiersemann. n. 2.—

— Das goldene Land. Erzählgn u. Märchen. (114 S.) gr. 8. Düsseldorf 907. Schmitz & Olbertz. 4.—; geb. in Leinw. 5.—; Luxusausg. 6.—; geb. 8.—

Guthmann, Hanns: Die Landschaftsmalerei der toskanischen Kunst im XIV. Jahrhundert. *Leipzig 1900: E. Herrmann senior.* (110 S.) 8° ¶(Die vollst. Abh.: Die Landschaftsmalerei d. toskan. u. umbr. Kunst ... erscheint bei Hiersemann in Leipzig.)
Heidelberg, Phil. Diss. v. 1900

Guthmann, Johs., die Landschaftsmalerei der toskan. u. umbrischen Kunst v. Giotto bis Rafael. gr. 8. (VIII, 456 S. m. Abbildgn. m. 15 Taf.) Leipzig 902. K. W. Hiersemann. n. 22.—

Guthmann, Johs., Eurydikes Wiederkehr. In 3 Gesängen. (92 S.) 8. Berlin 909. P. Cassirer. 3.—

Eurydikes Wiederkehr. In 3 Gesängen. Von Johannes **Guthmann**. (Steinzeichnungen von Max Beckmann.) Berlin: P. Cassirer 1909. 78 S. 4°
(Publikation der Pan-Presse.) [10. 4349

Guthmann, Julius, Gerichtsaccessist in Mainz: **Die negativen Bedingungen in ihren Beziehungen zu den unechten Unterlassungsdelikten.** *Breslau: Schletter 1898.* (34 S.) 8°
Giessen, Jur. Diss. v. 1898

Guthmann, Julius: Die negativen Bedingungen in ihren Beziehungen zu den unechten Unterlassungsdelikten. Breslau: Schletter 1899. (34 S.) 8°
= Abhandlungen, Strafrechtliche. H. 20.

Guthmann, N. A., die Märchen-Prinzessin. Neue Märchen. gr. 8. (225 S. m. 15 Abbildgn.) Hamburg 890. Verlags-Anstalt & Druckerei, A.-G. cart. n. 3.—

Guthmann, Oskar: Die Handelsbeziehungen zwischen Belgien und den Niederlanden seit der Mitte des 19. Jahrhunderts. Tübingen: H. Laupp 1907. (VIII, 112 S.) 8° ¶(Erscheint im Buchhandel u. d. T.: Ein Zollbündnis zwischen Belgien und den Niederlanden.)
Tübingen, Staatsw. Fak., Ref. v. Schönberg, Diss. v. 9. Juli 1907
(Nicht für den Austausch)
[Geb. 14. Juni 84 Markliss (Schlesien); Wohnort: Metz; Staatsangeh.: Preußen; Vorbildung: Oberrealsch. Halle bis O. 99; Studium: Handelshochsch. Leipzig 4, Univ. Tübingen 4 S.; Rig. 7. März 07.]

Guthmann, Osk., ein Zollbündnis zwischen Belgien u. den Niederlanden. Untersuchungen üb. die Handelsbeziehgn. zwischen Belgien u. d. Niederlanden seit d. Mitte des 19. Jahrh. Mit e. Vorwort v. Bernh. Harms. (XII, 112 S.) gr. 8. Tübingen 907. H. Laupp. 3.60

Guthmann, Wilhelm: Über eine Art unwilliger Fragen im Lateinischen. Nürnberg, Druck d. F. Walz'schen Offiz., 1891; 39 S. 8°
Nürnberg, k. Altes G, P 1891

Güthner, M., in fremden Weltteilen. Eine Erzählg. f. d. Jugend. gr. 8. (160 S. m. 4 Farbdr.) Berlin (900). A. Weichert. Geb. 2.—

Güthner, Nina

Güthner, N., Balladen für den Vortrag geeignet. 16. (32 S.) Leipzig 880. C. G. Naumann. —75

Güthner, Nina, das Blaustrümpfchen. Erzählung f. die reifere weibl. Jugend. 8. (306 S.) Freiburg a/U. 887. Kirchner. geb. n. 4.—

Güthner, Nina, das Henkerstöchterlein v. Ulm. Eine Erzählg. 8. (284 S.) Berlin 884. Parrisius. n. 4.—

Güthner, Nina, Jugend-Erinnerungen. Neue Erzählgn. f. unsere lieben Kinder. 12. (79 S. m. 5 Illustr.) Fürth (890). C. Schaller. Geb. n. —60

— Kinder, laßt euch was erzählen. — Jugenderinnergn. Neue Erzählgn. f. unsere lieben Kinder. (Einband-Titel: Denk an mich!) 8. (80 u. 80 S. m. 6 Farbdr.) Ebd. (890). Geb. in Leinw. n. 1.—

Güthner, Nina, das Lied d. Löwen. Er hat abgefärbt. 2 Novellen. 8. (29 S. m. Bildn.) Lübeck 897. Verlag d. Novellen-Bibliothek. n. — 50

— im Schatten d. Todes, s.: Bibliothek kleiner Novellen u. Erzählgn. v. Dichtern u. Schriftstellern d. Gegenwart.

— die Schwanenjungfrauen. Erzählung f. die reifere weibl. Jugend. Mit 40 Text-Abbildgn. u. e. Titelbilde v. C. W. Müller. gr. 8. (VI, 160 S.) Leipzig 885. Spamer. n. 3. —; geb. n. 4. 50

Güthner, Nina, die Schwanenjungfrauen. Erzählung f. die reifere weibl. Jugend. 2. (Titel-)Aufl. gr. 8. (VI, 160 S. m. 40 Text-Abbildgn. u. 1 Titelbild.) Leipzig 893. O. Spamer. n. 2. —; geb. in Leinw. n. 3. —

— die Schwanenjungfrauen. Erzählg. f. d. reifere weibl. Jugend. 2. Aufl. Wohlf. [Titel-]Ausg. Mit 40 Text-Abb. u. e. Titelbilde v. C. W. Müller. gr. 8. (IV, 160 S.) Leipzig [893.] (899). O. Spamer. Geb. in Leinw. n. 2. —

Güthner, Nina. Überwunden. Roman. 2 Tle. in 1 Bd. 8. (167; 163 S.) Berl. 891, Janke. * 5 —

Güthner, N., die Wahl, s. Universal-Bibliothek Nr. 1122.

Guthnick, H[einrich] J[oseph]. Ludwig Emanuel Schärer (1785–1853), geschildert von H. J. G' in Bern. 〈SA.〉 8. [Regensburg] 〈1853〉.

Guthnick, Paul, photometrische Beobachtungen d. Jupitertrabanten v. Juli 1905 bis April 1906. (25 S. m. 1 Taf.) Lex. 8. Berlin 907. (G. Reimer,) 1. —
Sonderabdr. a. „Sitzungsber. d. preuss. Akad. d. Wiss."

— Ergebnisse aus photometr. Messgn. der Saturntrabanten. 1. Über d. Lichtwechsel des Japetus, s.a. Beobachtungs-Ergebnisse der königl. Sternwarte zu Berlin.

Über den Lichtwechsel des Japetus. Von Paul **Guthnick**. Berlin: Dümmler 1910. 65 S. 4°
(Guthnick: Ergebnisse aus photometr. Messungen d. Saturntrabanten. 1.)
(Beobachtungsergebnisse d. Königlichen Sternwarte zu Berlin. Nr 14.) (10. 1616)

Guthnick, Paul, aus Hitdorf a. Rh.: Neue **Untersuchungen** über den veränderlichen Stern o 〈Mira〉 Ceti. *Halle a. S. 1901: E. Karras.* (249 S.) 4° ¶ (Aus: Nova Acta d. Kais. Leop. Carol. Akad., Bd 79, No 2.)
Bonn, Phil. Diss. v. 15. Mai 1901

Neue Untersuchungen über den veränderlichen Stern o 〈Mira〉 Ceti. Von Paul **Guthnick**, Bonn 1900. *Halle; Leipzig: W. Engelmann in Comm. 1901.* (S. 18–261.) 4°
= Acta, Nova, Academiae Caes. Leopoldino-Carolinae. T. 79, No 2. (01. 11596)

Gutholz, Kegel-Buch. Ausg. A. zur belieb. Selbsteinteilg. der Partien. gr. 4. (IV S. m. 100 S. Formulare.) Herford 894. H. Wolff. Geb. n. 2. 40; m. Biernägeln n. 2. 60

— dasselbe. Ausg. B. m. Partie-Eintheilg. auch f. die sogenannte Hamburger Methode. gr. 4. (IV S. u. 100 S. Formulare.) Ebd. 894. Geb. n. 2. 40; m. Biernägeln n. 2. 60

— Kegel-Cassa-Buch. gr. 8. (II S. u. 160 S. Formulare.) Ebd. 894. Geb. n. 1. 20

Gutholz, Frz. v., s.: Hilfsbuch, kleines, f. das Kegelschieben.

Gutholz, F. v., Kleines Hilfsbuch für das Kegelschieben. 3. Aufl. 16°. (36 S.) K —.60
Wien: Mickl 1909.

Guthrie, Dissertations sur les Antiquités de Russie av. fig. gr. 8. Petersb. (Rottmann, Berl.) 796.

Guthrie, Francis (wirkl. Name), s. Anstey, Francis (Pseud.)

Guthrie, G(eorge) J(ames): Beschreibung und Abbildung des musculus compressor Urethrae... (On the Anatomy and diseases of the neck of the bladder and of the urethra. Dt.) Leipzig: 1836

s.a. Behrend, Friedrich J(akob)

Guthrie, (G. J.), Beschreib. u. Abbild. des Muscul. compressor Urethrae, s.a. Bibliothek von Vorlesungen ꝛc. IV. Bd.

Guthrie, G(eorge) J(ames): Ueber Gehirnaffektionen in Folge von Kopfverletzungen. (On Injuries of the head affecting the brain. Dt.) Übers. von Ludw(ig) Fränkel. 204 S., gbd., Abb.

Leipzig: Kollmann 1844

JB 4.559

Guthrie, G. J., über Schußwunden in den Extremitäten u. d. dadurch bedingten Operationen d. Amputation. Aus d. Engl., mit Anmerkk. v. Spangenberg. Mit 4 Kpf. gr. 8. Berl., Christiani in Hamburg. (a. Schubert u. N. das.) 2 rℓ 8 gr

Guthrie, G(eorge) J(ames): Über Schusswunden in den Extremitäten und die dadurch bedingten verschiedenen Operationen der Amputation nebst deren Nachbehandlung. (On gun-shot Wounds of the extremities.. Dt.) Übers. von G(eorg August) Spangenberg. 399 S., gbd., 4 Taf.

Berlin: Christiani 1821

JB 3.603

Guthrie, J. J., über die Krankheiten der Harnröhre, s. Bibliothek von Vorlesungen ꝛc. IV. Bd.

Guthrie, J. J., u. B. C. Brodie, Vorlesungen üb. d. Krankheiten d. Harnausführungsorgane u. d. Mastdarms, s. Bibliothek von Vorlesungen, IV. Bd.

Guthrie, Tom: Über einige neue Ketodilactone. *Strassburg i. E. 1898: C. & J. Goeller.* (48 S.) 8°
Strassburg, Math.-naturw. Diss. v. 1898

Guthrie, Wilhelm

Guthrie, Wlh., u. Jh. Gray, Geschichte d. Deutschen; aus d. Engl. übers., mit Anmerkk. u. Verbess. v. G. R. Hausen. gr. 8. Leipz. 767. Weidmann. 1 rℓ 20 gr

—— —— Geschichte der Deutschen, siehe a. Geschichte.

— Lehrbuch d. Erdbeschr. s.a. Lehrbuch.

Guthrie, Lehrbuch d. Erdbeschr., s.a. Gotzmann.

Guthrie, Wilhelm. Lehrbuch der neuesten Erdbeschreibung für öffentliche und Privat-Schulen. Mit 14 Karten von Dr. Sotzmann. (3 Bde.) 8. Berlin 1794—1796.

— Lehrbuch der allgemeinen Erdbeschreibung für öffentliche und Privat-Schulen, nach Wilhelm Guthrie und den neuesten Friedensschlüssen bearbeitet. Mit 14 Karten von Dr. F. Sotzmann. 2. Aufl. (3 Bde.) 8. Berlin 1804.

— s. Weltgeschichte, allgemeine.

Guthrie und Gray, Allgemeine Weltgeschichte. Aus dem Engl. mit Anmerk. von C. G. Heyne, Ritter u. a. Leipzig 765-72. 7 Thle. 12 Bde. 8. 20 rthl. 20 gr. (I-IV. Alte Geschichte von C. G. Heyne. 9 rthl. 8 gr. V. 1-4r Bd. Geschichte des oriental. Kaiserthums, der alten Gallier, germanischen Völker — von Ritter und Reitemeier. 6 rthl. 16 gr. VI. 1. 2. Geschichte der Araber und Asiaten, von Heyne. 3 rthl. 12 gr. VII. 1. 2. Türkische Geschichte, von Heyne, 2 rthl. 8 gr.) Die übrigen Theile enthalten *mittlere* und *neuere Geschichte* in 17 Theilen. 40 Bde. 8. 92 rthl. 16 gr.

GUTHRIE, Wilhelm - John GRAY u. a.
Allgemeine Weltgeschichte von der Schöpfung an bis auf gegenwärtige Zeit ..
Aus dem Englischen übersetzt.
Des dreyzehnten Bandes zweyte Abtheilung, welche die englische Geschichte, von Eduard dem sechsten an, bis auf unsere Zeiten, enthält. Verbessert und vermehrt von Johann Matthias Schroeckh ...
Leipzig: Weidmann. 1776. 1051 S. 8°.
Universitäts- und Stadtbibliothek Köln

Vollständige Ausg. d. Allg. Weltgeschichte, 17 Bde., 1765-1789.
Johann Matthias Schroeckh, 1733-1808
William Guthrie, 1708-1770
John Gray, Oliver Goldsmith, 1730-1774

Guthrie und Johann Gray. Allgemeine Weltgeschichte. Uebersetzt und verbessert von Christian Gottlob Heyne. (98 Bde.) 8. Troppau 1785—1805.

Guthry, W., d. gr. Interesse e. Christen. 8. Bremen, Cramer. 734.

Guthsmuths, Rosina, (J. C. Flittner,) Merkwürdigkeiten aus d. Menschen- u. Thierwelt, ist neuer Titel zur: neue Bildergallerie 1r Bd.

Guthsmuths, (R.,) Merkwürdigkeiten aus d. Menschen u. Thierwelt. (d. neuen Bildergallerie 1r Bd.) N. A. Mit 151 ill. Abildd. gr. 8. Berlin 825. Flittner.

Guthsmuths, Wilhelm Traugott (Laucha/Thür.), De eo, quod justum est circa pacta successoria renunciativa eorumque effectum. Exercit. jur. Präs. Fried. Gottlieb Zoller. Lpz. (Büttner) 25. VII. 1772. 19 S. (5.—) 12388
Gew.: Andreas Wagner.

Guths- u. Hauswirth, der, und sein Auszügler. Ein Fingerzeig für dieselben über die wichtigsten, täglich unter ihnen vorkomm. Fragen, zur Vermeidung von Zwietracht u. Processen, auf den Grund der, bei der höchsten Justizbehörde angenomm. u. sonst in den Rechten geltenden Sätze, gegeben von H. W. Rechtsfreund. 8. Meißen 836. (Klinkicht u. Sohn.) n. 1/6 ₰

Guthzeit, Henr. Iulius (geb. Königsberg i. Pr. 16. 12. 1838): De novissimis observationibus ad atrophiae muscularis progressivae naturam ac therapiam spectantibus. Berolini (1862). (36 S.) 8°
Berlin, Med. Diss. v. 9. Aug. 1862

GUTHZEIT, MAX. Ueber Cetyl- und Dicetylessigsäure. Cetyl- und Dicetylmalonsäure. Würzburg, 1880.

Gutjahr, Curt, s. Gutjahr, Kurt.

Gutjahr, Emil Arthur, s.a. Probst, Arthur.

Die Anfänge der neuhochdeutschen Schriftsprache vor Luther. Streifzüge durch d. deutsche Siedelungs-, Rechts- u. Sprachgeschichte auf Grund d. Urkunden deutscher Sprache von Prof. Dr. Emil A[rthur] Gutjahr[-Probst]. Halle a. d. S.: Waisenhaus 1910. VI, 240 S. 8° [10. 4549 9

— **Terenzische Betonungsfragen.** Sprachwissenschaftliche Studie. gr. 8. (17 S.) Leipzig 888. Zangenberg & Himly. n. — 50

— **König Gustaf II. Adolfs** v. Schweden Beweggründe zur Theilnahme am deutschen Kriege auf Grund besonders der schwedischen Quellen aus den J. 1629 u. 1630. Der evangel. Schule e. Beitrag zur 300jähr. Gedenkfeier an Gustaf Adolfs Geburt. gr. 8. (72 S.) Leipzig 894. Dörffling & Franke. n. 1. —

Gutjahr, E. A., Der Codex Victorianus des Terenz. S.-A. 1891. 29 S. u. 1 Taf.

Gutjahr, Emil A., zur Entstehung der neuhochdeutschen Schriftsprache. Studien zur deutschen Rechts- u. Sprachgeschichte. II. Die Urkunden deutscher Sprache in der Kanzlei Karls IV. 1. Der Kanzleistil Karls IV. (XIV, 499 S.) 8. Leipzig 906. Dieterich. n. 14. —; geb. n. 16. —
Der 1. Tl. ist noch nicht erschienen.

Gutjahr, Emil A., Erläuterungen zu Franz Theodor Cursch-Bührens Festspiel (op. 116) „Hans Sachs in Leipzig". 8. (31 S.) Leipzig 894. Böschel & Trepte. n. — 50

Gutjahr-Probst, Der Gebrauch von „ut" bei Terenz und Verwandtes. I. II. S.-A. 1888. 151 S. 8.—

— deutsche Literaturgeschichte, s.: Welcher.

— u. Frdr. Adf. **Geißler**, Hans Sachs in Leipzig. Festspiel in 2 Aufzügen. (Musik v. Frz. Thdr. Cursch-Bühren. Op. 116.) Text u. Regiebuch. 8. (39 S.) Leipzig 894. Böschel & Trepte. — 75; Text der Gesänge allein. (7 S.) n.n. — 15; Klavierauszug dazu. Lex.-8. (31 S.) m. Aufführungsrecht n.n. 10. — ; weitere Exemplare 2. —

Gutjahr, Emil A., Direktor Prof. Dr.: Zur neuhochdeutschen Schriftsprache Eykes von Repgowe, des Schöffen beim obersten sechsischen Gerichtshofe und Patriziers in der Bergstadt zu Halle a. d. Saale. Eine sprach- und rechtsgeschichtliche Abhandlung als Prodromos. Leipzig 1905: Poeschel & Trepte. (IV, 76 S.) 4°
Leipzig, 4. st. R OP 1905 (686)

— **zur neuhochdeutschen Schriftsprache** Eykes v. Repgowe, des Schöffen beim obersten sechsischen Gerichtshofe u. Patriziers in der Bergstadt zu Halle a. d. Saale. Eine sprach- u. rechtsgeschichtl. Abhandlg. als Prodromos. (Progr.) (IV, 76 S.) Lex.-8. Leipzig 905. Dieterich. n. 3. 60

Die Urkunden deutscher Sprache in der Kanzlei Karls IV. von Prof. Dr. Emil A[rthur] Gutjahr. 1. Leipzig: Dieterich 1906. (XIV, 499 S.) 8° [Ant. u. F.]
= Gutjahr: Zur Entstehung d. neuhochdeutschen Schriftsprache. 2, 1. [06 14353

Gutjahr, E(mil) A(rtur), Dr., Dir.: [1. Vorgeschichte der Schule und ihre Einweihung. 2. Biographische Mitteilungen über die Lehrer.] *Leipzig (1902): Pöschel & Trepte.* (S. 4—7, 10—14.) 4°
Leipzig, IV. st. R, OP 1902 (636a)

Gutjahr, Ernst, Referendar in Erfurt: Der bäuerliche Gutsüberlassungsvertrag nach Reichsrecht unter Berücksichtigung der preußischen und sächsischen Sonderbestimmungen. Erfurt 1906: F. Kirchner. (IX, 85 S.) 8° [F.]
Leipzig, Jur. Fak., Diss. v. 30. Nov. 1906
[Geb. 24. Febr. 79 Wriezen a. O.; Wohnort: Erfurt; Staatsangeh.: Preußen; Vorbildung: Kgl. Gymn. Erfurt Reife O. 00; Studium: Bonn 1, München 2, Berlin 1, Halle 2 S.; Rig. 16. Juli 03.]

Gutjahr, Frz., Handbuch d. Böttchers u. Küfers, s. Bibliothek, neue ökonom.-technologische, 2. Thl.

Gutjahr, Frz. Seraph. (Hrsg.), s. Anzeiger, Literarischer. Kath. Literaturblatt.

Gutjahr, Frz. Seraph. (Hrsg.), s. Anzeiger, Literarischer, f.d. kath. Österreich.

— die Briefe des hl. Apostels Paulus. Erklärt v. G. 1. Bd.: Die zwei Briefe an die Thessalonicher u. der Brief an die Galater. 2 Hfte. gr. 8. (VII, 166 S.) Graz 900, 901. Styria. n. 2. 35

— die Briefe des hl. Apostels Paulus. Erklärt v. G. 1. Bd.: Die zwei Briefe an die Thessalonicher u. der Brief an die Galater. 3. u. 4. Heft. (S. 167–397.) gr. 8. Graz 904. Styria. n. 3. 65
(1. Bd. vollständig n. 6. —)

— Die Briefe des hl. Apostels Paulus. Erklärt v. G. II. Bd.: Die zwei Briefe an d. Korinther. (X, IX, 492 S.) gr. 8. Graz 907. 10. Styria. 8. 85
Bd 1. Ebd. 904. 6.—.

— Einleitung zu d. hl. Schriften d. Neuen Testamentes. Leitfaden zunächst f. Studierende d. Theologie. gr. 8. (X, 315 S.) Graz 897. Styria. n. 5. 40

— Einleitung zu den hl. Schriften des Neuen Testamentes. Lehrbuch zunächst f. Studierende der Theologie. 2., völlig umgearb. Aufl. (XI, 427 S.) 8. Ebd. 905. n. 4. 20

— die vier hl. Evangelien. Uebers. u. erklärt. (IV, II, 360 S. m. 84 Vollbildern.) gr. 8. Ebd. (905). Geb. in Leinw. n. 5. 80

— das hl. Evangelium nach Johannes. Uebers. u. erklärt. (S. 221–860 m. 10 Taf.) gr. 8. Graz 905. Styria. n. 1. 80

— dasselbe nach Marcus. — Das hl. Evangelium nach Lukas. Uebers. u. erklärt. (S. 83–220 m. 10 Taf.) gr. 8. Ebd. 904. n. 1. 80

— dasselbe nach Matthäus. (Die 4 hl. Evangelien.) Uebers. u. erklärt. (IV, 80 S. m. 15 Taf.) gr. 8. Ebd. 903. n. 1.—

Die Glaubwürdigkeit des Irenäischen Zeugnisses über die Abfassung des vierten kanonischen Evangeliums, aufs Neue untersucht von Dr. F[ranz] S[eraph] Gutjahr, Prof. in Graz. Festschrift d. k. k. Karl-Franzens-Univ. in Graz aus Anlaß d. Jahresfeier am 15. Nov. 1903. *Graz: Leuschner & Lubensky 1904.* (VI, 198 S.) 4°(8°) [04. 1887

— Perikopen-Buch. Die Episteln u. Evangelien des kathol. Kirchenjahres aus dem röm. Meßbuche. Mit Zugrundelegg. der Allioli'schen Uebersetzg. neu bearb. 2. Aufl. (XVI, 358 S. m. Titelbild.) gr. 8. Ebd. 905. Geb. in Leinw. n. 4. —

Petrus Cantor Parisiensis. Sein Leben u. s. Schriften. E. Beitr. z. Liter.- u. Gelehrtengesch. d. zwölften Jhs. Auf Grund d. Nachl. v. Prof. Dr. Otto Schmid bearb. v. F[ranz] S. Gutjahr. *Graz: Styria 1899.* (3 Bl., 72 S.) 1 Bd 8. [98. 9304

Gutjahr, Georg, Referendar aus Trier: Die Eintragungsfähigkeit der gesetzlichen Eigentumsbeschränkungen ⟨B.G.B. §§ 905–923⟩ in das Grundbuch. *Halle a. S. 1904.* (107 S.) 8°
Heidelberg, Jur. Diss. v. 1904

Gutjahr, Geo., die Eintragungsfähigkeit der gesetzlichen Eigentumsbeschränkungen. (B.G.B. §§ 905–923) in das Grundbuch. Diss. (107 S.) 8. Halle 904. (E. Anton.) n. 1. 50

Gutjahr, Herbert: Aus d. gynäkol. Klinik d. Univ. Jena. Todesfälle nach gynäkologischen Operationen vom 1. Oktober 1904 bis 31. Dezember 1909. Jena 1910: Kämpfe. 75 S. 8°
Jena, Med. Diss. v. 24. Mai 1910, Ref. Franz
[Geb. 8. Okt. 84 Karlsruhe i. B.; Wohnort: Jena; Staatsangeh.: Baden; Vorbildung: Gymn. Torgau Reife O. 04; Studium: Freiburg i. B. 1, München 1, Leipzig 2, Berlin 4, Jena 4 S.; Coll. 31. März 10; Approb. 20. Dez. 10.]
[U 11. 2432

Gutjahr, Karl Theodor

— — u. **Otto Freih. v. Manteuffel** (Lausitz. Adel), De caussis et modo restituendi eos, in quos injuste aut inquisitum fuit aut animadversum. Lpz. (Sommer) 17. IX. 1796. 34 S. (5.50) 12391
Gew.: Andreas v. Wagner.

Gutjahr, K. Theod.: Popul. Darstell. d. Staatsrechts, mit besond. Rücksicht auf d. gegenseit. Verhältniss d. Regenten u. d. Bürger. 1. Bdchn. Gesellschaftsrecht. *Leipz.*, Cnobloch. 801. gr. 8. (21 Gr.)

— Entwickelung des Naturrechts. gr. 8. Leipzig, Martini. 799.

— Entwurf d. Naturrechts. gr. 8. Leipz. 799. Martini. (Cnobloch). 16 gr

Gutjahr, K. T.: Entwickel. des Naturrechts. *Leips.*, Martini. 808. gr. 8. (16 Gr.)

Gutjahr, Carl Theodor (Sorau/Laus.), De exhibitione delinquentium secundum principia juris publici universalis, gentium, Romani, atque Saxonici. Präs. Ferdinand Gotthelf Fleck. Lpz. (Sommer) 2. IV. 1795. 40 S. (5.50) 12389
Gew.: Georg Wilhelm v. Hopfgarten (Mulverstedt . .). — Widm. v. Präs.

— — Dasselbe. II. Lpz. (Sommer) 19. IX. 1797. 28 S. (4.20) 12390

Gutjahr, K. Theod.: Allgem. Gesellschaftsrecht. *Leipz.*, Cnobloch. 808. 8. (21 Gr.)

Gutjahr, K. Th., allgemeines Gesellschaftsrecht. 8. Leipzig, Martini. 808.

— quaestiones juris Romani antiqui. 8maj. Greifsw. 808. Mauritius. 10 gr Schrbp. 16 gr

Gutjahr, K. Th., Quaestiones juris romani Antiqui. 8maj. Greifsw. Mauritius. 811.

— quadripartitorum de quaestionibus parricidii Prs. I–III. 8maj. Greifsw. 808. 9.

Gutjahr, Karl Thdr., s. A. Sellow.

Gutjahr, Karl Theodor: „Allgemeines Staatsrecht", 1. (einziger) Teil, Leipzig 1801 (Cnobloch). — Mit dem neuen Titel: „Allgemeines Gesellschaftsrecht", Leipzig 1808 (Martini).

Gutjahr, Karl Thdr., († d. 4. Oct. 1809.) allgem. Staatsrecht, 1r Thl. 8. Leipz. 801. Mit folg. neuem Tit.: allgem. Gesellschaftsrecht. 8. Ebd. 808. Martini. (Cnobloch). 21 gl.

Gutjahr, K. Theod.: Ueb. Strafe u. Bestrafung. *Leipz.*, Cnobloch. 800. gr. 8. (1 Thl. 8 Gr.)

— Versuch einer prakt. Darstell. d. Theorie von Gewohnheitsrechten. 8. Leipz. 800.

— popul. Vorlesung über d. Staatsverhältniß, oder d. Rechte des Fürsten u. Bürgers. 8. Leipz. 801. Martini. (Cnobloch). 21 gl.

Gutjahr, Curt (geb. Meseritz 12. 7. 1845): Beobachtungen von Varietäten in der Verästelung der Armarterien. Berlin (1868). (32 S.) 8°
Berlin, Med. Diss. v. 24. Dez. 1868

Gutjahr, Math., Verzeichniß aller in der Stadt Wien u. ihren Vorstädten befindlichen Straßen, Gassen, Plätze und Häuser, dann derselben Schilde u. Eigenthümer. 16te ganz neu bearbeitete Aufl. 8. Wien. Gerold. 816.

— Verzeichniß aller in d. Stadt Wien u. ihren Vorstädten befindl. Straßen, Gassen, Plätzen u. Häusern ꝛc. 17e Aufl. 8. Wien 821. Gerold. 1 ℛ Schrbp. 1 ℛ 8 gl.

Gutjahr, Math., vollständ. Verzeichniß d. vormals bestandenen alten, mit den dermal. neuen Hausnummern d. k. k. Haupt- u. Residenzstadt Wien u. allen ihren Vorstädten. 8 Wien 821. Gerold. 6 gl.

Gutjahr, Otto, Referendar: **Die öffentlich-rechtlichen Beschränkungen des Beförderungsvertrages auf Grund des Reichsgesetzes über das Auswanderungswesen vom 9. Juni 1897 unter Parallelstellung des Schweizer und Oesterreichischen Rechts.** *Greifswald [1903]: F. W. Kunike.* (77 S.) 8° [J.]
Greifswald, Jur. Diss. v. [15. Juli] 1903

Gutjahr-Probst, Emil Arthur, s.a. Gutjahr, Emil Arthur

Gutjahr-Probst, E. A., s.a. Probst, A.

Gutierets, I., opera omn. civilia, canon. et criminal. XIV Tmi. c. repert. fol. Col. 730. 31.

Gutierrez, Antonio García. El trovador, s. Bibliothek spanischer Schriftsteller.

Gutierrez, Ricardo, s.: Dichtungen, argentinische.

Gutkin, Esther, a. Reval (Rußland): Das meningeale Cholesteatom. Freiburg i. B.: Speyer & Kaerner 1905. (34 S.) 8°
Freiburg i. B., Med. Fak., Ref. Ziegler, Diss. v. 1905
[Geb. 3/16. März 83 Reval; Wohnort: Reval; Staatsangeh.: Rußland; Vorbildung: Russ. Mädchengymn. Reval Reife Juni 99; Studium: Halle 4, Freiburg 5 S.; Rig. 13. Jan. 05.]

Gutkin, Lea, aus Reval (Rußl.): **Behandlung der Hämophilie.** *Freiburg i. B. 1904: K. Henn.* (30 S.) 8°
Freiburg i. B., Med. Diss. v. 1904

Gutkind, Car. (geb. Filehne 24. 2. 1831): De hydrophobia. Berolini (1856). (27 S.) 8°
Berlin, Med. Diss. v. 27. Nov. 1856

Gutkind, Walter, Referendar in Braunschweig: Das Geschäft „an Aufgabe" (§ 95 H.G.B.) Braunschweig 1905: A. Limbach. (VIII, 88 S.) 8°
Leipzig, Jur. Fak., Diss. v. 15. Juli 1905
[Geb. 26. Mai 80 Braunschweig; Wohnort: Braunschweig; Staatsangeh.: Braunschweig; Vorbildung: Gymn. Martino-Katharineum Braunschweig Reife O. 98; Studium: München 1, Berlin 3, Heidelberg 1, Leipzig 1 S.; Rig. 7. Juli 02.]

Gutknecht, Arbeiterversicherung i. d. Schweiz, s. Zacher, Arbeiterversicherung 11a.

(Gutknecht, A[lfred].) **Die gegenseitigen Hilfsgesellschaften in der Schweiz im Jahre 1903. Veröffentlicht durch das schweizerische Industriedepartement. ([Bearb. von] Dr. A. G', Mathematiker des Industriedepartements.) [Mit 1 graphischen Tabelle im Text.] IV + 50* + 335 S. 4. Bern, Buchdruckereien A. Benteli & Co., Bümpliz-Bern, und Gustav Grunau, Bern, 1907.**

Gutknecht, Alfred. Integrallogarithmus. Diss. Phil. Bern. [Mit Figuren.] 56 S. 8. Bern, K. J. Wyss, 1903.

(Gutknecht, A[lfred].) **Les sociétés de secours mutuels en Suisse en l'année 1903. Publié par le Département fédéral de l'Industrie. ([Rédigé par le] Dr. A. G', Mathématicien du Dép' f' de l'Ind'.) [Avec 1 graphique.] IV + 50* + 335 p. 4. Berne, Imprimeries A. Benteli & Cie., Bümplix-Berne, et Gustave Grunau, Berne, 1907.**

Vaterland und Patriotismus. Vortrag geh. im luth. Männer- u. Jünglings-Verein zu Lemgo 1907 von Friedrich **Gutknecht.** Elberfeld: Luth. Bücherverein (1907). 11 S. 8° (09. 6225

Gutknecht, Frdr., Vaterland u. Patriotismus. Vortrag, geh. im luther. Männer- u. Jünglings-Verein zu Lemgo im Fürstent. Lippe am 25. VIII. 1907. (11 S.) 8. Elberfeld (908). Luther. Bücherverein. nn — 10

Gutknecht, Hermann, von Neftenbach (Ct. Zürich): Beiträge zur Kenntniss der Nitroso- und Nitroverbindungen der Fettreihe. Zür. Zürcher u. Furrer Dr. 1880. 34 S. 8°.
Zürich. Phil. Diss. [v. 19. Juli 1880].

Gutknecht, Herm. Ludw. (Stettin), De genio epidemico annuo quaedam. Dissert. med. Halle (Ploetz) 20. XII. 1838. 40 S. mit Biogr. (M.: W. Biester.) (5.50) 12392
Oppon.: Friedr. Reinecke, Ludw. Magn. Ruge. — Gew.: Carl August Simon (Stettin), Carl Leop. Ferd. Krause.

Gutknecht, J., zwölf religiöse Gesänge zur Feier des öffentlichen Gottesdienstes. Für vierstimmigen Chorgesang componirt. Nördlingen 853. (Beck.) 4. (VII, 24 S.) n. 10 ngl.

Gutknecht, Paul

Gutknecht, P., Betriebsverhältnisse der deutschen Landwirtschaft, s.: Arbeiten der deutschen Landwirtschafts-Gesellschaft.

Gutknecht, Paul, a. Ichstedt: **Studien über die technische Organisation der Landwirtschaft in der Börde und in den angrenzenden Gebieten unter dem Einfluss des intensiven Hackfruchtbaues.** Berlin 1907: Die Post. (182 S.) 8° [J.]
Gießen, Phil. Fak., Ref. Gisevius, Diss. v. 17. Juli 1907
[Geb. 14. März 67 Ichstedt (Schwarzburg-Rudolstadt); Wohnort: Halensee; Staatsangeh.: Schwarzburg-Rudolstadt; Vorbildung: Gymn. Ernestinum Gotha Reife O. 86; Studium: Leipzig 3, Gießen 4, Landw. Hochsch. Berlin 1 S.; Rig. 14. Dez. 06.]

Studien über die technische Organisation der Landwirtschaft in der Börde und in den angrenzenden Gebieten unter dem Einfluß des intensiven Hackfruchtbaues. Von Dr. P. **Gutknecht**-Ichstedt. Berlin: Deutsche Landwirtschafts-Gesellsch. 1907. (205 S.) 8°
— Betriebsverhältnisse d. deutschen Landwirtschaft. 3.
— **Arbeiten** d. Deutschen Landwirtsch.-Gesellschaft. H. 130. (08. 1058

Gütl, J., s.: Daguerreotyp-Bilder.

DAGUERREOTYP-BILDER (in Versen) von *J. G. (J. Gütl).* 2. unveränd. Aufl. Sulzbach, J. E. v. Seidel, 1849. 12°.

31 S. Satyr.-komische Glossen über Sittenzustände während der deutschen Revolutionszeit. Scheint fast unbekannt geblieben. — Die erste Aufl. ebenfalls 1849.

Gütl, Karl, Hypotheken-Gesetz für das Königr. Bayern vom 1. Juni 1822 mit den durch die neuere Gesetzgebung ergangenen Abänderungen. Nebst sämmtl. Justizministerialentschließungen, oberstrichterl. Entscheidungen, Auszügen aus den das Hypothekenwesen berühr. Gesetzen u. Verordnungen, sowie Sachregister. 16. (VI, 233 S.) Nördlingen 880. Beck. cart. n. 2. 80

Gütl, Karl, das Hypotheken-Gesetz f. das Königr. Bayern vom 1. Juni 1822 m. den durch die neuere Gesetzgebg., insbesondere auch durch die Novelle vom 29. Mai 1886 ergangenen Abänderungen. Nebst den einschläg. Justizministerial-Entschließgn., oberstrichterl. Entscheidgn., Auszügen aus den das Hypothekenwesen berühr. Gesetzen u. Verordngn., sowie e. Sachregister bearb. u. hrsg. 2. Aufl. gr. 16. (VIII, 255 S.) Nördlingen 887. Beck. cart. n. 2. 80

Gütl, Karl, das Hypotheken-Gesetz f. das Königr. Bayern vom 1. Juni 1822 m. den durch die neuere Gesetzgebung, insbesondere auch durch die Novelle vom 29. Mai 1886 ergangenen Abänderungen. Nebst den einschläg. Justizministerial-Entschließgn., bezw. Bekanntmachgn., oberstrichterl. Entscheidgn., Auszügen aus den das Hypothekenwesen berühr. Gesetzen u. Verordngn., sowie e. Sachregister bearb. u. hrsg. 3., verm. u. verb. Aufl. gr. 16. (VIII, 257 S.) München 892. C. H. Beck. Kart. n. 2. 80

Gütl, Karl, d. Hypotheken-Gesetz f. d. Königr. Bayern v. 1. Juni 1822 m. d. durch d. neueste Gesetzgebung ergang. Abändergn. Nebst den einschläg. Justizministerial-Entschließgn., bezw. -Bekanntmachgn., oberstrichterl. Entscheidgn., Auszügen aus d. das Hypothekenwesen berühr. Gesetzen u. Verordngn., sow. e. Sachreg. bearb. u. hrsg. 4., verm. u. verb. Aufl. gr. 16. (VIII, 271 S.) München 896. C. H. Beck. Kart. n. 2. 80

Gütl, Karl, das Hypotheken-Gesetz f. das Königr. Bayern vom 1. VI. 1822 in seiner dermaligen Geltung. Mit den hierzu erlassenen Ministerialvorschriften unter Berücksicht. aller auf das Hypothekenwesen sonst bezügl. Gesetze u. Ministerialvorschriften, sowie der Rechtsprechg. In 1—4. Aufl. bearb. v. G., in 5. Aufl. neubearb. von Wilh. v. Henle. (XVII, 410 S.) 12. München 904. C. H. Beck. Geb. in Leinw. n. 4. —

CYTHEREN'S Kunstcabinet (von *Antonie Gütle*). Nürnberg 1804.

Anon.-Lex. II. p. 380 (nach Kayser). — Wohl auf Moden, Kosmetik und Toilettenkünste bezüglich.

Gütle, Antonie, neues Toilettenkabinett etc., s. Cytherens Kunstkabinet.

— neues Toilettenkabinett für d. schöne Geschlecht. 8. Nürnb. ..., (1r Thl. 2e A. 808.) Schneider u. W. 20 kr

Gütle, Johann Konrad

Gütle, Jh. Konr., naturhistor. deutsches u. latein. ABC- u. Buchstabirspiel. Mit ill. Kpf. 12. Nürnb. 797. Bieling. 16 kr

— Anweis. zur Verfertigung aller Arten Feuerzeuge etc., s. C. F. Marschall, Anweisung.

— Anweis. z. Verfertigung aller Sorten Feuerzeuge u. Feuer-Etuis. Als 2s Heft v. Marschalls Anweis. z. Verfert. von Feuerzeugen etc. 8. (Leipz., Liter. Central-Compt.) 823.

Gutle, J. C: Chemisch-technologische Arbeiten und Erfahrungen. Th. 1—3. München (1824)

Gütle, Joh. Chr., chem.-technolog. Arbeiten u. Erfahrungen, enthalt. richt. Angaben u. Vorschriften zu chem.-techn. Präparaten, d. Fertigung vieler Kunst- u. Luxusartikel, Handelsgegenstände u. vieler and. im Gebiete d. prakt. Fabriken-, Haushaltungs- u. Gewerbs-Kunde überh. 3 Thle. (Neue wohlf. Ausg.) 8. (60 B. u. 6 Kpfrt.) München 828, Lindauer.

2. Thl., a. u. d. T.: Wissenschaftl. Erfahrungen, Entdeckungen u. Verbesserungen, od. zeitgemäße Auswahl u. Beiträge f. Kunst u. Wissenschaft, f. Handel, Luxus u. Gewerbe etc. — 3., a. u. d. T.: Neue wissenschaftl. Erfahrungen etc. Einzeln jeder Thl. 1 Thlr.

— vermischte Beiträge zu Zauberbelustigungen aus d. Chemie, Optik etc. Mit 1 Kpf. 8. Nürnb. 806. Schneider u. W. 6 kr

— vermischte Beyträge z. Zauber-Belustigungen a. d. Chemie, Optik etc. m. K. 8. Nürnberg, Schneider u. W. 806.

— Belustig. a. d. natürl. Magie etc. m. K. gr. 8. Nürnb. Schneider u. W. 791.

mit illum. K.

— magische Belustigungen aus d. Chiromantie, s. Munten Gesellschaftsspiele.

— magische Belustigungen a. d. Chiromatie etc. Leipzig, Benj. Fleischer.

— magische Belustigungen aus d. Chiromantie, Astrologie etc. Mit Kpf. 8. Nürnb. 799. Bieling. 16 kr

— magische Belustigungen aus d. Mathematik, Physik, Chemie etc, 2 Thle, mit Kpf. gr. 8. Nürnb. 797, 98. Monath u. K. 4 fl

— angenehme Beschäftigungen f. junge Leute beiderlei Geschlechts, zur Belehrung u. Unterhaltung in geschäftsfreien Stunden. 8. Nürnb. 813. N. A. 815. Campe. 1 fl

— Beschreib. u. Abbild. e. neuen einfachen elektr. Glasscheiben-Maschine, zur Hervorbringung beider Elektricitäten. Mit 1 Kpf. 8. Nürnb. 801. Schneider u. W. 8 kr Hbg. Pr. 4 kr ill. 12 kr

— Beschreibung und Abbildung einer neuen einfachen elektrischen Glasscheiben-Maschine (ein Beytrag zur B. schr. verschiedener Elektrisirmaschinen.) 8. Nürnb. Schneider u. W. 801.

— Beschreib. verschied. Elektrisirmaschinen. 3 Thle, (d. 1e u. 2e Thl. auch unt. d. T.: Beschreib. e. mathemat.-physikal. Instrumenten-Kabinets. Mit 12 Kpft. 790, 94. 3 fl 3r Bd. A. u. d. T.: Beschreib. elektr. Instrumente. 20 kr) 8. Nürnb. 806. Schneider u. W. 3 fl 20 kr

— Beschreib. d. Kunst, d. Karte zu schlagen etc 8. Nürnb. 796. Bieling. 8 kr

— Beschreib. d. Kunst in Kupfer zu stechen, zu radiren u. zu ätzen, von Abr. Bosse, jetzt ganz neu bearb. u. mit den neuesten Erfindungen versehen etc. 3 Thle, mit Kpf. gr. 8. Nürnb. 795, 96. Monath u. K. 3 fl 12 kr (3r A. u. d. T.: d. Kunst, Kupfer zu drucken. 18 kr)

— Beschreib. e. mathemat. u. physikal. Maschinen- u. Instrumenten-Kabinetts, s. od. Beschreib. verschied. Elektrisirmaschinen.

— Beschreib. einiger Universal- u. Particular-Rechnungs-Maschinen, mit Kpf. gr. 8. Nürnb. 798. Monath u. K. 12 ℊ

— Beschreibung einiger Universal- und Particular-Rechnungs-Maschinen. m. K. gr. 8. Ebend. 799.

— d. elegante Chemie, oder Anweis. zur Bereitung der zur Toilette gehör. Parfüms ꝛc. 2 Thle. gr. 8. Ulm 817 u. 20. Ebner. 3 ℔ 4 ℊ

Gütle, Johann Konrad: Die elegante Chemie oder Anweisung zur Bereitung derer zur Toilette gehörigen Parfüms... 334 S., gbd.

Ulm: Ebner 1818

JB 3.001

Gütle, Jh. Conr., die elegante Chemie, oder Anweisung zur Bereitung der zur Toilette gehörigen Parfüms. 2 Thle. 2e veränd. Ausg. 8. Ulm 836. Ebner. 3 1/6 ℔

Gütle, Jh. Konr., Einladung an Freunde d. Wissenschaft, über d. ganze Experimentalphysik. 4. Nürnb. (799.)

— über Einrichtung, Bau u. Gebrauch d. Feuerspritzen. 1r Bd., mit Kpf. 8. Nürnb. 796. (Lauffer in Leipz.) 1 ℔ 16 ℊ

— kleine Elektricitätslehre. Mit 4 Kpf. gr. 8. Nürnb. 798. Monath u. K. 21 ℊ

Gütle, (J. Ch.) chemisch-technolog. Erfahrungen, enth. richtige Angaben u. Vorschriften zu chemisch-technischen Präparaten, der Fertigung vieler Kunst- u. Luxusartikel ꝛc. 8. München 823, Lindauer.

— dess. 2r u. 3r Thl. A. u. d. T.: wissenschaftl. Erfahrungen, Entdeckungen u. Verbesserungen, od. Zeitgemäße Auswahl u. Beiträge f. Kunst u. Wissenschaft, f. Handel, Luxus u. Gewerbe. Mit Steintaf. 8. München 824—26, Lindauer. à 1 Rthl.

— neue Erfahrr. über d. beste Art, wohlfeile u. dauerhafte Blitzableiter anzulegen. Mit 2 Kpf. 8. Nürnb. 812. Campe. 12 ℊ

— neueste Erfahrr. in d. Färbe- u. Bleichkunst ꝛc., s. Färbe- u. Bleichbuch.

— angenehme u. nützl. Erholungsstunden für junge Leute beiderlei Geschlechts. Mit 3 ill. Kpf. 8. Nürnb. 817. Zeh. 18 ℊ

— d. Freundschaftsbund; e. Gesellschaftsspiel. 8. Nürnb. 794.

— Gedankenspiel, zur Belustigung in Gesellschaften, mit 24 Blättern in Futteral. Nürnb. 806. Schneider u. W. 12 ℊ

— mechanische Geometrie, mit ill. Kpf. gr. 8. Nürnb. 797. Monath u. K. 1 ℔ 8 ℊ

— neue Gesellschaftsspiele. 4 Bde, mit Kpf. 8. Nürnb. 795—99. Bieling. (Fr. Fleischer in Leipz.) 2 ℔ 4 ℊ (16 A. u. d. T.: magische Belustigungen aus d. Chiromantie ꝛc.)

— Hand- u. Hülfsbuch für alle Künstler u. Handwerker, die Kitte, Formen u. Massen gebrauchen, oder eine Auswahl von 600 verschied. Rezepten, alle Arten Kitte, Formen u. Massen zu verfertigen. A. u. d. T.: Kunst, alle Arten Kitte ꝛc. zu verfertigen ꝛc. 8. Nürnb. 812. Schrag. 21 ℊ

Gütle, J. C.: „Handbuch gemeinnütziger Wissenschaften und Künste oder Sammlung ausgesuchter Vorschriften zum Gebrauch für Haus- und Landwirthe", München 1822 (Lindauer).

— Handbuch gemeinnütz. Wissenschaften u. Künste, oder Samml. ausgezeichneter Vorschriften zum Gebrauch für Haus- u. Landwirthe, Professionisten ꝛc. 8. Münch. 823. J. Lindauer. 1 ℔

Gütle, (J. Ch.) d. Kunst d. natürl. Hexerei, od. Anleit. z. d. auserl. Arten v. Zahlen-, Karten- u. sonstigen Kunststücken. N. Ausg. Mit 3 ill. Kupfert. 8. Nürnb. 826, Zeh.

—— die Kunst d. natürl. Hexerei, od. Anleit. zu d. auserles. Arten v. Zahlen-, Karten- u. sonst. Kunststücken, womit junge Leute beiderlei Geschlechts äußerst angenehm sich einander in d. langen Winterabenden unterhalten können. Ganz neu bearb. u. sehr erweit. v. J. P. Pöhlmann. M. 2 Kpfrt. (gr. 4.) 8. (15 B.) Nürnberg 832, Zeh.

Gütle, Johann Conrad. Kunst in Kupfer zu stechen, nach Zeichnungsmanier zu arbeiten, in Marmor und Glas zu radiren und zu äzen, Kupferstiche abzuziehen und zu bleichen, nebst verschiedenen zur Kupferstecherkunst gehörigen Wissenschaften. Zur Belehrung für angehende Künstler und Liebhaber. Mit 2 Kupfern. Nürnberg und Altdorf 1795. 8°.

— Kunst in Kupfer zu stechen ꝛc. 3 Thle. mit K. gr. 8. Nürnberg, Monath u. K. 795—96. (1r 1 Rthlr. 18 gr. 2r 1 Rthlr. 3r 18 gr.)

— Kunst, Kupfer zu drucken ist des vorherg. 3r.

Gütle, J. K: Die Kunst, alle Arten Kitte, Leime, Formen und Massen zu verfertigen. Nürnberg 1812

— nützl. Kunst- u. Handbuch e. Erfahrung u. wissenschaftl. Kenntnisse für alle Stände ꝛc. 2 Thle, mit 7 Kpf. 8. Nürnb. 808. (Campe). 1 ℔ 12 ℊ
(NB. Der 2e Thl. ist mit d. 3n Thle d. Unterr. zur Verfertigung guter Firnisse ꝛc. gleichen Inhalts.)

— Kunstkabinet verschied. mathemat. u. and. Instrumente ꝛc. 2 Stücke, mit Kpf. 8. Nürnb. 792. Schmidmer. 9 ℊ

— kleines Kunst- u. Zauberkabinett. Mit 2 Kpft. gr. 8. Sulzb. 805. v. Seidel. 16 ℊ

— Lehrbegriffe für den gemeinen Mann über Elektricität u. Blitzableitung, d. Entstehung, Eigenschaft u. Folgen d. Gewitter ꝛc. Nebst Angabe u. Abbild. e. neu eingerichteten u. wohlfeilen Blitzableiters. 8. Nürnb. 811. Schrag. 8 ℊ (A. u. d. T.: Unterr. in d. Elektricität u. Gewitterlehre für Schullehrer in d. Stadt u. auf d. Lande.)

— Lehrbuch d. theoret. Blitzableitungslehre, in Vereinigung mit J. F. Luzen's Abhandl. von Blitz- u. Wetterableitern. 1r Bd., mit 1 Kpft. gr. 8. Nürnb. 804. Schneider u. W. 2 ℔ (A. u. d. T.: J. F. Luz, Unterr. v. Blitz ꝛc., neu bearb. v. J. K. Gütle. 1r Thl.)

— Lehrbuch d. prakt. Blitzableitungskunst, nebst d. Angabe d. neuesten Naturforscher ꝛc. Mit 16 Kpf. (od. 2r Bd. d. theoret. Blitzableitungslehre). gr. 8. Nürnb. 804. Schneider u. W. 1 ℔ 12 ℊ

GÜTLE, Johann Konrad: Die Ökonomische Messkunst. Ein einfacher Unterricht im Feldmessen für junge Leute, die sich selbst üben wollen, oder wie man in kurzer Zeit auf eine leichte Art ohne Messtisch und andere Instrumente jedes Feld und jeden Wald ... messen und berechnen kann. - Ulm 1817

— d. ökonom. Meßkunst. Ein einfacher Unterricht für junge Leute, die sich selbst üben wollen. Mit 3 Kpf. 8. Ulm 818. Ebner. 1 ℔ 4 ℊ

— s. 1) Mittheilungen für Bierbrauer. 2) Mittheilungen neuer Erfindungen u. Verbesserr.

(——) Mittheilungen f. Bierbrauer ꝛc. — f. Eisengewerke ꝛc. — f. Töpfereien, Porzellan- ꝛc. Fabriken — f. Seifen- u. Lichterfabrikanten, s. Mittheilungen.

Gütle, Jh. Konr., Museum geometricum, oder d. theoret. u. prakt. Geometrie, für Schulen u. zum Hausunterricht eingerichtet. Mit 12 Bl. in Steindr. gr. Fol. Fürth 815. Korn 1 ℛ

— Museum instrumentorum mathematicum, physicum, chemicum et curiosum, oder Samml. eines mathemat., physikal., chemischen u. belustigenden Maschinen- ꝛc. Kabinetts. 1s—3s Heft, mit Steinabdr. qu. Fol. Fürth 815. Korn. 3 ℛ

— d. Orakel, ein neues Gesellschaftsspiel. 8. Nürnb. 796. Monath u. K. 8 gl

— Rechentafeln, mit Kpf. gr. 8. Sulzb. 797. (Monath u. K. in Nürnb.) 4 gl

(Gütle, J. K): Sammlung neuer physikalischer, chemischer und mechanischer Spielwerke. Nürnberg (1804)

— Samml. neuer physikal., chemischer u. mechan. Instrumente u. Spielwerke. Mit 10 Kpf. gr. 8. Nürnb. 805. v. Seidel in Sulzb. 1 ℛ 12 gl

— Samml. optischer Spielwerke für alte u. junge Hexenmeister. Mit Kpf. 8. Nürnb. 805. Campe. 12 gl

— allgem. Sicherheitsregeln für Jedermann, bei Gewittern ꝛc. gr. 8. Nürnb. 805. Schneider u. W. 5 gl (Aus d. faßl. Unterrichte ꝛc. besond. abgedruckt).

— angenehme Unterhaltungen für junge Leute in freien Stunden, oder Angabe, wie dieselben spielend Kenntnisse in solchen Wissenschaften erhalten, die in ihren gewöhnl. Unterrichtsstunden nicht vorkommen. Mit Kpf. 8. Nürnb. 813. N. A. 815. Campe. 1 ℛ

— Unterricht in d. Elektricität u. Gewitterlehre f. Schullehrer in d. Stadt u. auf dem Lande. 8. Ebendas. 811.

— faßl. Unterricht, wie man sich bei einem Gewitter vor den Wirkungen d. Blitzes an allen Orten ohne Blitzableiter verwahren könne ꝛc. 8. Nürnb. 805. Schneider u. W. 12 gl Wohlfeile Ausg. 3 gl

Gütle, J. K: Gründlicher Unterricht zur Verfertigung guter Firnisse nebst der Kunst zu lackiren und zu vergolden. Nürnberg 1793

— Unterricht zur Verfertigung guter Firnisse ꝛc. 3 Thle, nebst Anhang. 8. Nürnb. 793—805. 2e A. 806—8. Schneider u. W. 2 ℛ 20 gl (3r Thl. A. u. d. T.: Samml. technolog. Fragmente für Künstler ꝛc. 1r Thl. 20 gl)

— nützl. Versuche u. Erfahrr. für Fabrikanten, Künstler u. Oekonomen. 8. Nürnb. 796. (Monath u. K.) 12 gl

Gütle, J. C.: „Praktische Versuche und Vorschriften aus der Oekonomie, Technologie, Chemie und Gewerbkunde", Nürnberg 1813 (Campe).

— Versuche, Unterhaltt. u. Belustigungen aus d. natürl. Magie ꝛc. Mit 11 Kpft. gr. 8. Nürnb. 791. Schneider u. W. 1 ℛ 12 gl ill. 2 ℛ 8 gl Wohlf. Ausg. 18 gl

— auf Erfahrung gegründete Vorschriften f. Fabrikanten, Künstler u. Handwerker, d. mit Verfertigung u. d. Gebrauch d. Farben u. Firnisse ꝛc. zu thun haben. 8. Nürnb. 817. Zeh. 1 ℛ 8 gl N. Ausg. unt. d. T.: 424 ꝛc. Vorschriften für Fabrikanten ꝛc. 8. Ebd. 824. 18 gl

— neueste Vorschriften für Destillateurs, Branntweinbrenner u. Parfümerie-Fabrikanten, oder wissenschaftl. Erfahrr. für Verfertiger von Essenzen, Essigen ꝛc. 8. Ulm 821. v. Ebner. 1 ℛ 14 gl

— Vorstell. u. Beschreib. d. großen elektrischen Universal-Zauberspiegels. 4. Nürnb. 792. Raw. 4 gl Hbg. Pr. 2 gl

— Wahrsagerkunst aus d. Hand, nebst Punktirkunst, mit Kpf. 8. Nürnb. 799. Bieling. 8 gl

Gütle, Jh. Conr., der junge Zauberer, oder die Kunst der natürlichen Hexerei ꝛc. 3. Ausg., von J. P. Pöhlmann. Mit 2 Kupfertaf. 8. Nürnberg 842. Zeh. 5/6 ℛ

— Zaubergnomonik, oder Unterhalt. für Liebhaber d. Sonnenuhrkunst. 2 Thle, mit 16 Kpf. gr. 8. Ansb. 797, 98. (Gassert). 4 ℛ 2 gl (2r Bd. A. u. d. T.: Beschreib. u. Gebrauch von zwei neu eingericht. Erdplanisphären ꝛc.)

— Zaubermechanik, oder Beschreib. mechan. Zauberbelustigungen. 2 Thle, mit Kpf. gr. 8. Nürnb. 794, 96. Monath u. K. 3 ℛ 2 gl

— Zigeunerkarte, oder Wahrsagerkunst ꝛc. Mit 1 Kpft. u. 16 Kärtchen. 8. Nürnb. 798. Monath u. K. 9 gl

Gütle, Karl, Finanzkandidat a. Offenburg i. B.: Die Rechtmäßigkeit der Ehrverletzung gemäß § 193 R.St.G.B. [o. O. u. J.] (VI, 84 S.) 8° [F.]
Heidelberg, Jur. Fak., Ref. v. Lilienthal, Diss. v. 27. Juli 1906
[Geb. 29. Juli 80 Offenburg, Baden; Wohnort: Offenburg; Staatsangeh.: Baden; Vorbildung: Gymn. Offenburg Reife Juli 99; Studium: München 3, Freiburg i. B. 3, Heidelberg 2 S.; Rig. 13. Febr. 06.]

Gutman, Laja: Ueber das Wesen der Bleigicht. (Aus d. 2. med. Klinik d. Charité.) Berlin 1909: Ebering. 30 S. 8°
Berlin, Med. Diss. v. 6. Aug. 1909, Ref. His
[Geb. 21. Dez. 77 Warschau; Wohnort: Warschau; Staatsangeh.: Rußland; Vorbildung: Gymn. Warschau Reife O. 00; Studium: Zürich 6, Berlin 4 S.; Rig. 31. Juli 09.] [U 09. 53

Gutmann [Sachliches Ordnungswort]

Gutmann; od. d. aufrichtige Menschenfreund. 8. Leipz., Linke. 10 gl

Gutmann, des Amtsraths, Geschichte, von A. Freyh. v. Knigge, 8. Hannover, 794. Ritscher. 1 Rthl.

Gutmann, d. Amtsraths, Gesch., herausgeg. v. A. v. Knigge. 8. Hannov. Hahn. 805.

Gutmann's, des Amtmanns, Geschichte, von A. v. Knigge. 3te Aufl. 8. Hannov. Gebr. Hahn. 812.

Gutmann und seine Frau, oder Etwas über Weyhnachtsgeschenke. [Magdeburg 1789.] V: *Rötger, Gotthilf Sebastian.* (MGT)

GUTMANN, Juliane, und Niklas Wilde. Entgegengesetzte Folgen guter und böser Gewohnheiten. Histor. Unterricht zum Wohlverhalten für den jungen Bürger und Landmann als Lesebuch in Schulen. Frankfurt u. Leipzig, bey Joh. Jak. Stahel seel. Wittib. 1791. 8°. Zahm.
Tit., 3 Bl. Inh. u. 240 S. — N. Wilde endet auf dem Schaffot.

Gutmann, Karl, in Halle: kein Roman, sondern Wahrheit im Modekleide Halle 1786. V: *Rensch.* (Ky) (MGT)

Gutmann, Karl, in Halle, kein Roman, (v.... Rensch). 8. Halle 786. Cart. (Laue in Berl.) 18 gr

Gutmann, Vater, unter seinen Kindern. Unterricht durch naturhistor. Unterhalt. 2 Bdchn, mit ill. Kpf. Bresl. 808. (Graß, B. u. C.) 1 ₰

Gutmann, Vater, Spaziergänge mit seinen Kindern, oder Unterhaltungen über Natur ꝛc., vom Verfass. d. mytholog. u. naturhistor. Kinderfreundes. 2 Thle. 8. Weißenf. 805. (Leipz., Baumgärtner). 2 ₰ Hbg. Pr. 1 ₰

Gutmann und Wilhelmine, oder Geschichte zweyer sich liebender Seelen . . . Halle 1782. V: *Sintenis, Johann Christian Siegmund.* (Ky) (MGT)

— und Wilhelmine, oder Geschichte zweyer sich liebenden Seelen, eine Geschichte fürs Herz, vom Verf. des Waldro, mit 1 Kupf. 8. Halle, 782. Hendel. 20 sgl.

— u. Wilhelmine, od. Gesch. zweyer sich liebenden Seelen, e. Gesch. fur Geist und Herz. (v. Verf. des Waldro.) 8. Halle, Hendel. 800.

Gutmann [Verfasser]

Gutmann, d. zuverlässige Rathgeber im gemeinen Leben. 8. Pirna 804. Friese. 14 gr

— d. zuverlässige Rathgeber zum Nutzen d. Landleute, Hauswirthe u. Oekonomen. 8. Chemn. 808. (Starke). 10 gr

— d. zuverlässige Rathgeber im Sommer. 8. Pirna 2e verb. u. verm. Aufl. ... Friese. 12 gr

— d. zuverlässige Rathgeber im Winter. 8. Leipz. 803. Joachim. 12 gr

Gutmann. Rede des alten Gutmanns im Dorfe N. N. an seine lieben Mitlandleute, als sie gegen ihre väterliche Obrigkeit sich auflehnen wollten. 8. *o. O.* Im Julius 1795.

Gutmann. Zweyte Rede des alten Gutmanns.... An seine lieben Mitlandleute, als die Unruhen gestillt und die Häupter derselben gestraft waren. 8. *o. O.* Im September 1795.

Gutmann, A. F., Wohlanstands- und Sittenbüchlein. Nebst 12 Anhangen. 8. Itzehoe 812, Claussen. 1/12 ₰

Gutmann, Adam, Bayerns Industrie u. Handel. Zu Ehren der Jubiläums-Landes-Ausstellg. Nürnberg u. des 100jähr. Bestehens des Königr. Bayern unter Mitwirkg. hervorrag. Fachgelehrter u. Fachmänner hrsg. (XXXII, 392 S. m. Abbildgn. u. z. Tl. farb. Taf.) 4. Nürnberg 906. (J. L. Schrag.) Geb. in Leinw. n. 12.—

Gutmann, Adolf, approb. Arzt aus Vietz (Neumark): **Beiträge** zur Diagnose der Peritonitis incapsulata. *Greifswald 1900: H. Adler.* (28 S.) 8°
Greifswald, Med. Diss. v. 31. Juli 1900

Gutmann, Adolph [aus Stettin in Pommern]: Ueber Prophylaxis der Dammruptur .... Würzburg, Druck d. A. Memminger'schen Buchdr., 1886; 32 S. 8°.
Würzburg, Med. Fak., Inaug. Diss. v. 1886.

Gutmann, Adolph, ueber Prophylaxis der Dammruptur. Diss. Würzburg 1886, Stahelsche Univ.-Buchh. 8°. 32 S.

Gutmann, Adolf: Die Tuberkulose des Auges. Berlin: Fischer 1909. 14 S. 8° [Umschlagt.]
(Berliner Klinik. H. 254.)

Gutmann, Albert (geb. Donaueschingen 8. 10. 1858): Zur Entwicklung der sogenannten branchiogenen Carcinome. Berlin (1883). (29 S.) 8°
Berlin, Med. Diss. v. 4. Aug. 1883

Gutmann, Alfred, a. Schwäbisch-Gmünd: **Theoretische und praktische Bedeutung der Inventarerrichtung im Erbrecht des deutschen bürgerlichen Gesetzbuches.** Würzburg 1906: C. J. Becker. (116 S.) 8° [J.]
Würzburg, Jur. Fak., Ref. Mayer, Diss. v. 27. Juni 1906
[Geb. 30. Juli 81 Schwab.-Gmünd; Wohnort: Nürnberg; Staatsangeh.: Württemberg; Vorbildung: Gymn. Stuttgart Reife Juli 99; Studium: München 4, Leipzig 1, Berlin 2 S.; Rig. 28. Febr. 06.]

Gutmann, Alfr., die Inventarerrichtung nach d. §§ 1993 ff. des BGB. Ein Rechtsbehelf bei zweifelhafter Nachlaßsolvenz. 2. neubearb. Aufl. (VII, 100 S.) gr. 8. München 910. J. Schweitzer Verl. 2.—

Gutmann, Arthur [Rechtspraktikant u. Doktor beider Rechte]: Interpretation des Art. 306 H. G. B. ... Erlangen, 1894; 69 S. 8.
Erlangen, Jur. Fak., Inaug.-Diss. v. 1894

Gutmann, August: 1. Über den **Abbau der Thiosulfate und einiger Polythionate zu Sulfiten durch reducierende Salze in alkalischer Lösung und über einige Monosulfoxyarsenate. II. Antimon-Alkalimetallsulfate.** *(Erlangen 1897: F. Junge.)* (35 S.) 8°
München, Phil. Diss. v. 1898

Gutmann, Bernhard, aus Niederwern: Ueber die **Entwicklung** und das Wachstum des Hautcarcinoms. *Würzburg 1902: C. J. Becker.* (58 S.) 8°
Würzburg, Med. Diss. v. 1902

Gutmann, B., die Rachitis, s.: Abhandlungen, Würzburger, aus dem Gesamtgebiet der prakt. Medizin. VIII, 5.

Gutmann, Bruno, Dichten u. Denken der Dschagganeger. Beiträge zur ostafrikan. Volkskunde. (VII, 200 S. m. 12 Taf.) 8. Leipzig 909. Verlag d. ev.-luther. Mission. 2.—; geb. in Leinw. 2. 50

Gutmann u. **Fokken,** neun Dschagga-Märchen, s.: Lichtstrahlen im dunkeln Erdteile. 3l. Ser. 3.

Gutmann, C., zur Pathologie des Pankreas, s.: Sauerbeck, Ernst

Gutmann, C. A. B., Wetterfische, Laubfrösche, Blutegel und Spinnen, die sichersten Wetterverkündiger! Beschreibung dieser Thiere u. Anweisung zu der Behandlung der Goldfische. Nebst Mittheilungen vieljähriger, interessanter, auf d. Vorausbestimmung d. Witterungs-Veränderungen sich beziehender Erfahrungen u. Beobachtungen. Mit 1 illum. Kupfertaf. 16. Leipzig 812, Schreck. n. 1/3 ₰

Gutmann, C. L., Hamburgisches A-B-C- u. Lesebuch zum Unterricht u. zur Erholung für artige und fleißige Knaben und Mädchen. Mit (6) gemalt. Kupf. 8. Hamburg 843, Bödecker. geb. 1/2 ℛ

— Hamburgische Fibel, oder: Erstes Bilderbuch für Kinder, als A-B-C-Buch, nach einer leichten und faßlichen Methode bearb. Mit (6) color. Kupf. 8. Ebend. 843. n. 1/4 ℛ — 2. verm. Aufl. Ebend. 845. geb. n. 1/4 ℛ

Gutmann, C. L., Hamburgische Fibel, oder: Erstes Bilderbuch für Kinder als A-B-C-Buch, nach einer leichten u. faßlichen Methode bearb. 2. verb. u. verm. Aufl. Mit (6) color. Kpfrn. 8. (32 S.) Hamburg 849, Jowien. n. 1/3 ℛ

— der kleine Schmetterlingsfänger. Eine leichtfaßl. Anweisung, ohne alle Vorkenntnisse Schmetterlinge zu fangen 2c. Nebst Beschreibung der vorzüglichsten, in unserer Gegend bekannt. Schmetterlinge. Mit (2 ill.) Kupf. 8. Ebd. 843. 5/12 ℛ

Gutmann, Carl, s. G u t m a n n , Karl.

Gutmann, Dora, Gottesdienste. Ein Festzyklus zur Weihnacht. In Gedichten. Zürich 864. (Höhr.) 16. (96 S.) n. 11 ngr.

Gutmann, Eduardus (geb. Eilenburg 14. 1. 1829): De arsenici usu therapeutico. Berolini (1851). (34 S.) 8°
Berlin, Med. Diss. v. 7. Apr 1851

Gutmann, Emil, approb. Arzt, aus Coburg: Aus d. Laboratorium d. med. Poliklinik d. Universität Jena. Zur Kenntnis der Verdauungsprodukte des Leims. *Coburg 1901: A. Rossteutscher.* (20 S.) 8°
Jena, Med. Diss. v. (2. Okt.) 1901

Gutmann, Fd., Diätetik für Biertrinker. Ein wohlmeinender Rathgeber. Ein höchst wichtiges Büchlein für unsere Zeit. 8. Quedlinburg 842, Basse. 1/3 ℛ

Gutmann, Ferdinand [Cand. med. aus Nürnberg]: Ueber einen Fall von primären [sic!] Carcinom der Prostata. . . . München, Buchdr. v. M. Ernst, 1880; 28 S. 8°
München, Med. Fak., Inaug.-Diss. v. 1880

Gutmann, (Fr.,) Pianoforteschule nach einer neuen Methode, mit besonderer Rücksicht auf Fingersatz u. Vortrag. Nebst einigen Uebungsstücken. N. Ausg. gr. 4. Lpz. 827, Hofmeister.
Vgl. Guthmann, Fr.

Gutmann, Franz: Die Soziale Gliederung der Bayern zur Zeit des Volksrechtes. Straßburg: K. J. Trübner 1906. (VII, 120 S.) 8°
Straßburg, Rechts- u. staatswiss. Fak., Ref. Knapp, Diss. v. 4. Juni 1904
[Wohnort: München; Staatsangeh.: Bayern.]

Die soziale Gliederung der Bayern zur Zeit des Volksrechtes von Franz Gutmann. Strassburg: K. J. Trübner 1906. (XII, 330 S.) 8°
= Abhandlungen aus d. staatswiss. Seminar zu Strassburg. H. 20. [illegible]

Gutmann, Fritz, das Handelsgesetzbuch (ohne Seerecht), s. d. Handbibliothek, juristische.

Gutmann, Fritz, Das Handelsgesetzbuch (ohne Seerecht) nebst d. Einführungsgesetz erl. durch d. Rechtsprech. Leipzig 1907. 8°.
(Jurist. Handbibliothek, hrsg von Max *Hallbauer* u. Walter *Schelcher*. Bd 194.)

Gutmann, G., hoch die Palz! Gedichte in Pfälzer u. hochdeutscher Mundart. 12. (X, 229 S.) Heidelberg 887. Petters. geb. n. 2. —

Gutmann, Gottl. Aug. Wlh., d. Jugendfreund; eine Samml. vorzügl. interessanter Gegenstände aus den neuesten Werken d. Ausländer 2c. Mit 20 bunten Kpft. gr. 8. Berl. 805. W. Dehmigke. (Sander). 4 ℛ

Über die Bedeutung der Geschlechtskrankheiten für die Hygiene des Auges. Vortrag geh. in d. Sitzung d. Ortsgruppe Berlin d. Deutschen Gesellsch. z. Bekämpfung d. Geschlechtskrankh. 1903 von Dr. G[ustav] Gutmann, Augenarzt in Berlin. *Leipzig: J. A. Barth 1904.* (16 S.) 8°
= Flugschriften d. Deutschen Gesellschaft z. Bekämpfung d. Geschlechtskrankheiten. H. 2. [illegible]

— über einige f. den praktischen Arzt wichtige Erkrankungen der Hornhaut u. ihre Behandlung. Nach Vorträgen u. Demonstrationen, geh. auf Veranlassg. des Zentralkomitees f. das ärztl. Fortbildungswesen in Preussen im Wintersem. 1901/1902. (18 S.) gr. 8. Jena 1902. G. Fischer. n. — 60
Sonderabdruck aus: „Klin. Jahrb."

Gutmann, G., Grundriss der Augenheilkunde. Ein Compendium f. Studirende u. Ärzte. Mit 93 Fig. im Text u. e. Durchschnitt d. Auges. gr. 8. (X, 293 S.) Stuttgart 898. F. Enke. n. 6. —

Die Schwachsichtigkeit nach skrofulöser Augenentzündung, ihre wirtschaftl. Bedeutung u. ihre Verhütung. Von Dr. G[ustav] Gutmann, Augenarzt in Berlin. Berlin: Vogel & Kreienbrink 1904. (16 S.) 8° [F.]
— Volksschriften, Hygienische. No 15. [illegible]

Gutmann, Hans, a. Schönlind (Böhmen): Zur Kenntnis der ungesättigten Ketone. Über das Aethylglyoxal und das Propylglyoxal. Kiel 1907: Lüdtke & Martens. (59 S.) 8°
Kiel, Phil. Fak., Ref. Harries, Diss. v. 2. Febr. 1907
[Geb. 22. Dez. 78 Schönlind in Böhmen; Wohnort: Altenburg; Staatsangeh.: Sachsen-Altenburg; Vorbildung: Realgymn. Altenburg Reife O. 00; Studium: Leipzig 6, Kiel 4 S.; Rig. 1. Dez. 06.]

Gutmann, Hans, Referendar: Die Natur der Geldstrafe und ihre Verwendung im heutigen Reichsstrafrecht. Von d. Jur. Fak. d. Univ. Leipzig m. d. 1. Preise d. Eisenhuth'schen Stiftung gekrönt. Leipzig 1909: Hirschfeld. XI, 147 S. 8°
¶ (Ersch. auch als Buch ebd.)
Leipzig, Jur. Diss. v. 1. Juni 1909
[Geb. 26. März 83 Dresden; Wohnort: Dresden; Staatsangeh.: Sachsen; Vorbildung: Kreuz-Gymn. Dresden Reife O. 01; Studium: Leipzig 1, München 1, Leipzig 1, Berlin 3, Leipzig 2 S.; Rig. 14. Juli 05.] [U 09. 2526

Die Natur der Geldstrafe und ihre Verwendung im heutigen Reichsstrafrecht. Von Dr. Hans Gutmann. Leipzig: Hirschfeld 1909. XI, 147 S. 8°
[Erschien auch als Inaug.Diss. Leipzig 1909.] [illegible]

Gutmann, Heinrich, s. G u t m a n n , Johann Heinrich.

Gutmann, Heinrich Andreas August (Dresden), De metastasibus lactis. Diss. med. Präs. Georg Rudolph Boehmer. Wittbg. (Tzschiedrich) 2. V. 1797. 24 S. (5.—) 12393
Widm. v.: Traug. Carl Aug. Vogt, Carl Aug. Oberreich (Kindelbrück/Thür.).

Gutmann, Hnr. Karl, (Jak. Glatz), histor.-biograph. Bibliothek für d. Jugend beiderlei Geschlechts; oder interessante geschichtl. Darstellungen u. Lebensbeschreibungen merkwürdiger Männer u. Frauen. 4 Bdchen. 8. Wien 817. Ant. Doll. 3 ℛ 8 ℊ Hbg. Pr. 2 ℛ 16 ℊ

— Bibliothek für deutsche Töchter, oder Samml. belehrender u. unterhaltender Erzählungen für Mädchen vom 6ten bis 16ten Jahre. 4 Thle. gr. 8. Wien 816. Ant. Doll. (Er. Fleischer in Leipz.) 3 ℛ 16 ℊ Hbg. Pr. 2 ℛ 16 ℊ

— moral. Erzählungen für ältere Mädchen. 2 Thle. (Macht den 3n u. 4n Thl. d. Bibliothek für Töchter aus). gr. 8. Wien 816. Ant. Doll. 2 ℛ Hbg. Pr. 1 ℛ 8 ℊ

— moral. Erzählungen für jüngere Mädchen. 2 Thle. (Macht den 1n u. 2n Thl. d. Bibliothek für Töchter aus). gr. 8. Wien 816. Ant. Doll. 2 ℛ Hbg. Pr. 1 ℛ 8 gr

— Gedichte für d. ältere Jugend ꝛc. 8. Wien 814. Ant. Doll. 12 gr

— Gedichte für d. jüngere Jugend zur Unterhaltung u. Belehrung, so wie zum Declamiren. 8. Wien 814. Ant. Doll. 12 gr

— Magazin von moral. Erzählungen. 2 Bde, mit 2 Kpf. gr. 8. Wien 808. Ant. Doll. 3 ℛ 2e Aufl. 2 Bde. gr. 8. Ebd. 817. Ebd. 3 ℛ

H. K. **Gutmann** (d. i. Jac. **Glatz**): Magazin v. moralischen Erzählungen für alle Fälle a. d. Sittenlehre, alphabet. geordnet; e. Handb. f. Aeltern u. Lehrer b. Unterrichte in d. Moral. 2 Thle. M. 2 Kpf. *Wien*, Doll. 818. gr 8° 3 ℛ

— erste Nahrung für den keimenden Verstand guter Kinder. Mit 100 ill. Abbildd. 8. Wien 808. 2e verb. Aufl. 812. Ant. Doll. 1 ℛ 8 gr

— J. G. Langsdorff's Reise um d. Welt. Für d. Jugend bearbeitet, mit 2 Holzschn. gr. 8. Wien 816. Ant. Doll. 20 gr Hbg. Pr. 16 gr

Gutmann, Hubert, a. Pforzheim: Die Rhein-Donau-Wasserscheide in Baden. Emmendingen 1906: Dölter. (32 S.) 8°
Freiburg i. B., Phil. Fak., Ref. Neumann, Diss. v. 1906
[Geb. 15. Juli 80 Pforzheim; Wohnort: Waldkirch; Staatsangeh.: Baden; Vorbildung: Oberrealsch. Freiburg i. B. Reife M. 99; Studium: Freiburg i. B. 5, Heidelberg 2 S.; Rig. 28. Juli 05.]

Gutmann, Hub., die Rhein-Donau-Wasserscheide in Baden. (33 S. m. 1 Taf. u. 1 Karte.) 8. Emmendingen 906. (Freiburg i/B., Lorenz & Waetzel.) n. 1.—

Gutmann, Hugo [aus Berlin]: '(Aus d. Kgl. Univ.-Augenklinik zu Berlin.)' Diphtherie-Heilserum und postdiphtherische Accomodationslähmungen [!] ... Berlin, Buchdr. v. G. Schade, *1896*; 31 S. 8.
Berlin, Med. Fak., Inaug.-Diss. v. 8. Mai 1896

Gutmann, J., Liturgik (Orchoth-chajim), Ritual- u. Ceremonialgesetze m. besond. Rücksicht auf d. Liturgie in Synagoge u. Haus, nebst e. Anh., enth. alle in der Liturgie u. im häusl. Leben gebräuchl. hebr. Ausdrücke u. e. kurze Inhaltsangabe d. hl. Schrift, z. Gebr. f. d. isr. Schuljugend u. f. d. Familie. 8. (XI, 147 S.) Teschen 896. (Leipzig, M. W. Kaufmann.) Kart. n. 1.—

Gutmann, J.. Liturgik (Orchoth-chajim). Ritual- u. Ceremonialgesetze m. besond. Rücksicht auf die Liturgie in Synagoge u. Haus, nebst e. Anh., enth. alle in der Liturgie u. im häusl. Leben gebräuchl. hebr. Ausdrücke u. e. kurze Inhaltsangabe der hl. Schrift, zum Gebrauche f. die isrl. Schuljugend u. f. die Familie, aus den Quellen bearb. 2. verb. u. verm. Aufl. (XIV, 146 S.) 8. Berlin (902). C. Boas Nachf. Kart. n. 1.50

Liturgik ... (Orchoth-Chajim). Ritual- u. Ceremonialgesetze, mit bes. Rücks. auf d. Liturgie in Synagoge u. Haus, nebst e. Anh. ... z. Gebr. f. d. isr. Schuljugend u. f. d. Familie, aus d. Quellen bearb. von J. **Gutmann**. Religionsl. in Teschen. (Vorr.: Dr. Adolf Leimdörfer.) 2. verb. u. verm. Aufl. *Berlin: C. Boas Nachf. 1903.* (XII, 146 S.) 8° [F.]

Gutmann, Johann: Das Kolonistenleben im Staate São Paulo in Brasilien. 3. verb. Aufl. Ldn ('10). 20 S.

(Gutmann, [Johann] H[einrich].) Antwort auf die Antikritik des Herrn I[gnaz] Th[omas] Scherr, datirt Uottingen, den 21. Februar 1832. 8. (Zürich 1832.)

Gutmann, H., Zürich's Eintritt in d. Schweizerbund. Schauspiel f. die Jugend. gr. 16. (16 S. m. 1 Holzschntaf.) Zürich 851, Orell, Füßli & Co. 3 ngr

Gutmann, Jh. Hnr., Katechismus, oder Unterricht in d. wahren christl. Religion ꝛc. 8. Zürich 819. Orell. 8 gr 2e verb. Aufl. 12. Ebd. 825. Schultheß. 4 gr

— s. Tacitus, Geschichtsbücher.

Gutmann, H., s. Tacitus Werke.

Gutmann, Johannes, Erzählungen aus der Natur und Menschenwelt, durch sinnreiche Bilder ausgeschmückt. Eine neue Belehrungsschrift für die fleißige und lernbegierige Jugend. 8. (Mit 8 col. Kpfr.) Nürnb. 843, Renner u. Co. geb. 1/2 ℛ

— Leseconfect oder muntere Erzählungen zu Nutz' u. Lehr' der lieben Kinderwelt. Mit 24 ill. Abbild. 8. Ebd. 843. geb. 5/12 ℛ

Gutmann, Josef (Hrsg.), s. Auerbach, Jakob: Biblische Erzählungen für die israelitische Jugend.

Gutmann, Joseph [aus Beverungen]: Untersuchungen über das mittelenglische Gedicht The Buke of the Howlat ... Halle a/S, *C. Vogt's Buchdr., Berlin*, 1892; 47 S. 8.
Halle, Phil. Fak., Inaug.-Diss. v. [3. Sept.] 1892

Über den amerikanischen 'Stahltrust'. Mit Berücks. d. deutschen Stahlwerkverbands. Von Julius **Gutmann**. Essen: G. D. Baedeker 1906. (VIII, 160 S.) 8° [05. 1834]

Gutmann, K. F., Lesebuch f. meine Kinder oder Erzählungen, Fabeln u. Mittheilungen aus der Naturgeschichte zur Belehrung u. Unterhaltung. Mit 14 ill. Kpfrn. 12. Quedlinburg 844, Ernst. geb. 1/12 ℛ

Gutmann, K. S.: Wie steht's um unsere Reben? Colmar: Eglinsdörfer & Waldmeyer 1888. 47 S. -- [illegible]

Gutmann, K. S.: Wie steht's um unsere Reben? 2. Aufl. Colmar: Eglinsdörfer & Waldmeyer 1892. 57 S. -- Bibliothèque Nationale et Universitaire de Strasbourg*

Gutmann, Karl [Pseud.], s. a. Rose, Dietr. Ant. Carl

Gutmann, Karl: Aetiologie der Endocarditis nach Beobachtungen in der Göttinger medizinischen Klinik. *Göttingen 1898: Dieterich.* (99 S.) 8°
Göttingen, Med. Diss. v. [25. Mai] 1898

Gutmann, Carl: Aus dem pharmakol. Institut der Universität Würzburg. Ueber mechanische Auspressung der in Diastole stehenden Ventrikel. *Würzburg 1898: A. Boegler.* (16 S.) 8°
Würzburg, Med. Diss. v. 1898

†**Gutmann,** Karl, (D. A. K. Rose) das goldene Buch, od. Erziehungsschatzkästlein, s. Buch.

K. **Gutmann**'s (d. i. Dt. Ant. K. **Rose**'s) Buch des Guten, Wahren u. Schönen; allen Gebildeten gewidm. *Halle*, Reinicke u. C. 824. 8° 16 gr

Gutmann, Karl, (D. A. K. Rose), das Buch d. Schönen u. Wahren. 8. Halle 825. Reinicke u. C. 16 gr Schrbp. 21 gr

Gutmann, Carl, fünf Erzählungen. Nürnberg 853. Zeh. 8. (2 Bl., 288 S.) n. 1 ℳ

Gutmann, Carl [prakt. Arzt aus Karlsruhe]: Ein Fall von Drillingsgeburt mit einem lebenden Kinde und zwei Foetus papyracei . . . Karlsruhe, Druck v. Malsch & Vogel, 1885; 23 S. 8°.
Strassburg, Med. Fak., Inaug.-Diss. v. 1885.

Gutmann, Carl, ein Fall von Drillingsgeburt mit einem lebenden Kinde und zwei Foetus papyracei. Diss. Strassburg i. Els. 1885, Trübners Buchh. u. Antiqu. (E d'Oleire). 8°. 23 S.

Gutmann, Dr., Frauenwürde. Oder Sammlung schöner weiblicher Charaktere u. nachahmungswürdiger Beispiele weibl. Tugenden. 8. Hamburg ... Niemeyer. 5/6 ℳ

— Frauenwürde, oder Samml. schöner weibl. Charaktere u. nachahmungswürd. Beispiele weibl. Tugenden. Ein Angebinde für Töchter, Schwestern, Gattinnen rc. 8. Hamb., Schubert u. N. 18 gℓ

Gutmann, Karl, malerischer Jugendfreund. Eine Reihe interess. Erzählungen u. Darstellungen aus d. Leben zur Lehre u. Erheiterung. Mit 18 Bildern. gr. 8. Bern 843, Huber u. Comp. n. 2 ℳ

Gutmann, Karl, d. Kirchenzwang in d. Schule, s.: Lipps, Thdr.

Gutmann, Karl: Konfessionalismus und Schule. Vortr. gehalt. auf d. 6. Hauptversamml. d. Verb. Paedagogia zu Regensburg am 30. Aug. 1910. München 1910. 8°

K. Gutmann (d. i. Dt. Ant. K. Rose): d. Menschenkenner, od. d. Spiel d. menschl. Lebens in sn. mannigfalt. Wendd. u. nach sm. ganzen Mechanism. dargel.; e. gemeinnütz. Buch. *Berl.*, Nortmann. 829. 8° 20 gℓ

Pythagoras und die Pythagoräer nebst einem Auszuge der goldenen Sprüche, dem Briefe an den Hiero und zweien Gesprächen über die Aufnahme in den pythagoräischen Bund und dem Gebete eines Eingeweihten; für Gebildete, vorzüglich auch für Maurer, von K[arl] **Gutmann.** Halle u. Leipzig: Reinicke 1824. 67 S. 8°
Recens: AZ. 1826 S. 114.
cf. LCBl. 1826 Nr 76.
Kl. 3786.

— s. Quinctilian, Anweis. zur Beredsamkeit.

K. Gutmann (d. i. Dt. Ant. K. Rose): d. Spiegel, e. Taschenb. f. Deutschl. edle Töchter, z. Beförd. d. häusl. u. ehel. Glücks. *Magdeb.*, Heinrichshofen. (827.) 2e vb. u. vm. Ausg. 845. 16° 1 ℳ 2r Thl. m. d. bes. Tit.: Neuer Sp. 829. 20 gℓ 3r Th. m. d. T.: Neuester Spiegel. 832. 1 ℳ

Gutmann, Karl, der Spiegel. Ein Taschenbuch für Deutschlands edle Töchter, zur Beförderung des häusl. u. ehelichen Glücks. (1. Thl.) 2. verb. u. verm. Ausg. 16. Magdeburg 845, W. Heinrichshofen. 1 ℳ

— Auf den Spuren der Humanität. (52 S.) 8. Weimar 910. R. Wagner Sohn. — 50
Sonderabdr. a. „Lehrerztg. f. Thür. u. Mittel-Deutschl."

† (Gutmann, Karl,) belehrendes Taschenbuch f. Kinder rc., (——) Taschenbuch f. Verlobte rc., } s. Taschenbuch.

(K. Gutmann's, d. i. Dt. Ant. K. Rose's) Taschenbuch f. Verlobte u. alle die es werden wollen; f. Deutschl. edle Söhne u. Töchter, v. d. Vfr. d. Spiegels. *Potsd.*, Vogler. 831. 8° 20 gℓ

— s. Unterhaltungblatt, neues Schweizerisches.

Gutmann, Karl, Verzeichniß der zum gemeinschaftlichen Landgericht zu Gera gehörigen Ortsgemeinden, mit den denselben vorgesetzten Verwaltungsbehörden, Amtsgerichten u. Standesämtern, sowie den den Ortschaften zunächst liegenden Postanstalten. 4. (29 S.) Gera 879. Burow. n. — 75

— allgemeines brauchbares Volksbuch zur Belehrung u. Unterhaltung d. Bürgers u. Landmanns rc. gr. 8. Frankf. a. M. 827. (Gebhardt in Grimma). 1 ℳ Hbd. Pr. 16 gℓ

Gutmann, Karl A., Deklamierbuch f. evangelische Vereine. Nebst e. Anweisg. zum Deklamieren. Auf Ansuchen d. Bundes der evangel. Arbeitervereine in Bayern hrsg. 12. (XII, 487 S.) Ansbach 893. C. Brügel & Sohn. n. 1. 40; geb. in Leinw. n. 1. 85

Gutmann, Karl A., Deklamierbuch f. evang. Vereine. 2. Bd. Auf Ansuchen d. Bundes evang. Arbeitervereine in Bayern hrsg. 12. (XIII, 480 S.) Ansbach 895. C. Brügel & Sohn. Geb. in Leinw. n. 1. 65

Gutmann, Karl A., die wichtigsten Ereignisse der Weltgeschichte. Zum Auswendiglernen. Auch als Grundlage f. den Unterricht in höheren Schulen. gr. 16. (X, 112 S.) Erlangen 874. Deichert. n. — 80

Gutmann, Karl A., die wichtigsten Ereignisse der Weltgeschichte. Zum Auswendiglernen. Auch als Grundlage für den Unterricht in höheren Schulen. 2., verb. Aufl. gr. 16. (X, 124 S.) Erlangen 876. Deichert. n. 1. —

Gutmann, Karl A., die wichtigsten Ereignisse der Weltgeschichte. Zum Auswendiglernen. Auch als Grundlage für den Unterricht in höheren Schulen. 3. verb. Aufl. 16. (X, 129 S.) Erlangen 882, Deichert. *

— zur Erinnerung an den Konfirmandenunterricht nach dem kleinen Katechismus Mart. Luthers. Ein Hilfsmittel zur Wiederholg. u. tieferen Begründg. der Katechismuserklärg. gr. 8. (X, 221 S.) Erlangen 882. F. Junge. n. 2 80

Gutmann, Karl A., Grundriß der deutschen Geschichte. Für den Selbstunterricht u. f. den Unterricht in den unteren u. mittleren Klassen höherer Lehranstalten bearb. gr. 8. (IX, 236 S.) Erlangen 883. Deichert. n. 2. —

—— und G. N. Marschall, Grundriß der deutschen Sprach- und Rechtschreiblehre für höhere Lehranstalten [Lehrerbildungsanstalten, Latein-, Gewerb-, Real- und höhere Bürgerschulen]. 8. (X, 240 S.) München 875, kgl. Central-Schulbücher-Verlag. **

Gutmann, Karl A., u. G. N. **Marschall**, Grundriß der deutschen Sprach- u. Rechtschreiblehre für höhere Lehranstalten [Lehrerbildungsanstalten, Latein-, Gewerb-, Real- u. höhere Bürgerschulen]. 2., durchgeseh. u. der amtl. eingeführten Rechtschreibung angepaßte Aufl. 8. (VIII, 272 S.) München 880. kgl. Central-Schulbücher-Verl. n.n. 1. 50; geb. n.n. 1. 75

— u. G. N. **Marschall**, Grundriß der deutschen Sprach- u. Rechtschreiblehre f. höhere Lehranstalten. 3., durchgeseh. u. der amtlich eingeführten Rechtschreibg. angepaßte Aufl. 8. (VIII, 278 S.) München 883. Exped. d. k. Zentral-Schulbücher-Verl. geb. n.n. 1. 90

— u. G. N. **Marschall**, Grundriß der deutschen Sprach- u. Rechtschreiblehre für höhere Lehranstalten. 4., durchgeseh. Aufl. 12. (XI, 274 S.) München 888. Oldenbourg, Abteilung f. Schulbücher. geb. n.n. 1. 90

— u. G. N. **Marschall**, Grundriß d. deutschen Sprach- u. Rechtschreiblehre f. höh. Lehranst. (Mittelschulen.) 5., durchgeseh. Aufl. gr. 8. (VIII, 279 S.) München 895. R. Oldenbourg, Abteilg. f. Schulbücher. Geb. in Leinw. n.n. 1. 90

— u. G. N. **Marschall**, Grundriß der deutschen Sprach- u. Rechtschreiblehre f. höh. Lehranstalten (Mittelschulen). 6. Aufl. 8. (VIII, 279 S.) München 900. R. Oldenbourg. Geb. in Leinw. n.n. 1. 90

— u. G. N. **Marschall**, Grundriß der deutschen Sprach- u. Rechtschreiblehre f. höhere Lehranstalten (Mittelschulen). 7. Aufl. (VIII, 171 S.) gr. 8. München 903. R. Oldenbourg. Geb. in Leinw. n.n. 1. 90

— u. G. N. **Marschall**, Grundriß der deutschen Sprach- u. Rechtschreiblehre f. höh. Lehranstalten (Mittelschulen). 8. Aufl. (VIII, 171 S.) 8. München 906. R. Oldenbourg. Geb. nn 1. 90

— Grundriß der Weltgeschichte. Für den Unterricht an den unteren u. mittleren Klassen höherer Lehranstalten bearb. gr. 8. (IX, 269 S.) Nürnberg 885. Korn. n. 2.—

— vor 25 Jahren! Kurzgef. Geschichte d. deutsch-französ. Krieges v. 1870 u. 1871. gr. 8. (16 S.) Rothenburg o/T. 895. J. P. Peter. — 10

— s.: Jahreszahlen, die wichtigsten weltgeschichtlichen.

— die wichtigsten weltgeschichtlichen Jahreszahlen. Zur Repetition der Geschichte. 2. Aufl. 24. (32 S.) Ebend. 879. cart. — 15

— Dr. Martin Luthers Leben u. Wirken. Zugleich als kurze Reformationsgeschichte f. die evangel. Schule u. Gemeinde. gr. 8. (IV, 78 S. m. Stahlst.-Portr.) Ebend. 883. n. — 40

— Dr. Martin Luther's Leben u. Wirken. Zugleich kurze Reformationsgeschichte f. die evangel. Schule u. Gemeinde. Mit Luther's Bildnis u. Wappen. 15. u. 16. Aufl. gr. 8. (IV, 79 S.) Rothenburg o/T. 886. Peter. n. — 30

— Martin Luthers Leben u. Wirken. Kurze Reformationsgeschichte f. die evangel. Schule u. Gemeinde. Mit Illustr. v. Geo Krämer. 17.—21. Tausf. gr. 8. (IV, 108 S.) Rothenburg o Tbr. 892. J. P. Peter. n — 40

Gutmann, Karl A., Dr. Martin Luthers Leben u. Wirken. Kurze Reformationsgeschichte f. die evangel. Schule u. Gemeinde. Mit Illustr. v. Geo Krämer. (22.—25. Tausf.) gr. 8. (112 S.) Rothenburg (899). J. P. Peter. — 40

— Philipp Melanchthons Leben u. Wirken. Zur Erinnerg. an d. Reformator u. Lehrer Deutschlands. Für d. evang. Schule u. Gemeinde. M. Illustr. v. Geo. Krämer. gr. 8. (IV, 96 S.) Ansbach 897. C. Brügel & Sohn. n. — 50

— Lehrbuch der deutschen Geschichte in Verbindung m. der Geschichte Bayerns. Nebst e. kurzen Uebersicht der Geschichte der alten Welt. Für den Unterricht in Mittelschulen. gr. 8. (X, 338 S.) Ebend. 874. n. 3. 60

— Lehrbuch der deutschen Geschichte in Verbindung mit der Geschichte Bayerns. Nebst einer kurzen Uebersicht der Geschichte der alten Welt. Für den Unterricht in Mittelschulen bearb. 2., neu bearb. Aufl. gr. 8. (X, 333 S.) Erlangen 878. Deichert. n. 2. 80; geb. n.n. 4. 20

— Lehrbuch der deutschen Geschichte in Verbindung m. der Geschichte Bayerns. Nebst e. kurzen Übersicht der Geschichte der alten Welt. Für den Unterricht in Mittelschulen bearb. 3. verb. Aufl. gr. 8. (XIV, 365 S.) Erlangen 886. Deichert. n. 3. —

— Lehrbuch d. deutschen Geschichte in Verbindg. m. d. Geschichte Bayerns. Nebst e. kurzen Übersicht d. Geschichte d. alten Welt. Für d. Unterr. an Mittelschulen bearb. 4. Aufl. gr. 8. (XII, 364 S.) Leipzig 898. A. Deichert Nachf. n. 3. —

Gutmann, K. A., Leitfaden f. den ersten Unterricht in der bayrischen Geschichte. [Aus: „Deutsch-bayr. Geschichte".] gr. 8. (IV, 32 S.) Leipzig 888. Deichert Nachf. cart. n. — 40

— Rede über 1. Korinther 1, 30, am Grabe des Konr. Sippel, Ökonomen u. Altsitzers zu Wezendorf bei Nürnberg, geh. am Sonntag Lätare den 4. März 1883. gr. 8. (15 S.) Nürnberg 883. Löhe. n. — 20

— deutsches Sprachbuch, s.: Marschall, G. N.

— synchronistische Uebersicht der wichtigsten Ereignisse aus der deutschen u. bayerischen Geschichte. gr. 8. (41 S.) Ebend. 874. n. — 50

— synchronistische Uebersicht der wichtigsten Ereignisse aus der deutschen u. der bayerischen Geschichte. Als Hilfsmittel für die Repetition besonders abgedruckt aus des Verf. Lehrbuch der deutschen Geschichte in Verbindung mit der Geschichte Bayerns. 2. Aufl. gr. 8. (32 S.) Erlangen 878. Deichert. n. — 40

—— Uebersicht der Weltgeschichte. Als Grundlage für den Unterricht in Mittelschulen und als Hilfsmittel für die Repetition. 2 Hälften. gr. 8. Nürnberg, Löhe. *

Inhalt:

Hälfte 1. Die alte und die mittlere Geschichte bis zum Vertrage von Verdun. 1. Aufl. (VIII, 111 S.) 1873, und 2. vielfach verm. Aufl. (VIII, 135 S.) 875. ℳ 1,30.

" 2. Die mittlere Geschichte seit dem Vertrage von Verdun und die Geschichte der neueren Zeit. (V, 189 S.) 873. (*ℳ 2.10.) *ℳ 2.

— dasselbe. 2. Hälfte.: Die mittlere Geschichte seit dem Vertrage v. Verdun u. die Geschichte der neueren Zeit. 2. vielfach umgearb. u. durch e. Namen- u. Sachregister verm. Aufl. gr. 8. (VIII, 256 S.) Ebend. 875. n. 2. 70

— Übersicht der Weltgeschichte. Als Grundlage f. den Unterricht in höheren Lehranstalten u. als Hilfsmittel f. die Repetition. 3., verb. Aufl. gr. 8. (VIII, 140 u. VIII, 265 S.) Gütersloh 882. Bertelsmann. n. 4. —

Gutmann, Karl Frdr., die Kunsttöpferei des 18. Jahrh. im Großherzogt. Baden. Nach amtl. Quellen bearb. Mit 5 Taf. in Lichtdr., sowie Vignetten, Abbildgn. u. Fayence-Marken, nebst e. Brief in Fksm. (VIII, 180 S.) 4. Karlsruhe 906. G. Braun'sche Hofbuchdr. n. 12. —

Gutmann, Karl S., Köstlach. Römische Villa u. prähistor. Ringwall. (44 S. m. Abbildgn., 4 Plänen u. 3 Taf.) Lex. 8. Gebweiler 909. J. Boltze. nn 3. 80
Sonderabdruck aus „Mittlgn. d. Gesellsch. f. Erhaltg. d. geschichtl. Denkmäler im Elsass".

Gutmann, Konrad, Referendar: Die Gewährleistungspflicht des Schenkers wegen Mangels im Recht nach gemeinem Recht und Bürgerlichem Gesetzbuch. *Berlin 1903: C. Rosen.* (66 S.) 8°
Rostock, Jur. Diss. v. [5. Aug.] 1903

— Kurt (Senftenberg N./L.), Ueber die Ursachen des raschen Wachstums von Fibromyomen des Uterus. Diss. med.-chir. Halle (C. A. Kaemmerer & Co.) 6. VII. 1888. 32 S. mit Biogr. (4.80) 12394
Refer.: Kaltenbach. — Oppon.: Rud. Grossmann, Max Plathner. — Impr.: Krahmer.

Gutmann, Kurt, über die Ursachen des raschen Wachstums von Fybromyomen des Uterus. Diss. Halle 1888, Lippertsche Buchh. 8°. 30 S.

Gutmann, Leo, aus Haimbach: Ueber Abkömmlinge der $\langle bb_1 \rangle$-Diazole. *Heidelberg 1902: Moriell.* (51 S.) 8°
Heidelberg, Naturw.-math. Diss. v. 1902

Gutmann, Leon. Erysipelas neonatorum. Diss. Med. Basel. *Kopftitel:* Aus dem Frauenspital Basel-Stadt. 31 S. 8. Zürich, Gebr. Leemann & Co., 1907.

Gutmann, M. (Hrsg.), s. Apokryphen, Die, des alten Testaments.

Gutmann, M., Gläubige u. Freidenker, s.: Volksschriften zur Umwälzung der Geister.

Gutmann, M., Richard Wagner, der Judenfresser. Entgegnung auf Wagner's Schrift: „Das Judenthum in der Musik". Dresden 869. Weiske. gr. 8. (17 S.) n. 4 ngr.

Gutmann, Moritz von, König Enzio. Trauerspiel in 5 Acten. 8. (101 S.) In Lwd geb.
Mährisch-Ostrau: Prokisch 1892.

Gutmann, Mor. v., Frühlingsklänge. Gedichte. gr. 16. (62 S.) Mähr.-Ostrau 895. J. Kittl.
Geb. in Leinw. m. Goldschn. n. 2. —

Gutmann, Mor. Ritter v., Konradin der letzte Hohenstaufe. Tragödie in 5 Acten. 8. (87 S.) Mähr.-Ostrau 891. J. Kittl. n. 1. 20; geb. n. 2. 40

— dasselbe. 2. Aufl. 8. (127 S.) Ebd. 892. n. 1. —

— Manfred. Trauersp. in 5 Acten. (2. Aufl.) 8. (96 u. V S.) Wien 896. Mähr.-Ostrau, J. Kittl. 1. —

Gutmann, Moritz von, Aus dem Reiche der Gesänge. 16. (73 S.) 1. —
Wien: Konegen 1893.

—— Tönende Saiten. Eine Sammlg. v. Gedichten. 16. (VI, 72 S.) Ebd. 892. geb. in Leinw. m. Goldschn. * 2 —

Gutmann, M[oses]: Über einen Fall von kavernöser Metamorphose des retrobulbären Bindegewebes. *Würzburg 1897: H. Stürtz.* (19 S.) 8°
Würzburg, Med. Diss. v. 1897

Gutmann, N[eumannus] (geb. Kalisch): De myelospasmis seu de convulsionibus ab affectione medullae spinalis pendentibus. Fragmentum. Berolini (1841). (34 S.) 8°
Berlin, Med. Diss. v. 18. Sept. 1841

Gutmann, Paul, der verkaufte Dichter. Tragikomödie in 3 Aufzügen. (55 S.) 8. Leipzig 904. Modernes Verlagsbureau. n. 1. 50

Paul Gutmann. Elegien. – Frühling. (Dramat. Scene.) München: Fritsch 1899. 40 S. 8°. [II. 12169

Gedichte von Paul Gutmann. Dresden, Leipzig & Wien: Pierson 1895. 40 S. 8° [II. 11470

Gutmann, Paul, aus Bamberg: Ueber den Hydrazimonocarbonester. *Heidelberg 1903: K. Rößler.* (42 S.) 8°
Heidelberg, Naturw.-math. Diss. v. 1903

Gutmann, Paul, approb. Arzt aus Berlin: Hysterischer Mutismus im Verlauf von Typhus abdominalis. *Berlin 1901: A. Unger.* (45 S.) 8°
Heidelberg, Med. Diss. v. 1901

Gutmann, Paul, die Wahrheitschule. Komödie in 3 Aufzügen. (Bibliothek moderner Dramen.) (85 S.) 8. Berlin-Ch. (908). Vita. 2. —

GUTMANN, Robert (Stuttgart): 20 Fälle von Placenta praevia aus der Münchener Kgl. Universitäts-Frauenklinik.- München: Kastner & Lossen 1896. 44 S.,1 Bl.
10.3.1896 - Chr 1895/96,9; Jv 1895/96,272
Diss. Ingolst.-Landsh.-Mchn.

Gutmann, S., über d. Behandlung d. Zähne u. d. Zahnfleisches. Eine Schrift f. alle Diejen., denen d. Erhaltung d. Zähne am Herzen liegt. (Neue Ausg.) M. 3 col. Kpfrt. (4.) gr. 8. (5½ B.) Leipzig 828, Kollmann.

(——) allgemeinverständl. Belehrung üb. homöop. Aerzte ꝛc., s. Belehrung ꝛc.

Gutmann, S., die Dynamik der Zahnheilkunde, bearb. nach den Grundsätzen der Homöopathie. gr. 8. Leipzig 833. Kollmann. 7/8 ß

Gutmann, S., das portative Regen- und Sturzbad, welches als vorzügl. Beförderungsmittel der Gesundheit hergestellt werden kann, beschrieben. Mit 1 Zeichn. u. einem Anhange über den Gebrauch zweckmäßiger und unschädl. Zahnmedicamente. 8. Stuttgart 841, Göpel. 3/8 ß

— das vereinfachte Regen- und Sturzbad. Beschrieben. Mit 1 Steindruck. 16. Leipzig 835. Kollmann. 1/4 ß

— die Wichtigkeit der Zähne, ihre Pflege u. Heilung. Ein Wort zur Belehrung f. Jedermann. 8. Leipz. 827. 2e Aufl. 829. Kollmann. 8 gr.

Gutmann, S.: Die Wichtigkeit der Zähne, ihre Pflege und Heilung. Ein Wort zur Belehrung für Jedermann. 2.verbess.Aufl. 111 S., gbd.

Leipzig: Kollmann 1829

JB 4.374

— freimüthige Worte an Freund u. Feind über d. Verbot d. homöopath. Zahnapotheke. 8. Greiz 831. Henning. (Kollmann in Leipz.) 3 gGr

Gutmann, S., die Zahnbürste. Ist ihr Gebrauch den Zähnen nützlich oder schädlich? Mit einer (lith.) Taf. Abbildgn. gr. 8. (15 S.) Dresden 850, Adler & Dietze. n. 1/6 ℛ

Gutmann, S. L., Geschenk f. d. weibl. Jugend. gr. 8. Dresden 824. Hilscher. (Focke in Leipz.) 4 gGr

Gutmann, S[alomon]: Über die Einwirkung von Aminen auf die Chinonsulfosäure. [1907.] 31 S. 8°
München, Dr.-Ing.-Diss. v. 13. 6. 1907

Gutmann, S[alomon] Hirsch. J[ohann] G[ottlieb] Fichtes Sozialpädagogik. IV + 100 S. 8. Bern, Scheitlin, Spring & Cie., 1907.
Ausg. A: Diss. Phil. Bern.
Ausg. B: Von Dr. S. H' G'. [fr. 1.50.] — Berner Studien zur Philosophie und ihrer Geschichte.... Band 51.

Gutmann, S[amuel]: Untersuchungen Baker's über die Nichtvereinigung von trocknem Chlorwasserstoff und Ammoniak und die Dampfdichte des trocknen Salmiaks. Preisgekrönt. *Leipzig 1898: (Leipz. Tageb.).* (24 S. mit Taf.) 8° ¶ (Aus: Liebig's Annalen der Chemie, Bd 299.)
Heidelberg, Naturw.-math. Diss. v. [1. Febr.] 1898

Gutmann, Selig: Ueber chronische Endoarteriitis. Berlin: (1874). (31 S.) 8°
Berlin. Med. Diss. v. 4. Nov. 1874.

Gutmann, Theo, die Hamburg-Amerika Linie. Eine volkswirtschaftl. Studie. (90 S. m. Abbildgn.) 8. Berlin (907). Verlag Continent. 2.—

Malerische Architektur-Skizzen. Federzeichnungen von Theodor Gutmann. 50 Taf. *Berlin: O. Baumgärtel [1902].* (1 Bl., 50 Taf.) 4° [63.26]

Gutmann, T., klein. Kinderfreund, z. Beförd. moral. Bildung, 2te Aufl. 2 Bde. 8. Leipz. Sommer, 812.

Gutmann, Th., der kleine Kinderfreund. 2 Bde. 2te Aufl. gr. 12. Leipzig, Sommer. 820.

Gutmann, Thdr., (J. C. Sommer), der kleine Kinderfreund. 2 Bde. 3e Aufl. gr. 12. Leipz. 821. (W. Rauck). 14 gGr

Gutmann, Thom., philosoph. Abhandl. über d. jetzige Irreligiosität, u. eine vernachläss. religiöse Erziehung. 8. Zeitz 800. Fuchsel. 1 ℛ

Gutmann, W., chirurgische Krankheiten des Magens u. Darmes, s.: Handbuch der tierärztl. Chirurgie u. Geburtshilfe. III, 2.

Gutmann, W. G., s. History, the, of Little Jack.

Gutmann, Woldemar: Experimenteller Beitrag zur Lehre von der putriden Intoxication und der Septicaemie. Mit e. lithogr. Taf. Dorpat 1879. 94 S.

Dorpat, Vet.-med. Diss. v. 1879.

— Experiment. Beitrag zur Lehre von der putriden Intoxikation und der Septikaemie. Diss. Dorpat 79. Karow. M. 1.—

Gutmayer, F., der Weg zur Meisterschaft. Anleitung z. musterhaften Führg. v. Schachpartieen auf neuer Grundlage. gr. 8. (VIII, 224 S. m. Diagrammen.) Leipzig 898. Veit & Co. n. 3. 50

Gutmensch, J., Portugal u. seine Colonien, s.: Briefmarken-Album, permanentes.

GÜTNER, M. Joh. Geo., Gewissens-Feuer derer von ihren Weibern und Kindern fortgehenden, auch noch wol andere Weiber, oder ihre Huren wegführenden treulosen Ehemänner, denen Thätern zur Erkänntnis und Busse, vielen andern zur Abscheu und Warnung beschrieben. Leipzig, Fleischer. 8°.
O. M. V. 1714. B 4 a.

Gutowitz, Hermann, Medizinalprakt.: Aus d. Prosectur d. Krankenh. München r. I. Oberndorfer. Zur Kenntnis des primären Carcinoms der großen Gallengänge. München: Steinicke 1909. 35 S. 8°
München, Med. Diss. v. 13. April 1910, Ref. v. Bollinger
[Geb. 31. Aug. 85 Königsberg i. P.; Wohnort: München; Staatsangeh.: Rußland; Vorbildung: Neues Gymn. Regensburg Reife Juli 03; Studium: München 7, Freiburg i. B. 1, München 2 S.; Coll. 13. April 10; Approb. 11 März 10.] [U 10. 3511

Gutowski, Alex., anleitende Beschreibung der dentistischen Keramik. Nach neuem, eigenem System. (III, 60 S. m. Abbildgn.) 8. Schwäb. Gmünd (910). B. Kraus. 1.—

Gutowsky, Nikolaus: Zur Theorie des Schmelz- und Erstarrungsprozesses der Eisen-Kohlenstofflegierungen. Halle: Knapp 1910. 18 S., 5 Taf. 4° ¶ Aus: Metallurgie. Jg. 6. 1909; auch in: Mitteilungen aus d. Eisenhüttenmänn. Institut d. Kgl. Techn. Hochschule Aachen. Bd 4. 1911 [Nr 99].
Aachen, Dr.-Ing.-Diss. v. 18. 3. 1910

Gutrath, Rupr., († d. 21. Nov. 1778.) allocutiones partheniae pro variis dominicis et festis. II Part. 8maj Salzb. 784. Duyle. 2 ℛ 16 gGr

— cosmogenia eclectico-physice considerata. 4. Salzb. 754.

— *Διαγραφή* studii scripturistici in synagoga. 4. Salzburg 773

Gutrath, Rup., *Διαγραφή* studii scripturistici in synagoga. Salzburg, 1774. 4°, 310 S.

— diatribe historica. 4 Salzb. 763.

— historia pelagianisma. 4. Salzb. 777.

Gutrath, Rupr., genuina indoles doctrinae eccles., ingenuae indoli scientiae mediae etc. opposita. 4. Salzb. 773. Mayr. 16 ℛ

— introductio in historiam universam. 4. Salzb. 763.

— orationes academicae — numero XLV, ab anno 1761 usque ad ann. 1777. 8maj. Salzb. 785. Duyle. 19 ℛ

— Polyodrum veritatis critico-logice expensum. 4. Salzb. 753.

— theoremata dogmatico-polemica de doctrinae Augustinianae et Molinisticae antithesi. 4. Salzb. 772.

Gutsbeschreibung nach Taxen aus dem heimischen Gutsbetriebe. (Von G. Herbst.) (64 u. IV. S.) 32,5×23 cm. Bautzen (909). E. Hübner. 1. —

Anonym: „Ueber Gutsbesitzer und ihre Unterthanen, mit vorzüglicher Hinsicht auf Schlesien", Berlin 1800 (Unger).

Gutsch, Friedrich. Aus Karlsruhe's Volksleben. Humorist. Gedichte. 2. Bdchn. 8. Karlsruhe 889, Gutsch. [1. Bdchn. 2. Aufl. (VI, 130 S.) 2. Bdchn. (VI, 130 S.)] à Bdchn. * 1 50; * 3 — geb. à Bdchn. * 2 —; * 4 —

Gutsch, Friedrich Wilhelm, s. Gutsche, Friedrich Wilhelm

Gutsch, Gust., die büreaukratische Verfassung im Spiegelbilde der Provinzial-Steuer-Directionen in Preußen. gr. 8. (VI, 126 S.) München 893. Th. Ackermann. n. 1. 60

Gutsch, J. (Hrsg.), s. Volks-Stenograph.

Gutsch, J. G., Beschreib. e. gnomischen Universalinstrum. Mit Kpf. 8. Zittau 759. Schöps. 2 ℛ

Gutsch, Johann Gotthelf

— — (Zittau / Laus.), De eclampsia parientium morbo gravi quidem neque adeo funesto sectio prior pathologica. Disput. med. Präs. Johann Carl Gehler. Lpz. (Langenheim) 12. IV. 1776. 32 S. (5.20) 12397

Gutsch, Jo. Gtth., resp. Jo. C. Gehler, De eclampsia parturientium, morbo gravi quidem neque adeo funesto sectio pathologica et post therapeutica, resp. C. A. Gerlscher, 32 pp. Lps. 1776. 1777. 4°. Weiz, N. Ausz. 1778, VIII, 114—22.

Gutsch, Johann Gotthelf (Seyfhennersdorf/Laus.), De inflammatione diversas opiniones recenset simulque viro Christian Traugott Heffter (Loebau/Laus.) summos in medic. honores nomine collegii disput. sub praes. Ernst Gottlob Bose gratul. Lpz. (Langenheim) 21. V. 1773. 8 S. (4.50) 12396

Gutsch, Jul., die Baukunde unter spezieller Berücksicht. der Baufestigkeit. Ein Lehrbuch zum Selbstunterricht, f. Maschinenbauschulen u. zum Gebrauche in der Praxis, enth. e. grosse Anzahl Tabellen u. Rechnungsbeispiele praktisch erprobter Ausführgn., erläutert an der Hand viel. in den Text gedr. Zeichngn. (VIII, 134 S. m. 159 Abbildgn.) gr. 8. Wien 909. A. Hartleben. 5. —; geb. 6. —

Gutsch, K., Freiübungen f. Wetturner, s. a. Übungen, die, des deutschen Turners. 4. Hft.

Gutsch, K.: Freiübungen für Wetturner. Krefeld 1909. 24 S. (Die Übungen d. deutschen Turners. 4.)

Gutsch, Ludwig: Ueber die Ursachen des Schockes nach Operationen in der Bauchhöhle. Halle a. S., Plötz'sche Buchdruckerei. 1878. 8. 42 S. u. 2 Taf.

Gütsch, P., Eine Geldstagsgeschichte aus dem Amtsbezirke Erlach. Zugleich ein kulturhistor. Zeitbild, mit Bezug auf die Heiniger-Witz-Affaire. 27 Stn. 8. Ohne Angabe des Druckortes u. Verlegers. 1874

Gutschank, O., der Schwimm-Unterricht als Klassen-Unterricht. Zugleich method. Anleitg. zum Selbstunterricht. (63 S. m. Abbildgn.) 8. Elberfeld 903. J. H. Born. Geb. — 65

Gutsche, Aufgaben zum Zifferrechnen, s.: Stubba, A.

Gutsche, A., u. G. Stütze, method. geordnet. Aufgabenbuch im deutsch. Styl., s. Geppert, G.

Gutsche, A., Aufgabenbuch zum Unterricht im deutschen Styl, s. Geppert.

Gutsche, A., deutscher Stil, s. Geppert, G.

Gutsche, Arthur [pr. Arzt aus Züllichau in d. Mark Brandenb.]: Über Klumpfüsse und Klumpfussbehandlung in der Kgl. Universitätsklinik des Herrn Prof. Dr. von Bramann zu Halle a. S. ... Halle a. S., Hofbuchdr. v. C. A. Kaemmerer & C., 1896; 31 S., 1 Bl. 8.
Halle, Med. Fak., Inaug.-Diss. v. 20. Juli 1896

Gutsche, Elias, († ...) der alte redliche Balzer, ein Hülfsbüchlein, wie sich der gemeine Mann im Nothfall seine Pferde selbst kuriren kann. 7 Stcke. 8. Lauban 797. 98.

— Monatsblatt f. d. Kunst- u. Geschichtsliebenden Bürger u. Landmann, nicht aber f. Gelehrte. 16 — 128 Stck. 8. Lauban 797 — 800.

Gutsche, Friedrich Wilhelm

Gutsche, Fr. Wlh., die landwirthschaftl. Buchhaltung, eine ökonom. Schrift f. alle Proprietairs u. Beamte, welche den Ertrag d. Landeigenthums berechnen u. sicher stellen wollen. Mit 1 Kpf. u. Tab. gr. 4. Prag 814. (Calve). 5 ß

Guttsche, F. W.: „Freimüthige Gedanken über das Verpachten der Landgüter, mit Rücksicht auf das bisherige Verpachten der Staatsgüter", Breslau 1811 (Grass & Barth).

Gutsche, Fr. Wilh., Gedanken über Verpachten der Landgüter in beziehender Rücksicht auf das Verpachten der Staatsgüter. 8°. Breslau, Holäufer, 1811. (a. Grass, Barth u. Co.)

Gutsche, Fr. Wilh., Lehrb. f. prakt. Landwirthe u. Oekonomen, enth. d. richtigsten ersten Hauptgrundsätze d. Acker-, Wiesen- u. Gartenbaues, üb. Obst- u. Forstbaumzucht etc. Mit 1 Kpf. 8. Breslau, 1808. Korn. — 15

Gutsche, Georg

— u. M. **Behrend,** Handelsgebräuche im Grosshandel u. Schiffahrtsverkehre Magdeburgs, nebst Sammlg. v. Schlussscheinbedinggn., Schiedsgerichtsordngn., Vorschriften usw., hrsg. im Auftrage der Handelskammer zu Magdeburg. (XXXIII, 892 S.) gr. 8. Ebd. 905. Geb. in Leinw. n. 5. —

Gutsche, Geo., Rechtsverhältnisse des Handels. 5 gemeinverständl. Vorträge, geh. auf Veranlassg. der Handelskammer zu Magdeburg. (VI, 225 S.) Lex.-8. Magdeburg 905. (Heinrichshofen's Sort.) n. 5. 50

Gutsche, Gust., kindliche Wünsche an Geburtstagen, zum Neujahr- oder Weihnachtsfeste im Familien- u. Freundeskreise. Herzliche Gabe für Kinderfreunde. 1. Bdchn.: Für Kinder von 5 bis 8 Jahren. gr. 16. Striegau 844, Hoffmann. 1/6 ₰ — 2. Bdchn.: Für Kinder v. 8 bis 12 J. gr. 12. Ebd. 846. 1/4 ₰

Gutsche, Gust., kindliche Wünsche an Geburtstagen, zum Neujahr- oder Weihnachtsfeste im Familien- und Freundeskreise. Herzliche Gabe für Kinderfreunde. 2 Bdchn. 2. (Titel-)Aufl. gr. 16. Striegau (844. 47)59, Hoffmann. -

Inhalt:

Bdchn. 1. Für Kinder von 5 bis 8 Jahren. (VI und 74 S.) 5 Ngr.

" 2. Für Kinder von 8 bis 12 Jahren. (VIII und 85 S.) 7½ Ngr.

Gutsche, Jesse: Zur Kenntnis katalytischer Wirkungen bei der Azetylierung von Stärke und Zellulose mit Essigsäureanhydrid. Heidelberg 1910: Rößler & Herbert. 53 S., 6 Tab. 8°

Heidelberg, Naturw.-math. Diss. v. 20. Aug. 1910, Ref. Curtius

[Geb. 11. Juni 81 King William's Town, Kapland; Wohnort: Heidelberg; Staatsangeh.: Großbritannien; Vorbildung: Dale Coll. King William's Town, South African Coll. d. Cape of Good Hope Univ. Kapstadt B. A. Dez. 00; Studium: Kapstadt 6, Berlin 2, Heidelberg 4 S.; Rig. 28. Febr. 10.] [U 11. 2339

Gutsche, Kasimir: Die Zulässigkeit der Aufrechnung nach Rechtskraft des Urteils mit Berücksichtigung der geschichtlichen Entwickelung. Breslau 1910: Schatzky. 48 S. 8°

Breslau, Jur. Diss. v. 30. April 1910, Ref. Leonhard, Schott

[Geb. 5. Febr. 88 Budzyn; Wohnort: Lipie b. Miloslaw; Staatsangeh.: Preußen; Vorbildung: Marien-Gymn. Posen Reife O. 06; Studium: Breslau 1, Krakau 1, Breslau 5 S.; Rig. 22. Febr. 10.] [U 10. 491

Gutsche, Oskar [Dr.]: Neue Beweise und Ergänzungen zu Lehrsätzen Steiners über Kegelschnitte '(Ges. W. Band II, 329—334, 345—347, 664—681)'. Breslau, Druck v. Grass, Barth & C., *1896;* 1 Bl., XLV S. 4.

Breslau, k. OR u. Baugewerk-S, OP 1896 (226)

Gutsche, Oskar [K. Oberrealschullehrer zu Breslau]: Über eine neue Erzeugungsart der Regelflächen zweiter Ordnung. ... Halle a. S., *Breslau, F. W. Jungfer's Buchdr.,* 1890; 1 Bl. + 32 S. + 1 Bl. 8°

Halle, Phil. Fak., Inaug.-Diss. v. [8. Febr.] 1890

Gutsche, Osk., deutsche Geschichte von d. Urzeit bis zu den Karolingern, s. a. **Schultze,** Walth.

[J.] Deutsche Geschichte von der Urzeit bis zu den Karolingern ... Von Oskar **Gutsche** u. Walther Schultze. Bd 1. 2. *Stuttgart: J. G. Cotta 18(87)—96.* 2 Bde 4.(8.)

1. D. gemeingerman. Urzeit u. d. german. Mittelmeerstaaten. Von ... Gutsche u. ... Schultze. 18(87—)94. (XIII, 480 S.)
2. D. merowing. Frankenreich. Von ... Schultze. M. 1 Kt.: D. Frankenreich nach d. Teilg v. 561. 18(94—)96. (XII, 547 S., 1 Kt.)

— **Bibliothek** Deutscher Geschichte. Lfg 9. 17. 31. 77. 82. 88. 93. 95. 100. 103. 108. 112. [96. 8752

Gutsche, Oskar, Dr.: Grundriss der analytischen Geometrie der Ebene. *Breslau (1901): Grass, Barth & Co.* (70 S.) 8°

Breslau, OR, P 1901 (237)**

Gutsche, O., Redewendungen aus d. Übungsbüchern v. G. Ploetz (Tl. I, II, III). gr. 8. (48 S.) Breslau 897. Trewendt & Granier. n. — 80

Gutsche, Oskar, Dr.: Mathematische Reifeprüfungsaufgaben der Breslauer Oberrealschule ⟨1888—1904⟩ nebst kurzen Lösungen. Breslau 1905: R. Nischkowsky. (44 S.) 8°

Breslau, OR P 1905 (264)

Gutsche, Oskar, Dr.: Kurzer Rückblick auf das deutsche Drama im neunzehnten Jahrhundert. *Breslau (1900): Grass, Barth & Co.* (55 S.) 8°

Breslau, OR, P 1900 (234)

Gutsche, Osk., Torald, der Hohenzollern Ahnherr unter Christi Kreuz. 2 Bde. 8. (492 u. 511 S.) Stuttgart 885. Cotta. n. 15. —; geb. n. 18. —

Gutsche, Osk., mathematische Übungsaufgaben, f. Primaner v. Realanstalten u. jüngere Studierende gestellt u. zum Teil m. Lösungen versehen. (IV, 82 S.) 8. Leipzig 905. B. G. Teubner. Kart. n. 1. 20

Gutsche, Oskar, (Prof.) Dr.: Geometrische Untersuchungen über inverse Kurven von Kegelschnitten. Breslau 1907: R. Nischkowsky. (44 S.) 8°

Breslau, OR OP 1907 (274)

Gutsche, Philipp [aus King Williams Town '(Capland, Süd-Afr.)']: Zur Pathogenese der Hypophysistumoren und über den nasalen Abfluss sowie das Verhalten des liquor cerebrospinalis bei einer struma pituitaria ... Erlangen, k. b. Hof- u. Univ.-Buchdr. v. F. Junge, 1894; 37 S. 8.

Erlangen, Med. Fak., Inaug.-Diss. v. [18. Juli] 1894

Gutsche, [Wilhelm Oscar], Dir. Prof. Dr.: Bericht über die Einweihung des neuen Gymnasialgebäudes. *Stendal 1899: Franzen & Grosse.* (S. 3—28.) 4°

Stendal, G, OP 1899 (264)

[Umschlagt.:] **Gutsche,** *Wilhelm Oscar* [Dir. Prof. Dr.]: Mitteilungen aus den neuen Lehrplänen und Prüfungsordnungen. Stendal, Druck v. Franzen & Grosses Verl., 1892; III - VIII S. 4.

Stendal, G, OP 1892 (252)

Gutsche, Guilelmus Oscar: Quaestiones de Homerico hymno in Cererem. Halis Saxonum (1872): Hendel. 41 S. 8°

Halle-Wittenberg, Phil. Diss. v. 17. Mai 1872

Geb. Naumburg a. d. S. 14. 2. 1847. V.

Im Buchhandel Halle: Lippert 1872. Auch in: Dissertationes philologicae Halenses. Vol. 1. Halae 1873. S. 45—87.

Gutsche, *Wilhelm Oscar* [Dir. Prof. Dr.]: Urkunden zur Geschichte des Gymnasiums zu Stendal, hrsg. I. Progymnasmata elarina. Neudruck v. d. Progr. d. Gymn. zu Stendal aus d. Jahre 1606. Stendal, Druck v. Franzen & Grosses Verl., 1896; 2 Bl., 20 S. 4.

Stendal, G, OP 1896 (257)

Gutsche, *Wilhelm Oscar* [Dir. Prof. Dr.]: Urkunden zur Geschichte des Gymnasiums zu Stendal, hrsg. II. Progymnasmata elarina. Neudruck v. d. Programm d. Gymn. zu Stendal aus d. Jahre 1606. Tl 2. [Forts. d. P-Beil. 1896.] Stendal, Druck v. Franzen & Grosses Verl., 1897; 24 S. 4.

Stendal, G, OP 1897 (260)

Gutsche, Willibaldus Otto: De interrogationibus obliquis apud Ciceronem observationes selectae. Halis Saxonum 1885: Schmidt. 112 S. 8°

Halle-Wittenberg, Phil. Diss. v. 20. Mai 1885

Geb. Züllichau 17. 7. 1862. V.

Im Buchhandel Halis Sax. (Leipzig: Fock) 1885.

Gutscher, Hans: Zur Behandlung der Realien beim lateinischen Unterrichte. 8 (S. 3—33). **Progr.** Landes-Oberg. *Leoben* 1896.
Nicht im Tauschverkehr.

Gutscher Dr. Hans: Vor- und frühgeschichtliche Beziehungen Istriens und Dalmatiens zu Italien und Griechenland. 82. Graz II. St. G. 03. Progr.

Gutscher, H. Vorgeschichtl. u. röm. Funde in Leoben u. seiner Umgebung. S.-A. 1898. 4 S. m. 1 Taf. 4°. —.75

Gutscher Dr. H.: Die attischen Grabinschriften, chronologisch geordnet, erläutert und mit Übersetzungen begleitet. I. Th. 43. Leoben. 89.
Progr.

Gutscher Dr. Hans: Die attischen Grabschriften, chronologisch geordnet, erläutert und mit Übersetzungen begleitet. 42. Leoben 90. (Vgl. auch Progr. v. 89).
Progr.

Gutscher, H., die attischen Grabschriften, chronologisch geordnet, erläutert u. m. Übersetzgn. bearb. gr. 8. (43 S.) Leoben 890. (Leipzig, Fock.) n. 2. --

— Istrien und Dalmatien im klassischen Unterricht. 43. ibd. 04.
Progr.

Gutscher, Hans: K a t a l o g der Lehrerbibliothek. 50 S. Leoben, G., Progr. 1898
Fortsetzung s. H o p f g a r t n e r, Albin.

Gutscher, J.: I s t Platon der Verfasser des Dialogs Menexenos ? 54 S. 8° – Marburg, Progr. 1864.

Gutscher, Jakob Friedrich, s. B e l e u c h t u n g d. n. Staatseinrichtungen.

Gutscher, Jak. F., Eberhard d. Erste, Herzog v. Würtemberg, in seinen wichtigsten Lebensverhältnissen rc. dargestellt. Mit einem Anh. bisher ungedr. Urkunden. gr. 8. Stuttg. 823. Metzler. 1 ₰ 6 gr

(Gutscher, F.:) Haustafel f. d. Würtemberg. Bürger; od. kurzgef. Unterr. üb. seine Rechte u. Pflichten. *Stuttgart*, **Steinkopf. 794. 4. (3 Gr.)**

— s. P e t i t i o n s r e c h t .

— Pflichten u. Rechte d. Würtemberg. Bürgers. Ein Auszug aus d. Landesgesetzen. gr. 8. Stuttg. 794. Metzler. 20 gr Auszug daraus: Haustafel für den Würtemberg. Bürger, oder kurzgefaßter Unterr. über seine Rechte u. Pflichten rc. 8. Ebd. 794.

– s. R e f o r m e n d. Ausschüsse.

G u t s c h e r, F.: „Die Registraturwissenschaft nach ihren Hauptgesichtspuncten, Grundsätzen und Entwickelungsstufen dargestellt und mit einem systematischen Abriss der in dem Königreich Württemberg bestehenden Registraturgesetze begleitet" Stuttgart 1810 (Steinkopf).

Gutscher, Jac. F.: Ueber d. Vollzieh. des Tübinger Vertrags u. Abschiedss. Zur Ergänz. d. Würtemb. Verfassungsgesch. jener Zeit. Mit Beilagen. *Stuttgart*, **Metzler. 820. gr. 8. (12 Gr.)**

Gutscher, Johann. Systematisch geordnetes Verzeichnis des wissenschaftlichen Inhaltes der von den Oesterreichischen Gymnasien und Realgymnasien in den Jahren 1850—1867 veröffentlichten Programme. I. Theil. Marburg. Druck von Eduard Janschitz. Programm des Gymnasiums zu Marburg i. St. 1868.
Progr.

Gutscher, Johann. Systematisch geordnetes Verzeichnis des wissenschaftlichen Inhaltes der von den Oesterreichischen und Ungarischen Gymnasien und Realgymnasien in den Jahren 1850—1867 veröffentlichten Programme. II. Theil. Marburg. Druck von Eduard Janschitz. Programm des Gymnasiums zu Marburg i. St. 1869. **Progr.**

Gutscher K. Aufgaben für Bäckerfachschulen. Stuttgart 1887 .

Gutschmid, Alfr. v., Beiträge zur Geschichte des alten Orients. Zur Würdigung von Bunsen's Aegypten Bd. IV u. V. Leipzig 858. Teubner. gr. 8. (VII, 156 S.) n. 1 ₰

Gutschmid, Alfr. v., neue Beiträge zur Geschichte d. alten Orients. Die Assyriologie in Deutschland. gr. 8. (XXVI, 158 S.) Leipzig 876. Teubner. n. 4. --

—— über die Fragmente des Pompejus Trogus und die Glaubwürdigkeit ihrer Gewährsmänner. gr. 8. (106 S.) Leipzig 857, Teubner.
Aus: Jahrbücher für class. Philologie, 2. Supplementbd., besonders abgedruckt.

Gutschmid, Alfr. v., Geschichte Irans und seiner Nachbarländer von Alexander dem Grossen bis zum Untergang der Arsaciden. Mit einem Vorwort von Th. Nöldeke. gr. 8. (VII, 172 S.) Tübingen 888, Laupp'sche Buchh. *

Gutschmid, Alfred von: Über die G l a u b w ü r d i g k e i t der Armenischen Geschichte des Moses von Khoren.
[SA. aus BKSGW. 23. April 1876.]

Gutschmid A. von: Kritik der polnischen Urgeschichte des Vicentius Kadłubek. Ar. 17. 25 . . . . Ngr.
Separatabdruck

Gutschmid, Alfr. a, de temporum notis quibus Eusebius utitur in chronicis canonibus. Kiel 868. Schwers. gr. 4. (28 S.) n. 10 *ngr.*

Gutschmid, Alfred von: [R e c e n s i o n von] Geschichte des Alterthums. Von Max Duncker. Erster und zweiter Band. Vierte verbesserte Auflage. Leipzig 1874. 1875.
[A. aus „Jahrbücher für class. Philol." 1875. Hft. 9.]

— kleine Schriften. Hrsg. v. F. Rühl. 1. u. 2. Bd. gr. 8. Leipzig, Teubner. n. 38. —
1. Schriften zur Aegyptologie u. zur Geschichte der griech. Chronographie. (XII, 573 S. m. Bild in Lichtdr.) 889. n. 14. —
2. Schriften zur Geschichte u. Literatur der semit. Völker und zur älteren Kirchengeschichte. (VIII, 794 S.) 890. n. 24. --

Gutschmid, Alfr. v., kleine Schriften. Hrsg. v. Frz. Rühl. 3.–5. (Schluss-)Bd. gr. 8. Leipzig, B. G. Teubner. n. 64. — (kplt.: n. 102. —)
3. Schriften zur Geschichte u. Literatur der nichtsemit. Völker v. Asien. (VIII, 676 S.) 892 n. 20. —
4. Schriften zur griech. Geschichte u. Literatur. (VIII, 631 S.) 893. n. 20. —
5. Schriften zur römischen u. mittelalterlichen Geschichte u. Literatur. (XXXII, 768 S.) 894. n. 24. —

Gutschmid, Alfr. v., Untersuchungen üb. die syrische Epitome der Eusebischen Canones. 4. (43 S.) Stuttgart 886. Kohlhammer. n. 1. —

— Untersuchungen üb. die Geschichte d. Königr. Osroëne, s. a. Mémoires de l'académie impériale des sciences de St.-Pétersbourg.

Gutschmid, Alfred von, Untersuchungen über die Geschichte des Königreichs Osroëne. [MAP. VII. Série. Tome XXXV, No. 1.] St.-Pétersbourg 1887.

Gutschmid, Christian Gotthelf Frh. von,
s.a. G u t s c h m i d t , Christian Gotthelf Frh. von.

Gutschmid, Christian Gotthelf, De favore commerciorum liber primus. Lpz. (Langenheim) 1750. 40 S. (5.50) 12398

— — De feudis omnibus jure propriorum omni ex parte censendis nisi mutatio rationis feudorum communis speciatim demonstretur brev. disp. Lpz. (Langenheim) 19. V. 1756. 19 S. (4.50) 12401

— — u. **Christ. Gottfr. Sigism. Richter,** Jura mercatorum in exigendis usuris ex mora in solvendo mercium pretio facta. Disp. jur. Lpz. (Breitkopf) 21. X. 1751. 30 S. (5.50) 12399
Gew. (v. R.): Graf v. Brühl (Forst . .).

— — u. **Christian Adolph Struve,** Mercaturae legum ferendarum auxilio juvandae ratio salutaris. Disp. jur. Lpz. (Langenheim) 29. VIII. 1752. 27 S. (5.20) 12400
Gew. (v. St.): Graf v. Lynar.

v. Gutschmid, Eugen Frhr., s. Blasoletto, Reise Sr. Maj. d. Königs Friedrich August v. Sachsen durch Istrien ꝛc.

— s. Champollions d. Jüng. Briefe.

v. Gutschmid, Frhr. Eugen, Dichtungen aus dem Selkethale. 8. Quedlinburg 833. Basse. $^{2}/_{3}$ ℛ, cart. mit Goldschnitt $^{5}/_{6}$ ℛ, Pracht-Ausg. $1^{1}/_{2}$ ℛ, in Atlas 3 ℛ

v. Gutschmid, Frhr. Eugen, s. *Lettres* sur Alexisbad.

von Gutschmid, Hermann Freiherr [app. Arzt aus Reudnitz bei Leipzig]: Die Plastik mit umgeschlagenen Lappen nach der Kieferresection. . . . Tübingen, Verl. v. F. Pietzcker, 1891; 24 S., 1 Taf. 8°
Erlangen, Med. Fak., Inaug.-Diss. v. 7. Aug. 1890

Gutschmid, Herm. Frhr. v. Die Plastik m. umgeschlagenen Lappen nach der Kieferresection. Diss. gr. 8. (24 S. m. 1 Taf.) Tüb. 891, Moser. ** — 80

Gutschmidt, Christian Gotthelf Frh. von,
s.a. Gutschmid, Christian Gotthelf Frh. von.

Gutschmidt, Christ. Gotth. Freih. von, Beantwortung des Chur-Pfälzischen Wiederspruchs gegen Ihro Churfürstliche Durchl. zu Sachsen Rechtsbegründete Ansprüche an die Bayerische Allodial-Verlassenschaft mit Beylagen. Dresden 1779. 4. 28 u. 27 S.

v. Gutschmidt, Frhr. Chr. Gtthlf., († d. 30. Oct. 1798.), s. J. W. v. Rohr, Vorrath ꝛc.

Gutschmidt, Jh. Fr., († ...) d. Wahrheit d. Geschichte von d. Auferstehung Jesu, wider Edelmanns Angriffe in seinem Glaubensbekenntniß. 8. Halle 753. (Hahn in Hannov.) 5 ℊℊ

Gutschow, A. D., studia Lubecensium promovendi commercia. 4mal. Götting. 788. Vandenhück u. R. 7 ℊℊ

Gutschow. Herm. Otto Theod. (geb. Brandenburg a. H. 20. 8. 1843): De eclampsia parturientium. Berolini (1866). (32 S.) 8°
Berlin, Med. Diss. v. 17. März 1866

Gütschow, Bericht d. Vereins zur Verbreitg. christl. Schriften, s.: Küling.

Gütschow, C. v., der Zeitungsleser, s.: **Thomas, Emil.**

Das Bild eines wahren Freymäurers am Johannis-Tage in der ger. u. vollk. Loge zu den dreyen Sternen [in Rostock] geschildert von C. A. G[ütschow]. [Rostock u. Greifswald] 1762. 32 S. 8° [Umschlagtit.]

[Dasselbe] von C. A. Gütschow. Rostock u. Greifswald: Röse 1762. 32 S. 8°
Kl. 858. Selten.

C. Ph. Gütschow antiquioris scarlatinae febris historiae adumbratio. Gotting. 1817. 4.

Gütschow, Else: Innocenz III. und England. München 1904: R. Oldenbourg. (VIII, 200 S.) 8°
Straßburg, Phil. Fak., Ref. Bresslau, Meinecke, Diss. v. 18. Nov. 1904
[Geb. 22. Nov. 65 Niendorf b. Lübeck; Wohnort: Straßburg i. E.; Staatsangeh.: Lübeck; Vorbildung: Privat. Zürich Reife M. 98; Studium: Zürich 3, Straßburg 6 S.; Rig. 5. Dez. 03.]

Innocenz III. und England. Von Else **Gütschow**, Dr. phil. München & Berlin: R. Oldenbourg 1904. (X, 198 S.) 8° [F. u. Ant.]
= **Bibliothek**, Historische. Bd 18. [c s. 770 3

Gütschow, H. A., Betrachtungen üb. die Tracirung der Zufahrtsrampen der Gotthardbahn m. Rücksicht auf den Bericht v. W. Hellwag, Oberingenieur der Gotthardbahn. gr. 8. (37 S.) Hamburg 876. Grädener. n. — 80

Gütschow, H. A., Betrachtungen über die Tracirungen der Zufahrtsrampen der Gotthardbahn mit Rücksicht auf den Bericht von W. Hellwag. Zürich, Verlag von Orell Füssli & Co. 1876.

Gütschow, Hans, Assistenzarzt am Lutherstift in Frankfurt a. O.: Aus d. Univ.-Frauenklin. zu Greifswald. Zur Kasuistik des suprasymphysären Kaiserschnittes. Cüstrin 1909: Adler. 38 S. 8°
Greifswald, Med. Diss. v. 28. Juni 1909, Ref. Henkel
[Geb. 16. Dez. 81 Zeiten; Wohnort: Frankfurt a. O.; Staatsangeh.: Preußen; Vorbildung: Pädagog. Putbus Reife O. 02; Studium: Greifswald 6, Leipzig 2, Greifswald 3 S.; Coll. 10. Apr. 08; Approb. 15. Apr. 09.] [U 09. 1485

Gütschow, Karl

Gütschow, C., die Beseitigung der Haftung d. Rhedors f. Collisions-Schäden. gr. 8. (31 S.) Hamburg 902. L. Friederichsen & Co. n. 1. 50

Gütschow, C., vergleichende Zusammenstellung der wichtigsten Seeversicherungsrechte, nämlich der allgemeinen Seeversicherungs-Bedingungen v. 1867 nebst Policen-Zusätzen m. den bezügl. Vorschriften des Handelsgesetzbuches unter Berücksicht. der Aendergn. durch Gesetz vom 30. V. 1908, dem Gesetz üb. den Versicherungsvertrag v. 30. V. 1908, den Bremer Seeversicherungs-Bedinggn. v. 1895 (richtig 1875), der Marine-Insurance-Act 1906. (VII S., Doppels. 1—79 u. S. 80.) 24×32,5 cm. Hamburg 908. O. Meissner's Verl. 10. —

Gütschow, Otto, approb. Arzt aus Neubrandenburg i. M.: Aus d. chirurg. Klinik zu Rostock. Zur Kenntnis der weiblichen Epispadie. ⟨Mit 1 Abb.⟩ *Rostock 1904: Adlers Erben.* (44 S.) 8°
Rostock, Med. Diss. v. [20. Apr.] 1904

Gutschreiter, Marianne, die häusliche Erziehung der Kinder. (94 S.) kl. 8. Leipzig 908. Verlag f. Literatur, Kunst u. Musik. 1.50; geb. n 2.50

Gutsgebiete, die. gr. 8. (32 S.) Wien 860, (Mayer und Comp.)

Gutsherr,

— der,. Lustsp. in 4 A. v. Fr. Kochlitz. 8. Lpz. Rein. 804.

Gutsherr, d. neue. Lustsp. v. Dyk. 8. Lpz. Dyk. 781.

— der neue. Lustsp. v. J. B. Tillo. 8. Berl. Maurer. 799.

Gutsherren, Die beiden, oder der Alchemist; ein Lustspiel in zween Aufzügen a. d. Franz. . . . [Bayreuth 1790.] Ü: *Gumpelzhaimer, Christian Gottlieb.* (MGT)

Gutsherren, die beyden, Lustspiel in 5 Aufz. von Jul. v. Voß. 8. Berlin, Petri. 820.

Nebbien, C. F. (Herausgeber): „Allgemeine Gutsherren-zeitung", Königsberg 1832/1833. Ging nach 4 Quartalen wieder ein.

GUTSHERRSCHAFTSBALL, Ein. (Eroticum.) (50 Pfg., eine Firma in Böhmen, 1901.)

EIN Gutsherrſchaftsball in Poſen, oder Es geht nichts über Jugendliebe. Babylon 1908. Kl. 8°.
Verb. d. Ldg. Chemnitz A III 286/02.

Gutshof, der. ABC-Buch. (Ausgestanzt.) 12. (8 S. m. z. Tl farb. Abbildgn.) Weimar 894. A. Karrer. — 10

Gutsleff, Eberhard, Kurtzgefaßte Anweisung // Zur // Esthnischen // Sprache, // in welcher mitgetheilet werden // I. Eine GRAMMATICA. II. Ein VOCABULA- //RIUM. III. PROVERBIA. IV. AENIGMA- //TA. V. COLLOQUIA. // Zuvörderst // Denen / welche das Evangelium Christi // der Esthnischen Nation deutlich und verständ- //lich zu predigen von GOtt beruffen werden; Hie- //nächst allen Ausländern, welche hier im Lande dieser Sprache im // gemeinen Leben benöthiget sind; Endlich auch allen Einheimi- //schen, welche in der ihnen schon bekannten Sprache gern den // rechten Grund, und eine reine Schreibart erlernen // wollen; // Zur Anleitung // Mit Fleiß zusammen getragen; // und // nebst einem erwecklichen Sendschreiben // Herrn D. Joh. Jacob Rambachs, // S. Theol. Professoris Primarii, und ersten Superint. zu Giessen, // an den EDITOREM, // Auf Gutbefinden des Herrn AUTORIS, // mit einer Vorrede herausgegeben // von // Eberhard Gutsleff /// Diacono bey der Esthnischen Stadt-Gemeine in Reval. // HALLE, Gedruckt bey Stephan Orban, 1732. - Titelkupfer, 41 S., Untertitel und 419 S.
B. S. T. 8°.310.

Gutsleff, Jo., Diss. de catarrho suffocativo in morbis acutis malignis. 44 pp. Hal. 4°.

1760

Anmerkungen über die windische u. krainerische Rechtschreibung. Klgft., Kleinmayr, (ca. 1775). 16 S. (Verf.: Oswald Gutsmann.)

Bukvize, Molitoune, v' ktereh se najdejo Juterne inu Vezherne Molitvize. V' Zelouzi, Schotter, 1788. 144 S. — 2. vtisjene. V' Zelouzi, Leon, 1830. 167 S. — (Verf.: Oswald Gutsmann.)

Resnize, Christianske, skus Premishluvanje napreineshene, inu sa predige tudi naraunane. V' Zelouzi, Schotter, 1770. 254 S. (Verf.: Oswald Gutsmann.)

Gutsmann, Oswald. Windische Sprachlehre. Klgft., Kleinmayer, 1777. 176 S. — 2. u. 3. Aufl. ? — 4. verb. Aufl. 1799. 160 S. — 5. Aufl.? — 6. verb. Aufl. 1829. 111 S.

Gutsmann, Oswald. Deutsch-windisches Wörterbuch. Klgft., v. Kleinmayer, 1789. Quart. 572 S.

Gutsmann, Osw., deutsch-windisches Wörterbuch. 4. Klagenfurth 789. (Leipz., Wienbrack). 3 ꝛß 16 gr

Gutsmuths [Sachl. Ordnungswort]

Guts Muths, 1793/1893, Die Kupfer und einiges d. Texte d. ersten Turnunterrichtsbuches d. Welt, „Schnepfenthal 1793", m. e. turngeschichtl. Einl. v. Karl Wassmannsdorff, m. Abb., Leipzig 1893, 43 S., XVIII u. 139—151 S., 8°.

Guts Muths, Christoph. Bilder aus dem Leben des Begründers der deutschen Leibeserziehg. Festspiel in 2 Aufzügen. (Von Herm. Lorenz.) (31 S.) 8. Quedlinburg 902. (H. Schwanecke.) n. — 60

— dasselbe, neue Ausg., s. Lorenz, Herm.

Gutsmuths Wanderung auf gut Glück, (von J. C. F. Sintenis). 8. Leipz. 793. Weygand. 18 gr

GUTSMUTHS Wanderungen auf gut Glück. Mit Seitenhieben rechts und links. Mit Titelkpfr. Leipzig 1793. 8°. 295 SS. Ziemlich zahm. (1 Mk. 20 Pfg. W. Koebner, vor 1890; jetzt theurer!)
— Dr. Franz Schnitzer's Bibl. München 1902. No. 181.

Gutsmuths [Verfasser]

Gutsmuths, F. C.

Gutsmuths' u. Lenz' kleiner Feuerwehr-Katechismus f. freiwillige u. Pflichtfeuerwehren. [Aus: „Der norddeutsche Feuerwehrmann".] 1.—4. Thl. gr. 8. Danzig. (Berlin, Lenz.) geb. n. 4. —
1. A. Das Schlauchführer-Examen. B. Das Spritzenmeister-Examen. (II, 17 S.) 885. n. — 50
2. C. Die Ausbildung mit den Hakenleitern. D. Die Ausbildung mit anderen Steigergeräthen. (III, 74 S.) 886. n. 1. 50
3. Die Schule d. Spritzenmannes. (II, 25 S.) 886. n. 1. —
4. Führer-Schule. (42 S.) 886. n. 1. —

Gutsmuths' u. Lenz' kleiner Feuerwehrkatechismus f. freiwillige und Pflichtfeuerwehren. I., V. u. VI. Thl. gr. 8. Danzig, Verlagsbuchh. d. „Norddeutschen Feuerwehrmann". ** 4 50
I. 2 Aufl. A. Das Schlauchführer-Examen. B. Das Spritzenmeister-Examen. (IV, 24 S.) 890. ** 1 —.
V. Spritzen-Revision. (IV, 11 S. m. 1 Abbild.) 889. ** — 50.
VI. Commandeurschule. (IV, 126 S.) 889. ** 3 —.
II.—IV. Thl. Ebd. 1886. ** 3 50.

(F. C.) **Gutsmuths'** und (Friedrich) Lenz' Kleiner Feuerwehr-Katechismus für freiwillige und Pflicht-Feuerwehren. 3. Aufl. Th. 1. *Langfuhr-Danzig: F. Lenz (1904).* 8° [04. 6130

Gutsmuths, Freimund, patriotische Untersuchungen bezüglich preußischer Zustände. I—VIII. Hamburg 860—62. Hoffmann & Campe. 8. 2 ꝛß 25 ngr
Inhalt: I. Der Adel im preußischen Staatsdienst. (54 S.) $7\frac{1}{2}$ ngr — II. Die Benutzung der Domänen in Preußen. (63 S.) $7\frac{1}{2}$ ngr — III. Der „Pairs-Schub" und das Herrenhaus." (110 S.) 10 ngr — IV. Reform des Herrenhauses u. des Abgeordnetenhauses. (104 S.) 10 ngr — V. Reform der Kreis- u. Provinzial-Verfassung. (103 S.) 10 ngr — VI. Reform der Städte-Ordnung. (214 S.) 15 ngr — VII. Reform der Landgemeinde-Ordnung. (159 S.) 10 ngr — VIII. Konservative Politik. — Konstitutionelle Rundschau. — Preußens Beruf in Deutschland. (171 S.) 15 ngr

Gutsmuths, Friedrich Wilhelm

Gutsmuths, Fr. Wlh., gründl. Anweis., nach einer bis jetzt noch wenig bekannten Methode aus Kartoffeln einen ganz fuselfreien Branntwein zu fabriciren, welcher d. Weizenbranntwein völlig gleicht. Nebst Beschreib. u. Abbild. einer neuen Branntweinsblase u. eines Maischwärmers rc. Mit 7 Abbildd. in Steindr. (1 Bl. in qu. Fol.) 8. Quedlinb. 832. Basse. 16 Gr.

Gutsmuths, Fr. Wlh., gründl. Anweisung, nach einer bis jetzt wenig bekannten Methode aus Kartoffeln einen ganz fuselfreien Branntwein zu fabriciren, welcher dem Waizenbranntwein völlig gleicht rc. 2e verb. Aufl. Mit Steindr. 8. Quedlinburg 835. Basse. 2/3 Thlr.

— gründl. Anweisung, aus Kartoffeln, Graupen, Grütze, Gries einen wohlschmeckenden, ganz fuselfreien Branntwein zu bereiten, so wie dieselben, ohne Kellerraum u. Erdgruben, aufzubewahren u. vor Frost u. Verderben zu sichern, ihren Transport um 75 Procent zu erleichtern rc. 8. Quedlinburg 839. Basse. 1/3 Thlr.

— Beschreibung einer neuen, vortheilhaften Malzdarre für Branntwein-Brenner rc. Nebst e. Anhange, enthalt.: Mittheilungen aus dem Gebiete der Branntwein-Brennerei. Mit 1 Abbild. 8. Quedlinburg 838. Basse. 1/3 Thlr.

— neuer Brenn- u. Destillir-Apparat rc. Mit e. Anhange, enthaltend Anweisungen, d. schönsten Aquavite, Liqueurs, Crêmes u. Ratasias aus dem durch d. Apparat gewonn. Spiritus zu verfertigen u. denselben sehr täuschend in Franzbranntwein u. Rum zu verwandeln. Mit 2 Steindrücken. 8. Quedlinb. 832. Basse. 20 Gr.

— neuer Brenn- u. Destillir-Apparat rc. Mit einem Anhange, enth. Anweisungen, die schönsten Aquavite, Liqueurs, Crêmes u. Ratasias aus dem, durch den Apparat gewonnenen Spiritus zu verfertigen rc. 2e verb. Aufl. Mit 2 Taf. Abbildd. in Steindr. 8. Quedlinburg 835. Basse. 5/6 Thlr.

— prakt. Handbuch der Branntwein-Brennerei. Nach den neuesten Grundsätzen u. vortheilhaft. Verfahrungsarten. Nebst Belehrungen über die preuß. Steuergesetze, über Viehmästung rc. Mit 4 Taf. Abbildungen. 8. Quedlinburg 833. Basse. 1 1/2 Thlr.

— der prakt. Hefenfabrikant. Ein nöthiges Hülfsbuch für Gewerbetreibende in diesem Fache, Hefenhändler, so wie für Landwirthe. 8. Quedlinburg 833. Basse. 1/2 Thlr. — 3e Aufl. 837. 1/2 Thlr.

Gutsmuths, Friedr. Wilh., der praktische Hefenfabrikant. 4., verb. Aufl. 8. (2 1/2 B.) Quedlinburg 842, Basse.

— Katechismus für prakt. Branntwein-Brenner, oder der seinen Brenner belehrende Brennherr. In Fragen u. Antworten. 8. Quedlinburg 834. Basse. 1/3 Thlr.

— neuester u. wohlfeilster Kühlapparat, um Maische und Würze schnell abzukühlen, nebst e. neuerfund., höchst zweckmäßigen Condensator für Branntwein-Brennereien. Nach den Erfahrungen u. Versuchen eines tüchtigen Praktikers bearb. Mit 1 Abbild. 8. Quedlinburg 835. Basse. 1/3 Thlr.

— der Regenstein (Reinstein). Romant. Gedicht. Mit geschichtl. Anmerkk. u. 1 Abbildung. gr. 8. Quedlinburg 834. Basse. 1/8 Thlr.

—— der Roßtrapp, od. Prinzessin Brunhildens Riesensprung üb. d. Bodethal im Harzgebirge. Volkssage u. Roman. 8. (11 B.) Quedlinburg 830, Basse.

— einige vortheilhafte Verbesserungen an den Oel- u. Graupenmühlen, betreffend den Grubenstock u. den Wärmeherd; die chemische Zubereitung der Saat; die Befestigung der deutschen Graupenmühlen; deren Selbstentzündung zu verhüten rc. Eine nützl. Schrift für Mühlenbesitzer. 8. Quedlinburg 835. Basse. 1/4 Thlr.

Gutsmuths, Hieronymus Chr.

Gutsmuths, H. C., Dissert. inauguralis medica de Christo medico, die XXI. Mart. MDCCCXII. 8maj. Jena 812. Cröker. 6 Gr.

Gutsmuths, Johann Christoph Friedrich

Gutsmuths', Joh. Chrph. Frdr., Biographie, s.: Wassmannsdorff, K.

— kurzer Abriß d. Erdbeschreibung, als Leitfaden u. Memorienbuch für Schulen. gr. 8. Leipz. 810. 2e A. 821. 3e A. 829. (Brockhaus). 18 Gr.

GutsMuths, J. Chr. Fr.: Kurzer Abriß der Erdbeschreibung als Leitfaden und Memoirenbuch für Schulen. 3. Aufl. Leipzig 1829. 543 S.

Guts Muths, Joh. Chr. Friedr., Kurzer Abriß der deutschen Gymnastik, e. Leitfaden f. Lehrer u. Schüler (Katechismus d. Turnkunst v. —), Frankfurt a. M. 1818, 182 S., 8°.

Guts Muths, J. Ch. F., Anleitung zum Schwimmen u. Baden, s. a. Leibesübungen, die, deutscher Jugend.

Guts Muths, Johann Christoph Friedrich, Anleitung zum Schwimmen und Baden (D. Leibesübungen dtsch. Jugend, hrsg. v. G. Hirth), Leipzig 1877, 45 S., 8°.

GutsMuths, Jh. Chr. Fr., Bibliothek d. pädagog. Literatur rc. 1r—3r Jahrg. 1800—1802. à 12 Hefte. gr. 8. Gotha, Perthes. 13 Thlr. 12 Gr. 3r—7r Jahrg. 1803—7. à 12 Hefte. (J. 1806, 7. A. u. d. T.: Zeitschrift für Pädagogik, Erziehung rc. 1r, 2r Jahrg.) gr. 8. Leipz., (Brockhaus). à J. 4 Thlr. 12 Gr. 22 Thlr. 12 Gr. Fortsetz. unt. d. Tit.: Neue Bibliothek für Pädagogik, Schulwesen rc. 1r—5r Jahrg. zu 2 Bden 1808—12. gr. 8. Ebd. (à 5 Thlr.) 25 Thlr. 6r—9r J. 1813—16. 8. Neust., Wagner. 15 Thlr. Neue Folge. 1r—4r Bd. à 4 Hefte. 8. Ebd. 817—20. (à 2 Thlr.) 8 Thlr.

Gutsmuths, J. C. F., neue Bibliothek f. Pädagogik, Schulwesen u. d. ges. pädagog. Literatur. 1812. 12 Hefte. gr. 8. Neust. Wagner.

— s. Bibliothèque à l'usage.

GutsMuths, Jh. Chr. Fr., Elementarbuch für Stadt- u. Landschulen. 8. Frankf. a. M. 814. 2e A. 820. 3e A. 831. Fr. Wilmans. 6 Gr.

GutsMuths, J. Chr. Fr.: Elementarbuch für Stadt- u. Landschulen. 2. Aufl. Frankfurt a. M. 1820. 250 S.

—— Elementarbuch f. Stadt- u. Landschulen, nebst prakt. Erläutern. dess. f. Lehrer. 3. Aufl. 8. (16 1/2 B. u. 1 Tab. qu. Fol.) Frankfurt a. M. 831, Fr. Wilmans Vrlsbuchh.

—— Erdbeschreibung von Chile u. Arauca rc., s. Handbuch rc. d. neuesten Erdbeschreib., 20. Bd. 2. Lfg.

Guts Muths, (J. C. Fr.,) Erdbeschreib. d. Osthälfte v. Südamerika, s. Gaspari, Handb. 19r Bd.

GutsMuths, J. Chr. Fr.: Vollständige und neueste Erdbeschreibung des Britischen, Niederländischen und Französischen Guyana's und des Kaiserthums Brasilien mit einer Einl. zu Südamerica. Weimar 1827. 1254 S. Aus: Handbuch der neuesten Erdbeschreibung.

— Erdbeschreib. v. Westindien, s. Gaspari, Handb. 18r Bd.

Guts Muths, Joh. Chrph. Frdr., üb. vaterländische Erziehung. Eine Abhandlg. v. J. 1814; bei Gelegenheit der Feier d. 100jähr. Bestehens der Erziehungsanstalt zu Schnepfenthal neu hrsg. v. Karl Wassmannsdorff. Mit e. Rede d. Schnepfenthaler Zöglings Glieb. Lexmund v. Heinrich v. J. 1796 De gymnicorum exercitiorum utilitate et Vero consilio, u. e. Rede Christ. Gotth. Salzmann's im Betsaale d. Dessauer Philanthropins v. J. 1781: Über die Gesundheit, u. die Mittel, sie zu erhalten. gr. 8. (XIII, 76 S.) Plauen i/V. 884. Hohmann's Verl. — 75

GutsMuths, J. Chr. Fr.: Gymnastik für die Jugend. Enthaltend eine prakt. Anweisung zu Leibesübungen. Schnepfenthal 1793. 663 S.
— — 2. Aufl. 1804. 528 S.
— — 2. Ausg. Wien 1805. 418 S. m. Abb.
— — Unveränd. Ausg. d. 1. Aufl. v. C. Lukas. Wien & Leipzig 1893. 258 S. m. Abb.
— — Neu bearb. v. F. W. Klumpp. Stuttgart 1847. 408 S. m. Abb.

Gutsmuths, [Johann Christoph Friedrich]. Gymnastik fur die Jugend. Enthaltend eine praktische Anweisung zu Leibesubungen. Ein Beytrag zur nothigsten Verbesserung der körperlichen Erziehung ... Schnepfenthal, im Verlage der Buchhandlung der Erziehungsanstalt 1793.
XVIII + 663 S., 11 Taf. in Red. 8°.

— Gymnastik f. d. Jugend. Mit Kpf. gr. 8. Schnepfenth. 793. 2e A. mit 12 Kpf. 804. Erziehungs-Anst. 3 ß

Guts-Muth's, Jh. Chr. Fr., Gymnastik f. die Jugend, neu eingeführt von F. W. Klumpp. 3. Aufl. 1. Hälfte. gr. 8. Stuttgart 846, Hoffmann'sche Verl.-H. 1/2 ß

Gutsmuths, (Joh. Chr. Fr.), Gymnastik für die Jugend. Neu bearb. u. nach dem jetzigen Standpunkte der Turnkunst fortgeführt v. F. W. Klumpp. Mit 24 Zeichnungen. 3. Aufl. 2. Hälfte. gr. 8. (VIII u. S. 193—408 m. 1 lith. Taf. in Fol. Stuttgart 847, Hoffmann. 1/2 ß (cmplt. 1 ß)

Gutsmuths, J. C. F., Gymnastik für die Jugend. Unveränderte Ausg der 1. im J. 1793 erschienenen Aufl., veranstaltet v. Gust. Lukas. gr. 8. (XVII, 259 S. m. 11 Taf.) Wien 893. A. Pichler's Wwe. & Sohn. n. 2. —

— Handbuch d. Geographie f. Lehrer z. Vorbereitung, u. für Freunde d. Erdkunde. A. u. d. T.: Lehrbuch d. Geographie u. s. w. 2e Abtheil. in 2 Hälften. 2e verbess. Aufl. gr. 8. Lpz. 825 u. 26, Gleditsch.
(1e Abthl. 1e u. 2e Hälfte kostet 1 Rthlr. 12 gr.)

GutsMuths, J. Chr. Fr.: Katechismus der Turnkunst, ein Leitfaden f. Lehrer u. Schüler. Frankfurt a. M. 1818. 181 S. (Nebent.:) Kurzer Abriß d. deutschen Gymnastik.

— Katechismus d. Turnkunst. 8. Frankf. a. M. 818. (Gebhard in Grimma). 12 gr (A. u. d. T.: Kurzer Abriß d. Gymnastik.)

— u. J. A. Jacobi, deutsches Land u. deutsches Volk. 1r Bd. 4 Thle. Mit 4 Kpf., 4 Kart. u. 2 Steindr. (A. u. d. T.: deutsches Land, v. Guts Muths. 4 Thle.) gr. 8. Gotha u. Leipz. 821—32. Leich. 9 ß 8 gr 2r Bd. 3 Thle. A. u. d. T.: J. A. Jacobi, deutsches Volk. 3 Thle. Vorgeschichte d. deutschen Volks u. Reichs. Mit 1 Kpf. u. 2 Portr. 8. Ebd. 820—27. 5 ß

— u. J. A. Jacobi, deutsches Land u. deutsches Volk. 1r Bd. 2r Thl A. u. d. T.: deutsches Land, v. Guts Muths. 2r Thl. M. Kpf u. 1 Karte. gr 8. Gotha 820. Steudel.

—— und J. A. Jacobi, deutsches Land u. deutsches Volk. 1 Bd. 3. u. 4. Thl. — A. u. d. T.: Deutsches Land, v. GutsMuths. 3. u. 4. Thl. gr. 8. Leipzig, Leich. [3. (36 B., 1 Kpfr. u. 1 Stnt.) 828. 2 Thlr. 8 Gr., 4. (46 B. u. 2 Stnt.) 832. 3 Thlr.] Thlr.
1. Bd. 1. u. 2. Thl. GutsMuths, deutsches Land. 1. u. 2. Thl. 1820. 4 Thlr. — 2. Bd. Jacobi, deutsches Volk. 3 Thle. 1820—27. Ebendas. 5 Thlr. — Vollst. 2 Bde. in 7 Thln., ebdas. Pr. 6 Thlr.

— dass. 2r Bd. 2r u 3r Theil. A. u. d. T.: J. A. Jacobi, deutsches Volk. 2r u. 3r Theil. Vorgeschichte des deutschen Volks u. Reichs. 2r u 3r Thl. Mit Kpf. 8. Leipz. 826 u. 27, Leich. 2r Thl. 1 Rthl. 21 gr. 3r Thl. 1 Rthl. 12 gr.

— Lehrbuch der Geographie, zum Gebrauch d. Lehrer beim Unterricht etc. 1r Thl. 1e u. 2e Hälfte u. 2e Abthlg. gr. 8. Leipz. 800—13. 2e Aufl. 818—26. (Brockhaus). 5 ß 12 gr Hrbg. Pr. 3 ß 12 gr (2e Abthl. a. u. d. T.: Handbuch d. Geographie f. Lehrer zur Vorbereitung. 2 ß)

— Lehrbuch d. Geographie f. d. Unterricht in gelehrten u. Bürgerschulen ausgearbeitet. 2r Thl., welcher die außereurop. Staaten enthält. gr. 8. Leipz. Gleditsch. 813.

Guts Muth, Joh. Christ. Fr. Lehrbuch der Geographie zum Gebrauch für Lehrer beym Unterricht, sowohl in höheren und niederen Lehranstalten, als auch beym Privatunterricht und für Freunde der Geographie überhaupt. Mit Rücksicht selbst auf die letzten, bis zum May 1810 eingetretenen politischen Veränderungen. (2 Bde.) 8. Leipzig 1810—1813.

GutsMuths, J. Chr. Fr.: Lehrbuch der Geographie zum Gebrauch für Lehrer beym Unterricht. 2. Aufl. Leipzig 1818—26. 4 Bde [Nebent.:] GutsMuths: Handbuch der Geographie.
1, 1. Deutschland.
1, 2. Europäische Staaten.
2, 1. Asien u. Afrika.
2, 2. Amerika u. Australien. Register.

Guts Muths, J. E. [!] F. [Johann Christoph Friedrich]. Kleines Lehrbuch der Schwimmkunst zum Selbstunterrichte enthaltend eine vollständige praktische Anweisung zu allen Arten des Schwimmens nach den Grundsätzen der neuen Italienischen Schule des Bernardi u. der älteren Deutschen, bearbeitet von J. E. [!] F. Guts Muths. Weimar, im Verlage des Industrie-Comptoirs 1798.
XVI + 124 S. 8°.

—— kleines Lehrbuch d. Schwimmkunst, z. Selbstunterr.; enthalt. e. vollständ. pract. Anweis. zu allen Arten d. Schwimmens nach d. Grundsätzen d. neuen Italien. Schule d. Bernardi u. d. alten allgem. Schwimmschule bearb. 2., verb. u. verm. Aufl. gr. 8. (9¼ B.) Weimar 833, Landes-Ind.-Compt.

— mechan. Nebenbeschäftigungen f. Jünglinge u. Männer, oder Anweis. zur Kunst d. Drehens etc. Mit 8 Kpf. 8. Altenb. 801. 2e A. mit 9 Kpf. Leipz. 817. Hinrichs. 2 ß

GutsMuths, J. Chr. Fr.: Mechanische Nebenbeschäftigungen für Jünglinge und Männer. Neue Ausg. Leipzig & Altenburg 1809. 408 S.

— mechan. Nebenbeschäftig. f. Jüngl. etc. m. K. 8. Lpz. Hinrichs. 809.

— mechanische Nebenbeschäftigungen, oder prakt. Anweisung zur Kunst des Drehens, Metallarbeitens und Schleifens optischer Gläser zur Selbstbelehrung. Mit 9 Kupfertaf. 2te verb. u. verm. Aufl. 8. Leipzig, Hinrichs. 817.

— Spielalmanach für d. Jugend, f. 1802, 3. Mit 19 Kpf. 16. Frankf. a. M. 802, 3. Fr. Wilmanns. 1 ß 12 gr 2e Aufl. u. d. T.: Unterhaltungen u. Spiele d. Familie zu Tannenberg, e. Taschenb. f. d. Jugend. Mit 19 Kpf. 12. Ebd. 809. 1 ß 12 gr

Spielalmanach f. d. Jugend auf d. J. 1803, hrsg. v. Johann Christoph Friedrich Guts Muths, m. Abb., Frankfurt a. Main 1802, 156 S., 16°.

GutsMuths, J. Chr. Fr.: Spiele zur Übung und Erholung des Körpers und Geistes f. d. Jugend, ihre Erzieher u. alle Freunde unschuldiger Jugendfreuden. Schnepfenthal 1796. 492 S. m. Abb.
— — 2. Aufl. 1796.
— — 3. Aufl. 1802. 493 S.
— — 4. Aufl. v. F. W. Klumpp. Stuttgart 1845. 360 S.
— — 5. Aufl. v. O. Schettler. Hof 1878. 395 S.
— — 6. Aufl. 1884. 526 S.
— — 7. Aufl. 1885. 552 S.
— — 8. Aufl. v. J. C. Lion 1893. 560 S.

Guts Muths [Johann Christoph Friedrich]. Spiele zur Uebung und Erholung des Körpers und Geistes, für die Jugend, ihre Erzieher und alle Freunde unschuldiger Jugendfreuden. Gesammelt und praktisch bearbeitet von Gutsmuths ... Schnepfenthal, im Verlage der Buchhandlung der Erziehungsanstalt 1796.
Titelkupfer, nach Zeichnung von J. H. Ramberg gest. von C. F. Stoelzel, XVI S., 4 Bl., 492 S. 2 Bl.; 4 Taf. in Kupferst. 8°.

— **Spiele z. Uebung u. Erholung d. Körpers u. Geistes, f. d. Jugend.** Mit Kpf. 8. Schnepfenth. 796. 2e A. 802. Erziehungs-Anst. 1 ℛ 16 gr wohlf. Ausg. 1 ℛ 8 gr

— **Spiele zur Uebung u. Erholung des Körpers und Geistes.** 4. Aufl., durchgesehen u. neu eingeführt von F. W. Klumpp. 8. (Mit 4 lith. Taf.) Ebend. 845. $1\frac{1}{2}$ ℛ

— **Spiele zur Uebung u. Erholung des Körpers u. des Geistes.** Gesammelt u. praktisch bearb. Mit den Erweiterungen der 4. Aufl. von F. W. Klumpp in 5. Aufl. neu hrsg., überarb. u. sehr vervollständigt von O. Schettler. Mit 33 in den Text gedr. Holzschn. gr. 8. (XIII, 395 S.) Hof 878. Grau & Co. n. 6. —

— — Spiele zur Übung und Erholung des Körpers und Geistes, gesammelt und bearb. für die Jugend, ihre Erzieher und alle Freunde unschuld. Jugendfreuden. Mit den Erweiterungen der 4. Aufl. von F. W. Klumpp, unter Mitwirkung von J. C. Lion überarb., sehr vervollständigt und neu hrsg. in 6. Aufl. von O. Schettler. gr. 8. (XVI, 524 S. mit Titelbild.) Hof 884, Grau und Comp. *M 6.; geb. *

— **Spiele zur Übung u. Erholung d. Körpers u. Geistes,** gesammelt u. bearb. f. die Jugend, ihre Erzieher u. alle Freunde unschuld. Jugendfreuden. Mit den Erweitergn. der 4. Aufl. von F. W. Klumpp, unter Mitwirkg. von J. C. Lion überarb., sehr vervollständigt u. neu hrsg. in 7. Aufl. v. O. Schettler. gr. 8. (XVI, 550 S.) Hof 885. Lion. n. 6. —; geb. n. 7. 50

— **Spiele zur Übung u. Erholung d. Körpers u. Geistes,** gesammelt u. bearb. f. die Jugend, ihre Erzieher u. alle Freunde unschuld. Jugendfreuden. Mit den Erweitergn der früheren Aufl. v. F. W. Klumpp u. O. Schettler hrsg. in 8. Aufl. v. J. C. Lion. gr. 8. (XVIII, 560 S. m. Abbildgn.) Hof 893. R. Lion. n. 6. —; geb. in Leinw. n. 7. 50

Guts Muths, Joh. Chr[istoph] Fried. Turnbuch für die Söhne des Vaterlandes .. Mit .. Kupfertafeln. Frankfurt am Mayn, bei den Gebrüdern Wilmans 1817.
Tit., 17 Bl., XXXXII S., 1 Bl., 300 S., 1 Bl.; 4 Taf. in Kupferst. 8°.

— **Turnbuch f. d. Söhne d. Vaterlandes.** Mit 4 Kpf. gr. 8. Frkf. a. M. 817. (Gebhard in Grimma). 1 ℛ 4 gr

— **Unterhaltungen u. Spiele rc., s. oben Spielalmanach.**

GutsMuths, J. Chr. Fr.: Unterhaltungen und Spiele der Familien zu Tannenberg. 2. Ausg. d. Spiel-Almanachs. Frankfurt a. M. 1809. 290 S. m. Abb.
— — Neue Aufl. Hof 1885. 122 S.

— **Unterhaltungen u. Spiele der Familien zu Tannenberg.** Ein Taschenbuch f. die Jugend. Mit 19 Kpfrn. Nach der 2. Ausg. des Spielalmanachs neu aufgelegt. gr. 8. (IV, 122 S.) Ebend. 885. n. 1. 60; geb. n. 2. —

Guts Muths, Jh. Chr. Fr., Versuch einer Methodik des geograph. Unterrichts, enthalt. eine kritisch geordnete Aufstellung des geograph. Materials, der bildlichen Hülfsmittel u. einer Reihe von Uebungen der geistigen Kraft des Lehrlings. gr. 8. Weimar 835. Geograph. Institut. 1 ℛ

Gutsmuths, Johann Christoph Friedrich: Z e i t s c h r i f t für Pädagogik, Erziehungs- u. Schulwesen, s. G u t s m u t h s : B i b l i o t h e k der pädagog. Literatur . . .

Guthsmuths, Johann Christoph Friedrich, s. Z u s a m m e n - k ü n f t e am Atlas.

Gutsmuths, Gualt. (geb. Seehausen in d. Altm. 26. 6. 1835): De phosphorismo. Berolini (1862). (34 S.) 8°
Berlin, Med. Diss. v. 22. Jan. 1862

Gutsschneider, K. (Hrsg.), s. S t ü r z e r , Josef von: Theoret.- prakt. Bemerkungen zum dermaligen baier. Civilgerichtsverfahren . . .

Gutt, Bernh., Bohemia, s. Bohemia.

Gutt, H., ärztliches Ordinations-Buch mit Controll-Vorrichtung, s.: **Heger, H.**

Guttbier, J. C.: Disputatio medica inauguralis exhibens cerevisiae bonitatem. D. Erfordiae. 1715.

v. Guttceit, H. L., die Cholera in Orel im J. 1847. Ein Beitrag zur Kenntniss dieser Krankheit. gr. 8. (VIII u. 140 S.) Leipzig 848, O. Wigand. n. 5/6 ℛ

— die Pleuritis beschrieben. gr. 8. (XVI u. 210 S.) Hamburg 851. Hoffmann & Campe. $1\frac{1}{3}$ ℛ

Gutceit, L. H. v., dreissig Jahre Praxis. Erfahrungen am Krankenbett u. im aerztl. Kabinet. In 2 Theilen. gr. 8. (VIII, 692 u. VI, 398 S.) Wien 873. 75. Braumüller. n. 24. —

Guttcke, E., Protest der Todten an die Lebenden. Hrn. F. Freiligrath gewidmet. (Gedicht.) gr. 8. (4 S.) Berlin 848. (Mai.) $1\frac{1}{2}$ ngr
Vgl. Guttke, E.

Gutte, Emil, 19 Jahre im Dienste der deutschen Reichspost. Eine Schilderg. v. Recht u. Willkür. (54 S.) gr. 8. Heidelberg (909). Jünger & Co. 1. —

Gütte, W., s.: Beitrag, e., zu der Frage: Ist die deutsche Landwirtschaft imstande usw. Deutschlands Brotgetreide- u. Fleischbedarf zu decken?

Guttek, S., Frankreich's dritte Revolution. Eine übersichtl. Darstellung der Februar-Ereignisse in Frankreich nebst einer geschichtl. Einleitung. gr. 8. (68 S.) Berlin 848, Springer.

Deutscher **Gut-Templer.** Zeitschrift zur Förderung der Totalenthaltsamkeit. Officielles Organ von Deutschlands Grossloge II des Indepedent Order of Good Templars. Schriftleitung: G. Asmussen. Hamburg; Geschäftsstelle: P. Jepsen, Flensburg.
Jg. 6. Flensburg. 1897. 4°.

Deutscher **Guttempler.** Zeitschrift zur Förderung der Enthaltsamkeit. Amtl. Organ des Deutschen Guttemplerordens. ⟨J. O. G. T.⟩ Jg. 11—29. Hamburg. 1902—20. 4°

Fortges. u. d. T.:
Neuland. Blätter für alkoholfreie Kultur. Deutscher Guttempler ⟨neue Folge⟩. Amtsblatt des Deutschen Guttemplerordens ⟨J. O. G. T.⟩ Jg. 30 ff. Hamburg. 1921 ff. 4°

Gut-Templer, deutscher. Zeitschrift zur Förderg. der Totalenthaltsamkeit. Amtliches Organ des J. O. G. T. f. Deutschl. Großl. II. Red.: G. Asmussen. 13—15. Jahrg. 1904—1906. à 26 Nrn. (à ca. 16 S.) 4. Hamburg (Gebr. Lüdeking). à Jhrg. n. 2. 24

Gut-Templer, deutscher. Zeitschrift zur Förderg. der Totalenthaltsamkeit. Amtliches Organ des J. O. G. T. f. Deutschl. Großl. II. Schriftleiter: G. Asmussen. 16—19. Jahrg. 1907—1910. à 26 Nrn. (à ca. 16 S.) 31,5×23 cm. Hamburg, Deutschlands Großl. II. à Jhrg. 2. —

Der Freie Guttempler. Zeitschrift für Bekämpfung des Alkohols. Amtliches Organ des Freien Guttempler-Ordens. Verantwortlich für die Redaktion Heinr. Rehders, Flensburg.
Jg. 4. Nr. 1—5. Flensburg. 1902; Jg. 5 ff. ebd. 1903 ff. 4°.

Freier Guttempler. Amtliches Organ des Freien Guttempler-Ordens ⟨Deutsche Großloge⟩. Jg. 1—5. Hamburg. 1905—09. 4° [Kopft.]

Schweizer Guttempler. Offizielles Organ der Schweizerischen Grossloge des I. O. G. T. Seit 1894. Basel. Monatlich.

GUTTENBERG, Adolf Ritter v.: Die Aufstellung von Holzmassen- und Geldertragstafeln. - Wien 1896. 61 S.

Guttenberg, Adf. Ritter v., s.: Encyklopädie, allgemeine, der gesammten Forst- u. Jagdwissenschaften.

Guttenberg, Adf. Ritter v., die Forstbetriebseinrichtung. Für Studierende u. ausüb. Fachmänner dargestellt. (VIII, 374 S. m. 31 Fig. u. 2 farb. Taf.) gr. 8. Wien 903. F. Deuticke. n. 9. —

Guttenberg, Adf. Ritter v., d. Forstbetriebseinrichtung nach ihren gegenwärt. Aufgaben u. Zielen. [Erweit. Sonderdr. aus: „Österr. Vierteljahrsschr. f. Forstwesen".] gr. 8. (115 S. m. 9 Fig.) Wien 896. W. Perles. n. 2. 80

Guttenberg, Adf. Ritter v., Holzmeßkunde, s. Handbuch der Forstwissenschaft.

Guttenberg, Adf. Ritter v., die Holzpreise in Oesterreich in den J. 1848—1898. Nach dem v. österreich. Reichsforstvereine aus Anlaß der Jubiläums-Ausstellung in Wien 1898 gesammelten Materiale bearb. gr. 8. (III, 144 S. m. Fig.) Wien 902. (W. Perles). n. 3. —

Guttenberg, Adolf Ritter von: Inwieweit ist bei dem heutigen Stande d. Wirthschaft . . . die Forderung strengster Nachhaltigkeit d. Nutzungen überhaupt noch aufrecht zu erhalten?
s. Ostwald, Eugen.

— die Revision des Vermögensstandes in Fideicommißforsten. Vortrag. gr. 8. (20 S.) Wien 894. (W. Frick.) n. 1. —

— s.: Vierteljahresschrift, österreich., f. Forstwesen.

—— die Wachsthumsgesetze des Waldes. Vortrag, gehalten im wissenschaftl. Club zu Wien am 16. April 1885. Lex.-8. (12 S. mit eingedr. Fig. und 2 Taf.) Wien 885, Frick. *

Guttenberg, Alexander [aus Krakau]: Zur Casuistik complicirter Schädelfracturen mit Depressionen . . . . Würzburg, 1887; 33 S. 8°
Würzburg, Med. Fak., Inaug.-Diss. v. 1887

Guttenberg, Andreas Josef von

— Alane; ein histor.-romant. Gemälde in 5 Aufz. nach v. Bilderbeck. 8. Augsb. 801. v. Jenisch u. St. 12 kr.

— der mißlungene Anschlag; ein Lstspl. in 3 Aufz. mit 1 Kpf. 8. Augsb. 802. v. Jenisch u. St. 12 kr.

— der Arzt u. das Mittel. Posse in 1 Aufz. mit 1 Kpf. 8. Augsb. 802. v. Jenisch u. St. 8 kr.

— der deutsche Biedermann. Familiengem. in 2 A. 8. Wien 805. Pichler. 4 kr.

Guttenberg, A. J. v., *das ländliche Freudenfest.* Ein Schauspiel in 1 Aufz. Gelegenheitlich des höchst glücklichen Regierungsantritts des durchl. Kurfürsten von Pfalz-Baiern *Maximilian Joseph.* Zum Vortheil der Armen. München 1799, gedr. bey Frz. Seraph Hübschmann. Kl. 8°. 66 S. Cart.

— die Freunde nach der Mode. Lstspl. 8. Wien 807. Pichler. 4 kr.

— Freundschaft u. Herzensschwäche. Schspl. 8. Manh. 797. Schwan u. G. 10 kr.

v. Guttenberg, Andr. Jos., († 1817.) vier Jahre meines Lebens. Mit d. Verfass. Bildnisse. 8. Augsb. 803. v. Jenisch u. Stage. 1 ß 12 kr.

— Jakobine von Baiern. Ritterspl. in 5 A. mit 1 Kpf. 8. Augsb. 801. v. Jenisch u. St. 16 kr.

— die Comödie ohne Titel. Lstspl. in 1 A. 8. Wien 807. Pichler. 4 kr.

— s. Miniaturgemälde.

— Graf Mondensield. Trspl. in 5 A. 8. Wien, ohne Jahr.

— Kanzler Mondenfield, oder was vermag Rache nicht. Trspl. 8. Ofen 792. Strohmayer. 8 kr.

— das Neujahrsgeschenk. Gelegenheitsposse in 1 A. 8. Leipz. 804. Augsb., v. Jenisch u. St. 6 kr.

— Numa Pompilius; große Oper in 2 Aufz. Wien 808. Wallishausser. 6 kr.

Guttenberg, Andreas Josef von, s. Qui pro quo.

— die Spekulanten. Lstspl. in 5 A. 8. Augsb. 799. v. Jenisch u. St. 12 kr.

— s. Theaterjournal.

— Turandot, Prinzessin von China. Mährchen nach Schiller. Lstspl. in 3 A. 8. Wien 808. Pichler. 6 kr.

— die Ueberlisteten. Lstspl. 8. Wien 807. Pichler. 3 kr.

— die Verbannung. Schspl. in 5 A. 8. Augsb. 779. v. Jenisch u. St. 12 kr.

— die Versöhnung. Schspl. in 4 A. 8. Münch. 800. J. Lindauer. 6 kr.

— die Verwechselung. Lstspl. in 1 A. 8. Augsb. 800. v. Jenisch u. St. 6 𝒦

— die Waffenbrüder, od. der Bund der Rache; ein romant. Trspl. in 4 Aufz. aus den Zeiten des Aberglaubens u. d. Schwärmerei. 8. Augsb. 804. v. Jenisch u. St. 12 𝒦

— das Glas Wasser. Lstspl. in 2 Aufz. mit 1 Kpf. 8. Augsb. 803. v. Jenisch u. St. 16 𝒦

— dramat. Werke. 3 Bde. 8. Ebend. 800—803. (1r 1 Thl. 16 gr. 2r 1 Rthlr. 10 gr. 3r 1 Rthlr. 12 gr.)

v. Guttenberg, A. J., dramat. Werke. 3 Bde. mit Kpf. (Inh.: 1r Bd. Würde d. Mannes. — Speculanten. — Verbannung. 2r Bd. Alane. — Verwechselung. — Jacobine v. Baiern. 3r Bd. das Glas Wasser. — Der mißlungene Anschlag. — Der Arzt u. das Mittel.) 8. Augsb. 800—5. v. Jenisch u. St. 4 ß 14 𝒦

— die Würde des Mannes; ein Schspl. in 5 Aufz. mit 1 Kpf. 8. Augsb. ... v. Jenisch u. St. 16 𝒦

Guttenberg, E. R. von

Guttenberg, Grundzüge des theoretischen Unterrichts der freiwilligen Sanitätskolonnen. Für Wiederholungskurse in Frage u. Antwort bearb. 3. Aufl. (VI, 59 S.) kl. 8. Karlsruhe 905. G. Braun'sche Hofbuchdr. n. — 50

Guttenberg, E. R. v., Taschenbuch für Lazareth-Gehülfen nebst einem Anhang von 100 (lithogr.) Abbild. (auf 16 Taf., wovon 6 color.). gr. 8. (VI, 119 S.) Rastatt 869. (Erlangen, Besold.) cart.

Guttenberg, E. R. v., das Train-Communications- u. Verpflegungswesen, s.: Obauer, H.

Guttenberg, Frz. Karl Frhr. v., Ortsnamenforschung im Herrschaftsland Plassenberg u. dessen Umgegend. E. sprachwissenschaftl., kulturhistor. Studie. gr. 8. (30 S.) Kulmbach 897. R. Rehm. n. — 60

Guttenberg, Georg Tobias Hoermann von (Kaufbeuren), **De S. R. I. l. civitatis Kauffburae privilegiis praecipuis. Exercit. histor.-jur. Erlangen (Walther) 1763. 88 S., tlws. dtsch. (7.—) 12403**
Widm. v.: Andreas Elias Rossmann.

Guttenberg, Gustav Ritter v. Die österreichisch-ungarischen Eisenbahnen. Tabellarische Uebersicht, zusammengestellt von ..... mit Berücksichtigung der neuesten Vorgänge im österreichisch-ungarischen Eisenbahnwesen. Separat-Abdruck aus dem „Oesterreichischen Oeconomist". (Mit 1 Tafel.) Fol. Wien 1869.

Guttenberg, Gustav, prakt. Arzt a. Freiburg i. B.: Drei Fälle von Luxatio sub talo. Karlsruhe 1906: Malsch & Vogel. (20 S.) 8°
Freiburg i. B., Med. Fak., Ref. Kraske, Diss. v. 20. März 1906
[Geb. 7. Mai 78 Freiburg i. B.; Wohnort: Freiburg i. B.; Staatsangeh.: Baden; Vorbildung: Gymn. Freiburg i. B. Reife Juli 98; Studium: Freiburg i. B. 9 S.; Coll. 23. Febr. 06.]

Guttenberg, Herm. Ritter v., über den Bau der Antennen bei einigen Catasetum-Arten. (22 S. m. 2 Taf., gr. 8. Wien 908. (A. Hölder). 1. 45

— Über den Bau der Antennen [illegible] Catasetum-Arten (mit 2 Taf.). S. 117. [illegible] 1.45
Separatabdruck

Guttenberg, Herm. Ritter v., Beiträge zur physiologischen Anatomie der Pilzgallen. (III, 70 S. m 4 lith. Taf.) gr. 8. Leipzig 905. W. Engelmann. n. 2. 60

— zur Entwickelungsgeschichte der Krystallzellen im Blatte v. Citrus. (18 S. m. 1 Fig. u. 1 Doppeltaf.) gr. 8. Wien 902. (A. Hölder.) n. — 80
Sonderabdruck aus: „Sitzungsber. d. k. Akad. d. Wiss."

— Über den Schleudermechanismus der Früchte v. Cyclanthera explodens Naud. (16 S. m. 1 Taf.) gr. 8. Ebd. 910. — 80
Sonderabdruck aus „Sitzungsber. d. k. Akad. d. Wiss."

Guttenberg, Herm. Ritter v., die forstlichen Verhältnisse des Karstes m. besonderer Berücksichtigung des österreichischen Küstenlandes. Aus Anlass der österr.-ungar. Industrie- u. landw. Ausstellung in Triest, hrsg. vom krain.-küstenl. Forstverein. gr. 8. (51 S.) Triest 882. Dase in Comm. n. — 80

Guttenberg, Karl Ritter v., k. k. Oberstlieut. im Generalstabs-Corps. Administrativer Generalstabs-Dienst, mit einem Anhange: Die Heeres-Verwaltung. Studien-Behelf für die k. k. Kriegsschule. (Mit 3 Tabellen.) gr. 8. Wien 1884.

Irrenanstalten! Ein Beitrag z. Beurteilung moderner Irrenpflege auf Grund persönl. Erlebnisse von Fr. **Guttenberger**. Berlin: H. Walther 1907. (206 S.) 8° [F.] [07. 17646

Guttenberger, Fr., Irrenanstalten! Wie sie sind u. wie sie sein sollten, lehrreich f. Aerzte u. Laien. 2 Tle. in 1 Bde. (207 u. 8 S.) gr. 8. Heidelberg (909). Jünger & Co. 2. —

Guttenplan, Julius [pract. Arzt aus Offenbach a. M.]: Ein Fall von hämorrhagischem Sarcom des Uterus und der Vagina mit Metastasen in den Lungen. C. Forger's Druckerei in Offenbach a. M., 1883. 8. 22 S.

Guttenbrunn, Adam, s. Müller-Guttenbrunn, Adam

Guttenstein, B., Moses Mendelsohns Verdienste um die Bildung seines Volks. gr. 8. Heidelb. 829. Oßwald. 5 𝒦

Guttenstein, B. F., Albion. Historisch-polit. Skizzen. kl. 8. Karlsruhe 841, Macklot. $^5/_8$ ß

Guttenstein, B. F., Fahrten u. Wanderungen, s. Fahrten

— Faristan, s. a. Bibliothek d. Belletristiker. 5. Bdchn.

— Farsistan. Persische Scenen u. Legenden. Aus d. Tagebuche e. britischen Touristen. 8. (10½ B.) Karlsruhe 841, Macklot.

Guttenstein, B. F., Geschichte d. Span. Volkes. In gedrängter Uebersicht dargestellt. 2 Thle. gr. 8. Mannheim 836, 37. Hoff. $2^1/_2$ ß

— altspan. Historien, s. Fahrten und Wanderungen in Castilien rc.

— die poetische Literatur der alten Israeliten. Kritische Skizze. gr. 12. Mannheim 835. Hoff. $^5/_{12}$ ß

— s. Quevedo, der Glücksritter. — Dess. Schwänke, Fahrten des Pedrillo Paolo de Molina.

— und H. Müller, histor. Wochenblätter, s. Wochenblätter.

— Zinkgref's scharfsinnige Sprüche d. Teutschen, s. Zinkgref.

Guttentag's Sammlung Preußischer Gesetze. Text-Ausg. m. Anmerkgn. Taschenformat. 1., 2., 4. u. 8.—12. Bd. 16. Berl., Guttentag. cart. * 11 10

1. Arndt, Adf. Die Verfassungs-Urkunde für den Preußischen Staat, nebst Ergänzungs- u. Ausführungsgesetzen. Mit Einleitg., Kommentar u. Sachregister. 2. stark verm. u. verb. Aufl. (VIII, 320 S.) 889. * 2 —.
2. Pfafferoth, Carl. Preußische Beamtengesetzgebung. Enth. die wichtigsten Beamtengesetze in Preußen. Text-Ausg. m. kurzen Anmerkgn., e. chronolog. Verzeichniß der abgedr. Gesetze, Verordngn. u. sonst. Bestimmgn. nebst ausführl. Sachregister. 2. neubearb. Aufl. (XVI, 240 S.) 889. * 1 50.
4. Sydow, R. u. A. Hellweg. Die Preußischen Gesetze, betr. das Notariat in den Landestheilen d. gemeinen Rechts u. d. Landrechts. Mit Sachregister. 2. veränd. Aufl. (XXI, 186 S.) 890. * 1 60.
8. Schultzenstein, Max. Die Vormundschaftsordnung vom 5. Juli 1875, das Gesetz betr. die Geschäftsfähigkeit Minderjähriger u. die Aufhebg. der Wiedereinsetzg. in den vorigen Stand wegen Minderjährigkeit, vom 12. Juli 1875 u. das Gesetz, betr. die Unterbringg. verwahrloster Kinder vom 13. März 1878 nebst den dazu erlassenen Nebengesetzen u. allgem. Verfüggn. Mit Sachregister. 2. Aufl. (VII, 272 S.) 892. * 1 50.
9. Fischer, Otto. Die Preußische Grundbuchgesetzgebung. Mit Einleitg., Anmerkgn., Formularen, Kosten- u. Stempel-Tabellen u. Sachregister. 2. verm. Aufl. (VII, 186 S.) 892. * 1 20.
10. Meitzen, R. Einkommensteuergesetz. Vom 24. Juni 1891. Mit Sachregister. 1. u. 2. Aufl. (X, 129 S.) 891. * 1 —.
11. Fernow, A. Gewerbesteuergesetz. Vom 24. Juni 1891. Mit Sachregister. (XXIII, 70 S.) 891. * — 80.
12. Engels, Ernst. Allgemeines Berggesetz f. die Preußischen Staaten. Vom 24. Juni 1865, in der Fassg. der Novelle vom 24. Juni 1892, mit den f. den Bergbau gelt. Bestimmgn. der Novelle zur Gewerbeordng. vom 1. Juni 1891. Mit Sachregister. (232 S.) 892. * 1 50.

Die übrigen Bände dieser Sammlung sind unter folgenden Einzel-Titeln aufgenommen worden:

3. Krech, J. u. O. Fischer. Zwangsvollstreckung. 1888.
5. Schulze, H. Das Gesetz v. 24. April 1854 [betr. die außereheliche Schwängerung]. 1873.
6. Sydow, R. Ausführungsgesetze. 1887.
7. Bierhaus, J. Gerichtsordnung. 1883.

Guttentag's Sammlung preußischer Gesetze. Text-Ausgaben m. Anmerkgn. Nr. 1, 8—15. 16. Berlin, J. Guttentag. Kart. n. 14. 5

1. Die Verfassungs-Urkunde f. den Preußischen Staat nebst Ergänzungs- u. Ausführungs-Gesetzen. Mit Einleitg., Kommentar u. Sachregister v. Adf. Arndt. 3., verm. u. verb. Aufl. (VI, 326 S.) 894. n. 2. 25
8. Die Vormundschaftsordnung vom 5. Juli 1875, das Gesetz betr. die Geschäftsfähigkeit Minderjähriger u. die Aufhebung der Wiedereinsetzung in den vorigen Stand wegen Minderjährigkeit, vom 12. Juli 1875, u. das Gesetz, betr. die Unterbringung verwahrloster Kinder, vom 13. März 1878, nebst den dazu erlassenen Nebengesetzen u. allgemeinen Verfüggn. Text-Ausg. m. Erläutergn. u. Sachregister v. Max Schultzenstein. 2. Aufl. (VII, 272 S.) 892. n. 1. 50
9. Die preußische Grundbuchgesetzgebung. Mit Einleitg., Anmerkgn., Formularen, Kosten- u. Stempel-Tabellen u. Sachregister v. Otto Fischer. 2., verm. Aufl. (VII, 186 S.) 892. n. 1. 20
10. Einkommensteuergesetz. Vom 24. Juni 1891. Mit Anmerkgn. u. Sachregister v. R. Meitzen. (X, 129 S.) 891. n. 1.
11. Gewerbesteuergesetz. Vom 24. Juni 1891. Mit Anmerkgn. u. Sachregister. Von A. Fernow. (XXIII, 70 S.) 891. n. — 80
12. Allgemeines Berggesetz f. die Preußischen Staaten. Vom 24. Juni 1865, in der Fassg. der Novelle vom 24. Juni 1892, m. den f. den Bergbau gelt. Bestimmgn. der Novelle zur Gewerbeordng. vom 1. Juni 1891. Text-Ausg. m. Anmerkgn. u. Sachregister v. Ernst Engels. (232 S.) 892. n. 1. 50
13. Ergänzungssteuergesetz. Vom 14. Juli 1893. Mit Sachregister v. A. Fernow. (95 S.) 893. n. 80
14. Kommunalabgabengesetz. Vom 14. Juli 1893 u. Gesetz wegen Aufhebung direkter Staatssteuern. Vom 14. Juli 1893. Mit Sachregister v. F. Adickes. (144 S.) 893. n. 1.
15. Die Kreisordnungen f. den Preußischen Staat. Mit Sachregister v. L. Kottsch. (IV, 626 S.) 891. n. 1

Guttentag's Sammlung preußischer Gesetze. Text-Ausgaben m. Anmerkgn. Nr. 11 u. 12. 2., verm. Aufl. 16. Berlin, J. Guttentag. Kart. n. 2. 50

11. Gewerbesteuergesetz. Vom 24. Juni 1891. Unter Berücksicht. der ministeriellen Ausführungsanweisgn. u. der vom 1. Apr. 1895 ab zufolge der Kommunalsteuerreform eintret. Aenderungn. Mit Sachregister, bearb. v. A. Fernow. (XXIV, 107 S.) 895. n. — 90
12. Allgemeines Berggesetz f. die Preußischen Staaten. Vom 24. Juni 1865, u. die auf dasselbe bezügl. Gesetze u. Verordngn. Mit Sachregister. Von Ernst Engels. (XVI, 232 S.) [illegible]. n. 1. 60

Guttentag's Sammlung preußischer Gesetze. Text-Ausgaben m. Anmerkgn. Nr. 2, 4, 6, 8—10, 13, 14, 16—21. 16. Berlin, J. Guttentag. Kart. n. 22.75

2. Preuß. Beamten-Gesetzgebg. Enth. d. wichtigsten Beamten-Gesetze in Preußen. Anstellg., Diensteid ꝛc. Nebenämter ꝛc. Militärverhältnisse. Disziplinarverhältnisse. Strafrechtliche Vorschriften. Einkommensverhältnisse. Dienstwohnungen. Tagegelder, Reise- u. Umzugskosten. Abgabenverhältnisse. Kautionswesen. Pensionswesen. Versorgg. der Wittwen u. Waisen. Text-Ausg. m. kurzen Anmerkgn., e. chronolog. Verzeichniß d. abgedruckten Gesetze u. Verordngn. u. sonst. Bestimmgn. nebst ausführl. Sachregister. Von Karl Pfafferoth. 3., neubearb. Aufl. (XIV, 255 S.) 896. n. 1.50
4. D. preuß. Gesetze betr. d. Notariat in d. Landestheilen des gemeinen Rechts u. d. Landrechts, einschließl. d. Gebührenordng. f. Notare vom 25. Juni 1895. 3., veränd. Aufl., hrsg. v. R. Sydow u. A. Hellweg. (XIX, 222 S.) 896. n. 1. 60
6. D. preuß. Ausführungsgesetze u. Verordngn. zu den Reichs-Justizgesetzen. Register v. R. Sydow. 3., verm. Aufl. (XVI, 360 S.) 895. n. 2. 40
8. D. Vormundschaftsordng. v. 5. Juli 1875, d. Gesetz, betr. d. Geschäftsfähigkeit Minderjähriger u. d. Aufhebg. d. Wiedereinsetzg. in d. vor. Stand wegen Minderjährigkeit v. 12. Juli 1875 u. d. Gesetz, betr. d. Unterbringg. verwahrloster Kinder, v. 13. März 1878, nebst d. dazu erlass. Nebengesetzen u. allgem. Verfüggn. Mit Erläuterungen u. Sachregister v. Max Schultzenstein. 3. Aufl. (VI, 283 S.) 895. n. 1.50
9. D. preuß. Grundbuchgesetzgebung. M. Einleitg., Formularen u. Sachregister v. Otto Fischer. 3., verm. Aufl. (IX, 162 S.) 895. n. 1. 20
10. Einkommensteuergesetz. V. 24. Juni 1891. M. Sachregister v. R. Meitzen. 3., bedeutend verm. u. verb. Aufl., bearb. v. A. Fernow. (152 S.) 895. n. 1. —
13. Ergänzungssteuergesetz. Vom 14. Juli 1893. M. Sachregister v. A. Fernow. 2., verm. u. verb. Aufl. (109 S.) 895. n. 1. —
14. Kommunalabgabengesetz. V. 14. VII. 1893 u. Gesetz wegen Aufhebg. direkter Staatssteuern. V. 14. VII. 1893. Text-Ausg. m. Anmerkgn. u. Sachreg. v. F. Adickes. 2., erweit. Aufl. (178 S.) 895. n. 1. 25
16. Preuß. Ausführungs-Anweisg. z. §§ 16 u. ff. d. Reichs-Gewerbe-Ordng. betr. Genehmigung gewerbl. Anlagen. Text-Ausg. m. Anmerkgn. u. Sachreg. v. Rüdiger. (VIII, 157 S.) 895. n. 1. 50
17. Preuß. Gerichtskostengesetz. V. 25. Juni 1895. Text-Ausg. m. Anmerkgn., Kostentabellen u. Sachregister v. P. Siméon. (XVI, 190 S.) 895. n. 1. 40
18. Stempelsteuergesetz. V. 31. Juli 1895. Text-Ausg. m. Anmerkgn., ausführl. Tabellen z. Berechng. d. Stempelabgaben u. Sachregister. Nebst e. Anh., enth. d. preuß. Erbschaftssteuergesetz unt. Berücksicht. d. Novelle v. 31. Juli 1895. Von D. W. Gaupp u. P. Loeck. (230 S.) 895. n. 2. —
19. D. Jagdscheingesetz v. 31. Juli 1895, m. ausführl. Erläutergn., nebst d. Ausführungsverfügg. v. 2. Aug. 1895 u. d. Gesetzgebungsmaterialien. Von F. Kuntze. (136 S.) 896. n. 1. 60
20. D. Gesetz betr. d. Erbschaftssteuer. V. 19/24. Mai 1891 unt. Berücksicht. d. Novelle v. 31. Juli 1895. Text-Ausg. m. ausführl. Erläutergn. u. Sachreg. Von P. Loeck. (VIII, 183 S.) 896. n. 1. 80
21. Gesetz üb. d. Handelskammern. V. 24. II. 1870|19. VIII. 1897. Text-Ausg. m. Erläutergn., geschichtl. Einleitg., Sachregister, sow. e. Uebersicht d. Bestandes d. kaufmänn. Vertretgn. Von F. Lusensky. (VII, 281 S.) 897. n. 3. —

— dasselbe. Nr. 17 u. 18. 2. u. 3. Aufl. 16. Ebd. Kart. n. 4. 90

17. Preuß. Gerichtskostengesetz. V. 25. VI. 1895, nebst d. durch d. Gesetz v. 19. VIII. 1895 hinzugef. Bestimmgn. Text-Ausg. m. Anmerkgn., Kostentabellen u. Sachregister. Von P. Siméon. 2. Aufl. (268 S.) 896. n. 1. 60
18. D. preuß. Stempelsteuergesetz. V. 31. Juli 1895. Nebst d. ergang. Ausführungsbestimmgn. M. ausführl. Tabellen zur Berechng. d. Stempelabgaben u. Sachreg. Von W. Gaupp u. P. Loeck. 4., verm. Aufl. (462 S.) 898. n. 3. 30; Ausführungsbestimmgn. allein (S. 157—384). 896. Geh. n. 1.—

Guttentag's Sammlung preußischer Gesetze. Text-Ausgaben m. Anmerkgn. Nr. 1, 4, 10, 11, 13, 14, 16—19, 22—30, 31a, 31b u. 32. gr. 16. Berlin, J. Guttentag. Geb. in Leinw. n. 51. 30

Inhaltsübersicht in alphabetischer Ordnung:

Adickes, F., Kommunalabgabengesetz. Vom 14. VII. 1893 u. Gesetz wegen Aufhebg. direkter Staatssteuern. Vom 14. VII. 1893. Text-Ausg. m. Anmerkgn. u. Sachregister. 3. erweit. Aufl. (200 S.) 902. (Nr. 14.) n. 1. 50

Arndt, Adf., die Verfassungs-Urkunde f. den Preuß. Staat. Mit Einleitung, vollständ. Kommentar, Anlagen u. Sachregister. 4., gänzlich umgearb. u. verb. Aufl. (X, 321 S.) 900. (Nr. 1.) n. 2. 50

Aschrott, P. F., Gesetz üb. die Fürsorgeerziehung Minderjähriger vom 2. VII. 1900 nebst den Ausführungsbestimmgn. Text-Ausg. m. Einleitung u. Erläuterungen. (335 S.) 901. (Nr. 28.) n. 2. 80

Bartels, Geo., die Hinterlegungsordnung vom 14. III. 1879 in der Fassung des preuß. Ausführungsgesetzes zum bürgerl. Gesetzbuche vom 20. IX. 1899, nebst Ausführungsbestimmgn. Text-Ausg. m. Anmerkgn. u. Sachregister unter Benutzg. d. amtl. Erlasse u. Entscheidgn. des Hrn. Finanzministers in Hinterlegungssachen. (Berlin 1895). (VIII, 137 S.) 900. (Nr. 24.) n. 1. 50

Cremer, Ed., die preußischen Gesetze üb. das Diensteinkommen, das Ruhegehalt u. die Hinterbliebenenfürsorge der Lehrer u. Lehrerinnen an den öffentl. Volksschulen u. an den öffentl. nicht staatlichen mittl. Schulen, nebst den zugehör. Ausführungsbestimmgn., sonst. Ministerialerlassen u. den wicht. einschläg. Gesetzen, sowie e. Tabelle zur Berechng. der Ruhegehalts-, Wittwen- u. Waisenbezüge. Textausg. m. Einleitg., Anmerkgn. u. Sachregister. (304 S.) 900. (Nr. 26.) n. 2.40

Fernow, A., Einkommensteuergesetz vom 24. VI. 1891. Text-Ausg. m. Anmerkgn. u. Sachregister. 5. bedeutend verm. u. verb. Aufl. (367 S.) 902. (Nr. 10) n. 2.50
4. Aufl., s.: Meitzen, R.

— Ergänzungssteuergesetz. Vom 14. VIII. 1893. Text-Ausg. m. Anmerkgn. u. Sachregister. 3. verm. u. verb. Aufl. (144 S.) 901. (Nr. 13.) n. 1.50

— Gewerbesteuergesetz. Vom 24. VI. 1891. Text-Ausg. m. Anmerkgn. u. Sachregister. 3. verm. u. verb. Aufl. (182 S.) 899. (Nr. 11.) n. 1.25

Fiedler, K., Gesetz, betr. die ärztlichen Ehrengerichte, das Umlagerecht u. die Kassen der Aerztekammern vom 25. XI. 1899. Textausg. m. Einleitg., Anmerkgn. u. Sachregister, sowie m. Mustern f. die geschäftl. Behandlg. (132 S.) 901. (Nr. 29.) n. 1.50

Gerhard, Steph., die geltenden preußischen Gesindeordnungen. Hrsg. in 2 Bdn. 1. Bd., enth. die Gesindeordng. f. die altpreuß. Provinzen vom 8. XI. 1810, bearb. m. ausführl. Erläutergn. unter Berücksicht. der Ergänzungsgesetze u. d. Rechtsverhältnisse der Gesindevermiether, sowie der Gesindeordngn. f. Neuvorpommern u. Rügen u. f. die Rheinprovinz. (XVI, 325 S.) 902. (Nr. 31a.) Geb. in Leinw. n. 2.50

— Dasselbe. 2. Bd., enth. die Gesindeordngn. in den Provv. Hannover, Schleswig-Holstein, Hessen-Nassau u. dem Reg.-Bez. Hohenzollern. (XII, 338 S.) 902. (Nr. 31b.) Geb. in Leinw. n. 2.50

Kremski, Frz., Preußische Kommunalbeamtengesetzgebung. Text-Ausg. m. Anmerkgn. u. Sachregister. (XLII, 452 S.) 901. (Nr. 25.) n. 3.—

Kunze, F., das Jagdscheingesetz vom 31. VII. 1895 m. ausführl. Erläuterungen, nebst der Ausführungsverfügung vom 2. VIII. 1895 u. den Gesetzgebungsmaterialien. 2. verm. Aufl. (157 S.) 899. (Nr. 19.) n. 2.—

Ledermann, W., Gesetz, betr. die Anstellung u. Versorgung der Kommunalbeamten. Vom 30. VII. 1899. Mit Einleitg., ausführl. Erläutergn. u. Sachregister hrsg. (135 S.) 899. (Nr. 22.) Kart. n. 1.25

— die Städte-Ordnung f. die sechs östlichen Provinzen d. preuß. Monarchie vom 30. V. 1853, nebst ihren gesetzl. Ergänzgn., erläutert. 8. (XXXIV, 614 S.) 902. (Nr. 32.) Geb. in Leinw. n. 6.—
Erschien auch in 3 Lfgn.

Loeck, P., preußisches Stempelsteuergesetz. Vom 31. VII. 1895. Mit den gesammten Ausführungsbestimmungen u. vollständ. Tabellen. Unter besond. Berücksicht. der Entscheidgn. der Verwaltungsbehörden u. der Gerichte hrsg. 5. vollständig umgearb. Aufl. 8. (XII, 425 S.) 901. (Nr. 18.) n. 5.—

Meitzen, R., Einkommensteuergesetz. Vom 24. VI. 1891. Text-Ausg. m. Anmerkgn. u. Sachregister. 4. bedeutend verm. u. verb. Aufl., bearb v. A. Fernow. (224 S.) 899. (Nr. 10.) n. 1.50
5. Aufl., s.: Fernow, A.

Mücke, J., die Gesetze, betr. das preuß. Staatsschuldbuch u. das Reichsschuldbuch, nebst den dazu gehör. Ausführungsbestimmgn. erläutert. (206 S.) 902. (Nr. 30.) n. 2.—

Rüdiger, W. v., Konzessionierung gewerblicher Anlagen in Preußen. Preuß. Ausführungs-Anweisg. zu §§ 16 u. ff. der Gewerbeordng. betr. Genehmigung gewerbl. Anlagen. Text-Ausg. m. Anmerkgn. u. Sachregister. 2. Aufl. (197 S.) 901. (Nr. 16.) n. 2.—

Siméon, P., Ausführungsgesetz zum bürgerl. Gesetzbuche v. 20. IX. 1899. Textausg. m. Einleitg., Anmerkgn. u. Sachregister. (VIII, 197 S.) 899. (Nr. 23.) Geb. in Leinw. n. 1.60

— preuß. Gerichtskostengesetz. Vom 25. VI. 1895. In der Fassg. der Bekanntmachg. vom 6. X. 1899. Text-Ausg. m. Anmerkgn., Kostentabellen u. Sachregister. 3. Aufl. (XXIV, 242 S.) 900. (Nr. 17.) n. 1.80

Strutz, G., Gesetz, betr. die Waarenhaussteuer. Vom 18. VII. 1900. Text-Ausg. m. Anmerkgn. u. Sachregister. (74 S.) 900. (Nr. 27.) n. 1.20

Sydow, R., Gebührenordnung f. Notare vom 25. VI. 1895 in der Fassung der Bekanntmachung vom 6. X. 1899, nebst den einschläg. Vorschriften des preuß. Gerichtskostengesetzes. Text-Ausg. m. Anmerkgn. u. Kostentabellen. 2. Aufl., bearb. v. E. Mosler. (146 S.) 900. (Nr. 4.) n. 1.50

Guttentag's Sammlung preußischer Gesetze. Text-Ausgaben m. Anmerkgn. Nr. 1—3. 10—12. 17. 20. 23 u. 33—39. 16. Berlin, J. Guttentag.
Geb. in Leinw. n. 39.30

Arndt, Adf., die Verfassungs-Urkunde f. den Preußischen Staat. Mit Einleitg., vollständ. Kommentar, Anlagen u. Sachregister. 5., gänzlich umgearb. u. verb. Aufl. (VIII, 405 S.) 904. (Nr. 1.) n. 3.—

Exner, Emil, der Gerichtsvollzieherdienst in Preußen. Zusammenstellung der auf die Dienst- u. Geschäftsverhältnisse der preuß. Gerichtsvollzieher bezügl. neuesten Vorschriften. Textausg. m. Anmerkgn. u. Sachregister. (XV, 529 S.) 901. (Nr. 35.) n. 3.50

Fernow, A., Einkommensteuergesetz. Text-Ausg. m. Anmerkgn. u. Sachregister. 6. völlig neubearb. Aufl. (XVII, 487 S.) 907. (Nr. 10.) n. 3.—

— Gewerbesteuergesetz. Vom 24. VI. 1891. Text-Ausg. m. Anmerkgn. u. Sachregister. 4., verm. u. verb. Aufl. (264 S.) 905. (Nr. 11.) n. 2.—

Hoffmann, Ulr., die preußischen Erbschaftssteuergesetze vom 30. V. 1873, 19. V. 1891 u. 31. VII. 1895. Erläutert v. H. (561 S.) 905. (Nr. 20.) n. 4.—

Kurtz, C., Aufnahme v. Nottestamenten durch die bestellten besonderen Urkundspersonen. (Anweisung vom 15. III. 1904.) Text-Ausg. m. Anmerkgn., erläuterten Musterbeispielen, e. Abriß des Erbrechts u. Sachregister. (144 S.) 904. (Nr. 3.) n. 1.50

Lindemann, Otto, die Gesetzgebung üb. Polizeiverordnungen in Preußen. Textausg. der einschläg. Gesetzesbestimmungen m. Einleitg., Anmerkgn. u. Sachregister. (175 S.) 904. (Nr. 36.) n. 1.50

— Sammlung der wichtigsten preußischen Strafgesetze, nebst e. Anh.: Gesetz, betr. den Erlaß polizeil. Strafverfüggn. vom 23. IV. 1883. Ergänzungsbd. zur Guttentag'schen Sammlg. preuß. Gesetze. Text-Ausg. m. Anmerkgn. u. Sachregister. (348 S.) 903. (Nr. 34.) n. 2.50

Marcks, A., Gesetz betr. die Unterhaltung der öffentlichen Volksschulen. Vom 28. VII. 1906. Text-Ausg. m. Anmerkgn. u. Sachregister. (194 S.) 906. (Nr. 39.) n. 2.—

Meyer, Otto, Gesetz üb. die Enteignung v. Grundeigentum. Vom 1. VI. 1874. Mit e. Anh., enth. das Baufluchtliniengesetz, Ministerialverordngn. u. die enteignungsrechtl. Vorschriften des Gesetzes betr. Herstellg. u. Ausbau der Wasserstraßen. Text-Ausg. m. Anmerkgn. u. Sachregister. (178 S.) 905. (Nr. 37.) n. 2.—

Peltasohn, M., u. Bruno Peltasohn, Rentenguts- u. Anerbenrechts-Gesetzgebung in Preußen. Text-Ausg. m. Anmerkgn. u. Sachregister. (280 S.) 903. (Nr. 33.) n. 3.—

Pfafferoth, Carl, preußische Beamten-Gesetzgebung, enth. die wichtigsten Beamtengesetze in Preußen. Text-Ausg. m. ausführl. Sachregister. 4., neubearb. Aufl. (VI, 259 S.) 905. (Nr. 2.) n. 2.—

Schmidt, Fr., Kreis- u. Provinzial-Abgabengesetz. Vom 23. IV. 1906. Text-Ausg. m. Anmerkgn. u. Sachregister. (111 S.) 906. (Nr. 38.) n. 1.25

Siméon, P., Ausführungsgesetz zum bürgerlichen Gesetzbuche vom 20. IX. 1899. Textausg. m. Einleitg., Anmerkgn. u. Sachregister. 2. Aufl. (222 S.) 905. (Nr. 23.) n. 1.80

— preußisches Gerichtskostengesetz. Vom 25. VI. 1895. In der Fassg. der Bekanntmachg. vom 6. X. 1899. Text-Ausg. m. Anmerkgn., Kostentabellen u. Sachregister. 4. Aufl. (294 S.) 904. (Nr. 17.) n. 2.25

Westhoff, Wilh., u. Wilh. Schlüter, allgemeines Berggesetz f. die Preußischen Staaten vom 24. VI. 1865 nebst den preußischen Berggesetznovellen. Mit Einleitg., Erläutergn. u. Sachregister bearb. (XVI, 559 S.) 906. (Nr. 12.) n. 4.—

Guttentag's Sammlung preußischer Gesetze. Text-Ausgaben m. Anmerkgn. Nr. 1. 4. 10—13. 17. 18. 21. 24. 28 u. 40—45. Berlin, J. Guttentag.
Geb. in Leinw. 53.85

Arndt, Adf., die Verfassungs-Urkunde f. den Preußischen Staat. Mit Einleitg., vollständ. Kommentar, Anlagen u. Sachregister. 6., gänzlich umgearb. u. verb. Aufl. (VIII, 437 S.) 16. 907. (Nr. 1) Geb. 8.—

Aschrott, P. F., Gesetz üb. die Fürsorgeerziehung Minderjähriger vom 2. VII. 1900 nebst den Ausführungsbestimmungen. Text-Ausg. m. Einleitg. u. Erläutergn. 2., umgearb. Aufl. (340 S.) 16. 907. (Nr. 28) Geb. 2.80

Bartels, Geo., die Hinterlegungsordnung in der Fassung des preuß. Ausführungsgesetzes zum bürgerl. Gesetzbuche, nebst Ausführungsbestimmgn. Text-Ausg. m. Anmerkgn. u. Sachregister unter Benutzg. amtl. Erlasse u. Entscheidgn. des Finanzministers. 2. Aufl. (155 S.) 16. 908. (Nr. 24) Geb. 2.—

Fernow, A., Einkommensteuergesetz. Text-Ausg. m. Anmerkgn. u. Sachregister. 7. verb. u. verm. Aufl. (XVII, 547 S.) 16. 908. (Nr. 10) Geb. 3.25

— Ergänzungssteuergesetz. Text-Ausg. m. Anmerkgn. u. Sachregister. 4. verm. u. verb. Aufl. (270 S.) 16. 907. (Nr. 13) Geb. 2.40

— Gewerbesteuergesetz. Vom 24. VI. 1891. Text-Ausg. m. Anmerkgn. u. Sachregister. 5., verm. u. verb. Aufl. (378 S.) 16. 910 (Nr. 11) Geb. 3.—

Friedrichs, Karl, die Gesetzgebung üb. die allgemeine Landesverwaltung u. üb. die Zuständigkeit der Verwaltungs- u. Verwaltungsgerichtsbehörden. Kritische Text-Ausg. m. Anmerkgn. u. Sachregister. (XXVI, 388 S.) 16. 908. (Nr. 42) Geb. 3.—

Katzenstein, Rich., Gesetz, betr. das Verwaltungsstrafverfahren bei Zuwiderhandlungen gegen die Zollgesetze u. die sonstigen Vorschriften üb. indirekte Reichs- u. Landesabgaben sowie die Bestimmungen üb. die Schlacht- u. die Wildpretsteuer. Vom 28. VII. 1897. Mit Einleitg., Kommentar u. Sachregister. (388 S.) 907. (Nr. 40) Geb. 3.60

Kollenscher, Max, Rechtsverhältnisse der Juden in Preußen. Text-Ausg. m. Einleitg., Anmerkgn. u. Sachregister. (VIII, 199 S.) 16. 910. (Nr. 45) Geb. 2.40

Kunze, F., u. H. Kühnemann, die preußischen Jagdpolizeigesetze. 2., gänzlich veränd. u. verm. Aufl. (VIII, 373 S.) 907. (Nr. 41) Geb. 3.60

Leweck, R., Gesetz, betr. die Zulassung e. Verschuldungsgrenze f. land- od. forstwirtschaftlich genutzte Grundstücke vom 20. VIII. 1906 (GS. S. 389) nebst Ausführungsvorschriften u. den Entschuldungsmaßregeln der ostpreußischen Landschaft, unter Benutzg. der amtl. Quellen bearb. u. erläutert. (216 S.) 16. 908. (Nr. 43) Geb. 2.40

Loeck, P., preußisches Stempelsteuergesetz vom 31. VII. 1895. Mit den gesamten Ausführungsbestimmgn. Unter besond. Berücksicht. der Entscheidgn. der Verwaltungsbehörden u. der Gerichte. 6. Aufl., sowie preuß. Stempelsteuergesetz v. 26./30. VI. 1909. Mit den bisher erschienenen Ausführungsbestimmgn. Erläutert durch die Gesetzesmaterialien u. vergleich. Hinweise auf die entsprech. Bestimmgn. des bisher. Gesetzes m. den hierzu ergangenen Entscheidgn. (XII, 671 S.) 8. 909. (Nr. 18) Geb. 6.—; Gesetz vom 26./30. VI. 1909 (S. 471—671) allein, kart. 2. —

Lusensky, F., Gesetz üb. die Handelskammern. Vom 24. II. 1870/19. VIII. 1897. Text-Ausg. m. Erläutergn., geschichtl. Einleitg., Sachregister, sowie e. Übersicht des Bestandes der kaufmänn. Vertretgn. 2. verb. Aufl. (278 S.) 16. 909. (Nr. 21) Geb. 3. —

Rausnitz, J., Gebührenordnung f. Notare vom 25. VII. 1910 nebst den einschlägigen Vorschriften des preußischen Gerichtskostengesetzes. Text-Ausg. m. Anmerkgn. u. Kostentabellen. 4., völlig umgearb. Aufl. der bisher v. R. Sydow hrsg. preuß. Gebührenordng. f. Notare vom 25. VI. 1896. (171 S.) 16. 910. (Nr. 4) Geb. 2. 20

Siméon, P., preußisches Gerichtskostengesetz vom 25. VII. 1910 in der Fassung der Bekanntmachung vom 6. VIII. 1910. Text-Ausg. m. Anmerkgn., Kostentabellen u. Sachregister. 6. Aufl. (XVI, 432 S.) 16. 910. (Nr. 17) Geb. 3. 60
5. Aufl. (376 S.) 908. Geb. 2.60.

Sydow, R., Gebührenordnung f. Notare vom 25. VI. 1895 in der Fassung der Bekanntmachung vom 6. X. 1899 nebst den einschläg. Vorschriften des preußischen Gerichtskostengesetzes. Text-Ausg. m. Anmerkgn. u. Kostentabellen. 3. Aufl., bearb. v. J. Rausnitz. (144 S.) 16. 908. (Nr. 4) Geb. 1. 60

Voelkel, Carl, Quellenschutzgesetz vom 14. V. 1908 nebst den Ausführungsbestimmungen u. der nassauischen Verordnung vom 7. VI. 1860. Mit Einleitg., Erläutergn. u. Sachregister. (86 S.) 16. 909. (Nr. 44) Geb. 1. —

Westhoff, Wilh., u. Wilh. Schlüter, allgemeines Berggesetz f. die Preußischen Staaten vom 24. VI. 1865 nebst den bis zum J. 1907 ergangenen preuß. Berggesetznovellen, den einschläg. Nebengesetzen u. Ausführungsbestimmungen. Mit Einleitg., Erläutergn. u. Sachregister bearb. 2., verm. u. verb. Aufl. (XX, 727 S.) 907. (Nr. 12) Geb. 5. —

— Sammlung v. Lehrbüchern des deutschen Reichsrechtes. V. 8. Ebd. 895. n. 8. —; geb. in Leinw. n. 9. —

Das Staatsrecht des Deutschen Reiches. Von Phpp. Zorn. 1. Bd.: Das Verfassungsrecht. 2., völlig neu bearb. Aufl. (XVI, 635 S.)

Guttentag's Sammlung v. Lehrbüchern d. deutschen Reichsrechts. I., IV. u. VI. 8. Berlin, J. Guttentag. n. 26. —; geb. in Leinw. n. 29. —

I. D. Reichs-Civilproceß 9. Aufl. Nach d. Civilproceßordng. v. 20. V. 1898 u. d. Nebengesetzen neu bearb. Von Herm. Fitting. (XVIII, 744 S.) 898. n. 7. —; geb. n. 8. —

IV. D. deutsche Handelsrecht. E kurzgef. Lehrbuch d. im deutschen Reiche gelt. Handels-, Wechsel- u. Seerechts. Systemat. dargest. auf Grund d. deutschen Reichsgesetze unt. Berücksicht. d. einschläg. Literatur u. d. Rechtsprechg., insbes. d. Entscheidgn. d. Reichsoberhandelsgerichts u. d. Reichsgerichts v. Carl Gareis. 5., neu durchgearb. u. vielfach veränd. Aufl. (XXIV, 866 S.) 896. n. 9. —; geb. n. 10. —

VI. Das Staatsrecht des Deutschen Reiches. Von Phpp. Zorn. 2. Bd.: Das Verwaltungsrecht, einschließl. d. äußeren Staats-, d. Militär- u. Seerechtes. 2., völlig neu bearb. Aufl. (XVI, 993 S.) 897. n. 10. —; geb. n. 11. — (Kplt.: n. 18. —; geb. n. 20. —)

Guttentag's Sammlung von Lehrbüchern des deutschen Reichsrechts. I, II u. IV. 8. Berlin, J. Guttentag. n. 21. 50; geb. in Leinw. n. 24. —

I. Der Reichs-Civilproceß. Von Herm. Fitting. 10. Aufl. (XVIII, 744 S.) 900. n. 7. —; geb. n. 8. —

II. Der Reichs-Strafprozeß. Von Ernst Heinr. Rosenfeld. (XX, 470 S.) 901. n. 5. 50; geb. n. 6. —

IV. Das deutsche Handelsrecht. Ein kurzgefaßtes Lehrbuch des im deutschen Reiche gelt. Handels-, Wechsel- u. Seerechts. Systematisch dargestellt auf Grund der deutschen Reichsgesetze, insbesondere des deutschen bürgerl. Gesetzbuchs u. d. Deutschen Handelsgesetzgebg. vom 11. V. 1897, unter Berücksicht. der einschläg. Litteratur u. der Rechtsprechung. Von Karl Gareis. 6., umgearb. Aufl. (XXVI, 1011 S.) 899. n. 9. —; geb. n. 10. —

— Sammlung v. Lehrbüchern des deutschen Reichsrechtes. I., III. u. IV. 8. Ebd. n. 21. 50; geb. in Leinw. n. 24. —

I. Der Reichs-Civilproceß. Von Herm. Fitting. 11. Aufl. Unveränd. Abdr. der 10. (XX, 744 S.) 903. n. 7. —; geb. n. 8. —

III. Das Reichs-Konkursrecht u. Konkursverfahren. Von Herm. Fitting. 3., völlig neugearb. Aufl. (XVI, 523 S.) 901. n. 5. 50; geb. n. 6. —

IV. Das deutsche Handelsrecht. Ein kurzgefaßtes Lehrbuch des im Deutschen Reiche gelt. Handels-, Wechsel- u. Seerechts. Von Karl Gareis. 7., umgearb. Aufl. (XXIV, 721 S.) 903. n. 9. —; geb. n. 10. —

— Sammlung v. Lehrbüchern des deutschen Reichsrechts. kl. 8. Berlin, J. Guttentag. 1907.

I. Fitting, H., Der Reichs-Civilprozess. 12. u. 13. neu durchgeseh. Aufl. (XVIII, 798 S.) 8. —; geb. in Leinw. 8. 50.

Guttentag's Sammlung Deutscher Reichsgesetze. Text-Ausgaben m. Anmerkg. Taschenformat. 1., 2., 4.—6., 9a u. b, 11.—15., 18., 20., 22.—24., 26. u. 29.—32. Bd. 16. Berl., Guttentag. cart. * 34 45

1. Rönne, L. v. Verfassung des Deutschen Reiches. (Gegeben Berlin, den 16. April 1871.) 6. Aufl. (IV, 259 S.) 891. * 1 25.
2. Rüdorff, Hans. Strafgesetzbuch f. das Deutsche Reich. Nebst den gebräuchlichsten Reichs-Strafgesetzen (Post, Impfen, Presse, Markenschutz, Personenstand, Nahrungsmittel, Schankgefäße, Sprengstoffe, Wucher u. s. w.). 15. Aufl. (XXXII, 242 S.) 890; 16. Aufl. bearb. v. H. Appelius. (XXXII, 286 S.) 892. * 1 —.
4. Litthauer, F. Allgemeines deutsches Handelsgesetzbuch nebst Einführungs- u. Ergänzungsgesetzen unter Ausschluß des Seerechts. Text-Ausg. m. Anmerkg., den von dem Reichsgericht u. dem früheren Reichs-Oberhandelsgericht angenommenen Rechtsgrundsätzen u. Sachregister. 7. Aufl. (VIII, 604 S.) 890. * 2 —.
5. Borchardt, S. Allgemeine Deutsche Wechselordnung. 6. verm. u. vollständig umgearb. Aufl. Bearb. v. E. Ball. (VIII, 212 S.) — Das deutsche Reichsgesetz üb. die Wechselstempelsteuer vom 10. Juni 1869 nebst dem dasselbe abändernden Gesetz vom 4. Juni 1879, den Bundes- resp. Reichs- u. Preußischen Landesbestimmgn., den Entscheidgn. der höchsten Gerichte u. d. Wechselstempeltarif. Bearb. v. B. Gaupp. 5. verm. u. veränd. Aufl. (XII, 167 S. m. 1 Tab.) 891. * 2 —.
6. Berger, T. Ph. Reichs-Gewerbe-Ordnung m. den f. das Reich erlassenen Ausführungsbestimmgn. Mit Sachregister. 9. Aufl. (XV, 277 S.) 889; 10. Aufl. (XV, 282 S.) 890; 11. Aufl. (XV, 263 S.) 891; 12. Aufl. (XIII, 269 S.) 892. * 1 25.
9a. Bierhaus, F. Sammlung kleinerer privatrechtlicher Reichsgesetze. Ergänzungsband zu den im J. Guttentag'schen Verlage erschienenen Einzel-Ausg. deutscher Reichsgesetze. (XVIII, 355 S.) 890. * 2 25.
9b. Werner, M. Sammlung kleinerer strafrechtlicher Reichsgesetze. Ergänzungsband zu den im J. Guttentag'schen Verlage erschienenen Einzel-Ausg. deutscher Reichsgesetze. (VI, 218 S.) 890. * 1 80.
11. Sydow, R. Civilprozeßordnung m. Gerichtsverfassungsgesetz, Einführungsgesetzen, Nebengesetzen u. Ergänzgn. 5. verm. Aufl. (XVIII, 605 S.) 891. * 2 50.
12. Hellweg, A. Strafprozeßordnung nebst Gerichtsverfassungsgesetz f. das deutsche Reich. 4. u. 5. Aufl. (VIII, 421 S.) 890,91; 6. Aufl. (VIII, 428 S.) 892. * 1 60.
13. Sydow, R. Konkursordnung m. Einführungsgesetz, Nebengesetzen u. Ergänzgn. 4. verm. Aufl. (XXIV, 144 S.) 890; 5. verm. Aufl. (XXIV, 148 S.) 892. * — 80.
14. —— Gerichtsverfassungsgesetz m. Einführungsgesetz u. Nebengesetzen. 5. verm. Aufl. (VI, 133 S.) 891. * — 80.
15. —— Gerichtskostengesetz u. Gebührenordnung f. Gerichtsvollzieher nebst der Novelle vom 29. Juni 1881. Gebührenordng. f. Zeugen u. Sachverständige. 4. verm. Aufl. (V, 126 S.) 891. * — 80.
18. Gaupp, B. Das deutsche Reichsgesetz üb. die Reichsstempelabgaben in der Fassg. d. Gesetzes v. 29. Mai 1885 m. den Ausführungsbestimmgn. u. späteren Beschlüssen d. Bundesraths, den Motiven u. Reichstagsverhandlgn., Verfüggn. d. Königl. Preuß. Finanzministeriums, u. Entscheidgn. d. Reichsgerichts, sowie e. Anhange, enth. Tabellen zur Berechng. der Reichsstempelabgaben. 3. u. 4. Ausg. nachtragsw. ergänzt bis 1890. Mit Sachreg. (314 S.) 891. * 2 —.
—— dass. — 5. Aufl. (XI, 333 S.) 892. * 2 50.
20. Woedtke, E. v. Krankenversicherungsgesetz vom 15. Juni 1883 in der Fassg. der Novelle vom 10. April 1892. 4. gänzl. umgearb. Aufl. (VIII, 296 S.) 892. * 2 —.
22. Berger, T. Ph. Patentgesetz, Gesetz üb. Muster- u. Modellschutz. Gesetz üb. Markenschutz. Nebst Ausführungsbestimmgn. 2. Aufl. (X, 133 S.) 889. * 1 —.
23. Woedtke, E. v. Unfallversicherungsgesetz vom 6. Juli 1884 u. die Ausdehng. der Unfall- u. Krankenversicherg. vom 28. Mai 1885. 4. verm. Aufl. (XXXXII, 328 S.) 890. * 2 —.
24. Keyßner, Hugo u. H. Veit Simon. Reichsgesetz betr. die Kommanditgesellschaften auf Aktien u. die Aktiengesellschaften vom 18. Juli 1884. (XXIX, 137 S.) 890. * 1 —.
26. Koch, R. Die Reichsgesetzgebung üb. Münz- u. Bankwesen, Papiergeld, Prämienpapiere u. Reichsanleihen. 2. Aufl. (XLIII, 237 S.) 890. * 2 40.
29. Parisius, Ludolf. Das Reichsgesetz, betr. die Erwerbs- u. Wirthschaftsgenossenschaften. Vom 1. Mai 1889. (XXXII, 107 S.) 889. * 1 —.
—— dass. — 2. u. 3. durch die Ausführungsverordng. vom 11. Juli 1889 verm. Aufl. (XXXII, 107, 33 S.) 889; 4. verm. u. verb. Aufl. (XXXII, 140 S.) 890; 5. verb. Aufl. (184 S.) 892. * 1 25.
30. Woedtke, E. v. Das Reichsgesetz, betr. die Invaliditäts- u. Altersversichrg. Vom 22. Mai 1889. (XLIX, 201 S.) 889; 2. Aufl. (XLIX, 230 S.) 890; 3. u. 4. Aufl. (L, 206 S.) 891. * 2 —.
31. Mugdan, Leo. Das Reichsgesetz, betr. die Gewerbegerichte. Vom 29. Juli 1890. (XXI, 146 S.) 890. * 1 20.
—— dass. — 2. verm. Aufl. (XXI, 194 S.) 891. * 1 25.
32. Parisius, Ludolf. Das Reichsgesetz, betr. die Gesellschaften m. beschränkter Haftung. Vom 20. April 1892. (XXX, 83 S.) 892. * 1 —.

Die übrigen Bände dieser Sammlung erschienen unter folgenden Einzeltiteln:
3. Rüdorff, Hans. Militair-Strafgesetzbuch. 1878.
7. Fischer, P. D. Post- u. Telegraphengesetzgebung. 1886.
8. Krech, J. Unterstützungswohnsitz. 1885.
9. zerfällt jetzt in 9a u. 9b (s. o.).
10. Turnau, W. Reichsbeamtengesetz. 1886.
16. Sydow, R. Rechtsanwaltsordnung. 1884.
17. —— Gebührenordnung für Rechtsanwälte. 1888.
19. Knitschky, W. E. Seegesetzgebung. 1883.
21. Zorn, Ph. Konsulargesetzgebung. 1884.
25. Bertho, E. Brausteuer. 1885.
27. Goesch, C. u. J. Karsten. Gesundheitswesen. 1888.
28. Mugdan, Leo. Unfallversicherung. 1888.

— Sammlung deutscher Reichsgesetze. Text-Ausgaben m. Anmerkgn. Nr. 1—3, 5, 6, 8, 11—20, 22, 22b, 29—34. 16. Ebd. Kart. n. 37. 95

1. Verfassung d. Deutschen Reichs. [Gegeben Berlin, den 16. Apr. 1871.] Mit Ergänzgn., Anmerkgn. u. Sachregister v. L. v. Rönne. 6. Aufl. (IV, 259 S.) 891. n. 1. 25
2. Strafgesetzbuch f. das Deutsche Reich. Nebst den gebräuchlichsten Reichsstrafgesetzen: (Post, Impfen, Presse, Personenstand, Nahrungsmittel, Kranken-, Unfall-, Alters-, Invaliditätsversicherg. u. Gewerbeordng. u. s. w.). Von Hans Rüdorff. 17. Aufl. v. H. Appelius. (XXIX, 312 S.) 894. n. 1. —
3. Militär-Strafgesetzbuch f. das Deutsche Reich. Text-Ausg. m. Anmerkgn. u. Sachregister v. W. L. Solms. 3., verm. u. verb. Aufl. (1. Aufl. hrsg. v. Hans Rüdorff.) (436 S.) 893. n. 2. 60

5. **Allgemeine deutsche Wechselordnung.** Mit Anmerkgn. v. S. Borchardt. 6., verm. u. vollständig umgearb. Aufl. Bearb. v. E. Ball. (VIII, 212 S.) – Das deutsche Reichsgesetz üb. die Wechselstempelsteuer am 10. Juni 1869, nebst dem dasselbe abänd. Gesetz vom 4. Juni 1879, den Bundes-, resp. Reichs- u. preuß. Landesbestimmgn., den Entscheidgn. der höchsten Gerichte u. dem Wechselstempel-Tarif, bearb. v. B. Gaupp. 5., veränd. u. verm. Aufl. (XI, 167 S. m. 1 Tab.) 891. n. 2. —; Wechselstempelsteuergesetz allein n. 1. —

6. Reichs-Gewerbe Ordnung, nebst Ausführungsbestimmungen. Text-Ausg. m. Anmerkgn. u. Sachregister v. T. Ph. Berger. 12. Aufl. (XII, 269 S.) 892. n. 1. 25

8. Die Reichsgesetze üb. den Unterstützungswohnsitz, in der Fassung der Novelle vom 12. März 1894, die Freizügigkeit, den Erwerb u. den Verlust der Bundes- u. Staatsangehörigkeit, nebst den auf ersteres Gesetz bezügl. landesgesetzl. Bestimmgn. sämmtl. Bundesstaaten. Mit Sachregister v. J. Krech. 3., verm. u. verb. Aufl. (VI, 331 S.) 894. n. 2. 25

11. Civilprozeßordnung m. Gerichtsverfassungsgesetz, Einführungsgesetzen, Nebengesetzen u. Ergänzgn. Mit Anmerkgn. u. Sachregister v. R. Sydow. 5., verm. Aufl. (XVIII, 605 S.) 891. n. 2. 50

12. Strafprozeßordnung nebst Gerichtsverfassungsgesetz für das Deutsche Reich. Mit Einleitg. u. Sachregister v. A. Hellweg. 7. Aufl. (VIII, 428 S.) 891. n. 1. 60

13. Konkursordnung m. Einführungsgesetz, Nebengesetzen u. Ergänzungen. Text-Ausg. m. Anmerkgn. u. Sachregister v. R. Sydow. 5. u. 6., verm. Aufl. (XXIV, 118 S.) 892. 891. n. — 80

14. Gerichtsverfassungsgesetz m. Einführungsgesetz u. Nebengesetzen. Mit Anmerkgn. u. Sachregister v. R. Sydow. 5., verm. Aufl. (VI, 133 S.) 891. n. — 80

15. Gerichtskostengesetz u. Gebührenordnung f. Gerichtsvollzieher, nebst der Novelle vom 29. Juni 1881. Gebührenordnung f. Zeugen u. Sachverständige. Mit Anmerkgn., Kostentabellen u. Sachregister v. R. Sydow. 4., verm. Aufl. (VIII, 126 S.) 891. n. — 80; 5. Aufl. (128 S.) 891. n. — 80

16. Rechtsanwaltsordnung. Text-Ausg. m. Anmerkgn. u. Sachregister v. R. Sydow. 3., verm. Aufl. (VIII, 64 S.) 892. n. — 60

17. Gebührenordnung f. Rechtsanwälte. Mit Kostentabellen u. Sach-Register v. R. Sydow. 4., verm. Aufl. (71 S.) 893. n. — 60

18. **Das deutsche Reichsgesetz üb. die Reichsstempelabgaben in der Fassung des Gesetzes vom 27. Apr. 1894 (Reichsstempelgesetz)** m. den Ausführungsvorschriften des Bundesraths, e. Auszug aus den Motiven, Kommissionsberichten u. Reichstagsverhandlgn., sowie den f. das neue Gesetz v. Bedeutg. gebliebenen Verfüggn. des königl. preuß. Finanz-Ministeriums u. Entscheidgn. des Reichsgerichts. Mit Registern u. e. Anh., enth. Tabellen zur Berechng. der Reichsstempelabgaben v. P. Gaupp. 6. Aufl. Bearb. v. B. Loeck. (XII, 337 S.) 894. n. 3.

19. Die Seegesetzgebung des Deutschen Reiches. Nebst den Entscheidgn. des Reichsoberhandelsgerichts, des Reichsgerichts u. der Seeämter. Mit Sachregister v. W. E. Knitschky. 2., verm. u. verb. Aufl. (X, 710 S.) 891. n. 3. 80

20. Krankenversicherungsgesetz vom 15. Juni 1883 in der Fassung der Novelle vom 10. Apr. 1892. Text-Ausg. m. Anmerkgn. u. Sachregister v. E. v. Woedtke. 6. Aufl. (VIII, 358 S.) 893. n. 2.

22. Patentgesetz. Gesetz, betr. den Schutz v. Gebrauchsmustern. Gesetz üb. Muster- u. Modellschutz. Gesetz üb. Markenschutz. Nebst Ausführungsbestimmgn. Mit Sachregister v. T. Ph. Berger. 3. Aufl. v. R. Stephan. (XVI, 197 S.) 893. n. 1. [illegible]

22b. Gesetz zum Schutz d. Waarenbezeichnungen. Nebst Ausführungsbestimmgn. Mit Sachregister. Von R. Stephan. 3. Aufl. der Erläuterg. des Gesetzes üb. Markenschutz v. T. Ph. Berger. (XVI, 80 S.) 894. n. — 90

29. Das Reichsgesetz, betr. die Erwerbs- u. Wirthschaftsgenossenschaften, vom 1. Mai 1889. Text-Ausg. m. Anmerkgn. u. Sachregister v. Ludf. Parisius. 5., verb. Aufl. (184 S.) 892. n. 1. 25

30. Das Reichsgesetz, betr. die Invaliditäts- u. Altersversicherung. Vom 22. Juni 1889. Mit Anmerkgn. u. Sachregister v. E. v. Woedtke. 1. Aufl. (Unveränd. Abdr. der 3. Aufl. (L, 366 S.) 891. n. 2.

31. Das Reichsgesetz, betr. die Gewerbegerichte. Vom 29. Juli 1890. Mit Sachregister v. Leo Mugdan. 3., verm. Aufl. (XXIV, 205 S.) 891. n. 1. 80

32. Das Reichsgesetz, betr. die Gesellschaften m. beschränkter Haftung. Vom 20. Apr. 1892. Mit Sachregister v. Ludolf Parisius. 2., verm. u. verb. Aufl. (XXX, 96 S.) 894. n. 1.

33. Das Vereins- u. Versammlungs-Recht in Deutschland. Mit Sachregister v. Ernst Ball. (252 S.) 891. n. 2. 20

34. Das Reichsgesetz, betr. die Abzahlungsgeschäfte. Vom 16. Mai 1894. Mit Einleitg., Anmerkgn. u. Sachregister. Von J. Hoffmann. (96 S.) 894. n. 95

— **Sammlung deutscher Reichsgesetze.** Text-Ausgaben m. Anmerkgn. Nr. 1, 2, 4, 5—8, 10, 11, 12, 13, 14, 18, 20, 22a, 22b, 23, 24, 26, 28—31, 35—43, 46, 47. Ebd. n. 62. 55

1. Verfassg. d. Deutschen Reichs. (Gegeben Berlin, d. 16. April 1871.) M. Ergänzgn. u. Sachreg. von L. v. Rönne. 7., neubearb. Aufl. von Paul v. Rönne. (287 S.) 895. n. 1.40

2. Strafgesetzbuch f. d. Deutsche Reich. Nebst d. gebräuchlichsten Reichs-Strafgesetzen: Presse, Personenstand, Nahrungsmittel, Kranken-, Unfall-, Alters-, Invaliditätsversicherg., Gewerbeordng., unlaut. Wettbewerb, Depot- u. Börsengesetz u. s. w. Text-Ausg. m. Anmerkgn. Von Hans Rüdorff. 18. Aufl. v. H. Appelius. (XXXII, 363 S.) 897. n. 1. —

4. Allgem. deutsches Handelsgesetzbuch unter Ausschluß d. Seerechts. Text-Ausg. m. Anmerkgn., d. v. d. Reichsgericht u. dem früheren Reichs-Oberhandelsgericht angenomm. Rechtsgrundsätzen u. Sachregister. Von F. Litthauer. 9. Aufl. (XI, 653 S.) 897. n. 2. —

5. Allgem. deutsche Wechselordnung. Text-Ausg. m. Anmerkgn. Von S. Borchardt. Auf d. Grundlage d. v. B. verf. Ausg. bearb. v. Ernst Ball. 7., verm. u. veränd. Aufl. (285 S.) — D. deutsche Reichsgesetz betr. d. Wechselstempelsteuer, nebst d. Ausführungsbestimmgn. des Bundesraths, e. Auszug aus d. Motiven u. d. Entscheidgn. d. höchsten Gerichte u. Verwaltungsbehörden. Text-Ausg. m. Anmerkgn., e. chronolog. Register, e. Sachreg. u. e. Wechselstempeltarif. Früher hrsg. v. Gaupp. 6., verm. u. umgearb. Aufl., bearb. v. P. Loeck. (122 S. m. 1 Tabelle.) 897. n. 2. —

6. Reichs-Gewerbe-Ordnung nebst Ausführungsbestimmgn. Mit Sachreg. v. T. Ph. Berger. Auf Wunsch d. Verf. fortges. v. L. Wilhelmi. 13., verm. Aufl. (XV, 423 S.) 895. n. 2. —

7. Die deutsche Post- u. Telegraphen-Gesetzgebg. Nebst d. Weltpostvertrag u. d. internat. Telegraphenvertrag. M. Sachreg. v. P. D. Fischer. 4. Aufl. (VIII, 342 S.) 895. n. 2. 60

8. D. Reichsgesetze üb. d. Unterstützungswohnsitz, in d. Fassg. d. Novelle v. 12. III. 1894, d. Freizügigkeit, d. Erwerb u. Verlust der Bundes- u. Staatsangehörigkeit, nebst den auf ersteres Gesetz bezügl. landesgesetzl. Bestimmungen sämmtl. Bundesstaaten. Text-Ausg. m. Anmerkgn. u. Sachregister. Von J. Krech. 4., verm. u. verb. Aufl. (358 S.) 897. n. 2. 25

10. Das Reichsbeamtengesetz v. 31. März 1873 u. s. Ergänzgn., erläut. v. J. Pieper. (XVI, 507 S.) 896. n. 5. 30

11. Civilprozeßordng. m. Gerichtsverfassungsgesetz, Einführungsgesetzen, Nebengesetzen u. Ergänzgn. M. Sachreg. v. R. Sydow. 7., verm. Aufl. (XXII, 641 S.) 896. n. 2. 50

12. Strafprozeßordng. nebst Gerichtsverfassungsgesetz f. d. Deutsche Reich. M. Einleitg. u. Sachreg. v. A. Hellweg. 8. Aufl. (VIII, 428 S.) 896. n. 1. 60

13. Konkursordng. m. Einführungsgesetz, Nebengesetz u. Ergänzgn. Text-Ausg. m. Anmerkgn. u. Sachreg. Von R. Sydow. 7., verm. Aufl. (210 S.) 897. n. 1. —

14. Gerichtsverfassungsgesetz m. Einführungsgesetz u. Nebengesetzen. Text-Ausg. m. Anmerkgn. u. Sachregister. Von R. Sydow. 7., verm. Aufl. (VIII, 141 S.) 896. n. — 80

18. Reichsstempelgesetz (Börsensteuergesetz) v. 27. IV. 1894, m. d. Ausführungs-Vorschriften, e. Auszug aus den Gesetzes-Materialien u. d. Entscheidgn. d. Verwaltungsbehörden u. des Reichsgerichts. Text-Ausg. m. Anmerkgn., Tabellen u. Registern. Früher — z. Z. d. Geltg. d. Gesetze v. 1881 u. 1885 — bearb. v. Gaupp. 4., vollst. umgearb. Aufl. v. P. Loeck. (597 S.) 897. n. 3. 50

20. Krankenversicherungsgesetz v. 15. VI. 1883 in d. Fassung d. Novelle v. 10. IV. 1892. Text-Ausgabe m. Anmerkgn. u. Sachregister. Von E. v. Woedtke. 7. Aufl. 16. (393 S.) 898. Kart. n. 2. —

22a. Patentgesetz. Gesetz, betr. d. Schutz v. Gebrauchsmustern. Gesetz, betr. d. Urheberrecht an Mustern u. Modellen. Nebst Ausführungsbestimmgn. Text-Ausg. m. Anmerkgn. u. Sachregister. Von T. Ph. Berger. Fortgeführt v. R. Stephan. 4., verm. Aufl. unt. eingeh. Berücksicht. d. Rechtsprechung d. Reichsgerichts u. d. Praxis d. Patentamts. (XXII, 266 S.) 897. n. 1. 60

22b. Gesetz z. Schutz d. Waarenbezeichngn. Nebst Ausführungsbestimmgn. Text-Ausgabe m. Anmerkungen u. Sachregister. Von R. Stephan. 4., verm. u. verb. Aufl. Fortführg. d. Erläutergn. d. Gesetzes üb. Markenschutz v. T. Ph. Berger. 16. (130 S.) 899. Kart. n. 1. —

23. **Unfallversicherungsgesetz v. 6. VII. 1884 u. Gesetz üb. d. Ausdehng. d. Unfall- u. Krankenversicherung v. 28. V. 1885. Text-Ausgabe m. Anmerkgn. u. Sachregister. Von E. v. Woedtke. 5., neu bearb. Aufl. 16. (XLII, 331 S.)** 898. **Kart. n. 2. —**

24. Reichsgesetz, betr. d. **Kommanditgesellschaften** auf Aktien u. d. Aktiengesellschaften v. 18. Juli 1884. M. Sachreg. v. Hugo Keyßner u. H. Veit Simon. 4., verb. Aufl. (169 S.) 895. n. 1. —

26. Die Reichsgesetzgebg. üb. Münz- u. Notenbankwesen, Papiergeld, Prämienpapiere u. Reichsanleihen. Text-Ausg. m. Anmerkgn u. Sachregister. Von R. Koch. 3. Aufl. (XLVI, 357 S.) 898. n. 2. 80

28. D. Reichsgesetz, betr. d. Unfallversicherg. d. bei Bauten beschäft. Personen. V. 11. VII. 1887. Text-Ausg. m. Anmerkgn. u. Sachregister. Von R. Chrzescinski. 2. Aufl. Unt. Berücksicht. d. Rechtsprechg. d. Reichs-Versicherungsamtes vollständig neu bearb. u. hrsg. Hrsg. d. 1. Aufl.: L. Mugdan. (XXIII, 213 S.) 898. n. 1. 60

29. D. Reichsgesetz, betr. d. Erwerbs- u. Wirthschaftsgenossenschaften. V. 1. Mai 1889. M. Sachreg. v. Ludolf Parisius. 6., verb. Aufl. (180 S.) 895. n. 1. 25

30. D. Reichsgesetz, betr. d. Invaliditäts- u. Altersversicherung v. 22. Juni 1889. M. Sachreg. von E. v. Woedtke. 5, verm. Aufl. (LV, 341 S.) 895. n. 2. —

31. D. Reichsgesetz, betr. d. Gewerbegerichte. V. 29. VII. 1890. Text-Ausgabe m. Anmerkgn. u. Sachreg. Von Leo Mugdan. 4., verm. Aufl., bearb. v. Cuno. 16. (256 S.) 899. Kart. n. 1. 80

35. D. Reichs-Eisenbahngesetzgebg. M. Sachregister v. W. Coermann. (VIII, 317 S.) 895. n. 2. 20

36. Gesetze, betr. d. privatrechtl. Verhältnisse d. Binnenschiffahrt u. d. Flößerei. V. 15. Juni 1895. Nach d. Materialien erläut. v. H. Makower. (231 S.) 895. n. 2. —

37. D. Gesetz z. Bekämpfg. d. unlaut. Wettbewerbes. V. 27. Mai 1896. Text-Ausg. m. Anmerkgn. u. Sachregister v. R. Stephan. gr. 16. (72 S.) 898. Kart. n. — 80

38. 39. Bürgerl. Gesetzbuch nebst Einführungsgesetz. Text-Ausg. m. Anmerkgn. u. Sachregister. In Verbindg. m. F. André, M. Greiff, F. Ritgen, K. Unzner, hrsg. v. A. Achilles. 8. (XXVI, 808 S.) 896. Geb. in Leinw. n. 5. 50

40. Gesetz, betr. d. Pflichten d. Kaufleute b. Aufbewahrg. fremder Werthpapiere. V. 5. Juli 1896. Text-Ausg. m. Erläutergn., Einleitg. u. Sachregister, bearb. v. F. Lusensky. gr. 16. (VIII, 93 S.) 896. Kart. n. — 90

41. Börsengesetz. V. 22. VI. 1896. Nebst d. dazu erlass. Ausführungsbestimmgn. Text-Ausg. m. Anmerkgn. u. Sachreg. Unt. Mitwirkg. v. A. Wermuth bearb. Von H. Brendel. (VII, 212 S.) 897. n. 1. 50

42. Grundbuchordng. f. d. Deutsche Reich. Vom 24. III. 1897. Text-Ausg. m. Einleitg., Anmerkgn. u. Sachregister. Von O. Fischer. (114 S.) 897. n. 1. —

43. Das Reichsgesetz üb. d. Zwangsversteigerg. u. d. Zwangsverwaltg. v. 24. III. 1897 nebst d. Einführungsgesetze. Text-Ausg. m. Einleitg., Anmerkgn. u. Sachreg. Von J. Krech u. O. Fischer. (VIII, 182 S.) 897. n. 1. 20

46. Das Reichsgesetz üb. d. Angelegenheiten d. freiwill. Gerichtsbarkeit. Text-Ausg m. Einleitg., Anmerkgn. u. Sachreg. Von Herm. Jastrow. (XIII, 253 S.) 898. n. 1. 80

47. Das deutsche Vormundschaftsrecht u. d. preuß. Gesetz, betr. d. Unterbringg. verwahrloster Kinder, vom 13. III. 1878, nebst den dazu gehör. preuß. Nebengesetzen u. allgem. Verfüggn. Text-Ausg. m. Erläutergn. u. Sachreg. Von Max Schultzenstein u. Paul Köhne. (424 S.) 898. n. 2. 80

Nr. 44 u. 45 sind noch nicht erschienen.

Guttentag's Sammlung deutscher Reichsgesetze. Nr. 4a, 6, 11a, 12, 29, 36, 37, 38 u. 39. Berlin, J. Guttentag. Kart. n. 20. 40

4a. Handelsgesetzbuch vom 10. V. 1897 unter Ausschluß d. Seerechts. Mit den ergänz. Vorschriften d. bürgerl. Gesetzbuchs u. Erläutergn. hrsg. v. F. Litthauer. (VIII, 646 S.) 898. n. 2. 25

6. Reichs-Gewerbe-Ordng. nebst Ausführungsbestimmgn. Text-Ausg. m. Anmerkgn. u. Sachreg. Von T. Ph. Berger. Auf Wunsch d. Verf. fortges. v. L. Wilhelmi. 15., verm. Aufl. Unt. bes. Berücksicht. d. Bestimmgn. üb. d. Arbeiterschutz, d. Organisation d. Handwerks u. das Lehrlingswesen. 16. (VIII, 661 S.) 899. Kart. n. 2. 80

11a. Civilprozeßordng. m. Einführungsgesetzen, Nebengesetzen u. Ergänzgn. In d. Fassg. d. Gesetzes v. 17. V. 1898. Unter bes. Berücksicht. d. Entscheidgn. d. Reichsgerichts hrsg. m. Anmerkgn. Von R. Sydow u. L. Busch. 8., verm. Aufl. 8. (XIV, 626 S.) 898. Geb. in Leinw. n. 4. —

12. Strafprozeßordng. nebst Gerichtsverfassungsgesetz f. d. Deutsche Reich. Text-Ausg. m. Einleitg., Anmerkgn. u. Sachregister. Von A. Hellweg. 9. Aufl. (VIII, 428 S) 897. n. 1. 80

29. D. Reichsgesetz, betr. d. Erwerbs- u. Wirthschaftsgenossenschaften. V. 1. V. 1889, nebst d. Novelle v. 12. VIII. 1896. Text-Ausg. m. Anmerkgn. u. Sachregister. Von Ludolph Parisius. 7., verb Aufl. (190 S.) 897. n. 1. 25

36. Gesetze, betr. d. privatrechtl. Verhältnisse d. Binnenschiffahrt u. d. Flößerei. Nach d. Materialien erläut. von H. Makower, unt. Berücksicht. d. am 1. I. 1900 in Kraft tret. Reichsgesetze hrsg. v. E. Loewe. 2. Aufl. 16. (293 S.) 898. Kart. n. 2. —

37. Das Gesetz z. Bekämpfg. d. unlaut. Wettbewerbes. V. 27. V. 1896. Text-Ausg. m. Anmerkgn. u. Sachreg. Von R. Stephan. 2., verm. u. verb. Aufl. 16. (86 S.) 898. Kart. n. — 80

38. 39. Bürgerl. Gesetzbuch nebst Einführungsgesetz, m. Einleitg., Anmerkgn. u. Sachreg. In Verbindg. m. F. André, M. Greiff, F. Ritgen, K. Unzner hrsg. Von A. Achilles. 2., verm. Aufl. 8. (XVI, 946 S.) 899. Geb. in Leinw. n. 5. 50

— Sammlung deutscher Reichsgesetze. Text-Ausgaben m. Anmerkgn. Nr. 1—4, 5, 5a, 6—8, 10—13, 14a, 15—21, 22a, 23, 24, 26, 28—32, 34, 38/39 u. 42—66. gr. 16. Ebd. Geb. in Leinw. u. kart. n. 136. 30

Inhaltsübersicht in alphabetischer Ordnung:

Achilles, A., bürgerliches Gesetzbuch nebst Einführungsgesetz, m. Einleitung, Anmerkungen u. Sachregister. In Verbindg. m. F. André, M. Greiff, F. Ritgen, K. Unzner hrsg. 3. verm. Aufl. 8. (XVI, 979 S.) 901. (Nr. 38. 39.) Geb. n. 6. —

Berger, T. Ph. u. L. Wilhelmi, Gewerbeordnung f. das Deutsche Reich nebst allen Ausführungsbestimmungen. Text-Ausg. m. Anmerkgn. u. Sachregister. Ursprünglich hrsg. v. B. u. W. 16. verm. Aufl., bearb. v. H. Spangenberg. (XXIV, 773 S.) 902. (Nr. 6.) Geb. n. 3. —

Born, A., Reichspreßgesetz v. 7. V. 1874, nebst den einschläg. Bestimmungn. des Reichsstrafgesetzbuchs, der Gewerbeordng. &c. Mit Kommentar u. Sachregister. (144 S.) 900. (Nr. 53.) Geb. n. 1. 50

Broh, Gesetze u. Verordnungen betr. den Drogen-, Gift- u. Farbenhandel außerhalb der Apotheken, unter besond. Berücksicht. des Königr. Preußens. Textausg. m. Einleitg., Anmerkgn. u. Sachregister. (136 S.) 899. (Nr. 48.) Kart. n. 1. 25

Bruhns, Hugo, Gesetzestafel des deutschen Reichsrechts. Systematisch geordnete Nachweisg. des zur Zeit gelt. Reichsrechts. Ergänzungsbd. zu der Guttentag'schen Sammlung deutscher Reichsgesetze. 8. (VIII, 135 S.) 902. (Nr. 63.) Geb. n. 2. 50

Burkhardt, Gesetz betr. die Bekämpfung gemeingefährlicher Krankheiten. Vom 30. VI. 1900. Text-Ausg. m. Anmerkgn. u. Sachregister. (121 S.) 900. (Nr. 56.) Geb. n. 1. 40

Chrzescinski, R., Bau-Unfallversicherungsgesetz. Vom 30. VI. 1900, in der Fassg. der Bekanntmachg. vom 5. VII. 1900. Text-Ausg. m. Anmerkgn. u. Sachregister. 3. Aufl. (XXIV, 309 S.) 900. (Nr. 28.) Geb. n. 2. —

Fidler, F., Reichs-Gesetz üb. die Beurkundung des Personenstandes u. die Eheschließung vom 6. II. 1875 in der vom 1. 1. 1900 an geltenden Fassung, nebst den preuß. Ergänzungsvorschriften. Textausg. m. Einleitung, Anmerkgn. u. Sachregister. (212 S.) 901. (Nr. 59.) Geb. n. 1. 80

Fischer, Otto, Grundbuchordng. f. das Deutsche Reich nebst den preuß. Ausführungsbestimmungen. Text-Ausg. m. Einleitg., Anmerkgn. u. Sachregister. 2. Aufl. (251 S.) 900. (Nr. 42.) Geb. n. 1. 80

Fischer, P. D., die deutsche Post- u. Telegraphen-Gesetzgebg. Nebst dem Weltpostvertrag u. dem internationalen Telegraphenvertrag. Text-Ausg. m. Anmerkgn. u. Sachregister. Fortgeführt v. M. König. 5. Aufl. (425 S.) 902. (Nr. 7.) Geb. n. 3.—

Göppert, Heinr., Gesetz, betr. die gemeinsamen Rechte der Besitzer v. Schuldverschreibungen. Vom 4. XII. 1899. Text-Ausg. m. Anmerkgn. u. Sachregister. (150 S.) 900. (Nr. 52.) Geb. n. 2. —

— Hypothekengesetz. Vom 13. VII. 1899. Text-Ausg. m. Anmerkgn. u. Sachregist. (XX, 137 S.) 900. (Nr. 51.) Geb. n. 1. 80

Heinitz, Ernst, das Reichsgesetz über das Verlagsrecht. Vom 19. VI. 1901. Textausg. m. Einleitung, Anmerkgn. u. Sachregister. (XVI, 123 S.) 901. (Nr. 61.) Geb. n. 1. 50.

Hellweg, A., Strafprozeßordnung nebst Gerichtsverfassungsgesetz, nebst dem Gesetz, betr. die Entschädigg. der im Wiederaufnahmeverfahren freigesprochenen Personen. Text-Ausg. m. Einleitg., Anmerkgn. u. Sachregister. 11. Aufl. (454 S.) 901. (Nr. 12.) Geb. n. 2. —

Herz, Paul, Militärstrafgerichtsordng. nebst Einführungsgesetz u. Gesetz, betr. die Dienstvergehen der richterl. Militärjustizbeamten u. die unfreiwill. Versetzg. derselben in e. andere Stelle od. in den Ruhestand. Text-Ausg. m. Anmerkgn. u. Sachregister. 3., verm. u. verb. Aufl. (654 S.) 902. (Nr. 3.) Geb. n. 4. —

1. Aufl. (XVI, 316 S.) 899. n. 2. 50. — 2. Aufl. (XXIV, 438 S.) 900. n. 3. —.

Hoffmann, J., das Reichsgesetz, betr. die Abzahlungsgeschäfte. Vom 16. V. 1894. Mit Einleitg., Anmerkgn. u. Sachregister. 2. verm. u. verb. Aufl., besorgt v. Ernst Wilke. (98 S.) 901. (Nr. 34.) Geb. n. 1. 20

Jastrow, Herm., die Gesetze des Reiches u. Preußens üb. die freiwillige Gerichtsbarkeit. Text-Ausg. m. Einleitg., Anmerkgn. u. Sachregister. 3. verm. Aufl. (XXIV, 418 S.) 902. (Nr. 46.) Geb. n. 3. —

2. Aufl. (XXI, 406 S.) 900. n. 2. 80.

— das Recht der unehelichen Kinder. Text-Ausg. aller einschläg. Bestimmgn. des bürgerl. Gesetzbuches m. Anmerkgn. u. Sachregister. (XVI, 199 S.) 901. (Nr. 58.) Geb. n. 1. 80

Keyßner, Hugo, u. H. Veit Simon, Aktiengesellschaft u. Kommanditgesellschaften auf Aktien. Mit erläut. Anmerkgn. 5. Aufl. Handelsgesetzbuch, II. Buch, Abschn. 3 u. 4, bearb. v. Hugo Keyßner u. L. Keyßner. (XLVIII, 278 S.) 900. (Nr. 24.) Geb. n. 2. 25

Knitschky, W. E., die Seegesetzgebung des Deutschen Reiches. Unter Berücksicht. der Entscheidgn. des Reichsoberhandels- u. des Reichsgerichts, des hanseat. Oberlandesgerichts u. d. Seeämter. Text-Ausg. m. Anmerkgn. u. Sachregister. 3. verm. u. verb. Aufl., bearb. v. Otto Rudorff. (XX, 1050 S.) 902. (Nr. 19.) Geb. n. 4. 50

Koch, R., die Reichsgesetzgebg. üb. Münz- u. Notenbankwesen, Papiergeld, Prämienpapiere u. Reichsschulden. Text-Ausg. m. Anmerkgn. u. Sachregister. 4. Aufl. (LXI, 412 S.) 900. (Nr. 26.) Geb. n. 3. —

Koll, P., das Entmündigungsrecht unter Berücksicht. der f. Preußen geltenden Vorschriften, nebst der preußischen Justiz-Ministerial-Verfügg. vom 28. XI. 1899. Text der civil- u. prozeßrechtl. Bestimmgn. m. Erläutergn. u. Inhaltsverzeichniß. (135 S.) 900. (Nr. 45.) Geb. n. 1. 50

König, H., Gesetz üb. die privaten Versicherungsunternehmgn. Vom 12. V. 1901. Nebst Abdr. der zugehör. Gesetze. Text-Ausg. m. Anmerkgn. u. Sachregister. (XVI, 319 S.) 901. (Nr. 62.) Geb. n. 3. —

Krech, J., die Reichsgesetze üb. den Unterstützungswohnsitz, in der Fassung der Novelle vom 12. III. 1894, die Freizügigkeit, den Erwerb u. Verlust der Bundes- u. Staatsangehörigkeit, nebst den auf ersteres Gesetz bezügl. landesgesetzl. Bestimmgn. sämmtl. Bundesstaaten. Textausg. m. Anmerkgn. u. Sachregister. 5., verm. u. verb. Aufl. (XI, 400 S.) 901. (Nr. 8.) Geb. n. 2. 70

— u. Fischer, die Gesetzgebung betr. die Zwangsvollstreckung in das unbewegl. Vermögen im Reiche u. in Preußen. Text-Ausg. m. Einleitg., Anmerkgn., Kosten- u. Gebührentabellen u. Sachregister. 2. verm. Aufl. (XXIV, 283 S.) 900. (Nr. 43.) Geb. n. 2. —

Lebbin, Geo., die Reichsgesetzgebung über den Verkehr m. Nahrungsmitteln, Genußmitteln u. Gebrauchsgegenständen. Mit Anmerkgn. u. Sachregister. (XXIII, 256 S.) 900. (Nr. 54.) Geb. n. 2. 25

— das Weingesetz vom 24. V. 1901. Mit den ergangenen Ausführungsbestimmgn. erläutert. (168 S.) 902. (Nr. 65.) Geb. n. 1. 50

Lindemann, Otto, Gesetz betr. das Urheberrecht an Werken der Literatur u. der Tonkunst. Vom 19. VII. 1901. Text-Ausg. m. Einleitg., Anmerkgn. u. Sachregister nebst e. Anh., enth. die Berner Uebereinkunft v. 9. IX. 1886 u. d. Pariser Zusatzabkommen vom 4. V. 1896. (136 S.) 901. (Nr. 60.) Geb. n. 1. 50

Litthauer, F., Handelsgesetzbuch vom 10. V. 1897 unt. Ausschluß des Seerechts. Mit den ergänz. Vorschriften d. bürgerl. Gesetzbuchs u. Erläutergn. hrsg. 12. (der neuen Fassg. 3.) Aufl. (XI, 656 S.) 901. (Nr. 4.) Geb. n. 2. 80
10. Aufl. (VIII, 646 S.) 899. n. 2. 25.

Loeck, P., Reichsstempelgesetz (Börsensteuergesetz) vom 14. VI. 1900 m. den Ausführungs-Vorschriften, e. Auszug aus den Gesetzes-Materialien u. d. Entscheidgn. d. Verwaltungsbehörden u. des Reichsgerichts. Text-Ausg. m. Anmerkgn., Tabellen u. Registern. 8. Aufl. (XI, 470 S.) 901. (Nr. 18.) Geb. n. 3. 50
— Wechselstempelsteuergesetz. (136 S.) 902. (Nr. 5a.) n. 1. 25
Vergl.: Stranz, J., u. M. Stranz, Wechselordnung.

Meyer, Geo., das Recht der Beschlagnahme v. Lohn- u. Gehaltsforderungen. Auf Grundlage d. Reichsgesetze vom 21. VI. 1869 u. 29. III. 1897 u. der Civilprozeßordng., m. Einleitg., Anmerkgn. u. Sachregister dargestellt. (152 S.) 900. (Nr. 55.) Geb. n. 1. 50

Mittelstein, Max, See-Unfallversicherungsgesetz vom 30. VI. 1900 in der Fassung der Bekanntmachung des Reichskanzlers vom 5. VII. 1900. Text-Ausg. m. Anmerkgn. aus den Materialien u. der Rechtsprechg., ergänz. Vorschriften u. Sachregister. (XV, 247 S.) 901. (Nr. 57.) Geb. n. 2. —

Mugdan, Leo, Gewerbegerichtsgesetz. In der Fassg. der Bekanntmachg. vom 29. IX. 1901. Text-Ausg. m. Anmerkgn. u. Sachregister. 5. neubearb. Aufl. v. W. Cuno. (245 S.) 902. (Nr. 31.) Geb. n. 2. —

Parisius, Ludf., u. **Hans Crüger**, das Reichsgesetz, betr. die Erwerbs- u. Wirtschaftsgenossenschaften. Text-Ausg. m. Anmerkgn. u. Sachregister. 8. u. 9. Aufl., bearb. von Hans Crüger. (à 195 S.) 900. 901. (Nr. 29.) Geb. n. 1. 50
— — das Reichsgesetz, betr. die Gesellschaften m. beschränkter Haftung. Text-Ausg. m. Anmerkgn. u. Sachregister. 6. Aufl., bearb. v. Hans Crüger. (140 S.) 902. (Nr. 32.) Geb. n. 1. 25
5. Aufl. (132 S.) 900. n. 1. —.

Pieper, J., das Reichsbeamtengesetz vom 31. III. 1873 u. seine Ergänzungen, erläutert. 2. Aufl. (XXXVIII, 696 S.) 901. (Nr. 10.) Geb. n. 4. 50

Pletsch, W., die Eisenbahn-Gesetzgebg. des Deutschen Reichs. Text-Ausg. m. Anmerkgn. u. Sachregister. (X, 630 S. m. Abb. u. 2 Formularen.) 902. (Nr. 66.) Geb. n. 5. —

Rönne, L., Verfassung des Deutschen Reichs. (Gegeben Berlin, den 16. IV. 1871.) Text-Ausg. m. Ergänzgn., Anmerkgn. u. Sachregister. 8. neubearb. Aufl. v. Paul v. Rönne. (350 S.) 899. (Nr. 1.) Kart. n. 1. 60

Rüdorff, Hans, Strafgesetzbuch f. das Deutsche Reich. Nebst d. gebräuchlichsten Reichs-Strafgesetzen: Presse, Personenstand, Nahrungsmittel, Entziehg. elektr. Arbeit, Kranken-, Unfall-, Invalidenversicherg., Gewerbeordng., unlauterer Wettbewerb, Depot- u. Börsengesetz. u. s. w. Text-Ausg. m. Anmerkgn. u. Sachregister. 20. Aufl. v. H. Appelius. (XXXII, 392 S.) 900. (Nr. 2.) Geb. n. 1. 20

Schultzenstein, Max, u. **Paul Köhne**, das deutsche Vormundschaftsrecht u. das preußische Gesetz üb. die Fürsorgeerziehung Minderjähriger vom 2. VII. 1900, nebst den dazu gehörigen preuß. Nebengesetzen u. allgemeinen Verfügungen. Text-Ausg. m. Erklärgn. u. Sachregister. 2. Aufl. (505 S.) 901. (Nr. 47.) Geb. n. 3. —

Sonnenfeld, Hugo, Gesetzsammlung betr. den Handel m. Drogen u. Giften. Reichsgesetzliche Bestimmgn. u. Anh. m. den landesgesetzl. Verordngn. sämmtl. Bundesstaaten. Text-ausg. m. Erläutergn. (XVI, 313 S.) 902. (Nr. 64.) Geb. n. 3. —

Stephan, R., Patentgesetz vom 7. IV. 1891. Gesetz, betr. d. Schutz v. Gebrauchsmustern vom 1. VI. 1891, Gesetz, betr. das Urheberrecht an Mustern u. Modellen vom 11. I. 1876. Nebst Ausführungsbestimmgn. unter eingeh. Berücksicht. der Rechtsprechg. des Reichsgerichts u. d. Praxis des Patentamts. Erläutert v. St. 5. verm. Aufl. (XXIV, 311 S.) 900. (Nr. 22a.) Geb. n. 2. —

Stölzle, Hans, Viehkauf (Viehgewährschaft) nach d. bürgerl. Gesetzbuche. Mit Einleitg., Erläutergn. u. Sachregister. Nebst e. Anh.: Kaiserl. Verordng. vom 27. III. 1899, betr. die Hauptmängel u. Gewährfristen beim Viehhandel. Erläutert v. Helmr. Weiskopf. 2. verb. Aufl. (216 S.) 900. (Nr. 50.) Kart. n. 2. —
1. Aufl. (XXXII, 158 S.) 899. n. 1. 50.

Stoerk, Fel., das Reichsgesetz üb. das Auswanderungswesen vom 9. VI. 1897 nebst Ausführungsverordngn. u. Anlagen. Nach den Materialien u. unter Benutzg. amtl. Quellen erläutert. (XI, 292 S.) 899. (Nr. 41.) Kart. n. 2. 25

Stranz, J., u. **M. Stranz**, allgem. deutsche Wechselordng. Kommentar. 1. Aufl. der Neubearbeitg. (8. Aufl. d. Borchardt-Ball'schen Ausg.) — **Loeck, P.**, das Reichsgesetz betr. die Wechselstempelsteuer, nebst den Ausführungsbestimmgn. des Bundesraths u. den Entscheidgn. der höchsten Gerichte u. Verwaltungsbehörden. Text-Ausg. m. Anmerkgn., e. chronolog. u. e. Sach-Register. 7. verm. u. umgearb. Aufl. (382 u. 136 S.) 902. (Nr. 5. 5a.) In 1 Bd. geb. n. 3. —
Wechselstempelsteuergesetz allein, s.: Loeck, P.

Sydow, R., Rechtsanwaltsordnung. Vom 1. VII. 1878. Text-Ausg. m. Anmerkgn. u. Sachregister. 4. Aufl., bearb. v. E. Moslers. (110 S.) 900. (Nr. 16.) Geb. n. 1. 20
— u. **L. Busch**, Civilprozeßordng. m. Gerichtsverfassungsgesetz u. den Einführungsgesetzen. Unter besond. Berücksicht. der Entscheidgn. des Reichsgerichts hrsg. m. Anmerkgn. 9. verm. Aufl. gr. 8. (XVI, 853 S.) 901. (Nr. 11.) Geb. n. 5. —
— — die deutsche Gebührenordng. f. Rechtsanwälte u. d. preuß. Gebührengesetz v. 27. IX./16. X. 1899. Unt. besond. Berücksicht. der Entscheidgn. des Reichsgerichts hrsg. m. Anmerkgn. u. Kostentabellen. 6. erweit. Aufl. (VIII, 183 S.) 900. (Nr. 17.) Geb. n. 1. 60
— — das deutsche Gerichtskostengesetz nebst d. Gebührenordngn. f. Gerichtsvollzieher u. f. Zeugen u. Sachverständige. In der Fassg. vom 20. V. 1898. Unter besond. Berücksicht. der Entscheidgn. des Reichsgerichts hrsg. m. Anmerkgn. u. Kostentabellen. 6., verm. Aufl. (VIII, 204 S.) 900. (Nr. 15.) Geb. n. 1. 50

Sydow, R., u. **L. Busch**, Gerichtsverfassungsgesetz m. Einführungsgesetz, Nebengesetzen u. Ergänzgn. In der Fassg. des Gesetzes vom 17. V. 1898. Unter besond. Berücksicht. der Entscheidgn. des Reichsgerichts hrsg. m. Anmerkgn. 8. verm. Aufl. (VII, 204 S.) 899. (Nr. 14a.) Kart. n. 1. 20
— — Konkursordnung u. Anfechtungsgesetz. Unter besond. Berücksicht. der Entscheidgn. des Reichsgerichtes hrsg. m. Anmerkgn. 9. verm. Aufl. (XXXII, 399 S.) 902. (Nr. 13.) Geb. n. 2. 25
8. Aufl. (XXXI, 367 S.) 899. geb. n. 1. 80.

Woedtke, E. v., Gewerbe-Unfallversicherungsgesetz u. Gesetz, betr. die Abänderung der Unfallversicherungsgesetze vom 30. VI. 1900. Text-Ausg. m. Anmerkgn. u. Sachregister. 7. Aufl. (469 S.) 901. (Nr. 23.) Geb. n. 2. 50
— Invalidenversicherungsgesetz vom 13. VII. 1899 in der Fassg. der Bekanntmachg. vom 19. VII. 1899. Text-Ausg. m. Anmerkgn. u. Sachregister. 9. Aufl. (Unveränderter Abdr. der 8. Aufl.) (LIV, 468 S.) 902. (Nr. 30.) Geb. n. 2. 50
6. Aufl. (LIII, 368 S.) 900. n. 2. 25.
— Krankenversicherungsgesetz in der Fassung der Novelle vom 10. IV. 1892. Text-Ausg. m. Anmerkgn. u. Sachregister. 9. Aufl. (Unveränderter Abdr. der 8. Aufl.) (406 S.) 902. (Nr. 20.) Geb. n. 2. 25

Zorn, Phpp., deutsche Kolonialgesetzgebung. Text-Ausg. m. Anmerkgn. u. Sachregister. (XXVI, 770 S.) 901. (Nr. 49.) Geb. n. 4. 50
— die Konsulargesetzgebung des Deutschen Reichs. Text-Ausg. m. Anmerkgn. u. Sachregister. 2. Aufl. (VIII, 356 S.) 901. (Nr. 21.) Geb. n. 3.

— **Sammlung deutscher Reichsgesetze.** Text-Ausgaben m. Anmerkgn. Nr. 1. 2. 4. 5. 5a. 9. 11—15. 17. 18. 20. 22a. 23. 26. 30—32. 36—43. 46. 50. 55. 67—78 u. 80 16. Ebd. Geb. in Leinw. n. 109. 70

Achilles, A., bürgerliches Gesetzbuch nebst Einführungsgesetz. Mit Einleitg., Anmerkgn. u. Sachregister nach dem Tode des ersten Hrsgs. A. in Verbindg. m. F. André, F. Ritgen, O. Strecker, K. Ungner hrsg. v. M. Greiff. 5., verm. u. verb. Aufl. (XVI, 1162 S.) 8. 906. (Nr. 38/39.) n. 6. 50
4. Aufl. (XVI, 987 S.) 903. n. 6. 50.

Apt, Max, Reichsgesetz betr. Kaufmannsgerichte vom 6. VII. 1904, nebst den preuß. Ausführungsbestimmungen. Text-Ausg. m. Anmerkgn. u. Sachregister. 3. durchgearb. Aufl. (251 S.) 904. (Nr. 74.) n. 2. —
1. u. 2. Aufl. (XXIV, 148 u. 77 S.) 904. n. 2. —.

Brendel, H., Börsengesetz. Vom 22. VI. 1896. Nebst den dazu erlassenen Ausführungsbestimmgn. Text-Ausg. m. Anmerkgn. u. Sachregister. Unter Mitwirkung v. A. Wermuth bearb. (Neue Aufl.) (VIII, 246 S.) 897. (903.) (Nr. 41.) n. 1. 50

Cuno, Wilh., Zigarettensteuergesetz v. 3. VI. 1906 nebst den Ausführungsbestimmungen u. den f. Preußen ergangenen allgemeinen Erlassen des Finanzministers. Text-Ausg. m. Vorwort, Anmerkgn. u. Sachregister. (XV, 169 S.) 906. (Nr. 78.) n. 1. 80

Eger, Geo., das Reichshaftpflichtgesetz vom 7. VI. 1871 in der Fassung des Artikels 42 des Einführungsgesetzes zum bürgerl. Gesetzbuche. Textausg. m. Anmerkungen. (VIII, 376 S.) 903. (Nr. 70.) n. 3. —

Fischer, Otto, Grundbuchordnung f. das Deutsche Reich nebst den preußischen Ausführungsbestimmgn. Text-Ausg. m. Einleitung, Anmerkungen u. Sachregister. 3. Aufl. (366 S.) 903. (Nr. 42.) n. 2. 25

Friedländer, A., die Rechtshilfe im Verkehr m. den ordentlichen Gerichten nach deutschem Reichsrecht. Zusammenstellg. der einschläg. Bestimmungen m. Anmerkungen u. Sachregister. (147 S.) 906. (Nr. 76.) n. 1. 80

Hellweg, A., Strafprozeßordnung u. Gerichtsverfassungsgesetz, nebst den Gesetzen, betr. die Entschädigg. der im Wiederaufnahmeverfahren freigesprochenen Personen u. die Entschädigg. für unschuldig erlittene Untersuchungshaft. Text-Ausg. mit Einleitung, Anmerkungen u. Sachregister. 13. u. 14. Aufl. (à 462 S.) 905. 907. (Bd. 12.) n. 2. —

Herz, Paul, u. **Geo. Ernst**, Militär-Strafgesetzbuch für das Deutsche Reich. Text-Ausg. m. Anmerkgn. u. Sachregister. (409 S.) 903. (Nr. 67.) n. 3.

Hippel, Walt. v., Reichsgesetz über die Naturalleistungen für die bewaffnete Macht im Frieden nebst den zugehörigen, in Preußen geltenden Bestimmungen. Text-Ausg. m. Anmerkgn. u. Sachregister. (116 S.) 903. (Nr. 69.) n. 1. 25

Hoffmann, Ulr., das Erbschaftssteuergesetz für das Deutsche Reich vom 3. VI. 1906. Erläutert. (346 S.) 906. (Nr. 77.) n. 2. 60

Jastrow, Herm., die Gesetze des Reiches u. Preußens über die freiwillige Gerichtsbarkeit. Text-Ausg. m. Einleitg., Anmerkgn. u. Sachregister. 4. verm. Aufl. (XXIV, 481 S.) 906. (Nr. 46.) n. 3. —

Koch, R., Die Reichsgesetzgebung über Münz- u. Notenbankwesen, Papiergeld, Prämienpapiere u. Reichsschulden. Text-Ausg. m. Anmerkgn. u. Sachregister. 5. Aufl. (XVI, 409 S.) 905. (Nr. 26.) n. 3. —

Krech, J., u. O. Fischer, die Gesetzgebung betr. die Zwangsvollstreckung in das unbewegliche Vermögen im Reiche u. in Preußen. Text-Ausg. m. Einleitg., Anmerkgn., Kosten- u. Gebührentabellen u. Sachregister. 5. verm. u. verb. Aufl. (XII, 335 S.) 907. (Nr. 43.) n. 2. —
4. Aufl. (XII, 330 S.) 903. n. 2. —.

Lebbin, Geo., u. Geo. Baum, das Fleischbeschaugesetz. Vom 3. VI. 1900. Mit den ergangenen Ausführungsgesetzen u. Verordnungen im Reiche u. in Preußen erläutert. (468 S.) 903. (Nr. 68.) n. 4. —

Lindemann, Otto, die Reichsgesetzgebung über gerichtliche Registerführung. Textausg. der einschläg. Gesetzesbestimmgn. nebst Ausführungsvorschriften m. Anmerkgn. u. Sachregister. (484 S.) 906. (Nr. 80.) n. 3. —

Litthauer, F., Handelsgesetzbuch. Mit den ergänz. Vorschriften des bürgerlichen Gesetzbuchs u. Erläutergn. 13. Aufl. In Verbindg. m. M. Thiele u. A. Cohn hrsg. v. A. Mosse. (XII, 653 S.) 905. (Nr. 4.) n. 3. —

Loeck, P., Reichsstempelgesetz (Börsensteuergesetz) v. 3. VI. 1906 m. den Ausführungsbestimmgn. unt. besond. Berücksicht. der Entscheidungen der Verwaltungsbehörden u. des Reichsgerichts. Mit e. Anh.: Das Gesetz, betr. die Wetten bei öffentlich veranstalteten Pferderennen (Totalisatorgesetz) vom 4. VII. 1905 nebst Ausführungsbestimmgn. 9., umgearb. u. verm. Aufl. (VII, 340 S.) 8. (Nr. 18.) n. 4. 50

— Wechselstempelsteuergesetz. (137 S.) allein. (Nr. 5a). n. 1. 25

— dasselbe, s.: Stranz, J., u. M. Stranz, allg. deutsche Wechselordnung.

Lusensky, R. F., Gesetz, betr. die Pflichten der Kaufleute bei Aufbewahrung fremder Wertpapiere. Vom 5. VII. 1896. Text-Ausg. m. Erläutergn.. Einleitg. u. Sachregister. 2. verb. Aufl. (108 S.) 905. (Nr. 40.) n. 1. —

Makower, H., Gesetze, betr. die privatrechtlichen Verhältnisse der Binnenschiffahrt u. der Flößerei. Nach den Materialien erläutert. 3. verm. Aufl., bearb. v. E. Loewe. (445 S.) 903. (Nr. 36.) n. 3. —

Meyer, Geo., das Recht der Beschlagnahme v. Lohn- u. Gehaltsforderungen. Auf Grundlage der Reichsgesetze vom 21. VI. 1869 u. 29. III. 1897 u. der Zivilprozeßordnung m. Einleitg., Anmerkgn. u. Sachregister dargestellt. 2., verm. Aufl. (159 S.) 904. (Nr. 55.) n. 2. —

Mugdan, Leo, Gewerbegerichtsgesetz. Text.-Ausg. m. Anmerkungen u. Sachregister. 6. neubearb. Aufl. von W. Cuno. (293 S.) 906. (Nr. 31.) n. 2. 20

Parisius, Ludf., u. Hans Crüger. das Reichsgesetz, betr. die Gesellschaften mit beschränkter Haftung. Text-Ausg. mit Anmerkgn. u. Sachregister. 8. Aufl., bearb. v. Hans Crüger. (149 S.) 905. (Nr. 32.) n. 1. 40
7. Aufl. (142 S.) 904. n. 1. 25.

Radtke, A., Unfallversicherungsgesetz f. Land- u. Forstwirtschaft vom 30. VI. 1900, nebst dem Hauptgesetz, den zugehör. Landesgesetzen, kaiserl. Verordnungen u. Ausführungsbestimmungen. Textausg. m. Anmerkgn. u. Sachregister. 2. (der neuen Bearbeitg. 1.) Aufl. (XXII, 627 S.) 905. (Nr. 72.) n. 4. 50

Romen, A., die Reichsgesetze betr. die Entschädigung f. unschuldig erlittene Verhaftung u. Bestrafung. Nebst e. Anh., enth. die Vorschriften der Strafprozeßordng. u. der Militärstrafgerichtsordng. üb. das Wiederaufnahmeverfahren sowie des bürgerl. Gesetzbuches über den Schadenersatz u. das österr. Gesetz, betr. die Entschädigg. f. ungerechtfertigt erfolgte Verurteilg. (192 S.) 904. (Nr. 73.) n. 2. —

Rönne, L. v., Verfassg. des Deutschen Reichs. (Gegeben Berlin, den 16. IV. 1871.) Text-Ausg. m. Ergänzgn., Anmerkgn. u. Sachregister. 9. neubearb. Aufl. von Paul v. Rönne. (409 S.) 904. (Nr. 1.) n. 2. 40

Rüdorff, Hans, Strafgesetzbuch f. das Deutsche Reich. Nebst den gebräuchlichsten Reichs-Strafgesetzen: Presse, Entziehg. elektr. Arbeit, Kranken-, Unfall-, Invalidenversicherg., Gewerbeordng., unlauterer Wettbewerb, Depot- u. Börsengesetz, gewerbl. Kinderarbeit usw. Text-Ausg. m. Anmerkgn. u. Sachregister. 21. Aufl. von H. Appelius. (447 S.) 903. (Nr. 2) n. 1. 20

Spangenberg, H., Reichsgesetz, betr. Kinderarbeit in gewerbl. Betrieben. Vom 30. III. 1903. Nebst der preuß. Ausführungsanweisg. vom 30. XI. 1903 u. der Bekanntmachg. des Reichskanzlers vom 17. XII. 1903. Text-Ausg. m. Anmerkgn. u. Sachregister. 2. verm. Aufl. (189 S.) 904. (Nr. 71.) n. 1. 60
1. Aufl. (148 S.) 903. n. 1. 20.

Stephan, R., das Gesetz zur Bekämpfung des unlauteren Wettbewerbs. Vom 27. V. 1896. Text-Ausg. m. Anmerkgn. u. Sachregister. 3. unter eingeh. Berücksicht. der Rechtsprechg. des Reichsgerichts verm. Aufl. (96 S.) 903. (Nr. 37.) n. 1. —

— Patentgesetz vom 7. IV. 1891. Nebst Ausführungsbestimmgn., völkerrechtlichen Verträgen u. der Patentanwaltsordng., unter eingeh. Berücksicht. der Rechtsprechg. des Reichsgerichts u. der Praxis des Patentamts. 6. verm. Aufl. (XXIV, 170 S.) 904. (Nr. 22a). n. 2. —

Stölzle, Hans, Viehkauf (Viehgewährschaft) nach dem bürgerl. Gesetzbuche unter Berücksicht. des ausländischen Rechts. Mit Einleitg., Erläutergn. u. Sachregister. — Kaiserl. Verordng. vom 27. III. 1899, betr. die Hauptmängel u. Gewährsfristen beim Viehhandel, erläutert v. Heinr. Weiskopf. 3. wesentl. verb. Aufl. (XVI, 384 S.) 904. (Nr. 50.) n. 3. —

Stranz, J., u. M. Stranz, allgemeine deutsche Wechselordnung. Kommentar. 9. Aufl. 2. Aufl. der Neubearbeitg. — Loeck, P., das Reichsgesetz, betr. die Wechselstempelsteuer, nebst den Ausführungsbestimmungen des Bundesrats u. den Entscheidgn. der höchsten Gerichte u. Verwaltungsbehörden. Text-Ausg. m. Anmerkgn., e. chronolog. u. e. Sachregister. 8. verm. Aufl. (382 u. 137 S.) 905. (Nr. 5. 5a.) n. 3. —

Sydow, R., Gerichtsverfassungsgesetz m. Einführungsgesetz. Unter besond. Berücksicht. der Entscheidgn. des Reichsgerichts, Weiterbearb. v. L. Busch. 9. Aufl. (231 S.) 905. (Nr. 14.) n. 1. 50

— Konkursordnung u. Anfechtungsgesetz. Unter besond. Berücksicht. der Entscheidgn. des Reichsgerichtes hrsg. m. Anmerkgn. Fortgeführt v. L. Busch. 10. Aufl. (XXXII, 495 S.) 906. (Nr. 13.) n. 2. 25

— u. L. Busch, die deutsche Gebührenordng. f. Rechtsanwälte u. das preußische Gebührengesetz vom 27. IX./16. X. 1899. Unter besond. Berücksicht. der Entscheidgn. des Reichsgerichts, hrsg. m. Anmerkgn. u. Kostentabellen. 7. verm. Aufl. (233 S.) 903. (Nr. 17.) n. 1. 60

— — Deutsches Gerichtskostengesetz nebst Gebührenordnungen f. Gerichtsvollzieher u. f. Zeugen u. Sachverständige. Unter besond. Berücksicht. der Entscheidgn. des Reichsgerichts hrsg. m. Anmerkgn. u. Kostentabellen. 7. verm. Aufl. (284 S.) 903. (Nr. 15.) n. 1. 80

— — Zivilprozeßordnung u. Gerichtsverfassungsgesetz in den neuesten Fassungen. Unter besond. Berücksicht. der Entscheidgn. des Reichsgerichts hrsg. m. Anmerkgn. zunächst v. S., weiter bearb. v. B. 10. Aufl. (XVI, 947 S.) 8. 905. (Nr. 11.) n. 6. —

Vorwerk, A. F., das Reichsgesetz über die Konsulargerichtsbarkeit. Erläutert v. V. (184 S.) 905. (Nr. 75.) n. 2. —

Werner, M., Sammlung kleinerer strafrechtlicher Reichsgesetze. Text-Ausg. m. Anmerkgn. (Reichsgerichts-Entscheidgn.) u. Sachregister. 2. Aufl. (VIII, 407 S.) 903. (Nr. 9.) n. 3. —

Woedtke, E. v., Gewerbe-Unfallversicherungsgesetz. Text-Ausg. m. Anmerkgn. u. Sachregister. 8. neu bearb. Aufl. v. Frz. Caspar. (460 S.) 904. (Nr. 23.) n. 2. 50

— Invalidenversicherungsgesetz vom 13. VII. 1899 m. Ausführungsbestimmungen. Text-Ausg. mit Anmerkgn. u. Sachregister. 10. umgearb. Aufl., hrsg. v. H. Follmann. (XII, 643 S.) 906. (Nr. 30.) n. 4. —

— Krankenversicherungsgesetz. Text-Ausg. m. Einleitg., Anmerkgn., Anh. u. Sachregister. 11. neu bearb. Aufl., hrsg. v. Geo. Eucken-Addenhausen. (526 S.) 905. (Nr. 20.) n. 3. —
10. Aufl. (593 S.) 903. n. 3. 50.

Guttentag's Sammlung deutscher Reichsgesetze. Text-Ausgaben m. Anmerkgn. Nr. 2. 3. 5. 5a. 6—9. 11. 12. 15—19. 22. 23. 25. 26. 29. 32—34. 36—39. 41—43. 50. 51. 55. 60. 62. 65. 75. 79a. 79b u. 81—100. Berlin, J. Guttentag. Geb. in Leinw. 170. 35

Achilles, A., bürgerliches Gesetzbuch nebst Einführungsgesetz. Mit Einleitg., Anmerkgn. u. Sachregister, nach dem Tode des ersten Hrsgs. A. in Verbindg. m. F. André, F. Ritgen, O. Strecker, K. Unzner hrsg. v. M. Greiff. 6., verm. u. verb. Aufl. (XXVIII, 1168 S.) 8. 909. (Nr. 38. 39) Geb. 6. 50

Apt, Max, Scheckgesetz. Vom 11. III. 1908. Text-Ausg. m. Einleitg., Anmerkgn. u. Sachregister. 5. durchgearb. Aufl. Mit Anh.: Postscheckordnung nebst Ausführungsbestimmgn. u. Formularen. (240 S.) 16. 909. (Nr. 83) Geb. 2. —; Nachtrag. Besteuerung des Schecks. (Bestimmungen des Reichsstempelgesetzes vom 15. VII. 1909.) (24 S.) 16. — 30

Arndt, Adf., das Reichsbeamtengesetz vom 31. III. 1873 in der Fassung der Bekanntmachung vom 18. V. 1907 u. seine Ergänzgn., erläutert. (XVI, 327 S.) 16. 908. (Nr. 82) Geb. 3. —

Ball, Ernst, das öffentliche Vereins- u. Versammlungsrecht in Deutschland. Text-Ausg. m. Anmerkgn. u. Sachregistern. 2., völlig neu bearb. Aufl., hrsg. v. F. Friedenthal. (317 S.) 907. (Nr. 33) Geb. 2. 50

Berger, T. Ph., u. L. Wilhelmi, Gewerbeordnung f. das Deutsche Reich nebst den f. das Reich u. Preußen erlassenen Ausführungsbestimmungen. Ursprünglich hrsg. v. B. u. W. 18. veränd. Aufl., bearb. v. Karl Flesch in Verbindg. m. Frdr. Hiller u. Herm. Luppe. (971 S.) 16. 910. (Nr. 6.) Geb. 4. —

Blume, Ernst, die Eisenbahn-Verkehrsordnung vom 23. XII. 1908 nebst allgemeinen Ausführungsbestimmungen. Text-Ausg. m. Anmerkgn., vergleich. Paragraphenübersicht u. Sachregister. (XII, 294 S.) 16. 909. (Nr. 91) Geb. 2. 50

Bogeng, G. A. E., das Haager Abkommen üb. internationales Privat- u. Zivilprozeß-Recht. Textausg. m. Einleitg., Anmerkgn. u. Sachregister. (VIII, 173 S.) 16. 908. (Nr. 90) Geb. 2. 20

Boxberger, Leo v., das deutsche Vogelschutzgesetz vom 30. V. 1908 nebst den das Flugwild betr. Bestimmungen der preuß. Jagdordnung vom 15. VII. 1907 erläutert. (57 S.) 16. 909. (Nr. 89) Geb. 1. —

Cohn, A., die Auslieferungsverträge des Deutschen Reiches u. der deutschen Bundesstaaten. Textausg. m. Anmerkgn. u. Sachregister. (XV, 548 S.) 16. 908. (Nr. 86) Geb. 4. —

Delius, H., die Beamtenhaftpflichtgesetze des Reiches u. der Bundesstaaten. Zusammengestellt u. erläutert. 2. verm. u. verb. Aufl. (XVI, 463 S.) 16. 909. (Nr. 94) Geb. 3.50; Nachtrag. (23 S.) 16. 910. — 20

Düffe, A., Brausteuergesetz vom 15. VII. 1909 nebst dem Gesetz, betr. die zollwidrige Verwendung v. Gerste vom 3. VIII. 1909 u. Ausführungsbestimmungen. Mit Einleitg., Anmerkgn. u. Sachregister bearb. 2. Aufl. (358 S.) 16. 910. (Nr. 25) Geb. 3. —

Dungs, Herm., die Berner Übereinkunft üb. internationales Urheberrecht. Mit Erläutergn. (75 S.) 16. 910. (Nr. 95) Geb. 1. —

— 6 Haager Abkommen üb. internationales Privatrecht. (116 S.) 16. 910. (Nr. 98) Geb. 1. 50

Fischer, Otto, Grundbuchordnung f. das Deutsche Reich nebst den preußischen Ausführungsbestimmungen. Text-Ausg. m. Einleitg., Anmerkgn. u. Sachregister. 5. Aufl. (260 S.) 16. 909. (Nr. 42) Geb. 2. —

Fischer, P. D., die deutsche Post- u. Telegraphen-Gesetzgebung. Nebst den Weltpostverträgen, dem internat. Telegraphenvertrag und dem internat. Funkentelegraphenvertrag. Text-Ausg. m. Anmerkgn. u. Sachregister. Fortgeführt v. M. König. 6. Aufl. (580 S.) 16. 908. (Nr. 7) Geb. 4. —

Freund, G. S., u. Jul. Magnus, Gesetz z. Schutz d. Warenbezeichngn. v. 12. V. 1894. Der früheren Ausg. 5. völlig neubearb. Aufl. (XXVIII, 387 S.) 16. 909. (Nr. 87) Geb. 3. 50

Fuld, Ludw., Gesetz, betr. das Urheberrecht an Werken der bildenden Künste u. der Photographie. Text-Ausg. m. Anmerkgn. u. Sachregister. (91 S.) 907. (Nr. 81) Geb. 1. —

Gerstmeyer, Johs., das Schutzgebietsgesetz, nebst der Verordng. betr. die Rechtsverhältnisse in den Schutzgebieten u. dem Gesetz üb. die Konsulargerichtsbarkeit in Anwendg. auf die Schutzgebiete sowie den Ausführungsbestimmgn. u. ergänz. Vorschriften. Erläutert v. G. (XXVIII, 280 S.) 16. 910. (Nr. 97) Geb. 3. —

Göppert, Heinr., Hypothekenbankgesetz. Vom 13. VII. 1899. Text-Ausg. m. Einleitg., Anmerkgn. u. Sachregister. 2. Aufl., bearb. v. Max Seidel. (222 S.) 16. 911. (Nr. 51) Geb. 2. 40

Hager, P., u. R. Behrend, Reichsgesetz üb. den Versicherungsvertrag nebst dem zugehörigen Einführungsgesetze. Vom 30. V. 1908. 2. verm. u. verb. Aufl. v. P. Hager u. E. Bruck. (453 S.) 16. (910.) (Nr. 83) Geb. 5. —

Harnier, Eduard, Gesetz üb. die Sicherung der Bauforderungen. Vom 1. VI. 1909. Textausg. m. Einleitg., Anmerkgn. u. Sachregister. (116 S.) 16. (909). (Nr. 93) Geb. 1. 20

Hellweg, A., Strafprozeßordnung u. Gerichtsverfassungsgesetz, nebst den Gesetzen, betr. die Entschädigg. der im Wiederaufnahmeverfahren freigesprochenen Personen u. die Entschädigg. f. unschuldig erlittene Untersuchungshaft. Text-Ausg. m. Einleitg., Anmerkgn. u. Sachregister. 15. Aufl. (462 S.) 16. 908. (Nr. 12) Geb. 2. —

Hemptenmacher, Th., Börsengesetz. Nebst Ausführungsbestimmgn. Text-Ausg. m. Anmerkgn. u. Sachregister. Ursprünglich hrsg. v. A. Wermuth u. H. Brendel. 2., völlig neu bearb. Aufl. (VI, 293 S.) 16. 908. (Nr. 41) Geb. 2. —

Hoffmann, J., das Reichsgesetz betr. die Abzahlungsgeschäfte. Vom 16. V. 1894. Mit Einleitg., Anmerkgn. u. Sachregister. 3. verm. u. verb. Aufl., besorgt v. Ernst Wilke. (103 S.) 16. 910. (Nr. 34) Geb. 1. 25

Kirchner, Rud., Gesetz üb. den Verkehr m. Kraftfahrzeugen vom 3. V. 1909. Text-Ausg. m. Anmerkgn. u. Sachregister. 2. Ausg., ergänzt durch die Bundesratsverordng. vom 3. II. 1910 u. das internationale Abkommen vom 11. X. 1909. (339 S.) 16. 910. (Nr. 92) Geb. 3. —

Knitschky, W. E., die Seegesetzgebung des Deutschen Reiches. Unter Berücksicht. der Entscheidgn. des Reichsoberhandels- u. des Reichsgerichts, das hanseat. Oberlandesgerichts u. der Seeämter. Text-Ausg. m. Anmerkgn. u. Sachregister. 4. verm. u. verb. Aufl., bearb. v. Otto Rudorff. (XXIV, 1155 u. Ergänzung 11 S.) 16. 908. (Nr. 19) Geb. 6. —

Koch, R., die Reichsgesetzgebung üb. Münz- u. Notenbankwesen, Papiergeld, Prämienpapiere u. Reichsschulden. Text-Ausg. m. Anmerkgn. u. Sachregister. 6. Aufl. (XVI, 511 S.) 910. (Nr. 20) Geb. 4. —

Könige, H., Gesetz üb. die privaten Versicherungsunternehmungen. Vom 12. V. 1901. Text-Ausg. m. Anmerkgn. u. Sachregister. 2. Aufl. (583 S.) 16. 910. (Nr. 62) Geb. 4. 20

Krech, J., die Reichsgesetze üb. den Unterstützungswohnsitz, in der Fassung der Novelle vom 30. V. 1908, die Freizügigkeit, den Erwerb u. Verlust der Bundes- u. Staatsangehörigkeit, nebst den auf ersteres Gesetz bezügl. landesgesetzl. Bestimmgn. sämtl. Bundesstaaten. Textausg. m. Anmerkgn. u. Sachregister. 7., verm. u. verb. Aufl. (X, 429 S.) 16. 908. (Nr. 8) Geb. 3.—; Beilageheft. Gesetz zur Ausführg. des Gesetzes üb. den Unterstützungswohnsitz vom 30. V. 1902. Vom 8. XI. 1909. (G.Bl. f. Elsaß-Lothringen 1909. S. 105—107.) (29 S.) 16. 910. — 30

— u. O. Fischer, die Gesetzgebung betr. die Zwangsvollstreckung in das unbewegliche Vermögen im Reiche u. in Preußen. Text-Ausg. m. Einleitg., Anmerkgn., Kosten- u. Gebührentabellen u. Sachregister. 6. verm. u. verb. Aufl. (XVII, 333 S.) 16. 910. (Nr. 43) Geb. 2. —

Kriegsmann, N. Herm., Sammlung kleinerer strafrechtlicher Reichsgesetze. Text-Ausg. m. Anmerkgn. u. Sachregister. 3. Aufl. (ursprünglich hrsg. v. M. Werner). (X, 447 S.) 16. 910. (Nr. 9) Geb. 4. —

Lebbin, Geo., das Weingesetz vom 7. IV. 1909. Mit Ausführungsbestimmgn. u. Weinzollordng. vom 17. VII. 1909. Auf Grund des amtl. Materials erläutert. 2. Aufl. (256 S.) 16. 909. (Nr. 65) Geb. 2. 50

Lindemann, Otto, Gesetz, betr. das Urheberrecht an Werken der Literatur u. Tonkunst. Vom 19. VI. 1901. In der Fassg. des Gesetzes vom 22. V. 1910. Textausg. m. Einleitg., Anmerkgn. u. Sachregister nebst e. Anh., enth. die rev. Berner Übereinkunft vom 13. XI. 1908. 3. Aufl. (155 S.) 16. 910. (Nr. 60) Geb. 1. 60

Loeck, P., Reichsstempelgesetz vom 15. VII. 1909. (Börsen-, Lotterie- [Spiel u. Wette], Frachturkunden-, Fahrkarten-, Kraftfahrzeug-, Tantieme-, Scheck- u. Grundstücksübertragungssteuer. Mit den gesamten Ausführungsbestimmgn. unter besond. Berücksicht. der Entscheidgn. der Verwaltungsbehörden u. des Reichsgerichts. 10. umgearb. u. verm. Aufl. (VIII, 437 S.) 8. 910. (Nr. 18) Geb. 6. —

— Wechselstempelgesetz vom 4. III. 1909 nebst den Ausführungsbestimmungen des Bundesrats u. den Entscheidungen der höchsten Gerichte u. Verwaltungsbehörden. Textausg. m. Anmerkgn., e. chronolog. u. e. Sachregister. 9. verm. Aufl. (98 S.) 16. 909. (Nr. 5 a) Geb. 1. 25

Makower, H., Gesetze, betr. die privatrechtlichen Verhältnisse der Binnenschiffahrt u. der Flösserei. Nach den Materialien erläutert. 4. verm. Aufl., bearb. v. E. Loewe. (424 S.) 16. 909. (Nr. 36) Geb. 3. —

Meyer, Geo., das Recht der Beschlagnahme v. Lohn- u. Gehaltsforderungen. Auf Grundlage der Reichsgesetze vom 21. VI. 1869 u. 29. III. 1897 u. der Zivilprozeßordng. m. Einleitg., Anmerkgn. u. Sachregister dargestellt. 4. verm. Aufl. (202 S.) 16. 910. (Nr. 55) Geb. 2. 60

Nay, Johs., Branntweinsteuergesetz. Vom 15. VII. 1909. Unter Berücksicht. der f. das Reich erlassenen Ausführungsbestimmgn. Mit Einleitg., Kommentar u. Sachregister. (228 S.) 16. 910. (Nr. 96) Geb. 3. 50

Parisius, Ludolf, u. Hans Crüger, das Reichsgesetz, betr. die Erwerbs- u. Wirtschaftsgenossenschaften. Text-Ausg. m. Anmerkgn. u. Sachregister. 13. völlig neu bearb. Aufl., bearb. v. Hans Crüger. (231 S.) 16. 910. (Nr. 29) Geb. 1. 50

— — Das Reichsgesetz, betr. die Gesellschaften mit beschränkter Haftung. Text-Ausg. m. Anmerkgn. u. Sachregister. 11. Aufl., bearb. v. Hans Crüger. (160 S.) 16. 910. (Nr. 32) Geb. 1. 40

Pinner, Alb., Gesetz gegen den unlauteren Wettbewerb. Vom 7. VI. 1909. Text-Ausg. m. Anmerkgn. u. Sachregister. 5. Aufl. (119 S.) 16. 910. (Nr. 37) Geb. 1. 25

Romen, A., die Militärpensionsgesetze vom 31. V. 1906 nebst den Ausführungsbestimmungen. Zum prakt. Gebrauche f. Heer, Marine u. Schutztruppen unter Benutzung der amtl. Quellen u. m. Berücksicht. der Ergänzungsvorschriften bearb. u. erläutert. I. Tl. Gesetz üb. die Pensionierung der Offiziere einschließlich der Sanitätsoffiziere des Reichsheeres, der kaiserl. Marine u. der kaiserl. Schutztruppen. Vom 31. V. 1906. (341 S.) 907. (Nr. 79 a) Geb. 3. 50

— dasselbe. II. Tl. Gesetz üb. die Versorgg. der Personen der Unterklassen des Reichsheeres, der kaiserl. Marine u. der kaiserl. Schutztruppen. Vom 31. V. 1906. Nebst dem Militärhinterbliebenengesetz v. 17. V. 1907. (405 S.) 908. (Nr. 79 b) Geb. 3. 50

— Das Reichsvereinsgesetz. Vom 19. IV. 1908. Unter Benutzg. der amtl. Quellen bearb. u. erläutert. Nebst e. Anh., enth. die Vorschriften des bürgerl. Gesetzbuches üb. die Vereine. (104 S.) 16. 908. (Nr. 88) Geb. 1. 50

— u. Carl Rissom, die Militärstrafgerichtsordnung v. 1. XII. 1898 nebst dem Einführungsgesetz. Unter Benutzg. der amtl. Quellen, der Literatur u. der Rechtsprechg. bearb. u. erläutert. Mit e. Anh., enth. die Reichsgesetze, betr. die Entschädigg. f. unschuldig erlittene Verhaftg. u. Bestrafg. (967 S.) 16. 910. (Nr. 3) Geb. 6. —

Rüdorff, Hans, Strafgesetzbuch f. das Deutsche Reich. Text-Ausg. m. Anmerkgn. u. Sachregister, begründet v. R. 23. Aufl., bearb. v. Frz. v. Liszt u. Ernst Delaquis. (XV, 477 S.) 16. 910. (Nr. 2) Geb. 1. 80

Stephan, R., Patentgesetz vom 7. IV. 1891. Nebst Ausführungsbestimmgn., völkerrechtl. Verträgen u. Patentanwaltsgesetz, unter eingeh. Berücksicht. der Rechtsprechg. des Reichsgerichts u. der Praxis des Patentamts. Bisher hrsg. v. St. 7. völlig neubearb. Aufl. v. R. Lutter. (353 S.) 16. 908. (Nr. 22) Geb. 2. 80

Stölzle, Hans, Viehkauf (Viehgewährschaft) nach dem bürgerlichen Gesetzbuche unter Berücksicht. des ausländischen Rechts. Mit Einleitg., Erläutergn. u. Sachregister. — Kaiserl. Verordng. vom 27. III. 1899, betr. die Hauptmängel u. Gewährfristen beim Viehhandel, erläutert v. Heinr. Weiskopf. 4., wesentlich verb. Aufl. (502 S.) 16. 909. (Nr. 50) Geb. 4. —

Stranz, J., u. M. Stranz, Wechselordnung in der Fassung der Bekanntmachung vom 3. VI. 1908. Kommentar. 10. Aufl. 3. Aufl. der Neubearbeitg. — Loeck, Wechselstempelgesetz v. 15. VII. 1909 nebst den Ausführungsbestimmgn. des Bundesrats, den Gesetzesmaterialien u. den Entscheidungen der höchsten Gerichte u. Verwaltungsbehörden. Textausg. m. Anmerkgn., e. chronolog. u. e. Sachregister. 10. Aufl. (436 u. 108 S.) 16. 909. (Nr. 5 u. 5 a) Geb. 3.—;
Nr. 5 a. Loeck, Wechselstempelgesetz, allein 1. 25

Sydow, R., die deutsche Gebührenordnung f. Rechtsanwälte in der Fassung der Novellen vom 17. V. 1898/1. VI. 1909 u. das preußische Gebührengesetz vom 27. IX./6. X. 1899. Unter besond. Berücksicht. der Entscheidgn. des Reichsgerichts hrsg. m. Anmerkgn. u. Kostentabellen. Fortgeführt v. L. Busch. 9. verm. Aufl. (291 S.) 16. 910. (Nr. 17) Geb. 2. —

— Deutsches Gerichtskostengesetz nebst Gebührenordnungen f. Gerichtsvollzieher u. f. Zeugen u. Sachverständige. Unter besond. Berücksicht. der Entscheidgn. des Reichsgerichts hrsg. m. Anmerkgn. u. Kostentabellen. Fortgeführt v. L. Busch. 8., verm. Aufl. (322 S.) 907. (Nr. 15) Geb. 2. —

— Rechtsanwaltsordnung. Vom 1. VII. 1878. Text-Ausg. m. Anmerkgn. u. Sachregister. 5. Aufl., bearb. v. Max Jacobsohn. (116 S.) 907. (Nr. 16) Geb. 1. 20

— Zivilprozeßordnung u. Gerichtsverfassungsgesetz in der vom 1. VI. 1910 ab geltenden Fassung. Unter besond. Berücksicht. der Entscheidgn. des Reichsgerichts hrsg. m. Anmerkgn. Fortgeführt v. L. Busch. 13. Aufl. (XVI, 1161 S.) 8. 910. (Nr. 11) Geb. 7. —

Vierhaus, Sammlung kleinerer privatrechtlicher Reichsgesetze. Text-Ausg. m. Anmerkgn. u. Sachregister, zunächst v. V., weiter bearb. v. Geo. Müller. 2. Aufl. (XXXIV, 1018 S.) 16. 908. (Nr. 84) Geb. 6. 50

Voelkel, Carl, Gesetz üb. den Absatz v. Kalisalzen. Vom 25. V. 1910. Text-Ausg. m. Anmerkgn. u. Sachregister. (181 S.) 16. 910. (Nr. 100) Geb. 2. 40

Vorwerk, A. F., das Reichsgesetz üb. die Konsulargerichtsbarkeit. 2. Ausg. m. dem Schutzgebietsgesetz u. der Ausführungsverordng., betr. die Rechtsverhältnisse in den deutschen Schutzgebieten. (200 S.) 16. 908. (Nr. 75) Geb. 2. —
Wehberg, Hans, die Abkommen der Haager Friedenskonferenzen, der Londoner Seekriegskonferenz nebst Genfer Konvention. Text-Ausg. m. Einleitg., Anmerkgn., Personen- u. Sachregister. Mit Vorwort v. Zorn. (XII, 270 S.) 16. 910. (Nr. 99) Geb. 3. —
Woedtke, E. v., Gewerbe-Unfallversicherungsgesetz. Text-Ausg. m. Anmerkgn. u. Sachregister. 9. Aufl. v. Frz. Caspar. (460 S.) 907. (Nr. 23.) Geb. 2. 50

Guttentag's Sammlung v. Text-Ausgaben ohne Anmerkungen m. Sachregister. 16. Berlin, J. Guttentag.
Handelsgesetzbuch nebst Einführungsgesetz. Vom 10. V. 1897, unter Berücksicht. der ergangenen Novellen. Text-Ausg. m. Sachregister. 8. Aufl. (VII, 431 S.) 910. Geb. in Leinw. 1. 80
Reichsfinanzgesetze v. 15. VII. 1909 einschließlich der Reichsstempelgesetze u. des Erbschaftssteuergesetzes. (III, 414 S.) 909. Geb. in Leinw. 2. —
Zivilprozeßordnung m. Gerichtsverfassungsgesetz u. Einführungsgesetzen. In der Fassg. der auf Grund des Gesetzes v. 17. V. 1898 u. der Gesetze, betr. Ändergn. des Gerichtsverfassungsgesetzes u. der Zivilprozeßordng. v. 5. VI. 1905 u. 1. VI. 1909. Text-Ausg. m. Sachregist. (XI, 482 S.) 909. Geb. in Leinw. 2. —

Guttentag, Adolf [app. Arzt]: Aus d. Laboratorium d. dermatolog. Abtheilg d. Allerheiligenhospitals zu Breslau. Ueber das Verhalten der elastischen Fasern in Hautnarben und bei Destructionsprocessen der Haut ... Prag, k. u. k. Hofbuchdr. A. Haase, 1894; 21 S. 8.
Leipzig, Med. Fak., Inaug.-Diss. v. 18. Dez. 1893

Guttentag, J. (Dr., Lehrer an d. Kantonsschule zu Aarau.) Kritische u. exegetische Beiträge zu Lysias, &c. — Berichtigungen zu d. Materialien v. Gaupp u. Holzer. (Im Programm v. 8. April 1878 der Aarauer Kantonsschule.) 4°, 30 S. Aarau, Sauerländer. 1878.

Verlags-Katalog von J. Guttentag, Verlagsbuchhandlung in Berlin. Abgeschlossen im Sept. 1893. *(Berlin: J. Guttentag) 1893.* (100 S.) 8° [illegible]

Verlags-Katalog von J. Guttentag, Verlagsbuchhandlung, G. m. b. H. in Berlin. Abgeschl. am 31. Dez. 1903. (Hrsg. zum 50jähr. Bestehen. 1853—1903.) Berlin: Selbstverl. 1903. 237 S. 8°

Guttentag, Isidorus (Lazarus) (geb. Czenstochau in Schles. 2. 11. 1829): De subdito qui inter Lucianeos legi solet dialogo Toxaride. Berolini (1860). (34 S.) 8° * Vollst. ersch. Berolini: G. Reimer 1860.
Berlin, Phil. Diss. v. 14. Aug. 1860

Guttentag, Isid., de subdito qui inter Lucianeos legi solet dialogo Toxaride. gr. 8. (III und 106 S.) Berlin 860, G. Reimer.

Eine Minute u. andere Novellen von L(udwig) v. **Guttentag.** Berlin-Leipzig: Silva [1910]. 118 S. 8° [10. 13879

Guttentag, Maur. (geb. Breslau 8. 2. 1813): De haemorrhagia cereb. addito huius morbi specimine. Berolini (1847). (26 S.) 8°
Berlin, Med. Diss. v. 10. Apr. 1847

Guttentag, S. B., Die Entwicklung des Petroleumgeschäfts seit seiner Entstehung. Berlin, 1907. 8 S.

Guttentag, S[amuel] S[imon]: De iridis motu. Vratislaviae: Grass & Barth 1815. (58 S.) 8°
Breslau, Med. Fak., Hab.-Schr. v. 20. März 1815

Guttenthal, F.: „Briefwechsel für Oekonomen. Ein Lesebuch". Frankfurt und Leipzig 1790 (Cnobloch).

Guttermann. Kurzgefasste Geschichte Rudolphs von Habsburg vor seiner Erhebung. 8. Frankfurt. 1827.

Güttes, Peter, aus M.-Gladbach: Über die **Estersäuren und die Anilsäuren** der unsymmetrischen Dimethylbernsteinsäure. *Bonn 1901: C. Georgi.* (44 S.) 8°
Bonn, Phil. Diss. v. 9. März 1901

Marianischer Gutthaten, erwiesen durch *Hülff Mariä*, der wunderbarlichen Mutter GOttes, in ihrem *wunderthätigen Gnadenbild auf dem Ruprechts-Berg nächst Dorffen*, verfasset zu grösserer Ehr GOttes und Mariä, dann zu Auferbauung aller Marianischer Wallfahrteren, von allhiesiger Geistlichkeit. Landshut, gedr. bey Jos. Schallnkammer, 1759. Kl. 8°. Ppb.
78 S. (incl. Tit. u. 3 Bll. Vorr.). — Rar!

Gütther, Ch. G., Oratio habita in memoriam liberalitatis Tettavianae. Regimonti 1752.

Gütther, Christian Heinr. Leben und Thaten Herrn Friedrichs des Ersten, Königs in Preußen, Markgrafen zu Brandenburg ... etc. Aus bewährten Urkunden sonderlich aus Münzen und Schaustücken in einer chronologischen Ordnung abgefasset. Breslau, J. J. Korn, 1750. 4°. *Gestoch. Frontispizporträt d. Königs von J. D. Schleuen nach J. F. Wenzel,* 11 Bl. 491 S. und *140 numer. Kupfer im Text sowie 2 größere Vignetten v. Schleuen.* Leicht fleck. Pgt. d. Z.
Sehr schön ausgestattetes und mit Münzkupfern verziertes Dokumentarwerk, Friedrich dem II. gewidmet; es ist neben dem historischen und numismatischen auch von hohem kulturgeschichtlichem Interesse.

Gütthern, Christian Heinrich, k. preuss. Hofrath. Leben und Thaten Herrn Friedrich des Ersten, Königs in Preussen, Markgrafen zu Brandenburg etc. 4. Breslau 1750.

Güttich, A., s.: Schatz, der, im Brunnen.

Güttich, Alfred: Ein Fall von Magen-Leberkrebs im Kindesalter. Leipzig 1908: Hoffmann. 17 S. 8°
Halle, Med. Diss. v. 18. Jan. 1909, Ref. Schmidt
[Geb. 12. April 83 Hecklingen, Anhalt; Wohnort: Bernburg; Staatsangeh.: Preußen; Vorbildung: Gymn. Bernburg Reife O. 02; Studium: München 1, Greifswald 4, Leipzig 1, Straßburg 1, Halle 3 S.; Coll. 1. Nov. 07; Approb. 14. Sept. 08.] [U 09. 1605

Güttich, Arthur: Ueber Bestimmungsmethoden für Arsen- und Antimonwasserstoff. Leipzig 1909: Hoffmann. 73 S. 8°
Leipzig, Phil. Diss. v. 22. Juni 1909, Ref. Beckmann, Hantzsch
[Geb. 15. Aug. 81 Hecklingen i. Anh.; Wohnort: Bernburg; Staatsangeh.: Anhalt; Vorbildung: Gymn. Bernburg bis O. 98, Dispens d. Min.; Studium: München 1, Leipzig 9 S.; Rig. 4. Mai 09.] [U 09. 2974

Güttingen, A. v.: Denkschrift betreffend die Herstellung von Eisenbahnen im würtembergischen Schwarzwaldkreis. Stuttgart 1863.

Güttinger, G., u. Fr. Pusch, der praktische Bäcker, s. a. Handwerker-Bibliothek, illustrierte deutsche. I.

Güttinger G, der praktische Bäcker. (Handw.-Bibl. Illustr. 1) Stuttgart 1896

Güttinger G, der praktische Bäcker. 2. Aufl. v. F Pusch. (136 S) Stuttgart (1906)

Güttinger, G., d. Entwickelg. d. menschl. Gesellschaft. Mit bes. Berücksicht. d. deutschen Geschichte. E. Lesebuch f. d. Volk. gr. 8. (XXIV, 254 S.) Stuttgart 898. Strecker & Moser. n. 2. 50; geb. n. 3. —

Güttinger, G., der Handwerker als Kaufmann. Praktisches Lehr- u. Handbuch f. den Handwerkerstand. Enth. Erläutergn. u. Belehrgn. üb. das Handelsrecht, Wechselrecht, Korrespondenz, Buchführg. 2c. Nebst e. Vorwort v. F. C. Huber. gr. 8. (VI, 178 S.) Weimar 894. B. F. Voigt. 2. 70

Güttinger, G., Ideal u. Wirklichkeit im Sozialismus. gr. 8. (42 S.) Guben 889. Sallis. n. 1. —

— Waarenkunde f. d. Kleinhandel, s.: Lesser, A.

Güttinger, Hans. Med. pract. von Opfikon, Kt. Zürich in Zürich: Die Veränderung der Struma und des Halsumfanges bei Rekruten während des Militärdienstes. Zür. Zürcher u. Furrer Dr. 1891. 49 S. 8°.
Zürich, Med. Diss. [v. 9. März 1891].

Guttke, E. Protest der Todten an die Lebenden. Herrn F. Freiligrath gewidmet Berlin. Gedruckt bei J. Sittenfeld. 2 Bl. 8.
Flugblatt. Berlin, 1848/49.
Vgl. Guttcke, E.

Güttler s.a. **Güettler.**

Güttler, Adf., Handbuch üb. Brod- u. Hefenbäckerei sowie etwas üb. feinere Bäckerei. 3. verb. Aufl. 8. (88 S.) Ebersbach 871. (Leipzig. Senf.) — 60

Güttler, Karl, Eduard Lord Herbert von Cherbury. Ein kritischer Beitrag zur Geschichte des Psychologismus und der Religionsphilosophie. Mit einem Bildnisse. München, Beck, 1897, gr. 8°, VI, 248 S., 6 Mk.

Recens. v. Stanisl. v. Dunin-Borkowski, Stimmen a. M.-Laach Bd. 55, S. 559–61; Grupp, Hist.-pol. Bl. Bd. 120, S. 625–9 („Der Vater des Deismus"). Schanz, Theol. Quartalschr. 1898, S. 668–9.

Güttler, Carl *(geb. Reichenstein in Schles. 26. 1. 1848)*: Ueber die Formel des Arsenikalkieses zu Reichenstein i. Schl. und dessen Goldgehalt. Breslau (1870). (30 S.) 8° *[Im Buchhandel 1870 bei Maruschke & Berendt in Breslau.]*

Breslau, Phil. Diss., nachgeliefert von dem am 23. Juli 1870 auf Thesen promovierten Verf.

Güttler, Carl, üb. die Formel d. Arsenikalkieses zu Reichenstein i. Schl. u. dessen Goldgehalt. Inaugural-Dissertation. gr. 8. (30 S.) Breslau 870. (Maruschke & Berendt.) n. — 80

Giebt es eine 'katholische' Wissenschaft? Beitrag z. Beurteilung e. Tagesfrage von Dr. C[arl] **Güttler**. *München: C. H. Beck 1902.* (46 S.) 8° [F.]

[02. 1947 10

Güttler, Karl, Naturforschung u. Bibel in ihrer Stellung zur Schöpfung. Eine empirische Kritik der mosaischen Urgeschichte. Freiburg, Herder, 1877, gr. 8°, VIII 343 S., 4 Mk.

Güttler, Carl, Naturforschung u. Bibel in ihrer Stellung zur Schöpfung. Eine empir. Kritik der mosaischen Urgeschichte. gr. 8. (VIII, 343 S.) Freiburg i/Br. 881. Herder. 4. —

Güttler, C., Lorenz Oken u. sein Verhältniss z. mod. Entwickelungslehre. gr. 8. (IV, 150 S.) Leipzig 884. Langensalza, H. Beyer & Söhne. n. 3. —; erm. Pr. n. 2. —

Güttler, Karl, Lorenz Oken und sein Verhältnis zur modernen Entwicklungslehre. Ein Beitrag zur Geschichte der Naturphilosophie. Leipzig, Bidder, 1884, gr. 8°, IV, 150 S., 3 Mk.

Recens. v. Jos. Pohle, Litt. Handw. 1885, S. 181–85.

— Psychologie u. Philosophie. Ein Wort z. Verständigg. gr. 8. (34 S.) München 896. Piloty & Loehle. — 50

— an der Schwelle des 20. Jahrh. Vortrag, geh. am 20. XII. 1900 vor Studierenden aller Fakultäten der Ludwig-Maximilians-Universität. gr. 8. (29 S.) München 901. C. H. Beck. n. — 80

Güttler, C., der Unsterblichkeitsglaube. Vortrag. 8. (31 S.) München 890. Stahl sen. — 30

Güttler, Karl, Der Unsterblichkeitsglaube. Vortrag. München, Stahl sen., 1891, 8°, 31 S., 30 Pf.

Güttler, Karl, Wissen und Glauben. Öffentliche Vorträge. München, Beck, 1893, gr. 8°, IV, 214 S., 3,50 Mk.

Vgl. die Besprechung von Schanz, Theol. Quartalschr. 1894, S. 658–62. Auch Hist.-pol. Blätt. Bd. 112, S. 891–2. — Schwalm, La croyance naturelle et la science. Vortrag, geh. auf d. 4. internat. wiss. Katholikenkongreß zu Freiburg (Schw.) 1897. Compte rendu etc. (daselbst 1899). Section III, S. 574–90.

Güttler, C., Wissen u. Glauben. 16 Vorträge. 2., neubearb. Aufl. (VIII, 210 S.) gr. 8. München 904. C. H. Beck. n. 3. —; geb. in Leinw. n. 4. —

Güttler, Wilhelm: Die religiöse Kindererziehung im deutschen Reiche. Eine interkonfessionelle, staatskirchenrechtliche Studie. (Potsdam 1907: E. Stein.) (32 S.) 8° ¶ (Erscheint vollst. als „Rechtseinheit" H. 1 b. W. Rothschild, Berlin.)

Heidelberg, Jur. Fak., Ref. Anschütz, Diss. v. 1907

[Geb. 18. Sept. 84 Reichenstein (Schlesien); Wohnort: Reichenstein; Staatsangeh.: Preußen; Vorbildung: Matthias-Gymn. Breslau Reife O. 04; Studium: Freiburg i. B. 1, Genf 2, Berlin 3 S.; Rig. 30. April 07.]

Die religiöse Kindererziehung im deutschen Reiche. Eine interkonfessionelle staatskirchenrechtl. Studie von Dr. iur. Wilhelm **Güttler**. Berlin & Leipzig: W. Rothschild 1908. (XIX, 331 S.) 8°

— **Rechtseinheit,** Die. Bd 1. [08. 13549

Guttman Samuel: Die Weltanschauung des Abraham ibn Esra in ihrer Abhängigkeit von den arabischen Encyklopädischen Ichwân uç-çafâ.

II. 1897 PN 1082 **Diss.** Wien, Univ.

Guttmann Über die Ausgabe der Gesammtwerke von Opitz. 19 S. Ratibor, Progr. 1850

Guttmann. Probe einer Uebersetzung Shakespearescher Sonette. Hirschberg, G., 1875. 8 S. 4. **Progr.**

Die Porzellan-Schliff-Füllung. Neue Methoden z. Füllen centraler u. nicht centraler Cavitäten mit Porzellan unter Anwendung selbstgefertigter konischer Porzellan-Schliffe nach Alfred **Guttmann**, Hofzahnarzt in Potsdam. *Berlin: [C. Ash & Sons] 1903.* (96 S.) 8°

[Umschlagt.:] Die Porzellan-Schliff-Füllung. [04. 16749

Stimmungsbilder vom 5. Internationalen Zahnärztlichen Kongress Berlin 23.–28. Aug. 1909. Von Prof. [Alfred] **Guttmann**, Berlin Berlin: Ash 1909. 50 S. 8°

Aus: Correspondenz-Blatt f. Zahnärzte. Bd 38. A 12. 1334

Guttmann, Alfred: Tabes dorsalis und Syphilis. *Berlin 1898: L. Schumacher.* (33 S.) 8° ¶ [Aus: Zeitschrift für klinische Medicin, Bd 35.]

Berlin, Med. Diss. v. 27. Mai 1898

Guttmann, Arthur, Medizinalpraktikant a. Breslau: Aus d. patholog. Institut d. Krankenhauses Moabit. Prosector: Prof. Dr. Westenhoeffer. Ein Beitrag zum Collateralkreislauf der Pfortader bei Lebercirrhose. Leipzig 1907: B. Georgi. (39 S., 1 Taf.) 8°

Leipzig, Med. Fak., Ref. Marchand, Diss. v. 17. Dez. 1907

[Geb. 2. Juli 83 Hildesheim; Wohnort: Berlin; Staatsangeh.: Preußen; Vorbildung: Johannes-Gymn. Breslau Reife O. 01; Studium: Breslau 6, Heidelberg 1, Breslau 2 S.; Coll. 23. Dez. 08; Approb. 23. Dez. 07.]

Guttmann, Arthur, Assistent am agrikulturchem. Institut der Universität: Aus d. chem. Institut d. Univ. Breslau. Ueber Wismutoxydulverbindungen. Breslau 1908: H. Fleischmann. (40 S., 2 Taf.) 8°

Breslau, Phil. Fak., Ref. Ladenburg, Diss. v. 26. Juni 1908

[Geb. 14. April 81 Breslau; Wohnort: Breslau; Staatsangeh.: Preußen; Vorbildung: Oberrealsch. Breslau Reife Okt. 01; Studium: Breslau 13, München 1 S.; Rig. 27. Mai 08.]

Guttmann, August, Prof. Dr.: Zur Geschichte des Königlichen Gymnasiums in Königshütte O.-S. 1877—1902. *Königshütte O.-S. 1903: R. Giebler.* (38 S.) 4°

Königshütte O.-S., k. G, OP 1903 (225)

Guttmann, *August* Zur Handschriftenkunde der Orphischen Argonautika I. 4 (16 S.). G. *Königshütte O.-S.* 1887 (178).

Progr.

Guttmann, A., De hymnorum Homericorum historia critica particulae quattuor. Diss. 1869. 64 S. 1.25

Guttmann, Aug., de hymnorum Homericorum historia critica particulae IV. Greifswald 869. (Bamberg.) gr. 8. (III, 64 S.) n. 10 ngr.

Guttmann, Bernhard [aus Schlesien]: Die Germanisierung der Slawen in der Mark ... (Enth. nur Kap. v: Die wendische Landbevölkerung. '(Tl 1.)', nebst Exkurs. — Soll vollst. ersch.) Berlin, Druck v. J. Rosenbaum, *1895;* 30 S., 2 Bl. 8.
Berlin, Phil. Fak., Inaug.-Diss. v. 30. Nov. 1895

Guttmann, C. A., immerwährender biblischer Kalender für's ganze Jahr auf alle Tage, so daß das alte Testament einmal, der ganze Psalter zwölfmal, das neue Testament dreimal (außer der Offenbarung Joh., welche nur zweimal vorkommt), innerhalb Jahresfrist durchgelesen werden. Löbau 854. (Dresden) Breyer in Comm. 8. (16 S., 7 Bl.) 3 *ngr*

Guttmann, E. Gottl., Gedank. üb. d. neue Cometenlehre Heyns. 8. Lpz. (Ernst, Quedl.) 744.

Guttmann, Carl, s. G u t t m a n n , Karl.

Guttmann, E., Sechs Episteln über genossenschaftliche Dinge. 8°. Insterburg 1877.

Guttmann, Emil, die Augenkrankheiten d. Kindesalters u. ihre Behandlung. gr. 8. (VII, 132 S.) Berlin 900. Fischer's medicin. Buchh. n. 3. —

Die Blutungen des Sehorgans in ihrer semiotischen Bedeutung für die allgemeine Praxis. Von Augenarzt Dr. Emil **Guttmann**, Breslau. *Berlin: Fischer 1901.* (16 S.) 8°
= Klinik, Berliner. II. 156. [01. 7369

Guttmann, Emil, Brunnencuren im Hause. [Aus: „Reichs-Medicinal-Anzeiger".] 8. (14 S.) Leipzig 895. Verlag d. „Reichs-Medicinal-Anzeigers" B. Konegen. n. 1. —

— Grundriss d. Hydrotherapie f. Arzte u. Studierende. gr. 8. (IV, 123 S.) Breslau 896. Preuss & Jünger. n. 2. 50; geb. in Leinw. n.n. 3. —

Guttmann, Emil, Krankendienst. Ein kurzes Lehrbuch der Krankenpflege im Hospital u. in der Familie. 8. (VIII, 272 S. m. 45 Abbildgn.) Leipzig 893. J. A. Barth. n. 4. —; geb. in Leinw. n.n. 4. 75

Guttmann, Emil [pr. Arzt]: Aus d. k. med. Klinik d. Univ. Breslau. Zur Statistik der Herzklappenfehler. . . . Breslau, Druck v. Th. Schatzky, 1891; 2 Bl., 26 S., 1 Bl. 8°
Breslau, Med. Fak., Inaug.-Diss. v. 21. Febr. 1891

— zur Statistik der Herzklappenfehler. Diss. gr. 8. (26 S.) Breslau 891. (L. Köhler.) n. 1. —

— üb. Trional. [Aus: „Reichs-Medicinal-Anzeiger".] 8. (12 S.) Leipzig 895. Verlag d. „Reichs-Medicinal-Anzeigers" B. Konegen. n. 1. —

Guttmann, Emil Oskar (Hrsg.), s. G u t t m a n n , Oskar: Die Gymnastik der Stimme . . . 6. u. 7. Aufl.

Guttmann, Emma, Frühlingsbeichte. Gedichte. gr. 16. (VI, 78 S.) Berlin 897. Concordia, Deutsche Verlags-Anstalt. n. 2. —; geb. in Leinw. n. 3. —

Guttmann, Erich: Beitrag zur Rassenpsychiatrie. Freiburg i. B. 1909: Günther. 23 S. 8°
Freiburg i. B., Med. Diss. v. 1910, Ref. Hoche
[Geb. 1. Nov. 83 Berlin; Wohnort: Freiburg i. B.; Staatsangeh.: Preußen; Vorbildung: Gymn. Salzwedel Reife O. 04; Studium: Berlin 8, Freiburg i. B. 3 S.; Coll. 25. Juni 09.] [U 10. 968

Guttmann, F., die Mündelsicherheit der deutschen Hypothekenpfandbriefe. gr. 8. (56 S.) Berlin (899). Puttkammer & Mühlbrecht. n. 1. 20

GUTTMANN, Ferdinand (Ratibor): Ueber einen Fall von Exstirpation eines enormen Diploesarcoms.- München: Grassl 1884. 18 S.,1 Bl.
25.7.1884 - Urk (Titel: De exstirpatione sarcomatis diploes ingentis.); Chr 1884/85,19
Diss. Ingolst.-Landsh.-Mchn.

Guttmann, Ferdinand (Ratibor O.-Schles.), De phlebitide seu inflammatione venarum. Diss. med.-chir. Bln. (Aug. Wilh. Schade) 2. IX. 1826. 46 S. mit Biogr. (M.: R. Fraenkel.) (6.—) 12401
Oppon.: Heinr. Freund, Herrm. Kalckstein, Carl Wagener. — Gewidm.: Just. Fried. Carl Hecker, L. u. J. Fraenkel (Breslau).

Guttmann, Fritz, Gerichtsrefer.: Ist nach dem gegenwärtig in Schlesien geltenden Rechte der Vormund berechtigt, aus dem Vermögen seines Mündels ein Familienfideikommiss zu errichten? Breslau 1910: Fleischmann. 61 S. 8°
Rostock, Jur. Diss. v. 20. Dez. 1910, Ref. Lehmann
[Geb. 31. Okt. 87 Breslau; Wohnort: Freiburg i. Schl.; Staatsangeh.: Preußen; Vorbildung: Maria-Magdalena-Gymn. Breslau Reife O. 07; Studium: Breslau 6 S.; Rig. 3. Nov. 10.] [U 11. 4033

Guttmann, G. E.: Diss. de apoplexia, s. G o e l i c k e , Andreas Ottomar (Präs.)

Guttmann, Georg

— Die Mundhöhle der Hebammen, e. Infektionsgefahr f. d. Wöchnerinnen. Vortrag, geh. im Zentral-Verein deutscher Zahnärzte am 5. V. 1910 in Würzburg. (15 S.) gr. 8. Berlin 910. J. Springer. — 80
Sonderabdr. aus: „Deut. Monatsschr. f. Zahnheilkde."

Guttmann, Georg, prakt. Arzt aus Berlin: Die **Pestschrift** des Jean à la Barbe ⟨1370⟩ zum 1. Male hrsg., übers. u. erkl. Ein Beitrag zur Literaturgeschichte d. Medizin im 14. Jh. *Berlin 1903: G. Schade.* (30 S.) 8°
Gießen, Med. Diss. v. 1903

Guttmann, Georgius (Leopoldus) *(geb. Beuthen in Oberschles. 17. 5. 1861)*: De ratione quae Aeschinis Ctesiphonteae cum ejus commentariis intercedit capita duo. Vratislaviae (1883). (47 S.) 8° *[Im Buchhandel 1883 bei Köhler in Breslau]*
Breslau, Phil. Diss. v. 20. März 1883

Guttmann, Geo., de ratione quae Aeschinis Ctesiphonteae cum eius commentariis intercedit capita II. gr. 8. (45 S.) Breslau 883. (Köhler.) n. 1. —

Guttmann, Geo., d. Technik d. Harnuntersuchung u. ihre Anwendung in der zahnärztl. Praxis. Ein Leitfaden zum Selbstunterricht f. Zahnärzte u. Studierende. (87 S. m. 12 Abb. u. 3 farb. lith. Taf.) 8. Berlin 909. H. Meusser. Geb. in Leinw. 2. 75

Guttmann, Georgius Johannes Franciscus *(geb. Ratibor 3. 1. 1841)*: De eclampsia pueritiae nonnullis exemplis illustrata. Vratislaviae (1864). (21 S.) 8°
Breslau, Med. Diss. v. 29. Okt. 1864

Guttmann, H. Reform der Branntweinsteuer mit der Branntweinkonsumsteuer. 4°. Berlin 1886.

Guttmann, Henr. Franc. (Car.) (geb. Frankenstein in Schles. 29. 1. 1810): De excerebratione. Berolini (1843). (30 S.) 8°
Berlin, Med. Diss. v. 13. Juli 1843

Guttmann, Hermann

Guttmann, Herm., Arzneiverordnungen in der Kinderpraxis. Auf Grundlage d. Arzneibuchs f. das Deutsche Reich f. Studirende u. Aerzte bearb. 12. (IV, 97 S.) Berlin 891. S. Karger. n. 1. 80; geb. in Leinw. u. durchsch. n. 2. 40

— dasselbe. 2. unveränd. Aufl. 12. (IV, 97 S.) Ebd. 891. Geb. in Leinw. u. durchsch. n. 2. 50

Guttmann, H., Arzneiverordnungen in d. Kinderpraxis. Für Studirende u. Aerzte bearb. 3., gemäss d. „Arzneibuche für das Deutsche Reich" v. 1901 vollständig umgearb. Aufl. 12. (IV, 110 S.) Berlin 901. S. Karger. Geb. in Leinw. u. durchsch. n. 2. 80

Guttmann, H.: Über die gesundheitliche Bedeutung des Bergsteigens. Berlin 1900. 17 S.

Guttmann, H., Über die hygienische Bedeutung des Turnens, Vortr., Berlin, 6 S., 8°.

Guttmann, Herm. (geb. Namslau 10. 8. 1848): Beobachtungen und Erfahrungen über die Ruhrepidemie während des deutsch-französischen Krieges 1870/71 in dem Garnisonlazareth der Festung Saarlouis. Berlin (1872). (31 S.) 8°
Berlin. Med. Diss. v. 23. März 1872

Erläuterungen zum Liederbuch für Deutsche Turner von Dr. Hermann **Guttmann.** Berlin: Selbstverl. (1902). (100 S.) 8° [J.] [07. 7354

Guttmann, H.: Frühlingswanderungen in Aegypten, Palästina und Griechenland. Berlin 1896. 15 S. m. Abb.

Guttmann, Herm., Führer f. Spitzbergen. 2. völlig umgearb. u. erweit. Aufl. Mit e. (farb.) Kartenskizze v. Spitzbergen. 12. (80 S.) Berlin (N., Chausseestr. 27) 899. Selbstverlag. 2. —

Guttmann, Herm., Führer f. Spitzbergen. 3. durchgeseh. u. verb. Aufl. (VI, 80 S. m. 1 farb. Karte.) kl. 8. Berlin 908. S. Calvary & Co. 2. —

Guttmann, H.: Über Gesundheitsstörungen in Folge körperlicher Überanstrengungen. Berlin 1903. 12 S.

Guttmann, H., Herbsttage im Harz, 21 S., 8°.

Des Bergwanderers erste Hülfe bei Unfällen etc. von Dr. H[ermann] **Guttmann,** Arzt in Berlin. Nach einem 1899 im Riesengebirgsver., Sektion Berlin, geh. Vortr. *[Berlin: Selbstverl. 1900.]* (23 S.) 8° [J.] [00. 7185

Die erste Hilfe bei Unfällen und plötzlichen Erkrankungen im Ruderbetriebe. Vortrag, geh. zu Berlin 1898 von Dr. Hermann **Guttmann,** pr. Arzt in Berlin. *Berlin: 'Wassersport' (1898).* (24 S.) 8° [01. 3609

Guttmann, H., Mit Rucksack und Wanderstab durch Thüringen, Brief v. d. Turnfahrt (8.—21. 9. 1900) d. 1. Damenabteilung d. Turngemeinde Berlin, Berlin 1900, 25 S., 8°.

Über die instrumentale und vokale Musik der Bergbewohner. Von Dr. H[ermann] **Guttmann.** Zum 25j. Bestehen d. Riesengebirgsvereins (1880—1905). Leipzig: Glaser in Komm. [1905]. 27 S. 4°(8°) [09. 11883 4

Guttmann, Hermann: Eine Reise nach Spitzbergen. Berlin 1897: C. Ockler. (16 S.) 8°
= Mitteilungen f. d. Turngemeinde in Berlin. Jg. 19. [Beilage]

Guttmann, Hermann (Hrsg.), s. Rundschau, Hygienische.

Guttmann, Herm., der Samariter d. Touristen. Die erste Behandlg. b. plötzl. Erkrankgn. u. Unfällen d. Touristen in leichtfassl. Darstellg. 12. (84 S.) Berlin (N., Chausseestr. 27) 898. Selbstverlag. In Leinw. kart. 1. 50

Guttmann, H., Der Samariter auf der Turnfahrt, m. Abb., Berlin 1908, 75 S., 16°.

Der Samariter auf dem Turnsaale. Z. 50jähr. Bestehen d. Turngemeinde in Berlin v. Dr. Hermann **Guttmann,** prakt. Arzt. *Berlin: Selbstv.; (Dr. v. C. Ockler) [1898].* (46 S., 1 Bl.) 1 Bd 8. [98. 4154

Der Samariter auf dem Turnsaale. Von Dr. H[ermann] **Guttmann,** Arzt in Berlin. 2. Aufl. *Berlin: P. Hanschke 1898.* (46 S.) 8° [00. 5508 II

Spitzbergen. E. Reise-Sk. v. Dr. H[erm.] **Guttmann,** Arzt ... in Berlin. *Potsdam: Comm.-Verl. v. H. Ehrlich; (Dr. v. C. Ockler, Berlin) [1897]* (2 Bl., 52 S.) 1 Bd 8. [97. 3354

Spitzbergen. Bearb. von Dr. H[ermann] **Guttmann.** Maßst. 1:1,000,000. [Mit 1 Nebenkarte.] *(Berlin: Selbstverl. [1904]; J. W. Rother Nachf.)* (1 Kartenbl. 58×85 cm.) 4° [lith.] [kol.]
[Umschlagt.:] Touristen-Karte von Spitzbergen. Bearb. von H. Guttmann. [04. 13859

Guttmann, H.: Vorträge gehalten im Riesengebirgsverein, Ortsgruppe Berlin 1896—1907. Burg 1908. 146 S.

Guttmann, J., Hand-Tarif zwischen d. Breslauer Bahnhöfen einerseits u. sämmtl. Stationen d. Directionsbezirke Breslau, Berlin, Kattowitz, Posen u. Stettin, sow. d. wichtigsten übr. deutschen Stationen andererseits, unt. Berücksicht. d. etwa später erschein. Staffeltarifes f. Getreide etc. Aufgest. auf Grund d. am 1. Apr. 1895 gült. Tarife. 12. (104 S.) Breslau 895. (E. Wohlfarth.) Kart. n. 1. 40

Guttmann, Jakob

Guttmann, J., die Bedeutung des Judentums im Leben der Gegenwart. Referat in der am 7. VII. 1902 in Frankfurt a. M. abgeh. Generalversammlg. des Verbandes deutscher Rabbiner. (11 S.) gr. 8. Frankfurt a/M. 902. (J. Kauffmann.) n. — 40

Jean Bodin in seinen Beziehungen zum Judentum. Von Dr. J[akob] **Guttmann,** Rabbiner. Breslau: M. & H. Marcus 1906. (65 S.) 8°
Aus: Monatsschrift f. Gesch. u. Wiss. d. Judentums. Jg. 49. 1905. [06. 10011

Guttmann, J., üb. Dogmenbildung im Judenthum. Vortrag. Hrsg. v. Verein f. jüd. Geschichte u. Literatur zu Breslau. gr. 8. (18 S.) Breslau 894. W. Jacobsohn & Co. n. — 60

Guttmann, Jac., der Einfluss der Maimonidischen Philosophie auf das christl. Abendland, s.: Schriften, hrsg. v. d. Gesellsch. zur Förderg. d. Wissenschaft d. Judentums.

— s.: Maimon, Moses ben.

Guttmann, Jacobus *(geb. Beuthen in Oberschles. 22. 4. 1845)*: De Cartesii Spinozaeque philosophiis et, quae inter eas intercedat, ratione. Vratislaviae (1868). (58 S.) 8° *(Breslauer gekr. Preisschr.)*
Breslau, Phil. Diss. v. 14. Sept. 1868

Guttmann, J., die Philosophie d. Salomon ibn Gabirol [Avicebron], dargestellt u. erläutert. gr. 8. (IV, 272 S.) Göttingen 889. Vandenhoeck & Ruprecht's Verl. n. 6. —

Guttmann, J., die Religionsphilosophie des Abraham ibn Daud aus Toledo. Ein Beitrag zur Geschichte der jüd. Religionsphilosophie u. der Philosophie der Araber. gr. 8. (VIII, 240 S.) Göttingen 879. Vandenhoeck & Ruprecht. n. 4. —

— die Religionsphilosophie des Saadia, dargestellt u. erläutert. gr. 8. (VII, 295 S.) Ebend. 882. n. 6. —

Guttmann, J., die Scholastik des 13. Jahrh. in ihren Beziehungen zum Judenthum u. zur jüdischen Literatur. gr. 8. (VII, 188 S.) Breslau 902. M. & H. Marcus. n. 5. —

Guttmann, J., das Verhältniss d. Thomas v. Aquino zum Judenthum u. zur jüdischen Litteratur. gr. 8. (V, 92 S.) Göttingen 891. Vandenhoeck & Ruprecht. n. 2. 40

Guttmann, Johann Julius

Guttmann, J. J. Auserlesene Briefe des Horaz, übers. (A. d. I. B.) 8 S.
Progr. Schweidnitz 1836

Guttmann, Joh. Jul. Commentatio de Platonis Phaedone 16 S.
Schweidnitz, Progr. 1842

— Geschichte des Gymnasiums zu Brieg, s. Schönwälder, K. F.

Guttmann, Johs. Jul., über einige Haupt-Unterschiede des früheren u. gegenwärtigen Gymnasial-Unterrichts. Festrede zur 300jähr. Jubelfeier des königl. Gymnasiums in Brieg. Brieg 869. Bänder. gr. 8. (12 S.) 3 ngr.

Guttmann. Kurzer Lebens-Abriß des Directors Dr. Matthison. 8 S.
Brieg, Progr. 1858

Guttmann: Questionum scholasticarum capita III. 10 S.– Brieg, Progr. 1861.

Guttmann, Jh. Jul., s. Sophocles, Ajax.

Guttmann, Joh. Jul. Über den wissenschaftlichen Standpunkt des Sokrates. 12 S. **Progr.** G. *Brieg* 1881.

Guttmann, Julius, aus Breslau: Der **Gottesbegriff** Kants. T. 1. *Breslau 1903: H. Fleischmann.* (38 S.) 8°
Breslau, Phil. Diss. v. 26. Okt. 1903

Kants Gottesbegriff in seiner positiven Entwicklung von Julius **Guttmann.** Berlin: Reuther & Reichard 1906. (104 S.) 8°
— **Kantstudien.** Erg. H. 1. [06. 9496 B

Guttmann, Julius: Kant und das Judentum. (Leipzig: G. Fock 1908.) (S. 43–61.) 8°
= Schriften hrsg. von d. Gesellschaft z. Förderung d. Wissenschaft d. Judentums. [10, 2.]

Guttmann, Julius, Dr. phil.: **Kants Lehre von den Formen** der Anschauung. Breslau: Marcus 1910. 40 S. 8° ¶(**Vollst.** im Buchh. ebd. 1911 u. d. T.: **Kants Begriff d. objekt.** Erkenntnis.)
Breslau, Phil. Hab.-Schr. v. 14. Okt. 1910 [U 11. 761

Guttmann, Karl [Dr.]: Sogenanntes Instrumentales ab bei Ovid. Dortmund, Druck v. C. L. Krüger, 1890; 33 S. 4°
Dortmund, G, P 1890

Guttmann, C., De earum quae vocantur Caesarianae orationum Tullianarum genere dicendi. Diss. 1883. 76 S.

Guttmann, Carl, de earum quae vocantur caesarianae orationum Tullianarum genere dicendi. gr. 8. (76 S.) Gryphiswaldiae 883. (Jena, Pohle.) n. 1. 20

Guttmann, Carl, stud. jur.: Über die Lage der Landarbeiter in Pommern. Greifswald: Kunike 1908. 87 S. 8°
Greifswald, Phil. Diss. v. 15. Okt. 1908, Ref. Oldenberg
[Geb. 25. Febr. 86 Dortmund; Wohnort: Dortmund; Staatsangeh.: Preußen; Vorbildung: Gymn. Dortmund Reife O. 05; Studium: Greifswald 2, Berlin 2, Greifswald 2 S.; Rig. 25. Mai 08.] [U 09. 1526

Guttmann, K., Ueber die Lage der Landarbeiter in Pommern. Diss. 8°. Greifswald 1909.

Guttmann, Karl, Dr.: **Weltfrieden** und Patriotismus. Festrede, geh. am Geburtstage S. M. Kaiser Wilhelms II. *Dortmund 1900: W. Crüwell.* (S. 3—8.) 4°
Dortmund, G, P 1900 (377)

Guttmann, Leo, aus Wien: Ueber **Piperonaldazin.** *Heidelberg 1903: H. Moriell.* (52 S.) 8°
Heidelberg, Naturw.-math. Diss. v. 1903

Guttmann, Leo F., Prozent-Tabellen f. die Elementaranalyse. (VII, 43 S. m. 1 Tab. auf Leinw.-Pap.) gr. 8. Braunschweig 904. F. Vieweg & Sohn.
Geb. in Leinw. n. 2. 40

Guttmann, M. A., u. W. C. Rath, theoretisch-prakt. Grammatik der latein. Sprache. 1r u. 2r Cursus, für die untern Klassen höherer Lehranstalten. 2e, völlig umgearb. u. verm. Ausg. des Elementarwerks d. latein. Sprache v. G. G. Reiche. gr. 8. Breslau 835. Gosohorsky. 1 5/12 ℳ

Guttmann, Max, Einige Beobachtungen über die Wirkung des Turnunterrichts auf abnormale Kinder, 1906, 8 S., 8°.

Guttmann, Max, Jugendspiele u. Schülerwanderungen. Eine vom Kreisturnrathe d. XV. deutschen Turnkreises (Deutsch-Oesterreich) m. dem 1. Preise gekrönte Schrift. Hrsg. im Auftrage d. Kreisturnrathes. gr. 8. (23 S.) Wien 892. A. Pichler's Wwe & Sohn. n. — 50

Guttmann, Max, Die Körperkonstitution im Lichte moderner Forschung, Wien 1910, 16 S., 8°.

Guttmann, Max, der österreich. Prozess u. die deutsche Reform. (S. 227—273.) gr. 8. Mannheim 909. J. Bensheimer's Verl. 1. —
Sonderabdr. a.: „Rhein. Ztschr. f. Zivil- u. Prozessrecht".

Guttmann, M.: Turn- und Spielbetrieb an der K. K. Staats - Unterrealschule im 2. Bezirke Wiens, s. Fechter, Karl

Unmittelbarkeit und freie Beweiswürdigung und die Zukunft unserer Gerichts-Verfassung. Von Max **Guttmann**, Rechtsanw. Mannheim: J. Bensheimer 1907. (212 S.) 8° [F.] [07. 13410

Guttmann, Max, Die Vitalkapazität uns. studierenden Jugend, Wien, 6 S., 8°.

Guttmann, Max, Die turnerischen Vorführungen auf dem 2. internat. Kongreß f. Schulhygiene in London (3. Abt., Zur Didaktik u. Pädagogik), Wien, 9 S., 8°.

Guttmann, Maximil. Joan. Julius August. (geb. Schweidnitz 12. 11. 1841): De degeneratione cinerea funiculorum medullae spinalis posteriorum. Berolini (1864). (32 S.) 8°
Berlin, Med. Diss. v. 4. Juni 1864

Zur Einleitung in die Halacha von Prof. Dr. Michael **Guttmann.** ⟨H. 1.⟩ Budapest 1909: Alkalay, Pozsony. 8°
(Jahresbericht d. Landes-Rabbinerschule in Budapest. 32.) [11. 1673

Guttmann, Moritz (geb. Zempelburg in Westpr. 3. 10. 1844): Ueber die Addisonsche Krankheit. Berlin (1868). (32 S.) 8°
Berlin, Med. Diss. v. 4. Juli 1868

— **Moritz** (Beuthen/O.-Schles.), Das religionsphilosophische System der Mutakallimûn nach dem Berichte des Maimonides. Diss. philos. Lpz 1885. Breslau (S. Schottlaender) 61 S. mit Biogr. (M.: H. Poppelauer.) (5.50) 12406

Guttmann, Oscar, Oesterr.-ungar Berg- u. Hüttenkalend. pro 1884. 10. Jahrg. Taschenformat. (148 S. mit Tagebuch und 1 Karte.) Wien, Moritz Perles. Geb. 1 fl. 60 kr.

Berg- u. Hüttenkalender, österreichisch-ungarischer, pro 1885. 14. Jahrg. Verf. v. Osc. Guttmann. gr. 16°. (IV, 155 S.) Wien, Perles. geb. in Leinw. fl. 1.60, in Ldr. fl. 2.20.

Berg- und Hüttenkalender, Oesterr.-ungar., pro 1890. 16. Jahrgang. Verfaßt v. Osc. Guttmann. Gr.-16. (IV, 172 S.) Geb. in Leinwand 1.60, Wien: Perles 1889.

Guttmann, Osk., die aesthetische Bildung des menschlichen Körpers, s. a. Weber's illustrierte Katechismen.

Guttmann, Osk., die ästhetische Bildung des menschlichen Körpers. Lehrbuch zum Selbstunterricht für alle gebildeten Stände, insbesondere für Bühnenkünstler. 2., verm. u. verb. Aufl. Mit 98 in den Text gedr. (Holzschn.-) Abbildgn. gr. 8. (XXXIV, 312 S.) Leipzig 880. Weber. n. 5. —; geb. n.n. 6. —

Guttmann O, die ästhetische Bildung des menschlichen Körpers. 3. Aufl. (278 S) (Webers Katech. 236) Leipzig 1902

Guttmann, Osk., Er wünscht allein zu sein, s. Theater-Repertoire, Hamburgisches.

Guttmann, Osc., 20 Jahre Fortschritt in Explosivstoffen. 4 Vorträge, geh. in d. Royal Society of Arts in London Novbr./Dezbr. 1908. (III, 104 S. m. 11 Abb. u. 1 farb. Taf.) 8. Berlin 909. J. Springer. 3. —

Guttmann, Osk., Grundsätze der ästhetischen Bildung des menschlichen Körpers. Praktisches Lehrbuch zum Selbstunterricht für alle gebildeten Stände; insbesond. für Bühnenkünstler. 1. Aufl. 865 2 ₰ u. neue wohlf. (Titel-) Ausg. Leipzig 867. Löwe. gr. 8. (XXVII, 279 S. mit 98 feinen eingedr. Holzschn.) 1 ₰ 10 ngr.

Guttmann, Oskar, Grundsätze der ästhetischen Bildung des menschlichen Körpers. Praktisches Lehrbuch zum Selbstunterricht für alle gebildeten Stände, insbes. für Bühnenkünstler. gr. 8. (XXVII, 279 S. mit 98 in den Text gedr. Holzschn.) Leipzig 871, J. J. Weber. (*M. 4.) *

Guttmann, Oskar: Die Gymnastik der Stimme..., s.a. Weber's illustrierte Katechismen.

Guttmann, Osk., Gymnastik der Stimme, gestützt auf physiologische Gesetze. Eine Anweisung zum Selbstunterricht in der Uebung u. dem richtigen Gebrauche der Sprach- und Gesangsorgane. Leipzig 861. Weber. 8. (XX, 144 S.) n. 20 ngr.

— Gymnastik der Stimme, gestützt auf physiolog. Gesetze. Eine Anweisung zum Selbstunterricht in der Uebung u. dem richtigen Gebrauche der Sprach- u. Gesangsorgane. 2., verb. Aufl. Leipzig 867. Weber. 8. (XXX, 169 S.) n. 24 ngr.

Guttmann, Oskar, Gymnastik der Stimme, Anweisung z. Selbstunterricht i. d. Übung u. d. richtigen Gebrauche d. Sprach- u. Gesangsorgane, 2. verb. Aufl., Leipzig 1868, 169 S., 8°.

Guttmann, Osk., die Gymnastik der Stimme, gestützt auf physiolog. Gesetze. Eine Anweisg. auf Selbstunterricht in der Uebg. u. dem richt. Gebrauche der Sprach- u. Gesangsorgane. 3., durchaus verb. Aufl. 8. (XXXIV, 187 S.) Leipzig 876. Weber. n. 3. —

— die Gymnastik der Stimme, gestützt auf physiologische Gesetze. Eine Anweisung zum Selbstunterricht in der Übung u. dem richtigen Gebrauche der Sprach- u. Gesangsorgane. 4., verm. u. verb. Aufl. Mit 28 in den Text gedr. Abbildgn. 8. (XXXVI, 254 S.) Ebend. 882. n. 4. —; geb. n. 5. —

Guttmann, O., die Gymnastik der Stimme, gestützt auf physiolog. Gesetze. Eine Anweisg. zum Selbstunterricht in der Uebg. u. dem richt. Gebrauche der Sprach- u. Gesangsorgane. 5. Aufl. 12. (VIII, 254 S. m. 24 Abbildgn.) Leipzig 890. J. J. Weber. n. 4. —; geb. n. 5. —

Guttmann, Oskar: Die Gymnastik der Stimme gestützt auf physiologische Gesetze. 6. verm. u. verb. Aufl. (Hrsg.: Emil Oskar Guttmann.) Mit 24 Abb. Leipzig: J. J. Weber 1902. (X, 213 S.) 8°
(Webers ill. Katechismen. No 186.)

Gymnastik der Stimme gestutzt auf physiologische Gesetze. Eine Anweisung z. Selbstunterricht ... von Oskar **Guttmann**. 7., verm. u. verb. Aufl. mit 26 Abb. (Vorr.: Emil Oskar Guttmann.) Leipzig: J. J. Weber 1908. (XII, 216 S.) 8° [J.] [08, 9187

Guttmann, Osc., Handbuch der Sprengarbeit, s. a. Handbuch der chemischen Technologie.

Guttmann O, Handb. d. Sprengarbeit. (Hdb. d. chem. Techn. VI. 6. II) Braunschweig 1892

Guttmann O, Handbuch der Sprengarbeit. 2. Auflage. (99 S 4 T) (Handbuch der chemischen Technologie. Neue Folge 13) Braunschweig 1906

Guttmann, Osc., d. Industrie d. Explosivstoffe, s. a. Handbuch d. chem. Technologie.

Guttmann, Oscar, Ingenieur, Consulent, assoc. Mitglied der Institution der Civil-Ingenieure in London. Die Industrie der Explosivstoffe. Mit 327 eingedruckten Abbildungen. (Zugleich als VI. Bd., 6. Gruppe, 1. Abth. des Handbuches der chemischen Technologie Bolley-Engler.) 8. Braunschweig 1895.

Guttmann, Oskar (Hrsg.), s. Montan-Handbuch, Ungarisches.

Guttmann, Oscarus (Carolus Augustus) *(geb. Schweidnitz 11. 1 1843)*: Observationum in Marcum Valerium Martialem particulae quinque. Vratislaviae 1866. (58 S.) 8°
Breslau, Phil. Diss v. 1. Febr. 1866

Guttmann, Oskar: Johann Karl Friedrich Rellstab. Ein Beitr. z. Musikgeschichte Berlins. Berlin: Ebering 1910. 177 S., 3 Bl. Mus.Beil. 8°
Leipzig, Phil. Diss. v. 20. Dez. 1910, Ref. Riemann, Köster
[Geb. 16. Juni 85 Brieg, Bez. Breslau; Wohnort: Wilmersdorf b. Berlin; Staatsangeh.: Preußen; Vorbildung: Gymn. Brieg Reife O. 04; Studium: Jura Freiburg i. B. 1, Berlin 3, Musik 7 S.; Rig. 1. Juli 10.] [U 11. 3310

Schiess- und Sprengmittel. Von Oscar **Guttmann**, Ing.-Chemiker in London. *Braunschweig: Fr. Vieweg & Sohn 1900.* (VIII, 248 S.) 8°
Erw. S.A. aus Muspratt's theoret., prakt. u. analyt. Chemie. 4. Aufl. Bd 7. [00. 6383 7

Guttmann, Osc. (I.). Sprengarbeit, s. Handbuch d. chem. Technologie.

— **Talent und Schule in der Darstellung dramatischer Kunst.** Mannheim 863. Löffler. (Segnitz.) gr. 8. (32 S.) n. 7½ ngr.

Guttmann, Paul

— u. Heinr. **Merke**, die erste öffentliche Desinfections-Anstalt der Stadt Berlin. gr. 8. (34 S.) Ebend. 886. n. — 80

Guttmann, Paul [app. Arzt aus Neisse]: Aus d. chirurg. Univ.-Poliklinik zu Kiel. Erfahrungen über das Pyoctanin in der chirurgischen Praxis. . . . Kiel, Druck v. H. Fiencke, 1890; 20 S. + 2 Bl. 8°
Kiel, Med. Fak., Inaug.-Diss. v. 13. Aug. 1890

Guttmann, P., Erfahrungen üb. das Pyoctanin in der chirurgischen Praxis. Inaug.-Diss. gr. 8. (21 S.) Kiel 890. (Gnevkow & v. Gellhorn. — Lipsius & Tischer.) n. 1. —

—— s. Jahrbuch für prakt. Aerzte.

Guttmann, Paulus (geb. Ratibor 9. 9. 1834): De insufficientia valvulae tricuspidalis et casu hujus generis singulari. Berolini (1858). (22 S.) 4°
Berlin, Med. Diss. v. 22. März 1858

Guttmann, Paul, Lehrbuch der klinischen Untersuchungs-Methoden f. die Brust- u. Unterleibs-Organe m. Einschluss der Laryngoskopie. gr. 8. (VIII, 387 S.) Berlin 872. Hirschwald. n. 7. 50

— dasselbe. 2. verm. Aufl. gr. 8. (X, 423 S.) Ebend. 874. n. 9. —

Guttmann, Paul, Lehrbuch der klinischen Untersuchungs-Methoden für die Brust- und Unterleibs-Organe mit Einschluss der Laryngoscopie. 3. vielfach verb. und verm. Aufl. gr. 8. (X, 443 S.) Berlin 878, Hirschwald. *

Guttmann, Paul, Lehrbuch der klinischen Untersuchungs-Methoden für die Brust- und Unterleibs-Organe mit Einschluss der Laryngoskopie. 4. vielfach verb. und verm. Aufl. (X, 456 S.) 1881; 5. vielfach verb. und verm. Aufl. gr. 8. (VIII. 468 S.) Berlin 884, Hirschwald.

Guttmann, Paul, Lehrbuch der klinischen Untersuchungs-Methoden f. die Brust- u. Unterleibs-Organe m. Einschluss der Laryngoskopie. 6. Aufl. gr. 8. (VIII, 478 S.) Berlin 885. Hirschwald. n. 10. —

— Lehrbuch der klinischen Untersuchungs-Methoden f. die Brust- u. Unterleibs-Organe m. Einschluss der Laryngoskopie. 7., verm. Aufl. gr. 8. (VIII, 506 S.) Berlin 889. Hirschwald. n. 10. —

Guttmann, Paul, Lehrbuch der klinischen Untersuchungs-Methoden f. die Brust- u. Unterleibs-Organe m. Einschluss der Laryngoskopie. 8., vielfach verb. u. verm. Aufl. gr. 8. (X, 518 S.) Berlin 892. A. Hirschwald. n. 10. —

Paul Guttmann's Lehrbuch der klinischen Untersuchungs-Methoden für die Brust- und Unterleibs-Organe. Hrsg. von Dr. Felix Klemperer, Privatd. in Berlin. 9. verb. u. verm. Aufl. *Berlin: A. Hirschwald 1904.* (VIII, 528 S.) 8° [03. 14925

— die Pathologie d. Sympathicus auf physiolog. Grundlage bearb., s.: Eulenburg, A.

Guttmann, S. (Hrsg.), s. Abhandlungen, Kurzgefaßte, über wichtige Kapitel a.d. medicin. Praxis.

Guttmann, S., Friedrich II., König von Preußen. [Ein Charakterbild] nach seinen Schriften. gr. 8. (40 S.) Leipzig 881. Berlin, H. R. Mecklenburg. n. — 60

— dasselbe. 2. Aufl. gr. 8. (40 S.) Ebend. 882. n. — 60

— dasselbe. II. [als Staatsmann] nach seinen Schriften. gr. 8. (35 S.) Ebend. 882. n. — 60

— s.: Influenza-Epidemie, die, 1889/90.

— Leitfaden der National-Oekonomie für Studirende u. Prüfungs-Candidaten, sowie zum Unterrichte auf Handels- u. Gewerbeschulen. Nach den besten Lehrbüchern bearb. gr. 8. (VI, 69 S.) Ebend. 882. cart. n. 1. —

Guttmann, S. (Hrsg.), s. Medicinalwesen, Das deutsche.

Guttmann, S. (Red.), s. Tageblatt der 59. Versammlung deutscher Naturforscher und Ärzte zu Berlin 1886.

Guttmann, S. (Red.), s. Wochenschrift, Deutsche medicinische.

Guttmann, Savelus (geb. [Ostrowo] 5. 6. 1839): De nervi trigemini dissectione apud Ranam esculentam. Berolini (1864). (32 S.) 8°
Berlin, Med. Diss. v. 30. Juli 1864

Guttmann, Theodor [aus Koschmin]: Über den Einfluss der Erblichkeit auf die Entstehung des Uteruscarcinoms . . . . Würzburg, Druck d. Stahel'schen Buchdr., 1888; 27 + 1 S. 8°
Würzburg, Med. Fak., Inaug.-Diss. v. 1888

Guttmann, W., die Reichsgesetze betr. die Besteuerung d. Branntweins vom 24. Juni 1887 u. vom 8. Juli 1868 u. betr. die Steuerfreiheit d. Branntweins zu gewerblichen Zwecken vom 19. Juli 1879, nebst den Ausführungsbestimmgn. vom 27. Septbr. 1887 u. den nachträgl. Ergänzgn. derselben bis Ende Dezbr. 1887. Mit e. erläut. Uebersicht u. Sachregister. gr. 8. (XXXI, 214 S.) Breslau 888. Korn. n. 4 —; geb. n. 4. 80

Zum Andenken an Ottomar Rosenbach von Dr. Walter **Guttmann**, Stabsarzt. Mit 1 Bildnis. Leipzig: J. A Barth 1908. (28 S.) 8°
Aus den demnächst erscheinenden Ausgew. Abhandlungen O. Rosenbachs hrsg. von Guttmann. [08. 13060 2

Guttmann, Walt., Elektrizitätslehre f. Mediziner. Einführung in die physikal. Grundlagen der Elektrodiagnostik, Elektrotherapie u. Röntgenwissenschaft. (XI, 224 S. m. 263 Abbildgn. u. 2 lith. Taf.) Lex.-8. Leipzig 904. G. Thieme. n. 4. 80; geb. n. 5. 80

Guttmann, Walter, Gerichtsref. in Berlin: Das Erbbaurecht. Borna-Leipzig 1905: R. Noske. (IX, 50 S.) 8°
Leipzig, Jur. Fak., Diss. v. 15. Dez. 1905
[Geb. 27. Nov. 79 Posen; Wohnort: Charlottenburg; Staatsangeh.: Preußen; Vorbildung: Friedr.-Wilh.-Gymn. Berlin Reife M. 98; Studium: Berlin 1, Halle 5 S.; Rig. 23. Dez. 02.]

Guttmann, Walt., s.: Fortschritte der Medizin.

Guttmann, Walt., Grundriss d. Physik f. Mediziner u. Pharmaceuten sow. z. Selbststudium. gr. 8. (IV, 128 S. m. 114 Abb.) Leipzig 896. G. Thieme. n. 3. —

Guttmann, Walt., Grundriss d. Physik f. Studierende, besond. f. Mediziner u. Pharmaceuten. 2., verb. Aufl. gr. 8. (IV, 144 S. m. 123 Abbildgn.) Leipzig 901. G. Thieme. n. 3. —; geb. in Leinw. n. 3. 75

— Grundriss der Physik f. Studierende, besonders f. Mediziner u. Pharmazeuten. 4., verb. Aufl. (IV, 159 S. m. 132 Abbildgn.) gr. 8. Leipzig 906. G. Thieme. n. 3. —; geb. in Leinw. n. 3. 80
3. Aufl. (IV, 155 S. m. 125 Abb.) 904.

— Grundriss der Physik f. Studierende, besonders f. Mediziner u. Pharmazeuten. 7—9. Aufl. (V, 185 S. m. 145 Abb.) gr. 8. Leipzig 910. G. Thieme. 3.—; geb. in Leinw. 3. 80

Guttmann, Walter [aus Hirschberg in Schles.]: Über die Indicationen und die Prognose der manuellen Placentarlösung ... Berlin, Druck v. M. Driesner, *1895;* 35 S., 2 Bl. 8.
Berlin, Med. Fak., Inaug.-Diss. v. 25. Juni 1895

Die Rechtslage des Studierenden. Reform d. akadem. Disziplinarvorschriften! (Verf.: Assessor Dr. Walter **Guttmann**.) Zu d. Akademikerversammlungen 1910 in Berlin ... (Berlin 1910.) 14 S. 8°
[11. 8974

— medicinische Terminologie. Ableitung u. Erklärg. der gebräuchlichsten Fachausdrücke aller Zweige der Medicin u. ihrer Hilfswissenschaften. 3 Abtlgn. gr. 8. (VIII S. u. 1146 Sp.) Wien 901. 902. Urban & Schwarzenberg. n. 14.—; geb. in Leinw. n. 15.—

— medizinische Terminologie. Ableitung u. Erklärg. der gebräuchlichsten Fachausdrücke aller Zweige der Medizin u. ihrer Hilfswissenschaften. 2. umgearb. u. erweit. Aufl. (IX S. u. 1340 Sp.) Lex.-8. Wien 906. Urban & Schwarzenberg. Geb. in Leinw. n. 18.—

Medizinische Terminologie. Ableitung u. Erklärung d. gebräuchlichsten Fachausdrücke aller Zweige d. Medizin u. ihrer Hilfswissensch. Von Stabsarzt Dr. Walter **Guttmann** in Straßburg. 3. umgearb. u. erw. Aufl. Berlin, Wien: Urban & Schwarzenberg 1909. VII, 1387 S. 8°
[09. 11743

— Medizinische Terminologie. Ableitg. u. Erklärg. der gebräuchlichsten Fachausdrücke aller Zweige d. Medizin u. ihrer Hilfswissenschaften. 4. umgearb. u. erweit. Aufl. (IX S., 1426 Sp. u. 1 S.) Lex. 8. Wien 911. Urban & Schwarzenberg. Geb. in Leinw. 19.—
3. Aufl. (VIII S. u. 1390 Sp.) Ebd. 909. Geb. 18.—

— Zoologie f. d. Physicum. 8. (IV, 90 S.) Berlin 895. M. Boas. Mit Schreibpap. durchsch. n. 1. 50; geb. in Leinw. n. 2. 25

Zoologie f. das Physicum. 2., verb. Aufl. 12. (VI, 89 S.) Berlin 899. S. Karger. Geb. in Leinw. u. durchsch. n.n. 2.—

Zoologie für das Physicum. Von Dr. W[alter] **Guttmann**. 3., verm. u. verb. Aufl. *Berlin: S. Karger 1903.* (114 S.) 8°
[04. 9386

— Zoologie f. das Physicum. 4. u. 5. verb. Aufl. (VI, 114 S.) kl. 8. Berlin 908. S. Karger. Geb. in Leinw. u. durchsch. 2. 50

Guttmann, *Wilhelm Bericht über die Feier des 75jährigen Bestehens der Anstalt.* 4 (S. 19—22 der Schuln.).
Progr. Kgl. G. *Bromberg* 1893 (153).

Theodor Gottlieb von Hippel. Ein Lebensbild. Vortrag, geh. in d. Hist. Gesellsch. f. d. Netzedistrikt. Vom Gymnasialdir. Dr. [Wilhelm] **Guttmann**. *Bromberg: Mittler 1900.* (23 S.) 8° [F.]
[01. 6197

Guttmann, Wilhelm Zum 10. März 1888. 4 (S. 17—19)
Progr. G. *Bromberg* 1888 (110)

Guttmann, Wilh.: Zum 22. März 1888. — Zum 30. Juni 1888. Bromberg, Buchdr. v. A. Dittmann, 1889; S. 3—11; 4°
Bromberg, k. G, OP 1889 (112)

Guttmann, Guilelmus *(geb. Emb. r. I. ... 1837)*: De olympionicis apud Mynae Philostratum. Vratislaviae 1865. (80 S.) 8°
Breslau Phil. Diss. v. 26. Febr. 1865

Guttmann, Wilh.: Zur Vorgeschichte des Königlichen Gymnasiums zu Bromberg. Bromberg, Buchdr. v. A. Dittmann, 1889; S. 14—16; 4°
Bromberg, k. G, OP 1889 (142)

Güttner, s.: Kühling, A., u. Güttner.

Güttner, J. Gab., rechtgläub. Christenthum, n. Anl. d. Evangel. 8. Dresd. Gerlach. 732.

— verfallnes Christenth. a. d. Evang. vorgest. 8. Ebend 730.

— bibl. Fragen üb. d. hist. Kapit. d. A. u. N. Test. 8. Ebend. 748.

— die d. Christenth. bessernde Gewissensschule. 8. Dresd. 741.

— Herrlichkeit des Christenthums. 8. Dresden, Gerlach. 742.

— Hülfsmittel z. wahren Christenth. 8. Dresd. Gerlach. 740.

— Hindernisse des wahren Christenthums rc. 8. Leipz. Dyk. 736.

— die d. Gottes Tröstungen ergötzte Seele a. d. Evangel. vorgest. 8. Dresd. 739.

— Unterr. f. Kranke rc. m. K. 8. Schwab. Enderes. 768.

Güttner, M(ax), Arzt: Experimentelle Beiträge zur Kenntnis des Transsudations- und Resorptionsvorganges am Bauchfell. Greifswald 1904: J. Abel. (41 S.) 8°
Greifswald, Med. Fak., Ref. Friedrich, Diss. v. 21. Okt. 1904
[Geb. 28. Aug. 77 Stettin; Wohnort: Kochlowitz O.-Schl.; Staatsangeh.: Preußen; Vorbildung: Stadt-Gymn. Stettin Reife O. 99; Studium: Halle 4, Greifswald 5 S.; Coll. 19. Okt. 04; Approb. 19. Sept. 04.]

Güttner, Paul, Referendar aus Frankenstein, Schl.: **Accessio** possessionis bei der Ersitzung nach Gemeinem Recht und deutschem bürgerlichen Recht. *Greifswald 1900: J. Abel.* (71 S.) 8°
Greifswald, Iur. Diss. v. [24. Dez.] 1900

Güttner, *Franz* Paul [aus Leipzig]: Geographische Homologien an den Küsten m. bes. Berück. d. Schwemmlandküsten ... *Leipzig, Druck v. C. G. Naumann, 1895;* 59 S. 8.
Leipzig, Phil. Fak., Inaug.-Diss. v. [5. März] 1895

Güttner, Paul: Geographische Homologien an den Küsten mit besonderer Berücksichtigung der Schwemmlandküsten.
in: Mitteilungen des Vereins für Erdkunde zu Leipzig 1894 S. 41—95. Leipzig 1895. 55 S. 8°.

Guttreu, Fritz [Pseud.], s.a. Cappy, Marie Crescence Gräfin

— Geldmenschen. Schattenbilder aus d. Leben. (95 S.) 8. Leipzig 906. Modernes Verlagsbureau. 1.-

Guttsche, Friedrich Wilhelm, s. Gutsche, Friedrich Wilhelm.

Guttstadt, Alb., die Anstalten der Stadt Berlin f. die öffentliche Gesundheitspflege u. f. den naturwissenschaftlichen Unterricht, s.: Virchow, R.

Guttstadt, A., üb. die praktische Ausbildung der Ärzte in den Kliniken. gr. 8. (36 S.) Berlin 892. J. Springer. n. 1.—

Guttstadt, Albert, Flecktyphus u. Rückfallfieber in Preussen, s.: Zeitschrift des königl. preussischen statistischen Bureaus.

— Deutschlands Gesundheitswesen. Organisation u. Gesetzgebg. d. Deutschen Reichs u. seiner Einzelstaaten. Mit Anmerkgn. u. e. ausführl. Sachregister. 2 Thle. gr. 8. (X, 575; X, 581 S.) Lpz. 890,91, Geo. Thieme. à Thl. * 10 —; * 20 —
Für Abonnenten des Reichs-Medicinal-Kalenders à Thl. ** 6 — ** 12 —

— die ärztliche Gewerbefreiheit im Deutschen Reiche u. ihr Einfluss auf das öffentliche Wohl. Ein erweit. Vortrag, geh. am 20. April 1880 in der deutschen Gesellschaft f. öffentl. Gesundheitspflege in Berlin. gr. 4. (38 S.) Berlin 880. (Hirschwald.) n. 2. —

— s.: Jahrbuch, klinisches.

Guttstadt, Albert: Das Impfwesen in Preussen. Nach amtl. Quellen bearb. Berlin 1890. 49 S. 4°
Aus: Zeitschrift d. Kgl. preuss. statist. Bureaus. Jg. 1890.

— Krankenhaus-Lexikon für das Königr. Preussen. Die Anstalten für Kranke und Gebrechliche und das Krankenhaus-, Irren-, Blinden- und Taubstummenwesen im J. 1885. Hrsg. vom königl. statist. Bureau. 2 Thle. Lex.-8. (VI, 888; VI, 278 S.) Berlin 885, Verlag des k. statist. Bureaus. *

Guttstadt, A: Krankenhaus-Lexikon für das Königreich Preußen. Th. 1. 2. Berlin 1885—1886

Guttstadt, A., Krankenhaus-Lexikon f. das Deutsche Reich. Die Anstaltsfürsorge für Kranke u. Gebrechliche u. die hygien. Einrichtgn. der Städte im Deutschen Reich am Anfang des 20. Jahrh. Nach amtl. Quellen hrsg. Lex.-8. (XI, 939 S.) Berlin 900. G. Reimer. n. 22. —; geb. n. 24. —; ermäß. Pr. n. 8. —; geb. n. 10. —

Guttstadt, Alb., das Reichs-Impf-Gesetz, s. Jacobi, C.

Guttstadt, Albert (geb. Rastenburg in Ostpr. 25. 1. 1841): De signis anatomicis in epidemia cholerae Asiaticae Berolini anno 1866 orta observatis. Berolini 1866. (31 S.) 8°
Berlin. Med. Diss.
nachgeliefert v. dem am 1. Aug. 1866 auf Grund gedruckter Thesen promov. Verf.

Guttstadt, Alb., de signis anatomicis in epidemia cholerae asiaticae Berolini anno 1866 orta observatis. Dissertatio inauguralis medica. Berlin 867. Academische Buchh. 8. (32 S.) n.n. 7½ ngr.

(Guttstadt. [Albert].) [Dr. med. Laurenz] Sonderegger † (1825 [–1896. Necrolog]). ‹S.A.› 8. (Berlin [1897].)

— die naturwissenschaftlichen u. medicinischen Staatsanstalten Berlins. Festschrift zur 59. Versammlg. deutscher Naturforscher u. Aerzte. gr. 8. (VII, 570 u. XXV S. m. Holzschn. u. 1 Lichtdr.) Berlin 886. Hirschwald. n. 14. —

Guttstadt, A., Sterblichkeitsverhältnisse der Gastwirte u. anderer männlicher Personen in Preussen, welche m. der Erzeugg., dem Vertriebe u. dem Verkaufe alkoholhalt. Getränke gewerbsmässig beschäftigt sind, im Vergleiche zu anderen wicht. Berufsklassen. (32 S.) gr. 8. Jena 904. G. Fischer. n. 1. 20
Sonderabdruck aus: „Klin. Jahrb."

Guttstadt, Albert (Red.), s. Tageblatt der 59. Versammlung deutscher Naturforscher u. Ärzte zu Berlin 1886.

Die Verbreitung der venerischen Krankheiten in Preußen sowie die Maßnahmen zur Bekämpfung dieser Krankheiten. Nach d. Ergebnissen d. statist. Erhebung am 30. April 1900 u. nach anderen Nachrichten im Auftr. d. Minist. d. geistl. ... Angeleg. bearb. von Prof. Dr. A[lbert] Guttstadt, Geh. Medizinalr. *Berlin: Kgl. statist. Bur. 1901.* (66 S.) 4°
= Zeitschrift d. Kgl. Preußischen Statist. Bureaus. Erg.H. 20.

— Die Wirksamkeit d. Koch'schen Heilmittels gegen Tuberkulose, s.: Jahrbuch, klinisches.

Die Wirksamkeit des Koch'schen Heilmittels gegen Tuberkulose. Amtl. Berichte d. Kliniken, Polikliniken u. patholog.-anatom. Institute d. Preuss. Univ. Mit e. Zusammenstell. d. Berichtsergebnisse [hrsg.] von Albert Guttstadt. Berlin 1891. X, 905 S.

(Klinisches Jahrbuch. 1891, Erg. Bd.)

Guttstadt, A. (Hrsg.), s. Wochenschrift, Psychiatrische.

Guttstadt, A., das Civil-Medicinalwesen, s.: Medicinalwesen, das deutsche.

Guttwein, Victor, prakt. Arzt aus Leubus ‹Schl.›: Ueber die Symptomatologie der Retroflexio uteri. *Greifswald 1902: J. Abel.* (31 S.) 8°
Greifswald, Med. Diss. v. 31. Mai 1902

Guttzeit, E. E., wie ist der zwischen der königl. Staats-Regierung u. dem Hause der Abgeordneten in Betreff der Reorganisation der Armee bestehende Conflict zu lösen? Danzig 866. (Kafemann.) gr. 8. (18 S.) 3 ngr.

Guttzeit, E. E., Wie ist die Reorganisation unserer Armee durchzuführen, ohne die Steuerkraft des Landes zu hoch anzuspannen? Danzig 862. Kafemann. gr. 8. (8 S.) 2½ ngr.

Guttzeit, Fr. Wilh., die Feldbefestigungs-Kunst, oder Anweisung z. Bau v. Feldschanzen, u. z. Einrichtung örtl. Gegenstände z. Vertheidigung, sowie z. Angriff u. z. Vertheidigung derselben. gr. 8. Danzig 846, Gerhard'sche Buchh. ⅔ ßf

— die Tactik im Gebiete des kleinen Krieges. Für K. Preuß. Offiziere des stehenden Heeres, wie der Landwehr. gr. 8. Ebend. 845. geb. ½ ßf

Guttzeit, F. W. Die Taktik im Gebiete des kleinen Krieges. Danzig 1845. 99 S.

— die Verfassung des Preuß. Staates in ihren Grundzügen dargestellt. gr. 8. Ebend. 845. ⅙ ßf

Guttzeit, Johannes

— auch e. heiliger Rock. Vernunft, Geschmack u. Gewissen im Kampfe gegen die Mode. Hrsg. u. beantwortet v. Heinr. Scham. gr. 8. (IV, 100 S.) Dresden-Loschwitz 893. Leipzig, H. Pudor. n. 1. —

Guttzeit, Johs., Belzebub. Uber Willkür u. Rache beim Strafen. 1. Tl. gr. 8. (VII, 147 S.) Dresden 899. H. R. Dohrn. n. 3. —

Guttzeit, Johs., spiritualistische Briefe. 8. (37 S.) Leipzig 893. W. Besser. n. — 50

Guttzeit, Johannes (Hrsg.), s. Bruder, Der.

— das Buch der Liebe. Ein Stück Herzensgeschichte in Gedichten. 8. (80 S.) Dresden-Loschwitz 893. Leipzig, H. Pudor. 1. 80

Guttzeit, Johs., meine Ehe. [Aus: „Sozialist".] gr. 8. (3 S.) Schmargendorf b. Berlin 896. Selbstverl. — 10

— unmoderne Gedichte. 2. Aufl. Gesichtet, verbess. u. bedeut. vermehrt. Nebst Anh.: Gedichte v. Lucy Guttzeit, Mutter d. Hrsg. gr. 8. (VII, 109 S.) Leipzig 897. W. Besser. n. 1. —

Himmel und Erde, Hübbe und Egidy od. Mein Reich ist von dieser Welt. Von Johannes Guttzeit, Vf. d. 'Verbildgsspiegels' ... *Berlin: E. Rentzel (1895).* (4 Bl., VII, 113 S.) 1 Bd 8. [98. 303]

Guttzeit, Johs. Jugendblüten. Ein Strauß lyr. Gedichte. Nebst e. Anh.: Lieder der Erigund. 16. (79 S.) Lpz. 889, (Siegismund u. Volkening). * — 60

Guttzeit, Johs., reinmenschliche Kindererziehung. Drei Vorlesungen, gehalten in Augsburg, Nürnberg und Leipzig im J. 1888. gr. 8. (35 S.) Leipzig 888, Siegismund und Volkening. *

— reinmenschliche Kindererziehung. Grundzüge e. Gesundheitspflege der Kindesseele. 2.—4., verb. u. verm. Aufl. 4—9. Taus. 8. (80 S.) Leipzig 895. W. Besser. n. — 50

— reinmenschliche Kindererziehung. Grundzüge u. Gesundheitspflege der Kindesseele. 3. verb. Gesamt-Aufl. gr. 8. (IV, 99 S.) Leipzig (902). W. Besser. n. — 80

— Leitsterne. Sinngedichte. 8. (V, 156 S.) Berlin 897. F. Schlosser. n. 3. —

— die Macht des Glaubens u. des Willens. [Aus: „Gesundheitsrat".] gr. 8. (15 S.) Ebd. 893. n. — 15

— die Macht d. Glaubens u. d. Willens. (Ueber Selbst-Hypnose.) [Aus: „Gesundheitsrat".] 2. Aufl. gr. 8. (16 S.) Leipzig 897. W. Besser. n. — 20

— s.: Mensch, der neue.

— der volle Mensch od. Freier Fortschritt z. Ideale. 4. Flug- u. Werbe-Schrift d. „Bundes f. volle Menschlichkeit". [Aus: „Bruder".] 5. Taus. gr. 8. (21 S.) Loschwitz 891. Schmargendorf bei Berlin, Selbstverlag. — 20

— Naturrecht od. Verbrechen? E. Studie üb. weibl. Liebe b. Männern u. umgekehrt. 8. (69 S.) Leipzig 895. W. Besser. n. 1. 20

— Naturrecht od. Verbrechen? Ueber Liebe zum gleichen Geschlecht (urnische Liebe). Mit den Bekenntnissen der „Pompadour". 2. verb. u. verm. Aufl. gr. 8. (76 S.) Leipzig (900). W. Besser. n. 1. 20

— Naturrecht od. Verbrechen? Über Weibmannstum u. mannmännl. Liebe. Mit den Bekenntnissen d. „Pompadour". 3., verb. Aufl. (80 S.) 8. Leipzig (910). M. Spohr. 1. 20

— d. Prügeln in d. Schule. Eine Gefahr f. Bildg. u. Sittlichkeit. [Aus: „Corvin, d. Geißler".] 8. (S. 441—504.) Zürich (892). Schmargendorf b. Berlin, Selbstverlag. n. — 70

Guttzeit, Johs., ein dunkler Punkt. Das „Verbrechen gegen das keim. Leben" od. die Fruchtabtreibg. Nach den medizin. Quellen reinmenschlich dargestellt u. beleuchtet. (X, 196 S. m. 1 Abbildg.) 8. Leipzig 905. M. Spohr. n. 3. 50

Guttzeit, J., Ein dunkler Punkt. „Das Verbrechen gegen das keim. Leben" od. die Fruchtabtreibg. Nach den wissenschaftl. Quellen reinmenschlich dargestellt u. beleuchtet. 2., neu bearb. u. erweit. Aufl. Mit 10 Bildertaf. (XVI, 247 S.) 8. Leipzig, M. Spohr. 1907. 4. 50; geb. 5. 50.

— Ein dunkler Punkt. Das „Verbrechen gegen das keim. Leben" od. die Fruchtabtreibg. (§§ 218—220 des deutschen St.-G.-B.) Für Gelehrte u. Ungelehrte dargestellt u. beurteilt. 3., gänzl. umgearb. u. wesentl. vervollständ. Aufl. (XVI, 334 S. m. Abb.) 8. Ebd. (909). 4.50; geb. 5.50

GUTTZEIT, Johannes. Schamgefühl, Sittlichkeit und Anstand. Mit vielen Abbildungen. Leipzig (1908). 8°. 299 S.

— Schamgefühl, Sittlichkeit u. Anstand besonders in geschlechtl. Hinsicht. Das Wechselnde u. Bleibende in d. Anschaugn. darüber. (299 S. m. Abbildgn.) gr. 8. Dresden (909). B. Sturm. 5. —

Guttzeit, Johs., Schamgefühl, Sittlichkeit u. Anstand. Jetzt: Leipzig, M. Spohr. Geb. 6.50.

Guttzeit, Joh., üb. Schmerzzufügungen. Prügelkuren — Massage — Schläge als Weihe — Hang zur Grausamkeit. [Aus: „Corvin, d. Geißler".] 8. (S. 292—346.) Ebd. (892). n. — 60

— kirchliche Seelenknechtung. (Von d. Kirche z. Natur.) (Neue [Umschlag-]Ausg.) gr. 8. (58 S.) Berlin (882) 898. Schmargendorf b. Berlin, Selbstverl. n. — 60

— edle Sinnlichkeit. Brief an e. jungen Ehemann. 2. Aufl. gr. 8. (7 S.) Ebd. 897. — 10

— über Soldaten-Mißhandlungen u. Beschwerderecht. [Aus: „Corvin, d. Geißler".] 8. (S. 317—437.) Zürich (892). Ebd. n. — 80

— Spiel u. Ernst m. Reformen. Drei Gespräche 8. (52 S.) Ebd. 893. n. — 50

— Unsinn u. Unmoral in biblischen Geschichten. Ein Bruchstück freier Kritik. gr. 8. (23 S.) Ebend. 882. n. — 60

— Unsinn u. Unmoral im alten Testament od. die Blut- u. Eisenreligion. 2. Aufl., umgearb. u. verm. gr. 8. (64 S.) Rudolstadt 889. Bock. n. — 75

— Unsterblichkeit auf Erden. Ein Beitrag zur Versöhnung d. Gefühls m. der Einsicht. 2. Aufl. 8. (34 S.) Ebd. 893. n. — 50

— Verbildung-Spiegel. Untersuchgn. üb. unsere moralischen Krankheiten. 1. Bd. 8. (XX, 272 S.) Grossenh. 892, Baumert u. Ronge. * 2 —

— der Verbildung-Spiegel. Untersuchungen üb. unsere moral. Krankheiten. Eine Vorschule der Wiedergeburt. 1. Bd. Scheinsucht. 8. (XVIII, 268 S.) Grossenhain 893. Baumert & Ronge. n. 2. — ; geb. n. 3. —

— der Verbildungs-Spiegel. Untersuchgn. üb. uns. moral. Krankheiten. E. Vorschule d. Wiedergeburt. II. Bd.: Verlehrtentum. 8. (330 S.) Grossenhain 899. Baumert & Ronge. n. 2. 50 (I u. II: n 4. 50)

Guttzeit, Hans, von der Kirche zur Natur. Ausdruck der Hauptgeistesströmung unsers Zeitalters. Bekräftigt durch Kernworte der besten Denker. (In ca. 9 Lfgn.) 1. Lfg. gr. 8. (58 S.) Berlin 882. Mrose. n. — 80 was will der Naturprodigor? 40 Lehrsätze des reinen Menschentums. 2. Aufl. 6. u. 7. Taus. gr. 8. (4 S.) Schmargendorf b/Berlin (898). Selbstverl. —05

[F.] Wer lästert Gott? Nachweis d. Seelen-Vergiftg an Kindern u. Volk durch Missbrauch d. Alten Testaments. Vom Naturpred. Johannes Guttzeit. 3., gänzl. umgearb. u. bed. erw. Aufl. ... *Schmargendorf b. Berlin: Selbstv.; F. d. Buchh. durch F. E. Fischer in Leipzig (1896).* (128 S., 1 Bl.) 1 Bd 8. (98. 4444

— ein Wörtchen über die „Tasso"-Aufführung im königl. Schauspielhause zu Berlin [am 6. Nov. 1880]. 12. (16 S.) Ebend. 880. — 30

— Zukunfts-Menschlichkeit u. Gegenwarts-Philosophistik. 2 krit. Tänze m. Ed. v. Hartmann. 2., verb. u. bedeutend verm. Aufl. des „Konsequenten Humanismus". 8. (95 S.) Leipzig 893. H. Pudor. n. — 80

Guttzeit, Leop., der Teufel in der Reichshauptstadt, s.: Eckstein's Reise-Bibliothek.

Guttzeit, L., der Teufel in der Reichshauptstadt. gr. 8. (III, 262 S.) Berlin 890. Eckstein Nachf. n. 2. 50

Guttzeit, Lucy, Gedichte, s.: Guttzeit, Johs., unmoderne Gedichte.

Gutwalt, Gf., Gott gefälliges Hausopfer, oder Gebetbuch. 8. Nürnb. 726.

Gutwasser, Julius Gottlob

— — De poenis earumque modo. Diss. jur. Lpz. (Klaubarth) Aug. 1785. 76 S. (6.—) 12408

Gutwasser, Julius Gottlob (Dresden), Utrum debitori, quem minor ob viliorem tutori solutam monetam convenit, contra tutorem competat regressus. Exercit. jurid. Präs. Fried. Gottlieb Zoller. Lpz. (Langenheim) 21. X. 1769. 11 S. (4.20) 12407

Gutwasser, Kurt, aus Leipzig: Kursachsen und Erfurt im 18. Jahrhundert. *Leipzig 1901: E. Glausch.* (120 S.) 8°
Leipzig, Phil. Diss. v. [3. Dez.] 1901

Gutwasser, Kurt, wie studiert man Geschichte? 32 S.) kl. 8. Leipzig 910. Roßberg'sche Verlagsbuchh. 1. —

Gutwenger, M.: Sophokles Philoktet vv. 1–747. Übersetzungstudie in den Versmaßen des Originals. 32 S. Progr. Baden 1882

Gutwenger, M.: Vindiciae Horatianae. De Horatii dignitate, pretio ac moribus. 22 S. 8°. – Baden RG., Progr. 1872.

Gutwill, Eulalia, Taschenbuch f. Frauenzimmer. Mit Kupf. Leipzig, Sommer. 816.

Gutwill, J. J., die allein mögliche Cellular- u. Afomen-Therapie als überzeugende Einführung der Aerzte in das Wesen der Homöopathie. [Aus „internationale homöopath. Presse".] gr. 8. (54 S.) Leipzig 872. Schwabe. — 75

Gutwiński, Roman, üb. die bis jetzt in Bosnien u. d. Hercegovina entdeckten Algen, s.: Mitteilungen, wissenschaftliche, aus Bosnien u. d. Hercegovina.

GUTWIŃSKI, Roman
Ueber die von Hochw. Prof. Erich Brandis Soc. Jes. in der Umgegend von Travnik gesammelten Algen. Von Roman Gutwiński. Mit 2 Abbildungen im Texte. (Separat-Abdruck aus Wissenschaftliche Mittheilungen aus Bosnien und der Hercegovina. VI. Bd. 1899.) Wien. 1899. In Comm. Gerold's Sohn. Lex.-8°. 14. S. fl. —.20

— de nonnullis algis novis vel minus cognitis. (In latein. u. poln. Sprache.) [Aus: „Sitzungsber. d. Akad. d. Wiss. zu Krakau".] gr. 8. (31 S. m. 3 Taf.) Krakau 896. (Buchh. d. poln. Verlags-Gesellschaft.) n. 1. 20

GUTWIŃSKI, Roman
Ein Beitrag zur Kenntniss der fossilen Diatomaceen Bosniens. (Diatomaceenlager bei Petrovo-Seljo.) Von Roman Gutwiński. (Separat-Abdruck aus Wissenschaftliche Mittheilungen aus Bosnien und der Hercegovina. VI. Bd. 1899) Wien. 1899. In Comm. Gerold's Sohn. Lex.-8°. 6 S. fl. —.10

Gutwinski, Roman., s.: Mitteilungen, wissenschaftliche, aus Bosnien u. der Hercegovina. Bd. 6.

— de nonnullis speciebus algarum novarum, s.: Eichler, B.

GUTWIŃSKI, Roman
Systematische Uebersicht der von Dr. Justin Karliński in der Umgebung von Gračanica während des Herbstes 1897 gesammelten Algen. Von Roman Gutwiński. Mit 1 Abbildung im Texte. (Separat-Abdruck aus Wissenschaftliche Mittheilungen aus Bosnien und der Hercegovina. VI. Bd. 1899.) Wien. 1899. In Comm. Gerold's Sohn. Lex.-8°. 9 S. fl. —.10

Gutwit, Anna, Gaben u. Aufgaben. Eine Erzählung. 8. (162 S.) Hannover 881. Feesche. n. 1. 60; geb. n. 2. 40

Gutwitt, Anna, Gustchens Lebensschule. Eine Erzählg. f. das Volk. 8. (57 S.) Herborn 887. Buchhandlg. d. Nassauischen Colportagevereins. n. — 30

Gutzeit, A: Grundzüge der mathematischen Geographie und der populären Himmelskunde. Pillkallen 1874

Gutzeit, A[braham]. Synthese des 3'-Oxyflavonols. Diss. Phil. Bern. 38 S. 8. Bern, W. Wälchli, 1909.

Gutzeit, Berthold

Gutzeit, B. Descartes' angeborene Ideen verglichen mit Kants Anschauungs- und Denkformen a priori. 29 S. Rg. *Bromberg* 1883.
Progr.

Gutzeit, Berthold Unterschiede des Stils im Winsbeke und in der Winsbekin. 4 (30 S.). Rg. *Bromberg* 1887 (156)
Progr.

Gutzeit, Carl, s. Gutzeit, Karl.

Gutzeit, Ernst, die Bakterien im Kreislauf des Stoffes in der Natur u. im Haushalt des Menschen, s.a. Aus Natur u. Geisteswelt.

Gutzeit E, die Bakterien im Kreislaufe des Stoffes in der Natur u im Haushalt des Menschen. (138 S) (Aus Natur u Geisteswelt 233) Leipzig 1907

Gutzeit, Ernst: Die Bakterien im Kreislauf des Stoffes in der Natur und im Haushalt des Menschen. Mit 13 Abb. Leipzig: Teubner 1909. VI, 138 S. 8°
(Aus Natur u. Geisteswelt. Bdch. 233.)

Die Beschädigungen der landwirtschaftlichen Kulturgewächse in Ostpreußen während der Vegetationsperiode 1904/05 nach d. Ermittlungen d. Zentralstelle f. Pflanzenschutz nebst e. Darstellung d. Organisation derselben von Dr. Ernst Gutzeit, Prof. Königsberg i. Pr. 1906: Ostpr. Dr. (23, XI S.) 8° [F.]
— Arbeiten d. Landwirtschaftskammer f. d. Prov. Ostpreußen. No 15
(07. 10634 10

— Die Beschädigungen der landwirtschaftlichen Kulturgewächse in Ostpreußen. — Die Entwickelung u. die Ziele des Pflanzenschutzes, dargestellt zum Zwecke e. Organisation desselben in der Prov. Ostpreußen, s.a. Arbeiten der Landwirtschaftskammer f. die Prov. Ostpreußen.

Gutzeit, Ernst, Die Entwickelung und die Ziele des Pflanzenschutzes dargest. z. Zwecke e. Organisation desselben in der Prov. Ostpreussen. Königsberg i. Pr. 1904. 8º.
(Arbeiten d. Landwirtschaftskammer f. d. Prov. Ostpreussen. Nr 11)

Gutzeit, Ernestus [Regimontanus]: Die Hornzähne der Batrachierlarven. . . . (Aus: Zeitschr. f. wissenschaftl. Zool. Bd. 49.) Leipzig, Wilhelm Engelmann, 1889: 2 Bl. + 24 S. 1 Bl. 8º
Königsberg, Phil. Fak., Inaug.-Diss. v. 22. Jul. 1889

. . . Lectiones cursorias, quas . . . Ernestus **Gutzeit** Phil. Dr. Natur und Nutzung der Moore ad docendi facultatem rite impetrandam d. xxiv. Apr. . . . habebit, indicit Hermannus Baumgart Phil. Dr. P. P. O. Ord. Phil. h. t. Decanus. Regimonti Bor., ex offic. Hartungiana, 1896; 1 Bl. 4.

Gutzeit, H., Beiträge zur Pflanzenchemie. gr. 8. (III, 40 S.) Jena 879. Fischer. n. — 80

Gutzeit, H, üb. das Vorkommen d. Aethylalkohols resp. seiner Aether im Pflanzenreiche. gr. 8. (39 S.) Jena 875. Dufft. n. — 80

Gutzeit, *Carl* [aus Glashütte in Preussen]: Beitraege zur Kenntnis des Isochinolins. '(B.-α-Oxyisochinolin, Bromderivate & Nitroprodukte.)' . . . Freiburg i. B., Buchdr. v. Ch. Ströcker, 1894 47 S. 8.
Freiburg i. B., Phil. Fak., Inaug.-Diss. v. 1894

[Lied.] Die Deputation der vereinigten St. Joh. Loge zum Todtenkopf und Phönix in der St. Joh. Loge zu den drei Kronen am St. Joh. Feste 1844. Nehmet mit freundlichem Sinn, was bescheiden Euch bieten Karl **Gutzeit**, Karl Friedr. **Merleker**, Karl Friedr. **Rückforth**. [Königsberg 1844.] 2 Bl. 8º [Umschlagtit.]
Ohne Noten: „In Ost und West, im Norden und im Süden, . . .“ 258.

Gutzeit, **Paula**, aus Slutzk (Russland): Die Bodenreform. Eine dogmengeschichtlich-kritische Studie. Leipzig 1907. IV + 142 S. 8º. [27. VII. 06.]
Bern. Phil. Diss. 1907 08.

Gutzeit, Paula, d. Bodenreform. Eine dogmengeschichtlich-krit. Studie. (VII, 141 S.) gr. 8. Leipzig 907. Duncker & Humblot. 3. —

Gutzeit, Richard [pr. Arzt]: Ein Teratom der Zirbeldrüse . . . Königsberg i. Pr., Buch- u. Steindr. E. Erlatis, 1896; 49 S. 8.
Königsberg, Med. Fak., Inaug.-Diss. v. 28. März 1896

Gutzeit, Rich., e. Teratom d. Zirbeldrüse. Diss. gr. 8. (49 S.) Königsberg 896. (W. Koch.) n. 1. —

Gutzeit, Teodor fon, das gesez der zwillingsbildungen am stein u. di zu erwartende bestätigung desselben durh di fon W. Haidinger in den Memoirs of the Wernerian Society, Edinburgh 1822, s. 16, fig. 31, u. im Journal of science, Edinburgh 1825, s. 66, fig. 25, beshribnen zwillinge des kupferkises. Riga 865. Götschel. gr. 8. (32 S. mit 85 Figg. auf 2 Steintaff. in qu. Fol.) n. 12 ngr.

Gutzeit, Wilhelm von

Gutzeit, W. v., s.: Briefwechsel zwischen Kunik u. W. v. Gutzeit.

Die Rus der arabischen Schriftsteller. Von W[ilhelm] **Gutzeit**. *Riga: W. F. Häcker 1900.* (10 S.) 8º [F.]
(00, 556) 11

Wörterschatz der Deutschen Sprache Livlands. Von W[ilhelm] v. **Gutzeit**. Bd 1–4. [Nebst] Nachträge. Riga: N. Kymmel in Comm. (1, Lfg 3: A. Fluthwedel & Co. in Comm.) 1864–98. 5 Bde 8º [F.]
1. (In 3 Lfgen.) (A–J.) 1864(–77). 2. (In 4 Lfgen.) K–Q. 1889(–90). 3. (In 2 Lfgen.) R–(T). 1887(–92). 4. V. 1889. Nachträge 1886(–98).
(06. 14356

Gutzeit, W. v., Wörterschatz der deutschen Sprache Livlands. 1. Liefg. Riga 859. Kymmel. (Leipzig, C. F. Fleischer.) gr. 8. (XVIII, 164 S.) n. 1 ℛ

Gutzeit, W. v., Wörterschatz der deutschen Sprache Livlands. 2. Liefg. Riga 864. Kymmel. (Leipzig, F. Fleischer.) gr. 8. (1. Bd. XIX—XXII u. S. 165—305.) n. 1 ℛ

Gutzeit, W. v., Wörterschatz der deutschen Sprache Livlands. 2. Thl. 1. Lfg. gr. 8. (127 S.) Riga 874. Kymmel in Comm. n. 3. — (I, 1. 2. u. II, 1.: n. 9. —)

Gutzeit, W. v., Wörterschatz der deutschen Sprache Livlands. 2. Thl. 2. Lfg. gr. 8. (S. 127—206.) Riga 882. Kymmel in Comm. n. 2. 40 (I, 1. 2. u. II, 1. 2.: n. 11. 40)

Gutzeit, W. v., Wörterschatz der deutschen Sprache Livlands. Nachträge zu A—F. gr. 8. (IV, 299 S.) Riga 886. (Kymmel's Sort.) n. 6. — (I. 1. u. 2., II. 1. 2. u. Nachträge I.: n. 17. 40)
Die Schlußhefte des I. u. II. Bds. sind noch nicht erschienen.

Gutzeit, W. v., Wörterschatz der deutschen Sprache Livlands. 2. Tl. 3. Lfg. und 3. Tl. 1. Lfg. gr. 8. (2. Tl. S. 207—334; 3. Tl. S. 1—14.) Riga 887, (Kymmel's Sortiments-Buchh.) *

—— dass. — Nachträge zu A—F. gr. 8. (IV, 299 S.) (Ebendas.) 886. *
Uebersicht des bis jetzt Erschienenen: 1. Tl. 1. Lfg. (A. und B.) 1859. *ℳ 3.—.; 2. Lfg. (C.—F.) 1864. *ℳ 3.—.; 3. Lfg. (G.—geben. H. und J.) 1877. *ℳ 3.—.; 2. Tl. 1. Lfg. (K.) 1874. *ℳ 3.—.; 2. Lfg. (L.—mang.) 1882. *ℳ 2.40.; 3. Lfg. (mang—Pel.) mit 3. Tl. 1. Lfg. (R.—Rechtfinder.) zusammen, 1887. *ℳ 3.—.; Nachträge zu A—F. 1886. *ℳ 6.—. Insgesammt *ℳ 23.40.

Gutzeit, W. v., Wörterschatz der deutschen Sprache Livlands. 1. Thl. 4. Lfg., 2. Thl. 3.—6. (Schluß-)Lfg., 3. Thl. 1. 2. Lfg., 4. Thl. 1. Lfg. u. Nachträge zu II—L. gr. 8. (S. 317—339; 207—422; 1—22; 1—12 u. 64 S.) Riga 889. (Kymmel's Sort.) n. 5. 20 (I, 1—4., II, III, 1. 2., IV, 1 u. Nachträge I u. II: n. 22. 60)

Gutzeit, W. v., Wörterschatz der deutschen Sprache Livlands. 1. Tl. 5. Lfg., 3. Tl. 3. Lfg., 4. Tl. 2. Lfg. u. Nachträge zu A—K. gr. 8. (S. 339—345; 23—83; 28 S.; S. 13—21 u. Nachträge 38 S.) Riga 892 (N. Kymmel's Sort.) n. 3 —

Gutzeit, W. v., Wörterschatz d. deutschen Sprache Livlands. 1. Tl.; 3. Tl., 1. Hälfte; 4. Tl. Nachträge zu A—S, u. V. gr. 8. (S. 345—350, 83—118, 21—26 u. 1—37.) Riga 894. (N. Kymmel's Sort.) n. 2. 40

— dasselbe schildbar—Schwartbrett geschwillen—Getreibe. verpfälen — verschänken. Nachträge zu A—V. gr. 8. (S. 117—171, 349—353, 27—37 u. 1—33. (Ebd. 898.) n. 3. —

Gutzki [illegible]

Gutzkow, K.; eine Biographie. Cassel 1854. V: *Neumann, Wilh.* (EB)

Gutzkow und die öffentliche Meinung. Hamb. 1841. V: *Hagen, Theodor.* (schr)

Hermann **Gutzkow**, Gedichte. Aus d. Nachl. d. Verf. hrsg. von Emil Gutzkow. Mit d. Bilde d. Verf. Halle a. S.: Hendel (1910). VIII, 127 S. 8°
(Bibliothek d. Gesamtliteratur d. In- u. Auslandes. Nr 2207. 2208.) [11. 4079 3

Gutzkow, Karl (Ferdinand)

— Uriel Acosta, s. a. Bibliothek der Gesamtliteratur.

— dasselbe, s. a. Meisterwerke, die, der deutschen Bühne.

— dasselbe, s. a. Meyer's Volksbücher.

— Uriel Acosta. Trauerspiel. Miniatur-Ausg. Leipzig 853. Brockhaus. 16. (119 S.) n. 20 ngr; geb. n. 24 ngr

Gutzkow, Karl — Uriel Acosta. Trauerspiel in 5 Aufzügen von — — Ins Hebräische übersetzt von Salomo Rubin. Wien, 1856. Druck von U. Klopf sen. und A. Eurich. (121 S 8.)

— — Trauerspiel in 5 Aufzügen. In's Ebräische übers. von Salomo Rubin. Wien 856. (Leipzig, C. L. Fritzsche.) 8. (8 Bl., 122 S.) n. 16 ngr

Gutzkow, Karl. Uriel Acosta אוריאל אקוסטה Trauerspiel in fünf Aufzügen. Ins Ebräische übersetzt von *Salomo Rubin. Wien* 1857. Druck von *U. Klopf s.* u. *A. Eurich.* 121 S. 8°.

— Uriel Acosta. Trauerspiel. Miniat.-Ausg. 2. Aufl. Ebend. 859. 16. (119 S.) n. 20 ngr; geb. n. 24 ngr

— Uriel Acosta. Trauerspiel in 5 Aufzügen. Min.-Ausg. 3. Aufl. Leipzig 866. Brockhaus. 16. (119 S.) n. 20 ngr; geb. mit Goldschn. n. 24 ngr

— Uriel Acosta. Trauerspiel in 5 Aufzügen. 9. Aufl. 8. (100 S.) Ebendas. 878. *

— Uriel Acosta. Trauerspiel in 5 Aufzügen. 11. Aufl. 8. (100 S.) Jena 882. Costenoble. n. — 90; geb. n. n. 2. 20

— Uriel Acosta. Trauerspiel in 5 Aufzügen. 12. Aufl. 8. (100 S.) Ebd. 889. n. — 90; geb. n. n. 2. 20

Gutzkow, Karl: Uriel Acosta. Trauerspiel in 5 Aufz. Mit e. Einl. von Rudolf v. Gottschall. Mit e. Bildn. d. Dichters. Leipzig: Reclam [1908]. 82 S. 8°
(Universal-Bibliothek. 5051.)

Gutzkow, Karl: Uriel Acosta. Trauerspiel in 5 Aufz. Mit e. Einl. von Paul Schaumburg u. d. Bilde d. Verf. Halle a. S.: Hendel [1909]. XIV, 61 S. 8°
(Bibliothek d. Gesamtliteratur d. In- u. Auslandes. Nr 2125.)

G(utzkow), C(arl), Ansprache an das deutsche Volk, s. a. Ansprache.

Gutzkow, Karl. Ansprache an das Volk. Berlin 1848. 14 S. 8.

—— Appellation an den gesunden Menschenverstand. Letztes Wort in einer literarischen Streitfrage. gr. 8. (1½ B.) Frankfurt a. M. 835, Streng.

— vom Baum der Erkenntniß. Denksprüche. Stuttgart 868. Cotta. 8. (VII, 230 S.) n. 26 ngr; in engl. Einb. n. 1 ₰ 5 ngr

— vom Baum der Erkenntnis. Denksprüche. 3. Aufl. 8. (VII, 207 S.) Ebd. 892. n. 2. 60; geb. n. 3. 60

Gutzkow, Karl, Beiträge zur Geschichte der neuesten Literatur. 2 Bde. Neue wohlf. Ausg. gr. 16. Stuttgart 839. Balz. 1 ₰

—— Blasedow u. seine Söhne. Kom. Roman. 3 Thle. 8. (83 B.) Stuttgart 838, [Scheible, Rieger u. Sattler.]

Gutzkow, Karl, Blasedow u. seine Söhne. Komischer Roman. 3 Thle. 8. Stuttgart 838. Verlag der Classiker. 6 ₰

(Gutzkow, Karl,) Briefe e. Narren an e. Närrin, s. Briefe.

Gutzkow's, Karl, Briefe aus Paris. 2 Thle. gr. 12. Leipzig 842, Brockhaus. n. 3 ₰

—— öffentliche Charaktere. 1. Thl. 8. (21¼ B.) Hamburg 835, Hoffmann u. Campe.
Inh.: Talleyrand. — Martinez de la Rosa. — Chateaubriand. — Mehemed Ali. — Die Napoleoniden. — Wellington. — Daniel O'Connell. — Dr. Francia. — Armand Carrel. — Ancillon. — Rothschild. — Der Sultan.

— öffentliche Charaktere. 2. Aufl. [Gesammelte Werke. 1. Serie. 9. Bd.] 8. (VI, 460 S.) Ebend. 875. n. 6. —

Gutzkow, Karl, Deutschland am Vorabend seines Falles oder seiner Größe. Frankfurt a. M., Literar. Anstalt, 1848. IV, 235 S. 8°.

Gutzkow, Karl, die Diakonissin. Ein Lebensbild. Frankfurt a. M. 855. Literar. Anstalt. 8. (3 Bl., 223 S.) n. 1 ₰ 10 ngr

— Dschingiskhan. Lustspiel in 1 Aufzuge. gr. 16. (43 S.) Wien 876. Wallishausser. n. 1. 20

— das Duell wegen Ems. Gedanken über den Frieden. 1. u. 2. Aufl. Berlin 870. (Puttkammer & Mühlbrecht.) gr. 8. (15 S.) n. 2½ ngr

Gutzkow, Karl (Ferdinand)
Durch Nacht zum Licht. Erzählung. Stuttgart: Hallberger 1870. 318 S. 8°

— Fritz Ellrodt. Roman. 3 Bde. gr. 8. (VII, 356; VII, 390 u. VII, 306 S.) Jena 872. Costenoble. n. 17. 25

— dasselbe. 2. Aufl. 3 Bde. gr. 8. (356, 390 u. 306 S.) Ebend. 874. n. 15. —

—— Forum d. Journal-Literatur, s. Forum.

— Frühlingszeitung, s. Phönix.

—— zur Geschichte unserer Zeit. 8. (VIII, 390 S.) Jena 874, Costenoble. *

— zur Geschichte unserer Zeit. [Gesammelte Werke. 10. Bd.] 8. (VIII, 390 S.) Ebend. 875. n. 6. —

— über Göthe im Wendepunkte zweier Jahrhunderte. gr. 12. Berlin 836. Plahn'sche Buchh. (Nitze.) 1¾ Thlr.

— Götter, Helden, Don Quixote. Abstimmungen zur Beurtheilung der literar. Epoche. 8. Hamburg 838. Hoffmann u. Campe. 2 Thlr.

— Hohenschwangau. Roman u. Geschichte. 1536—1567. 5 Bde. Leipzig 867, 68. Brockhaus. 8. (III, 330 S., III, 392 S., III, 362 S., III, 373 S., III, 463 S.) [1—4. Bd. à 1 Thlr. 15 ngr.; 5. Bd. 2 Thlr.] 8 Thlr.; geb. 9 Thlr. 15 ngr.

Gutzkow, Karl, Hohenschwangau. 1. Bd. 2. Aufl. Leipzig 867. Brockhaus. 8. (III, 330 S.) 1 Thlr. 15 ngr.

— ein Hollandgang, s.: Unterhaltungs-Bibliothek f. Reise u. Haus.

— Aus der Knabenzeit. 8. (XII u. 305 S.) Frankfurt a. M. 852. Literarische Anstalt. n. 1⅔ Thlr.

— Der Königsleutnant. s.a. Bibliothek der Gesamtliteratur.

— dasselbe. s.a. Meisterwerke, die, der deutschen Bühne.

— dasselbe. s.a. Meyer's Volksbücher.

— dasselbe. s.a. Universal-Bibliothek.

— der Königslieutenant. Lustspiel in 4 Aufzügen. 7. Aufl. (111 S.) 8. Jena 878, Costenoble. *

— dass. — 8. Aufl. Von Erdmann Wagner reich illustr. Min.-Ausg. gr. 16. (XVI, 201 S. mit eingedr. Holzschn.) Ebendas. 878. *
geb. mit Goldschn. **

— der Königsleutenant. Lustspiel in 4 Aufzügen. 8. Aufl. Von Erdmann Wagner reich illustr. Min.-Ausg. 16. (XXVI, 201 S. m. eingedr. Holzschn.) Ebend. 881.
n. 3. —; geb. u.n. 4. —

Gutzkow, K., der Königsleutnant. Lustspiel in 4 Aufzügen. 9. Aufl. 2. Aufl. der durch E. Wagner reich illustr. Min.-Ausg. gr. 16. (XXVI, 201 S.) Jena 889. Costenoble. n. 1. 50; geb. n. 2. 50

— d. Königsleutenant. Lustsp. in 4 Aufzgn. 10. [Titel-] Aufl. 3. Aufl. d. durch Erdm. Wagner reich illustr. Min.-Ausg. 12. (XXVI, 201 S.) Ebd. (889) 897.
n. 1. 50; geb. n. 2. 50

Gutzkow, Karl: Der K ö n i g s l e u t n a n t . Lustspiel in 4 Aufz. Mit e. Einl. von Paul Schaumburg u. d. Bilde d. Verf. Halle a. S.: Hendel [1909]. XIX, 82 S. 8°
(Bibliothek d. Gesamtliteratur d. In- u. Auslandes. Nr 2124.)

Der Königsleutnant. Lustspiel in 4 Aufz. von Karl Gutzkow. Leipzig: Reclam [1909]. 104 S. 8°
(Universal-Bibliothek. 5075.) [illegible] 11236

Gutzkow, Karl, die Curstauben, s. Novellenschatz, neuer deutscher.

Gutzkow, Karl, die Curstauben. Novelle. Ebend. 864. 16. (63 S.) n. 12 ngr.

—— Börne's Leben, s. Börne, Ludw., gesammelte Schriften. Supplementbd.

— Börne's Leben. Ueber Goethe im Wendepunkte zweier Jahrhunderte. Philosophie der That u. d. Ereignisses. Ueber Theaterschulen. 2. verm. u. verb. Aufl. [Gesammelte Werke. 1. Serie. 12. Bd.] 8. (455 S.) Ebend. 876.
n. 6. —

—— Lebensbilder. 1. Aufl. 1870, und 2. Aufl. 3 Bde. gr. 8. Stuttgart 874, Hallberger. à Bd. ℳ 4,50.

Inhalt:

Bd. 1. Durch Nacht zum Licht. Erzählung. (319 S.)
" 2. Novellen und Skizzen. (364 S.)
" 3. Prüfe wer sich ewig bindet. Novelle. (325 S.)

— Lebenserinnerungen. 3 Tle. in 1 Bde. Hrsg. v. Heinr. Hub. Houben. (317, 394 u. 240 S. m. 2 Bildnissen.) kl. 8. Leipzig (910). Hesse & Becker Verl. Geb. in Leinw. 2. —

— Dionysius Longinus. Oder: Ueber den ästhetischen Schwulst in der neuern deutschen Literatur. 1. u. 2. Aufl. 8. (106 S.) Stuttgart 878. Gutzkow. 1. 60

— ein Mädchen aus dem Volke, s. Album, Bibliothek deutscher Originalromane etc.

—— Maha Guru. Gesch. e. Gottes. (Ein Roman.) 2 Thle. 8. (25¼ B.) Stuttgart 833, Cotta.

Gutzkow, Karl: M a h a G u r u . Berlin: Buchverl. fürs Deutsche Haus 1909. 302 S. 8°
(Die Bücher d. Deutschen Hauses. Bd 100.)

— Meisterdramen. Mit e. Einleitg. von Eug. Wolff. (Zopf u. Schwert. Uriel Acosta. Königsleutnant. Urbild des Tartüffe.) 8. (XV, XI—XV, 85, 82, 111 u. 110 S.) Berlin 902. H. Costenoble. Geb. in Leinw. n. 3. —

— Meisterdramen. 3 Tle. in 1 Bde. Hrsg. v. Heinr. Hub. Houben. Mit 2 Bildnissen des Dichters. (III, 270, 278 u. 175 S.) kl. 8. Leipzig (908). Hesse & Becker Verl.
Geb. in Leinw. bar 2. —

— Dramatische Meisterwerke. Mit e. Einleitg. v. Paul Schaumburg u. dem Bilde d. Dichters. (XVI, 61; XV—XVIII, 76; XV—XVIII, 74 u. XV—XX, 82 S.) kl. 8. Halle (909). O. Hendel. Geb. in Leinw. 1.75; Geschenkausg. 2. —

GUTZKOW, Karl: Die rothe Mütze u. d. Kapuze. Zum Verständniss des *Görres'schen* Athanasius. *Hamb.*, Hoffmann u. Campe. 838. 8. (12 Gr.)

— die kleine Narrenwelt. 3 Thle. Frankfurt a. M. 856, 57. Literar. Anstalt. 8. (XI, 216; 3 Bl., 240; 3 Bl., 312 S.)
n. 2 Thlr. 10 ngr.

——, Nero. Tragödie. 8. (12½ B.) Stuttgart u. Tübingen 835, Cotta'sche Buchh.

—— Novellen. 2 Bde. kl. 8. (31½ B.) Hamburg 834, Hoffmann u. Campe.

— Ausgewählte Novellen. s.a. Universal-Bibliothek.

Gutzkow, Karl: Ausgewählte N o v e l l e n . Mit e. Einl. von Rudolf v. Gottschall. Leipzig: Reclam [1909]. 223 S. 8°
(Universal-Bibliothek. 5059. 5080.)

— neue Novellen. 1. A. u. d. T.: Imagina Unruh. gr. 12. (159 S.) Leipzig 849, Brockhaus. 24 ngr.

—— Patkoule, drame historique en 5 actes. Traduit en français par Louis Simon. 8. (81 S.) Altona 847, Lehmkuhl. *

— Patkul. Ein polit. Trauerspiel in 5 Aufzügen. Zum Uebersetzen in's Französische mit Anmerkungen u. Wortübersetzgn. versehen rc. von Louis Simon. 8. (90 S.) Altona 847, Lehmkuhl. 1/3 ℛ

— die Paumgärtner von Hohenschwangau. Historischer Roman. Mit dem Portr. Karl Gutzkow's in Radirung. 3 Bde. in 12 Lfgn. 8. (269, 239 u. 219 S.) Breslau 879. Schottländer. à Lfg. 1. —

Gutzkow, Karl

Die Paumgärtner von Hohenschwangau. Hist. Roman. Bd 1-3. Mit dem Portr. Karl Gutzkow's in Radirung. Breslau: Schottlaender 1880. 8°

Gutzkow, Karl: Eine Phantasieliebe ‹Imagina Unruh›. Novelle. Mit e. Einl. von Paul Schaumburg u. d. Bilde d. Verf. Halle a. S.: Hendel [1909]. IX, 84 S. 8°
(Bibliothek d. Gesamtliteratur d. In- u. Auslandes. Nr 2122.)

—— zur Philosophie d. Geschichte. 8. (21 B.) Hamburg 836, Hoffmann u. Campe.

— in bunter Reihe. Briefe, Skizzen u. Novellen. 8. (322 S.) Ebend. 877. n. 5. —

— Reiseeindrücke aus Deutschland, der Schweiz, Holland u. Italien. [1832—1873.] 2. verm. u. verb. Aufl. [Gesammelte Werke. 1. Serie. 11. Bd.] 8. (VI, 394 S.) Jena 876. Constenoble. n. 6. —

— u. Ludolf Wienbarg, die deutsche Revue, s.: Literaturdenkmale, deutsche, des 18. u. 19. Jahrh.

Die Ritter vom Geiste. Roman in 9 Büchern von Karl Gutzkow. Bd 1—9. Leipzig: Brockhaus 1850—1851. 8°
1. 1850. 483 S.; 2. 1850. 409 S.; 3. 1850. 466 S.; 4. 1851. 458 S.; 5. 1851. 587 S.; 6. 1851. 449 S.; 7. 1851. 491 S.; 8. 1851. 485 S.; 9. 1851. 548 S.

—— die Ritter vom Geiste. Roman in 9 Büchern. 9 Bde. 1. Aufl. (XXIII und 4281 S.) 1850—51. und 2. Aufl. 8. (XLV und 4275 S.) Leipzig 852, Brockhaus. *

— die Ritter vom Geiste. Roman in neun Büchern. 3. Aufl. 9 Bde. Leipzig 854, 55. Brockhaus. 12. (1. Bd.: XXIV, 293 S.; 2. Bd.: 2 Bl., 299 S.; 3. Bd.: 2 Bl., 299 S.; 4. Bd.: 4 Bl., 312 S.; 5. Bd.: 3 Bl., 368 S.; 6. Bd.: 3 Bl., 316 S.; 7. Bd.: 3 Bl., 343 S.; 8. Bd.: 2 Bl., 343 S.; 9. Bd.: 3 Bl., 387 S.) n. 6 ℛ

— die Ritter vom Geiste. Roman in 9 Büchern. 4. Aufl. 9 Bde. Leipzig 865, 66. Brockhaus. 16. (LV, 2701 S.) 4 ℛ 15 ngr.; geb. 5 ℛ 15 ngr.

[Dasselbe.] 5. Aufl. Bd 1—4. Berlin: Janke 1869. 8°
1. XX, 408 S.; 2. IV, 408 S.; 3. IV, 368 S.; 4. IV, 435 S.

—— die Ritter vom Geiste. Roman. 6. Aufl. Mit dem (Holzschn.-) Bildniß des Verf. 24 Lfgn. oder 4 Bde. 8. (XIV, 386; 388; 349; 412 S.) Berlin 878, Janke. à Lfg. * 50 Pf. *

[Neue Tit.-Aufl.:] Ebendas. 1881. 8°
1. XIV, 386 S.; 2. 388 S.; 3. 349 S.; 4. 412 S.
cf. °Mielke, H.: D. deutsche Roman. 1890 S. 213—222.
Tt. 2650, TB. 317. Öfter abgedruckt. Nicht in Reclams Univ.-Bibliothek.

— — s. National-Bibliothek neuer deutscher Dichter.

— kleine Romane u. Erzählungen. 3 Tle. in 1 Bde. Hrsg. v. Heinr. Hub. Houben. (307, 343 u. 244 S.) kl. 8. Leipzig (910). Hesse & Becker Verl. Geb. in Leinw. 2. —

— Rückblicke auf mein Leben, s.: Verein, allgemeiner, f. deutsche Literatur.

— Säkularbilder. Anfänge u. Ziele d. Jahrh. [Gesammelte Werke. 8. Bd.] 8. (XV, 479 S.) Jena 875. Costenoble. n. 6. —

— König Saul. Trauerspiel in fünf Aufzügen. gr. 12. Hamburg 839. Hoffmann u. Campe. 1 ℛ

— s.: Schiller-Reden.

—— vermischte Schriften. 3 Bde. 8. (53 B.) Leipzig 842 [Lorck.] à 1 Thlr. 15 Ngr.
A. u. d. Ttln.:
Bd. 1. Oeffentliches Leben in Deutschland. 1838—1842.
„ 2. Vermittelungen, Kritiken u. Charakteristiken.
„ 3. Mosaik. Novellen u. Skizzen.

Gutzkow, Karl, vermischte Schriften. 4. Bd. A. u. d. T.: Vor- u. Nach-Märzliches. 8. (VI u. 223 S.) Leipzig 850, Brockhaus. n. 1 1/3 ℛ (cmplt. n. 3 1/3 ℛ) (Die früheren Bde. sind in denselben Verlag übergegangen.)

— Seraphine. Roman. 8. Hamburg 838. Hoffmann u. Campe. 1 2/3 ℛ

Gutzkow, Karl, die neuen Serapionsbrüder. Roman in 3 Bdn. 8. (276, 297 u. 309 S.) Breslau 877. Schottländer. à n. 4. 50

— dasselbe. 2. Aufl. 8. (XVI, 270; 293 u. 301 S.) Ebend. 879. n. 16. —; geb. n. 19. —

—— eine Shakspearefeier an der Ilm. 8. (46 S.) Leipzig 864. Brockhaus. *

— Skizzenbuch. 8. Cassel 839. Fischer. 1 1/2 ℛ

Gutzkow, Karl (Ferdinand)

Die Söhne Pestalozzi's. Roman. Berlin 1870.
In: Roman-Zeitung, Deutsche. Bd 2.3.

— die Söhne Pestalozzi's. Roman. 3 Bde. Berlin 870. Janke. gr. 8. (382, 409 u. 375 S.) n. 5 ℛ 20 ngr.

— Soireen. 2 Thle. 1r Thl. a. u. d. T.: Sommerreise durch Oesterreich. 8. Frankfurt a. M. 835. Sauerländer. 3 ℛ

— die schöneren Stunden. Rückblicke. Stuttgart 869. E. Hallberger. 8. (X, 339 S.) 1 ℛ 15 ngr.

— die schöneren Stunden. Rückblicke. 2. (Titel-)Aufl. 8. (X, 339 S.) Stuttgart (1869) 879. Deutsche Verlags-Anstalt. n. 1. 50

— — Vergangene Tage. (Gesammelte Werke. Bd. XIII.) Frankfurt a. M. 1852. 8°. 211 S. (2 Mk. 80 Pfg. Jul. Neumann. Magdeb., 1906; 7 Mk. 50 Pfg., Expl. auf starkem Pap., Adolf Weigel, 1907.)

—— der Telegraph f. Deutschland, s. Telegraph.

—— Text zur Samml. Hogarth'scher Kupferstiche, s. Sammlung.

— through night to light, s. Collection of german authors.

— das Urbild des Tartüffe, s.a. Auswahl deutscher Bühnenstücke. — Sammlung deutscher Lust- u. Schauspiele.

— dasselbe. s.a. Meisterwerke, die, der deutschen Bühne.

— dasselbe. s.a. Meyer's Volksbücher.

— das Urbild des Tartüffe. Lustspiel in 5 Aufzügen. 4. Aufl. 8. (103 S.) Jena 878, Costenoble. *

Gutzkow, Karl: Das Urbild des Tartüffe. Lustspiel in 5 Aufz. Mit e. Einl. von Paul Schaumburg u. d. Bilde d. Verf. Halle a. S.: Hendel [1909]. XVIII, 76 S. 8°
(Bibliothek d. Gesamtliteratur d. In- u. Auslandes. Nr. 2126.)

Gutzkow, Karl: Das Urbild des Tartüffe. Lustspiel in 5 Aufz. Leipzig: Reclam [1909]. 96 S. 8°
(Universal-Bibliothek. 5083.)

—— Vertheidigung geg. Menzel u. Berichtigung einiger Urtheile im Publikum. gr. 12. (2 B.) Mannheim 835, [Hoff.]

Gutzkow, Karl. Vor- und Nach-Märzliches. Leipzig, F. A. Brockhaus 1850. 223 S. 8.

(——) Wally, s.a. Wally.

GUTZKOW, Karl (1811—79), Wally, die Zweiflerin. Roman. Mannheim. C. Löwenthals Verlagshandlung. 1835. 8°. 327 S. (36 Mk., leicht stockfl., sonst schönes Expl., Auct. Runze-Zolling, Lpz., Novbr. 1904, no. 787; 60 Mk., schönes Expl., Adolf Weigel, 1911.)

Seltenheit! Das Buch wurde gleich nach Erscheinen confiscirt und Gutzkow vom Badenschen Hofgericht zu 3 Monaten Gefängniss verurtheilt, welche Strafe er auch abbüssen musste.

S. in Wolfg. Menzel's „Literaturblatt", Nr. 93 u. 94 vom 11. u. 14. Septbr. 1835 den Artikel mit der Ueberschrift „Unmoralische Literatur", wo Gutzkow vorgeworfen wurde, dass er durch Gotteslästerung und Unzucht die Welt reformiren wolle. — Vgl. Salomon, Ludw., Geschichte des deutschen Zeitungswesens III, 500—1.

— Wally, die Zweiflerin. Roman. Nebst e. Folge v. Streitschriften. Kritische Ausg. v. Eug. Wolff. Mit e. Bilde nach e. Stiche v. A. Weger. (XLIX, 288 S.) 8. Jena 905. H. Costenoble. n. 5.—; geb. n.n. 6.—

Gutzkow, Karl, der Wärwolf. Historische Erzählg. [Aus d. „illustr. Kalender u. Novellen-Almanach."] 8. (152 S. m. eingedr. Holzschn. u. e. Holzschntaf.) Wien 871. liter.-artist. Anst. n. 2. —

— Werke, s.a. Klassiker-Bibliothek, goldene.

(Karl) Gutzkows Werke. Auswahl in 12 T. Hrsg., mit Einl. u. Anm. vers. von Reinhold Gensel. Berlin, Leipzig, Wien, Stuttgart: Bong [1910]. 8°

1. Nero. Richard Savage. Mit e. Lebensbild vers. 2. Werner. Zopf u. Schwert. Das Urbild d. Tartüffe. 3. Uriel Acosta. Der Königsleutnant. Ella Rose. 4. Der Sadduzäer v. Amsterdam. Vergangene Tage (Wally d. Zweiflerin). 5. Die Selbsttaufe. Der Emporblick. Die Kurstauben. Die Nihilisten. Der Werwolf. 6. Lucindens Jugendgeschichte (Der Zauberer v. Rom, Buch 1). 7. Aus d. Knabenzeit. 8. Kl. biographische Dokumente. 9. Rückblicke auf mein Leben. 10. Aufsätze z. Literaturgeschichte. 11. Aufsätze z. Kultur- u. Zeitgeschichte. Reiseeindrücke. 12. Vom Baum d. Erkenntnis.

(Goldene Klassiker-Bibliothek.) (10. 10332

Gutzkow's, Karl, ausgewählte Werke in 12 Bdn. Hrsg. v. Heinr. Hub. Houben. Mit 3 Bildnissen u. e. Briefe als Handschriftprobe. (126, 270, 278, 175, 307, 348, 244, 314, 307, 317, 394 u. 278 S.) kl. 8. Leipzig (908). Hesse & Becker Verl. 6.—; in 4 Bde. geb., Leinw. 8.—; Halbfrz. 12.—; Luxusausg. 16.—

— dramatische Werke. 1. Bd. (Richard Savage, oder d. Sohn einer Mutter. Trauersp. in 5 Aufz. Werner, oder Herz und Welt. Schausp. in 5 Aufz.) 8. Leipzig 842, Lorck. 1⅔ ℛ — 1. Bd. 2. verm. u. verb. Aufl. 8. Ebd. 845. 1⅔ ℛ — 2. Bd. Patkul. (Ein polit. Trauersp. in 5 Aufz.) Die Schule d. Reichen. (Schausp. in 5 Aufz.) 8. Ebend. 842. 2. Aufl. 846. n. 1⅔ ℛ — 3. Bd. Ein weißes Blatt. (Schauspiel in 5 Aufz.) Zopf u. Schwert. (Histor. Schausp. in 5 Aufz.) 8. Ebend. 844. 2. Aufl. 846. n. 1⅔ ℛ — 4. Bd. Pugatscheff. — Das Urbild d. Tartüffe. 8. Ebend. (846,) 847. n. 1⅔ ℛ

— dramatische Werke. 1. Bd. 2 Abthlgn. 3. Aufl. 8. 1. Abth.: Richard Savage oder der Sohn einer Mutter. Trauerspiel in 5 Aufz. 3. Aufl. (XIV u. 120 S.) Leipzig 850, Brockhaus. n. ⅔ ℛ — 2. Abthlg.: Werner oder Herz u. Welt. Schauspiel in 5 Aufz. 3. Aufl. (188 S.) Ebd. 850. n. 1 ℛ — 3. Bd. 2 Abthlgn. 3. Aufl. 8. 1. Abthlg.: Ein weißes Blatt. Schauspiel in 5 Aufz. 3. Aufl. (140 S.) Ebd. 850. n. ⅔ ℛ — 2. Abthlg.: Zopf u. Schwert. Historisches Lustspiel in 5 Aufz. 3. Aufl. (172 S.) Ebd. 850. n. 1 ℛ — 5. Bd.: Der dreizehnte November. — Uriel Acosta. 8. (238 S.) Leipzig 847, Lorck. (Brockhaus.) n. 1⅔ ℛ — 5. Bd. 2 Abthlgn. 2. Aufl. 1. Abthlg.: Der dreizehnte November. Dramatisches Seelengemälde in 3 Aufz. 2. Aufl. 8. (121 S.) Leipzig 850, Brockhaus. n. ⅔ ℛ — 2. Abthlg.: Uriel Acosta. Trauerspiel in 5 Aufz. 2. Aufl. 8. (126 S.) Ebd. 850. n. 1 ℛ — 6. Bd. Wullenweber. 8. (XXIV u. 272 S. mit des Verf. Portrait in Stahlst.) Leipzig 848, Lorck. (Brockhaus.) n. 1⅔ ℛ — 7. Bd. 2 Abthlgn. 1. Abthlg.: Liesli. Ein Volkstrauerspiel in 3 Aufz. Mit 3 Liedern v. C. G. Reissiger. 8. (124 S.) Leipzig 850, Brockhaus. n. ⅚ ℛ — 2. Abthlg.: Der Königsleutnant. Lustspiel in 4 Aufz. 8. (X u. 182 S.) Ebd. 852. n. ⅚ ℛ

— dramatische Werke. Leipzig, Brockhaus. 8.
2. Bd. 1. Abth.: Patkul. Ein politisches Trauerspiel in 5 Aufz. 3. Aufl. 854. (VIII, 115 S.) n. 25 ngr
2. Bd. 2. Abth.: Die Schule der Reichen. Schauspiel in 5 Aufz. 3. Aufl. 854. (VII, 141 S.) n. 25 ngr
8. Bd. 1. Abth.: Ottfried. Schauspiel in 5 Aufz. — Fremdes Glück. Vorspielscherz in 1 Aufz. 854. (3 Bl., 192 S.) n. 25 ngr
8. Bd. 2. Abth.: Lenz und Söhne oder Die Komödie der Besserungen. Lustspiel in 5 Aufz. 854. (X, 190 S.) n. 25 ngr
9. Bd. 1. Abth.: Lorber und Myrte. Historisches Charakterbild in 3 Aufz. 857. (130 S.) n. 20 ngr

Gutzkow, Karl, dramatische Werke. Vollständige neu umgearb. Ausg. 20 Bdchn. Leipzig 862, 63. Brockhaus. 16. n. 6 ℛ 20 ngr

Inhalt: 1. Das Urbild des Tartüffe. Lustspiel in 5 Aufzügen. 2. Aufl. (113 S.) — 2. Zopf u. Schwert. Lustspiel in 5 Aufzügen. 5. Aufl. (110 S.) — 3. Werner oder Herz und Welt. Schauspiel in 5 Aufzügen. 4. Aufl. (101 S.) — 4. Der Königsleutenant. Lustspiel in 4 Aufzügen. 2. Aufl. (123 S.) — 5. Pugatschew. Trauerspiel in 5 Aufzügen. 2. Aufl. (157 S.) — 6. Ein weißes Blatt. Schauspiel in 5 Aufzügen. 4. Aufl. (79 S.) — 7. Richard Savage oder der Sohn einer Mutter. Trauerspiel in 5 Aufzügen. 4. Aufl. (94 S.) — 8. Uriel Acosta. Trauerspiel in 5 Aufzügen. 5. Aufl. (114 S.) — 9. Patkul. Ein politisches Trauerspiel in 5 Aufzügen. 4. Aufl. (88 S.) — 10. Die Schule der Reichen. Lustspiel in 5 Aufzügen. 4. Aufl. (102 S.) — 11. Ella Rose oder die Rechte des Herzens. Schauspiel in 5 Aufzügen. (115 S.) — 12. Antonio Perez. Trauerspiel in 5 Aufzügen. (192 S.) — 13. Ottfried. Schauspiel in 5 Aufzügen. 2. Aufl. (105 S.) — 14. Der 13. November. Schauspiel in 3 Aufzügen. 3. Aufl. Fremdes Glück. Vorspielscherz in 1 Aufzuge. 2. Aufl. (116 S.) — 15. Die Komödie der Besserungen. Lustspiel in 5 Aufzügen. 2. Aufl. (144 S.) — 16. Liesli. Ein Volkstrauerspiel in 3 Aufzügen. Mit 3 Liedern von C. G. Reissiger. 2. Aufl. (84 S.) — 17. 18. Wullenweber. Trauerspiel in 5 Aufzügen. 2. Aufl. (227 S.) — 19. Lorber u. Myrte. Lustspiel in 4 Aufzügen. 2. Aufl. (155 S.) — 20. Nero. Tragikomödie. (154 S.)

Gutzkow, Karl, dramatische Werke. Vollständige neu umgearb. Ausg. 2. Bdchn.: Zopf u. Schwert. Lustspiel in 5 Aufzügen. 6. Aufl. Leipzig 868. Brockhaus. 16. (II, 110 S.) n. 10 ngr

— — 4. Bdchn. Der Königsleutnant. Lustspiel in 4 Aufzügen. 3. Aufl. Ebend. 866. gr. 16. (123 S.) n. 10 ngr

— dramatische Werke. 3., verm. u. neu durchgeseh. Gesammtausg. 1—20. Bdchn. 8. Ebend. 871—75. à n. — 50

1. Zopf und Schwert. 7. Aufl. (96 S.)
2. Uriel Acosta. Trauerspiel in 5 Aufzügen. 7. Aufl. (96 S.)
3. Werner od. Herz u. Welt. Schauspiel in 5 Aufzügen. 5. Aufl. (90 S.)
4. Der Königsleutnant. 4. Aufl. (115 S.)
5. Pugatschew. 3. Aufl. (149 S.)
6. Das Urbild d. Tartüffe. Lustspiel in 5 Aufzügen. 3. Aufl. (103 S.)
7. Ella Rose od. die Rechte d. Herzens. Schauspiel in 5 Aufzügen. 2. Aufl. (105 S.)
8. Patkul. Ein polit. Trauerspiel in 5 Aufzügen. 5. Aufl. (85 S.)
9. Ein weißes Blatt. Schauspiel in 5 Aufzügen. 5. Aufl. (76 S.)
10. Philipp u. Perez. Trauerspiel in 5 Aufzügen. 2. Aufl. (183 S.)
11. Richard Savage od. der Sohn e. Mutter. Trauerspiel in 5 Aufzügen. 5. Aufl. (88 S.)
12. Ottfried. Schauspiel in 5 Aufzügen. 3. Aufl. (95 S.)
13, 14. Wullenweber. Trauerspiel in 5 Aufzügen. 3. Aufl. (210 S.)
15. Der 13. November. Trauerspiel in 3 Aufzügen, u. Fremdes Glück Vorspielscherz in 1 Aufzuge. 4. Aufl. (107 S.)
16. Liesli. Ein Volkstrauerspiel in 3 Aufzügen. Mit 3 Liedern v. C. G. Reissiger. 3. Aufl. (76 S.)
17. Lenz u. Söhne od. die Komödie der Besserungen. Lustspiel in 5 Aufzügen. 3. Aufl. (127 S.)
18. Die Schule der Reichen. Lustspiel in 5 Aufzügen. 5. Aufl. (96 S.)
19. Lorber u. Myrte. Lustspiel in 4 Aufzügen. 3. Aufl. (152 S.)
20. Nero. Tragikomödie. 3. Aufl. (144 S.)

— dasselbe. 4., verm. u. neu durchgeseh. Gesammtausg. 1—5. 7—10. Bdchn. 8. Ebend. 873—75. à n. — 90

1. Zopf u. Schwert. 8. Aufl. (101 S.)
2. Uriel Acosta. Trauerspiel in 5 Aufzügen. 8. Aufl. (104 S.)
3. Werner od. Herz u. Welt. Schauspiel in 5 Aufzügen. 6. Aufl. (90 S.)
4. Der Königsleutnant. Lustspiel in 4 Aufzügen. 6. Aufl. (111 S.)
5. Pugatschew. Trauerspiel in 5 Aufzügen. 4. Aufl. (149 S.)
7. Ella Rosa od. die Rechte d. Herzens. Schauspiel in 5 Aufzügen. 3. Aufl. (104 S.)
8. Patkul. Ein polit. Trauerspiel in 5 Aufzügen. 6. Aufl. (85 S.)
9. Ein weißes Blatt. Schauspiel in 5 Aufzügen. 6. Aufl. (76 S.)
10. Philipp u. Perez. Trauerspiel in 5 Aufzügen. 3. Aufl. (183 S.)

— dramatische Werke. 3., verm. u. neu durchgesehene Gesammtausg. 2. u. 4. Bdchn. 8. Ebend. 878. à n. — 90

2. Uriel Acosta. Trauerspiel in 5 Aufzügen. 9. Aufl. (100 S.)
4. Der Königsleutnant. Lustspiel in 4 Aufzügen. 7. Aufl. (111 S.)

Gutzkow's, Karl, gesammelte Werke. Vollständig umgearb. Ausg. (In 12 Bdn.) 1.—5. Bd. 1. Bd. Gedichte. Nero. Hamlet in Wittenberg. Xenien u. Epigramme. — 2. Bd. Oeffentl. Charaktere. — 3. Bd. Briefe eines Narren an eine Närrin. Seraphine. Wiener Eindrücke. — 4. Bd. Philosophie der That und des Ereignisses. Ueber Göthe im Wendepunkte zweier Jahrhunderte. — 5. Bd. Maha Guru, Geschichte eines Gottes. 8. Frankfurt a/M. 845, Literar. Anstalt. à n. 7/8 ₰

— Lief. 6.—11. Bd. 6. Bd. Börne's Leben. Rosa Maria u. J. D. Assing. Fr. v. Hurter, k. k. Hofrath rc. — 7. u. 8. Bd. Blasedow u. seine Söhne. 1. 2.—9. 10. Bd. Säkularbilder. 1. 2.—11. Bd. Novellenbuch. 8. Ebend. 845. à n. 7/8 ₰

— Lief. 12. Bd. (Schluß.) Briefe aus Paris, 1842. Pariser Eindrücke, 1846. 8. Ebend. 846. (à) n. 7/8 ₰ [Bd. 1—6 werden nicht besond. abgegeben, wohl aber Bd. 7—12 zu folgenden Preisen: 7. u. 8. Bd. (Blasedow) 2 ₰ — 9. u. 10. Bd. (Säkularbilder) 3 ₰ — 11. Bd. (Novellenbuch) 1 3/4 ₰ — 12. Bd. (Pariser Briefe) 2 ₰]

Gutzkow, Karl, gesammelte Werke. Vollständ. umgearb. Ausg. 13. Bd. Vergangene Tage. 8. (XXVIII u. 211 S.) Frankfurt a. M. 852, Literarische Anstalt. n. 28 ngr

Gutzkow, Karl, gesammelte Werke. 1. vollständ. Gesammt-Ausg. 1. Serie. 1—78. Lfg. gr. 16. (1. Bd. 424, 2. Bd. 475, 3. Bd. 413, 4. Bd. 416, 5. Bd. 399, 6. Bd. 412, 7. Bd. 487, 8. Bd. 479, 9. Bd. 460, 10. Bd. 390, 11. Bd. 394 u. 12. Bd. 455 S.) Jena 873—76. Costenoble. à Lfg. — 60

Gutzkow, Karl, gesammelte Werke. 2., wohlfeile (Titel-) Ausg. 1. Serie. 1—12. Bd. 8. Jena 879. Costenoble. Subscr.-Preis à n. 4. —; Einzelpr. à n. 5. —

1. Aus der Knabenzeit. Wechselnde Stimmung in Liedern u. Epigrammen. Hamlet in Wittenberg. Winterphantasieen. Was sich der Buchladen erzählt. (424 S.)
2. Kleine Romane u. Erzählungen. 1. Thl.: Das Johannisfeuer. — Der Wärwolf. — Der Emporblick. — Eine Phantasieliebe. — Seraphine. (475 S.)
3. Dasselbe. 2. Thl.: Die Wellenbraut. — Die Selbsttaufe. — Die Nihilisten. — Die Curstauben. — Das Stelldichein. — König Franz in Fontainebleau. — Die Diakonissin. (413 S.)
4. Dasselbe. 3. Thl.: Der Sadducäer von Amsterdam. — Schauspieler vom Hamburger Berge. — Die Königin der Nacht. — Jean Jacques. — Arabella. — Der Prinz von Madagaskar. — Vergangene Tage. — Novellistische Skizzen. (416 S.)
5. Blasedow u. seine Söhne. Satyrischer Roman in 3 Büchern. 3. (Titel-)Aufl. 1. Bd. [1. u. 2. Buch.] (VIII, 399 S.)
6. Dasselbe. 2. Bd. [3. Buch.] — Maha Guru, Geschichte eines Gottes. 3. (Titel-)Aufl. (412 S.)
7. Paris u. Frankreich in den Jahren 1834—1874. 2. Aufl. (VII, 487 S.)
8. Säkularbilder. Anfänge u. Ziele des Jahrhunderts. 3. Aufl. (XV, 479 S.)
9. Oeffentliche Charaktere. 3. Aufl. (VI, 460 S.)
10. Zur Geschichte unserer Zeit. 2. Aufl. (VII, 390 S.)
11. Reiseeindrücke aus Deutschland, der Schweiz, Holland u. Italien. [1832—1873.] 3. Aufl. (VI, 394 S.)
12. Börne's Leben. — Ueber Goethe im Wendepunkte zweier Jahrhunderte. — Philosophie der That u. des Ereignisses. — Ueber Theaterschulen. 3. Aufl. (V, 455 S.)

— dasselbe. 2. Serie. Dramatische Werke. 4. Gesammtausg. (In 20 Bdchn.) 1. 4 — 20. Bdchn. 8. Ebend. 880. 81. à n. — 90; geb. à n.n. 2. 20

1. Zopf u. Schwert. Lustspiel in 5 Aufzügen. 10. Aufl. (XV, 85 S.)
4. Der Königsleutnant. Lustspiel in 4 Aufzügen. 8. Aufl. (111 S.)

Bdchn. 5. Pugatschew. Trauerspiel in 5 Aufzügen. 4. Aufl. (149 S.)
6. Das Urbild des Tartüffe. Lustspiel in 5 Aufzügen. 5. Aufl. (103 S.)
7. Ella Rose oder die Rechte des Herzens. Schauspiel in 5 Aufzügen. 3. Aufl. (104 S.)
8. Patkul. Politisches Trauerspiel in 5 Aufzügen. 6. Aufl. (85 S.)
9. Ein weißes Blatt. Schauspiel in 5 Aufzügen. 5. Aufl. (76 S.)
10. Philipp und Perez. Trauerspiel in 5 Aufzügen. 2. Aufl. (183 S.)
11. Rich. Savage od. der Sohn einer Mutter. Trauerspiel in 5 Aufzügen. 6. Aufl. (84 S.)
12. Ottfried. Schauspiel in 5 Aufzügen. 4. Aufl. (91 S.)
13. 14. Wullenweber. Trauerspiel in 5 Aufzügen. 4. Aufl. (206 S.)
15. Der 13. November. Schauspiel in 3 Aufzügen. 5. Aufl. — Fremdes Glück. Vorspielscherz in 1 Aufzuge. 5. Aufl. (103 S.)
16. Liesli. Ein Volkstrauerspiel in 3 Aufzügen. Mit 3 Liedern von C. G. Reissiger. 4. Aufl. (72 S.)
17. Lenz u. Söhne od. die Komödie der Besserungen. Lustspiel in 5 Aufzügen. 4. Aufl. (123 S.)
18. Die Schule der Reichen. Lustspiel in 5 Aufzügen. 6. Aufl. (92 S.)
19. Lorbeer u. Myrte. Lustspiel in 4 Aufzügen. 4. Aufl. (147 S.)
20. Nero. Tragikomödie. 4. Aufl. (140 S.)

Gutzkow, Karl. Gesammelte Werke. 2. Serie: Dramatische Werke. 4. Gesammtausg. 2. Bdchn.: Uriel Acosta. Trauerspiel in 5 Aufzügen. 13. Aufl. 8. (100 S.) Jena 891, Costenoble. * — 90
geb. in Mosaikbd. ** 2 20

1. u. 3.—19. Bd. Ebd. 1880—82. * 17 20.

Gutzkow, Karl, gesammelte Werke. 2. Serie. Dramatische Werke. 4. Gesammtausg. 1. u. 2. Bdchn. 8. Jena, H. Costenoble. à n. — 90; geb. à n.n. 2. 20

1. Zopf u. Schwert. Lustspiel in 5 Aufzügen. 11. Aufl. (XV, 85 S.) 893.
2. Uriel Acosta. Trauerspiel in 5 Aufzügen. 14. Aufl. (100 S.) 894.

Gutzkow, Karl, gesammelte Werke. 2. Serie. Dramat. Werke. 4. Gesammtausgabe. 2. Bdchn. Uriel Acosta. Trauersp. in 5 Aufzgn. 15. Aufl. 8. (100 S.) Jena 897. H. Costenoble. n. — 90; geb. n. 1. 50; in Orig.-Mosaikbd. n.n. 2. 20

Gutzkow, Karl, gesammelte Werke. 2. Serie. Dramatische Werke. 4. Gesamtausg. 1., 2. u. 4. Bdchn. 8. Jena. Berlin, H. Costenoble. à n. — 90; geb. in Mosaikbd. à n.n. 2. 20
1. Zopf u. Schwert. Lustspiel in 5 Aufzügen. 12. Aufl. (XV, 86 S.) 899.
2. Uriel Acosta. Trauerspiel in 5 Aufz. 16. Aufl. (100 S.) (900.)
4. Der Königsleutenant. Lustspiel in 4 Aufzügen. 11. Aufl. (111 S.) (899.)

— der Zauberer von Rom. Roman in 9 Büchern. 1—3. Bd. 1. u. 2. unveränd. Aufl. Leipzig 858. Brockhaus. 8. (IX, 371; 2 Bl., 351; 2 Bl., 396 S.) Jeder Bd. n. 1 Thlr. 10 ngr.

— der Zauberer von Rom. Roman in 9 Büchern. 4—9. Bd. Ebend. 859—61. 8. (2382 S.) 4—8.: à n. 1 Thlr. 10 ngr.; 9.: n. 2 Thlr.

—— dass. — 1—3. Bd. 2. Aufl. 8. (IX und 1118 S.) Ebendas. 859. *

—— der Zauberer von Rom. Roman in 9 Büchern. 2. Aufl. In 18 Bdchn. gr. 16. (XIV und 2978 S.) Leipzig 863, Brockhaus. à Bdchn. * 10 Ngr. *
geb. *

— der Zauberer von Rom. Roman in 9 Büchern. 3. Aufl. Ebend. 869. gr. 16. (XXXII, 319; III, 300; III, 340; III, 326; III, 323; III, 313; III, 319; III, 319 u. III, 427 S.) 4 Thlr. 15 ngr.; in engl. Einb. 6 Thlr.

Gutzkow, Karl
Der Zauberer von Rom. Roman. 4. völlig umgearb. Aufl. Bd 1–4.
Berlin: Janke (1872). 8°

— der Zauberer v. Rom. 4. völlig umgearb. Aufl. In 30 Lfgn. 8. (1. Bd. XVIII, 408, 2. Bd. IV, 472, 3. Bd. 389. 4. Bd. IV. 482 S.) Berlin 872. 73. Janke. à n. — 30

—— aus der Zeit u. dem Leben. gr. 12. (20½ B.) Leipzig 844, Brockhaus.

Gutzkow, Karl, s. Zeit, Unsere.

(Gutzkow, Karl,) die Zeitgenossen, ꝛc., s. Bulwer, E. L., Werke. — Supplement.
Diese Schrift ist nicht v. Lewald, sondern von Gutzkow.

—— Zopf und Schwert, s.a. Auswahl deutscher Bühnenstücke, zum Uebersetzen in das Französische bearb.

— dasselbe, s.a. Meisterwerke, die, der deutschen Bühne.

— dasselbe, s.a. Meyer's Volksbücher.

— — zum Uebersetzen in das Englische bearb. von H. Plate, s. Plate, German Studies.

— — s. Sammlung deutscher Lust- und Schauspiele zum Uebersetzen in's Englische.

— Zopf u. Schwert, s.a. Ubungs-Bibliothek, englische. Nr. 4.

— Zopf u. Schwert, s.a. Ubungs-Bibliothek, französ.

— Zopf und Schwert. Lustspiel in 5 Aufzügen. Miniatur-Ausg. Leipzig 856. Brockhaus. 16. (180 S.) n. 20 ngr.; geb. n. 24 ngr.

Gutzkow, Karl: Zopf und Schwert. Lustspiel in 5. Aufz. Leipzig: Reclam [1908]. 88 S. 8°
(Universal-Bibliothek. 5061.)

Gutzkow, Karl: Zopf und Schwert. Lustspiel in 5 Aufz. Mit e. Einl. von Paul Schaumburg u. d. Bilde d. Verf. Halle a. S.: Hendel [1909]. XVIII, 74 S. 8°
(Bibliothek d. Gesamtliteratur d. In- u. Auslandes. Nr. 2123.)

Gutzkow, W., Tabellen zur leichten Ermittelung der Kapitalbeträge, durch welche Amortisations-Renten in jedem einzelnen Jahre der Amortisations-Periode abgelöst werden können, nebst Bemerkungen über den Zweck und Gebrauch derselben für Rechnungs-Beamte und Rentenpflichtige. Mit einem Vorworte des Regierungsraths Marot. Potsdam 855. Riegel'sche Buchhdlg. 4. (VIII, 21 S.) n. 10 ngr.

Gützkow [Schlagwort]

Gützkow, s.: Deutschland. Kürschner-Peip.

Gützlaff, Karl, s.a. Gaïhan.

Gützlaff, Karl, der Missionar der Chinesen. 2. Aufl. br. 8. (32 S. mit 1 Lith.) Duisburg 850, Bagel in Comm. n. 1/12 Thlr.

—— der Missionar der Chinesen. 2. Aufl. br. 8. (32 S. mit 1 Stnt.) Duisburg 850, (Ewich.) *

Gützlaff, Maria, das blinde Chinesen-Mädchen. 16. (16 S.) Barmen 873. Wiemann. n. — 10

Gützlaff, C. Aequatio modularis pro transformatione functionum ellipticarum septimi ordinis. 4 S. . . . . .
Progr. Marienwerder 1835

Gützlaff: Ueber das Auflösen planimetrischer Aufgaben. 20 S. und Fgtf.–Marienwerder, Progr. 1852

Gützlaff: Ueber das Auflösen trigonometrischer Aufgaben. 19 S. und Fgt.– Marienwerder, Progr. 1866.

Gützlaff, über das Auflösen trigonometrischer Aufgaben. Marienwerder 867. (Berlin, Calvary & Co.) gr. 4. (19 S. mit 1 Steintaf.) n. 10 ngr.

Gützlaff, C. Bemerkungen über den mathematischen Unterricht auf Gymnasien. 18 S.
Marienwerder, Progr. 1844

Gützlaff: Ueber die regulären Körper. 22 S. Figt.– Marienwerder, Progr. 1858.

Gützlaff, Erich, s.: Gehängten, die.

(Gützlaff, Carl): C. Gützlaff's, Missionars der evangelischen Kirche, dreijähriger Aufenthalt im Königreich Siam nebst einer kurzen Beschreibung seiner drei Reisen in den Seeprovinzen Chinas in den Jahren 1831—1833. [Herausgegeben von W. Ellis.] [Aus dem Englischen.] Basel 1835. 327, (5) S., 1 Krt. 8°.

— dreijähriger Aufenthalt im Königreiche Siam, nebst e. kurzen Beschreibung seiner drei Reisen in den Seeprovinzen China's in den Jahren 1831—1833. Mit 1 Karte. gr. 8. Basel 835. Schneider. 1¼ Thlr.

(Gützlaff, Karl): Missionar Gützlaff's ausführlicher Bericht von seinem dreijährigen Aufenthalt in Siam und seiner Reise längs der Küste von China bis nach Mantschu-Tartarei. Nach dem zu Canton in China gedruckten engl. Original übersetzt. Mit einer gedrängten Lebensgeschichte Gützlaff's. Elberfeld 1834. V, 120 S. 8°.

Gützlaff's, Karl, ausführlicher Bericht von seinem dreijährigen Aufenthalt in Siam u. seiner Reise längs der Küste von China bis nach Mantschu-Tartarei. Nach dem zu Canton in China gedruckten engl. Original übersetzt. Mit e. gedrängten Lebensgeschichte Gutzlaff's. 8. Elberfeld 834. Hassel. ⅓ Thlr.

Gützlaff, Karl, († d. 9. Aug. 1851 in Victoria auf Hong-Kong), Bericht seiner Reise von China nach England u. durch die verschiedenen Länder Europa's im Interesse der Chines. Mission. Hrsg. v. der Direction der Chines. Stiftung. gr. 8. (41 S.) Cassel 851. Hotop. ¼ ℛ

(**Gützlaff**, Karl): Gaihan's (Karl Gützlaff's) chinesische Berichte, von der Mitte des Jahres 1841 bis zum Schluss des Jahres 1846. Herausgegeben von dem Vorstande der Chinesischen Stiftung. Cassel 1850. VIII. 390 S. 8°.

— **Geschichte des chinesischen Reiches, s.a. Geschichte der außereuropäischen Staaten 1r u. 2r Bd.**

Gützlaff, Carl. Geschichte des chinesischen Reiches. Aus dem Englischen von F. Bauer. Mit 10 Beilagen und 1 Beilage mit 43 Seiten. (Aus: „Geschichte der aussereuropäischen Staaten. Herausgegeben von mehreren Gelehrten". 1. u. 2. Bd.) (2 Bde.)
8. Quedlinburg und Leipzig **1836**.

— Geschichte des chinesischen Reiches von den ältesten Zeiten bis auf den Frieden von Nanking. Hrsg. v. Karl Frdr. Neumann. gr. 8. (VIII u. 912 S.) Stuttgart 847, Cotta. n. 3½ ℛ

— über die Handelsverhältnisse im östlichen Asien. Vortrag gehalten zu Berlin am 9. Octbr. 1850. gr. 8. (20 S.) Ebd. 850, in Comm. baar n. 3 ngℛ

Gützlaff, Carl, das Leben des Tao-Kuang, verstorbenen Kaisers von China. Nebst Denkwürdigkeiten des Hofes von Peking und einer Skizze der hauptsächlichsten Ereignisse in der Geschichte des chines. Reiches während der letzten fünfzig Jahre. Aus dem Engl. gr. 8. (X und 102 S.) Leipzig 852, Dyk'sche Buchh.

— Leben d. Kaiser Taokuang. Memoiren d. Hofes zu Peking u. Beiträge zu der Geschichte Chinas während der letzten fünfzig Jahre. Aus dem Engl. v. Jul. Seybt. gr. 8. (XVI u. 190 S.) Leipzig 852, Lorck. n. 1 ℛ

—— die Mission in China. Vorträge, in Berlin gehalten. Hrsg. von dem ostpreuß. Verein für China. Mit einem Vorworte von Fr. With. Krummacher. 1—6. Vortrag. 8. (99 S.) Berlin 850, [W. Schultze.] à Vortrag * 2 Ngr. *

—— dass. — Abschiedsworte, gesprochen bei der Jahresfeier der preuß. Haupt-Bibel-Gesellschaft am 9. Octbr. 1850. gr. 8. (6 S.) Berlin 850, [W. Schultze.] **

Gützlaff, Karl, Predigt über Apostelgeschichte 4, 12. gehalten am 22. Decbr. 1822 in Berlin. 8. Berlin 844. (Wohlgemuth.) n. $^1/_{12}$ ℛ

Gützlaff, Vict. [Prof. Dr.]: Die Grundbegriffe der Ethik. Elbing, Buchdr. R. Kühn, *1892;* 32 S. 4.
Elbing, st. RG, OP 1892 (45)

Gützlaff, V., Schopenhauer über die Thiere u. den Thierschutz. Ein Beitrag zur eth. Seite der Vivisectionsfrage. gr. 8. (96 S.) Berlin 880. Nauck & Co.
n. 1. 20

Gützlaff, Victor Geschwundenes Sprachbewußtsein im Deutschen. XLV S. **Progr.** Rg. *Elbing* 1876.

Gützlaff's, Karl,

—— Leben und Heimgang. 8. (52 S.) Berlin 851, (Schulbuchhandlung. — J. A. Wohlgemuth.)

Gützlaffshagen [Schlagwort]

Gützlaffshagen, s.: Geologische Karten. Karte (Preussen).

Gützloe, Eduard (geb. 1845 in Wesel a. Niederrh.): Ueber den Einfluss chemischer Agentien auf die Brown'sche Molekularbewegung ... Bonn, gedr. bei J. F. Carthaus (1870). 1 Bl., 35 S., 1 Bl. 8.
Bonn, Med. Fak., Diss. v. 24 Juni 1870

Guetzloe, Gustav (Essen), De luxatis quinque inferioribus colli vertebris. Diss. med. Bln. (Nietack) 13. VIII. 1832. 32 S. mit Biogr. (M.: E. Retenbacher.) (5.50) 12268
Oppon.: H. Truetschel, L. Wetzlar, N. Liese. — Gew.: Ant. Guetzloe (Vater).

Gützloe, Ludwig (geb. am 21 Aug. 1843 in Ahlen Westf.): Ueber den Watte-Verband ... Bonn, Druck v. F. Krüger 1867. 34 S., 1 Bl. 8.
Bonn, Med. Fak., Diss. v. [8 Aug.] 1867

Gutzmann, Alb., Anleitung f. den Turnunterricht bei Taubstummen in den ersten Schuljahren. 8. (94 S.) Berlin 886. Staude. n. 2. —

Gutzmann, Alb., Bilder-Sammlung f. Taubstumme, s.: Hill, M.

Gutzmann, Albert *Theodor Karl* [aus Bütow '(Pomm.)']: Über den Einfluss der Nähmaschinenarbeit auf die weiblichen Genitalorgane ... Berlin, Buchdr. v. G. Schade, *1895;* 30 S., 1 Bl. 8.
Berlin, Med. Fak., Inaug.-Diss. v. 25. Juni 1895

Gutzmann, A.: Über die physische Erziehung der Taubstummen. 1893. 17 S.

Gutzmann, Alb., der erste biblische Geschichts-Unterricht in der Taubstummen-Schule. Ein Conferenz-Vortrag. gr. 8. (28 S.) Berlin 880. Angerstein.
n. 1. —

Gutzmann, Alb., die Gesundheitspflege d. Sprache m. Einschluß d. Behandlg. v. Sprachstörungen in d. Schulen. E. Anleitg. f. Lehrer u. Lehrerinnen. gr. 8. (149 S. m. 13 Abb.) Breslau 895. F. Hirt. n. 2. 50

— s.: Monatsschrift, medizinisch-pädagog., f. d. ges. Sprachheilkunde.

ALBERT GUTZMANN, Über Sprachstörungen und ihre Bekämpfung durch die Schule. Ein Vortrag. Herausgegeben auf Veranlassung des Medizinisch-pädagogischen Vereins zu Berlin. Nebst einem Nachtrage, bestehend aus der im Anschluss an den Vortrag erfolgten Diskussion im medizinisch-pädagogischen Verein unter Vorsitz des Geheimen Sanitätsrates Dr. Steinthal. Berlin. 1884. Elwin Staude. 8°.

— das Stottern u. seine gründliche Beseitigung durch ein methodisch geordnetes u. praktisch erprobtes Verfahren. Eine Anleitung für Lehrer u. Eltern, sowie zum Gebrauche für Erwachsene. gr. 8. (IV, 170 S.) Ebend. 879.
n. 5. —

—— **das Stottern und seine gründliche Beseitigung durch ein methodisch geordnetes und praktisch erprobtes Verfahren. Nebst einem Anhang: Über das Stottern. Inaugural-Dissertation von Herm. Gutzmann. Eine Anleitung für Eltern und Lehrer, sowie zum Gebrauch für Erwachsene. 2 Tle. 2. verb. und verm. Aufl. gr. 8. Ebendas. ***
Inhalt:
Tl. 1. Theoretischer Teil. (XV, 141 S.) 888. *ℳ 3.—.
" 2. Praktischer Teil. 1. und 2. Aufl. (IV, 191 S.) 887,88. *ℳ 2.50.

Gutzmann, Alb., das Stottern u. seine gründliche Beseitigung durch e. methodisch geordnetes u. praktisch erprobtes Verfahren. Eine Anleitg. f. Eltern u. Lehrer, sowie zum Gebrauch f. Erwachsene. 2 Tle. gr. 8. Berlin 890. Staude. n. 5. 50; geb. in 1 Bd. n. 6. 50
1. Theoretischer Tl. Mit e. Anh.: Über das Stottern. Inaug.-Diss. v. H. Gutzmann. 3. Aufl. (VII, 141 S.) n. 3. —.
2. Praktischer Tl. 3., verm. Aufl. (IV, 200 S.) n. 2. 50.

Gutzmann, Alb., das Stottern u. seine gründliche Beseitigung durch e. methodisch geordnetes u. praktisch erprobtes Verfahren. Eine Anleitg. f. Eltern u. Lehrer, sowie zum Gebrauch f. Erwachsene. 2. Tl. 4., verm. Aufl. gr. 8. (II, 206 S.) Berlin 892. E. Staude. n. 2. 50

— d. Stottern u. s. gründl. Beseitigg. durch e. method. geordn. u. prakt. erprobtes Verfahren. Nebst e. Anh.: Ueb. d. Stottern. Inaug.-Diss. v. Herm. Gutzmann. E. Anleitg. f. Eltern u. Lehrer, sow. z. Gebr. f. Erwachsene. I. Tl. 4., verb. u. verm. Aufl. gr. 8. (XIX, 140 S.) Berlin 895. E. Staude. n. 3. —

— dasselbe. 2. Tl. 5., verb. Aufl. gr. 8. (II, 206 S.) Ebd. 898. n. 2. 50

— das Stottern u. seine gründliche Beseitigung durch e. methodisch geordnetes u. praktisch erprobtes Verfahren. Nebst e. Anh.: Ueber das Stottern. Inaugural-Diss. v. Herm. Gutzmann. Eine Anleitg. f. Eltern u. Lehrer, sowie zum Gebrauch f. Erwachsene. 1. Tl. 5. verm. u. verb. Aufl. (XXI, 145 S.) gr. 8. Berlin 903. E. Staude. n. 3. —

— dasselbe. 2. Tl. 6. verb. Aufl. (II, 206 S.) 8. Ebd. 906. n. 2. 50

— Das Stottern u. seine gründliche Beseitigung durch e. methodisch geordnetes u. praktisch erprobtes Verfahren. Nebst e. Anh.: Über das Stottern. Diss. v. Herm. Gutzmann. Eine Anleitg. f. Eltern u. Lehrer sowie zum Gebrauch f. Erwachsene. I. Tl. 6. verm. u. verb. Aufl. (XIII, 150 S.) 8. Berlin 910. E. Staude. 3. —

Kleine Streiflichter auf die kirchliche, soziale und gesetzliche Stellung der Taubstummen. Von Albert Gutzmann, Dir. d. Taubstummenschule in Berlin. *Berlin: E. Staude 1899.* (30 S.) 8° [F.] [00. 10035

— das Turnen der Taubstummen. Ein Vortrag gehalten am 12. März 1878 im Berliner Turnlehrer-Verein. gr. 8. (27 S.) Ebendas. 878. *

— das Turnen der Taubstummen. Ein Vortrag geh. am 12. März 1878 im Berliner Turnlehrer-Verein. 2. (Titel-)Aufl. gr. 8. (27 S.) Ebend. (1878) 880. n. — 80

— Übungsbuch f. die Hand der Schüler, im Anschluß an das Werk: „Das Stottern u. seine gründliche Beseitigung durch e. methodisch geordnetes u. praktisch erprobtes Verfahren". 2. Aufl. gr. 8. (IV, 108 S.) Ebd. 892. Kart. n. 1. 20

— Übungsbuch f. d. Hand d. Schüler, im Anschluß an d. Werk: „D. Stottern u. s. gründl. Beseitigg. durch e. method. geordn. u. prakt. erprobtes Verfahren". 4. Aufl. 8. (IV, 108 S.) Ebd. 897. Kart. n. 1. 20

Übungsbuch für die Hand der Schüler, im Anschluss an d. Werk: 'Das Stottern u. s. gründl. Beseitigung durch e. method. geordnetes u. prakt. erprobtes Verfahren' von Albert Gutzmann, Berlin. 5. Aufl. *Berlin: E. Staude [1900].* (108, 15 S.) 8° [F.] [00. 10036

— Uebungsbuch f. die Hand der Schüler, im Anschluß an das Werk: „Das Stottern u. seine gründliche Beseitigung durch e. methodisch geordnetes u. praktisch erprobtes Verfahren". 6. Aufl. (V, 116 u. 16 S.) 8. Ebd. (903). Kart. n. 1. 20

— Übungsbuch f. stotternde Schüler im Anschluß an das Werk: „Das Stottern u. seine gründliche Beseitigg. durch e. methodisch geordnetes u. praktisch erprobtes Verfahren". 13. Aufl. (V, 116 S.) 8. Berlin (910.) E. Staude. Geb. 1. 20

— Übungstafeln f. Stotterer, s.: Thiel, O.

— Vor- u. Fortbildung der Taubstummen. In zwanglosen Hftn. hrsg. 1.–3. Hft. gr. 8. (43, 30 u. 34 S.) Ebd. 899. 903. à n. 1. –

Die praktische Anwendung der Sprachphysiologie beim ersten Leseunterricht v. Hermann Gutzmann. '(M. 1 Taf.)' *Berlin: Reuther & Reichard 1897.* (52 S., 1 Taf.) 8.
— Sammlung v. Abhandlungen a. d. Gebiete d. paedagog. Psychologie u. Physiologie. Bd 1. H. 2. [97. 431

Gutzmann, Herm., die soziale Bedeutung der Sprachstörungen. (70 S. m. 5 Kurven.) gr. 8. Jena 904. G. Fischer. n. 2. 40
Sonderabdruck aus: „Klin. Jahrb."

Gutzmann, Herm., über die Behandlung der Aphasie in der ärztlichen Praxis. gr. 8. (16 S.) München 902. Seitz & Schauer. n. 1. –
Sonderabdruck aus: „Deutsche Praxis".

(B) Gutzmann, Herm., Behandlung d. Aphasie. 902. Jetzt: München, Verl. d. ärztl. Rundschau.

Von den verschiedenen Formen des Näselns. Von Hermann Gutzmann. *Halle a. S.: C. Marhold 1901.* (57 S.) 8° [01. 9100 3

— die Kunst des Bauchredens, s.: Flatau, Thdr. S.

— s.: Monatsschrift, modizin.-pädagog. f. d. ges. Sprachheilkunde.

Neueres über Taubstummheit und Taubstummenbildung. Vortrag von Dr. Hermann Gutzmann, Berlin. *Berlin: Fischer (1900).* (20 S.) 8°
— Klinik, Berliner. H. 142. [00. 3830

— Physiologie d. Stimme u. Sprache, s.a. Wissenschaft, die.

Gutzmann, Hermann: Physiologie der Stimme und Sprache. Mit Abb. u. 2 Taf. Braunschweig: Vieweg 1909. X, 208 S. 8°
(Die Wissenschaft. H. 29.)

Des Kindes Sprache und Sprachfehler. Gesundheitslehre d. Sprache f. Eltern, Erzieher u. Ärzte. Von Dr. med. Hermann Gutzmann, Spezialarzt. Mit 22 Abb. Leipzig: J. J. Weber 1894. (VIII, 264 S.) 8° [F.]
— Katechismen, Webers illustrierte. Bd 221. [07. 1900 11

Die Sprachphysiologie als Grundlage der wissenschaftlichen Sprachheilkunde. Vortrag, geh. in d. Fortbildungskursen d. Aerzte von Dr. Hermann Gutzmann, (Berlin). *Berlin: Fischer 1898.* (19 S.) 8°
— Klinik, Berliner. H. 121. [00. 6696

Die Sprachstörungen als Gegenstand des klinischen Unterrichts. Antrittsvorlesung, geh. zu Berlin 1905 von Dr. Hermann Gutzmann. Berlin: O. Enslin 1905 [Übergekl.: Leipzig: G. Thieme 1905]. (39 S. 8° [05. 6119

— s.: Sprachstörungen u. Sprachheilkunde.

Stimmbildung und Stimmpflege. Gemeinverständl. Vorlesungen geh. von Dr. med. Hermann Gutzmann, Privatd. Mit 52 Fig. Wiesbaden: J. F. Bergmann 1906. (VI, 155 S.) 8° [F.] [08. 14398

— üb. das Stottern, s.a. Gutzmann, Alb., d. Stottern u. s. gründl. Beseitigg.

Gutzmann, Hermann [aus Bütow in Pommern]: Über das Stottern . . . .
Berlin, Buchdr. v. Gustav Schade (Otto Francke) (1887); 20 + 1 S. + 1 Bl. 8°
Berlin, Med. Fak., Inaug.-Diss. v. 8. Okt. 1887

Das Stottern. E. Monographie f. Aerzte, Pädagogen u. Behörden v. Dr. med. Hermann **Gutzmann**, pr. Arzt in Berlin. M. zahlr. Fig., Photogr., Curven u. Tab. im Text u. 1 Lichtdrucktaf. *Frankfurt a/M.: J. Rosenheim 1898*: (VI S., 1 Bl., 459 S., 1 Taf.) 1 Bd 8. (97. 5348

Gutzmann, H., die Verhütung u. Bekämpfung des Stotterns in der Schule. Ein Beitrag zur Schulhygiene. gr. 8. (20 S.) Leipzig 889. G. Thieme. n. 1. —

— üb. d. Verhütg. u. Heilg. d. wichtigsten Sprachstörungen. [Aus: „Deutsche Praxis".] gr. 8. (50 S.) München 898. Seitz & Schauer. n. 1. 50

(B) — Verhütung u. Heilung d. wicht. Sprachstörungen. 898. Jetzt: München, Verl. d. ärztl. Rundschau. Erh. Pr. 1. 80

— Vorlesungen üb. die Störungen der Sprache u. ihre Heilung, geh. in den Lehrcursen üb. Sprachstörgn. f. Ärzte u. Lehrer. gr. 8. (IV, 341 S. m. 36 Abbildgn.) Berlin 893. Fischer's medicin. Buchh. n. 7. 50; geb. n.n. 8. 50

Gutzmar, Joachim Heinr. (Schwerin), De feudo fideicommissario ex jure communi et Mecklenburgico. Präs. Jo. Christ. Pesler. Frankfurt/O. (Alex) 22. V. 1744. 38 S. (6.—) 12409

Gutzmer, August

Gutzmer, A., Bemerkungen üb. die Iteration linearer homogener Differentialgleichungen. [Auszug aus e. an Hrn. M. Lerch gerichteten Briefe.] [Aus: „Sitzungsber. d. k. böhm. Gesellsch. d. Wiss."] gr. 8. (S. 54—59.) Prag 892. (F. Řivnáč.) n. 12. —

Bericht über die Tätigkeit des Deutschen Ausschusses für den mathematischen und naturwissenschaftlichen Unterricht im J. 1908. Erstattet von d. Vorsitzenden A[ugust] **Gutzmer**. Leipzig & Berlin: Teubner 1909. 13 S. 8°
Aus: Zeitschrift f. math. u. naturwiss. Unterricht. Jg. 39.
(Schriften d. Deutschen Ausschusses f. d. math. u. naturwiss. Unterricht. H. 1.)
(10. 13733

Gutzmer, August [aus Neu-Rodahn]: Über gewisse partielle Differentialgleichungen höherer Ordnung ... Halle a. S., *Druck v. G. Bernstein in Berlin*, 1893; 22 S., 1 Bl. 4.
Halle, Phil. Fak., Inaug.-Diss. v. 13. Jan. 1893

Gutzmer, A., üb. gewisse partielle Differentialgleichungen höherer Ordnung gr. 4. (22 S.) Berlin 893. (F. Dümmler's Verl.) n. 1. 60

— Geschichte der deutschen Mathematiker-Vereinigung, s.a. Jahresbericht der deutschen Mathematiker-Vereinigung.

A. GUTZMER, Geschichte der Deutschen Mathematiker-Vereinigung von ihrer Begründung bis zur Gegenwart dargestellt. (Den Teilnehmern am III. Internationalen Mathematiker-Kongress, Heidelberg 8.—13. August 1904 gewidmet von der Deutschen Mathematiker-Vereinigung.) Leipzig 1904. B. G. Teubner. 4°.
In: A. GUTZMER, Geschichte der Deutschen Mathematiker-Vereinigung ... Leipzig 1904: Generalregister des Jahresberichts der Deutschen Mathematiker-Vereinigung Bd. 1—12. Von ERNST WÖLFFING, enthalten.

Gutzmer, A., s.: Jahresbericht d. deutschen Mathematiker-Vereinigg.

— Reformvorschläge f. den mathematischen u. naturwissenschaftlichen Unterricht. Entworfen v. der Unterrichtskommission der Gesellschaft deutscher Naturforscher u. Aerzte. Nebst e. allgemeinen Bericht üb. die bisherige Tätigkeit der Kommission. (IV, 48 S.) Lex.-8. Leipzig 905. B. G. Teubner. n. 1. —

— dasselbe. 2. Tl. Vorschläge, überreicht der 78. Naturforscher-Versammlg. in Stuttgart 1906. Nebst e. allgemeinen Bericht üb. die Tätigkeit der Kommission im verflossenen Jahre. (IV, 73 S.) Lex.-8. Ebd. 906. n. 1. 40
2 Sonderabdr. a.: „Ztschr. f. mathem. u. naturwiss. Unterr."

— s.: Tätigkeit, die, der Unterrichtskommission der Gesellschaft deutscher Naturforscher u. Ärzte.

Gutzmer, August [Dr.]: Zur Theorie der adjungirten Differentialgleichungen ... Halle a. S., *Druck v. G. Bernstein in Berlin*, 1896; 25 S. 4.
Halle, Phil. Fak., Hab.-Schr. v. [9. Apr.] 1896

Gutzmer, Johann Albert (Rostock), De jure manus dextrae. Vom Rechte der rechten Hand. Disp. jur. Präs. Christian Wildvogel. Jena (Müller) 6. III. 1700. 56 S. mit Widm. v. Präs. (6.20) 12410

— — Dasselbe. Jena 1714. 56 S. ohne Widmung. (6.20) 12411

— — Dasselbe. Germanis: Vom Rechte und Gebrauch der rechten Hand bey Gesandschaften, Kirchen=Lehn=bürgerlichen auch peinlichen Fällen. Jena (Heller) 1754. 64 S. ohne Widm. (6.20) 12412

Gutzmer

— **Johann Georg** (Rostock), De assessoribus, occas. tit. pand. et c. de offic. assessorum. Germanis: Vom Recht, Amt und Beschaffenheit derer Beysitzere in Reichs=Geheimen=Staats=Justitz=Kriegs= auch andern niedern Gerichten. Diss. jur. Präs. Heinr. Rud. Redeker. Rostock o. J. Jena (I. B. Heller) 1755. 43 S. (6.—) 12413

Gutsmer, P., die Canalisirung des Main von Frankfurt a. M. bis zum Rhein, s. Cuno, E.

— **Simon Joh.** (Schwerin/Meckl.), De gemellis concretis. Dissert. jur. Präs. Johann Joachim Schoepffer. Rostock (Joh. Weppling) 17. XII. 1709. 58 S., tlws. dtsch. (6.50) 12414

Gutzschebauch, Arthur, Referendar in Leipzig: Der Mäklervertrag nach dem Bürgerlichen Gesetzbuche. Leipzig 1905: W. Wigand. (75 S.) 8°
Leipzig, Jur. Fak., Diss. v. 17. Febr. 1905
[Geb. 4. Sept. 79 Schmaudertrebnitz; Wohnort: Leipzig; Staatsangeh.: Sachsen; Vorbildung: Thomasgymn. Leipzig Reife O. 98; Studium: Freiburg i. B. 1, Leipzig 6 S.; Rig. 15. Jan. 02.]

Gutzschebauch, J. F., Abschiedspredigt, üb. Matth. 11, 25—30 geh. Dom. XIX. post Trinitatis 1887. gr. 8. (9 S.) Chemnitz 887. Bülz. n.n. — 25

Gutzschebauch, J. G., vier ernste Fragen am Jahresabend. Sylvesterpredigt über Marc. 6, 47—51, gehalten in der Kirche St. Johannis zu Chemnitz. Chemnitz 869. May. gr. 8. (11 S.) n. 2½ ngr.

Gutzschebauch, Joh. Glob., Habt Acht auf Gottes Zeugnisse! Od.: Klage, Gericht u. Mahnung des aus dem babylon. Gefängniß befreiten Israel. Predigt, gehalten in den Tagen der deutschen Unruhen 1848 Dom. Oculi. 8. (16 S.) Döbeln 848. (Leipzig, Klinkhardt.) 1⅓ ngr.

Gutzschebauch, Jh. Glo., der Harfner u. Christ. Ein Beitrag zur häusl. Erbauung in Liedern. 8. Leipzig 843, Gebhardt u. Reisland. geb. n. 2/3 ℔

Gutzschebauch, Joh. Glob., Unser Lieben und Bauen im Reiche Gottes. Zwei Predigten über 1. Joh. 4, 16—21 und 1. Pet. 2, 5—10. Grimma 858. Gebhardt's Sortbdlg. gr. 8. (20 S.) n. 4½ ℳ

Gutzwiller, A[ndreas]. Beitrag zur Kenntniss der Tertiärbildungen der Umgebung von Basel. Mit 1 Tafel. SA. 8. Basel 1890.

Gutzwiller, geognostische Beschreibung des Kantons St. Gallen u. seiner Umgebung, s.: Beiträge zur geologischen Karte der Schweiz.

Gutzwiller, A., u. Schalch, geologische Beschreibung der Kantone St. Gallen, Thurgau u. Schaffhausen, s. d. Beiträge zur geologischen Karte der Schweiz.

Gutzwiller. (A[ndreas]). und Schalch, (F[erdinand]). Geologische Beschreibung der Kantone St. Gallen, Thurgau und Schaffhausen, bearb. von den Geologen G' und Sch'. (2 Theile.) Beitr. Geol. Karte Schweiz. Lieferung 19. 4. Bern 1883.
(Theil 1. Molasse und jüngere Ablagerungen enthalten auf Blatt 4 und 5 des eidgen. Atlas, mit Ausnahme des Gebietes nördlich vom Rhein und vom Bodensee. von A. G'. [Mit 2 Tafeln.])
(Theil 2. Das Gebiet nördlich vom Rhein ‹Kanton Schaffhausen, Höhgau und Schienerberg› enthalten auf Blatt 4 des eidgen. Atlas, von Dr. Sch'. [Mit 2 Tafeln.])

Die erratischen Gesteine der praehistorischen Niederlassung zum Schweizersbild u. d. Alter dieser Niederlassg. Von Dr. A. **Gutzwiller** in Basel. *(Basel: Commo. v. H. Georg;) Zürich: Dr. v. Zürcher & Furrer (1896).* (181—194 S.) 4.
— **Denkschriften,** Neue, d. allg. schweiz. Gesellschaft f. d. gesammten Naturwissenschaften. Bd 35. (Abth. 5.) [97. 6006

Gutzwiller, A. Der Löss mit besonderer Berücksichtigung seines Vorkommens bei Basel. Mit 3 Tfln. 31 u. 35 S. Basel, (Georg & Co.). 1894.
*** Bericht der Realschule zu Basel, 1893–94.

Gutzwiller, A[ndreas]. Molasse und jüngere Ablagerungen enthalten auf Blatt 9 des eidg. Atlas. Bern 1877 *s.* Beschreibung. Geologische B' des Kantons St. Gallen und seiner Umgebungen....

Gutzwiller, A., Die löcherige Nagelfluh. Basel, Gewerbeschule 1880. **Progr.**

Gutzwiller, Andreas *s.* Nüesch, Jacob. Das Schweizersbild. Zürich 1897.

Gutzwiller, A(ndreas). Eine Studienreise nach den canarischen Inseln. [Mit 1 Kartenskizze und 11 Tafeln.] 30 S. 4.
Bericht der Realschule zu Basel 1908—1909. Wissenschaftliche Beilage.... Basel, Emil Birkhäuser, 1909.

Gutzwiller, A., die eocänen Süsswasserkalke im Plateaujura bei Basel. (36 S. m. 1 Fig., 4 Taf. u. 4 Bl. Erklärgn.) 4. Zürich 906. (Basel, Georg & Co. — Berlin, R. Friedländer & Sohn.) n.n. 8.—
Sonderabdruck aus: „Abhandlgn. d. schweiz. paläontolog. Gesellsch."

Gutzwiller, A[ndreas]. Die eocänen Süsswasserkalke im Plateaujura bei Basel. Mit vier Tafeln [nebst Tafelerklärungen, und 1 Text-Figur]. II + 36 S. 4. Zürich, Zürcher & Furrer, 1906.
Abhandlungen der schweizerischen paläontologischen Gesellschaft. Vol. 32. 1905. (Basel und Genf, Georg & Cie. ..., 1905. [N°] 4.)

Gutzwiller, Andreas: Das Verbreitungsgebiet des Sentisgletschers zur Eiszeit. 1872.

Gutzwiller, A., siehe: *Verhandlungen.*

Gutzwiller, E[rnst]. Die neue Basler Rheinbrücke. (Mit 1 Tafel und 39 Textbildern.) Sonderabdruck aus der Schweizerischen Bauzeitung, Band 47, Nr. 1, 2 und 4. II + 15 S. 4. Zürich, Ed. Raschers Erben, 1906. (fr. 2. —)

Gutzwiller, Carl. Die Entwicklungsgeschichte der Gemeinde Birsfelden von Dr. K' G'. Vortrag, gehalten an der Jahressitzung des Jugendfestvereins Birsfelden ‹12. März 1910›. [Mit 3 Porträts.] 32 S. 8. Liestal, Buchdr. zum «Landschäftler» A.G., 1910. fr. —. 50

Gutzwiller, St., über die körperliche Ausbildung bei jung und alt, Vortrag, Bern 1902, 16 S., 8°.

Guvernanten Celias Minnen. Af förf till Granriskojan. (1. Thl.) gr. 16. (IV u. 166 S.) Helsingfors 852, Öhmann. (Leipzig, Brockhaus.) n. n. 26 ℳ

Guy: Vollständige u. authentische Geschichte Ludwig Napoleons, s. Gallix.

Guy, Arthur P. (Hrsg.), s. Wishek Nachrichten.

de Guy, P., literar. Reise nach Griechenland, mit Berichtigungen von Chr. F. Weisse. 2 Thle. 8. Leipz. 771, 72. Schwickert. 1 ℔ 6 ℳ
Vgl. Guys, Pierre Auguste.

Guy von Warwick, s. Herbing, G. A.

Guyard, ..., s. K. J. Huber, Vorstellung.

GUYARD. — Schreiben des Kaufmanns Guyard in Hamburg an seine Mitbürger. Als eine Einleitung zu seinen herauszugebenden Memoires 1767. 8°. (4 Mk. M. Glogau jun., 1906:)
„Interess. Skandalschrift." — Sehr selten!

Guyau, Jean Marie: Die Irreligion der Zukunft. [L'Irréligion de l'avenir]. Soziolog. Studie. Deutsch von M. Kette. Leipzig: W. Klinkhardt 1910. 502 S. 8°
(Philosophisch-soziologische Bücherei. Bd 20.)

— Sittlichkeit ohne „Pflicht" (Esquisse d'une morale sans obligation ni sanction), s. d. Bücherei, philosophisch-soziologische. XIII.

Sittlichkeit ohne Pflicht ‹Esquisse d'une morale sans obligation ni sanction›. Von J(ean) M(arie) **Guyau.** Ins Deutsche übers. von Elisabeth Schwarz. Mit einer f. d. deutsche Ausg. verf. biograph.-krit. Einl. von Alfred Fouillée u. bisher unveröff. Randbemerkungen Friedrich Nietzsches. Leipzig: Klinkhardt 1909. VIII, 303 S. 8°

(Jean Marie) Guyau, Verse eines Philosophen (Vers d'un philosophe). (Deutsch nachgedichtet u. eingeleitet von Udo Gaede.) Einzig autor. Ausg. (Berlin: A. Duncker 1910.) XXXVI, 112 S. 8° [11. 8370

Guye, Paul H., die Schweiz in ihrer politischen Entwickelung als Föderativ-Staat. Erwiederung auf „Die Schweiz in ihrer Entwickelung zum Einheitsstaate" von P. C. v. Planta. gr. 8. (20 S.) Bonn 877. Strauss. n. — 60

Guyenne und Gascogne — Charte der ehemaligen Gouvernements — Nach der jetzigen Eintheilung in Departements verbessert, herausgegeben von Homanns Erben. Nürnberg 1808. 1 : 850,000. 1 Bl.

Guyer, Adf., die Wirkungen der Selbsttödtung auf den Lebensversicherungsvertrag. Diss. gr. 8. (69 S.) Zürich 890. (F. Schulthess.) n. 1. 40

Guyer, E.: Administr. B e r i c h t des schweiz. General-commissairs für die internationale Ausstellung von 1878 in Paris. Zürich 1879.

Guyer, E: Bericht an das schweizerische General-Commissariat über die Verwaltung der schweizerischen Abtheilung an der internationalen Ausstellung 1876 in Philadelphia. Winterthur 1877

Guyer, Ed., Bericht üb. Gruppe 41 der schweizerischen Landesausstellung Zürich 1883: Das Hotelwesen. Der Fremdenverkehr u. die allgemeinen Verhältnisse d. Wirthschaftswesens in der Schweiz. gr. 8. (43 S.) Zürich 884. (Orell Füssli & Co. Verl.) n. 1. —

Guyer, Ed., eidgen. Kommissair, und John E. J e e l y, Ingen. des General-Kommissariates. Berichte und Beobachtungen an den schweizer. General-Kommissair. 107 S. 8. Winterthur, J. Westfehling. 1877.

— Einleitung zur Fachberichterstattung üb. die schweizerische Landesausstellung Zürich 1883. (Deutsch u. französisch.) gr. 8. (70 S.) Ebend. 884. n. 1. —

Guyer, Ed., das Hotelwesen der Gegenwart. Mit 57 in den Text gedr. Original-Plänen. Lex.-8. (XI, 236 S. m. 1 Tabelle in qu. 4.) Zürich 874. Orell, Füssli & Co. n. 12. —

— das Hotelwesen der Gegenwart. Mit 73 in den Text gedr. Orig.-Plänen. 2. durchgeseh. u. erweit. Aufl. 8 Lfgn. Lex.-8. (363 S.) Ebend. 885. à n. 1. 50 (cplt.: n. 14. —; geb. n. 16. —)

Guyer, Ernst, Aufsätze üb. das schweizerische Eisenbahn-Haftpflichtrecht. (105 S.) 8. Zürich 905. Schulthess & Co. n. 1. 80

Guyer, Ernst. Das schweizerische Bundesgesetz betreffend die gewerblichen Muster und Modelle ⟨vom 30. März 1900⟩. 8. Zürich, Schulthess & Co., 1902.

Ex. I: ([Mit] Sachregister.) 142 S. [fr. 3. —]
Ex. II: Diss. Staatsw. Univ. Zürich. 138 S.

Guyer, Ernst. Ein Schweizerisches Bundesgesetz über die Haftpflicht der Automobilhalter. Eine Untersuchung. 130 S. 8. Zürich, Schulthess & Co., 1906. [fr. 2. 80]

Guyer, Ernst. Kommentar zum schweizerischen Bundesgesetz betreffend die Erfindungspatente ⟨vom 21. Juni 1907⟩. XVI + 188 S. 8. Zürich, Albert Müller, 1909. [geb. fr. 4. 50]

Guyer, Ernst. Kommentar zum schweizerischen Bundesgesetz betreffend die Haftpflicht der Eisenbahn- und Dampfschiffahrts-Unternehmungen und der Post ⟨vom 28. März 1905⟩, unter eingehender Berücksichtigung der 30jährigen Gerichtspraxis im Gebiete des Haftpflichtrechtes ausgearbeitet. 210 S. 8. Zürich, Schulthess & Co., 1905. [fr. 3. 60, geb. 4. 20]

Guyer, Ernst. Kommentar zum schweizerischen Bundesgesetz betreffend die gewerblichen Muster und Modelle ⟨vom 30. März 1900⟩, unter Berücksichtigung der ausländischen Gesetze, sowie des schweizerischen Patent- und Markenschutzgesetzes und der Gerichtspraxis in diesen Gebieten. 128 S. 8. Zürich, Schulthess & Co., 1905. [fr. 2. 40]

Guyer. E[rnst]. Kommentar zum schweizer. Bundesgesetz über den Versicherungsvertrag vom 2. April 1908. XVI + 284 S. 8. Zürich. C. Wettstein. 1910. [geb. fr. 6. —]

Guyer, E[rnst]. Die Militärversicherung in der Schweiz. Nach dem Bundesgesetze betreffend Versicherung der Militärpersonen gegen Krankheit und Unfall vom 28. Juni 1901 ⟨ergänzt und abgeändert durch das Bundesgesetz vom 27. Juni 1906⟩. 20 S. 8. Zürich, Druck Schulthess & Co. — *Aufdruck:* Buchh. C. Bachmann —, 1906. [fr. —. 40]

Guyer, E(rnst). Das zukünftige schweizerische Patentrecht, unter Berücksichtigung des Entwurfes zu einem neuen schweizerischen Bundesgesetze betreffend die Erfindungspatente, dargestellt von Rechtsanwalt Dr. E. G', Zürich. 111 S. 8. Zürich, Schulthess & Co., 1907. [fr. 1. 60]

Die rechtliche Stellung des Verletzten im Heilverfahren, unter besond. Berücks. d. Pflicht z. Duldung von Operationen. Eine Untersuchung von Dr. E(rnst) **Guyer**, Rechtsanw. Zürich: Schulthess & Co. 1908. (97 S.) 8° [07. 14643

Guyer, Gebhard A[dolf]. Im Ballon über die Jungfrau nach Italien. Naturaufnahmen aus dem Freiballon. Mit einem Anhang: Himmelfahrt. Traversierung der Alpen im Ballon »Cognac« von Konrad F a l k e. ([Mit 1 Höhenkurve, 2 Karten, 49 Tafeln nebst] Erläuterungen, [sowie illustriertem Umschlag].) VI + 46 S. gr.-8. Berlin, Vereinigte Verlagsanstalten Gustav Braunbeck & Gutenberg-Druckerei Aktiengesellschaft, (1908). [geb. M. 5. 50]

Guyer, H., siehe: *Handels-Adressbuch.*

Guyer, J. Disconto o. Tages-Zinstabelle f. 1—96 Tage und 16 Zinsfüsse ($2\frac{1}{4}$, $2\frac{1}{2}$, $2\frac{3}{4}$ etc. bis 6%), anwendbar für jedes Kapital und jedes 100teil. Münzsystem nebst Hülfstabelle f. beliebige March-Zinsrechnungen als Gratisbeilage. Kart. 8°. 10, 400 u. 12 S. Für d. Schweiz: Selbstverlg. d. Verfass. J. Guyer, Pfäffikon, Zürich. Für das Ausland: Zürcher & Furrer, Zürich. 1900. 10—

— $2\frac{1}{4}$%, $2\frac{1}{2}$% etc. bis 6% Monats-Zinstabellen (f. beliebige Beträge u. jedes 100-teil. Münzsystem). Lex.-8. (68 S.) Pfäffikon (900). (Zürich, Zürcher & Furrer.) Kart. n. 2. 40

Guyer, J., Tages-Zinstabellen f. 1—360 Tage, jedes Kapital u. jedes 100-teil. Münzsystem à 3, $3\frac{1}{4}$, $3\frac{1}{2}$, $3\frac{3}{4}$ etc. bis 5%. (Mit Gratisbeilage: Jahres-Zinstabellen.) Lex.-8. (11, 91, 91, 91, 91, 91, 91, 91, 91 u. 2 S.) Zürich 899. Zürcher & Furrer. Geb. in Leinw. n. 14. 40

— Zinszahlen u. Zinsen aus Zinszahlen (anwendbar f. jedes Kapital u. jedes 100-teilige Münzsystem). Ausg. „Rimesse“ (f. alle 16tels Prozente v. $2\frac{1}{16}$—7%; 365 Tage als Basis). Lex.-8. (X, 41 u. 21 S.) Ebd. 902. Kart. n. 4. —

— dasselbe. Ausg. „Tratte“ (f. alle 16tel, 12tel, 9tel u. 20stels Prozente v. 2—7%). Lex.-8. (X, 41 u. 73 S.) Ebd. 902. Kart. n. 4. —

— dasselbe. Ausg. „Wechsel“ (f. alle 8tels Prozente v. 2—7%). Lex.-8. (X, 41 u. 11 S.) Ebd. 902. Kart. n. 2. 40

Guyer, O.

— 34 Tarsotomieen aus dem Kinderspital in Zürich. Mit 2 Taf. Dissertation. In-8°, 67 S. Zürich, C. Aschmann. 1889

Guyer, Oscar. Der Bachflohkrebs in Nöten. Von Oskar G'. Separatabdruck aus Heft 10 der Mitteilungen der Aargauischen Naturforschenden Gesellschaft. II S. + S. 69—73. 8. Aarau, H. R. Sauerländer & Co., 1905.

Guyer, Oskar, dipl. Fachlehrer in Naturwissenschaft E. P. aus Aarau: Beiträge zur Biologie des Greifensees mit besonderer Berücksichtigung der Saisonvariation von Ceratium hirundinella. ⟨Arbeit aus dem Botanischen Museum des eidg. Polytechnikum in Zürich.⟩ [Mit einer Skizze und 27 Figuren im Text.] Stuttgart. E. Schweizerbart'sche Verlagsbuchhandlung, 1910. II, 96 S. und sechs Tafeln. 8°. S.-A. aus dem Archiv für Hydrobiologie und Planktonkunde. Bd. 6.

Zürich. Techn. Hochsch. Natw. Diss. 1910/11.

Guyer, Samuel. Die christlichen Denkmäler des ersten Jahrtausends in der Schweiz. 8. Leipzig ... 1907.

Ausg. A: Diss. Phil. I. Univ. Zürich ... von S' G' .... [Mit 5 Abbildungen auf 3 Tafeln.] XII + 116 S. L', Druck G. Kreysing, 1907. V Zür

Ausg. B: Von S' G'. Mit [Titel-Vignette und] 31 Abbildungen (= 17 Tafeln). XIV + 116 S. L', Dieterich'sche Verlagsbuchh., 1907. [M.5.—]

— Studien über christliche Denkmäler. Hrg. von Johannes Ficker. Neue Folge der Archäologischen St' zum christlichen Altertum und Mittelalter. Heft 4.

Guyer-Freuler, Ed., Beiträge zu e. Statistik d. Fremdenverkehrs in d. Schweiz. Hrsg. auf Wunsch u. Veranlassg. d. offiz. Verkehrskommission Zürich. gr. 8. (62 S.) Zürich 895. Art. Institut Oroll Füssli, Verlag. n. 1. 60

Guyer-Freuler, Ed(uard). Kritische Betrachtungen übor Staats- und Gemeinde-Haushalt (im Kanton Zürich. — Separatabdruck [einer] in der Neuen Zürcher Zeitung vom 27. Februar bis 3. März 1903 erschienenen Artikel-Serie. 39 S. 8. Zürich, Art. Institut Orell Füssli, 1903. (fr. 1.20)

(Schweizer-Zeitfragen. Heft 33. 1903.)

Guyer-Freuler, Ed[uard]. Fremdenverkehr und Hotelwesen. Sonderabdruck [aus:] Handwörterbuch der Schweizerischen Volkswirtschaft, Socialpolitik und Verwaltung. Hrg. von Dr. jur. N[aum] Reichesberg .... Band 2. IV + 8 S. 8. Bern, Verlag Encyklopädie, 1903.

— d. Wirtschaftswesen d. Stadt Luzern in alter u. neuer Zeit, s.: Wapf, A.

Guyer–Zeller, Adolf

— d. Türkenherrschaft Ende. Perspektive. gr. 8. (15 S. m. 2 farb. Karten.) Zürich 897. A. Müller's Verl. n. 1. —

Guyer-Zeller, [Adolf]. Ueber die bauliche Entwicklung von Enge, mit Rücksicht auf die Kirchenbaute und die Expropriation der Bürgliterrasse. von G'-Z'. Nebst [3] Plänen, Gutachten und Rechtsschrift der Herren Oberingenieur (R[obert]) Moser, Prof. Dr. G[ustav] Vogt und Nat.-Rath (L[udwig?]) Forrer. Advokat. [Mit 1 Vignette und 1 Tafel.] 8. Zürich 1888.

Guyer-Zeller, über die bauliche Entwicklung von Enge mit Rücksicht auf die Kirchenbaute und die Expropriation der Bürgliterrasse. Nebst Plänen, Gutachten und Rechtsschrift v. Moser, G. Vogt u. Forrer. 8. (70 S. m. 1 Ansicht, 1 Plan, 2 Profilen, 1 Titelvign.) Zürich 888. (Hofer & Burger.) n. 1. —

Guyer-Zeller, d. Projekt d. Jungfraubahn. Wissenschaftl. technisch u. finanziell beleuchtet. Fol. (87 S.) Nebst Situationsplan. 1:50,000. 66×43 cm. Farbdr., 8 Studienblättern u. 1 Panorama v. Gipfel d. Jungfrau. Zürich 896. (F. Schulthess.) In Mappe n. 6. —

Guyet, Ernst, Referendar: Der Eigentumsvorbehalt nach dem BGB. Weimar 1910: Dietsch & Brückner. VI, 50 S. 8°

Jena, Jur. Diss. v. 16. Sept. 1910, Ref. Danz

[Geb. 5. Aug. 87 Weimar; Wohnort: Weimar; Staatsangeh.: Sachsen-Weimar; Vorbildung: Gymn. Weimar Reife O. 06; Studium: Genf 1, Berlin 2, Leipzig 1, Jena 3 S.; Rig. 9. Aug. 10.] [U 11. 2381

Guyet, Karl Julius

Guyet, C. J., juristische Abhandlungen, s. Abhandlungen.

Guyet, C. J., Abhandlungen aus d. Gebiete d. Civilrechts. gr. 8. Heidelb. 829. Winter. 1 ₰ 12 gl.

— de publiciana in rem actione. Pro impetranda facultate legendi in alma universitate Ruperto Carol. scripsit. 8. Heidelb. 823. Mohr. 8 gl.

— Carl Julius (Prorector), Index scholarum publ. privatimque in univers. litt. Jenensi p. aest. a. 1839. — Praef. est Heinr. Carl Abr. Eichstad. Jena (Bran). 17 S. (3.20) 12415

— Index scholarum hibernarum publice et privatim in univers. litt. Jenensi inde a 21. X. 1844 — 15.. III. 1845. — Praef. est Heinr. Carl Abr. Eichstad. Jena (Bran). 19 S. (3.20) 12416

Guyet, Karl Jul., s. Thibaut, Ant. Fr. Just., juristischer Nachlaß.

Guyétant, S., der Arzt für die spätere Lebensperiode oder das rückschreitende Alter, namentlich für diejenigen, welche das 50e Jahr überschritten haben, im Alter ihre Gesundheit erhalten, ihr Leben verlängern u. froh genießen wollen. Nach d. Franz. von C. J. A. Venus. 8. Weimar 837. Voigt. ²⁄₃ ₰

Guyétant, S., der Arzt für die spätere Lebensperiode oder das rückschreitende Alter, namentlich für diejenigen, welche das 50. Jahr überschritten haben, im Alter ihre Gesundheit erhalten, ihr Leben verlängern u. froh genießen wollen. Nach d. Französ. von Karl Th. Alex. Venus. 2. Ausg. 8. Weimar 842, Voigt. ²⁄₃ ₰

Guynemer, A.M.A., Dictionnaire d'astronomie à l'usage des gens du monde, d'après W. et J. Herschel, Laplace, Arago, de Humboldt, Francoeur, Mitchell et autres savants Français et étrangers, avec figures et un planisphère. Précédé de l'exposition d'un nouveau système sur les formations planétaires. gr. 8. (406 S. mit 3 lith. Taf.) Paris 852. F. Didot frères. n. 1⅓ ₰

Guyon, s. Guion.

GUYON, Abbé. — Geschichte derer Amazonen. Aus dem Französischen des Abbé *Gujon* (!) (übers. von Joh. Geo. Krünitz). Mit Kupfern. Berlin, Stettin und Leipzig 1763. 8°. (In Stralsund, Ratsbibl.: L. B. 8°. 314.) (2 Mk. 75 Pfg., Max Harrwitz, Berlin, 1894.)

Name des Verfassers fehlt im Anon.-Lex. II, p. 188.

Guyon, Jean Casimir Felix

Guyon, F., Klinik der Krankheiten der Harnblase u. Prostata. Nach den Vorlesgn. im Hôpital Necker bearb. v. M. Mendelsohn. gr. 8. (VIII, 370 S.) Berlin 893. A. Hirschwald. n. 9. —

Guyon, J. C. Fel., d. Krankheiten d. Harnwege. Klin. Vorlesgn. aus d. Hôpital Necker. Semiologie, Diagnostik, Pathologie u. Therapie. Nach d. 3. französ. Aufl. m. Erlaubnis d. Autors übers. u. bearb. v. Osc. Kraus u. Otto Zuckerkandl. 3 Bde. Wien, A. Hölder. n. 26. 40; geb. n.n. 33. 90
1. Functionelle Symptome, patholog. Verändergn. d. Harnes. (XIII, 449 S. m. 12 Abb. u. 13 Taf. im Text.) 897. n. 10. —; geb. in Halbfrz. n.n. 12.50
2. Harnvergiftg. — Physikal. Untersuchg. u. Localbehandlg. (XI, 276 S. m. 30 Fig.) 897. n. 6. 40; geb. in Halbfrz. n.n. 8. 90
3. Der Katheterismus. (XVIII, 420 S. m. 76 Fig. u. 1 lith. Taf.) 899. n. 10. —; geb. in Halbfrz. n.n. 12.50

Die Technik der Lithotripsie [La technique de la lithotripsie]. Vorlesungen von Prof. Dr. Felix Guyon, Chef-Chirurg in Paris. Mit Ermächtigung d. Autors übers. u. bearb. von Dr. Georg Berg, Frankfurt a. M. Mit 23 Abb. *Wiesbaden: J. F. Bergmann 1903.* (VII, 86 S.) 4°(8°) [03. 193

Guyon, J(ean) L(ouis) G(enevieve): Des Accidents produits dans les trois premières classes des animaux vertébrés, et plus particulièrement chez l'homme, par le venin de la vipère fer-de-lance. 73 S., gbd.

Montpellier: typ.Jullien 1834

Guyon, Jeanne Marie Bouvier de la Mothe

Guyon, Madame, das Evangelium des heil. Geistes. 1r u. 2r Bd. A. u. d. T.: Die kleinen Schriften. Von d. heil. Johanna Maria Bouviere von la Mothe Guyon. Aus d. Franz. übersetzt 1r u. 2r Thl. gr. 12. Aarau 832 u. 835. Christen. 1 Thlr — 3r Bd. A. u. d. T.: Die heil. Schriften des Alten Bundes. Erklärt u. betrachtet in Bezug auf das innere Leben ꝛc. Aus d. Franz. übertragen. 1r Thl. Genesis oder I. Buch Moses. — Exodus oder II. Buch Moses. gr. 12. Ebd. 836. 22 1/2 Sgr — 9r Bd. A. u. d. T.: Die heil. Schriften des Alten Bundes. 7r Thl. Das Buch Job. — Das Evangelium des heil. Geistes. 9r Bd. gr. 12. Ebd. 840. n. 1 Thlr — 18r Bd. 1e u. 2e Hälfte. A. u. d. T.: Die heil. Schriften des Neuen Bundes. Erklärt u. betrachtet in Bezug auf das innere Leben. Von der tieferleuchteten Frau Johanna Maria Bouviere von la Mothe Guyon. Aus d. Franz. übertragen. 4r Thl. 1e u. 2e Hälfte. Inhalt: Evangelium des heil. Apostels Johannes. gr. 12. Ebd. 836. n. 1 1/2 Thlr — 22r Bd. A. u. d. T.: Die heil. Schriften des Neuen Bundes ꝛc. 8r Thl. Offenbarung des heil. Apostels Johannes. gr. 12. Ebd. 836. 1 1/4 Thlr

Guyon, Madame I. M. B. de la Mothe. Die Heilige Liebe Gottes Und die Unheilige Naturliebe Nach ihren Unterschiedenen Wirkungen In XLIV anmuthigen Sinnbildern Und Erbaulichen Versen vorgestellet ... Treulich verdeutschet, Und mit Ferneren Betrachtungen, aus ihren sämmtlichen Biblischen Schriften erläutert, Von G. T(er) St(eegen). Lancaster, Joh. Bär für Jac. Schweitzer, 1828. 8°. Frontispiz, 360 S. und *12 je vierzeiligen Kupferstichtaf.* Etwas berieb. marmor. Ldbd. d. Z. (Schließen fehlen).

Wohl die 3. Ausgabe. Tersteegens deutsche Bearbeitung der „L'Ame amante de son Dieu" der Madame Guyon war erstmals mit seinem vollen Namen 1751 erschienen. Die Sinnbilder in kleinen rechteckigen Darstellungen von je 40 : 55 mm.

Guyon, Frau Joha. Maria, kurzes u. sehr leichtes Mittel, d. innere Gebet zu verrichten, u. d. geistl. Ströme. Nach d. 7., franz., verb. Ausg. z. 3. Mal ins Deutsche übers. gr. 12. (13 1/2 B.) Aarau 832, Christen.

[Guyon. Mme. Jeanne Marie Bouvier de la Motte]. Die Ihren Gott Liebende Seele: vorgestellet in den Sinn-Bildern des Hermanni Hugonis über seine pia Desideria; Mit Versen, die auf das innere Christentum zihlen. Nach der zu Regenspurg in Teutsch ausgekommenen Übersetzung des Französischen in Lieder gebracht. Schaffhausen, J. G. Seiler, 1728. Kl.8°. 16 u. 136 S. mit *Frontispiz und 43 (statt 45) ganzseitigen Kupfern.* Ld. d. Z., hübsches vergold. Ornamentmittelstück a. d. Vorderdeckel.

Selten! Fromm, De Backer-Sommervogel, Praz u. a. zitieren nur die französichse Originalausgabe der Guyonschen Bearbeitung und die deutsche Übersetzung eines Unbekannten, zu Regensburg 1719 erschienen, welch letztere von dem Verfasser dieser deutschen Versübertragung der Guyonschen Gedichte benützt wurde.

Guyon, Joha. Maria Bouviere von la Mothe, sämmtl. Werke in Bezug auf d. innere Leben. A. d. Franz. übertragen. 1—3., 9., 18. u. 22. Bd. gr. 12. Aarau. [Regensburg, Manz.] •

A. u. d. Ttln.:

Bd. 1., 2. Kleine Schriften üb. d. innere Leben. 2 Thle. (27 1/2 B.) 832, 35. • 1 Thlr. 4 Gr.
„ 3. Die heil. Schriften d. Alten Bundes. Erklärt u. betrachtet in Bezug auf d. innere Leben ꝛc. 1 Thl.: 1. u. 2. Buch Moses. (21 5/8 B.) 836. • 1 Thlr.
„ 9. Dasselbe. 7. Thl. Das Buch Job. — Das Evangelium d. h. Geistes. 9. Bd. (20 1/2 B.) 840. • 1 Thlr.
„ 18. Das Evangelium d. h. Geistes. — A. u. d. T.: Die heil. Schriften d. Neuen Bundes. Erklärt u. betrachtet in Bezug auf d. innere Leben. 4. Thl. 1. u. 2. Hälfte. Evangelium d. heil. Apostel Johannes. (36 5/8 B.) 836. • 1 Thlr. 12 Gr.
„ 22. Dasselbe. — A. u. d. T.: Die heil. Schriften d. Neuen Bundes ꝛc. 8. Thl. Offenbarung d. heil. Apostels Johannes. (28 1/2 B.) 836. • 1 Thlr. 6 Gr.

Guyot, s. Guiot.

Guyot (Guiot). Neue physikalische und mathematische Belustigungen . . . A. d. Franz. Augsburg 1772. Ü: *Theun, Johann Christoph.* (ML)

Guyot, Neue physikalische und mathematische Belustigungen, oder Sammlung von neuen Kunststücken zum Vergnügen, mit dem Magnete, mit den Zahlen, aus der Optik sowohl, als aus der Chemie, nebst den Ursachen derselben, ihren Wirkungen und den dazu erforderlichen Instrumenten. (Aus dem Französ. übersetzt.) 7 Th. In 6 Bänden. Augsburg 1772, 75—77.

Guyot's neue physicalische und mathematische Belustigungen, aus dem Franz., 7 Theile mit Kupfern, Augspurg, Klett. gr. 8. (10 Rthlr. 12 gr.) 1772 77

Guyot, Arnoldus Henr. (geb. Boudevilliers in d. Schweiz 1807): De naturali lacuum divisione. Berolini (1835). (56 S.) 8°
Berlin, Phil. Diss. v. 22. Mai 1835

Guyot, Arnold, Grundzüge der vergleichenden, physikalischen Erdkunde in ihrer Beziehung zur Geschichte des Menschen. Vorlesungen f. Gebildete. Deutsch bearb. v. Heinr. Birnbaum. Mit 3 physikal. Karten (in Kpfrst.) 8. (X u. 277 S.) Leipzig 851, Hinrichs. 1 1/2 Thlr

Guyot, Arnold, Grundzüge der vergleichenden, physikalischen Erdkunde in ihrer Beziehung zur Geschichte des Menschen. Nach des Verf. Vorlesungen für Gebildete frei bearb. von Heinr. Birnbaum. 2. umgearb. u. sehr verm. Aufl. Mit 9 physikalischen Karten (in 8. u. 4.) Leipzig 860. Hinrichs. gr. 8. (XII, 252 S.) 1 Thlr 15 ngr

Guyot, Arnold, Grundzüge der vergleichenden, physikalischen Erdkunde in ihrer Beziehung zur Geschichte d. Menschen. Vorlesungen f. Gebildete frei bearb. v. Heinr. Birnbaum. 3. Ausg. Mit 3 physikal. Karten (auf e. Steintaf. in qu. Fol.) gr. 8. (XII, 252 S.) Leipzig 873. Hinrichs' Verl. 2. 40

—— et E. Desor, Système glaciaire etc., s. Agassiz.

Guyot, C., et R. T. Guyot, Instituteurs de Sourds-Muets, Chevaliers, Liste littéraire philosophe, ou Catalogue d'étude de ce qui a été publié jusqu'à nos jours sur les Sourds-Muets; sur l'oreille, l'ouïe, la voix, le langage, la mimique, les aveugles etc. etc. gr. in-8. (36 B.) Groningue 842, Oomkens. 4.

Nachwort zum Fall Korell. Von D. Johannes Guyot, Pfarrer. Mit d. Verhandlungen d. hess. Landessynode v. 8. bis 10. Nov. 1906 als Anh. Tübingen: J. C. B. Mohr 1907. (106 S.) 8° [F.]
= Hefte zur Christlichen Welt. H. 58/59. [07. 3678

Guyot, M., die Ursachen des Unglaubens od. Warum gibt es religionslose Menschen? Nach der 4. Aufl. d. französ. Ausg. Autoris. Uebersetzg. v. G. Pletl. gr. 16. (103 S.) Ravensburg (902). Dorn. n. — 40

Guyot, C., et R. T. Guyot, Liste littéraire philosophe, ou Catalogue d'étude de ce qui a été publié jusqu'à nos jours sur les Sourds-Muets; sur l'oreille, l'ouïe, la voix, le langage, la mimique, les aveugles etc. etc. gr. in-8. Groningue 842, Oomkens. n. $3^1/_3$ ßf

Guyot, Théophile [approb. Arzt aus Wilhelmshaven]: Ueber Hauterkrankung bei Hereditärer Syphilis . . . . Freiburg i. Baden, Univ.-Buchdr. H. M. Poppen & Sohn, 1888; 48 S. + 1 Bl. 8°
Freiburg i. B., Med. Fak., Inaug.-Diss. v. 1888

Guyot, Yves, die soziale u. politische Bilanz der römischen Kirche. Autoris. deutsche Übersetzg. gr. 8. (XVI, 181 S.) Frankfurt a/M. 902. Neuer Frankfurter Verlag. n. 3.20

Guyot, Yves, u. Sigismund Lacroix, die wahre Gestalt d. Christenthums [Étude sur les doctrines sociales du christianisme]. Uebersetzt v. e. deutschen Socialisten. 8. (XVI, 112 S.) Zürich 876. Volksbuchh. — 75

Guyot, Yves, et Lacroix, Sigm., Die wahre Gestalt des Christentums. 2. Aufl. 8°. London, German cooperative print. et publish. Co., 1889. 3. Aufl. gr 8°. Berlin, Verlag des „Vorwärts", 1893.

Guyot, Yves, u. Sigismond Lacroix, die wahre Gestalt des Christenthums (Étude sur les doctrines sociales du christianismo). Uebers. v. e. deutschen Sozialisten. 3. Aufl. gr. 8. (XXII, 93 S.) Berlin 893. Buchhdlg. des „Vorwärts". n. — 40

Guyot, Yves, u. Sigismond Lacroix, die wahre Gestalt des Christentums (Étude sur los doctrines sociales du christianisme). Uebers. v. deutschen Sozialisten (Aug. Bebel). 5. Aufl. (XXIV, 93 S.) 8. Berlin 905. Buchh. Vorwärts. n. — 50

Guys, Pierre Auguste. Literarische Reise nach Griechenland . . . A. d. Franz. Leipzig 1772. Ü: *Weisse, Christian Felix.* (EngG) (MGT)
Vgl. Guy, ...

Guyton de Morveau, Louis Bernard

[Traité des moyens de désinfecter l'air. Deutsch:] Abhandlung von den Mitteln die Luft zu reinigen, der Ansteckung zuvorzukommen, u. die Fortschritte derselben zu hemmen. Von L[ouis] B[ernard] Guyton [de] Morveau. Aus d. Franz. übers. u. m. einer Vorr. u. einigen Anm. versehen von C[hristian] H[einrich] Pfaff. Kopenhagen: Brummer 1802. XXXII, 292 S. 8

— Abhandl. über d. Mittel, die Luft zu reinigen, d. Ansteckungen zuvorzukommen rc.; aus d. Französ. mit Anmerkk. von F. G. Martens; mit e. Anh. über d. oxygenirte Salzsäure, von C. F. Bucholz. gr. 8. Weimar 805. Industr.-C. 12 gl.

Anfangsgründe der theoretischen und practischen Chemie, zum Gebrauch der öffentlichen Vorlesungen auf der Academie zu Dijon, nach den neuern Entdeckungen in eine neue Ordnung gebracht. Aus dem französischen übersetzt von Christian Ehrenfried Weigel. Leipzig, 1779. 3 vols., 8vo.

— Maret u. Durande, Anfangsgründe d. theoret. u. prakt. Chemie; aus d. Französ. mit Anmerkk. von Chr. E. Weigel. 3 Bde. gr. 8. Leipz. 779, 80. (W. Vogel). 1 ßf 22 gl.

— s. Anmerkk., antiphlogistische.

Guyton-Morveau, L. B., Anweisung e. Apparat. von Dämpfen gegen alle ansteckende Krankheiten, vorzüglich gegen das gelbe Fieber. 4. Lpz. Joachim. 805.

— Beschreib. e. holzsparenden Ofens, um mit wenigen Brennmaterialien die größte Hitze hervorzubringen. Mit 2 Kpf. gr. 8. Neuburg (803). Joachim in Leipz. 8 gl.

Allgemeine theoretische und praktische Grundsätze der chemischen Affinität oder Wahlanziehung, zum gemeinnützigen Gebrauch für Naturforscher, Chemisten, Aerzte und Apotheker. Aus dem französischen übersetzt von David Joseph Veit. Mit Anmerkungen begleitet und herausgegeben von Sigismund Friedrich Hermbstädt. Berlin, 1794. 8vo.
These are translations of Guyton de Morveau's articles, Adhésion et Affinité, in the Encyclopédie méthodique.

Guyton de Morveau, Louis Bernard.

Guyton-Morveau, theoret. u. prakt. Grundsätze d. chem. Affinität; aus d. Französ. von D. J. Veit; mit Anmerkk. von S. F. Hermbstädt. gr. 8. Berl. 794. Rottmann. 1 ßf 8 gl.

Guyton de Morveau, Louis Bernard.
Allgemeine theoretische und practische Grundsätze über die sauren Salze oder Säuren, zum Gebrauche für Chemisten und Aerzte. Aus dem französischen übersetzt und mit Anmerkungen versehen von David Ludewig Bourguet. Mit einer Vorrede begleitet von Sigismund Friedrich Hermbstädt. Berlin, 1796–1804. 3 vols., 8vo.

Guyton-Morveau, (Louis Bernard): Grundsätze über die sauren Salze oder Säuren. (Encyclopédie méthodique de chymie: Acide. Dt.) Übers. von D. L. Bourguet. Bd 1, 582 S., gbd.
Berlin: Lange 1796

Guyton-Morveau, Grundsätze über d. sauren Salze od. Säuren; aus d. Französ., mit Anmerkk. von D. L. Bourguet. Mit e. Vorrede von S. F. Hermbstädt. 3 Bde. gr. 8. Berl. 796 — 804. (Reimer). 4 ßf 18 gl.

Guyton de Morveau, Louis Bernard, s. Methode der chem. Nomenclatur.

Guzdek, J., De vocabuli „animus" apud T. Maccium Plautum usu. Pr. 1891. 80 S.

Guzek, Leo, Anthyllis. Dichtungen. 8. (III, 266 S.) Dresden 893. E. Pierson. n. 4. —;
geb. in Leinw. m. Goldschn. n. 5 —

Guzkowski, E. v., Kinderpredigten, s.: Walsham.

Gużkowski, Elisabeth, Gedichte. Berlin 869. Ebeling & Plahn. gr. 16. (X, 134 S.) n. 1 ßf;
in engl. Einb. mit Goldschn. n. 1 ßf 10 ngr.

Guzman's, Alb., Erinnerungen aus dem italienischen Feldzuge des Jahres 1859. Mit lyrischem Anhang. Aus dem Nachlasse des Verstorbenen herausg. von Rob. Hamerling. Wien 864. Schönewerk. 8. (XV, 320 S.) 1 ßf 10 ngr.

Guzman, Ibn, s.: Divan, le.

Guzmanade, la, ou l'établissement de l'inquisition, poëme en 12 chants. gr. 8. Bas. Flick (a. Pott et C. à Lausanne) 778.

Guzmann, Hans

Guzmann, H., üb. Knickfestigkeit. Formeln u. Tabellen zur Berechng. v. Aufgaben üb. Knickfestigkeit. gr. 8. (70 S.) Wien 889. Spielhagen & Schurich. n. 2. —

Guzmics

— theologia dogmatica. III Part. 8maj. Wien, Rohrmann u. Schw. 5 ₰

Guzmics, ..., theologia fundamentalis. 8maj. Wien, Rohrmann u. Schw. 2 ₰

Guzurate, v., Sultanimen, oder die Träume wachender Menschen, Erzähl. a. Mogol. 8 Lpz.

Gyadanyi, J., Leben Carls XII. Kön. v. Schweden. gr. 8. Presb 792.

Gwallig, Walter

Gwallig, W., Ackerbaulehre. Leitfaden f. d. Unterricht an landwirtschaftl. Winterschulen. gr. 8. (IV, 56 S. m. 35 Abb.) Stuttgart 899. E. Ulmer. Kart. n. 1. —

Gwallig, W., Anleitung zur Errichtung guter Düngerstätten, s.: Kinzel, W.

Gwallig, Walter [aus Bretsch i. A.]: Ueber die Beziehungen zwischen dem absoluten Gewicht und der Zusammensetzung von Leguminosenkoernern ... Merseburg, Buchdr. v. F. Stollberg, 1894; 2 Bl., 37 S. 8.
Jena, Phil. Fak., Inaug.-Diss. v. 1894

Gwallig, der praktische Ökonomie-Verwalter, s.: Patzig, G. C.

— landwirtschaftlicher Taschen-Kalender, s.: Löbe, William.

(Gwalter, Antistes Rudolf G', 1519–1586.) Njbl. s. [Hafner, Friedrich Ludwig].

Gwalter, Emil, von Höngg [Kt. Zürich], d. Z. Assistenzarzt an der zürch. chir. Klinik: Ein Fall von Quecksilbervergiftung. Zür. Orell Füssli Cie Dr. 1877. 66 S., 1 Taf., 1 Tab., 1 Bl. Thesen. 8°.
Zürich, Med. Diss. [v. 8. Aug. 1877].

Gwalter, Hans, stud. jur.: Die civilrechtliche Haftung der Vorstandsmitglieder der Aktiengesellschaft nach dem Handelsgesetzbuche vom 10. Mai 1897. Leipzig: Wigand 1909. 75 S. 8°
Leipzig, Jur. Diss. v. 21. Juli 1909
Geb. 2. März 85 Rapperswil; Wohnort: Rapperswil; Staatsangeh.: Schweiz; Vorbildung: Gymn. Zürich Reife M. 03; Studium: Halle 1, Berlin 3, Leipzig 2 S.; Rig. 21. Juli 09.] [U 09. 2527

Gwalter, J. H., das zürcherische Gesetz betreffend die Eintragung der Grunddienstbarkeiten und Reallasten in die Grundprotokolle und die Anlegung offener Flur- und Feldwege, vom 22. April 1862. Mit Erläuterungen. Zürich 862. Schultheß. 8. (2 Bl., 96 S.) n. 12 ngr.

Gwalter, J. H., s. Gesetzbuch, privatrechtliches, für den Kanton Zürich.

— Register zu: Beiträge zur Kunde und Fortbildung der Zürcherischen Rechtspflege, s. Beiträge.

Gwalter, J. H., das zürcherische Schuldbetreibungsgesetz vom 1. April 1851. Mit Erläuterungen unter vorzüglicher Berücksichtigung der gerichtlichen Praxis herausgegeben. Zürich 853. Schultheß. 8. (2 Bl., 241 S.) n. 20 ngr.

Gwandschneider, Joh. Joachim (Nürnberg), De liberis S. R. Imperii civitatibus. Disput. jur. Präs. Georg Adam Struve. Jena (Joh. Nis) 8. I. 1676. 16 Bl. (6.—) 12418
Widm. v.: Burchard Heinrich Tilemann.

— — Dasselbe. Oder: Von dem Ursprunge, der Beschaffenheit, Ehren=Stellen / Privilegien und Vorrechten der Reichs=Städte. Jena (J. B. Heller) 1732. 31 S. (5.50) 12419

Gwendoline's harvest, s. Collection of British Authors.

Gwercher, Frz., Innsbruck u. dessen nächste Umgebung. Eine statistisch-topogr. Studie. Für Einheimische u. Fremde dargestellt. Mit einer (lith.) Karte v. Innsbruck u. dessen nächster Umgebung u. einem (lith.) Stadtplan. 8. (197 S.) Innsbruck 880. Wagner in Comm. n. 2. 40

Gwercher, Frz., das Oetzthal in Tirol. Eine statistisch-topograph. Studie. Mit 1 Spezial-Karte d. Oetzthales. 8. (VII, 134 S.) Innsbruck 886. (Wagner.) n. 1. 50

Gwiazdka dla Ludu Górno-Szlaskiego. Przydadek do katolickiego Kalendarza narok 1846. 8. Gliwicach 846, Landsbergera. n. 1/12 ₰

Gwiazdka na rok 1847 dla mlodzi katolickiéj. 8. (116 S.) Lissa, Günther. 1/4 ₰

— na Rok Pański 1847. 16. (76 S.) Gleiwitz, Landsberger. n. 2 ngr — na Rok Pański 1848. 16. (80 S.) Ebd. 1 1/2 ngr

Gwiazdomorski L.: Über die Additionslogarithmen. 10. Czernowitz R. 84.
Progr.

Gwiazdomorski L.: Einiges aus der Optik. 14. Czernowitz R. 83.
Progr.

GWIAZDON, Laurentius: De natura et indole impedimentorum matrimonii nec non de potestate eadem statuendi. — (1850) 110 S. 4° (Handschr.)
Diss. Wien, Univ. Diss. 152

Gwinner, Carl [Rechtspraktikant in Augsburg]: Über die juristische Natur des sogenannten amerikanischen Duells ... Augsburg, *J. P. Himmer'sche Buchdr.*, 1892; III, 41 S. 8.
Erlangen, Jur. Fak., Inaug.-Diss. v. 1892

Gwinner, Ludw., das Städtesystem u. Eisenbahnnetz Schwabens. Nebst einer Geschichte u. Kritik der baul. Entwicklung Stuttgarts. Mit 2 Anh.: Die Eisenbahnverbindung des Schwarzwaldes u. die Murrthallinie betr. Stuttgart 865. Kitzinger. 8. (VI, 88 S. mit 1 chromolithogr. Karte in 4.) 12 1/2 ngr.

Gwinner, Ph. Frdr., Kunst und Künstler in Frankfurt a. M. vom 13. Jahrhundert bis zur Eröffnung des Städel'schen Kunstinstituts. Mit 2 Bildnissen (in Kpfrst.) u. 1 Stammtafel (in Fol.). Frankfurt a. M. 862. J. Baer. Lex.-8. (XVI, 577 S.) n. 3 ₰

Gwinner, Ph. Friedr., Zusätze u. Berichtigungen zu Kunst u. Künstler in Frankfurt a. M. vom 13. Jahrh. bis zur Eröffnung des Städel'schen Kunstinstituts. Frankfurt a. M. 867. Baer, Sotheran & Co. gr. 8. (VIII, 142 S.) n. 20 ngr

Gwinner, Sigism., the new london Echo, s. Echo.

Gwinner, W. F. R., Grundlage einer Kritik der Idee der Volkssouverainität. 8°. Tübingen 1849.

Gwinner, W. J., der religiöse Unglaube, od. der Sünder im Tode, im Gerichte u. in d. Ewigkeit. Ein didakt. Gedicht. Nebst e. Abhandl. über d. Quellen d. Unglaubens. gr. 8. Prag ... 2e A. 830. Enders. 20 [gr]

Gwinner, Wilh., Denkrede auf Arthur Schopenhauer zu dessen 100jährigem Geburtstage am 22. Febr. 1888. gr. 8. (29 S.) Leipzig 888, Brockhaus. *

Gwinner, Wilh., Goethes Faustidee nach der ursprünglichen Conception, aufgedeckt u. nachgewiesen. gr. 8. (XI, 507 S.) Frankfurt a/M 892. J. Baer & Co. n. 7. 50

Gwinner, Wilh., Schopenhauer's Leben. 2., umgearb. u. vielfach verm. Aufl. der Schrift: Arthur Schopenhauer aus persönlichem Umgange dargestellt. Mit 2 Stahlst.: Schopenhauer im 21. u. 70. Lebensjahre. gr. 8. (XXI, 635 S.) Leipzig 878. Brockhaus. n. 12. —; geb. n. 13. 50

Gwinner, Wilh. v., Schopenhauers Leben. 3., neugeordnete u. verb. Ausg. (XV, 439 S. m. 4 Bildnissen u. 1 Steindr.-Taf.) gr. 8. Leipzig 910. F. A. Brockhaus. 6.—; geb. in Leinw. 7.50; in Halbfrz. 9. —

Gwinner, Wilh., Arthur Schopenhauer aus persönlichem Umgange dargestellt. Ein Blick auf sein Leben, seinen Charakter und seine Lehre. gr. 8. (XI und 289 S. mit dem Portr. Schopenhauer's in Stahlst. und 1 chromolithogr. vergleichenden Seitenansicht seines Schädels in Fol.) Leipzig (861)62, Brockhaus. *

— Schopenhauer und seine Freunde. Zur Beleuchtung der Frauenstädt-Lindner'schen Vertheidigung Schopenhauer's sowie zur Ergänzung der Schrift: „Arthur Schopenhauer aus persönlichem Umgange dargestellt." Ebend. 863. gr. 8. (91 S.) n. 15 ngr

Gwinner, Wilhelm (Hrsg.), s. Schopenhauer, Arthur: Aphorismen zur Lebensweisheit. – Über den Tod u. sein Verhältnis zur Unzerstörbarkeit unseres Wesens an sich.

Gwinner, Wilhelm Heinrich

Gwinner, W. H., prakt. Anleitung f. Ortsvorsteher u. Gutebesitzer zur Holzzucht außerhalb des Waldes. gr. 8. (18 S.) (Ellwangen 848, Branteaaer.) 4 ngr

Gwinner, W. H., praktische Anleitung zur Holzzucht außerhalb des Waldes. (Neue Titel Ausg.) Stuttgart (855.) Schweizerbart. gr. 8. (48 S.) n. 8 ngr

GWINNER, Wilhelm Heinrich: Die Beschreibung, Taxation und Wirthschaftseinrichtung der Stadtwaldungen von Stuttgart nach einer einfachen Form, unter Vergleichung des badischen und württembergischen Abschätzungsverfahrens. - Stuttgart 1840. 92 S., Tab., 1 Kt.

Gwinner, W. H., die Beschreibung, Taxation u. Wirthschaftseinrichtung d. Stadtwaldungen v. Stuttgart nach e. einfachen Form, unt. Vergleichung d. badischen u. württemberg. Abschätzungsverfahrens. gr. 8. ($6\frac{1}{4}$ B., 1 ill. Karte u. 8 Tab.) Stuttgart 840, 41, Schweizerbart.
Bildet auch das 8. Hft. d. dess. forstl. Mittheilungen.

Gwinner, W. H., die Königl. Würtemberg. Felddienst-Prüfungen von 1818—1830. gr. 8. Stuttg. 830. Metzler. 12 [gr]

— die königl. Württemberg. Forstdienstprüfungen von 1818 bis 1830. gr. 8. Stuttgart 830. Metzler. $\frac{1}{2}$ Thlr — dies. von d. Jahren 1831 u. 1832, mit e. Verzeichniß der von 1818 bis 1832 geprüft. u. für fähig erklärt. Forstleute. gr. 8. Ebd. 833. $\frac{1}{4}$ Thlr

GWINNER, Wilhelm Heinrich v.: Gallerie württembergischer Forstleute von 1700-1850. Mit einer geschichtlichen Einleitung. - Stuttgart 1856. 168 S.

Gwinner, W. H., forstliche Mittheilungen. (2 Bde.) 8 Hfte. Mit Portraits u. Abbildd. 8. Stuttgart 836—40. Schweizerbart. (à n. $\frac{2}{3}$ Thlr) $5\frac{1}{3}$ Thlr

Gwinner, W. H., forstliche Mittheilungen. 9.—11. Heft. gr. 8. (Mit 1 Portr.) Stuttgart 843—46, Schweizerbart's Verlagsh. 9. n. $\frac{5}{6}$ Thlr 10. n. 1 Thlr 11. n. $\frac{2}{3}$ Thlr

— forstliche Mittheilungen. 12. Hft. Mit 1 Portrait. gr. 8. (218 u. VI S.) Stuttgart 847, Schweizerbart. n. 1 Thlr (1—12: n. $9\frac{1}{12}$ Thlr)

Gwinner, Wilhelm Heinrich (Hrsg.), s. Monatsschrift für das Forst- u. Jagdwesen.

GWINNER, Wilhelm Heinrich: Die Pflanzensysteme in forstwirthschaftlicher Beziehung. Als Leitfaden bei Vorträgen und beim Selbststudium. - Stuttgart 1832. 98 S.

— die Pflanzensysteme in forstwissenschaftl. Beziehung. Als Leitfaden bei Vorträgen u. beim Selbststudium. gr. 8. Stuttg. 832. Schweizerbart. 9 [gr]

—— der Schwarzwald ꝛc., s. Schwarzwald.

GWINNER, Wilhelm Heinrich: Übersicht der Lehrgegenstände und Wirthschaftszweige des königlich Württembergischen Land- und Forstwissenschafts-Instituts zu Hohenheim. Mit Verzeichnis der Studirenden vom Jahre 1818-1830. - Stuttgart 1831

Gwinner, Wilhelm Heinrich: Waldbau in erweitertem Umfange. 4. A. von Dengler. Stuttgart 1858–59. 2 Bde.

GWINNER, Wilhelm Heinrich: Der Waldbau in kurzen Umrissen, für Forstleute, Waldbesitzer und Ortsvorsteher. - Stuttgart 1834. 312 S., m. Taf. u. Tab. - 2. verm. Aufl. ebd. 1841. 363 S., 2 Taf. - 3. verb. Aufl. ebd. 1846. 360 S., 3 Taf. - 4. umgearb. Aufl. hrsg. v. Leopold Dengler u. d. T.: Gwinner's Waldbau in erweitertem Umfang. 1858. XII, 428 S.

—— der Waldbau in kurzen Umrissen, f. Forstleute, Waldbesitzer u. Ortsvorsteher. M. 2 Stnt. (8. u. gr. 4.) u. Tabn. gr. 8. (20 B.) Stuttgart 834, Schweizerbart.

—— der Waldbau in kurzen Umrissen. 2., verm. Aufl. gr. 8. ($23\frac{1}{2}$ B. u. 2 Stnt.) Stuttgart 841, Schweizerbart.

—— d. Waldbau in kurzen Umrissen. 3., verb. Aufl. gr. 8. ($23\frac{1}{2}$ B. u. 3 Stnt.) Stuttgart 846, Schweizerbart'sche Bh.

—— Waldbau in erweitertem Umfang. 4. Aufl. Vollständig umgearb. u. herausg. von Leop. Dengler. Ebend. 858. gr. 8. (1. Hälfte: VIII, 272 S.) n. 1 Thlr 20 ngr

Gwosdew, Iwan, über die Darstellung des Hämin aus dem Blute u. den qualitativen Nachweis minimaler Blutmengen. [Aus: Sitzungsberichte der k. Akad. der Wiss.] Wien 866. (Gerold's Sohn.) Lex.-8. (9 S.) n. 2 *ngr.*

Gwunderchratte: Der Gwunderchratte
⑤ 1858—1863 ⑥ 8° ⑦ Wochenblatt ⑧ Bern: Rud. Jenni ⑭ Be: St ⑮ Unterhaltungsblatt: humoristisch gefärbte Zeitungsbetrachtungen. — Beilage der Schweizerischen Dorfzeitung (Be).

Gwyer, Alfred G(eorge) C(ooper), a. Bristol in England: Über die Legierungen des Aluminiums mit Kupfer, Eisen, Nickel, Kobalt, Blei und Cadmium. Hamburg u. Leipzig: L. Voss 1908. (43 S., 4 Taf.) 8° ¶ (Aus: Zeitschrift f. anorgan. Chemie Bd 57.)
Göttingen, Phil. Fak., Ref. Tammann, Diss. v. 6. März 1908
[Geb. 30. Okt. 80 Bristol; Wohnort: Bristol; Staatsangeh.: England; Vorbildung: Univ. London B. Sc. 03; Studium: Bristol 4, Göttingen 4 S.; Rig. 26. Febr. 08.]

Gyarmathi, S., Affinitas linguae hungariae c. linguis fennicae orig. etc. 8. maj. Gött. Dieterich. 799.

— krit. Grammatik d. Ungar. Sprache. 2 Thle. gr. 8. Clausenb. 794.

Gyarmathy, Stella v., der verhaßte Schwiegersohn, s.: Bibliothek der fremden Zungen.

Gydyklos nuo baimės myrio. 5 spaud. Tilżėje: v. Mauderode 1900. 100 S. 8°
[Heilmittel gegen d. Furcht vor d. Tode. Erbauungsbuch.] [10. 1465] 10

Gyergyó-Szt.-Miklós, s. a. Europa. Generalkarte.

Gyergyó-Szt.-Miklós 43° 47°. [Neue Generalkarte von Mittel-Europa 1:200.000. Wien.] 1900. Militär-geographisches Institut. [In Comm. R. Lechner (Wilh. Müller).] 1 Bl. 56·5 × 39 *cm.* K 1.20

Gyerthánffy, Stef., Aaron Kiss, Wilh. Radó, Lesebuch f. d. II.—IV. Klasse d. Volksschulen. Nach dem ungar. Lesebuche deutsch bearb. v. Wilh. Radó. 8. Budapest (Franklin-Verein). Geb. n. 2. 32
II. (120 S.) 889. n. — 61
III. (196 S.) 890. n. — 80
IV. (269 S.) 891. n. — 88

Gygas, Georg (geb. Arendsee in d. Altm. 4. 3. 1833): De ovulo humano non foecundato nonnulla. Berolini (1859). (32 S.) 8°
Berlin, Med. Diss. v. 8. Aug. 1859

Gygaux, P., üb. die Einwirkung antibakterieller Medicamente auf die Behinderung od. Aufhebung d. Wachsthums u. Fortpflanzungsvermögens e. in der Milch u. im Käse nachgewiesenen rothen Sprosspilzes: Saccharomyces (?) ruber. Inaug.-Diss. gr. 8. (97 S.) Bern 890. (Huber & Co.) n. 1. 80

(Gygax, [Johann].) Offener Brief in Sachen des Herrn Major und Grossrath Wilhelm Gassmann in Biel gegen die Herren Ernst Kuhn. Buchhändler daselbst, und Mithafte. (Bern, den 19. Juli 1882.) 8. *o. O.*

Gygax, P., Therapeut. Taschenbuch f. Augenärzte, s.: Landolt, E.

Gygax, Paul. Bank in St. Gallen, 1837—1907. Die Geschichte einer Schweizerischen Notenbank. Verfasst im Auftrage der Bankkommission von Dr P' G', Redakteur, in Zürich. [Mit Vignetten und 12 Tafeln.] XII + 398 S. 4. St. Gallen, Zollikofer & Cie., 1907.

Gygax, Paul. Kritische Betrachtungen über das Schweizerische Notenbankwesen mit Beziehung auf den Pariser Wechselkurs. XVI + 405 S. 8. Zürich 1901.
Ex. I: Diss. Staatsw. Univ. Zürich. Zürich, Druckerei der Neuen Zürcher Zeitung.
Ex. II: Zürich, Albert Müller. — Züricher volkswirtschaftliche Studien. Hrg. von Hein[rich] Herkner. Heft 2. [fr. 6. —]

Gygax, Paul. Zwölf Jahre einheitlicher Diskontosatz. Ein Beitrag zur Geschichte des schweizerischen Notenbankwesens. Separatabdruck aus der «Zeitschrift für schweizerische Statistik», Jahrg. 1905 [Band 1, Liefg. 3]. 4 S. 4. [Bern, Stämpfli & Cie.]

Gygax, Paul. Die neueste Entwickelung des schweizerischen Notenbankwesens und das Problem der schweizerischen Zentralbank. Separat-Abdruck aus dem «Bank-Archiv», Zeitschrift für Bank- und Börsenwesen ..., Berlin-Frankfurt a. M., Jahrg. 4, [1904/05] No. 12. II + 15 S. 8. [Frankfurt a. M., Reinhold Mahlau, 1905.]

Gygax, P[aul]. Die wirtschaftliche Gesetzgebung der Schweizerischen Eidgenossenschaft im Jahre 1905. Dargestellt von P. G', Zürich. (Abdruck aus den Jahrbüchern für Nationalökonomie und Statistik.... Hrg. von Dr. J[ohannes] Conrad.... III. Folge. Band: [32, Heft 1. Juli] 190[6].) II S. + S. 55—57. 8. (Jena, Gustav Fischer.)

Gygax, Paul. Jubiläums-Schrift, 1821—1906, (der) Harmonie St. Gallen. Verfasst von P' G'. (Geschichtlicher Überblick.) [Mit Buchschmuck und 2 Porträts.] II + 24 S. 4. St. Gallen, A. Lœhrer, 1906.

Gygax, P[aul]. Im Tirol. Reiseskizzen von Willibald Firn <P. G'>. <SA.> 8. Zürich 1900.

Gygax, Paul. Die Verwirklichung der schweizerischen Zentralbank-Idee. 1880—1905. Ein Rückblick auf die Z'-Bewegung. (Abdruck aus den Jahrbüchern für Nationalökonomie und Statistik.... III. Folge Bd. 30 [Heft 6, Dezember 1905].) II S. + S. 721—749. 8. (Jena, Gustav Fischer, [1905].)
(*Mit* Nachschrift *betr.* das Referendum gegen das Nationalbankgesetz.)

Gyger, Hans Konrad: Züricher-Kantons-Carte. 1667. Facsimile-Reproduction von Hofer und Burger. Zürich 1891. 56 Bl. fol.

Gyger-Sämi: Der Gyger-Sämi v. Neue Zofinger Zeitung.

Gyldén, Hugo, über die Bahn eines materiellen Punktes, der sich unter dem Einflusse einer Centralkraft von der Form $\frac{\mu_1}{r^3} + \mu_2 r$ bewegt. gr. 4. (67 S.) Stockholm 879. (Berlin, Friedländer & Sohn.) n. 3. 60

Gyldén, Hugo, déduction des déclinaisons du catalogue principale, s.: Observations de Poulkova.

— die Grundlehren der Astronomie nach ihrer geschichtlichen Entwickelung dargestellt. Deutsche vom Verf. besorgte u. erweiterte Aufl. Mit 33 (eingedr.) Holzschn. gr. 8. (VIII, 407 S.) Leipzig 877. Engelmann. n. 7. —

Hülfstafeln zur Berechnung der Hauptungleichheiten in den absoluten Bewegungstheorien der kleinen Planeten. Unter Mitw. v. Dr S. Oppenheim hrsg. v. **Hugo Gyldén,** Astronom d. k. Schwed. Akad. d. Wiss. *Leipzig: In Comm. b. W. Engelmann 1896.* (LIII, 242 S.) 1 Bd 4.
— **Publication** der astronomischen Gesellschaft. [Bd] 21. [97 398]

Gyldén, H., Studien auf dem Gebiete der Störungstheorie, s.: Mémoires de l'académie impériale. des ciences. de St. Pétersbourg.

— traité analytique des orbites absolues des huit planètes principales. Tome I. Théorie générale des orbites absolues. gr. 4. (VIII, 577 S.) Stockholm 893. (Berlin, Mayer & Müller.) n. 28. —

Gyldén, H., Untersuchungen über die Constitution der Atmosphäre, s. Mémoires de l'acad. imp. des sciences de St.-Pétersbourg. 7. Série. Tome X, Nr. 1.

Gyldén, H., Untersuchungen über die Constitution der Atmosphäre und die Strahlenbrechung in derselben. (Mémoires de l'Académie Impériale des Sciences de St.-Petersbourg. Sér. 7. T. 10. No. 1.) St.-Petersbourg 1866. 82 S. 4°.

Gyldén, H., Dr., Untersuchungen über die Constitution der Atmosphaere und der Strahlenbrechung in derselben, II. St. Petersburg 1868.

Gyldén, Hugo, theoretische Untersuchungen über die intermediären Bahnen der Cometen in der Nähe eines störenden Körpers, s. Mémoires de l'Académie des sciences de St. Pétersbourg.

— Versuch einer mathematischen Theorie zur Erklärung des Lichtwechsels der veränderlichen Sterne. gr. 4. (63 S.) Helsingfors 879. (Berlin, Friedländer & Sohn.) n.n. 4. —

Gyler jun., Henri, der Unggle us Amerika od. Ein Hoch d. Abstinenz, s.: Sammlung schweiz. Dialektstücke. Nr. 42.

Gyllen, Senta, s.: Emmerich, Ella.

Gyllembourg-Ehrensvärd, Thomasine Christine

Gyllembourg, Thomasine, eine Alltagsgeschichte, s.: Universal-Bibliothek.

Gyllembourg, Th., Konrad u. Hanna, s.: Meyer's Volksbücher.

Gyllembourg-Ehrensvärd, Thomasine Christine, Familie Polonius. Die hellen Nächte, s. a. Bibliothek der Gesamtlitteratur.

Familie Polonius. Die hellen Nächte. Zwei Novellen von Thomasine Christine **Gyllembourg**-Ehrensvärd. Aus d. Dän. von E. Glawe. Mit e. Einl. u. d. Bilde d. Verf. Halle a. S.: Hendel [1909]. XIV, 157 S. 8°

(Bibliothek d. Gesamtliteratur d. In- u. Auslandes. Nr. 2148–2150.) Io. 1034

Gyllenborgii, G. A., agriculturae fundam. chem. Upsal 761.

Gyllenhall, (L.,) Insecta suecia, descripta. Classes I. Cleopteraisive Eleuterata. Tom. 1—4. gr. 8. 808—27. (Fr. Fleischer in Leipz). Vol. 1—3. 7 Rthl. Vol. 4.

***Gyllenhal*, L., insecta Suecica descripta. IV Tom. Stockh. 808—27. (Fr. Fleischer in Leipz.) 8 ß**

Gyllenhal, L., insecta suecica descripta. Tom. I. pars 1. 2. 3. Editio nova. 8. Halaeae, Bonnier. 820.

Gylling, J. A.

Gylling, J., De argumenti disposit. in sat. I—VIII. Juvenalis. Diss. 1885. 111 S. 2.—

— De argumenti dispositione in satiris IX—XVI. Juvenalis. Diss. 1889. 150 S. 2.25

Gylling, J. A., de argumenti dispositione in satiris IX—XVI Iuvenalis. Commentatio academica. gr. 8. (150 S.) Lund 889. (Möller.) n. 1. 80

Gylmann, Adr., symphoremata supplicationum processus in supr. camerae imp. etc. VI Tom. fol. Frcf. 703.

Gymnasial-Actus, der, im Freien. Eine dramat. Scene. Keine wahre Begebenheit, die aber alle Tage passiren kann. Von *m*. gr. 8. (31 S.) Leipzig 847, Arnoldische Buchh. *

Gymnasial-Bibliothek. Hrsg. v. E. Pohlmey u. Hugo Hoffmann. 1.—6., 8., 10.—18. Hft. gr. 8. (Gütersloh, C. Bertelsmann. n. 16. 60

1. Troia u. Troas, nach eigener Anschaug. geschildert v. Rud. Menge. Mit 28 Abbildgn., 2 Karten u. 1 Plan. (VIII, 82 S.) 891. n. 1. 50
2. Alexander der Große. Von Osk. Jäger. (71 S. m. Titelbild u. farb. Karte.) 892. n. 1. 20
3. Die Entwicklung der Tragödie bei den Griechen v. O. Weißenfels. (86 S.) 891. n. 1. 20
4. Der römische Triumph. Der Triumph im allgemeinen, der Triumphzug d. Ämilius Paullus, Germanicus u. Titus. Von E. Pohlmey. (VII, 80 S.) 891. n. 1. —
5. Marcus Porcius Cato. Von Osk. Jäger. (72 S.) 892. n. 1. —
6. Eine Gerichtsverhandlung in Athen. Von E. Wagner. (VII, 19 S.) 894. n. — 80
8. Das Fortleben homerischer Gestalten in Goethes Dichtung. Von Herm. Schreyer. (92 S.) 893. n. 1. 20
10. Römisches Lagerleben. Von Otto Miller. (55 S. m. 1 Plan.) 892. n. — 80
11. Ithaka, nach eigener Anschaug. geschildert v. Rud. Menge. Mit 3 Holzschn. u. 1 Karte. (V, 38 S.) 891. n. — 80
12. Kurze Geschichte der altgriechischen Kolonisation. Von Gust. Hertzberg. (95 S. m. 1 farb. Karte.) 892. n. 1. 40
13. Geographische Forschungen u. Märchen aus griechischer Zeit. Von Karl Urban. (40 S.) 892. n. — 60
14. Aus Sicilien. Von Ernst Ziegeler. (78 S. m. 5 Abbildgn. u. 2 farb. Karten.) 892. n. 1. 60
15. Horaz, sein Leben u. seine Werke. Von Frdr. Aly. (46 S.) 893. n. — 60
16. Thukydides u. sein Geschichtswerk. Von Edm. Lange. (VII, 70 S. m. 3 Abbildgn.) 893. n. 1.
17. Das römische Forum als Mittelpunkt des öffentlichen Lebens. Von Ernst Schulze. (VIII, 72 S. m. 4 Abbildgn.) 893. n. 1.
18. Ein Tag im alten Athen. Von M. Kleemann. (62 S. m. 5 Abbildgn.) 894. n. 1. —

Gymnasial-Bibliothek. Hrsg. v. E. Pohlmey u. Hugo Hoffmann. 19.—30. Hft. gr. 8. Gütersloh, C. Bertelsmann n. 15. 80

19. Von Athen z. Tempethal. Reiseerinnergn. a. Griechenland. Von Paul Brandt. (V, 102 S. m. 24 Abb.) 894. n. 1. 80
20. Aus Pompeji. Von Ernst Ziegeler. M. 38 Abb., 1 Chromolith. u. 1 Karte. (VIII, 108 S.) 895. n. 2. —
21. Erziehg. u. Unterricht b. d. Griechen u. Römern. Von Hanns Pohatta. (72 S.) 895. n. 1. —
22. Demosthenes. E. Lebensbild, dargest. v. Adb. Höck. (88 S. m. 1 Titelbild.) 895. n. 1. 20
23. Die Schauspiele z. Unterhaltg. d. röm. Volkes. Von Ernst Schulze. (VIII, 105 S. m. 11 Abb.) 895. n. 1. 50
24. Cäsar, d. Eroberer Galliens. Von Rud. Lange. M. Titelbild u. 1 Karte. (V, 87 S.) 896. n. 1. 20
25. Tiberius u. d. Verschwörung d. Sejan. Von H. Willenbücher. (XVI, 48 S. m. 1 Stammtaf.) 896. n. — 80
26. Der jüngere Scipio. Von Rich. Büttner. M. 1 Plan v. Karthago. (76 S.) 897. n. 1.
27. Aus Ravenna. Von Ernst Ziegler. (VII, 72 S. m. 16 Abb.) 897. n. 1. 50; geb. n. 2. —
28. D. Geschichtschreiber P. Cornelius Tacitus. Von Otto Wackermann. (65 S.) 898. n. 1. 20
29. Cäsars Ermordg. am 15. III. 44 v. Chr. Von Hugo Willenbücher. M. e. Titelbilde. (VII, 58 S.) 898. n. 1. —
30. Olympia u. seine Festspiele. Von Karl Hachtmann. Mit 23 Abb. (VIII, 150 S. m. 1 Taf.) 899. n. 1. 60

Gymnasial-Bibliothek. Hrsg. v. Hugo Hoffmann. 7., 9. u. 31.—34. Hft. gr. 8. Gütersloh, C. Bertelsmann. n. 6. 80

7. Ein Gang durch die Ruinen Roms. (Palatin u. Kapitol.) Von Frdr. Lohr. Mit 5 Illustr. u. 1 Plane. (VIII, 72 S.) 900. n. 1. 40
9. Xenophon. Sein Leben, seine Geistesart u. seine Werke. Von Edm. Lange. (VII, 88 S.) 900. n. 1. 20
31. Marius u. Sulla. Von R. Pappritz. (V, 79 S.) 899. n. 1.—
32. Pergamon, e. Pflanzstätte hellen. Kunst. Von Karl Hachtmann. Mit 30 Abbildgn. (X, 111 S.) 900. n. 1. 80
33. Das Säkularfest des Augustus. Von Wilh. Vollbrecht. Mit 1 Abbildg. (45 S.) 900. n. — 60
34. Maecenas. Von Wilh. Vollbrecht. (59 S.) 901. n. — 80

Gymnasial-Bibliothek. Hrsg. v. Hugo Hoffmann. 1. 11. 35.—41. u. 43. Hft. 8. Gütersloh, C. Bertelsmann. n. 14. 40

Chudzinski, A., Staatseinrichtungen des römischen Kaiserreichs in gemeinfaßlicher Darstellung. (XI, 176 S.) 905. (Hft. 39.) n. 2. —; geb. n. 2. 60
Hachtmann, Karl, die Akropolis v. Athen im Zeitalter des Perikles. Mit 42 Abbildgn. (VIII, 104 S.) 903. (Hft. 35.) n. 1. 80; geb. n. 2. 40
Höck, Adelb., Herodot u. sein Geschichtswerk. Mit 1 Titelbild. (144 S.) 904. (Hft. 37.) n. 1. 60
Lange, Edm., Sokrates. Mit 1 Titelbilde. (VII, 72 S.) 906. (Hft. 43.) n. 1. —
Menge, Rud., Ithaka nach eigener Anschauung geschildert. Mit 9 Abbildgn. u. 1 Karte. 2. Aufl. (54 S.) 903. (Hft. 11.) n. 1. —
— Troja u. die Troas, nach eigener Anschaug. geschildert. Mit 36 Abbildgn., 2 Taf. u. 1 Karte. 2., umgearb. Aufl. (VIII, 98 S.) 905. (Hft. 1.) n. 1. 50; geb. n. 2. 20
Schulze, Ernst, die römischen Grenzanlagen in Deutschland u. Das Limeskastell Saalburg. Mit 23 Abbildgn. u. 4 Karten. 2., verb. Aufl. (VIII, 115 S.) 908. (Hft. 36.) n. 1. 80; geb. n. 2. 40
1. Aufl. (106 S.) 903. n. 1. 80; geb. n. 2. 40.
Stich, Hans, Mark Aurel, der Philosoph auf dem röm. Kaiserthron. Mit 7 Abbildgn. u. 1 Übersichtskärtchen. (62 S.) 904. (Hft. 38.) n. 1. —
Weißenfels, Osk., Aristoteles' Lehre vom Staat. (88 S.) 906. (Hft. 40.) n. 1. 20
Wolf, Heinr., die Religion der alten Griechen. (VIII, 108 S.) 906. (Hft. 41.) n. 1. 50
Heft 42 ist noch nicht erschienen.

Gymnasial-Bibliothek. Hrsg. v. Hugo Hoffmann. 15. 42 u. 44—52. Heft. 8. Gütersloh, C. Bertelsmann. 18. 30

Aly, Frdr., Horaz, sein Leben u. seine Werke. 2., verb. Aufl. (59 S.) 909. (Hft. 15) — 60
Chudzinski, A., Tod u. Totenkultus bei den alten Griechen. (83 S.) 907. (Hft. 44) 1. —
Cramer, Frz., Afrika in seinen Beziehungen zur antiken Kulturwelt. Mit 34 Abbildgn. u. 3 Karten. (133 S.) 907. (Hft. 46) 2.40; geb. 3. —
Fritsch, O., Delos, die Insel des Apollon. Mit 27 Abbildgn. (84 S.) 908. (Hft. 47) 1.50; geb. 2. —
— Delphi, die Orakelstätte des Apollon. Mit 47 Abb. (132 S.) 908. (Hft. 48) 2.40; geb. 3. —
Henke, O., u. Bernh. Lehmann, die neueren Forschgn. üb. die Varusschlacht. (103 S. m. 4 Taf., 5 eingedr. Kartenskizzen u. 1 farb. Karte.) 910. (Hft. 52) 1.50; geb. 2. —
Lohr, Frdr., das Marsfeld. Ein Gang durch die Ruinen Roms. (Fortsetzung.) (VIII, 106 S. m. Abb. u. 1 Plan.) 909. (Hft. 49) 1.60; geb. 2. 20
Lapprich, Rich., Epaminondas u. seine Zeitgenossen. (73 S. m. 2 Taf. u. 3 eingedr. Kartenskizzen.) 909. (Hft. 51) 1. —
Thiele, R., im ionischen Kleinasien. Erlebnisse u. Ergebnisse. Mit 3 Karten u. 32 Bildern. (160 S.) 907. (Hft. 45) 2.—; geb. 2.60
Wolf, Heinr., Geschichte des antiken Sozialismus u. Individualismus. (258 S.) 909. (Hft. 50) 2.80; geb. 3. 50
— Die Religion der alten Römer. (104 S. m. Titelbild.) 907. (Hft. 42) 1. 50

Gymnasial-Bibliothek, sprachwissenschaftliche, hrsg. v. Max Niedermann, s.: Bibliothek, indogerman.

Gymnasialblätter unter Mitwirkung hessischer Gelehrten, herausgeg. von Frz. Baur u. Jos. Kehrein. 1. Bd. 4 Hefte. gr. 8. Mainz 844, Faber'sche Buchh. 2 1/3 ℛ

Gymnasialblätter. Ein Archiv für die wichtigsten Interessen deutscher Gelehrtenschulen mit besond. Rücksicht auf Bayern. Unter Mitwirkung prakt. Schulmänner hrsg. v. K. Elesca u. A. Schöppner. 2 Bde. à 4 Hfte. gr. 8. (1. Bd.: VI u. 502 S. 2. Bd.: VI u. 498 S.) Augsburg 849, 50. Rieger. (à Hft. 2/3 ℛ) 5 1/3 ℛ

Über Gymnasialeinrichtungen. – Marmaros-Sziget k. , Progr. 1851.

[F.] **Das neue Gymnasialgebäude.** *Berlin, gedr. in d. K. Hofbuchdr. v. E. S. Mittler & Sohn, 1890;* S. 9–11: fol.
Berlin, k. Friedrich-Wilhelms-G u. k. VS, Festzeitung 1890

Gymnasial-Grammatik der Engl. Sprache, für den Unterricht in Schulklassen besonders eingerichtet. 8. Elbing 836. (Berlin, Nicolai'sche Buchh.) 1/4 ℛ

Gymnasial-Katechismus, evangelischer, ein Spruch-, Lehr- u. Uebungsbuch zu Dr. Mart. Luthers Katechismus (von Krahner.) Stettin 869. Saunier. gr. 8. (VIII, 120 S.) n. 10 *ngr.*

Gymnasiallehrer, der preußische. Sein Werden u. Sein. Von e. Gymnasiallehrer. gr. 8. (23 S.) Frankfurt a/M. 885. Foesser Nachf. n. — 40

Gymnasiallehrer u. **Volksschullehrer,** s. Abhandlungen, pädagog.

Gymnasiallehrer und Volksschullehrer. Ein Blatt d. Hoffnung f. d. deutschen Volksschullehrerstand. Bielefeld: A. Helmich [1898]. (36 S.) 8°
= Abhandlungen, Pädagogische. H. 44.

Gymnasial-Lehrplan, der, u. die Instructionen f. den Unterricht an den österreichischen Gymnasien. [Nach dem Ministerial-Erlasse vom 26. Mai 1881, Z. 10. 128.] Verhandlungen d. Vereines „Innerösterreichische Mittelschule" in Graz. gr. 8. (IV, 307 S.) Wien 886. Graeser. n. 3. 20

Gymnasialreform, Die, in Österreich. Leipzig 1858. V: *Beer, Jacob.* (Strakosch-Grassmann, Bibliogr. zur Gesch. d. österr. Unterrichtswesens. Wien 1901 S. 38.)

Gymnasialreform, die, in Oesterreich. Leipzig 858. Steinacker. gr. 8. (32 S.) n. 6 *ngr.*

Gymnasial-Unterricht, unser. Bekenntnisse v. Alethagoras. gr. 8. (III, 52 S.) Braunschweig 889. Salle. n. — 60

Gymnasial-Unterricht, unser. Bekenntnisse v. Gymn.-Lehr. Alethagoras. 2., umgearb. Aufl. gr. 8. (III, 52 S.) Braunschweig 894. O. Salle. n. — 60

Gymnasialwesen, das bairische, einst u. jetzt. Eine Erinnerg. an Döderlein von e. ehemal. Schüler desselben. Erlangen 869. Besold. gr. 8. (IV, 54 S.) n. 10 *ngr.*

Gymnasiast, der. Wochenschrift f. die Schüler der oberen Gymnasial-Klassen. Red.: Erich Krone. 1. Jahrg. Febr. bis Septbr. 1905. 34 Nrn. (à ca. 12 S.) 4. München, A. H. Müller. à Nr. — 20

— dasselbe. Halbmonatsschrift f. die Schüler der oberen Klassen der Gymnasien. Realgymnasien, Ober-Realschulen u. Realschulen, unter Mitwirkg. v. G. Burckhardt u. M. Saupe. 1. Jahrg. Nr. 35.—40. 2. Jahrg. Nr. 1a bis 6a. Jan.—März 1906. 6 Nrn. (à ca. 12 S.) 4 Altenburg, R. Fuchs. n. 1. 50

— dasselbe verbunden m. Jung-Deutschland. Halbmonatsschrift f. die Schüler der oberen Klassen der Gymnasien, Realgymnasien, Ober-Realschulen u. Realschulen, unter Mitwirkg. v. G. Burckhardt u. M. Saupe hrsg. v. Rob. Fuchs. 2. Jahrg. April 1906—März 1907. 24 Nrn. (à ca. 16 S.) 4. Ebd. n. 6. —

Gymnasiast, der, verbunden m. Jung-Deutschland. Halbmonatsschrift zur Einführg. in das Leben der Gegenwart, unter Mitwirkg. v. G. Burckhardt, Erdm. Langner, M. Saupe hrsg. 3. Jahrg. April 1907—März 1908. 26 Nrn. (à ca. 16 S.) 31×23 cm. Altenburg, R. Fuchs. 4. —
Erscheint nicht mehr.

Gymnasien, über, s. Humanus, Versuche aus d. Gebiete der Staatswissenschaft.

Gymnasien, Die, Oesterreichs und die Jesuiten. Leipzig 1859. V: *Lorenz, Ottokar.* (Strakosch-Grassmann, Bibliogr. zur Gesch. des österr. Unterrichtswesens. Wien 1901 S. 38.) (UBTüb A Erg.-Heft 1) (ADB 38, 212)

Gymnasien, die, Oesterreichs und die Jesuiten. Leipzig 859. Voß. gr. 8. (76 S.) 12 ngr.

Von Sr. Königl. Majestät confirmirte Altonaische Gymnasienordnung. d. D. Friedensburg den 29. Sept. 1773. Altona. o. J. 4°.

Gymnasio c l a r i s s i m o Bielefeldensi Saecularia Tertia Idibus Juliis A. MDCCCLVIII. sollemniter celebranti ea qua par est observantia gratulantur Archigymnasii Susatensis magistri. 4 S. – Progr. Soest 1858.

Gymnasio Elisabetano Vratislaviensi saecularia tertia a. d. IIII. Kal. Febr. a. 1862. celebranda gratulatur Academia Vratislaviensis. Vratislaviae (1862). (8 S.) 4°

Gymnasio Fridericiano Regiomontano ... his versiculis quam maxime gratulantur Paedagogii ... praepositus et professores ... Magdeb. [1898]. V: *Decker, Frdr.* (Berl)

Gymnasio Kniphoviensi sex saecula feliciter peracta die XXIII m. Iunii a. 1904 congratulantes et pia vota nuncupantes hunce libellum qualemcunque donatum, dicatum, consecratum esse voluerunt Rectores, Professores, Praeceptores Regii Collegii Fridericiani, Gymnasii Palaeopolitani ... Regimontii Pruss. 1904: Hartung. (Getr. Pag.) 4°
[Umschlagt.:] Festschrift d. höh. Lehranstalten Königsbergs i. Pr. z. Jubiläumsfeier d. Kneiphöfischen Gymn. 1904. (05. 10

Gymnasio Tremoniensi quartum saeculum auspicauti etc. Gymnasii Hammoniensis collegae. 2 S. .
Hamm, Progr. 1843

Gymnasium. Zeitschrift f. Lehrer an Gymnasien u. verwandten Unterr.-Anstalten. Unter Mitw. von ... red. von Dr. M[artin] Wetzel in Paderborn (15–17: hrsg. von Dr. M. Wetzel u. A[nton] Wirmer in Paderborn; 18 ff.: hrsg. von Dr. P[eter] Meyer in M.-Gladbach u. A. Wirmer). Jg. 1–24. Paderborn: F. Schöningh 1883–1906. 24 Bde 8°
1. April bis Ende 1883. 2–24. 1884–1906. (07.

Gymnasium. Zeitschrift f. Lehrer an Gymnasien u. verwandten Unterrichts-Anstalten. Unter Mitwirkg. v. A. Luke u. Ph. Plattner red. v. M. Wetzel. 1. Jahrg. April—Decbr. 1883. 18 Nrn. (B.) gr. 8. Paderborn, F. Schöningh. n. 4. 50

— dasselbe. 2—4. Jahrg. 1884—1886. à 24 Nrn. (à 1—1¼ B.) gr. 8. Ebend. à Jahrg. n. 6. —

Gymnasium. Zeitschrift f. Lehrer an Gymnasien u. verwandten Unterrichts-Anstalten. Unter Mitwirkg. von Ph. Plattner, J. Plassmann u. A. hrsg. von M. Wetzel. 5.—8. Jahrg. 1887—1890. à 24 Nrn. (à 1—1¼ B.) gr. 8. Paderborn, F. Schöningh. à Jahrg. n. 8. —

Gymnasium. Zeitschrift f. Lehrer an Gymnasien u. verwandten Unterrichts-Anstalten. Unter Mitwirkg. v. Ph. Plattner u. J. Plassmann hrsg. v. M. Wetzel. 9.—12. Jahrg. 1891—1894. à 24 Nrn. (à 1—1¼ Bog.) gr. 8. Paderborn, F. Schöningh. à Jahrg. n. 8. —

Gymnasium. Zeitschrift für Lehrer an Gymnasien u. verw. Unterrichts-Anst. Unt. Mitwirkg. e. Reihe v. Schulmännern Deutschlands u. Deutsch-Oesterreichs hrsg. v. M. Wetzel. 13.—16. Jahrg. 1895—1898. à 24 Nrn. (à ca. 20 S.) gr. 8. Paderborn, F. Schöningh. à Jahrg. n. 8. —
Kann auch halbjährlich bezogen werden. — Der 16. Jahrg. war von Wetzel u. A. Wirmer redigiert

Gymnasium. Zeitschrift f. Lehrer an Gymnasien u. verwandten Unterrichts-Anstalten, begründet v. M. Wetzel. Unter Mitwirkg. e. Reihe v. Schulmännern Deutschlands u. Deutsch-Österreichs hrsg. v. P. Meyer u. A. Wirmer. 17.—20. Jahrg. 1899—1902. à 24 Nrn. Lex.-8. (XV, 839; XV, 883; XV, 895 u. XV, 891 Sp.) Paderborn, F. Schöningh. à Jahrg. n. 10. —

Gymnasium. Zeitschrift f. Lehrer an Gymnasien u. verwandten Unterrichts-Anstalten, begründet v. M. Wetzel. Unter Mitwirkg. e. Reihe v. Schulmännern Deutschlands u. Deutsch-Österreichs hrsg. v. P. Meyer u. A. Wirmer. 21.—23. Jahrg. 1903—1905. à 24 Nrn. (XV S. 878 Sp.; XV S. 896 Sp. u. XX S. 900 Sp.) Lex.-8. Paderborn, F. Schöningh. à Jhrg. n. 10. —

— dasselbe. 24. Jahrg. Jan.—Juni 1906. 12 Nrn. (XVI S. 472 Sp.) Lex.-8. Ebd. n. 5. —
Erscheint nicht mehr.

Gymnasium Berolinense Leucophaeum .. ut maneat vigeat crescat ... saecularibus tertiis ... vota faciunt Univ. Litt. Frid. Guil. Rector et Senatus. [o. O. am 2. Juli 1872.] (1 Bl.) 2°

†**Gymnasium zu Eschweiler. Beiträge zur Geschichte Eschweilers und seines höheren Schulwesens. Festschrift zur Feier der Anerkennung des Gymnasiums Ostern 1905.** 1 Bl., 120 S., 1 Karte. 8.
Progr. Gymn. u. Realprogymn. *Eschweiler* 1905 (522).

Gymnasium, das evangelische, nach den berechtigten Forderungen der Zeit. Magdeburg 856. (Essen, Bädeker.) gr. 8. (76 S.) n. 10 ngr.

— das **humanistische.** Mitteilungen u. Erörtergn., in Verbindg. m. nord- u. süddeutschen Schulmännern hrsg. v. G. Uhlig. Jahrg. 1890. 4 Nrn. (2 B.) gr. 8. Heidelberg, C. Winter. n. 2. —

— das **humanistische.** Organ d. Gymnasialvereins. Red.: Uhlig. 2.—5. Jahrg. 1891—1894. à 4 Hfte. (à ca. 3 Bog.) gr. 8. Heidelberg, C. Winter. à Jahrg. n. 3. —

— das **humanistische.** Organ d. Gymnasialvereins. Red.: G. Uhlig. 6.—9. Jahrg. 1895—1898. à 4 Hfte. (à ca. 3 Bog.) gr. 8. Heidelberg, C. Winter. à Jahrg. n. 3. —
Der 6. Jahrg. war noch von O. Kübler redigiert.

— das **humanistische.** Organ des Gymnasialvereins. Hrsg. v. Osk. Jäger u. G. Uhlig. 10.—13. Jahrg. 1899—1902. à 4 Hfte. gr. 8. (III, 182; IV, 237; IV, 260 u. IV, 244 S.) Heidelberg, C. Winter's Univ.-Buchh. à Jahrg. n. 3. —

— das **humanistische.** Organ des Gymnasialvereins. Hrsg. v. Osk. Jäger u. Gust. Uhlig. 14.—17. Jahrg. 1903—1906. à 4 Hefte. (14 u. 15: à 248 S.) gr. 8. Heidelberg. C. Winter, Verl. à Jhrg. n. 3. —

Gymnasium, das humanistische. Organ des Gymnasialvereins. Hrsg. v. Osk. Jäger u. Gust. Uhlig. 18—21. Jahrg. 1907—1910. à 6 Hefte. (IV, 220; IV, 244; IV, 268 u. IV, 234 S.) gr. 8. Heidelberg, Carl Winter. à Jhrg. 3. —

Jahres-Bericht des k. k. akademischen Gymnasiums zu Linz am Schlusse des Schuljahres 1854. 4. (24 S.) Linz. Aus der Eurich'schen Buchdruckerei.

Inhalt: Das k. k. akademische Gymnasium zu Linz in seinen sechs ersten Jahrzehenden. — Schulnachrichten.

Gymnasium, Das Casseler, Lyceum Fridericianum der siebenziger Jahre. Erinnerungen eines Schülers aus damaliger Zeit. Berlin 1891. V: *Des Coudres, Theod.* (Berl)

— das Casseler, Lyceum Fridericianum, der siebenziger Jahre. Erinnerungen e. Schülers aus damaliger Zeit. gr. 8. (84 S.) Berlin 891. H. Walther. n. 1. 50

Das Königliche Gymnasium zu Dresden-Neustadt. 1874—1899. gr. 4 (166 S., 1 S. unp. Inh., 2 Bildn., 1 Taf.). (Dresden 1899, C. Höckner). geb. ℳ 10,—.

Inhalt:

Jacob, *Johannes Traugott*: Gedenkblätter, den lieben alten Schülern gewidmet. 4 (S. 1—12).

Ziel, *Ernst Louis Friedrich* August: Das Lehrerkollegium. 4 (S. 13—30).

Menzel, Paul (Dr. med.): Die Schüler des Kgl. Gymnasiums. 4 (S. 31—166).

Progr. (Kgl. G. *Dresden-Neustadt* 1899.)

Das Königliche **Gymnasium** zu Dresden-Neustadt 1874–1899. (Chronik.) Dresden–A. (1899): H. B. Schulze. (166 S.) 4°

[Umschlagt.:] [F.] Das Kreuznacher **Gymnasium** unter preussischer Herrschaft; sein confessioneller Charakter, beleuchtet von W. S. Beitrag z. paritätischen Behandlg d. höheren Lehranst. im Rheinlande ... SA. a. d. Kreuznacher Zeitg. *Kreuznach: Verl. d. Kreuznacher Zeitung 1897.* (32 S.) 1 Bd 8. [97. 777]

— d. Kreuznacher, unt. preuß. Herrschaft; s. confession. Charakter, beleuchtet v. W. S. Beitrag z. paritöt. Behandlg. d. höh. Lehranst. im Rheinlande. [Aus: „Kreuznacher Zeitg."] gr. 8. (32 S.) Kreuznach 897. (A. Eckemeyer.) n.n. — 50

Das neue **Gymnasium**. Lehrplan u. Lehraufgaben f. d. höh. Schule nebst Erläuterungen u. Bemerkungen. (Nichtamtlich.) *Wiesbaden: C. G. Kunzes Nachf. 1900.* (24 S.) 8° [F.] [00. 638]

Gymnasium, ein neues, in Königsberg? Ein vom Standpunkte der Erfahrung aus gewagter Versuch, die vorstehende Frage zu beantworten, u. öffentl. höhere Schulen zu beurtheilen. gr. 8. Berl. 824. (Th. Enslin). 12 gr.

Gymnasium, Das, in Nikolsburg. Historische Skizze zur Feier seines 250jährigen Bestandes. Wien 1885. V: *Friedrich, Moriz.* (EB)

— Tarnoviense erigitur a. D. 1760. Ex actis episcopalibus Cracoviensibus vol. 102, fol. 241 sep. depromptum. Primum in „Notificationibus e curia principis episcopi Cracoviensis" a. 1892 in pag. 99 – 119 excusum, nunc vero seorsim typis mandatum per curiae eiusdem archivarium. 8. (59 S.) Krakau 893. (Buchh. d. poln. Verlags-Gesellschaft.) n.n. – 80

Gymnasiumsgebäude. Das alte und das neue G' in Burgdorf. Erinnerungsschrift zur Einweihung des neuen Gymnasiums am 3. August 1904. Beilage zum Jahresbericht des G' Burgdorf pro Schuljahr 1904/05. [Mit Plan und 2 Tafeln.] II + 79 S. 8. Burgdorf, ⟨S. Haller⟩, 1905.

(Inhalt: 1. Das alte Waisenhaus- und Gymnasiumsgebäude. Von K[arl] Grütter; — 2. Der Bau des neuen Gymnasiums. Von C[onrad] Kindlimann. [Mit] Anhang: Die naturwissenschaftlichen Sammlungen [von Hermann] Merz; Die Unterrichtsräume für Physik [von] Dr. [Adolf] Gasser; Der Wandschmuck im neuen Gymnasium [von K'] Grütter; — 3. Die Einweihungsfeier vom 3. August 1904. [Von Hermann] Merz [und Karl] Gr[ütter].)

Das neue **Gymnasiums-Gebäude** in Pforzheim. Karlsruhe 1905: G. Braun. (20 S.) 4°
Pforzheim, großh. Reuchlin-G P 1905 (738)

Das neue Gymnasiums-Gebäude in Pforzheim. 29 S. 4.
Progr. Großh. Reuchlin-Gymn. *Pforzheim* 1905 (738)
I. Geschichte des Neubaues. II. Baubeschreibung von Bezirksbauinspektor [Heinrich] Henz. III. Einweihungsfeier.

Gymnaste suisse, s.: Turnzeitung, schweizerische.

Gymnastik, die. Faßliche Anleitg. zu gymnastischen Uebungen. (Enth. das Turnen, Schlittschuhlaufen, Schwimmen, Rudern, Reiten, Fahren, Schießen. Nach Walker bearb. von Jul. Kunze. Mit vielen eingedr. Holzschn. 2. Aufl. 8. (VIII u. 214 S.) Leipzig 847. Haendel. 2/3 ℛ

Gymnastik, die, und die Fechtkunst in der Armee. (Von v. Görne, v. Scherff u. Mertens.) Berlin 858. Mittler's Sorthdlg. 16. (XIV, 231 S.) n. 24 ℊ

Gymnich, Clemens August Freih. von. Beschreibung der Vestung Mainz ... [Frankf.] 1793. H: *Hatzfeld, Graf* [?]. (serap XXVIII, 23)

v. Gymnich. Beschreibung der Vestung Mainz u. der Umstände, unter welchen sie im Oct. 1792 den Franzosen übergeben ward. 8. Frankfurt 1793. 0,75.

Gymnich, Freyh. v., Beschr. v. Mainz. 8. Frkf. Pech. 793. Rthlr. ·

v. Gymnich, Frhrr., († d. 1. Febr. 1806.), s. Beschreibung von Mainz.

Gymnosophista, sive Indicae philosophiae documenta. Collegit, ed., enarravit Chr. Lassen. Vol. I. Fasc. I. Isvaracrishnae Sankhya — Caricam tenens. 4 maj. (10 B.) Bonnae 832, Weber.

Gynäceum, eine Gallerie satyrischer Gemälde. 8. Stuttg. 811. Steinkopf. 1 ℛ

Gynaeceum, eine Gallerie satyrischer Gemälde. Stuttgart 1812. V: *Feuerlein, Fürchtegott Gustav Willibald.* (BGE) (GGr)

Gynaecologia Helvetica. Hrg. von Dr O[scar] Beuttner, Privat-Docent a. d. Universität Genf. Jahrg. 1 ⟨Bericht über das Jahr 1900⟩. Mit 23 (*d. i.* 24) Illustrationen. 155 S. 8. Genf, Henry Kündig; Giessen, Emil Roth, 1901. [fr. 3. 50]

Gynaecologia Helvetica. Hrg. von Dr O[scar] Beuttner, Privat-Docent a. d. Universität Genf. Jahrg. 2 ⟨Bericht über das Jahr 1901⟩. Mit 40 Illustrationen. 8 + 222 S. 8. Genf, Henry Kündig; Giessen, Emil Roth, 1902. [fr. 5. —]

Gynaecologia Helvetica. Hrg. von Dr O[scar] Beuttner, Privat-Dozent a. d. Universität Genf. Jahrg. 3 ⟨Bericht über das Jahr 1902⟩. Mit 7 Tafeln und 65 Abbildungen im Text, nebst Portrait [-Tafel] von Prof. (O[scar]) Rapin † Lausanne. VIII + 284 S. 8. Genf, Henry Kündig, 1903. [fr. 6. —]

Gynaecologia Helvetica. Hrg. von Dr O[scar] Beuttner, Privat-Dozent a. d. Universität Genf. Jahrg. 4 ⟨Bericht über das Jahr 1903⟩. Mit 10 Tafeln und 80 Abbildungen im Text, nebst Portrait[-Tafel] von Prof. J(ohann) J(acob) Bischoff, Basel. VIII + 392 S. 8. Genf, Henry Kündig, 1904. [fr. 6. —]

Gynaecologia Helvetica. Hrg. von Dr O[scar] Beuttner, Privat-Docent a. d. Universität Genf. Jahrg. 5. Mit 75 Abbildungen im Text und 17 Tafeln, nebst Portrait [auf 1 Tafel] von Professor Dr. J[ohann] J[acob] Hermann und Prof. Dr. Th(eodor) Hermann, ([sowie] General-Namens-Register ... und G'-Sach-R' des 1.—5. Jahrganges). IV + VIII + 357 + *Annoncen* 20 S. 8. Genf, Henry Kündig, 1905. [fr. 5. —]

Mit Gesamttitelblatt zu: G' H' — — Genf. Jahrg. 1 bis 5. Mit 284 Abbildungen im Text und 17 Tafeln, nebst [4] Portraits ... [auf 8 Tafeln] und einem General-, Namens- und Sachregister. Genf, H' K', 1901—1905. II S.

Gynaecologia Helvetica, contenant les Comptes-Rendus officiels des séances de la Société d'Obstétrique et de Gynécologie de la Suisse Romande. Hrg. von Dr O[scar] Beuttner, Privat-Docent a. d. Universität Genf. Jahrg. 6 ⟨Bericht über das Jahr 1905⟩. Mit 58 Abbildungen im Text, nebst Portrait [auf 1 Tafel] von Prof. (Adolf Ludwig Sigismund) Gusserow und Prof. A[ugust] Breisky. IV + VIII + 351 + *Annoncen* 18 S. 8. Genf, (Henry) Kündig, 1906. (fr. 5. —)

Gynaecologia helvetica contenant les comptes-rendus officiels des séances de la société d'obstétrique et de gynécologie de la Suisse romande. Begründet u. unter Mitwirkg. v. A. Bétrix, Aepli, Aubert u. a. bearb. u. hrsg. v. O. Beuttner. 7—10. Jahrg. Lex. 8. Genf 907—10. (Kündig.) 21. —
7. (Bericht üb. d. J. 1906.) Mit 60 Abbildgn. im Text u. 7 Taf., nebst Portr. v. Vulliet u. Jean Jacques Manget, 1652—1742 Dekan der Genfer Fakultät. (VII, 359 S.) 907. 4. —
8. (Bericht üb. d. J. 1907.) Mit 73 Abbildgn. im Text u. 7 Taf., nebst Portrait der Profess. Vaucher u. Jentzer. (VII, 383 S.) 908. 5. —
9. Frühlingsausg. (Bericht üb. d. J. 1908.) Mit 40 Abbildgn. im Text u. 9 Taf., nebst Portrait v. Professor Dr. F. Frankenhäuser † Zürich. (VII, 286 S. m. 7 Bl. Erklärgn.) 909. 4. —
9. Herbstausg. (Bericht üb. d. J. 1908.) Mit 34 Abbildgn. im Text u. 12 Taf., nebst Portr. v. Professor Schiferli †, Bern. (Zum Tl. in deutscher Sprache.) (VIII u. S. 287—553.) 909. 4. —

Gynaecologia Helvetica, contenant les Comptes-Rendus officiels des séances de la Société d'Obstétrique et de Gynécologie de la Suisse Romande. Begründet und unter der Mitwirkung von Docent Dr. A[lbert] Bétrix, Genf..., Dr. [Theodor] Aepli ⟨St. Gallen⟩ ... und Prof. [Theodor] Wyder ⟨Zürich⟩. Bearb. und hrg. von Prof. Dr. O[scar] Beuttner ... in Genf. Jahrg. 10: Frühlingsausgabe. ⟨Bericht über das Jahr 1909.⟩ Mit 41 Abbildungen im Text und 6 Tafeln, nebst Portrait[-Tafel] von Prof. Dr. H(ermann) Fehling, Basel-Strassburg. VIII + 231 S. + *Anzeigen*. 8. Genève (*Umschlag:* Genf), Administration: 4, rue du Vieux-Collège (Impr. Albert Kündig), 1910. [fr. 5.—]

Gynaecologia Helvetica, contenant les Comptes-Rendus officiels des séances de la Société d'Obstétrique et de Gynécologie de la Suisse Romande. Begründet und unter der Mitwirkung von Docent Dr. A[lbert] Bétrix, Genf..., Dr. [Theodor] Aepli ⟨St. Gallen⟩ ... und Prof. [Theodor] Wyder ⟨Zürich⟩. Bearb. und hrg. von Prof. Dr. O[scar] Beuttner ... in Genf. Jahrg. 10: Herbstausgabe. ⟨Bericht über das Jahr 1909.⟩ Mit 36 Abbildungen im Text. nebst Portrait [-Tafel] von Dr. (Wilhelm) Zinsstag, † Basel. VIII S. + S. 233—432 + *Anzeigen*. 8. Genève, Administration: 4, rue du Vieux-Collège (Impr. Albert Kündig), 1910. [fr. 5.—]

Gynaikokratie oder die Regierung der Frauen und Jungfrauen als einziges Reinigungsmittel der Welt. Zum Angebinde freundlicher Frauen für ihre geliebten Männer. Frankfurt a. M. 1816. V: *Schiede, H. C.* (BGE II², 713)

GYNÄKATOPTRON, oder Blicke in die weibliche Garderobe in Bezug auf körperliches Wohlseyn. Von einem praktischen Arzte. Frankfurt am Main, bei Phil. Wilh. Eichenberg. 1805. 8°. (1 Mk. 50 Pfg. A. Bielefeld, vor 1885; jetzt theurer!)
VIII + 61 S. Zuschr. „An das schöne Geschlecht en masse" ist dat.: Sp. d. 1. Jan. 1803. — Selten!

Gynäkeion. Eine Weihgabe für Damen, die natürl. Schönheit zu erhalten, der Ungunst der Natur abzuhelfen, natürl. Einflüsse unschädlich zu machen und sich in Kleidung und Haltung auf das Vortheilhafteste darzustellen. 8. Heilbronn 836. Drechsler. 2/3 ₰

Gynaekologie, alte u. neue. Herrn Geheimrat Professor Franz Ritter v. Winckel zur Feier seines 70. Geburtsfestes überreicht v. den Ärzten der kgl. gynaekolog. Universitäts-Poliklinik im Reisingerianum zu München. Hrsg. unter Mitwirkg. v. E. Aulhorn, R. Benndorf, H. Eltze u. a. v. Gust. Klein. (III, 174 S. m. 30 Abbildgn. u. 5 Taf.) 33,5×24,5 cm. München 907. J. F. Lehmann's Verl. 12. —

Gynander, Heinr. Jac. (Aschersleben), De silentio. Diss. jur. I/II. Präs. Jo. Christ. Winter. Helmstedt (G. W. u. H. D. Hamm) 7. VIII. 1715 u. 11. I. 1716. 20 u. 32 S. (je 4.—) 12421
I gew.: Phil. Ludw. Probst v. Wendhausen, Urban Dieder. v. Lüdeke. — II gew.: Jo. Aug. v. Alvensleben (Arxleben . .). — Widm. v. Präs.

Gynäologie, oder über Jungferschaft, Beyschlaf, Liebe und Eh.. 20 Bde. 8. Berl. Wilh. Oehmigke. m. ill. K.

— — dasselbe im Auszuge. 12 Bde. . Ebend.

Gynäkologie, od. über Jungferschaft, Beischlaf, Liebe u. Ehe. 24 Bde. Mit illum. Kpf. 8. Berl. (Sander). 32 ₰ 12 gl (NB. Alle Theile dieser Samml. s.a. unter ihren Separat-Titeln)

Gynaeologie oder über Jungfrauschaft, Beyschlaf, Ehe ... Berlin 1795—1803. V: *Flittner, Christian Gfr.* (MGT) (BGG)

Gynäologie, od. üb. die Jungferschaft, Beischlaf und Ehe. 6 Bde. m. Kupf. 8. (Ir Bd. enth. Zeichen und Werth d. verletzten u. unverletzten Jungferschaft nach Nationalbegriffen, Physiologie u. Moral. 1 Rthlr. 4 gr. IIr, IIIr u. IVr enth. d. Beischlaf, eine physiologische, historische u. philos. Darstellung. 2r 1 Rthlr. 8 gr. 3r 1 Rthlr. 20 gr. 4r 1 Rthlr. — Vr u. VIr Bd. enth. das Band d. Ehe aus d. Archiv d. Natur u. d. Bürgerstandes. 5r 1 Rthlr. 8 gr. 6r 1 Rthlr. 20 gr.) Berl. N. Societ. Buchh. 797—805.

Gynäologie, oder über Jungfrauschaft, Beyschlaf, Ehe, Liebe, Schönheit, Anmuth ꝛc. in 23 Bändchen. Mit vielen Kupfertafeln. 8. Berlin, Flittner. 3
(1stes Bändchen. Zeichen und Werth der verletzten und unverletzten Jungfrauschaft. 3te vermehrte Aufl. Mit illum. Kupfert. 8. 820. 1 Thlr. 16 Gr. — 2tes, 3tes, 4tes Bändchen. Der Beyschlaf. 1, 2, 3ter Theil. 3te Auflage. von C. G. F. von Düben. 8. 819. 4 Thlr. 16 Gr. — 5tes, 6tes Bändchen. Ueber die Kunst ein hohes Alter zu erreichen. 2 Theile, oder der Beyschlaf 4ter u. 5ter Theil. 2te Aufl. 8. 819. 3 Thlr. — 7tes, 8tes Bändchen. Das Band der Ehe. N. Aufl. 2 Theile mit Kupfern. 8. 818. 3 Thlr. 4 Gr. — 9tes u. 10tes Bdchen. Die Feyer der Liebe. N. A. In 2 Thlen. M. Kpf. 8. 820. 2 Thlr. 11tes Bändchen. Anmuth und Schönheit. Mit schwarzen Kupfern 1 Thlr. 16 Gr. mit illum. Kupf. 2 Thlr. 8 Gr. — 12tes Bändchen. Aphrodite ꝛc. von F. W. Jung. N. A. 8. 816. 1 Thlr. 16 Gr. — 13tes Bändchen. Der Ehestands-Arzt ꝛc. Mit 1 Kupf. 8. 809. 1 Thlr. 12 Gr. — 14tes Bändchen. Mysterien des Ehestandes, von Fr. W. Jung. Mit 1 Kupf. 8. 817. 1 Thlr. 8 Gr. — 15tes Bändchen. Ueber Staats- und Privatbordelle, von J. A. Freudenberg. 8. 796. 16 Gr. — 16tes Bändchen.

Apophthegmen für Männer, v. Ad. Jul. Th. v. Berga. 3te Aufl. 8. 820. 1 Thlr. 8 Gr. — 17tes Bändchen. Gallerie der interessantesten Frauenzimmer. Mit Kupf. 8. 802. 1 Thlr. 12 Gr. — 18tes Bändchen. Buch der Weisheit für die Schönen, von Fr. Carol. Louise v. Berga. Mit Kpf. 8. 815. 1 Thlr. 8 Gr. — 19tes Bdchen. Antihymen. Von Ad. Jul. Theod. von Berga. 8. 817. 1 Thlr. 8 Gr. — 20tes Bändchen. Kunst, sich vor der venerischen Ansteckung zu sichern, von F. W. Jung. 3te Aufl. 8. 820. 1 Thlr. — 21tes Bändchen. Die Kunst, mit Männern glücklich zu seyn. 8. 818. 2 Thlr. — 22tes Bändchen. Die Kunst, mit Weibern glücklich zu seyn. Mit Kupf. 8. 2 Thlr. — 23tes Bändchen. Ueber die Ehe, von F. W. Jung. 8. 20 Gr.)

Gynáologie, oder über Jungfrauschaft, Beischlaf u. Ehe. Ein Gemälde der Frauen in welt- u. naturgeschichtl. Hinsicht. 16 Bdchen. A. u. d. T.: Leben, Bildung u. Sitten der Frauen u. der alten u. neuen Welt. Mit 1 Kupf. 8. Berl. 824, Flittner.

— 26 Bdchen. A. u. d. T.: Zeichen u. Werth der verletzten u. unverletzten Jungfrauschaft, nach physiolog., moral. u. Nationalbegriffen. 4e Ausg. mit 2 Kpfrn. 8. Berl 825, Flittner.

Gynäologie oder das Geschlechtsleben in seinem ganzen Umfange. Ein umfassendes Handbuch zum Wohle der Staatenbürger. 4. vollst. u. wohlf. Ausg. 16 Thle. in 8 Bdn. fl. 8. Stuttgart 843, Henne. 4 ℛ

Gyndely, Dr. Anton, Lehrbuch der allgemeinen Geschichte für die unteren Classen der Mittelschulen. I. Theil: Das Alterthum. 7. verbesserte Auflage. Prag 1880. F. Tempsky. Preis 60 kr.

GYNEPHILION (sic!), oder Apologie des schönen Geschlechts. Bunzlau, o. J. 8°. Rar!
Bibl. Günther. III. Dresd. 1834. no. 6401.

— — Dasselbe. Breslau 1820. 8°.
Heinsius, B.-Lex.

Gynäphileon, od. Apologie des schönen Geschlechts. 8. Bresl. 810. (Graß, B. u. C.) 20 gr

Gynephileon, oder Apologie des schönen Geschlechts. 8. Bresl. Barth. 810.

Gynta, Peera, Gedichte. 8. (80 S.) Dresden 894. E. Pierson. n. 1. 50; geb. m. Goldschn. n. 2. 50

Gynther, G. F. C., De usu praepositionum apud Homerum. 1814. 44 S. 4°.

Gyöngyök és virágok a magyar költészetből. Pesten 1859. Hartleben K. A. tulajdona. Bécs 1859. Nyom. Sommer L. 694 S. 8°.
(Perlen und Blumen aus der ungarischen Poesie. Pest 1859. Eigenthum des K. A. Hartleben. Wien 1859).

Gyöngyössi, Paul (Kaschau), Altare pacis pro votis irenicis erectum arae Pilati Galilaeorum Luc. XIII. I. substituendum, super tumulum opusculi theologici in quo quaeritur. An possit princeps, magistratus, dominus catholicus in ditione sua retinere haereticos, vel contra poenis eos, aut exsilio ad fidem catholicam amplectendam cogere, ill. comitis Gabrielis Antonii Erdöedi v. Monyorokerek episcopi Agriensis . . . oblati. Tyrnaviae (Frid. Gall) 1721. Basel (Philadelphum Timotheum) 1722. Neudr. 1729. 48 S. (5.50) 12422

GYÖRFFY, ANTON: Predigt auf den heiligen Pfingst-Sonntag. Temeswar (1811). Gedr. bei Josef Klapka. 13 S. - kl. 8°

GYÖRFFY, ANTON: Worte der Wahrheit und der Liebe, zum Denkmahl hoch-priesterlicher Tugenden, bei der letzten und feierlichen Exequial-Ehrenbezeigung für weiland Bischof von Csanád Herrn Ladislaus von Köszeghy. Gewidmet und gehalten zu Temeswar am 16-ten April 1828. Temeswar 1828. Gedr. bei Josef Klapka. 14 S. - 4°

Györffy, Iván, illustr. Lehrbücher f. Volksschulen. 4 Hfte. 8. Gran 894. G. Buzárovits. à n. — 20
1. Kurze Erdbeschreibung. Zum Gebrauche der Schüler in Volksschulen. 6., verb. u. umgearb. Aufl. (49 S.) 890. — 2. Geschichte Ungarns in kurzem Auszuge. Handbuch zum Gebrauche der Volksschulen. 5. Ausg. (39 S.) 889. — 3. Naturkunde. Handbuch zum Gebrauch der Volksschulen. 7. Aufl. (45 S.) 893. — 4. Naturlehre. (Physik.) Handbuch f. Schüler der Elementar-, Volks u. Wiederholungsschulen. 3. Aufl. (48 S.) 890.

Györffy, Ludwig, Geschichte und Beschreibung der Graner Basilika; Geschichte der alten Burg und der ältesten Domkirchen, mit einer Beschreibung der sonstigen Sehenswürdigkeiten von Gran. Mit dem Porträt des Cardinals und Fürstprimas von Ungarn und einem Porträt-Gruppenbild auf Carton. Nebst in den Text gedruckten Illustrationen. Kl.-8. (55 S.) —.30
Gran: Buzarowits 1890.

György, Andr. v., die Mängel der Creditorganisation des Kleingrundbesitzes. Referenten-Elaborat zu dem im Octbr. 1885 in Budapest abzuhaltenden landwirthschaftl. Congresse. gr. 8. (79 S.) Budapest 885. (Wien, Frick.) *

Gyorgyevics Juliana: Der Vice-Wojwode Johann Monasterli.
II. 1906 PN 1991 Diss. Wien. Univ.

Győry, A. v., über Oxyuris spirotheca (nov. spec.). Mit 4 (lith.) Taf. (in 4.) (Aus d. Sitzungsberichten d. k. Akad. d. W.) (Wien 856. Gerold.) gr. 8. (8 S.) n. 4 ngr

Medizinischer Führer durch Budapest. Mit Benützung d. Werkes 'Die sanitären u. kulturellen Verhältnisse Budapests. 1894' von Dr. Gustav Thirring f. d. Mitglieder d. XVI. Internat. Med. Kongresses zsgest. von Dr. Tiberius v. Győry. Budapest 1909: (Franklin-Verl.). VIII, 250 S. 8° [illegible] 10

Győry, Tiberius v., Morbus hungaricus. Eine medico-histor. Quellenstudie, zugleich e. Beitrag zur Geschichte der Türkenherrschaft in Ungarn. gr. 8. (VIII, 191 S.) Jena 901. G. Fischer. n. 5. —

Győry, T. v., s.: Zur histor. Biologie der Krankheitserreger.

Győry von Nádudvar, Arpád, k. und k. Hof- und Staatsarchivsconcipist. Kaiser Karl VI. und die Erbhuldigung der niederösterreichischen Stände. Vortrag, gehalten am 8. März 1889. Separat-Abdruck aus den „Blättern des Vereines für Landeskunde von Niederösterreich", 1890. 8. Wien 1890.

Gyp (Gräfin Gabriele Martel de Janville), die Bacchantin u. andere Novellen. Ins Deutsche übertr. v. Laura Feil. 4. Aufl. (143 S.) schmal 8. Berlin (905). Berliner Verlags-Institut. n. 2. —

Gyp (Gabrielle Gräfin de Martel de Janville, geb. de Riqueti de Mirabeau), Bijou. Roman. Einzig berecht. Übersetzg. v. Emma Richter. 1.—3. Aufl. 8. (à 348 S.) Dresden (900). H. Minden. n. 3. —

Gyp, petit Bleu, s.: Collection d'auteurs français.

— dasselbe, s.: Schulbibliothek, französische u. englische.

Gyp, vornehme Dilettanten u. and. Novellen, s.: Sammlung mod. Belletristik ausländ. Autoren.

— vornehme Dilettanten u. andere Novellen. Ins Deutsche übertr. v. Laura Feil. 3. [Umschlag-]Aufl. gr. 8. (176 S.) Leipzig [896.] (899). (Berlin, J. Gnadenfeld & Co.) 2. —

— Fräulein Eva. Autoris. Uebersetzg. aus dem Franz. v. Frz. Fels. 8. (112 S.) Berlin 894. Bibliograph. Bureau. n 2. —

— die Fee. Roman. Einzig berechtigte Uebersetzg. v. Fritz Waldstein. 1. u. 2. Aufl. (à 282 S.) 8. Dresden (906). H. Minden. n. 3. —; geb. n. 4. —

— Flederwischs Heirat. Autor. Uebersetzg. Aus d. Franz. v. Emmy Becher. (Engelhorns allgem. Roman-bibliothek. Salon-Ausg.) 8. (160 S.) Stuttgart 899. J. Engelhorn. Geb. in Halbleinw. n. 2. —

— dasselbe, s.: Engelhorn's allgem. Romanbibliothek.

— ein heikler Herr u. anderes. schmal 12. (136 S.) Leipzig 896. R. Lüders & Co. 1. 50

— dasselbe, s.: Gavarni's, Franç., Bibliothek.

— Israel. Einzige, v. der Verf. autoris., deutsche Uebersetzg. v. Jos. Johann. (Mit 9 Zeichngn. v. Siegfr. Horn.) 1. u. 2. Taus. 8. (IV, 160 S.) Wien 899. (Leipzig, O. Borggold, Sep.-Cto.) n. 3. —

— eine Leidenschaft. Einzig berecht. Uebersetzg. von Frz. v. Laroche. 1.—4. Aufl. 8. (à 284 S.) Dresden 899. H. Minden. n. 2. —

Gyp (Gabrielle Gräfin de Martel de Janville, geb. de Riqueti de Mirabeau), nicht eifersüchtig! Roman. Einzig berecht. Übersetzg. v. Fritz Waldstein. 1.—4. Aufl. 8. (à 321 S.) Dresden (901. 902). H. Minden. n. 3. —

Gyp, rund um die Ehe, s.: Bibliothek französischer Humoristen u. Realisten.

— rund um die Ehe. Roman aus dem Pariser Leben. 2. Aufl. gr. 8. (III, 283 S.) Leipzig 894. Greßner & Schramm. 1. 50

— Baron Sinai. Roman. Einzig berecht. Uebersetzg. v. Fritz Waldstein. 2. Aufl. (324 S.) 8. Ebd. (903). n. 3. —; geb. n.n. 4. —

— wenn Frauen lieben. (Leurs âmes.) Roman. Einzig berecht. Uebersetzg. v. Fritz Waldstein. 1.—3. Aufl. (à 283 S.) 8. Ebd. (904. 905). n. 3. —; geb. in Leinw. n.n. 4. —

Gyp (Gräfin Gabriele Martel de Janville), der Wildfang. Nur keine Fremde, s. a. Kürschner's, Jos., Bücherschatz. Nr. 419.

Der Wildfang. Roman. Nur keine Fremde. Erzählung. Von Gyp (d. i. Sybille Gabrielle Marie Antoinette Ctesse Martel de Janville). Mit Ill. von A. Lewin. Berlin, Eisenach, Leipzig: H. Hillger [1904]. (92 S.) 8° [F.]
— Bücherschatz, Kürschners. No 419.

Gyps, der, als Düngmittel in d. Landwirthschaft, u. die zweckmäß. Art, wie derselbe mit dem sichersten Erfolge anzuwenden ist, von R— M—. 8. Bunzlau 828. (Appun). 1 K

Gyr, Adelrich. Die Vergiftung als Gefährdungsdelikt; Deutsches Strafgesetzbuch § 229, Vorentwurf zu einem schweizerischen Strafgesetzbuch von 1903 Art. 60, 2 Art. 68. (Diss. Jur. Leipzig.) VIII + 60 S. 8. Leipzig, Veit & Comp., 1904. [M. 1. 60]

Gyr, Franz, med. prakt. von Einsiedeln (Kt. Schwyz), (z. Zeit Assistenzarzt am Theodosianum in Zürich): Aus der medizinischen Poliklinik und Privatpraxis von Herrn Prof. Dr. Hermann Müller, Zürich. Zwei Fälle von primärer Lungenaktinomykose. Einsiedeln [1906.] 46 S. 8°. [10. XII. 06.]
Zürich. Med. Diss. 1906/1907.

Gyr, Franz. Zwei Fälle von primärer Lungenaktinomykose. Diss. Med. Univ. Zürich. *Kopftitel:* Aus der medizinischen Poliklinik und Privatpraxis von ... Prof. Dr. Hermann Müller, Zürich. 46 S. 8. Einsiedeln, Eberle, Kälin & Cie., [1906].

Gyr, Joseph. Die Kondensation der Benzylcyanid-o-Carbonsäure mit Aldehyden. Diss. Math.-Naturw. Freiburg in der Schweiz. 85 S. 8. Freiburg ⟨Schweiz⟩, St.-Paulus-Druckerei, 1903.

Gyr, Joseph. Ueber Veresterung, Esterverseifung und Salzbildung bei arylierten Essigsäuren und einigen Abkömmlingen derselben. [Mit 2 Figuren.] 8.
Ausg. A: Habilitationsschr. [Math.-Naturw.] Freiburg ⟨Schweiz⟩. II + 71 S. Freiburg, Gebrüder Fragnière, 1908.
Ausg. B: II p. + p. 67—137. Fribourg ⟨Suisse⟩, Fragnière Frères, 1908. (fr. 1.20.) — (Mémoires de la Société fribourgeoise des Sciences naturelles....) Chimie.... Vol. 3. Fasc. 2....

Gyr, Carl. Über die Elektrolyse des Jodkaliums und über die Einwirkung von Jod auf Alkali. Diss. Phil. [II.] Univ. Zürich von Karl Gyr von Zürich. [Mit 5 Figuren.] 102 S. 8. Zürich, F. Lohbauer, 1902.

Gyr, S[alomon] F[ritz]. Zunft-Historien. Schilderungen aus der Geschichte Zürichs. Zusammengestellt unter Mitwirkung des Zentral-Komitees der Zünfte Zürichs von S. F. Gyr. Mit 3 Stadtplänen und 136 Textillustrationen [sowie illustriertem Umschlag]. 172 S. 8. Zürich, Verlag des Zent'-K' der Zünfte (Buchdr. Berichthaus). 1909. [geb. fr. 7. —]

Gyr, U., die Flechten u. Mose im Haushalte der Natur. Studie. gr. 8. (16 S.) Solothurn 899. A. Lüthy. n. — 60

Gyra, Ant. v., Entwicklung des Kosmos aus dem Wesen der Urmaterie unter der Controle der Erfahrung. Ein unentbehrl. Leitfaden für die specielle Naturforschung. 1. Bd. 1—4. Heft. Wien 867—69. (Gerold's Sohn.) gr. 8. (IV u. S. 1—210.) Jedes Heft n. 16 ngr.

— der neueste materialistische Monismus im Widerstreit zu dem neueren philosophischen Realismus. Ein offenes, antikrit. Sendschreiben an die Herren F. H. Th. Allihn u. T. Ziller. Wien 868. Gerold's Sohn. gr. 8. (15 S.) n. 8 ngr.

Gyra, Joh., Versuche, Betrachtungen u. Rathschläge über die Cultur u. Krankheit der Kartoffeln. (VIII u. 48 S. mit 2 Taf. Holzschn. in qu. Fol.) Linz 848. Eurich & Sohn. 1/2 ß

Gyra, Naum v., das System der Aequivalente, oder folgerechte Herleitung der Aequivalente, der specif. Wärme, des chem. Charakters und sämmtlicher binären, ternären und quaternären Verbindungen aller bekannten und unbekannten Grundstoffe. gr. 8. (24 S. mit 1 Tabelle.) Wien 852, Gerold's Sohn. *

Gyraldus, Lilius Gregorius, de poetis nostrorum temporum, s.: Litteraturdenkmäler, lateinische, des XV. u. XVI. Jahrh.

Gyrinus, Herr, nach dem Leben gezeichnet... Braunschw. 1803. V: *Scheller, Carl Friedrich Arend* (GGr) oder: *Vogler, Joh. Heinrich.* (MGT) (Ky)

Gyrinus, Herr, nach dem Leben gezeichnet von M. J. R. (Hnr. Vogler, nach And. von Karl Fr. A. Scheller). 8. Wolfenb. 803.

Gyrinus, Herr, nach seinem Leben gezeichnet, ist Verlag von Albrecht

Gyrsting, H. F., Bem. v. e. krampfhaften Krankheit. 7 S. Kopenh. 8°.

Gysae, Gerhard *Robert* [aus Stolp in Pomm.]: Zur Kenntnis des Diphenylmaleïnsäureanhydrid ... Berlin, Buchdr. R. Gensch, 1893; 30 S., 1 Bl. 8.
Berlin, Phil. Fak., inaug.-Diss. v. 25. Jan. 1893

Gysae, Otto, die Schwestern Hellwege. Roman. 1. u. 2. Tauf. (217 S.) 8. München 905. 906. A. Langen. n. 3.—; geb. n. 4.—

Gysae, Otto, höhere Menschen. Schauspiel in 3 Aufzüg. (159 S.) 8. München (910). A. Langen. 2.—; geb. 3.50

— Edele Prangen. Roman. 1. u. 2. Tauf. (302 S.) 8. Ebd. 906. n. 3.50; geb. n. 4.50

Die silberne Tänzerin. Roman von Otto **Gysae**. München: Langen 1008. 254 S. 8° A 11.13379

Gysel, ***Jul.***, Beiträge zur analytischen Geometrie der Kurven und Flächen zweiten Grades. Schaffhausen 1877.
Progr.

Gysel, Jul., Beiträge zur analytischen Geometrie der Curven u. Flächen 2. Grades. gr. 8. (IV, 35 S. mit 1 Steintaf.) Schaffhausen 877. Baader. n. 1.—

Gysel, Jul[ius]. Das neue Kantonsschulgebäude in Schaffhausen. [Beilage zum Jahres-Bericht des Gymnasiums Schaffhausen für 1901/1902.] VI + 60 S. 4. Schaffhausen, H. Meier & Cie., 1902. [fr. 3.—]

Gysel, Jul., das neue Kantonsschulgebäude in Schaffhausen. gr. 4. (V, 60 S. m. 8 Taf.) Schaffhausen (C. Schoch). n.n. 3.—

Gysel, Jul., z. Konstruktion (des Schwerpunktes) einer ebenen Vielecksfläche. Progr. gr. 8. (18 S. m. 3 Taf.) Schaffhausen 895. (C. Schoch.) n. 1.—

— Ueber die sich rechtwinklig schneidenden Normalen einer Fläche zweiten Grades. Schaffhausen 1885.
Progr.

Gysel, Jul., üb. die sich rechtwinklig schneidenden Normalen e. Fläche 2. Grades. gr. 8. (59 S.) Schaffhausen 885. (Schoch.) n. 2.—

Gysel. Julius, von Wilchingen. Kt. Schaffhausen: Synthetische Untersuchung eines Orthogonal-Flächensystems. Zür. Zürcher u. Furrer Dr. C. Schmidt Verl. 1874. 2 Bl., 32 S., 6 Taf. 4°.
Zürich, Phil. Diss. [v. 28. Nov. 1874].

Gysel, M[artin]. Meine Stellungnahme zur Schleitheimer-Bahn. [3 S.] fol. (Neuhausen-Schaffhausen, Adolf Weigel, [1904].)
[Zur Abstimmung über die] Schaffhausen-Schl'-Bahn, 14. Februar.)

Gysselman, Herman, aus Batavia: Die Kakodylsäure in der Behandlung von Hautkrankheiten (namentlich der Psoriasis vulgaris). *Wien 1898: F. Jasper.* (26 S.) 8° [Umschlagt.]
Freiburg i. B., Med. Diss. v. 1898

Gijsen, Aloïsius Joannes [Kgl. Niederl. Marinearzt geb. in Delft '(Holland)']: Ueber die isolierte Luxation des Radius ... Leiden, E. Ijdo, 1893; 3 Bl., 48 S. 8.
Freiburg i. B., Med. Fak., Inaug.-Diss. v. 1893

Gysendörfer, Joh.: Circa quasdam juris Romani atque Basiliensis differentias. 19 S.–
Basel, Jur.Diss.v.12.Dez.1788.

Gysendörffer, **Jh.,** observatt. circa quasdam juris rom. atque Basil. differentias. 4. Basel 788. Schweighäuser. 3 gl.

Gyser, K. A., s. über Mineralien u. deren Benutzung.
(Vgl. Gysser, K.A.)

Gysi, Alfred. Beitrag zum Artikulationsproblem, von A' G', ... Professor an der Zahnarztschule der Universität Zürich. Mit 70 Original-Abbildungen im Text [und 4 Tafeln]. IV + 78 S. gr.-8. Berlin, August Hirschwald, 1908. [M. 6.—]

Gysi, Arnold

Gysi, A., der Aarauer Bachfischet. (In Aarauer Mundart.) Mit Orig.-Initialen u. Illustr. v. P. Schirmer, Eug. Steimer u. Ed. Meissner. Hrsg. v. einigen Jugendfreunden. gr. 8. (16 S.) Aarau 894. (E. Wirz.) n.n. —30

— das Drohtnetz ob der Stadt. Wie 's der Dorfschuelmeister em Bäbi erklärt. In Aargauer Mundart. gr. 8. (11 S.) Aarau 893. H. R. Sauerländer & Co. n. —30

(**Gysi,** Arnold.) Festbericht über die 13. Zusammenkunft der Alten Turner verbunden mit dem 75-jährigen Jubiläum des eidg. Turnvereins in Aarau. Samstag den 21. und Sonntag den 22. Sept. 1907. [Mit 1 Porträt.] 20 S. 8. Aarau, G. Keller, 1908.

Gysi, Arnold. Festspiel zu Ehren des Schweiz. Buchbindermeister-Vereins, aufgeführt am Centralfest vom 1. September 1901 im Saalbau in Aarau. 6 S. 8. Aarau, H. R. Sauerländer & Co., 1901. [fr. —.20]

Gysi, Arnold. Der Aarauer Krippen-Bazar am 5., 6. und 7. Dezember 1903 im Saalbau veranstaltet vom Samariterverein. In Aarauer Mundart. [Gedicht. Mit Vignetten.] II + 7 S. 8. Aarau, H. R. Sauerländer & Co., [1903]. [fr. —.40]

Gysi, Arnold, Müllerruedis Pariserfahrt zur Weltausstellung vom Jahre 1878. Seinen Kameraden im Dorfwirthshaus erzählt. In Aargauer Mundart. 8. (VII, 122 S.) Aarau 881. Sauerländer. n. 1.40

(**Gysi,** Arnold.) Aarauer Saalbau-Erwyterigsschmärze. Vome'n alte Cäcilianer. [Mit 1 Ansicht als Titelvignette.] [8 S.] 8. Aarau, Emil Wirz, [1901]. [fr. —.30]

Gysi, A., drei humoristische Vorträge im Ruederthaler Dialekt. 1. und 2. Aufl. 8. (36 S.) Aarau 878, (Sauerländer's Verlag.) *
—— dass. — 3. Aufl. Mit einem Anhang: Bataillon Nr. 15 an der Grenze. 8. (49 S.) (Ebendas.) 879. *

— — vier humoristische Vorträge im Ruederthaler Dialekt. 4. Aufl. (68 S.) 1880. 60 Pf.; 5. verb. Aufl. Nebst einem Anhang: Der Taucher uf Bärndütsch von demselben Verf. 8. (80 S.) Ebendas. 883.

Gysi, A[rnold]. Vier Humoristische Vorträge im Ruederthaler Dialekt. 6. verbesserte Aufl. Nebst einer Zugabe: Der Taucher in Aarauer Mundart von demselben Verfasser. IV + 76 S. 8. Aarau, H. R. Sauerländer & Co., 1902. [fr. —.80]

Gysi, Arnold, 17 erprobte humoristische Vorträge f. gesell. Kreise jeder Art. In Aargauer Mundart u. Schriftsprache, in Poesie u. Prosa. 8. (III, 104 S.) Aarau 899. H. R. Sauerländer & Co. n. 1.—

Gysi, Ed. (Dr. med.) Beiträge zur Physiologie der Iris. Inaugural-Dissertation. Aarau, Sauerländer. 1879.

[Gysi, Heinrich]: Erinnerungen an die Bogenschützen in Zürich. Als Manuscript gedruckt. Zürich, [1863].

Instructionsvortrag, gehalten am 17. April 1869 in der g.·. u. v.·. St. Joh. ▭ Modestia cum libertate O. v.·. Zürich vom Br H[einr.] **Gysi**. Zürich 1869: Schiller & Co. 12 S. 8⁰ [Umschlagtit.]
Üb. die Erkennungszeichen eines wahren Frmrs. 21.

Gyſi, Jac., hiſt. u. moral. Demonſtration v. d. chriſtl. Religion u. deren Göttlichkeit. 8. Baſel, Imhof. 737.

Gysi, Jac., Diss de temperamentis. Bas. 4°. 1704

Gysi. J[ohann] Oscar. Bombay im Frieden und im Krieg. Von J. Osk' G'. SA. 8. Bern 1897.

Gysi, J Oscar. Der Jüngste von Zwölfen. Jugend-Erinnerungen aus alter Zeit. Mit dem Bilde des Verfassers [Tafel]. II + 105 S. 8. Aarau, H. R. Sauerländer & Co., 1905. [fr. 1.50]

Gysi, J. Osk., der Krieg Englands gegen die Bergvölker im Nordwesten Indiens. Aus engl. Berichten. Mit 3 Kartenbeilagen. gr. 8. (85 S.) Bern 899. (H. Körber.) n.n. 2.—
Sonderabdr. a.: „Schweiz. Monatschr. f. Offiziere aller Waffen".

Gysi, J[ohann] Oscar. Mit offenen Augen über Länder und Meere. Aus dem Leben und den Erfahrungen eines Vielgereisten. [Mit Porträt-Tafel.] II + 196 S. 8. Aarau, H. R. Sauerländer & Co., 1906. [fr. 2. 80, geb. 3. 80]

Gysi. J[ohann] Oscar. Meine Reise nach Indien. Vortrag ... gehalten in der Geographischen Gesellschaft Bern im Winter 1895 96. [SA.] 8. Bern 1896.

Gysi. J[ohann] Oscar. Aus meinen Reisen im Innern von Indien. ‹SA.› 8. Bern 1899.

Gysi, J Oscar. Auf den Wogen des Lebens. Erlebnisse, Erzählungen und Novellen. IV + 299 S. 8. Aarau, H. R. Sauerländer & Co., 1903. [fr. 4.—]

Gyſi, Otto, der Asphaltleger. Genaue u. faßliche Anweiſung um gute u. dauerhafte Asphalt-Arbeiten in den verſchiedenſten Anlagen ſelbſt anfertigen zu können. Eine ſehr nützliche Bereicherung f. die Hrn Reg.- u. Städtiſchen Bau-Beamten ꝛc. Mit erläut. Zeichnungen von Ed. Litz. gr. 4 Berlin 852, G. Hempel. Verklebt. n. 1⅓ ℳ

Gysi-Schinz, H., Das Zunft- und Innungswesen gegenüber der Gewerbefreiheit, mit besonderer Beziehung auf den Kanton Zürich. 8⁰. Zürich, Schulthess, 1831.

Gysin, A., das Begnadigungswesen in der Schweiz inclusive das Institut der bedingten Freilassung. Referat, geh. an der Versammlung des schweizer. Vereins f. Straf- u. Gefängnisswesen in Liestal im Octbr. 1880. gr. 8. (49 S.) Liestal 881. (Lüdin & Walser.) n. 1. 35

Gyſin, E. J., Auswahl geiſtlicher Lieder f. Schule u. Haus. Mit beſond. Berückſicht. des Liederſchatzes der evangel. Brüdergemeine hrsg. 8. (IV, 144 S.) Neuwied 894. Gnadau, Unitäts-Buchh. Geb. in Halbleinw. n. 1.20; in Leinw. n. 1. 60

Gyſin, E. J., Königsfeld. Führer durch Ort u. Umgebung. Mit mehreren (5 lith.) Karten, gezeichnet von H. Kluge. 12. (80 S.) Königsfeld 881. (Stuttgart, J. F. Steinkopf.) geb. n. 1. 80

Gysin, H., die Leidensgeschichte unsers Herrn Jesu Christi, s. Holbein.

Gysin, J., Peripheriewinkel-Tafeln in alter Theilung [Sexagesimal-Theilung] zum Abstecken v. Eisenbahn- u. Strassenkurven f. Bogenlängen von 1—109 Meter u. 1—100 Centimeter von Rad. 50 bis Rad. 10,000. 8. (X, 86 S.) Liesthal 885. Gebr. Lüdin. geb. n. 2. 50

Gysin, J., Peripheriewinkel-Tafeln in alter Teilg. (Sexagesimal-Teilg.) zum Abstecken v. Eisenbahn- u. Strassenkurven f. Bogenlängen v. 1—900 Meter u. 1—100 Centimeter von Rad. 50 bis Rad. 10,000. 2. (Titel-) Aufl. 12. (X, 86 S.) Liestal (885) 896. Gebr. Lüdin. Geb. in Leinw. n. 2. 30

— Tafeln zum Abstecken v. Eisenbahn- u. Strassen-Kurven in neuer Theilung [Centesimal-Theilung]. 8. (XVIII, 148 S.) Ebend. 885. geb. n. 4. 50

— Tafeln zum Abstecken v. Eisenbahn- u. Strassenkurven in neuer Teilg. (Centesimal-Teilg.). 2. (Titel-) Aufl. 12. (XVIII, 148 S.) Ebd. (885) 896. Geb. in Leinw. n. 4. 50

Gyſin, R., grönländiſche Bilder. 3. Aufl. gr. 8. (20 S. m. Abbildgn.) Herrnhut (899). Miſſionsbuchh. n. — 10

Gysis, Nikolaus. Biographische Skizze v. R. F. P. (S. 77—92 m. Abbildgn. u. 7 Taf.) 36×27 cm. München (896). F. Hanfstaengl. 4.—
Sonderabdruck aus: „Die Kunst unserer Zeit".

Gysler, Emil, von Zürich: Haftung für fremde culpa nach schweizerischem Obligationenrecht. Zür. F. Lohbauer Dr. 1892. 101 S., 1 Bl. 8°. Zürich. Jur. Diss. [v. 26. Febr. 1892].

Gysler, Heinrich, med. pract. von Winterthur Kt. Zürich: Ueber einen Fall von Aneurysma dissecans mit Bildung einer doppelten Aorta und Ausheilung. Winterthur Geschw. Ziegler Dr. 1892. 25 S., 2 Taf. 8°. Zürich. Med. Diss. [v. 12. März 1892].

Gysler, jun., Henri, 's Bäbeli vom Leue, s. a. Sammlung schweiz. Dialektstücke.

's Bäbeli vom Leue. Es Lustspiel i eim Akt vo Henri **Gysler** jun. Zürich: Schweizer Druck- u. Verlagshaus 1910. 30 S. 8°
(Sammlung schweiz. Dialektstücke. Nr. 71.)

Gysler, Henri jun. Dem Heiri Bume sis Bäch. En Schwank i eim Akt vo H' G', jun. II + 26 S. 8. Bern, Ch. Künzi-Locher, 1910. fr. —. 90
(Sammlung schweizerischer Theaterstücke. Nr. 13.)

— En Fluchtverſuch m. Hinderniſſe, ſ. a. Sammlung ſchweizer. Dialektſtücke.

Gysler, Henri jun. En Fluchtversuech mit Hindernisse. En Schwank i eim Ufzug i Zürcher Dialäkt. II + 66 S. 8. Zürich, Schweizer Druck- & Verlagshaus, 1909. (fr. 1. 30)
Sammlung schweizer. Dialektstücke Nr. 64.

— En verhängnißvolle I- u. Usbruch od. Wer iſt de Schelm?, ſ. a. Sammlung ſchweizer. Dialektſtücke.

Gysler, Henri jun. En verhängnisvolle I- und Usbruch oder Wer ist de Schelm? Lustspiel i eim Akt i Zürcher Mundart. [Mit 1 Figur.] 56 S. 8. Zürich, Schweizer Druck- & Verlagshaus, 1909. (fr. 1.20)
Sammlung schweizer. Dialektstücke Nr. 66.

Gysler, Henri, Komödi üb. Komödi, s. a. Sammlung schweizer. Dialektstücke. Nr. 55.

Gysler, Henri jun. Komödi über Komödi. Lustspiel in einem Akt in Zürcher Mundart. (Nach vorhandenen Stoffen bearbeitet.) 40 S. 8. Zürich, Caesar Schmidt, [1904]. (fr. —. 80)
(Sammlung Schweizerischer Dialektstücke No. 55.)

Gysler, Henri jun. De Schnidermeister Schnüffeli und sin erste Geniestreich. Es Lustspiel i vier Akte. 104 S. 8. Aarau, H. R. Sauerländer & Co., 1910. [fr. 1. 50]

— De lätz Trumpeter. s. a. Sammlung schweiz. Dialektstücke.

De lätz Trumpeter. E Posse für Musiker in 1 Akt von Henri Gysler jun. Zürich: Schweizer Druck- u. Verlagshaus 1910. 45 S. 8°
(Sammlung schweiz. Dialektstücke. Nr 68.)

Gysler, Henri jun. Der Unggle us Amerika oder Ein Hoch der Abstinenz! Lustspiel in 1 Akt für Abstinentenkreise in Zürcher Mundart. 31 S. 8. Zürich, Caesar Schmidt, 1902. [fr. —. 80]
Sammlung schweizer. Dialektstücke Nr. 42.

Gysler jun., Henri, verloren u. wiedergefunden, s. a. Sammlung schweizer. Dialektstücke.

Gysler, Henri jun. Verloren und wiedergefunden. Ein dramatisches Bild in 2 Akten in Zürcher Mundart. 23 S. 8. Zürich, Caesar Schmidt, 1902. (fr. —. 80)
Sammlung schweizer. Dialektstücke Nr. 43

Alles us luter Liebi! Lustsp. in Zürcher Dialekt in 1 Akt von Carl Gysler. Bearb. nach vorhandenem Stoff. *Zürich: C. Schmidt 1899.* (46 S.) 8°
= Sammlung schweizerischer Dialektstücke. No 30.

[F.] 'E chöstlichi Gschicht'. Posse in 1 Akt. Von Carl Gysler ... *Zürich: C. Schmidt 1897.* (30 S.) 1 Bd 8.
= Sammlung schweizerischer Dialektstücke. No 27.

Gysler, Carl. «E chöstlichi Gschicht.» Posse in 1 Akt. 4. Aufl. 30 S. 8. Zürich, Schweizer Druck- & Verlagshaus, 1909. (fr. —. 80)
Sammlung schweizer. Dialektstücke Nr. 27.

Gysler, Carl, 20i Jahr uschuldig im Zuchthus, s. a. Sammlung schweizerischer Dialektstücke. Nr. 60.

Gysler, Carl. 20i Jahr uschuldig im Zuchthus. Ein Justizirrtum in 5 Akten und Zürcher-Dialekt von C' G', sen. Nach einer Skizze von Hrch. (*d. i.* Henri) Gysler, jun. 95 S. 8. Zürich, Caesar Schmidt, 1905. (fr. 1. 50)
Sammlung schweizerischer Dialektstücke Nr. 60.

Irre-n-ist menschli. Schwank in 2 Aufz. im Zürcher Dialekt von Carl Gysler. Besonders f. Töchter- u. Gemischte-Chöre passend. *Zürich: C. Schmidt 1899.* (47 S.) 8° [F.]
= Sammlung schweizer. Dialektstücke. No 31.

Gysler, Carl. Irre-n ist menschli. Schwank in 2 Aufzügen in Zürcher Dialekt. [Neue Aufl.] 47 S. 8. Zürich, Schweizer Druck- & Verlagshaus, 1908. (fr. 1. —)
Sammlung schweizer. Dialektstücke Nr. 31.

— Sänger-Fründschafte, s. a. Sammlung schweizer. Dialektstücke. 59.

Gysler, Carl. Sänger-Fründschafte. Es Bild us em Vereinsläbe in 2 Akte und in Zürcher Mundart. [Mit 1 Figur.] 32 S. 8. Zürich, Caesar Schmidt, 1905. (fr. 1. —)
Sammlung schweizer. Dialektstücke Nr. 59.

— en Unverwüestliche, s. a. Sammlung schweizer. Dialektstücke. 47.

Gysler, Carl. En Unverwüestliche. Lustspiel in Zürcher Dialekt in 4 Akten. 96 S. 8. Zürich, Cäsar Schmidt, 1903. (fr. 1. 20)
Sammlung schweizerischer Dialektstücke. No. 47.

[F.] 'Nach eme Vereins-Fästli'. Dramat. Vereinsbild m. Gesang in Zürcher Dialekt in 1 Akt. Von Carl Gysler ... *Zürich: C. Schmidt 1897.* (32 S.) 1 Bd 8.
= Sammlung Schweizer Dialektstücke. No 28.

Gyss, encore un mot sur les origines alsatiques. [Aus: „Bulletin de la société pour la conservation des monuments historiques d'Alsace".] Lex.-8. (21 S.) Strassburg 879. (Schultz & Co.) n. 1. 60

Gyß, J., Der biblische Schöpfungsbericht. 1882.
Rec. Stimmen a. M.-Laach Bd. 23, S. 202.

Gysser, Aug., die Mollusken-Fauna Badens. Mit besond. Berücksichtigung des oberen Rheinthales zwischen Basel und Mannheim. gr. 8. (32 S.) Heidelberg 863, (C. Winter'sche Universitäts-Buchh.) *

Gysser, C. A. Mineralien und deren Benutzung im Grossherzogthum Baden. Karlsruhe 1819.

Dass. s. ä.: Mineralien. – Über Mineralien u. deren Benutzung ...

Gyßer, Rudolf

Gysser, R., die Gewinnung der Nebenproducte bei der Köhlerei nach den verschiedenen Methoden. gr. 8. (43 S. mit 1 Steintaf.) Freiburg i/Br. 877. (Troemer.) — 75

Gyßer, Rud., der Torf, seine Bildung und Eigenschaften, wie seine beste, billigste Bereitungsweise und demzufolge ein ebenbürtiger Ersatz für die verschiedenen Brennholzarten und andere Brenn-Materialien. Für Torfland besitzende Gemeinden, Korporationen, Privattorf-Besitzer u. alle Industriellen. Mit 2 (lith.) Taf. (in 4.), enthaltend 11 Abbildgn. Weimar 864. Voigt. gr. 8. (VII, 46 S.) n. 10 ngr.

Gyßling, Bayern im October 1813 u. d. Schlacht b. Hanau 28. - 31. X. 1813. Vortrag, auf dienstl. Veranlassg. geh. im Offizier-Corps d. kgl. bayer. 3. Feld-Artillerie-Regts. Königin Mutter. [Aus: „Allg. Militär-Zeitg."] gr. 8. (24 S.) Darmstadt 898. E. Zernin. n. — 80

— die bayer. Feldeisenbahn-Abteilg. im Kriege 1870—71, s.: Thoma, Karl.

Gyßling, W., die Auswahl, Lieferung u. Prüfung des Brenn-Materials für Dampferzeugung. Mit Benützung der Ergebnisse der Heizversuchs-Station München in Kürze abgehandelt für Dampfkessel-Besitzer u. Brennmaterial-Produzenten. gr. 8. (VI, 73 S.) München 881. Th. Ackermann in Comm. n. 2. —

Gystrow, Ernst, s. a.: Hellpach, Willy.

— der Katholizismus u. die moderne Dichtung. gr. 8. (VII, 96 S.) Minden 900. J. C. C. Bruns. n. 1.50

— Liebe u. Liebesleben im 19. Jahrh., s. a. Am Anfang des Jahrhunderts. 11. Hft.

Liebe und Liebesleben im 19. Jahrhundert. Von (Dr.) Ernst Gystrow. *Berlin: Aufklärung 1902.* (53 S.) 8° [F.]
= Anfang, Am, des Jahrhunderts. H. 11.

— die Sociologie des Genies. gr. 8. (16 S.) Berlin 900. Verlag der sozialist. Monatshefte. — 75
Sonderabdruck aus: „Sozialist. Monatshefte".

[F.] Raoul Pictets Theorie vom Leben. Von Ernst Gystrow. (4. Taus.) *Berlin: Kritik-Verl. 1896.* (S.A. aus der 'Kritik'. H. 72.) (14 S.) 1 Bd 8.
= Fragen d. öffentlichen Lebens. H. 2.

Gyujtó v. Sepsi-Martonos, Geo., u. Osk. v. Bolberitz, die prakt. Lösung v. Feldbefestigungs-Aufgaben, s. a. Braumüller's militär. Taschenbücher. 9. Bd.

Gyujtó von Sepsi-Mártonos, Georg, k. u. k. Hauptmann im Pionnier-Bataillon Nr. 9 und Oskar v. **Bolberitz**, k. u. k. Hauptmann im Pionnier-Bataillon Nr. 7. Die praktische Lösung von Feldbefestigungs-Aufgaben. Fünf Beispiele in applikatorischer Weise auf kriegsgeschichtlicher Grundlage dargestellt. Mit 4 Skizzen-Tafeln. (Aus: „Braumüller's militärische Taschenbücher", Bd. 9.) 8. Wien und Leipzig 1901.

Gyula és Irma kis történeteik Fränkel R. után magyarra forditva. 20 szines képpel. — Kleine Geschichten von Julius und Marie nach R. Fränkel bearb; mit 20 bunten Bildern. gr. 8. (28 S. mit 10 Stnt.) Pest 854, Geibel. *

Gyulai, Adolf Graf (Hrsg.), s. Distanzfahrt, Die, Wien-Donaueschingen 1898.

Gyulai, Adf., Graf, die Distanzfahrt Wien-Donaueschingen 1898. Zusammengestellt u. hrsg. nach den Berichten der Theilnehmer. gr. 8. (VIII, 111 S. m. Abbildgn. u. 1 Bildnis.) Wien 899. (F. Bock.) n. 4. —

Gyulai, B., Handels-Stilistik, s.: Mittelmann. N.

Gyulai, Paul

Gyulai, P., der letzte Herr e. alten Edelhofes, s.: Universal-Bibliothek.

Gyulai, P., ein alter Schauspieler, s. Universal-Bibliothek.

Gyurkovechky, Vict. G., s. a. Vocki v. Gyurkovechky.

Gyurkovechky, V. v., Pathologie u. Therapie der männlichen Impotenz. gr. 8. (VI, 178 S.) Wien 889. Urban & Schwarzenberg. n. 5. —; geb. n. 6. 50

Gyurkovechky, V.: Pathologie und Therapie der männlichen Impotenz. Leipzig, Wien. 1890.

Gyurkovechky, Vict. v., warum Tolstoj Liebe verachtet u. Aerzte hasst? gr. 8. (28 S.) Wien 892. M. Merlin. n. — 80

Gyurkovics, G. v., e. Studie üb. Lessing's „Laokoon". 8. (IV, 27 S.) Wien 876. Rosner. n. —,80

Gyurkovics, Georg von

Gyurkovics, G. v., Albanien, Bosnien u. die Nebenländer, } s.: Hölder's geographische Jugend- u. Volks-Bibliothek.

GYURKOVICS, Georg von
Die Orientpolitik Oesterreich-Ungarns. Rede des Reichstagsabgeordneten Georg von Gyurkovics in der Sitzung der ungarischen Delegationen am 8. Juni 1901. Budapest. 1901. Ráth. Gr.-8°. 15 S. K 1.—

Gyurkovics, Geo. v., das Schach v. einst u. jetzt. (8 S.) gr. 8. Budapest 906. (M. Ráth.) n. — 50

— der Sozialismus in Rußland. (9 S.) gr. 8. Ebd. 906. n. — 50

— der Völkerstreit in Mazedonien. (8 S) gr. 8. Ebd. 906. n. — 50
3 Sonderabdrucke aus: „Pester Lloyd".

Gyürky, A. v., kurzgefasste populäre Wein-Chemie, s. Wohl, A.

Gyvenimai Szventuju Dievo ir Tretis zokonas S. Pranciszkaus. Tilžėje: O. v. Mauderode [1904]. (127 S.) 8°
[Das Leben d. Heiligen Gottes u. d. 3. Regel d. St. Franziskus.]

Gyvenimas szv. Benedikto labro ubago naujei per S. Tėvą Leoną XIII iszpažintas už szventą. Tilžėje: v. Mauderode [1904]. 15 S. 8°
[Das Leben d. heil. Benedikt, d. Bettelmönchs, der kürzlich von Leo XIII heilig gesprochen wurde.]

FSC
www.fsc.org
MIX
Papier | Fördert gute Waldnutzung
FSC® C083411

Kolibri 360 GmbH
Ferdinand-Jühlke-Straße 7
99095 Erfurt, Deutschland
produktsicherheit@kolibri360.de